Ausgeschieden im Jahr 2024

UTB **8180**

Eine Arbeitsgemeinschaft der Verlage

Böhlau Verlag Köln · Weimar · Wien
Verlag Barbara Budrich Opladen · Farmington Hills
facultas.wuv Wien
Wilhelm Fink München
A. Francke Verlag Tübingen und Basel
Haupt Verlag Bern · Stuttgart · Wien
Julius Klinkhardt Verlagsbuchhandlung Bad Heilbrunn
Lucius & Lucius Verlagsgesellschaft Stuttgart
Mohr Siebeck Tübingen
C. F. Müller Verlag Heidelberg
Orell Füssli Verlag Zürich
Verlag Recht und Wirtschaft Frankfurt am Main
Ernst Reinhardt Verlag München · Basel
Ferdinand Schöningh Paderborn · München · Wien · Zürich
Eugen Ulmer Verlag Stuttgart
UVK Verlagsgesellschaft Konstanz
Vandenhoeck & Ruprecht Göttingen
vdf Hochschulverlag AG an der ETH Zürich

Heinz Jeroch
Winfried Drochner
Ortwin Simon

Ernährung landwirtschaftlicher Nutztiere

Ernährungsphysiologie, Futtermittelkunde, Fütterung

2., überarbeitete Auflage

143 Abbildungen
198 Tabellen

Verlag Eugen Ulmer Stuttgart

Prof. Dr. agr. habil. Dr. h.c. Heinz Jeroch
Institut für Agrar- und Ernährungswissenschaften der Martin-Luther-Universität Halle-Wittenberg

Prof. Dr. agr. Dr. med. vet. habil. Drs. h.c. Winfried Drochner
Institut für Tierernährung der Universität Hohenheim

Prof. Dr. rer. nat. habil. Ortwin Simon
Institut für Tierernährung der Freien Universität Berlin

Unter Mitarbeit von PD Dr. agr. habil. Sven Dänicke (Futtermittelhygiene, Fütterung des Geflügels), Prof. Dr. vet. med. habil. Klaus Männer (Energiehaushalt), Prof. Dr. agr. habil. Markus Rodehutscord (Fütterung der Schweine), Prof. Dr. agr. habil. Hans Schenkel (Futtermittelrechtliche Vorschriften, Futtermittel aus gentechnisch veränderten Organismen, Futtermittelhygiene), PD Dr. agr. habil. Annette Simon (Mineralstoffe und Wasser), Akad. Oberrat Dr. agr. Herbert Steingaß (Fütterung der Schafe), Dr. agr. Olaf Steinhöfel (Grünfutter und Grünfutterkonservate, Konservierung von Futtermitteln) und Prof. Dr. vet. med. habil. Jürgen Zentek (Einfluss von Nahrungsfaktoren auf das Immunsystem und die Genexpression, Fütterung der Pferde).

Bildquellen:
Alle Abbildungen stammen, wenn nicht anders vermerkt, von den Autoren. Einige Abbildungen fertigte Artur Prestricow, Stuttgart, nach Vorlagen der Autoren.

Bibliografische Information der Deutschen Nationalbibliothek
Die Deutsche Nationalbibliothek verzeichnet diese Publikation in der Deutschen Nationalbibliografie; detaillierte bibliografische Daten sind im Internet über http://dnb.d-nb.de abrufbar.

ISBN 978-3-8252-8180-9 (UTB)
ISBN 978-3-8001-2866-2 (Ulmer)

Das Werk einschließlich aller seiner Teile ist urheberrechtlich geschützt. Jede Verwertung außerhalb der engen Grenzen des Urheberrechtsgesetzes ist ohne Zustimmung des Verlages unzulässig und strafbar. Das gilt insbesondere für Vervielfältigungen, Übersetzungen, Mikroverfilmungen und die Einspeicherung und Verarbeitung in elektronischen Systemen.

© 1999, 2008 Eugen Ulmer KG
Wollgrasweg 41, 70599 Stuttgart (Hohenheim)
E-Mail: info@ulmer.de
Internet: www.ulmer.de
Umschlaggestaltung: Atelier Reichert, Stuttgart
Lektorat: Werner Baumeister, Michaela Neff
Herstellung: Jürgen Sprenzel
Druck und Bindung: Graph. Großbetrieb Friedr. Pustet, Regensburg
Printed in Germany

ISBN 978-3-8252-8180-9 (UTB-Bestellnummer)

Inhaltsverzeichnis

Vorwort 13

A Ernährungsphysiologie

1 Grundlagen der Ernährung (O. Simon) 15
1.1 Grundbausteine der Biosphäre und molekularer Bauplan des Lebens 15
1.1.1 Allgemeines 15
1.1.2 Kohlenhydrate 15
1.1.2.1 Monosaccharide 15
1.1.2.2 Disaccharide und Oligosaccharide 16
1.1.2.3 Polysaccharide 17
1.1.3 Lipide 21
1.1.3.1 Fette 21
1.1.3.2 Phospholipide (Phosphatide) . 24
1.1.3.3 Steroide und Carotinoide . . . 24
1.1.4 Proteine 25
1.1.4.1 Aminosäuren, Struktur und Eigenschaften 25
1.1.4.2 Peptidbindung und Peptide . . 27
1.1.4.3 Proteine und ihre Struktur . . 27
1.1.5 Nucleinsäuren 28
1.1.6 Nucleotide als energiereiche Verbindungen 28
1.1.7 Nährstoff- und Futtermittelanalytik 29
1.1.7.1 Allgemeines 29
1.1.7.2 Probenahme und -vorbereitung 29
1.1.7.3 Weender Futtermittelanalyse . 30
1.1.7.4 Kohlenhydratanalytik nach der Detergenzienmethode 33
1.1.7.5 Analytik spezieller Nährstoffe . 33
1.2 Enzyme und ihre Wirkung . . 35
1.2.1 Was sind Enzyme? 35
1.2.2 Spezifität der Enzyme 35
1.2.3 Coenzyme 35
1.2.4 Hemmung der Enzymreaktionen 36
1.2.5 Einflussfaktoren auf enzymatisch katalysierte Reaktionen . 37
1.2.6 Enzymnomenklatur 37
1.2.7 Herstellung und Anwendung von Enzymen 38
1.3 Stoffwechsel der Hauptnährstoffe 38
1.3.1 Einführung 38
1.3.2 Stoffwechsel der Eiweiße und der Aminosäuren 40
1.3.2.1 Allgemeines 40
1.3.2.2 Aminosäurenstoffwechsel . . . 40
1.3.2.3 Abbau der Aminosäuren . . . 41
1.3.2.4 Bildung harnfähiger Ausscheidungsprodukte des Aminosäuren-N 43
1.3.2.5 Proteinumsatz 45
1.3.3 Stoffwechsel der Lipide 47
1.3.3.1 Abbau und Synthese der Fette 47
1.3.3.2 Bedeutung des Coenzyms A . . 48
1.3.3.3 Abbau der Fettsäuren, β-Oxidation 48
1.3.3.4 Synthese der Fettsäuren 50
1.3.3.5 Bildung von Ketonkörpern . . 51
1.3.4 Stoffwechsel der Kohlenhydrate und zentrale Abbauwege . . . 52
1.3.4.1 Glycolyse 52
1.3.4.2 Gluconeogenese 54
1.3.4.3 Pentosephosphatweg 54
1.3.4.4 Citratzyklus 54
1.3.4.5 Atmungskette (oxidative Phosphorylierung) 56
1.4 Hormone 57
1.5 Einfluss von Nahrungsfaktoren auf das Immunsystem und die Genexpression (J. Zentek) . . . 60
1.6 Mikroorganismen und ihr Stoffwechsel 61
1.6.1 Bedeutung der Mikroorganismen 61
1.6.2 Nutzung mikrobieller Stoffwechselleistungen durch den Menschen 62

2 Mineralstoffe und Wasser (A. Simon) 64
2.1 Allgemeines 64
2.2 Mengenelemente 68
2.2.1 Calcium und Phosphor 68

2.2.2	Magnesium	73	4.5	Chemische und physiologische	
2.2.3	Natrium, Kalium und Chlorid	75		Signale	106
2.2.4	Schwefel	76	4.6	Signalvermittlung	108
2.3	Spurenelemente	76			
2.3.1	Eisen	76	5	**Verdauung und Resorption**	
2.3.2	Kupfer	79		**(O. Simon)**	109
2.3.3	Cobalt	80	5.1	Bau des Verdauungstraktes	109
2.3.4	Iod	81	5.2	Verdauung	111
2.3.5	Mangan	82	5.2.1	Verdauung durch körpereigene	
2.3.6	Zink	82		Enzyme	111
2.3.7	Selen	83	5.2.1.1	Allgemeines	111
2.3.8	Molybdän	85	5.2.1.2	Verdauung im Magen (Nicht-	
2.3.9	Fluor	85		wiederkäuer)	114
2.3.10	Chrom	85	5.2.1.3	Verdauung der Hauptnährstoffe	
2.3.11	Nickel	85		im Dünndarm	115
2.4	Wasser	85	5.2.1.4	Regulation der Expression und	
				Sekretion von Verdauungs-	
3	**Vitamine (O. Simon)**	87		enzymen	116
3.1	Allgemeines	87	5.2.2	Mikrobielle Verdauung	117
3.2	Einteilung der Vitamine	88	5.2.2.1	Mikrobielle Verdauung in den	
3.3	Charakterisierung des Versor-			Vormägen	117
	gungsgrades mit Vitaminen	88	5.2.2.2	Mikrobielle Verdauung im	
3.4	Vitaminbedarf und Empfehlun-			Dickdarm	124
	gen zur Bedarfsdeckung	89	5.2.3	Resorption	125
3.5	Fettlösliche Vitamine	90	5.2.3.1	Allgemeines	125
3.5.1	Vitamin A (Retinol) und seine		5.2.3.2	Resorptionsmechanismen	126
	Vorstufen	90	5.2.3.3	Resorptionsorte	127
3.5.2	Vitamin D (Calciferole)	92	5.2.3.4	Resorption einiger Verdauungs-	
3.5.3	Vitamin E (Tocopherol)	94		produkte	127
3.5.4	Vitamin K	95	5.3	Nährstoffverdaulichkeit und	
3.6	Wasserlösliche Vitamine	96		ihre Bestimmung	130
3.6.1	Vitamin B_1 (Thiamin)	97	5.3.1	Scheinbare und wahre Verdau-	
3.6.2	Vitamin B_2 (Riboflavin)	98		lichkeit	130
3.6.3	Vitamin B_6 (Pyridoxin)	98	5.3.2	Praecaecale Verdaulichkeit	130
3.6.4	Niacin (Nicotinsäure, Nicotin-		5.3.3	Bestimmung der Verdaulichkeit	131
	säureamid)	99	5.3.3.1	Verdaulichkeitsbestimmung im	
3.6.5	Biotin	99		Tierversuch	131
3.6.6	Pantothensäure	100	5.3.3.2	Schätzmethoden und In-vitro-	
3.6.7	Folsäure	100		Methoden	132
3.6.8	Cobalamin (Vitamin B_{12};		5.3.4	Beeinflussung der Verdaulichkeit	132
	Extrinsic factor)	101			
3.6.9	Ascorbinsäure (Vitamin C)	101	6	**Energiehaushalt (K. Männer)**	133
3.6.10	Stoffe mit vitaminähnlichem		6.1	Grundlagen	133
	Charakter	102	6.2	Energieumsatz	134
			6.2.1	Theoretische energetische	
4	**Futteraufnahme und ihre**			Effizienz der Nährstoffe beim	
	Regulation (O. Simon)	103		oxidativen Abbau	134
4.1	Einleitung	103	6.2.2	Theoretischer Energieaufwand	
4.2	Regulationsebenen der			für die Synthese körpereigener	
	Nahrungsaufnahme	104		Nährstoffe	135
4.3	Physikalische Faktoren der		6.2.3	Effizienzbestimmung auf der	
	Regulation	105		Grundlage von Stoffwechsel-	
4.4	Zentralnervensystem und			untersuchungen	135
	Verzehrsregulation	106	6.2.3.1	Energieumwandlungsstufen	136

6.2.4	Methodik der Energiewechselmessung	138	7.3.1	Eiproteinverhältnis (EPV)/ Milchproteinverhältnis (MPV) und „chemical score"	157
6.2.4.1	Direkte Kalorimetrie	138			
6.2.4.2	Indirekte Kalorimetrie	138	7.3.2	Verfügbarkeit des Lysins	157
6.2.4.3	Gaswechselmessungen	139	7.4	Proteinbewertung für Wiederkäuer	158
6.2.4.4	Vergleichende Schlachttechnik	139			
6.2.4.5	Weitere Methoden	140	7.5	Aminosäurenbedarf und Aminosäurenbedarfsdeckung	159
6.2.5	Energetische Verwertung der Nahrungsenergie	140	7.5.1	Bestimmung des Aminosäurenbedarfs	159
6.2.5.1	Monogastriden	140			
6.2.5.2	Wiederkäuer	140	7.5.2	„Ideales Protein" und unausgeglichene Aminosäurenzufuhr	160
6.3	Energiebedarf	141			
6.3.1	Grundumsatz	141	7.5.3	Aminosäurenbedarfsdeckung und Stickstoffausscheidung	161
6.3.2	Erhaltungsbedarf	142			
6.3.3	Leistungsbedarf	144			
6.3.3.1	Teilbedarf für die Reproduktion	145	**B**	**Futtermittelkunde**	
6.3.3.2	Teilbedarf für die Laktation	146			
6.3.3.3	Teilbedarf für die Eibildung	147	**1**	**Einleitende Bemerkungen (H. Jeroch)**	163
6.3.3.4	Teilbedarf für das Wachstum	147			
6.3.3.5	Teilbedarf für Bewegungsleistungen	147	**2**	**Definition und Einteilung der Futtermittel (H. Jeroch)**	163
6.3.3.6	Teilbedarf für die Wollbildung	148			
6.4	Energetische Futtermittelbewertungssysteme	148	**3**	**Futtermittelrechtliche Vorschriften (H. Schenkel)**	164
6.4.1	Futtermittelbewertung auf der Basis der verdaulichen Energie	149	**4**	**Grünfutter und Grünfutterkonservate (O. Steinhöfel und H. Jeroch)**	168
6.4.2	Futtermittelbewertung auf der Basis der umsetzbaren Energie	150	4.1	Grünfutter	168
6.4.2.1	Schwein	150	4.1.1	Allgemeine Angaben	168
6.4.2.2	Aufzuchtkälber, Aufzuchtrinder, Mastrinder sowie Schafe	151	4.1.2	Inhaltsstoffe und Futterwert	170
6.4.2.3	Geflügel	151	4.1.2.1	Energieliefernde Inhaltsstoffe (Kohlenhydrate, Fette)	170
6.4.3	Futtermittelbewertung auf der Basis des Nettoenergie-Fett-Systems (NE_f)	151	4.1.2.2	Rohprotein	170
			4.1.2.3	Mineralstoffe	171
6.4.3.1	Stärkewertsystem	151	4.1.2.4	Provitamine und Vitamine	173
6.4.3.2	Futtermittelbewertung auf der Grundlage der Nettoenergie Laktation (NEL)	152	4.1.2.5	Antinutritive und toxische Substanzen	173
			4.1.2.6	Verdaulichkeit, energetischer Futterwert und Energieertrag	175
7	**Verwertung des Eiweißes und Eiweißbewertung (O. Simon)**	154	4.1.3	Einsatzempfehlungen	182
7.1	Allgemeines	154	4.2	Grünfutterkonservate	182
7.2	Tierexperimentelle Methoden der Proteinbewertung	155	**5**	**Stroh (H. Jeroch)**	184
7.2.1	PER (protein efficiency ratio, Proteinwirkungsverhältnis)	155	5.1	Inhaltsstoffe und Futterwert	184
			5.2	Strohbehandlung zur Futterwertverbesserung	185
7.2.2	Proteinbewertung mithilfe der N-Bilanz	155	5.3	Einsatzempfehlungen	185
7.2.2.1	Biologische Wertigkeit	156			
7.2.2.2	Nettoproteinverwertung (NPU; net protein utilisation)	156	**6**	**Knollen und Wurzeln (H. Jeroch)**	186
7.3	Proteinbewertung auf Basis chemisch-analytischer Daten	157	6.1	Allgemeine Angaben	186

6.2	Kartoffeln	187	7.3.3	Gehalt an antinutritiven Inhaltsstoffen	208
6.2.1	Gehalt an Hauptnährstoffen	187	7.3.4	Proteinqualität	208
6.2.2	Gehalte an Mineralstoffen und Vitaminen	187	7.3.5	Verdaulichkeit und energetischer Futterwert	208
6.2.3	Gehalt an antinutritiven Substanzen	188	7.3.6	Einsatzempfehlungen	208
6.2.4	Verdaulichkeit und energetischer Futterwert	188	7.4	Fettreiche Samen	210
6.2.5	Einsatzempfehlungen	188	7.5	Buchweizen	211
6.3	Beta-Rüben	190	**8**	**Futtermittel aus der industriellen Verarbeitung pflanzlicher Rohstoffe (H. Jeroch)**	211
6.3.1	Inhaltsstoffe	190
6.3.2	Verdaulichkeit und energetischer Futterwert	190
6.3.3	Einsatzempfehlungen	190	8.1	Allgemeine Angaben	211
6.4	Brassica-Rüben	191	8.2	Nebenprodukte der Mehl- und Schälmüllerei	212
6.4.1	Inhaltsstoffe	191
6.4.2	Verdaulichkeit und energetischer Futterwert	191	8.2.1	Nebenprodukte der Mehlmüllerei	212
6.4.3	Einsatzempfehlungen	191	8.2.1.1	Inhaltsstoffe und Futterwert	213
6.5	Mohrrüben	191	8.2.1.2	Einsatzempfehlungen	213
6.6	Maniok (Tapioka, Cassava)	191	8.2.2	Nebenprodukte und Produkte der Schälmüllerei	214
6.6.1	Inhaltsstoffe	192
6.6.2	Verdaulichkeit und energetischer Futterwert	192	8.3	Nebenprodukte der Stärkeindustrie	215
6.6.3	Einsatzempfehlungen	192	8.3.1	Nebenprodukte bei der Stärkegewinnung aus Mais und Weizen	215
6.7	Weitere Knollen für Futterzwecke	192
7	**Körner und Samen (H. Jeroch)**	193	8.3.2	Nebenprodukte aus der Kartoffelstärkegewinnung	217
7.1	Allgemeine Angaben	193	8.4	Nebenprodukte der Brennerei (H. Jeroch und H. Schenkel)	219
7.2	Getreide	193
7.2.1	Morphologischer Aufbau des Getreidekorns	193	8.5	Nebenprodukte der Bierbrauerei	221
7.2.2	Gehalt an Hauptnährstoffen	194	8.6	Nebenprodukte der Obstverarbeitung	224
7.2.3	Mineralstoffgehalt	195
7.2.4	Vitamingehalt	196	8.7	Nebenprodukte der Ölindustrie	224
7.2.5	Gehalt an antinutritiven Substanzen und Kontamination mit Schadstoffen	196	8.7.1	Allgemeine Angaben	224
	8.7.2	Verfahren der Ölgewinnung	225
	8.7.3	Rohproteingehalt und Proteinqualität	226
7.2.6	Verdaulichkeit und energetischer Futterwert	196	8.7.4	Gehalt an Kohlenhydraten und Faser, Verdaulichkeit und energetischer Futterwert	228
7.2.7	Proteinqualität	199
7.2.8	Futterwert von erntefrischem Getreide	200	8.7.5	Gehalte an Mineralstoffen und Vitaminen	228
7.2.9	Futterwert von Auswuchsgetreide	200	8.7.6	Vorkommen an antinutritiven Inhaltsstoffen	228
7.2.10	Spezifische Futterqualitätseigenschaften einzelner Getreidearten und Einsatzempfehlungen	201	8.7.7	Einsatzempfehlungen	228
	8.7.8	Nebenprodukt aus der Biodieselproduktion (H. Jeroch und H. Schenkel)	230
7.3	Körnerleguminosen	205	8.8	Nebenprodukte der Zuckerrübenverarbeitung	231
7.3.1	Gehalt an Hauptnährstoffen	207
7.3.2	Mineralstoff- und Vitamingehalt	207	8.8.1	Verfahren der Zuckerherstellung	231

8.8.2	Inhaltstoffe, Futterwert und Einsatzempfehlungen	232
8.8.2.1	Extrahierte Zuckerrübenschnitzel	232
8.8.2.2	Melasse	233
8.8.2.3	Melassierte extrahierte Zuckerrübenschnitzel	233
8.8.2.4	Futterzucker	233
9	**Futtermittel auf mikrobieller Basis (H. Jeroch)**	**234**
9.1	Allgemeine Angaben	234
9.2	Hefen	234
9.2.1	Inhaltsstoffe	235
9.2.2	Proteinqualität, Verdaulichkeit und energetischer Futterwert	236
9.2.3	Einsatzempfehlungen	236
9.3	Bakterien	236
10	**Futtermittel tierischer Herkunft (H. Jeroch)**	**237**
10.1	Allgemeine Angaben	237
10.2	Milch und Milchverarbeitungsprodukte	238
10.2.1	Milchverarbeitung und anfallende Produkte	238
10.2.2	Inhaltsstoffe und Futterwert	238
10.2.3	Einsatzempfehlungen	239
10.3	Futtermittel aus Fischen	239
10.3.1	Fischmehl	240
10.3.1.1	Herstellungsverfahren	240
10.3.1.2	Inhaltsstoffe und Futterwert	241
10.3.1.3	Einsatzempfehlungen	242
10.3.2	Weitere Fischprodukte	242
11	**Futterfette (H. Jeroch)**	**242**
11.1	Futterfettquellen	242
11.2	Ziele des Fetteinsatzes	243
11.3	Fettsäurenmuster von Futterfetten	243
11.4	Fettqualitätsveränderungen	244
11.5	Verdaulichkeit und energetischer Futterwert	245
11.6	Einsatzempfehlungen	246
12	**Erzeugnisse und Nebenerzeugnisse aus der Lebensmittelindustrie (H. Jeroch und H. Schenkel)**	**247**
12.1	Allgemeine Angaben	247
12.2	Produkte und Nebenprodukte der Back- und Teigwarenindustrie	248
12.2.1	Inhaltsstoffe und Futterwert	248
12.2.2	Einsatzempfehlungen	248
13	**Ergänzungs- und Zusatzstoffe (O. Simon)**	**249**
13.1	Allgemeine Angaben	249
13.2	Ergänzungsstoffe – Mengenelemente	249
13.3	Futterzusatzstoffe	250
13.3.1	Einteilung der Futterzusatzstoffe	250
13.3.2	Technische Zusatzstoffe	250
13.3.3	Sensorische Zusatzstoffe	251
13.3.4	Ernährungsphysiologische Zusatzstoffe	251
13.3.5	Zootechnische Zusatzstoffe	253
14	**Futtermittel aus gentechnisch veränderten Organismen (H. Schenkel)**	**254**
15	**Mischfuttermittel (H. Jeroch)**	**257**
15.1	Allgemeine Bemerkungen	257
15.2	Einteilung und Verwendungsart	259
15.3	Mischfutterberechnung	259
15.4	Herstellung	260
15.5	Allgemeine Anforderungen	261
15.6	Deklaration	262
15.7	Qualitätskontrolle	265
16	**Konservierung von Futtermitteln (O. Steinhöfel)**	**266**
16.1	Einleitende Bemerkungen	266
16.2	Silierung	266
16.2.1	Verfahrensprinzip	266
16.2.2	Vergärbarkeit	269
16.2.3	Silierzusätze	270
16.2.4	Siliertechnik	273
16.2.5	Spezielle Hinweise für die Silierung verschiedener Futtermittel	273
16.2.6	Bewertung der Gärqualität	276
16.3	Bereitung von Trockenfutter	276
16.3.1	Verfahrensprinzip	276
16.3.2	Bodentrocknung	276
16.3.3	Belüftungstrocknung	278
16.3.4	Heißlufttrocknung	278
16.3.5	Lagerung der Trockenkonservate	279
16.4	Konservierende Lagerung von Getreide, Kartoffeln und Beta-Rüben	279
16.5	Nährstoffverluste	280
17	**Futtermittelbearbeitung und -behandlung (H. Jeroch)**	**281**
17.1	Reinigen von Futtermitteln	282

17.2	Mechanische Bearbeitung und Behandlung von Futtermitteln	282	1.2.3.2	Bedarf an Aminosäuren für Wachstum	339	
17.3	Biologische Behandlungsverfahren	284	1.2.3.3	Versorgungsempfehlungen für pcd Aminosäuren und pcd Rohprotein	339	
17.4	Chemische Behandlungsverfahren	285	1.2.4	Bedarf an Mengenelementen	340	
17.5	Thermische, hydrothermische, thermisch-mechanische und hydrothermisch-mechanische Behandlungsverfahren	288	1.2.4.1	Unvermeidliche Verluste an Mengenelementen	341	
			1.2.4.2	Bedarf an Mengenelementen für Wachstum	341	
			1.2.4.3	Versorgungsempfehlungen für Mengenelemente	341	
18	**Futtermittelhygiene (S. Dänicke und H. Schenkel)**	**292**	1.2.5	Bedarf an Spurenelementen und Vitaminen sowie Versorgungsempfehlungen	341	
18.1	Allgemeine Vorbemerkungen und Begriffsbestimmungen	292	1.2.6	Fütterung der Ferkel	342	
18.2	Futtermittelhygienestatus und Futtermittelverderb	295	1.2.7	Fütterung der Mastschweine	345	
18.2.1	Mikrobieller Verderb	297	1.3	Jungsauen	351	
18.2.2	Mykotoxine	302	1.4	Tragende Sauen	352	
18.2.2.1	Übersicht und rechtliche Regelungen	302	1.4.1	Energie- und Nährstoffbedarf	352	
			1.4.2	Fütterung	354	
18.2.2.2	Management von mit Mykotoxinen kontaminierten Futtermitteln	308	1.5	Laktierende Sauen	356	
			1.5.1	Energie- und Nährstoffbedarf	356	
			1.5.2	Fütterung	358	
18.2.3	Maßnahmen zur Vermeidung negativer Einflüsse auf den Futtermittelhygienestatus	310	1.6	Eber	359	
			1.7	Versorgung von Schweinen mit wasserlöslichen Vitaminen	360	
19	**Futterwerttabellen (H. Jeroch)**	**312**	1.8	Fütterung und Produktbeschaffenheit	360	
			1.9	Fütterungsbedingte Gesundheitsstörungen (W. Drochner und M. Rodehutscord)	361	
C	**Fütterung**		1.10	Hygiene von Futter, Fütterung und Tränke	363	
			1.11	Umwelt- und ressourcenschonende Fütterung	365	
1	**Fütterung der Schweine (M. Rodehutscord)**	**332**	1.12	Fütterungskontrolle	367	
1.1	Besonderheiten in Anatomie und Physiologie und Konsequenzen für die Fütterung (W. Drochner und M. Rodehutscord)	332	**2**	**Fütterung der Pferde (J. Zentek)**	**367**	
			2.1	Grundlagen der Verdauungsphysiologie	367	
1.2	Ferkel und Mastschweine	333	2.2	Pferde im Erhaltungsstoffwechsel	370	
1.2.1	Entwicklungen während des Wachstums	334	2.2.1	Energie- und Nährstoffbedarf	372	
1.2.2	Bedarf an ME	335	2.2.2	Fütterungspraxis	373	
1.2.2.1	Bedarf an ME für Erhaltung	335	2.3	Reit- und Sportpferde	373	
1.2.2.2	Bedarf an ME für Wachstum	336	2.3.1	Bedarf für Bewegung	373	
1.2.2.3	Versorgungsempfehlungen für ME und Einflüsse auf den ME-Aufwand	336	2.3.2	Fütterungspraxis	375	
			2.4	Rennpferde	376	
			2.5	Zuchtstuten	378	
1.2.3	Bedarf an Aminosäuren und Rohprotein	337	2.5.1	Energie- und Nährstoffbedarf	378	
			2.5.2	Fütterungspraxis	379	
1.2.3.1	Erhaltungsbedarf an Aminosäuren	338	2.6	Hengste	380	

2.7	Fohlen	381		3.5	Mastbullenfütterung	448
2.8	Fütterungsbedingte Gesundheitsstörungen	383		3.5.1	Anforderungen an eine tiergerechte Ernährung	448
2.8.1	Koliken	383		3.5.2	Physiologische Grundlagen, Leistungskenndaten	448
2.8.2	Durchfallerkrankungen	384		3.5.3	Energie- und Nährstoffbedarf	449
2.8.3	Hyperlipidämie	384		3.5.4	Praktische Fütterung	452
2.8.4	Kreuzverschlag (Lumbago)	384		3.5.5	Schlachtkörperqualität, Fleischqualität	462
2.8.5	Störungen des Bewegungsapparates	384		3.5.6	Fütterungsbedingte Gesundheitsstörungen	463
2.8.6	Verhaltensstörungen	385		3.6	Jungrindermast durch Mutterkuhhaltung	464
3	**Fütterung der Rinder (W. Drochner)**	385		3.7	Mast von Färsen und Ochsen	465
3.1	Fütterung der Mastkälber	385		3.8	Ausmästung von Altkühen	465
3.1.1	Fütterung in der ersten Lebenswoche	386		3.9	Fütterung der Zuchtbullen	465
3.1.1.1	Physiologische Grundlagen, Leistungskenndaten	386		**4**	**Fütterung der Schafe (H. Steingaß)**	467
3.1.1.2	Praktische Fütterung	386		4.1	Einleitende Bemerkungen	467
3.1.2	Fütterung nach der ersten Lebenswoche	387		4.2	Anforderungen an die Fütterung	467
3.1.2.1	Physiologische Grundlagen, Leistungskenndaten	387		4.2.1	Besonderheiten des Schafes hinsichtlich Futteraufnahme und Verdauungsleistung	467
3.1.2.2	Energie- und Nährstoffbedarf	387		4.2.2	Energie- und Proteinbedarf	469
3.1.2.3	Praktische Fütterung	391		4.2.3	Mineralstoffbedarf und -versorgung	470
3.1.3	Fütterung und Schlachtkörperqualität	395		4.2.4	Vitaminbedarf und -versorgung	471
3.1.4	Fütterungsbedingte Gesundheitsstörungen	396		4.2.5	Futterdarbietungsformen	471
3.2	Fütterung der Aufzuchtkälber	398		4.3	Fütterung der Mutterschafe	472
3.2.1	Tiergerechte Anforderungen	398		4.3.1	Empfehlungen zur Energie- und Nährstoffversorgung	472
3.2.2	Physiologische Grundlagen, Leistungskenndaten	399		4.3.2	Fütterung mit Grünfutter	475
3.2.3	Energie- und Nährstoffbedarf	399		4.3.3	Fütterung mit Konservaten	476
3.2.4	Praktische Fütterung	401		4.4	Fütterung der Zuchtböcke	477
3.2.5	Fütterungsbedingte Gesundheitsstörungen	406		4.5	Fütterung der Lämmer	477
3.3	Jungviehfütterung für die weibliche Nachzucht	406		4.5.1	Energie- und Nährstoffbedarf	477
3.3.1	Tiergerechte Anforderungen	406		4.5.2	Kolostralmilchversorgung	478
3.3.2	Physiologische Grundlagen, Leistungskenndaten	407		4.5.3	Lämmeraufzucht am Mutterschaf	478
3.3.3	Energie- und Nährstoffbedarf	408		4.5.4	Lämmeraufzucht mit Milchaustauschern	479
3.3.4	Praktische Fütterung	411		4.6	Fütterung der Mastlämmer	480
3.4	Milchkuhfütterung	415		4.6.1	Energie- und Nährstoffbedarf	480
3.4.1	Anforderungen an wiederkäuergerechte Fütterung	415		4.6.2	Milchlämmermast	480
3.4.2	Physiologische Grundlagen, Leistungskenndaten	420		4.6.3	Intensive Lämmermast	480
3.4.3	Energie- und Nährstoffbedarf	420		4.6.4	Wirtschaftsmast	482
3.4.4	Praktische Fütterung	429		4.7	Fütterung der Jungschafe	482
3.4.5	Fütterung und Milchqualität	441		4.7.1	Energie- und Nährstoffbedarf	482
3.4.6	Fütterungsbedingte Gesundheitsstörungen	443		4.7.2	Praktische Fütterung	483
				4.8	Fütterung und Wollbildung	483
				4.9	Fütterungsbedingte Gesundheitsstörungen	484

5	**Fütterung des Geflügels**		5.8.2.1	Leistungsdaten 521
	(S. Dänicke und H. Jeroch) . . 486		5.8.2.2	Fütterung der Zuchtputen . . . 521
5.1	Einleitende Bemerkungen . . . 486		5.8.2.3	Fütterung der Zuchtputer . . . 522
5.2	Futter- und Wasseraufnahme		5.8.3	Fütterung der Zuchtgänse . . . 522
	beeinflussende Faktoren 486		5.8.4	Fütterung der Zuchtenten . . . 523
5.3	Besonderheiten des Ver-		5.9	Fütterung der Masttiere 523
	dauungstraktes und Folgen für		5.9.1	Allgemeine Grundsätze 523
	die Fütterung 487		5.9.2	Leistungsdaten 524
5.4	Energie- und Nährstoffbedarf		5.9.3	Kompensatorisches Wachstum 525
	sowie Versorgungsempfeh-		5.9.4	Fütterung der Broiler 525
	lungen 488		5.9.5	Fütterung der Mastputen . . . 529
5.4.1	Energie-, Protein- und Amino-		5.9.6	Fütterung der Mastgänse . . . 530
	säurenbedarf legender Tiere . . 488		5.9.7	Fütterung der Mastenten . . . 532
5.4.2	Energie-, Protein- und Amino-		5.10	Fütterung und Produktqualität 533
	säurenbedarf des Mastgeflügels 493		5.10.1	Eiqualität 533
5.4.3	Bedarf an Mengen- und		5.10.2	Schlachtkörper- und Fleisch-
	Spurenelementen 496			qualität 535
5.4.4	Bedarf an Vitaminen und essen-		5.11	Ökologische Aspekte der
	ziellen Fettsäuren 497			Fütterung 536
5.4.5	Wasserversorgung 497		5.12	Fütterungsbedingte Gesund-
5.5	Futtermittel, Futtermischungen			heitsstörungen 538
	und Futterzusatzstoffe 498			
5.6	Fütterungstechnik 499		6	**Besonderheiten der Fütterung**
5.7	Fütterung für die Eiproduktion 509			**unter den Bedingungen**
5.7.1	Leistungsdaten 509			**des ökologischen Landbaus**
5.7.2	Fütterung der Junghennen der			**(O. Simon)** 541
	Legerichtung 509		6.1	Anliegen des ökologischen
5.7.3	Fütterung der Legehennen . . 513			Landbaus 541
5.8	Fütterung des Zuchtgeflügels . 516		6.2	Fütterung und Futtermittel . . 541
5.8.1	Zuchthennen 516		6.3	Futterzusatzstoffe 541
5.8.1.1	Fütterung der Broilerzuchtjung-		6.4	Konsequenzen der Regelungen
	hennen 516			zur Fütterung 542
5.8.1.2	Fütterung der Broilerzucht-			
	hennen 517		**Weiterführende Literatur** 543
5.8.1.3	Fütterung der Hähne 519		**Abkürzungen** 545
5.8.2	Fütterung der Zuchtputen und			
	Zuchtputer 521		**Register** 547

Vorwort

Dieses Buch beinhaltet in gestraffter und komprimierter Form und ergänzt durch Tabellen und grafische Darstellungen das aktuelle Wissen auf den Teilgebieten Ernährungsphysiologie, Futtermittelkunde und Fütterung landwirtschaftlicher Nutztiere der Fachdisziplin Tierernährung. In den Ausführungen bleiben Probleme und Entwicklungstrends nicht ausgespart. Mit der Aufnahme aller drei Teilgebiete in den vorliegenden Titel soll vor allem eine Lücke im Lehrbuchangebot geschlossen werden, um das Studium des Fachgebietes Tierernährung zu erleichtern.

Für das Kapitel „Ernährungsphysiologie" ist eine Themenauswahl getroffen worden, die das Grundlagenwissen zum Verständnis des Gesamtgebietes vermitteln soll. Insbesondere werden folgende Themen abgehandelt: Zusammensetzung der Futtermittel und tierischer Produkte sowie die Analytik der Inhaltsstoffe; Vorkommen, Eigenschaften, Umsatz und physiologische Bedeutung der Hauptnährstoffe, Mineralstoffe und Vitamine; Regulation der Futteraufnahme; Verdauung und Resorption der Nährstoffe und ihre methodische Bestimmung; Energie- und Proteinumsatz sowie Energie- und Proteinbewertungssysteme.

Die Ausführungen über Inhaltsstoffe und Futterwert von Futtermitteln pflanzlicher und tierischer Herkunft nehmen im Kapitel „Futtermittel" einen breiten Raum ein. Dabei werden die vielfältigen Einflussfaktoren umfassend berücksichtigt. Weitere Abschnitte informieren über Ergänzungs- und Futterzusatzstoffe, Mischfuttermittel, Konservierung und Lagerung von Futtermitteln, Futtermittelhygiene sowie über Futtermittelbehandlung und -bearbeitung aus der Sicht der Qualitätserhaltung und -erhöhung. Das Kapitel wird durch Futterwerttabellen abgerundet.

Im Kapitel „Fütterung", das die Nutztierarten Rinder, Schafe, Pferde, Schweine, Hühnergeflügel, Puten und Wassergeflügel berücksichtigt, folgen nach kurzgefassten Ausführungen zu den physiologischen Grundlagen detaillierte Abhandlungen zum leistungsbezogenen Energie- und Nährstoffbedarf, einschließlich Beispielen für deren Ableitung. Dem schließen sich Empfehlungen zur tiergerechten praktischen Fütterung mit zahlreichen Beispielrationen und -rezepturen an, wobei neben einer Bedarfsabsicherung der Tiere, die Anforderungen an die Qualität der tierischen Produkte, Umweltaspekte und die Gesunderhaltung der Tiere bei der Rationsgestaltung und Futterarbeitung gebührend berücksichtigt werden.

Das Buch wendet sich in erster Linie an die Studierenden der Fachrichtungen Agrarwissenschaft, Veterinärmedizin, Ökotrophologie und Ernährungswissenschaften sowie an die Studenten der Agrar-, Ernährungs- und Umweltbereiche an den Fachhochschulen. Aber auch für Landwirte, Tierärzte, Fütterungsreferenten, Mitarbeiter der Mischfutter- und Futterzusatzstoffindustrie, Mitarbeiter des Futtermitteluntersuchungsdienstes und von Beratungsringen bzw. Beratungsfirmen eignet sich dieser Titel vor allem als Informationsmöglichkeit über das Gesamtgebiet der Tierernährung.

Die begleitende Literaturauswahl wurde so zusammengestellt, dass ein vertiefendes und weitergehendes Studium leicht möglich ist.

Das große Interesse an der ersten Auflage hat die Bearbeitung dieser zweiten Auflage erforderlich gemacht. Hierbei wurden die zahlreichen und wertvollen Hinweise von Rezensenten und Fachkollegen berücksichtigt. Aufgrund der Weiterentwicklung unseres Fachgebietes war eine grundlegende Überarbeitung verschiedener Kapitel erforderlich, wie z. B. Energiebewertungssystem für Schweine, Futtermittelgesetzgebung, Futtermittel tierischer Herkunft und Futterzusatzstoffe. Andere Aspekte wurden neu aufgenommen, wie Futtermittel aus gentechnisch veränderten Organismen, Futtermittelhygiene, Fütterung des Wassergeflügels und Besonderheiten der Fütterung unter den Bedingungen des ökologischen Landbaus. In allen Kapiteln erfolgten im Zuge der Überarbeitung Korrekturen und Aktualisierungen.

Für die zweite Auflage konnten als Mitautoren einige Fachkollegen neu gewonnen werden. Dazu gehören Prof. M. Rodehutscord (Halle) und Prof.

J. Zentek (Berlin), die die Kapitel „Fütterung der Schweine" bzw. „Fütterung der Pferde" neu gestaltet haben. Von Prof. Schenkel (Stuttgart-Hohenheim) als ebenfalls neuer Mitautor wurde der Abschnitt „Futtermittelrechtliche Vorschriften" aktualisiert und ein Beitrag über „Futtermittel aus gentechnisch veränderten Organismen" geschrieben. PD Dr. S. Dänicke (Braunschweig-Völkenrode) hat unter Mitwirkung von Prof. Schenkel den neuen Abschnitt „Futtermittelhygiene" verfasst. Ferner haben Dr. H. Steingaß (Stuttgart-Hohenheim) als neuer Mitautor auf Basis des Beitrages von Doz. Dr. A. Dittrich das Kapitel „Fütterung der Schafe" und Dr. O. Steinhöfel (Köllitsch) den Abschnitt „Konservierung von Futtermitteln" auf Grundlage der Ausführungen von Doz. Dr. Nonn neu überarbeitet.

Die Gesamtverantwortung für die Hauptkapitel tragen: Prof. O. Simon (Ernährungsphysiologie), Prof. H. Jeroch (Futtermittelkunde) und Prof. W. Drochner (Fütterung). Die Autoren der einzelnen Kapitel sind in dieser Auflage jeweils ausgewiesen. Die Herausgeber danken den neuen Autoren für ihre Bereitschaft, die 2. Auflage konstruktiv mitzugestalten.

Während Konzipierung, Abfassung, und Drucklegung erfolgte die Zusammenarbeit mit dem Eugen Ulmer Verlag Stuttgart in kollegialer und konstruktiver Form. Dem Verlag und insbesondere seinem Lektor, Herrn Werner Baumeister, danken wir an dieser Stelle herzlichst.

Die Autoren wünschen sich eine freundliche Aufnahme der 2. Auflage des Buches bei den Nutzern und sind für kritische Hinweise und fachliche Anregungen im Sinne einer weiteren Qualifizierung des Titels dankbar.

Halle / Stuttgart-Hohenheim / Berlin,
im Sommer 2007
H. Jeroch, W. Drochner, O. Simon

A Ernährungsphysiologie

1 Grundlagen der Ernährung

1.1 Grundbausteine der Biosphäre und molekularer Bauplan des Lebens

1.1.1 Allgemeines

Die Zahl der Verbindungen, die in Zellen vorliegen, ist äußerst groß und beträgt bei so einfach aufgebauten Zellen wie dem Bakterium *Escherichia coli* 3000 bis 6000, bei höheren Organismen sind es weitaus mehr. Daher ist es erforderlich, sich im Rahmen der Biochemie mit übergeordneten Stoffklassen zu befassen. Dies ist auch gut möglich, da die verschiedenen Moleküle im Organismus vorwiegend als Makromoleküle (Polymere) vorkommen. Der Umgang mit derartigen Makromolekültypen, wie Polysacchariden, Proteinen, Lipiden und Nucleinsäuren, stellt zwar eine Vereinfachung dar, dennoch bleibt die Stoffwechselvielfalt enorm groß.

Die Zellen, als kleinste lebensfähige Einheiten aller Lebewesen, enthalten als Grundbausteine Nucleinsäuren, Proteine, Lipide/Phospholipide, Polysaccharide/Vorstufen, andere organische Verbindungen, anorganische Ionen und Wasser.

Für die Lebensfähigkeit müssen all diese Grundbausteine vorhanden und in bestimmten Strukturen organisiert sein. Isolierte Grundbausteine behalten zwar ihre Funktionsfähigkeit, eine eigenständige Lebensfähigkeit liegt aber nicht vor. Ein isoliertes Enzym (Protein) kann zwar *in vitro* eine Reaktion katalysieren, erfüllt aber nicht die übrigen Kriterien eines Lebewesens. Auch DNA-Fragmente kann man einer Zelle entnehmen und beispielsweise vervielfachen (replizieren), die DNA kann aber für Lebensvorgänge erst wieder wirksam werden, wenn sie in Zellen integriert wird.

1.1.2 Kohlenhydrate

Der chemischen Zusammensetzung nach sind Kohlenhydrate Hydrate des Kohlenstoffs, mit der Summenformel $(C \times H_2O)_n$. Dabei muss $n \geq 3$ sein. Demnach ist das einfachste Kohlenhydrat Glycerinaldehyd.

Obwohl Kohlenhydrate im tierischen Organismus nur in geringen Mengen vorkommen, sind sie Bestandteil funktionell sehr wichtiger Verbindungen, wie Nucleinsäuren oder Verbindungen, die bei der Energiespeicherung von Bedeutung sind (ATP). Ferner kommen im tierischen Organismus Glycogen (Speicherkohlenhydrat) sowie Glucose vor.

In Pflanzen fungieren Kohlenhydrate sowohl als Reservesubstanzen als auch als Strukturelemente und bilden den Hauptanteil der organischen Substanz. Demnach sind Kohlenhydrate in der Ernährung von Mensch und Tier dominierend.

Die molekularen Grundbausteine der Kohlenhydrate sind die Monosaccharide (Sacchar = Zucker). Sie sind durch Säurehydrolyse nicht weiter spaltbar. Monosaccharide kommen allerdings in der Natur in freier Form kaum vor, sondern vorwiegend als große Moleküle aus sehr vielen Monosaccharideinheiten (Polysaccharide).

1.1.2.1 Monosaccharide

Die mengenmäßig wichtigsten Monosaccharide besitzen ein aus 6 C-Atomen bestehendes Grundgerüst und werden daher auch als Hexosen bezeichnet. Sie sind die Grundbausteine der Reservekohlenhydrate Stärke und Glycogen sowie zahlreicher anderer Verbindungen. Dem oben dargestellten Prinzip folgend haben sie alle die Summenformel $C_6H_{12}O_6$.

Nach der Anzahl der C-Atome kann man die Monosaccharide in Triosen (3), Tetrosen (4), Pentosen (5), Hexosen (6), Heptosen (7) usw. einteilen.

Die in der Natur am häufigsten vorkommenden Hexosen und Pentosen sind in Abbildung 1 dargestellt.

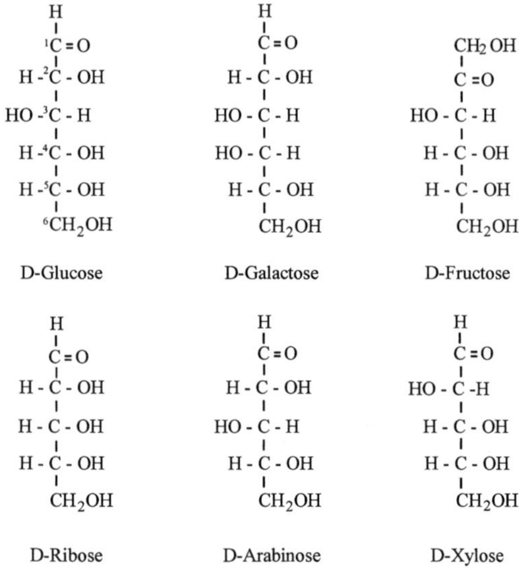

16 Grundlagen der Ernährung

```
    H                    H
    |                    |
¹   C = O               C = O              CH₂OH
    |                    |                  |
H - ²C - OH         H - C - OH              C = O
    |                    |                  |
HO - ³C - H         HO - C - H         HO - C - H
    |                    |                  |
H - ⁴C - OH         HO - C - H         H - C - OH
    |                    |                  |
H - ⁵C - OH         H - C - OH         H - C - OH
    |                    |                  |
   ⁶CH₂OH               CH₂OH              CH₂OH

  D-Glucose           D-Galactose         D-Fructose

    H                    H                  H
    |                    |                  |
    C = O               C = O              C = O
    |                    |                  |
H - C - OH          H - C - OH         HO - C - H
    |                    |                  |
H - C - OH          HO - C - H         H - C - OH
    |                    |                  |
H - C - OH          H - C - OH         H - C - OH
    |                    |                  |
   CH₂OH               CH₂OH              CH₂OH

  D-Ribose            D-Arabinose         D-Xylose
```

Abb. 1. Die mengenmäßig bedeutendsten Hexosen und Pentosen – Darstellung in offener Form. Hexosen und Pentosen haben jeweils die gleiche Summenformel. Sie unterscheiden sich bezüglich der Carbonylgruppe und der Stellung der OH-Gruppen.

In wässrigen Lösungen liegen Zucker kaum als langgestreckte Moleküle vor, sondern in einer ringförmigen Struktur. Es kommt dabei zur Umlagerung der Doppelbindung vom Sauerstoff der Carbonylgruppe zu einer OH-Gruppe innerhalb des gleichen Moleküls (Aldehyde → Halbacetale; Ketone → Halbketale). Bei den Hexosen, aber auch bei den Pentosen, kann entweder ein sechsgliedriger Ring oder ein fünfgliedriger Ring entstehen (Abb. 2).

Der sechsgliedrige Ring hat die Grundstruktur des Pyrans, daher heißen Monosaccharide mit solch einer Struktur **Pyranosen**, während der fünfgliedrige Ring vom Furan abgeleitet ist und zur Bezeichnung **Furanosen** der Zucker mit entsprechender Struktur führt.

Der Ringschluss führt zu einer neuen Konstellation mit weitgehenden Konsequenzen, es entsteht nämlich ein weiteres asymmetrisches C-Atom (Abb. 3). Es ist im Falle der Glucose das C_1-Atom, und es wird als anomeres C-Atom bezeichnet.

> Bei der Ringstruktur der Monosaccharide kann am anomeren C-Atom die OH-Gruppe zwei Stellungen haben. Daher gibt es z. B. bei der Glucose zwei anomere Formen: die α-Form (vereinfacht: OH-Gruppe an C_1 „unten") und die β-Form (OH-Gruppe an C_1 „oben").

In wässrigen Lösungen stellt sich für Glucose ein Gleichgewicht von 63 % in der β-Form und von 37 % in der α-Form ein.

1.1.2.2 Disaccharide und Oligosaccharide

Die Bindungsart, mit der Monosaccharide miteinander verknüpft sind, bezeichnet man als glycosidische Bindung.

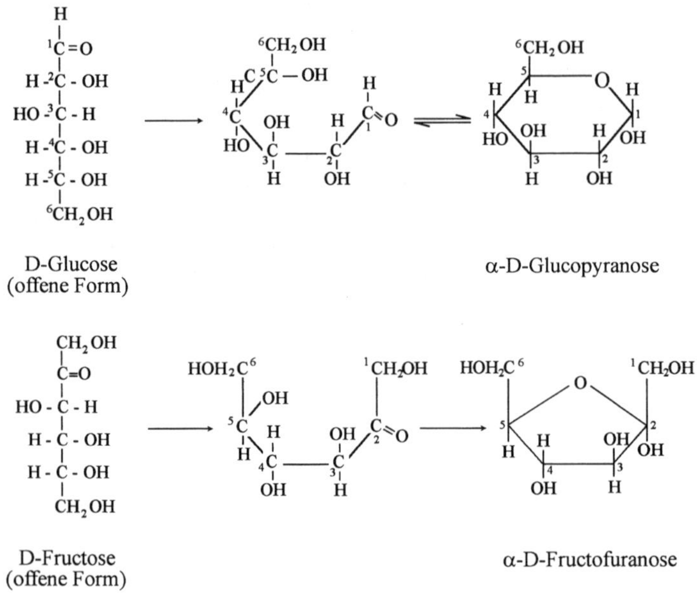

Abb. 2. Ringschluss von Hexosen zu Pyranosen bzw. Furanosen.

Abb. 3. Anomere α- und β-Form der Glucose.

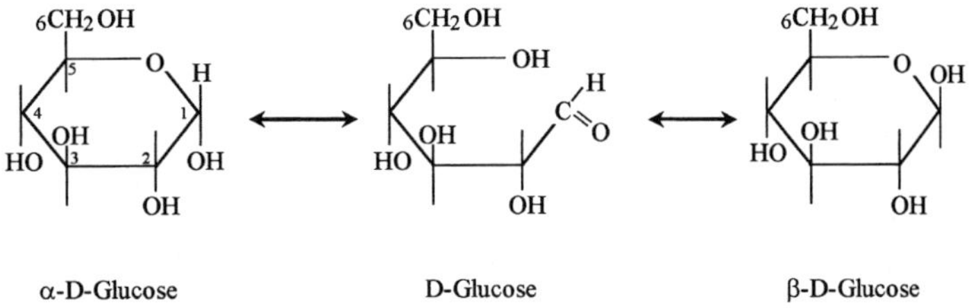

α-D-Glucose   D-Glucose   β-D-Glucose

Abb. 4. Maltose/Cellobiose.
▽

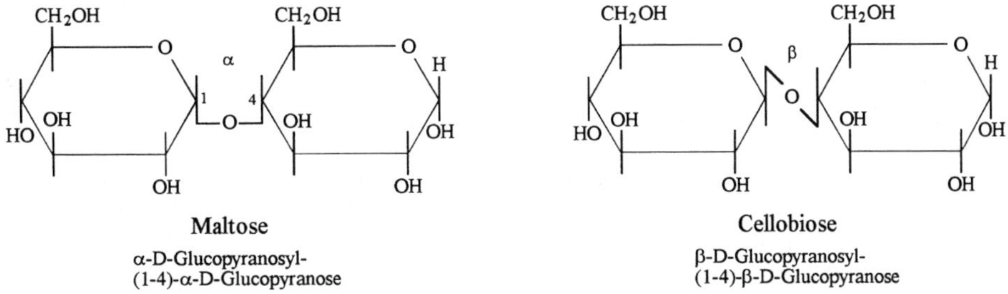

Maltose
α-D-Glucopyranosyl-
(1-4)-α-D-Glucopyranose

Cellobiose
β-D-Glucopyranosyl-
(1-4)-β-D-Glucopyranose

Für die Art der Disaccharide sind nicht nur die beteiligten Monosaccharide, sondern auch deren anomere Form entscheidend (Abb. 4).

Das Disaccharid der α-Glucose, die Maltose, besitzt eine α-glycosidische (1–4-)Bindung und unterscheidet sich wesentlich vom Disaccharid der β-Glucose, der Cellobiose, die eine β-glycosidische (1–4-)Bindung hat. Die Unterschiede sind so gravierend, dass es sogar unterschiedlicher Enzyme bedarf, um die verschiedenen glycosidischen Bindungen zu spalten. Bei der β-glycosidischen Bindung sind die beiden Glucosemoleküle um 180° zueinander verdreht. Die Zahlen in den Klammern bezeichnen die C-Atome, zwischen denen die Bindung geknüpft ist. Die wichtigsten Disaccharide sind in Tabelle 1 aufgeführt.

Bei glycosidischer Verknüpfung von 3 bis 10 Monosacchariden spricht man von Oligosacchariden. Sie treten vorwiegend als Zwischenprodukte im Kohlenhydratabbau auf.

1.1.2.3 Polysaccharide

Den Polysacchariden liegt das gleiche Bindungsprinzip wie den Disacchariden zugrunde. Sie bestehen meist aus sehr vielen Monosacchariden und werden in ihrer Gesamtheit als Glycane (Endung -an) bezeichnet. Wenn sie nur eine Art von Monosacchariden enthalten, bezeichnet man sie als Homoglycane (z. B. α-Glucan, β-Glucan, Xylan, Galactan), beim Vorliegen verschiedener Monosaccharide handelt es sich um Heteroglycane (z. B. Arabinoxylan, Galactomannan).

Insgesamt gesehen sind die Polysaccharide eine sehr heterogene Stoffklasse. Dies liegt einerseits an den unterschiedlichen Monosaccharidbausteinen und deren anomerer Form, aber auch an den unterschiedlichen Positionen, an denen die glycosidische Bindung vorliegt. Neben 1–4-Bindungen kommen z. B. auch 1–3-, 1–6- oder 1–2-Bindungen allein oder in Kombination vor. Darüber hinaus sind Quervernetzungen zwischen

Tab. 1. Die wichtigsten Disaccharide und ihr Vorkommen

Disaccharid	Bindung	Vorkommen
Maltose	α-Glc (1–4) α-Glc	Zwischenprodukt beim Abbau von Stärke und Glycogen
Isomaltose	α-Glc (1–6) α-Glc	Zwischenprodukt beim Abbau von Stärke und Glycogen
Cellobiose	β-Glc (1–4) β-Glc	Zwischenprodukt beim Abbau von Cellulose
Lactose	β-Gal (1–4) α-Glc	Milch von Säugetieren
Saccharose	α-Glc (1–2) β-Fru	bes. Zuckerrübe, Zuckerrohr

Glc = Glucose; Gal = Galactose; Fru = Fructose

Polysaccharidketten möglich. Daher ist auch verständlich, dass sich Polysaccharide bezüglich ihrer Eigenschaften, wie Abbaubarkeit oder Löslichkeit, wesentlich voneinander unterscheiden.

Stärke und Glycogen

Stärke ist die wichtigste Nährstoffreserve der Pflanzen, während Glycogen das Reservekohlenhydrat der tierischen Zellen ist. Beide enthalten ausschließlich α-Glucose, sind also α-Glucane.

Stärke liegt in den Zellen in Form unlöslicher Granula vor, den Stärkekörnern. Diese bestehen aus den beiden Fraktionen **Amylose** und **Amylopectin**. Der Amyloseanteil beträgt 20 bis 30%. Die Amylose ist ein lineares Polymer der α-Glucose, bestehend aus bis zu einigen tausend Einheiten, die ausschließlich α-(1-4-)glycosidisch miteinander verknüpft sind. Das alleinige Auftreten dieser Bindungsform führt zur Ausbildung einer spiralförmigen, helicalen Struktur. Diese Struktur ermöglicht den Stärkenachweis mit Iod (Iod-Stärke-Reaktion).

Amylopectin enthält neben 1–4-Bindungen auch 1–6-Bindungen. Nach 24 bis 30 Glucosemolekülen der Basiskette in 1–4-Bindung folgt eine 1–6-Bindung, die zu einer Verzweigung führt. Die Seitenketten enthalten wiederum 1–4-Bindungen (Abb. 5). Amylopectin kann bis zu 10^6 Glucosereste enthalten und gehört zu den größten natürlichen Makromolekülen.

Stärkekörner der einzelnen Getreidearten und der Kartoffel weisen je nach Pflanzenart eine spezifische Form auf. Sie sind 10 bis 50 μm groß und können anhand der Form, Schichtung, Rissbildung von Hohlräumen und anderen Merkmalen mikroskopisch differenziert werden. In den Stärkekörnern liegt eine Anordnung der Polysaccharidketten vor, die zur Entstehung von radiären Kristalliten führt. Wenn die kristallinen Knüpfstellen durch Wasser teilweise gelöst werden und Wasser eingelagert wird, kommt es zur Stärkequellung und Bildung des Stärkekleisters. Insbesondere durch thermische Behandlungsverfahren von Futtermitteln wird die Stärke in dieser Hinsicht strukturell modifiziert, und man spricht

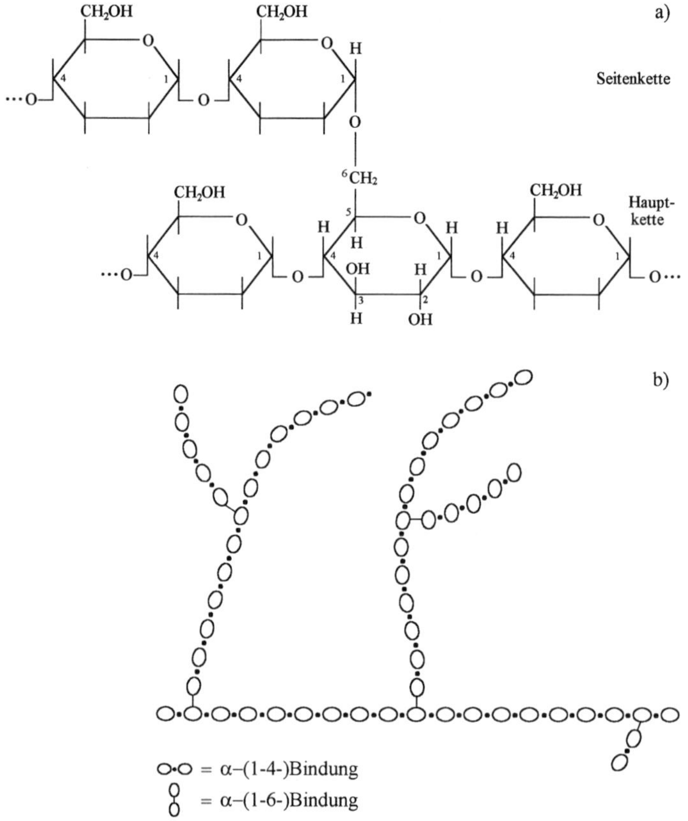

Abb. 5. Struktur von Amylopectin und Glycogen. a) Verzweigung der α-(1–6-)Bindungen; b) Ausschnitt aus der Molekülstruktur; bei Amylopectin tritt alle 24 bis 30 Glucosereste eine 1–6-Bindung auf, bei Glykogen alle 8 bis 12 Glucosereste.

von Stärkeaufschluss bzw. Stärkeverkleisterung. Native Kartoffelstärke ist für Monogastriden schlecht, aufgeschlossene dagegen gut verdaulich.

Glycogen ist das Depotpolysaccharid des tierischen Organismus und ähnelt in der Struktur dem Amylopektin, nur dass 1-6-Bindungen in dichterer Folge auftreten. Die höchsten Glycogenkonzentrationen liegen in der Leber vor. Je nach Ernährungsstatus können sie 0 bis 10% der Frischmasse betragen.

In der Muskulatur sind die Glycogenkonzentrationen weitaus niedriger (0,5 bis 1%), das Muskelglycogen ist aber aufgrund des großen Gewebeanteils ebenfalls von großer Bedeutung. Im Bedarfsfall kann Glycogen sehr schnell mobilisiert und zu Glucose abgebaut werden. Die relative Molekülmasse des Glycogens kann ebenfalls mehrere Millionen erreichen. Sowohl Stärke als auch Glycogen bilden bei Extraktion mit heißem Wasser aus ihren Granula kolloidale Lösungen.

Nichtstärke-Polysaccharide (NSP)

Es hat sich in der Tierernährung eingebürgert, alle Polysaccharide, die in Pflanzen vorkommen und die nicht der Stärke zuzuordnen sind, als Nichtstärke-Polysaccharide zu bezeichnen. Diese Unterteilung ist insofern sinnvoll, als der tierische sowie der menschliche Organismus zwar körpereigene Enzyme bilden, die einen Stärkeabbau bis zur Glucose bewirken, nicht aber Enzyme zum Abbau der NSP. Innerhalb der Gruppe dieser Verbindungen gibt es ebenfalls eine große Vielfalt.

Cellulose, 1-3,1-4-β-Glucane, Arabinoxylane (Pentosane), Mannane, Galactane, Xyloglucane, Inulin und Pectine gehören zu den Nichtstärke-Polysacchariden. Da sie vorwiegend in den Zellwänden von Pflanzen vorkommen, werden sie auch unter dem Begriff „pflanzliche Gerüstsubstanzen" zusammengefasst.

Cellulose

Cellulose ist ebenso wie Stärke ein Polymer der Glucose. Im Unterschied zur Stärke handelt es sich aber bei der Cellulose ausschließlich um die anomere β-Form der Glucose, die Molekülgrößen bis 15 000 Glucoseeinheiten erreichen kann. Dies führt zu gravierenden Unterschieden. Als wichtigstes Strukturpolysaccharid pflanzlicher Zellwände ist Cellulose wasserunlöslich und bildet feste, faserige Molekülverbände. Auch in verdünnten Säuren und Laugen ist Cellulose nicht löslich.

Aufgrund der β-Form sind die ausschließlich β-(1-4-)glycosidisch miteinander verbundenen Glucosemoleküle jeweils zur benachbarten Glucoseeinheit hin um 180° verdreht. Dies bedingt die Ausbildung langgestreckter, unverzweigter Ketten, die sich parallel zueinander anlagern und über intermolekulare Wasserstoffbrückenbindungen übermolekulare Ordnungszustände ausbilden, bis hin zu Kristallgittern. Auf dieser Basis kommt es zur Ausbildung von Mikrofibrillen, die wiederum miteinander verdrillt sein können und als Bestandteil der Primärwand von Pflanzenzellen diesen die nötige Stabilität verleihen.

Die β-(1-4-)glycosidische Bindung kann durch körpereigene Enzyme nicht gespalten werden. Verschiedene Mikroorganismen bilden allerdings solche Enzyme. Aber auch von diesen wird „kristalline" Cellulose wesentlich langsamer abgebaut als amorphe Cellulose, die nicht einen derartig hohen strukturellen Ordnungsgrad aufweist. Der Anteil amorpher Cellulose kann durch physikalische oder chemische Behandlungsverfahren erhöht werden.

1-3,1-4-β-Glucane und Pentosane

Neben der Cellulose kommen in pflanzlichen Zellen auch andere Nichtstärke-Polysaccharide vor, die wechselnde Bindungspositionen oder Seitenketten haben und zu „lockereren" Strukturen führen als bei Cellulose. Dadurch sind sie in Säuren und Laugen leichter löslich und bilden teilweise auch wasserlösliche Fraktionen. Derartige wasserlösliche NSP-Fraktionen führen zu hochviskosen Lösungen mit hohem Wasserhaltevermögen, was die Ursache für antinutritive Effekte sein kann.

Quantitativ wichtige Vertreter sind die 1-3, 1-4-β-Glucane, die besonders im Endosperm von Gerste- und Haferkörnern vorkommen. Wie Cellulose bestehen auch sie nur aus β-Glucose, neben β-1-4-Bindungen treten aber im Verhältnis 3 bis 4:1 auch β-1-3-Bindungen auf. Dies führt zu einem Abwinkeln der Molekülkette und somit zu aufgelockerten Strukturen (Abb. 6).

Pentosane haben ein ähnliches Löslichkeitsverhalten wie die 1-3,1-4-β-Glucane, bestehen aber hauptsächlich aus Xylose und Arabinose. Diese Arabinoxylane kommen ebenfalls im Getreide vor, insbesondere in Roggen, Triticale, aber auch Weizen. Sie bestehen aus 1-4-verknüpften Ketten aus β-D-Xylopyranosylresten, die zu einem hohen Anteil über O-3- und/oder O-2-Bindungen mit α-L-Arabinofuranosylresten substituiert sind (Abb. 6). Das Verhältnis von Arabinose zu

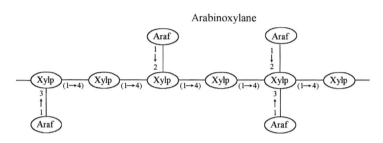

Abb. 6. Allgemeine Struktur von 1–3,1–4-β-D-Glucanen und von Arabinoxylanen. Xylp = Xylopyranose; Araf = Arabinofuranose.

Xylose variiert je nach Lokalisation im Korn und nach Löslichkeit und beträgt z. B. im Endosperm etwa 0,7 bis 0,8. Neben diesen Fünferzuckern können in geringen Mengen auch andere Monosaccharide enthalten sein. In pflanzlichen Zellwänden spielen ferner noch andere Polysaccharide eine Rolle, wie Polygalacturonsäure oder Arabinogalactane. All die zuletzt beschriebenen NSP werden auch als **Hemicellulosen** bezeichnet.

Pectine
Als Polysaccharide mit Verfestigungs- und Stützfunktionen kommen vor allem in der Mittellamelle und in der Primärwand pflanzlicher Zellen Pectine vor. Sie sind ebenfalls den NSP zuzuordnen und bestehen fast ausschließlich aus D-Galacturonsäureresten (am C_6-Atom -COOH), die über eine α-glycosidische 1–4-Bindung miteinander verknüpft sind. Die Carboxylgruppen sind größtenteils mit Methylalkohol verestert. Die Polygalacturonsäureketten, die bis zu 1000 Monosaccharideinheiten enthalten können, sind über verschiedene Bindungen mit anderen Polysacchariden der Zellwände verbunden.

Inulin ist ein weiteres Reservekohlenhydrat, das aus Fructoseeinheiten zusammengesetzt ist, die über 1–2 Bindungen miteinander verknüpft sind. Es kommt in einigen Pflanzen vor, wie in den Knollen des Topinambur und Zichorien.

Lignin
Lignin ist kein Kohlenhydrat. Es geht aber mit verschiedenen NSP strukturelle Verknüpfungen ein, so dass von einem Kohlenhydrat-Lignin-Komplex gesprochen werden kann. Solche Lignin-Hemicellulose-Strukturen füllen die Räume zwischen den Cellulosemikrofibrillen aus und verleihen den Sekundärwänden von Pflanzen eine hohe Stabilität. Lignin befindet sich vor allen Dingen in verholzten Pflanzenteilen, in vegetativen Pflanzenteilen nimmt demnach mit fortschreitendem Vegetationsstadium der Ligningehalt zu. Die Grundbausteine des Lignins sind die Phenylpropanderivate Coniferyl- und Sinapinalkohol. Für Tier und Mensch ist Lignin weitestgehend unverdaulich. Aus ernährungsphysiologischer Sicht ist aber ein Lockern des Kohlenhydrat-Lignin-Komplexes insofern von Interesse, als die Zugänglichkeit kohlenhydratabbauender Enzyme zu ihren Substraten dadurch verbessert wird.

Strukturwirksamkeit von NSP-reicher Futtermittel
NSP- und rohfaserreiche Futtermittel (Heu, Stroh, Grünlandaufwuchs, Silagen) haben physiologische Funktionen, die nur wirksam werden, wenn die Größe der Futterpartikel im Zentimeterbereich liegt. So ist diese Partikelgröße beispielsweise eine Voraussetzung dafür, dass bei Pferden ausreichend lange Kauzeiten vorliegen, um über intensive Speichelbildung und Durchmischung des Mageninhaltes Fehlgärungen im Magen zu vermeiden. Für Wiederkäuer ist eine ausreichende Strukturwirksamkeit des Futters ebenfalls für ausreichenden Speichelfluss sowie für die physiologischen Fermentationsabläufe in den Vormägen notwendig. Daher werden in der

praktischen Fütterung Mindestanforderungen an die Versorgung mit kaufähigem Raufutter (Pferd) oder strukturwirksamer Rohfaser oder an den Strukturwert des Futters (Wiederkäuer) gestellt.

1.1.3 Lipide

Der Begriff leitet sich von lipos (griech. Fett) ab und bezeichnet Substanzen biologischen Ursprungs, die sehr schlecht wasserlöslich, in organischen Lösungsmitteln aber gut löslich sind. Diese Eigenschaft basiert auf dem Vorhandensein zahlreicher lipophiler[1] (hydrophober) Gruppen. Gute Lösungsmittel für Lipide sind Äther, Chloroform oder Benzin.

Aus chemischer Sicht ist eine Einteilung in Fette (Neutralfette) und in andere Stoffe mit gleicher Löslichkeit möglich. Letztere sind unterschiedlicher Natur und haben verschiedene Funktionen (Beispiele):
- Phospolipide: Komponenten von Zellmembranen;
- Glycolipide: Cerebroside, Ganglioside;
- Steroide: einige Hormone, Cholesterin, Gallensäuren, Vitamine;
- Carotinoide: Vitamine, Farbstoffe;
- Wachse: Lanolin, Bienenwachs, Oberflächenschutz.

1.1.3.1 Fette

Fette gehören zur Stoffklasse der **Carbonsäureester**. Als Alkoholkomponente enthalten sie stets den dreiwertigen Alkohol **Glycerin**. Bei den enthaltenen Fettsäuren handelt es sich um **unverzweigte Monocarbonsäuren**. Im tierischen Organismus und in Pflanzen kommen Fette fast ausschließlich als **Triacylglycerine**, auch als **Triglyceride** bezeichnet, vor (d. h. Veresterung mit drei Fettsäuren) mit meist unterschiedlichen Carbonsäureresten (gemischte Triglyceride). In grünen Pflanzen kommen auch Mono- und Digalactosylglyceride vor.

$$\begin{array}{ll} H_2C-OH & C_1-O-\overset{O}{\overset{\|}{C}}-R_1 \\ HC-OH & C_2-O-\overset{O}{\overset{\|}{C}}-R_2 \\ H_2C-OH & C_3-O-\overset{O}{\overset{\|}{C}}-R_3 \end{array}$$

Glycerin   Fette (Triacylglycerine)

---

[1] hydrophil/lipophob = gute Löslichkeit in Wasser; lipophil/hydrophob = gute Löslichkeit in organischen Lösungsmitteln.

Die Eigenschaften der Fette werden von den enthaltenen Fettsäuren bestimmt.

> In der Regel enthalten die Fettsäuren eine gerade Anzahl von C-Atomen, da der Synthesemechanismus auf einer Polyaddition von C_2-Einheiten basiert.

Die im Tierkörper und in Pflanzen dominierenden Fettsäuren, wie Palmitin-, Öl-, Linol- und Stearinsäure, sind aus 16 oder 18 C-Atomen aufgebaut. Fettsäuren mit < 14 oder > 20 C-Atomen kommen nur sehr selten vor. Die Länge der Fettsäuren hat einen entscheidenden Einfluss auf den Schmelzpunkt. Er steigt mit zunehmender Kettenlänge. Tabelle 2 gibt einen Überblick zu den häufigsten Fettsäuren. Als Stoffwechselprodukte von Mikroorganismen treten auch Fettsäuren mit nur 2 bis 4 C-Atomen auf. Fettsäuren mit bis zu 5 C-Atomen bezeichnet man als kurzkettige Fettsäuren oder flüchtige Fettsäuren.

Darüber hinaus sind etwa die Hälfte der Fettsäuren einfach oder mehrfach ungesättigt, d. h. sie haben eine oder mehrere C=C-Doppelbindungen im Molekül. Der tierische Organismus ist nicht in der Lage, Fettsäuren mit mehr als einer Doppelbindung zu synthetisieren. Daher werden mehrfach ungesättigte Fettsäuren mit zwei und mehr Doppelbindungen als essenzielle Fettsäuren bezeichnet. Sie müssen mit der Nahrung zugeführt werden. Zu ihnen gehören zum Beispiel Linolsäure, Linolen- und Arachidonsäure.

Das Vorhandensein von Doppelbindungen hat einen noch größeren Einfluss auf den Schmelzpunkt als die Kettenlänge. Bereits bei einer Doppelbindung liegt der Schmelzpunkt bei 0 °C und sinkt mit steigender Anzahl von Doppelbindungen bis auf −50 °C (s. Tab. 2).

> Die Konsistenz der Fette hängt insbesondere vom Anteil mehrfach ungesättigter Fettsäuren in den Triglyceriden ab. Ihr Anteil ist in Ölen am höchsten (Tab. 3).

Die Ursache für die Senkung des Schmelzpunktes durch das Vorhandensein von Doppelbindungen liegt in der cis-Konfiguration der Doppelbindungen. Diese führt zu einer starren 30°-Krümmung der Kohlenwasserstoffkette und verhindert auf diese Weise eine dichte Packung (Abb. 7). Doppelbindungen führen zu einer Fluidität der Lipide und sind für die Eigenschaften von Membranen von Bedeutung.

> In Fettsäuren haben Doppelbindungen fast ausschließlich cis-Konfiguration.

Allerdings kann es bei technologischen Prozessen, wie der Fetthärtung (Margarine), oder durch mikrobielle Umsetzungen im Pansen zu einer Isome-

Tab. 2. Übersicht zu den quantitativ wichtigsten natürlichen Fettsäuren

Symbol[1]	Trivialname	Systematischer Name	Schmelzpunkt (°C)
Gesättigte Fettsäuren			
12:0	Laurinsäure	Dodecansäure	44,2
14:0	Myristinsäure	Tetradecansäure	52
16:0	Palmitinsäure	Hexadecansäure	63,1
18:0	Stearinsäure	Octadecansäure	69,6
20:0	Arachinsäure	Eicosansäure	75,4
22:0	Behensäure	Docosansäure	81
24:0	Lignocerinsäure	Tetracosansäure	84,2
Ungesättigte Fettsäuren			
16:1	Palmitoleinsäure	9-Hexadecensäure	−0,5
18:1	Ölsäure	9-Octadecensäure	13,4
18:2	Linolsäure	9,12-Octadecadiensäure	−9
18:3	α-Linolensäure	9,12,15-Octadecatriensäure	−17
18:3	γ-Linolensäure	6,9,12-Octadecatriensäure	
20:4	Arachidonsäure	5,8,11,14-Eicosatetraensäure	−49,5
20:5	EPA	5,8,11,14,17-Eicosapentaensäure	−54
24:1	Nervonsäure	15-Tetracosensäure	39

[1] Zahl der C-Atome : Zahl der Doppelbindungen

Tab. 3. Prozentuale Gehalte einiger Fettsäuren in Fetten

	Palmitinsäure	Stearinsäure	Ölsäure	Linolsäure	Linolensäure	Schmelzpunkt
Rindertalg	23	24	35	4	1,5	40 bis 50 °C
Schweineschmalz	25	18	43	6	2	34 bis 44 °C
Sojaöl	9	5	19	55	10	−10 bis −16 °C

rierung und Ausbildung der trans-Konfiguration kommen. Bei entsprechenden Fütterungsregimen kann Milchfett 3 bis 5 % trans-Fettsäuren enthalten. Von der räumlichen Struktur her weisen diese nicht mehr die günstigen Eigenschaften der Fettsäuren mit cis-Doppelbindungen auf (Abb. 7).

Familien mehrfach ungesättigter Fettsäuren (PUFA = poly unsaturated fatty acids)

Mehrfach ungesättigte Fettsäuren, wie Docosahexaensäure und Eicosapentaensäure, besitzen nachweislich spezifische essenzielle Funktionen im Zentralnervensystem, in Plasmamembranen und sind Bestandteil von Phospholipiden. Ausgangssubstanzen bedeutender PUFAs sind die Linolensäure und die Linolsäure. Von ihnen gehen die Familien der n−3- bzw. n−6-Fettsäuren aus (Tab. 4). Die Bezeichnung n−3 bedeutet, dass die erste Doppelbindung vom Molekülende her am 3. C-Atom ist. Durch schrittweise Desaturierung (Einfügen von Doppelbindungen) und Elongation (Verlängerung des C-Gerüstes um C_2) werden die übrigen PUFAs gebildet. Die Fähigkeit zu diesen Stoffwechselwegen ist sehr unterschiedlich. Fische (Hering, Dorsch) weisen im Vergleich zu anderen tierischen Produkten die höchsten Gehalte solcher n−3- und n−6-Fettsäuren auf. In gleicher Weise wie die n−3- und n−6-Fettsäuren bauen sich die Familien der n−7- und n−9-Polyenfettsäuren auf.

Eine besondere Kategorie ungesättigter Fettsäuren stellen die konjugierten Linolsäuren dar (CLA = conjugated linoleic acids). Sie entstehen aus Linolsäure durch mikrobielle Isomerierung (Pansen) oder in technologischen Prozessen. CLA sind dadurch charakterisiert, dass sie konjugierte Doppelbindungen besitzen, wobei es sich um verschiedene positionelle und geometrische Isomere der Linolsäure handeln kann. Die häu-

Abb. 7. Struktur von Fettsäuren.
a) C$_{18}$-Fettsäure gesättigt, einfach ungesättigt in cis-Konfiguration.
b) Räumliche Vorstellungen zum Auftreten von Doppelbindungen in cis- und trans-Konfiguration (cis: H-Atome auf einer Seite; trans: H-Atome gegenüberliegend).

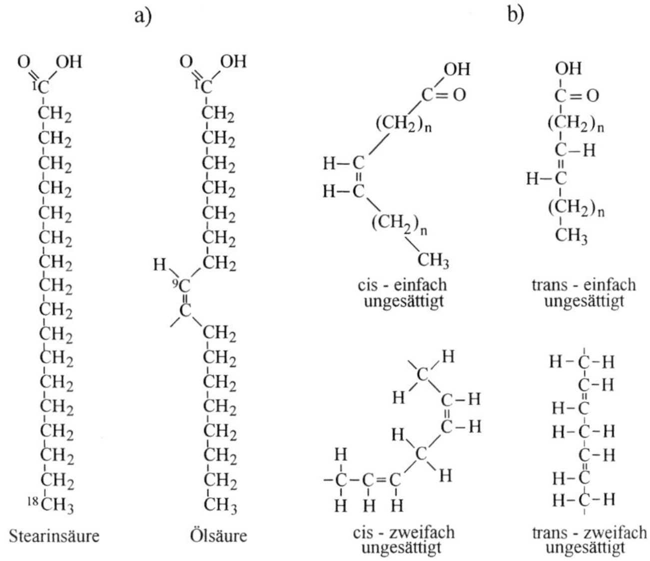

figsten Isomere sind die cis-9, trans-11 und die trans-10, cis-12 CLA. Den CLA werden in der Humanernährung verschiedene gesundheitsfördernde Effekte, wie anticancerogene und antiatherosklerotische Wirkungen zugeschrieben. In der Tierernährung bewirken CLA-Zusätze in erster Linie einen reduzierten Fettansatz sowie Milchfettgehalt. Die exaktere Untersuchung zur CLA-Wirkung steht gegenwärtig im Mittelpunkt zahlreicher Forschungsvorhaben.

Doppelbindungen ungesättigter Fettsäuren sind sehr reaktionsfreudig und können mit Luftsauerstoff zur Bildung von Peroxidgruppierungen führen. Dies führt nicht nur zum Verderb der Fette (Ranzigwerden), sondern kann auch die Oxidation anderer Fettinhaltsstoffe zur Folge haben, wie die oxidative Zerstörung von Vitamin A bzw. von β-Carotin. Durch Zusatz von Antioxydanzien (z. B. Vitamin E) kann der Peroxidbildung entgegengewirkt werden.

Die Verseifungszahl und die Iodzahl sind Maßzahlen, die für Fette die mittlere Kettenlänge der Fettsäure bzw. deren Gehalt an Doppelbindungen charakterisieren.

Tab. 4. Familien der n-3- und n-6-Polyenfettsäuren

Serie	Trivialname	Systematischer Name	Lokalisation der Doppelbindungen	Symbol[1]
n-3	α-Linolensäure	Octadecatriensäure	9, 12, 15	18:3
			6, 9, 12, 15	18:4
			8, 11, 14, 17	20:5
	EPA	Eicosapentaensäure	5, 8, 11, 14, 17	20:5
			7, 10, 13, 16, 19	22:6
		Docosahexaensäure	4, 7, 10, 13, 16, 19	22:6
n-6	Linolsäure	Octadecadiensäure	9, 12	18:2
	γ-Linolensäure	Octadecatriensäure	6, 9, 12	18:3
			8, 11, 14	20:3
	Arachidonsäure	Eicosatetraensäure	5, 8, 11, 14	20:4
			7, 10, 13, 16	22:4
			4, 7, 10, 13, 16	22:5

[1] Zahl der C-Atome : Zahl der Doppelbindungen

Die **Verseifungszahl** gibt die Menge KOH in mg an, die bei der Verseifung von 1 g Fett verbraucht wird. Bei der Verseifung entstehen Glycerin und das Kaliumsalz der Fettsäuren. Es wird demnach desto mehr Kalilauge verbraucht, je mehr Carboxylgruppen pro Masseeinheit vorliegen, d. h. je kurzkettiger die Fettsäuren sind.

Die **Iodzahl** gibt die Iodmenge an, die von 100 g Fett gebunden wird. Iod geht an den Doppelbindungen der ungesättigten Fettsäuren eine Additionsverbindung ein.

| Fette sind ideale Verbindungen zur Energiespeicherung!

Fette befinden sich auf einer niedrigeren Oxidationsstufe als Kohlenhydrate und Proteine und liefern deshalb bei der Oxidation größere Energiemengen. Sie sind aber auch aus einem anderen Grund ideale Energiespeichersubstanzen. Als unpolare Substanzen können sie wasserfrei gespeichert werden, während unter physiologischen Bedingungen mit Glycogen und Proteinen immer eine erhebliche Wassereinlagerung stattfindet. Fette haben also auf Masse bezogen die höchste Energiekonzentration.

Bei Tieren und Menschen wird Fett in Zellen gespeichert, die auf Fettsynthese und Ablagerung spezialisiert sind, den Adipozyten. Fettgewebe befindet sich besonders in der Unterhaut und im Bauchraum. Der Fettgehalt des Körpers ist altersabhängig und tierartspezifisch. Der Fettanteil im Zuwachs erhöht sich beim Schwein während der Mast auf über 40 %.

Neben der Energiespeicherfunktion bietet Unterhautfett auch einen Wärmeschutz und ist in dieser Hinsicht besonders für wasserbewohnende Warmblüter und für Wassergeflügel von besonderer Bedeutung.

1.1.3.2 Phospholipide (Phosphatide)

Bei dieser Art von Lipiden handelt es sich um Verbindungen, die eine Phosphorsäuregruppe enthalten. Sie kommen in allen Zellen vor und sind vor allen Dingen am Membranaufbau beteiligt. Als Komponenten des Nervengewebes, der Leber und des Eigelbs sind sie quantitativ stark vertreten.

Glycerophospholipide

Die Glycerophosphatide sind die wichtigsten Lipidbestandteile der biologischen Membranen. Von besonderer Bedeutung ist hierbei Lecithin. Es enthält Cholin, das durch Methylierung aus Ethanolamin entsteht. Als Methylgruppendonator fungiert die Aminosäure Methionin.

$$CH_3-(CH_2)_x \longrightarrow \overset{O}{\underset{\parallel}{C}} - CH_2 \quad \text{hydrophil}$$

$$CH_3-(CH_2)_y \longrightarrow \overset{O}{\underset{\parallel}{C}} - CH$$

hydrophob

$$CH_2-O-\overset{O}{\underset{\underset{O^-}{\parallel}}{P}}-O-CH_2-CH_2-\overset{+}{N}(CH_3)_3$$

Lecithin
Phosphatidylcholin

Ethanolamin $\xrightarrow{\text{Methylierung}}$ Cholin

Für alle Glycerophospholipide resultiert daraus die besondere Charakteristik der Moleküle:

| Glycerophospholipide sind amphiphil. Sie besitzen einen hydrophilen polaren „Kopf" und einen langgestreckten, hydrophoben unpolaren „Schwanz". Sie sind die wesentlichste Komponente biologischer Membranen.

Neben den hier erwähnten Stoffen spielen auch eine Reihe anderer Verbindungen (andere Lipide, Glycoproteine, Glycolipide) beim Membranaufbau eine Rolle.

1.1.3.3 Steroide und Carotinoide

| Cholesterin, Gallensäuren, D-Vitamine und Steroidhormone sind Steroide und leiten sich vom Steran ab.

Cholesterin ist das im tierischen Organismus am häufigsten vorkommende Steroid. Es ist Hauptbestandteil tierischer Plasmamembranen. Es kommt aber auch in der Galle vor und liegt in Lipoproteinen des Blutplasmas mit einer Fettsäure verestert vor.

Cholansäure hat eine ähnliche Struktur und ist die Ausgangssubstanz zur Bildung der Gallensäuren. Sie stellen Stoffwechselprodukte des Cholesterins dar. Salze der Gallensäure haben eine große Bedeutung für die Fettverdauung (s. Abschnitt 5.2.1).

Carotinoide sind rote und gelbe Polyenfarbstoffe (Lipochrome). Es handelt sich dabei um ungesättigte Kohlenwasserstoffe, deren Doppelbindungen zum großen Teil konjugiert sind. Zu den Carotinoiden gehören auch die Provitamine A, die Carotine.

1.1.4 Proteine

| Proteine sind hochmolekulare Verbindungen, deren monomere Bausteine die Aminosäuren sind.

Die Bezeichnung „Protein" leitet sich aus dem Griechischen ab (proteios = das Erste) und bringt zum Ausdruck, dass Leben prinzipiell das Vorhandensein von Proteinen erfordert. Während die bisher beschriebenen Hauptnährstoffe Kohlenhydrate und Lipide nur aus den Elementen Kohlenstoff, Sauerstoff und Wasserstoff bestehen, enthalten Proteine auch Stickstoff. Der durchschnittliche Gehalt beträgt 16%. Da Stickstoff einfacher bestimmt werden kann (Kjeldahl-Bestimmung) als Protein, wird in der Futtermittelanalytik über den Stickstoff der sogenannte **Rohproteingehalt** bestimmt (N • 6,25).

Zwei der insgesamt 20 in Proteinen vorkommenden verschiedenen Aminosäuren enthalten Schwefel, so dass Schwefel ebenfalls Bestandteil von Proteinen ist.

1.1.4.1 Aminosäuren, Struktur und Eigenschaften

Aminosäuren besitzen zwei funktionelle Gruppen, eine Carboxylgruppe (Carbonsäuregruppe) (–COOH) sowie eine Aminogruppe (–NH$_2$), die auch der Bezeichnung Aminosäuren zugrunde liegen.

Es gibt eine sehr große Anzahl von Aminosäuren, die dieser Definition gerecht werden, nur 20 kommen aber in Proteinen vor. Sie werden daher als **proteinogene Aminosäuren** bezeichnet. Nichtproteinogene Aminosäuren haben andere Funktionen im Stoffwechsel.

Die proteinogenen Aminosäuren sind in der Regel α-L-Aminosäuren. Das α kennzeichnet die Position der Aminogruppe, nämlich am nächsten C-Atom nach der Carboxylgruppe. Da alle Aminosäuren, bis auf Glycin (das nur zwei C-Atome besitzt), mit dem C$_2$-Atom ein asymmetrisches C-Atom haben, sind sie, wie auch die Monosaccharide, optisch aktiv und gehören einer stereoisomeren Reihe an: L- oder D-Reihe (vereinfacht: NH$_2$-Gruppe links bzw. rechts).

In Proteinen kommen nur Aminosäuren der L-Reihe vor.

Der allgemeinen Strukturformel der Aminosäuren ist zu entnehmen, dass sie sich durch den als „R" gekennzeichneten Molekülrest unterscheiden. Die proteinogenen Aminosäuren sind weiter unten dargestellt.

Aminosäuren als Ampholyte

Aminosäuren kommen eigentlich nur in geladener Form vor. In der Zwitterionenform erscheinen sie allerdings ladungsneutral. Der pH-Wert, bei dem Ladungsneutralität herrscht, wird als **isoelektrischer Punkt (IP)** bezeichnet.

Bei einem pH-Wert unterhalb des IP liegt Protonenüberschuss vor, und die Aminosäure nimmt eine positive Ladung an. Sie liegt dann als Kation vor. Bei einem pH-Wert oberhalb des IP herrscht Protonenmangel, und es wird ein Proton (H$^+$) abgegeben. Das Molekül wird zum Anion (negative Ladung).

Daraus resultiert die gleichzeitige Eigenschaft als Säure und als Base. Die Carboxylgruppe ist als Anion in der Lage, ein H$^+$ aufzunehmen und bewirkt die Baseneigenschaft. Die positiv geladene NH$_3^+$-Gruppe kann H$^+$ abgeben und führt daher zur Säureeigenschaft. Substanzen mit solchen Eigenschaften bezeichnet man als Ampholyte (amphoterisch).

Aminosäuren und Proteine sind Ampholyte und besitzen Pufferkapazität.

Einteilung der Aminosäuren

Aus chemischer Sicht kann man die Aminosäuren anhand des chemischen Aufbaus des Restmoleküls nach verschiedenen Gesichtspunkten einteilen. Häufig wird folgende Einteilung vorgenommen:

Aliphatische Aminosäuren oder neutrale Aminosäuren (langgestreckte, kettenartige Struktur)

Glycin (Gly), Alanin (Ala), Serin[1] (Ser), Threonin[1] (Thr)

Valin[2] (Val), Leucin[2] (Leu), Isoleucin[2] (Ile)

[1] Aminosäuren mit einer OH-Gruppe im Molekülrest.
[2] Aminosäuren mit einem verzweigten C-Gerüst (engl.: branched chain amino acids, daher häufig als BCAA abgekürzt).

Saure Aminosäuren (Monoamino-Dicarbonsäuren; sie besitzen eine zweite –COOH-Gruppe, daher kann die Seitenkette eine zusätzliche negative Ladung haben –COO$^-$)

Asparaginsäure (Asp) Asparagin[3] (Asn) Glutaminsäure (Glu) Glutamin[3] (Gln)

[3] Im Stoffwechsel haben die Säureamide von Glu und Asp wichtige Funktionen. Sie entstehen durch NH_3-Anlagerung bei gleichzeitiger Abspaltung von H_2O.

Basische Aminosäuren (besitzen neben der Aminogruppe in α-Stellung weitere NH_2-Gruppen, die positive Ladung annehmen können).

Arginin (Arg)   Lysin (Lys)

Aromatische und heterozyklische Aminosäuren

Phenylalanin[4] (Phe)   Tyrosin[4] (Tyr)   Histidin[5] (His)

Tryptophan[5] (Trp)   Prolin[5] (Pro)

[4] Aromatische Aminosäuren, der Ring wird ausschließlich durch C-Atome gebildet.
[5] Heterozyklische Aminosäuren, der Ring enthält neben C noch andere Elemente.

Schwefelhaltige Aminosäuren

Cystein (Cys)   Cystin[6] (Cys-Cys)   Methionin (Met)

[6] In oxidierter Form (Dehydrierung) liegt Cys als Cystin vor, das aus zwei Molekülen Cys entsteht. Derartige Disulfidbrücken zwischen zwei Cys-Resten liegen auch in Proteinen vor und sind für die räumliche Struktur der Proteine von Bedeutung.

Eine weitere Einteilung der Aminosäuren kann nach ernährungsphysiologischen Gesichtspunkten erfolgen.

> Aus ernährungsphysiologischer Sicht sind Aminosäuren essenziell, wenn sie nicht im Organismus gebildet werden können. Sie müssen mit der Nahrung zugeführt werden. Nichtessenzielle Aminosäuren können im Stoffwechsel gebildet werden.

Die Einteilung in essenzielle und nichtessenzielle Aminosäuren ist nicht starr aufzufassen. Es gibt tierartspezifische und altersspezifische Unterschiede. Einen Überblick für wachsende Säugetiere gibt Tabelle 5.

Aminosäuren, die zwar prinzipiell vom Tier synthetisiert werden können, aber nicht in ausreichendem Umfang, werden häufig als halbessenziell bezeichnet. Dies trifft für Arginin beim wachsenden Schwein zu. Für Geflügel ist Arginin aufgrund eines fehlenden Synthesemechanismus essenziell. Ferner ist Glycin für diese Tierart es-

Tab. 5. Einteilung der Aminosäuren nach ernährungsphysiologischer Betrachtungsweise bei wachsenden Säugetieren

Essentielle Aminosäuren	Semiessentielle Aminosäuren	Nichtessentielle Aminosäuren
Histidin	Arginin	Alanin
Isoleucin	Tyrosin	Asparginsäure
Leucin	Cystein	Asparagin
Lysin		Glutaminsäure
Methionin		Glutamin
Phenylalanin		Glycin
Threonin		Prolin
Tryptophan		Hydroxyprolin
Valin		Serin

senziell. Cystein kann aus der essenziellen Aminosäure Methionin und Tyrosin aus dem essenziellen Phenylalanin gebildet werden. Ein Mangel dieser Aminosäuren würde zwangsläufig einen höheren Bedarf an dem jeweiligen essenziellen Partner bedeuten.

Die Essenzialität von Aminosäuren basiert auf der Unfähigkeit des Organismus, das C-Skelett zu synthetisieren. Daher können für fast alle essenziellen Aminosäuren auch die entsprechenden α-Hydroxy- oder α-Ketosäuren verwertet werden. Die Einsatzmöglichkeit dieser Analoga kann aber durch verminderte Futteraufnahme limitiert werden.

1.1.4.2 Peptidbindung und Peptide

Die Bindung, mit der Aminosäuren miteinander verknüpft sind, bezeichnet man als Peptidbindung. Dabei geht jeweils die α-Aminogruppe einer Aminosäure unter Wasserabspaltung eine Bindung mit der Carboxylgruppe einer anderen Aminosäure ein.

Auf diese Weise kommt man zu Peptiden, die Kondensationsprodukte von Aminosäuren sind. Je nach den in den Peptiden enthaltenen Aminosäureresten spricht man von **Di-, Tri-, Tetrapeptiden**, usw. und allgemein bei 2 bis 10 Aminosäureresten von **Oligopeptiden** und bei 10 bis 100 (nicht starr) von **Polypeptiden**. Noch längere Peptidketten führen zu den Proteinen. Innerhalb eines Peptidmoleküls gibt es eine Orientierung. Das Ende mit der freien NH_3^+-Gruppe wird als N-terminales Ende und dasjenige mit der freien COO^--Gruppe als C-terminales Ende bezeichnet.

Peptide kommen im Organismus ebenfalls in niedrigen Konzentrationen vor, sie haben aber wichtige Funktionen. Glutathion ist beispielsweise Bestandteil eines Red-Ox-Systems. Auch eine Reihe von Hormonen sind Peptide (Peptidhormone), wie z. B. Oxytocin, Glucagon, Insulin, Gastrin und Cholecystokinin. Einige Antibiotika (z. B. Penicillin) haben ebenfalls Peptidcharakter.

Auch starke Gifte, wie Amatinin und Phalloidin (grüner Knollenblätterpilz) sowie Bienen- und Schlangengifte, sind Peptide. Im Verdauungstrakt sowie in allen Zellen entstehen als Zwischenprodukte des Proteinabbaus Peptide, die weiter zu Aminosäuren abgebaut werden.

1.1.4.3 Proteine und ihre Struktur

Proteine können vielfältige biologische Funktionen haben (Tab. 6).

Im Protein liegt zunächst eine Kette von Aminosäuren (meist mehrere hundert) vor, die über Peptidbindungen miteinander verknüpft sind. Die Aminosäurenreihenfolge (Aminosäurensequenz) in solch einer Kette bezeichnet man als **Primärstruktur** des Proteins.

Wie schon bei der Besprechung der einzelnen Aminosäuren verdeutlicht, besitzen die Molekülreste der Aminosäuren, die nicht an der Peptidbindung beteiligt sind, ebenfalls funktionelle Gruppen, die miteinander reagieren oder Ladungen tragen können. Daher ist es verständlich, dass die langen Aminosäurenketten nicht als formlose „Fäden" vorliegen, sondern bestimmte Raumstrukturen (Sekundärstruktur und Tertiärstruktur) ausbilden.

Für die Stabilisierung der Raumstruktur von Proteinen sind vier Bindungsarten verantwortlich:
- Wasserstoffbrückenbindungen,
- hydrophobe Bindungen,
- Disulfidbindungen,
- Ionenbeziehungen.

Denaturierung von Eiweißen

Bei der Denaturierung von Eiweißen wird ihre räumliche Struktur durch Lösen der entsprechenden Bindungen zerstört, diese Art der Denaturierung ist irreversibel. Als Folge der Denaturierung verlieren die Eiweiße ihre Funktionsfähigkeit.

Eine irreversible Eiweißdenaturierung wird insbesondere durch Hitzeeinwirkung (Kochen), aber auch durch Säureeinwirkung hervorgerufen. Hierbei werden Nebenvalenzbindungen und Disulfidbrücken gelöst, und die reaktiven Gruppen reagieren „ungeordnet" miteinander und führen zur Koagulation der Proteine.

Denaturierte Proteine sind proteolytisch leichter abbaubar als native. Außerdem kann man

Tab. 6. Biologische Funktionen von Proteinen

Biologische Funktion	Beispiele
Enzyme (Biokatalysatoren)	Trypsin, α-Amylase, Lipasen, Transaminasen, Urease
Strukturproteine	Collagen (in Knorpel, Knochen und Sehnen), Keratin, Elastin, Fibrin
Kontraktile Proteine	Actin, Myosin (im Muskel)
Transportproteine	Hämoglobin (O_2-Transport), Albumin, Lipoproteine, Transferrin
Abwehrproteine	Antikörper, γ-Globuline
Regulatorische Proteine	Proteohormone (Insulin, Parathormon)
Nährstoff- u. Speicherproteine	Gliadin (Weizen), Ovalbumin (Ei), Casein (Milch), Ferritin

durch Hitzedenaturierung unerwünschte Wirkungen von Proteinen in Nahrungs- und Futtermitteln beseitigen (z. B. Toasten von Sojaextraktionsschrot zur Inaktivierung des Trypsininhibitors).

1.1.5 Nucleinsäuren

Die Nucleinsäuren enthalten immer drei Grundbausteine: N-haltige Basen, Fünfzucker (Pentosen) und Phosphat. Je nach Art der enthaltenen Pentose unterscheidet man zwischen den Ribonucleinsäuren (RNA – enthält als Zuckerkomponente Ribose) und Desoxyribonucleinsäuren (DNA – enthält Desoxyribose).

Die DNA ist Träger der Erbinformation in allen zellulären Lebensformen sowie den meisten Viren.

Funktionen der DNA
- Steuerung der eigenen Replikation während der Zellteilung,
- Steuerung der Transkription der komplementären RNA-Moleküle.

Die RNA hat vielfältigere biologische Funktionen, und es gibt entsprechend den unterschiedlichen Aufgaben auch unterschiedliche RNA-Arten.

Funktionen der RNA
- **Messenger-RNA; mRNA;** Boten-RNA. Ist das Transkript der Polypeptid-codierenden DNA-Sequenz, d. h. überbringt sozusagen die genetische Information aus dem Zellkern an die Orte der Proteinsynthese; dient als Matrize bei der ribosomalen Synthese der Polypeptidkette.
- **Transfer-RNA; tRNA;** Schlepper-RNA. Bindet spezifisch die einzelnen Aminosäuren und „schleppt" diese an die Orte der Proteinsynthese.
- **Ribosomale RNA; rRNA.** Ribosomen bestehen etwa zu zwei Dritteln aus RNA und zu einem Drittel aus Protein, d. h. diese RNA hat neben funktionellen Aufgaben auch strukturelle Funktionen.

Bei einigen Viren ist die RNA anstelle der DNA Träger der Erbinformation.

1.1.6 Nucleotide als energiereiche Verbindungen

Damit im Organismus die aus Stoffwechselvorgängen gewonnene Energie auch für verschiedene Leistungen genutzt werden kann, muss sie in eine Form überführt werden, die sowohl eine Speicherung als auch einen Transport als auch eine Reaktivierung erlaubt. Dies wird im Organismus durch sogenannte energiereiche Bindungen realisiert. Das Prinzip solcher Verbindungen besteht darin, dass ein Teil der bei einer exergonischen Reaktion frei werdenden Energie mittels einer endergonischen Reaktion festgelegt wird. Solche Reaktionen führen beispielsweise zu bestimmten Bindungen zwischen Phosphorsäureresten.

Das im Organismus bedeutendste Energiespeichersystem geht vom Adenosinmonophosphat (AMP) aus. Es können zwei weitere Phosphorylierungsstufen auftreten, wobei jeweils ein Phosphorsäurerest durch Phosphoanhydridbindung (energiereich) gebunden wird. Daraus resultieren die Verbindungen Adenosindiphosphat (ADP) und Adenosintriphosphat (ATP). Als Energielieferant im Zellstoffwechsel hat ATP die größte Bedeutung.

Die Bindungen zwischen zwei Phosphorsäureresten sind als energiereich zu bezeichnen und werden durch das Zeichen ~ symbolisiert. Bei deren Spaltung wird ein hoher Energiebetrag frei, der im Stoffwechsel wiederum nutzbar ist. Für bestimmte Stoffwechselreaktionen spielen auch andere energiereiche Phosphate eine Rolle, wie beispielsweise GTP (Guanosintriphosphat).

Phosphoanhydridbindungen

Phosphoesterbindungen

Adenosintriphosphat
(ATP)

$$P = -O-\underset{\underset{O^-}{|}}{\overset{\overset{O^-}{|}}{P}}=O$$

Eine besondere Rolle spielt im Stoffwechsel das **zyklische AMP (cAMP)**. Es ist ein sogenannter **second messenger** bei der Hormonwirkung. cAMP entsteht aus ATP unter Wirkung des Enzyms Adenylatzyklase unter Abspaltung von Pyrophosphat und der Ausbildung einer intramolekularen Diesterbindung (Adenosin-3,5-Mononucleotid).

1.1.7 Nährstoff- und Futtermittelanalytik

1.1.7.1 Allgemeines

Sowohl der Säugetierorganismus als auch die Futtermittel sind zum überwiegenden Teil aus vier Elementen, nämlich Kohlenstoff, Sauerstoff, Wasserstoff und Stickstoff, zusammengesetzt. Neben diesen Elementen, die im Wasser und den organischen Verbindungen enthalten sind, bilden die anorganischen Stoffe einen quantitativ kleineren Anteil. Die Vielfalt der Verbindungen im tierischen Organismus und in der Pflanze ergibt sich aus der Variabilität der Verknüpfungsmöglichkeiten der genannten Elemente.

Um Futtermittel hinsichtlich ihres Futterwertes mittels chemischer Analyse zu charakterisieren, ist daher eine Elementaranalyse ungeeignet. Vielmehr müssen durch die chemische Analyse Stoffgruppen erfasst werden, die mit dem Energiegehalt, der Verdaulichkeit und dem Gehalt an speziellen Inhaltsstoffen in Verbindung zu bringen sind. Damit aber in der Praxis mittels einer chemischen Analyse der Wert eines Futtermittels beurteilt werden kann, muss diese einfach und schnell durchführbar sein. Dies geht nur im Rahmen eines Kompromisses zwischen analytischer Gründlichkeit und Zweckmäßigkeit. Solch einen Kompromiss stellt die (Weender) Futtermittelanalyse dar, die zur Grundlage der wissenschaftlichen Rationsgestaltung geworden ist und dafür auch heute noch nicht an Bedeutung verloren hat.

Dieses Analysenverfahren wird einigen wesentlichen Anliegen einer Futtermitteluntersuchung gerecht, wie der Trennung von Stoffgruppen mit unterschiedlichem Energiegehalt oder der Bestimmung von Parametern zur Schätzung von Verdaulichkeit und energetischem Futterwert. Aus heutiger Sicht müssen aber für die Rationsgestaltung auch Kenntnisse zum Gehalt spezieller Nährstoffe vorliegen. Dazu gehören bestimmte Aminosäuren, Fettsäuren, Kohlenhydrate, Mengen- und Spurenelemente, Vitamine und antinutritive Substanzen, zu deren Analyse weitere Verfahren angewendet werden müssen.

1.1.7.2 Probennahme und -vorbereitung

Die wichtigste Voraussetzung für verwendbare Analysenergebnisse ist eine einwandfreie Probennahme und Probenbehandlung.
Die folgenden Grundsätze sind dabei zu beachten:

- Eine Probe kann nur die Gesamtheit eines Futtermittels repräsentieren, wenn diese aus einer einheitlichen **Partie** (d. h. die Menge eines Futtermittels, die sich nach ihrer sensorischen Beschaffenheit, Deklaration und räumlichen Zuordnung als Einheit darstellt) entnommen wird. Der erste Schritt einer Probennahme ist demzufolge die Abgrenzung von Partien durch sensorische Beurteilungen (Farbe, Geruch, Feuchte, Gefüge, botanische Zusammensetzung).
- Aus der Partie sind räumlich gut verteilt gleich große **Einzelproben** nach dem Zufallsprinzip zu entnehmen, die anschließend zu einer **Sammelprobe** vereinigt werden. Nach intensivem Durchmischen der Sammelprobe wird durch geeignetes Reduzieren (z. B. Probenteiler, Flächenausgrenzung durch Diagonalen eines kreisförmig verteilten Futterstapels) eine **Endprobe** gebildet.
- Die Entnahme der Proben aus der Partie, ob per Hand oder mittels Probenentnahmegerät, hat so zu erfolgen, dass mit der Probennahme keine Veränderung durch Sedimentieren, Bröckeln, Reißen, Verunreinigungen bzw. Abpressen erfolgt.
- Futtermittelproben müssen luftdicht verpackt und dem Einfluss äußerer Einwirkungen, wie Luft, Sonnenlicht, Temperatur, Feuchte, Verschmutzung, Kontamination, entzogen werden. Um Veränderungen der Probe von der Probennahme bis zur Untersuchung zu vermeiden, sind Proben mit einem Feuchtegehalt von über 12 % sofort dem Untersuchungslabor

zu übergeben oder im Kühlschrank (maximal 2 Tage) bzw. im Gefrierschrank (−18 °C) zu lagern.
- Von jeder Probennahme ist ein Protokoll anzufertigen, das insbesondere Probenbenennung, die Herkunft der Probe, Ort und Zeitpunkt der Probenentnahme und das gewünschte Untersuchungsspektrum enthält. Weitere Angaben zur Probe, wie z. B. sensorische Befunde, können für die Bewertung einer Futtermittelprobe durch die Untersuchungsstelle hilfreich sein.

Zur weiteren Vorbereitung solch einer Probe für die Analyse gehört ein Zerkleinern, so dass insgesamt ein Siebdurchgang von 1 mm erreicht wird. Feuchte Proben müssen in der Regel bei 60 ± 5 °C vorgetrocknet werden.

1.1.7.3 Weender Futtermittelanalyse

Die Futtermittelanalyse ist in der Form, wie sie hier beschrieben wird, bereits annähernd 150 Jahre alt. Sie wurde von HENNEBERG und STOHMANN Ende des 19. Jahrhunderts in Weende bei Göttingen erarbeitet. Wesentliche Modifikationen hat es lediglich bei der Analytik der Polysaccharidfraktionen gegeben. Einer ständigen Weiterentwicklung war natürlich die Analysentechnik unterzogen.

Bei der Weender Futtermittelanalyse werden analytisch die Trockensubstanz, die Rohasche, die Rohfaser, das Rohprotein und das Rohfett bestimmt. Die Fraktion der stickstofffreien Extraktstoffe wird rechnerisch bestimmt. Die Vorsilbe von „Roh"-Fraktionen weist darauf hin, dass es sich jeweils um nicht reine Formen der bezeichneten Komponenten handelt. Da die Analysenergebnisse auch auf Trockensubstanz bezogen werden, ist darauf zu achten, dass alle Einwaagen gleichzeitig erfolgen. Die Weender Futtermittelanalyse wird nach folgendem Schema durchgeführt:

Trockensubstanz (DM = dry matter)/Rohwasser

Futtermittel setzen sich ebenso wie Tierkörper aus Wasser und Trockensubstanz zusammen. Die Nährstoffe sind in der Trockensubstanz enthalten. Durch Trocknung des Materials unter bestimmten Bedingungen ermittelt man den Trockensubstanzgehalt. Normalerweise wird die zerkleinerte Probe bei 103 bis 105 °C bis zur Massekonstanz getrocknet. Bei hitzeempfindlichen Futtermitteln (z. B. fettreiche Futtermittel) müssen schonende Trocknungsverfahren, wie Vakuum- oder Gefriertrocknung, angewendet werden. Die Massedifferenz zum frischen Material (Frischmasse) wird als Rohwasser bezeichnet, weil bei der Trocknung auch einige flüchtige organische Verbindungen, wie niedere Fettsäuren, Alkohole, Ammoniak, entweichen. Bei Silagen, die größere Konzentrationen dieser flüchtigen Verbindungen mit Nährwert enthalten, sind demzufolge entsprechende Korrekturen des Trockensubstanzgehaltes erforderlich. Bei Futtermitteln, die für die Homogenisierung zu feucht sind, wie Grünfutter, Silagen, Wurzeln und Knollen, ist eine Vortrocknung erforderlich.

Eine ausreichende Probe (> 1 kg) wird grob zerkleinert und anschließend bei 55 bis 60 °C im gut durchlüfteten Trockner so lange getrocknet, bis das Material in einer Mühle fein gemahlen werden kann. Der Masseverlust durch die Vortrocknung wird zur Gesamtfeuchte addiert.

Der Wassergehalt der Futtermittel variiert erheblich. Ein Vergleich der Futtermittel ist deshalb nur auf Trockensubstanzbasis oder bei gleichem Trockensubstanzgehalt (z. B. 88 %) möglich.

> Die Trockensubstanz enthält alle Bestandteile, die unter den Trocknungsbedingungen nicht flüchtig sind. Sie errechnet sich aus der Frischmasse minus dem Rohwasser und enthält sowohl organische als auch anorganische Bestandteile. Als Rohwasser bezeichnet man die unter den gleichen Bedingungen flüchtigen Bestandteile (rechnerisch ermittelt).

Rohasche (CA = crude ash)/organische Substanz (OM = organic matter)

Die Trockensubstanz enthält einen verbrennbaren und einen unverbrennbaren Anteil. Zur Bestimmung des nicht verbrennbaren Anteils wird die Probe mit bekanntem Trockensubstanzgehalt bei 550 °C im Muffelofen verascht und der Rückstand als Rohasche bezeichnet. Der Begriff Rohasche für den unverbrennbaren Anteil des Futters wurde gewählt, weil neben den Mineralstoffen auch unverbrennbare Fremdbestandteile (z. B. erdige Verunreinigungen, u. a. Silicate) bei dieser Bestimmung erfasst werden. Bei unsachgemäßer Ernte und Lagerung kann der Fremdanteil der Asche besonders hoch sein. Er vermindert nicht nur den Anteil der Nährstoffe in einer bestimmten Futtermenge, sondern kann sich auch nachteilig auf deren Verdaulichkeit und Resorption auswirken.

Für Futtermittel, bei denen eine hohe Verschmutzung möglich ist (Rübenblattsilagen), ist eine Differenzierung zwischen Reinasche und anderen anorganischen Bestandteilen sinnvoll. Dazu werden die Rohascheproben mit Salzsäure versetzt und die Mineralstoffe in Lösung gebracht. Der unlösliche Anteil wird durch Filtrieren ermittelt (z. B. Silicate). Der Rückstand wird als HCl-unlösliche Asche bezeichnet.

Reinasche
= Rohasche – HCl-unlösliche Asche

Die organische Substanz wird aus der Menge an Trockensubstanz und Rohasche berechnet.

Organische Substanz
= Trockensubstanz – Rohasche

Die organische Substanz besteht überwiegend aus den Hauptnährstoffen: Kohlenhydrate, Eiweiße und Fette.

> Rohasche ist der anorganische Anteil an der Trockensubstanz. Er beinhaltet Mineralstoffe und andere anorganische Stoffe (z. B. Silicate). Die Differenz zur Trockensubstanzmenge ist die organische Substanz.

Rohprotein (CP = crude protein)

Der Rohproteingehalt wird aus dem Stickstoffgehalt einer Probe errechnet, wobei von einem mittleren N-Gehalt der Proteine von 16 % ausgegangen wird (N-Gehalt • 6,25 = Rohproteingehalt). Diese Fraktion führt die Bezeichnung Rohprotein, weil neben dem Stickstoff der eigentlichen Eiweiße (Reineiweiß) auch der Stickstoff aus Nichtprotein-N-Verbindungen (NPN) (z. B. freie Aminosäuren, Säureamide wie Glutamin und Asparagin, Harnstoff, Purine, Pyrimidine, Betain, N-haltige Glucoside u. a.), außer Nitrat-N, erfasst wird. Das heißt, nennenswerte Diskrepanzen zwischen Rohprotein- und Reinproteingehalt treten bei solchen Futtermitteln auf, die hohe NPN-Anteile enthalten. Die Berechnung des Rohproteingehaltes aus der N-Bestimmung (N-Gehalt • 6,25) ist dann fehlerhaft, wenn der N-Gehalt der Proteine größer oder kleiner als 16 % ist, wie dies z. B. für einige Eiweiße zutrifft: Collagen 17,8 % N (Faktor 5,61), Milcheiweiß 15,7 % N (Faktor 6,37), Casein 15,5 % N (Faktor 6,45).

Die Rohproteinbestimmung wird im Rahmen der Futtermittelanalyse nach dem Prinzip des Kjeldahl-Verfahrens durchgeführt. Dieses Verfahren beinhaltet folgende Schritte:

- Aufschluss durch Nassmineralisierung mit konzentrierter Schwefelsäure. Der gesamte Stickstoff der Probe wird dabei in Ammoniumsulfat überführt.
- Alkalisieren und Destillation in die Vorlage einer Säure (Borsäure-Indikatorlösung). Dabei wird der Ammoniak mit dem Wasserdampf in die Vorlage übergetrieben.
- Titrieren der Ammoniakmenge in der Vorlage mit normal eingestellter Schwefelsäure (Farbumschlag eines Indikators).
- Berechnung des Rohproteingehaltes.

Zur technischen Realisierung dieses Prinzips der Stickstoffbestimmung gibt es verschiedene Systeme, die sich hinsichtlich der verwendeten Apparatur, der Probenmenge, der Katalysatorgemische, der Vorlagensäure und der Indikatoren unterscheiden.

> Der Rohproteingehalt wird aus dem Stickstoffgehalt einer Probe berechnet. Die quantitative N-Bestimmung erfolgt nach dem Kjeldahl-Verfahren. Die Fraktion enthält neben dem Proteinstickstoff auch Nichtprotein-Stickstoff.

Alternativ zum Kjeldahl-Verfahren wird häufig das Dumas-Verfahren angewendet, bei dem nach Totalverbrennung der Probe der Stickstoff im Elementaranalysator bestimmt wird.

Rohfett (EE = ether extract)

Als Rohfett wird bei der Weender Futtermittelanalyse eine Fraktion definiert, die in Fettlösungsmitteln (Diethylether, Petrolether) löslich ist. Sie wird zunächst durch Extraktion mit dem Lösungsmittel im Rückflussprinzip gewonnen (Soxhlet-Apparat). Anschließend wird das Lösungsmittel verdampft und die Masse der extrahierten Stoffe durch Wägung ermittelt. Beim klassischen Verfahren der Rohfettbestimmung ist eine sehr lange Extraktionszeit (6 bis 8 Stunden) erforderlich. Die Extraktionszeit kann wesentlich verkürzt werden, wenn eine Hydrolyse mit Salz- oder Schwefelsäure vorgeschaltet wird. Dies beruht primär auf einer Zerstörung der Zellwände des Probenmaterials.

Der Etherextrakt enthält neben den Neutralfetten (Triglyceride) andere Stoffe mit gleicher Löslichkeit, wie z. B. Phosphatide, Wachse, Carotinoide, fettlösliche Vitamine, Steroide, Chlorophylle, ätherische Öle. Diese unterscheiden sich im Nährwert und in den physiologischen Wirkungen von den Neutralfetten.

> Rohfett enthält alle Inhaltsstoffe einer Analysenprobe, die mit Fettlösungsmitteln extrahierbar sind. Neben den Neutralfetten als Hauptfraktion entsprechen diesem Kriterium verschiedene andere Verbindungen.

Rohfaser (CF = crude fibre)

Als Rohfaser wird der organische Rückstand bezeichnet, der nach definierter Säure- und anschließender Alkalibehandlung übrigbleibt.

Nach dem Weender Verfahren wird die Probe mit 0,13 Mol Schwefelsäure 30 Minuten in einem Becherglas gekocht. Nach Auswaschen der Säure auf einem Filter wird in gleicher Weise die Probe mit 0,23 Mol Kalilauge behandelt. Anschließend wird mit Wasser und Aceton gewaschen. Die Menge des bei dieser Säure- und Alkalibehandlung unlöslichen organischen Rückstandes wird durch Differenzwägung nach Trocknung und Veraschung der Probe ermittelt. Neuere Apparaturen zur Rohfaserbestimmung erleichtern die Prozedur insofern, als alle Arbeitsgänge bis auf das abschließende Trocknen und Veraschen in einem geschlossenen System erfolgen.

Die Rohfaserfraktion enthält hauptsächlich unlösliche Polysaccharide, die den pflanzlichen Gerüstsubstanzen zuzuordnen sind, wie Cellulose, Hemicellulosen (bestimmte β-Glucane, Pentosane und auch andere NSP) aber auch andere Stoffe wie Lignin, Suberin und Cutin, die ebenfalls in Zellwänden enthalten sein können.

> Die Rohfaserfraktion enthält in schwacher Säure und schwacher Lauge unlösliche organische Verbindungen, die größtenteils den pflanzlichen Gerüstsubstanzen zuzuordnen sind.

Allerdings sind ein Teil der Pentosane oder auch der β-Glucane unter diesen Bedingungen löslich und werden daher in der NfE-Fraktion erfasst.

Stickstofffreie Extraktstoffe (NfE = nitrogen free extractives)

Die stickstofffreien Extraktstoffe (NfE) werden in der Weise berechnet, dass zunächst die ermittelten Analysenwerte für Wasser, Rohasche, Rohprotein, Rohfett und Rohfaser addiert werden (g/kg). Aus der Differenz zu 1000 g ergibt sich die Menge an NfE (g/kg). Anhand des bestimmten Trockensubstanzgehaltes kann dann der Wert pro kg TS umgerechnet werden. Das heißt, alle Verbindungen, die in den oben genannten Analysen nicht erfasst wurden, werden rechnerisch der NfE-Fraktion zugeordnet. Mit diesem Vorgehen werden primär die α-Glucane (Stärke und Glycogen), alle Zucker und Inulin erfasst, allerdings eben auch lösliche Anteile pflanzlicher Gerüstsubstanzen (Pectine, Pentosane, β-Glucane).

> Die NfE-Fraktion wird rechnerisch ermittelt und erfasst primär leicht lösliche Kohlenhydrate (Stärke, Glycogen, Zucker), aber auch lösliche Anteile pflanzlicher Gerüstsubstanzen.

Einschätzung der Weender Futtermittelanalyse

Als Konventionsanalyse (Übereinkommen zu Analysengängen) liefert die Weender Futtermittelanalyse bei Einhaltung der Vorschriften gut reproduzierbare Ergebnisse. Sie ist einfach durchführbar und wird international einheitlich bereits über einen sehr langen Zeitraum angewendet. Dementsprechend gibt es eine sehr große Datenfülle zu praktisch allen Futterkomponenten. Ferner ist das Verfahren sowohl für Futtermittel als auch für Gewebe- oder Ganzkörperproben sowie Kot-, Digesta- und Harnproben anwendbar. Deshalb hat die Weender Futtermittelanalyse bis heute trotz einiger Mängel ihre Bedeutung nicht verloren.

Die wesentlichen Mängel des Analysenverfahrens sind:

- Es werden nur Stoffgruppen erfasst, die in ihrer chemischen Zusammensetzung und ihrem ernährungsphysiologischen Wert für das Tier nicht einheitlich sind, wie dies bereits an Einzelbeispielen aufgezeigt wurde.
- Nicht alle Rohnährstoffe werden analytisch bestimmt. Dadurch können sich z. B. bei den N-freien Extraktstoffen Analysenfehler summieren. Durch Doppelbestimmungen in mehreren Rohnährstoffgruppen (z. B. N-haltige Phosphatide im Rohfett und im Rohprotein), durch N-Verbindungen mit einem über 16 % liegenden N-Gehalt sowie durch die Bildung von Oxiden und Carbonatsalzen bei der Rohaschebestimmung vermindert sich der Anteil an N-freien Extraktstoffen.

- Es werden keine Informationen zum Gehalt besonderer Nährstoffe, wie z. B. bestimmte Aminosäuren oder Fettsäuren, geliefert.
- Der größte Mangel ist aber die Untergliederung der Kohlenhydrate in die NfE- und die Rohfaserfraktion. Anliegen dieser Vorgehensweise war es, zwischen besser verdaulichen und schlechter verdaulichen Kohlenhydraten zu differenzieren. Der Anteil pflanzlicher Gerüstsubstanzen (Cellulose, Hemicellulosen) wird aber nur zum Teil (bei Stroh z. B. ca. 50 %) in der Rohfaserfraktion erfasst, während der lösliche Anteil in der NfE-Fraktion erscheint. Da diese Stoffe nur bakteriell und insgesamt schlechter verdaulich sind als z. B. Stärke, führt dies zu einer Fehleinschätzung der Nährstoffverwertbarkeit.

Es ist daher verständlich, dass es Bestrebungen gegeben hat, insbesondere die Kohlenhydratanalytik weiter zu entwickeln, und dass Analysenverfahren erforderlich sind, um den Gehalt spezieller Nährstoffe zu bestimmen. Einige werden kurz dargestellt.

1.1.7.4 Kohlenhydratanalytik nach der Detergenzienmethode

Zur Erfassung der Zellwandkomponenten und ihrer stofflichen Differenzierung hat VAN SOEST (1967) ein Analysenverfahren entwickelt, das als Detergenzienmethode bezeichnet wird. Die Summe der Gerüstsubstanzen erhält man als Rückstand nach dem Kochen der Futtermittelprobe in neutraler Detergenzienlösung (Natriumlaurylsulfat, EDTA, pH 7) und bezeichnet sie als NDF (neutral detergent fibre). Als Rückstand nach dem Kochen mit schwefelsaurer Detergenzienlösung (Cetyltrimethylammoniumbromid in 1 N H_2SO_4) verbleiben im Wesentlichen Cellulose und Lignin. Die so erhaltene Fraktion wird als ADF (acid detergent fibre) bezeichnet. Bei weiterer Behandlung mit noch höher konzentrierter (72 %) Schwefelsäure wird auch die Cellulose hydrolysiert und der Rückstand enthält als wesentliche Komponente nur noch Lignin. Die entsprechende Fraktion ist mit ADL (acid detergent lignin) oder auch Rohlignin benannt. Da jeweils nur der unlösliche organische Rest von Interesse ist, muss jeweils der Rückstand nach Trocknung und Wägung verascht und der Anteil an Rohasche abgezogen werden.

Das Analysenergebnis der Detergenzienmethode weist folgende Fraktionsteile auf:
- NDF: enthält Hemicellulosen, Cellulose, Lignin, Asche;
- ADF: enthält Cellulose, Lignin, Asche;
- ADL: enthält Lignin.

Demnach können berechnet werden:
- Hemicellulosen = NDF – ADF;
- Cellulose = ADF – ADL.

Aus dieser kurzen Darstellung der Detergenzienmethode wird ersichtlich, dass man ebenfalls Stoffgruppen und keine chemisch definierten Substanzen erfasst. Dennoch kann durch dieses Analysensystem und weitere Analysen (Stärke, Zucker, Pectine) die wesentliche Schwachstelle der Weender Analyse beseitigt werden. Durch eine Kombination von Teilen der Weender Analyse (Rohwasser, Rohasche, Rohprotein, Rohfett), der Detergenzienmethode und spezifischen Kohlenhydratanalysen (Stärke, Zucker, Pectine) ist es möglich, die Zellinhaltsstoffe sowie die Zellwandsubstanzen in ihre wesentlichen, ernährungsphysiologisch bedeutsamen Bestandteile aufzutrennen (Abb. 8). Es verbleibt lediglich ein geringer, nicht näher definierbarer organischer Rest.

1.1.7.5 Analytik spezieller Nährstoffe

Stärke und Zucker

Die amtliche Analyse des Stärke- und Zuckergehalts erfolgt mittels polarimetrischer Methoden. Diese basieren auf der optischen Aktivität von Zuckern, die die Ebene polarisierten Lichtes zu drehen vermögen. Ferner ist eine Direktbestimmung der Kohlenhydrate mithilfe spezifischer

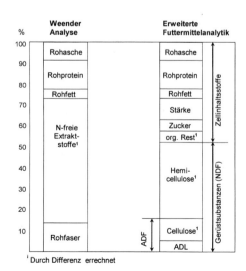

Abb. 8. Stoffauftrennung nach verschiedenen Analysenverfahren am Beispiel Weizenkleie.

Enzyme möglich. Bei der enzymatischen Analyse muss zunächst eine enzymatische Hydrolyse der Oligo- oder Polysaccharide zu Monosaccharid-Einheiten (Substrate) erfolgen. Das zu analysierende Substrat wird mit hochspezifischen Enzymen in definierten Reaktionen zu einem anderen Produkt umgesetzt, und anschließend wird mithilfe physikalischer oder chemischer Methoden die Abnahme des Substrats oder die Bildung eines Produktes bestimmt.

(1–3,1–4-)β-Glucane und Pentosane
Aufgrund der möglichen antinutritiven Wirkung dieser Polysaccharide besteht in einigen Fällen ein Interesse an der quantitativen Bestimmung der löslichen und unlöslichen Anteile dieser Substanzen. Die Bestimmung basiert auf der quantitativen Analyse der Monosaccharide (enzymatisch oder nach Derivatisierung gaschromatografisch) nach der schrittweisen Hydrolyse der polymeren Verbindungen durch Enzyme und Säuren.

Aminosäuren
Die Aminosäurenanalytik ist heutzutage eine Routinemethode, die auch weitgehend automatisiert ist. Um den Gehalt der einzelnen Aminosäuren eines Proteins oder eines Proteingemisches bestimmen zu können, müssen drei Schritte vollzogen werden:
- Aufspaltung der Proteine in die einzelnen Aminosäuren durch Hydrolyse mit 6 n Salzsäure,
- Trennung des Gemisches von Aminosäuren,
- quantitative Bestimmung der einzelnen Aminosäuren.

Bei der Trennung und Reinigung von Aminosäuren und Proteinen werden diese meist durch pH-Absenkung unter den isoelektrischen Punkt in Kationenform überführt und an Kationenaustauscher gebunden. Durch schrittweise pH-Wert-Erhöhung und steigende Salzionenkonzentrationen werden die Substanzen von den Ionenaustauschern desorbiert und auf diese Weise getrennt. Die wichtigste Nachweisreaktion für Aminosäuren ist die Ninhydrinreaktion.

Fettsäuren
Die Gaschromatografie erlaubt eine Auftrennung der verschiedenen kurz- und langkettigen Fettsäuren. Die gaschromatografisch aufgetrennten Fettsäuren können mit dem Flammenionisationsdetektor (FID) quantifiziert werden. Das Bestimmungsverfahren setzt bei pflanzlichen und tierischen Matrizen eine Extraktion der veresterten Fettsäuren voraus. Nach der Extraktion werden die Fettsäuren üblicherweise als Methylester bestimmt.

Mineralstoffe und Spurenelemente
Eine Vielzahl von Methoden, insbesondere verschiedene Techniken der Atomabsorptionsspektrometrie (Flammen-AAS, Graphitrohr-AAS, Hydrid-AAS, Kaltdampf-AAS), haben sich in den letzten Jahren in der Analytik von Mengen- und Spurenelementen etabliert. Während für die Bestimmung von Mengenelementen wie Ca, K, Mg und Na mit Erfolg die Flammen-AAS eingesetzt wird, reicht die Empfindlichkeit dieser Methode für die Bestimmung von Spurenelementen, wie z. B. Se, Ni, Mo, in biologischen Proben oft nicht aus. Mit der Atomisierung im Graphitrohr werden erheblich bessere Nachweisgrenzen erreicht. Mithilfe spezieller Techniken zur Trennung des Bestimmungselements von der Matrix (Hydrid, Amalgam) sind Nachweisgrenzen bis in den Sub-ppb-Bereich (< µg/l) erreichbar.

Körperflüssigkeiten können oft direkt eingesetzt werden, während bei der Analyse von festen Proben ein vollständiger Probenaufschluss (Nassveraschung bzw. Mineralisierung im Muffelofen) notwendig ist. Neben AAS-Techniken gibt es für die Bestimmung von Mineralstoffen und Spurenelementen eine ganze Reihe weiterer instrumenteller, technisch teils sehr hoch entwickelter und teurer Analysenverfahren, wie die Plasmaemissionsspektrometrie (ICP-AES), Plasmamassenspektrometrie (ICP-MS), Neutronenaktivierungsanalyse (NAA).

Vitamine
Jedes Vitamin hat aufgrund seiner molekularen Struktur, seiner Löslichkeit in Wasser oder Fett, eine spezifische Stabilität und unterliegt damit einer charakteristischen Tendenz der chemischen Modifikation, die mit einem Aktivitätsverlust verbunden ist. Für die Bestimmung der Vitamine sind verschiedene analytische Methoden wie Spektralfotometrie, Fluorometrie, Dünnschichtchromatografie und Hochdruckflüssigkeitschromatografie (HPLC) beschrieben. Gegenwärtig wird die HPLC-Bestimmung am häufigsten eingesetzt, da dieses instrumentelle Verfahren meist eine genauere und spezifischere Bestimmung erlaubt als andere Analysentechniken. Biologische Methoden der Vitaminbestimmung (mikrobiologisch, Tierversuche) verlieren zunehmend an Bedeutung.

1.2 Enzyme und ihre Wirkung

1.2.1 Was sind Enzyme?

Enzyme sind hoch effektive biologische Katalysatoren. Es handelt sich dabei um Eiweiße, die in den Zellen gebildet werden und die die gesamte Vielfalt der biochemischen Reaktionen vermitteln.

Die charakteristischen Eigenschaften und Leistungen eines Lebewesens, eines Organs, einer Zelle oder eines Zellkompartiments werden im Wesentlichen durch die dort vorherrschende Enzymausstattung bestimmt. Die enzymatische Katalyse beruht auf der Herabsetzung der Aktivierungsenergie.

1.2.2 Spezifität der Enzyme

Damit ein Enzym katalytisch wirken kann, müssen zunächst zwei Voraussetzungen erfüllt werden:
- Das Substrat muss vom Enzym gebunden werden können.
- Die Position der gebundenen Substrate muss so sein, dass die Reaktion auch katalysiert werden kann.

Dazu gibt es im Enzymmolekül funktionell wichtige Regionen. Das sind einerseits die Substrat-Bindungs-Stellen, die für die Bindung der Substrate verantwortlich sind, und die aktiven Zentren, die die Art der Reaktion determinieren.

Substratspezifität

Die Substratbindungsstellen bewirken die Substratspezifität eines Enzyms. Räumlich gesehen sind die Substratbindungsstellen Einkerbungen oder Spalten in der Enzymmoleküloberfläche, deren Form komplementär zum Substrat ist, man spricht von einer geometrischen Komplementarität. Allein die Form reicht aber nicht aus, um ein bestimmtes Substrat zu binden, dazu müssen auch geeignete Bindungen zwischen Substrat und Bindungsstelle entstehen können, und das bezeichnet man als elektronische Komplementarität.

Die Wechselwirkungen, die die Bindung zwischen Substrat und Enzym bewirken, sind der gleichen Art wie diejenigen, die zur räumlichen Konformation der Proteine führen, nämlich elektrostatische und hydrophobe Kräfte, Wasserstoffbrückenbindungen sowie Van-der-Waals-Wechselwirkungen. Die Substratbindung funktioniert in Übereinstimmung mit der Schlüssel-Schloss-Hypothese.

Stereospezifität

Die Substratspezifität ist für viele Enzyme sehr ausgeprägt. So sind für Aminosäuren die enzymatischen Reaktionen für L- und D-Aminosäuren spezifisch. Zum Beispiel kann Trypsin zwar Peptide aus L-Aminosäuren spalten, nicht aber solche aus D-Aminosäuren. Auch Enzyme des Glucosestoffwechsels sind spezifisch für D-Glucose.

Wirkungsspezifität

Die Substratspezifität allein bestimmt aber noch nicht die Art der Reaktion, die mit einem bestimmten Substrat abläuft. So können mit solch einer einfachen Verbindung wie einer Aminosäure unterschiedliche Umsetzungen stattfinden, die alle enzymatisch katalysiert sind (s. Abschnitt 1.3.2). Es kann eine oxidative Desaminierung stattfinden, wobei aus der Aminosäure eine Ketosäure und NH_3 entstehen. Diese Reaktion wird durch eine für diese Aminosäure spezifische Oxydase katalysiert. Die gleiche Aminosäure kann aber auch decarboxyliert werden (Decarboxylase), so dass aus der Aminosäure ein Amin und CO_2 entstehen.

Schließlich ist auch die Übertragung der Aminogruppe auf eine andere Ketogruppe möglich (Transaminierung katalysiert durch eine Transaminase). Das heißt, drei verschiedene Enzyme katalysieren bei ein und demselben Substrat drei verschiedene Reaktionen, und diese Spezifität wird als Wirkungsspezifität bezeichnet.

Ursachen für die Wirkungsspezifität sind reaktive Gruppen von Aminosäuren des Enzyms im aktiven Zentrum, die entweder ionisierbar sind (saure Gruppen), als Elektronendonatoren (nucleophil) oder als Elektronenakzeptoren (elektrophil) fungieren. Serin, Histidin, Tyrosin und saure Aminosäuren sind häufig als funktionelle Aminosäuren im aktiven Zentrum anzutreffen. Die genauen molekularen Mechanismen sind dabei nur in den Fällen bekannt, in denen auch die räumliche Struktur der Enzyme aufgeklärt ist.

Enzymatische Reaktionen sind hochspezifisch. Die Spezifität betrifft die Art der Substrate (Substratspezifität), deren Zugehörigkeit zu stereoisomeren Reihen (Stereospezifität) sowie die Art der katalysierten Reaktion (Wirkungsspezifität).

1.2.3 Coenzyme

Viele Enzyme sind nicht reine Eiweiße, sondern enthalten auch eine Nichteiweißkomponente. Wenn diese Komponente einen Teil des aktiven Zentrums bildet, ist sie für die enzymatische Reaktion essenziell und wird als **Cofaktor** bezeichnet. Cofaktoren können Metallionen sein (Zn^{++}, Mg^{++}). Häufig handelt es sich aber um organische Moleküle, diese werden als Coenzyme bezeichnet. Die meisten Coenzyme sind ähnlich wie die Substrate an das Eiweißmolekül gebunden und können leicht dissoziieren. Bei einer festen kovalenten Bindung des Cofaktors an den Proteinanteil spricht man von einer **prosthetischen Gruppe**.

Den katalytisch aktiven Enzym-Cofaktor-Komplex nennt man **Holoenzym** und den enzymatisch inaktiven Proteinanteil **Apoenzym**

Apoenzym + Coenzym ⟷ Holoenzym
(inaktiv)   (aktiv)

Von vielen Organismen, besonders von Säugetieren, können die Coenzyme nicht synthetisiert werden. Deshalb müssen die Coenzyme selbst oder deren Vorstufen kontinuierlich mit der Nahrung aufgenommen werden. Verschiedene Vitamine haben Coenzymfunktion bzw. stellen Vorstufen dazu dar. Tabelle 7 enthält verschiedene Coenzyme und stellt deren Funktion bei der enzymatischen Katalyse und deren Beziehung zu den entsprechenden Vitaminen dar.

Auffällig ist, dass ausschließlich wasserlösliche Vitamine als Coenzymbestandteile auftreten. Werden die entsprechenden Vitamine nicht in ausreichender Menge oder gar nicht aufgenommen, kommt es zu Erkrankungen, die als **Hypovitaminosen** bzw. **Avitaminosen** bezeichnet werden, und die auf Stoffwechselstörungen, bedingt durch den teilweisen oder kompletten Ausfall von bestimmten Enzymaktivitäten, zurückzuführen sind.

1.2.4 Hemmung der Enzymreaktionen

Es gibt drei Typen der Hemmung enzymatischer Reaktionen, die kompetitive, die nichtkompetitive und die allosterische Hemmung:

- **Kompetitive Hemmung.** Bei der kompetitiven Hemmung konkurrieren andere Moleküle um die Bindungsstellen des Substrats. Derartige Inhibitoren haben eine den Substraten ähnliche Struktur und werden daher auch gebunden, können aber nicht wie das Substrat in die Produkte umgesetzt werden und liegen als Enzym-Inhibitor-Komplex vor. Das Ausmaß der Hemmung wird von den Konzentrationen des Substrats und des Inhibitors bestimmt.
- **Nichtkompetitive Hemmung.** Solch eine Hemmung liegt vor, wenn sich z. B. Schwermetallionen (Cu^{++}, Hg^{++}) an funktionell wichtige Gruppen (SH-) anlagern und dadurch die Enzyme funktionsunfähig machen (Enzymgifte). Auch Cyanidionen (CN^-) blockieren auf diese Art Enzyme der Atmungskette und wirken daher tödlich.
- **Allosterische Hemmung.** Diese Art der Hemmung kommt dadurch zustande, dass der Inhibitor an einer anderen Stelle des Proteins gebunden wird als an der Substratbindungsstelle; dadurch ist aber die Konformation des Enzyms so verändert, dass die Substratbindungsstelle nicht mehr passfähig ist. Nach diesem Prinzip der allosterischen Hemmung funktioniert die Regulation einiger Schlüsselenzyme. Dabei wirken die Endprodukte von Reaktionsketten als allosterische Inhibitoren. Steigt ihre

Tab. 7. Beziehung zwischen Coenzymen und wasserlöslichen Vitaminen

Coenzym	Funktion	Entsprechendes Vitamin
Pyridoxalphosphat	Transaminierung Decarboxylierung Racematisierung	Pyridoxin (B_6)
Thiaminpyrophosphat	Aerobe Decarboxylierung Übertragung der Aldehydgruppen	Thiamin (B_1)
Coenzym A	Übertragung von Acyl Aerober Abbau und Synthese von Fettsäuren	Pantothensäure
Tetrahydrofolsäure	Übertragung von Carbongruppen	Folsäure
Biotin	CO_2-Übertragung	Biotin
NAD bzw. NADP	H^+- und e-Übertragung	Nicotinsäure
FMN bzw. FAD	H^+- und e-Übertragung	Riboflavin (B_2)

Konzentration, erfolgt eine Hemmung der Schlüsselenzyme, sinkt ihre Konzentration, wird die Hemmung wieder aufgehoben.

1.2.5 Einflussfaktoren auf enzymatisch katalysierte Reaktionen

Substrat- und Enzymkonzentration
Bei niedriger Substratkonzentration ist die Reaktionsgeschwindigkeit von dieser Substratkonzentration abhängig. Andererseits ist der Substratumsatz bei Substratüberschuss sehr eng mit der Enzymmenge korreliert. Dies ist auch bei Methoden zur Enzymaktivitätsbestimmung zu beachten. Es sind so hohe Substratkonzentrationen einzusetzen, dass die Enzymkonzentration die alleinige den Substratumsatz bestimmende Größe wird.

Wasserstoffionenkonzentration (pH-Wert)
Fast alle Enzyme haben ein **pH-Optimum**, d. h. einen bestimmten pH-Wert, bei dem das Enzym die höchste Reaktionsgeschwindigkeit entwickelt; pH-Werte, die unterhalb oder oberhalb dieses Optimums liegen, führen zu einer Reduzierung der Enzymaktivität. Dies ist in erster Linie mit dem Einfluss der H^+- und OH^--Ionenkonzentration auf ionisierbare Gruppen zu erklären, die sowohl für die Substratbindung als auch im aktiven Zentrum sowie für die Proteinstruktur insgesamt eine entscheidende Rolle spielen. Bei extremen pH-Werten kommt es zur Denaturierung der Enzyme.

Im tierischen Organismus haben die meisten der in den Zellen wirkenden Enzyme ein pH-Optimum in der Nähe des Neutralpunktes. Allerdings gibt es auch innerhalb der Zellen Kompartimente, in denen Enzyme mit abweichenden pH-Optima vorliegen (z. B. Lysosomen pH 5,0).

Bei Enzymen, die im Verdauungstrakt wirken, gibt es Vertreter mit sehr unterschiedlichen pH-Optima. So hat das im Magen wirkende Pepsin ein pH-Optimum bei pH 2 und das im Pankreas gebildete Trypsin ein pH-Optimum bei pH 8 bis 9. Besonders bei Mikroorganismen gibt es Enzyme, die auch bei extremen pH-Werten noch ihre Aktivität behalten.

Temperatur
Alle enzymatischen Reaktionen sind temperaturabhängig. Im unteren Temperaturbereich nimmt die Reaktionsgeschwindigkeit annähernd linear zu. Wird allerdings eine bestimmte Temperatur überschritten, werden die Enzyme denaturiert (Hitzedenaturierung von Eiweißen). Die Temperatur, bei der die höchste Reaktionsgeschwindigkeit messbar ist, wird auch als Temperaturoptimum bezeichnet. Da bei Warmblütern eine konstante Temperatur von ca. 37 °C im Körper herrscht, gab es keinen Selektionsdruck auf Thermostabilität von Enzymen. So werden auch die meisten Körperenzyme bereits bei Temperaturen oberhalb 40 bis 50 °C denaturiert.

In der Biosphäre gibt es aber geradezu unglaubliche Anpassungsformen an ein Leben bei hohen Temperaturen. So gibt es extrem thermophile Bakterien, die aus Geysiren isoliert wurden, die alle Lebensfunktionen bei Temperaturen von über 100 °C ausführen können.

Temperaturstabile Enzyme sind in der Landwirtschaft insofern von Interesse, als bestimmte Enzyme in zunehmendem Maße als Futterzusatzstoffe eingesetzt werden. Von diesen Enzymen ist zu fordern, dass sie einen Pelletierprozess (70 bis 80 °C) unbeschadet überstehen.

1.2.6 Enzymnomenklatur

Um die Enzymnomenklatur weltweit zu vereinheitlichen, hat die Internationale Union für Biochemie (IUB) ein Schema für die systematische Klassifizierung und Nomenklatur von Enzymen erarbeitet. Innerhalb der IUB ist dafür die **Enzyme Commission** verantwortlich, die für jedes Enzym nach einem bestimmten Schlüssel eine Nummer vergibt, die sogenannte EC-Nummer. Grundprinzip ist, dass die Enzyme gemäß der von ihnen katalysierten Reaktion klassifiziert und benannt werden (Tab. 8).

Danach gibt es sechs Hauptklassen von Enzymen, die wieder in Unterklassen und diese wieder in Unter-Unterklassen weiter unterteilt werden. Jedem Enzym werden zwei Namen und eine vierstellige EC-Nummer zugewiesen. Der erste Name ist eine empfohlene Bezeichnung, die meist ein geläufiger Trivialname ist. Der zweite Name ist ein systematischer Name, der Zweideutigkeiten möglichst vermeiden soll.

Dies soll am Beispiel eines Enzyms demonstriert werden:

Empfohlener Name: Carboxypeptidase A,
Systematischer Name: Peptidyl-L-Aminosäurenhydrolase,
Nummer: EC 3.4.17.1:

3 = Hauptklasse Hydrolasen,
4 = Unterklasse Peptidbindungen,
17 = Unter-Unterklasse Metall-Carboxypeptidasen,
1 = willkürliche Numerierung innerhalb der Unter-Unterklasse.

Tab. 8. Enzymklassifizierung nach Reaktionstyp

Hauptklasse	Unterklasse	Katalysierte Reaktion
1. Oxidoreduktasen		Übertragung von Wasserstoff und Elektronen
2. Transferasen		Übertragung funktioneller Gruppen
3. Hydrolasen		Hydrolyse von
	3.1	Estern
	3.2	Glycosiden
	3.3	Äthern
	3.4	Peptiden
	3.5	anderen C-N-Bindungen
	3.6	Säureanhydriden
4. Lyasen		Gruppeneliminierung durch Bildung von Doppelbindungen
5. Isomerasen		Isomerierung (z. B. cis-trans)
6. Ligasen		Kovalente Bindungen gekoppelt mit ATP-Hydrolyse

1.2.7 Herstellung und Anwendung von Enzymen

Viele Enzyme werden großtechnisch hergestellt. Dabei gibt es die Möglichkeit der Isolierung von Enzymen aus biologischem Material (z. B. Gewinnung von Labenzym aus Kälbermägen) oder der Herstellung in mikrobiologischen Fermentationsprozessen. Letztere biotechnologischen Verfahren dominieren bei der Enzymherstellung und sind insbesondere in Kombination mit gentechnischen Methoden sehr effektiv.

Es gibt in der Industrie sehr viele Anwendungsgebiete. Im Folgenden seien lediglich einige Anwendungsbeispiele aus der Lebensmittelindustrie und der Landwirtschaft genannt:

Lebensmittelindustrie
- Stärkeverarbeitung (α-Amylasen, α-Glucosidasen)
- Obst- und Gemüseverarbeitung (Pectinasen)
- Herstellung von Invertzucker (Invertasen)
- Milchverarbeitung (Labenzym/Chymosin)
- Fleischverarbeitung – Tenderizer (= Zartmacher, Peptidasen)

Landwirtschaft
- Futterzusatzstoffe zur Beseitigung antinutritiver Effekte (β-Glucanasen, Pentosanasen)
- Verbesserung der Verwertung pflanzlichen Phytinphosphors (Phytasen)
- Silierhilfsmittel (Cellulasen, β-Glucosidasen)

1.3 Stoffwechsel der Hauptnährstoffe

1.3.1 Einführung

Unter dem Stoffwechsel oder Metabolismus versteht man die Gesamtheit der Prozesse in einem lebenden System, die mit der für die verschiedenen Funktionen notwendige Energiegewinnung und Verwertung in Zusammenhang stehen.

Dabei erfolgt die Kopplung exergonischer Reaktionen der Nährstoffoxidation (bei denen Energie frei wird) mit endergonischen Prozessen, die zur Aufrechterhaltung des lebenden Zustandes notwendig sind. Solche energieverbrauchenden und für die Aufrechterhaltung des Metabolismus notwendigen Prozesse sind z. B. die Verrichtung mechanischer Arbeit, der aktive Transport von Molekülen gegen ein Konzentrationsgefälle und die Synthese von Makromolekülen.

Man kann die Reaktionswege des Stoffwechsels in zwei Kategorien einteilen:
- in diejenigen, die am Abbau von Substanzen beteiligt sind (**Katabolismus**) und,
- in solche, die an Syntheseprozessen beteiligt sind (**Anabolismus**).

Alle Prozesse im Organismus befinden sich dabei in einem außerordentlich fein regulierten Fließgleichgewicht (auch dynamisches Gleichgewicht oder Steady state).

Dies wird am besten anhand des Stoffwechsels eines ausgewachsenen Tieres oder Menschen deutlich, in einem physiologischen Zustand, in dem die Körperzusammensetzung praktisch unverändert bleibt. So nimmt ein erwachsener Mensch im Verlauf von 40 Jahren mehrere Tonnen an Nährstoffen zu sich sowie etwa 20 000 l Wasser, ohne dass sich seine Körpermasse verändert. Dennoch benötigt er diese Nährstoffe, um die Lebensfunktionen (Zustand hoher Ordnung) aufrechtzuerhalten.

Der Stoffwechsel ist die Gesamtheit einer sehr großen Zahl von Reaktionen, und jede dieser Reaktionen wird durch ein spezifisches Enzym katalysiert. Man rechnet damit, dass der Stoffwechsel innerhalb einer einzigen Zelle durch etwa 2000 verschiedene Enzyme katalysiert wird.

Auch in diesem Falle ist es also erforderlich, sich auf die wesentlichen Prinzipien solcher Stoffwechselwege zu konzentrieren. Wenn man nun die grundlegenden Prinzipien des Katabolismus der Hauptnährstoffe in einem Schema zusammenstellt, wird das Wesentliche leicht verständlich (Abb. 9).

Zunächst werden die komplexen Verbindungen Proteine, Kohlenhydrate und Fette in ihre monomeren Bausteine (besonders Aminosäuren, Glucose, Fettsäuren und Glycerin) zerlegt. Die Kohlenstoffskelette all dieser Verbindungen münden an verschiedenen Stellen in zentrale Abbauwege, bei denen ein zentrales Zwischenprodukt die aktivierte Essigsäure (Acetyl-CoA) ist. Diese zentralen Abbauwege für die C-Gerüste sind die Glycolyse und der Zitronensäurezyklus. Der Kohlenstoff wird dabei zu dem Endprodukt CO_2 oxidiert.

Flankiert wird der schrittweise Abbau (exergonisch) von (endergonischen) Reaktionen, die die dabei freiwerdende Energie speichern.

Die quantitativ wichtigste Reaktion ist dabei die Phosphorylierung des ADP zu ATP. Diese Phosphorylierung kann entweder direkt vonstatten gehen oder im Rahmen der oxidativen Phosphorylierung, bei der die Energie aus der Oxidation des Wasserstoffs zu Wasser zur Verfügung

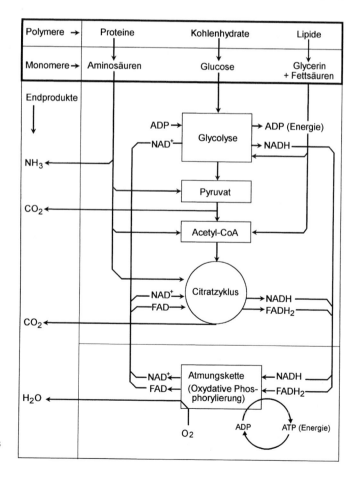

Abb. 9. Schema zum Katabolismus der Hauptnährstoffe.

steht. Als Wasserstoffüberträgersysteme dienen die Coenzyme NAD, NADP und FAD.

1.3.2 Stoffwechsel der Eiweiße und der Aminosäuren

1.3.2.1 Allgemeines

Die Eiweiße der Gewebe unterliegen einem ständigen und gleichzeitig stattfindenden Auf- und Abbau. Die Synthese der Eiweiße erfolgt aus freien Aminosäuren, und aus dem Abbau der Eiweiße resultieren wieder Aminosäuren.

Das dynamische Gleichgewicht zwischen Proteinsynthese und Proteinabbau bezeichnet man als Proteinumsatz oder Proteinturnover (Abb. 10).

Betrachtet man die Aminosäuren im Gesamtorganismus, so kommen sie in zwei Formen vor, nämlich als freie Aminosäuren und als proteingebundene Aminosäuren. Die Menge proteingebundener Aminosäuren ist 100- bis 1000mal größer als die der freien Aminosäuren.

Die freien Aminosäuren stammen also zum einen aus dem Abbau körpereigener Zellproteine. Zum anderen stammen sie aber natürlich aus der Resorption von Nahrungsaminosäuren, und schließlich kann ein Teil der Aminosäuren (nicht essenzielle) auch vom Organismus synthetisiert werden.

Der quantitativ wichtigste Prozess, bei dem Aminosäuren verbraucht werden, ist die Proteinsynthese. Außerdem werden Aminosäuren aber auch abgebaut (katabolisiert) oder sie dienen der Synthese anderer Substanzen.

1.3.2.2 Aminosäurenstoffwechsel

Aminosäuren haben nicht nur eine Funktion als Eiweißbausteine, sondern sind auch an der Bildung wichtiger Substanzen wie Hormone, Coenzyme, Nucleinsäuren, Phospholipide oder anderer Hauptnährstoffe, sowie an Red-Ox-Systemen beteiligt.

Beim Ab- und Umbau von Aminosäuren gibt es drei Reaktionen grundlegender Bedeutung. Das sind: die oxidative Desaminierung, die Transaminierung und die Decarboxylierung.

Oxidative Desaminierung

Beim Abbau von Aminosäuren ist in fast allen Fällen die Entfernung der α-Aminogruppe der erste Schritt. Der Stickstoff muss in harnfähige Ausscheidungsprodukte umgesetzt werden, während

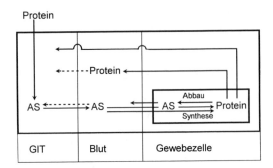

Abb. 10. Schema zum Proteinumsatz beim monogastrischen Tier. GIT = Gastrointestinaltrakt; AS = Aminosäuren.

das C-Gerüst letzten Endes in zentrale Abbauwege, wie den Zitronensäurezyklus, mündet.

Die oxidative Desaminierung lässt sich in zwei Schritten darstellen: Im ersten oxidativen Schritt (Dehydrierung) kommt es zur Übertragung von Wasserstoff auf ein Coenzym (NAD), und es entsteht eine Iminosäure als Zwischenprodukt. Im zweiten Schritt wird hydrolytisch NH_3 abgespalten, was zur entsprechenden α-Ketosäure der Aminosäure führt.

Transaminierung

Da Ammoniak toxisch wirkt, ist die Desaminierung im Organismus meist mit einer anderen Reaktion gekoppelt, die NH_3 wieder aufnimmt. In der Regel ist der NH_3-Akzeptor eine α-Ketosäure, die dadurch ihrerseits zur Aminosäure wird. Diese Reaktion wird als Transaminierung bezeichnet. Sie wird von Enzymen katalysiert, die als Transaminasen oder Aminotransferasen bezeichnet werden.

Die Transaminierung spielt sowohl bei der Synthese von Aminosäuren als auch bei der Elimination des Aminostickstoffs eine essenzielle Rolle. Sie folgt dem summarischen Reaktionsmechanismus:

$$\underset{\text{Aminosäure 1}}{H_3N-\underset{\underset{R_1}{|}}{\overset{COO^-}{\overset{|}{C}}}-H} + \underset{\text{Ketosäure 2}}{O=\underset{\underset{R_2}{|}}{\overset{COO^-}{\overset{|}{C}}}} \xrightarrow{\underset{(PLP)}{\text{Transaminase}}} \underset{\text{Ketosäure 1}}{O=\underset{\underset{R_1}{|}}{\overset{COO^-}{\overset{|}{C}}}} + \underset{\text{Aminosäure 2}}{H_3N-\underset{\underset{R_2}{|}}{\overset{COO^-}{\overset{|}{C}}}-H}$$

Für die meisten Transaminierungsreaktionen tritt α-Ketoglutarsäure als NH_3-Akzeptor auf, so dass Glutaminsäure entsteht.

$$AS + \text{α-Ketoglutarsäure} \longleftrightarrow \text{α-Ketosäure} + Glu$$

$$\text{Glu + Oxalacetat} \longleftrightarrow \alpha\text{-Ketoglutarsäure} + \text{Asp}$$

In einer zweiten Transaminierungsreaktion wird die Aminogruppe auf Oxalacetat übertragen, der α-Ketosäure der Asparaginsäure. Mit diesen Transaminierungsreaktionen ist zwar noch keine Nettoeliminierung von Stickstoff erfolgt, aber ein wichtiger Schritt, da Aspartat bei der Harnstoffsynthese im Harnstoffzyklus als NH_3-Donator dient (s. Seite 44).

Pyridoxal-5-phosphat (PLP) + Aminosäure → Pyridoxamin + Ketosäure

Bei den Transaminasen fungiert Pyridoxal-5-Phosphat (PLP) als Coenzym. PLP ist ein Derivat des Vitamins B_6 (Pyridoxin). Es wirkt im aktiven Zentrum der Enzyme und ist im ersten Reaktionsschritt an der Aufnahme der NH_2-Gruppe beteiligt. Dabei entsteht Pyridoxamin-5-Phosphat, das im zweiten Reaktionsschritt diese Gruppe wieder abgibt.

Decarboxylierung

Auch die Enzyme, die die Decarboxylierung der Aminosäuren katalysieren, enthalten als Coenzym PLP.

Aminosäure →(Decarboxylase) Amin + CO_2

Die Decarboxylierung bedeutet die Abspaltung der Carboxylgruppe, wobei ein Amin entsteht. Die Amine vieler Aminosäuren haben wichtige biologische Funktionen (Gewebshormone oder Neurotransmitter) und werden als biogene Amine bezeichnet.
Oft erfolgt vor der Decarboxylierung noch eine Modifizierung, wie z. B. eine Hydroxylierung. Zu diesen biogenen Aminen, die auf Decarboxylierungsreaktionen von Aminosäuren zurückzuführen sind, gehören Adrenalin, Noradrenalin, Dopamin, Serotonin, γ-Aminobuttersäure (GABA) und Histamin. Adrenalin, Noradrenalin und Dopamin sind alle auf das Tyrosin zurückzuführen. Durch Hydroxylierung wird zunächst Dihydroxyphenylalanin (DOPA) gebildet. Anschließend erfolgt der Decarboxylierungsschritt zum Dopamin und die weitere Umbildung zu Noradrenalin und Adrenalin. All diese Amine haben im Gehirn Neurotransmitterfunktionen. Eine eingeschränkte oder fehlende Dopaminproduktion ist die Ursache der Parkinson-Krankheit (Schüttellähmung) beim Menschen. Adrenalin und Noradrenalin sind außerdem Hormone des Nebennierenmarks.

Auch GABA, Histamin und Serotonin sind im Gehirn als Neurotransmitter wirksam. Serotonin verursacht außerdem die Kontraktion der glatten Muskulatur. Histamin ist an allergischen Reaktionen und an der Kontrolle der Säuresekretion des Magens beteiligt. GABA und Histamin entstehen direkt durch Decarboxylierung von Glutaminsäure bzw. von Histidin. Bei der Bildung von Serotonin wird Tryptophan zunächst hydroxyliert und dann decarboxyliert.

1.3.2.3 Abbau der Aminosäuren

Wie schon weiter oben ausgeführt, ist in der Regel der erste Schritt beim Abbau einer Aminosäure die Desaminierung. Die Eliminierung des Stickstoffs verläuft getrennt vom weiteren Abbau des Kohlenstoffskeletts. Die Kohlenstoffskelette münden entweder in den zentralen Abbauweg Zitronensäurezyklus ein oder in Zwischenprodukte, die in den Fettsäurenstoffwechsel einfließen oder der Gluconeogenese dienen. Der oxidative Aminosäurenabbau liefert etwa 10 bis 15 % der im Stoffwechsel erzeugten Energie eines Tieres.

Glucogene und ketogene Aminosäuren

Die sieben Zwischenprodukte des Stoffwechsels, zu denen proteinogene Aminosäuren abgebaut werden können, sind Pyruvat, α-Ketoglutarat, Succinyl-CoA, Fumarat, Oxalacetat, Acetyl-CoA oder Acetoacetat (Abb. 11).

Die Aminosäuren lassen sich je nach Abbauweg in zwei Gruppen einteilen, nämlich in solche, deren Kohlenstoffgerüste in Zwischenprodukte umgewandelt werden, die in die Gluconeogenese (Glucosesynthese) einmünden können. Diese Aminosäuren bezeichnet man deshalb als **glucogene oder glucoplastische Aminosäuren**. Als Glucosevorstufen sind Pyruvat, α-Ketoglutarat, Succinyl-CoA, Fumarat und Oxalacetat zu betrachten.

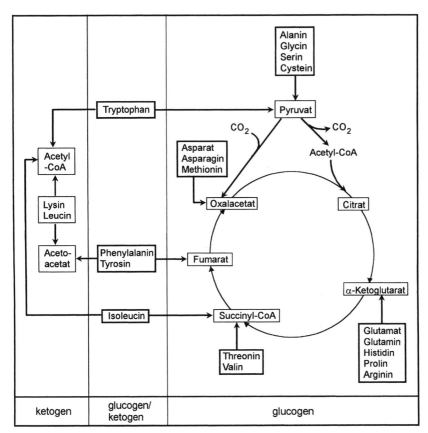

Abb. 11. Glucogener bzw. ketogener Abbau von Aminosäuren.

Zu der zweiten Gruppe von Aminosäuren zählen solche, deren Abbau über Acetyl-CoA oder Acetoacetat läuft. Diese Verbindungen können in Fettsäuren oder sogenannte Ketonkörper umgewandelt werden. Deshalb bezeichnet man diese Aminosäuren als **ketogen** bzw. **ketoplastisch**.

Glucoplastische Aminosäuren haben als Zwischenprodukte beim Abbau Pyruvat oder Verbindungen, die im Citratzyklus vorkommen. Sie können zur Gluconeogenese genutzt werden. Ketoplastische Aminosäuren liefern beim Abbau Acetyl-CoA oder Acetoacetat, die zur Bildung von Ketonkörpern führen können.

Als rein glucogene Aminosäuren sind Ala, Cys, Gly, Ser, Arg, Glx, His, Pro, Met, Val, Thr und Asx zu betrachten. Rein ketogen sind nur die Aminosäuren Leu und Lys.

Trp, Ile, Phe und Tyr sind Aminosäuren, die sowohl glucogene als auch ketogene Zwischenprodukte bilden können. Einige Aminosäuren werden durch einfache oxidative Desaminierung direkt zu Substanzen umgesetzt, die Komponenten der zentralen Abbauwege sind, wie z. B. Ala → Pyruvat, Glu → α-Ketoglutarat oder Asp → Oxalacetat. Bei anderen Aminosäuren müssen zahlreiche Reaktionsschritte durchlaufen werden, um zu den entsprechenden Zwischenprodukten zu kommen.

Die Glucosesynthese aus glucoplastischen Aminosäuren (Gluconeogenese) ist in einigen Stoffwechselsituationen von großer Bedeutung. So erfolgt beispielsweise die erforderliche Glucosebildung während des Hungerns auf diesem Wege. Aber auch beim laktierenden Wiederkäuer, bei dem die Stärke im Pansen größtenteils zu flüchtigen Fettsäuren abgebaut wird (s. Abschnitt 5.2.2.1), ist zur Lactosebildung der Milch eine umfangreiche Gluconeogenese notwendig.

Aminosäuren und C_1-Stoffwechsel

Die Bildung einiger wichtiger Metabolite erfolgt durch Methylierung (C_1-Fragment). Als bedeutendster Methylgruppendonator fungiert die Aminosäure Methionin. Damit aber die Methylgruppe des Methionins leicht abgegeben werden kann, muss zunächst eine Aktivierung erfolgen. Die aktivierte Form des Methionins ist das Adenosylmethionin, das unter ATP-Aufwand gebildet wird. Durch Abspaltung der Methylgruppe entsteht Adenosylhomocystein, das gleichzeitig ein Zwischenprodukt zur Bildung der nicht essenziellen Aminosäure Cystein aus Methionin ist.

Methylierungsreaktionen finden z. B. bei folgenden Syntheseprozessen statt:

$$\text{Äthanolamin} + 3 - CH_3 \longrightarrow \text{Cholin}$$

$$\text{Guanidinoacetat} + - CH_3 \longrightarrow \text{Kreatin}$$

$$\text{Noradrenalin} + - CH_3 \longrightarrow \text{Adrenalin}$$

Als Coenzym für die Übertragung von C_1-Fragmenten dient ferner die Tetrahydrofolsäure (s. Abschn. 3.6.7).

Einen Überblick zur Bedeutung von Aminosäuren als Synthesevorstufen anderer Verbindungen und zu besonderen Funktionen von Aminosäuren gibt Tabelle 9. Der Übersicht ist zu entnehmen, dass Glutaminsäure und Asparaginsäure im N-Stoffwechsel eine zentrale Stellung haben. Dies trifft sowohl für zahlreiche Transaminierungsreaktionen zu als auch für die Eliminierung überschüssigen Stickstoffs.

1.3.2.4 Bildung harnfähiger Ausscheidungsprodukte des Aminosäuren-N

Da Ammoniak toxisch ist, muss dieser eliminiert werden. Viele im Wasser lebenden Tiere geben ihn einfach in das umgebende Milieu ab. Bei den meisten landlebenden Vertebraten wird der Am-

Tab. 9. Aminosäuren als Synthesevorstufen anderer Verbindungen und besondere Funktionen

Aminosäure	Synthese von	Funktion
Glycin		Konjugation mit Gallensäuren (Glycocolsäure)
	Serin	Nichtessenzielle Aminosäure
	Purinring	N-haltige Basen der Nucleinsäuren
	Glutathion	Red-Ox-System
Serin	Cystein	Nichtessenzielle Aminosäure
	Phospholipide (Serinkefalin)	Komponente biologischer Membranen
Phenylalanin	Tyrosin	Nichtessenzielle Aminosäure
Tyrosin	Triiodthyronin (T_3), Thyroxin (T_4)	Schilddrüsenhormone
	Dopamin, Adrenalin, Noradrenalin	Neurotransmitter, Hormone
	Melanin	Hautpigment
Prolin	Hydroxyprolin	Wichtige Komponente des Collagens
Tryptophan	Nicotinsäureamid	B-Vitamin
	Serotonin	Neurotransmitter, Hormon
Histidin	Histamin	Gewebshormon
Methionin	Cystein	Nichtessenzielle Aminosäure
	Adenosylmethionin	Methylgruppendonator
Cystein	Taurin	SH-Gruppe: Bedeutung in Red-Ox-System (Glutation) und Coenzym A
		Konjugation mit Gallensäuren (Taurocholsäure)
Glutaminsäure	(durch oxidative Desaminierung)	NH_4^+-Abgabe für Harnstoffsynthese
	(durch Transaminierung)	Übertragung von NH_4^+
	Glutamin (Säureamid)	Aufnahme und Abgabe von NH_4^+; N-Transport zur Leber
Asparginsäure	Oxalacetat (durch Transaminierung)	Ausgangssubstrat des Citratzyklus
	Arginosuccinat	Harnstoffsynthese
	Asparagin (Säureamid)	Aufnahme und Abgabe von NH_4^+
	β-Alanin (durch Decarboxylierung)	Komponente der Pantothensäure
	Dihydroorotsäure	Pyrimidinsynthese

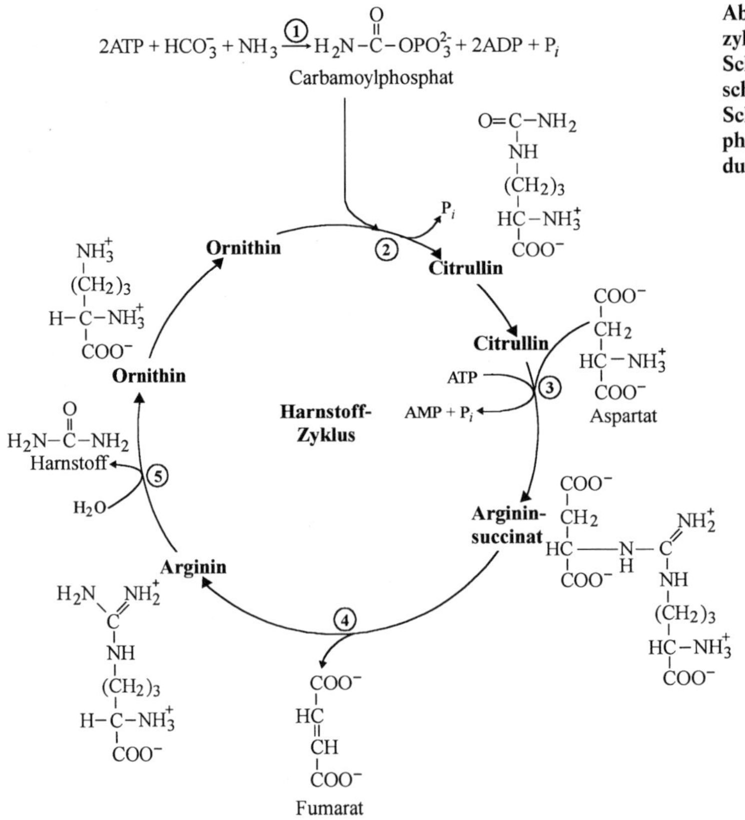

44 Grundlagen der Ernährung

$$2\,ATP + HCO_3^- + NH_3 \xrightarrow{①} H_2N-\overset{O}{\overset{\|}{C}}-OPO_3^{2-} + 2\,ADP + P_i$$
Carbamoylphosphat

Abb. 12. Ablauf des Harnstoffzyklus in fünf Schritten. Jeder Schritt wird durch ein spezifisches Enzym katalysiert, z. B. Schritt 1 durch Carbamylphosphatsynthetase oder Schritt 5 durch Arginase.

monium-N in Harnstoff überführt und gelangt über den Urin zur Ausscheidung. Ein weiteres N-haltiges Ausscheidungsprodukt ist Harnsäure, die von Vögeln und von landlebenden Reptilien gebildet wird. Für die meisten landwirtschaftlichen Nutztiere ist daher Harnstoff *das* Eliminierungsprodukt für Amino-N. Der Harnstoff wird in der Leber in einem Stoffwechselzyklus gebildet, der 1932 von H. KREBS und K. HENSELEIT aufgeklärt wurde. Dieser Zyklus wird als Harnstoffzyklus oder Ornithinzyklus bezeichnet (Abb. 12).

Summarisch gesehen wandelt der Harnstoffzyklus zwei Aminogruppen, eine über Ammoniak und eine aus Asparaginsäure, sowie ein C-Atom aus HCO_3^- in das wenig toxische Exkretionsprodukt Harnstoff um. Dies erfolgt auf Kosten von vier energiereichen Phosphatbindungen. Harnstoff ist ungeladen und kann durch biologische Membranen diffundieren. Daher kann er über die Nieren gut ausgeschieden werden.

Bei Vögeln kann der Harnstoffzyklus nicht ablaufen, weil das Enzym zur Bildung des Carbamylphosphats (Carbamylphosphat-Synthetase) fehlt. Bei diesen Tieren erfolgt die Stickstoffelimination über Einbau in das Purinringsystem und die anschließende Umbildung zu Harnsäure. Betrachtet man die Herkunft der N-Atome im Purinkern (Abb. 13), so ist erkennbar, dass zwei davon aus dem Glutamin stammen und eines von Asparaginsäure. Auf diese Weise sind Purine nicht nur als Bausteine der Nucleinsäuren, sondern auch als Zwischenprodukte bei der N-Eliminierung von Bedeutung.

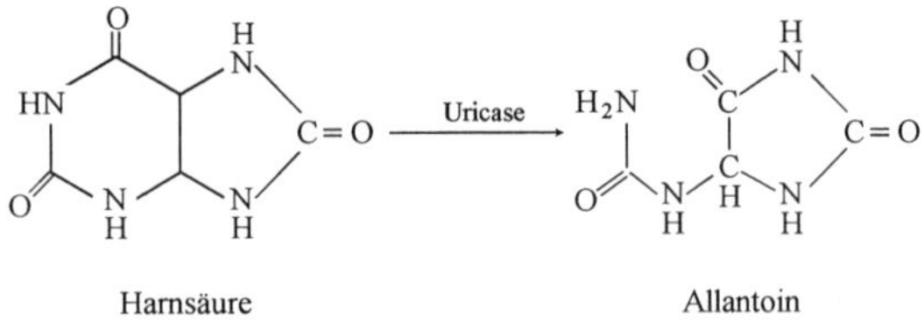

Harnsäure $\xrightarrow{Uricase}$ Allantoin

Der weitere Umsatz führt über Xanthin durch Oxidation zur Harnsäure, die von Vögeln über die Niere ausgeschieden wird. Bei Säugetieren

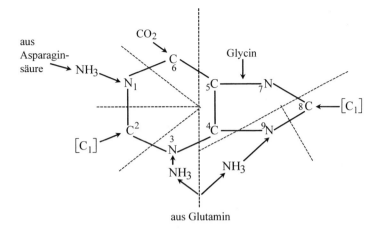

Abb. 13. Bildung des Purinrings.

entsteht ebenfalls Harnsäure als Abbauprodukt der Nucleinsäuren. Diese wird allerdings vor der Ausscheidung in Allantoin umgewandelt.

1.3.2.5 Proteinumsatz

Teilprozesse

Es ist seit Längerem bekannt, dass der Proteinbestand des Organismus sich in einem Zustand der permanenten Erneuerung befindet. Dies beinhaltet einen ständigen parallel stattfindenden Ablauf von Proteinsynthese- und Proteinabbauprozessen in den Geweben.

Die Proteinsynthese, als einer der Teilprozesse, lässt sich in drei Schritte untergliedern (Abb. 14):

- Im ersten Schritt erfolgt eine **Aktivierung der Aminosäuren** unter katalytischer Wirkung von sogenannten „aminosäurenaktivierenden Enzymen" und unter Energieaufwand durch Spaltung einer energiereichen Bindung von ATP. Es entsteht ein aktivierter Aminosäuren-Enzym-Komplex.
- Von diesem Komplex aus erfolgt im zweiten Schritt die **Übertragung der Aminosäure auf die tRNA**. Es entsteht die Aminoacyl-tRNA.
- Den dritten Schritt stellt die **Translation** dar. In diesem Schritt dient die mRNA als Matrize, die den genetischen Code für die Primärstruktur der Peptidkette trägt und an die die entsprechenden Aminoacyl-tRNA andocken. Nach Ausbildung der Peptidbindung zwischen den Aminosäuren wird die tRNA wieder freigesetzt. Die Zellorganellen, in denen die Translation stattfindet, sind die Ribosomen.

Der Translationsprozess beinhaltet die Proteinsynthese an den Ribosomen und besteht aus drei Phasen: der Initiation, der Elongation und der Termination. Sowohl die Bindung der Aminoacyl-tRNA als auch die Translokation sind endergone Prozesse (GTP).

Der Ablauf und die Regulation des intrazellulären Proteinabbaus ist wesentlich weniger gut erforscht. Für den intrazellulären Proteinabbau sind verschiedene Mechanismen bekannt. Dazu gehört der Proteinabbau in den Lysosomen. Dies sind Zellorganellen, die zahlreiche hydrolytische Enzyme aufweisen, darunter auch Exo- und Endopeptidasen und die im Rahmen einer Autophagie bzw. einer Heterophagie in der Lage sind, sowohl intrazelluläre als auch extrazelluläre Proteine abzubauen.

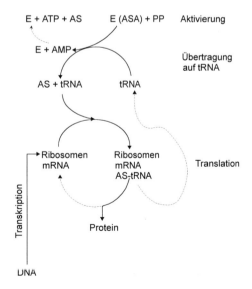

Abb. 14. Schematische Darstellung der Proteinsynthese.

Ferner findet ein umfangreicher, selektiver und ATP-abhängiger Proteinabbau im Cytosol an sogenannten Proteasomen statt. Dabei handelt es sich um multikatalytische Proteasen, die aus mehreren Untereinheiten bestehen. Sie haben eine spiralförmige Struktur, die zur Ausbildung eines Tunnels führt, in dem sich die aktiven Zentren der Proteasen befinden. Voraussetzung für den Abbau eines Proteins in diesem System ist meist eine mehrfache Anlagerung eines „Hilfsproteins", des Ubiquitins.

Endprodukte des Abbaus in den Proteasomen sind kleine Peptide, die durch Exopeptidasen (spalten endständige Aminosäuren ab) des Cytosols schnell zu Aminosäuren abgebaut werden können. Darüber hinaus sind noch zahlreiche andere Mechanismen der intrazellulären Proteolyse bekannt.

Beziehung zwischen Proteinumsatz und Proteinansatz

Ob der Proteinbestand einer Zelle, eines Gewebes oder des Organismus zu- oder abnimmt, hängt lediglich davon ab, ob die Syntheserate oder die Abbaurate überwiegt. Im Falle des wachsenden Tieres ist also klar, dass die Syntheserate die Abbaurate überwiegen muss, und aus der Differenz ergibt sich der Proteinansatz (Abb. 15).

Dabei ist aber eine bestimmte Syntheserate nicht zwangsläufig mit einem bestimmten Ansatz gekoppelt, sondern der Ansatz der Größe A kann das Resultat des Verhältnisses von Proteinsyntheserate und Abbaurate auf verschieden hohem Niveau sein. Da der Syntheseprozess unter Aufwendung von Energie erfolgt (pro Mol eingebauter Aminosäure wird mit 5 Mol ATP gerechnet), ist verständlich, dass der Energieaufwand für den Proteinansatz im Fall des zweiten Beispiels höher ist als im ersten. Andererseits wird auch verständlich, dass der Proteinansatz sowohl durch eine einseitige Erhöhung der Proteinsyntheserate als auch durch eine einseitige Senkung der Proteinabbaurate gesteigert werden kann (Ansatz B).

Im Erhaltungszustand sind Proteinsyntheserate und -abbaurate gleich, und es findet kein Ansatz statt. Auch bei diesem Proteinumsatz, in dessen Ergebnis lediglich der Proteinbestand erhalten bleibt, kann aber das Niveau unterschiedlich sein, was zu Unterschieden im Energiewechsel führt.

Dies bedeutet, dass die pro Tag synthetisierte Proteinmenge wesentlich größer sein muss als die angesetzte Proteinmenge. Einen Eindruck zur Größenordnung gibt das folgende Beispiel: Bei einem 30 bis 40 kg schweren Schwein beträgt die pro Tag synthetisierte Proteinmenge 400 g. Aus einer täglichen Zunahme von 550 g resultiert ein Proteinansatz von 80 g, d. h. es werden pro Tag 320 g Protein wieder abgebaut. Anders ausgedrückt werden von der synthetisierten Proteinmenge nur 20% angesetzt, und dies wird als Effektivität der Proteinsynthese bezeichnet (oder auch Nettoproteinsynthese).

Natürlich ist diese Effektivität für die verschiedenen Gewebe sehr unterschiedlich, sie ist in Geweben mit niedrigem Proteinumsatz hoch (Skelettmuskulatur 25 bis 30%) und in Geweben mit hohem Proteinumsatz niedrig (5 bis 8% in der Leber). Ferner ist sie von anderen Faktoren abhängig, wie Alter, Ration oder Rasse.

Bedeutung eines hohen Proteinumsatzes

In Anbetracht der geringen Effektivität der Proteinsynthese und des hohen Energieaufwandes für die Proteinsynthese stellt sich die Frage nach dem Sinn eines hohen Proteinumsatzes. Im Wesentlichen lassen sich folgende Funktionen eines hohen Proteinumsatzes formulieren:
- Grundlage für eine schnelle Änderung der Menge (Aktivität) spezifischer Enzyme (Adaptationsfähigkeit = Anpassungsfähigkeit).
- Unverzichtbarer Teilprozess bei der Zelldifferenzierung und beim Wachstum. Beides ist nur

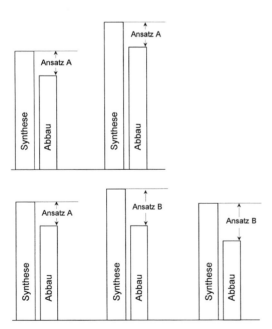

Abb. 15. Beziehung zwischen Synthese, Abbau und Ansatz von Proteinen beim wachsenden Tier.

möglich, wenn mit der Bildung neuer Strukturen der Abbau alter Strukturen einhergeht.
- Mobilisierung von Proteinen bei nutritivem Mangel an Protein oder Energie (Adaptationsfähigkeit).
- Limitierte Proteolyse spielt eine wichtige Rolle beim Processing vieler Proteine (posttranslationale Umwandlung von Vorstufen in das reife, wirksame Protein).

1.3.3 Stoffwechsel der Lipide

Bei der Behandlung der Struktur der Fette wurde bereits verdeutlicht, dass Fette aufgrund der niedrigen Oxidationsstufe einen hohen Energiegehalt haben.

Energiegehalt der Hauptnährstoffe:

Kohlenhydrate	16 kJ/g
Fette	37 kJ/g
Proteine	24 kJ/g

Im Gegensatz zu den Kohlenhydraten kann der Organismus erhebliche Fettmengen in Form von Organ- bzw. Depotfett speichern. Bei Säugetieren beträgt der durchschnittliche Fettgehalt des Körpers 10%, wobei artspezifisch, altersspezifisch und in Abhängigkeit anderer Faktoren (nutritive) Abweichungen auftreten. Demnach haben die Fette im Energiehaushalt des Organismus eine zentrale Stellung.

Kohlenhydrate, die im Überschuss aufgenommen werden, werden zum großen Teil in Fette überführt, und auf diese Weise wird die Energie speicherfähig gemacht.

Wie die Gewebeproteine befinden sich auch die Gewebefette in einem dynamischen Gleichgewicht, was bedeutet, dass Fettabbau und Fettsyntheseprozesse permanent parallel ablaufen und der Fettgehalt über die Geschwindigkeit des Abbaus und der Synthese reguliert wird. Am Lipidstoffwechsel sind vor allem beteiligt:

Blutplasma	Transport von Lipiden in Form von Lipoproteinen
	Transport von Fettsäuren-Albumin-Komplexen
Leber	Aufnahme von Triglyceriden und Cholesterin
	Bildung von Phospholipiden, Cholesterin, Fettsäuren und Acetonkörpern
Fettgewebe	Depot für Triglyceride
	Mobilisierung von Triglyceriden
	Synthese von Triglyceriden (aus Kohlenhydraten)
Muskulatur	Oxidation von Fettsäuren und Acetonkörpern
	Depot für Triglyceride

Während der Fettgehalt der Leber und der Muskulatur in relativ engen Grenzen reguliert wird, kann die Menge des Fettgewebes sehr starken Schwankungen unterliegen.

Mindestens zwei Drittel der Gesamtlipide befinden sich im Fettgewebe und zwar in Form von Neutralfetten. Obwohl die Leber im Fettstoffwechsel eine extrem wichtige Funktion hat, ist der Lipidgehalt der Leber sehr gering; dominierend ist hier die Fraktion der Phospholipide. Bei den extrahepatischen Geweben sind einerseits die Triglyceride der Muskulatur von Bedeutung, aber auch andere Lipidfraktionen, besonders des Gehirns und der Nervengewebe, leisten einen wichtigen Beitrag.

1.3.3.1 Abbau und Synthese der Fette

Für den Energiehaushalt spielen der Abbau und die Synthese von Triglyceriden die dominierende Rolle und stehen deshalb im Mittelpunkt der folgenden Betrachtung.

Beim Abbau der Fette in den Zellen erfolgt als erster Schritt eine Spaltung der Triglyceride in Glycerin und Fettsäuren. Diese Hydrolyse wird durch verschiedene Lipasen in den Geweben katalysiert.

$$\text{Triglycerid} \xrightarrow{\text{Lipase}} \text{Glycerin} + \text{Fettsäuren}$$

Stoffwechsel des Glycerins und Triglyceridsynthese

Glycerin kann in verschiedene Stoffwechselwege einmünden:
- Resynthese von Triglyceriden
- Synthese von Glycerinphosphatiden
- Gluconeogenese
- Zentrale Abbauwege für C-Gerüste (als Glycerinaldehyd-1-phosphat in der Glycolyse)

Umgekehrt kann aber Dihydroxyacetonphosphat oder Glycerinaldehyd-3-phosphat, das beim Kohlenhydratabbau entsteht, in Glycerin-1-Phosphat umgesetzt werden, das bei der Biosynthese von Neutralfetten und Glycerinphosphatiden benötigt wird.

Bei der Biosynthese von Triglyceriden wird zunächst Glycerin-1-phosphat mit zwei Molekülen aktivierter Fettsäuren verestert. Aktiviert sind die Fettsäuren durch Coenzym A, das nach Bindung der Fettsäuren den Glycerinrest in den Positionen

48 Grundlagen der Ernährung

2 und 3 wieder freisetzt. Auf diese Weise entsteht eine Phosphatidsäure.

Wird nun im zweiten Schritt eine weitere aktivierte Fettsäure verestert, entsteht ein Triglycerid.

Die Phosphatidsäure kann aber auch eine Bindung mit Komponenten eingehen, die zu den Glycerinphosphatiden führen; durch Bindung von Cholin entsteht z. B. auf diese Weise das Lecithin.

$$\begin{array}{c} H_2C-O-PO_3H_2 \\ | \\ HC-OH \\ | \\ H_2C-OH \end{array} \quad \begin{array}{c} O \\ \| \\ + \ CoA-S-C-R_1 \\ O \\ \| \\ + \ CoA-S-C-R_2 \end{array} \longrightarrow \begin{array}{c} H_2C-O-PO_3H_2 \\ | \quad O \\ | \quad \| \\ HC-O-C-R_1 \\ | \quad O \\ | \quad \| \\ H_2C-O-C-R_2 \end{array} + 2\ CoA-SH$$

Glycerin-1-phosphat   aktivierte Fettsäuren   Phosphatidsäure

$$\text{Phosphatidsäure} + CoA-S-\overset{O}{\underset{\|}{C}}-R_3 \longrightarrow \begin{array}{c} H_2C-O-\overset{O}{\underset{\|}{C}}-R_3 \\ | \\ HC-O-\overset{O}{\underset{\|}{C}}-R_1 \\ | \\ H_2C-O-\overset{O}{\underset{\|}{C}}-R_2 \end{array} \begin{array}{l} + \text{ Phosphat} \\ \\ + \ CoA-SH \end{array}$$

Triglycerid

1.3.3.2 Bedeutung des Coenzyms A

Da sowohl bei der Synthese von Triglyceriden als auch bei vielen weiteren Reaktionen die Aktivierung durch Coenzym A eine Rolle spielt, soll die Struktur des CoA in Erinnerung gerufen werden.

Wie im Zusammenhang mit den Coenzymen bereits erwähnt, gibt es eine enge Beziehung der Coenzyme zu den Vitaminen. CoA enthält als Bestandteil die Pantothensäure (wasserlösliches Vitamin). Weitere Strukturelemente sind ein AMP-Rest, der eine zusätzliche Phosphorylierung an der Ribose aufweist. Die endständige SH-Gruppe stammt von einem Cysteinsäurerest. Über den Schwefel erfolgt jeweils eine Thioesterbindung mit der zu aktivierenden Substanz. Zur Aktivierung ist ferner Energie (ATP) erforderlich.

Sowohl im Stoffwechsel der Lipide und der Fettsäuren als auch der Kohlenhydrate haben die durch Coenzym A aktivierten Verbindungen aktivierte Essigsäure (Acetyl-CoA) und aktivierte Fettsäure (Acyl-CoA) eine zentrale Bedeutung.

Cysteinsäurerest (decarboxyliert) | β-Alanin | Dihydroxydimethyl-Buttersäure | 3-Phospho-ADP

$$HS-CH_2-CH_2-\underset{\underset{\text{Pantothensäure (phosphoryliert)}}{|}}{N}-\overset{H}{\underset{|}{\overset{|}{\underset{\|}{C}}}}-CH_2-CH_2-\overset{H}{\underset{|}{N}}-\overset{O}{\underset{\|}{C}}-\overset{CH_3}{\underset{\underset{CH_3}{|}}{\overset{|}{C}}}-\overset{}{\underset{OH}{\overset{|}{C}H}}-CH_2-O-\overset{O}{\underset{\underset{OH}{|}}{\overset{\|}{P}}}-O-\overset{O}{\underset{\underset{OH}{|}}{\overset{\|}{P}}}-O-CH_2 \cdots$$

1.3.3.3 Abbau der Fettsäuren, β-Oxidation

Die Fettsäuren werden durch β-Oxidation abgebaut. Der Ort des Fettsäurenabbaus sind die Mitochondrien. Mitochondrien sind Zellorganellen, die von einer Doppelmembran umhüllt sind und in denen zahlreiche Reaktionen des Energieumsatzes ablaufen.

Damit der Fettsäurenabbau in den Mitochondrien stattfinden kann, müssen diese zunächst aus dem Zytosol in die Mitochondrien transportiert werden. Da weder die Carbonsäuren selbst noch die aktivierte Form (Acyl-CoA) die innere Mitochondrienmembran passieren können, ist zunächst eine Hilfsreaktion erforderlich.

Stoffwechsel der Hauptnährstoffe 49

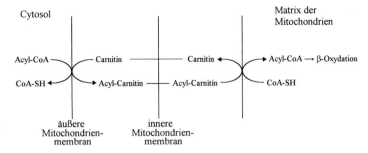

- Im Cytosol werden die Fettsäuren zu Acyl-CoA aktiviert und auf Carnitin (Trimethyl-γ-amino-β-hydroxybuttersäure) übertragen.
- Das entstandene Acylcarnitin kann mithilfe eines sogenannten Carrierproteinsystems in das Innere (Matrix) der Mitochondrien transferiert werden.
- Die Acylgruppe wird nun auf mitochondrieneigenes CoA übertragen.

Die Fettsäuren befinden sich in der richtigen Form (Acyl-CoA) am richtigen Ort (Matrix der Mitochondrien) und können der β-Oxidation zugeführt werden (Abb. 16).

Bei der β-Oxidation wird die abzubauende aktivierte Fettsäure durch schrittweise Abspaltung eines C_2-Körpers (Acetyl-CoA) in jedem Schritt um zwei C-Atome verkürzt, bis schließlich die gesamte Fettsäure in Acetyl-CoA überführt ist. Der Name des Abbauweges weist auf das Auftreten von Hydroxy- und Ketogruppen in β-Stellung der Zwischenprodukte.

Die β-Oxidation erfolgt in vier Reaktionsschritten:
1. Dehydrierung der Acyl-CoA-Verbindung, H_2 wird von einem Coenzym (FAD) aufgenommen. Es entsteht eine ungesättigte Verbindung (Enoyl-CoA).
2. Hydratisierung der Doppelbindung, so dass in β-Stellung eine Hydroxylgruppe vorliegt (Hydroxyacyl-CoA).
3. Dehydrierung der Hydroxyacyl-CoA-Verbindung; Wasserstoffakzeptor ist NAD, so dass in β-Stellung eine Ketogruppe entsteht (β-Ketoacyl-CoA).
4. Unter Katalyse einer Thiolase wird dann ein Acetyl-CoA-Rest abgespalten bei gleichzeitiger Anlagerung eines neuen CoA-Moleküls.

Da fast alle Fettsäuren eine gerade Anzahl an C-Atomen haben, können sie vollständig abgebaut werden. Aber auch Carbonsäuren mit ungerader C-Atomzahl werden nach dem gleichen Muster abgebaut, nur dass als letztes Fragment Propionyl-CoA übrigbleibt.

Am Ende eines Umlaufs der β-Oxidation erhalten wir Acetyl-CoA und ein um zwei C-Atome verkürztes Acyl-CoA. Für den vollständigen Abbau der Stearinsäure (enthält 18 C-Atome) zu Acetyl-CoA sind demnach 8 Reaktionsumläufe erforderlich. Acetyl-CoA ist eine Schlüsselverbin-

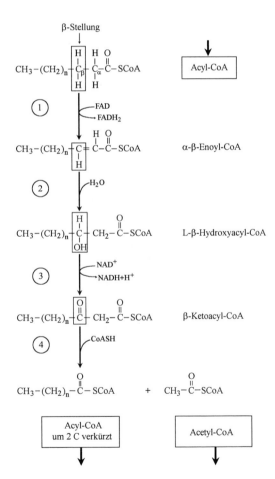

Abb. 16. Abbau von Fettsäuren durch β-Oxidation. Ausgangsverbindung ist eine aktivierte Fettsäure (Acyl-CoA).

dung in den zentralen Abbauwegen für C-Gerüste und kann weiter zu CO_2 abgebaut werden. Umgekehrt entsteht aber beim Abbau von Kohlenhydraten und einiger Aminosäuren Acetyl-CoA, so dass von diesem Zwischenprodukt ausgehend auch wieder die Synthese von Fettsäuren stattfinden kann.

1.3.3.4 Synthese der Fettsäuren

Obwohl die Fettsäurensynthese als eine schrittweise Anlagerung von C_2-Einheiten abläuft, kann sie nicht als eine einfache Umkehrung des Abbauweges betrachtet werden. Sie findet im Gegensatz zur β-Oxidation im Cytoplasma statt und wird von einem Multienzymkomplex katalysiert. Wesentlicher Bestandteil dabei ist ein „Acyl-Carrier-Protein" (ACP), das mit der wachsenden Fettsäurenkette verestert ist. Wie auch beim CoA enthält ACP einen Pantothensäureanteil, und die Verbindung zur Acylgruppe erfolgt über den Schwefel eines Cysteaminrestes (Thioester). Dieses Protein hat insgesamt zwei solcher SH-Bindungsstellen.

Ein weiterer Unterschied bezieht sich auf die beteiligten Red-Ox-Systeme. Bei Dehydrierungsreaktionen während der β-Oxidation fungieren NAD und FAD als Wasserstoffakzeptoren. Diese können aber bei den während der Fettsäurensynthese erforderlichen Hydrierungsreaktionen nicht als Wasserstoffdonatoren in Erscheinung treten, sondern hierfür wird NADPH (vorwiegend aus dem Pentosephosphatzyklus (s. Abschnitt 1.3.4.3) benötigt. Die Startreaktion bei der De-novo-Synthese der Fettsäuren ist die Carboxylierung des Acetyl-CoA.

> Die geschwindigkeitsbestimmende Schlüsselreaktion ist die Carboxylierung von Acetyl-CoA zu Malonyl-CoA. Sie wird von einem biotinabhängigen Enzym, der Acetyl-CoA-Carboxylase, katalysiert.

Dabei wird zunächst unter Energieaufwand (ATP → ADP) das Biotin des Enzyms carboxyliert und damit die Carboxylgruppe aktiviert. Diese kann dann auf das Acetyl-CoA übertragen werden, und es entsteht Malonyl-CoA (aktivierte Malonsäure).

Das Malonyl-CoA wird nun über eine SH-Gruppe an das ACP gebunden, gleichzeitig wird über eine weitere SH-Gruppe Acetyl-CoA oder ein schon längeres Fragment aktivierter Fettsäure (Acyl-CoA) gebunden. Die anschließende Kondensationsreaktion findet unter CO_2-Abspaltung statt, so dass eine Kettenverlängerung um 2 C-Atome erfolgt ist. Die übrigen Reaktionen stellen formal gesehen die Umkehrung der β-Oxidation dar. Die in β-Stellung entstandene Ketobindung wird zunächst hydriert ($NADPH_2$), und es entsteht eine Hydroxyacylverbindung. Die nachfolgende Wasserabspaltung führt zu einer ungesättigten Verbindung, einer Enoylverbindung. Mit der zweiten Hydrierungsreaktion, bei der wieder NADPH H^+-Donator ist, entsteht ein Fettsäurerest, der um zwei C-Atome verlängert ist. Er kann erneut in den beschriebenen Zyklus eingespeist und um weitere zwei C-Atome erweitert werden. Die Schritte der Fettsäurensynthese sind in Abb. 17 dargestellt.

Bei der Bildung von Fettsäuren mit ungerader Anzahl von C-Atomen ist Propionyl-CoA anstelle von Acetyl-CoA die Verbindung, mit der die Synthese startet.

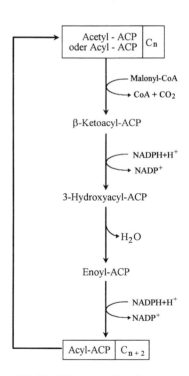

Abb. 17. Schema zur Fettsäurensynthese. ACP = Acyl-Carrier-Protein.

Die Bildung ungesättigter Fettsäuren ist bei Säugetieren sehr eingeschränkt. So kann zwar in der Leber unter Wirkung eines Enzyms (Acyl-CoA-Desaturase) aus Stearinsäure ($C_{18}H_{36}O_2$) Ölsäure ($C_{18}H_{34}O_2$; n–9) gebildet werden, nicht aber die mehrfach ungesättigten Fettsäuren Linolsäure (n–6) und Linolensäure (n–3) sowie die daraus gebildeten mehrfach ungesättigten Fettsäuren (s. Tab. 2).

Regulation des Fettstoffwechsels
Neben Glycogen sind Triglyceride die wichtigsten Energielieferanten für den Stoffwechsel. Daher müssen Fettsäurenoxidation sowie -synthese einer Kontrolle unterliegen, die sowohl eine Kurzzeit- als auch eine Langzeitregulation gewährleistet. Da das Enzym Acetyl-CoA-Carboxylase das Schlüsselenzym für die Fettsäurensynthese ist, wirken viele Effektoren auf die Aktivität oder die Synthese dieses Enzyms. Im Sinne einer Langzeitregulation stimuliert z. B. Insulin die Synthese dieses Enzyms, und Fasten inhibiert die Synthese. Ähnlich wie bei der Regulation des Kohlenhydratstoffwechsels sind die Hormone des Pankreas – Insulin und Glucagon – Gegenspieler auch bei der Regulation des Fettstoffwechsels. Diese beiden Hormone beeinflussen sowohl die Geschwindigkeit als auch die Richtung des Fettstoffwechsels. Aber auch die Konzentration verschiedener Metabolite beeinflusst die Acetyl-CoA-Carboxylase. So fallen bei Stoffwechselsituationen, bei denen Depotfette zur Energiedeckung mobilisiert werden, verstärkt aktivierte Fettsäuren (Acyl-CoA) an. Diese hemmen das Schlüsselenzym der Fettsäurensynthese gleichzeitig. Dagegen wird die Acetyl-CoA-Carboxylase durch einen intensiv ablaufenden Kohlenhydratabbau im Organismus und dem damit verbundenen Konzentrationsanstieg an Citrat, ATP, $NADPH + H^+$ sowie Insulin aktiviert. Die Regulation des Fettstoffwechsels ist insgesamt komplex und findet unter Beteiligung verschiedener Organe statt.

1.3.3.5 Bildung von Ketonkörpern

Eine Bildung von sogenannten Ketonkörpern findet unter physiologischen Bedingungen immer statt. Dabei entsteht aus dem Acetyl-CoA Aceto-Acetyl-CoA und **Acet-Essigsäure (Acetoacetat)**. Diese kann dann durch Decarboxylierung zu **Aceton** umgesetzt oder zu **β-Hydroxybuttersäure** hydriert werden. Die drei zuletzt genannten Verbindungen werden als Ketonkörper bezeichnet, was aus chemischer Sicht nicht ganz richtig, historisch aber so entstanden ist. Unter normalen Bedingungen können Acetoacetat und Hydroxybuttersäure im Organismus verwertet werden, entweder durch Endabbau in der Muskulatur oder durch Verwertung für die Fettsynthese in der Milchdrüse. Aceton kann nicht verstoffwechselt werden und wird überwiegend mit der Atemluft ausgeschieden. Durch Erkrankungen, bei denen die Regulation des Kohlenhydratstoffwechsels gestört ist (Diabetes mellitus), oder durch unphysiologische sowie extreme Stoffwechsellagen (Hunger, hochlaktierende Kuh) kann es aber zu einer Anhäufung dieser Verbindungen im Blut kommen und zu Erkrankungen führen, die als Ketose, Ketonämie oder Acetonämie bezeichnet werden.

In all diesen Fällen findet ein verstärkter Energiegewinn aus dem Abbau von Fetten statt bei gleichzeitig stimulierter Gluconeogenese. Dies führt einerseits zu einem erhöhten Anfall von Acetyl-CoA. Die Ketogenese basiert letzten Endes auf einem unvollständigen Abbau von Fettsäuren. Andererseits liegt bei solchen Stoffwechsellagen ein erhöhter Verbrauch von Oxalacetat für die Glucosebildung vor. Die Folge ist ein Mangel an Oxalacetat im Citratzyklus, so dass die Aufnahme des Acetyl-CoA in diesen Zyklus blockiert wird.

> Acetoacetat, Aceton und Hydroxybuttersäure werden als Ketonkörper bezeichnet. Sie werden verstärkt in Stoffwechselsituationen gebildet, in denen der Energiegewinn in erhöhtem Maße aus dem Abbau von Fetten erfolgt.

Bezüglich des Säure-Basen-Haushalts führen erhöhte Konzentrationen von Acetessigsäure und von β-Hydroxybuttersäure zu einem Protonenüberschuss und damit zu einem pH-Abfall im Blut. Daraus kann eine Acidose (Ketoacidose) resultieren.

$$2\ CH_3-\overset{O}{\underset{\|}{C}}-S-CoA \longrightarrow CH_3-\overset{O}{\underset{\|}{C}}-CH_2-\overset{O}{\underset{\|}{C}}-S-CoA$$

Acetyl-CoA → Aceto-Acetyl-CoA

$$CH_2-\overset{}{\underset{\|}{C}}-CH_3 \xleftarrow{-CO_2} CH_3-\overset{}{\underset{\|}{C}}-CH_2COOH \xrightleftharpoons[-H_2]{+H_2} CH_3-\overset{}{\underset{OH}{C}}-CH_2COOH$$

Aceton — Acetessigsäure (Acetoacetat) — β-Hydroxybuttersäure

1.3.4 Stoffwechsel der Kohlenhydrate und zentrale Abbauwege

Der größte Teil der aufgenommenen Kohlenhydrate dient im tierischen Organismus der Deckung des Energiebedarfs. Beim vollständigen Abbau der Glucose, dem mengenmäßig wichtigsten Monosaccharid, entstehen die Oxidationsprodukte CO_2 und Wasser. Die Abbauwege der Kohlenhydrate können aber auch als zentrale Abbauwege betrachtet werden, da auf verschiedenen Ebenen Zwischenprodukte des Abbaus von Aminosäuren, Fettsäuren und Glycerin in die gleichen Abbaumechanismen einmünden.

Der vollständige Abbau der C-Skelette der Hauptnährstoffe zu CO_2 und Wasser erfordert aerobe Verhältnisse. Jedoch ist auch unter anaeroben Bedingungen ein Energiegewinn beim Glucoseabbau im Rahmen der Glycolyse möglich.

1.3.4.1 Glycolyse

Unter der Glycolyse versteht man den Abbauweg der Glucose über Fructose-1,6-biphosphat zu Pyruvat (Brenztraubensäure), wobei pro Mol Glucose 2 Mol ATP erzeugt werden: Glucose (C_6) → 2 Pyruvat (C_3) + 2 ATP.

Der Begriff leitet sich aus dem Griechischen ab: glykos (süss) und lysis (Auflösung). Die Aufklärung der Glycolyse gelang in den vierziger Jahren. Wesentlichen Anteil daran hatten G. EMDEN, O. MEYERHOF und J. PARNAS. Ihre Leistungen würdigend wird die Glycolyse auch Emden-Meyerhof-Parnas-Weg (EMP-Weg) genannt. Eine weitere Bezeichnung ist Fructose-1,6-biphosphat-Weg.

Die Glycolyse ist ein Stoffwechselweg von ganz universeller Bedeutung. Nicht nur, weil im tierischen Organismus 75 bis 90% der Glucose über diesen Weg abgebaut werden, sondern auch weil die Glucose weitestgehend über diesen Weg bei allen Lebewesen, von den Mikroorganismen bis zum Menschen, in gleicher Weise abgebaut wird.

Die Glycolyse verläuft in 10 Einzelreaktionen (Abb. 18):

- **Reaktionen 1 bis 3:** Doppelte Phosphorylierung und Aktivierung der Hexose zu Fructose-1,6-biphosphat unter Aufwand von 2 Mol ATP je Mol Glucose.
- **Reaktion 4:** Spaltung des Fructose-1,6-biphosphats (C_6) zu den C_3-Verbindungen Dihydroxyacetonphosphat und Glycerinaldehyd-3-phosphat.
- **Reaktion 5:** Einstellung eines Gleichgewichts von 97 zu 3 zwischen den beiden C_3-Verbindungen zugunsten von Dihydroxyacetonphosphat. Im Rahmen der Glycolyse wird lediglich Glycerinaldehyd-3-phoshpat weiter abgebaut.
- **Reaktion 6:** Dehydrierung des Glycerinaldehyd-3-phosphats. Diese Dehydrierungsreaktion ist stark exergonisch, und die freiwerdende Energie reicht aus, um anorganisches Phosphat

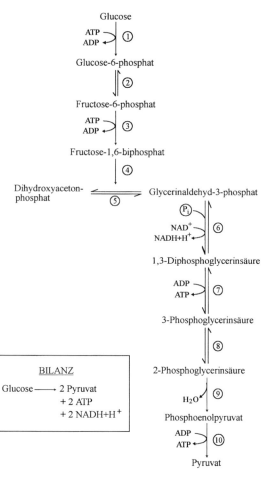

Abb. 18. Die 10 Schritte der Glycolyse. Die einzelnen Reaktionen werden von folgenden Enzymen katalysiert: (1) Hexokinase, (2) Glucosephosphatisomerase, (3) Phosphofructokinase, (4) Aldolase, (5) Triosephosphatisomerase, (6) Glycerinaldehyd-3-phosphat-Dehydrogenase, (7) Phosphoglyceratkinase, (8) Phosphoglyceratmutase, (9) Enolase und (10) Pyruvatkinase. P = $-PO_3^{2-}$; P_i = anorganisches Phosphat.

in eine „energiereiche Bindung" zu überführen. NAD$^+$ dient als Elektronenakzeptor und wird zu NADH reduziert. Aus energetischer Sicht ist die Reaktion 6 von größter Bedeutung.
- **Reaktion 7:** Der aufgenommene Phosphatrest wird direkt auf ADP übertragen, und ATP wird gebildet. Diese Reaktion wird als „Substratketten-Phosphorylierung" bezeichnet (im Gegensatz zur Atmungsketten-Phosphorylierung). Von einem Mol Glucose ausgehend, ergibt sich ein Energiegewinn von 2 Mol ATP.
- **Reaktionen 8 und 9:** Nach Umlagerung des Phosphatrestes und Wasserabspaltung entsteht Phosphoenolpyruvat, dessen Phosphatbindung an C$_2$ „energiereich" ist.
- **Reaktion 10:** Übertragung der Phosphatgruppe auf ADP. Auf diese Weise werden pro Mol Glucose weitere 2 Mol ATP gebildet, die aber lediglich eine Rückgewinnung des zur Aktivierung eingesetzten ATP darstellt. Endprodukt ist Pyruvat (Brenztraubensäure).

Zusammenfassend kann man die Glycolyse in zwei Stufen untergliedern:
- **Stufe 1** (Reaktionen 1 bis 5). In dieser Stufe wird unter Verbrauch von 2 Mol ATP die Glucose doppelt phosphoryliert und aktiviert. Anschließend wird die doppelt phosphorylierte C$_6$-Verbindung Fructose-1,6-biphosphat in die C$_3$-Verbindung Glycerinaldehyd-3-phosphat gespalten.
- **Stufe 2** (Reaktionen 6 bis 10). Glycerinaldehyd-3-phosphat (2 Moleküle je Molekül Glucose) wird unter Bildung von 4 Molekülen ATP (echter Energiegewinn: 2 Mol ATP pro 1 Mol Glucose) in Pyruvat überführt. Außerdem werden zwei NAD$^+$ zu NADH reduziert.

Der Energiegewinn während der anaeroben Glycolyse ist im Vergleich zur oxidativen Phosphorylierung (s. Seite 62) sehr gering. Allerdings erfolgt dieser Weg der ATP-Bereitstellung sehr schnell; daher ist er bei raschem ATP-Verbrauch, z. B. in der Muskulatur, von größter Bedeutung.

Die Regulation der Glycolyse erfolgt z. T. durch Beeinflussung der Reaktion 1. Hierbei spielt sowohl Insulin eine Rolle als auch eine allosterische Hemmung durch Glucose-6-phosphat. Ferner ist Reaktion 3 an der Regulation beteiligt. So wird das katalysierende Enzym Phosphofructokinase z. B. durch hohe ATP-Konzentrationen gehemmt und durch ADP und AMP allosterisch aktiviert.

In Reaktion 6 fungiert NAD$^+$ als allosterischer Aktivator und NADH als Inhibitor.

Umsatz des Pyruvats

Das Pyruvat (Brenztraubensäure) ist eine Schlüsselverbindung, da bis zu dieser Verbindung der Glucoseabbau einheitlich verläuft und sich je nachdem, ob anaerobe oder aerobe Bedingungen vorliegen, unterschiedlich fortsetzt.

$$\underset{\text{Lactat (Milchsäure)}}{\begin{array}{c}COO^-\\|\\H-C-OH\\|\\CH_3\end{array}} \xrightleftharpoons[]{NAD^+ \; NADH+H^+} \underset{\text{Pyruvat}}{\begin{array}{c}COO^-\\|\\C=O\\|\\CH_3\end{array}} \xrightarrow{NADH+H^+ \; NAD^+ \; CO_2} \underset{\text{Ethanol}}{\begin{array}{c}H_2C-OH\\|\\CH_3\end{array}}$$

Unter **anaeroben** Bedingungen wird das Pyruvat zu Lactat (Milchsäure) umgesetzt. Dies findet bei Sauerstoffmangel im arbeitenden Muskel statt, da das NADH aus Reaktion 6 der Glycolyse regeneriert werden muss, um den Ablauf der Glycolyse aufrecht zu erhalten. Denn unter anaeroben Bedingungen kann NADH nicht durch Sauerstoff in der Atmungskette oxidiert werden, sondern die anfallenden Reduktionsäquivalente werden in diesem Falle auf das Pyruvat übertragen. Auch bei der Silierung von Futtermitteln erfolgt eine Milchsäurebildung durch Bakterien, vorausgesetzt, Substrate sind vorhanden, die zu Pyruvat umgesetzt werden können, und es liegen anaerobe Bedingungen vor.

Die alkoholische Gärung der Hefen findet ebenfalls von Pyruvat ausgehend unter anaeroben Bedingungen statt. Dabei stammen die Reduktionsäquivalente auch vom NADH aus der Glycolyse. Zusätzlich wird bei der Ethanolbildung CO$_2$ freigesetzt.

$$\underset{\text{Pyruvat}}{\begin{array}{c}COO^-\\|\\C=O\\|\\CH_3\end{array}} + CoA \xrightarrow[\text{Pyruvatdehydrogenase}]{NAD^+ \; NADH+H^+ \; CO_2} \underset{\text{Acetyl-CoA}}{\begin{array}{c}O\\\|\\C-S-CoA\\|\\CH_3\end{array}}$$

Unter **aeroben** Bedingungen wird in der Zelle das gebildete NADH über die Atmungskette durch molekularen Sauerstoff unter Bildung von Wasser oxidiert. Dadurch überwiegt die oxidierte Form des NAD$^+$ und steht zur Dehydrierung des Pyruvats zur Verfügung. In Anwesenheit von CoA entstehen dann aus Pyruvat Acetyl-CoA (aktivierte Essigsäure), CO$_2$ und NADH + H$^+$.

Diese Reaktion wird durch einen Multienzymkomplex (Pyruvatdehydrogenase) katalysiert. Als Cofaktor fungiert dabei unter anderem Thiaminpyrophosphat, die aktive Form des Vitamins B_1. Der Pyruvatdehydrogenasekomplex kommt in einer aktiven und einer inaktiven Form vor. Eine Aktivierung erfolgt durch hohe Konzentrationen an Insulin, NAD^+, CoA, Pyruvat und ADP und eine Inaktivierung durch hohe Konzentrationen an NADH, Acetyl-CoA und ATP.

| Die Pyruvatdehydrogenase-Reaktion ist stark exergonisch und nicht reversibel. Deshalb kann im tierischen Organismus Pyruvat nicht aus Acetyl-CoA gebildet werden.

Acetyl-CoA kann dann in den weiteren zentralen oxidativen Abbauweg für C-Gerüste einmünden, nämlich den Zitronensäurezyklus.

1.3.4.2 Gluconeogenese

Bei Kohlenhydratmangel werden die Glycogenreserven des Organismus in relativ kurzer Zeit abgebaut. Die Glucoseversorgung muss dann durch Gluconeogenese erfolgen. Insbesondere Wiederkäuer sind in starkem Maße auf die Gluconeogenese angewiesen, da durch die mikrobiellen Umsetzungen im Pansen Glucose nur in sehr geringen Mengen resorbiert wird (s. Abschnitt 5.2.2). Ferner wird bei laktierenden Tieren zusätzlich Glucose für die Lactosebildung benötigt.

Die Gluconeogenese ist zwar im Prinzip eine Umkehrung der Glycolyse, allerdings müssen 3 Reaktionen umgangen werden, nämlich die Reaktionen 10, 3 und 1 (s. Abb. 18), da sie irreversibel sind. Besonders Reaktion 10 der Glycolyse (Phosphoenolpyruvat → Pyruvat) ist stark exotherm und daher nicht umkehrbar. Deshalb muss die Startreaktion der Gluconeogenese über den Umweg der Oxalacetatbildung erfolgen:

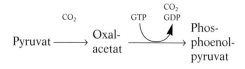

1.3.4.3 Pentosephosphatweg

Da nicht sämtliche Glucose über die Glycolyse abgebaut wird, muss es noch andere Abbauwege geben. Dies sind der Pentosephosphatweg und der KDPG-(2-Keto-3-desoxy-6-phospho-gluconsäure-)Weg. Letzterer spielt nur bei Mikroorganismen eine Rolle, während der Pentosephosphatweg auch bei Tier und Mensch mit spezifischen Funktionen abläuft (Abb. 19).

Glucose-6-phosphat wird in mehreren Schritten, darunter zwei Dehydrierungen und eine CO_2-Abspaltung, zu Pentose-5-phosphaten abgebaut. Eine Spezifität dieses Abbauweges liegt darin, dass er die Pentosen liefert, die für die Synthese von Nucleinsäuren und Nucleotidenzymen erforderlich sind.

Eine zweite Spezifität ist im Wasserstoffakzeptor bei den Dehydrierungsreaktionen begründet. Im Gegensatz zur Glycolyse ist es hier $NADP^+$. Wie bereits gezeigt wurde (s. Abschn. 1.3.3), ist NADPH für die Fettsäuresynthese essenziell. Auch für die Steroidsynthese wird NADPH benötigt. Formal gesehen werden im Pentosephosphatzyklus pro C-Atom der Glucose 2 NADPH + H^+ gebildet, d. h. 12 Mol NADPH + H^+ pro Mol Glucose.

| Die wesentlichen Funktionen des Pentosephosphatweges sind die Bereitstellung von NADPH für die reduktive Biosynthese von Fettsäuren und Steroiden sowie die Bildung von Pentosen für die Nucleotidsynthese.

Der Pentosephosphatweg ist besonders in solchen Geweben aktiv, in denen eine intensive Fettsäuren- oder Steroidsynthese erfolgt, wie Leber, Fettgewebe, laktierende Milchdrüse, Nebennierenrinde.

Es ist ferner ersichtlich, dass beim weiteren Umsatz der Pentosen Saccharide mit unterschiedlicher Anzahl von C-Atomen entstehen können. Die Endprodukte Glycerinaldehyd-3-phosphat und Fructose-6-phosphat können in die Glycolyse einmünden.

Bei der Regulation des Pentosephosphatweges ist die Reaktion 1 geschwindigkeitsbestimmend. Das diesen Schritt katalysierende Enzym, die Glucose-6-phosphat-Dehydrogenase, wird primär durch die $NADP^+$-Konzentration reguliert.

Umwandlung der Monosaccharide ineinander, Abbau von Fructose und Galactose

Der Stoffwechsel der einzelnen Monosaccharide ist über die beschriebenen Abbauwege miteinander verknüpft. So kann Galactose über Galactose-1-phosphat in Glucose-1-phosphat überführt und Fructose zu Fructose-6-phosphat umgesetzt werden. Beide Verbindungen sind Zwischenprodukte in der Glycolyse. Selbst Glycerin kann über Glycerinaldehyd und Fructose-1-phosphat in die gleichen Abbauwege münden.

1.3.4.4 Citratzyklus

Der Citratzyklus (Zitronensäurezyklus, Abb. 20) stellt eine Form des oxidativen Abbaus von Koh-

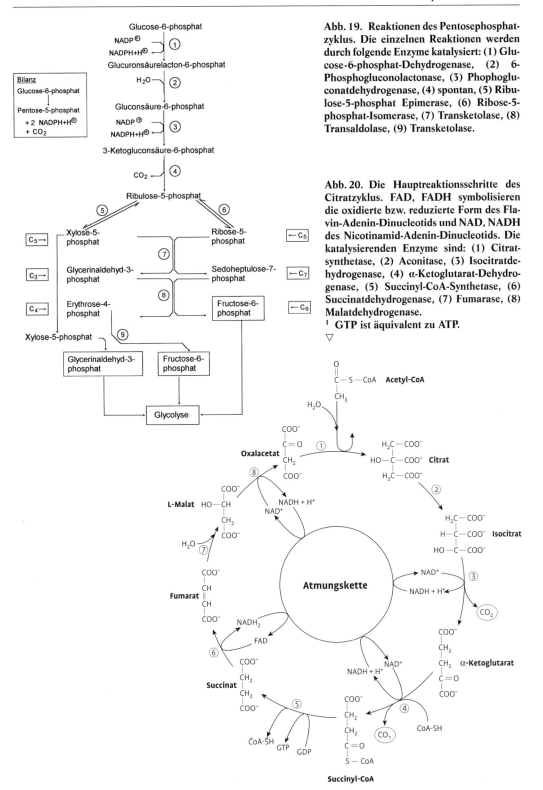

Abb. 19. Reaktionen des Pentosephosphatzyklus. Die einzelnen Reaktionen werden durch folgende Enzyme katalysiert: (1) Glucose-6-phosphat-Dehydrogenase, (2) 6-Phosphogluconolactonase, (3) Phophogluconatdehydrogenase, (4) spontan, (5) Ribulose-5-phosphat Epimerase, (6) Ribose-5-phosphat-Isomerase, (7) Transketolase, (8) Transaldolase, (9) Transketolase.

Abb. 20. Die Hauptreaktionsschritte des Citratzyklus. FAD, FADH symbolisieren die oxidierte bzw. reduzierte Form des Flavin-Adenin-Dinucleotids und NAD, NADH des Nicotinamid-Adenin-Dinucleotids. Die katalysierenden Enzyme sind: (1) Citratsynthetase, (2) Aconitase, (3) Isocitratdehydrogenase, (4) α-Ketoglutarat-Dehydrogenase, (5) Succinyl-CoA-Synthetase, (6) Succinatdehydrogenase, (7) Fumarase, (8) Malatdehydrogenase.
[1] GTP ist äquivalent zu ATP.

lenstoffgerüsten dar, die sowohl bei Prokaryonten als auch Eukaryonten stattfindet. Der Zitronensäurezyklus wird auch als Tricarbonsäurezyklus oder Krebs-Zyklus bezeichnet. Er spielt bei katabolen und anabolen Prozessen eine Rolle und ist für die Synthese und Oxidation von Kohlenhydraten, Fettsäuren und Aminosäuren verantwortlich, so dass der Citratzyklus eine Art „Drehscheibe des Stoffwechsels" ist.

Summarisch gesehen wird im Citratzyklus die C_2-Verbindung aktivierte Essigsäure (Acetyl-CoA) in 8 Reaktionsschritten zu zwei Molekülen CO_2 oxidativ abgebaut. Die Elektronen werden von den Coenzymen NAD^+ und FAD aufgenommen und in der Atmungskette schrittweise auf Sauerstoff übertragen, was der eigentliche energieliefernde Prozess ist (ATP-Bildung).

Im Citratzyklus selbst findet nur ein sehr geringer Energiegewinn statt und zwar durch ein ATP-Äquivalent in Reaktion 5. Die Startreaktion ist die Verknüpfung der aktivierten Essigsäure mit der Oxalessigsäure zu Zitronensäure. Da der Citratzyklus eng mit der Atmungskette und der ATP-Bildung verknüpft ist, sind die Regulationsmechanismen im Zusammenhang mit dem ATP-Bedarf des Organismus zu sehen. So hemmen beispielsweise hohe Konzentrationen an mitochondrialem ATP oder NADH die Reaktionen 1 und 3, dagegen stimuliert ADP Reaktion 3.

Eine ausreichende Bereitstellung von Oxalacetat ist Voraussetzung zum optimalen Ablauf des Citratzyklus. Die wichtigsten Reaktionen zur Bildung von Oxalacetat sind die Carboxylierung von Pyruvat zu Oxalacetat und die Transaminierung von Aspartat zu Oxalacetat. Abbildung 21 verdeutlicht nochmals die zentrale Bedeutung des Citratzyklus für den Stoffwechsel aller Hauptnährstoffe.

1.3.4.5 Atmungskette (oxidative Phosphorylierung)

Die entscheidende energieliefernde Reaktion im Stoffwechsel ist die Reduktion des Sauerstoffs zu Wasser. Würden Wasserstoff und Sauerstoff direkt miteinander reagieren, käme es zu einer explosionsartigen Freisetzung von Energie. Diese ist als „Knallgasreaktion" bekannt und liefert 239 kJ/Mol Wasser. In der Atmungskette (Abb. 22) wird jedoch molekularer Wasserstoff nicht direkt auf Sauerstoff übertragen, sondern die Reduktionsäquivalente bleiben vorübergehend an Coenzyme gebunden und werden stufenweise übertragen. Bei der Oxidation von NADH werden so lediglich 218 kJ pro Mol freigesetzt. Ein Teil dieser Energie dient der ATP-Synthese (Wirkungsgrad = 0,4 bis 0,5) und wird konserviert, der Rest wird als Wärme frei. Da die Atmungskette in den Mitochondrien lokalisiert ist, werden diese als „Kraftwerke der Zelle" bezeichnet.

In der Atmungskette wird Sauerstoff durch an Coenzyme gebundenen Wasserstoff zu Wasser reduziert. Diese Reduktion verläuft stufenweise und ist mit der Synthese von ATP gekoppelt.

In der Atmungskette wird der hohe Energiebetrag, der aus der Oxidation des NADH resultiert, mithilfe einer Enzymkaskade in kleinere „Energiepakete" zerlegt. NADH gibt die aufgenommenen Reduktionsäquivalente aus dem oxidativen Nährstoffabbau (β-Oxidation, Glycolyse, Citratzyklus) über eine Reihe enzymatischer Red-Ox-Systeme der inneren Mitochondrienmembran letztendlich an Sauerstoff ab. Dabei sind die Oxidoreduktasen stufenweise angeordnet, und jeder der Proteinkomplexe in der Atmungskette kann den vorhergehenden oxidieren. Die bei der Oxidation des NADH freiwerdene Energie wird genutzt, um über die Mitochondrienmembran einen Protonen-(H^+-)Gradienten aufzubauen, d. h. der Energiegewinn wird zunächst in ein elektrochemisches Potenzial umgewandelt. Die ATP-Synthase, ein weiterer Enzymkomplex der Atmungskette, ermöglicht den Rückstrom der H^+-Ionen und koppelt ihn mit der ATP-Synthese, um die gewonnene Energie schließlich als ATP zur Verfügung zu stellen. Da die Oxidation in der Atmungskette mit einer Phosphorylierung

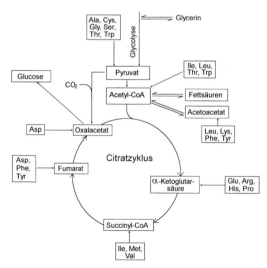

Abb. 21. Bedeutung des Citratzyklus als „Drehscheibe des Stoffwechsels".

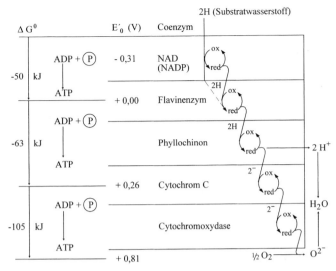

Abb. 22. Oxidative Phosphorylierung in der Atmungskette. ΔG = Freie Standardenthalpie; E'_0 = Potenzialdifferenz (Elektronenfluss erfolgt immer von Redoxsystemen mit negativem Potenzial zu solchen hin mit positivem Potenzial).

von ADP gekoppelt ist, spricht man hier von der „Atmungsketten-Phosphorylierung" bzw. „oxidativen Phosphorylierung".

Die innere Mitochondrienmembran ist für NADH impermeabel, so dass cytosolisches NADH aus der Glycolyse (NADH und $FADH_2$ fallen größtenteils bei der β-Oxidation und dem Citratzyklus direkt im Mitochondrium an) über ein Shuttle-System ins Mitochondrium geschleust werden muss. Dabei werden die Elektronen im Cytosol zunächst auf membrangängige Substanzen übertragen (z. B. auf Oxalacetat → Malat oder Dihydroxyacetonphosphat → Glycerin-3-phosphat) und anschließend auf mitochondriales NAD^+ oder FAD rückübertragen. Im letzten Fall muss dabei ein Energieverlust in Kauf genommen werden.

Wenn der Wasserstoff in Form von NADH in die Atmungskette gelangt, können pro Sauerstoffatom 3 Moleküle anorganisches Phosphat in eine energiereiche Bindung überführt werden. Es werden also 3 Moleküle ATP gebildet bei gleichzeitigem Verbrauch von einem Atom Sauerstoff. Daraus ergibt sich ein P/O-Quotient von 3 : 1.

Gelangt der Wasserstoff über $FADH_2$ in die Atmungskette (z. B. aus Reaktion 6 des Citratzyklus oder über den Glycerinphosphat-Shuttle), können bei einem Verbrauch von einem Atom Sauerstoff nur 2 Moleküle ATP gebildet werden, es resultiert ein P/O-Quotient von 2 : 1.

Die dargestellten P/O-Quotienten von 3 : 1 bzw. 2 : 1 stellen die maximale Möglichkeit der ATP-Bildung dar. Es ist aber auch möglich, dass größere Anteile der frei werdenden Energie als Wärme verloren gehen oder im braunen Fettgewebe gezielt zur „chemischen Thermogenese" herangezogen werden, z. B. bei Kältestress von Neugeborenen oder dem Erwachen aus dem Winterschlaf. Da in diesen Fällen weniger oder kein ATP gebildet wird, spricht man von einem „Leerlaufen" bzw. „Entkoppeln der Atmungskette". Hemmstoffe der Atmungskette (z. B. Blausäure) verhindern auf verschiedenen Stufen die Elektronenübertragung, während Entkoppler als Ionophoren wirken und die Ausbildung eines für die ATP-Synthese essenziellen H^+-Gradienten verhindern.

Bei einer Hyperthyreose (Schilddrüsenüberfunktion) wird der Grundumsatz durch Steigerung des O_2-Verbrauchs erhöht und die ATP-Bildung vermindert, damit verringern sich Fleisch- und Fettansatz. Die Regulation der Atmungskette erfolgt im Wesentlichen über den Energieverbrauch. Ist dieser hoch, steigt die ADP-Konzentration, und der Ablauf der Atmungskette sowie die Sauerstoffaufnahme werden stimuliert. Dagegen erfolgt durch ATP und NAD^+ eine Hemmung.

1.4 Funktionen einiger Hormone

Alle Stoffwechselvorgänge eines lebenden Systems unterliegen einer strengen Kontrolle. Dazu sind auf allen Organisationsebenen chemische Signalsysteme erforderlich.

Die Funktionsfähigkeit eines höher organisierten Lebewesens erfordert eine Kommunikation zwischen den verschiedenen Zellen und Organen. Diese interzelluläre Signalübertragung erfolgt durch chemische Botenstoffe, von denen die Hormone die wichtigste Rolle spielen. Der Begriff „Hormon" leitet sich aus dem Griechischen ab und bedeutet antreiben/aufrühren. Als Botensubstanzen wirken die Hormone in äußerst geringen Konzentrationen (10^{-12} bis 10^{-7} mMol/l) und sind daher analytisch nicht einfach zu erfassen. Der Wirkungsmechanismus einiger Hormone ist bekannt, bei anderen bedarf er noch einer Aufklärung.

Die folgende Aufstellung (Tab. 10) enthält nur einige ausgewählte Hormone. Auch die Angaben ihrer Funktionen ist nicht vollständig und kann lediglich als Zuordnung zu Gruppen von Stoffwechselreaktionen aufgefasst werden, in denen sie regulierend wirken. Des Weiteren ist darauf

Tab. 10. Funktionen einiger ausgewählter Hormone

Bildungsort	Hormone	Funktion
Schilddrüse und Nebenschilddrüse	Triiodthyronin (T_3) Thyroxin (T_4) (Aminosäurenderivate, Tyr)	Allgemeine Stimulierung des Stoffwechsels durch Beeinflussung der Transkription
	Calcitonin (Peptid)	Antagonist des Parathormons bei der Regulation des Ca-Spiegels (CA^{2+} ↓) und Synergist bei der Regulation des Phosphat-Spiegels (PO_4^{3-} ↓); Regulation des Ca- und P-Stoffwechsels
	Parathormon (Peptid)	Regulation des Ca- und P-Stoffwechsels; Einfluss auf den Plasmapiegel: CA^{2+} ↑, PO_4^{3-} ↓
Nebennierenmark	Adrenalin (Aminosäurenderivat, Tyr)	Stimulierung der Glycogenolyse in Leber und Skelettmuskulatur sowie der Lipolyse; Steigerung von Herzfrequenz und Blutdruck (Stresshormon)
	Noradrenalin (Aminosäurenderivat, Tyr)	Stimuliert Lipolyse im Fettgewebe; senkt periphere Blutzirkulation
Nebennierenrinde	Glucocorticoide (Steroide)	Antagonisten des Insulins; erhöhen Spiegel von Glucose, freien Aminosäuren, Fettsäuren und Harnstoff; stimulieren peripher Proteinabbau und hemmen die Proteinsynthese; stimulieren Gluconeogenese in der Leber
	Mineralcorticoide (Steroide)	Regulation des Mineralstoffwechsels auf verschiedenen Ebenen
Pankreas	Insulin (Peptid)	Stimulierung „glucoseverbrauchender" Wege, wie Glycogensynthese, Glycolyse, Pentosephosphatweg; Stimulierung von Protein- und Fettsynthese
	Glucagon (Peptid)	Antagonist des Insulins, stimuliert glucoseliefernde Reaktionen, wie Glycogenabbau und Gluconeogenese, hemmt die Glycolyse; stimuliert die Lipolyse
Hypophysenvorderlappen	Wachstumshormon bzw. Somatomedine (Polypeptid) (Peptide)	Wirkt vor allen Dingen über die Bildung von Somatomedinen (insulin like growth factor = IGF) der Leber; Stimulierung des Längenwachstums (Knorpel); Steigerung der Proteinsynthese; Hemmung der Fettsynthese

Tab. 10. Fortsetzung

Bildungsort	Hormone	Funktion
Keimdrüsen	Androgene (Steroide) Bildung bes. im Hoden	Testosteron ist wichtigster Vertreter; Stimulierung des Wachstums männlicher Fortpflanzungsorgane und sekundärer Geschlechtsmerkmale; stimuliert anabol die Proteinsynthese; fördert Calcifizierung des Knochens
	Östrogene (Steroide) Bildung bes. im Ovar	Stimulierung des Wachstums weiblicher Fortpflanzungsorgane und sekundärer Geschlechtsmerkmale; besondere Funktionen für den Stoffwechsel im Uterus und während der Trächtigkeit
	Progesteron (Steroid) Bildung bes. im Ovar	Wichtigstes Trächtigkeitshormon (Gestagen); unterdrückt Ovulation, auch bei externer Zufuhr (hormonelle Kontrazeption)
Hypophysenhinterlappen (Neurohypophyse)	Oxytocin (Peptid)	Stimulierung der glatten Muskulatur des Uterus während der Geburt sowie der glatten Muskulatur der Milchdrüsen → Milchejektion
	Vasopressin (Peptid)	= Antidiuretisches Hormon (ADH); erhöht die Wasserrückresorption → Aufkonzentrieren des Harns, Senkung des Harnvolumens
Epithelien des Gastrointestinaltrakts	Gastrin (Peptid)	Überwiegend im Magen und Duodenum freigesetztes Hormon: Stimulierung der Bildung und Sekretion von HCL in den Belegzellen. Stimuliert Magenbeweglichkeit
	Somatostatin (Peptid)	Gegenspieler von Gastrin, hemmt Sekretion von HCL und Bauchspeichel
	Sekretin (Peptid)	Im Duodenum freigesetzt, hemmt Gastrinsekretion Stimulierung der Pankreassekretion eines enzymarmen und bicarbonatreichen Saftes
	Cholezystokinin (Pankreozymin) (Peptid)	Im Duodenum freigesetzt, Stimulierung der Pankreassekretion eines enzymreichen Sekrets. Fördert Kontraktion der Gallenblase. Fördert Darmbeweglichkeit, senkt Beweglichkeit des Magens
	VIP (Vasoaktives intestinales Peptid)	Fördert die Durchblutung und erhöht den Tonus der glatten Muskulatur der Darmwand
	GIP (gastric inhibitory poplypeptid)	Im Duodenum freigesetztes Hormon, hemmt Magenmotorik und Sekretion von Magensaft
	Serotonin (Amin)	Beeinflusst die Bewegungen der Magen-Darmmuskulatur
	Endorphine (Peptide)	Hemmung der Darmbeweglichkeit
	Leptin (Peptid)	Im Magen freigesetztes Hormon, hemmt anabole Prozesse regt Katabolismus an, löst Sättigungsgefühl aus
	Ghrelin (Peptid)	Gegenspieler von Leptin, löst Hungergefühl aus
	Melatonin (Amin)	Stimuliert die Abgabe von Bicarbonat aus den Epithelzellen des Duodenums

hinzuweisen, dass Hormone in verschiedenen Geweben unterschiedliche Wirkungen haben können und die Wirkung auch von der Anwesenheit von Synergisten und Antagonisten abhängt.

Anhand dieser Beispiele ist erkennbar, dass Störungen in der Hormonbildung oder der Ausbildung von Rezeptoren an den Zielzellen zu schweren Stoffwechsel-, Entwicklungs- oder Fortpflanzungsstörungen führen müssen. Die aus dem Bereich der Humanmedizin bekannteste Krankheit, die durch eine mangelnde Hormonbildung verursacht wird, ist der Diabetes mellitus, die Zuckerkrankheit. Sie ist dritthäufigste Todesursache in Industrieländern. Ursachen sind eine unzureichende Insulinsekretion oder eine unzureichende Stimulierung der Zielzellen durch Insulin.

1.5 Einfluss von Nahrungsfaktoren auf das Immunsystem und die Genexpression

Das Immunsystem hat die wichtige Aufgabe, den Organismus vor Umwelteinflüssen, insbesondere solchen infektiöser Art, zu schützen. Es verfügt dazu über angeborene, unspezifische Mechanismen und weist zudem ein breites Spektrum adaptiver, d. h. spezifischer Reaktionsmöglichkeiten auf. Letztere werden durch den fortlaufenden Kontakt mit antigen wirksamen Substanzen erworben. Immunologische Reaktionen können sich auf der Ebene des Gesamtorganismus oder aber lokal, z. B. an der Darmschleimhaut oder der Schleimhaut der Atemwege manifestieren. An diesen Reaktionen sind unterschiedliche Zelltypen beteiligt, die über zelluläre oder humorale Interaktionen ein breites Spektrum von Abwehrmechanismen ermöglichen.

Neben seiner wichtigen Funktion bei der Verdauung und Absorption der Nahrung stellt der Darm das größte Immunorgan des Körpers dar. Seine Immunfunktion ist aus Sicht der Ernährung besonders wichtig, weil die Darmschleimhaut, ähnlich wie die Lunge, eine Grenzfläche zur Außenwelt bildet, an der verhindert werden muss, dass Krankheitserreger in den Körper übertreten. Einerseits dient der Darm also dazu, Nahrungsbestandteile in den Körper aufzunehmen und muss zu diesem Zweck durchlässig (permeabel) sein. Andererseits muss gewährleistet werden, dass Bakterien bzw. Antigene aus dem Darmlumen die Darmschranke nicht unkontrolliert passieren können. Die Entwicklung eines stabilen darmassoziierten Immunsystems ist für die Gesunderhaltung und das Überleben des Organismus notwendig. Bei Neugeborenen ist die Darmbarriere noch nicht geschlossen, was vor allem für die Aufnahme maternaler Antikörper aus der Muttermilch von besonderer Bedeutung ist. Es ist essenziell, dass der Darm in der Lage ist, mit den Nahrungsbestandteilen, insbesondere den Futtereiweißen, „umzugehen", um ein stabiles und funktionsfähiges Darmimmunsystem aufzubauen.

Bei Antigenen handelt es sich um Eiweißmoleküle, die aufgrund ihrer Struktur prinzipiell befähigt sind, mit dem Immunsystem zu reagieren. Die Organisation des Immunsystems im Darm dient der Erkennung von Antigenen, ihrer Verarbeitung und Aufbereitung sowie der Erzeugung einer Reaktion mithilfe der dort ansässigen Immunzellen, im Wesentlichen Lymphozyten und Antikörper sezernierende Plasmazellen. Kommt es zu einer Sensibilisierung des Immunsystems, kann sich eine Überempfindlichkeit bzw. Allergie gegenüber Futtermitteln bzw. Futterbestandteilen entwickeln. Diese kann sich auf den Verdauungs- bzw. Atmungstrakt sowie auch auf andere Organsysteme auswirken. Allergische Grundlagen werden für verschiedene Erkrankungen, z. B. bei Jungtieren oder auch bei Atemwegsproblemen von Pferden, als wichtige auslösende Ursache betrachtet.

Das Immunsystem ist erheblichen Alterseinflüssen unterworfen. Neugeborene Ferkel haben eine niedrige Anzahl von Immunzellen in der Darmschleimhaut, aber bereits nach fünf Tagen erreicht die Zelldichte etwa 10 % der Werte erwachsener Tiere und nimmt in den nächsten Lebenswochen weiterhin zu. Außerdem differenzieren sich die Zellen, das heißt sie spezialisieren sich auf einzelne Teilaufgaben der Immunantwort und stehen untereinander mittels komplexer Signalsysteme in Verbindung. Im Alter von fünf Wochen ist beim Schwein eine gewisse Ausreifung des darmassoziierten Immunsystems festzustellen. Es ist in der Lage, Antigene zu erkennen, die aufgenommenen Informationen weiterzugeben und eine passende Reaktion einzuleiten. Diese Reaktion ist prinzipiell so ausgerichtet, dass gegenüber schädlichen Antigenen, z. B. pathogenen Bakterien, eine Abwehrreaktion, gegenüber unschädlichen Nahrungsbestandteilen aber eine aktive Toleranz, d. h. eine Unempfindlichkeit, resultiert. Die Darmschleimhaut hat sehr spezifische Eigenschaften, die für die Erfüllung der Abwehrfunktion essenziell sind. Dazu zählen unspezifische Mechanismen, z. B. eine lokal im Schleim vorhandene enzymatische Aktivität, die elektrische Ladung der Darmschleimhäute sowie weitere Faktoren wie z. B. der pH-Wert. Einen wesentlichen spezifischen Schutzmechanismus des Organismus stellt darüber hinaus das sekretorische Immunglobulin A dar (sIgA). Es verhindert, dass größere Antigenmengen unkontrolliert den Organismus erreichen. Schon in der frühen Entwicklung des Darms ist nicht nur die Ausbildung der Toleranz gegenüber harmlosen Nahrungsantigenen von Bedeutung, sondern darüber hinaus eine gut funktionierende Abwehr gegen pathogene Keime. Für die Entwicklung des darmassoziierten Immunsystems sind Antigene aus der Umwelt, dem Futter sowie aus der darmeigenen Mikroflora erforderlich. Sowohl die Ernährung als auch die in der Säugeperiode vorherrschende Keimflora verändert sich in den ersten Lebenswochen, insbesondere bei der Aufnahme von Festfutter bzw. beim Absetzen. Eine nicht angepasste Ernährung kann zu Verdauungsstörungen führen, die eine immunologische Basis haben. So kann die Verabreichung von unbearbeitetem, antigenwirksamem Sojaeiweiß sowohl bei Ferkeln als auch bei Kälbern zu einer deutlich messbaren Immunantwort führen. Eiweiße jedoch, die schonend aufbereitet bzw. enzymatisch vorverdaut wurden, verursachen deutlich weniger Veränderungen der Struktur und Funktion der Darmwand.

Aus Sicht der Tierernährung ist die Unterstützung des Immunsystems durch optimierte Futterzusammensetzung von Interesse, um seine optimale Funktionsfähigkeit zu erhalten. Sowohl Futterkomponenten als auch einzelne Nähr- bzw. Zusatzstoffe können Immunfunktionen beeinflussen. Diätetische Faktoren können direkt oder indirekt über die Interaktion mit der Darmmikrobiota auf das Darmimmunsystem einwirken. Die bedarfsgerechte Versorgung mit Protein bzw. Aminosäuren, Fettsäuren, fermentierbaren Kohlenhydraten bzw. Zellwandbestandfraktionen, Vitaminen sowie Spurenelementen ist für eine optimale Reaktionsfähigkeit des Immunsystems notwendig. Gewisse Effekte konnten auch für Probiotika, Nukleotide aus Hefezellen oder Carotinoide festgestellt werden. Auch die Inaktivierung von immunsuppressiven Substanzen, z. B. Mykotoxinen aus der Gruppe der Trichothecene oder Fumonisine, ist in diesem Zusammenhang relevant. Die Beeinflussung einzelner immunologischer Parameter bzw. Marker durch Fütterungsmaßnahmen kann dazu hilfreiche Informationen geben, sagt aber im Einzelfall noch nichts über eine Wirkung am Tier bzw. im Bestand aus. Letztlich ist bei allen Maßnahmen die entscheidende Frage, ob die Tiergesundheit im Sinne einer verbesserten Widerstandsfähigkeit gegenüber Infektions- und Umwelteinflüssen signifikant verbessert wird.

Einzelne Nährstoffe bzw. Futterinhaltsstoffe können den Stoffwechsel beeinflussen, indem sie auf die Gentranskription, die Translation bzw. die Proteinsynthese einwirken. Diese Nährstoff-Genom bzw. -Proteom-Interaktionen werden als „Nutrigenomik" bzw. „Nutriproteomik" bezeichnet. Die Kenntnis dieser Vorgänge ist wichtig, da dadurch ein grundlegenderes Verständnis der Interaktionen zwischen Ernährung und dem tierischen Organismus erreicht werden kann. Dadurch können zukünftig rasse- bzw. linienspezifische Besonderheiten im Energie- und Nährstoffbedarf besser berücksichtigt werden. Derzeit werden die wissenschaftlichen Grundlagen mithilfe molekularbiologischer Methoden intensiv bearbeitet. Eine wesentliche Bedeutung haben Verfahren, die eine breite Erfassung der Reaktionen des Organismus erlauben, z. B. DNA Microarray Techniken („DNA Chips").

1.6 Mikroorganismen und ihr Stoffwechsel

Die lebende Materie kann man unterteilen in die drei Reiche: Tiere, Pflanzen und Protisten. Die Protisten sind mikroskopisch klein (Bakterien ca. 1 µm, Hefen ca. 10 µm) und werden daher auch als Mikroorganismen bezeichnet. Zu ihnen gehören Bakterien, Pilze, Blaualgen und Protozoen.

Vom Zellaufbau her kann man bei den Mikroorganismen die Eukaryonten (haben einen echten Zellkern) und die Prokaryonten (haben keinen echten Zellkern) unterscheiden. Hauptvertreter der Eukaryonten sind die Hefen und Schimmelpilze, bei den Prokaryonten sind es die Bakterien.

1.6.1 Bedeutung der Mikroorganismen

Die Mikroorganismen sind in ihrem Vorkommen ubiquitär, d. h. sie kommen überall vor und haben eine weitaus größere Stoffwechselvielfalt als Pflanzen und Tiere. Praktisch sind sie in ihrer Gesamtheit in der Lage, alle in der Natur gebildeten Stoffe auch wieder abzubauen. Auf diese Weise ist der Kreislauf aller Verbindungen und Elemente gewährleistet.

Mikroorganismen haben sowohl für den Kreislauf des Kohlenstoffs als auch für den Kreislauf des Stickstoffs eine entscheidende Bedeutung.

Beim Stickstoffkreislauf steht das Ammonium im Mittelpunkt. Dies entsteht beim Abbau der Proteine und Aminosäuren, die aus abgestorbenen Pflanzen und von Tieren stammen und letztlich in den Boden gelangen. In gut durchlüfteten Böden wird Ammonium durch Mikroorganismen im Prozess der Nitrifikation in Nitrit und in Nitrat überführt. Sowohl Ammonium als auch Nitrat können von den Pflanzen als Stickstoffquelle genutzt und assimiliert werden. Liegt im Boden bei anhaltender Nässe Sauerstoffmangel vor, kommt es zur Stickstoffentwicklung (Denitrifikation).

Andererseits sind Bakterien und Pilze aber auch zur Stickstofffixierung fähig. Stickstoffbindende Bakterien leben entweder frei oder häufiger in Symbiose mit bestimmten Pflanzen (Leguminosen) im Boden.

Da Mikroorganismen, besonders Bakterien, auch den Verdauungstrakt des Tieres besiedeln, sind sie am Nährstoffumsatz des Tieres beteiligt. Dies ist in besonderem Maße bei den Wiederkäuern der Fall, die über ein voluminöses Vormägensystem verfügen, in dem mikrobielle Umsetzungen stattfinden. Bezüglich des N-Umsatzes ist besonders die Fähigkeit der Bakterien, Ammonium zu fixieren, von Bedeutung. Auf diese Weise kann auch aus Ammoniumsalzen oder aus Harnstoff (endogener oder exogener Herkunft) stammendes Ammonium in organische Bindung (Aminosäuren) überführt und vom Tier verwertet werden.

1.6.2 Nutzung mikrobieller Stoffwechselleistungen durch den Menschen

Betrachtet man die Einflüsse der Mikroorganismen oberflächlich, meint man, sie seien primär schädliche Organismen, da sie für Mensch, Tier und Pflanzen oft auch als Krankheitserreger in Erscheinung treten. Es gibt aber eine Vielzahl von Anwendungen, bei denen der Stoffwechsel der Mikroorganismen durch den Menschen genutzt wird (Tab. 11).

Die Milchsäuregärung wird von verschiedenen Bakterienarten durchgeführt. Man unterscheidet zwischen einer homofermentativen und einer heterofermentativen Milchsäuregärung. Die homofermentative Gärung führt ausschließlich zum Endprodukt Milchsäure, während bei der heterofermentativen Gärung neben Milchsäure auch andere Produkte, wie Essigsäure, Buttersäure u. a., entstehen. Eine Vielzahl von Bakterienarten sind Milchsäurebildner, z. B.:

	Kokken	Stäbchen
Homo-fermentativ	*Streptococcus lactis* *Pediococcus cerevisiae*	*Lactobacillus lactis* *L. delbrückii* *L. plantarum*
Hetero-fermentativ	*Leuconostoc* spec.	*L. brevis* *Bifidobacterium bifidum*

Die Stoffwechselvielfalt der Bakterien ist besonders gut anhand der verschiedenen Gärungstypen zu erkennen. Von der Glucose ausgehend erfolgt bis zum Pyruvat ein einheitlicher Abbauweg. Vom Pyruvat aus verzweigen sich dann die verschiedenen Gärungstypen. In allen Gärungsformen einheitlich ist die Aufnahme von Wasserstoff. Das heißt, es handelt sich in jedem Falle um anaerobe Bedingungen, unter denen für den in der Glycolyse anfallenden Wasserstoff Akzeptoren benötigt werden (s. auch Abb. 41).

Nutzung von Mikroorganismen zur Antibiotikaproduktion

Als Antibiotika bezeichnet man Stoffe, die von Mikroorganismen gebildet werden und das Wachstum anderer Mikroorganismen hemmen oder diese abtöten.

Der Wirkung nach kann man unterscheiden:
- **bakterizide** Antibiotika – töten Bakterien ab,
- **bakteriostatische** Antibiotika – hemmen das Wachstum von Bakterien.

Auf Pilze bezogene Wirkstoffe wirken dementsprechend **fungizid** oder **fungistatisch**.

Die Antibiotika stellen chemisch gesehen keine einheitliche Stoffklasse dar und wirken daher auf unterschiedliche Mikroorganismen auch auf ganz verschiedene Art und Weise. Sie können entweder auf die Zellwandsynthese, die Translation oder die Transkription hemmend wirken.

Antibiotika können nur gegen solche Organismen wirken, die keine Resistenzgene gegen das entsprechende Antibiotikum besitzen. Die Resistenz selbst kann auf verschiedenen Mechanismen

Tab. 11. Klassische mikrobielle Verfahren

Verfahren	Stoffwechselleistung/Mikroorganismen
Bier- und Weinbereitung	Alkoholische Gärung durch Hefen
Brotbereitung	CO_2-Freisetzung durch Hefen
Herstellung von Milchprodukten	Milchsäurebildung/Bakterien
Konservierung von Gemüse und Futterpflanzen	Sauerkraut, Silagen durch Milchsäurebildung von Bakterien; Einsatz von Bakterienkulturen als Silierhilfen
Käsebereitung	Schimmelpilze (z. B. *Penicillium camembertii*)
Starterkulturen für die Fleischreifung	Bakterien – Milchsäurebildner
Mikroorganismen zur Herstellung von Grundchemikalien	
Glycerin	Gesteuerte Hefegärung
Zitronensäure	z. B. *Aspergillus niger*
Aceton, Essigsäure, Butanol, Propanol	Verschiedene

basieren. Das können für das Antibiotikum abbauende Enzyme sein, es können Modifikationen der Antibiotika sein, und es kann eine Blockierung der Antibiotikaaufnahme in die Zellen sein. Ausgewählte Antibiotika sind über Jahrzehnte hinweg unter der Bezeichnung „Leistungsförderer" als Futterzusatzstoffe eingesetzt worden. In der Europäischen Union ist diese Art von Futterzusatzstoffen seit dem 1. 1. 2006 nicht mehr zugelassen. Damit soll sichergestellt werden, dass die Anwendung von Leistungsförderern in der Nutztierhaltung nicht zur Resistenzbildung gegen Antibiotika beiträgt (s. auch Gliederungspunkt 13.3, Futterzusatzstoffe).

Neuere mikrobiologische Verfahren
In den letzten Jahrzehnten hat die Nutzung von Mikroorganismen für die Produktion einer Vielzahl von Verbindungen stark zugenommen. Dafür seien zwei Beispiele genannt, die auch für die Tierernährung von Bedeutung sind:
- **Mikrobielle Produktion von Aminosäuren**:
Mit dem Mikroorganismus *Corynebacterium glutamicum* ist entdeckt worden, dass dieses Bakterium unter Nutzung von Zucker und Ammoniumsalzen als Substrate in der Lage ist, mit hohen Ausbeuten Glutaminsäuren zu produzieren. In der Zwischenzeit sind verschiedene andere Bakterienstämme selektiert worden, so dass praktisch alle Aminosäuren mikrobiell in großen Mengen hergestellt werden können. Mikrobiell gewonnene Aminosäuren sind für die Ergänzung von Futtermitteln deshalb von besonderem Wert, da sie ausschließlich in der L-Form vorliegen (bei chemischer Synthese dagegen in der DL-Form).
- **Mikrobielle Produktion von Enzymen:**
Diese erfolgt sowohl mit Bakterien (*Bacillus*-Arten), als auch mit Schimmelpilzarten (*Aspergillus-, Trichoderma-, Penicillium-, Humicola*-Arten). Für Enzyme gibt es die verschiedenartigsten Anwendungen in der Industrie (Proteasen, Lipasen als Bestandteil von Waschmitteln; Stärkehydrolyse durch Amylasen), in der Lebensmittelindustrie (Chymosin in der Käsebereitung, Pectinasen bei Fruchtsaft) oder in der Landwirtschaft (Phytasen, β-Glucanasen, Xylanasen als Futterzusatzstoffe für Geflügel und Ferkel). Ziel der zuletzt genannten Anwendung ist eine verbesserte Verwertung von organisch gebundenem Phosphor bzw. die Beseitigung antinutritiver Effekte durch Nichtstärke-Polysaccharide.

Probiotika – Nutzung lebender Keime als Futterzusatzstoffe
Bei den Probiotika handelt es sich um lebensfähige Formen von Mikroorganismen, die dem Organismus kontinuierlich mit dem Futter zugeführt werden (s. hierzu Teil B, 13.3.5).

2 Mineralstoffe und Wasser

2.1 Allgemeines

Als anorganische Bestandteile des Tierkörpers und von Futtermitteln sind Wasser sowie Mengen- und Spurenelemente (Mineralstoffe) zu nennen. Obwohl Wasser kein Nährstoff im eigentlichen Sinne ist, bildet es die Grundlage für die Ausübung von Lebensfunktionen.

Mineralstoffe gehören zu den unentbehrlichen Futterbestandteilen. Sie haben im Organismus vielfältige Funktionen und können in festen Strukturen als schwerlösliche Salze oder als freie Ionen vorliegen. Entsprechend ihres Anteils im Organismus, der notwendigen Konzentration im Futter sowie ihrer biochemischen Funktionen wird zwischen Mengenelementen und Spurenelementen unterschieden.

Auf detaillierte Angaben zum Bedarf an Mengenelementen und zu Versorgungsempfehlungen mit Spurenelementen wird im Folgenden verzichtet. Sie sind den entsprechenden Kapiteln zur Fütterung zu entnehmen.

Mengenelemente (s. Tab. 12): Der mittlere Gehalt im Organismus liegt zwischen 20 und 0,4 g/kg Körpermasse, der Bedarf beträgt 1 bis 35 g/kg Futtertrockensubstanz.

Tab. 12. Mengenelemente, Gehalt im Tierkörper und im Blutplasma

	Mittlerer Gehalt im Gesamtkörper (g/100 g fettfreier Substanz)	Blutplasma (mg/100 ml)
Calcium (Ca)	1–2	9–12
Phosphor (P)	0,7–1	4–9
Magnesium (Mg)	0,04–0,05	2–3
Natrium (Na)	0,1–0,15	330
Kalium (K)	0,2–0,3	20
Chlor (Cl)	0,1–0,15	370
Schwefel (S)	0,15	–

Funktionen der Mengenelemente:
- Mengenmäßig vorwiegend Baustoffe (s. Tab. 13)
- Aktivatoren bzw. Inhibitoren von Stoffwechselprozessen
- Träger biochemischer Reaktionen
- Regulation des Elektrolyt- und Wasserhaushaltes
- Bestandteile von Puffersystemen

Spurenelemente: Die Einteilung der Spurenelemente ist in Tabelle 14 dargestellt. Der mittlere Gehalt im Organismus liegt mit Ausnahme von Fe unter 50 mg/kg Körpermasse. Für die bedarfsgerechte Versorgung mit Spurenelementen mit potenziellem Mangel sind zwischen 0,05 und 80 mg/kg Futtertrockensubstanz erforderlich.

Funktionen der Spurenelemente:
- Aktivatoren und Bestandteile von Enzymen
- Proteinbestandteile
- in Hormonen enthalten

Durch verbesserte Analysengenauigkeit, Gewährleistung einer spurenelementarmen Umgebung und hochgereinigtes Versuchsfutter wurde auch die Essenzialität zusätzlicher Elemente belegt, für die ein sehr geringer Bedarf besteht und deren ausreichende Zufuhr unter praktischen Fütterungsbedingungen immer gewährleistet ist (s. Tab. 14).

Als Kriterien der Essenzialität von Spurenelementen werden gesehen:
- Vorkommen in gesunden Geweben;
- Depletion ruft spezifische Mangelerscheinungen hervor;
- Repletion hebt diese Mangelerscheinungen wieder auf, soweit noch keine irreversiblen Schäden aufgetreten sind.

Weitere Spurenelemente werden im Körper gespeichert, da sie mit dem Futter aufgenommen und nicht wieder ausgeschieden werden (Begleitelemente). Teilweise kann eine überhöhte Zufuhr zu Vergiftungserscheinungen führen.

Der Mineralstoffbestand des Organismus unterliegt ebenso wie dessen organische Bestandteile einem ständigen Umsatz. Der Gehalt an Mengen- und Spurenelementen in einzelnen Organen und Geweben kann von den angegebenen Mittelwerten des Gesamtorganismus stark abweichen. Für einige Elemente gibt es zudem eine hohe Speicherkapazität in der Leber (Cu, Fe) und im Knochengewebe (Ca, P, Zn, F), die den Bedarf für physiologische Aufgaben überschreitet. Bei tragenden Tieren ist außerdem eine erhöhte Retention bekannt, die als Trächtigkeitsanabolismus bezeichnet wird. Hiervon betroffen ist zum einen das Muttertier im letzten Drittel der Gravidität, zunehmend aber auch die Nachkommen. Dies betrifft einzelne Spurenelemente, wie Cu, Zn, Mn, Ni; Fe, aber nur partiell. Während der folgenden Laktation können diese Reserven wieder abgebaut werden.

Tab. 13. Anteil im Skelett gebundener Mengenelemente am Gesamtgehalt im Tierkörper sowie Zusammensetzung der Knochenasche

	Ca	P	Mg	Na	K
Anteil des Skeletts am Gesamtgehalt im Organismus (in %)	99	80	65	40	< 10
Zusammensetzung der Knochenasche (fett- und wasserfrei)[1] (in %)	36	17	0,8	0,8	–

[1] Da der Wassergehalt der Knochen mit dem Alter abnimmt und Kochen auch als Fettspeicher dienen können, wird der Aschegehalt von Knochen häufig auf die wasser- und fettfreie Substanz bezogen.

Tab. 14. Einteilung der Spurenelemente

Elemente mit erwiesener biochemischer Bedeutung als anorganische Bestandteile von essentiellen Körperverbindungen		Elemente mit essentiellem Charakter, deren biochemische Funktion nicht oder nur ungenügend bekannt ist	Weitere im Organismus nachgewiesene Elemente (Begleitelemente, Ultraspurenelemente) (Beispiele)
Mit Mangelerscheinungen; Bedarf relativ gut untersucht	Ohne Mangelerscheinungen in der Praxis	Ohne oder nur experimentell erzeugter Mangel	
Cobalt Eisen Iod Kupfer Mangan Selen Zink	Chrom Fluor Molybdän Nickel	Arsen Bor Lithium Silicium Vanadium Zinn	Aluminium Beryllium Blei Brom Cadmium Strontium Wolfram

Bei der Angabe des Mineralstoffbedarfs unterscheidet man:
- **Minimalbedarf:** Deckung schließt mit Sicherheit das Auftreten von Mangelsymptomen aus.
- **Optimalbedarf:** Deckung ermöglicht in vielen Fällen erst ein optimales Zusammenspiel aller Stoffwechselvorgänge und eine gewünschte physiologische Speicherung in den Geweben. Jungtiere haben meist einen höheren Bedarf als ausgewachsene Tiere.

Zur Deckung des physiologischen Bedarfs (Nettobedarf) muss für die Angabe des **notwendigen Gehaltes im Futter** (Bruttobedarf) die unterschiedliche Resorptionsrate und intermediäre Verwertbarkeit von Mineralstoffen berücksichtigt werden.

Bruttobedarf = Nettobedarf/Verwertbarkeit

Bei Empfehlungen zur Mineralstoffversorgung über das Futter ist die Verwertbarkeit bereits berücksichtigt. Entsprechend können die Werte als Bruttobedarf definiert werden. Allerdings ist die Einschätzung der Verwertbarkeit von Mineralstoffen nur in begrenztem Maße möglich, da vielschichtige Einflüsse wirksam werden können, wie:
- Art der chemischen Bindung des Elements (z. B. Fe und Cu werden als Chelate und Glycinate sowie Se als Se-Methionin bzw. Se-Cystein u. U. besser verwertet als in anorganischer Form),
- Wechselwirkung mit anderen Nahrungsbestandteilen,
- pH-Verhältnisse im Magen-Darm-Trakt, synergistische und antagonistische Interaktionen zwischen Elementen auf den Stufen Resorption, Transport und/oder Speicherung.

Eine bedarfsgerechte Zufuhr eines Elements schützt zudem nicht immer vor sekundärem Mangel durch Überschuss eines anderen Elements.

Bei der Zufuhr von Mineralstoffen ist zu beachten, dass deren Gehalt an Mengen- und Spurenelementen in Futterpflanzen stark schwanken kann. Einfluss auf die Gehaltswerte haben:
- Bodenart, pH-Wert (Standort, Düngung)
- Aufnahmevermögen der Pflanzen
- Verfütterter Pflanzenteil
- Witterung
- Zusammensetzung des Pflanzenbestandes
- Vegetationsstadium
- Werbungs- und Konservierungsart
- Kontaminationen (Erde, Emissionen)

Die Versorgung der Wiederkäuer und Pferde mit Mineralstoffen wird in größerem Ausmaß durch die geologische Herkunft der Futteranbauflächen beeinflusst als bei anderen landwirtschaftlichen Nutztieren, da der Minaralstoffgehalt von Blättern und Stängeln stärker durch den Standort beeinflusst wird als der von Körnern, Wurzeln und Knollen.

Zur Stabilisierung der Mineralstoffversorgung werden Anpassungsmechanismen wirksam, die Resorption, Speicherung, Mobilisation und Ausscheidung betreffen können (s. Abb. 23). Dieses Phänomen des Organismus, elementspezifisch in gewissen Grenzen Schwankungen im Angebot verwertbarer Mineralstoffe und/oder einen erhöhten Bedarf durch Kontrolle und Regulation auszugleichen, wird als **Homöostase** bezeichnet.

Für einzelne Elemente sind die speziellen Möglichkeiten zur Anpassung an einen variierenden Versorgungsstatus jedoch unterschiedlich ausgeprägt:
- strenge Regulation der Resorption, die endogenen Verluste über Kot und Harn bleiben dabei relativ konstant (z. B. bei Fe);
- nahezu vollständige Resorption, Ausgleich über Exkretion (z. B. bei I und F);
- Zusammenwirken von veränderter Resorption und endogener Ausscheidung: bei Cu, Mn, Ni, Zn zum größten Teil Ausscheidung über den Kot; bei Cr, Co, Mb, Se und Si hauptsächlich Ausscheidung über den Harn.

Die Problematik toxischer Elemente ist vielfach darin begründet, dass diese bei hoher Resorptionsrate nicht schnell und umfangreich genug exkretiert werden können.

> Ebenso wie bei N-Verbindungen kann man den Anteil resorbierter Mineralstoffe nicht durch die Differenz zwischen Aufnahme und Kotausscheidung berechnen, da der Verdauungstrakt auch als Ausscheidungsorgan für Mineralstoffe dient.

Eine Unterscheidung zwischen nicht resorbierten und endogenen Mineralstoffen ist nur durch Markierung der Minaralstoffe im Futter oder der intermediären Mineralstoffpools mit Isotopen möglich.

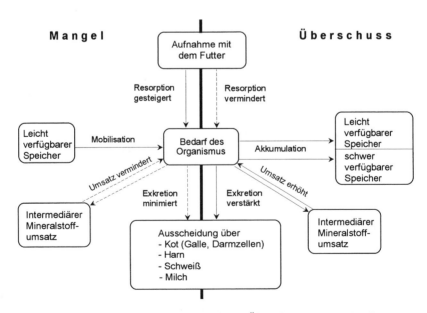

Abb. 23. Mögliche Anpassungsmechanismen bei Mangel oder Überschuss an Mineralstoffen im Futter.

Beim **Versorgungsstatus** unterscheidet man:
- Mangelhafte Versorgung
  Gekennzeichnet durch klinische Symptome
- Suboptimale Versorgung
  Biologische Veränderungen im Stoffwechsel gegenüber dem Optimalzustand, jedoch ohne klinische Symptome
- Optimale Zufuhr
  Gewährleistet volle Gesundheit und Leistungsfähigkeit
- Subtoxische Zufuhr
  Gekennzeichnet durch biochemische Veränderungen im Stoffwechsel; noch ohne klinische Symptome
- Toxische Zufuhr
  Gekennzeichnet durch klinische Symptome

Klinische Symptome werden nur bei Mangel und bei Toxizität deutlich. Zwischen Bedarfsdeckung und Toxizität liegt bei einigen Spurenelementen noch der Bereich einer wachstumssteigernden Wirkung (z. B. Cu bei Schweinen) (s. Abb. 24). Tolerierte Mengen und toxische Schwellen von Spurenelementen sind in Tabelle 15 aufgeführt.

Die **Diagnose** von **Mineralstoffmangel** ist häufig schwierig, da sich Mangelerscheinungen verschiedener Elemente ähneln und sich zunächst

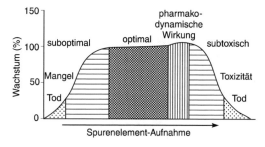

Abb. 24. **Abhängigkeit des Wachstums von der Spurenelementaufnahme.**

in unspezifischem Leistungsrückgang auswirken. Mangelzustände entwickeln sich häufig langsam und nicht gleichmäßig im Bestand.

Bei überhöhter Zufuhr kann es je nach Empfindlichkeit gegenüber den entsprechenden Mengen- und Spurenelementen zu allgemeinem Leistungsabfall, Störung von Stoffwechselabläufen und Vergiftungserscheinungen (**Toxikosen**) kommen. Insbesondere einige Spurenelemente (z. B. Se, Mo) sind zunächst nur als toxische Futterbestandteile bekannt geworden, lange bevor deren Essenzialität bewiesen wurde. Bei manchen Spurenelementen können absolute Gehaltswerte

Tab. 15. **Toleranzschwellen und toxische Schwellen einiger Spurenelemente** (nach Kirchgessner)

Element	Schwelle	Spurenelementgehalte (mg/kg DM)			
		Rind	Schaf	Schwein	Geflügel
Eisen	Toleranz	500	500		
	Toxizität			300[1]/5000	
Kobalt	Toleranz	30	30	400	
	Toxizität				200
Kupfer	Toleranz	70	10	250	
	Toxizität	30–40[2]	12	300–500	300–500
Mangan	Toleranz	800		400	
	Toxizität			1000	
Zink	Toleranz	150	150	1000	
	Toxizität	500	500	2000	1000
Molybdän	Toleranz	6	2		
	Toxizität				200
Selen	Toleranz	3	3	5	3–4
	Toxizität	4–5	4–5	7	5
Iod	Toleranz	10	10		
	Toxizität	25–50		400–800	
Fluor, leicht löslich	Toleranz	30–50	30–50	100	250–350
	Toxizität				500

[1] Ferkel   [2] Kalb

ohne Berücksichtigung der chemischen Form sowohl Mangel als auch Toxizität hervorrufen (z. B. Arsen). Begrenzt wirksame Schutzmechanismen des Körpers gegen Intoxikation sind verminderte Resorption bzw. erhöhte Ausscheidung sowie die Bildung von Proteinen (z. B. Metallothionin), die eine besonders hohe Bindungskapazität für einzelne Elemente besitzen und diese festlegen.

Das Blut ist zur **Diagnose des Versorgungsstatus** meist nicht gut geeignet, da dessen Mineralstoffgehalt besonderen homöostatischen Regulationsmechanismen unterliegt. So können beispielsweise bei Mangelversorgung durchaus über der Norm liegende Serum- bzw. Plasmagehalte ermittelt werden.

Für spezielle Mengen- und Spurenelemente werden bestimmte „Indikator"-Organe bzw. Gewebe angegeben, die die Bedarfsdeckung bzw. Belastung reflektieren: pigmentiertes Deckhaar bzw. Gefieder und Bioptate von Hüfthöcker und Leber; beim geschlachteten Tier: Rippe, Niere und Großhirn.

Die Analyse des Mineralstoffgehaltes des verabreichten Futters kann nur Hinweise auf die Versorgungslage an bestimmten Elementen geben, sagt jedoch nichts über deren spezielle Verwertung aus.

Bei Spurenelementen erfolgt die Mangeldiagnose am günstigsten durch Bestimmung der Aktivität geeigneter Metalloenzyme bzw. der Sättigung bestimmter spurenelementbindender Proteine im Blut (Co: Methylmalonsäure im Harn; Cu: RBC-Superoxiddismutase; I: Plasmathyroxin; Fe: Ferritin; Mn: Mn-Superoxiddismutase; Zn: alkalische Phosphatase). Dabei ist es jedoch schwierig, geeignete Grenzwerte festzulegen. Tabelle 16 gibt Aufschluss zu den Möglichkeiten, eine Mineralstofffehlernährung über Untersuchung von Boden, Futter, Plasma, Speichel oder Harn festzustellen.

Bei Metallvergiftungen sind Blut und Harn ebenfalls meist nicht zur Diagnose geeignet, da die Toxizität häufig dadurch verursacht wird, dass eine Metallausscheidung nicht möglich ist. Es kommt daher zur Depotbildung in Knochen, Leber, Nieren und Nervengewebe. Diagnostisch bieten sich hier Biopsien, z. B. der Leber, an.

Richtwerte für Schwermetallkonzentrationen im Futter, bei deren Überschreitung Rückstände in tierischen Produkten auftreten können, sind (mg/kg DM): Cd 0,5 bis 1,0; Hg 1,0; Ni 100; Pb 25 und Zn 500.

2.2 Mengenelemente

2.2.1 Calcium und Phosphor

Der Mineralstoffgehalt von Wirbeltieren besteht zu über 70 % aus Ca und P, deren Stoffwechsel untereinander eng verknüpft ist. Ca und P sind die wichtigsten anorganischen Bausteine von **Knochen** und **Zähnen** (s. Tab. 13). Die Knochen enthalten weiterhin Mg, Na, K, Cl und F und Spuren anderer Elemente.

Die Mineralsalze werden als Kristalle in die organische Matrix der Knochen, dem Collagen, eingelagert und verleihen dem Skelett Festigkeit. Ca und P liegen in den Knochen vorwiegend als **Hydroxylapatit** ($3\ Ca_3(PO_4)_2Ca(OH)_2$) vor. In der elementaren Zusammensetzung der Knochen besteht nur eine geringe Variationsbreite, und das Verhältnis von Ca:P liegt normalerweise bei 2:1. Dabei kann die Nahrungszufuhr in bestimmten Grenzen die Knochenzusammensetzung beeinflussen. Isotopenversuche zeigten, dass ein ständiger Austausch zwischen Knochen und Blut und zwischen den verschiedenen Teilen der Knochen stattfindet. Der Austausch ist im porösen Anteil der Knochen am intensivsten. Somit besteht, ebenso wie für den Eiweiß- und Fettumsatz, auch ein dynamischer Umsatz für Ca und P. In den

Tab. 16. Diagnostische Möglichkeiten zur Erkennung einer mineralischen Fehlernährung

Element	Untersuchung von				
	Boden	Futter	Blutplasma	Speichel	Harn
Natrium	–	+	–	+	+
Kalium	+	+	–	–	–
Calcium	–	+	–	–	+
Phosphor	–	+	–	+	+
Magnesium	+	+	–	–	–
Kupfer	+	+	+	–	–
Eisen	+	+	–	–	–
Zink	+	+	–	–	–
Mangan	+	+	–	–	–
Selen	+	+	+	–	–
Molybdän	+	+	+	–	–
Cobalt	+	+	–	–	–

Zähnen werden Ca und P im Gegensatz zum Knochen nur in geringem Umfang umgesetzt. Einmal gebildete Zähne werden nur gering vom intermediären Bedarf oder der Versorgungslage beeinflusst.

Im Blut kommt es zu einer strengen Kompartmentierung des Ca. Im Blutplasma der meisten Spezies liegen 9 bis 12 mg Ca/100 ml vor, wobei die Blutzellen fast Ca-frei sind. Bei Legehennen kann in der Legephase der Ca-Gehalt im Blutplasma noch 3- bis 4-mal höher sein. Die Konzentration des Ca im Blut unterliegt einer ausgeprägten hormonellen Kontrolle.

Phosphor kommt in den Weichgeweben in Konzentrationen von 0,15 bis 0,2% vor und liegt meist in organischen Verbindungen vor. Blut weist mit 35 bis 45 mg/100 ml einen hohen P-Gehalt auf. Dieser P ist im Gegensatz zu Ca hauptsächlich in den Blutzellen lokalisiert. Nur 4 bis 9 mg/100 ml davon liegen – überwiegend im Blutplasma – in anorganischer Form vor; dieser Anteil ist aber aus Sicht der Mineralstoffversorgung von größerem Interesse. Es findet jedoch eine kontinuierliche Umwandlung von anorganischem in organischen Phosphor statt. Der Plasmaphosphorgehalt ist durch Nahrungseinflüsse leichter zu beeinflussen als der Calciumgehalt, so dass es zu Hypo- und Hyperphosphatämien kommen kann.

Funktionen des Ca über die Beteiligung am Knochenaufbau hinaus:
- Kontraktion glatter und gestreifter Muskulatur,
- Erregungsleitung der Nerven (stimulierte Acetylcholinsynthese),
- als Bestandteil der Zellmembranen wichtig für deren Permeabilität und damit für den Stofftransport,
- Sekretion von verschiedenen Hormonen und Releasing-Faktoren,
- Aktivator von Trypsin im Verdauungstrakt,
- Aktivator von Thrombokinase (wichtig für die Umwandlung von Blutgerinnungsfaktoren),
- Eischalenbildung,
- Milchbildung,
- Speichelbestandteil (z. B. wichtig für die pH-Regulation im Pansen der Wiederkäuer).

Funktionen des P über die Beteiligung am Knochenaufbau hinaus als Komponente von:
- Bildung von energiereichen Phosphaten (z. B. ATP),
- Nucleinsäuren,
- Phosphoproteinen (Beeinflussung der Membranpermeabilität),
- Phospholipiden,
- Phosphokreatin,
- aktivierten Verbindungen (z. B. Hexosephosphat),
- Puffersubstanz in Blut und Zellflüssigkeit (Anionen zum Ladungsausgleich), zusammen mit dem Ca-Ion: Aufrechterhaltung des pH-Wertes,
- Vermittler von Hormonwirkung (z. B. in Form von 3′,5′-cAMP).

Regulatoren der Resorption, Speicherung und Mobilisation von Ca und P sind Parathormon (Nebenschilddrüse) und (Thyreo-)Calcitonin (Schilddrüse) sowie die aktiven Formen des Vitamins D (s. Abb. 25).

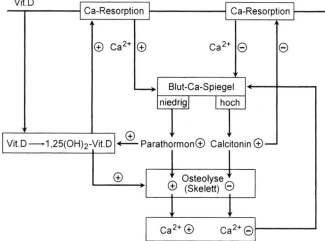

Abb. 25. Wechselwirkungen bei der Homöostase des Calciumhaushalts.
+ kennzeichnet steigernde Effekte;
– kennzeichnet senkende Effekte.

Ca-Resorption
Das **Parathormon** stimuliert in der Niere die Umwandlung von in der Leber aus Vitamin D gebildetem 25-OH-D (25-Hydroxycalciferol) zu 1,25(OH)$_2$-D (1,25-Dihydroxycalciferol), das den aktiven Transport von Ca^{2+} und PO$_4^{3-}$ durch die Darmwand und die Einlagerung von Ca und P in die Knochen fördert. Die Bildung von Ca^{2+}-bindendem Protein in den Mucosazellen wird ebenfalls durch Parathormon angeregt. Dieses Protein ist zusammen mit einer Ca^{2+}-abhängigen ATPase für die Ca-Resorption verantwortlich. Bei ausreichender Vitamin-D-Versorgung ist die Ca-Resorption abhängig vom Bedarf. Neben der Ca-Resorption durch aktiven Transport ist bei einem Konzentrationsgefälle vom Darmlumen zur Darmwand hin auch ein passiver Transport durch Diffusion möglich, der jedoch quantitativ von geringer Bedeutung ist.

Fördernd auf die Ca-Resorption wirken:
- ausreichende Versorgung mit Vitamin D,
- ausreichende Bildung von Parathormon und damit von Ca-bindendem Protein,
- gute Löslichkeit der Ca-Verbindungen,
- niedriger pH-Wert im Darmlumen (verringerte Bildung von schwer resorbierbarem Tricalciumphosphat),
- Lactose beim monogastrischen Tier (wirkt direkt am Resorptionsort unabhängig von der Vitamin-D-Versorgung),
- Ca-Mangel,
- hoher Bedarf (Trächtigkeit, Laktation).

Hemmend auf die Ca-Resorption wirken:
- Ca-Phytat: In phytinreichen Futtermitteln liegt Ca zum Teil als Komplexverbindung mit Phytinsäure vor, wodurch Ca schlecht verfügbar wird. Calcium aus Ca-Phytat kann ohne Abbau durch pflanzeneigene oder mikrobielle Phytasen im Verdauungstrakt nicht resorbiert werden.
- Oxalsäure: Durch die Bildung schwerlöslicher Ca-Salze der Oxalsäure wird die Ca-Resorption verschlechtert. Ca-Oxalat kann in verschiedenen Futtermitteln einen Teil des Ca ausmachen (besonders enthalten in Zuckerrüben, Zuckerrübenblattsilage, Trockenschnitzeln, Luzernegrünmehl). Wiederkäuer können Oxalat in den Vormägen abbauen. Bei Nichtwiederkäuern (Schwein) beträgt die Verwertung nur ein Drittel.
- Ferner wirken hemmend: ein hoher Proteingehalt (durch Alkalisierung), ein Überschuss an P, Mg, Zn, Fe oder Mn sowie eine hohe Zufuhr von Fett oder Fettsäuren. Mit steigendem Alter nimmt die Fähigkeit, Ca zu resorbieren, ab. So beträgt die Resorptionsrate z. B. beim Saugferkel 97 %, beim ausgewachsenen Rind nur noch 22 %.

P-Resorption
Im Futter liegt P frei oder organisch gebunden (hauptsächlich in Phosphatform) vor und ist fast nur als Orthophosphat resorbierbar (eigentlich Phosphatresorption). Die Resorption erfolgt hauptsächlich im Dünndarm, ist aber auch im Magen und in den Vormägen möglich. Die Höhe ist vom Bedarf abhängig und schwankt in Abhängigkeit von der Verdaulichkeit der P-Quellen zwischen 20 % und mehr als 90 %, dabei wird anorganischer Phosphor am besten verwertet.

Die Resorption von P wird **gefördert durch**: Vitamin D, Gegenwart von Ca^{2+}-Ionen, ausreichendem Eiweißgehalt des Futters, organische Säuren, Lactose und enges Verhältnis von Ca:P.

Hemmend auf die P-Resorption **wirken**: ein weites Verhältnis von Ca und Mg zu P im Verdauungstrakt, das Vorkommen als Phytin-P bei Nichtwiederkäuern und die hohe Zufuhr von Fe und Al (bilden unlösliche Phosphate).

Phytinsäure (Phytin-P) ist ein Abkömmling des Inosits und enthält sechs Phosphatreste. Der Phytin-P stellt die Hauptform des organischen P in Getreide, Mühlennachprodukten, Leguminosen und Ölsaatenrückständen dar (im Mittel 55 bis 75 % des Gesamt-P).

Bei Wiederkäuern kann durch mikrobielle Phytasen in den Vormägen P freigesetzt und resorbiert werden. Bei Nichtwiederkäuern ist die mikrobielle Phytaseaktivität nur gering. Die Verwertungshöhe hängt vom Gehalt pflanzeneigener Phytase ab. Die Phytaseaktivität ist in Weizen, Triticale und Roggen hoch, dagegen in Mais, Hafer und Sojaextraktionsschrot vernachlässigbar gering. Die mittlere Verwertung von Phytin-P beträgt beim Schwein ohne Zusatz von Phytase ca. 20 bis 40 % und bei Futtermitteln mit höherem pflanzeneigenem Phytaseanteil ca. 50 %.

Durch Komplexbildung mit Phytinsäure entstehen schwerlösliche Chelate, die auch die Verwertung anderer Mineralstoffe, z. B. Ca, Mg, Fe und Zn, vermindern.

Durch Einsatz mikrobieller Phytasen als Futterzusatzstoff kann die Verwertung von Phytin-P in Schweine- und Geflügelrationen erhöht werden.

Die Verwertbarkeit von Phytin-P wird dabei um bis zu 30 % gesteigert. Bei gleichzeitiger Reduktion des P-Gehaltes der Mineralstoffmischungen kann die P-Exkretion bei Schweinen und Geflügel um 25 bis 50 % reduziert werden. In Regionen intensiver Tierproduktion bedeutet dies eine Reduzierung der Umweltbelastung.

Bei den Empfehlungen zur Versorgung von Schweinen mit P wird zur Differenzierung der P-Quellen durch die deutsche Gesellschaft für Ernährungsphysiologie der verdauliche P angegeben. Bei Geflügel erfolgt die Angabe als Nicht-Phytin-P.

Verwertung von Ca und P

Die Verwertbarkeit von Ca und P liegt bei 60 bis 80 %. Dabei begünstigt ein niedriges Verhältnis von Ca:P von 1,5:1 bis 2:1 (Legehennen 3:1 bis 4:1) im Futter sowohl die Resorption als auch den Einbau ins Skelett. Eine Verschiebung dieses Verhältnisses (meistens liegt Ca-Überschuss vor) wirkt sich sehr ungünstig auf die Verwertung aus. Das Ca/P-Verhältnis ist besonders dann bedeutsam, wenn die Vitamin-D-Zufuhr unzureichend, die Mg-Versorgung marginal und die Funktion des Epithels ungenügend sind. Bei ausreichender Vitamin-D-Versorgung und Gesamtzufuhr an Ca und P kann ein Verhältnis von 3:1 (Rind 4:1, Kälber auch 7:1) kompensiert werden.

Speicherung und Mobilisation

Die Speichermöglichkeit für Ca und P ist in den Knochen sehr groß, besonders im gut durchbluteten schwammigen Teil (Ca bis zu ein Drittel des maximalen Ca-Gehalts). Calcitonin fördert die Mineralisierung der Knochen und wirkt erniedrigend auf den Blutcalciumspiegel.

Parathormon stimuliert alle Prozesse, die den Ca-Spiegel erhöhen, dazu gehören die Mobilisation von Ca aus den Knochen sowie die Förderung der Ca-Resorption durch Aktivierung von Vitamin D (Abb. 25) und Hydroxylierung zu 1,25-Dihydroxy-Vitamin-D. Kurze Perioden mangelhafter Ca-Zufuhr (Hochlaktation oder Trächtigkeit) können daher durch Mobilisation von Ca-Reserven aus dem Skelett ausgeglichen werden.

Bedarf

Der Bedarf für Wiederkäuer liegt bei 0,5 bis 0,7 % Ca und 0,25 bis 0,5 % P in der Futtertrockensubstanz. Für Schweine und Geflügel liegt er in der gleichen Größenordnung. Legehennen haben allerdings mit 3 bis 4 % in der Ration einen wesentlich höheren Ca-Bedarf (Eischalenbildung!).

Exkretion von Ca und P

Der Verdauungstrakt ist das Hauptausscheidungsorgan des Ca. Die Galle liefert ca. 20 % des Kot-Ca und bei Pflanzenfressern wird auch verstärkt P über die Galle sezerniert.

Die mit dem Harn ausgeschiedenen Anteile werden von der Zufuhr wesentlich beeinflusst. Bei hoher P-Aufnahme ist die Ca-Ausscheidung über den Harn geringer. Bei Huftieren und Kaninchen können bedeutende Mengen Ca über den Harn ausgeschieden werden, insbesondere wenn die Ca-Zufuhr hoch ist. Carnivoren scheiden P hauptsächlich über die Niere aus. Für die Aufrechterhaltung des Säuren-Basen-Gleichgewichtes wird bei Monogastriden P (als Phosphorsäure) in größerem Umfang über den Harn ausgeschieden. Ein enges Ca/P-Verhältnis oder ein starker pH-Abfall verstärken die P-Ausscheidung über den Harn. Die Abgabe über die Milch und über die Eier (oder auch Schweiß) ist nur für Ca von Bedeutung.

Störungen der Regulation des Ca-Stoffwechsels

> Die Gebärparese (Milchfieber, Hypocalcämie) stellt eine Störung der Regelmechanismen des Ca-Stoffwechsels dar. Sie kann vor allem bei Hochleistungskühen unmittelbar nach dem Abkalben auftreten, ist jedoch primär nicht auf eine mangelnde Ca-Zufuhr zurückzuführen.

Die Gebärparese wird verursacht durch einen plötzlichen Abstrom von extrazellulärem Ca über die Kolostralmilch bei fehlendem Ausgleich über eine erhöhte Ca-Resorption oder einer Ca-Mobilisation aus den Knochen. Es kommt zur quantitativen bzw. qualitativen Änderung der Hormonrezeptoren an den Erfolgsorganen (Darm, Knochen, Niere).

Begünstigende Faktoren liegen vor bei:
- Rassen mit hohem Milchfettgehalt.
- Älteren Tieren ab 3. Laktation (Vitamin-D-Rezeptoren an Enterozyten und Osteoklastenzahl sind vermindert).
- Hoher Milchleistung in der vorangegangenen Laktation.
- Zwillingsträchtigkeit.
- Exzessiver Ca-Fütterung (> 100 g/Tag) während der Gravidität (Bedarf 30 g); verursacht eine vermehrt passive Resorption bei Abnahme des aktiven Ca-Transportes; die Ca-Mobilisation aus den Knochen sinkt, und es kommt zu einer Verzögerung der Freisetzung von mobilisierbarem Ca.
- Exzessiver P-Versorgung (> 80 g/Tag) durch Hemmung der renalen Aktivierung von Vitamin D.

- Gestörtem Kationen (Na$^+$, K$^+$)/Anionen (Cl$^-$, SO$_4^{2-}$)-Verhältnis:
  Alkalogen: Die Ca-Ionisierung in der Digesta, die Resorption und die Effizienz des Parathormons an Niere und Skelett sind vermindert (Sensibilisierung der Rezeptoren ist herabgesetzt);
  Acidogen: Die Effizienz von Parathormon an Niere und Skelett ist erhöht (Sensibilisierung der Rezeptoren ist hoch).

Äußere Merkmale der Gebärparese:
- nervöse Übererregbarkeit und Krämpfe,
- Festliegen bzw. Koma und
- im Blut ist der Gehalt an Ca und P vermindert.

Im akuten Fall sinkt der Ca-Spiegel im Blut auf < 8 mg/100 ml.

Vorbeugende Fütterungsmaßnahmen
Die bisherigen Konzepte basierten auf der Vermeidung hoher Ca-Aufnahmen trockenstehender Kühe. Die regulatorisch effiziente Senkung liegt mit 25 bis maximal 40 g pro Tier und Tag niedriger als in der Fütterungspraxis erzielbar.

Neben den weiterhin gültigen Empfehlungen, wie Sicherung der Bedarfs deckenden Zufuhr während der Trockenstehzeit, Vermeidung hoher Ca-Aufnahmen und puffernder Zusätze, kommt heute eine weitere, sehr effektive prophylaktische Maßnahme zum Einsatz, die auf Veränderung des Säuren-Basen-Gleichgewichts im Stoffwechsel beruht. Bei der Anwendung des sogenannten DCAB-Konzepts (dietary cation anion balance) wird die Absenkung des pH-Wertes im Blut durch Verfütterung „saurer Salze" (z. B. MgSO$_4$, (NH$_4$)$_2$SO$_4$) erreicht. Deren Einsatzhöhe richtet sich nach der Kationen-Anionen-Bilanz (DCAB-Wert) im Futter, die für eine effektive Prophylaxe von üblicherweise 100 bis 350 meq/kg DM auf –100 bis –150 meq/kg DM gesenkt werden muss.

DCAB-Wert (meq/kg DM) = Na (%) · 435 + K (%) · 256 – Cl (%) · 282 – S (%) · 624

Bei dieser Methode kommt es tendenziell zu einer metabolischen Acidose, die als Ausgleichsreaktion auf eine Absenkung des pH-Werts im Blut einen hohen Bedarf an H$^+$-Ionen und eine Reduktion der H$^+$-Ausscheidung mit dem Harn nach sich zieht. Dies führt neben einer verstärkten renalen Ca- und P-Ausscheidung zu einer Aktivierung des Parathormons, zu einer verstärkten Ca-Mobilisation aus den Knochen und über die vermehrte Bildung von 1,25(OH)$_2$D zu einer verbesserten Ca-Resorption aus dem Darm. Diese Stoffwechsellage ermöglicht nach dem Kalben eine schnellere Reaktion auf den Ca-Abfluss mit der Milch. Die Verfütterung der sauren Salze erfolgt zusammen mit einer reichlichen Ca-Versorgung (pro Tier bis zu 150 g/d) in den letzten 2 bis 3 Wochen der Trockenstehphase und muss nach dem Abkalben eingestellt werden. Nachteilig ist die geringe Akzeptanz der Salze, weshalb die Anwendung hauptsächlich auf Gesamtmischrationen (TMR) ausgerichtet ist.

Alle vorbeugenden Maßnahmen haben zum Ziel, den Ca-Überschuss vor Einsetzen der Laktation zu reduzieren bzw. die Ca-Bereitstellung mit Einsetzen der Laktation zu verbessern.

Bei Milchkühen kann Festliegen ähnlich den Symptomen bei Hypocalcämie auch durch **Hypophosphatämie** (Störung im P-Stoffwechsel) verursacht sein, die jedoch nicht ausschließlich auf den Abkalbungszeitpunkt beschränkt ist. Als Ursache kommen z. B. Ca/P-Imbalanzen, katabole Stoffwechsellagen, überhöhte Proteinzufuhr, Phosphatdiurese, PTH und Saponine in Betracht.

Ca- und P-Mangel
Ein Mangel an diesen Mengenelementen kann in jedem Alter auftreten, besonders bei gleichzeitiger Unterversorgung mit Vitamin D. Es kommt dabei zu einer verminderten Mineralisation der Knochen und dadurch zur Knochenweiche sowie zu einer verstärkten Brüchigkeit bzw. Lahmheit; in der Wachstumsphase sind Missbildungen der Knochen häufiger.

Rachitis (Knochenweiche): Kann bei jungen Tieren, besonders Kälbern und Ferkeln, aber auch bei Lämmern und Fohlen auftreten. Durch entsprechende Fütterungsmaßnahmen heute selten.

Osteomalazie: Tritt bei älteren Tieren auf und bewirkt speziell erhöhte **Knochenbrüchigkeit**. P-Mangel-bedingte Osteomalazie tritt ebenfalls bei Milchkühen auf, manchmal auch bei Sauen.

Osteoporose: Ist für käfiggehaltene Legehennen eine charakteristische Ca-Mangel-Krankheit. Sie führt zur Einstellung der Legetätigkeit und zu Lähmungen.

Bei lang andauerndem Ca-Mangel kommt es weiterhin zu Tetanie, Übererregbarkeit des neuromuskulären Systems und Krämpfen. Sekundär kann auch eine metabolische Acidose den Ca- und P-Haushalt negativ beeinflussen. Die Folgen sind eine Demineralisierung des Skeletts, negative Netto-Säure-Basen-Ausscheidungswerte und negative Ca- und P-Bilanzen.

P-Mangel kann in Abhängigkeit von Dauer und Umfang einen Rückgang der Futteraufnahme, Wachstumsstörungen, erniedrigten P- und Aschegehalt der Knochen, Abriss der Achillessehne bei Jungtieren und Fortpflanzungsstörungen (verminderter Erstbesamungserfolg und erhöhte Abortrate bei verringerter Milchleistung) bewirken.

Ca-Überschuss
Wiederkäuer sind mit Ausnahme der Trockensteher gegenüber einem Ca-Überschuss weniger empfindlich als Schweine und Geflügel.
Folgen eines Ca-Überschusses können sein:
- bei Schweinen sekundärer Zinkmangel (Parakeratose),
- bei Broilerküken über 5 Wochen Wachstumsdepressionen (> 11 g Ca/kg DM),
- bei jüngeren Legehennen Legeleistungsdepression (> 40 bis 45 g Ca/kg Alleinfutter),
- verminderte Verwertbarkeit anderer Mineralstoffe, wie Mg, Fe, Mn, I, Zn oder Cu.

P-Überschuss
Ein P-Überschuss kann bei gleichzeitigem Mangel an Ca eine Überproduktion von Parathormon induzieren. Neben der renalen P-Exkretion wird dabei vermehrt Ca aus den Knochen freigesetzt (Osteodystrophia fibrosa). Davon können Monogastriden bei einseitiger Ernährung (Getreide, Fleisch) betroffen sein.

Bei Legehennen führt P-Überschuss zu einer verminderten Eischalenqualität. Ferner ist das Auftreten von Urolithiasis (Harnsteinbildung) bei Pferden, bei der Intensivmast von Lämmern und bei Carnivoren (Katze) bekannt.

2.2.2 Magnesium

Der Stoffwechsel und die Verteilung von Mg im Körper sind eng mit dem Stoffwechsel von Ca und P verbunden. In der Knochenasche sind etwa zwei Drittel des gesamten Mg im Körper enthalten. Mg beeinflusst die **Ausbildung der Matrix** und bewirkt eine höhere Elastizität der Knochen. Der Rest des Mg ist vorwiegend in den Zellen des Weichgewebes oder in extrazellulären Körperflüssigkeiten (ca. 1%) enthalten.

Funktionen:
- Bestandteil von Skelett und Zähnen,
- neben K der wichtigste mineralische Bestandteil der Zellen,
- Aktivator und Bestandteil von mehr als 300 Enzymen,
- Aufgaben bei der Erregbarkeit der Nerven und Muskelkontraktion (Nutzung energiereichen ATPs),
- Bedeutung für DNA-, RNA-Synthese.

Mg-Resorption
Resorptionsorte sind bei Monogastriden der Dünndarm und der Dickdarm. Wiederkäuer resorbieren bis zu 80% in den Vormägen. Die Resorptionshöhe ist vom Alter der Tiere und der Bindungsform des Magnesiums abhängig:

- Säugende Jungtiere   70 bis 80%
- Ältere Schweine   ca. 40%
- Ausgewachsene Wiederkäuer   15 bis 25%
- Mg-Fumarat, Mg-Lactat, Mg-Citrat sehr gut
- $MgCl_2$, MgO   gut
- $MgSO_4$ kaum

Besondere Einflussfaktoren auf die Mg-Resorption beim Wiederkäuer:
- Hohe K- und niedrige Na-Konzentration   hemmend
- Hoher NH_3-(NPN)-Gehalt im Pansen ($MgNH_4 PO_4$ ist schwerlöslich)   hemmend
- Hoher Ca-Gehalt   hemmend
- Hohe Konzentration an flüchtigen Fettsäuren   fördernd

Die Mg-Verwertbarkeit aus Grobfuttermitteln ist in der Regel schlechter als aus Konzentraten (Getreide).

Speicherung und Mobilisation
Knochen. Unter Mg-Mangel-Bedingungen kann bis zu einem Drittel des Mg mobilisiert werden. Bei ausgewachsenen Tieren ist jedoch die Fähigkeit zur Mobilisation von Mg wesentlich geringer. Wiederkäuer können nur etwa 2% des im Skelett enthaltenen Mg mobilisieren.

Leber. Der Mg-Umsatz ist in der Leber größer als in allen anderen Organen. Dies ist für eine kurzfristige Reaktion auf Änderungen des Mg-Spiegels von Bedeutung.

Exkretion
Mg wird hauptsächlich über den Kot ausgeschieden. Die Nierenausscheidung gewinnt insbesondere bei homöostatischer Regulation an Bedeutung.

Bedarf
Bei bedarfsgerechter Zufuhr von Ca und P (kein Überschuss) liegt der Mg-Bedarf wachsender Tiere bei 0,06% der Trockensubstanz. Bei üblichen Futterrationen von Nutztieren ist keine Mg-Sup-

plementation erforderlich, ausgenommen spezielle Situationen (z. B. Weidetetanie). Hohe Ca- und P-Zufuhr erhöht jedoch den Bedarf an Mg.

Mg-Mangel
Mg-Mangel verursacht Wachstumsdepressionen, Schwäche, Störungen der Erregbarkeit von Muskeln und Nerven sowie Hypocalcämie. Eine Mg-Mangelkrankheit mit wirtschaftlicher Bedeutung bei Nutztieren ist die **Weidetetanie** (Synonyme: Grastetanie, Laktationstetanie, hypomagnesämische Tetanie). Bei Vorliegen entsprechender auslösender Faktoren kann neben Weidetetanie auch Stalltetanie auftreten.

Die auslösenden Faktoren der Weidetetanie sind in Abb. 26 dargestellt.
Symptome der Weidetetanie:
- Appetitlosigkeit, Nervosität, Gleichgewichtsstörungen, starre Augen und Muskelkrämpfe, gegebenenfalls Exitus;
- im Blutserum ist der Mg-Gehalt stark vermindert (< 0.7 mmol/l);
- Ca-Gehalt ist ebenfalls geringfügig verringert.

Maßnahmen zur Prophylaxe der Hypomagnesämie:
Erhöhung der Mg-Aufnahme
- in kritischen Perioden tägliche MgO-Gabe von 50 g/Milchkuh und 7 g/Milchschaf mit dem Kraftfutter (geringes Speichervermögen!);
- Gaben von Mg-Bulletts in das Retikulum (kontinuierliche Abgabe von Mg-Ionen);
- Anreicherung der Tränke mit $MgCl_2$ (300 ml Sole auf 30 l);
- Mg-angereicherte Grobfutterpellets sollten den Kühen auf der Weide ständig zur Verfügung stehen.

Steigerung der Mg-Konzentration im Aufwuchs durch Düngung mit Mg und Reduktion der N- und K-Düngung.

Verbesserung der Mg-Resorption
- Zufütterung von 30–50 g NaCl pro Tier und Tag;
- Optimierung des Rohfasergehaltes im Futter;
- zeitliche Begrenzung des Weideaufenthaltes (Verbesserung des Rohprotein/Energie-Verhältnisses);
- Unterlassung extremer N- und K-Düngung.

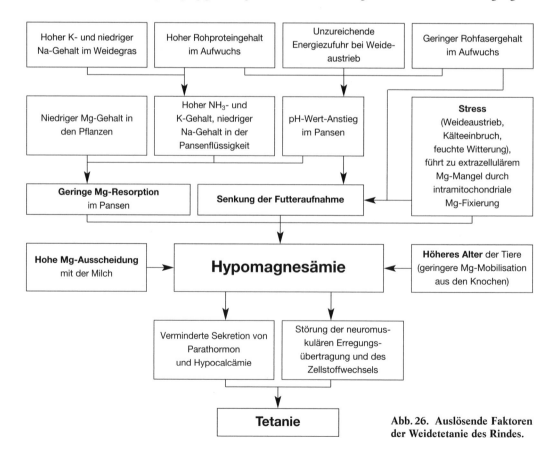

Abb. 26. Auslösende Faktoren der Weidetetanie des Rindes.

Ausschaltung von Stressfaktoren
Schweine und Geflügel sind normalerweise nicht Mg-Mangel-gefährdet.

Bei Mg-Mangel ist auch bei ausreichender Ca-Aufnahme keine ausreichende Calcifizierung des Knochens sichergestellt, da die Wirksamkeit von Parathormon und Vitamin D eingeschränkt sein kann. Dabei kann es aber in verschiedenen Geweben zu pathologischen Calciumablagerungen kommen.

Die sichere Diagnose des Versorgungsstatus kann anhand der Konzentration in Blutserum und Harn erfolgen. Mangel liegt ab < 18 mg/l Blut bzw. < 100 mg/l Harn vor. Die Gefahr des Auftretens von Weidetetanie besteht bei Konzentrationen von < 10 mg/l Blut bzw. < 20 mg/l Harn.

Mg-Überschuss
Mg-Überschuss wird in der Praxis nicht beobachtet. Experimentell erzeugter Mg-Überschuss verursachte bei Schweinen und Rindern Durchfälle, auch die Bildung von Harnsteinen, insbesondere bei Fleischfressern, ist möglich. Mg-Überschuss kann zu einer vermehrten Ca-Ausscheidung führen, speziell, wenn gleichzeitig P-Mangel vorliegt.

2.2.3 Natrium, Kalium und Chlorid

Diese Mengenelemente kommen im Gegensatz zu den vorher besprochenen hauptsächlich in Körperflüssigkeiten und Weichgeweben vor. Natrium und Cl sind dabei vorwiegend extrazellulär (Na zu 95%), K hauptsächlich intrazellulär konzentriert.

Wesentliche biochemische Funktionen von Na, K und Cl:
- Aufrechterhaltung des osmotischen Drucks der Körperflüssigkeiten und des Säure-Basen-Gleichgewichtes.
- Regulation des Flüssigkeitsvolumens und Wasserhaushaltes generell.
- Impulsübertragung im Nervengewebe und Erregungsleitung in den Muskelfasern (Na und K).
- Na ist an der Aufrechterhaltung der Potenzialdifferenz an Membranen, Nerven und Muskelzellen und damit am Nährstofftransport beteiligt (z. B. Glucose und Aminosäuren).
- Die Wirksamkeit von verschiedenen Enzymsystemen ist an Na gebunden.
- Beim Wiederkäuer reguliert Na Bicarbonat des Speichels den pH-Wert im Pansen und ist somit an der Regulation der mikrobiellen Fermentation im Pansen beteiligt.
- K aktiviert eine Reihe von Enzymen des Kohlenhydrat- und Fettstoffwechsels.
- Cl ist Bestandteil der Magensalzsäure.
- Cl ist Cofaktor der α-Amylase des Pankreas.

Ernährungsphysiologisch wird diesen Elementen häufig eine geringere Bedeutung zugemessen, da die Bedarfsdeckung unproblematisch ist und Schäden durch überhöhte Zufuhr nur in speziellen Situationen vorkommen. Da aber nur eine geringe Speicherfähigkeit vorliegt und ein Überschuss schnell ausgeschieden wird, ist eine regelmäßige Aufnahme mit der Nahrung wichtig.

Mangelsymptome sind allgemein Appetitlosigkeit, Wachstums- und Leistungsdepressionen sowie Lebendmasseverlust. Bei Na-Mangel kommt es weiterhin zu Lecksucht, Rückgang der Milchmenge (der Na-Gehalt in Milch ist genetisch determiniert), des Milchfettgehalts und der Eiproduktion sowie zu Fortpflanzungsstörungen.

Na, K und Cl werden schnell und **umfangreich (ca. 80%) resorbiert**. Bis in den Dickdarm kann eine Rückresorption von in den Darm sekretiertem Na, K und Cl erfolgen.

Die **Ausscheidung** erfolgt vorwiegend über die Niere und wird durch Nebennierenrindenhormone gesteuert. Regulationsmechanismen ermöglichen eine gute Anpassung an eine unterschiedliche Versorgung mit diesen Mineralstoffen. Hierbei hat auch das Renin-Angiotensin-System eine wichtige Funktion. Es kontrolliert den Gefäßtonus und die Aldosteronausschüttung und führt zu einem ausreichenden Filtrationsdruck in der Niere (Osmoregulation). Die Na-Ausscheidung erfolgt über die Niere als Phosphat und Chlorid sowie mit der Milch und dem Speichel. Bei schweißbildenden Tieren (Pferde) und beim Menschen kann die Na-Abgabe über den Schweiß bedeutend sein. Dieser erhöhte Verlust ist durch entsprechend erhöhte Zufuhr über das Futter auszugleichen, besonders beim arbeitenden Pferd. Nebennierenhormone können bei erhöhter K-Ausscheidung die Na-Ausscheidung verringern. Die K-Exkretion erfolgt hauptsächlich über den Harn, weiterhin über Milch, Schweiß und Kot.

Ein **Überangebot** an Na, K, Cl ist bei Möglichkeit einer erhöhten Wasseraufnahme meist unproblematisch, da diese Elemente renal ausgeschieden werden können. Eine NaCl-Zufuhr, die die Ausscheidungsfähigkeit übersteigt, verursacht erhöhte Wassereinlagerungen in den Körper (Ödeme). Putenküken sind besonders empfindlich, Hühner- und Entenküken weniger, Letztere vertragen bis zu 4 g NaCl/l Tränkwasser. Schafe und Mastbullen zeigten selbst bei einem NaCl-Gehalt der Ration von 9 % und freier Wasseraufnahme keine Wachstumsdepressionen.

Bei Aufnahme von K-reichem Weidefutter durch Wiederkäuer sind mit Ausnahme eines höheren Kotwassergehaltes und einer gesteigerten renalen Exkretion keine gesundheitlichen Auswirkungen zu erwarten. Überschüssige K-Zufuhr induziert jedoch einen sekundären Na-Mangel und führt zu einer gestörten Mg-Resorption.

Der **Na-Bedarf** liegt bei 0,1 bis 0,2 % der Futtertrockensubstanz und ist von der Tierart und der Konzentration anderer Mineralstoffe abhängig. Mit Ausnahme von Mineralfuttermitteln enthalten Rationskomponenten gewöhnlich nicht ausreichend Na. Bei weniger als 200 mg Na/100 ml Harn ist leistungsbeeinträchtigender Mangel zu erwarten.

Der **K-Bedarf** schwankt zwischen 0,2 % und 0,6 % in der Trockensubstanz und wird durch herkömmliche Rationen meist gedeckt, da diese in der Regel das Mehrfache des Bedarfs enthalten. Diagnostische Möglichkeiten zur Ermittlung eines gestörten Na/K-Verhältnisses bestehen in der Analyse von Speichel.

Der **Cl-Bedarf** beträgt etwa 0,1 bis 0,2 % der Trockensubstanz und hängt von der Na- und K-Belastung ab, da die Cl-Ausscheidung mit Harn und über Schweiß an die entsprechenden Ionen gekoppelt ist. Aufgrund des hohen Cl-Gehaltes aller Futtermittel ist unter normalen Bedingungen ein Cl-Mangel nicht zu erwarten.

2.2.4 Schwefel

Schwefel ist Bestandteil der Aminosäuren Cystein und Methionin. In Form von Cystein enthalten Haare, Wolle und Gefieder überdurchschnittlich viel Schwefel (Wolle etwa 4 %). Weiterhin enthalten die meisten Mucopolysaccharide S. Als Sulfat kommt S in geringen Mengen im Blut, Speichel und anderen Sekreten vor.

Schwefel ist auch Bestandteil von Thiamin, Biotin, Taurocholsäure, Chondroitinsulfat (Knorpelbestandteil), Bindegewebe, Knochen, Hornhaut sowie von Hormonen und Enzymen, wie Insulin, Coenzym A, Cytochrom C (Hämoglobinschwefel liegt hier anorganisch vor). Zur Synthese dieser Substanzen werden z. T. Methionin und Cystein als Ausgangsverbindungen benötigt.

Neben der **Resorption** des Schwefels in Form von schwefelhaltigen Aminosäuren kann es auch als Sulfation resorbiert werden. Im Pansen kann Sulfat zu Sulfid oder Hydrosulfid reduziert werden. Diese Sulfide sind schwer resorbierbar und bilden mit anderen Spurenelementen (z. B. Cu) Komplexe. Bei Nichtwiederkäuern muss die S-Zufuhr in Form der Aminosäuren erfolgen. Bei Wiederkäuern können durch die Pansenbakterien aus anorganischem Schwefel Methionin und Cystein gebildet werden und auf diesem Weg der Bedarfsdeckung dienen.

Schwefel wird **vorwiegend mit dem Harn ausgeschieden**, aber auch über die Gallensäuren (Taurocholsäure). **S-Mangel** bei Wiederkäuern führt zu verminderter Futteraufnahme und verschlechterter Celluloseverdauung.

Zu einer erheblichen Sulfatanreicherung in den Futterpflanzen kann es durch SO_2-Emissionen in Industriegebieten kommen. Dies kann neben einer S-bedingten Toxizität zu einer Blockierung der Cu- und Se-Aufnahme in den Pflanzen und damit zu einem sekundären Cu- und Se-Mangel beim Tier führen.

2.3 Spurenelemente

2.3.1 Eisen

Mit etwa 50 bis zu 70 mg Fe/kg Körpermasse liegt Fe als Spurenelement oberhalb der für Spurenelemente gesetzten Grenze von 50 mg/kg. Aus Sicht seiner Funktionen im Stoffwechsel als Bestandteil von Hämoproteinen und anderen prosthetischen Gruppen wird Fe jedoch zu den Spurenelementen gerechnet. Eisen besitzt ebenso wie Mo und Cu vor allem aufgrund seiner multiplen Oxidationsstufen eine besondere Bedeutung in **Metalloenzymen**, die für Red-Ox-Prozesse im Organismus verantwortlich sind. Biochemisch wichtige Verbindungen, in denen Fe enthalten ist, sind in Tabelle 17 angeführt.

Hämoglobin (Hb) ist durch seine reversible Bindungsfähigkeit für den Sauerstofftransport im Blut verantwortlich. Da die roten Blutkörperchen einem permanenten Umsatz unterliegen (mittlere Lebensdauer bei Ratten und Menschen ca. 120 Tage), wird auch Fe relativ schnell ausgetauscht. Der Umsatz in den Speicherorganen Leber und Milz läuft demgegenüber wesentlich langsamer ab.

Myoglobin kommt in hohen Konzentrationen im Muskel vor und dient nicht nur als Sauerstoffspeicher, sondern bewirkt in erster Linie eine

Tab. 17. Auswahl Fe-haltiger Verbindungen mit biochemischer Bedeutung

Substanz	Anteil am Gesamtbestand des Körpers an Fe (%)	Funktionelle Bedeutung
Hämoproteine		
Hämoglobin	60–70	Sauerstoff- und CO_2-Transport im Blut
Myoglobin	3–20	Sauerstofftransport im Muskel
Cytochrom	0,1–0,4	Elektronentransport in der Atmungskette
Depot-Fe	20–22	
davon Ferritin	18	Speicherform, braungefärbtes Protein mobilisierbar (hauptsächlich in der Leber aber auch im Knochenmark und der Milz)
Hämosiderin		Speicherform in den Darmzellen und Milz
Transferrin		Fe-Transport im Blutplasma
Haptoglobulin		Transport, bindet in der Leber das durch Hämolyse freigesetzte Hämoglobin
Lactoferrin		Bestandteil der Milch, wirkt antibakteriell

Erleichterung des Sauerstofftransportes im arbeitenden Muskel. Bei geringer Muskelbelastung ist der Myoglobingehalt niedrig und das Muskelgewebe bleibt hell, ebenso wie bei Fe-Mangel.

In **Ferritin** wird Fe^{3+} gespeichert. Eisen kann nach Spaltung des Ferritins in Apoferritin und Fe wieder freigesetzt werden, muss aber zuvor zu Fe^{2+} reduziert werden (Abb. 27).

Das wasserunlösliche **Hämosiderin** ist eine weitere Speicherform des Eisens, die in den Zellen mikroskopisch sichtbare Granula bildet. Bei Eisenspeicherkrankheiten kommt es zu einer Vermehrung des Hämosiderins.

Weitere Fe-haltige Enzyme sind Peroxidase, Katalase, Xanthinoxidase (Hämoproteine) und Succinatdehydrogenase (Flavoprotein).

Fe-Resorption

Resorptionsorte des Fe sind hauptsächlich Duodenum und Jejunum, zusätzlich bei Geflügel der Drüsenmagen und bei Wiederkäuern die Vormägen.

Fördernd auf die Resorption wirken:
- die Säuresekretion des Magens,
- die Ferritinsynthese in der Darmschleimhaut durch Fe-Bindung an Apoferritin,
- organische Säuren, wie z. B. Ascorbinsäure, Citrat, Lactat, Pyruvat und Succinat (wahrscheinlich durch Hemmung der Fe-Oxidation und geringere Chelatbildung),
- eine ausreichende Cu-Versorgung und
- hohe Ca-Gehalte bei phytatreichen Rationen (Verdrängung von Fe aus Phytat).

Hemmend auf die Resorption wirken:
- zunehmendes Alter der Tiere,
- Phytat, Antagonisten (Zn, Cd, Co, Cu, Mn),
- Zucker bei Monogastriden sowie
- hohe Gehalte an Ca und P.

Gut resorbierbar ist an Häm gebundenes Fe (Hämoglobin, Myoglobin), schlecht resorbierbar sind Eisensalze (Nichthäm-Eisen). Die Resorptionshöhe ist bei normaler Ernährung gering (10 bis 30%) und bei Eisenmangel erhöht (40 bis 50%). Bei Saugferkeln (Fe-arme Milch) beträgt sie bis 95% und liegt bei Sauen unter 5%. Der Mechanismus der Anpassung der Fe-Resorption an den Bedarf ist bisher nicht vollständig geklärt.

Fe^{2+} und Fe^{3+} werden zwar in gleicher Weise von der Mucosa aufgenommen, der Transport des Fe^{2+}-Ions zur Serosagrenzfläche verläuft jedoch schneller als der des Fe^{3+}-Ions. Da der Transport von resorbiertem Fe im Blut erst nach der Aufnahme durch das Protein Apotransferrin ermöglicht wird, ist er bei Proteinmangel vermindert (Abb. 27). Fe^{2+} wird vor dieser Aufnahme vom Cu-enthaltenden Coeruloplasmin (Synonym: Ferrooxidase) zu Fe^{3+} oxidiert. Durch die Verbindung von Fe^{3+} mit Apotransferrin entsteht **Transferrin**, das Fe zu den Synthese- bzw. Speicherorten transportiert.

Fe-Exkretion

Resorbiertes Fe wird nicht mehr in nennenswerten Mengen ausgeschieden. Endogene Fe-Verluste gibt es über den Kot (Galle und Darm-

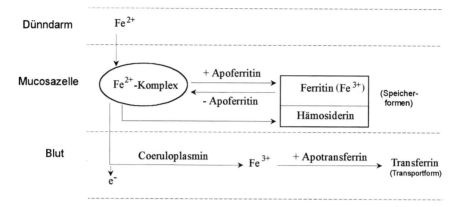

Abb. 27. Resorption, Transport und Speicherung von Eisen.

epithelien), Harn, Haar, Haut, Schweiß und Blut; sie sind bei physiologischer Zufuhr sehr gering. Bei Fe-Überschuss wird Fe in Form von Hämosiderin in den Enterozyten eingelagert und langsam durch die Regeneration des Darmgewebes ausgeschieden.

Fe-Bedarf
Die Versorgungsempfehlungen für Fe liegen zwischen 40 und 80 mg/kg DM. Bei erwachsenen, gesunden Tieren mit ausreichendem Fe-Bestand kommt es nur noch zu geringen Fe-Verlusten, d. h. es werden nur geringe Mengen Fe für den Erhaltungsbedarf benötigt. Ein hoher Fe-Bedarf besteht während der Trächtigkeit und des Wachstums sowie für die Eiproduktion.

Fe-Mangel
Bei ausgewachsenen Nutztieren hat Fe-Mangel aufgrund der Verfütterung Fe-reicher Pflanzen keine Bedeutung. Fe-mangelgefährdet sind junge milchernährte Säuger aufgrund des geringen Fe-Gehaltes der Milch (ca. 0,5 mg/l), geringer Fe-Reserven der Neugeborenen und geringer (Fe-reicher) Beifutteraufnahme sowie des hohen Fe-Bedarfs durch intensives Wachstum.

Besonders gefährdet sind **Ferkel**. Die Fe-Reserve neugeborener Ferkel beträgt nur 30 mg/kg Lebendmasse, das entspricht etwa einem Viertel des Fe-Vorrats von Kaninchen. Diese Fe-Reserven sind innerhalb von 5 bis 14 Tagen post partum erschöpft und der Hb-Gehalt im Blut sinkt von ca. 14 g auf 8 g/100 ml Blut. Der Grenzwert für die Bedarfsdeckung bei Ferkeln beträgt ca. 8 g Hb/100 ml Blut.

Symptome von **Fe-Mangel-Anämie** sind verminderte Krankheitsresistenz (verschlechterte Immunabwehr) sowie Appetitlosigkeit und geringeres Wachstum.

Zur **Prävention** ist in den ersten 2 bis 4 Lebenstagen eine Fe-Injektion (200 mg Fe-Dextran) geeignet. Die Verbesserung der Fe-Versorgung kann unterstützend über Torfbeigaben (Hygiene!) und ab dem 10. Lebenstag auch über Beifutter erfolgen. Teilweise erfolgt die Fe-Aufnahme auch über Sauenkot. In vielen Untersuchungen hat es sich als günstig erwiesen, auch am 21. Lebenstag eine nochmalige Fe-Applikation (200 mg Fe-Dextran) durchzuführen.

Eine Supplementation des Futters tragender oder laktierender Sauen ist nicht zweckmäßig, da die Fe-Resorption und der Übergang von Fe auf den Fetus gering bleiben und keine wesentliche Anreicherung der Milch mit Fe stattfindet.

Bei Wiederkäuern kann Fe-Mangel zu mikrozytärer, hypochromer Anämie, verringerter Belastungsfähigkeit, Tachykardie sowie zu Acidose nach Belastung führen.

Bei Fe-Mangel kann es bei allen Tierarten zu einer erhöhten Aufnahme von Zn, Cd, Pb, Mn und anderen Metallen kommen.

Fe-Toxikosen
Fe-Toxikosen haben durch die verminderte Fe-Resorption bei hohem Angebot in der Praxis **keine Bedeutung**. Durch Fe-Überschuss kann es aber zu einem **sekundären Mangel von Zn, Mn, Cu und P** (Rachitis) kommen. Andererseits können antagonistische Interaktionen mit Pb, Cd und Mo zu einer Verdrängung dieser Elemente führen. Ein Mg-Mangel kann zu einer hämolytischen Anämie mit Umverteilung und Akkumulation von Fe im Gewebe und damit zu Lipidperoxidation und Membranschäden führen. Auch

eine S-Belastung führt zur Akkumulation von Fe in Leber und Niere. Fe-Überschuss kann bei Broilern, wachsenden Rindern und Schafen zu verminderter Futteraufnahme und schlechterer Lebendmassezunahme führen.

2.3.2 Kupfer

Kupfer kommt hauptsächlich in der **Leber** vor (Speicher). Säuger werden mit Cu-Reserven geboren, wodurch die Phase geringer Cu-Zufuhr über die Milch überbrückt werden kann. Beim Fetus der Wiederkäuer ist die Speicherfähigkeit in der Leber besonders hoch. Cu ist weiterhin in höheren Konzentrationen im Knochenmark enthalten.

Biochemische Funktionen des Cu

Kupfer ist Bestandteil verschiedener Proteine und Cu-Metalloenzyme, die ausnahmslos Oxidoreduktasen sind (Tab. 18). Weitere Enzyme sind z. B. Dopamin-β-hydroxylase, Uricase (Uratoxidase) sowie Diaminoxidase.

Im Blutplasma ist Cu zu 95% an das Glycoprotein **Coeruloplasmin** gebunden. Es bewirkt die Oxidation resorbierten Fe^{2+} zu Fe^{3+} vor dessen Bindung an Apotransferrin. Da dies ein entscheidender vorbereitender Schritt zur Hämoglobinsynthese ist, lässt sich das Auftreten von Anämien bei Cu-Mangel erklären. Coeruloplasmin ist ferner an der Mobilisation und Verwertung von gespeichertem Fe beteiligt.

Cu-Resorption

Die Cu-Resorption erfolgt sowohl im Magen als auch im Dünndarm. Kupfer gehört zu den Elementen, bei denen die Bedarfsdeckung hauptsächlich über die Resorption geregelt wird.

Die Resorptionshöhe beträgt 2 bis 40% und wird von verschiedenen Faktoren beeinflusst:
- Mit steigendem Angebot sinkt die Resorptionsrate.
- Eine sehr geringe Mo-Zufuhr erhöht die Cu-Resorption.
- Andere Nahrungsbestandteile haben starken Einfluss (begünstigend wirken L-Aminosäuren, Vitamin A, Lactose).
- Verschiedene Cu-Quellen weisen eine unterschiedliche Verfügbarkeit auf.

Antagonisten:
- Mo (besonders bei Wiederkäuern),
- S (als überhöhte Sulfatgaben oder als schwefelhaltige Aminosäuren bzw. S-Belastungen durch die Umwelt),
 Im Pansen können reaktive Sulfide den Sauerstoff aufgenommener Molybdationen (MoO_4^{2-}) bis zum Oxythiomolybdat (MoS_3^{2-}) oder Tetrathiomolybdat (MoS_4^{2-}) ersetzen. In Verbindung mit **Mo** entstehen Cu-Komplexverbindungen (Thiomolybdate), die sowohl die Cu-Resorption vermindern als auch – im Falle der Resorption löslicher Thiomolybdate – zu einer geringeren intermediären Verwertung führen.
- Ca (hohe Gaben bei Rindern und Schafen),

Tab. 18. Auswahl Cu-haltiger Proteine und Enzyme

Verbindung	Funktion
Coeruloplasmin (Synonym: Ferrooxidase I)	Oxidation von Fe^{2+} zu Fe^{3+} vor Bindung an Apotransferrin
Superoxiddismutase	Inaktiviert Superoxidradikale, die z. B. bei durch Vergiftung ausgelöste Methämoglobinbildung entstehen
Cytochrom-C-Oxidase	Reduzierung des Sauerstoffs in der Atmungskette
Lysyloxidase	Quervernetzung der ε-Aminogruppen des Lysins, verleiht dem Collagen und Elastin die Festigkeit; während der Knochenbildung für die Osteoblastenaktivität essenziell
Tyrosinase (Phenoloxidase)	Hydroxylierung des Tyrosins bei Melaninsynthese (Pigmentsynthese); bei Defekt Albinismus
Aminoxidase	Oxidation primärer Amine zu Aldehyden in Catecholamin und anderen primären Aminen

- Fe (Resorptionsmechanismen für Cu und Fe in der Mucosa beeinflussen sich gegenseitig),
- Mo, Se, Cd, Pb, Ag,
- überhöhte Mengen an Vitamin C und Fructose
- Zn (Überschuss verhindert Resorption, Leberakkumulation und Plazentatransfer von Cu; im Darmlumen induziert Zn die Bildung von intestinalem Metallothionein, das den Cu-Transport durch die Enterozyten blockiert).

Cu-Exkretion

Die Cu-Ausscheidung erfolgt hauptsächlich über die Galle, zum großen Teil als unmodifiziertes Coeruloplasmin; nur 0,3 bis 3% werden über die Niere ausgeschieden. Nach Resorption löslicher Thiomolybdate (s. o.) steigt bei Wiederkäuern die Cu-Exkretion über den Harn.

Der **Cu-Bedarf** landwirtschaftlicher Nutztiere liegt zwischen 5 und 10 mg/kg DM.

Cu-haltige Mineralstoffmischungen sind geeignet, standortspezifischen Cu-Mangel zu verhindern, auch bei Gefahr sekundären Mangels durch Industrieemissionen von S, Mo, Cd. Dabei ist jedoch entscheidend, dass Cu-Verbindungen eingesetzt werden, die keine Komplexe bilden. Durch die Speicherfähigkeit der Leber kann einem Cu-Mangel bei Jungtieren durch Cu-Fütterung an die tragenden Muttertiere vorgebeugt werden.

Bei Schweinen kann mit erhöhten Cu-Dosierungen (bis 1000 mg/kg DM) sogar ein zusätzlicher Wachstumseffekt hervorgerufen werden, der z. T. auf die antibakterielle Wirkung im Darmtrakt zurückgeführt wird. Nach deutschem Futtermittelrecht sind allerdings für Ferkel bis 12 Wochen nur 170 mg Cu/kg Alleinfutter und für sonstige Schweine 25 mg Cu/kg Alleinfutter erlaubt. Aufgrund der Umweltbelastung und der in dieser Dosierung ausbleibenden Wachstumsverbesserung ist diese Zulage jedoch abzulehnen.

Cu-Mangel

Primärer Cu-Mangel ist ein Standortproblem und kommt u. a. in Moor- und Torfgebieten vor. Symptome und Erkrankungen sind:
- bei Rindern und Schafen Lecksucht, bei Ziegen Durchfall;
- herabgesetzter Futterverzehr, Wachstumsverlangsamung, Immunsuppression;
- gestörte Ausbildung des Zentralnervensystems (neonatale Ataxie bei Schaflämmern und Kälbern);
- Störung der Skelettbildung (Verformung und erhöhte Brüchigkeit);
- Störungen des Bindegewebsstoffwechsels, Gefäßrupturen;
- Störung der Pigmentierung und Struktur von Haar und Wolle;
- Anämie, mikrozytäre, normochrome Anämie bei Kälbern;
- Pankreasatrophie;
- Falling disease
- verminderte Konzeptionsrate, Anöstrus, embryonaler Frühtod, Aborte;
- verminderte Milch- und Milchfettleistung.

Die Symptome sekundären Mangels gleichen denen des primären Cu-Mangels. Thiomolybdate senken den Gehalt an Coeruloplasmin, Cytochrom C und Superoxiddismutase.

Bei Cu-Mangel reichert sich Fe in den Mucosazellen an, während die Abgabe in das Plasma abnimmt. Der Cu-Gehalt in Leber, Milz und Haaren ist vermindert.

Cu-Überschuss

Da **Schafe** nicht oder nur begrenzt Cu über die Galle ausscheiden können, sind sie gegenüber Cu-Belastungen besonders anfällig, und es kann bereits ab 15 mg Cu/kg DM zu **Intoxikationen** kommen. Zinkzulagen können hier durch die antagonistische Wirkung die Cu-Toxizität reduzieren. Bei krankhafter Cu-Akkumulation, wie z. B. erbliche Cu-Intoxikationen bei einigen Hunderassen, bei Mäusen („toxic milk mice") und beim Menschen (Morbus Wilson), besteht durch diesen Antagonismus in der oralen Zinktherapie ebenfalls eine Behandlungsmöglichkeit.

Entsprechend der steigenden Fähigkeit, Cu über die Galle auszuscheiden, sinkt die Empfindlichkeit gegenüber Cu vom Rind zu Monogastriden (Schwein, Pferd > Huhn > Ratte). Bei Cu-Vergiftung kommt es zu Hämolyse, Ikterus, Hämoglobinurie und zum Tod.

2.3.3 Cobalt

Physiologische Bedeutung hat Co als Zentralatom des **Vitamins B_{12}** (Cobalamin), und es ist möglicherweise an der Aktivierung von Enzymen beteiligt. Co wirkt weiterhin fördernd auf die Resorption von Fe. Bei Wiederkäuern kann bei ausreichender Co-Zufuhr über die Tätigkeit der Pansenbakterien Vitamin B_{12} synthetisiert werden. Im Dickdarm findet zwar in geringem Umfang eine Cobalaminsynthese statt, es kann aber durch das monogastrische Tier nur über Koprophagie verwertet werden. Mehr als 30% des zugeführten Co werden resorbiert; die Ausscheidung erfolgt über die Niere und die Galle.

Die Versorgungsempfehlung für Wiederkäuer liegt bei 80 µg Co/kg DM, im Pansensaft sollen mindestens 20 µg Co/l enthalten sein. Da in Mineralstoffmischungen für Wiederkäuer Co enthalten ist, ist in der Praxis nicht mit einem Co-Mangel zu rechnen.

Co-Mangel ist gekennzeichnet durch Rückgang des Futterverzehrs, Wachstumsdepressionen, megaloblastische Anämie, Granulozytopenie, Immunsuppression, Fettleber, Aborte und Verminderung der Gluconeogenese und des Vitamin-B_{12}-Gehaltes im Blut sowie chronische Auszehrung, Augenausfluss und Fotosensibilität. Je nach Dauer und Umfang des Co-Mangels kann es nach Wochen oder Monaten zum Exitus kommen. Ein Co-Mangel kann durch den Anstieg der Methylmalonsäure im Harn diagnostiziert werden.

Co-Vergiftungen treten erst bei einer Zufuhr von über 100 mg/kg DM auf; die Symptome sind verbunden mit einer verstärkten Erythropoese, Bewegungsstörungen und Speichelfluss.

2.3.4 Iod

Das im Körper befindliche Iod ist zu ca. 90 % in der **Schilddrüse** lokalisiert. Sie enthält 2 bis 5 mg I/g DM in Form von anorganischem Iodid und als organisches Iod (Iodtyrosin). Hormonell wirksame Substanzen sind Triiodthyronin (T_3) und Thyroxin (Tetraiodthyronin, T_4). Die Synthese erfolgt aus Tyrosin und Iod über die Stufen Mono- und Diiodtyrosin.

Die **Resorption** erfolgt vorrangig als Iodid rasch und umfangreich im Magen und im Darm, aber auch über die Haut. Bei Wiederkäuern wird Iod zu 70 bis 80 % im Pansen und Blättermagen resorbiert. In der Schilddrüse wird Iodid sehr schnell aus dem arteriellen Blut extrahiert und durch eine Iodperoxidase zu elementarem Iod (I_2) oxidiert (Iodination), das für die Iodierung der Tyrosinreste zu T_3 und T_4 essenziell ist.

Die **Exkretion** erfolgt zu ca. 40 % über die Niere, zu 30 % über den Kot und zu 10 % über die Milch. Der Iodgehalt in der Milch wird demzufolge über die Iodzufuhr beeinflusst.

Die Versorgungsempfehlungen betragen 0,1 bis 0,5 mg I/kg DM, dabei besteht ein höherer Iodbedarf für Leistungsrichtungen mit hohem Stoffumsatz. Die Versorgung kann über iodreiche Futtermittel (Fischmehl, getrockneter Seetang und Dorschleberöl), iodangereicherte Mineralstoffmischungen (Tier) bzw. iodiertes Speisesalz (Mensch) verbessert werden.

Als Grenzwerte für eine ausreichende Versorgung gelten für Rinder 80 µg I/kg pigmentiertes Deckhaar bzw. 30 µg I/l Blutserum. Aufgrund geringer homöostatischer Kontrolle wird der I-Status durch alle Körperteile reflektiert.

Antagonisten des Iodumsatzes:
- Nitrate und Ca (auch im Wasser gelöst),
- Isothiocyanate und Thiocyanate; Vinylthiooxazolidon (Abbauprodukte der Senföle, Glucosinolate), Vorkommen in *Brassica*-Arten (Raps und dessen Produkte),
- Linimarin (in Cassava),
- Thioharnstoffderivate (Methylthiouracil ist ein synthetisches Thyreostatikum).

Die wichtigsten Wirkprinzipien antithyreoidaler Substanzen sind:
- die inhibierende Wirkung auf die Iodperoxidase (oxidiert Iodid zu I_2), wodurch die Iodierung des Tyrosins blockiert wird;
- die reduzierende Wirkung auf bereits oxidiertes Iod.

Iodmangel ist stark standortabhängig. Die Schilddrüse reagiert mit einer starken Vermehrung des Drüsengewebes, und es kommt zur Kropfbildung (Struma, kompensatorische Hypertrophie). Die Hormonbildung ist herabgesetzt. Die Symptome der Schilddrüsenunterfunktion (Hypothyreose) sind Wachstums- und Fruchtbarkeitsstörungen (Aborte, Fruchtresorption, veränderter Brunstzyklus), Nachgeburtsverhaltungen, haarlose Neugeborene, Kretinismus, gesteigerte Morbidität und Mortalität. Die Diagnose eines Iodmangels kann über Serum, Plasma oder Milch erfolgen.

Angeborene Schilddrüsenunterfunktion: Ein Iodmangel von Muttertieren kann bei den Nachkommen Kropfbildung verursachen, dabei sind multipare Tiere besonders gefährdet. Symptome sind vermehrte Totgeburten, bei Nachkommen Lebensschwäche, Anfälligkeit gegenüber Infektionskrankheiten, Defekte in Gehirn- und Skelettentwicklung, Missbildungen, Ödeme und Haarlosigkeit.

Erworbene Schilddrüsenunterfunktion zeigt sich in Kropfbildung, vermindertem Grundumsatz (Trägheit, Verfettung, Lethargie), Myxödem (aufgedunsene Haut, Ödeme, sprödes Haar), Reproduktions- und Wachstumsstörungen sowie verminderter Milchbildung.

Weniger häufig kann es zur Kropfbildung auch bei genetisch bedingter Schilddrüsenüberfunktion kommen (exophthalmischer Kropf), so dass Struma nicht spezifisch für Iodmangel ist!

Symptome einer **Iodbelastung** sind Speichelfluss, Abnahme der Milchleistung sowie verminderte T_3- und T_4-Gehalte. Beim Pferd führen zu hohe Iodgaben zur Kropfbildung beim Fohlen.

2.3.5 Mangan

Im Tierkörper sind 0,2 bis 0,3 mg Mn/kg Lebendmasse enthalten. Gewebe mit höherem Mn-Gehalt sind Knochen, Leber (Speicher), Niere und Pankreas. Die Mn-Reserven von Jungtieren sind gering.
Physiologische Funktionen:
- Cofaktor für die Phosphorylierungsreaktionen;
- Mucopolysaccharidsynthese;
- Die Protein-, Cholesterol- und die Fettsynthese sind an Anwesenheit von Mn^{++} gebunden;
- Aktivierung weiterer Enzyme (in vitro nachgewiesen: Arginase, Cysteindesulfhydrase, Thiaminase und einige Peptidasen).

Mn wird im Dünndarm rasch resorbiert. Bei ausgewachsenen Tieren beträgt die Resorptionsrate 1 bis 5 %. Bei säugenden Tieren ist die Resorptionsrate mit 15 bis 20 % deutlich höher. Mn wird hauptsächlich über die Galle ausgeschieden.

Antagonisten sind bei überhöhter Zufuhr Ca, P, Fe, Cu und Zn.

Die Versorgungsempfehlungen liegen bei 20 bis 70 mg Mn/kg DM.
Mn-Mangel kann besonders auftreten bei:
- Futterpflanzen von Mn-armen Böden mit hohem pH-Wert (Moor- und Sandböden),
- Senkung des Mn-Gehalts der Pflanzen durch Kalkdüngung.

Unter praktischen Fütterungsbedingungen sind Kühe, Kälber und Hühnerküken mangelgefährdet. Bei Schweinen wurde aufgrund des geringen Mn-Bedarfs (ca. 20 mg Mn/kg DM) unter praktischen Bedingungen noch kein Mn-Mangel beobachtet.

Bei Schafen ist die Gefahr eines Mn-Mangels bei verstärkter Fütterung von Ackerfutterpflanzen und Konzentraten gegeben. Primärer Mn-Mangel kann durch Mn-angereicherte Mineralstoffmischungen verhindert werden.

Mangelsymptome treten meist aufgrund gestörter Synthese von Mucopolysacchariden und Glycoproteinen auf. Als Folge kommt es zur Verringerung der Schleimproduktion und zur vermehrten Chondrogenese (Knorpelbildung) bei vermindertem Aschegehalt des Skeletts.

Symptome sind:
- vermindertes Wachstum,
- anomale Skelettentwicklung (besonders an den Vorderfußwurzelgelenken sichtbar, beim Geflügel Perosis),
- Störung des Zentralnervensystems (letale Lähmungen, Neugeborenenataxie und Zungenschlagen von Kälbern),
- massive Beeinträchtigung der Fruchtbarkeit (verzögerte sexuelle Reife, Stillbrünstigkeit bei normaler Ovulation; vermehrt Aborte und Totgeburten; lebensschwache Nachkommen, Geschlechtsverhältnis verschoben zugunsten von männlichen Tieren, Degeneration des Keimgewebes männlicher Tiere beim Geflügel),
- gestörte Glucosetoleranz,
- gestörte Eischalenbildung (Eischalenstärke verringert),
- gestörte Blutgerinnung.

Die Diagnose eines Mn-Mangels kann über die Konzentration von Pyruvatdecarboxylase und Mn-Superoxiddismutase im Blutplasma erfolgen.

Mn-Überschuss: Bei mäßigem Überschuss besteht keine Gefahr einer Toxizität, da die Resorptionsrate gering ist und die Ausscheidung schnell. Es bestehen jedoch antagonistische Effekte auf Fe und Ca. Beim Wiederkäuer wir die Pansenfermentation gestört.

2.3.6 Zink

Der Zinkgehalt des Körpers beträgt 20 bis 30 mg/kg Lebendmasse, Zn ist damit nach Fe das häufigste Spurenelement. Die höchsten Konzentrationen liegen in der Netzhaut (bis zu 14 % Zn in der Trockensubstanz), Hoden, Leber, Pankreas, Knochen, Haut und Haaren bzw. Federn, Sperma und Kolostrum vor.

Physiologische Bedeutung
Bis 2005 waren mehr als 300 Zinkmetalloenzyme und -proteine bekannt, die sich auf die Gruppen Oxidoreduktasen, Transferasen, Hydrolasen, Lyasen, Isomerasen und Ligasen verteilen. Damit ist Zn am Stoffwechsel der Proteine, Kohlenhydrate und Fette sowie der Neurotransmitter beteiligt, stabilisiert Zellmembranen (Bestandteil der Cu-Zn-Superoxiddismutase) und hat Bedeutung bei immunologischen Prozessen. Zn ist weiterhin Bestandteil des Hormons **Insulin**.

Die Zinkversorgung wird sowohl über eine Anpassung der Resorption als auch der Ausscheidung reguliert.

Resorption:
- im Dünndarm abhängig von Versorgungsgrad und Antagonisten: zwischen 40 bis 80 %,
- bei starkem Mangel wird Zn zu fast 100 % resorbiert,
- schlechtere Zn-Resorption bei männlichen Tieren.

Zink aus tierischen Proteinträgern ist wesentlich besser verwertbar als aus pflanzlichen Futtermitteln, in denen Zn hauptsächlich an Phytat gebunden vorliegt.

Antagonisten:
- Hohe Gehalte an Ca und/oder Phytinsäure (Ca und Zn bilden mit Phytinsäure schwerlösliche Komplexe, insbesondere bei basischem pH-Wert im Dünndarm; ohne Phytase kann Zn aus Phytat nicht zur Resorption freigesetzt werden).
- Bedarfsübersteigende Ca-Gaben führen besonders beim Schwein zu einer Umverteilung des Zn im Körper, wodurch es zum sekundären Zinkmangel kommt.
- Cu und Ni.
- Weiterhin senken Mg, P, Cd und Fe die Zn-Verwertung.

Die **Ausscheidung** erfolgt vorwiegend über den Pankreassaft und die Galle in den Darm sowie mit dem Ejakulat und der Milch.

Die Versorgungsempfehlungen mit Zn liegen zwischen 20 und 70 mg/kg DM.

Die unterschiedliche Verfügbarkeit des Zinks für den Organismus spielt bei den Bedarfsangaben eine Rolle. Zur Vermeidung von Zn-Mangel ist eine Zn-Ergänzung mit Mineralstoffmischungen notwendig.

Zn-Mangel löst folgende Symptome aus:
- reduziertes Wachstum, verringerte Futteraufnahme (keratogene Veränderungen der Zungenoberfläche), Milchleistungsabfall,
- parakeratotische Hautverletzungen durch Störungen der Keratinisierung (Verkrustungen und Risse mit Blutungen an Kopf und Nacken, Zitzen und Euter, Klauen, Fesseln und Schwanzwurzel), Haarausfall, schwache Befiederung,
- verminderte Glucosetoleranz,
- Störungen im Intermediärstoffwechsel, vor allem in der Nucleinsäuren- und Proteinsynthese der Zellen,
- Immunsuppression,
- verzögerte Wundheilung,
- Fruchtbarkeitsstörungen männlicher und weiblicher Tiere bis zur Sterilität (fehlende Hodenentwicklung, mangelnde Libido sexualis, Aborte, Mumifikationen, geringe Geburtsgewichte, Wehenschwäche verbunden mit verlängerter Geburtsphase)
- gestörte Skelettentwicklung, insbesondere das Längenwachstum der Knochen (Zwergwuchs)
- Thymushypotrophie/-atrophie
- Verschiebung des Verhältnisses von Prostaglandinen zugunsten solcher mit entzündungsfördernder Wirkung.

Die **Parakeratose** des Schweins ist die bekannteste Zn-Mangelkrankheit. Sie manifestiert sich in Hautausschlag, Verminderung der Futteraufnahme und Zunahme. Sie ist nicht nur auf Schweine begrenzt, sondern kann auch bei Wiederkäuern (Schafe: Wollausfall) und beim Geflügel im Muskelmagen auftreten.

Sekundärer Zn-Mangel kann infolge eines Ca-Überschusses entstehen. Aufgrund ausgeprägter homöostatischer Kontrolle des Zn-Status im Körper wird jedoch ein starkes Absinken des Zn-Gehaltes in den Organen verhindert.

Überschuss: Zink zählt zu den weniger toxischen Spurenelementen. Vergiftungserscheinungen können bei Rindern und Schafen ab 500 mg Zn/kg DM und bei Schweinen ab 2 g/kg DM auftreten.

2.3.7 Selen

Die höchsten Se-Konzentrationen liegen in der Leber und den Nieren vor, bei toxischer Zufuhr auch in Haaren, Federn und Hufen. Se gehört zu den Elementen, die lange nur aufgrund ihrer Toxizität bekannt waren und dessen ernährungsphysiologische Bedeutung erst in den 50er Jahren festgestellt wurde. Se wird rasch in Körpereiweiß eingebaut, wobei S aus schwefelhaltigen Aminosäuren ersetzt wird und L-Selenomethionin sowie L-Selenocystein entsteht.

Physiologische Funktionen:
- Bestandteil von **Glutathionperoxidase**; Teil des intrazellulären Antioxidationssystems, ergänzt die Wirkung des Vitamins E durch Umsetzung von Fettsäurenperoxiden in Hydroxyfettsäuren bei gleichzeitiger Oxidation des Glutathions (GSH):

Fettsäure$-$O$-$OH + 2 GSH $\longrightarrow$ Hydroxyfettsäure + GSSG + H_2O;

- Bedeutung bei der Entgiftung von Fettsäurenperoxiden, Wasserstoffperoxid und anderer Hydroperoxide,
- Beteiligung am Prostaglandinmetabolismus;

- Bestandteil von Iodthyronindeiodinase (Typ I); wandelt T_4 in biologisch aktives T_3 um (bei Se-Mangel Anreicherung von T_4 im Targetgewebe).

Die Funktion weiterer identifizierter Selenoproteine ist bisher nur teilweise oder nicht bekannt.

Fördernd auf die **Se-Resorption** wirken Vitamin A und E. Die Resorption erfolgt rasch und kann 35 bis 100% des Angebots betragen. Bei Wiederkäuern kann es im Vormagensystem zur Bildung von schwer- bzw. unlöslichen Seleniden kommen, die die Selenresorption erschweren. **Antagonisten** sind S, As, Ag, Ca, Cu sowie hohe Gehalte ungesättigter Fettsäuren und ranziges Fett, Nitrate, Sulfate sowie Vitamin C. Die **Ausscheidung** erfolgt über Kot, Harn und Atemluft (als Dimethylselenid). Die Versorgungsempfehlungen liegen zwischen 0,2 und 0,3 mg/kg DM.

Die Bedarfsdeckung ist eine Standortfrage, da der Se-Gehalt der Pflanzen vom Boden abhängig ist. Aufgrund der geringen Ausprägung der homöostatischen Kontrolle wird der Se-Status durch alle Körperteile reflektiert. Als Indikator ist die Aktivität der Glutathionperoxidase im Vollblut und den Erythrozyten geeignet.

Se-Mangel

Besonders empfindlich sind Wiederkäuer, Pferde und Nutzgeflügel. Es kommt bei fast allen Spezies zu Schädigungen der quergestreiften Muskulatur (der Herzmuskel weniger häufig), beim Geflügel ist auch die glatte Muskulatur betroffen. Bei Jungtieren haben die Erkrankungen einen z. T. schweren Verlauf, bei ausgewachsenen Tieren kommt es häufig nur zu einem allgemeinen Leistungsrückgang, der meist mit Durchfall verbunden ist.

Bestimmte Mangelkrankheiten sind mehr oder weniger vom Vitamin-E- oder Se-Status abhängig. Als Ursache gelten unterschiedliche Wirkungsorte und „Reihenschaltung" der Wirkung von Se und Vitamin E. Vitamin E wirkt als lipophile Substanz auf die Membranstruktur, Glutathionperoxidase hingegen im wässrigen Milieu des Cytosols bzw. der Mitochondrienmatrix.

Reine Se-Mangelkrankheiten, bei denen Vitamin E wirkungslos bleibt, sind:
- Se-mangelbedingte Wachstumsverminderungen, die bei allen Nutztieren auftreten können;
- Immunsuppression;
- Fruchtbarkeitsstörungen bei Wiederkäuern (u. a. Plazentaverhaltungen beim Milchrind, Aborte, Totgeburten);
- Verluste durch lebensschwache Neugeborene mit verminderter Saugaktivität;

- Verminderte Schilddrüsenaktivität;
- Pankreasdegeneration beim Küken;

Echte Vitamin-E-Mangel-Krankheiten, bei denen Se wirkungslos bleibt:
- Beeinträchtigung der Fruchtbarkeit bei Schweinen, Geflügel, Kaninchen, Pelztieren;
- Resorptionssterilität bei Schweinen und Ratten (bereits angelegte Embryonen sterben ab und werden resorbiert);
- Encephalomalazie bei Küken;
- Erythrozytenhämolyse.

Bei folgenden Krankheiten kann Se und/oder Vitamin E verabreicht werden:
- Exsudative Diathese (Küken),
- Lebernekrose (Hepatosis diaetetica beim Schwein),
- ernährungsbedingte Muskeldystrophie (Synonym „Weißmuskelkrankheit" bzw. „white muscle desease") bei Kälbern, Lämmern, Fohlen,
- Maulbeerherz-Krankheit beim Schwein.

Einflussfaktoren auf klinisch erkennbare Störungen bei Se- und Vitamin-E-Mangel sind in Abb. 28 zusammengefasst.

Se-Überschuss

Vergiftungserscheinungen können bei Wiederkäuern ab 4 bis 5 mg Se/kg DM und bei Pferden ab 2 mg Se/kg DM auftreten (s. auch Tab. 15).

Selentoxizität ist besonders bei Weidetieren häufig. Die klassischen Selenosesymptome beim

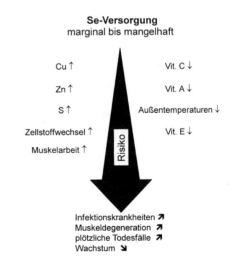

Abb. 28. Risikofaktoren für klinisch erkennbare Störungen bei Se- und Vitamin-E-Mangel (modifiziert nach SCHOLZ 1991).

Pferd sind Vitalitätsschwäche, Auszehrung, Anämie, Steifheit der Gliedmaßen, Gelenkschmerzen, Haarausfall und Hufbeschwerden. Auch bei Rindern und Schweinen kann es zu Haarverlust, Erblindung und Lahmheit kommen. Die Futteraufnahme geht zurück, und der Tod kann durch Hungern eintreten. Die äußeren Erscheinungen sind von deutlichen pathologischen Veränderungen begleitet, besonders von Leberschäden. Bei Schweinen wurden geringere Konzeptionsraten und Totgeburten sowie schwächere und kleinere Ferkel beobachtet. Probleme bei der Fortpflanzung wurden auch bei Schafen und Geflügel registriert. Zur Vermeidung von Se-Überschuss ist die Kenntnis der Böden mit zu hohem Se-Gehalt wichtig!

2.3.8 Molybdän

Der Hauptanteil des Körper-Mo befindet sich im Skelett, höhere Konzentrationen an Mo liegen weiterhin in Leber, Milz und Nieren vor. Es ist als Mo-haltiger Cofaktor Bestandteil von Enzymen, z. B. von Xanthinoxidase (beteiligt an Harnsäuresynthese, daher besondere Bedeutung für Geflügel) und Nitratreduktase.

Molybdän wird rasch und zu mehr als 30 % des Angebots resorbiert und über Harn, Galle und Milch ausgeschieden. **Antagonisten** des Mo sind Cu, W und Sulfat. Die Versorgungsempfehlungen liegen bei Mensch und Tier unter 100 µg/kg DM und der Bedarf wird normalerweise über die Ration gedeckt.

Toxizität
Praktische Bedeutung besitzt Mo-Toxizität nur in bestimmten Gebieten für Weidetiere. Schafe sind dabei wenig empfindlich und Ziegen praktisch unempfindlich. Die Sensibilität der Tiere gegenüber Mo ist bei marginaler Cu-Versorgung erhöht.

Molybdänose kommt bei Wiederkäuern, speziell bei Kälbern und laktierenden Kühen bei Cu-armem Futter bereits unter 5 mg Mo/kg DM und bei Cu-reichem Futter erst bei mehr als 5 mg Mo/kg DM vor. **Symptome** sind schwere Diarrhoe (Weidedurchfall), Lebendmasseverlust, Anämie, Steifheit der Gelenke, Rückgang der Milchbildung und sekundärer Cu-Mangel. Nitrat- und Nitritvergiftungen sind ebenfalls als Symptome beschrieben.

2.3.9 Fluor

Fluor liegt zu 95 % als anorganisches Fluorid in Knochen und Zähnen vor. Die Aufnahme von F in die Zähne erfolgt nur während der Zahnbildung. Eine ausreichende Zufuhr führt beim Menschen zu verminderter Kariesanfälligkeit. Es gibt ferner Hinweise darauf, dass F das Auftreten von Osteoporose bei alternden Menschen vermindert. Bei Nutztieren ist F-Mangel nicht bekannt.

F-Überschuss führt zur F-Akkumulation und zu Zahnveränderungen, Verdickungen und Formänderungen der Knochen und Gelenke. Fluorgehalte von bis zu 30 mg/kg DM werden noch von allen Nutztieren ohne Schäden toleriert. Schweine tolerieren bis zu 100 mg, Geflügel 250 mg F/kg DM.

2.3.10 Chrom

Chrom ist Bestandteil des Trypsinmoleküls. Eine Stimulation der Synthese von Cholesterol und Fettsäuren durch Cr gilt weiterhin als wahrscheinlich.

Als **Cr-Mangel**erscheinungen werden beschrieben: gestörte Glucosetoleranz bei Ratten (scheinbar verminderte Sensibilität des peripheren Gewebes auf Insulin), Wachstumsdepressionen, geringere Geburtsmassen, und kürzere Lebensdauer. Es gibt keine Angaben zum Bedarf.

Überschüssiges Cr reichert sich hauptsächlich in den Nieren, aber auch in Blut, Skelett und Leber an. Durch die Toxizität insbesondere des sechswertigen Chroms werden speziell die Nieren geschädigt.

2.3.11 Nickel

Nickel ist Bestandteil bzw. Aktivator verschiedener Enzyme, z. B. Pankreasamylase, Kohlenmonoxidhydrogenase und von Enzymen der Pansenbakterien (u. a. Urease). Es besteht die Vermutung, dass Ni eine Bedeutung bei der Membranstruktur und bei der Struktur von Nucleinsäuren besitzt. Ni-Mangel kommt in praxisüblichen Rationen nicht vor. Eine Ni-Intoxikation führt zu Störungen des Zn-Stoffwechsels (drastische Zn-Verarmung). Beim Menschen hat die Nickelallergie eine praktische Bedeutung.

2.4 Wasser

Wassergehalt des Körpers und Wasserhaushalt
Wasser ist im engeren Sinne kein Nährstoff, muss aber zur Aufrechterhaltung der Lebensfunktionen regelmäßig aufgenommen werden. Im Stoffwechsel entsteht Wasser bei der Oxidation des Was-

serstoffs in einem mehrstufig ablaufenden Prozess der Energiegewinnung – der Atmungskette. Die Menge des dabei gebildeten Wassers beträgt 0,5 ml/g Kohlenhydrat, 0,4 ml/g Eiweiß und 1,1 ml/g Fett. Dieses Stoffwechselwasser deckt nur zu einem geringen Anteil den Wasserbedarf im tierischen Organismus. Daher muss Wasser zusätzlich über die Tränke und die Nahrung (bes. Grünfutter, Silagen) aufgenommen werden.

Der Wassergehalt des Körpers verändert sich altersabhängig und beträgt beim Fötus über 90%, zur Geburt etwa 80% und bei ausgewachsenen Tieren 50 bis 60%. Dabei besteht eine negative Korrelation zwischen dem Wasser- und Fettgehalt.

Trotz des hohen Wassergehaltes des Organismus liegen kaum Wasserreserven vor. Bereits kurzzeitiger Wasserentzug verursacht eine erhebliche Leistungsminderung, und ein Verlust des Körperwasserbestandes von mehr als 10% führt bei den meisten Tieren zum Tod. Die Aufrechterhaltung des Wasserhaushaltes muss daher durch geeignete Tränk- und Fütterungsmaßnahmen gewährleistet werden. Die Abgabe von Wasser erfolgt über Niere, Darm, Haut und Lunge sowie die Milchdrüse. Darüber hinaus findet bei wachsenden Tieren pro kg Lebendmassezunahme ein Wasseransatz von etwa 700 g statt.

Physiologische Funktionen des Wassers
Aufgrund der asymmetrischen Anordnung der negativen und der positiven Ladung des Wassermoleküls wirkt es als permanenter Dipol. Daher können Wassermoleküle andere geladene Teilchen umhüllen und erfüllen die Funktion eines idealen Lösungs- und Transportmittels. Diese Eigenschaften sind unter anderem für Vorgänge der Verdauung, des Nährstofftransportes bei der Resorption und den Interorganbeziehungen, bei enzymatischen Reaktionen und Entgiftungsprozessen sowie bei der hormonellen Kommunikation von größter Bedeutung.

Des Weiteren erfüllt Wasser bei der Regulation des Wärmehaushaltes essenzielle Funktionen. Dank seiner hohen Wärmeleitfähigkeit ist es in der Lage, die bei Abbauprozessen nach dem 2. Hauptsatz der Wärmelehre zwangsläufig anfallende Wärme von Orten intensiven Stoffwechsels abzuleiten und so eine Überhitzung zu verhindern. Auf diese Weise ist in Verbindung mit der hohen Verdampfungswärme des Wassers (etwa 2260 kJ/kg) die Aufrechterhaltung einer konstanten Körpertemperatur möglich. Aber auch bei Unterkühlung exponierter Körperpartien gewährleistet das Wasser durch seine Wärmeleitfähigkeit und den schnellen Transport über das Blut den erforderlichen Wärmeausgleich.

Wasserbedarf und Qualitätsanforderungen
Es ist verständlich, dass der Wasserbedarf großen Schwankungen unterliegt. Wesentliche Einflussfaktoren sind die Umweltbedingungen und die Leistung der Tiere (z. B. Laktation). Deshalb können die folgenden Angaben nur als Richtwerte aufgefasst werden. Eine relativ gute Bezugsgröße für den Wasserbedarf ist die Trockensubstanzaufnahme. Auf dieser Basis beträgt der Bedarf für landwirtschaftliche Nutztiere 2 bis 4 l/kg DM (Rind 4; Schaf, Pferd und Schwein 3; Huhn 2 l/kg DM). Dies bedeutet, dass z. B. für eine laktierende Kuh bei einer Trockensubstanzaufnahme von 20 kg eine Wasserbereitstellung von 80 l gewährleistet sein muss. Orientierungswerte zur Einschätzung der Tränkwasserqualität sind in Tabelle 19 angeführt.

Tab. 19 Orientierungswerte für die Bewertung von Tränkwasser (nach Früchtenicht 2000)

Parameter	Bewertung			
	Unbedenklich	Erhöht	Bedenklich	Unbrauchbar
Gesamteisen (mg/l)	< 0,2	0,2–2	2–5	> 5
pH-Wert	< 5[1]			
Elektrische Leitfähigkeit[2] (µS/cm)	< 500	500–1000	1000–3000	> 3000
Nitrat (NO_3^-) (mg/l)	< 50	50–100	100–200	> 200
Nitrit (NO_2^-) (mg/l)	< 0,1	0,1–0,5	0,5–1,0	> 1
Ammonium (NH_4^+) (mg/l)	< 0,5	0,5–1,0	1–3	> 3
Sulfat (SO_4^{2-}) (mg/l)	< 100	100–250	250–500	> 500
Chlorid (Cl^-) (mg/l)	< 250	250–500	500–1000	> 1000

[1] pH < 5 sauer, Wasser möglicherweise aggressiv [2] im Wesentlichen durch Elektrolytgehalte bestimmt

3 Vitamine

3.1 Allgemeines

Die Vitamine und die Lebensnotwendigkeit ihrer Zufuhr mit der Nahrung wurden Ende des 19. und Anfang des 20. Jahrhunderts entdeckt. Bis Ende des vorigen Jahrhunderts wurde von den Wissenschaftlern eine Ernährung bestehend aus Kohlenhydraten, Fetten, Eiweißen, Wasser und Salz als vollkommen betrachtet, um die Leistungsfähigkeit, Gesundheit und normales Wachstum von Mensch und Tier zu gewährleisten. Diese Auffassung entsprach dem damaligen Stand des Wissens und wurde auch von LIEBIG und RUBNER vertreten.

Zu ersten Zweifeln an dieser Lehrmeinung führten Versuche des Chemikers BUNGE in den 80er Jahren des vorigen Jahrhunderts. Er ernährte Versuchstiere mit den oben genannten Nährstoffen in gereinigter Form und stellte fest, dass die Tiere nach Gesundheitsschäden unterschiedlicher Art starben. Von diesen Resultaten wurde aber kaum Notiz genommen.

Erst die Untersuchungen zu Ursachen von Mangelkrankheiten von EIJKMAN um 1890 waren bahnbrechend. Er fütterte polierten Reis an Hühner und löste dabei Störungen aus, die den Symptomen der Beriberi-Krankheit des Menschen ähnlich waren. Neben Muskelatrophie kommt es bei dieser Krankheit zu Schädigungen des Zentralnervensystems, die zentralnervöse Krämpfe auslösen. Diese Krankheit trat in Südostasien infolge des Verzehrs von ausschließlich geschältem Reis auf. EIJKMAN konnte nachweisen, dass es sich bei der Beriberi-Krankheit nicht um eine Infektion handelte, sondern um eine durch Nahrungsfaktoren bedingte Erkrankung. Weiterhin schlussfolgerte er, dass der entsprechende Nahrungsfaktor in den Reisschalen lokalisiert sein musste. Zu jener Zeit gab es aber den „Vitamin"-Begriff noch nicht.

Schon davor war allerdings bekannt, dass bei langen Seereisen, bei denen Zwieback und Pökelfleisch die ausschließliche Nahrung bildeten, Skorbut entstand, der durch Zufuhr von frischem Gemüse, Zitronen oder Orangensaft schnell zu heilen war. Es mussten also einerseits in den Reisschalen und andererseits im Gemüse und in den Früchten lebensnotwendige Substanzen enthalten sein.

C. FUNK (polnischer Biochemiker) schrieb 1912 „Die Krankheiten vom Typ der Beriberi und Skorbut haben ihren Ursprung in dem Mangel bestimmter unbekannter Substanzen in der Nahrung, die unerlässlich für das Leben sind und bereits in unendlich kleinen Konzentrationen wirken". FUNK hatte für diese Substanzgruppe auch einen Namen gefunden, nämlich **Vitamine**, weil er annahm, dass es sich um für das Leben (vita) essenzielle Stoffe handele, die organische Stickstoffbasen (Amine) sind bzw. solche enthalten. Dies traf auch auf das Vitamin B_1 (Thiamin) zu, um das es in Zusammenhang mit Beriberi ging. Dass es sich aber in der Tat nicht bei allen Vitaminen um „Amine" handelt, sollte sich erst später bei der Isolierung der einzelnen Vitamine herausstellen.

OSBORNE und MENDEL isolierten 1913 einen „fettlöslichen Faktor A" aus Butter, der für das Wachstum von Ratten essenziell war. Dieser wurde fast zeitgleich auch von MCCOLLUM und DAVIS als Bestandteil von Butter, Eiern und Fischtran entdeckt.

Durch zahlreiche Tierversuche, besonders mit Ratten, Tauben und Meerschweinchen, wurden weitere derartige essenzielle Nahrungsfaktoren gefunden und charakterisiert. Diese als klassisch geltenden Versuche wurden von HOPKINS durchgeführt.

1915 wurde aus Bierhefe und Getreidekörnern ein „wasserlöslicher Faktor B" gewonnen, der ebenfalls lebensnotwendig ist. Auf diese Weise hat die Vitaminnomenklatur ihre Anfänge genommen. Weitere neu entdeckte essenzielle Nahrungsfaktoren wurden entweder mit neuen Buchstaben versehen, oder einem schon vorhandenen Buchstaben wurde eine Indexzahl hinzugefügt. Diese Art der Nomenklatur wird heute nicht mehr in gleicher Form beibehalten. Besonders bei den B-Vitaminen, bei denen sich im Laufe der Zeit herausgestellt hat, dass es sich um eine Vielzahl von Substanzen handelt, wird meist der Trivialname der chemischen Substanz zur Benennung angewendet.

Die Reindarstellung der meisten Vitamine gelang in den Jahren 1925 bis 1937. Im Jahre 1933 wurde Vitamin C (Ascorbinsäure – die antiskorbutisch wirkende Säure also) synthetisiert, und es folgten sehr schnell andere, was die Entstehung eines neuen Industriezweiges zur Folge hatte. Es ist bemerkenswert, wie schnell im Falle der Vitamine die wissenschaftlichen Kenntnisse in Medizin, Ernährung und Industrie umgesetzt wurden.

Die Vitamine ordnet man in der Tierernährung in die Gruppe der Wirkstoffe ein. Mit dem Begriff

"Wirkstoff" wird zum Ausdruck gebracht, dass es sich um Substanzen handelt, die in kleinsten Konzentrationen für den Stoffwechsel wichtige Funktionen ausüben.

> Definition: Im klassischen Sinne sind Vitamine niedermolekulare organische Verbindungen, die in kleinsten Mengen lebensnotwendig sind und allen höheren Lebewesen mit der Nahrung zugeführt werden müssen.

Diese Definition ist aus heutiger Sicht insofern einzuschränken, als bekannt ist, dass besonders wasserlösliche Vitamine von Mikroorganismen des Verdauungstraktes gebildet werden können und von Wiederkäuern und koprophagen Tieren verwertbar sind und dass andererseits im Stoffwechsel zum Teil Vorstufen von Vitaminen (Provitamine) gebildet werden können (z. B. das Provitamin D_3).

Wenn man z. B. von Vitamin A, K oder B_6 spricht, wird der Eindruck erweckt, es handele sich dabei jeweils um eine einzige Verbindung. Dies ist aber tatsächlich nicht der Fall. In der Regel ist eine Gruppe chemisch verwandter Verbindungen gemeint, die im Stoffwechsel die gleiche, aber unterschiedlich stark ausgeprägte Vitaminwirkung besitzt.

> Wirkungsweise: Vitamine wirken in unterschiedlicher Weise auf den Stoffwechsel. Einige wirken direkt in unveränderter Form (z. B. Vitamine E und C), andere müssen im Stoffwechsel erst in die wirksamen Formen überführt werden (z. B. Vitamin D), und ein Teil der Vitamine besitzt Coenzymfunktion (B-Vitamine).

Tab. 20. Einteilung der Vitamine

Abkürzung/ Name Vitamine	Fettlöslich	Wasserlöslich	Mit Coenzymfunktion
A Retinol	+	−	−
D Calciferol	+	−	−
E Tocopherol	+	−	−
K Phyllochinon	+	−	+
B_1 Thiamin	−	+	+
B_2 Riboflavin	−	+	+
B_6 Pyridoxin	−	+	+
B_{12} Cobalamin	−	+	+
Niacin	−	+	+
Pantothensäure	−	+	+
Folsäure	−	+	+
Biotin	−	+	+
C Ascorbinsäure	−	+	−

3.2 Einteilung der Vitamine

Vitamine können nach verschiedenen Gesichtspunkten eingeteilt werden. Aus ernährungsphysiologischer Sicht ist die Einteilung nach ihrer Löslichkeit in fettlösliche und wasserlösliche Vitamine sinnvoll, weil das Vorkommen der Vitamine und deren Synthesemöglichkeit durch mikrobiellen Stoffwechsel im Zusammenhang mit deren Löslichkeit steht.

Aus biochemischer Sicht können die Vitamine nach deren möglicher Coenzymfunktion eingeteilt werden (Tab. 20).

3.3 Charakterisierung des Versorgungsgrades mit Vitaminen

Bei graduierter Unter- und Überversorgung mit Vitaminen unterscheidet man zwischen Avitaminose und Hypovitaminose (jeweils Mangel) bzw. Hypervitaminose (Überschuss).

Avitaminose ist die schwerste Form einer mangelnden Vitaminversorgung und Folge eines völligen Mangels eines bestimmten Vitamins. Avitaminosen sind vor allen Dingen aus der Humanernährung bekannt und führen zu spezifischen Erkrankungen wie Skorbut, Beriberi, Nachtblindheit oder Rachitis. Ursachen einer Avitaminose sind eine absolut einseitige Ernährung oder Resorptionsstörungen. In der Fütterung von landwirtschaftlichen Nutztieren kommen Avitaminosen praktisch nicht vor, möglich sind aber schwächere Formen einer Unterversorgung, sogenannte Hypovitaminosen.

Hypovitaminose ist die unzureichende Versorgung mit einem oder mehreren Vitaminen. Hypovitaminosen sind äußerst schwer zu diagnostizieren, weil sie keine spezifischen Mangelsymptome hervorrufen. Anzeichen sind bei wachsenden Tieren Entwicklungsstörungen (Kümmern), verminderte Resistenz gegen Infektionskrankheiten und erhöhte Tierverluste, bei ausgewachsenen Tieren verminderte Leistungen und gestörtes Reproduktionsgeschehen. Beim Menschen treten zusätzlich Müdigkeit, Schwindel und Konzentrationsschwäche auf.

Antivitamine. Vitaminmangelerscheinungen können auch durch sogenannte Antivitamine verursacht werden. Dies sind Substanzen, die sich entweder aufgrund einer strukturellen Ähnlichkeit am Wirkungsort der Vitamine anlagern, die

Funktion aber nicht erfüllen können (Vitaminanaloga), oder die in irgendeiner Weise die Vitamine modifizieren (Spaltung, Komplexbildung, Inaktivierung). Da die Beziehung zwischen Vitamin und Vitaminanaloga (Antivitamin) im Sinne einer Konkurrenz um die Bindungsstelle zu sehen ist, kann ein Antivitamin durch Überschuss des betreffenden Vitamins verdrängt werden. Antivitamine kommen in einer Reihe von Futtermitteln sowie als Stoffwechselprodukte von Mikroorganismen vor und sind in ihrer quantitativen Bedeutung noch nicht ausreichend untersucht. Ihnen wird unter anderem durch die Differenzierung zwischen Vitaminbedarf und Vitaminempfehlung Rechnung getragen.

Gut bekannt sind Cumarinderivate, die als Antagonisten des Vitamins K wirken, dies von der Bindung verdrängen und so die Synthese verschiedener Blutgerinnungsfaktoren hemmen. Von verschiedenen Folsäureantagonisten ist bekannt, dass sie die Umwandlung von Folsäure in Tetrahydrofolsäure (aktive Form) hemmen.

Hypervitaminosen sind krankhafte Erscheinungen, die als Folge einer zu hohen Vitaminzufuhr entstehen. Sie sind z. B. für Überdosierungen der Vitamine A und D bekannt. Hypervitaminosen können insbesondere bei speicherbaren (fettlöslichen) Vitaminen entstehen, da wasserlösliche Vitamine bei überhöhter Zufuhr über die Niere ausgeschieden werden.

3.4 Vitaminbedarf und Empfehlung zur Bedarfsdeckung

Einheiten zur Angabe von Vitamingehalten
Da Vitamine in sehr geringen Konzentrationen in Futtermitteln und im Organismus vorkommen, war zunächst für viele Vitamine eine exakte Mengenermittlung analytisch nicht möglich. Man hat sie daher anhand ihrer biologischen Wirkung quantifiziert und dies in Internationalen Einheiten (IE) ausgedrückt. Kriterium für die Mengendefinition war dabei im Tierversuch das Vermögen, ein Mangelsymptom gerade zu verhindern oder einen bestimmten experimentell erzeugten Mangel in einer definierten Zeit zu heilen. Zur Vitaminbestimmung wurden auch häufig bestimmte Bakterienstämme und Spezialnährböden genutzt.

Aufgrund der Entwicklung der Analysentechnik ist es heute möglich, die Vitamine mittels chromatografischer Verfahren quantitativ direkt zu bestimmen. Daher werden Angaben zum Vitamingehalt oder Bedarf in zunehmendem Maße in µg oder mg gemacht. Für die Vitamine A, D und E sind allerdings noch Angaben in IE üblich, wobei Mengenäquivalente definiert sind: 1 IE Vitamin A = 0,344 µg Retinylacetat; 1 IE Vitamin D_3 = 0,025 µg Vitamin D_3; 1 IE Vitamin E = 1 mg DL-α-Tocopherylacetat. Der **Vitaminbedarf** ist die notwendige tägliche Vitaminzufuhr, um den optimalen Ablauf der physiologischen Stoffwechselvorgänge zu gewährleisten. Mit dieser Definition des Vitaminbedarfs kommt man in der intensiven Tierproduktion nicht immer aus, daher wurden zwei weitere Begriffe eingeführt:

Der **Minimalbedarf** ist die erforderliche Vitaminzufuhr zur Aufrechterhaltung der normalen Stoffwechselfunktion und zur Vermeidung von Mangelsymptomen.

Der **Optimalbedarf** ist die erforderliche Vitaminzufuhr, um die volle Leistungsfähigkeit eines Tieres auszuschöpfen.

Die Vitaminzufuhr liegt in der Regel über dem Minimalbedarf, d. h. es gibt keinerlei Mangelerscheinungen und dennoch kann sie im suboptimalen Bereich liegen.

Der Bedarf kann pro Tier und Tag angegeben werden oder pro Masseeinheit Futtermittel. Er differiert von Tierart zu Tierart und ist auch vom Leistungsstadium abhängig. Der Bedarf landwirtschaftlicher Nutztiere für die einzelnen Vitamine liegt zwischen 0,01 und 40 mg/kg DM (Ausnahme ist Cholin, das im Organismus gebildet werden kann, häufig aber nicht in ausreichender Menge).

Für die wasserlöslichen Vitamine erfolgt bei Wiederkäuern in der Regel eine Bedarfsdeckung durch die mikrobielle Synthese im Pansen.

Vitamin C muss mit der Nahrung nur bei Primaten (Mensch, Menschenaffe), Meerschweinchen, und Forelle (Fische) zugeführt werden.

Ferner sind die Begriffe „Bedarf" (engl. requirement) und **„Empfehlung zur Versorgung"** (engl. allowance oder auch recommended standard) zu unterscheiden. Die Empfehlungen zur Versorgung beinhalten einen Sicherheitszuschlag, so dass die empfohlene Menge 2- bis 5-mal höher liegen kann als der ermittelte Bedarf. Außerdem muss bei der Ableitung der Empfehlung für die Vitaminzufuhr berücksichtigt werden, dass zahlreiche endogene und exogene Faktoren die Vitaminversorgung beeinflussen.

Endogene Einflussfaktoren: Eigensynthese im Organismus, Speicherung in den Geweben, Synthese aus Vorstufen und mikrobielle Synthese im Verdauungstrakt/Verfügbarkeit.

Exogene Einflussfaktoren: Vitaminverfügbarkeit, Synthese aus Vorstufen und Vorkommen von Antivitaminen.

3.5 Fettlösliche Vitamine

Die fettlöslichen Vitamine (A, D, E und K) sind, wie die Lipide, in Fettextraktionsmitteln löslich. Das Tier ist auf die Zufuhr dieser Vitamine mit dem Futter angewiesen. Eine Ausnahme stellt das Vitamin K dar, das beim Wiederkäuer bei intakter Pansenfunktion ausreichend mikrobiell gebildet wird. Auch bei monogastrischen Säugetieren ist eine teilweise Versorgung über die Intestinalflora möglich.

3.5.1 Vitamin A (Retinol) und seine Vorstufen

Retinol: R = $-CH_2OH$
Retinal: R = $-CHO$
Retinsäure: R = $-COOH$

Vitamin A_1

Vitamin A_2

β-Carotin

Vitamin A_1 wird allgemein als Vitamin A bezeichnet und stellt chemisch einen lang gestreckten Polyenalkohol dar (bestehend aus Isopreneinheiten) mit einem endständigen β-Iononring. Der wichtigste Vertreter ist das Retinol, aber auch Retinal und Retinsäure haben Vitamin-A-Wirksamkeit. Bei Süßwasserfischen ist die wirksame Vitamin-A-Form das Vitamin A_2, die 3-Dehydro-Form des Retinols.

Aufgrund der zahlreichen Doppelbindungen ist Vitamin A sowie seine Vorstufen oxidationsempfindlich. Diese Instabilität wird durch Erwärmung und Bestrahlung erhöht. Deshalb werden Vitamin A enthaltende Präparate auch „gecoated".

Vitamin A kommt ausschließlich in Futtermitteln tierischer Herkunft vor. Für die Ernährung des Menschen sind Milch und Milchprodukte eine wesentliche Vitamin-A-Quelle. Der Vitamin-A-Gehalt der Milch hängt vom Versorgungsgrad der Tiere mit Carotinen ab, zu denen die Vorstufen des Vitamins A zählen.

Vorstufen des Vitamins A sind die Carotine, die ausschließlich in pflanzlichem Material vorkommen. Carotinreich sind z. B. Grünfutter und Möhren. Silierung von Grünfutter und Heubereitung führen zu einer starken Abnahme des β-Carotingehaltes, der auch von der Lagerungsdauer abhängt. Vitamin A selbst kommt in pflanzlichen Futtermitteln nicht vor.

Das β-Carotin ist aus quantitativer Sicht die wichtigste Vorstufe des Vitamins A. Es besteht praktisch aus zwei Molekülen Vitamin A. Sowohl in der Leber als auch in der Dünndarmwand gibt es ein Enzym (15,15′-Dioxygenase), das β-Carotin in zwei Moleküle Retinal spalten kann, welches wiederum in Retinol umsetzbar ist. Es überwiegt allerdings der Abbau der Carotine von einem Molekülende her, so dass von einem Molekül β-Carotin ausgehend auch nur ein Molekül Vitamin A entsteht. Die Umwandlungsmöglichkeit von α-Carotin und γ-Carotin ist insofern von vornherein ungünstiger, als in diesen Provitaminen jeweils ein Iononring modifiziert ist. Gegenüber dem β-Carotin beträgt deren Vitamin-A-Wirksamkeit etwa die Hälfte. β-Carotin spielt nicht nur aus diesem Grunde die dominierende Rolle, sondern auch, weil es ca. 90 % der in Grünpflanzen vorkommenden Carotine ausmacht.

Die als maximal anzusehende **Umwandlungsrate von β-Carotin in Vitamin A** von 2 : 1 ist nur bei Geflügel und Ratten möglich. Bei anderen Tierarten ist sie deutlich schlechter. Außerdem werden die maximalen Umwandlungsraten nur bei einer Zufuhr in Höhe des Minimalbedarfs erreicht. Ein darüberliegendes Angebot führt zur Herabsetzung der Umwandlungsrate, so dass für die praktische Fütterung eher Umwandlungsraten zwischen 6 bis 20 : 1 realistisch erscheinen. Aber auch nach länger andauernder Carotinunterversorgung ist die Umwandlungsrate verschlechtert (möglicherweise durch Anpassung entsprechender Enzyme). Bemerkenswert ist, dass bei Carnivoren wie Nerz und Katze die Fähigkeit zur Carotinumwandlung offenbar völlig verlorengegangen ist.

Aus diesen Wechselbeziehungen wird deutlich, wie schwierig es ist, Empfehlungen zur Vitaminbedarfsdeckung zu geben, und es wird gleichzeitig verständlich, warum Zufuhrempfehlungen unterschiedlich sein können.

Resorption, Transport und Speicherung des Vitamins A

Bei der Resorption wird Retinol direkt oder nach der Bildung aus Carotinen in den Zellen des Darmgewebes mit Fettsäuren verestert (meist mit Palmitinsäure, aber auch mit Stearinsäure und Ölsäure) und über die Lymphe zur Leber transportiert. β-Carotin kann auch intakt resorbiert und in der Leber und anderen Geweben gespeichert werden.

Resorbiertes Retinyl wird in der Leber fast vollständig zu Retinylpalmitat umverestert und dort gespeichert. Die Leber enthält 75 bis 90 % der Körperreserven an Vitamin A. Kleinere Mengen sind in Nieren, Nebennieren, Lungen und Retina enthalten. Normalerweise wird Retinyl in den Parenchymzellen gespeichert. Bei Überversorgung erfolgt auch eine Einlagerung in Lipozyten, was ein Indiz für Vitamin-A-Hypervitaminose ist.

Zur Mobilisation des Vitamins A aus der Leber ist zunächst die Spaltung des Retinylpalmitats durch eine Hydrolase erforderlich. Dann ist für den Transport im Blut die Bildung eines Komplexes mit dem retinolbindenden Protein nötig. Der Komplex aus Retinol und RBP lagert sich an ein tetrameres Präalbumin an, welches außerdem auch das Schilddrüsenhormon Thyroxin transportiert. In dieser Form erfolgt der Transport von Retinol bei normalem Vitaminstatus. Bei Hypervitaminose A liegt Retinol auch frei im Plasma vor. Andererseits weist ein niedriger RBP-Spiegel im Plasma auf einen Vitamin-A-Mangel hin.

Zur Aufnahme des Retinols in eine Zielzelle erfolgt zunächst eine Anlagerung des Komplexes an einen Oberflächenrezeptor, jedoch wird nur das Retinol in die Zelle aufgenommen. Intrazellulär muss Retinol erneut an ein Protein gebunden werden, an das zelluläre retinolbindende Protein. Dieser Komplex ist offenbar nötig, um an spezifische Kernrezeptoren zu binden. Eine der Wirkungen scheint so die Förderung der Zelldifferenzierung zu sein.

Funktionen und Mangelerscheinungen

Vitamin A wird allgemein eine wachstumsfördernde Wirkung zugeschrieben. Dies findet auf der Ebene der Zelldifferenzierung und auf der Ebene der Genexpression (Proteinsynthese, RNA-Synthetase, Aminoacyl-tRNA-Synthetase) statt. Eine deutliche Wirkung liegt auch auf das Knochenwachstum vor.

Vitamin-A-Mangel bewirkt bei wachsenden Tieren Minderzunahmen, verschlechterte Aminosäurenverwertung, gestörtes Knochenwachstum (mit den Folgeerscheinungen Bewegungsstörungen, Lähmungen, Krämpfe).

Vitamin A ist an der Bildung von Glycoproteinen und Mucopolysacchariden beteiligt und wirkt auch auf diese Weise auf das Wachstum, jedoch in besonderem Maße auf die Epithelbildung. Daher wird Vitamin A auch als „Epithelschutzvitamin" bezeichnet.

Diese Wirkung bezieht sich in erster Linie auf die Schleimhäute der Atmungswege, des Verdauungstraktes, der Harnwege und der Geschlechtsorgane. Typische Veränderungen bei Vitamin-A-Mangel sind Austrocknung, Verhornung, Abschuppung und Verfärbungen der Schleimhäute. Dadurch wird ihre Schutzfunktion herabgesetzt und das Eindringen pathogener Keime erleichtert, was zum gehäuften Auftreten infektiöser Erkrankungen der Atmungswege und des Verdauungstraktes führt. Bei wachsenden Tieren werden dadurch unspezifische Durchfälle (Ferkel und Kälber) und Kokzidiosen bei Geflügel beobachtet.

Fruchtbarkeitsstörungen, wie Atrophien von Hoden und Ovarien und besonders Schädigungen der Uterusschleimhäute, hängen ebenfalls mit einem Vitamin-A-Mangel zusammen. Beschriebene Störungen sind z. B. Unregelmäßigkeiten und Ausbleiben der Brunst, Aborte, Totgeburten, Nachgeburtverhaltungen.

Bei Geflügel ist zu beachten, dass der Vitamin-A-Gehalt der Eier vom Versorgungsgrad der Legetiere abhängig ist. Eine mangelhafte Versorgung der Zuchttiere hat demnach negative Auswirkungen auf die Schlupffähigkeit, die Überlebensrate bei Eintagsküken und die Entwicklung während der ersten Lebenstage. Daher ist bei Zuchttieren für die Bruteierproduktion die Empfehlung zur Bedarfsdeckung mit 12 000 IE/kg Futter etwa doppelt so hoch wie für Legehennen in der Produktion von Konsumeiern.

Es ist ferner bekannt, dass Vitamin A für die Stabilität und die Permeabilität von Membranen Bedeutung hat und dass auch zur Antikörperbildung Beziehungen bestehen. Die molekularen Mechanismen dazu sind kaum aufgeklärt.

Am besten ist der molekulare Mechanismus für die Beteiligung des Vitamins A beim Sehvorgang bekannt. Am Sehvorgang in der Retina des Auges sind das Protein Opsin und Retinal beteiligt. Durch Bindung des 11-cis-Retinals an Opsin entsteht das Rhodopsin. Rhodopsin (Sehpurpur) ist der lichtempfindliche Stoff in den Stäbchen der Netzhaut, der sich beim Auftreffen eines Lichtquants in All-trans-Retinal umwandelt. Dadurch kommt es zu einer Konformationsänderung und zu einem Zerfall des Komplexes in Opsin und All-trans-Retinal. Dieser Zerfall löst gleichzeitig einen elektrischen Nervenimpuls aus, der weitergeleitet wird. Der Sehpurpur ermöglicht die Adaptation des Auges an die Dunkelheit und damit das sogenannte Dämmerungssehen. Daher führt ein Vitamin-A-Mangel zu einer verminderten Anpassungsfähigkeit des Auges an veränderte Helligkeit und bei schwererem Mangel zur Nachtblindheit.

Hypervitaminose A
Bei Vitamin A kann es zu Hypervitaminosen kommen, da die Kapazität des Organismus zur Bildung exkretionsfähiger Ausscheidungsprodukte über Retinsäure begrenzt ist. Allerdings ist eine ernährungsbedingte Hypervitaminose kaum zu erwarten, die Gefahr besteht eher bei unsachgemäßer Handhabung von Vitaminpräparaten. Bei Schweinen sind Störungen des Knochenwachstums in Form von Ausbildung breiter, kurzer Knochen und bei Küken Störungen der Blutgerinnung beobachtet worden, wenn der Vitamin-A-Gehalt 30 mg/kg Futter überschritt. Bei noch höheren Gaben kann es bei Schweinen zu Frakturen und bei Geflügel zu reduzierten Schlupfraten kommen. Begleitet werden diese Erscheinungen natürlich immer von Verzehrsrückgängen und Leistungseinbrüchen.

β-Carotin als eigenständiges Vitamin?!
Eine eigenständige Wirkung des β-Carotins im Fortpflanzungsgeschehen wurde lange Zeit kontrovers diskutiert. Bereits 1942 (KUHLMANN und GALUO) und 1955 (BRÜGGEMANN und NIESAR) wurden Arbeiten publiziert, die auf eine eigenständige Wirkung des β-Carotins hinweisen. In der Folgezeit gab es sowohl Befunde für als auch gegen diese Annahme. Nach neueren Arbeiten ist von einer Eigenständigkeit einer β-Carotin-Wirkung auszugehen, die insbesondere im Fruchtbarkeitsgeschehen des Rindes nachgewiesen wurde.
Argumente für eine eigenständige Wirkung von β-Carotin:
- β-Carotin kann im Corpus luteum (Gelbkörper) gespeichert werden.
- Es wurde nachgewiesen, dass nicht nur in der Dünndarmwand und in der Leber die zur β-Carotin-Spaltung erforderliche Dioxygenase vorhanden ist, sondern auch in den Gelbkörpern.
- Die Aktivität dieses Enzyms verändert sich parallel mit dem Brunstzyklus. Es wird angenommen, dass auf diese Weise der hohe Vitamin-A-Bedarf, z. B. während der Follikelreifung, durch ein lokal etabliertes System gedeckt werden kann, was über die Mobilisation von Vitamin A aus der Leber nicht möglich wäre.
- Vitamin A ist in den Geweben des Ovars für die Steroidhormonsynthese essenziell.

Bei einem β-Carotin-Mangel werden bei Rindern für Prozesse, die im Ovar stattfinden, folgende Symptome beschrieben: verzögerte Ovulation, schwache Brunstsymptome, verminderter Progesterongehalt in der Corpus-luteum-Phase und gesteigerte Embryonensterblichkeit. Es ist anzunehmen, dass die Verhältnisse bei anderen Tierarten ähnlich sind.

β-Carotin wirkt vermutlich synergistisch mit Vitamin E als Antioxidans in lipidhaltigen Zellen (Ovar), indem es als „Radikalfalle" die Kette der Lipidperoxidation unterbricht. Dabei gehen die Lipidperoxide zwischenzeitlich eine kovalente Bindung mit dem konjugierten System des β-Carotins ein.

Es muss betont werden, dass die molekularen Mechanismen der Aufnahme des β-Carotins in die Zellen, des intrazellulären Transports und Stoffwechsels noch weitestgehend unbekannt sind. Beim Transport im Blutplasma ist β-Carotin Bestandteil von Lipoproteinen.

3.5.2 Vitamin D (Calciferole)

Die D-Vitamine leiten sich in ihrer Struktur von den Sterolen ab. Es sind eine Vielzahl von Verbindungen mit Vitamin-D-Wirksamkeit bekannt, von denen für die landwirtschaftlichen Nutztiere nur die Vitamine D_2 und D_3 von Bedeutung sind.

Die Vitamine D_2 und D_3 werden unter Einwirkung von UV-Strahlung aus ihren Vorstufen gebildet. Die Vorstufe des Vitamins D_2 ist das Ergosterol. Unter UV-Einwirkung entsteht daraus das Ergocalciferol (D_2). Die UV-Strahlung bewirkt die Spaltung des B-Rings des Sterangerüstes. Ergosterol kommt in Pflanzen vor und wird bei der Heuwerbung oder beim Anwelken von Siliergut durch die Sonneneinstrahlung in Vitamin D_2 überführt. Um Ergosterol der Futterhefen vitaminwirksam zu machen, kann eine künstliche UV-Bestrahlung erfolgen.

Vitamin D_3 ist in tierischen Produkten enthalten. Es unterscheidet sich vom Vitamin D_2 lediglich im Aufbau der Seitenkette.

Die Biosynthese von Vitamin D₃ erfolgt im tierischen Organismus aus Cholesterin (Abb. 29). In der ersten Reaktion wird in der Leber unter Wirkung des Enzyms Cholesterindehydrogenase 7-Dehydrocholesterin gebildet. Dieses stellt das Provitamin D₃ dar und wird in die Haut eingelagert. Dort erfolgt unter Sonneneinstrahlung die Umwandlung zum Cholecalciferol (Vitamin D₃) ebenfalls durch Spaltung des B-Rings. Diese Vitamin-D₃-Bildung hat nicht nur für Weidetiere Bedeutung, sondern durchaus auch bei Stallhaltung. Dabei spielen die Entfernung zu den Fenstern und die Art der Beleuchtung eine Rolle.

Sowohl Ergocalciferol als auch Cholecalciferol werden zwar als Vitamin D bezeichnet, sie sind allerdings im Stoffwechsel kaum oder gar nicht wirksam. Die volle biologische Wirksamkeit wird erst durch doppelte Hydroxylierung erreicht. Die erste Hydroxylierung findet nach Transport in die Leber statt. Zunächst entsteht unter Katalyse einer Hydroxylase 25-Hydroxycholecalciferol, wofür NADPH₂ und O₂ benötigt werden. Das 25-Hydroxycholecalciferol kann in der Niere in einer gleichartigen Reaktion weiter zu 1,25-Dihydroxycholecalciferol hydroxyliert werden.

Bei parenteraler Verabreichung ist 25-Hydroxycalciferol 2- bis 5-mal und 1,25-Dihydroxycalciferol 10- bis 25-mal aktiver als das nichthydroxylierte Vitamin, so dass über diese Umwandlungen die Wirksamkeit gesteuert werden kann.

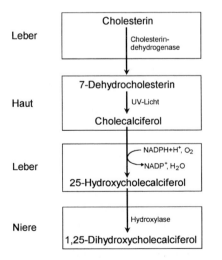

Abb. 29. Synthese von Vitamin D₃ im tierischen Organismus und Hydroxylierungsreaktionen zur Aktivierung.

Man muss heute davon ausgehen, dass 1,25-Vitamin D (Calcitriol, 1,25-(OH)₂D, Vitamin-D-Hormon) für alle bekannten Wirkungen des Vitamins D verantwortlich ist.

Die Wirkung geht also von einem in der Niere gebildeten Steroidhormon aus, das Vitamin D stellt lediglich eine essenzielle Vorstufe dar. Daher wird zunehmend vom Vitamin-D-Hormon gesprochen. Auch die Tatsache, dass 1,25-D-Vitamin von einem Rezeptor gebunden wird, am Zellkern wirkt und darüber hinaus noch endokrin kontrolliert wird, rechtfertigt diese Zuordnung.

Die Vitamine D₂ und D₃ haben bei Säugetieren die gleiche Wirksamkeit. Bei Geflügel ist allerdings Vitamin D₃ 15- bis 30-mal wirksamer als Vitamin D₂. Vitamin D₃ wird in Leber und Haut deponiert. Mangelperioden von einigen Wochen können somit in vielen Fällen überbrückt werden. Dagegen sind die Reserven bei Küken und neugeborenen Säugern gering und nach wenigen Tagen erschöpft.

Funktionen und Mangelsymptome

Die Vitamin-D-Wirkung bezieht sich in erster Linie auf die Beeinflussung des Ca- und P-Stoffwechsels.

Folgende Prozesse werden im einzelnen beeinflusst:

- Stimulierung der Ca-Resorption durch die Regulierung der Synthese eines Ca-Transportproteins (Ca-bindendes Protein = CaBP) in den Darmwandzellen,
- Förderung der Synthese des CaBP in der Uterusschleimhaut von Legetieren,
- Beeinflussung der P-Resorption,
- Verminderung der P-Ausscheidung über den Harn durch Verbesserung der Rückresorption in den Nierentubuli,
- Förderung der Mineralisierungsvorgänge in den Wachstumszonen der Knochen,
- Aktivierung der Ca-Mobilisation bei Ca-Mangel als synergistische Wirkung zum Parathormon.

Vitamin D wirkt primär in einem System von Reaktionen, die die Homöostase des Ca-Haushaltes gewährleisten (s. Abb. 25). Dabei wird die enge Verflechtung mit der hormonellen Regulation deutlich. So wird bei niedrigem Ca-Spiegel im Blut die Parathormonbildung stimuliert, die ihrerseits die Dihydroxy-Vitamin-D-Bildung in der Niere anregt und so die Ca-Resorption und die Ca-Mobilisation beeinflusst.

Die Möglichkeit der Gabe hoher Dosen von Vitamin D (möglichst in Form einer Injektion von 1,25-Dihydroxycalciferol) zur Prophylaxe der

Gebärparese wurde bereits im Zusammenhang mit dem Mineralstoffwechsel erwähnt.

Mangelerscheinungen
Als klassische Krankheit eines Vitamin-D-Mangels gilt die Rachitis des Menschen. Sie kann auch bei wachsenden Tieren auftreten. Typisch bei dieser Erkrankung ist eine mangelhafte Mineralisierung des Knochengewebes. Symptome dieser Erkrankung bei Tieren sind:
- Verkrümmungen der Gliedmaßen und Lähmungserscheinungen (Küken). Bei akutem Mangel hohe Kükenverluste infolge Bewegungsunfähigkeit.
- Geringe Belastbarkeit und Skelettverformungen (O-, X-Beine, Einfallen des Brustkorbes, Verbiegungen der Wirbelsäule).
- Auftreibungen von Gliedmaßengelenken (steifer Gang, Rind).
- Sinken der Ca-Konzentration im Blut und Auftreten von Tetanieerscheinungen (Schwein).

Bei ausgewachsenen Tieren kann durch Vitamin-D-Mangel Osteomalazie auftreten, und bei Legehennen kommt es zur verminderten Eischalenstärke und verschlechterter Schlupffähigkeit.

Hypervitaminose D
Überdosierungen mit Vitamin D können zu Schädigungen führen, die primär auf einer übermäßigen Mobilisation von Ca und P aus den Knochen basieren. Es kommt zu Ca-Ablagerungen in den Arterienwänden, Nierentubuli, Gelenken und anderen Organen.

Diese Hypervitaminose kann in der Praxis durch unsachgemäße Handhabung von Vitaminpräparaten auftreten. Bei Küken treten beispielsweise D-Hypervitaminosen auf, wenn die nutritive Dosis 1000-fach überschritten wird.

3.5.3 Vitamin E (Tocopherol)

Vitamin E bezeichnet eine Gruppe von 8 Verbindungen, die aus einem Chromanring und einer isoprenoiden Seitenkette bestehen. Je nach Art der Seitenkette unterscheidet man vier Tocopherole (Seitenkette gesättigt) von vier Tocotrienolen (ungesättigt). Der Unterschied innerhalb der Gruppen besteht in der Zahl und der Stellung der Methylgruppen am Chromanring. Danach ergeben sich die Bezeichnungen α-, β-, γ-, δ-Tocopherol usw. bzw. -Tocotrienol. Die biologisch wirksamste Form ist das α-Tocopherol, das in der Regel mit der allgemeinen Vitamin-E-Bezeichnung gemeint ist.

Vitamin E wird in Pflanzen synthetisiert. Es ist besonders in Grünfutter, aber auch in Ölsaatkuchen und Getreide enthalten. Bei Konservierung, Lagerung und Trocknung nimmt der Gehalt ab.

Als Mischfutterzusatz wird ein synthetisch hergestelltes DL-α-Tocopherolacetat verwendet, das durch die Veresterung mit dem Acetatrest stabilisiert ist. Die DL-Form ist dabei etwas weniger wirksam als die D-Form (1 zu 1,36).

Resorption und Transport
Die Tocopherole liegen in den Futtermitteln vorwiegend als Ester vor. Diese werden im Darm gespalten und gemeinsam mit den Fetten und anderen fettlöslichen Vitaminen resorbiert. Im Blut werden sie mit den Lipoproteinen transportiert. Hauptspeicherorgan im tierischen Organismus ist neben der Nebenniere die Leber. Innerhalb der Zellen ist Vitamin E zu über 50 % in den Mitochondrien lokalisiert, der Rest verteilt sich auf die Mikrosomenfraktion, das Cytosol und Zellmembranen. Die deponierte Menge korreliert mit der Vitamin-E-Aufnahme. Die Speicherung erfolgt primär im Depotfett, aber auch in der Muskulatur. Adulte Tiere können so große Mengen deponieren, dass Mangelperioden bis zu einem Jahr überbrückt werden können.

Wirkungsweise des Vitamins E
Vitamin E wirkt als einziges Antioxidans aufgrund seiner Struktur unmittelbar in Membransystemen. Es schützt so vor allem die ungesättigten Fettsäuren vor Lipidperoxidation.

Beim Start der Fettoxidation bilden sich Lipidperoxidradikale, die sofort von Vitamin E abgefangen und zu Hydroperoxiden reduziert werden. Dabei wird Vitamin E selbst zum Tocopheroxylradikal oxidiert, aber durch cytosolisches Vitamin C sofort wieder regeneriert. Vitamin C seinerseits wird nachfolgend von Glutathion „recycled". Ob Glutathion Vitamin E auch direkt oder nur indirekt über Ascorbat regenerieren kann, ist noch nicht völlig geklärt.

Selen wirkt mit Vitamin E synergistisch, denn die entstandenen Fettsäure-Hydroperoxide (noch potenziell zelltoxisch) werden durch die selenabhängige Glutathionperoxidase (s. Seite 83) zu Hydroxyfettsäuren abgebaut und damit endgültig entgiftet. Außerdem wirkt Selen über die selenabhängige Glutathionperoxidase durch die Entgiftung von freiem Wasserstoffperoxid der Entstehung von organischen Peroxiden bereits entgegen, während Vitamin E als Antioxidans die Kettenreaktion der Lipidperoxidation unterbricht. So können sich Vitamin E und Selen bei der Therapie von Vitamin-E-Mangel-Symptomen teilweise, aber nicht vollständig ersetzten.

Die Bedeutung der Redoxwirkung der Tocopherole besteht in:
- Schutz von Zellmembranen und subzellulären Membranen (Mitochondrien, Lysosomen, Erythrozyten) vor Zerstörung durch Peroxidbildung der Lipidkomponenten;
- Schutz vor Peroxidbildung aus ungesättigten Fettsäuren in Futter, Darmlumen, tierischen Produkten;
- Synergismus mit β-Carotin und Selen als Antioxidans bei Lipidperoxidation.

Die relativ gute Haltbarkeit von Pflanzenölen ist mit einem hohen Tocopherolgehalt zu erklären. Bei dieser Funktion des Vitamins E außerhalb des Organismus ist das γ-Tocopherol die wirksamste Form.

Bei Schlachttieren bewirkt eine hohe Vitamin-E-Speicherung im Organismus auch im Fleisch und in Fleischprodukten einen Schutz vor Oxidationsprozessen (Ranzigwerden).

Mangelerscheinungen
Vitamin-E-Mangel-Symptome betreffen vor allem das reproduktive System. Dazu gehören Fertilitätsstörungen sowohl bei männlichen als auch bei weiblichen Tieren, die im Absterben von Foten bzw. Hodendegeneration begründet sind. Aber auch andere Symptome werden häufig beschrieben, wie:

- Encephalomalazie: eine Schädigung des Kleinhirns, die vorwiegend bei wachsendem Hühnergeflügel auftritt.
- Gelbfettkrankheit (gelbbraune Verfärbung des Fettgewebes bei Pelztieren und Schweinen), verursacht durch übermäßige Fütterung hochungesättigter Fettsäuren. Bei Schweinen bedeutet sie eine Qualitätsminderung.
- Muskeldystrophie (Muskeldegeneration) bei Kälbern, Lämmern und wachsendem Geflügel. Meist ist die Skelettmuskulatur geschädigt, aber auch Herzmuskulatur (Maulbeerherz beim Schwein) und Muskelmagen (bei Puten) können betroffen sein.
- Leberdegenerationen beim Schwein.
- Exsudative Diathese (Kapillarwandschädigungen bei wachsendem Hühnergeflügel).

3.5.4 Vitamin K

Verschiedene Naphthochinonderivate besitzen Vitamin-K-Wirkung. In der Natur kommen zwei Formen des Vitamins K vor, die sich in den verschiedenen Substituenten am C_3-Atom des 2-Methyl-1,4-Naphthochinons unterscheiden:

Vitamin K_1 wird von Pflanzen gebildet, und die Seitenkette besteht aus 20 C-Atomen (4 Isopreneinheiten).

Vitamin K_2 wird von Bakterien und von manchen Pflanzen gebildet; die Seitenkette besteht aus 35 C-Atomen (7 Isopreneinheiten).

Die Versorgung des tierischen Organismus mit Vitamin K kann sowohl über die Aufnahme (Grünfutter) erfolgen als auch durch Resorption von im Verdauungstrakt mikrobiell synthetisiertem Vitamin K. Synthetisch erzeugte K-Vitamine besitzen keine Seitenkette, sondern bestehen nur aus dem Naphthochinonring, z. B. Menadion (wird auch als Vitamin K_3 bezeichnet) und Menadiol (Vitamin K_4).

Die synthetischen K-Vitamine können durch Herstellung in einer Na-Bisulfitform wasserlöslich gemacht werden.

Resorption, Transport und Speicherung
Über den Resorptionsmechanismus gibt es noch Unklarheiten. Während des Resorptionsvorgangs

wird die Seitenkette vermutlich abgespalten. Neben aktiven Transportmechanismen gibt es wahrscheinlich auch passive, die auch im Dickdarm wirksam sind. Im Blut liegt Vitamin K in Bindung an Lipoproteine vor. Vitamin K kann nur in geringen Mengen in Leber, Blut und Muskulatur gespeichert werden. Wenn Koprophagie verhindert wird, treten bei Geflügel nach etwa 2 Wochen Mangelsymptome auf.

Funktion und Wirkungsmechanismus

Vitamin K ist für die Funktion des Blutgerinnungssystems notwendig. Es ist nachgewiesen worden, dass es sowohl für die Prothrombinbildung (Faktor II) als auch für die Bildung weiterer Gerinnungsfaktoren (VII, IX, X) erforderlich ist. Diese müssen neben anderen Faktoren vorhanden sein, um die Umwandlung von Prothrombin in Thrombin zu gewährleisten. Thrombin selbst ist ein Enzym, das das Protein Fibrinogen im Blutplasma zu Fibrin umwandelt. Da Fibrin ein unlösliches Faserprotein ist, bewirkt es die Blutgerinnung.

$$\text{Glutamatrest in Prothrombin} + HCO_3^- \xrightarrow{\text{Vitamin-K-abhängiges Enzym}} \gamma\text{-Carboxyglutamat-Rest}$$

Der Wirkungsmechanismus des Vitamins K ist in seiner Funktion als Cofaktor einer Carboxylase begründet. Dieses Enzym bewirkt eine posttranslationale Carboxylierung der Glutamatreste (Carboxylierung nach Beendigung der Translation) der oben genannten Gerinnungsfaktoren. Durch die Wirkung der entsprechenden Carboxylase entstehen in den Gerinnungsfaktoren aus mehreren Glutamatresten γ-Carboxyglutamat-Reste. Diese Reste besitzen dann zwei negative Ladungen und sind eine Voraussetzung für die Bindung von Ca^{++}-Ionen. Die Gerinnungsfaktoren sind erst nach Ca^{++}-Bindung funktionsfähig.

Vitamin-K-Mangel bewirkt eine verminderte Carboxylaseaktivität → herabgesetzte Umwandlung von Glutamatresten in 4 Carboxyglutamatreste → verminderte Ca^{++}-Bindung → Funktionsunfähigkeit der Blutgerinnungsfaktoren.

Mangelsymptome

Vitamin-K-Mangel tritt praktisch nur bei Geflügel auf, da hier, gepaart mit einer sehr hohen Wachstumsintensität, die Digestapassage sehr schnell ist. Dazu kommt, dass bei einigen Haltungsformen Koprophagie eingeschränkt ist. Bei den anderen Tierarten (evtl. Ausnahme Ferkel) reicht die intestinale Synthese- und Resorptionskapazität aus.

Sekundärer Vitamin-K-Mangel kann auch durch Resorptionsstörungen entstehen (z. B. Coccidiose) oder durch Behandlungen, die die intestinale Vitamin-K-Synthese durch die Darmflora beeinträchtigen (Sulfonamide, einige Antibiotika).

Der Funktion des Vitamins K entsprechend, treten bei Mangel Blutungen (Hämorrhagien) auf, die bei Geflügel am Brustbein, den Flügeln und den Schenkeln manifest werden und zu Qualitätsminderungen des Schlachtkörpers führen. Häufig sind aber auch Blutungen im Kleinhirn oder im Verdauungstrakt, die zu Störungen und Leistungsminderung führen.

Antivitamine K

Der bekannteste Antagonist des Vitamins K ist das Dicumarol, das zwar in Pflanzen selbst nicht vorkommt, jedoch dessen Vorstufe, das Cumarin (in verschiedenen Kleearten, bes. Steinklee, Ruchgras und einigen Unkräutern). Die Umwandlung in Dicumarol erfolgt durch Schimmelpilze, somit besteht besondere Gefahr bei nicht einwandfreier Grünfutterkonservierung!

Vom Cumarin leiten sich auch Präparate ab, die zur Bekämpfung von Schadnagern eingesetzt werden oder zu therapeutischen Zwecken in der Veterinär- und Humanmedizin Anwendung finden.

3.6 Wasserlösliche Vitamine

Zu den wasserlöslichen Vitaminen gehören die Vitamine der B-Gruppe und Vitamin C. Im Einzelnen sind es Vitamin B_1 (Thiamin), Vitamin B_2 (Riboflavin), Vitamin B_6 (Pyridoxin), Niacin (Nicotinsäure), Biotin, Pantothensäure, Folsäure, Vitamin B_{12} (Cobalamin), Vitamin C (Ascorbinsäure) und Cholin (vitaminähnlicher Stoff).

Für alle B-Vitamine ist bekannt, dass sie Bestandteile von Enzymen sind und als Coenzyme meist an der Reaktion mit den Substraten direkt beteiligt sind (s. Tab. 7). Allgemein bewirkt ein

Mangel an B-Vitaminen die Herabsetzung der Aktivität einzelner Enzyme oder von Enzymsystemen und damit Stoffwechselstörungen, die in der praktischen Tierernährung meist lediglich einen Grad erreichen, der sich in Leistungsminderung oder herabgesetzter Wiederstandsfähigkeit ausdrückt.

> Wiederkäuer, bei denen das Vormagensystem ausgebildet ist, sind aufgrund der mikrobiellen Syntheseleistung in den Vormägen auf eine zusätzliche Zufuhr von wasserlöslichen Vitaminen nicht angewiesen. Die mikrobielle Syntheseleistung übertrifft den Bedarf mehrfach. Im Falle des Vitamins B_{12}, das Co als Zentralatom enthält, ist ausreichende Versorgung mit diesem Spurenelement eine Voraussetzung dafür.

Unter spezifischen Bedingungen kann aber auch beim Wiederkäuer die mikrobielle Vitamin-B-Versorgung in Frage gestellt sein, wie:
- Mangel an Strukturkomponenten im Futter (pH-Absenkung) bzw.
- mögliche Folgen einer pH-Absenkung sind gehemmte Resorption und Inaktivierung der B-Vitamine.

Die bei Bullen beobachtete Gehirnrindennekrose (cerebrocorticale Nekrose, CCN) wurde als intermediärer Vitamin-B_1-Mangel diagnostiziert. Dieser kann insbesondere bei der Bullenmast mit hohem Konzentrateinsatz entstehen.

Die mikrobielle Synthese von B-Vitaminen hat darüber hinaus noch bei Pferden und Kaninchen eine gewisse Bedeutung für die Bedarfsdeckung, während sie bei Schweinen und Geflügel keinen quantitativ nennenswerten Faktor darstellt.

B-Vitamine kommen in allen Grünfuttermitteln sowie deren Konservaten, in Getreide und Mühlennachprodukten vor. Ferner weisen Hefen einen hohen Vitamin-B-Gehalt auf. Im Unterschied zu den fettlöslichen Vitaminen sind die B-Vitamine wesentlich stabiler.

Im Vorkommen stellt das Vitamin B_{12} eine Ausnahme dar, da es ausschließlich in Futtermitteln tierischer Herkunft enthalten ist.

Von den fettlöslichen Vitaminen unterscheiden sich die wasserlöslichen Vitamine auch bezüglich der sehr begrenzten Speicherfähigkeit im Organismus, so dass das Tier auf eine kontinuierliche Versorgung mit resorptionsfähigen B-Vitaminen angewiesen ist. Ein Überschuss wasserlöslicher Vitamine wird über die Niere ausgeschieden.

3.6.1 Vitamin B_1 (Thiamin)

Die Entdeckung des Vitamins B_1 war Ende des 19. Jahrhunderts bahnbrechend, weil dessen Mangel als Ursache für die in Asien auftretende Beriberi-Krankheit erkannt wurde.

> Thiamin besteht aus einem Pyrimidin- und einem Thiazolring. Die im Stoffwechsel wirksame Form als Coenzym ist das Thiaminpyrophosphat (TPP), und der überwiegende Teil im Organismus liegt in dieser Form vor.

TPP ist Coenzym mehrerer enzymatischer Reaktionen, bei denen Aldehydgruppen auf Akzeptoren übertragen werden. Dabei werden die Aldehyde vorübergehend kovalent an den Thiazolring gebunden. Diese Reaktionen sind häufig mit einer Decarboxylierung verbunden.

Enzyme, bei denen TPP als Coenzym fungiert, sind:

Pyruvatdecarboxylase, Pyruvatdehydrogenase, α-Ketoglutarat-Dehydrogenase, Transketolasen.

All diese Enzyme sind an den Hauptabbauwegen der Kohlenstoffgerüste beteiligt (Glycolyse, Zitronensäurezyklus, Pentosephosphatzyklus), so dass die schweren Stoffwechselstörungen bei Vitamin-B_1-Mangel verständlich sind. Es kommt dabei insbesondere zu einer Anreicherung von Ketosäuren (Pyruvat, α-Ketoglutarat), die im Gehirn und in der Muskulatur die Mangelsymptome (Krämpfe, Lähmungen) verursachen. Ein für Geflügel typisches Symptom ist das Rückwärtsbiegen des Kopfes (Opisthotonus).

Bei heute üblichen Rationen für Monogastriden ist eine Bedarfsdeckung mit Thiamin an sich gesichert. Mangelsymptome können aber sekundär auftreten. Dafür sind folgende Ursachen möglich:
- Auftreten von Thiaminasen, die das Vitamin inaktivieren (in ungekochtem Fisch; Adlerfarn; mikrobiellen Ursprungs, z. B. durch feuchtes Stroh),
- Antivitamine/Antagonisten,
- gestörte intestinale mikrobielle Synthese,
- Resorptionshemmung (pH-Absenkung),
- erhöhter Bedarf (z. B. durch verstärkte Milchsäurebildung im Pansen bei kraftfutterreicher Rationsgestaltung).

Derartige sekundäre Vitamin-B_1-Mangel-Krankheiten sind die Farnkrankheit bei Pferden und Rindern sowie die Chastek-Paralyse bei Pelztieren (Nerz, Fuchs).

Symptome für die schon genannte CCN bei wachsenden Wiederkäuern sind: starker Speichelfluss, Zähneknirschen und kurzzeitige Muskelkrämpfe (Verrenkungen des Kopfes, Starrezustände).

3.6.2 Vitamin B$_2$ (Riboflavin)

Riboflavin ist die Grundsubstanz zur Bildung wichtiger Coenzyme, die bedeutendsten sind FMN (Flavinmononucleotid) und FAD (Flavinadenindinucleotid).

Riboflavin + Phosphat $\longrightarrow$ FMN
Riboflavin + P-P-Rib-Adenin $\longrightarrow$ FAD

FAD wirkt in der Atmungskette bei der Elektronenübertragung und in gleicher Funktion bei der Aufnahme und Übertragung von Reduktionsäquivalenten im Zitronensäurezyklus. Bei diesen Reaktionen sind die N-Atome 1 und 10 direkt beteiligt, indem daran je ein H-Atom gebunden wird.

FMN- und FAD-enthaltende Enzyme werden als Flavoproteine bezeichnet; es gibt eine sehr große Anzahl, die in unterschiedlichen Stoffwechselwegen wirksam sind. Dazu gehören:

FMN-abhängige Reaktionen:
- D- und L-Aminosäureoxidasen (Aminosäurenabbau),
- NAD(P)H-Dehydrogenasen.

FAD-abhängige Reaktionen:
- Acyl-CoA-Dehydrogenase (β-Oxidation, Fettsäurenabbau),
- Xanthinoxidase (Purinbasenabbau),
- Lipoatdehydrogenase (Pyruvatdehydrogenase-Reaktion),
- Succinatdehydrogenase (Citratzyklus).

Aufgrund der Bedeutung für verschiedene Stoffwechselwege ist das Auftreten von Leistungsminderungen bei leichtem Mangel und erhöhte Mortalität bei schwerem Mangel verständlich.

Mangelsituationen können primär bei schnellwachsendem Geflügel auftreten, wo bereits eine leichte Unterversorgung einen verminderten N-Ansatz bewirkt. Ein weiteres Symptom sind Zehenverkrümmungen.

Bei Zuchtgeflügel ist die Vitamin-B$_2$-Versorgung für die deponierte Menge an Vitamin-B$_2$ im Ei von Bedeutung und damit für die Schlupffähigkeit, die Überlebensrate und die Frühentwicklung nach dem Schlupf. Bei Zuchtsauen kann B$_2$-Mangel Fertilitätsstörungen verursachen. In der Humanmedizin und bei Schweinen sind Dermatitis und Schleimhautentzündungen als Vitamin-B$_2$-Mangel-Symptome beschrieben worden.

3.6.3 Vitamin B$_6$ (Pyridoxin)

Im Wesentlichen wird drei Verbindungen Vitamin-B$_6$-Wirksamkeit zugesprochen, das sind Pyridoxol (synthetisches Produkt, auch als Pyridoxin bezeichnet), Pyridoxal und Pyridoxamin. Sie unterscheiden sich im Substituenten am C-4-Atom des Pyrimidinringes und können leicht ineinander überführt werden.

Pyridoxal wird in den Geweben unter Wirkung einer Pyridoxalkinase (ATP-abhängig) zur aktiven Form, dem Pyridoxalphosphat (PALP), phosphoryliert.

Coenzymformen des Vitamins B$_6$

Pyridoxalphosphat, die Aminogruppen-aufnehmende Form

Pyridoxaminphosphat, die Aminogruppen-abgebende Form

PALP ist *das* Coenzym des Aminosäurenstoffwechsels. Es ist bei den Transaminierungsreaktionen direkt beteiligt, indem es eine Aminogruppe einer Aminosäure (AS) aufnimmt und im Rahmen der Enzymspezifität überträgt. Ferner ist es Coenzym für weitere Reaktionen (PALP-abhängige Enzyme):
- Transaminasen
  (AS I + α-Ketosäure II → α-Ketosäure I + AS II),
- AS-Decarboxylase (AS → biogene Amine),
- AS-Aldolase (AS-Spaltung zwischen α- und β-C),
- Sphingosinsynthetase (Lipidstoffwechsel).

Bei Mangel an Vitamin B$_6$ sind entsprechend der Coenzymfunktionen in besonderem Maße der Aminosäurenstoffwechsel, aber auch der Stoffwechsel der anderen Hauptnährstoffe gestört. Folgen sind Wachstumsstörungen und herabgesetzter Proteinanabolismus (verringerte Milchbildung, Muskelatrophien).

Bei Mangel des Vitamins führt der gestörte Abbau von Tryptophan über 3-Hydroxykynurenin zu Hydroxyanthranilsäure (und Nicotinsäure) zu einer Xanthurenausscheidung im Harn. Dies kann bei Tryptophanbelastung der Tiere zur Diagnostizierung eines Vitamin-B$_6$-Mangels genutzt werden.

Moderater Mangel an Vitamin B$_6$ bewirkt bei Masttieren (bes. Geflügel) zunächst Minderzunahmen. Ferner werden struppiges Gefieder und verklebte Augenlider beschrieben. Bei Schweinen und Hunden sind Ataxiesymptome, wie spastischer Gang, beschrieben worden. Fortschreitende Unterversorgung führt zu pathologischen Beeinträchtigungen des Nervengewebes, die bei Küken zu nervösen Störungen führten (Gleichgewichtsstörungen, epileptische Anfälle, abnormes Verhalten).

3.6.4 Niacin (Nicotinsäure, Nicotinsäureamid)

Nicotinsäure ist ein Pyridinderivat. Die im Stoffwechsel aktive Form ist das Nicotinsäureamid. Beide Verbindungen haben die gleiche Vitaminwirksamkeit, da Nicotinsäure im Organismus in die Amidform überführt werden kann.

Niacin wird im Darm in unveränderter Form resorbiert. Es kann aber auch im Intermediärstoffwechsel aus Tryptophan gebildet werden. Diese Fähigkeit der intermediären Bildung ist allerdings bei der Katze nicht vorhanden. Pyridoxinmangel hemmt die Niacinbildung aus Tryptophan. Die Umwandlungsrate ist tierartspezifisch und wird darüber hinaus von Metabolitkonzentrationen beeinflusst.

Nicotinsäureamid ist Bestandteil der Coenzyme:
- Nicotinsäureamid-Adenin-Dinucleotid (NAD$^+$)
- Nicotinsäureamid-Adenin-Dinucleotid-Phosphat (NADP$^+$).

Beides sind Redoxsysteme und wirken als Elektronenüberträger in Reaktionen der Glycolyse, des Zitronensäurezyklus, der Atmungskette und bei Syntheseprozessen.

Der Bedarf kann durch exogene Zufuhr gedeckt werden, wobei eine Ergänzung durch die endogene Synthese besteht (evtl. für spezifische Organfunktionen).

Die typische Niacinmangelkrankheit ist die Pellagra des Menschen, eine Dermatitis, die durch raue Haut gekennzeichnet ist, sowie durch Pigmentierung der Haut an den dem Licht ausgesetzten Stellen. Pellagra tritt besonders in Ländern auf, in denen Mais das Hauptnahrungsmittel ist, da Mais einen sehr niedrigen Tryptophangehalt aufweist. Bei den Tieren ist die „black tongue disease" (Schwarze-Zungen-Krankheit des Hundes) eine typische Niacinmangelerkrankung.

Andere beobachtete Veränderungen infolge Niacinmangels sind eher unspezifisch wie:
- Hautveränderungen (Schwein), raues Haarkleid,
- verzögerte, schlechte Befiederung,
- Schädigungen im Gastrointestinaltrakt (Durchfälle, bei Schwein und Geflügel),
- Veränderungen der Beingelenke bei Geflügel (perosisähnlich).

3.6.5 Biotin

Biotin wird von Mikroorganismen gebildet, und eine weitgehende intestinale Versorgung ist gewährleistet. In pflanzlichem Material befindet sich Biotin vor allem in den Blättern.

Biotin ist Coenzym von Enzymen, die Carboxylierungsreaktionen katalysieren.

Dabei geht die Carboxylgruppe des Biotins mit der ε-Aminogruppe eines Lysinrestes des Apoenzyms eine Bindung ein. In der Coenzymfunktion ist Biotin in der Lage, unter Energieaufwand (ATP-Spaltung) eine Carboxylgruppe aufzunehmen (Carboxybiotin) und auf diese Weise den Übertragungsvorgang zu katalysieren.

Enzyme, die Biotin als Coenzym enthalten, sind z. B.:
- Acetyl-CoA-Carboxylase
  (Acetyl-CoA + CO_2 ⟷ Malonyl CoA),
- Propionyl-CoA-Carboxylase
  (Propionyl-CoA + CO_2 ⟷ Methylmanonyl CoA),
- Pyruvatcarboxylase
  (Pyruvat + CO_2 ⟷ Oxylacetat).

Biotinabhängige Reaktionen sind somit bedeutsam bei der Fettsäurensynthese, Überführung von Propionat in Methylmalonat (besonders wichtig im Stoffwechsel der Wiederkäuer) und von Pyruvat in Oxalacetat, des Weiteren beim Abbau von Leucin und Isoleucin sowie ungeradzahliger Fettsäuren, bei der Purin- und Harnstoffsynthese sowie der Synthese spezifischer Proteine (Serumalbumin, Amylase).

Resorption und Mangelsymptome

Wenn Biotin im Verdauungstrakt nicht in freier Form vorliegt, wird der Proteinanteil vor der Resorption abgespalten. Biotin ist im Darmgewebe sowie in Leber und Nieren begrenzt speicherfähig.

Die Untersuchung von Mangelsymptomen ist aufgrund der hohen mikrobiellen Synthese im Verdauungstrakt erschwert. Mangelerscheinungen wurden nur beim Geflügel beschrieben. Es treten dabei borkige Veränderungen der Haut auf, die besonders im Zehenbereich und an den Schnabelenden zu beobachten sind. Perosis und verminderte Schlupffähigkeit können ebenfalls mit Biotinmangel in Zusammenhang stehen.

Bei experimentellem Biotinmangel wurden beobachtet: verminderte Gluconeogenese, reduzierter Kaliumgehalt der Muskulatur (Muskelschmerzen beim Menschen), verminderter Ribonucleinsäuregehalt in der Leber, schorfige Dermatitis, Haarverfärbungen und -ausfall, Lähmungen sowie gestörte Reproduktion und Laktation.

Für Biotin ist das **Antivitamin Avidin** bekannt. Avidin ist ein Glycoprotein, das im Eiklar vorkommt und pro Mol 3 Mol Biotin binden kann. Dieser Komplex ist durch die Verdauungsenzyme nicht hydrolysierbar. Auch aus diesen Gründen ist bei Verfütterung größerer Mengen von Schliereiern oder Brutabfällen ein Erhitzen zur Denaturierung des Avidins erforderlich.

3.6.6 Pantothensäure

Pantothensäure besteht aus β-Alanin und 2,4-Dihydroxy-3,3-dimethyl-Buttersäure. Sie wird von Pflanzen und Mikroorganismen gebildet.

Für den Stoffwechsel ist die Pantothensäure von außerordentlicher Bedeutung, da sie Bestandteil des Coenzym A (CoA) ist. Außerdem bildet sie gemeinsam mit Cysteamin das Pantethein, das bei der Fettsäuresynthese als Pantetheinphosphat in einem Multienzymkomplex wirkt.

Die SH-Gruppe des CoA geht mit den zu aktivierenden Verbindungen eine energiereiche Thioesterbindung ein. Eine solche Bindung liegt beispielsweise im Acetyl-CoA vor.

Durch die energiereiche Thioesterbindung werden folgende Reaktionen ermöglicht:
- Kondensationsreaktionen am C_1-Atom des aktivierten Substrates (dieses Prinzip wird z. B. bei der Kettenverlängerung im Rahmen der Fettsäurensynthese wirksam),
- Oxidation am C_2-Atom des aktivierten Substrates (wie es bei der β-Oxidation der Fettsäuren der Fall ist),
- Carboxylierung der aktivierten Substrate (Acetyl-CoA → Malonyl-CoA).

Der wichtigste Thioester dieser Art, der im Organismus gebildet wird, ist das Acetyl-CoA. Es ist das Endprodukt der Stoffwechselwege von Kohlenhydraten, Aminosäuren und Fetten und gleichzeitig ein Bindeglied im Stoffwechsel dieser Nährstoffe.

Mangelsymptome

Pantothensäuremangel wird meist nur experimentell herbeigeführt. Im Intermediärstoffwechsel werden primär Reaktionen betroffen, die einen hohen Bedarf an CoA-SH haben (z. B. Pyruvatdehydrogenase-Reaktion).

Bei Mangel werden beobachtet: Wachstumsstillstand, Dermatitis und Depigmentierung des Haar- und Federkleides, verringerte Schlupffähigkeit, bei Schweinen spastischer Gang (Paradeschritt) der Hinterextremitäten, Ataxien auch bei Fischen, sowie Schädigungen der Kiemen und Veränderungen der Schleimhäute verschiedener Organe, verbunden mit Funktionsstörungen.

3.6.7 Folsäure

Folsäure besteht aus einem Pteridinrest, p-Aminobenzoesäure und einem Glutaminsäurerest. Es gibt weitere vitaminwirksame Verbindungen, die ähnlich aufgebaut sind, und lediglich mehrere Glutaminsäurereste besitzen. Folsäure kommt besonders in Bakterien und Pflanzen (folium = das Blatt) vor. Sie wird im Dünndarm (Jejunum) gut resorbiert, Konjugate der Folsäure werden davor durch Pankreasenzyme gespalten. Der Transport im Blutplasma erfolgt in Bindung an Proteine.

Die biologisch aktive Form ist die Tetrahydrofolsäure. Die Umwandlung erfolgt in zwei Schritten, in denen jeweils $NADPH_2$ zu $NADP^+$ oxidiert wird. Ferner ist an dieser Reaktion auch Vitamin C beteiligt.

$$\text{Folsäure} \xrightarrow[\text{Folatreduktase}]{NADPH + H^+ \quad NADP^+} \text{7,8-Dihydrofolsäure} \xrightarrow[\text{Dihydrofolatreduktase}]{NADPH + H^+ \quad NADP^+} \text{5,6,7,8-Tetrahydrofolat}$$

Funktion

Tetrahydrofolsäure ist das Coenzym bei C_1-Übertragungen.

Die zu übertragenden Reste werden dabei an das N_5-Atom des Pteridinrings oder das N_{10}-Atom der p-Aminobenzoesäure gebunden. Durch Isomerierung bzw. Dehydrogenasereaktionen sind sie in diesen Bindungen ineinander überführbar. Neben Methylresten werden auch Hydroxyl-, Formyl- und Formiatreste übertragen. Die Herkunft der C_1-Gruppen sind meist Serin, Methionin und Histidin.

Beispiele für folsäureabhängige Reaktionen (unter Angabe der vom Tetrahydrofolat beteiligten Gruppe):

(N_{10}–CH=O)
- Bereitstellung der C-Atome 8 und 2 bei der Purinsynthese,
- Bereitstellung der Formylgruppe zur Synthese der N-Formyl-Methionin-t-RNA (Start der Proteinsynthese).

(N_5–CH_2–N_{10})
- Bereitstellung des Kohlenstoffs für Glycin → Serin,
- Bereitstellung der Methylgruppe von Thymin.

(N_5–CH_3)
- Methylierung von Ethanolamin zu Cholin (unter Beteiligung aktivierten Methionins),
- Methylierung von Homocystein zu Methionin.

Mangelerscheinungen

Diese basieren hauptsächlich auf Störungen der Purinsynthese und infolgedessen der Nucleinsäuren- und Proteinsynthese im weitesten Sinne und damit auch auf Störungen der Erythrozyten- und Leukozytenbildung.

Klinische Mangelsymptome können in der Praxis allenfalls beim Geflügel auftreten:
- Veränderungen des Blutbilds (Anämien),
- gestörte Befiederung, Depigmentierung gefärbter Federn,
- Missbildungen (Schnabel, Gliedmaßen),
- verringerte Legeleistung und Schlupfraten,
- Schleimhautveränderungen im Verdauungstrakt → Resorptionsstörungen, Durchfälle.

Durch Sulfonamide wird die Folsäuresynthese von Bakterien kompetitiv gehemmt, da eine Strukturähnlichkeit zur p-Aminobenzoesäure vorliegt.

3.6.8 Cobalamin (Vitamin B_{12}, Extrinsic factor)

Cobalamine sind aus einem komplizierten Ringsystem bestehende Verbindungen, die als Zentralatom Co enthalten, das verschieden substituiert sein kann.

Vitamin B_{12} ist erst relativ spät, im Jahre 1948, entdeckt worden. Jahrzehnte davor war bereits der sogenannte „animal protein factor" (APF) bekannt, so benannt, weil eine ausschließliche Ernährung mit pflanzlichen Proteinen nicht möglich war. Es stellte sich heraus, dass die Wirkung dieses Faktors vom Vitamin B_{12} ausgeht.

Cobalamin kann ausschließlich von Mikroorganismen synthetisiert werden. Wiederkäuer können bei ausreichender Co-Versorgung über die Syntheseleistung in den Vormägen versorgt werden.

Zur Resorption des „Extrinsic factors" (Vitamin B_{12}) ist das Vorhandensein eines „Intrinsic factors" essenziell. Dieser ist ein von den Belegzellen des Magenfundus gebildetes Glycoprotein mit einem Molekulargewicht von etwa 50000. Durch Bindung der beiden Faktoren entsteht ein wasserlöslicher Komplex, der im Ileum durch Pinocytose resorbiert werden kann. Eine Speicherung in der Leber und in geringerem Umfang in der Muskulatur ist möglich.

Funktion

Die coenzymwirksamen Formen des Cobalamins sind Adenosylcobalamin und Methylcobalamin. Derartige Enzyme sind allgemein an Reaktionen der Wasserstoffumlagerung und der Umlagerung organischer Gruppen beteiligt, im Falle der Methylgruppen meist im Zusammenwirken mit Tetrahydrofolsäure.

Mangelsymptome:
- Beim Menschen ist die perniziöse Anämie am besten beschrieben, eine schwere Störung des Blutbildes.
- Beim Schwein: Durchfälle, Erbrechen, Bewegungsstörungen (Nachhandlähmungen).
- Bei Geflügel bes. veschlechterte Leistungsparameter und gestörte Schlupfähigkeit.

Mangel kann auch sekundär auftreten, infolge von gestörter Bildung des Intrinsic factors oder durch gestörte Resorption (z. B. Entzündungen des unteren Ileumbereichs).

3.6.9 Ascorbinsäure (Vitamin C)

Die Ascorbinsäure (s. Seite 95) ist die Endiolform des 1,4-Lactons der Keto-L-Gulonsäure. Sie ist im Rahmen der Tierernährung nicht von großer Bedeutung, da fast alle Tierarten Ascorbinsäure aus Glucuronsäure synthetisieren können. Lediglich die Primaten (Mensch, Menschenaffe), Meerschweinchen, Fledermäuse, Regenbogenforelle, einige Vogelarten, Invertebraten und Insekten sind zu dieser Synthese nicht befähigt, und nur für diese gilt auch die klassische Vitamindefinition für die Ascorbinsäure.

Funktionen
Ascorbinsäure wirkt stark reduzierend und wird dadurch selbst in zwei Schritten über Semidehydroascorbinsäure zu Dehydroascorbinsäure oxidiert. Während Dehydroascorbinsäure die Transportform im Organismus darstellt, bildet Ascorbinsäure mit Semidehydroascorbinsäure ein physiologisch wichtiges Redoxsystem mit vielseitigen Funktionen:
- Zusammen mit Eisen oder Kupfer ist Vitamin C Cofaktor vieler Hydroxylierungsreaktionen, indem es die Metalle in ihrem funktionell wichtigen Redoxzustand aufrecht erhält, z. B. bei der Hydroxylierung von Lysin und Prolin bei der Kollagensynthese (Aufbau des Bindegewebes) und der Hydroxylierung von Dopamin zu Noradrenalin (Katecholaminsynthese im Nebennierenmark).
- Vitamin C ist ein wichtiges zelluläres Antioxidans bei vielen cytochromabhängigen Hydroxylierungen, die allgemein mit verstärkter Sauerstoffradikalbildung einhergehen, z. B. bei der Steroidsynthese in der Nebennierenrinde und der Entgiftung körpereigener und -fremder Stoffe in der Leber.
- Regenerierung von Vitamin E (s. 3.5.3.).
- Elektronenakzeptor bei der Bildung von Tetrahydrofolat aus Folsäure.

Mangelsymptome
- Beim Menschen tritt ein schwerer, Skorbut verursachender Mangel praktisch nicht mehr auf, leichtere Unterversorgung ist allerdings häufig und verursacht Müdigkeit, Infektionsanfälligkeit, Appetitlosigkeit und Neigung zu Spontanblutungen (Nasenbluten). Der Mensch kann Vitamin C in Mengen speichern, die maximal 2 Monate überbrücken können.
- Bei Forellen treten bei Mangel Lordose und Skoliose (Verkrümmungen der Wirbelsäule) auf, wobei es zu starken irreversiblen Verschiebungen der Wirbel kommt.
- Bei Tieren, die zur Ascorbinsäuresynthese befähigt sind, führt Stress zu einem Absinken des Vitamin-C-Spiegels, so dass über den Sinn einer zusätzlichen Versorgung in spezifischen Fällen nachgedacht wird.

Hypervitaminose C
Aufgrund der geringen Toxizität ist eine Gefahr unter normalen Umständen nicht gegeben, da Vitamin C bei Bedarfsüberschreitung über die Nieren ausgeschieden wird. Bei Applikation von Megadosen Vitamin C wurden folgende Erscheinungen beschrieben: Sinken des Cu-Spiegels im Serum, Nierensteine (Oxalatform), erhöhte Abortrate und evtl. gehemmte Progesteron- und Testosteronbildung.

3.6.10 Stoffe mit vitaminähnlichem Charakter

Es gibt weitere Verbindungen, die im Stoffwechsel gebildet werden können und deren Bedarf weitaus höher liegt als für die besprochenen Vitamine (mehrere 100 bis über 1000 mg/kg Futter) und für die dennoch bei bestimmten Tierarten oder Stoffwechsellagen Mangelsymptome auftreten können. Sie sind daher nicht eindeutig den Vitaminen zuzuordnen. Zu diesen Verbindungen gehören Cholin und Inosit.

Cholin
Cholin wird im Stoffwechsel durch dreifache Methylierung von Ethanolamin gebildet (s. Seite 24). Die wichtigsten Funktionen im Stoffwechsel sind:
- Komponente des Lecithins (Phosphatidylcholin) und des Sphingomyelins. Beides sind Bestandteile biologischer Membranen.
- Methylgruppendonator, dabei wird zunächst Cholin zu Betain oxidiert.
- Acetylcholin (Neurotransmitterfunktion).

Cholin beeinflusst insbesondere den Fettstoffwechsel und den Membranaufbau. Eine ausreichende Cholinversorgung hat einen Spareffekt auf die Methioninzufuhr. Andererseits sinkt der Cholinbedarf bei hoher Methioninzufuhr.

Ein Cholinmangel kann praktisch nur bei Geflügel auftreten. Die Enzymkapazität zur Methylierungsreaktion von Ethanolamin zu Cholin reicht beim Geflügel nicht aus, um eine Versorgung durch Eigensynthese abzusichern. Daher ist eine ausreichende Cholinzufuhr über das Futter besonders bei Broilern zu beachten.

Als Mangelerscheinung ist vor allem das Auftreten von Fettlebern zu nennen. Bei Cholinunterversorgung schaltet die Leber von der Synthese von Phospholipiden auf die Synthese von Triglyceriden um. Diese Umstellung des Stoffwechsels wird bei Methioninmangel gefördert. Ein weiteres Mangelsymptom ist bei wachsendem Geflügel Perosis (Abspringen der Achillessehne nach Gelenkdeformationen).

Bei Ferkeln wurden auch Fehlstellungen der Hinterextremitäten beschrieben (gespreizte Stellung).

Inosit

Inosit kommt vorwiegend im Organismus frei oder als Bestandteil von Inositphosphatiden vor und hat wie das Cholin insbesondere Einfluss auf den Fettstoffwechsel. Es wirkt ebenfalls der Entstehung von Fettlebern entgegen und wurde zur Behandlung des Fettlebersyndroms bei Legehennen eingesetzt. Allgemein wird ein Zusatz von Inosit zu Forellenfutter empfohlen (200 bis 300 mg/kg Futter).

Abschließend sei nochmals darauf verwiesen, dass die molekularen Mechanismen der vielfältigen Vitaminwirkungen nur teilweise erforscht sind.

4 Futteraufnahme und ihre Regulation

4.1 Einleitung

Tiere, die in der Landwirtschaft für Produktionszwecke verwendet werden, besitzen ein sogenanntes genetisches Potenzial für bestimmte Leistungen, wie Fleisch- und Fettansatz, Milchleistung, Eibildung usw.

Dieses genetische Potenzial stellt eine theoretische obere Grenze des Leistungsvermögens dar, die experimentell ermittelt werden kann, praktisch aber nie erreicht wird. Ursache dafür ist, dass bei solch einer Betrachtung einzelne Faktoren begrenzend wirken. Ein ganz wesentlicher derartiger Faktor ist die Futteraufnahme, die durch verschiedene, sehr vielfältige Faktoren begrenzt wird.

Die Begrenzung der Futteraufnahme kann verschiedene Gründe haben:

Vom Tiermaterial und den Haltungsbedingungen ausgehend:
- Fassungsvermögen des Verdauungstraktes,
- Regulationsmechanismen,
- Geschlecht (Hormonstatus),
- klimatische Verhältnisse (Temperatur),
- Belegdichte,
- Beleuchtung,
- Art der Futterapplikation (ad libitum, periodisch).

Vom Futter ausgehend:
- Energiekonzentration,
- Verdaulichkeit,
- Ausgewogenheit der Zusammensetzung,
- Struktur und Form (Mehl, Pellet, Partikelgröße),
- Gehalt an antinutritiven Stoffen (Toxine, Viskositätsbildner),
- sensorische Reize (Geschmack, Geruch, Farbe, Form).

Unter den landwirtschaftlichen Nutztieren spielt beim Schwein die Beeinflussung der Futteraufnahme durch Geruch und Geschmack die größte Rolle. Bei Wiederkäuern kommt dem Geschmack eine Bedeutung besonders hinsichtlich der Initiation der Futteraufnahme zu, weniger hinsichtlich der aufgenommenen Menge.

In der praktischen Tierernährung wird häufig die Zahl der Mahlzeiten arbeitstechnisch auf zwei oder drei pro Tag begrenzt. Dagegen nehmen die Tiere bei freiem Zugang zum Futter 5 bis 10 Mahlzeiten pro Tag auf. Die Frequenz der Futteraufnahme ist bei jungen wachsenden Tieren höher als bei ausgewachsenen.

> Die Häufigkeit der Futteraufnahme sowie die Menge der Aufnahme werden durch Zustände bzw. Stoffwechsellagen geregelt, die wir als Hunger und Sättigung bezeichnen. Hunger ist der Trieb zur Nahrungsaufnahme. Sättigung ist Stillung des Triebes zur Nahrungsaufnahme.

Ein schon gesättigtes Tier kann man dennoch zur weiteren Nahrungsaufnahme bewegen, indem man in diesem Zustand Futtermittel anbietet, zu denen eine besondere Affinität besteht (Geschmack, Geruch, andere Reize). Hierfür wird der Begriff **Appetit** angewendet, worunter das Verlangen nach einem bestimmten Futtermittel verstanden wird.

Diese Art der zusätzlichen Reizbarkeit ist bei den verschiedenen Spezies unterschiedlich ausgeprägt und beim Menschen ganz besonders. Die gleiche Fragestellung ergibt sich häufig auch bei der Hobbytierhaltung.

Die Nahrungsaufnahme des Menschen wird wesentlich auch durch psychische Faktoren und vom Geschmack beeinflusst. In Industriegesellschaften ist die Nahrungsaufnahme in hohem Maße mit „Genuß" verbunden.

Aus diesen Darlegungen wird bereits deutlich, dass die Regulation der Nahrungsaufnahme sehr komplex sein muss, da sehr verschiedene Elemente beteiligt sind, wie der Geschmack (Maul/Mund), der Magen-Darm-Trakt und das Zentralnervensystem. Die hierbei wirkenden Signale und deren Zusammenspiel sind zur Zeit nur teilweise bekannt. Hunger ist demnach in der Wahrnehmung lokalisiert (eine Allgemeinempfindung) und ist als stärkster Trieb einzuschätzen. Der Trieb zur Nahrungsaufnahme dient der Aufrechterhaltung der Körperfunktionen und ist somit ein homöostatischer Trieb.

In der Tierernährung befasst man sich mit der Regulation der Futteraufnahme in erster Linie unter dem Aspekt, diese zu erhöhen und nur in wenigen Ausnahmefällen (bei z. B. niedertragenden Sauen) mit dem Ziel der Reduzierung. Vor allem bei Hochleistungstieren ist die unzureichende Futteraufnahme ein wesentlicher leistungsmindernder Faktor, so z. B. bei hochlaktierenden Milchkühen oder bei Mastschweinen.

In einem gewissen Umfang kann der zu geringen Nährstoffzufuhr durch Erhöhung der Energiekonzentration bzw. der Konzentration verwertbarer Nährstoffe (z. B. ausgewählte Futterkomponenten, Fettzusätze) entgegengewirkt werden. Dies gelingt besonders bei Wiederkäuern oft nur unzureichend, weil der Anteil energiereicher Konzentrate in den Rationen nicht beliebig erhöht werden kann und weil bereits zur Gewährleistung einer normalen Pansenfunktion und der Gesundheit ein gewisser Grobfutteranteil enthalten sein muss. Darüber hinaus unterliegt die Energieaufnahme einer Kontrolle.

Bisher wurde mit den einfachen Begriffen „Hunger", „Sättigung" und „Appetit" versucht, die freiwillige Futteraufnahme zu beschreiben. Es ist aber so, dass dahinter sehr komplizierte und vielfältige Mechanismen stehen, die zur Auslösung oder zur Befriedigung dieses Triebes führen. Die molekularen Mechanismen sind nur teilweise bekannt. Meist handelt es sich um Arbeitshypothesen, mit denen versucht wird, die Phänomene zu erklären.

4.2 Regulationsebenen der Nahrungsaufnahme

Für die Nahrungsaufnahme sind verschiedene Regulationsebenen denkbar (Abb. 30):

Initiale Ebene. Auf dieser Ebene wird, durch Hunger ausgelöst, die Suche nach Nahrung eingeleitet. Durch Kontakt mit der Nahrung wird

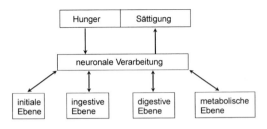

Abb. 30. **Regulationsebenen der Nahrungsaufnahme und ihre Wechselwirkungen.**

über bedingte Reflexe der Speichelfluss ausgelöst und die Nahrungsaufnahme wird vorbereitet.

Ingestive (präabsorptive) Ebene. Mit der Aufnahme des Futters erfolgt der intensive Kontakt mit der Nahrung, dabei werden Eigenschaften, wie Geschmack, Struktur, Temperatur wahrgenommen und in Informationen umgesetzt.

Digestive Ebene. Im Prozess der Verdauung werden im Verdauungstrakt hochmolekulare Nährstoffe zu niedermolekularen Verbindungen abgebaut, und es entstehen im Verdauungstrakt Stoffwechselprodukte. Diese bewirken die Freisetzung gastrointestinaler Peptide und andere Sättigungssignale.

Metabolische Ebene. Diese betrifft die Wirkung der resorbierten Verbindungen auf Stoffwechselprozesse in den Geweben (Synthese-, Abbau-, Ansatz-, Konzentrationsveränderungen, Metabolite). Die genannten Stoffwechselprozesse führen ebenfalls zur Auslösung von Signalen (Hormone) und zu Informationen, die über afferente Nervenfasern an das Zentralnervensystem weitergeleitet werden.

Die **Verarbeitungsebene** ist das Zentralnervensystem, in dem Signale der anderen Ebenen verarbeitet werden. Es ist davon auszugehen, dass verschiedene Regionen des Hirns beteiligt sind. Es gibt z. B. Rezeptoren für Glucose, Aminosäuren, Hormone. Sicherlich wirken aber noch eine ganze Reihe anderer Substanzen als Signale, die noch nicht bekannt sind. Die Signalverarbeitung führt entweder zum Triebzustand „Sättigung" oder aber zur Fortsetzung der Nahrungsaufnahme oder deren Initiierung.

4.3 Physikalische Faktoren der Regulation

Die Vorstellung, dass dem Sättigungsgefühl physikalische Ursachen zugrunde liegen, sind naheliegend, da sie mit der Füllung des Verdauungstraktes gut erklärt werden konnten. Speziell in Zusammenhang mit der Wiederkäuerernährung hat SETTEGAST um das Jahr 1860 den Begriff „Ballaststoffe" eingeführt. Er ist davon ausgegangen, dass die Inhaltsstoffe der Futtermittel in zwei Kategorien einzuteilen seien: nämlich in die gut verdaulichen und in solche, die nicht verdaulich sind, wobei die Funktion der letzteren in der Schaffung eines Sättigungsgefühls durch Füllung des Verdauungstraktes besteht und dies eine Voraussetzung für das Wohlbefinden der Tiere sei. Daher wurde für die verschiedenen Tierarten ein Ballaststoffbedarf (zunächst als alle nicht verdaulichen Inhaltsstoffe verstanden, später durch LEHMANN als nicht verdauliche organische Substanz definiert) angegeben, z. B. für Milchkühe 4,3 kg/Tag; für Schweine (> 50 kg) 0,2 bis 0,4 kg/Tag; für Zuchtsauen 0,8 bis 1,2 kg/Tag.

Der Begriff wird heute in der Tierernährung nicht mehr verwendet, besonders, da sich gezeigt hat, dass die Sättigung in viel engerer Beziehung zur Trockensubstanzaufnahme steht. Er findet aber heute noch in der Humanernährung mit anderer Bedeutung und Interpretation Anwendung.

Füllung des Verdauungstrakts

Bei einer Erhöhung des Innendrucks des Verdauungstraktes (betrifft primär den Magen) ist dieser in allen Bereichen stark dehnungsfähig. Besonders beim Schwein soll die Magenwandspannung regulierend auf die Futteraufnahme wirken. Hierbei erfolgt die Vermittlung über sogenannte Mechanorezeptoren, die Signale über Vagusfasern an das Zentralnervensystem weitergeben. Außerdem ist die Dehnungsfähigkeit durch den Raum in der Bauchhöhle begrenzt und kann auf diese Weise zur Futterverzehrsbegrenzung führen. Damit wird z. B. der Rückgang des Futterverzehrs bei hochträchtigen Tieren erklärt.

Somit ist die Futteraufnahme sowohl von der Lebendmasse der Tiere abhängig als auch vom Körperbau, dem sogenannten Rahmen der Tiere. Der Unterschied zwischen Milchkuh und Mastbulle ist also nicht nur durch die Lebendmasse begründet, sondern auch durch den Rahmen. Bezogen auf die Körpermasse sind Ziegen zu einer besonders hohen Futteraufnahme fähig. Die tägliche Tockensubstanzaufnahme kann hier 4,6 % der Lebendmasse erreichen.

Passagerate und Abbaubarkeit

In unmittelbarem Zusammenhang mit der Füllung des Verdauungstraktes stehen die Digestapassagerate und die Abbaubarkeit der Rationen. Die Passagerate ist ein Maß für die Verweildauer unverdaulicher Futterkomponenten. Sie wird durch Zusätze von unverdaulichen Indikatorsubstanzen (z. B. Chromoxid, PEG) in die Ration ermittelt, deren Ausscheidung im Zeitverlauf verfolgt wird. Eine langsame Passagerate bedeutet eine Reduzierung der nachfolgenden Futteraufnahme. Bei der Abbaubarkeit wird der Zeitfaktor nicht berücksichtigt, es besteht aber ein enger Zusammenhang.

Beides wird in hohem Maße von der Motilität des Verdauungstraktes bestimmt. Die Motilität wird wiederum von zahlreichen Hormonen, wie Gastrin, Cholecystokinin, Secretin, Glucagon und Neurotensin beeinflusst, deren Sekretion durch die Nahrungsaufnahme induziert wird.

Physikalische Form des Futters (Futterstruktur)

Darunter ist die Partikelgröße zu verstehen, aber auch der Gehalt an pflanzlichen Gerüstsubstanzen. Die einzelnen Tierarten bevorzugen diesbezüglich unterschiedliche Strukturen und reagieren über die Verzehrsmenge.

Geflügel toleriert aufgrund des vorhandenen Muskelmagens auch ganze Körner ohne Einfluss auf den Futterverzehr. Schweine haben den höchsten Verzehr bei grob geschroteten oder pelletierten Rationen in Trockenfütterungsregimen.

Bei den beiden vorgenannten Tierarten beeinträchtigen fein vermahlene Getreiderationen in der Trockenfütterung die Futteraufnahme (Verklebungen im Schnabel bzw. Maulbereich; Staubbelästigung).

Beim Wiederkäuer ist auf die Zufuhr eines Anteils pansenmotorisch wirksamer Rohfaser zu achten. Darunter sind rohfaserhaltige Rationsbestandteile zu verstehen, deren Größe im Zentimeter-Bereich liegt. Bei totaler Feinvermahlung solcher Bestandteile kommt es zur vollständigen Einstellung der Futteraufnahme.

Andererseits haben hohe Rohfaseranteile eine niedrigere Verdaulichkeit und eine Senkung der Passagerate zur Folge und damit der Futteraufnahme. Durch Vermahlen und Kompaktieren (Pellets) kann dem entgegengewirkt werden, immer unter der Voraussetzung, dass ein erforderlicher Strukturanteil in die Rationen einbezogen wird.

4.4 Zentralnervensystem und Verzehrsregulation

Zur Gesamtregulation der Futteraufnahme tragen neben mechanischen Regulationselementen auch chemische bzw. physiologische Elemente bei. All diese Signale werden im Zentralnervensystem, insbesondere im Hypothalamus verarbeitet und führen zur Steuerung des Verzehrs. Es ist versucht worden, im Hypothalamus experimentell ein sogenanntes Hungerzentrum und ein sogenanntes Sättigungszentrum zu lokalisieren. So konnte durch bilaterale Läsionen in bestimmten Bereichen (ventromedialer Hypothalamus) bei Versuchstieren eine Hyperphagie (griech. phagein = fressen) und Fettsucht herbeigeführt werden. Daraus leitet man die Lokalisation des Sättigungszentrums ab.

Bilaterale Läsionen anderer Bereiche (ventrolateraler Hypothalamus) hatten dagegen bei den Versuchstieren Aphagie und Lebendmasseabnahme zur Folge, und man meinte daher, das Hungerzentrum gefunden zu haben. Es wird zwar auch heute meist von der Vorstellung der Existenz dieser beiden Zentren ausgegangen, es gibt aber Hinweise dafür, dass solch eine eng begrenzte Lokalisation der für die Futteraufnahmeregulation relevanter Bereiche im Zentralnervensystem nicht möglich ist (auch andere Läsionen waren wirksam). Man geht daher eher von der Annahme aus, dass bei der Verarbeitung der verschiedenen Signale ein neuronales Netzwerk wirksam wird. Neurohormone und Neurotransmitter sind an diesen Regulationsmechanismen beteiligt.

4.5 Chemische und physiologische Signale

Ein wesentliches Prinzip der Futteraufnahmeregulation ist die Aufrechterhaltung des Fettdepots als Energiereserve. Im Englischen wird dies auch mit „animals eat for energy" ausgedrückt. So ist verständlich, dass der Energiegehalt der Ration wesentlich die Futteraufnahme bestimmt. Andererseits übt auch der Gehalt einzelner Nährstoffe einen Einfluss auf die Verzehrshöhe aus. Dabei können sowohl die Produkte der Verdauung durch körpereigene Enzyme als auch Metabolite des mikrobiellen Umsatzes im Verdauungstrakt Signalfunktion haben.

Energiekonzentration im Futter

Die kompensatorische Futteraufnahme bei Reduzierung der Energiekonzentration im Futter wurde sowohl bei Laborversuchstieren als auch bei landwirtschaftlichen Nutztieren nachgewiesen.

Aus Untersuchungen zum Energie- und Proteinbedarf einer langsamwüchsigen Geflügelrasse (Tab. 21) wird deutlich, dass auf allen geprüften Proteinversorgungsstufen mit zunehmendem Gehalt an umsetzbarer Energie in der Ration die freiwillige Futteraufnahme reduziert wurde. Dabei haben die Tiere offensichtlich die Futteraufnahmemenge auf ein Niveau eingestellt, das zu einer identischen Aufnahme an umsetzbarer Energie führte. Ähnliche Befunde stammen auch aus Versuchen mit Schweinen.

Derartige Beziehungen sind allerdings nur in einem Bereich gültig, in dem nicht andere Limi-

Tab. 21. Einfluss der Energie- und Proteinkonzentration der Ration auf die Adlibitum – Futteraufnahme und die Aufnahme an umsetzbarer Energie (ME) von Mastgeflügel (nach PETER u. a. 1997)

Energieniveau (MJ ME/kg)		Rohproteingehalt (g/kg Futter)				
		150	175	200	225	250
Täglicher Futterverzehr (g/Tier)						
Energie-	10,9	91,2	93,8	100,2	98,8	100,4
niveau	12,1	80,4	83,6	86,9	85,6	88,1
(MJ ME/kg)	13,3	71,8	76,6	80,7	81,4	81,0
Täglicher Energieaufnahme (MJ ME/Tier)						
Energie-	10,9	0,99	1,02	1,09	1,08	1,09
niveau	12,1	0,97	1,01	1,05	1,04	1,07
(MJ ME/kg)	13,3	0,96	1,02	1,07	1,08	1,08

tierungen wirksam werden. Solche können negative Effekte der „Verdünnungssubstanz" in hohen Konzentrationen oder Überschreitung des Fassungsvermögens des Verdauungstraktes sein.

Eiweiße und Aminosäuren im Futter
Verzehrseinschränkungen durch diese Komponenten können primär bei Monogastriden bei extremen Rationsgestaltungen auftreten.

Eine starke Über- oder Unterversorgung mit einzelnen Aminosäuren bezeichnet man als Aminosäurenimbalanz (dabei handelt es sich nicht um eine Toxizität). Beides führt zu einer Einschränkung der Futteraufnahme. Die Ursachen sind vermutlich die bei imbalanten Aminosäurenmustern zwangsläufig anfallenden höheren Mengen an Abbauprodukten.

Andererseits wird auch die Futteraufnahme durch Überschuss einzelner Aminosäuren eingeschränkt. Über bestimmte Loci im Gehirn können offenbar Aminosäurenimbalanzen wahrgenommen werden.

In Untersuchungen an Broilerküken konnte nachgewiesen werden, dass sowohl Mangel als auch Überschuss von z. B. Lysin gegenüber dem Bedarf zu einer Einschränkung der Futteraufnahme führt. Der genaue Regelmechanismus für diese Einflüsse ist nicht bekannt, es ist aber anzunehmen, dass er ohne Einbeziehung der Hypophyse abläuft. Ein sehr hoher Proteingehalt insgesamt bei gleichzeitig niedrigem Kohlenhydratgehalt kann ebenfalls zu Verzehrseinschränkungen führen.

Lipide im Futter
Gemäß dem vorhin genannten Grundprinzip „animals eat for energy" reagieren die Tiere allgemein auf eine Erhöhung des Fettanteils in der Ration mit einer reduzierten Aufnahme. Dies trifft sowohl auf den Wiederkäuer zu als auch auf die Monogastriden.

Beim Wiederkäuer kommt hinzu, dass hohe Fettkonzentrationen zu einer Einschränkung der mikrobiellen Tätigkeit im Pansen führen. Die Folgen sind bei den rohfaserreichen Futtermitteln ein langsamerer Abbau der hochpolymeren Verbindungen und damit eine Erhöhung der Verweildauer im Pansen. Diese bewirkt eine zusätzliche Verzehrsdepression.

Kohlenhydrate im Futter
Bei monogastrischen Tieren wirken sich insbesondere pflanzliche Gerüstsubstanzen über eine optimale Konzentration für die entsprechende Tierart hinaus ungünstig aus, da sie durch Viskositätsausbildung (Pentosane, 1,3-1,4-β-D-Glucane) und durch Verschlechterung der Verdaulichkeit zu einer Reduzierung der Digestapassage führen.

Wiederkäuer sind gegenüber hohen Anteilen leicht fermentierbarer Kohlenhydrate (Zucker, Stärke) empfindlich. Diese bewirken eine starke pH-Absenkung im Pansen, was Verzehrsdepression zur Folge hat.

Glucosegehalt des Blutes
Für Monogastriden ist erwiesen, dass der Blutglucosespiegel kurzfristig die Futteraufnahme reguliert. Dabei scheint nicht die absolute Höhe der Glucosekonzentration im Blut die entscheidende Signalwirkung zu liefern, sondern die arteriovenöse Differenz.

Diese Differenz wird im wesentlichen von zwei Prozessen bestimmt: einerseits die Resorption von Glucose und andererseits der Verbrauch von Glucose in den Geweben (Glycogensynthese, Energielieferung für andere Syntheseprozesse, Bereitstellung von Metaboliten, wie aktivierte Essigsäure). Daraus lässt sich ableiten, dass die Regulation des Futterverzehrs auch leistungsabhängig ist.

Bei Wiederkäuern spielt die Regulation der Futteraufnahme über den Glucosespiegel keine vordergründige Rolle, weil die Kohlenhydrate mikrobiell weitestgehend zu flüchtigen Fettsäuren abgebaut werden und als solche zur Resorption kommen.

Metabolite des Pansenstoffwechsels
Beim Wiederkäuer wird die regulatorische Funktion der Glucose durch die flüchtigen Fettsäuren im Blut übernommen. In erster Linie wirkt der Blutacetatspiegel auf den Futterverzehr, aber auch die Propionat- und Butyratkonzentrationen spielen in dieser Hinsicht eine Rolle.

Eine starke Verzehrsdepression wird auch durch die Anhäufung von Ketonkörpern im Blut induziert. Dies kann besonders bei hochlaktierenden Kühen bei Kombination einer Resorption ketogener Metabolite mit einem erhöhten Anfall aus dem Abbau von Depotfett vorkommen.

Sehr empfindlich wird beim Wiederkäuer die Futteraufnahme durch die NH_3-Konzentration im Pansen beeinflusst. Bereits Konzentrationen von 40 mg/100 ml Pansensaft führten zu Verzehrsdepressionen bei Milchkühen. Hohe NH_3-Konzentrationen werden durch Proteinüberschuss hervorgerufen, besonders wenn dieser von einem Energiemangel begleitet ist.

4.6 Signalvermittlung

Wenn bisher der Einfluss physikalischer und chemischer Signale für das Zustandekommen von Hunger und Sättigung besprochen wurde, so ist damit noch nichts über den Mechanismus der Vermittlung gesagt. Die entsprechenden molekularen Mechanismen sind in der Tat auch nur wenig erforscht, man weiß aber, dass die Signalvermittlung auf verschiedenen Ebenen abläuft.

Gastrale Signale
Bei der Signalvermittlung, die von Nährstoffkonzentrationen ausgeht, ist offensichtlich der Magen wesentlich beteiligt. Durch Infusion von Nährstoffen in den Magen konnte eine spontane Depression des Futterverzehrs induziert werden, auch dann, wenn der Pylorus verschlossen war und eine Dehnung des Magens vermieden wurde. Eine Infusion der gleichen Nährstoffe ins Blut hatte nicht den gleichen Effekt. Daraus ist zu folgern, dass die Signalvermittlung tatsächlich über den Magen erfolgt. Die Signalvermittlung scheint humoral (durch Hormone) zu erfolgen, denn der Feedback-Mechanismus funktioniert auch bei denerviertem Magen. Es wird die Existenz eines „Sättigungshormons" angenommen, das allerdings noch nicht identifiziert ist.

Bei Wiederkäuern geht man zusätzlich von der Existenz von Chemorezeptoren in den Vormägen aus, die auf die Konzentration flüchtiger Fettsäuren reagieren. Entsprechende Reaktionen werden nur bei Infusion in den Pansen, nicht aber bei Applikation in den Labmagen oder ins Blut beobachtet.

Intestinale Signale
Im Dünndarmbereich scheint es Chemorezeptoren zu geben, die unabhängig von der Konzentration im Blut ansprechen und die besonders auf Glucose und auf Aminosäuren reagieren. Es kann sowohl von nervalen Feedback-Signalen, die ans Gehirn weitergeleitet werden, als auch von humoralen Feedback-Signalen ausgegangen werden, die hierbei wirksam sind. Als intestinales „Sättigungshormon" wird das Peptidhormon Cholecystokinin (CCK) diskutiert, das sowohl die Sekretion des Pankreas als auch die Gallenblasenentleerung kontrolliert.

Nach neueren Untersuchungen kann davon ausgegangen werden, dass neben dem CCK verschiedene andere Peptide (z. B. Bombesin, Neuropeptid Y, Ghrelin) im Verdauungstrakt bzw. im Hypothalamus gebildet werden, die eine Funktion bei der Regulation der Nahrungsaufnahme haben.

Hepatische Signale
Die vom Magen und vom Intestinum ausgehenden Signale sind als präabsorptive Signale zu bezeichnen. Entscheidende Signale zur Herbeiführung der Sättigung wirken aber offensichtlich postabsorptiv, d. h. auf der Ebene des Intermediärstoffwechsels. Es wurde bereits weiter oben auf die Bedeutung des Blutglucosespiegels verwiesen. Die Signalvermittlung ist aber primär in der Leber lokalisiert. Infusionen von Glucose, aber auch von Aminosäuren und Glycerin in die Pfortader sind wesentlich wirksamer als z. B. Infusionen in die Jugularvene. In der Leber sind auf diese Nährstoffe ansprechende Chemorezeptoren nachgewiesen worden, die nervale Signale an das Gehirn weitergeben. Das Sättigungsgefühl wird vermutlich stark durch die ansteigende Glucosekonzentration im Pfortaderblut während der Resorption hervorgerufen.

Lipostatische Signale
Es wurde ebenfalls schon die Beziehung von Energieaufnahme zu den Energiereserven des Organismus erwähnt, so dass auch von der Wirkung lipostatischer Feedback-Signale ausgegangen werden kann. Wird bei Versuchstieren durch Zwangsfütterung das Fettdepot vergrößert, stellt sich im Anschluss daran eine Hypophagie ein und zwar so lange, bis das Fettdepot auf die Ausgangsgröße reduziert ist. Da in dieser Phase durch Fettabbau erhöhte Konzentrationen an Fettsäuren und Glycerin anfallen, kommt diesen Metaboliten auch eine Signalfunktion zu. 1994 wurde das Polypeptid Leptin beschrieben, welches offensichtlich als lipostatisches Feedback-Signal wirkt und auf diese Weise die Nahrungsaufnahme steuert. Genauere Kenntnisse über den Mechanismus liegen allerdings nicht vor. Man nimmt an, dass der reduzierte Verzehr bei Mastbullen im Vergleich zu Kühen auch mit deren zunehmender Verfettung im Zusammenhang steht. Weitere wissenschaftliche Untersuchungen zum besseren Verständnis der Regulation der Nahrungsaufnahme bei Tier und Mensch sind dringend erforderlich.

5 Verdauung und Resorption

5.1 Bau des Verdauungstraktes

Die Ernährungsweise aller Tiere ist C- und N-heterotroph. Dies bedeutet, dass weder der Kohlenstoff aus dem CO_2 der Luft noch anorganischer Stickstoff aus Ammonium oder Nitratverbindungen zur Synthese organischer Stoffe genutzt werden kann. Der tierische Organismus ist demnach auf die Zufuhr organischer Verbindungen zur Aufrechterhaltung seiner Lebensfunktionen angewiesen.

Da die Nährstoffe in der Nahrung fast ausschließlich als hochpolymere Verbindungen vorkommen, ist im Verdauungstrakt ein Abbau zu einfacheren Verbindungen erforderlich. Der Organismus ist dafür in verschiedener Hinsicht angepasst:
- durch den Bau des Verdauungstraktes,
- durch die Ausstattung mit entsprechenden Enzymen im Verdauungstrakt und
- durch die Einbeziehung mikrobieller Stoffwechselprozesse in den Substratabbau.

Bezüglich des Baus des Verdauungstraktes gibt es eine generelle Anpassung an die heterotrophe Ernährungsweise, und diese besteht in der Ausbildung großer Innenflächen. Dies wird einerseits durch die Länge des Verdauungstraktes realisiert und andererseits durch die Ausbildung von Falten und Zotten in den Innenflächen, die entscheidend zur Oberflächenvergrößerung beitragen. Die luminalen Oberflächen der Resorptionszellen der Dünndarmmucosa sind ebenfalls nicht glatt, sondern durch Ausbildung der Mikrovilli in der Oberfläche vergrößert.

Weiterhin ist der Verdauungstrakt sehr gut an die verschiedenen Ernährungsweisen angepasst. In der Regel gilt, dass Herbivoren (Pflanzenfresser) im Verhältnis zu ihrer Körpergröße sowohl, was die Länge des Verdauungstraktes betrifft, als auch, was das Fassungsvermögen angeht, den größten Verdauungstrakt besitzen und Carnivoren (Fleischfresser) den kleinsten. Omnivoren (hierzu zählen u. a. Mensch und Schwein) nehmen in dieser Hinsicht eine Mittelstellung ein. In Abschnitten des Verdauungstraktes, in denen intensive mikrobielle Abbauprozesse stattfinden (Pansen, Dickdarm), ist weniger die Länge von Bedeutung, sondern das Fassungsvermögen. Ferner ist für die Abbauleistung in einem bestimmten Abschnitt die Verweildauer und damit die Zeit entscheidend, die zur Einwirkung von Enzymen oder Mikroorganismen zur Verfügung steht.

Wenn man den Bau des Verdauungstraktes schematisch darstellt, kann man ihn in drei Hauptabschnitte untergliedern, nämlich in den Magen, den Dünndarm und den Dickdarm. Das ursprüngliche Verdauungssystem, wie es beim Igel (Insectivoren) vorliegt, weist zwar eine funktionelle Differenzierung zwischen Dünndarm und Dickdarm auf, vom Bau her liegen aber nur geringfügige Unterschiede vor.

Was die meisten landwirtschaftlichen Nutztiere betrifft, lassen sich die einzelnen Spezies in vier verschiedene Typen bezüglich des Baus des Verdauungstraktes (Gastrointestinaltrakt = GIT) unterteilen (Abb. 31).

Die Unterschiede bestehen in erster Linie in der Ausbildung des Enddarms und des Magens und den damit verbundenen funktionellen Möglichkeiten einer mikrobiellen Verdauung.

Zum weiteren Verständnis der Materie ist es erforderlich zu wissen, dass sowohl aus funktioneller als auch aus morphologischer Sicht der Darm in weitere Abschnitte zu unterteilen ist. Der **Dünndarm** (kleines Intestinum) besteht aus: Duodenum (Zwölffingerdarm), Jejunum (Leerdarm) und Ileum (Hüftdarm). Die Abschnitte des **Dickdarms** (großes Intestinum) sind: Caecum (Blinddarm), Colon (Grimmdarm) und Rectum (Mastdarm).

Beim Wiederkäuer spricht man von einem mehrhöhligen Magen mit einem in Kammern unterteilten **Vormagensystem** (Proventriculus), das dem eigentlichen **Drüsenmagen** (Labmagen, Abomasum) vorgelagert ist. Hierbei sind folgende Abschnitte bzw. Abteilungen zu unterscheiden:
- **Pansen** (Rumen): stellt die größte Kammer des Vormagens dar und füllt fast die linke Hälfte der Bauchhöhle aus. Durch sogenannte Pfeiler ist der Pansen in einen dorsalen und einen ventralen Endblindsack unterteilt. Am cranialen Ende des dorsalen Pansensackes mündet die Speiseröhre (Oesophagus) ein. Dieser Teil wird auch als Schleudermagen bezeichnet. Durch Ausbildung von Zotten ist die Innenfläche des Pansens um ein Mehrfaches vergrößert.
- **Haube** (Netzmagen, Reticulum): cranial gelegene Kammer des Vormagens. Besitzt wabenförmige Netzstrukturen. Wird meist zusammen mit dem Pansen als eine Einheit gesehen (Reticulo-Rumen).
- **Psalter** (Blättermagen, Omasus): besitzt von den Seitenwänden in das Lumen ragende blatt-

Typ I
Einfaches System:
  Mensch (omnivor)
  Schwein (omnivor)
  Hund (carnivor)

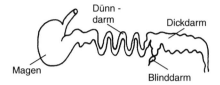

Typ II
Einfaches System mit funktionellem Caecum:
  Pferd (herbivor)
  Kaninchen (herbivor)
  Ratte (omnivor)

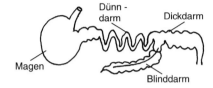

Typ III
Multiples System:
(Wiederkäuer)
  Rind
  Schaf
  Ziege

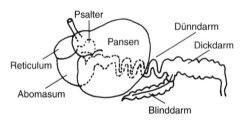

Typ IV
Aviäres System:
(Geflügel)
  Huhn
  Pute
  Ente

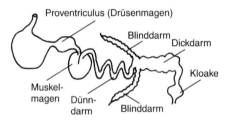

Abb. 31. Schematische Darstellung des Aufbaus des Verdauungstraktes verschiedener Tierarten. Die tatsächlichen Längen- und Größenverhältnisse sind nicht berücksichtigt (nach PÜSCHNER und SIMON 1988).

förmige Gebilde (erinnern an ein nicht ganz zugeklapptes Buch). Vom Oesophagus entlang der Haubenwand zur Hauben-Psalter-Öffnung verlaufen muskulöse Lippen, die eine Rinne bilden können (Schlundrinne, Haubenrinne).

Tabelle 22 vermittelt einen Eindruck vom relativen Fassungsvermögen der einzelnen Abschnitte des Verdauungstraktes. Dabei wird der Unterschied zwischen den verschiedenen Typen im Aufbau des Verdauungstraktes nochmals deutlich. Die Angaben in der Literatur zum absoluten Fassungsvermögen von GIT-Abschnitten sind sehr unterschiedlich. Sehr hohe Werte resultieren aus nicht adäquaten Messmethoden (Füllen mit Wasser). Obwohl bei physiologischer Füllung des

Tab. 22. Relatives Fassungsvermögen einzelner Abschnitte des Verdauungstraktes verschiedener Nutztiere (in Prozent des Gesamtfassungsvermögens auf Volumenbasis)

	Relatives Fassungsvermögen (%)			
	Rind	Pferd	Schwein	Hund
Vormägen	65	–	–	–
Drüsenmagen	6	9	30	63
Dünndarm	18	30	33	23
Caecum	3	16	5	1
Colon und Rectum	8	45	32	13

Reticulo-Rumens beim Rind 100 l kaum überschritten werden, werden für das Fassungsvermögen bis zu über 200 l angegeben.

Das omnivore Schwein mit dem einfachen System weist annähernd eine gleichmäßige Verteilung des Fassungsvermögens auf Magen, Dünndarm und Enddarm auf. Der Blinddarm ist mit 5 % des Fassungsvermögens fast bedeutungslos. Der Hund hat zwar einen Verdauungstrakt des gleichen Typs, da er aber carnivor ist, spielt eine mikrobielle Verdauung im Dickdarm eine untergeordnete Rolle, und das Hauptfassungsvermögen besitzt mit über 60 % der Magen.

Beim Pferd haben wir es mit einem System des Typs II zu tun, d. h. einem einfachen System mit funktionellem Blinddarm. Dieser hat 16 % des Fassungsvermögens des gesamten Verdauungstraktes und gewährleistet in Verbindung mit dem großen Fassungsvermögen des restlichen Dickdarms (45 %) den erforderlichen Raum für die mikrobiellen Abbauprozesse. Beim Rind mit dem multiplen System der Wiederkäuer sind die Verhältnisse insofern umgekehrt, als das Vormagensystem als große Gärkammer mit etwa 70 % der Volumenkapazität des gesamten Verdauungstraktes den übrigen Abschnitten vorgeschaltet ist.

5.2 Verdauung

5.2.1 Verdauung durch körpereigene Enzyme

5.2.1.1 Allgemeines

Als Verdauung bezeichnet man diejenigen Prozesse, die im Verdauungstrakt den Abbau überwiegend hochpolymerer Verbindungen der Nahrung zu resorptionsfähigen Bausteinen bewirken.

Der im Verdauungstrakt ablaufende Substratabbau wird durch eine Reihe von Enzymen bewirkt, wovon ein Teil vom Organismus des Tieres oder des Menschen selbst gebildet wird (körpereigene Enzyme), während der andere Teil den Mikroorganismen zuzuordnen ist, die den Verdauungstrakt besiedeln.

Die Verdauungsenzyme gehören der Enzymhauptklasse der Hydrolasen an. Sie katalysieren die Hydrolyse von Ester-, Ether-, Peptid-, Glycosid-, Säurehydrid-, C-C-, C-Halogen- oder P-N-Bindungen. Durch die Wirkung der körpereigenen Hydrolasen werden mittels der Einlagerung von Wassermolekülen letztlich Proteine in Aminosäuren, Polysaccharide in Monosaccharide und Neutralfette in Glycerol und Fettsäuren gespalten. Das allgemeine Schema einer hydrolytischen Reaktion lässt sich wie folgt darstellen:

$$AB + H_2O \longrightarrow AOH + HB$$

Der Abbau zu den resorptionsfähigen Endprodukten erfolgt durch aufeinanderfolgende Wirkung verschiedener Enzyme. Abbildung 32, gibt einen Überblick zu den wichtigsten körpereigenen Enzymen, die an der Hydrolyse der Hauptnährstoffe der Nahrung beteiligt sind.

Viele dieser Enzyme werden über Sekrete der Magenschleimhaut, des Pankreas und der Dünndarmschleimhaut in das Lumen des Verdauungstraktes sezerniert und wirken im Lumen des Verdauungstraktes (**luminale Verdauung**).

Neben der luminalen Verdauung gibt es im Dünndarm eine sogenannte **Kontaktverdauung** durch membrangebundene Enzyme der Bürstensaumregion der Enterocyten. Hierbei wirken vorwiegend Enzyme, die die luminale Verdauung vervollständigen, wie verschiedene Disaccharidasen, Aminopeptidasen und Monoglyceridlipasen. Auch intrazelluläre Enzyme der Mucosazellen sind vermutlich am Verdauungsprozess beteiligt, z. B. Dipeptidasen, die spezifische Dipeptide zu Aminosäuren hydrolysieren.

Bedeutung der Regulation des pH-Werts

Enzyme sind in denjenigen Abschnitten am aktivsten, in denen für ihre Wirkung optimale Bedingungen vorliegen. Daher können Bildungsort und Wirkungsort der Verdauungsenzyme unterschiedlich sein. Pepsin hat z. B. seine pH-Optima bei pH 2,0 und 3,5, also in einem pH-Bereich, wie er in der Pylorusregion und zum Teil in der Fundusregion des Magens vorliegt. Der niedrige pH-Wert im Magen resultiert aus der Sekretion von Salzsäure durch die Belegzellen der Fundusdrüsen. Die hohe Wasserstoffionenkonzentration ist für die Aktivierung des Pepsinogens erforderlich und wirkt darüber hinaus bakterizid.

Die Neutralisation des Chymus erfolgt im Dünndarm durch Pankreassekret, Darmsekret und Galle. Aufgrund der relativ distal gelegenen Mündung des Pankreasleiters und der niedrigen Hydrogencarbonatkonzentration im Pankreassaft bei Wiederkäuern, liegt bei diesen im Duodenum und Anfang Jejunum noch ein pH-Wert im sauren Bereich vor. Unter diesen Bedingungen kann Pepsin auch in den proximalen Abschnitten des Dünndarms noch wirken, während die Proteolyse durch Trypsin und Chymotrypsin (pH-Optimum 7,5 bis 8,5) distalwärts verzögert einsetzt.

112 Verdauung und Resorption

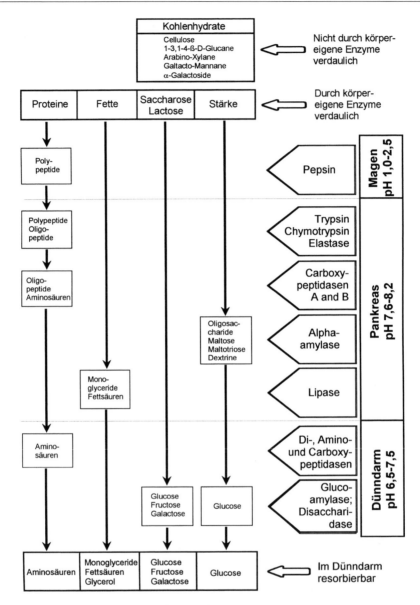

Abb. 32. Abbau der Hauptnährstoffe durch körpereigene Enzyme zu resorptionsfähigen Produkten im Verdauungstrakt (nur die wichtigsten Enzyme sind berücksichtigt).

Die begleitende Sekretion von Substanzen, die zur pH-Wert-Einstellung beitragen, ist eine Voraussetzung zur Ausschöpfung der hydrolytischen Kapazität der Verdauungsenzyme.

Aktivierung von Proenzymen
Luminal wirkende proteolytische Enzyme werden als inaktive Vorstufen (Proenzyme) sezerniert. Auf diese Weise werden die Gewebe der verschiedenen Bildungsorte vor proteolytischer Schädigung geschützt. Der Aktivierungsmechanismus basiert auf einer limitierten Proteolyse. Dabei werden Peptidfragmente des Proenzyms abgespalten, wodurch das Restmolekül die aktive Konformation ausbilden kann.

Abbildung 33 zeigt das Prinzip der Aktivierung von proteolytischen Proenzymen durch limitierte Proteolyse.

Abb. 33. Prinzipien der Aktivierung von inaktiven Proenzymen durch limitierte Proteolyse.

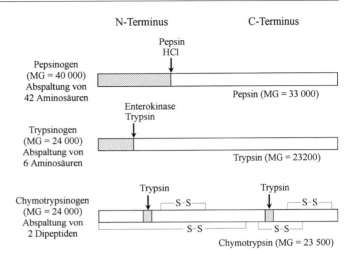

Wie es einen zellulären Schutz vor Selbstverdauung durch die inaktiven Proenzyme gibt, existiert auch ein luminaler Schutz der Schleimhäute. Dieser wird durch die Sekretion von Glycoproteinen durch spezielle Zellen im Verdauungstrakt gewährleistet. So werden Glycoproteine im Magen durch Nebenzellen gebildet. Im Dünndarm gibt es schleimbildende Becherzellen (Mucinbildung), und die Oberfläche der Mikrovilli ist mit einem kohlenhydratreichen faserigen Material umgeben, der Glycocalyx.

Sekretmengen und Zusammensetzung
Die in den Verdauungstrakt sezernierten Flüssigkeitsmengen sind sehr groß und von physiologischer Bedeutung. Sie sind für das Einweichen der Nahrung und das Abschlucken notwendig (Speichel), sie enthalten die pH-bestimmenden Verbindungen und die Verdauungsenzyme, und sie dienen als Lösungsvermittler.

Eine Flüssigkeitssekretion in den Verdauungstrakt erfolgt über Speichel, Galle sowie die Sekrete von Magen, Bauchspeicheldrüse und Darm. Bei Angaben sezernierter Flüssigkeitsmengen ist zu berücksichtigen, dass einerseits nicht alle Sekretmengen exakt bestimmbar sind und dass besonders die Speichelmenge, aber auch die Beiträge der anderen sekretorischen Teile durch die Ration beeinflusst werden. Insbesondere rauhfutterartige Komponenten stimulieren die Sekretion. Allein die Speichelmenge beträgt beim Rind 100 bis 200 l pro Tag. Bei Wiederkäuern hat der Speichel eine besondere Bedeutung für die Einstellung des pH-Wertes im Pansen. Der pH-Wert beträgt im Speichel von Rindern 8,2 bis 8,4 und im Speichel von Schafen 8,4 bis 8,7. Die insgesamt sezernierte Menge übersteigt die aufgenommene Futter- und Flüssigkeitsmenge um ein Mehrfaches. Sie beträgt z. B. beim Schwein etwa 25 l und beim Pferd etwa 90 l pro Tag.

Auch die in den Verdauungstrakt sezernierte Stickstoff- bzw. Proteinmenge ist enorm (Tab. 23). Auch hierbei handelt es sich um Richtwerte, da einerseits die sezernierten Mengen starken Schwankungen unterliegen und anderseits die Bestimmung kompliziert ist und Katheterisierungstechniken, Fistulierungstechniken sowie in vielen Fällen auch die Anwendung einer Isotopenmarkierung erfordern und daher wenig Daten vorliegen.

Tab. 23. Quantifizierung der endogenen Sekrete als N oder Protein beim Schwein (40 kg)

Galle (2 g N)	= 12 g Rohprotein
Pankreas	= 16 g Protein
Magen	= 18 g Protein
Dünndarm (16 m · 10 g/m)	= 160 g Protein
+ 16 m · 0,85 g/m Harnstoff	= 40 g Rohprotein
Summe	= 246 g Rohprotein
Durchfluss Ende Dünndarm	= 20 g Rohprotein
− Rückresorption > 90 %	
Aufnahme 260 g Rohprotein	

5.2.1.2 Verdauung im Magen (Nichtwiederkäuer)

Je nach Ausstattung des Magens mit Drüsenschleimhäuten unterscheidet man zwischen einfachen und zusammengesetzten Mägen. Die einfachen Mägen stellen einen muskulären „Sack" dar, der ausschließlich mit Drüsengewebe ausgekleidet ist. Bei den zusammengesetzten einhöhligen Mägen gibt es im Cardiabereich eine Region, die nicht mit Drüsen ausgestattet ist, sondern eine drüsenlose kutane Partie darstellt. Die Mündungsregion der Speiseröhre in den Magen wird als Magenmund (Cardia) bezeichnet. Die anschließende Region ist der Magengrund (Fundus), und der Bereich des Magenausgangs wird als Pylorusregion (Pylorus = Pförtner) bezeichnet. Jede Region ist mit spezifischen Drüsen ausgestattet. Man unterscheidet danach: Cardiadrüsen, Fundusdrüsen und Pylorusdrüsen.

Das Sekret der Cardiadrüsen ist leicht alkalisch und in der Funktion dem Speichel ähnlich. Gelegentlich gefundene proteolytische oder lipolytische Aktivitäten scheinen kaum eine Bedeutung für die Verdauung zu haben.

Bei den **Fundusdrüsen** sind drei Typen von Drüsenzellen zu unterscheiden:
- **Hauptzellen:** In diesen werden die wichtigsten Enzyme der Magenverdauung, Pepsin und Chymosin, gebildet.
- **Belegzellen** sind Bildungsort der Salzsäure und der wesentliche Ort der Flüssigkeitssekretion.
- **Nebenzellen** bilden ein schleimiges Sekret (Glycoproteine); Bildung des Intrinsic-Faktors (Glycoprotein) als essenzieller Bestandteil zur Vitamin-B$_{12}$-Resorption. Pylorusdrüsen sondern ebenfalls ein schleimiges Sekret ab, das eine alkalische Reaktion aufweist.

Während bei Carnivoren und beim Menschen ein einfacher einhöhliger Magen vorliegt, haben Schweine und Pferde einen zusammengesetzten Magen, wobei der kutane Bereich, in dem bereits mikrobielle Umsetzungen stattfinden können, unterschiedlich groß ist (Milchsäurebildung ist nachweisbar).

Wiederkäuer besitzen einen zusammengesetzten mehrhöhligen Magen, wobei der Magenabschnitt mit der drüsenlosen Schleimhaut als Vormägen ausgebildet und deutlich vom Drüsen- oder Labmagen abgetrennt ist.

Hinsichtlich der Verdauung durch körpereigene Enzyme ist besonders das enzymhaltige Sekret der Fundusdrüsen von Bedeutung. Eine besondere Leistung stellt die Salzsäurebildung in den Belegzellen der Fundusdrüsen dar. Gegenüber der Wasserstoffionenkonzentration im Blut findet dabei eine Konzentrierung um den Faktor 10^6 statt und eine pH-Absenkung von 7,4 auf etwa 1. Dies erfolgt in einem energieaufwendigen Prozess.

Neben der pH-Regulierung kommt der Salzsäure des Magens eine weitere wichtige Funktion zu, nämlich als bakterizid wirkende Substanz. Bei ungenügender Salzsäureproduktion steigt die Gefahr, dass pathogene Keime den Magen ohne Schädigung passieren können.

Verdauung der Hauptnährstoffe im Magen

Eine **Kohlenhydratverdauung** im Magen findet nur bei Tierarten statt, deren Mundspeichel eine Amylase (Ptyalin) sezernieren. Dies trifft neben dem Menschen auf das Schwein zu. Ptyalin kann in den oberen Schichten des Magens den Abbau von α-Glucanen einleiten und wirkt so lange, bis der pH-Wert in den sauren Bereich absinkt. Aus quantitativer Sicht spielt aber dieser Kohlenhydratabbau nur eine untergeordnete Rolle.

Die **Fettverdauung** spielt im Magen quantitativ ebenfalls nur eine untergeordnete Rolle. Bei den einzelnen Tierarten kann zwar mit unterschiedlicher Aktivität eine Magenlipase nachgewiesen werden, deren pH-Optimum aber im neutralen bis schwach basischen Bereich liegt. Schon aus diesem Grunde ist eine Aktivitätsentfaltung im Magen eingeschränkt. Außerdem ist die Magenlipase um den Faktor von etwa 1000 weniger aktiv als die Pankreaslipase. So hat durch den Digestarückstau in den Pylorusbereich des Magens gelangende Pankreaslipase im Magen einen größeren Einfluss als Magenlipase selbst.

Eiweißverdauung im Magen: Die Hauptwirkung der in den Magen sezernierten Enzyme besteht in der Eiweißverdauung. Dabei ist die Wirkung des Pepsins vordergründig.

Eiweiße sind aus 20 verschiedenen Aminosäuren zusammengesetzt, daher ist für deren Spaltung das Aufeinanderwirken von Enzymen mit verschiedenen Spezifitäten erforderlich. Pepsin spaltet mit starker Bevorzugung Peptidbindungen im Inneren der Moleküle (Endopeptidase), an denen aromatische Aminosäuren beteiligt sind (Tyr, Phe). Es werden aber auch Peptidbindungen hydrolysiert, an denen andere Aminosäuren beteiligt sind. Daraus wird verständlich, dass im Ergebnis dieser Proteolyse keine Aminosäuren, sondern nur Peptide entstehen können.

Ein weiteres proteolytisches Enzym des Magensaftes ist das Magenkathepsin, dessen pH-Optimum bei 3 bis 4 liegt. Dieses Enzym hat besonders bei sehr jungen Säugetieren eine Bedeutung, die ausschließlich von Milch ernährt werden. Dadurch liegt eine hohe Pufferkapazität vor, und der pH sinkt nicht unter 3 bis 5. Außerdem liegt in diesem Entwicklungsstadium erst eine relativ niedrige Pepsinkonzentration vor.

Im Magen junger Kälber, Lämmer, aber auch Ferkel wird außerdem Chymosin (Labferment, Renin) gebildet, dessen Wirkungsoptimum um pH 5 liegt. Es wirkt nur sehr schwach proteolytisch, führt aber zur Gerinnung der Milch. Dabei wird lösliches Casein in das unlösliche Paracasein umgesetzt.

Zur Bedeutung des Eiweißabbaus im Magen ist zu bemerken, dass der proteolytische Abbau durch Pepsin keine Voraussetzung für den vollständigen Abbau von Nahrungsproteinen ist. So ist auch die nahezu vollständige Rückresorption von in den Dünndarmbereich sezernierten Proteinen verständlich.

5.2.1.3 Verdauung der Hauptnährstoffe im Dünndarm

Duodenum, Jejunum und zum Teil Ileum sind die Hauptorte der Verdauung durch körpereigene Enzyme. Da diese Segmente gleichzeitig auch Hauptresorptionsort sind, muss der Abbau bis zu resorptionsfähigen Produkten erfolgen.

Verschiedene Enzyme gelangen mit dem Sekret des Pankreas bzw. mit dem Darmsekret in das proximale Dünndarmlumen. Andere sind Membrankomponenten der Epithelzellen, in einigen Fällen wirken sie auch innerhalb der Resorptionszellen.

Verdauung der Eiweiße im Dünndarm

Im Dünndarmlumen wirken primär proteolytische Enzyme, die vom Pankreas sezerniert werden. Dies sind die Endopeptidasen Trypsin, Chymotrypsin und Elastase. Ihre bevorzugte Spezifität ist unterschiedlich. Während Trypsin insbesondere Bindungen mit den basischen Aminosäuren Arginin und Lysin spaltet, hydrolysiert Chymotrypsin bevorzugt Bindungen mit aromatischen Aminosäuren (Tyr, Phe, Trp), aber auch mit Leucin und Methionin. Elastase spaltet vorrangig Bindungen, an denen neutrale Aminosäuren beteiligt sind.

Die Carboxypeptidasen A und B sind Exopeptidasen und spalten vom C-terminalen Ende der Peptidkette her endständige Aminosäuren ab, wobei die Spezifität wieder verschieden ist.

Die Sekretion der Pankreasenzyme wird durch die Futteraufnahme stimuliert. Bei dieser Regulation spielen Hormone des Gastrointestinaltraktes, wie Sekretin und Pankreozymin, eine wichtige Rolle.

Für die praktische Fütterung ist von Bedeutung, dass in einigen Futtermitteln (Sojaextraktionsschrot) Peptide vorhanden sind, die mit Trypsin (aber auch Chymotrypsin) einen Enzym-Inhibitor-Komplex bilden, der nicht hydrolysiert werden kann. Solche Substanzen (**Trypsininhibitoren**) können durch Erhitzen (Toasten) weitestgehend inaktiviert werden.

Der weitere Abbau zu Aminosäuren erfolgt durch verschiedene Aminopeptidasen, die membrangebunden sind und vom N-Terminus her Aminosäuren abspalten. Ferner wirken Dipeptidasen und Tripeptidasen, die vermutlich intrazellulär nach Resorption der entsprechenden Peptide ihre Wirkung entfalten.

Verdauung der Fette im Dünndarm

Der Abbau der Fette (Triglyceride) erfolgt hauptsächlich im Dünndarm durch Wirkung der Pankreaslipase. Dazu ist auch die Anwesenheit einer Colipase erforderlich, die mit der Lipase einen Komplex ausbildet, der sich an den Lipid-Wasser-Grenzschichten anlagert. Durch die Wirkung der Pankreaslipase entstehen überwiegend Fettsäuren und Monoglyceride, da die Abspaltung der Fettsäuren in den C1- und C3-Positionen bewirkt wird. Die Resorption erfolgt zum überwiegenden Anteil als Gemisch von Fettsäuren und Monoglyceriden. Monoglyceride können aber auch durch eine Monoacylglyceridlipase der Enterocyten weiter hydrolysiert werden. Dabei entstehendes wasserlösliches Glycerol wird ebenfalls resorbiert.

Obwohl die Galle keine Verdauungsenzyme enthält, trägt sie dennoch wesentlich zur Fettverdauung bei. Dies ist in der Unterstützung der Fettverdauung durch die emulgierende Wirkung der Gallensäuren begründet.

$R = -NH-CH_2-CH_2-SO_3^-$
Taurinrest ≙ Taurocholsäure

$R = -NH-CH_2-COO^-$
Glycinrest ≙ Glycocholsäure

Cholsäurerest

Gallensäuren werden in der Leber gebildet, sind Steroide und leiten sich von der Cholansäure ab. Vor der Sekretion werden sie mit Glycin oder Taurin (Derivat des Cysteins) konjugiert, und es entstehen Glycocholsäure bzw. Taurocholsäure. Diese sind hochlöslich und bilden einen lipophilen (Steranrest) und einen hydrophilen (Glycin- bzw. Taurinrest) Pol aus. Dadurch ist eine Emulgation der Fette möglich, und die Angriffsmöglichkeit der wasserlöslichen Enzyme durch die resultierende Oberflächenvergrößerung wird verbessert.

Neben Neutralfetten können im Dünndarm auch andere Lipide hydrolysiert werden. So gibt es eine Phospholipase A, die die Hydrolyse von Lecithin zu Fettsäuren und Lysolecithin bewirkt, sowie eine Cholesterolesterase.

Verdauung der Kohlenhydrate im Dünndarm

Die Verdauung der Kohlenhydrate durch körpereigene Enzyme beschränkt sich auf die Polysaccharide Stärke und Glycogen sowie auf einige Disaccharide. Sie erfolgt durch Enzyme des Pankreas bzw. durch membrangebundene Enzyme hauptsächlich im Dünndarm.

Die α-Glucane Stärke und Glycogen werden dort durch α-Amylasen des Pankreassekretes gespalten. Dies sind Endoglucanasen, die im Inneren der Moleküle 1,4-α-glucosidische Bindungen hydrolysieren. Als Produkte entstehen Maltose, Maltotriose, Oligosaccharide und Fragmente, die aus dem Abbau des Amylopectins und des Glycogens stammen und eine 1,6-Bindung aufweisen. Letztere werden auch als α-Dextrine oder α-Grenzdextrine bezeichnet. Das 1,6-α-Disaccharid der Glucose wird als Isomaltose bezeichnet.

All diese Produkte werden durch Enzyme der Bürstensaumregion der Epithelzellen bis zu Glucose, dem resorptionsfähigen Produkt, abgebaut. Der Endabbau zur Glucose erfolgt durch Exoenzyme wie Glucoamylase, 1,6-α-Glucosidase sowie Maltase, Isomaltase und durch Maltotriase. In der Bürstensaumregion sind weitere Disaccharidasen lokalisiert, wie Fructosidase (Saccharase), die Saccharose in Glucose und Fructose spaltet sowie β-Galactosidase (Lactase), die Milchzucker zu Glucose und Galactose hydrolysiert. Lactase fehlt allerdings bei Geflügel völlig, und bei Säugetieren sinkt deren Aktivität mit zunehmendem Alter stark. Daraus können besonders bei älteren Tieren Lactoseunverträglichkeiten resultieren. Auch für andere Disaccharidasen gibt es tierartspezifisch altersabhängige Veränderungen.

Verdauung der Nucleinsäuren im Dünndarm

Mit Ausnahme der bakteriellen DNA liegen Nucleinsäuren in Form von Nucleoproteinen vor. Der Proteinanteil wird in der für Proteine beschriebenen Weise enzymatisch hydrolysiert. Die Nucleinsäuren werden im Dünndarm unter Wirkung von Ribonucleasen und Desoxyribonucleasen zu Oligonucleotiden abgebaut. Als Endprodukte des Abbaus können Nucleoside, Purin- und Pyrimidinbasen, Pentose-1-Phosphat und Phosphat entstehen.

Die Ribonucleaseaktivität ist besonders bei Wiederkäuern hoch, da durch die mikrobielle Besiedlung der Vormägen eine große Menge Bakterien in den Dünndarm gelangt. Der Nucleinsäurenanteil bei Bakterien enthält etwa 20 % des Gesamtstickstoffs. Im Dünndarm können 70 bis 80 % der Nucleinsäuren verdaut werden.

5.2.1.4 Regulation der Expression und Sekretion von Verdauungsenzymen

Für die verschiedenen Verdauungsenzyme gibt es eine durch die Substrate ausgelöste Adaptation. Die molekularen Mechanismen dieser Regulation können auf verschiedenen Ebenen wirken. Diese Ebenen sind die Transkription, die Translation sowie die Stabilität der primären Expressionsprodukte. Bei luminal wirkenden Verdauungsenzymen des Magens und des Pankreas kommt noch die Ebene der Sekretionsrate dazu.

Die Sekretionsrate sekretorischer Zellen wird von verschiedenen Effektoren reguliert. Dazu gehören neurocrine Substanzen, endocrine Modulatoren und paracrine Effektoren. Die Säuresekretion im Magen wird z. B. sowohl durch Acetylcholin (neurocrin), durch Gastrin (endocrin) als auch durch Histamin (paracrin) angeregt, wobei es für alle drei Effektoren an der Plasmamembran der Belegzellen distinkte Rezeptoren gibt. Die gleichen Substanzen stimulieren auch die Pepsinogenfreisetzung der Hauptzellen. Auch zwei weitere Peptidhormone, Secretin und Cholecystokinin, wirken in gleichem Sinne. Sie regen die Sekretion der wässrigen bzw. der Enzymkomponente des Pankreas an.

Typische postnatale Veränderungen sind bei Säugetieren eine Abnahme der Lactaseaktivität und ein allmählicher Anstieg der Aktivitäten von Enzymen, die für die Hydrolyse pflanzlicher Kohlenhydrate erforderlich sind.

Im Dünndarm von Ferkeln fällt die Lactaseaktivität insbesondere innerhalb der ersten beiden Wochen stark und dann allmählich bis zur 8. Woche ab. Dagegen ist die Saccharaseaktivität in der ersten Lebenswoche kaum nachweisbar und steigt dann an. Parallel dazu erhöhen sich die Aktivitäten von Isomaltase und Maltase.

Die Aktivitäten der Pankreasenzyme verändern sich ebenfalls in den ersten Lebenstagen und -wochen. Das Maximum der Amylaseaktivität wird bei Ferkeln 4 bis 8 Wochen nach der Geburt erreicht. Bei Geflügel entwickeln sich nach dem Schlüpfen die Aktivitäten der Pakreasenzyme ebenfalls allmählich. Die Aktivitäten von Amylase, Lipase, Trypsin und Chymotrypsin erreichen im Dünndarminhalt bei Broilerküken erst nach 17, 4, 11 bzw. 11 Tagen ihre Maxima. Eine ähnliche Entwicklung liegt für die Amylase- und die Trypsinaktivität bei Puten vor.

Diese Veränderungen sind zum Teil entwicklungsbedingt, aber auch das Ergebnis von Induktions-Repressions-Mechanismen. Das Verhältnis der Verdauungsenzyme zueinander variiert diätspezifisch. Die Induzierbarkeit der α-Amylase durch Stärke, aber auch durch Glucose, der Serinproteasen durch Casein bzw. enzymatische Caseinhydrolysate und der Lipase durch Triglyceride bzw. durch Fettsäuren gilt als gesichert. Anhand des schnellen Abfalls der Lactaseaktivität und des drastischen Anstiegs von Glucoamylase in der Mucosa von früh abgesetzten Ferkeln lässt sich die Substratinduzierbarkeit dieser intestinalen Enzyme gut nachweisen. Über die dabei wirkenden Mediatoren liegen weniger gesicherte Erkenntnisse vor.

Ein wichtiger Regulationsmechanismus für die Synthese von Verdauungsenzymen wirkt auf der Transkriptionsebene, nachweisbar durch die Menge translatierbarer mRNS der einzelnen Enzyme. Für die Expression der Amylase liegt aber vermutlich eine posttranskriptionale Kontrolle vor.

Die physiologische Bedeutung der Adaptation von Synthese und Sekretion der Verdauungsenzyme ist nicht klar, da allgemein ein großer Überschuss der Verdauungsenzyme im Verhältnis zu den Substraten vorliegt.

5.2.2 Mikrobielle Verdauung

Als Mikroorganismen sind im Verdauungstrakt Bakterien, Protozoen und Pilze vorhanden. Da die Entwicklungsbedingungen für Mikroorganismen (Temperatur, Feuchtigkeit, pH-Wert) im Verdauungstrakt günstig sind, ist dort stets eine artenreiche, vielseitige Population anzutreffen. Dabei stellen die verschiedenen Mikroorganismen in sich ein Ökosystem dar, bei dem wechselseitige Abhängigkeiten nachweisbar sind.

Obwohl in allen Abschnitten des Verdauungstraktes eine beträchtliche mikrobielle Besiedlung vorliegt (Bakterienkeime pro ml im Pansen 10^9 bis 10^{11}, im Dünndarm 10^4 bis 10^8, im Dickdarm 10^8 bis 10^{10}), ist das Ausmaß der mikrobiellen Umsetzungsprozesse im Vormagensystem der Wiederkäuer und im Dickdarm am größten. Ein wesentlicher Grund dafür ist die längere Verweilzeit in diesen Abschnitten. Über die quantitative Bedeutung einer mikrobiellen Verdauung im Labmagen- und Dünndarmbereich der einzelnen Tierarten liegen nur unzureichende Kenntnisse vor. In diesen Abschnitten wird Milchsäure als vorwiegendes mikrobielles Stoffwechselprodukt gebildet.

Bei allen Pflanzenfressern findet in erheblichem Ausmaß eine mikrobielle Verdauung statt. Die beste Anpassung an die mikrobielle Verdauung liegt bei den Wiederkäuern vor, da das Vormagensystem dem Drüsenmagen vorgeschaltet ist und die aus den Vormägen stammenden Mikroorganismen durch körpereigene Enzyme verdaut und die Nährstoffe zum großen Teil noch im Dünndarm resorbiert werden können. Der Umfang der mikrobiellen Verdauung im Dickdarm ist je nach Ausprägung des Dickdarms tierartspezifisch unterschiedlich.

5.2.2.1 Mikrobielle Verdauung in den Vormägen

Beim Wiederkäuer liegen auf verschiedene Weise ideale Voraussetzungen für die mikrobielle Verdauung im Reticulo-Rumen vor (Verhältnisse beim Rind dargestellt):

- Die Vormägen sind eine großlumige Gärkammer mit konstanter Temperatur.
- Die für die Fermentation erforderlichen großen Flüssigkeitsmengen werden über den Speichel bereitgestellt.
- Durch $NaHCO_3$ des Speichels erfolgt eine Abpufferung des Panseninhaltes.
- Kontinuierliche Nährstoffversorgung exogen (Futteraufnahme) und endogen (Mineralstoffe, NH_3 und Schleimstoffe über den Speichel).
- Regelmäßige Durchmischung durch Pansenkontraktionen (7 bis 15 Kontraktionen in 5 Minuten).
- Intensive Zerkleinerung der Futterpartikel durch das Wiederkauen. 30 bis 70 Minuten nach Beendigung der Futteraufnahme wird in mehreren Perioden Vormageninhalt in die Maulhöhle befördert (Rejektion), intensiv gekaut (auch Überführung kristalliner in amorphe Cellulose) und wieder abgeschluckt.

- Regelmäßige Abgabe der Gärgase (Eruktion, 5- bis 8mal in 10 Minuten).
- Kontinuierliche Entfernung der mikrobiellen Stoffwechselprodukte durch Resorption.

Mikroorganismenpopulation in den Vormägen und ihr Stoffwechsel

Da in den Vormagenraum so gut wie kein Sauerstoff gelangt und die geringe Menge schnell verbraucht wird, kann man immer von anaeroben Bedingungen für die Mikroorganismen ausgehen. Folglich können die zur Energiegewinnung zur Verfügung stehenden Substrate lediglich unter anaeroben Bedingungen vergoren werden (s. Seite 120).

Die Gesamtkeimzahl im Panseninhalt ist außerordentlich hoch. Im Mittel kann mit 10^9 bis 10^{11} Bakterien, bis zu 10^6 Protozoen und bis zu 10^5 Pilzen je Gramm Panseninhalt gerechnet werden.

Im gesamten Pansen des Rindes beträgt allein die Bakterienfrischmasse etwa 3 bis 7 kg. Die Keimzahl und die Zusammensetzung der Mikroorganismenpopulation werden sehr stark von der Fütterung beeinflusst.

Einen Überblick zu den für den Stoffwechsel wichtigsten **Bakterienarten** und ihrer Eigenschaften im Pansen gibt Abbildung 34. Die bedeutendste Leistung der Pansenbakterien ist sicherlich der Abbau von Cellulose und anderer Nichtstärke-Polysaccharide. Sie sind aber aufgrund der Enzymausstattung auch zum Abbau anderer Nährstoffe fähig. Zwischen den einzelnen Bakterienarten gibt es zahlreiche Wechselwirkungen. So werden hochpolymere Substrate durch extrazelluläre Enzyme einiger Bakterienarten hydrolysiert, die entstehenden Produkte können aber auch von anderen Arten genutzt werden. In Reinkultur bilden Pansenbakterien Substanzen, wie Succinat, Lactat oder Alkohol, die im Pansensaft kaum nachweisbar sind. Der Grund dafür ist die Verwertung dieser Produkte durch andere Arten.

Besonders bei stärkereicher Fütterung kann durch *Streptococcus bovis* und *Selenomonas ruminantium* in erheblichen Mengen Lactat entstehen. Wenn die Kapazität der lactatverwertenden Arten überschritten wird, kommt es zur Lactatanhäufung im Panseninhalt, die mit einer Senkung des pH-Wertes verbunden ist. Unter diesen Bedingungen kann es zu einer Verschiebung im Verhältnis der Bakterienarten kommen, insbesondere zu einer Abnahme der Zahl der säureempfindlichen cellulolytischen Bakterien und zu einer Zunahme der Zahl säuretoleranter Arten, die unter diesen Bedingungen erhöhte Proliferationsraten aufweisen.

Bei längerfristigem Abfall des pH-Wertes im Pansen auf unter pH 6 spricht man von **Pansenacidose**, die neben einer Einschränkung der Futteraufnahme zu Nekrosen der Pansenzotten,

Abb. 34. Wichtigste Bakterienarten des Panseninhalts und ihre Charakterisierung (Gesamtzahl: 10^9 bis $10^{11} \cdot g^{-1}$).

Gattung/Art	cellulolytisch[1]	amylolytisch	saccharolytisch	pektinolytisch	proteolytisch	lipolytisch	Glycerol-Fermentation	Lactatbildung	Lactatverwertung	Methanbildung	säuretolerant	säureempfindlich
Aerovibrio lipolytica						●						
Bacteroides amylophilus		●			●							
Bacteroides ruminicola		●	●	●	●			●				
Fibrobacter succinogenes	●	(●)										●
Butyrifibrio fibrisolvens	●	(●)	●		●	●						●
Eubacterium limosum									●			
Eubacterium ruminantium			●									
Lachnospira multiparus			●	●								
Megasphera elsdenii							●		●		●	
Methanobacterium ruminantium										●		
Ruminococcus albus	●											●
Ruminococcus flavefaciens	●											●
Selenomonas ruminantium		●	●		●		●	●			●	
Streptococcus bovis		●	●					●			●	
Veilonella alcalescens									●			
Vibrio succinogenes									●			

[1] Cellulolytische Bakterien bilden in der Regel auch Enzyme, die zur Hydrolyse von Hemicellulosen in der Lage sind.

Entzündungen und Funktionseinschränkungen bzw. -verlust führen kann. Die Pansenacidose kann in eine metabolische Acidose übergehen.

Die Gesamtbakterienzahl wird maßgeblich von der Zufuhr leicht löslicher Kohlenhydrate beeinflusst. Allgemein gilt: Hohe Keimzahlen findet man bei stärkereicher Fütterung und bei Weidegang. Rauhfuttergaben (Heu, Stroh) führen zu einer Abnahme der Gesamtkeimzahl.

Die Gesamtkeimzahl der **Protozoen** ist im Pansen mit 0 bis 10^6/g niedriger als die der Bakterien; da sie aber 10 bis 100mal größer (20 bis 200 μm) sind als die Bakterien, können sie dennoch bis zu 50% der Mikroorganismenmasse ausmachen. Es handelt sich überwiegend um Ciliaten. Holotriche Protozoen nehmen lösliche Zucker auf und erreichen bei Grünfutter Konzentrationen bis 10^4/g; entodiniomorphe Protozoen sind in der Lage, Stärkekörner und Pflanzenpartikel aufzunehmen und können Keimzahlen bis 10^6/g erreichen. Protozoen ernähren sich aber primär durch die Aufnahme von Bakterien. Als Abbauprodukte entstehen kurzkettige Fettsäuren, Aminosäuren und NH_3.

Den Protozoen kommt vor allem bei stärkereichen Rationen eine Bedeutung zu, da sie durch Aufnahme ganzer Stärkekörner eine schnelle bakterielle Fermentation und damit eine starke pH-Wert-Absenkung unterbinden können. Andererseits nehmen die Protozoen bis zu 50% der Pansenbakterien auf und bedingen dadurch eine NH_3-Freisetzung und N-Rezyklierung im Pansen. Insofern ist ihre Bedeutung für das Wirtstier umstritten. Der Stoffwechsel ist auch nicht gut untersucht, weil es bisher kaum gelingt, Protozoen in Abwesenheit von Bakterien zu kultivieren.

Wiederkäuer sind offensichtlich nicht auf die Anwesenheit der Protozoen angewiesen, wie mit defaunierten (protozoenfreien) Tieren gezeigt wurde. Bei Jungtieren erfolgt erst eine Protozoenbesiedlung durch Kontakt mit anderen Tieren.

Durch häufiges Füttern und proteinreiche Rationen wird die Protozoenanzahl erhöht; dagegen wird durch Hunger, hohe Anteile pelletierten Futters und hohe Konzentratgaben die Zahl der Protozoen bis unterhalb der Nachweisgrenze reduziert.

Das Vorkommen von **Pilzen** im Pansen ist erst in den 70er Jahren entdeckt worden. Die entsprechenden Keime wurden davor den Protozoen zugeordnet. Die Gesamtzahl kann bis zu 10^5/g betragen. Es handelt sich in erster Linie um phycomycetische Zoosporen, wie *Neocallimastrix frontalis*, *Piromonas communis* und *Sphaeromo-*

nas communis. Diese Pilze bilden auf Pflanzenpartikeln Rhizoide und Sporangien und penetrieren das Pflanzenmaterial. Ihre besondere Bedeutung scheint in der initialen Besiedlung von Lignonocellulose zu liegen. Die höchsten Keimzahlen werden bei Verfütterung rohfaserreicher schlecht verdaulicher Rationen gefunden.

Im folgenden sollen die komplexen Verdauungsvorgänge im Vormagen anhand der Umsetzungen der Hauptnährstoffe Kohlenhydrate, Eiweiße bzw. N-Verbindungen und Fette im einzelnen veranschaulicht werden. Dabei spielen nicht nur Abbauprozesse, sondern auch wertvolle Syntheseprozesse, wie Eiweiß- und Vitaminsynthese, eine entscheidende Rolle.

Umsatz der Kohlenhydrate im Pansen

Aufgrund der verschiedenen mikrobiellen Enzyme in den Vormägen können qualitativ alle Polysaccharide sowie Oligo- und Disaccharide, die in Futtermitteln vorkommen, zu Monosacchariden abgebaut werden. Diese werden aber nicht im Pansen resorbiert, sondern anaerob zu kurzkettigen Carbonsäuren (SCFA = short chain fatty acids oder auch als flüchtige Fettsäuren bezeichnet = FFS) abgebaut. Als quantitativ wichtigste Endprodukte entstehen Acetat, Propionat, und Butyrat sowie Methan und Kohlendioxid. Darüber hinaus entsteht bei diesen Prozessen Wärme. Praktisch erfolgt die Bildung aller kurzkettigen Carbonsäuren aus allen Kohlenhydraten über Pyruvat. Ein vereinfachtes Schema dazu ist in Abbildung 35 dargestellt.

Sowohl die Acetat- als auch die Propionatbildung kann auf zwei verschiedenen Wegen erfolgen. Die Propionsäurebildung über Lactat (Acrylatweg) findet verstärkt bei Verabreichung leichtlöslicher Kohlenhydrate statt und wirkt einer Lactatanhäufung entgegen.

Während die kurzkettigen Carbonsäuren vorwiegend über die Pansenschleimhaut resorbiert werden, erfolgt die Abgabe der Pansengase durch Eruktion. Die Pansengase enthalten außer CO_2 und CH_4 noch geringe Mengen N_2 und H_2.

Die Methanbildung hat einerseits die Funktion, den H_2-Überschuss abzufangen, gleichzeitig wird aber auch dabei das Gasvolumen auf ein Fünftel reduziert, da Gase etwa das gleiche Molvolumen von 22,4 l haben.

$$CO_2 + 4 H_2 \longrightarrow CH_4 + 2 H_2O$$
$$\text{Gasvolumen} = 22,4\,l + 89,6\,l \longrightarrow 22,4\,l$$

Die Methanabgabe beträgt beim Schaf 30 bis 50 l und beim Rind 50 bis 200 l pro Tag. Sie bedeu-

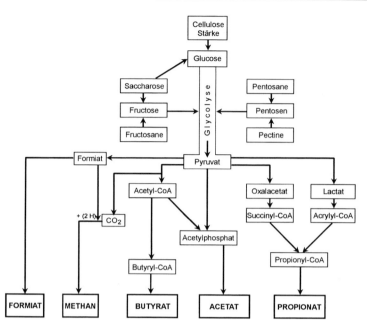

Abb. 35. Schema zum mikrobiellen Kohlenhydratumsatz im Pansen.

tet einen Energieverlust der Größenordnung von 8 bis 11 % bei Rationen mit hoher Verdaulichkeit und von 14 bis 16 % bei Rationen mit niedriger Verdaulichkeit. Die zur Resorption gelangenden kurzkettigen Carbonsäuren enthalten 70 bis 87 % der Kohlenhydratenergie, in Abhängigkeit der einzelnen Carbonsäuren zueinander. Weitere etwa 10 % gehen als Gärungswärme verloren.

Aufgrund des Energieverlustes durch die Methanbildung, aber auch, weil die Methanemission wesentlich zum Treibhauseffekt und damit zur Klimabeeinflussung beitragen soll, werden Anstrengungen unternommen, durch Rationsgestaltung sowie Einflussnahme auf die Fermentationsprozesse im Pansen die Methanbildung zu reduzieren.

Sowohl das Verhältnis der einzelnen kurzkettigen Carbonsäuren zueinander als auch die Fermentationsrate sind stark von der Art der Kohlenhydrate abhängig. Cellulosereiche Futtermittel führen zu einem hohen relativen Anteil an Essigsäure und zu geringen Anteilen an Propion- und Buttersäure. Demgegenüber reduzieren stärkereiche Rationen den Acetatanteil und erhöhen die Anteile an Propionat und Butyrat. Noch drastischer wirken sich in gleichem Sinne Rationen mit hohem Zuckergehalt aus. Als Richtwerte für das molare Verhältnis (Mol/100 Mol kurzkettiger Carbonsäure) von Acetat:Propionat:Butyrat sind bei einer „Milchkuhration" 67:15:12 und für eine „Bullenmastration" 50:30:15 zu betrachten.

Die kurzkettigen Fettsäuren werden entsprechend dem Konzentrationsgefälle zwischen Pansensaft und Blut bereits im Pansen resorbiert. Diese Resorption kann sowohl als Anion als auch als undissoziierte Säure erfolgen. Die freien Fettsäuren werden rascher resorbiert als die Fettsäurenanionen. Die Resorptionsgeschwindigkeit für kurzkettige Fettsäuren nimmt mit sinkendem pH-Wert des Panseninhalts zu, weil dabei der Anteil an freien Fettsäuren gegenüber den Fettsäurenanionen ansteigt. Von der Propionsäure wird etwa ein Fünftel während der Passage durch die Pansenwand in Lactat umgesetzt, das in der Leber in die Gluconeogenese einmündet.

Der schnellsten Fermentation unterliegen Zucker (innerhalb von 2 Stunden, mit einem Maximum nach 1 Stunde). Die höchste Fermentationsrate für Stärke liegt bei 3 Stunden nach der Aufnahme, während die Fermentationsrate für Cellulose bis zur 12. Stunde allmählich ansteigt. Hemicellulosen werden im Pansen rascher als Cellulose abgebaut.

Gerüstsubstanzen dienen nicht nur als Substrate für den mikrobiellen Abbau, sondern sind auch bezüglich der Anforderungen der Wiederkäuer an die Futterstruktur von Bedeutung. Durch Aufnahme von z. B. Grünfutterstoffen sowie deren Feucht- und Trockenkonservate oder

Stroh wird eine normale Pansenfunktion (Pansenmotorik, Wiederkautätigkeit, Speichelproduktion, stabile pH-Werte und eine normale morphologische Beschaffenheit der Pansenschleimhaut) gewährleistet.

Protein- und Stickstoffumsatz im Pansen
In den Vormägen der Wiederkäuer findet ein bedeutender Protein- und Stickstoffumsatz statt. Die wesentlichen Prozesse sind in Abbildung 36 schematisch dargestellt.
- Im Pansen werden Futterproteine größtenteils durch proteolytisch wirkende Mikroorganismen zu Aminosäuren hydrolysiert und nahezu vollständig desaminiert. Aus dem Abbau der Futterproteine im Pansen resultieren hauptsächlich NH_3 und kurzkettige Carbonsäuren (aus den C-Gerüsten).
- Der im Pansen nicht abgebaute Anteil der Futterproteine gelangt unverändert in das Labmagen-Dünndarm-Segment. Diese Proteine werden als „Durchflussprotein" (DFP; oder UDP = undegraded protein) bezeichnet.
- Parallel dazu findet eine mikrobielle Synthese von Aminosäuren (NH_3 als N-Quelle) und Proteinen statt. Die gebildeten Bakterien- und Protozoenproteine können bei Passage in das Labmagen-Dünndarm-Segment zur Aminosäurenbedarfsdeckung des Wirtstierorganismus genutzt werden. Als NH_3-Quelle für die bakterielle Proteinsynthese können neben Futterproteinen auch Nichtprotein-Stickstoffverbindungen dienen, wie z. B. Ammoniumsalze, Harnstoff und Säureamide. Darüber hinaus kann auch im Intermediärstoffwechsel (Leber) gebildeter Harnstoff vorwiegend über den Speichel in den Pansen rezykliert und von den Mikroorganismen zur Proteinsynthese genutzt werden. Dieser Weg der N-Rezyklierung wird als **rumenohepatischer Kreislauf** bezeichnet und kann bis zu 50% des intermediär gebildeten Harnstoffs betreffen. Das Ausmaß der N-Rezyklierung auf diesem Wege ist abhängig von der N-Versorgung.

Die NH_3-Konzentration im Pansen hängt von der Bildungsgeschwindigkeit, dem Verbrauch für Synthesevorgänge und vom Abtransport bzw. der Resorptionsrate ab. Sie unterliegt starken Schwankungen, Normalwerte sind 10 bis 25 mg/100 ml. Zu einer Überschreitung dieser Werte kann es insbesondere bei Aufnahme leicht löslicher Futterproteine und niedrigem Gehalt leicht verdaulicher Kohlenhydrate (Stärke) in der Ration kommen. Auf Konzentrationserhöhungen über 40 mg NH_3/100 ml Pansensaft reagieren Wiederkäuer bereits mit reduzierter Futteraufnahme. Der mit dem Anstieg der NH_3-Konzentration verbundene Anstieg des pH-Wertes im Pansen kann zur **Pansenalkalose (pH > 7,0)** führen und eine metabolische Alkalose mitverursachen.

Andererseits sind für die Aufrechterhaltung der Bakterienpopulation mindestens 5 mg NH_3/100 ml Pansensaft erforderlich. Um den Stickstoffbedarf der Pansenmikroorganismen zu decken, müssen die Rationen mindestens 80 g Rohprotein/kg Trockensubstanz enthalten.

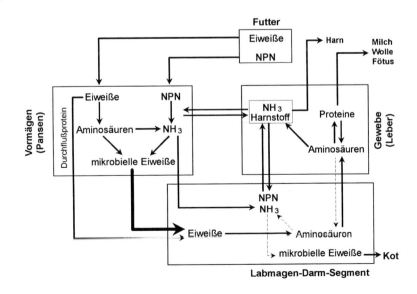

Abb. 36. Schema zum Stickstoffumsatz beim Wiederkäuer.

Nitrat- und Nitritionen können im Pansen zu NH_3 reduziert werden und ebenfalls als N-Quelle genutzt werden. Eine hohe Nitrataufnahme mit dem Futter sowie Störungen in der Nitratreduktion (Nitritanreicherung) können jedoch zu Gesundheitsstörungen führen. Resorbiertes Nitrit bewirkt eine Senkung des Gehaltes an O_2-aufnahmefähigen Hb im Blut durch Bildung von Methämoglobin.

Hinsichtlich der Rationsgestaltung für Wiederkäuer ist es wichtig, sich zu vergegenwärtigen, dass die Aminosäurenzufuhr für das Wirtstier von den in den Dünndarm gelangenden Proteinen abhängt. Dies sind einerseits im Pansen synthetisierte Mikroorganismenproteine und andererseits im Pansen nicht abgebaute Futterproteine (UDP). Tabelle 29 (s. Seite 159) enthält Angaben zur intraruminalen Abbaubarkeit von Rohprotein aus verschiedenen Futtermitteln. Mit steigenden Leistungen nimmt die Bedeutung der UDP zu, da die mikrobielle Proteinsynthese bei der Milchkuh über die Deckung des Erhaltungsbedarfs hinaus lediglich für 12 bis 15 kg Milch pro Tag ausreicht.

Umsatz der Fette im Pansen
Durch den mikrobiellen Stoffwechsel im Pansen wird das Fettsäurenmuster der Futterfette modifiziert (Abb. 37). Zunächst erfolgt eine weitgehende Lipolyse sowohl von Triglyceriden als auch von Phospholipiden. Das resultierende Glycerol mündet in die Stoffwechselwege der Kohlenhydrate. Die aus den Lipiden stammenden Fettsäuren werden im Pansen nicht weiter abgebaut, und es findet lediglich eine geringfügige Resorption von $C_{12:0}$- und $C_{14:0}$-Fettsäuren statt.

Von den ungesättigten Fettsäuren wird nur ein geringer Anteil in die Phospholipide der Bakterien eingebaut. Ansonsten werden sie teilweise oder vollständig hydriert. Dabei wird wiederum ein Teil durch Isomerierung von der cis-Form in die trans-Form (s. Seite 23) überführt. Demnach wird das Fettsäurenmuster im Pansen dahingehend modifiziert, dass sich der Anteil gesättigter Fettsäuren erhöht und trans-Fettsäuren gebildet werden. Diese Veränderungen sind der Grund für den hohen Sättigungsgrad und den relativ hohen Schmelzpunkt der Wiederkäuerfette sowie für das Auftreten von trans-Fettsäuren in Milch- und Körperfetten von Wiederkäuern. Je nach Rationszusammensetzung kann der Gehalt an trans-Fettsäuren im Milchfett von Kühen zwischen 1% und 7% der Gesamtfettsäuren liegen.

Die Kapazität zum Fettumsatz im Pansen ist sehr begrenzt. Bereits ein Fettgehalt über 5% in der Ration führt zu einer Beeinträchtigung der Mikroorganismenpopulation, verbunden mit einer Abnahme des Abbaus von Nichtstärke-Polysacchariden im Pansen sowie verminderter Milchmengen- und Fettleistung.

Quantitative Aspekte des Nährstoffumsatzes im Pansen
Einen Gesamtüberblick zum Umsatz der Hauptnährstoffe im Pansen gibt Abbildung 38. Da die Endprodukte der in den Vormägen stattfindenden Gärung größtenteils durch die Vormagenwand resorbiert werden, fließt wesentlich weniger organische Substanz in den Labmagen als mit dem Futter abgeschluckt worden ist. Das Ausmaß des Nährstoffabbaus im Pansen ist von

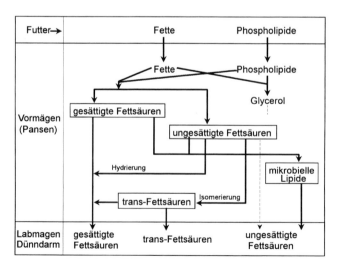

Abb. 37. Besonderheiten des mikrobiellen Umsatzes der Fettsäuren beim Wiederkäuer.

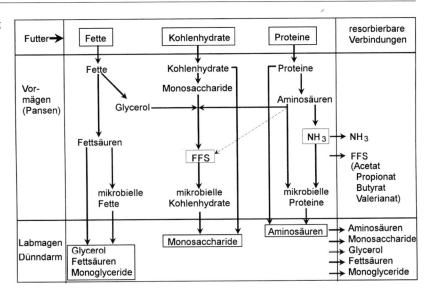

Abb. 38. Verdauung und Resorption der Hauptnährstoffe beim Wiederkäuer.

einer Vielzahl von Faktoren abhängig, so dass die folgenden Zahlenangaben nur als Orientierungswerte aufgefasst werden können.

Der auf die Vormägen entfallende Anteil der gesamten Nährstoffverdauung liegt bei 50 bis 70%, ist für die einzelnen Nährstoffe unterschiedlich und wird von der Art der Futtermittel, der Höhe der Trockensubstanzaufnahme und der Verweildauer in den Vormägen beeinflusst. Die folgenden Angaben sind demnach lediglich Orientierungswerte.

Die Abbaubarkeit der Stärke im Pansen ist von der Herkunft und der technologischen Behandlung abhängig und liegt zwischen 70 und über 90%. Die Abbaubarkeit der nativen Maisstärke liegt etwa um 15% niedriger als die anderer Getreidestärke. Dies bedeutet, dass beim Wiederkäuer aus der Stärkeverdauung größtenteils flüchtige Fettsäuren resorbiert werden und nur ein geringer und variabler Anteil an Glucose, und zwar aus dem in den Dünndarm gelangenden Stärkeanteil (Bypassstärke). Dabei ist zu berücksichtigen, dass die Verdauungskapazität im Dünndarm begrenzt ist und beispielsweise bei Kühen oberhalb von 1,5 kg/d die Stärkeverdaulichkeit im Dünndarm stark abfällt. Demnach muss der intermediäre Glucosebedarf zu einem sehr hohen Anteil durch Gluconeogenese gedeckt werden. Besonders hochlaktierende Tiere müssen eine enorme Syntheseleistung erbringen (der Lactosegehalt der Milch beträgt 46 g/kg).

Die Gluconeogenese kann aus glucogenen Aminosäuren sowie aus Metaboliten des Pansenstoffwechsels erfolgen. Der wichtigste Metabolit dieser Art ist das Propionat, das in der Leber über Oxalacetat und Phosphoenolpyruvat zur Gluconeogenese verwertet werden kann. Lactat kann ebenfalls zur Gluconeogenese genutzt werden, dies ist aber größtenteils ebenfalls auf Propionat zurückzuführen. Aus Acetat und Butyrat ist eine Glucosebildung im Organismus von Säugetieren nicht möglich. Bei gleichzeitigem Defizit in der Energieaufnahme und intensiver Gluconeogenese kommt es zur verstärkten Mobilisation von Körperfettreserven verbunden mit einer erhöhten Ketonkörperbildung und mit der Gefahr einer Ketose (s. Seite 51).

Kurzkettige Fettsäuren sind darüber hinaus auch Substrate für die Fettsynthese. Aus Acetat und Butyrat können sowohl Körperfett als auch Milchfett synthetisiert werden. Für die Bildung von Milchfett spielt vor allem das Acetatangebot eine wesentliche Rolle. Faktoren, die den Anteil an Acetat an den Gesamtfettsäuren im Pansen verändern, können den Fettgehalt der Milch beeinflussen (z. B. der Rohfasergehalt der Ration, die Struktur des Futters).

Bei ausreichender Stickstoffzufuhr ist die Bildung von mikrobiellem Protein im Pansen von der verfügbaren Energie abhängig. Als Orientierungswert kann man mit einem Ertrag von 10 g mikrobiellem Protein je MJ umsetzbare Energie rechnen, bezogen auf Kilogramm verdauliche organische Substanz sind es 80 bis 300 g mikrobielles Protein.

Bezüglich der Abbaubarkeit der Futterproteine im Pansen ist zwischen Futterproteinen mit hoher (75 bis 95 %), mittlerer (65 bis 85 %) und niedriger (55 bis 75 %) intraruminaler Abbaubarkeit zu differenzieren (Tab. 29). Leicht abbaubar sind z. B. Proteine aus Frischgras oder Weizen (Korn), dagegen haben Proteine z. B. aus Sojaextraktionsschrot oder Körnermais eine niedrige intraruminale Abbaubarkeit. Dies ist bei der Rationsgestaltung zu berücksichtigen.

5.2.2.2 Mikrobielle Verdauung im Dickdarm

Ebenso wie die Pansenschleimhaut bildet die Dickdarmschleimhaut keine Verdauungsenzyme. Mit 10^8 bis 10^{10} Bakterien/g Digesta werden im Dickdarminhalt Keimkonzentrationen erreicht, die mit denen des Panseninhaltes vergleichbar sind. Für die Passage durch den Dickdarm benötigen kotpflichtige Partikel etwa die zwei- bis dreifache Zeit gegenüber der Passage durch den Dünndarm, allerdings eine kürzere Zeit als für die Passage durch den Pansen. Die wichtigste Funktion des Dickdarms dürfte für alle Tierarten die Resorption von Wasser und von Elektrolyten sein.

Die Bedeutung der Dickdarmverdauung für die Nährstoffversorgung des Tieres ist einerseits abhängig von der Größe des Dickdarms und der Verweildauer der Digesta, aber auch von dem für die entsprechende Tierart üblichen Rationstyp. Als Substrate gelangen in dieses Segment bei allen Tierarten vor allen Dingen Substanzen endogenen Ursprungs (z. B. Enzyme, Epithelzellen) und aus dem Futter stammende Nährstoffe, die bis zum Dünndarmende nicht verdaut und resorbiert wurden. Dies sind in erster Linie Nichtstärke-Polysaccharide, aber bei einigen Tierarten fütterungsbedingt auch geringe Mengen Stärke, Zucker oder Futterproteine.

Die mikrobielle Verdauung im Dickdarm unterscheidet sich von der des Pansens vor allen Dingen hinsichtlich der zur Verfügung stehenden Substrate. Während im Pansen auch die leicht fermentierbaren Komponenten des Futters vorhanden sind, beschränkt sich die Dickdarmverdauung auf oben genannte Verbindungen.

Für **Carnivoren** (Katze, Hund) ist die Dickdarmverdauung von nur untergeordneter Bedeutung. Da das Futter protein- und fettreich, aber arm an pflanzlichen Gerüstsubstanzen ist, werden bei diesen Tierarten vor allen Dingen Proteine im Dickdarm mikrobiell umgesetzt, und es kommt zum hohen Anfall von NH_3, aber auch von Abbauprodukten wie Indol und Skatol, die den typischen Kotgeruch bei diesen Tierarten verursachen.

Wie schon an dem relativen Fassungsvermögen des Dickdarms zu erkennen ist (s. Tab. 22), spielt bei omnivoren Tierarten (Schwein) und besonders bei herbivoren Nichtwiederkäuern (Pferd, Kaninchen) die Verdauung in diesem Abschnitt eine weitaus größere Rolle. Bei den zuletzt genannten Tierarten gibt es ferner Unterschiede bezüglich der Fermentation in den einzelnen Abschnitten. Während beim Pferd die mikrobielle Verdauung im Caecum und vor allen Dingen im Colon stattfindet, erfolgt sie beim Kaninchen vorwiegend im Caecum.

Insgesamt liegt die mikrobielle Verdauungsleistung bei **herbivoren Nichtwiederkäuern** unter der der **Wiederkäuer**, die mit dem mikrobiellen Umsatz in den Vormägen und zusätzlich im Dickdarm in dieser Hinsicht eine ideale Anpassung aufzuweisen haben.

Verständlicherweise ist das Ausmaß der mikrobiellen Verdauung bei **Omnivoren** (Schwein, aber auch Mensch) im Sinne einer Nährstoffversorgung für das Wirtstier weitaus geringer als bei herbivoren Wiederkäuern. Ein ausreichendes Angebot an im Dickdarm fermentierbaren Kohlenhydraten (in der Humanernährung als Ballaststoffe bezeichnet) scheint aber aus einer anderen Sicht von Bedeutung zu sein. Einerseits führt die Bildung von kurzkettigen Fettsäuren zu einer pH-Wert-Absenkung und damit zu einer Einschränkung der Entwicklungsbedingungen, z. B. von coliformen Keimen, andererseits kann durch die Energiebereitstellung aus dem Kohlenhydratabbau im Dickdarm ein größerer Anteil des aus dem Proteinabbau stammenden NH_3 als mikrobielles Protein gebunden und über den Kot ausgeschieden werden.

Letzteres bedeutet eine teilweise Umlenkung der N-Ausscheidung und eine Entlastung des Intermediärstoffwechsels, da resorbiertes NH_3 im Rahmen der Harnstoffsynthese in der Leber entgiftet und über die Niere ausgeschieden werden muss. Beides kann gesundheitsfördernd wirken. Bei marginaler N-Versorgung kann die Rezyklierung von Stickstoff über den mikrobiellen Abbau endogener Sekretbestandteile zur Verbesserung der N-Versorgung beitragen (rumenohepatischer Kreislauf; Einbau in nichtessenzielle Aminosäuren durch Transaminierung).

Im Gegensatz zu Säugern hat der Dickdarm bei **Vögeln** keinen Colonabschnitt aufzuweisen, er ist vielmehr insgesamt als Mastdarm anzusehen. Die am Übergang vom Dünndarm zum Dickdarm abzweigenden paarig angelegten Blinddärme können beim Huhn eine Länge von über 20 cm erreichen. Das Ausmaß des Abbaus von organischer Substanz im Dickdarm des Huhns ist deutlich geringer als beim Schwein. Die bei geeigneten Haltungsbedingungen zu beobachtende Neigung der Hühner, Teile der eigenen Exkremente aufzupicken (Koprophagie) gilt gleichfalls als eine besondere Art, Syntheseleistungen der Mikroorganismen des eigenen Dickdarms zu nutzen.

Aus dem mikrobiellen Kohlenhydratabbau im Dickdarm resultieren, wie auch beim Abbau im Pansen der Wiederkäuer, kurzkettige Fettsäuren. Es entstehen in quantitativer Reihenfolge vor allen Dingen Acetat, Propionat und Butyrat.

Die kurzkettigen Fettsäuren können im Dickdarm resorbiert und vom Wirtstier energetisch genutzt werden. Es ist allerdings für die Verwertung der scheinbar verdauten Kohlenhydrate der mit der mikrobiellen Fermentation verbundene Energieverlust zu berücksichtigen.

Beim Schwein und bei herbivoren Nichtwiederkäuern können etwa 10 bis 30 % des Energieerhaltungsbedarfs aus den Fermentationsprodukten des Dickdarms gedeckt werden.

Als N-haltige Verbindungen gelangen in das Dickdarmlumen sowohl nicht resorbierte Futterproteinanteile sowie Verbindungen endogenen Ursprungs, wie Sekretproteine, abgestoßene Dünndarmepithelzellen, Komponenten der Galle, Harnstoff und Mikroorganismen aus den proximalen Abschnitten. Die mikrobielle proteolytische Aktivität ist im Dickdarm sehr hoch. Daraus resultierende Aminosäuren werden nicht resorbiert, sondern nahezu vollständig desaminiert und decarboxyliert.

Das aus der Desaminierung stammende NH_3 dient entweder der mikrobiellen Aminosäuren- und Proteinsynthese im Lumen des Dickdarms, oder es wird resorbiert und unterliegt im Intermediärstoffwechsel den bereits beschriebenen Stoffwechselwegen. Im Dickdarm gebildetes Bakterienprotein kann nur vom Wirtstier verwertet werden, wenn Koprophagie vorliegt. Im Dickdarm durch Decarboxylierung gebildete und resorbierte biogene Amine belasten in der Regel den Intermediärstoffwechsel.

Der mikrobielle Lipidumsatz im Dickdarm ist quantitativ unbedeutend. Allerdings werden Gallensäuren dekonjugiert (Abspaltung der Glycin- bzw. Taurinreste) und teilweise hydriert.

Mikrobielle Vitaminsynthese im Verdauungstrakt

Die Mikroorganismen des Verdauungstraktes sind zu einer Vitaminsynthese fähig, die beim Wiederkäuer unter Bedingungen einer wiederkäuergerechten Fütterung zur Deckung des Bedarfs der Vitamine des B-Komplexes sowie von Vitamin K ausreicht. Die Synthese von Vitamin B_{12} setzt eine ausreichende Co-Zufuhr voraus. Durch Antivitamine im Futter oder durch andere nutritive Einflüsse kann aber die Vitaminsynthese im Pansen gestört sein und eine Bedarfsdeckung in Frage stellen (s. Abschn. 3). Über die Bedeutung der mikrobiellen Synthese wasserlöslicher Vitamine im Dickdarm von herbivoren Nichtwiederkäuern für die Bedarfsdeckung des Wirtstiers gibt es unterschiedliche Angaben. Eine teilweise oder vollständige Bedarfsdeckung durch bakterielle Synthese von B-Vitaminen scheint aber nur bei koprophagen Tieren möglich zu sein.

5.2.3 Resorption

5.2.3.1 Allgemeines

In den vorangegangenen Abschnitten sind die Futteraufnahme und die Verdauung als wesentliche Voraussetzung für die Nährstoffversorgung der Tiere dargestellt worden. Damit aber die verschiedenen Endprodukte der Verdauung als Energielieferanten, Baustoffe für die Synthese verschiedener körpereigener Verbindungen oder als Effektoren verschiedener Art wirksam werden können, müssen sie aus dem Lumen des Magen-Darm-Kanals zunächst in das Lymph- und Blutgefäßsystem gelangen. Dieser Vorgang wird als Resorption bezeichnet. Im englischsprachigen Raum verwendet man dafür den Begriff „absorption".

Resorption ist die transepitheliale Passage von Nährstoffen (transzellulär, parazellulär) im Verdauungstrakt. Hierzu zählen auch Nährstoffe, die im Epithel verstoffwechselt werden.

Für die Beurteilung von Resorptionsvorgängen ist zu berücksichtigen, dass aufgrund des Stoffwechsels der Zellen der Magen-Darm-Wand im Abtransportsystem (Lymphe, Blut) andere Metabolite erscheinen können als aus dem Lumen des Verdauungstraktes aufgenommen wurden. So werden z. B. während der Resorption in der Pansenwand Buttersäure, aber auch Essigsäure zum großen Teil in β-Hydroxybuttersäure (Ketonkörper) oder Propionat in Lactat und Pyruvat umgesetzt. Ferner findet ein Stofftransport durch Epithelien und Membranen in beide Richtungen statt, so dass man mit der Differenz von Stoffbewegungen eigentlich einen „Nettotransport" ermittelt. Dies kann eine Nettoresorption oder Nettosekretion sein, je nach dem, ob die Fluxrate zur serosalen bzw. zur mucosalen Seite hin überwiegt.

126 Verdauung und Resorption

5.2.3.2 Resorptionsmechanismen

Der Resorption liegen sowohl passive als auch aktive Transportmechanismen zugrunde. Der passive Transport folgt immer einem Gradienten (chemisch, elektrisch oder osmotisch) und ist nicht energieabhängig. Ein „Bergauftransport" (von einem Compartment niederer Stoffkonzentration in ein Compartment hoher Stoffkonzentration) ist auf diese Weise nicht möglich. Diffusion, Osmose und Bulk flow sind derartige passive Transportmechanismen. Der aktive Transport ist energieabhängig, d. h., er erfordert eine Spaltung von ATP und ermöglicht einen „Bergauftransport".

Diffusion. Die Diffusion ist ein passiver Transportmechanismus, der möglich ist, wenn für die entsprechende Verbindung ein Konzentrationsgefälle vom Lumen des Verdauungstraktes zum abführenden Gefäßsystem besteht und wenn die betreffenden Stoffe die Membran permeieren können. Ammoniak und Harnstoff folgen diesem Transportprinzip. Im Falle von Ionen spielt neben der Konzentration in den beiden Compartments auch der elektrochemische Gradient (Potenzialdifferenz zwischen den Compartments) eine Rolle. Hiervon ist beispielsweise der Elektrolyttransport betroffen.

Osmose. Ein Flüssigkeitstransport zwischen zwei Compartments kommt zustande, wenn die Membran, die die Compartments trennt, zwar für das Wasser permeierbar ist, nicht aber für die in den Compartments gelösten Stoffe (z. B. Glucose). Bei Konzentrationsunterschieden in den beiden durch die Membran getrennten Räumen entsteht ein osmotischer Gradient, der die Bewegung des Wassers zum Raum mit der höheren Stoffkonzentration hin bewirkt. Dieses Prinzip liegt der Wasserresorption zugrunde.

Bulk flow oder Solvent drag. In bestimmten Bereichen des Verdauungstraktes (z. B. proximaler Dünndarm) findet eine erhebliche Wasserresorption auf parazellulärem Wege (s. Abb. 39) statt. Dabei können im Wasser gelöste Stoffe mittransportiert werden, sofern sie nicht zu groß sind, um die tight junctions zwischen den Epithelzellen passieren zu können. Dieser Transport wird als „bulk flow" bezeichnet und ist besonders für Elektrolyte von Bedeutung.

Erleichterte Diffusion. Dieser Transportmechanismus wird für Substanzen wirksam, die aufgrund ihrer Eigenschaften die Zellmembran schlecht permeieren können, die Permeabilität durch Bindung an eine Trägersubstanz (Carrier) aber erhöht wird. Für den Substrat-Carrier-Komplex besteht ein Konzentrationsgefälle, und nach der Diffusion durch die Membran zerfällt der Komplex. Derartige Prinzipien liegen der Resorption langkettiger Fettsäuren zugrunde.

Aktiver Transport. Während des Verdauungs- und Resorptionsprozesses werden bei der Verdauung entstehende Verbindungen nahezu vollständig aus dem Lumen des Verdauungstraktes

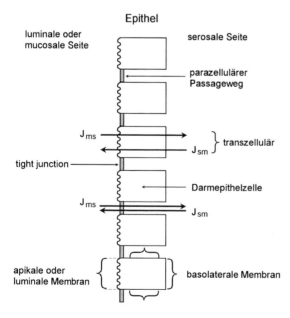

Abb. 39. Schematische Darstellung eines einschichtigen Epithels des Magen-Darm-Kanals. Die luminale Membran der Epithelzellen ist dem Darmlumen zugewandt, die übrigen Membranen werden als basolateral bezeichnet. Tight junctions sind Verschmelzungen benachbarter Plasmamembranen und stellen eine Art Verschlußzonen dar. Mit J_{ms} bzw. J_{sm} sind Transportprozesse von der mucosalen zur serosalen Seite bzw. umgekehrt gekennzeichnet (nach MARTENS 1995).

entfernt und gelangen ins Blut, wo höhere Konzentrationen vorliegen. Das bedeutet, für diese Substanzen liegt ein „Bergauftransport" vor, der, wie eingangs erwähnt, energieabhängig ist. Der aktive Transport findet transzellulär statt und ist von größter Bedeutung, da z. B. Zucker und Aminosäuren auf diese Weise resorbiert werden.

Pinozytose. Unter Pinozytose versteht man eine Aufnahme von Makromolekülen (oder Partikeln) durch Abschnürung der lumenwärtigen Membran einer resorbierenden Zelle unter Ausbildung einer intrazellulären Vakuole. Als Resorptionsmechanismus hat die Pinozytose vermutlich nur während der ersten Lebensstunden von Säugern für die Aufnahme von Immunglobulinen aus dem Kolostrum eine quantitative Bedeutung.

5.2.3.3 Resorptionsorte

Die Resorption erfolgt über das Epithel, das den Magen-Darm-Kanal auskleidet. Dies kann sowohl transzellulär (durch die Epithelzellen hindurch) als auch parazellulär (zwischen den Zellen) erfolgen. Der bedeutendste Resorptionsort für die Hauptnährstoffe ist der Dünndarm. Dieser ist durch die Ausbildung sehr großer Oberflächen an diese Funktion angepasst.

Eine Resorption von Nahrungsinhaltsstoffen bzw. deren Verdauungsprodukten findet in allen Abschnitten (Magen/Vormägen, Dünndarm und Dickdarm) statt, allerdings ist eine differenzierte Betrachtung erforderlich.

Da im Magen monogastrischer Tiere im wesentlichen lediglich eine teilweise Verdauung von Eiweißen stattfindet, kann schon aus diesem Grunde keine quantitativ bedeutende Resorption in diesem Abschnitt erfolgen. Wie aber im Abschnitt 5.2.2 dargestellt wurde, werden bei Wiederkäuern sowohl die Futtereiweiße als auch die Kohlenhydrate in den Vormägen zum überwiegenden Teil verdaut, und dieser Anteil gelangt auch nicht in Form der Metabolite in den Dünndarm, so dass deren Resorption bereits in den Vormägen erfolgen muss. Es findet daher vor allen Dingen im Pansen die Resorption der aus der mikrobiellen Verdauung in den Vormägen stammenden kurzkettigen Fettsäuren statt. Ferner werden der nicht in der mikrobiellen Synthese fixierte Ammoniak sowie Natrium, Chlor, Kalium und Magnesium ebenfalls über das Pansenepithel resorbiert.

Hauptresorptionsort für die Verdauungsprodukte der Hauptnährstoffe, die durch körpereigene Enzyme entstehen, ist der Dünndarm. Auch die meisten Mineralstoffe und Vitamine werden in diesem Abschnitt resorbiert.

Trotz der großen Unterschiede in Bau und Funktion des Dickdarms verschiedener Tierarten gibt es bezüglich der Resorption Gemeinsamkeiten. Es findet bei allen keine Resorption von Zuckern, Aminosäuren und Fetten in quantitativ bedeutendem Ausmaß statt, eine Resorption von kurzkettigen Fettsäuren erfolgt dagegen tierartspezifisch und in Abhängigkeit von der Ration in unterschiedlichem Ausmaß. Transportmechanismen für Elektrolyte und Wasser überwiegen.

5.2.3.4 Resorption einiger Verdauungsprodukte

Kurzkettige Fettsäuren

Der Transport der kurzkettigen Fettsäuren aus dem Lumen des Pansens über die Pansenwand in das Blut wird primär mit Diffusionsprozessen erklärt. Aufgrund der hohen Fermentationsrate im Pansen besteht ein Konzentrationsgefälle zur Blutseite hin. Die Resorptionsrate nimmt mit steigender Konzentration der Säuren zu. Zum Transportmechanismus gibt es lediglich hypothetische Modelle, die sowohl die Möglichkeit der Resorption in undissoziierter Form vorsehen als auch eine Resorption in Form von Anionen (Abb. 40).

Vieles spricht dafür, dass die Resorption der kurzkettigen Fettsäuren in undissoziierter Form erfolgt. In dieser Form sind sie nämlich lipophil und können daher leichter die Zellmembran diffundieren als in Ionenform. Bei pH-Wert-Absenkung liegt ein höherer Anteil der Fettsäuren in un-

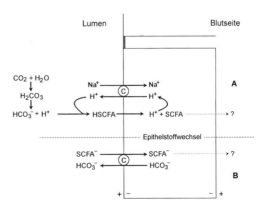

Abb. 40. Mögliche Modelle zur Resorption kurzkettiger Fettsäuren (SCFA). A Transport in undissoziierter Form, mit Angabe eines Protonierungsmechanismus; B Transport in Ionenform unter Einbeziehung eines „Ionenaustauschers" (nach MARTENS 1995).

dissoziierter Form vor, und in der Tat findet man unter derartigen Bedingungen eine Erhöhung der Resorptionsgeschwindigkeit. Die Lipophilie der undissoziierten Fettsäuren nimmt mit zunehmender Kettenlänge zu, daher ist die Resorptionsgeschwindigkeit für Butyrat > Propionat > Acetat. Bei physiologischen pH-Werten liegen die kurzkettigen Fettsäuren überwiegend als Anionen vor. Um in die undissoziierte Form überführt zu werden, ist eine Protonierung erforderlich; die Vorstellungen dazu sind im Teil A der Abb. 46 dargestellt. Eine Resorption in Ionenform würde einen Ionenaustausch erfordern, wie im Teil B der Abbildung dargestellt.

Monosaccharide

Kohlenhydrate werden im Dünndarmbereich in Form von Monosacchariden resorbiert, wobei mengenmäßig die Resorption von Glucose dominiert, deren Transport auch am besten untersucht ist. Glucose wird aktiv mit Hilfe eines membranständigen Carrierproteins und unter Cotransport von Natrium resorbiert. Die Bindung des Natriums an das Carrierprotein ist offensichtlich die Voraussetzung zur Bindung und zum Transport der Glucose. Der eigentliche Energieaufwand für den Glucosetransport besteht in der Aufrechterhaltung eines Konzentrationsgradienten für das Natrium. Dies wird mit Hilfe einer Na/K-ATPase aus der Zelle befördert. Die Glucose passiert die basolaterale Membran der Epithelzellen durch carriervermittelte Diffusion. Mit Hilfe der gleichen Mechanismen wird auch Galactose resorbiert. Im Gegensatz dazu gibt es zur Resorption von Fructose getrennte Carrier, die wahrscheinlich einen passiven Transport gewährleisten. Das Auftreten anderer Monosaccharide im Dünndarmlumen ist unter normalen Ernährungsbedingungen unwahrscheinlich und auch wenig untersucht.

Aminosäuren und Peptide

Aminosäuren werden wie auch Glucose durch aktiven Transport und in den meisten Fällen natriumabhängig mittels Carrier resorbiert. Das heißt, wiederum ist in diesen Fällen die eigentliche Triebkraft des Transports die Aufrechterhaltung des Natriumgradienten.

Da Proteine aus 20 verschiedenen Aminosäuren bestehen, ist verständlich, dass es auch mehrere Carrier geben muss. Die Angaben zur Anzahl solcher Carrier sind unterschiedlich, man kann aber von der Existenz von unterschiedlichen Carriern für saure Aminosäuren, basische Aminosäuren, Gruppen neutraler Aminosäuren und Iminosäuren (Prolin, Hydroxyprolin) ausgehen. Einzelne Aminosäuren können über mehrere Systeme resorbiert werden. Für die meisten Aminosäuren ist der Transport stereospezifisch mit Bevorzugung der L-Form.

Durch zahlreiche Untersuchungen ist nachgewiesen worden, dass Aminosäuren in Form von Di- oder Tripeptiden im Dünndarm schneller resorbiert werden als Gemische der entsprechenden Aminosäuren. Da während der Verdauung der Eiweiße durch die Wirkung der Endopeptidasen Oligopeptide entstehen, kann angenommen werden, dass unter physiologischen Bedingungen die Peptidresorption eine quantitative Bedeutung hat. Die Transportmechanismen sind nicht so gut untersucht wie die für Aminosäuren. Nach Passage der apikalen Membran der Epithelzellen werden die Peptide intrazellulär weiter zu Aminosäuren hydrolysiert.

Die Resorption von Aminosäuren oder niederen Peptiden stellt für den Organismus einen Schutz dar, da native Eiweiße aufgrund ihrer Spezifität als „Fremdkörper" antigen wirken. Lediglich bei Säugern besteht während der ersten Lebensstunden die Möglichkeit der Resorption nativer Antikörper (Gammaglobuline) aus dem Colostrum. Die zeitlich begrenzte Aufnahmemöglichkeit durch Pinozytose im Dünndarm wird durch die geringe Salzsäurebildung im Magen und durch colostrumeigene Proteinaseinhibitoren begünstigt. Da sowohl die Fähigkeit der Resorption der Immunglobuline als auch deren Vorhandensein im Colostrum zeitlich begrenzt sind, ist die sachgerechte Versorgung der Neugeborenen für die Immunisierung von besonderer Bedeutung.

Lipide

Die Anforderungen an die Resorptionskapazität für Fette sind sehr unterschiedlich. Rationen auf Getreidebasis haben einen sehr niedrigen Fettgehalt, werden aber durch Fettzusätze pflanzlicher oder tierischer Herkunft häufig energetisch aufgewertet. Dadurch, aber auch durch Einbeziehung von Ölsaaten oder Nebenprodukte der Ölherstellung können Rationen für landwirtschaftliche Nutztiere erhebliche Fettanteile enthalten. Eine wesentliche Rolle spielt in diesem Zusammenhang die Herkunft der Fette. Allgemein gilt, dass kurzkettige und ungesättigte Fettsäuren besser resorbiert werden als langkettige und gesättigte Fettsäuren. Da letztere gleichzeitig hohe Schmelzpunkte der Fette bedingen, besteht auch dazu ein Zusammenhang.

Verdauung und Resorption der Lipide sind sehr eng miteinander verknüpft. Wie bereits auf Seite 115 dargestellt, entstehen durch das Zusammenwirken von Pankreaslipase, Colipase und Gallensäuren im Dünndarm überwiegend 2-Monoglyceride und freie Fettsäuren. Während kurzkettige Fettsäuren bedingt wasserlöslich sind, liegt für die übrigen Hydrolyseprodukte keine Wasserlöslichkeit vor. Dies wird aber durch Umhüllung mit Gallensäuren erreicht. Dabei orientiert sich deren hydrophile Seite nach außen und die hydrophobe Seite nach innen, und es entstehen zirkuläre Gebilde mit hydrophilen Oberflächen, die als Mizellen bezeichnet werden. Im Kern enthalten diese Mizellen neben Monoglyceriden und Fettsäuren auch andere Lipide, wie Cholesterin, Lecithin und fettlösliche Vitamine. An der Mucosaoberfläche dissoziieren die Gallensäuren von den übrigen Komponenten.

Die bisher beschriebenen Prozesse der Lipidresorption kann man als **luminale Phase** bezeichnen. Der Resorptionsvorgang erfordert aber noch zwei weitere Phasen, die auch als **mucosale** und **sekretorische Phasen** bezeichnet werden (Abb. 41).

Die Fettsäuren und die Monoglyceride gelangen unter Mitwirkung spezifischer Bindungsproteine in das Innere der Epithelzellen. Die Transportmechanismen für die übrigen Lipide sind nur teilweise bekannt. In der mucosalen Phase erfolgt eine intrazelluläre Resynthese von Triglyceriden und Phospholipiden, wobei insbesondere die langkettigen Fettsäuren mit den Monogliceriden bzw. mit Glycerin verestern. Die resynthetisierten Produkte gelangen in den Golgi-Apparat, wo unter Mitwirkung von Apolipoprotein B die Chylomikronen entstehen. Die Chylomikronen bestehen aus einer äußeren hydrophilen Proteinschicht, die die hydrophoben Substanzen (Triglyceride, Phospholipide, Cholesterin und andere Lipide) umhüllt. Die Chylomikronen sind demnach Lipoproteine, die als Transportmedium dienen, um die Lipide in wässrigem Medium suspendierbar zu machen und sie über die laterale Membran aus den Mucosazellen auszuschleusen. Die Ausschleusung erfolgt in die Lymphbahnen und via Ductus thoracicus in die venöse Region des großen Blutkreislaufs.

Die zuletzt beschriebenen Prozesse sind der sekretorischen Phase zuzuordnen. Der Transport von Lipiden zwischen den Organen erfolgt mit Hilfe verschiedener Lipoproteine, die entsprechend ihrer Dichte bezeichnet sind (z. B. LDL = low density lipoproteins, HDL = high density lipoproteins), wobei Lipoproteine an bestimmte Rezeptoren der Gewebezellen binden.

Fettsäuren mit bis 10 (12) C-Atomen können auch direkt ins Blut übergehen. Nicht zur Veresterung genutztes Glycerin wird entweder in den Mucosazellen verstoffwechselt oder mündet in zentrale Stoffwechselwege in der Leber.

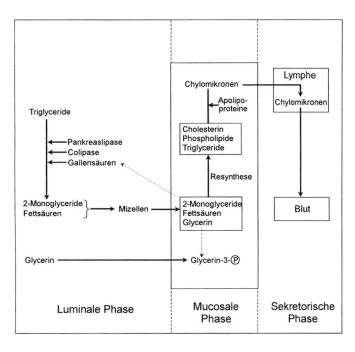

Abb. 41. Schematische Darstellung der Lipidresorption.

Resorption der Vitamine

Fettlösliche Vitamine werden größtenteils gemeinsam mit den Fetten resorbiert und mit den Lipoproteinen weitertransportiert.

Die wasserlöslichen Vitamine werden ebenfalls im Dünndarm resorbiert, wobei die Resorptionsgeschwindigkeit mit zunehmender Molekülgröße abnimmt. Zur Resorption des Vitamins B_{12} ist die Kopplung an ein in der Pylorusregion des Magens gebildetes Glycoprotein (auch als „Intrinsic factor" bezeichnet) erforderlich. Weitere Ausführungen zur Resorption von Vitaminen sind Kapitel 3 zu entnehmen.

Resorption der Nukleinsäuren

Die aus der Hydrolyse durch Nukleasen resultierenden Nukleoside, Purin- und Pyrimidinbasen werden im Dünndarm mithilfe spezifischer Na^+-Cotransport-Systeme resorbiert.

5.3 Nährstoffverdaulichkeit und ihre Bestimmung

5.3.1 Scheinbare und wahre Verdaulichkeit

Die mit der Nahrung aufgenommenen Nährstoffe werden nicht vollständig verdaut bzw. resorbiert, sondern zum Teil mit dem Kot wieder ausgeschieden. Der nicht mit dem Kot ausgeschiedene Nährstoffanteil wird als verdaut betrachtet.

Unter Nährstoffverdaulichkeit versteht man das Verhältnis der verdauten Nährstoffmenge zur aufgenommenen Nährstoffmenge in einer definierten Messperiode. Wird die Nährstoffverdaulichkeit in Prozent ausgedrückt, spricht man vom Verdauungskoeffizienten (VK) oder Verdauungsquotienten (VQ).

$$VK\ (\%) = \frac{I - F}{I} \cdot 100$$

I = Nährstoffmenge im Futter,
F = Nährstoffmenge im Kot.

Die Verdaulichkeit kann für einzelne Nährstoffe (z. B. Rohprotein, Stärke, Aminosäure, Fette, Mineralstoffe) oder erfassbare Fraktionen (Trockensubstanz, organische Substanz usw.) ermittelt werden.

Bei dieser Art der Verdaulichkeitsbestimmung handelt es sich praktisch um eine Bilanz des Verdauungstraktes. Da einige Nährstoffe aber im Verdauungstrakt nicht nur resorbiert werden, sondern auch in das Lumen des Verdauungstraktes sezerniert werden, kann eine Verdaulichkeitsbestimmung dieser Art zu Fehlinterpretationen führen, weil der Nährstoffanteil endogener Herkunft als nicht resorbierter Nährstoffanteil aus dem Futter betrachtet wird.

Besonders bei Proteinen und Mineralstoffen werden hohe Anteile endogener Herkunft mit dem Kot ausgeschieden. Um die Verwertbarkeit dieser Nährstoffe aus dem Futter besser beurteilen zu können, ist es sinnvoll, die Kot-Nährstoffausscheidung um den endogenen Anteil zu korrigieren. Die auf diese Weise errechnete Verdaulichkeit wird als **wahre Verdaulichkeit** und die nach der oben angegeben Gleichung berechnete als **scheinbare Verdaulichkeit** bezeichnet. Die wahre Verdaulichkeit hat nur für Rohprotein, Aminosäuren oder Mineralstoffe eine Bedeutung. Die wesentliche Schwierigkeit besteht hierbei in der Ermittlung der endogenen Anteile im Kot. Bezüglich des endogenen N-Anteils (auch Darmverluststickstoff = DVN) kann mit N-freien Rationen bzw. mit Rationen, die steigende N-Anteile enthalten, versucht werden, die entsprechenden Werte zu erhalten. Eine andere Möglichkeit ist, den endogenen Stickstoff mit dem Stabilisotop ^{15}N zu markieren. Für die Bestimmung des endogenen Anteils der Mineralstoffe ist die Isotopenmarkierung der einzig gangbare Weg.

$$wVK\ (\%) = \frac{I - (F - E)}{I} \cdot 100$$

wVK = wahre Verdaulichkeit,
E = endogene Nährstoffmenge im Kot.

5.3.2 Praecaecale Verdaulichkeit

Die bisher beschriebene Nährstoffverdaulichkeit basiert auf der Betrachtungsweise des gesamten Verdauungstraktes. Da sich aber die Endprodukte der Verdauung des Labmagen-Dünndarm-Bereichs von denen der mikrobiellen Verdauung im Dickdarm unterscheiden (s. Seite 124 ff.), ist zur Einschätzung der Nährstoffverfügbarkeit für den tierischen Organismus in einigen Fällen eine getrennte Verdaulichkeitsbestimmung für diese beiden Abschnitte erforderlich. Man bestimmt hierbei die Nährstoffverdaulichkeit bis Ende des Ileums, daher wird häufig von der „ilealen Verdaulichkeit" gesprochen. Exakter ist allerdings die Bezeichnung „praecaecale Verdaulichkeit", denn die Verdaulichkeit wird für den gesamten Bereich des Magen-Darm-Kanals bis zum Caecum bestimmt.

Kenntnisse dieser Art sind besonders für die Verhältnisse bei Monogastriden erforderlich. Bei diesen Tierarten werden Kohlenhydrate praecaecal als Monosaccharide resorbiert, im Dickdarm dagegen in Form der energieärmeren kurzkettigen Fettsäuren.

Noch komplizierter ist es, Verdaulichkeitswerte für Aminosäuren zu interpretieren. Experimentell konnte nachgewiesen werden, dass Proteine und Aminosäuren, die in den Dickdarm gelangen, bei Schweinen vollständig verdaut und resorbiert, d. h. im Kot nicht ausgeschieden wurden. Allerdings erfolgt dabei keine Resorption von Aminosäuren, sondern lediglich von mikrobiellen Abbauprodukten, und der resultierende Stickstoff wird mit dem Harn ausgeschieden. Da in den Dickdarm gelangender Stickstoff etwa zur Hälfte endogenen Ursprungs ist und darüber hinaus im Dickdarm auch eine mikrobielle Synthese von Aminosäuren und Proteinen stattfindet, haben die Kotaminosäuren auch von der Zusammensetzung her kaum etwas mit den Aminosäuren im Futter zu tun.

Aus diesem Grunde ist zum Teil dazu übergegangen worden, in Futtermitteltabellen für Schweine und Geflügel die praecaecale Aminosäurenverdaulichkeit anzugeben. Dies ist sicher exakter, als die Verdaulichkeit der Aminosäuren für den gesamten Verdauungstrakt anzugeben. Allerdings muss auch hierbei berücksichtigt werden, dass das Aminosäurenmuster im Lumen des terminalen Dünndarms weitgehend durch endogene Sekrete geprägt wird und der endogene Anteil nicht konstant ist, sondern durch verschiedene Faktoren beeinflusst wird. Auch praecaecal können eine scheinbare und eine wahre Verdaulichkeit unterschieden werden.

5.3.3 Bestimmung der Verdaulichkeit

Eine Bestimmung der Verdaulichkeit ist nur im Tierversuch möglich. Tierversuche sind aber sehr arbeitsaufwendig und meist mit einer starken Bewegungeinschränkung der Tiere verbunden. Daher sind zahlreiche Anstrengungen unternommen worden, sogenannte In-vitro-Methoden zu entwickeln, die für eine Schätzung der Nährstoffverdaulichkeit geeignet sind.

5.3.3.1 Verdaulichkeitsbestimmung im Tierversuch

Die klassische Methode der Verdaulichkeitsbestimmung ist die **Sammeltechnik**. Zu diesem Zweck müssen die Versuchstiere in Stoffwechselkäfigen untergebracht sein, die geeignet sind, sowohl die Futteraufnahme als auch die Kotmenge exakt zu erfassen, d. h., es muss auch eine saubere Trennung der Exkremente in Kot und Harn erfolgen.

Eine weitere Voraussetzung ist, dass die Tiere in einer Vorperiode auf das zu prüfende Futtermittel eingestellt werden. Während dieser Periode sollen Reste des zuvor verabreichten Futters den Verdauungstrakt restlos verlassen. Die Dauer dieser Vorperiode richtet sich nach der Passagedauer durch den Verdauungstrakt und soll bei Schweinen 7 Tage und bei Rindern 10 bis 14 Tage betragen. In der anschließenden Hauptperiode erfolgt dann die quantitative Kotsammlung. Um Tag-zu-Tag-Schwankungen auszuschließen, erstreckt sich auch die Hauptperiode auf mehrere Tage. Da auch tierindividuelle Unterschiede auszugleichen sind, müssen Verdaulichkeitsuntersuchungen an mindestens drei Versuchstieren durchgeführt werden.

Viele Futtermittel oder Rationskomponenten, deren Verdaulichkeit ermittelt werden soll, können nicht allein verfüttert werden, weil dadurch verschiedene Erfordernisse der Rationsgestaltung nicht eingehalten werden können (z. B. zu hoher Fett- oder Proteingehalt, Fehlen von Strukturkomponenten). In diesen Fällen ist die Verdaulichkeitsbestimmung in zwei Teilversuchen, jeweils aus Vor- und Hauptperiode bestehend, durchzuführen.

Im ersten Teilversuch wird eine Grundration oder ein Futtermittel verabreicht, deren alleinige Verabreichung möglich ist (z. B. Heu für Wiederkäuer, Gerste für Schweine), und es wird dafür die Nährstoffverdaulichkeit ermittelt.

Im zweiten Teilversuch wird das zu prüfende Futtermittel zugelegt und erneut die Nährstoffverdaulichkeit bestimmt. Diese Versuchsanlage wird als **Differenzversuch** bezeichnet. Probleme dabei sind, dass durch die Zulage die Rationsmenge und die Zusammensetzung nicht zu sehr verändert werden dürfen und dass andererseits die Zulage hoch genug sein muss, um Differenzen in der Nährstoffverdaulichkeit sicher ermitteln zu können. Eine weitere Möglichkeit der Versuchsanlage ist der teilweise Ersatz der Grundration durch das zu prüfende Futtermittel (**Substitutionsversuch**).

Aus der Beschreibung der Sammeltechnik wird deutlich, dass eine Hauptschwierigkeit die verlustfreie Sammlung großer Kotmengen über lange Zeiträume ist. Um diese Schwierigkeit zu umgehen, wurde die sogenannte **Indikatormethode** (oder **Markermethode**) entwickelt. Als Indikatoren werden Substanzen verwendet, die selbst nicht verdaut werden, quantitativ ausgeschieden werden und eine homogene Verteilung in Futter, Chymus und Kot aufweisen. Wenn diese Voraussetzungen erfüllt sind, kann die Verdaulichkeit eines Nährstoffes anhand des Verhältnisses zum Indikator in Futter und Kot errechnet werden. Hierfür ist keine quantitative Sammlung des Kotes notwendig. Als Indikatoren oder Marker werden meist Cr_2O_3, TiO_2, HCl-unlösliche Asche oder auch Lignin eingesetzt.

$$VK (\%) = 100 - 100 [(IN_F \cdot NS_K)/(IN_K - NS_F)]$$

IN_F und IN_K: Konzentration des Indikators im Futter bzw. im Kot
NS_F und NS_K: Konzentration des Nährstoffs im Futter bzw. im Kot.

Zur Bestimmung der praecaecalen Verdaulichkeit können sowohl die Sammeltechnik als auch die Indikatormethode angewendet werden, wenn den Tieren am Ende des Dünndarms zur Probennahme geeignete Fisteln eingesetzt werden oder Ileumchymus nach Schlachtung entnommen wird. Für die Sammeltechnik ist eine Brückenfistel erforderlich, mit deren Hilfe der anflutende Chymus quantitativ in bestimmten Zeitintervallen gesammelt wird und nach Entnahme eines Aliquots zur Analyse wieder in den distalen Teil der Fistel rückgeführt wird. Für die Indikatormethode reicht das Anlegen einer sogenannten T-Fistel, die lediglich eine stichprobenartige Probennahme zulässt.

5.3.3.2 Schätzmethoden und In-vitro-Methoden

Insbesondere zur Beurteilung der Abbaubarkeit von Futtermitteln oder deren Komponenten bei Wiederkäuern sind Schätzmethoden entwickelt worden. Eine davon ist die sogenannte Nylonbeuteltechnik. Sie wird an Wiederkäuern, die mit Pansenfisteln versehen sind, durchgeführt. In die Nylonbeutel, die eine definierte enge Maschenweite haben, werden die zu untersuchenden Futtermittel eingeschweißt und durch die Fistel in den Panseninhalt gehangen. Nach einer festgesetzten Zeit (24 bis 72 Stunden) werden die Beutel entnommen und der im Beutel verbliebene (nicht abgebaute) Rest an Trockensubstanz, organischer Substanz, Rohfaser usw. je nach Fragestellung ermittelt.

Eine weitere Variante der Nylonbeuteltechnik, die auch bei Monogastriden angewendet werden kann, ist, mit „mobilen" Beuteln zu arbeiten. Diese werden in der Regel über Fisteln in den Verdauungstrakt eingebracht und nach Ausscheidung mit dem Kot in gleicher Weise analysiert. Hierbei ist zu prüfen, ob die Passagezeit der Beutel sich in normalen Grenzen bewegt.

Ein weiterer Test zur Beurteilung der mikrobiellen Abbaubarkeit von Futterstoffen ist der Hohenheimer Futterwerttest (HFT). Die Abbaubarkeit wird dabei anhand der Gasbildung (CO_2 und CH_4) bei Inkubation der Prüfsubstanz mit Pansensaft in vitro ermittelt. Das heißt, es werden Spendertiere für den Pansensaft benötigt, und es ist eine Standardisierung des Pansensaftes erforderlich.

Bei anderen In vitro-Methoden werden mit der gleichen Zielstellung hintereinander Inkubationen mit Cellulasen und Pepsin-HCl eingesetzt. Auch zur Simulierung der Proteinverdaulichkeit wurden verschiedene In-vitro-Tests entwickelt, die auf der sequentiellen Aufeinanderfolge proteolytischer Enzyme oder Enzymgemische basieren.

Das Problem aller In-vitro-Untersuchungen ist, dass die Abbaubarkeit bestimmter Nährstoffgruppen geprüft wird und eine Korrelation zur im Tierversuch gemessenen Verdaulichkeit nur bedingt und auf bestimmte Futtermittel eingeschränkt möglich ist. Dennoch gibt es zahlreiche Fragestellungen (vergleichende Untersuchungen), bei denen auch diese Techniken eine hohe Aussagefähigkeit haben. Sie sind für Routineuntersuchungen geeignet.

5.3.4 Beeinflussung der Verdaulichkeit

Die Verdaulichkeit eines Futtermittels kann durch verschiedene Faktoren beeinflusst werden. Da die verschiedenen Tierarten in sehr unterschiedlichem Ausmaß zur Verdauung pflanzlicher Gerüstsubstanzen in der Lage sind, ist verständlich, dass die Verdaulichkeit der Rohfaser, aber auch anderer Nährstoffe bei den verschiedenen Tierarten differiert und dass anderseits die Rationszusammensetzung die Nährstoffverdaulichkeit in erster Linie beeinflussen. Aber auch die Futtermenge, technologische Verfahren der Futterzubereitung und Verarbeitung sowie antinutritiv wirkende Inhaltsstoffe können Veränderungen der Nährstoffverdaulichkeit bewirken.

Vergleicht man z. B. die Rohfaserverdaulichkeit aus Kleeheu, so ergeben sich für Wiederkäuer 50 bis 60 %, für Pferde etwa 35 % und für Schweine 10 bis 20 %. Der Rohfasergehalt beeinflusst aber auch die Verdaulichkeit aller anderen Nährstofffraktionen und dies wiederum bei den verschiedenen Tierarten in unterschiedlichem Ausmaß. Je 1 % Rohfaser in der Ration wird die Verdaulichkeit der organischen Substanz um folgende Prozentanteile gesenkt: Rind 0,88 %, Pferd 1,26 %, Schwein 1,68 % und Huhn 2,33 % (Werte nach AXELSON). Ferner ist zu berücksichtigen, dass die Rohfaserfraktion eine unterschiedliche Zusammensetzung hat – besonders der Lignifizierungsgrad ist hierbei von Interesse – und demnach auch in unterschiedlichem Maße wirken kann. Bei Wiederkäuern kann eine Erhöhung des Anteils leichtlöslicher Kohlenhydrate (Stärke und Zucker) durch Veränderungen in der Bakterienpopulation (Zurückdrängen cellulolytischer Bakterien) zu einer Verschlechterung der Verdaulichkeit von Cellulose und der organischen Substanz der Grundration führen.

Für die Rohproteinverdaulichkeit spielt auch der Anteil an endogenem Stickstoff eine entscheidende Rolle. So führen alle Rationskomponenten, die den Anteil an Darmverluststickstoff erhöhen (wie native Rohfaser, Trypsininhibitoren, Lectine), zu niedrigeren Werten für die scheinbare Rohproteinverdaulichkeit.

Bei Monogastriden hat die Futtermenge kaum einen Einfluss auf die Verdaulichkeit. Für Wiederkäuer ist eine Abnahme der Trockensubstanzverdaulichkeit mit steigender Futtermenge nachgewiesen worden. Da aber gleichzeitig die Energieverluste über Harn und Methan sinken, ist die Energieversorgung der Tiere kaum beeinträchtigt.

Die Einflüsse antinutritiver Stoffe bzw. technologischer Verfahren der Futteraufbereitung auf die Verdaulichkeit werden im Abschnitt 17 behandelt.

6 Energiehaushalt

6.1 Grundlagen

Im Unterschied zu den laboranalytisch differenzierbaren Nährstoffgehalten in Futtermitteln, Tierkörpern und Leistungsprodukten wird der Energiegehalt substratspezifisch durch die Gesamtheit der jeweiligen organischen Substanz bestimmt. Hierzu zählen aus energetischer Sicht nur die Protein-, Fett- und Kohlenhydratgehalte. Da die Futteraufnahme primär auf die Aufrechterhaltung einer ausgeglichenen Energiebilanz ausgerichtet ist, wird die bedarfsgerechte Zusammenstellung der Futterration durch den Energiegehalt beeinflusst. Entsprechend muss das Verhältnis Energie zu Nährstoffgehalten möglichst konstant gehalten werden. Somit haben Rationen mit niedrigem Energieniveau geringe Nährstoffgehalte zur Folge und umgekehrt. Andererseits sind alle im Organismus ablaufenden Stoffwechselprozesse mit einer Vielzahl von Energieumwandlungsprozessen verbunden. Dabei kann z. B. chemische Energie in mechanische (Muskelaktivität) bzw. elektrische Energie (Erregungsleitung) oder Wärmeenergie umgewandelt werden. Die Aufrechterhaltung aller lebensnotwendigen Funktionen und Stoffwechselleistungen setzt somit die Bereitstellung verwertbarer Energie voraus. Trotz der in der modernen Physik postulierten strikten Trennung zwischen Materie und Energie ist es in der Tierernährung üblich, die Energie als Eigenschaft der organischen Substanzen zu definieren, da die über die Futtermittel zugeführte bzw. im Tierkörper gespeicherte chemische Energie in Wärme umgewandelt werden kann. Entsprechend sind Untersuchungen zum Energieumsatz immer mit Wärmeenergiemessungen gleichzusetzen.

Nach dem derzeit gültigen internationalen Einheitensystem wird die Energieeinheit in Joule gemessen. Ein Joule ist diejenige Energiemenge, die erforderlich ist, um 1 kg Masse bei einer Beschleunigung von 1 m pro Sekundenquadrat längs einer Strecke von 1 m zu bewegen (1 J = kg $\cdot$ m^2 $\cdot$ s^{-2}). Da 1 Joule einer Wattsekunde entspricht, kann mit dieser Einheit auch die vom Tier geleistete Arbeit (Bewegungs- und Zugleistung) charakterisiert werden. In vielen Ländern (z. B. USA) wird die Kalorie als energetische Einheit verwendet, wobei 1 Kalorie derjenigen Wärmemenge entspricht, die für die Erwärmung von 1 g Wasser von 14,5 auf 15,5 °C erforderlich ist. Diese entspricht 4,1855 Joule.

Zunächst war es fraglich, inwieweit die für die Physik und Mechanik aufgestellten thermodynamischen Gesetze von S. CARNOT (1824) und R. MAYER (1842) auch auf die im Organismus ablaufenden chemischen Reaktionen übertragen werden können. P. JOULE erbrachte den Nachweis, dass „Arbeit" und „Wärme" äquivalent sind. Auf dieser Basis postulierte von HELMHOLTZ (1847) die **Gültigkeit des 1. Hauptsatzes der Thermodynamik** für biologische Prozesse. Danach bleibt in einem abgeschlossenen System die gesamte Energie unabhängig von den ablaufenden Reaktionen konstant. Betrachtet man Futter und Tier als geschlossenes System, gilt folgende Beziehung:

I = V + H + R + A

I = Energieaufnahme,
V = Energieverluste in den Ausscheidungen,
H = Abgabe von Wärme,
R = Energie in tierischen Produkten,
A = Energieabgabe in Form mechanischer Energie.

Für das Verständnis und die Messung der Energieumwandlung im Organismus ist auch der **2. Hauptsatz der Thermodynamik** von großer Bedeutung. Dieses Gesetz wurde erstmals von CARNOT im Jahre 1824 und damit noch vor dem 1. Hauptsatz formuliert.

Aus diesem Gesetz geht hervor, dass freiwillig ablaufende Energieumsetzungen im Organismus nur von einem Zustand höherer Ordnung (höheres Energieniveau) in Richtung eines Zustands geringerer Ordnung (niedrigeres Energieniveau) ablaufen können, niemals jedoch umgekehrt. Ein Maß für den Zustand der geringeren Ordnung und damit für die Irreversibilität ist die Entropie.

Freiwillig ablaufende biochemische Reaktionen sind damit immer Abbauvorgänge und entsprechend mit einer Entropiezunahme gekoppelt. Auf den Energieumsatz bezogen, charakterisiert die Entropie eine Energiedifferenz, die als Wärmeenergie zwar gemessen, nicht jedoch in eine andere Energieform übertragen werden kann. Dieser Energieverlust liegt in der Größenordnung von 1,3 % des gesamten Energieumsatzes.

Reaktionen, bei denen Energie frei wird, werden als exergone Reaktionen bezeichnet.
Im Gegensatz zum oxidativen Abbau der Nährstoffe werden bei Syntheseprozessen Moleküle mit einem hohen Ordnungszustand und damit einem höheren Energieniveau aufgebaut. Entsprechend sind Syntheseprozesse immer mit einer Entropieabnahme und einem Energieaufwand verbunden (endergone Reaktionen).

Der erforderliche Energieaufwand muss über Stoffwechselprozesse erfolgen, die mit einer Entropiezunahme einhergehen. Dabei kann die aus Oxidationsvorgängen gebildete Wärme jedoch nur partiell als chemische Energie gespeichert und nur in dieser Form für Syntheseprozesse zur Verfügung gestellt werden. Entsprechendes trifft auch für Zugleistungen und mechanische Arbeit zu.

Der Organismus ist zur Aufrechterhaltung der Lebensfunktionen, zur Leistung von mechanischer Arbeit sowie für den Aufbau von Körperbestandteilen also auf die ständige Bereitstellung von chemisch gebundener Energie angewiesen. Diese Energie wird in der Regel aus den resorbierten Nährstoffen oder zumindest kurzfristig aus Körperreserven gebildet. Die gleichzeitig bzw. wechselseitig ablaufenden, partiell energiespeichernden und -verbrauchenden Stoffwechselvorgänge unterliegen Gesetzmäßigkeiten, die eine Darstellung des energetischen Umsatzes unter besonderer Berücksichtigung der Verwertung der zugeführten Nährstoffe und der Körperreserven erlauben.

6.2 Energieumsatz

Der Energieumsatz beschreibt die Nutzung der Stoffwechselprodukte auf der Grundlage der messbaren Produkte und der Wärmeproduktion sowie die energetischen Bedürfnisse und den Anteil an verfügbarer Energie in den Futtermitteln.

6.2.1 Theoretische energetische Effizienz der Nährstoffe beim oxidativen Abbau

Wie bereits ausgeführt, kann die bei chemischen Abbauvorgängen (überwiegend oxidativ) freiwerdende Energie im Organismus nur teilweise als sogenannte chemische Energie gespeichert werden. Dabei spielt es keine Rolle, ob gespeicherte oder resorbierte Nährstoffe verwendet werden. Als Energiespeicher dienen energiereiche kovalente Bindungen, die bei der hydrolytischen Spaltung freie Enthalpie für Syntheseprozesse zur Verfügung stellen können (s. Abschn. 1.1.6). Je nach Verbindung werden zwischen 29 und 54 kJ/Mol frei. Hauptspeicherform ist das ATP.

Aufgrund der unterschiedlichen biochemischen Reaktionsschritte bei dem oxidativen Abbau der einzelnen Nährstoffgruppen sind im Hinblick auf die Effizienz der energetischen Fixierung nährstoffabhängige Einflüsse zu berücksichtigen. Unter der Voraussetzung einer optimalen Kopplung zwischen Oxidation und ATP-Bildung lässt sich unter Heranziehung der biochemischen Stoffwechselwege die ATP-Bildung bei der Oxidation substratspezifisch ableiten. So werden beispielsweise von jeweils einem Mol Acetat, Propionat, Butyrat, Glucose oder Stearinsäure 10, 18, 27, 38 und 146 Mol ATP gebildet. Vergleicht man die je Nährstoff maximal speicherbare chemische Energie mit dem Energiegehalt des zu oxidierenden Nährstoffs zeigt sich, dass letztendlich nur 45 % der im Substrat enthaltenen Energie gespeichert werden können. Die verbleibenden 55 % werden als Wärme frei. Bei der Oxidation von Aminosäuren können dagegen im Mittel nur ca. 31 % der chemischen Energie gespeichert werden. Diese vergleichsweise geringere Energieausbeute ist auf die energetisch nicht nutzbaren Aminogruppen zurückzuführen. Durch den zusätzlichen energetischen Aufwand für die Entgiftung im Rahmen des Ornithinzykluses zu Harnstoff (3 Mol ATP/1 Mol Harnstoff) reduziert sich die energetische Speichereffizienz auf durchschnittlich 28 %.

| Durch Bilanzierung der im Substrat enthaltenen Energie und der chemisch gespeicherten Energie ergibt sich je nach Ausgangssubstrat ein Energieaufwand von 74 bis 94 kJ für die Bildung von einem Mol ATP.

Aufgrund der Isothermie der Nutztiere kann die ungenutzte Energie nicht zur Leistung von Arbeit verwertet werden, da Wärme nur bei Vorliegen eines Temperaturgefälles in Arbeit umgewandelt werden kann. Die Wärme kann jedoch zur Aufrechterhaltung der Körperwärme genutzt werden.

6.2.2 Theoretischer Energieaufwand für die Synthese körpereigener Nährstoffe

In der landwirtschaftlichen Produktion ist die energetische Effizienz bei der Umwandlung der über das Futter zugeführten Nährstoffe in die Leistungsprodukte (Körperansatz, Milch-, Legeleistung) ein wichtiger ökonomischer Faktor. Auf der Grundlage optimaler intermediärer Stoffwechselreaktionen kann die energetische Verwertung der Nährstoffe bei Synthesen theoretisch abgeleitet werden. Dabei wird der Energiewert der gebildeten Substanz dem Energiewert der Ausgangsstoffe und dem für die Syntheseleistung erforderlichen Energieaufwand gegenübergestellt.

In Tabelle 24 sind ausgewählte energetische Wirkungsgrade von Nährstoffen für Biosynthesen aufgelistet. Hierbei ist jedoch zu berücksichtigen, dass der so berechnete Wert nur als Schätzgröße anzusehen ist, da im Stoffwechsel die Reaktionswege verzweigter und damit auf die Energieeffizienz bezogen suboptimaler ablaufen. Entsprechend ist auch die Effizienz für die Bildung von Körperfett und -protein nur grob abzuschätzen, zumal gerade beim Körperfett die aus der Nahrung aufgenommenen Fettsäuren direkt in das Körperfett eingebaut werden können.

Tab. 24. Energetischer Wirkungsgrad von Nährstoffen für Syntheseprodukte

Synthese	Energetischer Wirkungsgrad (in %)
Fettsynthese	
Glucose ⇒ langkettige Fettsäuren	73–86
Acetat ⇒ langkettige Fettsäuren	63–76
Butyrat ⇒ langkettige Fettsäuren	69–79
Ethanol ⇒ langkettige Fettsäuren	63–77
Protein ⇒ Körperfett	65
Nahrungsfett ⇒ Körperfett	70–95
Kohlenhydrate ⇒ Körperfett	74–86
Acetat + Glycerin ⇒ Körperfett	65–76
Kohlenhydratsynthese	
Lactat ⇒ Glucose	78–86
Propionat ⇒ Glucose	75–82
Glucoplastische Aminosäuren ⇒ Glucose	59–74
Glucose ⇒ Glycogen	97
Glucose ⇒ Lactose	96–98
Propionat ⇒ Lactose	71–80
Proteinsynthese	
Eiweiß ⇒ Eiweiß	55–62

Der energetische Aufwand für die Proteinsynthese kann nur partiell berechnet werden, da die Energieaufwendungen für die Synthese der Nucleinsäuren (DNA, RNA) und für den Proteinturnover nur geschätzt werden können. In der Summierung der Energieaufwendungen für die Aktivierung der Aminosäuren, für die Peptid- und RNA-Synthese sowie für den Transport der Aminosäuren und für die Synthesen aller hierbei beteiligten Enzyme ist davon auszugehen, dass je Mol eingebauter Aminosäuren 8 Mol ATP benötigt werden. Wird Eiweiß aus Eiweiß gewonnen, liegt die energetische Verwertung unter Berücksichtigung des energetischen Aufwands für den Turnover des angesetzten Proteins zwischen 55 % und 62 %. Bleiben Energieaufwendungen für den Proteinturnover unberücksichtigt, liegt die Verwertung sogar bei 77 bis 83 %.

6.2.3 Effizienzbestimmung auf der Grundlage von Stoffwechseluntersuchungen

Aufgrund der Unzulänglichkeiten bei der theoretischen Ableitung des Wirkungsgrades der Nährstoffe für die Synthese körpereigener Substanzen sind für die Berechnung der Nährstoffverwertung durch das Tier Stoffwechselversuche unverzichtbar. Bei der Darlegung des Energietransfers im Rahmen der Tierproduktion wird der Aufwand an Futterenergie dem Energieertrag in Form tierischer Erzeugnisse und Leistungen gegenübergestellt. Hierbei ist zu berücksichtigen, dass die Futterenergie auch zur Abdeckung des Erhaltungsbedarfs und z. B. zur Remontierung der Zuchttiere benötigt wird. Diese weitgefasste Betrachtung der energetischen Effizienz liegt unter Berücksichtigung des Energietransfers der einzelnen Tiergruppen und alimentärer sowie umweltbezogener Einflüsse zwischen 8% (Mutterkuhhaltung) und 21% (Schweinemast) der Futterenergie.

Da die weitgefasste Betrachtung des Energietransfers zahlreichen Einflussfaktoren unterliegt, ist sie für die Dokumentation detaillierter und reproduzierbarer Energieumsetzungen für praktische Belange wenig hilfreich. Dementsprechend ist die Aufteilung des Energietransfers auf energetische Prozesse im Rahmen des Erhaltungs- und Leistungsstoffwechsels die am häufigsten verwendete Ebene des Energietransfers. Entscheidend dabei ist, dass der Energiebedarf und die Energiezufuhr über das Futter auf einer gemeinsamen Energiestufe vorgenommen werden. Die dabei erzielten Resultate werden in der praktischen Tierernährung zur Berechnung des täglichen Energiebedarfs, zur Kennzeichnung des Energiegehaltes in den Futtermitteln, zur energetischen Kalkulation der Futterration sowie zur Abschätzung des Produktionserfolgs in der Tierhaltung eingesetzt.

6.2.3.1 Energieumwandlungsstufen

Die über das Futter aufgenommene chemische Energie wird in Tierprodukte, Stoffwechselprodukte, Syntheseaufwendungen und Muskelarbeit transformiert. Eine 100%ige Stoff- und damit Energieumwandlung ist nicht möglich. Die Quantifizierung des Energietransfers erfolgt seit langem in Form eines kaskadenartigen Bilanzschemas, das sich an den mit der Umwandlung der Nahrungsenergie verbundenen Verlusten orientiert. Im einzelnen unterscheidet man vier Bilanzstufen (Abb. 42).

> Die Bruttoenergie (GE = gross energy) ist die bei vollständiger Verbrennung der Nahrung im Bombenkalorimeter freiwerdende Wärmeenergie.

Die Verbrennungswärme einiger Nährstoffe ist bereits auf Seite 47 aufgeführt. Die Höhe der Bruttoenergie wird danach ausschließlich durch die Stoffzusammensetzung der Nahrung bestimmt. Auf die Futtermittel bezogen ergeben sich nur geringe Unterschiede. So weisen z. B. Stroh und Weizen die gleiche Bruttoenergie von 18,8 kJ je g auf. Hinzu kommt, dass die Bruttoenergie für Proteine eine vollständige Oxidation unterstellt. Prognosen über die Umwandlungseffizienz können somit auf dieser Basis nicht erfolgen.

> Ein Teil der Nahrung bleibt unverdaut und wird über die Faeces ausgeschieden. Die Differenz dieser ebenfalls im Bombenkalorimeter ermittelten Energieverluste zur Bruttoenergie ergibt die verdauliche Energie (DE = digestible energy) oder besser die scheinbar verdauliche Energie, da im Kot auch energetische Bestandteile aus Verdauungssekreten, Mikroorganismen und Abschilferungen der Enterozyten enthalten sind.

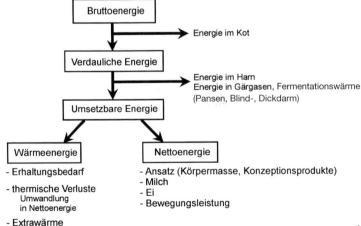

Abb. 42. Umwandlungsstufen der Futterenergie.

Diese Energiestufe ist zur Beurteilung des Energieumsatzes bei Monogastriden unter ausschließlicher Verwendung von Rationen mit hochverdaulichen Nährstoffen bei gleichzeitig hoher biologischer Wertigkeit der Proteinträger als grob orientierend anzusehen. Bei Wiederkäuern mit ausgeprägten mikrobiellen Umsetzungen im Vormagensystem kann die DE aufgrund der dabei unberücksichtigten Fermentationsverluste nicht zur Beurteilung der energetischen Effizienz herangezogen werden.

Allerdings wird noch in einigen Ländern zumindest indirekt ein mit der verdaulichen Energie vergleichbares System, das TDN-System, sowohl bei Wiederkäuern als auch bei Schweinen eingesetzt. Bezugseinheit ist hierfür g bzw. %. Dem im Vergleich zu den anderen Nährstoffen höheren Energiegehalt von Fett wird durch Einbeziehung des Faktors 2,25 Rechnung getragen. TDN = DCP + DNfE + DCF + 2,25 EE (Angaben g/kg Futter). Dabei entspricht 1 g TDN 18,4 kJ.

Für die Kenntnis der dem Organismus intermediär verfügbaren Energie sind zusätzlich die Energieverluste über den Harn sowie über die bei der mikrobiellen Fermentation im Gastrointestinaltrakt gebildeten Gärgase zu berücksichtigen. Nach Abzug dieser Verluste von der verdaulichen Energie erhält man die umsetzbare Energie (ME = metabolizable energy) bzw. präziser, die scheinbar umsetzbare Energie (AME).

Im Gegensatz zu den Verdaulichkeitsuntersuchungen kann die Differenzierung von scheinbarer und wahrer umsetzbarer Energie bei der bilanzmäßigen Darstellung des Energietransfers allerdings vernachlässigt werden. Diese Energiestufe steht dem Organismus zur Erhaltung der Lebensfunktionen und für Syntheseleistungen zur Verfügung. Der prozentuale Anteil der umsetzbaren Energie an der Bruttoenergie (Umsetzbarkeit) wird von der Tierart und dem jeweiligen Futterspektrum sowie bei Wiederkäuern zusätzlich von der Futtermenge beeinflusst. Rationen mit hoher Verdaulichkeit, wie sie beispielsweise bei Ferkeln, Mastschweinen und Geflügel Verwendung finden, lassen mit durchschnittlich 75 bis 80 % eine vergleichsweise geringe Schwankungsbreite erkennen. Bei Wiederkäuern liegt die Umsetzbarkeit aufgrund der geringeren Verdaulichkeit und der höheren Gasbildung, die bis 8 % der Bruttoenergie betragen kann, nur bei 60 %. Die energetischen Verluste über den Harn, die im Mittel bei 4 % der Bruttoenergie liegen, weisen bei ausgewogener Rationsgestaltung dagegen nur geringe tierartspezifische Unterschiede auf. Je g aufgenommenen N können für die renalen energetischen Verluste 30 bis 35 kJ angesetzt werden. Aufgrund der aufwendigen Untersuchungen zur quantitativen Erfassung der Kot-, Harn- und Gasverluste wird die umsetzbare Energie in Futtermitteln auf der Basis von Regressionsgleichungen ermittelt, deren Faktoren gleichzeitig auch tierartspezifische Unterschiede berücksichtigen. Die umsetzbare Energie (ME) steht dem Organismus jedoch nicht vollständig zur Verfügung. Man spricht in diesem Zusammenhang auch von „Extrawärme" oder Wärmezuwachs (heat increment). Diese entspricht im Erhaltungsbedarfsbereich der im Vergleich zum Nüchternumsatz höheren Wärmeproduktion. Ursächlich hierfür sind mit der ATP-Bildung gekoppelte oxidative Prozesse, energetische Aufwendungen für Kau-, Transport- und Verdauungsleistung, die sich auf insgesamt 5 % der ME belaufen können, sowie Fermentationsverluste (Wdk: 5–8 % der GE; Pfd: 1–3 %; Monogastrier < 1 %). Hinzu kommt die Wärmebildung in Zusammenhang mit der stärkeren Belastung des Kreislaufapparates und der Organtätigkeit. Bei niedriger Umgebungstemperatur kann die Extrawärme zur Temperaturregulierung beitragen. Insgesamt betrachtet ist sie für das Tier jedoch wertlos und als Verlust an Futterenergie anzusehen.

Die Differenz zwischen Aufnahme an umsetzbarer Energie und der durch die Nahrungszufuhr bedingten Wärmebildung wird als Nettoenergie bezeichnet.

Sie entspricht der Energie im tierischen Produkt (Nettoenergieproduktion) bzw. beim nichtproduktiven Tier dem Grundumsatz (Nettoenergieerhaltung).

Die Effizienz der Umwandlung von umsetzbarer Energie in Nettoenergie entspricht dem energetischen Wirkungsgrad. Dabei unterscheidet man den Gesamtwirkungsgrad (Verhältnis der umsetzbaren Energie zur Nettoenergie unter Einbeziehung des Erhaltungsumsatzes) und die Teilwirkungsgrade (Verhältnis der um den Erhaltungsbedarf verminderten umsetzbaren Energie zur Nettoenergie) (s. Abb. 43).

Zur Differenzierung werden die Gesamtwirkungs- und Teilwirkungsgrade mit tiefgestellten Indizes versehen. Dabei stehen m für Erhaltung, p und f für den Protein- und Fettansatz, l für Laktation, g für Konzeptionsprodukte und o für den energetischen Ansatz im Ei. Beim Pferd werden die Teilwirkungsgrade im Unterschied zu

Wiederkäuern und Schweinen derzeit noch auf der Grundlage DE angegeben.

6.2.4 Methodik der Energiewechselmessung

Die aufgezeigten Energiestufen werden sowohl zur Charakterisierung des Energiebedarfs als auch der Energiegehalte in den Futtermitteln herangezogen. Grundlage für die Rationsberechnung, den rationellen Futtereinsatz und die Abschätzung des Produktionserfolges ist der energetische Bedarf und die energetische Verwertung des aufgenommenen Futters bei den einzelnen Tierarten und Produktionsrichtungen. Voraussetzungen hierfür sind Energiewechselmessungen. Diese erfordern sowohl eine quantitative energetische Bilanzierung der über das Futter aufgenommenen und z. B. über Kot, Harn, Methan, Milch und Foeten abgegebenen bzw. im Tierkörper angesetzten Bruttoenergiewerte als auch die Messung der Wärmeabgabe. Nachfolgend werden die wichtigsten Methoden beschrieben.

6.2.4.1 Direkte Kalorimetrie

Die Apparatur für die direkte Messung der vom Tier abgegebenen Wärme basiert auf dem Prinzip des adiabatischen Bombenkalorimeters, wobei die Brennkammer durch eine Tierkammer ersetzt ist.

In heutigen Messapparaturen wird die vom Tier abgegebene Wärmemenge als Wärmefluss über netzartig um die isolierte Kammerwand installierte Wärmeleiter ermittelt. Diese Messsysteme weisen einen hohen Genauigkeitsgrad auf. Aufgrund des hohen Kostenaufwands können die Haltungsbedingungen in den Messkammern nicht praxisgerecht ausgerichtet werden.

6.2.4.2 Indirekte Kalorimetrie

Aufgrund dieser Nachteile setzte sich das Verfahren der indirekten Kalorimetrie bei Nutztieren durch.

Da die vom Tier gebildete Wärme als Folge der im Stoffwechsel schrittweise ablaufenden Oxidationsprozesse anzusehen ist, liegt eine konstante Beziehung zwischen Wärmebildung, Sauerstoffverbrauch und Kohlendioxidproduktion vor.

Vorausgesetzt, dass man die bei der Oxidation je Liter Sauerstoff frei werdende Wärme kennt, lässt sich aus dem Sauerstoffverbrauch die vom Tier gebildete Wärme indirekt messen. Oxidierbare und damit energetisch zu verwertende Substrate sind die über das Futter zugeführten und verdauten Kohlenhydrate, Fette und Proteine. Während Fette und Glucose als wichtigster Vertreter der resorbierten Kohlenhydrate vollständig zu Kohlendioxid und Wasser oxidiert werden können, wird der bei der Oxidation der Aminosäuren verbleibende Stickstoff in Harnstoff überführt und über die Nieren ausgeschieden. Nachfolgend sind beispielhaft die Reaktionsabläufe für die vollständige Oxidation von Glucose, Palmitat und Alanin wiedergegeben:

$$C_6H_{12}O_6 + 6\,O_2 \longrightarrow 6\,CO_2 + 6\,H_2O \quad 2826\text{ kJ Wärme}$$
$$C_{16}H_{32}O_2 + 23\,O_2 \longrightarrow 16\,CO_2 + 16\,H_2O \quad 10\,132\text{ kJ Wärme}$$
$$2\,CH_3CH(NH_2)COOH + 6\,O_2 \longrightarrow 5\,CO_2 + 5\,H_2O \quad 2721\text{ kJ Wärme}$$

Da Gase etwa das gleiche Molvolumen von 22,4 l haben, sind z. B. für die Oxidation von 1 Mol Glucose $6 \times 22{,}4\text{ l} = 134{,}4\text{ l O}_2$ erforderlich. Gleichzeitig werden 2826 kJ Wärmeenergie frei. Auf den Verbrauch an O_2 bezogen werden je Liter damit 21,03 kJ Wärme frei. Dieser Wert wird als **Wärmeäquivalent** definiert.

Durch den **respiratorischen Quotienten (RQ)** wird die benötigte O_2-Menge für die Bildung von 1 Mol CO_2 aus Kohlenhydraten, Fetten und Proteinen charakterisiert. Entsprechend beträgt der RQ-Wert für die Oxidation von Glucose 1,00. Fette enthalten wesentlich weniger Sauerstoff als Kohlenhydrate. Demnach ist zur vollständigen Oxidation mehr O_2 erforderlich, und es ergibt sich ein RQ-Wert von 0,71 bei einem Wärmeäquivalent von 19,7 kJ/l O_2. Die Werte für die Oxidation von Eiweißen liegen dazwischen. Für Alanin wird ein RQ-Wert von 0,84 und ein Wärmeäquivalent von 20,3 kJ/l O_2 berechnet. Damit erlaubt diese Methode nicht nur die Ermittlung der Wärmeproduktion des Tieres, sondern gleichzeitig auch die Bestimmung der Menge an abgebauten Kohlenhydraten und Fetten sowie unter Berücksichtigung des über die Nieren ausgeschiedenen Harnstoffs auch der oxidierten Aminosäuren. Diese Beziehungen können jedoch nicht für Syntheseprozesse eingesetzt werden. Bei der Fettsynthese aus Kohlenhydraten würde der RQ-Wert aufgrund des unterschiedlichen O_2-Gehaltes über 1,3 ansteigen.

Bei der Berechnung der Wärmeproduktion ist neben den ausgeschiedenen N-Verbindungen (Harnstoff) zusätzlich die über die Methanmenge charakterisierte Fermentationswärme zu berücksichtigen. Die Wärmeproduktion lässt sich nach folgender Formel berechnen:

H (kJ) = 16,18 · O_2 (in Liter)
+ 5,02 · CO_2 (in Liter)
− 2,17 · CH_4 (in Liter)
− 5,99 · N (Harn-N in Gramm).

Für die dezidierte Darstellung des Energieumsatzes sind jedoch neben den Anteilen an oxidierten Substanzen auch die im Tierkörper einschließlich tierischen Produkten angesetzten Substrate von großem Interesse. Deshalb wird das Verfahren der indirekten Kalorimetrie mit der Kohlenstoff- und Stickstoffbilanz kombiniert. Man unterstellt, dass der energetische Ansatz oder auch Abbau nur in Form von Fett und Protein erfolgt. Die Kohlenhydratfraktion bleibt hierbei unberücksichtigt, da der Anteil im Tierkörper mit durchschnittlich 0,8 % in der Regel unter den üblichen Haltungs- und Fütterungsbedingungen konstant gehalten wird.

Bei der Erstellung der Bilanzen werden die über das Futter aufgenommenen C- und N-Mengen nach Einhaltung einer 1- bis 4wöchigen Vorperiode den in der sich anschließenden 6- bis 8tägigen Untersuchungsperiode ermittelten C- und N-Verlusten über Kot, Harn, Kohlendioxid und Methan gegenübergestellt. Zur Berechnung des Energieansatzes wird unterstellt, dass der C- und N-Anteil im Protein durchschnittlich 52 % bzw. 16 % und der C-Anteil im Fett 76,7 % (Energiegehalt: 23,8 kJ/g Protein; 39,7 kJ/g Fett) beträgt. Aus den Ergebnissen der C- und N-Bilanz kann die Wärmeproduktion aus der Differenz zwischen den Energiewerten von Futter, Kot, Harn bzw. Methan und der angesetzten Energie im Körper berechnet werden. Einschränkend ist festzustellen, dass z. B. aus einer positiven N-Bilanz nicht auf die Proteinsyntheserate geschlossen werden kann. Viele Untersuchungen belegen, dass positive N-Bilanzen nur ca. 20 % der gesamten Proteinsyntheserate widerspiegeln.

6.2.4.3 Gaswechselmessungen

Die Messung des Gaswechsels beinhaltet den Verbrauch an Sauerstoff und die Produktion von Kohlendioxid und Methan.

Die Gasmessung erfolgt in sogenannten Respirationskammern, die nach unterschiedlichen Prinzipien arbeiten. In **geschlossenen Systemen** befindet sich das Versuchstier in einer nach außen abgedichteten Kammer. Die Kammerluft wird kontinuierlich im Kreislauf über Absorber für Kohlendioxid und Wasserdampf geleitet. Die Sauerstoffzufuhr ist dabei so eingestellt, dass der in der Kammer befindliche atmosphärische Druck konstant gehalten werden kann. Die Wägung des ausgeschiedenen Kohlendioxids und der durch laufende Kontrolle der in die Kammer eingeleiteten Gasmenge abgeleitete O_2-Verbrauch dienen als Grundlage für die Wärmeproduktionsmessung.

Voraussetzung für diese Methode ist die absolute Dichtigkeit der Respirationskammer. Da diese Voraussetzung versuchstechnisch bedingt kaum einzuhalten ist, wird häufiger die **Methode des offenen Belüftungssystems** eingesetzt. Hierbei wird kontinuierlich Luft abgeleitet und gleichzeitig Frischluft zugeführt. Zur Aufrechterhaltung eines geringen Unterdrucks in der Kammer ist die zugeleitete Luftmenge immer etwas kleiner als die abgesaugte Luft. Nach Analyse der Frischluft und der aus der Kammer abgesaugten Luft lässt sich, unter Berücksichtigung der exakt bestimmten abgesaugten Luftmenge, der Gaswechsel berechnen. Bei diesem System sind mögliche Undichtigkeiten der Kammer aufgrund des kontinuierlichen Unterdruckes weit weniger gravierend als unter Verwendung des geschlossenen Systems.

Nachteil beider Systeme ist, dass die Tiere nicht unter den Bedingungen freier Bewegungsmöglichkeit gemessen werden können. Für derartige mehr auf die Bewegungsaktivität ausgerichtete Messungen können tragbare Atemluftmessgeräte eingesetzt werden, die eine Volumenbestimmung der Atemluft und die Entnahme von repräsentativen Proben für die Gasanalyse erlauben.

6.2.4.4 Vergleichende Schlachttechnik

Energieumsatzmessungen können auch auf der Grundlage vergleichender Ganztierkörperuntersuchungen vorgenommen werden. Hierbei wird der Ganztierkörper (ohne Ingesta) am Versuchsende analysiert und mit den entsprechenden Analysenwerten von gleichartigen Geschwistern zu Versuchsbeginn verglichen.

Für diese Methode ist Voraussetzung, dass die während des Versuchs aufgenommene Futtermenge exakt bestimmt wird. Aus der Differenz zwischen aufgenommener umsetzbarer Energie und dem energetischen Ansatz im Tierkörper errechnet sich die Wärmeproduktion. Eine Differenzierung von Erhaltungs- und Leistungsbedarf ist dabei jedoch nicht möglich. Nachteil dieser Methode ist, dass weder zeitliche Verlaufsstudien der Wärmeproduktion noch tierindividuelle Messungen vorgenommen werden können.

6.2.4.5 Weitere Methoden

Um die Nachteile der oben genannten Messmethoden zu umgehen, stehen insbesondere für Gaswechselmessungen unter „Feldbedingungen" isotopische Messmethoden für die CO_2-Produktion mit $^{14}CO_2$ bzw. ^2H und ^3H zur Verfügung. Im Vergleich zur indirekten Kalorimetrie liegt dabei die Überschätzung der CO_2-Produktion nur bei 2 bis 4 %. Nachteil dieser Methoden ist jedoch, dass der RQ-Wert nicht gemessen, sondern als Schätzgröße in die weiteren Berechnungen einfließt. Desweiteren können Wärmeproduktionsbestimmungen auch auf der Grundlage der Herz- bzw. Atmungsfrequenz vorgenommen werden. Diese Messungen sind jedoch nicht sehr genau und können nur zur orientierenden Abschätzung des Energieumsatzes herangezogen werden.

6.2.5 Energetische Verwertung der Nährstoffe

6.2.5.1 Monogastriden

Auf der Grundlage der Energiewechselmessungen lassen sich exakte Angaben über die Verwertung der über das Futter aufgenommen Bruttoenergie für Erhaltung und Leistung (u. a. Wachstum, Milch, Eier) ableiten. In Tabelle 25 sind die Wirkungsgrade bei Fütterung im Erhaltungs- und Leistungsbedarfsbereich für die Protein- und Fettsynthese in Prozent der ME für einige ausgewählte Tierarten ausgewiesen. Neben tierartlichen Unterschieden ist auffällig, dass für die Verwertung der Nährstoffe im Erhaltungsbedarfsbereich höhere Wirkungsgrade gemessen werden als im Leistungsbedarfsbereich.

> Die energetische Verwertung der über das Futter zugeführten Nährstoffe für die umsetzbare Energie aus Kohlenhydraten und Fetten liegt im Leistngsbereich bei durchschnittlich 77 % und 82 %. Für Kohlenhydrate, die der mikrobiellen Fermentation im Dickdarm unterliegen, ist von einer energetischen Verwertung für den Fettansatz zwischen 47 % und 57 % auszugehen. Die zugeführte Proteinenergie weist nur einen Wirkungsgrad von 60 % auf.

Der Energieaufwand für die Synthese von Körpermasse wird im Gegensatz zum Erhaltungsstoffwechsel nicht nur von den Ausgangsstoffen, sondern auch von der Art der synthetisierten Körpersubstanz beeinflusst. Hierbei ist die Verwertung von Protein aus dem Futter mit den höchsten Energieverlusten verbunden.

> Für die Verwertung von Kohlenhydraten und Fetten lässt sich insgesamt eine gute Übereinstimmung mit den aus den bioenergetischen Reaktionen abgeleiteten Wirkungsgraden erkennen. Bei Proteinen ergeben sich dagegen erhebliche Unterschiede zwischen den biochemisch berechneten und den gemessenen Werten.

Ursächlich hierfür ist die hohe, sich in N-Bilanzen nicht widerspiegelnde Proteinturnoverrate, die biologische Wertigkeit des Futterproteins, die Höhe des Proteingehaltes im Futter sowie die Energieaufwendungen für die Harnstoffsynthese. Damit ist für die Berechnungen der Energiekosten für Protein und Fett nur der experimentell ermittelte Wirkungsgrad essenziell.

6.2.5.2 Wiederkäuer

Aufgrund der im Pansen stattfindenden mikrobiellen Umsetzungen mit der Folge von energetischen Verlusten (Fermentationswärme, Methan) und der dem Wirtstier zur Verfügung gestellten Fermentationsprodukte (flüchtige Fettsäuren) zeigen die experimentell ermittelten Wirkungsgrade bei Wiederkäuern erhebliche Veränderungen gegenüber Monogastriden. Bei Infusion der Nährstoffsubstrate direkt in den Labmagen lassen die Wirkungsgrade jedoch mit Monogastriden vergleichbare Werte erkennen. Die Differenz in der energetischen Verwertung eines in den Labmagen

Tab. 25. Energetische Verwertung der Nährstoffe und Gesamtration für die Protein- und Fettsynthese im Erhaltungs- und Leistungsbedarfsbereich (Angaben in % der umsetzbaren Energie)

Nähr-stoffe	Tierart	Verwertung	
		Erhaltung	Leistung (einschl.) Erhaltung
Kohlen-hydrate	Monogastrier	94	78
	Geflügel	95	77
	Wiederkäuer	80	79
Fette	Monogastrier	98	85
	Geflügel	95	78
	Wiederkäuer	–	79
Proteine	Monogastrier	77	64
	Geflügel	80	55
	Wiederkäuer	70	45
Gesamt-ration	Monogastrier	85	70
	Geflügel	90	75
	Wiederkäuer	70	50

infundierten bzw. oral aufgenommenen Nährstoffs liefert eine Einschätzung der bei der mikrobiellen Fermentation auftretenden Energieverluste.

Der Einfluss der mikrobiellen Fermentation wird bei der Infusion von Glucose und Casein in den Pansen bzw. Labmagen besonders deutlich. Bei Infusionen in den Pansen ist mit einer um 24 bzw. 22 % geringeren Energieverwertung für den Körperfettansatz zu rechnen als bei Infusion in den Labmagen. Demgegenüber ist bei Wiederkäuern die Energieverwertung von Stärke mit 64 % gegenüber Nichtwiederkäuern nur um 15 % reduziert. Ursächlich hierfür ist die Tatsache, dass ein Teil der Stärke unabgebaut den Pansen passiert und im Dünndarm verdaut wird. Demzufolge zeigen Zulagen von Saccharose mit 57 % deutlich niedrigere Werte als Stärke, da Saccharose im Pansen einer vollständigen mikrobiellen Fermentation unterliegt.

Proteine und Fette werden bei Wiederkäuern im Vergleich zu Nichtwiederkäuern um 20 bzw. 30 % schlechter verwertet. Die geringere Verwertung des Fettes durch den Wiederkäuer liegt jedoch weniger in den Fermentationsvorgängen im Pansen, sondern vielmehr in der starken Verdauungsdepression hoher Fettzulagen begründet. Die mit 15 bis 20 % ausgewiesene Unterlegenheit der Energieverwertung des Wiederkäuers gegenüber Nichtwiederkäuern resultiert aus dem Stoffwechsel der Mikroorganismen durch Wärme- (ca. 6 % der GE) und Methanbildung (ca. 8 % der GE) im Vormagensystem. Gegenüber Nichtwiederkäuern liegt die untere Grenze der partiellen Energieverwertung bei Verfütterung extrem rohfaserreicher Rationen bei 30 bis 35 %. Bei Nichtwiederkäuern würden sie unter diesen Bedingungen Null betragen.

Die energetische Verwertung der kurzkettigen Fettsäuren hängt sowohl auf den Erhaltungsstoffwechsel als auch auf den Körperfettansatz bezogen in hohem Maße vom molaren Verhältnis ab. Während im Erhaltungsbereich die Verwertung zwischen 59 % (Acetat) und 87 % (Propionat) anzusetzen ist, liegen die entsprechenden Verwertungsbereiche für den Körperfettansatz zwischen 33 % (Acetat) und 62 % (Butyrat).

Die Verwertung der umsetzbaren Energie für die Milchsynthese lässt dagegen mit 56 bis 65 % nur eine geringe Abhängigkeit vom jeweiligen Fettsäuremuster erkennen.

Auffallend ist hierbei die gegenüber dem Erhaltungsumsatz deutlich günstigere Verwertung. Als Ursachen sind die geringeren Aufwendungen für die Fettsynthese aufgrund des hohen Anteils kurzkettiger Fettsäuren im Milchfett, die geringen Energiekosten für Milchzucker aus Glucose und die direkte Verwendung der Aminosäuren für die Milchproteinsynthese anzuführen. Diese Voraussetzungen sind allerdings nur für wiederkäuergerechte Rationen zutreffend. Zu geringe Rohfaser- und Strukturgehalte sowie überhöhte Rohproteingehalte induzieren eine deutliche Verringerung der Teilwirkungsgrade für die Milchbildung.

6.3 Energiebedarf

Die Zufuhr an Energie über das Futter orientiert sich im wesentlichen nach den jeweiligen Bedarfsansprüchen. Je höher der Leistungsbedarf, um so höher die Energiezufuhr. Aber auch Tiere die keine Leistung vollbringen, bedürfen für die Aufrechterhaltung der Lebensvorgänge einer nicht unbeträchtlichen Energiezufuhr, die als Erhaltungsbedarf charakterisiert wird.

6.3.1 Grundumsatz

Der niedrigste Energieumsatz eines Tieres ist dann gegeben, wenn der Organismus im thermoneutralen Bereich in absoluter Ruhe verharrt und die Verdauungsarbeit weitgehend ausgeschaltet ist. Der hierbei messbare Energieumsatz wird als Grundumsatz bezeichnet. Die insgesamt im Rahmen des Grundumsatzes benötigte Energie erscheint als thermische Energie.

Diese Wärme wird einerseits bei der biologischen Oxidation und der damit gekoppelten ATP-Synthese aus den eingeschmolzenen Energievorräten (Fett und Protein) des Organismus und andererseits z. B. im Rahmen der Herz- und Kreislauftätigkeit frei. Die unter Grundumsatzbedingungen vorliegenden Energieausgaben (100 %) können prozentual wie folgt differenziert werden: Herz 9 bis 11 %, Niere 6 bis 7 %, Leber 5 bis 10 %, Atmung 6 bis 7 %, nervale Funktion 10 bis 15 %, Proteinturnover 9 bis 12 %, Fett-Turnover 2 bis 4 %, Ionentransport 30 bis 49 %.

KLEIBER konnte nachweisen, dass der Grundumsatz im wesentlichen durch die Lebendmasse beeinflusst wird. Kleine Tiere weisen dabei einen höheren Grundumsatz auf als größere Tiere. Werden jedoch die Logarithmen der Werte für den Grundumsatz gegen die Logarithmen der Lebendmasse regressionsanalytisch ausgewertet, erhält man eine Gerade, deren Steigung durch den Exponenten der Lebendmasse angegeben ist. Nach Auswertungen von KLEIBER ließ sich hierfür ein Exponent von 0,75 ermitteln. Damit wurde eine ursprüngliche Annahme widerlegt, nach der die unter Grundumsatzbedingungen gemessene Wärmemenge sich proportional zur Körperoberfläche verhalten sollte (Rubners Oberflächengesetz).

| Für vergleichende Darstellungen des Energieumsatzes verschiedener Tiere wurde deshalb $kg^{0,75}$ als Einheit der metabolischen Körpergröße festgelegt.

Hierbei ist zu berücksichtigen dass der von KLEIBER angebene Exponent auf der Basis großer Gewichtsunterschiede (Maus, Elefant) abgeleitet wurde. Liegen nur kleine Gewichtsunterschiede vor, kann der Exponent zwischen 0,6 und 0,9 variieren.

| Aus den bei ausgewachsenen Tieren mit unterschiedlicher Körpergröße durchgeführten Grundumsatzmessungen ist abzuleiten, dass der Grundumsatz für alle Tierarten 293 kJ/$kg^{0,75}$/Tag beträgt.

Da alters- und geschlechtsbedingte Einflüsse sowie die stoffliche Zusammensetzung des Tierkörpers modifizierend wirken können und es bei Tieren grundsätzlich schwierig ist, die Muskelaktivität so weit einzuschränken, dass vergleichbare Grundumsatzmessungen vorliegen, ist die Grundumsatzrate nur als orientierende Messgröße anzusehen, zumal beim Wiederkäuer der Pansenstoffwechsel keine Nüchterungsphase erlaubt.

Die unter Grundumsatzbedingungen vom Tier abgegebene Wärme ist gleichzeitig als Mindestwärmeproduktion bei Nahrungsentzug anzusehen. Innerhalb dieser thermoneutralen Zone sind die Thermoregulationsmechanismen minimal belastet. Bei Unter- oder Überschreiten dieser Temperaturzone, die durch die sogenannte kritische untere bzw. obere Temperatur begrenzt ist, muss der Organismus die Wärmebildung steigern (z. B. durch Entkopplung der oxidativen Phosphorylierung, Kältezittern, Veränderung des Muskeltonus) oder die Wämeabgabe fördern (z. B. durch Schwitzen, Hecheln, Vasokonstriktion, -dilatation). Diese Anpassungsmechanismen sind mit **zusätzlichen Energieaufwendungen** verbunden.

Die thermoneutrale Temperatur als Temperaturbereich minimaler Wärmeproduktion hat eine mehrfach nachgewiesene parabelförmige Abhängigkeit der Wärmeproduktion von der Umgebungstemperatur zur Voraussetzung. Veränderungen der thermischen Isolation wirken sich neben der Höhe der Wärmeproduktion deutlich auf den Verlauf dieser Beziehung aus. Eine Zunahme an thermischer Isolation ist mit einer Abnahme der unteren kritischen und partiell auch der oberen kritischen Temperatur verbunden. Die die thermische Isolierung bestimmenden Faktoren sind ontogenetische Entwicklung, Kondition, Luftbewegung, Beschaffenheit des Haar- bzw. Federkleides (Dichte, Länge, trocken oder nass), Tierkörpergröße, Liegeflächenbeschaffenheit. Die Höhe der Wärmeproduktion wird durch Faktoren wie Zusammensetzung des Futters, Art und Verhältnis der Syntheseprodukte, Aktivität und äußere mechanische Arbeit beeinflusst.

6.3.2 Erhaltungsbedarf

Für die praktische Bedarfsberechnung sind die Grundumsatzmessungen verständlicherweise wenig hilfreich.

| Unter tierartspezifischen Haltungs- und Fütterungsbedingungen wird die für die Funktionserhaltung lebenswichtiger Organe und für die Leistungsbereitschaft erforderliche Zufuhr an Energie als energetischer Erhaltungsbedarf definiert. Neben dem Grundumsatz schließt der Erhaltungsbedarf zusätzliche Energie für die Verdauung, Resorption und den Umsatz der Nährstoffe sowie ungerichtete Bewegungsleistungen zur Aufrechterhaltung der Gesundheit und die Wärmeregulation ein.

Dabei kann davon ausgegangen werden, dass sich die Tiere unter den Bedingungen des Erhaltungsumsatzes im Fließgleichgewicht befinden. Die Auf- und Abbauprozesse halten sich die Waage, die aufgenommene und ausgeschiedene Energie führen zu Energiebilanzen von ± Null. Die mit der Futteraufnahme, Verdauung und Resorption verbundenen Energieaufwendungen werden als Extrawärme frei.

Die unterschiedliche Effizienz der Nährstoffe bezüglich des ATP-Bildungsvermögens ist ebenfalls mit einer nährstoffabhängigen Wärmebildung verbunden. Diese mit der Nahrungszufuhr verbundene zusätzlich frei werdende Wärme wird als Prozesswärme oder metabolische Wärme bzw. Extrawärme definiert. Entsprechend liegt die thermoneutrale Zone bei erhaltungsbedarfsdeckend gefütterten Tieren immer tiefer als bei genüchterten Tieren. Diese zusätzliche Wärme kann unterhalb des thermoneutralen Bereichs zur Wärmeregulation herangezogen werden. Damit liegt die untere kritische Umgebungstemperatur bei Deckung des Erhaltungsbedarfs immer unter der für Grundumsatzbedingungen geltenden Temperaturzone. Andererseits ist aber die obere kritische Temperatur niedriger, d. h., die Energieaufwendungen für die gesteigerte Wärmeabgabe beginnen bereits früher als bei genüchterten Tieren. In der Regel reicht die unter Erhaltungsbedingungen frei werdende Wärme aus, den Wärmebedarf der Tiere zur Konstanthaltung der Körpertemperatur ohne zusätzliche Energieaufwendungen zu decken.

Durch die mit der Futteraufnahme verbundene Extrawärme und Einbeziehung der Bewegungsaktivität ist die freiwerdende Wärme unter Erhaltungsbedingungen immer höher als unter Grundumsatzbedingungen. Diese zusätzliche Wärme ist identisch mit der durch die Futteraufnahme ermöglichten Einsparung des Abbaus von Körperenergie.

In Bezug zu der Wärmebildung unter Grundumsatzbedingungen spricht man in diesem Zusammenhang auch von dem Teilwirkungsgrad für die Erhaltung (k_m). Die Verwertung der umsetzbaren Energie für die Erhaltung liegt zwischen 0,8 und 0,9 für Nichtwiederkäuer und zwischen 0,6 und 0,8 für Wiederkäuer. Es ist jedoch korrekter, den Erhaltungsbedarf als das Vielfache des Nüchternumsatzes (Wärmeproduktion 24 bis 48 Stunden postprandial unter thermoneutralen Bedingungen und Einbeziehung ungerichteter Bewegungsleistungen) anzugeben. Dabei ist jedoch zu berücksichtigen, dass die Teilwirkungsgrade unterhalb der Erhaltungsbedarfsdeckung als Folge der zur Kompensation erforderlichen Mobilisation der im Tierkörper gespeicherten Nährstoffe günstiger sind als bei Tieren, die oberhalb der Erhaltungsbedarfsdeckung gefüttert werden. Entsprechend sind Unterschätzungen des Erhaltungsbedarfs auf der Grundlage des Nüchternumsatzes nicht auszuschließen. Methodisch ist es somit vorteilhafter, die Verwertung der Nährstoffe für den Erhaltungsstoffwechsel auf einem weitestgehend dem Erhaltungsbedarf entsprechenden Energieniveau durchzuführen.

Der Erhaltungsbedarf wird deshalb in der Regel auf der Basis von Energie-, C- und N-Bilanzen bei unterschiedlichem Futteraufnahmeniveau (oberhalb des Erhaltungsbedarfs) ermittelt. Dabei wird die jeweilige Aufnahme an umsetzbarer Energie den entsprechenden energetischen Ansatzwerten im Tierkörper und gegebenenfalls in den Leistungsprodukten gegenübergestellt. Mittels linearer Regression lässt sich hieraus die Aufnahme an umsetzbarer Energie berechnen, bei der die Energieretention im Tierkörper ± Null ist.

Eine weitere, allerdings weniger genaue Methode, ist die Abschätzung des Erhaltungsbedarfs auf der Grundlage der Gewichtskonstanz bei nicht in Leistung stehenden Tieren. In Tabelle 26 sind die Erhaltungsbedarfswerte einschließlich der Variationsbreite zusammengefasst. Allgemeinverbindliche Angaben können als Folge der vielfältigen Einflussfaktoren nicht gemacht werden. Wesentliche Einflussfaktoren auf die Höhe des Erhaltungsbedarfs sind durch das Tier selbst (z. B. Lebendmasse, Körperaktivität, Geschlecht, Alter, Haarkleid, Unterhautfettgewebe, Erkrankungen, Fieber) sowie durch die Haltung (z. B. Einzel- bzw. Gruppenhaltung, Weide- bzw. Stallhaltung, Wärmeisolierung, Art der Liegefläche, Umgebungstemperatur, relative Feuchte, Luftgeschwindigkeit, Schadstoffkonzentration) und Fütterung (z. B. Futterzusammensetzung – CP, CF –, Konfektionierung, Fütterungstechnik) gegeben. So erfordern Temperaturen unterhalb der thermoneu-

Tab. 26. Mittlerer energetischer Erhaltungsbedarf (ME) im thermoneutralen Bereich

Spezies	Erhaltungsbedarf (kJ ME/kg $LM^{0,75}$/Tag)	
	gemittelt	Schwankungsbereich
Rind		
Aufzucht	530	450–650
Mast	460	430–640
Milchkuh	488	400–750
Schaf	430	250–600
Ziege	450	400–550
Schwein		
Ferkel (5 → 20 kg LM)	725 → 645	400–750
Mastschwein (30 → 100 kg LM)	526 → 455	450–700
Zuchtsau gravid	440	320–480
Zuchtsau laktierend	370	350–500
Huhn		
Legegeflügel	460	400–600
Mastgeflügel	418	350–550
Pferd	420	400–500
Mensch	400	350–520

tralen Zone eine zusätzliche Wärmeproduktion von 15 kJ/kg LM^{0,75}/Tag und °C (ca. 3% des Erhaltungsbedarfs). Ungünstige witterungsbedingte Einflüsse können z. B. bei Weidekälbern insgesamt zu einem Mehrbedarf von über 50% des Erhaltungsbedarfs führen. Bei in Leistung stehenden Tieren sind Unterschreitungen der thermoneutralen Zone mit geringeren Mehraufwendungen verbunden, da diese durch die Prozesswärme oder metabolische Wärme bei der Produktion von Leistungsprodukten mehr oder weniger stark kompensiert werden können.

Der energetische Erhaltungsbedarf der modernen Genotypen dürfte als Folge der höheren Leistung und damit des höheren Anteils an Protein in der Körpermasse, welches intensiveren Synthese- und Abbaubauprozessen unterliegt als Körperfett, auf höherem Niveau liegen als bei den in Studien aus den 70er Jahren eingesetzten Tieren.

Weiterhin ist zu berücksichtigen, dass der Proportionalitätsfaktor für die metabolische Lebendmasse insbesondere bei im Wachstum befindlichen Tieren nicht konstant ist. Ursächlich sind altersbedingte Veränderungen der Körperzusammensetzung, der Aktivität und Wärmeregulation.

6.3.3 Leistungsbedarf

Energie, die über den Erhaltungsbedarf hinaus zugeführt wird, steht der Produktion zur Verfügung. Dabei sind die Verluste durch Kot (10 bis 30%), sowie Harn (5%) und beim Wiederkäuer Methan (5 bis 10%) weitestgehend unabhängig von der Leistungsrichtung und -höhe. Demgegenüber schwanken die mit den tierischen Leistungen verbundenen Verluste an metabolischer Wärme oder Extrawärme je nach Leistungsrichtung beträchtlich.

Die bei den unterschiedlichen Leistungen anfallenden thermischen Verluste werden durch die Teilwirkungsgrade charakterisiert, wobei die Nettoenergie in den Produkten bzw. die zu leistende Arbeit in Relation zu der für die Leistung verfügbaren umsetzbaren Energie gesetzt wird (s. Abb. 43). Die für die Leistung verfügbare umsetzbare Energie lässt sich aus der Differenz von aufgenommener und für den Erhaltungsbedarf benötigter umsetzbarer Energie berechnen. Die tierart- und leistungsspezifischen Teilwirkungsgrade sind in Tabelle 27 ausgewiesen. Die aufgeführten Teilwirkungsgrade können neben experimentellen Fehlerquellen durch die unterschiedlichen Leistungsprodukt- und Futterrationszu-

Tab. 27. Mittlere Verwertung der umsetzbaren Energie bzw. der verdaulichen Energie (Pferd) für verschiedene Teilleistungen (Teilwirkungsgrade)

Teilwirkungsgrad[2]	Rind	Schwein	Geflügel	Pferd
k_m	0,72	0,75	0,75	0,70
k_p	0,35	0,56	0,45–(0,52)[1]	
k_f	0,64	0,74	0,75–(0,94)[1]	
k_l	0,60	0,70		0,66
k_g	0,20	0,22		0,20
k_o			0,65	

[1] Broiler
[2] Teilwirkungsgrad: k_m für Erhaltung; k_p für Proteinansatz; k_f für Fettansatz; k_l für Laktation; k_g für Konzeptionsprodukte; k_o für energetischen Ansatz im Ei

sammensetzungen einer nicht zu unterschätzenden Beeinflussung unterliegen. Da die Effizienz von Kohlenhydraten, Fetten und Proteinen für die Körperfettsynthese, wie bereits aufgezeigt, erhebliche Unterschiede aufweist, ist die Zusammensetzung der umsetzbaren Energie in Rationen für Monogastriden als weitere Einflussgröße anzuführen.

Demgegenüber ist bei Wiederkäuern als Folge der primären Versorgung über die flüchtigen Fettsäuren aus der Pansenfermentation unter Zugrundelegung wiederkäuergerechter Rationen eine weitgehende Unabhängigkeit vom Mengenverhältnis der Energielieferanten gegeben. Die Effizienz wird jedoch bei Wiederkäuern in erster Linie durch die komplexen Effekte der Gesamtration beeinflusst, wobei als brauchbare Variable die Umsetzbarkeit der Energie (ME/GE = q) dient. So ist z. B. für den Teilwirkungsgrad der Milchleistung (k_l) folgende Abhängigkeit gegeben: $k_l = 0,35q + 0,420$. Entsprechend variiert der Teilwirkungsgrad bei Werten für q zwischen 0,4 und 0,7 von 0,56 bis 0,66. Auch die Teilwirkungsgrade für den energetischen Ansatz im Tierkörper ($k_{p+f} = 0,78q + 0,006$) unterliegen je nach der Umsetzbarkeit Schwankungen von 0,32 bis 0,55.

Beim Schwein bzw. Geflügel ist der Anteil an Kohlenhydraten, Fetten und Proteinen und die Umsetzbarkeit in den Rationen als Folge der hohen Bedarfsansprüche relativ konstant. Entsprechend dürften sich rationsbedingte Effekte bei bedarfsgerechter Fütterung nicht auf die energetische Verwertung auswirken.

Die Berechnung des Leistungsbedarfs setzt neben dem Umfang auch die stoffliche Zusammensetzung der Leistungsprodukte voraus. Da der Gehalt an Rohprotein und Rohfett in den Produkten, abgesehen vom Hühnerei, nie konstant ist, wird für die praktischen Belange von mittleren Gehalten an Rohprotein und Rohfett ausgegangen. Die Verwertung der umsetzbaren Energie für die im Leistungsprodukt enthaltene Energie wird deshalb auf der Grundlage von Mischfaktoren berechnet.

Aus dem Nettobedarf für die Leistung (Zusammensetzung des Leistungsprodukts) errechnet sich unter Berücksichtigung des jeweiligen Teilwirkungsgrades der Bruttobedarf für die Leistung und unter gleichzeitiger Berücksichtigung des Erhaltungsbedarfs der Gesamtbedarf (Abb. 43).

Nachfolgend werden beispielhaft einige Berechnungen für Teilbedarfsleistungen erläutert.

6.3.3.1 Teilbedarf für die Reproduktion

Der zusätzliche Bedarf für den Ansatz in Konzeptionsprodukten einschließlich der Adnexe (Eierstöcke und Eileiter) während der Gravidität ist zunächst so gering, dass er sich kaum vom Erhaltungsbedarf unterscheidet. Im letzten Drittel der Gravidität steigt er jedoch steil an. Bei dem gut entwickelten Kompensationsvermögen der Muttertiere ist es deshalb ausreichend, den Zusatzbedarf für das letzte Drittel der Gravidität zu mitteln und gleichmäßig auf die Tage dieser für die Entwicklung der Föten wichtigen Periode zu verteilen.

Die Verwertung der umsetzbaren Energie für den intrauterinen Ansatz liegt mit durchschnittlich 0,2 auf niedrigem Niveau.

Der geringe Teilwirkungsgrad liegt im wesentlichen darin begründet, dass der Erhaltungsbedarf der heranwachsenden Föten nicht als Teilleistung erfasst wird und der Proteingehalt am gesamten Energieansatz im graviden Uterus bei durchschnittlich 78 % liegt. Die mit dem Proteinansatz und dem Erhaltungsbedarf verbundenen thermischen Verluste führen deshalb fälschlicherweise zu einer verringerten Umwandlung der für die Reproduktion erforderlichen umsetzbaren Energie.

Der tägliche Nettoenergieansatz in den Konzeptionsprodukten der **Kuh** wird in Abhängigkeit von der Trächtigkeitsdauer (t in Tagen) nach folgender Gleichung berechnet: MJ/Tag = $0{,}044 \cdot e^{0{,}0165 \cdot t}$. Unter Berücksichtigung des Teilwirkungsgrades von k_g 0,2 ergibt sich hieraus der

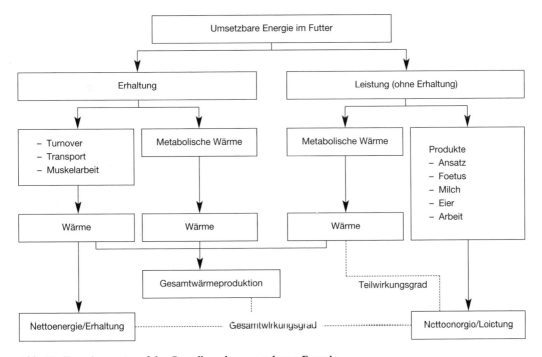

Abb. 43. Energieumsatz auf der Grundlage der umsetzbaren Energie.

Leistungsbedarf (Beispiel 240. Trächtigkeitstag: 11,55 MJ ME). In den letzten 6 Wochen vor der Geburt müssen zusätzlich die Energieaufwendungen für das Wachstum des Euters Berücksichtigung finden, die im Mittel mit 1,25 MJ je Tier und Tag bzw. 6,25 MJ ME (k_g 0,2) angesetzt werden. Insgesamt müssen somit für Foetus und Reproduktionsorgane in den letzten 6 Wochen der Gravidität täglich 18 bis 30 MJ ME aufgewendet werden.

Für **Mutterschafe** berechnet sich der Energieansatz (MJ) im Foetus und den Reproduktionsorganen nach der Formel MJ/Tag = 0,00445 · $(t+13)^{4,4266}$. Unter Berücksichtigung des Teilwirkungsgrades von 0,2 (k_g) ergibt sich für das 1., 2. und 3. Drittel ein Zusatzbedarf von 0,1, 0,5 und 2,2 MJ ME/Tier und Tag.

Bei **Sauen** ist zunächst der Lebendmasseverlust während der vorangegangenen Laktation mit im Mittel 15 kg auszugleichen. Der Energiegehalt kann mit 12 MJ/kg bei einem Teilwirkungsgrad k_{p+f} von 0,70 angenommen werden. Daraus ergibt sich während der gesamten Trächtigkeit von 114 Tagen eine mittlere Tageszunahme von 132 g, die 2,3 MJ ME erfordert. Der Energieansatz (in kJ) in den Konzeptionsprodukten berechnet sich für Sauen nach den Formeln 0,0738 t (1. bis 56. Tag) und 0,3723 $e^{0,04299t}$ (ab 57. Tag). Entsprechend liegen im 1., 2. und 3. Drittel die durchschnittlichen täglichen Ansatzwerte bei 0,07, 0,19 und 1,11 MJ je Tier. Der Energieansatz im Euter ist mit 0,56 MJ/Tag im Durchschnitt der letzten 45 Tage der Gravidität anzusetzen. Der intrauterine Energieansatz von durchschnittlich 12 Föten einschließlich Adnexe beträgt während der letzten 4 Wochen der Gravidität im Mittel 2,25 MJ/Tag. Unter Berücksichtigung des Teilwirkungsgrades für die Gravidität (k_g 0,2) entsteht somit vier Wochen vor der Geburt ein Zusatzbedarf von 11,3 MJ ME pro Tag.

Bei **Stuten** steigt der Energieansatz im Föten zwischen dem 8. und 11. Trächtigkeitsmonat von monatlich 14% auf 31% der insgesamt angesetzten Energie auf der Grundlage von 5,48 MJ je kg Lebendmasse des Fohlens. Die Verwertung der verdaulichen Energie wird mit 0,2 angenommen. Für die Adnexe und den extragenitalen Ansatz wird ein Zuschlag von 20% angesetzt.

Der maternale Ansatz zeigt im Vergleich zu den nichtgraviden Tieren trotz großer Unterschiede in der Zusammensetzung des Zuwachses nach Protein und Fett (proteindominierend bei graviden Tieren) eine günstigere energetische Verwertung.

6.3.3.2 Teilbedarf für die Laktation

Der zusätzliche Bedarf für die Laktation ist abhängig von der Zusammensetzung der Milch und -mengenleistung. Zur Zeit der maximalen Laktation kann der hierfür erforderliche Bedarf teilweise nur durch die gleichzeitige Inanspruchnahme von Körperreserven gedeckt werden. Bei der **Kuh** ist der mittlere Energiegehalt der Milch bezogen auf fettkorrigierte (4%) Milch mit 3,10 MJ je Liter anzusetzen. Da die Verdaulichkeit der Energie mit steigendem Fütterungsniveau leicht abnimmt, werden zu deren Korrektur je Liter Milch 0,07 MJ addiert.

Unter Berücksichtigung eines mittleren Teilwirkungsgrades von 0,6 ergibt sich bei einer Umsetzbarkeit von q = 57 ein Bedarf von 5,28 MJ ME je Liter. Bei Milch mit hiervon abweichenden Fettgehalten kann der Bedarf mittels regressionsanalytisch abgeleiteter Formeln modifiziert werden.

Der Energiegehalt der **Schafmilch** liegt im Mittel bei 4,8 MJ/l. Die variierenden Fett- (6 bis 9%) und Proteingehalte (4 bis 6%) in der Schafmilch können jedoch im Einzelfall zu Unter- bzw. Überschätzungen führen. Der Teilwirkungsgrad für die Milchbildung beträgt 0,6. Entsprechend sind 8 MJ ME/l anzusetzen.

Der durchschnittliche Energiegehalt der Milch von **Sauen** wird mit 5,0 MJ/kg angegeben. Unter Berücksichtigung des Teilwirkungsgrades für die Milchbildung von 0,70 müssen somit 7,14 MJ ME je Liter Milch zugeführt werden. Für 1 kg Ferkelzunahme werden durchschnittlich 20,5 MJ Milchenergie unterstellt. Über die Einschmelzung körpereigener Speicher können je kg Körpergewichtsabnahme zusätzlich 20 MJ zur Verfügung gestellt werden. Bei einem Teilwirkungsgrad von 0,89 bei der Umwandlung dieser Energie in Milchenergie entspricht dies 17,8 MJ oder auf die Futterenergie bezogen 25,4 MJ ME (17,8 : 0,70).

Bei der **Stute** liegt der Teilwirkungsgrad für die Milchbildung auf die verdauliche Energie bezogen bei 0,66. Bei einem durchschnittlichen Energiegehalt von 2,3 MJ/kg Milch errechnet sich hieraus ein Zusatzbedarf von 3,48 MJ DE/kg. Hierbei ist jedoch zu berücksichtigen, dass die Milch in den ersten Laktationswochen energiereicher als in den nachfolgenden Wochen ist. Entsprechend sinkt der Bedarf an DE für einen Liter Milch während der Laktation kontinuierlich von 3,55 auf 3,30 MJ DE ab.

Bei fast allen säugenden Tieren wird im Frühstadium der Laktation zum Ausgleich des Energiedefizites, das zwischen Energiebedarf und Energieaufnahme aus dem Futter entsteht, körpereigenes Gewebe mobilisiert. Bei der Umwandlung von Körper- in Milchenergie, die mit durchschnittlich 80% angegeben wird, müssen auch die thermischen Verluste bei der vorangegangenen Umwandlung der umsetzbaren Energie des Futters in den Körperenergieansatz berücksichtigt werden. Bei Kühen, Stuten und Sauen weist somit die Mobilisierung körpereigener Substanzen nur einen Wirkungsgrad von 40%, 46% und 50% auf.

6.3.3.3 Teilbedarf für die Eibildung
Der durchschnittliche Energiegehalt im **Hühnerei** (mit Schale) liegt im Mittel bei 0,65 MJ je 100 g. Der Teilwirkungsgrad der ME wird mit 0,68 angenommen. Damit entsteht ein Zusatzbedarf von durchschnittlich 0,96 MJ ME je 100 g Eimasse.

6.3.3.4 Teilbedarf für das Wachstum
Voraussetzung für die Bedarfsableitung sind Kenntnisse über die Ansatzwerte von Rohfett und Rohprotein je Tier und Tag. Detaillierte Angaben liegen bisher für Jung-, Mastrinder, Saug- und Aufzuchtferkel, Mastschweine sowie für Broiler und Legehennen vor. Aufgrund der zahlreichen Einflüsse auf die Höhe und stoffliche Zusammensetzung (Rasse, unterschiedliche Ernährungsintensität, Haltung, Klima) sind die nachfolgenden Angaben nur als Schätzgrößen einzustufen.

> Der Zusatzbedarf für das Wachstum ergibt sich aus dem täglichen Energieansatz in Form von Rohfett und Protein unter Berücksichtigung der Teilwirkungsgrade für den energetischen Protein- und Fettansatz.

Häufig ist man gezwungen, Mischfaktoren (k_{p+f}) einzusetzen. Hierbei ist jedoch zu berücksichtigen, dass k_p und k_f keine Konstanten darstellen. Da im Laufe der Aufzucht bzw. Mast die Proteinansatzwerte relativ konstant bleiben, die Fettansatzwerte sich dagegen kontinuierlich erhöhen, verändern sich die Mischfaktoren kontinuierlich im Sinne einer günstigeren Effizienz. Als Folge des höheren Energiegehaltes im Fett unterliegt der energetische Aufwand für den Körperansatz während des Wachstums jedoch trotz günstigerer Effizienz einer kontinuierlichen Erhöhung. Erschwerend kommt hinzu, dass sich der Erhaltungsbedarf während des Wachstums ebenfalls verändert.

Bei **Ferkeln** wird im Gewichtsbereich 5 bis 20 kg für den Ansatz von 1 g Protein 45 kJ (k_p 0,5) bzw. für 1 g Fett 42–52 kJ (k_f 0,95–0,75) veranschlagt. Dementsprechend sind für 1 kg Zunahme einschließlich Erhaltung 22–25 MJ ME bei einem durchschnittlichen Teilwirkungsgrad von 0,70 (k_{p+f}) erforderlich. Bei **Mastschweinen** (30–100 kg LM) beträgt der Teilwirkungsgrad für den Protein- und Fettansatz 0,56 (k_p) bzw. 0,74 (k_f). Hieraus errechnet sich unter Berücksichtigung der Bruttoenergiegehalte von Protein (22,6 kJ/g) und Fett (39,0 kJ/g) ein Energiebedarf je g Protein- und Fettansatz von 40,4 bzw. 52,7 kJ ME. Bei bekannter Zusammensetzung des Zuwachses kann hieraus der Teilbedarf für das Wachstum kalkuliert werden. In der **Jungrindermast** werden Teilwirkungsgrade für den Protein und Fettansatz von 0,47 und 0,84 unterstellt. Die Effizienz des Gesamtzuwachses variiert je nach Geschlecht, Fütterungsbedingungen und Rasse. Durchschnittlich werden derzeit hierfür Wirkungsgrade (k_{p+f}) zwischen 0,43 und 0,40 angegeben. Bei wachsenden **Broilern** sind für 1 g Protein- bzw. Fettansatz 55 (k_p 0,44) bzw. 42 kJ ME (k_f 0,94) zu veranschlagen. Unter Berücksichtigung der altersbedingten Einflüsse auf die Körperzusammensetzung nimmt der Teilwirkungsgrad für den Zuwachs (k_{p+f}) von 0,73 auf 0,61 ab.

6.3.3.5 Teilbedarf für Bewegungsleistungen
Bewegungsleistungen werden vom Tier in vielfältiger Weise verrichtet. Neben horizontalen und vertikalen Eigenbewegungen, die in der Regel mit Ortsveränderungen verbunden sind, sind auch alle mit der Futteraufnahme verbundenen Muskelbewegungen einschließlich Kauen und Wiederkauen sowie Herz-, Atem-, Magen- und Darmtätigkeit zu berücksichtigen. Mechanische Arbeit ist definiert als Produkt aus Kraft mal Weg. Die Einheit der Arbeit ist das Joule (J). Messungen von Bewegungsleistungen können nur bei vertikaler Eigenbewegung auf einer schiefen Ebene mit unterschiedlichem Steigungswinkel sowie bei horizontalem und vertikalem Transport (Zugarbeit) vorgenommen werden. Die anderen Arten mechanischer Arbeit können nur annäherungsweise angegeben werden. Diese sogenannten ungerichteten Bewegungsleistungen werden in der Regel in die Erhaltungsbedarfsgröße einbezogen.

Die Verwertung der umsetzbaren Energie für vertikale Eigenbewegung und Zugarbeit liegt im Mittel bei 33%. Hierbei sind jedoch aus methodischen Gründen die gegenüber dem Ruhezustand auftretenden Energieausgaben für gesteigerte Herz- und Atemtätigkeit noch nicht erfasst.

Unter Ausschluss dieser Energieausgaben verbessert sich die Energieverwertung auf durchschnittlich 38 %. Es ist davon auszugehen, dass etwa 90 % der beim Übergang von ATP zu ADP freiwerdenden Energie für die Muskelkontraktion und damit für die mechanische Arbeit genutzt werden kann. Die energetischen Verluste bei der Umwandlung der umsetzbaren Energie für Bewegungsleistungen liegen somit in erster Linie in der unterschiedlichen Effizienz der über das Futter aufgenommenen Nährstoffe bezüglich der Bildung energiereicher Phosphate (z. B. ATP) begründet. Da Kohlenhydrate gegenüber Fetten und Proteinen ein um 4 % bzw. 22 % höheres ATP-Bildungsvermögen aufweisen, ist eine auch experimentell belegte Abhängigkeit der Energieverwertung von der Nährstoffzusammensetzung gegeben.

Der Energiebedarf für Eigenbewegung und Zugarbeit wird im wesentlichen durch den Steigungswinkel und durch die Geschwindigkeit beeinflusst. Pferde haben mit 1,5 J/kg LM und Meter im Verhältnis zu anderen Tieren den niedrigsten Energiebedarf für Horizontalbewegungen. Rinder, Schafe und Schweine benötigen für dieselbe Arbeit 2 bis 3 J/kg LM und Meter. Die Energieausgaben für Horizontal- und Vertikalbewegungen verhalten sich beim Pferd wie 1 : 20. Bei anderen Tierarten ist das Verhältnis enger.

Der Energiebedarf für das Stehen lässt aus versuchsmethodischen, anatomisch-physiologischen und individuellen Gründen eine hohe Schwankungsbreite erkennen. Für Rinder, Schafe, Hühner und Schweine ergeben grobe Schätzungen einen Energiebedarf von 0,5; 1; 4 und 5 kJ je kg LM und Stunde. Für das Pferd besteht hierfür kein zusätzlicher Energiebedarf. Für das Aufstehen sind bei Rindern und Schafen im Mittel zwischen 45 und 50 kJ/kg LM anzusetzen. Demgegenüber bedarf das Hinlegen nur etwa 50 bis 60 % des Energiegehaltes gegenüber dem Aufstehen.

Der Energiebedarf für Futteraufnahme und Wiederkauen schließt Bewegungsleistungen, die nicht unmittelbar mit der Futteraufnahme verbunden sind, ein. Hinzu kommt, dass Futterart und Form des Futterangebotes wesentlich diese Bedarfsgröße beeinflussen. Für Pferde, Wiederkäuer und Hühner wird ein Energiebedarf von 2 bis 3; 1,5 bis 2 und 8 kJ je kg LM und Stunde angegeben. Damit dürfte eine Stunde Futteraufnahme den täglichen Energieerhaltungsbedarf um 2 bis 3 % erhöhen. Der Energiebedarf für die mechanische Arbeit des Wiederkäuers liegt in der Größenordnung von 1 kJ je kg LM und Stunde und erhöht den Stoffwechsel in der Phase des Wiederkauens relativ zum unterstellten energetischen Erhaltungsbedarf um 20 %.

Die Summe aller ungerichteten Bewegungsleistungen einschließlich der Bewegung bei Futteraufnahme unter haltungsbedingt eingeschränkter Bewegungsaktivität, wie sie sowohl unter Versuchs- (Respirationskammer) als auch Produktionsbedingungen (Anbinde-, Käfig-, Flatdeckhaltung u. a.) vorkommen, beläuft sich auf etwa 10 % des täglichen Energieumsatzes. Bei Hühnern kann der Anteil am Energieumsatz 30 % und mehr erreichen.

6.3.3.6 Teilbedarf für die Wollbildung

Der Energiegehalt der Schafwolle beträgt im Mittel 24 MJ/kg und. Unverschmutzte ungewaschene Wolle setzt sich zu fast 80 % aus Protein, 16 % aus Rohfett und 3 % aus Rohasche zusammen. Das Wollwachstum beläuft sich auf 10 bis 20 g/Tier und Tag. Zur Abschätzung der Verwertung der ME für die Wollbildung ist davon auszugehen, dass der energetische Prozess dem Körperenergieansatz beim wachsenden Wiederkäuer entprechen dürfte. Bei Lämmern und ausgewachsenen Schafen ist eine tägliche Retention der Energie in Höhe von 0,1 MJ bzw. 0,2 bis 0,3 MJ anzusetzen.

Unter Berücksichtigung des Teilwirkungsgrades von $k_w = 0,35$ ergibt sich ein Teilbedarf für die Wollbildung von 0,29 bzw. 0,71 MJ ME je Tier und Tag.

6.4 Energetische Futtermittelbewertungssysteme

Ziel der energetischen Futterbewertung ist es, sowohl den Energiebedarf der Tiere als auch die energetische Bereitstellung über das Futter auf einer vergleichbaren Ebene vorzunehmen. Dies setzt allerdings voraus, dass der Energiebetrag der Futterkomponenten sich austauschbar und damit additiv verhält. Die aktuellen Futtermittelbewertungssysteme können als verallgemeinerungsfähige Empfehlungen angesehen werden, die je nach Kenntnisstand weiterentwickelt werden müssen. Grundlage sind in der Regel Energiewechselmessungen, die Kenntnisse über alle energetischen Verluste bei der Umwandlung der Futterenergie in die Energie für Erhaltung und Leistung berücksichtigen.

Da eine routinemäßige Bewertung der Futtermittel mittels Respirationsversuche nicht möglich ist, bilden die aus stellvertretend vorgenommen Respirationsversuchen berechneten Regressionsgleichungen die Grundlage der Futtermittelbewertung. Aus entsprechenden Verdaulichkeitsbestimmungen werden Schätzgleichungen zur Berechnung der Energiegehalte in den Futtermitteln abgeleitet. Systeme, die direkt das Leistungsvermögen eines Futtermittels charakterisieren, werden in der Praxis nur noch vereinzelt angewandt. Prinzipiell können als Bewertungsmaßstab alle in Abb. 42 aufgeführten Energiestufen herangezogen werden. Dabei scheidet allerdings die Bruttoenergie aus.

Die verdauliche Energie als zweite mögliche Stufe der Futtermittelbewertung berücksichtigt zwar die futtermittel- und rationsspezifischen Verluste über den Kot, nicht jedoch die mit dem Harn und bei Wiederkäuern zusätzlich durch die Gärgase verbundenen energetischen Verluste. Wegen fehlender Detailkenntnisse muss die energetische Futtermittelbewertung beim Pferd allerdings noch auf dieser Stufe erfolgen.

Die Bewertung auf der Ebene der umsetzbaren Energie berücksichtigt für Monogastrier im wesentlichen alle Energieverluste, die durch die Futtermittel bedingt sind. Ausgenommen hiervon ist die thermische Energie, die durch mikrobielle Umsetzungen im Verdauungskanal entsteht und nicht nutzbar ist. Da diese Energieverluste bei Monogastriden vergleichsweise gering sind (< 1 % der GE) und im normalen Leistungsbereich nur geringen rationsspezifischen Einflüssen unterliegen, stellt die umsetzbare Energie bei Monogastriden eine aussagekräftige Energiebewertung dar. Sie ist z. B. für das Schwein und das Geflügel eingeführt.

Für Milchkühe ist die umsetzbare Energie jedoch sehr ungenau, da die bei der Überführung der umsetzbaren Energie in Körperansatz und Milch auftretenden thermischen Verluste und damit die Teilwirkungsgrade weitaus stärker durch die Art der Futtermittel beeinflusst werden als bei Monogastriern. Nach Abzug dieser thermischen Verluste erhält man die Nettoenergie für die jeweilige Leistung. Darin liegt jedoch gleichzeitig der Nachteil dieses Bewertungssystems, da innerhalb einer Tierart folgerichtig je nach Leistungsrichtung verschiedene Nettoenergiebewertungen erforderlich sind. Hinzu kommt, dass die Nettoenergie der Einzelfuttermittel nicht mit der Nettoenergie der aus diesen Einzelfuttermitteln konzipierten Gesamtration übereinstimmen muss.

Trotz dieser Nachteile dient die Nettoenergie als Bewertungsstufe für Milchkühe. Bei wachsenden Wiederkäuern (Kalb, Mastrind, weibliche Jungrinder) wurde das bisherige Nettoenergiefettbewertungssystem durch ein Bewertungssystem auf der Grundlage der umsetzbaren Energie abgelöst, da die Verwertung der Energie für Erhaltung und Energieansatz in unterschiedlichem Maße von der Umsetzbarkeit der Energie einer Ration beeinflusst wird.

Um nicht für die unterschiedlichen Leistungsrichtungen verschiedene Bewertungsmaßstäbe zu verwenden, legte man vereinfachend nur eine Leistungsrichtung für das Leistungsvermögen der Futtermittel fest. Da jedoch gerade bei Wiederkäuern die unterschiedlichen Leistungsrichtungen auch rationsbedingten Anpassungen bedürfen, die ihrerseits die thermischen Verluste und damit die Teilwirkungsgrade beeinflussen, sind derartige Vereinfachungen zwangsläufig mit systematischen Fehlern verbunden. Nachfolgend werden die derzeit für die Bundesrepublik Deutschland gültigen Systeme für die energetische Futtermittelbewertung vorgestellt.

6.4.1 Futtermittelbewertung auf der Basis der verdaulichen Energie

Das Futtermittelbewertungssystem für **Pferde** basiert derzeit auf der Grundlage der verdaulichen Energie.

Man unterstellt dabei, dass die Verdaulichkeit im wesentlichen durch den Rohfasergehalt in der Ration beeinflusst wird. Aufgrund der unterschiedlichen Struktur und damit der Verdaulichkeit der Rohfaserkomponenten sind jedoch Schätzungen auf dieser Basis mit erheblichen Unsicherheiten belastet. Entsprechend ist es günstiger, die Verdaulichkeit der Ration in Bezug zum Ligningehalt zu setzen. Bisher liegen nur sehr wenige Ligninwerte über Futtermittel vor, so dass eine realistische Berechnung der Verdaulichkeit von Einzelfuttermitteln derzeit noch nicht möglich ist. Hinzu kommt, dass die fehlende Einbeziehung von praecaecaler und postilealer Verdauung keine Aussagen über die futtermittelspezifische energetische Effizienz erlaubt.

Unter der Voraussetzung, dass der Gehalt an CF und EE 35 % bzw. 8 % in der DM nicht überschreitet, kann der Gehalt an DE im Futter nach folgender Gleichung (alle Rohnährstoffe in g je kg TS) geschätzt werden:

DE (MJ/kg) = −3,54 + (0,0209 CP + 0,0420 EE + 0,0001 CF + 0,0185 NfE)

6.4.2 Futtermittelbewertung auf der Basis der umsetzbaren Energie

6.4.2.1 Schwein

Das Energielieferungsvermögen der Futtermittel wird beim Schwein auf der Grundlage der umsetzbaren Energie vorgenommen. Bisher wurde bei der Berechnung um den Gehalt an „bakteriell fermentierbarer Substanz" (BFS) korrigiert.

In neueren Untersuchungen konnte jedoch gezeigt werden, dass die energetische Verwertung der im Dickdarm fermentierten Kohlenhydrate nach entsprechender Korrektur um die Methanbildung und Fermentationswärme weitestgehend mit der Effizienz von Stärke übereinstimmt, sofern keine höheren Gehalte an Pektinen im Futter vorliegen. Darüber hinaus erwies sich die Einbeziehung des Rohfaserfaktors (DCF) wegen der hierfür notwendigen Rohfaseranalyse und der Berücksichtigung weiterer Korrekturfaktoren für andere praecaecal nur partiell verdauliche Kohlenhydrate, wie z. B. Rohstärke von Kartoffelknollen als problematisch. Nicht zuletzt deshalb wird die umsetzbare Energie in Futtermischungen künftig mit folgender Formel aus den verdaulichen Nährstoffen berechnet, wobei die verdaulichen Rohnährstoffe in g je kg DM angegeben werden:

ME_s (MJ/kg DM) = 0,0205 DCP + 0,0398 DEE + 0,0173 Stärke + 0,0160 Zucker + 0,0147 (DOM – DCP – DEE – Stärke – Zucker)

Dabei findet durch die entsprechenden Regressionsfaktoren das unterschiedliche Energielieferungsvermögen der einzelnen Nährstoffe Berücksichtigung. Mit dieser Formel wird ein Berechnungsmodus abgelöst, bei dem entsprechende Korrekturen für das geringere Energielieferungsvermögen von bakteriell fermentierbaren Substanzen (BFS = DCF + DNfE – Stärke –Zucker) und Zucker bei Gehalten über 100 bzw. 80 g je kg DM berücksichtigt wurden. Bei der neuen Berechnungsweise wird für Stärke und Zucker von einer nahezu vollständigen Verdauung im Dünndarm ausgegangen. Die um die verdaulichen Fraktionen DCP, DEE, Stärke und Zucker verminderte verdauliche organische Substanz (DOM) entspricht weitestgehend der bisherigen BFS-Fraktion. Der im Vergleich zur verdaulichen Stärke um 15 % geringere Faktor (0,0147) berücksichtigt neben Methanverlusten, die mit 7 % angesetzt werden, auch die bei der Fermentation auftretenden Wärmeverluste, die vom Organismus nicht genutzt werden können, sowie die teilweise geringeren Bruttoenergiewerte der fermentierbaren Substanzen. Für Futtermittel mit hohen Pektingehalten ist die Formel aufgrund des geringeren Bruttoenergiewertes gegenüber der Stärke damit nicht geeignet. Die modifizierte Formel hat gegenüber der bisherigen Gleichung den Vorteil, dass die Rohfaseranalyse und Abzüge entfallen. Unsicherheiten bestehen nur bezüglich des Energielieferungsvermögens von Protein. Je nach Stoffwechsellage kann das Protein zumindest theoretisch entweder ausschließlich zum Aufbau von Körperprotein oder für die ATP-Bildung bzw. für den Fettansatz herangezogen werden. Entsprechend ist die energetische Verwertung des Proteins beim Ansatz höher als bei der mit Desaminierung und Harnstoffausscheidung einhergehenden Metabolisierung. Da jedoch die geringere oder günstigere energetische Ausnutzung des Proteins nicht der energetischen Futterbewertung zugeordnet werden kann, sondern ausschließlich bei der Bedarfsableitung zu berücksichtigen ist, dürften diese Unsicherheiten aufgrund des festgelegten Regressionsfaktors von 0,0205 jedoch für praxisübliche Rationen nur eine untergeordnete Rolle spielen.

Die Rostocker Arbeitsgruppe hat in aufwendigen Untersuchungen die Effizienz der energetischen Verwertung der einzelnen Nährstoffe ermittelt. Danach können für die energetische Verwertung von Stärke/Zucker, Protein und Fett 75,7, 62,3 und 85,9 % unterstellt werden. Durch Multiplikation der in der ME-Gleichung angegebenen Faktoren mit der jeweiligen Verwertung kann die Nettoenergie berechnet werden. Die energetische Futtermittelbewertung auf der Basis der NE unterscheidet sich damit gerade für fett- oder proteinreiche Futtermittel teilweise erheblich von der ME. Proteinreiche Futtermittel werden relativ unter-, fettreiche Futtermittel relativ überbewertet. Inwieweit die Bewertung des Energielieferungsvermögens von Futtermitteln auf der Basis der Nettoenergie gegenüber der umsetzbaren Energie vorteilhafter ist, wird gegenwärtig kontrovers diskutiert. Auch auf der Stufe der NE variiert der Energiewert für Protein je nach Proteinversorgungsniveau, Proteinqualität und Leistungsvermögen. Hinzu kommt, dass auch der Erhaltungsbedarf auf der Stufe der Nettoenergie angegeben werden muss. Es kann nicht davon ausgegangen werden, dass die Verwertung der einzelnen Nährstoffe auf den Ansatz bzw. auf die Deckung des Erhaltungsbedarfs bezogen übereinstimmen. Auch können höhere Bewegungsaktivitäten bzw. energetische Aufwendungen für die Thermoregulation nicht über die Nettoenergie für den Ansatz erfasst werden. Nach gegenwärtigem Kenntnisstand können die unterschiedlichen Bedarfsansprüche deshalb nach wie vor auf der Basis der ME befriedigend charakterisiert werden.

6.4.2.2 Aufzuchtkälber, Aufzuchtrinder, Mastrinder sowie Schafe und Ziegen

Die bisher aus pragmatischen Gründen erfolgte energetische Futtermittelbewertung auf der Basis der Nettoenergie wird bei wachsenden Wiederkäuern künftig durch die Bewertung auf der Grundlage der umsetzbaren Energie abgelöst (Berechnung s. 6.4.3.2), da die Teilwirkungsgrade für Erhaltung und Wachstum keine Proportionalität bei variierender Umsetzbarkeit der Einzelfuttermittel aufweisen. Auf der Grundlage der umsetzbaren Energie werden die von den Futtermitteln bedingten Unterschiede weitestgehend erfasst, zumal sich die durch das Ernährungsniveau und den Proteinansatz bedingte Beeinflussung der ME aufgrund ihrer Gegenläufigkeit weitestgehend ausgleicht (ME-Gehalt einer Ration sinkt je Einheit Ernährungsniveau über Erhaltung um 0,8 %, verbessert sich aber um 3,6 kJ je g Proteinansatz). Entsprechend können diese beiden Einflussgrößen in den Regressionsgleichungen unberücksichtigt bleiben (s. 6.4.3.2). Die unterschiedliche Verwertung der ME für einzelne Teilbereiche der Leistung spiegelt sich in entsprechenden Bedarfsmodifikationen wider. In dieser Bedarfsregelung liegt jedoch gleichzeitig der Nachteil dieses Bewertungssystems begründet.

6.4.2.3 Geflügel

Wegen der gemeinsamen Ausscheidung von Kot und Harn kann die umsetzbare Energie beim Geflügel sicher bestimmt werden. Um den Einfluss der alters- und leistungsbedingten unterschiedlichen Proteinretention bzw. N-Ausscheidung auf die ME auszuschalten, wird eine N-Korrektur vorgenommen. Dabei wird die ME auf das N-Gleichgewicht bezogen. Im Falle eines Proteinansatzes wird die ME um die Energiemenge vermindert, die im Harn verloren geht, wenn kein Protein angesetzt wird (N-Bilanz = 0). Entsprechend wird je g retinierten Stickstoffs ein Abzug von 36,5 kJ vorgenommen.

Die Formel für die Berechnung der N-korrigierten umsetzbaren Energie (ME_N) lautet:

Unter Berücksichtigung dieser Korrektur wird die ME je nach Leistungsvermögen und Rohproteingehalt der Ration um bis zu 4 % vermindert. Bedarfsgerechte Rationen lassen jedoch durch die N-Korrektur keine Verbesserung der energetischen Futtermittelbewertung erwarten. Entsprechendes trifft auch für die sogenannte „wahre ME" nach SIBBALD zu, bei der zusätzlich die endogenen Energieverluste in Kot und Harn von der „scheinbaren ME" abgezogen werden. Die ME-Gehalte in Futtermitteln können nach folgender Formel von HAERTEL mit einem Schätzfehler von ± 0,2 MJ/kg berechnet werden (Rohnährstoffe in g/kg):

ME (kJ/kg) = 18,4 • MCP + 38,7
• MEE (HCl-Aufschluss) + 17,4 • Stärke
+ 20,3 • (MNfE – Stärke – Zucker)

Die tabellierten ME- bzw. ME_{Nkorr}-Gehalte basieren auf einer vereinfachten Berechnungsformel der World's Poultry Science Association (Nährstoffe in g/kg):

ME_{N+} (kJ/g) = 18,0 • MCP + 38,8
• MEE (HCl-Aufschluss) + 17,3 • MNfE

Anstelle der verdaulichen Nährstoffe werden umsetzbare Nährstoffe (M) eingesetzt, da beim Huhn die Verluste über Kot und Harn gleichzeitig gemessen werden. Die tabellierten ME-Gehalte der beim Geflügel eingesetzten Futtermittel gelten streng genommen nur für Legehennen. Es ist davon auszugehen, dass gerade bei Küken, Broilern und Junghennen alters- und damit enzymbedingt niedrigere Werte unterstellt werden dürfen. Eine Übertragbarkeit der tabellierten ME-Gehalte auf Futtermittel für Enten, Gänse und Puten dürfte aufgrund der ernährungsphysiologisch bedingten Unterschiede ebenfalls mit Unter-, aber teilweise auch Überschätzungen verbunden sein.

6.4.3 Futtermittelbewertung auf der Basis des Nettoenergie-Fett-Systems (NE_f)

6.4.3.1 Stärkewertsystem und Rostocker Futterbewertungssystem

Grundlage des von KELLNER um die Jahrhundertwende entwickelten Nettoenergie-Fett-Bewertungssystems (NE_f) für Futtermittel bei Mastrindern, Kälbern und Schafen war die enge Korrelation zwischen dem bei der Fettmast (NE_f) ausgewachsener Ochsen erzielten Energieansatz und dem Gehalt an verdaulichen Nährstoffen der

$$ME_{Nkorr} (kJ/g) = \frac{\text{Energieaufnahme} - \text{Energie der Exkreta} - 36{,}5 \cdot (\text{N-Aufnahme} - \text{N in Exkreta})}{\text{Futteraufnahme (g)}}$$

hierfür eingesetzten Futtermittel sowie die Tatsache, dass Fett von allen Nährstoffen gebildet und im Tierkörper gespeichert werden kann. Als Kriterium diente somit das Fettbildungsvermögen der verdaulichen Nährstoffe bei ausgewachsenen Ochsen. Diese als Fettansatz abgeleitete Nettoenergie berücksichtigte jedoch nicht die unterschiedlichen Teilwirkungsgrade für Erhaltung sowie Protein- und Fettansatz. Die Messungen erfolgten mit Hilfe der direkten und indirekten Kalorimetrie. Nach Fütterung im Erhaltungsbedarf wurden durch Zulage von 1 kg verdaulicher reiner Stärke 248 g Fett (= 9,85 MJ NE_f) angesetzt. Dies entspricht nach dem Stärkewertkonzept einem Wert von 1000 Stärkeeinheiten (StE).

Da nicht alle Futtermittel in Respirationsversuchen untersucht werden konnten, wurden von KELLNER typische Vertreter von in den Futtermitteln vorhandenen Nährstoffe als sogenannte reine Nährstoffe hinsichtlich ihres Fettbildungsvermögens gemessen. Unter Berücksichtigung der unterschiedlichen Fettbildungseffizienz, die durch den Vergleich zum Fettbildungsvermögen der verdaulichen Stärke charakterisiert wurde, konnte die NE_f auf der Grundlage der reinen verdaulichen Nährstoffe berechnet werden. In Einzelversuchen nachgewiesene Abweichungen zwischen den so berechneten und den gemessenen Energieansatzwerten machten eine sogenannte Wertigkeitskorrektur bei Kraftfuttermitteln und eine Rohfaserkorrektur bei Grünfutter und konservierten Rauhfuttermitteln erforderlich.

Hauptproblem dieses Bewertungssystems war die ungenügende experimentelle Absicherung der Korrekturgrößen. Diese Nachteile und die fehlende Berücksichtigung futtermittel- und rationsspezifischer Wechselwirkungen wurden durch das Rostocker System überwunden. Es basierte ebenfalls auf der NE_f- Bewertung. Im Unterschied zu KELLNER wurden dabei jedoch die verdaulichen Nährstoffgehalte in unterschiedlich zusammengesetzten Rationen bei der Berechnung zugrunde gelegt. Korrekturen waren erst bei Rationen mit Verdaulichkeitswerten unter 67 % erforderlich.

Nachteil beider Systeme war, dass sie aufgrund des unterschiedlichen Einflusses der Umsetzbarkeit der Futtermittel und der Ration auf die Teilwirkungsgrade der für die Leistung verfügbaren umsetzbaren Energie streng genommen nur für die energetische Futtermittelbewertung für die Fettmast eingesetzt und nicht auf andere Leistungsrichtungen übertragen werden konnten. Da bei wachsenden Tieren die Teilwirkungsgrade für Erhaltung und Wachstum nicht proportional durch die Umsetzbarkeit beeinflusst werden, ist das Nettoenergiebewertungssystem für wachsende Wiederkäuer durch die umsetzbare Energie abgelöst worden. Die aus grundlegenden Respirationsversuchen abgeleiteten Schätzgleichungen bilden jedoch nach wie vor die Basis der Energiebewertungssysteme bei Wiederkäuern.

6.4.3.2 Futtermittelbewertung auf der Grundlage der Nettoenergie Laktation (NEL)

Die Bewertung der Futtermittel auf der Basis der Nettoenergie Laktation setzt einerseits voraus, dass die Verwertung der umsetzbaren Energie für Milch und Körperansatz bei laktierenden Kühen identisch ist und andererseits, dass die Teilwirkungsgrade für die Erhaltung und Milchbildung proportional in gleichem Ausmaß durch die Umsetzbarkeit der Energie beeinflusst werden. Da diese Voraussetzungen bei wiederkäuergerechten Rationen vorliegen, können der Erhaltungs- und Ansatzbedarf ohne Verlust an Genauigkeit in Nettoenergie Laktation angegeben werden. Der höhere Wert für k_m (0,72) sowie die mit steigendem Ernährungsniveau einhergehende Verminderung der umsetzbaren Energie wird durch entsprechende Zuschläge berücksichtigt.

Die Berechnung der NEL kann dann nach folgender, aus Energiebilanzen abgeleiteter Formel erfolgen:

NEL (MJ/kg)
= 0,6 [1 + 0,004 (q – 57)] • ME (MJ/kg)

Der Faktor von 0,6 stellt den Teilwirkungsgrad für die Laktation dar (s. Seite 144). Die Umsetzbarkeit der Energie (q) errechnet sich aus der Division von umsetzbarer Energie und Bruttoenergie. Der q-Wert beträgt z. B. für schlechtes Heu 47, für gutes Heu 57 und für Getreideprodukte 75. Für jede Einheit, die q höher oder niedriger liegt als 57, nimmt der Anteil NEL, der aus der ME zur Verfügung steht, um 0,4 % zu oder ab.

Die Bruttoenergie eines Futtermittels kann aus den nach der Weender Analyse ermittelten Rohnährstoffen berechnet werden:

GE (MJ/kg) = 0,0239 g CP + 0,0398 g EE
+ 0,0201 g CF + 0,0175 g NfE

Bei der Berechnung der umsetzbaren Energie wird folgende aus Energiewechselmessungen bei Ochsen mit 92 verschiedenen Rationen regressionsanalytisch abgeleitete Formel verwendet:

ME (MJ/kg) = 0,0312 g DEE + 0,0136 g CF
+ 0,0147 g (DOM – DCF) + 0,00234 g CP

Der Koeffizient für Rohprotein ist als Korrekturfaktor für den „Rest verdaulicher organischer Substanz" anzusehen (verdauliche organische Substanz – verdauliche CF). Die umsetzbare Energie einer Ration ist im Gegensatz zu der umsetzbaren Energie der Einzelfuttermittel von der Lebendmasse, dem Ernährungsniveau und dem Proteinansatz abhängig. Während die Lebendmasse und das Ernährungsniveau negativ mit dem Gehalt an umsetzbarer Energie in der Ration korrelieren, ist der Proteinansatz dagegen positiv mit der umsetzbaren Energie in der Ration korreliert. Da der mit 0,8 % je Einheit Ernährungsniveau unterstellte Rückgang der umsetzbaren Energie jedoch gleichzeitig mit einem Anstieg an umsetzbarer Energie von 3,6 kJ je Gramm Proteinansatz verbunden ist, liegt die durch die Einflussgrößen Ernährungsniveau und Proteinansatz bedingte Abweichung von der errechneten umsetzbaren Energie aufgrund der Gegenläufigkeit dieser Einflussgrößen im Bereich von 1 % und damit im Fehlerbereich der Schätzung.

Entsprechend kann die umsetzbare Energie einer Ration aus der Summe der berechneten umsetzbaren Energie der einzelnen Futtermittel ermittelt werden. Bei dem Vergleich verschiedener europäischer Bewertungssysteme für Milchkühe anhand von Simulationsstudien (KAUSTELL et al. 1997; VERMOREL und COULOUN 1998) konnte gezeigt werden, dass bis Milchleistungen von 30 Litern je Tag nur marginale Unterschiede festzustellen waren. Bei höheren Milchleistungen wiesen dagegen alle Systeme eine nicht den tatsächlichen Bedarf deckende Futterzuteilung aus. Generell kann gesagt werden, dass das derzeitige Bewertungssystem den NEL-Gehalt von Futtermitteln bei hohen Milchleistungen und damit einhergehender hoher Futteraufnahme überschätzt und bei niedrigen Milchleistungen und damit entsprechend geringerer Futteraufnahme unterschätzt. Mögliche verbesserungswürdige Schwachstellen der derzeitigen Nettoenergiebewertungssysteme für die Milchkuh sind u. a. die nicht korrekte Einschätzung der Verdaulichkeitsdepression pro Einheit Ernährungsniveau und das Auftreten nicht additiver Effekte (z. B. ruminale Depression der CF-Verdaulichkeit durch NfE).

Faktorielle Bedarfsableitung

Auf der Grundlage des in Respirationsversuchen ermittelten, in die Teilleistungen Erhaltung und Leistung (Wachstum, Milch, motorische Arbeit) untergliederten Gesamtbedarfs leitet sich die bedarfsgerechte Energieversorgung und damit auch Nährstoffversorgung ab, die auf das tierspezifisch festgelegte energetische Futtermittelbewertungssystem bezogen ist. Aus praktischer Erwägung ist man dabei gezwungen, Werte für den Erhaltungsbedarf und das Leistungsvermögen sowie der hierfür unterstellten Teilwirkungsgrade festzulegen. Diese Festlegung wird von dem Ausschuss für Bedarfsnormen erstellt.

Der energetische Gesamtbedarf, der letztendlich für die Fütterung die entscheidende Maßzahl ist, ergibt sich aus der Aufsummierung des Bedarfs für Erhaltung und Leistung. Als Folge der oben genannten Einflussfakoren auf den Erhaltungsbedarf und die Teilwirkungsgrade und die gerade bei wachsenden Tieren nicht exakt festlegbaren Energieansatzwerte sind Abweichungen zwischen dem faktoriell abgeleiteten und dem tatsächlichen Leistungsbedarf nicht ausgeschlossen. Andererseits gestattet die faktorielle Bedarfsableitung bei Vorhandensein neuer experimenteller Daten eine sofortige Fortschreibung und damit weitere Annäherung des Leistungsbedarfs an den tatsächlichen Bedarf des jeweiligen Einzeltieres.

Formeln zur Schätzung energetischer Futterwerte

Grundlage der energetischen Bewertung von Futtermitteln auf der Basis der verdaulichen und umsetzbaren Energie bzw. Nettoenergie sind die verdaulichen Nährstoffe. Zur Umgehung der damit verbundenen tierexperimentell aufwendigen Verdauungsuntersuchungen existieren im Sinne einer mehr auf die Bedürfnisse der Futtermittelberatung und Futtermittelkontrolle ausgerichteten Verwendung eine Vielzahl verschiedener Schätzgleichungen zur Kalkulation des energetischen Wertes unter Heranziehung analytisch einfach zu bestimmender Inhaltsstoffe oder In-vitro-Verdaulichkeiten. Mit Hilfe von multiplen Regressionsgleichungen, in welche die Rohnährstoffe bzw. die Rohnährstoffe und In-vitro-Verdaulichkeitsparameter eingehen, kann der energetische Wert von Mischfuttermitteln ohne Kenntnis der Gemengteile sowie der Futterwert wirtschaftseigener Grundfutter geschätzt werden.

Aussagen hinsichtlich der optimalen Wahl der Futterrezeptur können hieraus jedoch nicht abgeleitet werden. Hinzu kommt, dass die Voraussage des energetischen Futterwertes von Grundfutter im Rahmen der Bestandskontrolle Grundfuttermittel voraussetzt, die hinsichtlich ihres Futterwertes als sehr gut bis gut einzustufen sind. Die Formeln für Misch- und Grün- und Raufutter werden vom Ausschuss für Bedarfsnormen der Gesellschaft für Ernährungsphysiologie (1997) publiziert. Nachfolgend sollen einige Schätzgleichungen einschließlich der relativen Restfehler ($s_{y.x}\%$) für Mischfutter und Grundfutter beispielhaft aufgeführt werden.

Mischfuttermittel für Schweine (< 25% CP)

ME (MJ/kg) = (22,3 CP + 34,1 EE
+ 17,0 Stärke + 16,8 Zucker
+ 7,4 OR – 10,9 CF) · 10^{-3} (± 2,1%)
(Rohnährstoffe in g/kg; OR (organischer Rest) = OM – CP – EE – Stärke – Zucker – CF)

Mischfuttermittel für Geflügel

$ME_{N\text{-korr.}}$ (MJ/kg) = (15,51 CP + 34,31 EE
+ 16,69 Stärke + 13,01 Zucker) · 10^{-3}
(± 0,315 MJ/kg) (Rohnährstoffe in g/kg)

Mischfuttermittel für Rinder

Milchleistungsfutter:

NEL (MJ/kg) = (–0,0487 CA · CF
+ 0,1329 CP · Gb + 0,1601 EE^2
+ 0,0135 CF^2 + 0,0631 NfE
· Gb + 3810) · 10^{-3} (± 2,6%)
(Rohnährstoffe in g/kg; Gb (Gasbildung) in ml/200 mg DM)

Übrige Mischfuttermittel (Rind, Schaf, Ziege)

ME (MJ/kg) = (12,6 CP + 22,5 CF
+ 11,2 NfE + 0,3975 CA · EE
– 0,1993 CA · CF + 0,2449 $ELOS^2$
– 150) · 10^{-3} (± 2,1%)
(Rohnährstoffe in g/kg; ELOS (enzymlösbare OM) in g/kg DM)

Grundfuttermittel für Wiederkäuer

Grundfutter vom Dauergrünland
Rohnährstoffe in g/kg DM (nicht anzuwenden bei höheren Anteilen mit geringem Futterwert, wie z. B. Binsen, Seggen oder Rasenschmiele).

Frischgras (nicht anwendbar bei 1–2 Nutzungen und sehr spätem Nutzungstermin)
1. Schnitt:
ME (MJ/kg DM) = 14,06 – 0,01370 CF
+ 0,00483 CP – 0,00980 CA
(± 4,9%)
Folgeschnitte:
ME (MJ/kg DM) = 12,47 – 0,00686 CF
+ 0,00388 CP – 0,01335 CA
(± 5,6%)

Grassilage (nicht anwendbar bei VQ_{OM} < 60)
1. Schnitt:
ME (MJ/kg DM) = 13,99 – 0,01193 CF
+ 0,00393 CP – 0,01177 CA
(± 5,7%)
Folgeschnitte:
ME (MJ/kg DM) = 12,91 – 0,01003 CF
+ 0,00689 CP – 0,01553 CA
(± 6,3%)

Heu (nicht anwendbar bei VQ_{OM} < 50)
1. Schnitt:
ME (MJ/kg DM) = 13,69 – 0,01624 CF
+ 0,00693 CP – 0,00670 CA
(± 6,3%)
Folgeschnitte:
ME (MJ/kg DM) = 14,05 – 0,01784 CF
(± 5,3%)

Frischmais und Maissilage
Rohnährstoffe in g/kg DM
ME (MJ/kg DM) = 14,03 – 0,01386 CF
– 0,01018 CA
(± 4,5%)

Entsprechende Schätzformeln liegen auch unter Einbeziehung der Cellulase-Methode bzw. des Gasbildungstests vor. Die relativen Restfehler dieser modifizierten Schätzformeln sind jedoch nur geringfügig niedriger als die für die Gleichungen auf der Grundlage der Rohnährstoffe ausgewiesenen Restfehler.

7 Verwertung des Eiweißes und Eiweißbewertung

7.1 Allgemeines

Bei monogastrischen Tieren werden Nahrungseiweiße nahezu vollständig im Dünndarm in Form der Aminosäuren oder Peptide resorbiert. Im Erhaltungsstoffwechsel, bei dem kein Eiweißansatz stattfindet, sind sie für den Ersatz von Aminosäuren erforderlich, die aufgrund kataboler Prozesse im Rahmen des Proteinumsatzes oder durch Verlust über den Verdauungstrakt nicht wieder in Gewebeproteine eingebaut werden können. Ferner müssen Aminosäuren zugeführt werden, die zur Bildung anderer Metabolite erforderlich sind (s. Abschn. 1.3.2).

Im Leistungsstoffwechsel besteht darüber hinaus ein Bedarf an Aminosäuren für die Bildung der in den Leistungsprodukten enthaltenen Eiweiße (Lebendmassezuwachs, Milch-, Ei-, Wollbildung). In beiden Stoffwechselsituationen handelt es sich also nicht um einen Proteinbedarf, sondern um einen Bedarf an Aminosäuren, die je nach Art der Leistung im Stoffwechsel in einem bestimmten Verhältnis zueinander zur Verfügung stehen müssen.

Bezüglich der erforderlichen Bereitstellung mit der Nahrung ist zu beachten, dass nichtessenzielle Aminosäuren prinzipiell im Stoffwechsel gebildet werden können, während essenzielle Aminosäuren in der gesamten erforderlichen Menge mit der Nahrung zugeführt werden müssen. Das heißt, die Qualität von Nahrungsproteinen hängt von deren Aminosäurenzusammensetzung ab und wird insbesondere vom Gehalt an essenziellen Aminosäuren bestimmt. Diejenige essenzielle Aminosäure, die gegenüber dem Bedarf den relativ stärksten Mangel aufweist, begrenzt die Bildungsmöglichkeit der entsprechenden Eiweiße und wird daher als **begrenzende oder limitierende Aminosäure** bezeichnet.

Trotz dieser relativ einfachen Zusammenhänge kann man allein aus dem Gehalt an Aminosäuren in einem Futtermittel nur unzureichend dessen Proteinqualität voraussagen. Einerseits sind dazu die Kenntnisse über den Bedarf der einzelnen Aminosäuren noch nicht genügend präzisiert, andererseits sind aber auch genaue Kenntnisse über die Verfügbarkeit der Nahrungsaminosäuren erforderlich. Die Verfügbarkeit bezieht sich sowohl auf die Verdaulichkeit als auch auf die intermediäre Verfügbarkeit.

In der Vergangenheit sind verschiedene Versuche unternommen worden, Maßstäbe zur Beurteilung der Proteinqualität zu entwickeln. Als Kriterien wurden einerseits die Wirkung auf die Tiere selbst und andererseits chemisch-analytische Daten herangezogen. Hierzu werden im folgenden ausgewählte Beispiele dargestellt.

7.2 Tierexperimentelle Methoden der Proteinbewertung

7.2.1 PER (protein efficiency ratio, Proteinwirkungsverhältnis)

Der PER-Wert ist im Experiment mit wachsenden Tieren einfach zu ermitteln, da als Kriterium für die Eiweißqualität lediglich die mit der Rohproteinzufuhr erzielte Lebendmassezunahme ermittelt wird:

$$PER = \frac{\text{Lebendmassezunahme (g)}}{\text{Rohproteinverzehr (g)}}$$

Wesentliche Kritikpunkte dieses von OSBORNE und MENDEL 1919 vorgeschlagenen Bewertungsmaßstabs bestehen darin, dass die Lebendmassezunahme nicht nur von der Nahrungsproteinqualität abhängt, sondern von mehreren Faktoren und dass die Zusammensetzung des Zuwachses (Protein-, Fett-, Wassergehalt) altersabhängig sowie tierartspezifisch ist. Darüber hinaus ist der ermittelte PER-Wert von der Höhe der Rohproteinzufuhr abhängig mit für die Proteinträger typischen Kurvenverläufen.

7.2.2 Proteinbewertung mit Hilfe der N-Bilanz

Ein wesentlich spezifischeres Kriterium für die Verwertung der Nahrungseiweiße durch das Tier ist die Stickstoffbilanz. Sie kann beim monogastrischen Tier eine Eiweißbilanz ersetzen, da in deren Futtermittel Nichtprotein-Stickstoffverbindungen nur in sehr geringen Mengen vorkommen.

N-Bilanz = N-Aufnahme − Kot-N − Harn-N

Ein Problem der N-Bilanz besteht in der verlustfreien Sammlung des Harn- und Kotstickstoffs.

Alternativ dazu kann (besonders bei kleineren Versuchstieren) der N-Ansatz gemessen werden. Dieser basiert auf der Ganzkörperanalyse und erfordert die Schlachtung mehrerer Paralleltiere jeweils zu Beginn bzw. zum Ende einer Versuchsperiode.

N-Ansatz = $B - B_0$

B_0 = Menge Körper-N zu Versuchsbeginn
B = Menge Körper-N zu Versuchsende

„N-Ansatz" und „N-Retention" werden heute als synonyme Begriffe verwendet. Früher wurde unter dem retinierten N die Summe aus N-Bilanz (Ansatz) und dem Stickstofferhaltungsbedarf (NEB) verstanden. Der NEB beinhaltet den Darmverluststickstoff (DVN) und den endogenen Harnstickstoff (EHN). Diese stellen die endogenen Stickstoffverluste über Kot und Harn dar und werden in der Regel in einer Periode proteinfreier Ernährung ermittelt. Aus diesem Grunde ist es durchaus korrekt, diese N-Menge als intermediär verwertet zu betrachten.

Mit steigender N-Zufuhr erhöht sich die N-Bilanz in Abhängigkeit von der Proteinqualität mit unterschiedlicher Steilheit. Um eine bestimmte N-Bilanz zu erreichen, ist bei einem hochwertigen Protein eine geringere N-Zufuhr erforderlich als bei einem Protein niedriger Qualität. Auch zur Aufrechterhaltung des N-Gleichgewichtes (Null-Bilanz) werden unterschiedliche N-Mengen der einzelnen Nahrungsproteine benötigt.

7.2.2.1 Biologische Wertigkeit

Die biologische Wertigkeit (BW) ist ein Bewertungsmaßstab, der auf THOMAS und MITCHELL (1923) zurückzuführen ist. Bei der BW wird sowohl berücksichtigt, dass nur der resorbierte Stickstoff tatsächlich verwertet werden kann und dass er dann intermediär sowohl dem N-Ansatz als auch dem Ersatz der endogenen N-Verluste dient.

$$BW = \frac{\text{N-Bilanz} + \text{NEB}}{\text{N-Aufnahme} - (\text{Kot-N} - \text{DVN})} \cdot 100$$

NEB und DVN s. oben

Demnach gibt die BW an, wieviel Gramm Körpereiweiß von 100 g resorbiertem (wahr verdautem) Nahrungseiweiß ersetzt oder gebildet werden können. Proteine, deren resorbierte Aminosäuren ein Muster aufweisen, das weitgehend der Zusammensetzung der zu synthetisierenden Proteine entspricht, haben eine hohe BW und umgekehrt (Tab. 28).

Die BW-Bestimmung basiert zwar auf der N-Bilanz, stellt aber höhere Anforderungen an die Versuchsdurchführung, da eine saubere Kot-Harn-Trennung erforderlich ist. Die Ermittlung zuverlässiger Werte für DVN und EHN stellt ein weiteres Problem dar. Die Übertragbarkeit solcher Werte, die in Perioden N-freier Fütterung ermittelt wurden, muss in Ihrer Gültigkeit für andere Rationen angezweifelt werden. Die endogenen Harnausscheidungen sind beispielsweise durch Proteinmenge und -qualität beeinflussbar. Der Anteil an DVN wird darüber hinaus durch Art und Menge von Rohfaserkomponenten sowie die Trockensubstanzaufnahme beeinflusst. Daher ist auch verständlich, dass BW-Werte nur vergleichbar sind, wenn sie unter standardisierten Bedingungen durchgeführt werden und dass BW-Bestimmungen bei unterschiedlichem Bedarf oder an verschiedenen Tierarten auch zu unterschiedlichen Ergebnissen führen (Tab. 28). Mit steigender Proteinzufuhr nimmt die biologische Wertigkeit erheblich ab.

Auch ein weiterer Aspekt erschwert die Anwendbarkeit der BW für Belange der praktischen Fütterung. In einer praktischen Ration sind Proteine aus verschiedenen Proteinträgern enthalten. Selbst wenn die BW für die Proteine der einzelnen Proteinträger bekannt ist, kann daraus nicht auf die BW einer Mischung dieser Proteine geschlossen werden. Der Grund sind sogenannte Aminosäurenergänzungswirkungen, die nach Kombination zweier Proteinquellen zu einer höheren BW führen können als für die einzelnen Proteine (z. B. Gerste BW = 70, Kartoffeln BW = =73; Mischung gleicher Anteile auf DM-Basis BW = 82).

Die biologische Wertigkeit wird als Beurteilungskriterium zur Einschätzung der Eiweiß- und Aminosäurenbedarfsdeckung in der praktischen Fütterung nicht herangezogen. Sie hat aber eine Bedeutung für vergleichende Untersuchungen von Nahrungsproteinen. Bevorzugte Versuchstiere dafür sind Laborratten.

7.2.2.2 Nettoproteinverwertung (NPU; net protein utilisation)

Der NPU-Wert wurde von MILLER und BENDER (1955) vorgeschlagen.

Wie auch bei der biologischen Wertigkeit wird der NEB auf der Verwertungsseite berücksichtigt; als Bezugswert wird allerdings nicht die wahre Verdaulichkeit des Stickstoffs, sondern die N-Aufnahme herangezogen.

$$NPU = \frac{\text{N-Bilanz} + \text{NEB}}{\text{N-Aufnahme}} \cdot 100$$

Experimentell ist die NPU etwas einfacher zu bestimmen als die BW, weil keine Kot-Harn-Tren-

Tab. 28. Vergleich der biologischen Wertigkeit (BW) einiger Futterproteine für Ratten und Schweine

Futtermittel	Biologische Wertigkeit (in %)	
	für Ratte	für Schwein
Fischmehl	82	84
Sulfitablaugenhefe	67	75
Sojaextraktionsschrot	65	60
Sesamextraktionsschrot	72	43
Futtererbsen	57	68
Süßlupinen	49	68
Luzerne	72	66
Rotklee	52	60

nung erfolgen muss. Die Aussagefähigkeit der Werte sowie deren Bedeutung für die praktische Fütterung sind in gleicher Weise eingeschränkt wie für die biologische Wertigkeit.

Auch weitere Bewertungsmaßstäbe auf Basis der N-Bilanz, wie der „produktive Proteinnutzwert", bei dem die N-Bilanz auf die N-Aufnahme bezogen wird, konnten keine praktische Bedeutung erlangen.

7.3 Proteinbewertung auf Basis chemisch-analytischer Daten

Aufgrund der Erkenntnis, dass die unterschiedliche Qualität von Nahrungsproteinen in deren Aminosäurenzusammensetzung begründet ist, gab es Versuche, die Proteinqualität auf Basis der Aminosäurenanalyse der Nahrungsproteine zu beurteilen. Routinemäßig einsetzbare chromatographische Verfahren stehen seit Jahrzehnten dafür zur Verfügung.

7.3.1 Eiproteinverhältnis (EPV)/ Milchproteinverhältnis (MPV) und „chemical score"

Bei den Beurteilungsmaßstäben EPV und MPV wird der prozentuale Gehalt der essenziellen Aminosäuren im Testprotein mit deren prozentualem Gehalt im Eiprotein bzw. Milchprotein ins Verhältnis gesetzt (Abb. 44).

$$\frac{EPV}{(MPV)} = \frac{\text{\% Aminosäuren im Testprotein}}{\text{\% Aminosäuren im Ei-(Milch-)Protein}} \cdot 100$$

Dabei werden die Vergleichsproteine als „vollwertig" betrachtet. Für beide Getreideproteine ergibt sich das niedrigste Verhältnis für Lysin. Außerdem wird der Unterschied zwischen dem Hafer- und dem Weizenprotein deutlich.

Eine Vereinfachung dieser Bewertungsmaßstäbe wurde von MITCHELL und BLOCK (1946) vorgeschlagen, wonach nicht mehr das Verhältnis für alle essenziellen Aminosäuren ermittelt wird, sondern nur noch für die zuerst limitierende Aminosäure. Der so erhaltene Wert wird als „chemical score" bezeichnet.

Eine grundsätzliche Schwäche dieser Bewertungssysteme liegt in der Wahl der Bezugsproteine. Diese können nicht den tatsächlichen Aminosäurenbedarf widerspiegeln. Bei genauer Kennt-

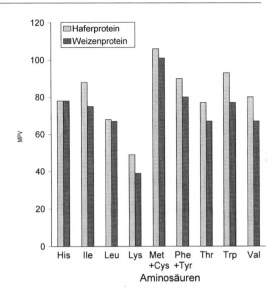

Abb. 44. Milchproteinverhältnisse (MPV) für Hafer- und Weizenprotein.

nis des Aminosäurenbedarfs für eine definierte Leistung kann allerdings dafür der relative Anteil der essenziellen Aminosäuren als Bezugsgröße eingegeben werden. Dennoch sind diese Methoden wenig zur Vorhersage tierischer Leistungen und als Grundlage zur Rationsgestaltung geeignet, weil die Verwertbarkeit der Aminosäuren nicht berücksichtigt wird. Diese kann insbesondere bei solchen Futtermitteln stark variieren, die bei der Verarbeitung Hitzebehandlungen unterzogen werden. Auch anderen Methoden, die auf der Aminosäurenanalyse der Futtermittel basieren, wie EAA-Index (essential amino acid index) und Eck-Aminosäuren-Index, haften die prinzipiell gleichen Schwächen an.

7.3.2 Verfügbarkeit des Lysins

Von allen Aminosäuren kann bei Lysin die Verfügbarkeit am stärksten beeinträchtigt werden. Die ε-Aminogruppe dieser Aminosäure liegt auch bei Einbau in eine Peptidkette in freier Form vor und kann mit Aldehydgruppen (Zucker, Kohlenhydraten) über Bildung einer Schiffschen Base und Amadori-Umwandlung zu N-substituierten 1-Amino-1-desoxy-2-Ketosen führen. Reaktionen dieser Art gehören zum Typ der Maillard-Kondensation, und die entstehenden Reaktionsprodukte sind enzymatisch nicht hydrolysierbar. Aufgrund dessen sind die an der Reaktion beteiligten Aminosäuren nicht resorbierbar.

Reaktionen dieser Art finden besonders bei hochwertigen eiweißreichen tierischen Futtermitteln, wie Magermilchpulver, Tierkörpermehlen oder Fischmehlen statt und bedeuten eine starke Qualitätsminderung der Eiweiße. Die Beeinträchtigung der Lysinverfügbarkeit kann durch Bestimmung des Rohproteingehaltes oder des Lysingehaltes jedoch nicht erkannt werden.

CARPENTER und ELLINGER haben 1955 eine Methode zur Bestimmung des verfügbaren Lysins vorgestellt. Sie basiert auf der Bestimmung freier ε-Aminogruppen des Lysins.

In geringerem Umfang können bei Hitzebehandlungen von Futtermitteln auch Kondensationsprodukte von Aminogruppen mit anderen Reaktionspartnern auftreten, die ebenfalls die Verdaulichkeit senken.

7.4 Proteinbewertung für Wiederkäuer

Aus der Darstellung des Protein- und Stickstoffumsatzes im Pansen (Abschnitt 5.2.2) ist bereits abzuleiten, dass alle bisher dargestellten Prinzipien der Proteinbewertung für Wiederkäuer keine Gültigkeit haben können. Durch den weitestgehenden mikrobiellen Abbau der Futterproteine und wegen der mikrobiellen Aminosäuren- und Proteinsynthese im Pansen hat das Muster der im Dünndarm zur Resorption gelangenden Aminosäuren kaum eine Beziehung zur Aminosäurenzusammensetzung der Futterproteine.

Daher sind für die Protein- und Aminosäurenversorgung des Wiederkäuers andere Aspekte von Bedeutung (s. Abb. 45 und S. 121). Ein Aspekt ist die Bereitstellung an fermentierbaren Kohlenhydraten und der damit verbundene Gehalt an umsetzbarer Energie. Die für das Tier nutzbare mikrobielle Proteinmenge beträgt etwa 10 g/MJ umsetzbarer Energie unter der Voraussetzung einer ausreichenden Stickstoffzufuhr (teilweise Deckung des mikrobiellen N-Bedarfs ist über den ruminohepatischen Kreislauf möglich). Ferner gelangen im Pansen nicht abgebaute Futterproteine (UDP, Durchflussproteine) in den Dünndarm, deren Anteil vom Futtermittel abhängt und durch verschiedene Faktoren beeinflussbar ist (Tab. 29). Das heißt, um Hinweise auf die Aminosäurenversorgung des Wiederkäuers zu erhalten, ist die Menge an mikrobiellem Pro-

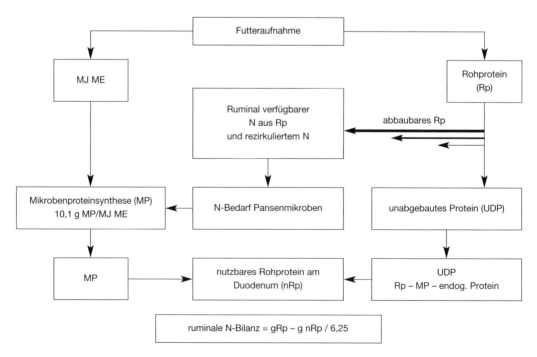

Abb. 45. Besonderheiten des Eiweißumsatzes im Pansen des Wiederkäuers.

Tab. 29. Klassifizierung einiger Futtermittel nach der intraruminalen Abbaubarkeit des Rohproteins (aus: Energie- und Nährstoffbedarf landwirtschaftlicher Nutztiere, Ausschuß für Bedarfsnormen der Gesellschaft für Ernährungsphysiologie, Nr. 6, DLG 1995)

Abbaubarkeit des Rohproteins (in %)		
65 (55–75)	75 (65–85)	85 (75–95)
Trockengrün	Kartoffel	Frischgras
Sojaextraktionsschrot	Luzernesilage	Zuckerrübenblatt/-silage
Trockenschnitzel	Futterrübe	Grassilage
Preßschnitzel	Maissilage	Wiesenheu
Biertreber	Kleesilage	Ackerbohnen
Fischmehl	Erdnußschrot/-expeller	Erbsen
Kartoffelschlempe	Maiskeimschrot	Gerste (Korn)
Maiskolbensilage	Maiskleberfutter	Hafer (Korn)
Maiskleber	Rapsschrot/-kuchen	Roggen (Korn)
Mais (Korn)	Weizenkleie	Weizen (Korn)
Leinschrot/-kuchen	Sonnenblumenschrot/-expeller	Sojaschalen
Citrustrester		

tein und an Durchflussprotein sowie deren Aminosäurengehalte einzuschätzen.

Der nRP-Wert ist demnach ein theoretischer Wert, der sich aus der Energiezufuhr und dem UDP ergibt. Zur Einschätzung der Proteinversorgung wird daher eine weitere Angabe benötigt, die ruminale N-Bilanz (RNB). Sie ergibt sich aus der Differenz zwischen Rohproteinaufnahme und dem nutzbaren Protein am Duodenum. Der Wert kann sowohl positiv als auch negativ sein. Die Gesamt-Tagesration ist so zu gestalten, dass die RNB zwischen 0 und + 50 g liegt.

Experimentell kann die in den Dünndarm gelangende Menge an Aminosäuren durch Anlegen einer Fistel am Duodenum ermittelt werden. Aufgrund dieser sehr aufwendigen Versuchstechnik gibt es nur wenige Versuchsdaten dazu. Für die Proteinbedarfsdeckung wird daher bei der Rationsberechnung das am Duodenum nutzbare Rohprotein berücksichtigt.

Einerseits können Futterproteine niedriger Qualität durch die mikrobielle Syntheseleistung aufgewertet werden oder gar unspezifische Stickstoffquellen (NPN-Verbindungen) zur Bildung mikrobieller Eiweiße genutzt werden. Andererseits können hochwertige Futterproteine im Pansen nahezu vollständig abgebaut werden, was einer „Abwertung" der Proteinqualität gleichkommt. Diese Aspekte müssen bei der Rationsgestaltung in Betracht gezogen werden.

7.5 Aminosäurenbedarf und Aminosäurenbedarfsdeckung

Um zu einer optimalen Rationsgestaltung zu gelangen, muss über eine Proteinbewertung die Deckung des Aminosäurenbedarfs für eine bestimmte Leistung eingeschätzt werden können. Da bei Monogastriden sowohl ein Bedarf an den einzelnen Animosäuren und an einer bestimmten Gesamtzufuhr an Stickstoff als auch an einem entsprechenden Verhältnis zum Energiegehalt besteht, kann die Qualität eines Futterproteins nicht mit einer einzigen Zahl ausgedrückt werden, sondern erfordert mehrere Kennziffern zur Charakterisierung. Kenntnisse zum Aminosäurengehalt der Futterproteine, aber auch zur Resorbierbarkeit der Aminosäuren und zum konkreten Aminosäurenbedarf (bezüglich Tierart, Leistungsrichtung und -niveau), sind dazu wichtige Voraussetzungen. Für die Bewertung der Nahrungsproteine als auch für die Bedarfsangaben müssen dabei die gleichen Einheiten verwendet werden.

7.5.1 Bestimmung des Aminosäurenbedarfs

Der Bedarf an Aminosäuren wird nach dem Dosis-Wirkungs-Prinzip bestimmt. Einer Grunddiät, in der die zu prüfende Aminosäure im Mangel vorliegt (die übrigen Komponenten werden bedarfsdeckend und möglichst konstant gehal-

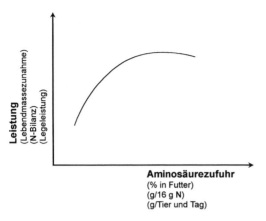

Abb. 46. Aminosäurenbedarfsbestimmung nach dem Dosis-Wirkungs-Prinzip.

ten) wird die entsprechende Aminosäure schrittweise zugesetzt. Es wird dann die Wirkung der Aminosäurenzufuhr auf eine bestimmte Leistung geprüft. Als bedarfsdeckend wird die Menge der Aminosäurenzufuhr betrachtet, bei der die höchste Leistung erzielt wird (Abb. 46). Zur Ermittlung dieses Wertes gibt es verschiedene Auswerteverfahren der Kurvenverläufe. Der Abbildung ist auch zu entnehmen, dass die Aminosäurenzufuhr in unterschiedlicher Weise angegeben werden kann und die Wirkung an verschiedenen Leistungsparametern messbar ist.

Bei wachsenden Tieren werden meist Lebendmassezunahme oder N-Bilanz als Leistungskriterien herangezogen. Die meisten Untersuchungen gibt es hierfür an Schweinen und Geflügel und für die zuerst limitierenden Aminosäuren. Es ist wesentlich schwieriger, in anderen Stoffwechselsituationen, wie Laktation, Gravidität oder Erhaltung, eine Aminosäurenbedarfsbestimmung vorzunehmen, da die Tiere z. B. in der Laktation eine mangelnde Zufuhr an Aminosäuren durch Abbau von Körperproteinen kompensieren können, so dass kein unmittelbarer Effekt auf die Milcheiweißbildung besteht und keine einfach erfassbaren Leistungskriterien vorliegen.

Eine weitere wichtige Frage ist die Basis, auf der die Aminosäurenzufuhr beurteilt wird. Aus theoretischer Sicht wäre die beste Beurteilungsbasis die Menge intermediär verfügbarer Aminosäuren, die durch ein Futtermittel bereitgestellt werden. Derartige Werte könnten aber nur unter sehr hohem experimentellen Aufwand ermittelt werden und sind daher für die Fragestellung nicht praktikabel. Eine Beurteilung auf Basis der verdaulichen Aminosäuren wäre vom Aufwand her vertretbar und wird diskutiert. Gegen diese Beurteilungsbasis spricht aber die weitestgehende Prägung des Aminosäurenmusters im Kot durch endogene Sekrete und durch mikrobielle Synthese, was die Beurteilung der Verdaulichkeit der Futteraminosäuren erschwert oder unmöglich macht. Gleiches trifft in abgeschwächter Form auf die praecaecale Aminosäurenverdaulichkeit zu (s. dazu auch Seite 130). Daher wird in den meisten Ländern die Aminosäurenbedarfsdeckung auf Basis der Bruttoaminosäuren beurteilt. In einigen Ländern sind aber die praecaecal verdaulichen Aminosäuren die Beurteilungsbasis für die Schweinefütterung und in geringerer Häufigkeit auch in der Geflügelfütterung.

Das entscheidende Kriterium für die Aminosäurenbedarfsdeckung ist der Vergleich von Bedarf und der Bereitstellung durch das Futter. Bei Diskrepanzen zwischen diesen Größen können entweder verschiedene Proteinträger in der Weise kombiniert werden, dass der Bedarf an den einzelnen Aminosäuren gedeckt wird, oder die im Mangel vorliegenden Aminosäuren werden in Form synthetischer Aminosäuren ergänzt. Die Bedarfsdeckung wird in der Regel nur für die erstlimitierenden Aminosäuren Lysin, Methionin (+ Cystin), Tryptophan und Threonin geprüft.

7.5.2 „Ideales Protein" und unausgeglichene Aminosäurenzufuhr

Weichen im Nahrungsprotein die relativen Anteile der einzelnen Aminosäuren zueinander vom „Aminosäurenbedarfsmuster" ab, führt dies in jedem Falle zu einer reduzierten Aminosäuren- und Proteinverwertung, unabhängig davon, ob sie im Mangel oder im Überschuss vorliegen. Limitieren im Mangel aufgenommene Aminosäuren den Eiweißansatz, muss der relativ darüber liegende resorbierte Anteil aller anderen Aminosäuren katabolisiert werden und der Stickstoff über Leber und Niere ausgeschieden werden. Auch im Überschuss zugeführte Aminosäuren müssen auf gleiche Weise eliminiert werden.

> Weicht das Aminosäurenmuster der aufgenommenen Proteine so stark von dem Bedarfsmuster ab, dass Verzehrs- und Wachstumsdepressionen auftreten, spricht man von Aminosäurenimbalanzen.

Mögliche Ursachen von Imbalanzerscheinungen sind Konzentrationsveränderungen, die auf die Verzehrsregulation wirken, Konkurrenz von Aminosäuren um Transportsysteme in den Geweben oder die Beeinträchtigung des Stoffwechsels anderer Aminosäuren durch hohe Konzentration bestimmter Aminosäuren. Letzeres wird auch als **Aminosäurenantagonismus** bezeichnet. Antagonismen sind beispielsweise zwischen Leucin und Isoleucin/Valin, Lysin und Arginin oder Serin und Threonin bekannt.

Treten negative Effekte bei Überdosierung einzelner Aminosäuren auf, die nicht mit der Verzehrsdepression erklärt werden können, spricht man von **Aminosäurentoxizität**. Solche Erscheinungen sind bei Überdosierung von Methionin beobachtet worden.

Ein **„ideales Protein"** wäre ein Nahrungsprotein, bei dessen Resorption ein Aminosäurengemisch in den Stoffwechsel gelangen würden, dessen Muster genau dem Aminosäurenbedarf entspricht, d. h. durch Reduzierung oder Steigerung der Zufuhr keiner der Aminosäuren die Verwertung verbessert werden kann. FULLER et al. haben das Konzept des „idealen Proteins" für wachsende Schweine weiterentwickelt. Dabei wurde ein faktorieller Bedarf für Erhaltung bzw. für Proteinansatz berücksichtigt. Als Basis dienten die praecaecal verdaulichen Aminosäuren. Da der Aminosäurenbedarf für Erhaltung im Vergleich zum Aminosäurenbedarf für den Proteinansatz beim wachsenden Schwein sehr gering ist, wird das Muster des „idealen Proteins" weitestgehend von der Zusammensetzung der angesetzten Proteine geprägt und verändert sich bei Zugrundelegung unterschiedlicher Wachstumsintensitäten wenig. Bei der Realisierung dieses Konzeptes liegen in der Bestimmung der praecaecalen Aminosäurenverdaulichkeit die größten Schwierigkeiten.

7.5.3 Aminosäurenbedarfsdeckung und Stickstoffausscheidung

Aus der bisherigen Darstellung wird klar, dass bei einer dem Bedarf angepassten Aminosäurenzufuhr die Verwertung des zugeführten Stickstoffs am höchsten ist, was gleichzeitig bedeutet, dass die Stickstoffausscheidung am niedrigsten sein wird. Dies ist nicht nur im Sinne der Nährstoffökonomie von Interesse, sondern auch ein wesentliches Anliegen einer umweltschonenden Tierhaltung. Kritische Punkte einer intensiven Tierhaltung sind die Emissionen von Stickstoff, Phosphor und Methan. Es ist einzuschätzen, dass durch entsprechende Rationsgestaltung, z. B. bei Mastschweinen, die Stickstoffausscheidung um etwa 30 % gesenkt werden kann (Abb. 47).

Eine sehr wirksame Vorgehensweise besteht in der Ergänzung von Rationen mit niedrigem Proteingehalt durch die limitierenden Aminosäuren in synthetischer Form. Im dargestellten Beispiel

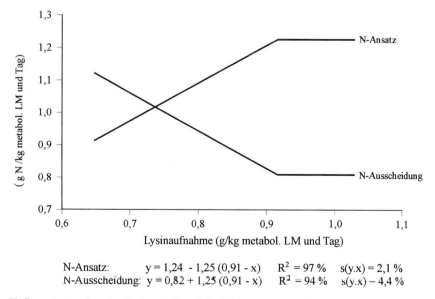

Abb. 47. Einfluss einer steigenden Lysinaufnahme bei niedriger Proteinaufnahme auf den N-Ansatz und die N-Ausscheidung bei Schweinen (nach KIRCHGESSNER et al. 1994).

wird veranschaulicht, wie bei niedriger Proteinversorgung allein durch Lysinzulagen der N-Ansatz erhöht und die N-Ausscheidung reduziert werden können. Die Rohproteinzufuhr wird dabei durch die Lysinzufuhr nur geringfügig erhöht.

Mit Blick auf die Umweltbelastung durch die Tierhaltung resultiert ein weiteres Kriterium, das bei einer Rationsgestaltung zu berücksichtigen ist, nämlich die Menge (Gramm) N-Ausscheidung pro Kilogramm Zunahme oder Proteinansatz.

B Futtermittelkunde

1 Einleitende Bemerkungen

Futtermittel nehmen eine zentrale Stellung innerhalb der Landwirtschaft unseres Landes ein. Etwa 70 % der pflanzlichen Bruttoproduktion werden in Deutschland für die Tierfütterung als Futtermittel entweder direkt (z. B. Grünfutter, Grünfutterkonservate, Kartoffeln, Futterrüben, Getreidekörner) oder nach erfolgter Verarbeitung (z. B. Getreide als Mischfutterkomponente) verwendet. Des weiteren fallen bei der industriellen Verarbeitung pflanzlicher (u. a. Getreide, Zuckerrüben) und tierischer Rohstoffe (z. B. Milch) in beachtlichem Umfang Nebenprodukte an, deren umfassende und zielgerichtete Nutzung als Futtermittel für die Versorgung landwirtschaftlicher Nutztiere mit Energie und Nährstoffen einen hohen Stellenwert besitzt. Dadurch wird die direkte Futtererzeugung entlastet und bei einer Reihe von Nebenprodukten eine umweltschonende Entsorgung betrieben. Andererseits muss jedoch erwähnt werden, dass sowohl pflanzliche als auch tierische Rohstoffe und verschiedene für Futterzwecke genutzte Nebenprodukte selbst hochwertige Nahrungsmittel darstellen bzw. dazu verarbeitet werden könnten. Vor allem monogastrische Nutztiere sind dadurch Nahrungskonkurrenten des Menschen.

Darüber hinaus liefert die Industrie Futtermittel und Futterzusatzstoffe, die vor allem zu einer Komplettierung und Aufwertung der in den landwirtschaftlichen Betrieben erzeugten Futtermittel und der industriellen Nebenprodukte im Rahmen einer vollwertigen Ernährung der Nutztiere beitragen. Diesem Ziel dient ebenfalls das breitgefächerte Mischfuttersortiment, für dessen Herstellung neben inländischen auch importierte Futtermittel verwendet werden.

Futtermittel dienen primär der Versorgung landwirtschaftlicher Nutztiere mit Energie und Nährstoffen, um die vom Tierhalter angestrebten Leistungen in entsprechenden Qualitäten zu realisieren. Darüber hinaus müssen sie aber auch sicherstellen, dass in die tierischen Produkte wie Fleisch, Milch und Eier keine die menschliche Gesundheit gefährdenden Substanzen gelangen. Denn Futtermittel sind ein Glied in der Nahrungsmittelkette. Aber auch die tierische Gesundheit darf durch suspekte Futterinhaltsstoffe und Kontaminanten nicht gefährdet werden. Deshalb sind Futtermittel von der Erzeugung bis zum Futtertrog einer stetigen Qualitätskontrolle und -überwachung zu unterziehen. Dies betrifft alle Ebenen der Futtermittelerzeugung, den Futtermitteltransport, die Futtermittellagerung und -konservierung sowie den Einsatz in der Fütterung. In den letzten Jahren erfolgten von der EU umfassende gesetzliche Regelungen, die in die nationalen Gesetze und Verordnungen über Lebensmittel und Futtermittel überführt wurden (s. Abschn. 3).

2 Definition und Einteilung der Futtermittel

Im Sinne des Futtermittelgesetzes vom 2. Juli 1975 (s. Abschn. 3) sind Futtermittel „Stoffe einzeln (Einzelfuttermittel) oder in Mischungen (Mischfuttermittel) mit oder ohne Zusatzstoffe, die dazu bestimmt sind, in unverändertem, zubereitetem, bearbeitetem oder verarbeitetem Zustand an Tiere verfüttert zu werden, ausgenommen sind Stoffe, die überwiegend dazu bestimmt sind, zu anderen Zwecken als zur Tierernährung verfüttert zu werden". Im Gesetz zur Neuordnung des Lebensmittel- und des Futtermittelrechts (s. Abschn. 3) wurde der Futtermittelbegriff neu definiert. „Futtermittel sind demzufolge Stoffe oder Erzeugnisse, auch Zusatzstoffe, verarbeitet, teilweise verarbeitet oder unverarbeitet, die zur oralen Tierfütterung bestimmt sind". Die ernährungsphysiologische Zweckbestimmung der Futtermittel wird durch die von WÖHLBIER (1977) erfolgte Definition des Futtermittelbegriffes im Vergleich zu den Formulierungen des

Gesetzgebers eindeutiger ausgedrückt: „Futtermittel sind solche Stoffe, die vom Tier per os aufgenommen werden oder aufgenommen werden können, die auf den Stoffwechsel des Tieres sich auswirken und die als einzelne gesonderte Komponente dem Futter beigemengt werden."

Obgleich Arzneimittel nach der Definition des Gesetzgebers eindeutig ausgeklammert werden, bestehen dennoch bei einigen Produkten bzw. Substanzen Abgrenzungsprobleme, z. B. bei Medizinalfuttermitteln und Kokzidiostatika. Erstere können durchaus Nährstoffansprüche befriedigen; bei letzteren gibt es Verbindungen, die leistungsfördernd wirken.

Keinesfalls sind Materialien, wie Sägemehl, Holzkohle, Erde und Steine Futtermittel. Sie sind zwar an Tiere verfütterbar bzw. können von diesen aufgenommen werden, jedoch leisten sie keinen Beitrag zur Energie- und Nährstoffversorgung und wirken auch nicht im Sinne von Futterzusatzstoffen.

Futtermittel lassen sich nach verschiedenen Prinzipien einteilen. Hierzu zählen insbesondere:

Botanische Merkmale, Herkunft und Erzeugung. Dabei werden folgende Hauptgruppen unterschieden:
- grüne Futterpflanzen und ihre Konservate,
- Stroh und andere faserreiche Produkte,
- Wurzeln und Knollen,
- Körner und Samen,
- Nebenprodukte aus der Verarbeitung pflanzlicher Rohstoffe,
- Futtermittel tierischer Herkunft,
- Futtermittel auf mikrobieller Basis,
- Ergänzungs- und Zusatzstoffe,
- Mischfuttermittel.

Konsistenz:
- Rauhfutter (Heu, Stroh),
- Saftfutter (Grünfutter, Silagen, Wurzeln, Knollen).

Wassergehalt:
- Trockenfutter,
- halbfeuchte Futtermittel,
- Fließfuttermittel.

Hauptinhaltsstoffe:
- energiereiche Futtermittel (Futterfette, stärke- und zuckerreiche Futtermittel),
- proteinreiche Futtermittel,
- mineralische Futtermittel.

Zahl der Komponenten:
- Einzelfuttermittel,
- Mischfuttermittel.

Verwendungszweck:
- Alleinfutter,
- Ergänzungsfutter.

Gebrauchswert- und einsatzorientierte Aspekte:
- Grobfuttermittel (Grünfutter, Grünfutterkonservate, Stroh),
- Konzentrate (Futtermittel mit hohem Energie- und/oder Rohproteingehalt je kg Trockensubstanz; z. B. Getreide, Leguminosen, Extraktionsschrote).

Betriebs- und marktwirtschaftliche Gesichtspunkte:
- Im landwirtschaftlichen Betrieb unterscheidet man zwischen betriebseigenen Futtermitteln (Grundfuttermitteln) und Zukaufsfuttermitteln. Gesamtwirtschaftlich werden die Futtermittel in die wirtschaftseigenen (im landwirtschaftlichen Betrieb erzeugte und unmittelbar dort zur Verfütterung kommende Futtermittel) und Handelsfuttermittel (handelsfähige Futtermittel) unterteilt, die im allgemeinen Produkte mit geringem Wassergehalt und ausreichender Lagerfähigkeit umfassen.

In Anlehnung an deutschsprachige Standardwerke der Tierernährung und Futtermittelkunde wird nachfolgend das zuerst genannte Einteilungsschema verwendet.

3 Futtermittelrechtliche Vorschriften[1]

Herstellung, Handel und Verfütterung von Futter sind in der Bundesrepublik Deutschland gesetzlich geregelt. Maßgebend ist seit September 2005 das Gesetz zur Neuordnung des Lebens- und Futtermittelrechts (LFBG)[2]. Hierdurch wird das bisherige Futtermittelgesetz in Anlehnung an

---

[1] Im Folgenden können nur einige allgemeine Grundsätze und Zusammenhänge dargestellt werden. Hinsichtlich der aktuellen Entwicklungen sei auf die Veröffentlichungen im Amtsblatt der Europäischen Union, dem Bundesgesetzblatt sowie laufend aktualisierten Publikationen (z. B. Petersen, Kruse (Hrsg.): Futtermittelrecht. Verlag Parey, Stuttgart.) hingewiesen.

[2] Gesetz zur Neuordnung des Lebensmittel- und Futtermittelrechts, BGBl I, 55, 2618–2669, 2005.

die europäischen Regelungen (s. Weißbuch für Lebensmittelsicherheit, 2000[3]; EU-Verordnung 178/2002[4]) mit der Rechtssetzung im Bereich Lebensmittel zusammengeführt. Das Gesetz ist als Rahmengesetz konzipiert und legt die allgemeinen Richtlinien, Regeln und Normen fest. Es enthält eine Reihe von Ermächtigungen, nach denen das zuständige Fachministerium in Übereinstimmung oder Abstimmung mit weiteren betroffenen Ministerien gegebenenfalls mit Zustimmung des Bundesrats weitere Details regelt. Die Umsetzungen werden zumeist über die Futtermittelverordnung geregelt. Dieses untergesetzliche Regelwerk enthält auch die Vorgaben zum Beispiel hinsichtlich der Höchstwertregelungen für unerwünschte Stoffe sowie die Vorgaben zur Deklaration einzelner Inhaltsstoffe.

Entscheidend beeinflusst werden die nationalen futtermittelrechtlichen Regelungen durch die Vorgaben der Europäischen Union. Von dort erfolgen futtermittelrechtliche Regelungen auf drei Ebenen: Verordnungen, Richtlinien und Empfehlungen.

Verordnungen der EU sind in den Mitgliedstaaten unmittelbares Recht. Richtlinien sind Regelungen, die nach entsprechenden Vorgaben und Fristen in nationales Recht umzusetzen sind, während die Empfehlungen und Stellungnahmen keinen rechtsverbindlichen Charakter haben. Die Futtermittelverordnung dient daher auch der Umsetzung der EU-Richtlinien in nationales Recht.

Zweckbestimmung der futtermittelrechtlichen Regelungen

Während in den Anfängen der futtermittelrechtlichen Regelungen der Schutz des Landwirtes vor Täuschungen im Vordergrund stand, sind es in jüngerer Zeit vor allem der Schutz des Menschen und der Tiere vor Beeinträchtigungen der Gesundheit (Futter- und Lebensmittelsicherheit). Die wichtigsten Ziele der Futtermittelgesetzgebung sind aufgrund der §§ 1 und 17 bis 25 (LFGB) neben dem Schutz vor Täuschung, vor allem die Vorbeugung gegen eine bzw. die Abwehr einer Gefahr für die menschliche Gesundheit sowie der tierischen Gesundheit. Weitere Ziele sind die Erhaltung und Verbesserung der Leistungsfähigkeit der Nutztiere, der Erhalt und die Förderung der Qualität der von den Nutztieren gewonnenen Lebensmittel sowie der Schutz vor einer Gefahr für den Naturhaushalt durch in den tierischen Ausscheidungen vorhandene unerwünschten Stoffen. Wie bereits erwähnt, dienen die nationalen futtermittelrechtlichen Regelungen auch der Umsetzung von Rechtsakten von Organen der Europäischen Union.

Begriffsbestimmungen

Im Nachfolgenden soll auf einige wichtige Begriffsbestimmungen im futtermittelrechtlichen Bereich eingegangen werden, wie sie unter anderem im Gesetz zur Neuordnung des Lebensmittel- und des Futtermittelrechtes, der Futtermittelverordnung sowie der sogenannten Basisverordnung EU VO 178/2002 festgelegt sind.

Unter Bezug auf die EU VO 178/2002 wurde im Gesetz zur Neuordnung des Lebensmittel- und des Futtermittelrechtes im Unterschied zu früheren Definitionen der **Futtermittelbegriff** neu gefasst. *Futtermittel sind demzufolge (LFBG § 2 (4); VO 178/2002 Art. 3 Nr. 4): Stoffe oder Erzeugnisse, auch Zusatzstoffe, verarbeitet, teilweise verarbeitet oder unverarbeitet, die zur oralen Tierfütterung bestimmt sind.* Auch die **Futtermittelzusatzstoffe** wurden futtermittelrechtlich neu geregelt und gruppiert (EU VO 1831/2003[5]).

Außer den **Einzelfuttermitteln** bzw. **Futtermittelausgangserzeugnissen** sind verschiedene Mischfuttermittel zu unterscheiden. Neben den Alleinfuttermitteln, welche allein den Nährstoffbedarf der Tiere abdecken, gibt es eine Reihe von Ergänzungsfuttermitteln, die in Kombination mit Einzelfuttermitteln oder weiteren Ergänzungsfuttermitteln die Gesamtration bilden. Eine Sonderrolle kommt dabei den Mineralfuttermitteln und den Melassefuttermitteln zu. Milchaustauschfuttermittel können sowohl als Alleinfuttermittel als auch als Ergänzungsfuttermittel eingesetzt werden. Eine besondere Rolle haben auch die Diätfuttermittel. Dies sind Mischfuttermittel, die dazu bestimmt sind, den besonderen Ernährungsbedarf von Tieren zu decken, bei denen insbesondere Verdauungs-, Resorptions- oder Stoff-

---

[3] Kommission der Europäischen Gemeinschaften: Weißbuch zur Lebensmittelsicherheit, KOM (1999), 719 endg., 2000

[4] Verordnung (EG) Nr 178/2002 des Europäischen Parlaments und des Rates vom 28. Januar 2002 zur Festlegung der allgemeinen Grundsätze und Anforderungen des Lebensmittelrechtes, zur Errichtung der Europäischen Behörde für Lebensmittelsicherheit und zur Festlegung von Verfahren zur Lebensmittelsicherheit. Amtsbl. Europ. Gemeinschaften L, 31, 1–24.

[5] Verordnung (EG) Nr. 1831/2003 des Europäischen Parlamentes und des Rates vom 22. September 2003 über Zusatzstoffe zur Verwendung in der Tierernährung. Amtsbl. Europäische Gemeinschaft L 268. 29.

wechselstörungen vorliegen oder zu erwarten sind.

Eine wichtige Definition im Zusammenhang mit neueren futtermittelrechtlichen Regelungen ist die des Futtermittelunternehmens bzw. -unternehmers, da viele Regelungen, insbesondere Ge- und Verbote, auf diese Gruppe abzielen. Vor allem im Rahmen der neu in Kraft getretenen Futtermittelhygieneverordnung (EU VO 183/2005[6]) wird hier die Primärproduktion an Futtermitteln mit einbezogen, so dass unter bestimmten Voraussetzungen auch der Landwirt Futtermittelunternehmer ist.

Verbote zur Gefahrenabwehr
Die Gefahrenabwehr für die Gesundheit von Tier und Mensch sowie für den Naturhaushalt wie sie im LFBG beschrieben werden, werden in einzelnen Regelungen der Futtermittelverordnung umgesetzt (z. B. §§ 23–27).

Die Anlage 5 enthält für verschiedene unerwünschte Stoffe Höchstwerte, die in Futtermitteln oder Futtermittelzusatzstoffen nicht überschritten werden dürfen. Hierzu zählen u. a. verschiedene anorganische Stoffe, verschiedene chlorierte Kohlenwasserstoffe, Mykotoxine und toxische Unkrautsamen. Die Anlage 5a enthält in Anlehnung an lebensmittelrechtliche Regelungen Höchstgehalte an Rückständen von Schädlingsbekämpfungsmitteln. In der Anlage 6 schließlich sind verbotene Stoffe gelistet (u. a. Exkremente, mit Gerbstoffen behandelte Häute, Verpackung und Verpackungsteile, mit Pflanzenschutzmitteln behandeltes Saat- und Pflanzgut).

Spezifische futtermittelrechtliche Regelungen ergeben sich im Zusammenhang mit der Verhütung, Kontrolle und Tilgung bestimmter transmissibler spongiformer Enzephalopathien (TSE) (EU VO 999/2001[7]) und den damit in Zusammenhang stehenden Regelungen. Kernpunkt ist dabei das Verfütterungsverbot von aus Säugetieren gewonnenen Proteinen an Wiederkäuer und die Ausweitung des Verbotes auf Tiere und Erzeugnisse tierischen Ursprungs. Hinzu kommt nach § 18 des LFGB das Verbot der Verfütterung von Fetten aus den Geweben warmblütiger Landtiere an Pferde und andere Nutztiere, die der Lebensmittelgewinnung dienen. Dieses Verbot gilt nicht für Milch und Milcherzeugnisse und Fette aus Gewebe von Fischen, die zur Verfütterung an andere Tiere als Wiederkäuer bestimmt sind.

Zwischenzeitlich wurden einige gesetzliche Regelungen geschaffen, die zumindest bei Nichtwiederkäuern den Einsatz einiger tierischer Futtermittel wieder ermöglichen, da von ihnen kein oder nur ein äußerst geringes Risiko einer TSE-Übertragung ausgeht wie z. B. Gelatine aus Nichtwiederkäuer-Herkünften, Dicalciumphosphaten aus Knochen, bestimmte Proteinhydrolysate und Blutbestandteile.

Allgemeine Regeln für den gewerbsmäßigen Verkehr
Einer der wesentlichen Beweggründe bei der Einführung futtermittelrechtlicher Regelungen war ursprünglich der Schutz vor Täuschungen und Verfälschungen. Dies ist auch Bestandteil des neuen LFGB (§ 19). Danach ist es verboten, Futtermittel unter irreführender Bezeichnung, Angabe oder Aufmachung in den Verkehr zu bringen. Ferner ist es verboten, nachgemachte Futtermittel in den Verkehr zu bringen.

Bestimmungen für die Werbung
Für Futtermittel gilt nach § 20 des LFGB ein Verbot der krankheitsbezogenen Werbung, d. h. es ist verboten, beim Verkehr mit Futtermitteln, ausgenommen Diätfuttermittel, oder in der Werbung Aussagen zu verwenden, die sich auf die Beseitigung oder Linderung von Krankheiten oder auf die Verhütung solcher Krankheiten, die nicht Folge mangelhafter Ernährung sind, beziehen.

Im Folgenden soll kurz auf einige Regelungen im Zusammenhang mit den Einzelfuttermitteln (Futtermittelausgangserzeugnisse), den Zusatzstoffen sowie verschiedenen Arten von Mischfuttermitteln eingegangen werden.

Regelungen für Einzelfuttermittel
Gemäß dem Gesetz zur Neuordnung des Lebensmittel- und Futtermittelgesetzes sind „Einzelfuttermittel Stoffe, die mit oder ohne Futterzusatzstoffen, dazu bestimmt sind, in unverändertem, zubereitetem, bearbeitetem oder verarbeitetem Zustand an Tiere verfüttert zu werden; ausgenommen sind Stoffe, die überwiegend dazu bestimmt sind, zu anderen Zwecken als zur Tierernährung verwendet zu werden".

Futtermittelrechtlich ist zwischen zulassungspflichtigen und nicht zulassungspflichtigen Fut-

---

[6] Verordnung d(EG) Nr. 183/2005 des Europäischen Parlamentes und des Rates vom 13. Januar 2005 mit Vorschriften zur Futtermittelhygiene. Amtsbl. Europäische Gemeinschaft L35, 1–22.
[7] Verordnung (EG) Nr. 999/2001 des Europäischen Parlamentes und des Rates mit Vorschriften zur Verhütung, Kontrolle und Tilgung bestimmter transmissibler spongiformer Enzephalopathien.

termitteln zu unterscheiden (s. § 21 (2) LFGB; § 3 FMV und Anlage 1 zur FMV). Erstere betreffen Futtermittel, die unter die im Anhang der Richtlinie 82/471/EWG[8] des Rates vom 30. Juni 1982 über bestimmte Erzeugnisse in der Tierernährung in der jeweils gültigen Fassung aufgeführten Erzeugnisgruppen fallen. Dies betrifft u. a. Futtermittel, die unter Verwendung von Mikroorganismen gewonnen wurden. Die Anforderungen an die Kennzeichnungen werden derzeit vom Gesetzgeber neu geregelt.

Regeln für Zusatzstoffe und Vormischungen
Die Futtermittelzusatzstoffe wurden mit der EU VO 1831/2003 des europäischen Parlamentes und des Rates über Zusatzstoffe zur Verwendung in der Tierernährung neu geregelt. Nach Artikel 2 (2) a dieser VO (s. a. LFBG § 3 (14)) sind Zusatzstoffe Stoffe, Mikroorganismen oder Zubereitungen, die keine Futtermittelausgangserzeugnisse oder Vormischungen sind und bewusst Futtermitteln oder Wasser zugesetzt werden, um eine oder mehrere der nachfolgend genannten Funktionen zu erfüllen (Artikel 5, Abs. 3):
- Positive Beeinflussung der Beschaffenheit des Futters,
- positive Beeinflussung der Beschaffenheit der tierischen Erzeugnisse,
- positive Beeinflussung der Farbe von Zierfischen oder -vögeln,
- Deckung des Ernährungsbedarfs der Tiere,
- positive Beeinflussung der ökologischen Folgen der Tierproduktion,
- positive Beeinflussung der Tierproduktion, der Leistung und des Wohlbefindens der Tiere, insbesondere durch Einwirkung auf die Magen- und Darmflora oder die Verdaulichkeit der Futtermittel,
- kokzidiostatische oder histomonostatische Wirkung.

Futterzusatzstoffe dürfen nur in Verkehr gebracht werden, wenn sie zugelassen sind. Eine Zulassung darf ausschließlich auf Grundlage der EU VO 1831/2003 bzw. gemäß den Artikeln 53 und 54 der EU VO 178/2002 erteilt, verweigert, verlängert, abgeändert, ausgesetzt oder widerrufen werden. Der Ablauf und die Form der Zulassung werden in den Artikeln 7 bis 9 der EU VO 1831/2003 beschrieben.

---

[8] Richtlinie 82/471/EWG des Rates vom 30. Juni 1982 über bestimmte Erzeugnisse für die Tierernährung. Amtsbl. Europ. Gemeinschaft L 213, 8, 1982.

Die Futterzusatzstoffe werden je nach Funktionsweise und Eigenschaften einer oder mehrerer der nachstehenden Kategorien zugeordnet (Artikel 6 EU VO 1831/2003):
- Technologische Zusatzstoffe: jeder Stoff, der Futtermitteln aus technologischen Gründen zugesetzt wird,
- sensorische Zusatzstoffe: jeder Stoff, der einem Futtermittel zugesetzt die organoleptischen Eigenschaften dieses Futtermittels bzw. die optischen Eigenschaften des späteren Lebensmittels verbessert oder verändert,
- ernährungsphysiologische Zusatzstoffe,
- zootechnische Zusatzstoffe: jeder Zusatzstoff, der die Leistung oder den Gesundheitszustand von Tieren oder die Auswirkungen auf die Umwelt positiv beeinflusst,
- Kokzidiostatika und Histomonostatika.

Gemäß Artikel 17 der Zusatzstoff-VO (EU VO 1831/2003) hat die EU Kommission ein Register der Zusatzstoffe ins Internet eingestellt: (http://ec.europa.eu/food/food/animalnutrition/feedadditives/registeradditives_en.htm).

Eine grundlegende Voraussetzung für die Zulassung sind neben dem Nachweis der Wirksamkeit entsprechend der aufgeführten Kategorien, dass der Zusatzstoff
- sich nicht schädlich auf die Gesundheit von Tier und Mensch oder auf die Umwelt auswirkt,
- nicht in einer Weise dargeboten wird, die den Anwender irreführt,
- keinen Nachteil für den Verbraucher durch die Beeinträchtigung der Beschaffenheit der tierischen Erzeugnisse mit sich bringt,
- und ihn bezüglich der Beschaffenheit der tierischen Erzeugnisse nicht irreführt.

Regelungen für Mischfuttermittel
Für Mischfuttermittel gibt es mit Ausnahme allgemeiner Anforderungen (s. Abschn. 15.5.) die im § 8 der FMV (Angaben zum Gehalt an Feuchte, salzsäureunlösliche Asche, Eisen in Milchaustauschern für Kälber) keine spezifischen gesetzlichen Vorgaben hinsichtlich Rezepturgestaltung, Herstellung und wertbestimmender Inhaltsstoffe, wenn diese im Rahmen der futtermittelrechtlichen Vorgaben produziert werden. Die Futtermittelhygiene-VO (EU VO 183/2005) betont nochmals die Verantwortung des Futtermittelunternehmers für die Futtermittelsicherheit. Er ist dabei verantwortlich für die von ihm festgelegte Zweckbestimmung des Mischfutters (Alleinfutter oder Ergänzungsfutter, vorgesehene Tierart,

Altersklasse bzw. Produktionsrichtung) sowie die Richtigkeit der Angaben und die Einhaltung der Vorschriften über Zusatzstoffe, unerwünschte Stoffe und verbotene Stoffe entsprechend den futtermittelrechtlichen Regelungen.

Die §§ 8 bis 15 der FMV befassen sich schwerpunktmäßig mit den das Mischfutter betreffenden Regelungen. Diese beinhalten:
- Anforderungen an Mischfuttermittel,
- Zusammensetzung von Mischfuttermitteln,
- Verwendungszwecke für Diätfuttermittel,
- Ausnahme von der Verpackungspflicht,
- Kennzeichnung und Bezeichnung,
- vorgeschriebene Angaben über Inhaltsstoffe und Zusammensetzung,
- zusätzliche Angaben und Toleranzen.

Auf wesentliche Regelungen wird im Abschnitt Mischfuttermittel (s. Abschn. 15) eingegangen.

Die Kennzeichnungsvorschriftten für Mischfutter werden derzeit vom Gesetzgeber neu geregelt.

Amtliche Futtermittelüberwachung
Die Überwachung der futtermittelrechtlichen Regelungen obliegt gemäß Abschnitt 7 des Lebensmittel- und Futtermittelgesetzbuches den Ländern, soweit es gesetzlich nicht anderweitig geregelt ist. Die zuständigen Behörden des Bundes und der Länder arbeiten dabei eng zusammen. Die Bundesländer können für die Durchführung der Überwachung spezifische Vorschriften erlassen. Wesentliche Vorgaben hierzu hat die Europäische Union in der Verordnung 882/2004 über amtliche Kontrollen zur Überprüfung der Einhaltung des Lebens- und Futtermittelrechts sowie der Bestimmungen über Tiergesundheit und Tierschutz gegeben.

Die Überwachung erstreckt sich nicht nur auf die Herstellung und den Verkehr von Futtermitteln, sondern schließt auch die Fütterungsvorschriften mit ein. Neben den analytischen Kontrollen spielen daher Betriebsinspektionen und Buchprüfungen einschließlich der Überprüfung von Mischprotokollen eine wichtige Rolle. Besondere Bedeutung kommt der Rückverfolgbarkeit der eingekauften und in den Handel gebrachten Futtermittel zu. Für die amtliche Futtermittelüberwachung bildet die Futtermittel-Probenahme- und Analysenverordnung ein wichtiges Arbeitsinstrument. Hier spielt die Normierung der verschiedenen Analysenmethoden sowie die Einrichtung gemeinschaftlicher und nationaler Referenzlabors zur Qualitätssicherung eine herausragende Rolle.

4 Grünfutter und Grünfutterkonservate

4.1 Grünfutter

4.1.1 Allgemeine Angaben

Als Grünfuttermittel werden die oberirdischen Teile (Stängel, Blätter, Blüten, Samen) von Futterpflanzen bezeichnet, die ihr Wachstum bzw. ihre Entwicklung noch nicht abgeschlossen haben. Das Chlorophyll, Grundlage der Photosynthese, bewirkt ihr grünes Aussehen. Grünfuttermittel zeichnen sich durch folgende gemeinsame Merkmale aus und unterscheiden sich dadurch von anderen Futtermittelgruppen:

- Sie bilden eine heterogene Futtermittelgruppe, deren Futterwert stark von der Pflanzenart, der botanischen Zusammensetzung (Mischbestände), vom Vegetationsstadium und den Vegetationsbedingungen abhängig ist (Abb. 48).
- Grünfutterpflanzen bestehen aus vegetativen (Stängel bzw. Halm, Blätter) oder aus einem Gemisch von vegetativen und generativen (Blüten, Samen) Pflanzenteilen. Der Anteil der einzelnen Pflanzenteile verändert sich im Verlauf des Wachstums (Abb. 49). Sowohl durch die Verschiebung dieser Anteile als auch durch die stoffliche Veränderung der einzelnen Fraktionen ist der Futterwert einer Grünfutterpflanze stark vom Zeitpunkt der Nutzung abhängig.
- Durch den hohen Wassergehalt ($\approx$ 65 bis 85 %) sind Grünfuttermittel voluminöse und leicht verderbliche Futterstoffe.
- Grünfutterpflanzen zeichnen sich durch einen hohen Gehalt an Gerüstsubstanzen, insbesondere Strukturkohlenhydraten, aus, die nur durch mikrobiell gebildete und damit körperfremde Enzyme abgebaut werden können. Deshalb sind Grünfuttermittel und die daraus hergestellten Konservate in erster Linie Futtermittel für Wiederkäuer.
- Im jungen Stadium ist Grünfutter reich an Mineralstoffen, Provitaminen und Vitaminen; die Blattfraktion enthält reichlich Rohprotein mit mittlerer biologischer Wertigkeit. Grüne Pflanzen sind in der Regel fettarm.

Grünfutter   169

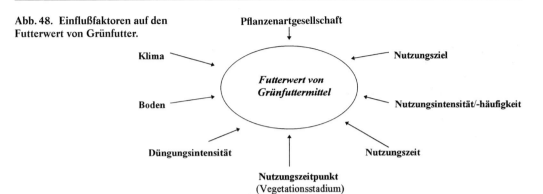

Abb. 48. Einflußfaktoren auf den Futterwert von Grünfutter.

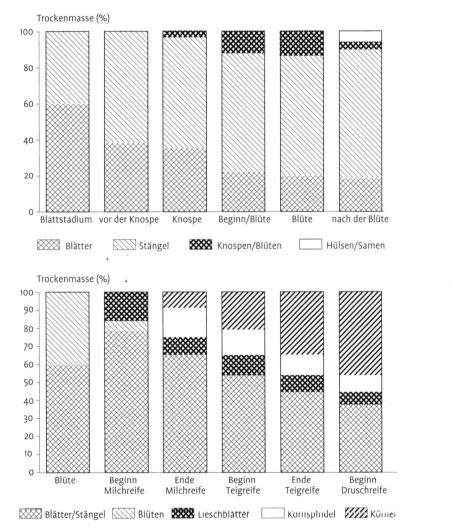

Abb. 49. Anteil wichtiger botanischer Bestandteile an der Luzerne- (oben) bzw. Maispflanze (unten) in unterschiedlichen Vegetations- und Reifestadien.

Grünfuttermittel werden sowohl auf dem Grünland als auch im Ackerfutterbau erzeugt. Auf dem **Grünland** existieren vorrangig natürlich entstandene, vor allem von den Standortverhältnissen (Klima, Boden) abhängige, aber auch von der Nutzung (Mäh- oder Weidenutzung) beeinflusste, z. T. langjährig bestehende Artengemeinschaften. Demgegenüber handelt es sich im **Ackerfutterbau** um Reinbestände bzw. kontrollierte Pflanzenmischungen. In Abhängigkeit ihrer Einordnung in die Fruchtfolge kann hierbei nach **Hauptfrucht-, Zwischenfrucht- und Zweitfruchtfutterbau** unterschieden werden. Außerdem kann beim Anbau einiger Marktfrüchte (z. B. Zuckerrüben- und Feldgemüseanbau) Grünfutter als Koppelprodukt anfallen. Hinsichtlich der Nutzungsform des Grünfutters ist zwischen **Weide- und Mähfutternutzung** zu unterscheiden. Das gemähte Futter dient der Frischverfütterung, und es werden daraus Konservate (Silage, Heu, Trockengrün), insbesondere für die vegetationsarme bzw. -freie Zeit, aber auch für eine ganzjährige Konservatfütterung, hergestellt.

4.1.2 Inhaltsstoffe und Futterwert

4.1.2.1 Energieliefernde Inhaltsstoffe (Kohlenhydrate, Fette)

Die organische Masse der Grünfutterpflanzen besteht überwiegend aus **Kohlenhydraten**, wobei jedoch diese Stoffklasse heterogen zusammengesetzt ist. Dies ist sowohl für die Verwertung durch das Nutztier als auch für die Konservierungseignung von erheblicher Bedeutung.

Der Aufbau blattreicher Pflanzenmasse während der ersten Phase der Pflanzenentwicklung ist durch die Bildung hoher Anteile an Zellsaft gekennzeichnet. Dieser enthält reichlich **wasserlösliche Kohlenhydrate** (die Monosaccharide Glucose und Fructose, das Disaccharid Saccharose, Fructosane), die vereinfachend oft als Zucker bezeichnet werden. Der Zuckergehalt ist abhängig von der Pflanzenart. Bei Gräsern variiert der Gehalt zwischen 60 und 290 g je kg DM und liegt damit in der Regel deutlich höher als bei den Leguminosen (30 bis 80 g/kg DM). Bis zur Blüte vermindert sich die Konzentration an wasserlöslichen Kohlenhydraten. Bei Pflanzen mit hohem Samenertrag (Mais, Grüngetreide) steigt der Zuckergehalt zwischen Blüte und Milchreife deutlich an. Mit zunehmender Kornbildung erfolgt eine Verlagerung des Zuckers aus den vegetativen Pflanzenteilen zum Aufbau der Stärke in den generativen Organen.

Durch das einsetzende Streckungswachstum der Grünfutterpflanzen findet eine verstärkte Synthese und Einlagerung von **Cellulose** und **Hemicellulosen** in die Zellwände der Stängelfraktion statt. Mit fortschreitender Entwicklung wird dieser Prozess durch zunehmende **Lignifizierung** begleitet. Die Gehalte an Rohfaser steigen an, und innerhalb der Gerüstsubstanzen erhöht sich der Ligninanteil. Bei Pflanzenarten mit potentiell hohem Samenertrag (Mais, Getreide, großsamige Leguminosen) wird jedoch dieser Prozess durch die Ausbildung der stärkereichen generativen Organe (Samen) überlagert. Der **Stärkegehalt** von Getreide- bzw. Silomaisganzpflanzen ist insbesondere vom Körner- bzw. Kolbenanteil abhängig. Dieser wiederum wird durch das Reifestadium, die Sortenwahl und die Schnitthöhe bei der Ernte beeinflusst. Bei kolbenreichem Silomais, Ende der Teigreife, beträgt dieser ≥ 350 g/kg DM. Der Gehalt an Rohfaser stagniert bzw. nimmt beim Silomais mit zunehmender Kolbenausbildung und -reife ab. Am Beispiel von Weidelgras und Silomais vermittelt Abb. 50 die Veränderungen bei den Gehalten an Zucker, Stärke und Rohfaser.

Grünfutter enthält relativ wenig **Rohfett**. Es ist vorrangig in den Chloroplasten der Blätter lokalisiert. Etwa 25 % der Rohfettfraktion entfallen auf Fettbegleitstoffe, u. a. Provitamine, Vitamine, Farbstoffe sowie geruchs- und geschmacksbeeinflussende Substanzen. Letztere Stoffe, die in einigen Pflanzen besonders reichlich vorkommen (z. B. in Cruziferen, Hahnenfuß, Lauchgewächsen, Kresse), können die sensorischen Eigenschaften der Milch mehr oder weniger stark beeinträchtigen. Der hohe Anteil an ungesättigten Fettsäuren im Grünfutterfett beeinflusst vor allem bei Weidegang und Grasverfütterung die Fettkonsistenz der Rohmilch (weiche „Weidebutter"). Mit fortschreitender Vegetation und Übergang in die generative Entwicklungsphase verringert sich sowohl der Fettgehalt als auch der Anteil an ungesättigten Fettsäuren.

4.1.2.2 Rohprotein

Der Rohproteingehalt in Grünfuttermitteln kann zwischen 50 g/kg DM bei überständigen Grasaufwüchsen (z. B. Winterweiden) und 300 g/kg DM bei jungem intensiv gedüngtem Pflanzenmaterial schwanken. Einen wichtigen Einfluss übt auch hier das **Blatt-Stängel-Verhältnis** aus. Der abnehmende Masseanteil der rohproteinreichen Blattfraktion mit zunehmender Vegetationsdauer bewirkt einen Rückgang des Rohproteingehaltes in der Gesamtpflanze (Abb. 50). Während der

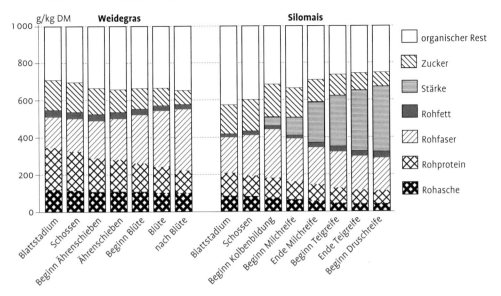

Abb. 50. Veränderung des Gehaltes an Rohfaser, Zucker, Stärke und Rohprotein im Vegetationsverlauf von Deutschem Weidelgras und Silomais.

vegetativen Entwicklung ist **junges Pflanzenmaterial** auch deshalb rohproteinreicher, weil die Nährstoff- und insbesondere Stickstoffaufnahme im Jugendstadium der Pflanzen dem Aufbau der Pflanzenmasse vorauseilt. Ein hohes Angebot an pflanzenverfügbarem Nitrat- bzw. Ammoniumstickstoff im Boden (z. B. hohe Stickstoffdüngung) verstärkt diesen Prozess (Luxuskonsum). Mit steigender N-Düngung je ha erhöht sich der Rohproteingehalt in den Pflanzen.

Leguminosen sind durch ihre Fähigkeit, Luftstickstoff symbiotisch zu binden, vom verfügbaren Bodenstickstoff unabhängiger und bei vergleichbarem Entwicklungsstadium deutlich rohproteinreicher als Gräser (s. Tab. I, Abschnitt 19). Auch viele **Kräuter** besitzen aufgrund ihres höheren Blattmasseanteils an der Gesamtpflanze einen höheren Rohproteingehalt als Gräser. Der Leguminosen- bzw. Kräuteranteil kann den Rohproteingehalt von Gemengen bzw. Grünlandaufwüchsen variieren.

Der Anteil an **Reinprotein** am Rohprotein beträgt beim Grünfutter im Mittel 65 bis 75 %, da in den vegetativen Pflanzenteilen die Eiweißsynthese aus niedermolekularen Stickstoffverbindungen noch im Gange ist. Mit zunehmender Reife der Pflanzen und Übergang in die generative Entwicklungsphase nimmt der Reinproteinanteil zu (Abb. 51). Der bereits erwähnte Luxuskonsum bei einem Überangebot an pflanzenverfügbarem Stickstoff bewirkt, dass bei hohen Stickstoffgaben der Reinproteinanteil zugunsten des NPN-Anteils im Futterrohprotein sinkt. Unter diesen Bedingungen steigt vor allem der Nitratgehalt an, der in den Grünfutterpflanzen immer in unterschiedlicher Höhe enthalten ist.

Neben der Rohproteinmenge im Grünfutter hat auch deren Qualität eine gewisse Bedeutung. Bei einer Verfütterung an monogastrische Nutztiere, die sich nur auf wenige Einsatzgebiete beschränkt (z. B. extensive Haltungsformen (u. a. Weidemast der Gänse), güste und niedertragende Sauen), interessiert die Aminosäurenzusammensetzung des Grünfutterproteins. Es ist im Vergleich zum Getreideeiweiß lysinreicher, erreicht aber nicht den Lysinanteil vom Sojaeiweiß (s. Tab. II, Abschnitt 19). Leguminoseneiweiß enthält an den Eckaminosäuren höhere Anteile als Grasprotein. Die für Wiederkäuer bedeutsame ruminale Abbaubarkeit des Futterproteins variiert innerhalb dieser Futtermittelgruppe beachtlich (s. Tab. I, Abschnitt 19). Sie beträgt bei Silomais ca. 65 % und bei jungem intensiv gedüngtem Gras bis 95 %. Zwischen dem Rohproteingehalt und der ruminalen Abbaubarkeit des Grünfutterproteins besteht eine positive Korrelation.

4.1.2.3 Mineralstoffe

Der Gehalt an Mineralstoffen im Grünfutter unterliegt zahlreichen Einflussfaktoren und damit

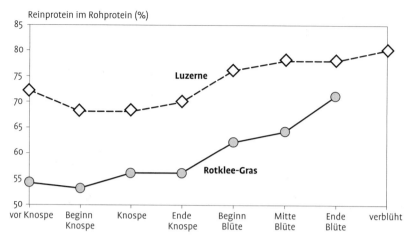

Abb. 51. Veränderung des Rohproteingehaltes von Luzerne und Rotklee-Gras während der Vegetation des ersten Aufwuchses.

auch mehr oder weniger großen Schwankungen. Vor allem bei den Spurenelementen stellen deshalb Tabellenwerte nur eine grobe Orientierung dar. Es sind neben der Pflanzenart und dem Pflanzenalter vor allem der Standort (pH-Wert, geologisches Ausgangsmaterial für die Bodenbildung), die Düngung, die Witterungsbedingungen während des Wachstums (Temperatur, Niederschlags-

menge) und Industrieemissionen (Tab. 30), die die Gehalte beeinflussen.

Leguminosen und nichtlegume Kräuter sind im allgemeinen mineralstoffreicher als Gräser. Zu den mineralstoffärmeren Futterpflanzen zählt der Silomais. Mit fortschreitender Vegetation vermindert sich mehr oder weniger der Mineralstoffgehalt. Folgeaufwüchse enthalten dagegen in der

Tab. 30. Beeinflussung des Mineralstoffgehaltes von Grünfutter durch Standort, Düngung und Klima

		Ca	P	Mg	Na	Mn	K	Cu	Se	Zn	I	Co
Standort	saure Böden	▼	▼			▲		▼	▼	▲		
	meernahe Standorte										▲	
	Muschelkalk/Keuper/Löß							▼		▼		
	Gneis							▼		▼		▼
	Geschiebelehm							▼	▼	▼		
	diluviale Sande							▼				
	Moor/Torf							▼				
	Verwitterungsböden								▼			
Düngung	P-Düngung			▲								
	reichliche K-Düngung				▼	▼	▲					
	reichliche Ca-Düngung					▼				▼		
Klima	längere Trockenheit				▼	▼				▼		
	hohe Niederschläge				▼							
Emission und Umweltgifte	Schwefel							▼	▼			
	Schwermetalle							▼	▼	▼		

▼ Abnahme ▲ Anstieg

Regel höhere Konzentrationen als der erste Aufwuchs. Über den mittleren Gehalt an wertbestimmende Mengenelementen in ausgewählten Grünfutterpflanzen bzw. Pflanzengemischen (Grünlandaufwuchs) informiert Tabelle III (Abschnitt 19). Gemessen an den Anforderungen der Wiederkäuer ergeben sich nachfolgende Hinweise:
- In Leguminosen und im Zuckerrübenblatt liegt ein sehr weites Ca/P-Verhältnis vor.
- Mit Ausnahme von Zuckerrübenblättern ist der Na-Gehalt im Grünfutter sehr gering.
- Gräser und Grünlandaufwuchs enthalten im frühen Vegetationsstadium relativ wenig Magnesium.
- Grünfutter ist generell reich an Kalium. Bei übermäßiger Kaliumdüngung (z. B. durch Gülle) kommt es zu einer weiteren K-Akkumulation in den Pflanzen.
- Der Spurenelementgehalt von Grünfutter unterliegt starken standortspezifischen Schwankungen.

4.1.2.4 Provitamine und Vitamine

Grünfutter ist mit wenigen Ausnahmen reich an Provitaminen und Vitaminen. Vitamin A liegt ausschließlich in seinen Vorstufen, den Carotinen, vor, wobei das β-Carotin überwiegt (> 90 %). Besonders carotinreich sind junge blattreiche Futterpflanzen. Stängelreiche Pflanzen, wie Silomais und Futterkohl, enthalten dagegen weniger Vitamin-A-Vorstufen. Auch Rübenblätter zählen zu den carotinärmeren Grünfutterstoffen (< 100 mg/kg DM). Mit fortschreitender Vegetation vermindert sich der Carotingehalt im Grünfutter jedoch deutlich (Abb. 52). Für die Geflügelfütterung ist vor allem der reichliche Gehalt an Carotinoiden (Eidotter- und Hautpigmente) in jungen blattreichen Pflanzen bzw. daraus hergestellten Grünmehlen über die technische Trocknung bedeutsam. Jedoch besitzen diese keine Vitamin-A-Wirksamkeit.

Lebende Pflanzen enthalten in der Regel nur geringe Vitamin-D_2-Mengen. Eine Ausnahme bildet teigreifer Silomais. In reichlicher Konzentration ist jedoch Ergosterol vorhanden, das nach Schnitt und Feldtrocknung durch die UV-Strahlen des Sonnenlichts in Vitamin D_2 umgewandelt wird.

Auch Tocopherole, vor allem α-Tocopherol, Vitamin K und fast alle Vitamine des B-Komplexes (außer Vitamin B_{12}) kommen im Grünfutter reichlich vor, wenngleich letztere (Vitamin K, B-Vitamine) nur beim Grünfuttereinsatz an monogastrische Nutztiere von Bedeutung wären, da sie in den Vormägen der Wiederkäuer in ausreichender Menge gebildet werden.

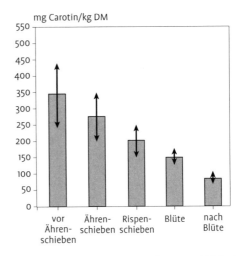

Abb. 52. **Carotingehalt im Grünfutter in Abhängigkeit vom Vegetationsstadium.**

4.1.2.5 Antinutritive und toxische Substanzen

Neben den genannten wertbestimmenden Inhaltsstoffen können Grünfutterarten auch wertmindernde (antinutritive) und toxische Substanzen enthalten bzw. mit letzteren kontaminiert sein. Das Vorkommen dieser Stoffe muss bei der Fütterung beachtet werden. Um Leistung, Gesundheit und Milchqualität nicht zu beeinträchtigen, kann eine Begrenzung der Einsatzmenge erforderlich sein bzw. im Extremfall eine Verfütterung sogar ausschließen. Über das Vorkommen und die Wirkung von bedeutsamen Inhaltsstoffen mit möglicher schädlicher Wirkung informiert Tabelle 31. Die Gehalte können in den Pflanzen beachtlich variieren. Wesentliche Einflussfaktoren sind Genotyp, Anbauort, Wachstumsstadium, Schnitt und klimatische Bedingungen während der Vegetation.

Insbesondere bei der Nutzung von Grünlandaufwüchsen besteht die Gefahr, dass **Giftpflanzen** aufgenommen werden, welche gesundheitliche Schäden bei den Tieren bewirken. Zu den gefährlichsten Giftpflanzen zählen die Herbstzeitlose, der Sumpfschachtelhalm, der Adlerfarn, das Kreuzkraut, der Scharfe Hahnenfuß und die Zypressenwolfsmilch. Im Zuge der Extensivierung und Denaturierung von Grünland ist im verstärkten Umfang mit Giftpflanzen zu rechnen. Eine Übersicht zu fütterungsrelevanten Giftpflanzen vermittelt Tabelle 32.

Durch den Befall von Grünfutter mit Verderb anzeigenden Mikroorganismen ist eine Kontamination des Futters mit **Mykotoxinen** möglich

Tab. 31. Antinutritive Inhaltsstoffe in Grünfuttermitteln – Wirkungen, Bewertung und Gegenmaßnahmen (nach WEISSBACH 1993, erweitert)

Stoffgruppe	Stoffe (Beispiele)	Vorkommen	Wirkung	Bewertung/Gegenmaßnahmen
Glucosinolate	Allyl-ITC, 3-Butenyl-ITC, 3-Indolyl-ITC, 2-Hydroxy-3-butenyl-ITC (ITC = Isothiocyanat)	Kohl, Raps, Rübsen und deren Bastarde	Störungen der Schilddrüsenfunktion, Wachstums- und Fruchtbarkeitsstörungen, Geschmacksveränderung der Milch	Einsatzrestriktion (s. Tab. 36)
Cyanogene Glucoside	Vicianin, Linamarin, Dhurrin	Ackerbohne, Weißklee, Rotklee, Sorghum-Arten	Leistungsminderung und Intoxikation durch freigesetzte Blausäure	Sehr geringe Konzentration (Leguminosen), die bei üblichen Einsatzmengen nicht nachteilig sind; Einsatzbegrenzung bei Sorghum-Arten
Alkaloide	Perlolin, Hordenin, Histamin	Weidelgräser, Schwingelarten, Gerste, Hafer, Knaulgras	Höchstens schwach giftig	Keine nachteiligen Wirkungen bekannt
	Tryptamin-Alkaloide	Rohrglanzgras	Verzehrshemmend, giftig	Einsatzrestriktion
	Lupinin, Spartein, Angustifolin	Lupinen	Verzehrshemmend, giftig, Leberschädigungen	In Süßlupinen minimale Gehalte, unbedenklich; Bitterlupine wird von den Tieren kaum gefressen
Isoflavone	Biochanin, Formononetin	Rotklee, Weißklee	Schwach östrogene Wirkung, Fruchtbarkeitsstörungen	Bei praxisüblicher Aufnahme keine nachteiligen Effekte bekannt
	Cumöstrol, Trifoliol, Medicagol, Lucernol	Luzerne, Weißklee	Schwach östrogene Wirkung, Fruchtbarkeitsstörungen	Einsatzbegrenzungen (s. Tab. 36)
Sterole	Vitamin-D-Agonist	Goldhafer	Verkalkungen (u. a. Weichgewebe, Aorta); „Calcinose" (Vitamin-D-Hypervitaminose)	Einsatzrestriktion, 1 kg Goldhafer entspricht etwa 150 000 IE Vitamin D_3
Cumarine	Dicumarol	Steinklee, Gräser	Verzehrshemmend, leistungsmindernd	Kein Fütterungsrisiko, außer Steinklee (wird wenig gefressen)
Tannine		Leguminosen	Verminderung der Proteinverdaulichkeit	Auswirkungen auf den Futterwert nicht bekannt

Tab. 31. Fortsetzung

Stoffgruppe	Stoffe (Beispiele)	Vorkommen	Wirkung	Bewertung/Gegenmaßnahmen
Saponine		Luzerne, andere Leguminosen, Rübenblatt	Tympanie auslösend, hämolysierende Wirkung	Einsatzbegrenzungen (s. Tab. 36)
Photosensibilisierende Substanzen		Schwedenklee, Buchweizen, Steinklee	Entzündung weißer Körperstellen bei Sonneneinwirkung	Bei Verfütterung kein Aufenthalt der Tiere im Freien
Oxalsäure, organische Säuren		Rübenblatt	Durchfall	Einsatzbegrenzung (s. Tab. 36)

(s. Abschn. 18). Eine Mykotoxinbelastung des Grünfutters wird provoziert, wenn z. B. Silomais in engen, getreidereichen Fruchtfolgen angebaut wird, wenn ungünstige Witterungsbedingungen während der Vegetation (Trockenheit oder Niederschläge) herrschen oder wenn phytosanitäre Grundsätze (Schädlingsbefall, fehlende Rotte von Pflanzenresten) und Pflegemaßnahmen (Stoppelreste, Grünlandpflege) vernachlässigt werden. Die Gefahr einer Kontaminierung des Futters mit sogenannten Feldpilzen (Fusarien) besteht auch bei der Spätnutzung von Grasbeständen.

Im Zusammenhang mit der Erörterung der Rohproteinfraktion erfolgte der Hinweis, dass im Grünfutter unterschiedliche Mengen an **Nitrat** enthalten sein können. Diese N-haltige Verbindung ist ein normaler Bestandteil vor allem von jungem Grünfutter und wird von den Pansenbakterien über Nitrit zu Ammoniak reduziert und zur Proteinsynthese genutzt. Bei erhöhtem Gehalt im Grünfutter besteht jedoch die Gefahr, dass Nitrat und das vielfach giftigere Nitrit in hoher Konzentration in den Vormägen vorliegt und in das Blut gelangt. Auch bei längerer Zwischenlagerung und Erwärmung des geschnittenen Futters wird Nitrat zu Nitrit reduziert, so dass Nitrit bereits bei der Verfütterung im Grünfutter vorliegt.

Nitrit reagiert nach der Absorption mit dem Hämoglobin zu Methämoglobin, das dadurch seine Fähigkeit zum Sauerstofftransport verliert. Insgesamt sind NO_3-Gehalte je kg Trockensubstanz von ca. 7 g (Konservate), 15 g (Grünfutter – Stall) bzw. 20 g (Weide) nicht zu überschreiten. Nitratreicheres Futter ist zu verschneiden, um die Gesamtaufnahme (maximal 8 bis 12 g NO_3/100 kg Lebendmasse) zu begrenzen. Eine langsame Gewöhnung der Tiere an nitratreiches Futter ist wichtig.

Nitratreich sind in der Regel junge Gramineen, aber auch kruzifere Zwischenfrüchte. Bei feuchtkühler Witterung, geringer Globalstrahlung sowie reichlicher N-Düngung steigen im allgemeinen die NO_3-Gehalte aller Futterpflanzen an.

4.1.2.6 Verdaulichkeit, energetischer Futterwert und Energieertrag

Die Veränderungen im morphologischen Pflanzenaufbau und der chemischen Zusammensetzung der einzelnen Pflanzenteile bzw. der Gesamtpflanze haben auch Auswirkungen auf Verdaulichkeit und energetischen Futterwert und damit auf den Nutzungszeitpunkt. Dabei verhalten sich die Futterpflanzen jedoch nicht einheitlich, bzw. es können zwei Typen von Futterpflanzen bzw. Nutzungsformen unterschieden werden.

Grünschnittpflanzen

Zu dieser Gruppe zählen Gräser, Klee, Luzerne, Gemische aus diesen, Grüngetreide und Kruziferen. Grünschnitt-Pflanzen bestehen vorwiegend aus vegetativem Pflanzenmaterial (Blätter, Stängel). Mit fortschreitendem Alter sind Verdaulichkeit und energetischer Futterwert rückläufig (Abb. 53); dies ist vor allem auf folgende Ursachen zurückzuführen:

- Zunehmender Anteil der Zellwandsubstanzen und Rückgang des höherverdaulichen Zellinhaltes,
- vor allem durch Lignifizierung bedingte deutliche Verdaulichkeitsabnahme der Zellwandkohlenhydrate,
- eingeschränkte Verdaulichkeit des an sich hochverdaulichen Zellinhaltes durch Einschluss und Umhüllung durch Zellwandsubstanzen.

Tab. 32. Giftpflanzen – Vorkommen, giftige Inhaltsstoffe, Schäden, Toxizität (nach LIEBENOW, H. und K. LIEBENOW 1995; ULBRICH et al. 2004)

Standort (vorrangig)	Pflanzenart	Giftige Inhaltsstoffe	Effekte/ Schäden	Toxizität (Mengen/Tag)	Bemerkungen
Gräben, Teichränder	Wasserschierling (*Cicuta virosa* L.)	Cicutoxin, Cicutol,	Erbrechen, starke Krämpfe, Tod infolge Atemlähmung	Rind: 4 kg letal Pferd: 2 kg letal	Besonders giftig: Wurzelstock
	Gefleckter Schierling (*Conium maculatum* L.)	Coniin, γ-Conicein (Alkaloide)	Erregung, Bewegungsstörungen, Lähmungen der quergestreiften Muskulatur, Tod infolge Atemlähmung	Rind: 4 kg letal Pferd: ?	Höchster Alkaloidgehalt in unreifen Früchten
	Sumpfdotterblume (*Caltha palustris* L.)	Protoanemonin	Entzündungserscheinungen, Nekrosen, Vergiftungen	Keine Angaben	Wegen scharfen Geschmacks der Pflanzen meist nur geringe Aufnahme
	Wasserpferdesaat (*Oenanthe aquatica* L.)	Cicutoxin	Durchfall, Krämpfe, Tachykardie, Tod durch Atemlähmung	Rind: 500 g frisches Rhizom Pferd: 250 g frisches Rhizom	Giftstoff vorwiegend in Wurzeln
Waldwiesen und Waldrand	Adlerfarn (*Pteridium aquilinum*)	Thiaminase, thiamininaktivierender Faktor, Coffeoylshikimisäure blausäurehaltige Glucoside	Rind: Hämaturie, Gastroenteritis, Blutharnen, „Blutschwitzen" Knochenmarkschädigungen Pferd: Ataxie, motorische Störungen, Krämpfe infolge Vitamin-B_1-Mangel	Rind: 0,5 kg DM getrockneter Farn/kg LM letal Pferd: 2–3 kg/Tag über 1 Monat	Rind: Symptome entwickeln sich nach 1 bis 3 Monaten
Feuchte Wiesen/ Weiden, Gräben	Sumpfschachtelhalm (*Equisetum palustre* L.)	Palustrin, Palustridin (Alkaloide), Thiaminase	Rind: Durchfall, Lebendmasseverlust, bitter schmeckende Milch Pferd: zentrale Störungen, „Taumelkrankheit" (Vitamin-B_1-Mangel)	Rind: 5–10 % im Futter toxisch Pferd: Heu mit > 20 % über 1 Monat	Schadstoffe auch in Silage und Heu
	Hahnenfuß (*Ranunculus acris*,	Ranunculin, Saponine	Schleimhautentzündungen, Durchfall,	Tödliche Vergiftungen nur bei	Besonders giftig *R. sceleratus*

Standort	Pflanze	Giftstoff	Vergiftungserscheinungen	Toxische Dosis	Bemerkungen
	bolbosus, sceleratus u. a.)		Nieren- und Leberschäden, schwere Störungen des zentralen Nervensystems, Tod infolge Atemlähmung	massenhaftem Vorkommen im Weidegras	(Gifthahnenfuß), Heu ungiftig
Trockene Wiesen, Wegränder	Kreuzkraut (Senecio-Arten)	Pyrrolizidin-Alkaloide	Unruhe, Appetitlosigkeit, Bewegungsstörungen, blutiger Durchfall, Leberschäden	Rind: 1–5 % der LM letal Schaf: > 2 kg der LM letal	Junge Pflanzen am giftigsten, Giftstoffe auch in Heu und Silage enthalten
	Wolfsmilch (Euphorbia cyparissias L., E. helioscopia L.)	Phorbolester	Magen-Darm-Entzündung, Durchfall, Krämpfe, Lähmung, Hautreizung	Unbekannt	Giftstoffe vorwiegend im Milchsaft, Futteraufnahme sistiert, da ätzende Wirkung, Schadstoffe auch im Heu wirksam
	Tüpfel-/Hartheu bzw. Johanniskraut (Hypericum perforatum L.)	Photosensibilisierende Substanzen (Hypericin), Alkaloide	Photodermatitis (Lichtempfindlichkeitskrankheit), besonders empfindlich Pferde und Schafe	Pferd: 40 % der Ration bei intensiver Bestrahlung	Schadstoffwirkung bleibt im Heu erhalten
Warmtrockene Standorte (Kalkböden)	Frühlings-Adonisröschen (Adonis vernalis L.)	Steroidglucoside (ca. 30)	Gastrointestinale Reizerscheinungen	Pferd: 10 % im Heu toxisch	Vergiftungen infolge des scharfen Pflanzengeschmackes selten
Wiesen der Mittelgebirge und Voralpen	Blauer Eisenhut (Aconitum napellus L.)	Diterpen-Alkaloide (Aconitin u. a.)	Erregung, Tobsucht, Atemlähmung (führt zum Tod)	Pferd: 300 g frische Wurzeln Rind: 8 % im Heu letal	Alkaloide hauptsächlich in der Knolle (bis 3 %), zählen zu den wirksamsten Pflanzengiften
	Weißer Germer (Veratrum album L.)	Alkaloide der Steroidgruppe	Tränen- und Speichelfluß, Durchfall, Kolik, Krämpfe, Lähmung	Pferd: 1 g und Rind 2 g Frischmaterial pro kg	Schäden meist nach Heuverfütterung
Wiesen der Mittelgebirge und Voralpen	Herbstzeitlose (Colchicum autumnale L.)	Alkaloide (Colchicin u. weitere)	Erbrechen, blutiger Durchfall, Atemnot, Herz- oder Atemlähmung	Pferd und Rind: 1–2,5 kg Frischfutter letal	Giftstoffe auch in der Milch, Vergiftungen vorwiegend im Frühjahr Samen und im Herbst durch Blütenaufnahme

Grünfutter und Grünfutterkonservate

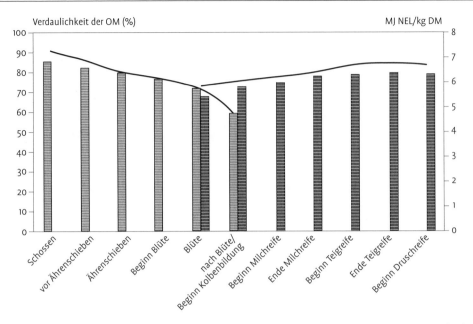

Abb. 53. Verdaulichkeit der organischen Substanz und Energiedichte von Welschem Weidelgras und Silomais im Vegetationsverlauf.

Während die Energiedichte mit fortschreitendem Alter stetig abnimmt, steigen jedoch Trockensubstanz- und Energieertrag weiter an (Abb. 54). Eine hohe Energiedichte, die zur Aufnahme hoher Energiemengen aus dem Grundfutter notwendig ist (Tab. 33), kann demzufolge nur durch rechtzeitigen Schnitt im frühen Vegetationsstadium gewährleistet werden. Der jeweils optimale Erntetermin ist immer ein Kompromiss zwischen Futterwert und Flächenproduktivität. Dabei können die Zielvorgaben für den optimalen Nutzungszeitpunkt variieren, da diese von folgenden Faktoren abhängig sind:
- von der **Tierart**, die gefüttert werden soll,
- vom Fütterungserfolg, den man erwartet (**Leistungserwartung**),
- von der Rolle, die das Grünfuttermittel in der Rationsgestaltung spielt (z. B. als Alleinfuttermittel, Ergänzungsfuttermittel, Ausgleichsfuttermittel, Strukturfuttermittel, Sättigungsfuttermittel oder Energieverdünner) (**betriebliches Fütterungskonzept**),
- ob es frisch verfüttert oder konserviert werden soll (**Konservierungseignung**),
- von der Ertragsvorstellung bei der futterbaulichen Erzeugung dieser Futtermittel (z. B. Masseertrag, Energieertrag oder Nährstoffertrag) (**Flächenproduktivität**).

Es gibt verschiedene Methoden zur Optimierung des Schnittzeitpunktes von Grünfutter. Folgende sind dabei hervorzuheben:
- **Tabellen- und Erfahrungswerte.** Im langjährigen Mittel ist der optimale Schnittzeitpunkt auf wenige Tage begrenzt. Von Vegetationsbeginn bis zum günstigsten Zeitpunkt der Nutzung benötigen Grasbestände ca. 30 bis 40 Wuchstage. Der mittlere Rohfaserzuwachs in der Hauptvegetationsphase des ersten Aufwuchses beträgt täglich 4 bis 5 g je kg DM.
- **Wuchshöhe.** Das charakteristische Wuchsverhalten bestandsbildender Gräser bzw. Leguminosen prägt auch deren Höhenwachstum. In der futterbaulichen Literatur werden z. B. für bestandsbildende Obergräser des Grünlandes 30 bis 40 cm und für Luzerne 45 bis 55 cm als optimale Pflanzenhöhe für schnittwürdige Bestände angegeben. Da die Wuchshöhe sowohl von der botanischen Zusammensetzung des Bestandes als auch von Umwelteinflüssen (Klima, Düngung, Bodenverhältnisse) stark abhängig ist, hat diese Methode nur in Ausnahmefällen Bedeutung. Nasse Witterung oder hohe N-Gaben z. B. verursachen ein starkes Stängelwachstum, während trockene Witterung schon bei geringer Wuchshöhe den schnellen Übergang in die generative Entwicklungsphase einleitet.

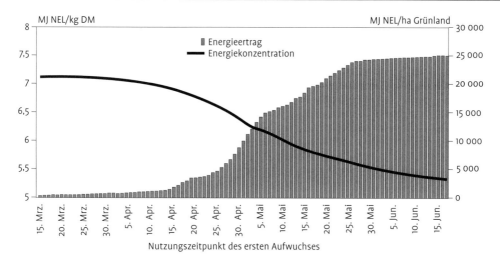

Abb. 54. Energieertrag und Energiedichte eines Grasaufwuchses im Vegetaionsverlauf.

- **Botanische Beurteilung des Entwicklungsstadiums der Hauptbestandsbildner.** Folgende Stadien werden als günstiger Termin für den Schnitt von Futteraufwüchsen für die Wiederkäuerfütterung und Silierung genannt: Grasbestände zum Zeitpunkt des Schossens bis Beginn des Ähren- bzw. Rispenschiebens, Klee und Luzerne in der Knospe.
- **Laboranalytische oder physikalische Bestimmung von Zellwandbestandteilen.** Für die Erzeugung von Silagen wird beispielsweise ein optimaler Rohfasergehalt in der Trockensubstanz für Grasbestände von 22 bis 24 % und für Klee und Luzerne von 23 bis 25 % angestrebt.

Ganzpflanzen

Bei dieser Nutzungsform wird ein Gemisch aus vegetativen und generativen Pflanzenteilen geerntet. Aufgrund ihres potentiell hohen Samenertrages eignen sich hierzu Mais-, Getreide- sowie Körnerleguminosenganzpflanzen, wobei vor allem der Silomais dominiert. Der Verdaulichkeitsrückgang der vegetativen Teile wird bei diesen Pflanzen durch den Zuwachs an höherverdaulichen generativen Teilen nach der Blüte kompensiert. Dadurch verbleibt die Energiedichte auf einem relativ hohen Niveau. Bei Maisganzpflanzen steigt der energetische Futterwert sogar an (Abb. 55). Erst bei nahezu vollständiger Kornfüllung und mit be-

Tab. 33. Einfluss des Rohfasergehaltes und der Energiedichte unterschiedlich alter Grasaufwüchse auf die Leistungsgrenze von Milchviehrationen

	Vegetationstage nach dem optimalen Schnittzeitpunkt			
	0	4	8	12
Futterwertparameter				
Rohfasergehalt (g/kg DM)	240	260	280	300
Energiegehalt (MJ NEL/kg DM)	6,6	6,4	6,1	5,9
Grünfutteraufnahme und Fütterungserfolg				
Trockensubstanz-Aufnahme (relativ %)	100	92	82	80
Energieaufnahme (relativ %)	100	89	79	71
Milchleistung (relativ %)	100	80	64	50
Leistungsgrenze durch Rohfaserverdrängung				
(kg Milch/Kuh und Tag)	36	32	28	24
(kg Milch/Kuh und Jahr)	8400	7500	6600	5600

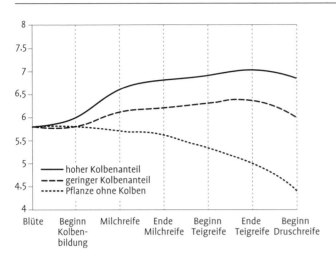

Abb. 55. Energiedichte von Silomais in Abhängigkeit vom Vegetationsstadium und vom Kolbenanteil.

ginnender Druschreife kann die fortschreitende Verholzung der Restpflanze nicht mehr ausgeglichen werden, und die Verdaulichkeit der organischen Substanz der Gesamtpflanze geht zurück. Die Ernte sollte daher Ende der Teigreife erfolgen. Durch höheren Schnitt (längere Stoppel) kann der Futterwert noch gesteigert werden, weil dadurch der hochverdauliche Kolbenanteil zu Lasten des geringer verdaulichen Stängelanteils im Siliergut ansteigt und außerdem die Verdaulichkeit des Maisstängels von oben nach unten stark abnimmt. Aufgrund der züchterischen Bearbeitung gibt es deutliche Unterschiede in der Restpflanzenverdaulichkeit. Zum genannten Erntezeitpunkt werden gleichzeitig die Maxima im Trockenmasse- und Energieertrag erreicht.

Futterwert von Grünlandaufwüchsen

Die Inhomogenität von Grünlandaufwüchsen erschwert die Bewertung ihres Futterwertes. Im Gegensatz zu reinen Beständen bzw. gezielt angebauten Gemengen, bei denen die Verdaulichkeit eine relativ sichere Funktion des Vegetationsstadiums oder des Gehalts an Rohfaser darstellt, muss bei Grünlandaufwüchsen die botanische Zusammensetzung berücksichtigt werden. Die Bestandszusammensetzung (Bestandstyp und Pflanzengesellschaft) des Grünlandes ist insbesondere abhängig von der Nutzungsintensität (Düngung, Schnitthäufigkeit/Nutzungszeitpunkt, Tierbesatz), der Grünlandpflege und von standortspezifischen Bedingungen (Klima, Boden, Wasserhaushalt). Eine energetische Futterbewertung kann entweder über die getrennte Bewertung der Hauptbestandsbildner (summarische Ermittlung) oder mit Hilfe der Verdaulichkeitsschätzung (z. B. Hohenheimer Futterwerttest, Enzymlöslichkeit der OM) vorgenommen werden.

Durch eine Reduzierung der Düngung, Pflege sowie Nutzungshäufigkeit (Extensivierung) und durch späte Nutzungszeitpunkte (Biotop- und Artenschutz) kann der Futterwert und die Konservierungseignung maßgeblich verändert werden. Zu den wichtigsten futterwertbestimmenden Veränderungen zählen die Zunahme der Artenvielfalt, die insbesondere mit einem **Anstieg des Leguminosen- und Kräuteranteils** verbunden ist, und das **späte Vegetationsstadium** zur Nutzung.

Die wichtigsten Pflanzenvertreter des Grünlandes sind Gräser, Leguminosen, Kräuter bzw. Unkräuter. Durch intensive Nutzung (reichliche Düngung, mehrmalige Nutzung/Jahr) wird die Artenvielfalt reduziert (grasbetonte Aufwüchse) und durch extensive Nutzung erhöht (leguminosen-/kräuterbetonte Aufwüchse). Die Düngung des Grünlandes bewirkt in erster Linie eine Ertragssteigerung. Hinsichtlich des Futterwertes unterscheiden sich gedüngte von ungedüngten Aufwüchsen nur geringfügig, d. h. nur dann, wenn ein Luxuskonsum an Düngernährstoffen stattfindet (Abb. 56). Bei langfristig vollständigem Verzicht auf Düngung und Pflege wird der Aufwuchs des Grünlandes jedoch zunehmend verunkrauten und damit fütterungsuntauglich. Beim Schnitt von nicht gepflegten Grünlandaufwüchsen ist außerdem mit einer erhöhten Zusatzverschmutzung (z. B. Maulwurfshügel) zu rechnen, die den Futterwert und die Konservierungseignung nachteilig beeinträchtigen.

Gräser können nach ihrer Nutzungsart in Weide- bzw. Mähtypen eingeteilt werden. **Weidetypen** besitzen bei relativ geringer Wuchshöhe eine hohe

Triebzahl und Bestandsdichte. Sie haben mehr Blatt- als Halmtriebe. Daher kann nach der Nutzung das Wachstum unmittelbar fortgesetzt werden. Die Pflanzen sind durch feine Halme und schmale Blattspreiten gekennzeichnet. Gräser des Weidetyps sind häufig protein-, mineralstoff- und vitaminreicher als Gräser des Mähtyps, und der tägliche Zuwachs an Gerüstsubstanzen ist vergleichsweise geringer. Aufgrund ihres Habitus werden Weidetypen auch als „Untergräser" bezeichnet. Zu ihnen zählen im klassischen Sinne z. B. Ausdauerndes Weidelgras, Wiesenrispe und Rotschwingel.

Mähtypen sind dagegen hochwüchsig. Ihre Triebzahl und Bestandsdichte sind geringer. Der höhere Wuchs resultiert aus einer stärkeren Halmausbildung. Die Pflanzen haben somit grobe Halme und starke Blattspreiten. Aus dem hohen Halmanteil resultiert neben dem höheren Zuwachs an Gerüstsubstanzen im Vergleich zu Weidetypen ein langsameres Nachwachsen nach der Nutzung, da geschnittene Halme sich nicht regenerieren. Die Bildung von jungen Seitentrieben bzw. der Austrieb von Achselknospen sind notwendig. Der zweite und dritte Schnitt dieser Aufwüchse besitzt im gleichen Entwicklungsstadium einen geringeren Anteil an Gerüstsubstanzen als der relativ grobstänglige erste Aufwuchs. Die Verdaulichkeit der Folgeaufwüchse ist jedoch häufig schlechter, da der Übergang in die generative Entwicklungsphase der Gräser schneller erfolgt. Als ausschließliche Mähtypen, die wegen ihrer Wuchsform auch als „Obergräser" bezeichnet werden, gelten z. B. Rohrglanzgras, Wiesenfuchsschwanz, Wiesenschwingel, Wiesenlieschgras, Knaulgras und Glatthafer.

Der Anteil an **Leguminosen und Kräutern** beeinflusst den Futterwert von Grünlandaufwüchsen erheblich. Sie sind protein-, mineralstoff- und vitaminreicher als Gräser. Während eine grasreiche Wiese im Ährenschieben ca. 160 g Rohprotein je kg DM beinhaltet, kann bei einer klee- und kräuterreichen Wiese im gleichen Stadium mit ca. 220 g/kg DM gerechnet werden. Mit zunehmender Schnittzahl sinkt der Rohproteingehalt häufig ab, was einerseits durch den schnelleren Übergang von der vegetativen in die generative Entwicklungsphase (Blatt-Stängel-Verhältnis) und andererseits auch in der Reduzierung der N-Düngung begründet sein kann.

Mit zunehmendem Kräuteranteil im Grünland steigt der Calciumgehalt an, wodurch z. B. Folgeschnitte häufig calciumreicher als der erste Aufwuchs sind. Intensive Nutzung und N-Düngung von Grünlandaufwüchsen bewirken eine Reduzierung des Leguminosen- und Kräuteranteils zugunsten von Gräsern und damit einen niedrigeren Calciumgehalt im Grünfutter.

Leguminosenreiche Bestände besitzen zudem eine höhere Nutzungselastizität, d. h., mit fortschreitender Vegetation verändert sich ihr Futterwert in geringerem Umfang (langsamerer Zuwachs an Rohfaser und geringerer Rückgang der

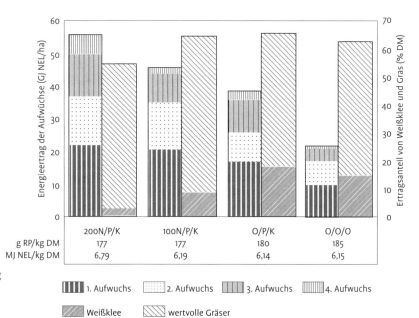

Abb. 56. Einfluss der Grünlanddüngung auf Energieertrag und Ertragsanteile von Gras bzw. Weißklee (nach RIEHL, 2006).

Energie- und Rohproteindichte) als dies bei grasreichen Beständen der Fall ist. Zu den wichtigsten Leguminosen der Grünlandes zählen Weißklee, Hornklee, Wiesenrotklee, Schwedenklee, Wiesenplatterbse und Zaunwicke; zu den wichtigsten Kräutern gehören Löwenzahn, Spitzwegerich, Sauerampfer, Schafgarbe und Frauenmantel. Trotz ihres z. T. hohen Futterwertes sollte der Kräuteranteil 10 % im Pflanzenbestand nicht übersteigen, weil diese Kräuter häufig ertragsschwach sind.

Spezielle Kräuter sind auf dem Grünland unerwünscht. Sie verschlechtern den Futterwert, beeinträchtigen die Futteraufnahme durch Stacheln und Brennhaare (u. a. Disteln, Brennessel) sowie rasch verholzende Stängel (Rasenschmiele, Binsenarten) und können gesundheitliche Störungen (Giftpflanzen, s. Tab. 32, Abschnitt 4.1.2.5) verursachen.

Spezielle Naturschutzmaßnahmen (Biotopschutz, Schutz für Bodenbrüter) ermöglichen z. T. erst eine spätere Nutzung. Damit sind weitere Veränderungen der chemischen Zusammensetzung (Anstieg des Gehaltes an Gerüstsubstanzen, Rückgang von Zucker- und Rohproteingehalt) sowie von Verdaulichkeit und energetischem Futterwert verbunden. Diese verlaufen zunächst intensiv, später aber verhalten und stagnieren dann weitgehend (Tab. 34).

4.1.3 Einsatzempfehlungen

Bei mittleren Leistungen kann Grünfutter durchaus das einzige Futtermittel für Wiederkäuer bilden. Andererseits kann auch die Notwendigkeit bestehen, den Grünfuttereinsatz in der Wiederkäuerfütterung zu beschränken, um nachteilige Einflüsse auf Leistung und Gesundheit auszuschließen. Als Ursachen für eine Restriktion können in Betracht kommen:

- die Nährstoffzusammensetzung: z. B. unzureichende Strukturwirksamkeit, hoher Rohprotein- oder Ca-Gehalt;
- Verschmutzungen, z. B. durch Erde während der Ernte (s. Tab. 65, Abschnitt 17.1);
- Gehalt an unerwünschten Inhaltsstoffen und Schadstoffen (s. Tab. 31, Abschnitt 4.1.2.5);
- Besatz mit Giftpflanzen (s. Tab. 32, Abschnitt 4.1.2.5).

Die in Tabelle 35 mitgeteilten Einsatzrestriktionen berücksichtigen vor allem den Gehalt an antinutritiven Substanzen. Grundsätzlich sind verdorbene Grünfutterpflanzen bzw. Grünfutterkonservate fütterungsuntauglich.

4.2 Grünfutterkonservate

Bei der Konservierung von Grünfutter verändern sich mehr oder weniger die nährstoffseitige Zusammensetzung und der Futterwert (s. auch Abschnitt 16.5). Die erzeugten Konservate erreichen auch bei bestmöglicher Verfahrensgestaltung in der Regel nicht die Qualität des Ausgangsmaterials. Am Beispiel von Kleegras werden in Abbildung 57 die Auswirkungen verschiedener Konservierungsverfahren aufgezeigt.

Im einzelnen bewirken die verschiedenen Konservierungsverfahren folgende unvermeidbare Veränderungen bei den Inhaltsstoffen und den Futterwertkenndaten:

- Durch die zunächst weitere Atmung des Pflanzengewebes nach dem Schnitt wird Zucker ver-

Tab. 34. Nährstoffgehalt und Futterwert des Grünlandaufwuchses bei Spätnutzung

Ernte-termin	Rohasche	Rohprotein g/kg DM	Rohfaser	Gesamtfaser (NDF)	Verdaulichkeit % der OM	ME	NEL MJ/kg DM
01.06.	63	153	207	487	–[1]	–	–
10.06.	60	142	228	513	–	–	–
19.06.	58	131	273	569	68,5	9,40	5,51
28.06.	55	120	299	625	–	–	–
07.07.	53	110	308	651	–	–	–
16.07.	52	100	312	663	58,5	8,09	4,62
25.07.	50	91	315	670	–	–	–
03.08.	49	85	316	674	–	–	–
12.08.	49	85	318	677	55,5	7,70	4,33

[1] Nicht geprüft

Tab. 35. Einsatzgrenzen verschiedener Grünfuttermittel (in kg Frischmasse je Tier und Tag)

Grünfuttermittel	Milchrind 650 kg DM	Mastrind 450 kg DM	Schaf 65 kg DM	Pferd 600 kg DM	Tragende Sau
Grünfutter mit 10 g Nitrat je kg DM*	35	25	3	10	5
Grünfutter mit 15 g Nitrat je kg DM*	25	15	2	5	2
Leguminosen (Luzerne, Rotklee u. a.)	15	7	4	15	10
Grünmais	35	35	4	20	10
Markstammkohl, Rübsen Raps	10	5	1	6	4
Zuckerrübenblatt	15	15	3	0	10

* maximal 10 g NO$_3$/100 kg KM

braucht. Somit vermindert sich die Konzentration an diesem hochverdaulichen Inhaltsstoff, wodurch sich die Zellwandkohlenhydrate relativ anreichern.
- Verfahrensbedingte Blattverluste (beim Wenden, Schwaden, Häckseln, Laden) vermindern insbesondere den Rohproteingehalt und erhöhen den Gehalt an Gerüstsubstanzen.
- Während der Siliervorgänge und der Fermentationsprozesse im Heustapel werden verdauliche Kohlenhydrate abgebaut.
- Durch proteolytische Prozesse im Silo verringert sich der Reinproteingehalt (Abb. 58).
- Wenn es zur Bildung von Gärsaft kommt, gehen mit dem abfließenden Zellsaft darin gelöste Nährstoffe (Zucker, Eiweiß, Mineralstoffe) verloren.
- In aerob instabilen Silagen werden nach Siloöffnung Milchsäure und später Kohlenhydrate durch Hefen, Bakterien und Pilze abgebaut.
- In Abhängigkeit vom Konservierungsverfahren und von den Lagerungsbedingungen treten mehr oder weniger hohe Verluste an Carotin, Carotinoiden und Vitamin E auf.

Bei Mängeln in der Konservierung (s. Abschnitt 16) können noch wesentlich höhere Qualitätsminderungen auftreten.

Durch die verschiedenen Verfahren der Konservierung ergeben sich jedoch auch einige posi-

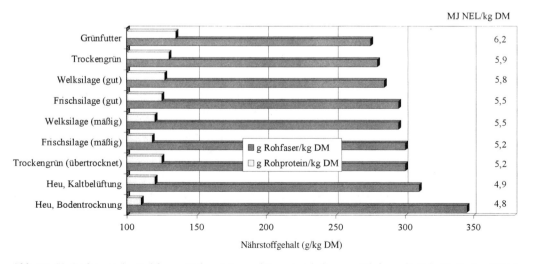

Abb. 57. Veränderung des Rohfaser-, Rohprotein- und Energiegehaltes von Kleegras (1. Schnitt, Beginn Blüte) durch verschiedene Konservierungsverfahren und bei unterschiedlichen Silagequalitäten.

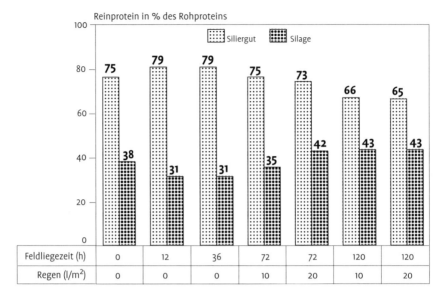

Abb. 58. Veränderung des Reinproteingehalts von Kleegras durch Feldliegezeit, Regen beim Anwelken und Silierung

tive Auswirkungen auf den Futterwert. Hierzu zählen z. B.:
- Durch Trocknung vermindert sich die ruminale Abbaubarkeit des Rohproteins (s. Tab. I, Abschnitt 19).
- Während der Trocknung, insbesondere der Heißlufttrocknung, wird Nitrat abgebaut.
- Unter Einwirkung der UV-Strahlen erfolgt nach dem Schnitt der Pflanzen und weiterem Verbleib auf dem Feld bzw. Grünland eine Umwandlung des Provitamins Ergosterol in Vitamin D_2. Der Vitamin-D_2-Gehalt der Konservate nimmt in der Reihenfolge Anwelksilage, unterdachgetrocknetes Heu und bodengetrocknetes Heu zu.

5 Stroh

Als Stroh werden die ausgewachsenen oberirdischen Teile verschiedener Kulturpflanzen (Getreide, Leguminosen, Ölfrüchte, Gräser) bezeichnet, deren Samen durch Dreschen entfernt wurden.
Die beim Druschvorgang ebenfalls anfallende Spreu (Spelzen, Schalen, Hülsen) bildet bei der heute üblichen Mähdreschertechnologie keinen eigenständigen Ernterückstand mehr. Der jährliche Strohanfall beläuft sich in Deutschland auf etwa 30 Mio. t, von dem derzeitig nur noch ein geringer Teil als Futtermittel verwendet wird.

5.1 Inhaltsstoffe und Futterwert

Mit fortschreitender Entwicklung der Pflanzen erfolgt eine Verlagerung der mobilisierbaren Nährstoffe aus den vegetativen Teilen in die reifenden Samen. Um dem aufrecht stehenden Halm bzw. Stengel die erforderliche Festigkeit zu geben, findet eine Lignineinlagerung in die Zellwände statt. Stroh besteht deshalb weitgehend aus **Gerüstsubstanzen** mit hohem Anteil an **Lignin** (80 bis 130 g/kg DM) und weiteren inkrustierenden Substanzen (Cutin, Suberin, Kieselsäure). Mit der Rohfaserbestimmung wird annähernd nur die Hälfte der Zellwandsubstanzen erfasst, da insbesondere Hemicellulosen, aber auch Teile von Cellulose und Lignin, bei der Bestimmung in Lösung gehen und rechnerisch als N-freie Extraktstoffe ausgewiesen werden, obgleich Stroh kaum Zucker und Stärke enthält. Durch die Detergenzienmethode erfolgt demgegenüber eine weitgehende Erfassung der Zellwandsubstanzen im Stroh. Der Gehalt an **neutraler Detergenzienfa-**

ser bewegt sich zwischen 750 und 850 g/kg DM (Getreidestroh). Vergleichsweise zum proteinarmen Getreidestroh ist Leguminosenstroh beachtlich reicher an Rohprotein. In der Rohaschefraktion ist reichlich Silicium vertreten. Vitamine findet man in Stroh kaum.

Wiederkäuer sind mit Hilfe der durch Pansenbakterien gebildeten Enzyme in der Lage, Zellwandkohlenhydrate abzubauen. Dieser prinzipiellen Möglichkeit stehen jedoch die inkrustierenden Substanzen als Barriere gegenüber, so dass nur eine begrenzte Verdauung der Zellwandkohlenhydrate möglich ist. In Abhängigkeit von der Strohart variiert die **Verdaulichkeit** der organischen Substanz zwischen 45 % und 50 %. Die blattreicheren Sommergetreide- (Gerste, Hafer), Grassamen- und Leguminosenstroharten sind mehr oder weniger besser verdaulich als Wintergetreidestroh (Roggen, Weizen). Die vorhandenen Unterschiede wirken sich entsprechend auf den **energetischen Futterwert** aus. Vergleichsweise zu den Getreidekörnern ist die Energiedichte von Getreidestroh um rund 50 % niedriger. Getreidestroh zählt somit zu den energiearmen Futterstoffen.

Über Inhaltsstoffe und Futterwertdaten verschiedener Stroharten informiert Tabelle I (Abschnitt 19).

5.2 Strohbehandlung zur Futterwertverbesserung

Das Hauptziel der verschiedenen Methoden der Strohbehandlung besteht in der Steigerung der Energieaufnahme der Wiederkäuer aus Stroh durch höheren Strohverzehr und/oder erhöhte Verdaulichkeit der organischen Substanz des Strohes. Eine gesteigerte Strohaufnahme lässt sich durch Kompaktierung von Häckselstroh bzw. Strohmehl erreichen. Durch Auflockerung des Lignin-Kohlenhydrat-Komplexes oder gar Ligninelimierung werden die Zellwandkohlenhydrate für die cellulolytischen Enzyme der Pansenmikroben umfassender verfügbar, wodurch deren Verdaulichkeit mehr oder weniger ansteigt. Bei den geprüften Verfahren ist zwischen physikalischen, chemischen und biologischen Behandlungsmethoden zu unterscheiden (FLACHOWSKY 1993).

Zur Durchführung im landwirtschaftlichen Betrieb sind folgende chemische Behandlungen geeignet:

- **Ammoniakbegasung von Stroh (auf starker Bodenfolie gestapelte und mit einer Deckfolie gasdicht abgedeckte Hochdruckballen bzw. mit Folie überzogene Rundballen)**: Das wasserfreie NH_3 wird mittels einer Dosierlanze in das Stroh eingebracht (2 bis 5 kg/100 kg Stroh). Nach einer Wartezeit von 6 bis 8 Wochen kann das Stroh gelüftet und verfüttert werden. Im Vergleich zu unbehandeltem Stroh ist der Verzehr höher. Der vom Stroh zusätzlich gebundene Stickstoff kann von den Pansenbakterien als N-Quelle genutzt werden.
- **Aufschluss mit Natronlauge**: Hierzu bieten sich insbesondere zwei Verfahren an. Bei Variante 1 wird während des Häckselns auf das zerkleinerte Stroh Natronlauge (4 bis 5 kg/100 kg Stroh) aufgesprüht. Durch den nachfolgenden Temperaturanstieg im kompakt gelagerten Stroh ist der Aufschluss nach etwa vier Tagen beendet. Bei der 2. Variante wird gehäckseltes und gemahlenes Stroh vor der Kompaktierung (Pelletieren, Brikettieren) mit NaOH (2 kg/ 100 kg Stroh) besprüht.

Der erhöhte Na-Gehalt des Strohs kann den pH-Wert im Pansensaft und damit die Verdaulichkeit des Rauhfuttermittels günstig beeinflussen. Zur Ausscheidung des Na-Überschusses nehmen die Tiere jedoch mehr Wasser auf.

- **Feuchtkonservierung mit Harnstoff**: Bei der Einlagerung von Feuchtstroh (50 bis 60 % DM) im Horizontalsilo wird gleichmäßig Harnstoff verteilt (4 bis 6 kg/100 kg DM Stroh). Das Enzym Urease bewirkt in dem feuchten Milieu die Harnstoffspaltung unter Freisetzung von NH_3, das neben seiner konservierenden Wirkung den Gerüstsubstanzkomplex auflockert. Auch bei diesem Verfahren reichert sich Stickstoff im Stroh an.

Durch die genannten chemischen Behandlungsmethoden steigt die Verdaulichkeit der organischen Substanz um 10 bis 15 Einheiten, wobei Natronlauge wirksamer als Ammoniak ist. Für aufgeschlossenes Gersten- und Weizenstroh werden in den DLG-Futterwerttabellen für Wiederkäuer (1997) um 20 bis 30 % höhere Energiedichten gegenüber unbehandeltem Stroh ausgewiesen.

5.3 Einsatzempfehlungen

Für Fütterungszwecke eignet sich nur Stroh einwandfreier Qualität. Wesentliche Anforderungen sind nachfolgend zusammengefasst (nach FLACHOWSKY 1993):

Kriterium	Forderung	Bemerkung
Farbe	Arteigen	–
Geruch	Frisch	Nicht muffig oder fremdartig
Organischer Besatz	Nicht zulässig	Schimmel, giftige Pflanzenteile
Anorganischer Besatz	Nicht zulässig	Sand, Steine, Glas, Metallteile
Rohaschegehalt	< 180 g/kg DM	–
Trockensubstanzgehalt	> 84 %	Nach Einlagerung

Als Futterstroh vorgesehene Strohpartien sind unmittelbar nach dem Mähdrusch in Scheunen und Bergeräumen einzulagern. Rundballen sollten mit Folie umhüllt oder ebenfalls unter Dach gelagert werden. Bei ungünstigen Witterungsbedingungen bietet sich die Feuchtstrohkonservierung mit Harnstoff an (s. Abschn. 16.2). Stroh kann unterschiedlichen Aufgaben in der Fütterung dienen:

- Bei Wiederkäuern mit höheren Leistungen kommt ein Einsatz von unbehandeltem Stroh in Verbindung mit höheren Kraftfuttermittelgaben nur in Betracht, wenn Silagen und andere Rauhfuttermittel knapp sind. Bei Weidebeginn kann das Strukturdefizit durch Stroh anstelle von Heu und Silagen ausgeglichen werden. Die gleiche Aufgabe kann Stroh auch bei der Verfütterung von Schlempe, Treber und Pülpe an Wiederkäuer erfüllen.
- In der extensiven Rinderhaltung kommt Stroh vorrangig als Sättigungsfuttermittel zum Einsatz.
- Für Pferde und Kaninchen hat Stroh (als Häcksel) als Strukturlieferant zum optimalen Ablauf der Dickdarmverdauung Bedeutung.
- Verschiedentlich findet Stroh als Energieverdünner in Futterrationen für güste und niedertragende Zuchtsauen und Zuchtgeflügel Verwendung.
- Aufgeschlossenes Stroh eignet sich als Futtermittel in Rationen für Milchkühe und Mastbullen bei mittleren Leistungen. Aufgrund des höheren energetischen Futterwertes und einer gesteigerten Aufnahme kann Aufschlussstroh einen beachtlichen Beitrag zur Energieversorgung leisten.

6 Knollen und Wurzeln

6.1 Allgemeine Angaben

Zu dieser Futtermittelgruppe, die im deutschen Sprachgebrauch auch die Bezeichnung Hackfrüchte führt, gehören die Knollen der Kartoffelpflanze (*Solanum tuberosum*), die als *Beta*-Rüben bezeichneten Varietäten von *Beta vulgaris* aus der Familie der *Chenopodiacea* (Zuckerrübe, Futterzuckerrübe, Gehaltsrübe, Massenrübe, Rote Rübe) sowie die aus der Familie der *Cruciferae* stammenden *Brassica*-Rüben (Kohlrübe oder Wruke (*Brassica napus*) und Wasserrübe oder Stoppelrübe (*Brassica rapa*)). In Ausnahmefällen werden Möhren (*Daucus carota*), die Knollen der aus Nordamerika stammenden Topinamburpflanze (*Helianthus tuberosus*) sowie Zichorienwurzeln (*Cichorium intybus*) als Futtermittel verwendet. In tropischen Regionen sind v. a. die Wurzelknollen der Maniokpflanze (*Manihot esculenta*), die auch als Cassava oder Tapioka bezeichnet werden, für die Ernährung von Mensch und Tier von Bedeutung. Regional werden außerdem die Süßkartoffeln (*Ipomoea batatas*) sowie Yamswurzeln (verschiedene Arten der Familie *Dioscoreaceae*) und Taro (*Colocasia esculenta* Schott) zur Stärkeerzeugung und als Futterstoffe genutzt. Folgende gemeinsame Merkmale zeichnen die verschiedenen Knollen und Wurzeln aus:

- Bei allen erwähnten Pflanzen werden die als Sprossknollen oder Wurzeln ausgebildeten Speicherorgane, in denen Reservekohlenhydrate in Form von Stärke, Zucker oder Inulin eingelagert sind, als Futtermittel verwendet.
- Charakteristisch für Knollen und Wurzeln ist ihr hoher Wassergehalt, der in Abhängigkeit von Art und Sorte zwischen 75 % und 90 % liegt.
- Die Trockensubstanz besteht überwiegend aus Kohlenhydraten des Stärke- (Kartoffeln, Maniok), des Saccharose- (Rüben) oder des Inulintyps (Topinambur).
- Typisch ist ein relativ niedriger Rohproteingehalt mit einem beachtlichen NPN-Anteil. Die Proteinqualität ist jedoch unterschiedlich. Sie reicht von gut (Kartoffeleiweiß) über mittel (Mohrrübeneiweiß) bis schlecht (Maniokeiweiß).

- Der Rohfasergehalt ist niedrig. Aufgrund der geringen Lignineinlagerung in die Zellwände ist die Faser höher verdaulich als bei Getreide und Grünfutter.
- Knollen und Wurzeln sind ausgesprochen fettarm.
- Der Mineralstoffgehalt in der Trockensubstanz ist geringer als im Grünfutter oder Getreide.
- Auch der Gehalt an Vitaminen ist, wenn man von Ausnahmen (z. B. Carotin in Möhren) absieht, ernährungsphysiologisch bedeutungslos.
- Knollen und Wurzeln besitzen nur eine begrenzte Lagerfähigkeit.

6.2 Kartoffeln

6.2.1 Gehalt an Hauptnährstoffen

Der **Trockensubstanzgehalt** der Kartoffel liegt im Bereich von 18 bis 30 %. Frühe und mittelfrühe Sorten sind trockensubstanzärmer als später ausreifende. Zum Nährstoffgehalt von rohen und gedämpften Kartoffeln enthält Tabelle I (Abschnitt 19) Angaben. Es handelt sich hierbei um mittlere Gehalte. So kann der Hauptinhaltsstoff der Kartoffel, die **Stärke**, zwischen 650 und 800 g/kg DM variieren. Zwischen DM-Gehalt und Stärkegehalt besteht eine enge Beziehung. Der Stärkegehalt (y) lässt sich daher aus dem DM-Gehalt (x) nach folgender Gleichung berechnen: $y = x - 5{,}7$ (Schwankungsbereich 5 bis 7). An der Fraktion der N-freien Extraktstoffe beträgt der Stärkeanteil 80 bis 90 %.

Die Körner der Kartoffelstärke enthalten 21 % Amylose und 79 % Amylopektin. Diese Relation stimmt weitestgehend mit den Anteilen dieser Fraktionen in den Getreidestärken überein. Der wesentliche Unterschied beider Stärkearten besteht in ihrer Dichte. Die das rohe Kartoffelstärkekorn durchziehenden Kapillaren weisen einen weitaus geringeren Durchmesser auf als die Gefäße der Getreidestärke. Hierdurch wird die im Dünndarm des monogastrischen Tieres vorliegende Pankreasamylase, die das Stärkekorn von der Mitte her angreift (Endokorrosion), am Eindringen gehindert. Vom äußeren Rand des Stärkekorns her ist die Effizienz der Enzymwirkung sehr gering. Um eine enzymatische Verdauung der Kartoffelstärke im Dünndarm zu ermöglichen, muss die Struktur der Stärkekörner zerstört werden. Dies erreicht man durch Erhitzen im wässrigen Medium (Dämpfen). Dabei werden die H-Brücken zwischen den Stärkemolekülen gespalten und die hierdurch freigewordenen OH-Gruppen hydrolisiert. Dadurch quillt das Stärkekorn bis es aufplatzt, und es tritt die sogenannte Verkleisterung ein. Die Dünndarmamylase kann dann in das Stärkekorn eindringen und gemeinsam mit weiteren Enzymen die Stärke bis zur Glucose abbauen.

Neben der Stärke enthält die Kartoffel geringe **Zuckermengen** (10 bis 30 g/kg DM), die als Glucose, Fructose und Saccharose vorliegen. Der Zuckergehalt wird durch die Lagerungstemperatur beeinflusst. Bei 4 °C ist der Zuckergehalt aufgrund eines enzymatischen Gleichgewichtes am niedrigsten. Sofern die Lagerungstemperatur auf den Gefrierpunkt abfällt, steigt der Zuckergehalt stark an. Hieraus resultiert der süße Geschmack unterkühlter Kartoffeln. Die Kartoffel enthält weiterhin 45 bis 55 g Pectin/kg DM, das vorwiegend in der Interzellularsubstanz lokalisiert ist und diese verfestigt.

Der **Rohproteingehalt** variiert zwischen 60 und 90 g/kg DM. Vom Gesamt-N entfallen etwa 50 % auf NPN-Verbindungen. Diese bestehen zur Hälfte aus freien, nicht proteingebundenen Aminosäuren. Frühreife Sorten weisen bei vergleichbarer N-Düngung höhere NPN-Anteile in der Rohproteinfraktion auf als spätere Sorten. Das Kartoffelprotein ist aufgrund seiner relativ hohen Gehalte an Lysin, Methionin und Cystein hochwertig (Tab. II, Abschnitt 19). Bei Schweinen wurden biologische Wertigkeiten zwischen 73 % und 86 % ermittelt. Die Gehalte an **Rohfett** (< 5 g/kg DM) und an **Rohfaser** (25 bis 30 g/kg DM) sind gering.

6.2.2 Gehalte an Mineralstoffen und Vitaminen

Ähnlich wie bei den Getreidearten ist der Phosphorgehalt der Kartoffeln (Tab. III, Abschnitt 19) um das 3- bis 5fache höher als der Calciumgehalt (Tab. III, Abschnitt 19). Bei hohem Kartoffeleinsatz in der Fütterung kann der Phosphoranteil einen Beitrag zur Bedarfsdeckung liefern. Im Vergleich zu dem relativ niedrigen Natriumgehalt (0,5 g/kg DM) liegt ein erheblicher Überschuss an Kalium (22 g/kg DM) vor, der als nachteilig zu werten ist. Von den Spurenelementen ist lediglich die Eisenkonzentration (45 mg/kg DM) erwähnenswert.

Die Kartoffel enthält geringe Mengen an Vitaminen der B-Gruppe (2,2 mg B_2, 0,8 mg B_1,

16 mg Nicotinsäure, 4,0 mg Pantothensäure und 0,8 bis 2,0 mg Folsäure je kg DM). Für die Ernährung des Menschen ist der hohe Gehalt an Vitamin C (bis 1 g/kg DM in frisch geernteten Kartoffeln) von Bedeutung.

6.2.3 Gehalt an antinutritiven Substanzen

In der Kartoffel sind eine Reihe von Stoffen enthalten, die leistungsdepressiv wirken können (Tab. 36). Es wurden 10 verschiedene Arten von Glucoalkaloiden identifiziert, unter denen das Solanin, das Chaconin und die Leptine am verbreitetsten sind. Der Solaningehalt frischer Kartoffeln variiert zwischen 100 und 500 mg/kg DM. Unter Lichteinfluss grün gewordene oder keimende Kartoffeln können bis 2,5 g/kg DM enthalten. Noch höhere Konzentrationen ($\approx$ 13 bis 34 g/kg DM) wurden in Kartoffelkeimen ermittelt. Die Keime sind daher vor der Fütterung zu entfernen. Ein Solaningehalt von $\leq$ 150 mg/kg Originalsubstanz ($\approx$ 750 mg/kg DM) wird beim Schwein als unbedenklich angesehen.

Von Bedeutung sind weiterhin die in der Kartoffel vorliegenden Trypsin- und Chymotrypsininhibitoren, die die Wirksamkeit des Trypsins und des Chymotrypsins herabsetzen. Von diesen werden einige im Bereich von 50 bis 75 °C inaktiviert, während sich die übrigen noch bei 90 °C als stabil erwiesen. Für die Verfütterung der Kartoffeln an monogastrische Tiere ist es daher notwendig, nicht nur die Kartoffelstärke aufzuschließen, sondern auch die vorhandenen Inhibitoren zu inaktivieren. Während der Stärkeaufschluss schon bei 62 bis 70 °C erfolgt, bedarf es zur Inaktivierung der Inhibitoren einer Erhitzung auf 90 bis 100 °C. Das Herabsetzen der Dämpftemperatur von 90 °C auf 70 °C im Rahmen eines zeitweilig empfohlenen Kurzdämpfverfahrens wirkte sich deshalb nachteilig auf die Tageszunahmen der Schweine aus. Das Glucoalkaloid Solanin wird auch bei höheren Dämpftemperaturen nicht oder nur in geringem Maße zerstört. Da das Solanin im Dämpfkondensat in Lösung geht, sollte dieses nicht verfüttert werden.

6.2.4 Verdaulichkeit und energetischer Futterwert

In der **scheinbaren Verdaulichkeit** (s. Tabelle I, Abschnitt 19) unterscheiden sich rohe und gedämpfte Kartoffeln beim Schwein ebenso wie beim Wiederkäuer nur in geringem Maße. Hierdurch wird bei Schweinen eine weitgehende Übereinstimmung des Futterwertes von rohen und gedämpften Kartoffeln vorgetäuscht, die nicht den in Fütterungsversuchen ermittelten Ergebnissen entspricht. Die Ursache hierfür liegt darin, dass beim Schwein rohe Kartoffelstärke zu einem wesentlichen Anteil im Dickdarm mikrobiell mit geringer energetischer Effizienz abgebaut wird, während aufgeschlossene Stärke überwiegend im Dünndarm einer enzymatischen Verdauung unterliegt.

An fistulierten Schweinen wurde im Dünndarm eine Verdaulichkeit der rohen Stärke im Bereich von 20 bis 40 % ermittelt, während die aufgeschlossene Stärke gedämpfter Kartoffeln zu 90 bis 95 % im Dünndarm enzymatisch verdaut wird. Hierauf beruht die große Differenz im Gehalt an Nettoenergie roher und gedämpfter Kartoffeln für Schweine und Geflügel. Um diesem Sachverhalt Rechnung zu tragen, ist in den Futterwerttabellen der DLG für Schweine (1991) festgelegt, dass bei der Errechnung des Gehaltes an umsetzbarer Energie roher Kartoffeln 50 % des Stärkegehaltes zur bakteriell fermentierbaren Substanz zu addieren sind.

Tabelle I (Abschnitt 19) enthält Angaben zum **energetischen Futterwert** von rohen und gedämpften Kartoffeln. Er liegt in der Größenordnung von Gerste und Weizen (Schweine/Geflügel: gedämpfte Kartoffeln). Kartoffelflocken und Kartoffelschnitzel (Trockenprodukte) sind im energetischen Futterwert mit gedämpften Kartoffeln vergleichbar.

6.2.5 Einsatzempfehlungen

Da die thermische Behandlung v.a. energieaufwendig ist, werden für den Nahrungsbedarf nicht benötigte Kartoffeln gegenwärtig vorwiegend in rohem Zustand an Rinder verfüttert. An Milchkühe können bis 12 kg/Tier/Tag und an Mastrinder (> 200 kg LM wegen der Gefahr der Schlundverstopfung) bis 2,5 kg/100 kg LM/Tag in roher und unzerkleinerter Form verfüttert werden. In der Pferdefütterung besteht die Möglichkeit, mit täglichen Gaben von 12 bis 15 kg gedämpften Kartoffeln bis zu 4 kg Hafer zu ersetzen. In der Vergangenheit wurden Kartoffeln vorrangig frisch gedämpft oder gedämpft siliert in der Schweinemast eingesetzt. Derzeitig wird die Kartoffelmast kaum noch durchgeführt.

In Abhängigkeit vom Stärkegehalt der Kartoffeln sind bei diesem Mastverfahren je Tier und Tag 1,0 bis 1,5 kg Ergänzungsfutter und Kartof-

Tab. 36. Antinutritive Inhaltsstoffe in Knollen und Wurzeln

Stoffgruppe	Chemische Verbindung(en)	Wirkungen	Vorkommen	Bewertung	Gegenmaßnahmen
Proteine	Proteaseinhibitoren (Trypsin-, Chymotrypsininhibitoren)	Minderung der Proteinverdaulichkeit	Kartoffel	Wirksam bei Verfütterung roher Kartoffeln bzw. Kartoffelsilage aus rohen Kartoffeln an Monogastriden	Thermische Behandlung (Dämpfen, Trocknen), dadurch Inaktivierung
Glucoalkaloide	Solanin, Chaconin Leptine	Entzündliche Reizwirkung im Verdauungstrakt, Absorptionsstörungen, Lähmung des Atmungszentrums und des motorischen Systems	Kartoffelknollen und Kartoffelkeime	Unbedenkliche Konzentrationen in den heutigen Kartoffelsorten, sehr hohe Konzentrationen in Lichtkeimen und grün gewordenen Knollen	Keimentfernung vor der Verfütterung, Dämpfen bzw. Kochen zerstört Glucoalkaloide infolge ihrer Thermolabilität
Glucoside	Cyanogene Glucoside (Phaseolunatin, Lotaustralin)	HCN-Vergiftung (Atmungsgift); strumigene Wirkung durch Thiocyanat (Rhodanid), das bei der Detoxifikation von HCN entsteht	Maniok	Beachtliche Variation im Gehalt	Laut FMV maximal 100 mg HCN/kg Futtermittel zulässig, restriktiver Einsatz (s. Abschnitt 6.6)
	Glucosinolate	Störungen der Schilddrüsenfunktion, Geschmacksveränderung der Milch	Kohlrüben, Stoppelrüben	Relativ hohe Konzentrationen in Stoppelrüben, dagegen niedrige in Kohlrüben	Einsatzbegrenzungen (s. Abschnitt 6.4)

feln bis zur Sättigung zu verabreichen. Die Verzehrshöhe liegt im Mittel der Mastzeit (30 bis 115 kg Lebendmasse) im Bereich von 4,0 bis 4,6 kg/Tier und Tag. An Geflügel sollten Kartoffeln grundsätzlich in gedämpfter Form gefüttert werden. Legehennen nehmen täglich bis zu 50 g als Rationsbestandteil auf.

6.3 Beta-Rüben

Während von der Zuckerrübe in erster Linie die bei der Zuckerherstellung anfallenden Nebenprodukte sowie Überschussrüben zur Fütterung verwendet werden, erfolgt der Anbau der gehaltvolleren Futterrüben sowie der Massenrüben ausschließlich für den Einsatz in der Fütterung. Von der Roten Rübe werden gelegentlich Überschüsse aus der Nahrungsproduktion als Futter verwendet.

6.3.1 Inhaltsstoffe

Der DM-Gehalt variiert zwischen 10% (Masserübe) und 23% (Zuckerrübe). Eine Mittelstellung nehmen die Gehaltsrüben mit 15 bis 17% ein. Hauptinhaltsstoff der *Beta*-Rüben ist die **Saccharose**. Zuckerrüben enthalten von diesem Disaccharid zwischen 700 und 800 g/kg DM und Massen- und Gehaltsrüben zwischen 500 und 600 g/kg DM. Der Gehalt an **Rohprotein** liegt zwischen 60 und 100 g/kg DM. Von den als Rohprotein erfassten Stoffen entfallen 40 bis 60% auf **NPN-Verbindungen** (Glutaminsäure, Glutamin und Betain). Bei hohem N-Dünger-Einsatz kann der Nitratgehalt bis 20 g/kg DM betragen. Der **Rohfettgehalt** ist mit 4 bis 7 g/kg DM für den Futterwert bedeutungslos. Auch der **Rohfasergehalt** ist gering und infolge des geringen Ausmaßes der Lignifizierung hoch verdaulich. Die **Gerüstsubstanzen**, die bei der Weender Analyse anteilig auch in der NfE-Fraktion erfasst werden, sind Cellulose (60 bis 90 g/kg DM), Pentosane (70 bis 80 g/kg DM), Pectine (100 g/kg DM) und Lignin (15 bis 20 g/kg DM).

Rüben enthalten desweiteren organische Säuren, insbesondere **Oxalsäure**, und das Alkaloid **Saponin**. Von den Mengenelementen dominieren Natrium, Kalium und Chlorid, während die Gehalte an Calcium und Phosphor gering sind (Tab. III, Abschnitt 19). Der Spurenelementegehalt schwankt standortabhängig. Der Vitamingehalt ist nicht erwähnenswert.

6.3.2 Verdaulichkeit und energetischer Futterwert

Beta-Rüben sind hochverdauliche Futtermittel. Die **Verdaulichkeit** der organischen Substanz bewegt sich zwischen 80% und 90% (Tab. I, Abschnitt 19). Der **energetische Futterwert** (Tab. I, Abschnitt 19) liegt im unteren Bereich der Getreidefrüchte. Beim Schwein nimmt der Gehalt an umsetzbarer Energie von der Zuckerrübe bis zur Roten Rübe infolge des Anstieges an bakteriell fermentierbaren Substanzen (insbesondere Pectine) ab. Die Verdaulichkeit der Rüben wird durch anhaftenden Schmutz herabgesetzt. Daraus resultiert je nach Verschmutzungsgrad eine mäßige bis erhebliche Senkung des Energiegehaltes. Rüben sind deshalb vor der Verfütterung gründlich zu säubern (s. Abschnitt 17.1).

6.3.3 Einsatzempfehlungen

Massen- und Gehaltsrüben sind vorrangig Futtermittel für Wiederkäuer. Sie werden sehr gern gefressen. Wegen des Gehaltes an Betain (Geschmacksbeeinflussung der Milch), des reichlichen Zuckergehaltes (Acidosegefahr) und der nur minimalen Strukturwirksamkeit sind die Einsatzmengen zu begrenzen. Milchkühe sollten maximal 4 kg DM aus Futterrüben (ensspricht etwa 40 kg Massenrüben und 25–30 kg Gehaltsrüben) erhalten. Wenn Zuckerrüben als Futtermittel zur Verfügung stehen, sind ebenfalls die 4 kg DM der Richtwert für den maximalen Einsatz in der Milchkuhfütterung ($\approx$ 15 kg Zuckerrüben/Tier und Tag). Zu beachten ist, dass die Summe der DM-Aufnahme aus Beta-Rüben bzw. deren Verarbeitungsprodukten (Zuckerrübenschnitzel, Melasse) 4,0 kg/Tier und Tag nicht überschreiten sollte. Für Mastrinder sind 0,6 kg DM/100 kg LM und Tag der Grenzwert für die Verfütterung von Beta-Rüben (entspricht etwa 6,0 kg Massenrüben, 4 kg Gehaltsrüben bzw. 2,5 kg Zuckerrüben). An Mutterschafe können täglich bis zu 0,5 kg DM und an ausgewachsene Pferde maximal 0,65 kg DM/100 kg LM Beta-Rüben als Rationskomponente verabreicht werden.

Saubere und gemuste Zuckerrüben eignen sich aufgrund ihrer hohen Energiekonzentration auch für die Schweinefütterung, insbesondere für die Mast ab etwa 35 kg LM in Kombination mit einem eiweißreichen Ergänzungsfutter (1,5 kg/Tier und Tag). Für güste und tragende Sauen sind Rüben vorteilhafte Grundfuttermittel (bis zu $\approx$ 6 kg

Zuckerrüben oder ≈ 10 kg Gehaltsrüben oder ≈ 15 kg Massenrüben; Zuckerrüben gemust, Futterrüben geschnitzelt).

6.4 Brassica-Rüben

Rübenartige Wurzeln, die zu Fütterungzwecken genutzt werden, sind bei den Kreuzblütlern die Kohlrübe oder Wruke und die Stoppelrübe bzw. Wasserrübe oder Turnips.

6.4.1 Inhaltsstoffe

Beide Rübenarten sind sehr wasserreich. Ein hoher Anteil der Trockensubstanz entfällt auf **Di- und Monosaccharide** (Saccharose, Glucose, Fructose). Das **Rohprotein** besteht zu ≥ 50% aus NPN-Verbindungen. Eine Anreicherung erfährt diese Rohnährstofffraktion bei der überwiegenden Verfütterung von Stoppelrüben mit dem Kraut. Als futterwertmindernde Inhaltsstoffe enthalten Kohlrüben und Stoppelrüben **Glucosinolate** (s. Tab. 36), wobei letztere Rübenart relativ hohe Konzentrationen aufweisen kann. Bei Stoppelrüben mit Blatt besteht außerdem das Problem der Nitratanreicherung nach vorhergehender reichlicher N-Düngung.

6.4.2 Verdaulichkeit und energetischer Futterwert

Die **Verdaulichkeit** der organischen Substanz liegt bei 80% (Wiederkäuer). Je kg DM sind in der DLG-Futterwerttabelle für Wiederkäuer (1997) folgende **Energiewerte** ausgewiesen (je Kilogramm DM): Kohlrüben 12,41 MJ ME bzw. 7,88 NEL, Stoppelrüben 12,07 MJ ME bzw. 7,65 NEL und Stoppelrüben mit Blättern 11,98 MJ ME bzw. 7,55 NEL.

6.4.3 Einsatzempfehlungen

Kohlrüben und auch Stoppelrüben werden vorrangig an Rinder verfüttert. Bei Milchkühen ist die tägliche Gabe auf 1,5 bis 2,4 kg DM (≈ 15 bis 25 kg Originalsubstanz) zu beschränken. Höhere Mengen verursachen Geschmacksveränderungen bei der Milch und den daraus hergestellten Produkten (z. B. Butter). Die Zuteilung hat nach dem Melken zu erfolgen, um einen Abbau der spezifischen Inhaltsstoffe, der etwa 6 Stunden erfordert, zu ermöglichen. Reichliche Kohlrübenverfütterung bewirkt eine feste und bröcklige Butter. Längerfristige Fütterung hoher Kohlrüben- und Stoppelrübengaben kann das Auftreten der sogenannten Kohlanämie (verursacht durch S-Methylcystein-Sulfoxid-hämolytischen Faktor) zur Folge haben. Sowohl an wachsende Rinder als auch an Schafe sollte die Tagesgabe keinesfalls 10 bis 15% der Gesamt-DM überschreiten.

6.5 Mohrrüben

Die Trockensubstanz (110 bis 140 g/kg Futtermittel) besteht zu 50% aus **Mono- und Disacchariden** (jeweils ≈ 50%). Außerdem enthalten Mohrrüben geringe Stärkeanteile (≈ 50 g/kg DM). Vom **Rohproteingehalt** (88 g/kg DM) entfällt die knappe Hälfte auf NPN-Verbindungen (vorrangig Glutamin und Asparagin). Ernährungsphysiologisch von Bedeutung ist der hohe Gehalt an **Carotin** (500 bis 1000 mg/kg DM), das überwiegend als β-Carotin vorliegt. Die **Verdaulichkeit** der organischen Substanz ist für Wiederkäuer, Pferde und Schweine mit 90, 96 bzw. 87% sehr hoch.

Folgende **Energiewerte** sind in Futterwerttabellen ausgewiesen (jeweils je kg DM): 15,12 MJ verdauliche Energie (Pferde), 12,15 MJ (Wiederkäuer) bzw. 10,29 MJ (Schweine) umsetzbare Energie und 7,71 MJ Nettoenergie Laktation. Mohrrüben sind aufgrund ihrer guten diätetischen Wirkung und ihres Carotingehaltes besonders für junge Tiere wertvoll. Folgende Tagesgaben werden empfohlen: Fohlen 1,0 bis 1,5 kg, Stuten 2,0 bis 5,0 kg, Rennpferde 1,0 bis 2,0 kg, weibliche Jungschweine 1,0 bis 2,0 kg, tragende und laktierende Sauen 1,5 bis 3,0 kg, Milchkühe 10,0 bis 15,0 kg.

6.6 Maniok (Tapioka, Cassava)

Unter den tropischen Kulturen hat die aus den nördlichen Teilen des tropischen Südamerikas stammende und gegenwärtig weltweit zwischen dem ≈ 23. Grad nördlicher und südlicher Breite angebaute Maniokpflanze eine vorrangige Bedeutung erlangt. Die ursprüngliche Bezeichnung der zur Familie der *Euphorbiaceae* (Wolfsmilchgewächse) gehörenden Maniokpflanze (*Manihot esculenta* Crantz) lautet in Südamerika Manioca, Mandioca oder Yuca. Im englischen Sprachgebiet wird sie Cassava und in Südostasien Tapioka genannt. Letzterer Name ist auch in Mitteleuropa gebräuchlich.

Die Maniokwurzeln sind in der tropischen Klimazone ein Grundnahrungsmittel. Überschüsse werden als Futtermittel verwendet und zu diesem Zweck exportiert. Die Verarbeitung der Wurzeln erfolgt vorwiegend in den Anbauländern. Sie werden, falls notwendig, gewaschen, wahlweise geschält und geschnitzelt. Die anschließende Trocknung erfolgt häufig im Freien unter Sonneneinwirkung. Neben Schnitzeln (Chips) sind von Tapioka außerdem Mehl und vor allem Pellets (verbesserte Transport- und Lagerfähigkeit) auf dem Futtermittelmarkt.

6.6.1 Inhaltsstoffe

Tabelle I (Abschnitt 19) enthält Angaben zum Nährstoffgehalt von Maniokprodukten. Wesentlicher Inhaltsstoff ist **Stärke**, deren Anteile bei Maniokmehl die Gehalte in der Kartoffel übertreffen. Der **Rohproteingehalt** ist weitaus niedriger als in den einheimischen Wurzeln und Knollen und besteht außerdem zu 40 bis 60% aus NPN-Verbindungen. Mit den ausgewiesenen **Rohfasergehalten** wird jedoch etwa nur die Hälfte der Zellwandsubstanzen wiedergegeben. Denn der Gehalt an neutraler Detergenzienfaser beträgt 100 bis 150 g/kg DM. Von Bedeutung ist, dass die nährstoffmäßige Zusammensetzung beachtlich schwanken kann. Bei einer Analyse von 51 Maniokproben wurden für verschiedene Inhaltsstoffe folgende Variationsbreiten ermittelt: Stärke 557 bis 737 g/kg DM, Rohasche 26 bis 94 g/kg DM und Sand 2 bis 66 g/kg DM. Hohe **Rohasche-** bzw. **Sandgehalte** resultieren aus unzureichender Säuberung vor der Verarbeitung und/oder Verunreinigungen bei der Freilufttrocknung. Des Weiteren beinflusst das Schälen der Wurzeln die Nährstoffanteile in Maniokprodukten (insbesondere den Hauptinhaltsstoff Stärke). Deshalb wird eine Analyse vor der Verwendung empfohlen.

In der Maniokwurzel ist das Blausäureglucosid Linamarin und in geringerer Konzentration Lotaustralin enthalten (s. Tab. 36). Bei Unterbrechung des Wachstums infolge Trockenheit kann auch freie Blausäure vorliegen. Nach Zerkleinerung der Wurzeln tritt durch das in der Wurzel vorhandene Enzym Linamarase in Gegenwart von Wasser eine Aufspaltung der Glucoside in Glucose, Blausäure und Aceton ein. Nach der FMV darf der Gehalt an Blausäure in Futtermitteln aus Maniokknollen 100 mg/kg Originalsubstanz nicht übersteigen.

6.6.2 Verdaulichkeit und energetischer Futterwert

Maniokprodukte werden von allen Tierarten sehr gut verdaut (Tab. I, Abschnitt 19). Bei den energetischen Futterwertdaten (Tab. I, Abschnitt 19) besteht eine recht gute Übereinstimmung mit den Energiedichten der Kartoffel (Ausnahmen rohe Kartoffeln bei Schwein und Huhn) und der fettärmeren Getreidearten mit unterem Rohfasergehalt. Bei Maniokfuttermitteln handelt es sich um ausgesprochene Energiefuttermittel.

6.6.3 Einsatzempfehlungen

Maniokprodukte gelangen in erster Linie in Mischfuttermitteln zum Einsatz. Folgende Höchstanteile werden empfohlen: Milchleistungsfutter 20/30%, Rindermastfutter 30/40%, Kälberaufzuchtfutter 15/15%, Alleinfutter für tragende Sauen 15/20%, Alleinfutter für laktierende Sauen 10/30%, Ferkelfutter (> 15 kg LM) 0/15%, Mastschweinefutter 20/40%, Legehennenfutter 15%, Broilermastfutter 10%, Putenmastfutter 5–10%, Wassergeflügelmastfutter 10–15% (Werte nach dem Schrägstrich sowie für Geflügel stärkereichere Produkte aus geschälten Wurzeln). Für diese auf Tierexperimenten beruhenden Restriktionen kommen als Ursachen variierende Nährstoffgehalte (differenzierte Qualitäten), Schadstoffkonzentrationen und Akzeptanzprobleme wegen zu feiner Beschaffenheit (bei unpelletierter Verfütterung) in Frage.

6.7 Weitere Knollen für Futterzwecke

Verschiedentlich werden die Wurzelknollen folgender Pflanzen als Futtermittel verwendet: **Bataten** oder **Süßkartoffeln**, **Yamswurzeln**, **Taro**, **Zichorie**, **Topinambur**. Mit Ausnahme der Topinamburknollen enthalten die aufgelisteten Knollen Stärke als Reservekohlenhydrat. In Topinambur findet man demgegenüber das Polysaccharid **Inulin**, ein Fructosan. Durch die β-glucosidische Verknüpfung der Fructoseeinheiten ist eine Spaltung nur durch mikrobielle Enzyme im Verdauungstrakt möglich. Deshalb verwertet das Schwein Inulin vergleichsweise zur aufgeschlossenen Kartoffelstärke beachtlich schlechter.

7 Körner und Samen

7.1 Allgemeine Angaben

Für Fütterungszwecke werden die Samen und Früchte verschiedener Pflanzenarten genutzt. Hierzu zählen v. a.:
- Getreidefrüchte: insbesondere Gerste (*Hordeum vulgare*), Hafer (*Avena sativa*), Mais (*Zea mays*), Milocorn (*Sorghum bicolor var. subglabrescens*), Roggen (*Secale cereale*), Weizen (*Triticum*), Triticale (Weizen-Roggen-Kreuzungsprodukt);
- Leguminosensamen: vorrangig Ackerbohnen (*Vicia faba*), Erbsen (*Pisum sativum*), Süßlupinen (*Lupinus*);
- unverarbeitete ölhaltige Samen: insbesondere Leinsaat (*Linum usitatissimum*), Rapssamen (*Brassica napus*), Sojabohnen (*Glycine max*);
- andere Körnerfrüchte, z. B. Buchweizen (*Fagopyrum sagittatum*).

Diese Produkte gelangen entweder unzerkleinert oder nach vorangegangener Bearbeitung (s. Abschnitt 17) als Einzelkomponenten oder Mischfutterbestandteile zur Verfütterung. Sie sind außerdem Rohstoffe für eine umfangreiche industrielle Verarbeitung, wobei die hierbei anfallenden Nebenprodukte Futtermittel bilden (s. Abschnitt 8).

Folgende gemeinsame Merkmale zeichnen die verschiedenen Körnerfrüchte aus:
- Es sind jeweils trockensubstanzreiche Produkte; ihre Lagerfähigkeit ohne konservierende Maßnahmen (s. Abschnitt 16.4) erfordert einen Mindest-DM-Gehalt von 86 bis 88 % und eine Lagertemperatur $\leq 15\,°C$.
- In unzerkleinerter Form bleiben unter optimalen Lagerungsbedingungen wesentliche Qualitätseigenschaften der Körner als Futtermittel relativ lange erhalten.
- Es handelt sich in der Regel um gut bis sehr gut verdauliche Futtermittel, die energie- und/oder proteinreiche Konzentratfuttermittel darstellen.
- Kleine Körner der gleichen Art sind in der Regel reicher an Rohprotein, Rohfaser und Mineralstoffen als größere bzw. normal ausgebildete Körner, die höhere prozentuale Anteile an Reservestoffen (Stärke, Fette) enthalten und dadurch auch einen höheren energetischen Futterwert besitzen.

- Körnerfrüchte sind, gemessen an den Bedarfsanforderungen der Nutztiere, v. a. calcium- und natriumarm. Vom deutlich höheren Phosphorgehalt liegen jedoch $\geq 50\,\%$ in organischer Bindungsform (Phytinsäure und deren Salze) vor.
- An Vitaminen enthalten Körnerfrüchte v. a. die des B-Komplexes (außer Vitamin B_{12}) und Vitamin E. Vorstufen des Vitamins A (mit Ausnahme von Mais und Milocorn) und Vitamin D_2 kommen nicht vor.

Neben den herkömmlichen Methoden der Pflanzenzüchtung wird seit den neunziger Jahren des letzten Jahrhunderts in zunehmendem Maße die Gentechnik, insbesondere bei der Züchtung von Mais, Raps und Soja, angewandt (s. Abschnitt 14). Das Ziel der gentechnischen Maßnahmen besteht derzeitig im Erhalt von Sorten, die erhöhte Resistenzen bzw. Toleranzen gegenüber Schädlingen bzw. Pflanzenschutzmitteln aufweisen (Gentechnisch veränderte Organismen (GVO) der 1. Generation). Inhaltsstoffe und Futterwert sind davon praktisch unbeeinflusst (s. Abschnitt 14). Des Weiteren kommen gentechnische Maßnahmen zur Anwendung, um Inhaltsstoffe der Pflanzen gezielt zu verändern (z. B. Erhöhung der Gehalte an essenziellen Aminosäuren, Reduzierung der Konzentrationen an antinutritiven Substanzen). Aus der Sicht der Tierernährung werden diese Zuchtprodukte als GVO der 2. Generation bezeichnet. Sie haben als Futtermittel z. Z. noch keine praktische Relevanz.

7.2 Getreide

Der Begriff Getreide bezieht sich auf die zur Körnernutzung angebauten Gramineen.

Anbaufläche 2006: 6,7 Mio. ha
Erntemenge: 43,4 Mio. t
davon
Weizen 52 %
Gerste 28 %
Mais 7 %
Roggen 6 %
Triticale 5 %
Hafer und Mengetreide 2 %

Von der produzierten Menge wurden 61,9 % als Futtermittel verwendet.

7.2.1 Morphologischer Aufbau des Getreidekorns

Zum besseren Verständnis der Ausführungen zu Inhaltsstoffen und Futterwert der Getreidekörner sowie den Nebenprodukten ihrer Verarbeitung erscheint es zweckmäßig, zunächst den Kornaufbau, der am Beispiel des Weizens in Abbildung 59 dargestellt ist, zu beschreiben.

Das Getreidekorn ist eine Schließfrucht (Karyopse). Es werden im wesentlichen drei Bestandteile unterschieden: Schale, Mehlkörper (Endosperm) und Keimling (Embryo). Die Spelzen gehören nicht zum eigentlichen Korn. Die Schale wird durch das Verwachsen der Fruchtschale (Perikarp) mit der Samenschale (Testa) gebildet. Erstere besteht hauptsächlich aus Zellwandkohlenhydraten und Lignin (Gerüstsubstanzen). In der Samenschale findet man neben Gerüstsubstanzen außerdem noch Eiweiß und Mineralstoffe.

Den überwiegenden Teil des Korns nimmt das Endosperm ein, das sich aus der Aleuronschicht (äußere Zellschicht bzw. Zellschichten des Endosperms) und dem eigentlichen Mehlkörper (Stärkeendosperm) zusammensetzt. In stofflicher Hinsicht unterscheidet sich die Aleuronschicht deutlich vom Stärkeendosperm. Sie enthält keine Stärke, aber reichlich Eiweiß sowie Fett, Vitamine, Farbstoffe und Enzyme.

Wichtigster Inhaltsstoff des eigentlichen Mehlkörpers ist Stärke. Zucker kommt nur in geringer Konzentration vor. Zwischen den Stärkekörnern befindet sich Klebereiweiß, dessen prozentualer Anteil im Mehlkörper von außen nach innen abnimmt. Auf den an der Kornbasis liegenden Keimling entfallen mit Ausnahme von Mais (8 bis 10%) etwa 3% der Kornmasse. Im Keimling ist der überwiegende Teil des Rohfettes vom Korn lokalisiert. Mineralstoffe und Vitamine (E, B-Komplex) sind neben Rohprotein ebenfalls reichlich im Keimling enthalten. Auf die nicht zum eigentlichen Korn gehörende Spelze entfällt bei den bespelzten Arten Gerste, Hafer und Reis folgender Anteil der jeweiligen Körner: 9 bis 13% (Sommergerste), 10 bis 14% (mehrzeilige Wintergerste), 23 bis 28% (Hafer) bzw. 18 bis 28% (Reis). Bei flachkörnigen Getreidefrüchten steigt der Spelzenanteil beachtlich an.

7.2.2 Gehalt an Hauptnährstoffen

Zum Nährstoffgehalt der einzelnen Getreidearten vermittelt Tabelle I (Abschnitt 19) Angaben. Es handelt sich hierbei um Mittelwerte aus umfangreichen Analysen mit beachtlichen Schwankungsbereichen. Wesentliche Ursachen für die Variabilität in der nährstoffmäßigen Zusammensetzung sind genetische Faktoren (u. a. Sorteneinfluss), Witterungsbedingungen (Niederschläge, Temperatur) während Kornbildung und -reife, Nährstoffversorgung (insbesondere N-Düngung), Agrotechnik, Anbauregion. Analysen von sortenreinen Weizenproben aus Sachsen-Anhalt (5 Standorte mit jeweils 34 Sorten, n = 170) ergaben folgende Variationsbreiten für die Inhaltsstoffe (mittlerer Gehalt jeweils in der Klammer): Rohasche 8 bis 22 g (14 g), Rohprotein 74 bis 152 g (121 g), Rohfaser 16 bis 34 g (23 g), Rohfett 17 bis 33 g (22 g), neutrale Detergenzienfaser 70 bis 121 g (97 g), Stärke 525 bis 656 g (591 g) und Zucker 14 bis 31 g (23 g) (Angaben jeweils je kg DM).

Die wichtigste Rohnährstofffraktion des Getreides bilden infolge des bereits beschriebenen Kornaufbaus die **N-freien Extraktstoffe**. In ausgereiften Körnern bestehen sie vorwiegend aus **Stärke**, der **Zuckergehalt** (Mono- und Disaccharide) ist dagegen gering. Höhere Anteile findet man, wenn nach Erreichen der physiologischen Reife Körnermais zur Erzeugung von Kolbenfuttermitteln (s. Abb. 61, Abschnitt 7.2.10) geerntet wird.

Die N-freien Extraktstoffe beinhalten auch Teile der Gerüstsubstanzen bzw. Zellwandkohlenhydrate. Durch den hohen Stärkeanteil (≈ 450 bis 725 g/kg DM, s. Tabelle I, Abschnitt 19) sind die Getreidefrüchte vorrangig energieliefernde Futtermittel.

Die Stärke der verschiedenen Getreidearten unterscheidet sich u. a. in der Struktur (Anteile

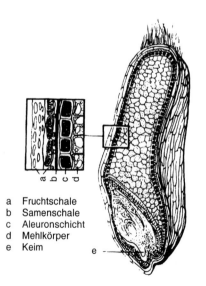

a Fruchtschale
b Samenschale
c Aleuronschicht
d Mehlkörper
e Keim

Abb. 59. Morphologischer Aufbau des Weizenkorns.

der beiden Stärkekomponenten Amylose und Amylopectin) sowie in Form und Größe der Stärkekörner. Diese Unterschiede haben Auswirkungen auf den Stärkeabbau im Pansen der Wiederkäuer. Während Mais- und Milocornstärke im Vergleich zu den anderen Getreidestärken langsamer abgebaut werden und rund 30 % unverändert den Pansen passieren, erfolgt der Abbau der übrigen Stärken zu rund 90 % und es gelangt somit deutlich weniger Stärke in den Dünndarm. Die unterschiedliche Abbaubarkeit der Getreidestärken im Vormagensystem ist insbesondere in der Fütterung der Hochleistungskuh bedeutsam.

Für monogastrische Nutztiere hat jedoch auch der Rohproteingehalt aufgrund des häufig hohen Getreideanteils in den Futtermischungen bzw. Rationen Bedeutung, denn je nach Höhe des Eiweißgehaltes und dessen Wertigkeit sind unterschiedliche Anteile an Eiweißfuttermitteln in den Futtermischungen bzw. -rationen zur Gewährleistung der tierart- und leistungsabhängigen Gehalte an Rohprotein und Aminosäuren erforderlich.

Der **Rohproteingehalt** in den Getreidearten variiert zwischen 90 und 150 g/kg DM. Mais und Reis sind die proteinärmsten Körnerfrüchte; die Spitze nehmen bei diesem Inhaltsstoff Weizen und Triticale ein. Für die praktische Fütterung ist von Bedeutung, dass der Rohproteingehalt bei den einzelnen Körnerfrüchten vom jeweiligen Mittelwert beachtlich abweichen kann. Deshalb sollte stets sowohl bei der Verwendung als Komponente in Mischfuttermitteln als auch in hofeigenen Mischungen der Rohproteingehalt der jeweiligen Charge bzw. Partie bestimmt werden.

Der Schalen- bzw. Spelzenanteil der Körner bestimmt die Höhe des **Rohfaseranteils**. Rohfaserarm sind die unbespelzten Arten (Mais, Milocorn, Weizen, Roggen, Triticale). Der spelzenreiche Hafer enthält von den inländischen Getreidearten den höchsten Rohfasergehalt. Gerste nimmt beim Rohfasergehalt eine Mittelstellung zwischen den unbespelzten Arten und dem reich bespelzten Hafer ein. Bei dieser Spezies sind die mehrzeiligen Winterformen etwas rohfaserreicher als die zweizeiligen Winter- und Sommerformen. Durch die Miternte der rohfaserreichen Kolbenfraktionen (Lieschen, Spindel) bei der Erzeugung von Maiskolbenfuttermitteln ergeben sich mehr oder weniger deutlich höhere Gehalte im Vergleich zu den faserarmen Maiskörnern (s. Tab. I, Abschnitt 19).

Mit der Rohfaserbestimmung wird auch beim Getreide nur ein Teil der Zellwandsubstanzen erfasst. Der Gesamtgehalt an Gerüstsubstanzen (insbesondere Cellulose, 1-3,1-4-β-D-Glucane, Hemicellulosen (Pentosane), Pectine, Lignin) in den Körnerfrüchten ist nicht nur wesentlich höher, sondern es gibt auch deutliche Unterschiede im Vorkommen an spezifischen Zellwandkohlenhydraten (insbesondere β-Glucane und Pentosane) zwischen den Getreidearten (s. Tab. 39), die von erheblicher Bedeutung für die Fütterungseignung sein können (s. Abschn. 7.2.5 und Tab. 38).

Auch im **Rohfettgehalt** bestehen beachtliche Differenzen bei den Getreidearten. Mais und Hafer als die Arten mit dem höchsten Fettanteil liegen im Bereich von 45 bis 55 g/kg DM, Milocorn um 35 g/kg DM und die übrigen Getreidefrüchte zwischen 15 und 25 g/kg DM. Neben seinem positiven Einfluss auf den energetischen Futterwert des Getreides ist insbesondere das Rohfett der fettreicheren Getreidearten eine potentielle Quelle an essenziellen Fettsäuren. Außerdem enthält das Getreidefett reichlich Ölsäure. Die Lipidfraktion besteht somit überwiegend aus ungesättigten Fettsäuren. Diese Gegebenheit muss bei der Lagerhaltung und Rationsgestaltung beachtet werden.

7.2.3 Mineralstoffgehalt

Zum Mineralstoffgehalt (Mengenelemente) in Getreidekörnern enthält Tabelle III (Abschnitt 19) Angaben. Getreidekörner sind calciumarm. Bei hohem Getreideanteil in den Futterrationen für Schweine und Geflügel besteht demzufolge ein beachtliches Defizit zu den erforderlichen Gehalten im Futter. In reichlicheren Mengen ist Phosphor in den Zerealien vorhanden (2,7 (Milocorn) – 4,2 (Weizen) g/kg DM). Jedoch liegen ≈ 60 bis 75 % des Gesamtgehaltes als Phytatphosphor (Tab. 39) vor.

Für die P-Freisetzung aus dieser organischen Bindungsform als Voraussetzung für eine Absorption ist das Enzym Phytase erforderlich, das von Bakterien im Verdauungstrakt gebildet wird und in Getreidekörnern selbst enthalten ist. Die bakterielle Enzymaktivität im Verdauungstrakt beim Schwein und bei Geflügel ist vergleichsweise zu den Wiederkäuerarten jedoch gering, und zum anderen bestehen auch beachtliche Unterschiede in der korneigenen Phytaseaktivität innerhalb der Getreidearten (sehr hoch: Roggen (4000–6000 FTU/kg); hoch: Triticale (1400–1700 FTU/kg), Weizen (800–1200 FTU/kg); mittel: Gerste (400–600 FTU/kg); kaum vorhanden: Hafer, Mais, Milocorn (> 50 FTU/kg). Dies

Tab. 37. Spurenelementegehalte von Getreidekörnern[1]

Spurenelement	Gehalt (mg/kg DM)			
Mangan	6,0	(Mais)	– 51,0	(Hafer)
Kupfer	1,7	(Milocorn)	– 8,2	(Wintergerste)
Zink	14,0	(Reis)	– 34,0	(Weizen)
Selen	0,09	(Sommergerste)	– 0,11	(Hafer)
Iod	0,09	(Mais)	– 0,15	(Sommergerste)

[1] Quelle: Futtermittelkunde (Hrsg. JEROCH, FLACHOWSKY, WEISSBACH 1993)

hat zur Folge, dass der verfügbare P-Anteil am Gesamtgehalt bei Weizen, Roggen, Triticale für Schweine bzw. Hühner ≈ 45 bis 70 % bzw. ≈ 50 bis 55 % beträgt, dagegen bei Mais, Milocorn und Hafer nur ≈ 20 % (Schweine) bzw. ≈ 10 bis 25 % (Hühner).

Durch Ergänzung getreidereicher Futterrationen für Monogastriden mit mikrobiell erzeugten Phytasen (s. Abschnitt 13.3.5) lässt sich die P-Ausnutzung je nach Anteil einzelner Getreidearten mehr oder weniger steigern.

Getreide ist natriumarm, gemessen an den erforderlichen Gehalten im Futter. Die Gehalte an Spurenelementen variieren z. T. erheblich zwischen den Getreidearten (Tab. 37). Sie unterliegen hinsichtlich ihres Gehaltes verschiedenen exogenen Einflüssen (Bodenart, Standort, Witterungsbedingungen). Außerdem ist verschiedentlich deren Verfügbarkeit eingeschränkt (z. B. an Phytinsäure gebundenes Zink).

7.2.4 Vitamingehalt

Aus der Gruppe der fettlöslichen Vitamine enthält Getreide die Vitamine E und K. Lediglich im Körnermais, in den Maiskolbenfuttermitteln und in Milocorn kommen außerdem noch Provitamine des Vitamins A (vor allem β-Carotin) vor. Ernährungsphysiologisch bedeutsam ist v. a. der Vitamin-E-(α-Tocopherol-)Gehalt in den Getreidekörnern, obgleich er beachtlichen Einflüssen unterliegt. Hierzu zählen neben dem genetischen Einfluss (Gerste ist z. B. deutlich Vitamin-E-reicher als Weizen) die Witterungsbedingungen während der Ernte (in regenreichen Jahren geringere Gehalte), der physiologische Zustand der Körner auf dem Halm (Vitamin-E-Verlust beim Keimvorgang, Auswuchsgetreide ist Vitamin-E-arm), die Konservierungsart (Feuchtsilierung mit oder ohne Silierzusätze verlustreicher als Trocknung) und die Lagerungsdauer (20 bis 50 % Aktivitätsverlust bei 6-monatiger Lagerung der Körner).

Die vorrangig in den Außenschichten der Getreidekörner lokalisierten Vitamine des B-Komplexes (außer Vitamin B_{12}) besitzen für die Versorgung monogastrischer Nutztiere mit diesen essenziellen Futterinhaltsstoffen erheblichen Stellenwert. Bei dieser pauschalen Wertung darf jedoch nicht übersehen werden, dass zwischen den Getreidearten z. T. beachtliche Unterschiede existieren und außerdem die analytisch ermittelten Gehalte verschiedentlich nur partiell verfügbar sind (z. B. Niacin für Küken im Mais, Biotin für Küken in den Getreidearten Weizen, Gerste, Hafer und Milocorn).

7.2.5 Gehalt an antinutritiven Substanzen und Kontamination mit Schadstoffen

In den Getreidearten und den Nebenprodukten ihrer Verarbeitung kommen leider auch Inhaltsstoffe vor, für die nachteilige Einflüsse auf Leistung und Gesundheit der Nutztiere bekannt sind (Tab. 38). Hierzu zählen Tannine, Verdauungsenzyminhibitoren sowie einige Nichtstärke-Polysaccharide (1-3,1-4-β-D-Glucane, Pentosane (Arabinoxylane)), die neben ihrem Nährstoffcharakter auch antinutritive Wirkungen verursachen können. Neuere Analysenwerte sind in Tabelle 39 zusammengestellt. Außerdem ist eine Kontamination der Körnerfrüchte mit toxischen Substanzen, wie Mutterkornalkaloiden und Mykotoxinen, möglich (s. Abschnitt 18.2.2). Das Vorkommen von antinutritiven und toxischen Substanzen muss bei der Fütterung beachtet werden. Es kann den Einsatz damit belasteter Getreidearten bzw. -partien mehr oder weniger einschränken oder eine Verfütterung verbieten (s. Tab. 40, Abschnitt 7.2.10).

7.2.6 Verdaulichkeit und energetischer Futterwert

Die **Verdaulichkeit** der Getreidenährstoffe wird v. a. vom Gesamtgehalt der Gerüstsubstanzen und den Konzentrationen spezifischer Zellwandkohlenhydrate beeinflusst. Die unlöslichen Anteile sind für Monogastriden nicht nur weitgehend unverdaulich, sondern sie behindern außerdem mehr oder weniger auch die Verdaulich-

Tab. 38. Antinutritive Inhaltsstoffe in Getreidearten

Stoffgruppe	Chemische Verbindung(en)	Wirkungen	Vorkommen	Bewertung	Gegenmaßnahmen
Nichtstärke-Polysacch-aride	β-Glucane (löslicher Anteil)	Gesteigerte Viskosität des Darminhaltes, Beeinträchtigung von Verdauung und Resorption, herabgesetzte Futterdurchgangszeit, veränderte Darmmikroflora im vorderen Darmabschnitt, klebrige und wasserreichere Exkremente (Geflügel)	Gerste, Hafer, Roggen	Antinutritiv wirksam bei Küken	Einsatzbegrenzung, Abbau durch Futterenzyme (s. Abschnitt 13.3.5)
	Pentosane (löslicher Anteil)		Roggen, Triticale, (Weizen)	Antinutritiv wirksam v. a. bei Küken und Ferkeln (Roggen- und Triticalepentosane); bei Küken Weizenpentosane (?)	Einsatzverzicht bzw. -begrenzung, Abbau durch Futterenzyme (s. Abschnitt 13.3.5)
Proteine	Protease-inhibitoren	Trypsinhemmende Wirkung	Roggen	Minimale Aktivität	Nicht erforderlich
Phenolderivate	Tannine	Futteraufnahmesenkung, Hemmung proteolytischer Verdauungsenzyme	Milocorn, Gerste	Moderne Milocornsorten relativ tanninarm, Gerstenkonzentrationen unbedenklich	Wegen Schwankungen im Tanningehalt bei Milocorn Einsatzbeschränkungen erforderlich (s. Tab. 52), Gehalt in Gerste unbedenklich
	Alkylresorcinole	Futteraufnahmesenkung, Wachstumsstörungen	Roggen, Triticale, Weizen	Absteigende Konzentrationen von Roggen zu Weizen, die insgesamt unbedenklich sind	Nicht erforderlich
Chelatbildner	Phytinsäure	Ca- und P-Bindung, Interaktion zu Zn und weiteren Spurenelementen	In allen Getreidearten	Stark herabgesetzte Verfügbarkeit in Getreidefrüchten mit sehr geringer korneigener Phytaseaktivität (Mais, Milocorn, Hafer)	Ergänzung der Futterrationen monogastrischer Nutztiere mit mikrobieller Phytase (s. Abschnitt 13.3.5)

keit des an sich hochverdaulichen Zellinhaltes (Stärke, Eiweiß, Fett). Darüber hinaus kann der lösliche Anteil von Nichtstärke-Polysacchariden durch Gelbildung Verdauungs- und Resorptionsprozesse beeinträchtigen. Insbesondere Küken werden davon betroffen (s. Tab. 38, Abschnitt 7.2.5).

Die in der Regel an adulten bzw. älteren wachsenden Tieren ermittelten Verdauungswerte für die organische Substanz der verschiedenen Getreidearten und Maiskolbenprodukte sind Tabelle I (Abschnitt 19) zu entnehmen. Hochverdaulich (Verdaulichkeit der organischen Substanz ≈ 85 bis 90%) sind für alle Tierarten die rohfaserarmen Getreidefrüchte. Tierartbedingte Unterschiede bestehen praktisch nicht. Lediglich die organische Substanz des Roggens verdaut das Geflügel schlechter als Wiederkäuer und Schweine. Der höhere Anteil an spezifischen Nichtstärke-Polysacchariden (Pentosane, β-Glucan) in den Roggenkörnern dürfte diesen Abfall verursachen.

Bei den Getreidearten mit mittlerem und höherem Rohfasergehalt werden jedoch Abweichungen zwischen den Tierarten sichtbar, die v. a. aus dem unterschiedlichen Verdauungsvermögen der Faserfraktion resultieren. Es ergeben sich dadurch folgende Reihenfolgen bei der OM-Verdaulichkeit: Getreide mit mittlerem Rohfasergehalt: Wiederkäuer = Pferd = Schwein > Geflügel; Getreide mit höherem Rohfasergehalt: Wiederkäuer > Pferd > Schwein > Geflügel. Der Anstieg des Rohfasergehaltes im Getreide wirkt sich somit am deutlichsten auf die OM-Verdaulichkeit beim Geflügel aus.

Aus den vorangegangenen Ausführungen ist unschwer abzuleiten, dass die Getreidearten Mais und Milocorn die energiereichsten Körnerfrüchte sind (Tab. I, Abschnitt 19). Neben ihrem geringen Rohfasergehalt und hohem Stärkegehalt trägt hierzu v. a. ihr höherer Fettanteil bei. Steigender Anteil an Zellwandbestandteilen und eine damit verbundene rückläufige OM-Verdaulichkeit verursachen in erster Linie die Abstufung im **energetischen Futterwert** innerhalb der Zerealien. Hafer enthält aufgrund seines sehr reichlichen Faseranteils vergleichsweise zu Mais ≈ 25 % weniger umsetzbare Energie/kg DM. Der relativ niedrige energetische Futterwert des Roggens für das Geflügel wird durch den reichlichen Gehalt an antinutritiven Substanzen in dieser Getreideart verursacht (s. Tab. 39). Bei den Maiskolbenfuttermitteln beeinflussen die jeweiligen Anteile an den mitgeernteten rohfaserreichen Kolbenfraktionen (Spindeln, Lieschen) und mitunter Restmaisteilen beim Lieschkolbenschrot den energetischen Futterwert.

Von den tabellierten Werten des energetischen Futterwertes (s. Tab. I, Abschnitt 19) sind beachtliche Abweichungen möglich. Wenn die Ener-

Tab. 39. Gehalte an β-Glucanen und Pentosanen in Getreidekörnern nach einer Literaturauswertung und eigenen Analysen

Getreideart	Quelle	β-Glucane		Pentosane	
		Gesamt g/kg DM	Löslich g/kg DM	Gesamt g/kg DM	Löslich g/kg DM
Gerste	Literatur	26–66[1]	24–50	31–60	5–8
	Eigene Analysen[3]	31–55	–[2]	58–77	8–10
Hafer	Literatur	23–51	16	37–80	8
	Eigene Analysen	27–38	–	–	–
Roggen	Literatur	18–47	–	66–122	19–27
	Eigene Analysen	13–17	–	59–102	28–45
Triticale	Literatur	7–36	–	46–86	6–11
	Eigene Analysen	4	–	91–140	6–21
Weizen	Literatur	3,5–8,5	–	62–75	8–12
	Eigene Analysen	3–11,5	–	35–70	5–23
Mais	Literatur	1,2	–	43	–
	Eigene Analysen	0,3–1,7	–	33–68	4–10

[1] Jeweils Schwankungsbereich bzw. mittlerer Gehalt bei wenigen Analysen
[2] Keine Angaben bzw. Werte
[3] Probenmaterial (sortenrein) aus dem mitteldeutschen Anbaugebiet

giemessungen an Jungtieren (Ferkel, Küken) erfolgen, werden nicht immer die Werte älterer oder adulter Tiere erreicht. Verschiedene Tabellenwerke berücksichtigen bereits diesen Sachverhalt und weisen getrennte Energiewerte für wachsendes und adultes Geflügel aus. Die Umsetzbarkeit der Bruttoenergie kann gravierend durch höhere Gehalte an löslichen NSP, z. B. in Weizenkörnern, nachteilig beeinträchtigt werden. Nach australischen Untersuchungen mit Hühnerküken variierte der Gehalt an umsetzbarer Energie in 81 geprüften Weizenherkünften zwischen 9,2 und 15,0 MJ/kg DM. Dieser enorme Schwankungsbereich konnte in eigenen Untersuchungen nicht bestätigt werden. Dennoch ist die Differenz von 1,2 MJ ME zwischen energieärmeren (13,6 MJ ME/kg DM) und energiereicheren Weizen (14,8 MJ ME/kg DM) für die Fütterungspraxis bedeutsam.

7.2.7 Proteinqualität

Die **Verdaulichkeit des Getreideproteins** liegt bei den verschiedenen Nutztierkategorien in folgenden Bereichen: Wiederkäuer ≈ 70 bis 80%, Schweine ≈ 75 bis 85% und Geflügel ≈ 70 bis 80%. Einen wesentlichen Einfluss hat der Rohfasergehalt, d. h., mit seiner Zunahme in den Körnern ist in der Regel ein Verdaulichkeitsrückgang verbunden. Nachteilig auf die Rohproteinverdaulichkeit wirken außerdem antinutritive Inhaltsstoffe. Das reichliche Vorkommen solcher Substanzen, v. a. in Roggen, bewirkt in erster Linie die vergleichsweise zu Weizen deutlich schlechtere Eiweißverdaulichkeit.

Das Getreideeiweiß ist – gemessen an den Anforderungen monogastrischer Nutztiere – durch ein unausgeglichenes Aminosäurenmuster gekennzeichnet. Es enthält v. a. wenig Lysin; aber auch weitere für die Versorgung bedeutsamen essenziellen Eiweißbausteine findet man in den Zerealienproteinen in nicht ausreichenden Konzentrationen.

Die im allgemeinen geringe bis mäßige biologische Wertigkeit der Getreideeiweiße ergibt sich aus ihrer Zusammensetzung, d. h. den relativen Anteilen der verschiedenen Proteinfraktionen am Gesamteiweiß. Es dominieren die lysinarmen Speicherproteine (Prolamine, Gluteline) des Endosperms (Mehlkörper), deren Anteil am Gesamtprotein bei fast allen Getreidearten zusammen 70 bis 90% beträgt. Die in der Minderheit vorhandenen lysinreicheren Albumine und Globuline sind vorwiegend in der Aleuronschicht und im Keimling lokalisiert. Deshalb ist das Eiweiß der Mühlennachprodukte (s. Abschn. 8.2.1) und des Keimlings wertvoller als das des Gesamtkorns, dagegen aber Klebereiweiß (z. B. Maiskleber; Abschnitt 8.3.1) durch seine einseitige AS-Zusammensetzung (ausgesprochen lysinarm) von geringer Wertigkeit.

Neben der allgemeinen Werteinschätzung des Getreideeiweißes dürfen jedoch artbedingte Unterschiede in der Aminosäurenzusammensetzung, die für die Fütterungspraxis von Bedeutung sind, nicht unerwähnt bleiben (Tab. II, Abschnitt 19). Hafer, Gerste, Roggen und Triticale heben sich z. B. beim Lysinanteil mehr oder weniger deutlich positiv von Mais, Weizen und Milocorn ab. Vor allem aufgrund der unterschiedlichen Gehaltswerte an diesem Baustein fällt die biologische Wertigkeit im allgemeinen in der Reihenfolge Hafer, Roggen, Gerste, Triticale, Weizen, Mais und Milocorn ab. Bezogen auf 1 kg Futtermittel (88% DM) enthalten folgende Getreidearten nachstehende Lysingehalte: Triticale 4,2 g, Roggen 3,8 g, Gerste 3,4 bis 4,2 g, Weizen 3,2 g, Mais 2,6 g. Im Vergleich zur Anforderung an den Lysingehalt im Schweinemastfutter (Anfangsmast 10–11 g/kg, Endmast 7–8 g/kg) sind die Defizite unterschiedlich groß und erfordern bei einer Maisration einen deutlich höheren Anteil eines lysinreichen Eiweißfuttermittels in der Ration als bei einer Futtermischung auf Gerstebasis.

Die Aminosäurengehalte in den einzelnen Getreidefrüchten sind außerdem keine konstanten Größen. Sie korrelieren in der Regel eng mit den Rohproteinkonzentrationen und können mittels Regressionsgleichungen berechnet werden, wenn der Rohproteingehalt vorher analysiert wurde (Abb. 60).

Nach Lysin, der ersten leistungsbegrenzenden Aminosäure in allen Getreideproteinen für Nichtwiederkäuer, folgen in der Limitierungsrangfolge beim Schwein Threonin und Tryptophan, außer bei Mais und Maiskolbenfuttermitteln, bei denen Tryptophan aufgrund des ausgesprochen niedrigen Anteils nach Lysin folgt. Für das Geflügel ergeben sich nachstehende Reihenfolgen der Limitierung: bei Mais und Maiskolbenfuttermitteln: Lysin, Tryptophan, Methionin; bei allen anderen Getreidearten: Lysin, Threonin, Methionin.

Ein weiteres Kriterium der Getreideproteinqualität für monogastrische Nutztiere ist die standardisierte praecaecale AS-Verdaulichkeit (s. Kapitel A 5.3.2). Wie das Beispiel „Lysin" beim Schwein zeigt, bestehen beachtliche Unterschiede bei den Verdauungskoeffizienten: Hafer 95%,

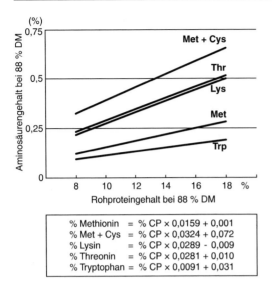

Abb. 60. Beziehung zwischen Rohprotein- und Aminosäurengehalt in Getreidefrüchten (Beispiel Weizen) (Degussa 1996).

Weizen 88 %, Triticale 84 %, Mais 79 %, Gerste 73 %. Aber auch bei weiteren essenziellen AS variieren die Verdauungskoeffizienten (Tab. II, Abschnitt 19). Deshalb empfiehlt die Gesellschaft für Ernährungsphysiologie für die Schweinefütterung die Bewertung der Futtermittel und den Bedarf der Tiere auf der Basis der praecaecal verdauten Aminosäuren vorzunehmen (s. Kapitel C 1).

Die Pflanzenzüchtung bemüht sich seit längerem, die Qualität des Getreideproteins zu erhöhen. Züchterisch (mit konventionellen Zuchtmethoden) verbesserte Formen gibt es v. a. von Gerste, Mais und Milocorn. Diese Zuchtprodukte zeichnen sich insbesondere durch einen mehr oder weniger deutlich höheren Lysinanteil des Eiweißes im Vergleich zu den jeweiligen konventionellen Sorten aus. Er resultiert aus Relationsverschiebungen bei den Proteinfraktionen (Zunahme an Albuminen und Globulinen, Abnahme an Prolaminen und Glutelinen).

Als Beispiel soll der Zuchtfortschritt bei Körnermais genannt werden. Normalhybriden enthalten 105 g Rohprotein/kg DM, 2,9 % Lysin im Rohprotein und besitzen eine biologische Eiweißwertigkeit (Schwein) von 66 %; lysinreiche Hydriden enthalten 104 g Rohprotein/kg DM, 4,4 % Lysin im Rohprotein, und die biologische Wertigkeit des Eiweißes (Schwein) liegt bei 76 %. Die praktische Nutzung dieses Zuchtfortschrittes bei der Proteinqualität ist bisher vorrangig an den geringeren Erträgen und weiteren Nachteilen gegenüber leistungsfähigen Normalsorten gescheitert.

Die durch eine späte zusätzliche N-Düngung zum Zeitpunkt des Ähren- bzw. Rispenschiebens erzielbare Steigerung des Rohproteingehaltes in den Körnern resultiert vorrangig aus der Bildung lysinarmer Speicherproteine, so dass sich der relative Lysinanteil im Getreideprotein vermindert (leichter Rückgang der biologischen Wertigkeit). Vergleichsweise zum beachtlichen Anstieg des Rohproteingehaltes nimmt die Lysinkonzentration in der Futtertrockenmasse deshalb nur gering zu.

7.2.8 Futterwert von erntefrischem Getreide

Nach der Mähdruschernte vollzieht sich in den ersten Tagen und Wochen in den Körnern ein Nachreifeprozess. Man versteht darunter in der Hauptsache den Entquellungsvorgang der kolloiden Kornbestandteile. Dabei wird Wasser abgegeben, das Getreide „schwitzt". Außerdem ist zum Zeitpunkt der Ernte und unmittelbar danach die Enzymaktivität in den Körnern sehr niedrig und steigt erst später wieder an. Bei einigen Getreidearten äußert sich die Nachreife in einer stark verminderten Keimkraft. Im „Schwitzprozess" befindliches Getreide soll eine geringere Fütterungseignung besitzen. Bei Einsatz dieses Getreides können Verdauungsstörungen auftreten, die u. a. einen Leistungsabfall zur Folge haben. Von den einzelnen Nutztierarten sollen besonders Schweine und Pferde empfindlich gegenüber „Frischgetreide" sein. Vor allem die Verfütterung von erntefrischem Roggen kann gesundheitliche Störungen und Leistungsminderungen verursachen.

Aufgrund ungünstiger Erfahrungen bei der Verfütterung von Frischgetreide sollte ein Einsatz möglichst erst nach 4wöchiger Lagerung erfolgen. Wenn eine Verwendung nicht zu umgehen ist, muss der Anteil von erntefrischem Getreide auf maximal 30 % des zulässigen Getreideanteils in den Mischfuttermitteln bzw. hofeigenen Mischungen für die verschiedenen Tierarten und Nutzungsrichtungen beschränkt werden (s. Tab. 40).

7.2.9 Futterwert von Auswuchsgetreide

In Jahren mit übermäßig feucht-warmer Witterung im Erntezeitraum kann es zum Auswuchs beim Getreide kommen, d. h., die Körner keimen bereits in der Ähre bzw. Rispe. Vor allem Lagergetreide wird davon betroffen. Auswuchsanfällig sind besonders Roggen, Triticale und Hafer, aber auch Weizen kann Auswuchs aufweisen. Gerste verbleibt dagegen nach Erreichen der Mähdruschreife längere Zeit in der Keimruhe und ist deshalb weniger gefährdet.

Bei Auswuchsgetreide besteht immer die Gefahr der Kontamination mit Pilztoxinen (s. Abschnitt 18.2.2), da bereits auf dem Feld ein erhöhter mikrobieller Befall der Körner infolge feuchter Witterung stattfinden kann. Er muss nicht unbedingt sichtbar sein. Das Pilzwachstum kann sich z. B. unter der Haferspelze vollziehen.

Der Keimvorgang führt zur Mobilisierung von Stärke und Reserveeiweiß, zu gesteigerter Atmung und Nährstoffumwandlung in den Keimen. Letztere gehen jedoch beim Mähdrusch und der Körnernachbehandlung weitgehend verloren, so dass dadurch ein Masse- und Nährstoffverlust eintritt, der in seinem Ausmaß von Dauer und Intensität der Keimung abhängt. In der Rohnährstoffzusammensetzung der Körner ohne Keime vollzieht sich mit Ausnahme von extremem Auswuchs keine gravierende Veränderung. Innerhalb der N-freien Extraktstoffe nimmt der Stärkeanteil ab, und es erhöht sich die Zuckermenge. Durch den Abbau von Reineiweiß reichern sich Eiweißspaltprodukte an. Im späteren Verlauf des Keimvorganges erfolgt eine beachtliche Mobilisierung des im Phytat festgelegten Phosphors. Von Auswuchs betroffenes Getreide erfährt keine erhebliche Verminderung der Verdaulichkeit und des energetischen Futterwertes, vorausgesetzt, dass es sofort nach der Ernte sorgfältig konserviert wird.

Außerdem können beim Auswuchsgetreide biochemische Veränderungen auftreten. Die im Getreidefett reichlich vorhandenen ungesättigten Fettsäuren neigen zur Peroxidbildung und fördern dadurch die Zerstörung von Vitamin E. Bei einer Verfütterung von Auswuchsgetreide an Schweine und Geflügel muss deshalb mit Vitamin-E-Mangel-Symptomen gerechnet werden.

Sowohl das Vorkommen von Fettabbauprodukten als auch ein verminderter Vitamin-E-Gehalt in Auswuchsgetreide können ebenso wie die Anreicherung mit Pilztoxinen die Fütterungseignung von Auswuchsgetreide stark einschränken bzw. verbieten. Es ist deshalb nicht an empfindliche Tiere (Kälber, Ferkel, hochtragende und säugende Sauen, Küken, Zuchtgeflügel) zu verfüttern. Bei allen weiteren Tierarten und Nutzungsrichtungen sollte der Anteil an Auswuchsgetreide maximal 30 % der Gesamtgetreidemenge der Futtermischung bzw. -ration betragen. An Wiederkäuer sollten nur geringe Mengen verfüttert werden, weil die im Auswuchsgetreide vorhandenen Amylasen einen unerwünscht schnellen Stärkeabbau verursachen, der zu Acidosen führen kann.

7.2.10 Spezifische Futterqualitätseigenschaften einzelner Getreidearten und Einsatzempfehlungen

Gerste

Zur Verfütterung gelangt hauptsächlich Wintergerste. Gegenüber den zweizeiligen Sommer- und Wintergersten sind mehrzeilige Wintergersten etwas rohfaserreicher und im energetischen Futterwert geringfügig niedriger (s. Tab. I, Abschnitt 19). Diese Getreideart ist besonders für **Mastschweine** ein vorteilhaftes Futtermittel. Mit Gerste als Getreideanteil in den Futterrationen kann den Anforderungen an Verdaulichkeit und Energiegehalt optimal entsprochen werden. Außerdem liegt der Rohfasergehalt in einem verdauungsphysiologisch günstigen Bereich. Auch für **Zuchtsauen** ist Gerste ein geeignetes Energiefuttermittel.

Dagegen sind in der **Ferkelfütterung** Einsatzbeschränkungen erforderlich. Sie ergeben sich v. a. aus dem zu hohen Rohfasergehalt (bewirkt Verdaulichkeit der organischen Substanz < 80 %) und möglichen ungünstigen Effekten des Spelzenanteils (Entmischungsprobleme, Verzehrsminderung, Schleimhautverletzungen). Andererseits wirkt die Rohfaserfraktion der Gerste stabilisierend auf die Verdauungsprozesse beim Ferkel. Dieser diätetische Vorteil der Gerste gegenüber den anderen Getreidearten lässt sich durch die Verwendung teilgeschälter Gerste noch besser nutzen, da höhere Rezepturanteile möglich sind (ungeschälte Gerste 10 bis 25 %, teilgeschälte Gerste keine Einsatzbeschränkung; s. Tab. 40).

In den Futterrationen für **Aufzucht-** und **Mastgeflügel**, insbesondere in den ersten Lebenswochen, begrenzt v. a. der Gehalt an β-Glucan den Mischungsanteil (maximal 10 bis 20 %). In Verbindung mit einer Enzymergänzung der Futtermischungen sind jedoch höhere Anteile möglich. In der **Legehennenfütterung** kann Gerste durchaus die einzige Getreideart im Körnerfutter bzw. Mischfutter bilden. Hinweise auf einen höheren Schmutzeianteil bei gerstereichem Legehennenfutter lassen jedoch eine Begrenzung auf 40 bis 50 % im Alleinfutter zweckmäßig erscheinen, wenn keine Supplementierung mit β-Glucanase-enthaltenden Enzympräparaten erfolgt.

Für **Wiederkäuer** und **Pferde** ist Gerste ein sehr geeignetes, energiereiches Konzentratfuttermittel. Vorteilhaft beeinflusst die Verfütterung einwandfrei gequetschter Gerste (ohne scharfkantige Teile, die die Labmagenschleimhaut verletzen) an **Kälber** deren Vormagenentwicklung.

Hafer
Die rohfaserreiche Spelze, die mit einem Anteil von ≈ 25 % am Aufbau des Haferkorns beteiligt ist, verursacht die vergleichsweise zu anderen Getreidearten relativ niedrige Verdaulichkeit der organischen Substanz und die daraus resultierende mäßige Energiekonzentration (s. Tab. I, Abschnitt 19). Hafer ist deshalb für monogastrische Nutztiere, außer **Pferde** und **Kaninchen**, nur bedingt als Konzentratfuttermittel geeignet. Trotz der erwähnten schlechteren Verdaulichkeit wird Hafer in begrenztem Umfang gern in der Fütterung eingesetzt. Für die dem Hafer nachgesagten günstigen Eigenschaften, insbesondere in der Jungtieraufzucht und bei Verfütterung an Zuchttiere, werden dessen höherer Gehalt an essenziellen Fettsäuren, Vitamin E und phenolischen Antioxidanzien verantwortlich gemacht. Unumstritten ist die diätetische Wirkung des Haferschleimanteils.

Höhere Haferanteile sind in Konzentratmischungen für **Milchkühe**, **Mastbullen** und **Zuchtsauen** möglich. Dagegen verbietet der hohe Rohfasergehalt größere Mengenanteile bis auf wenige Ausnahmen (z. B. Ausmast der Spätmastgänse, extensive Aufzuchtverfahren, Legeruhe) in den Futterrationen für **wachsende Schweine** und **Geflügel**. Haferkerne sind ein energiereiches Futtermittel, dessen Einsatz in Kükenrationen aufgrund des β-Glucan-Gehaltes jedoch auf maximal 20 % zu begrenzen ist, wenn keine Enzymergänzung erfolgt. Im Mastfutter für ältere Schweine (Endmast) erfordert der reichliche Gehalt an ungesättigten Fettsäuren ebenfalls eine mengenmäßige Begrenzung.

Hirsen
Als Futtermittel werden die unbespelzten Sorghumarten, auch als Milocorn bezeichnet, verwendet. Milocorn ist die Körnerfrucht von Sorghumhirse, die in vielen Varietäten in Nordamerika, Afrika und Südostasien angebaut wird. Diese Hirseart unterscheidet sich in der Rohnährstoffzusammensetzung und im energetischen Futterwert nur wenig vom Körnermais, von dem sich auch der Name ableitet („corn" im amerikanischen Englisch = Mais).

Von den Getreideproteinen enthält das Milocorneiweiß den geringsten Lysinanteil (s. Tab. II, Abschnitt 19). Nachteilig auf den Futterwert kann sich der Tanningehalt auswirken, der in Abhängigkeit von Varietät und Sorte erheblich streut. Neuzüchtungen sollen nur noch geringe Tanninmengen enthalten. Tanninarme Herkünfte sind Körnermais im Futterwert annähernd ebenbürtig. Milocorn hat gegenüber Mais den Vorteil, dass die Fettqualität der Schlachttiere nicht beeinträchtigt wird. Die Lipidfraktion enthält weniger ungesättigte Fettsäuren, insbesondere auch Linolsäure. Jedoch ist die Konzentration an Carotinoiden vergleichsweise zu Mais geringer.

Beim Einsatz von Milocorn in der praktischen Fütterung sind aber aufgrund von möglichen Schwankungen des Tanningehaltes dennoch Einsatzbeschränkungen notwendig. Die Höchstanteile sollten deshalb in den Futtermischungen für **monogastrische Nutztiere** ≈ 20 bis 30 % betragen (s. Tab. 40).

Mais und Maiskolbenfuttermittel
Aufgrund seines hohen Energiegehaltes wird Körnermais bevorzugt in den Mastmischungen des **Scharrgeflügels** (Broiler, Mastputen) eingesetzt. In der **Wassergeflügelmast** ist die ausschließliche Verwendung von Mais als Energiefuttermittel wegen vermehrter Fettbildung und Beeinträchtigung der Fettqualität nicht zweckmäßig; die obere Grenze im Rationsanteil liegt bei 30 %. In **Geflügelaufzuchtmischungen** sollte der Maiseinsatz aus nährstoffökonomischer Sicht restriktiv erfolgen. Außerdem begünstigen hohe Maisanteile bei unkontrollierter Fütterung im Junghennenabschnitt die Fettbildung (u. a. vermehrte Fettablagerung im Eierstock). Verfettete Junghennen sind weniger leistungsfähig. In der **Legehennenfütterung** gewährleistet der Einsatz von Körnermais eine reichliche Versorgung mit Linolsäure sowie Carotinoiden (Dotterpigmenten) und ist deshalb eine bevorzugte Getreideart.

Um Qualitätsmängel zu vermeiden, sollte in der **Endmast von Schweinen** der Maisanteil in Getreiderationen 40 % nicht überschreiten.

Auch für **Wiederkäuer** ist Mais ein geeignetes Konzentratfuttermittel, insbesondere in Kombination mit stärkearmem Grundfutter (Weidegras, Grassilage). Wenn kolbenreiche Maissilagen und Lieschkolbensilagen zum Einsatz kommen, ist jedoch ein moderater Körnermaiseinsatz angezeigt, damit die Menge an pansenstabiler Stärke nicht die enzymatische Abbaukapazität im Dünndarm überschreitet. In der Rindermast kann sich ein höherer Einsatz von Körnermais zu Silomaisrationen nachteilig auf die Qualität des Schlachtkörperfettes (erhöhter Anteil an ungesättigten Fettsäuren) auswirken.

Neben Körnermais stehen auch Maiskolbenfuttermittel (Abb. 61), vorrangig als Silagen, als energiereiche Futtermittel zur Verfügung. CCM-Silage ist ein vielseitig einsetzbares Energiefuttermittel, für das bei allen landwirtschaftlichen Nutztieren eine hohe Aufnahmewilligkeit besteht. In erster Linie wird dieses Feuchtkonzentrat an **Mastschweine** verfüttert. In der Endmast sollte analog zu Körnermais eine Begrenzung (s. Tab. 40) erfolgen.

Anstelle von Getreide kann CCM-Silage ebenfalls an **Zuchtsauen** verfüttert werden. Für tragende Sauen sind rohfaserreichere Silagen besser geeignet als solche mit niedrigem Spindelanteil. Letztere Qualität bildet aber bei säugenden Sauen die Voraussetzung für einen weitgehenden Verzicht auf Getreide in der Ration. Der relativ hohe Rohfaser- und der Milchsäuregehalt wirken sich insbesondere in der Zeit vor dem Abferkeln aus diätetischer Sicht günstig aus, da er die Futterpassage im Verdauungstrakt beschleunigt und dazu beiträgt, Verstopfungen und Fehlgärungen zu vermeiden.

Für **Ferkel** ist CCM-Silage ebenfalls ein sehr brauchbares Diätfuttermittel, das im Vergleich zur bewährten Weizenkleie noch den Vorteil der Milchsäurewirkung (u.a. pH-Senkung) im Magen aufweist. Ihr Einsatz unterstützt neben anderen Maßnahmen einen störungsfreien Übergang von der Milch- zur Trockenfutterernährung.

CCM-Silage bildet auch eine Alternative für Körnermais in der **Geflügelfütterung**. Sie enthält ebenso wie das Maiskorn reichlich Linolsäure und Carotinoide. Durch Variation des Spindelanteils im Ernteprodukt lassen sich Rohfasergehalt und Energiegehalt den Ansprüchen der einzelnen Geflügelarten und Produktionsrichtungen anpassen.

Für **Kälber** und **Lämmer** ist CCM-Silage ebenfalls ein vorteilhaftes Futtermittel, das Getreide voll ersetzen kann.

Die rohfaserreichere und energieärmere Maiskolbensilage sollte im Vergleich zu CCM-Silage nur in begrenztem Umfang an **Schweine** und **Geflügel** verfüttert werden. Lieschkolbensilage stellt vorrangig für **Wiederkäuer** und **Pferde** ein geeignetes Konzentratfuttermittel dar.

Reis

Reis wird fast ausschließlich erst nach vorangegangener Bearbeitung als Nahrungsmittel verwendet. Entspelzter bzw. polierter Reis, auch als brauner bzw. weißer Reis bezeichnet, ist im Vergleich zum unbearbeiteten Korn v. a. wesentlich rohfaser- und rohascheärmer. Der Futterwert der bearbeiteten Reiskörner ist deutlich höher als

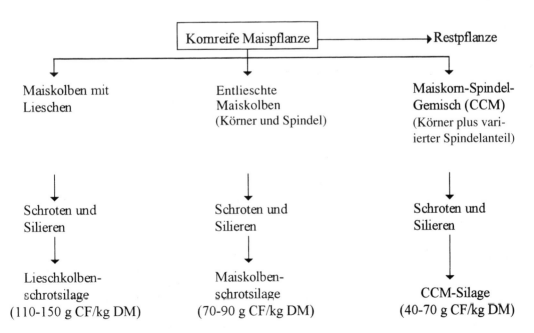

Abb. 61. Silagen aus Maiskolbenfuttermitteln.

der von Rohreis (Tab. I, Abschnitt 19). Die Verdaulichkeit der organischen Substanz steigt z. B. beim Huhn von 74 % (Rohreis) auf 90 % (entspelzter Reis) bzw. 96 % (polierter Reis) an. Zerkleinerte Reiskörner (Rohreis) können deshalb bei monogastrischen Nutztieren nur geringe Rationsanteile bilden. Dagegen sind die bearbeiteten Reiskörner, soweit sie für Fütterungszwecke zur Verfügung stehen (z. B. als Bruchreis), dem Körnermais im Futterwert ebenbürtig. Sie enthalten jedoch keine Pigmentstoffe und sind linolsäurearm. Beide Aspekte müssen v. a. bei der Verwendung als Geflügelfutter beachtet werden.

Roggen
Diese Getreideart wird vielfach als Problemfuttermittel bezeichnet, und es existiert Abneigung gegen eine Verwendung in Futterrationen für Monogastriden. Die ungünstige Wirkung des löslichen Anteils der Nichtstärke-Kohlenhydrate (Pentosane, β-Glucane) im Korn schwächt sich jedoch mit zunehmendem Alter der Tiere ab; Legehennen und Mastschweine tolerieren beachtlich höhere Anteile im Futter als Ferkel und Küken ohne nachteilige Wirkung auf Leistung und Gesundheit.

Im **Saugferkelfutter** sollte Roggen nicht enthalten sein, um jegliches Risiko für eine ungünstige Beeinflussung der Verdauungsprozesse durch die spezifischen Roggenkohlenhydrate auszuschließen. Dagegen ist sein Einsatz im **Mastschweinefutter** durchaus möglich. Für die Anfangsmast können bis 30 %, für die Endmast bis 40 % in Alleinfuttermischungen empfohlen werden. Im Alleinfutter für **güste** und **niedertragende Sauen** kann der Roggenanteil bis 20 % betragen. Futterrationen **hochtragender** und **säugender Sauen** sollten maximal 10 % Roggen enthalten.

Eine ausgesprochen hohe Empfindlichkeit gegenüber den löslichen Nichtstärke-Polysacchariden des Roggens besitzen ebenfalls **Küken**. Bereits ein Anteil von 5 bis 10 % kann Minderzunahmen verursachen. In den Startermischungen ist deshalb im Interesse einer ungestörten Entwicklung von einem Roggeneinsatz Abstand zu nehmen. Ab der 3. bis 4. Lebenswoche sind 5 % einsetzbar. In Verbindung mit wirksamen Enzympräparaten (s. Abschnitt 13.3.5) können jedoch höhere Mengen verwendet werden. Mit zunehmendem Alter des Geflügels schwächt sich die ungünstige Wirkung der spezifischen Kohlenhydrate im Roggen ab.

Legehennen tolerieren deutlich höhere Anteile im Mischfutter gegenüber Küken. In ausbilanzierten Rationen sind Anteile bis zu 30 bis 40 % möglich, ohne dass Gefahr für Leistung, Gesundheit und Eiqualität besteht. Für praktische Rationen liegen die Empfehlungen jedoch niedriger (s. Tab. 40). In den Futtermischungen für **Kälber** und **Lämmer** ist der Roggenanteil auf 10 % zu begrenzen. In der **Rindermast** kann das Kraftfutter 30 % Roggen enthalten. Für **Milchkühe** sind Tagesgaben von 2 bis 3 kg möglich.

Roggen eignet sich auch als Energiefuttermittel für **Arbeitspferde,** wobei sein Anteil im Kraftfutter ein Drittel nicht überschreiten sollte. An **wachsende Pferde, trächtige** und **säugende Stuten** sollte kein Roggen verfüttert werden. Roggen ist stets im abgelagerten Zustand, d. h. nicht erntefrisch (s. Abschn. 7.2.8) zu verfüttern. Frischer Roggen verursacht wesentlich intensivere mikrobielle Aktivitäten im Magen und Dünndarm als abgelagerte Körner. Die Leistungen sind dadurch noch stärker beeinträchtigt.

Triticale
Es besteht derzeitig bei Triticale eine beachtliche Formenvielfalt, die u. a. auch für die beachtliche Streubreite im Nährstoffgehalt der untersuchten Proben und die nicht immer einheitlichen Angaben zu Futterwert und Einsatzmöglichkeiten verantwortlich ist. Vergleichsweise zu Roggen ist der Gehalt an löslichen Nichtstärke-Polysacchariden niedriger. Jedoch weisen neuere Untersuchungen auf eine beachtliche Variation hin. Symptome, die für Roggenverfütterung typisch sind, werden bei höheren Triticaleanteilen im Kükenfutter in abgeschwächter Form festgestellt.

Ausgehend von der bisher nicht einheitlichen Bewertung der Futterwirkung von Triticale sowohl bei verschiedenen Nutzungsrichtungen des Geflügels als auch Schweinen, leitet sich die Empfehlung ab, die Triticaleanteile in den Alleinfuttermischungen für **Schweine** und **Geflügel** zu begrenzen (s. Tab. 40). Auch in den Aufzuchtmischungen für **Kälber** und **Lämmer** ist ein restriktiver Einsatz dieser Getreideart zweckmäßig (s. Tab. 40). Für Wiederkäuer mit voll funktionsfähigem Vormagensystem besteht dagegen keine Einsatzbeschränkung.

Weizen
Diese spelzenfreie Getreideart zählt zu den energiereichen Getreidefrüchten. Aufgrund seines niedrigen Rohfasergehaltes und der hohen Verdaulichkeit der organischen Substanz sollte Weizen bevorzugt bei **Schweinen** und **Geflügel** zur Verfütterung gelangen. Einsatzbeschränkungen wegen leistungsmindernder und gesundheitsschädigender

Inhaltsstoffe bestehen in der Regel nicht. Eine Restriktion (s. Tab. 40) ist jedoch in den Futtermischungen für wachsendes Geflügel angebracht, weil mitunter Weizenherkünfte mit erhöhten Gehalten an löslichen Pentosanen als Futtermittel zur Verfügung stehen (s. Tab. 39). Bei einer Verfütterung solcher Partien könnten Leistungsminderungen auftreten. Diese Einsatzbeschränkung ist allerdings hinfällig, wenn die Futterrationen mit Enzymen (s. Abschnitt 13.3.5) ergänzt werden.

Tab. 40. Empfehlungen für Höchstanteile an den verschiedenen Getreidearten in Ergänzungsfutter (Kälber) und Alleinfutter (Lämmer, Schweine, Geflügel)

Tierart/Nutzungs-richtung	Anteil in der Futtermischung (%)						
	Mais	Milocorn	Weizen	Roggen	Triticale	Gerste	Hafer
Kälber	o. B.[1]	30	o. B	10	25	o. B.	50
Mastlämmer	50	25	o. B.	10	25	o. B.	o. B.
Sauen	30[2]/40[3]	30/20	o. B.	20/10	40/30	o. B.	o. B./35
Saugferkel	50	0	o. B.	0	20	10	10
Absetzferkel	50	10	o. B.	10	30	25	15
Mastschweine	o. B.	25[4]/30[5]	o. B.	30/40	35/50	o. B.	15/25
Zuchthennen	o. B.	20	o. B.	10	30	40	20
Legehennen	o. B.	30	o. B.	20	30	40	20
Küken	o. B.	20	20[6]	5	20	10–20	20[7]
Junghennen	30	20	30[6]	15	30	30–40	20–30
Broiler	o. B.	20	20[6]	5	20	10–20	20[7]
Zuchtputen	o. B.	25	o. B.	10	30	45	20
Mastputen	o. B.	20	20[6,8]/30[6,9]	5	15/20	10/20	10[7]
Zuchtenten	o. B.	20	o. B.	10	25	60	20
Mastenten	30	30	40[6]	5	20	20–30	10
Zuchtgänse	o. B.	25	o. B.	10	25	60	30
Mastgänse (Schnellmast)	30	25	40[6]	5	20	30-40	20

[1] o. B. = ohne Beschränkung
[2] güste und tragende Sauen
[3] säugende Sauen
[4] Anfangsmast
[5] Endmast
[6] Weizen mit höheren Gehalten an löslichen NSP
[7] geschälter Hafer bzw. Nackthafer
[8] bis 5. Lebenswoche
[9] ab 5. Lebenswoche

Richtwerte für die Getreidearten Gerste, Hafer, Roggen, Triticale und pentosanreicheren Weizen sind nur verbindlich, wenn keine weitere Getreideart mit kritischem Gehalt an spezifischen NSP verwendet wird.

7.3 Körnerleguminosen

Zur Erzeugung proteinreicher Konzentratfuttermittel werden vorrangig Ackerbohnen (*Vicia faba* L.), Erbsen (*Pisum sativum* L.) und Süßlupinen (*Lupinus* L.) angebaut. Von Ackerbohnen, Erbsen und Lupinen existieren verschiedene Arten, Varietäten bzw. Convarietäten, die sich nicht nur in botanischen Merkmalen, sondern auch teilweise im Nährstoffgehalt und Futterwert unterscheiden. Neben diesen Hülsenfrüchten gelangen mitunter Samen weiterer Vertreter dieser Pflanzenfamilie zur Verfütterung, z. B. Gartenbohnen (*Phaseolus*-Arten), Wicken (*Vicia sativa* L.). Auch Sojabohnen (*Glycine max*) werden in gewissem Umfang verfüttert (s. Abschn. 7.4).

Die Körnerleguminosenanbaufläche betrug 2006/07 in Deutschland 107 000 ha; die Erntemenge belief sich auf 337 000 t, davon entfielen rund 85 % auf Erbsen.

Tab. 41. Antinutritive Inhaltsstoffe in Körnerleguminosen

Stoffgruppe	Chemische Verbindung(en)	Wirkungen	Vorkommen	Bewertung	Gegenmaßnahmen
Phenolderivate	Tannine	Futteraufnahmesenkung, Hemmung proteolytischer Enzyme, herabgesetzte Proteinverdaulichkeit	Ackerbohnen, Erbsen	Nachteilige Effekte erst bei relativ hohen Anteilen in Schweine- und Geflügelrationen	Anbau weißblühender Sorten, deutlich tanninärmer als buntblühende Herkünfte
Proteine	Lectine	Verdauungsstörungen, Durchfall, Nierenschäden, Beeinträchtigung körpereigener Abwehrmechanismen	*Phaseolus*-Arten, Ackerbohnen, Erbsen	Konzentrationen in Ackerbohnen und Erbsen gering	Thermische Behandlung von *Phaseolus*-Arten
	Proteaseinhibitoren	Trypsin- und chymotrypsinhemmende Wirkung, Pankreashypertrophie und -plasie, Wachstumsdepressionen	Ackerbohnen, Erbsen, Lupinen	Kaum Bedeutung in Lupinen, etwas stärker in Ackerbohnen und Erbsen	Bei praxisüblichen Einsatzmengen nicht erforderlich
Glucoside	Pyrimidinglucoside (Vicin, Convicin)	Störung des Fettstoffwechsels, verminderte Legeleistung und Einzeleimasse, Befruchtungs- und Schlupfleistungsdepression	Ackerbohnen, Wicken	Nachteilige Effekte insbesondere bei Zuchthennen und Zuchtsauen festgestellt	Anbau von Sorten mit stark reduzierten Gehalten, Einsatzrestriktionen bei Legehennen und Zuchthennen sowie Zuchtsauen
	Saponine	Oberflächenaktive und hämolytische Eigenschaften, Anti-Vitamin-D-Wirkung	Ackerbohnen, Erbsen, Lupinen	Über nachteilige Wirkungen bisher nichts bekannt	Nicht erforderlich
	α-Galactoside	Störung der Verdauungsvorgänge durch übermäßige Bildung von Gärgasen	Lupinen, Ackerbohnen, Erbsen	Nachteilige Effekte erst bei höheren Anteilen festgestellt	Ergänzung mit geeigneten Futterenzympräparaten
	Cyanogene Glucoside	Vergiftungserscheinungen durch freigesetzte Blausäure	Wicken, *Phaseolus*-Arten	Mangels neuerer Experimente nicht möglich	Thermische Behandlung von *Phaseolus*-Arten, Einsatzrestriktion (Wicken)
Alkaloide	Spartein, Lupinin, Lupanin, Hydroxylupanin, Angustifolin	Leberschädigung, Atemlähmung, Futteraufnahmesenkung	Bitterlupinen, nur Spuren in Süßlupinen	Bereits geringe Gehalte können Akzeptanz und Leistung beeinflussen	Restalkaloidgehalt ≦ 0,04 %, Alkaloidgehalt im Züchtungsprozeß überwachen

Phytinsäure	Bindung von Mengen(P, Ca)- und Spurenelementen, dadurch schlechtere Verwertung	In allen Leguminosen	Herabgesetzte Verfügbarkeit (insbesondere P)	Ergänzung der Futterrationen mit mikrobieller Phytase (s. Abschnitt 13.3.5)
Antivitamine	Aktivitätsminderung von Niacin	Ackerbohnen	Für Fütterungspraxis bedeutungslos	Wenn erforderlich (höherer Ackerbohnenanteil in der Ration), Ausgleich durch Niacinzusatz

7.3.1 Gehalt an Hauptnährstoffen

Der Nährstoffgehalt von Ackerbohnen, Erbsen und Lupinen ist in Tabelle I (Abschnitt 19) ausgewiesen. Ackerbohnen und Erbsen zählen zu den stärkeführenden Hülsenfrüchten (ebenfalls die verschiedenen Bohnenarten und Wicken), ihr Rohproteingehalt ist vergleichsweise zu den stärkearmen Süßlupinensamen niedriger. Von den verschiedenen Lupinenspezies weist *L. luteus* (Weiße Lupine) mit 430 g/kg DM den höchsten Rohproteingehalt auf, es folgen *L. angustifolius* (Blaue Lupine) und *L. albus* (Gelbe Lupine).

Süßlupinen sind deutlich faser- und fettreicher als Ackerbohnen und Erbsen. Neuzüchtungen von Weißen Süßlupinen erreichen Fettanteile von ≈ 100 g/kg DM; dies entspricht fast der halben Fettmenge von Sojabohnen. Das Fettsäurenmuster des Leguminosenfettes ist durch einen hohen Anteil (60 bis 90%) ungesättigter Fettsäuren, vorrangig Ölsäure und Linolsäure, gekennzeichnet. Die fettreichen Lupinen sind somit eine potentielle Quelle für essenzielle Fettsäuren.

Neben beachtlichen Zuckeranteilen (Mono- und Disaccharide) enthalten Körnerleguminosen z. T. recht hohe Konzentrationen an Oligosacchariden der Raffinosegruppe (Ackerbohnen ≈ 40 bis 50 g/kg DM, Erbsen ≈ 45 bis 75 g/kg DM, Süßlupinen ≈ 65 bis 85 g/kg DM), für deren Abbau landwirtschaftliche Nutztiere keine eigenen Enzyme besitzen und die mikrobielle Enzymkapazität bei monogastrischen Nutztieren begrenzt ist. Wegen ihrer flatogenen Eigenschaften werden die Oligosaccharide auch zu den antinutritiven Substanzen in Körnerleguminosen gezählt (Tab. 41). Bei praxisüblichen Einsatzmengen bzw. den Einsatzempfehlungen (Tab. 42) sind nachteilige Effekte nicht zu erwarten.

7.3.2 Mineralstoff- und Vitamingehalt

Ebenso wie Getreidekörner sind Leguminosensamen calciumarm (1,5 bis 2,7 g/kg DM), aber gleichfalls reicher an Phosphor (4,9 bis 5,4 g/kg DM), der jedoch zu etwa 40 bis 50% als Phytat-P vorliegt. Dadurch ist die P-Ausnutzung aus Leguminosen insbesondere bei wachsenden Monogastriden erheblich eingeschränkt, zumal kaum korneigene Phytasen nachgewiesen wurden. Als relativ niedrig muss ebenfalls die Na-Konzentration beurteilt werden. Gemessen an den erforderlichen Konzentrationsnormen im Futter, liegen die Gehalte ernährungsphysiologisch bedeutsamer Spurenelemente nur partiell in einem günstigen Bereich. Außerdem kann deren Absorption durch den hohen Phytingehalt beeinträchtigt werden.

Hülsenfruchtsamen sind fast carotinfrei. Der Anteil von α-Tocopherol am Gesamttocopherolgehalt ist niedrig. Einige Vitamine des B-Komplexes weisen recht günstige Gehalte auf (z. B. Vitamin B$_1$, Vitamin B$_6$, Cholin). Andererseits soll die Niacinverfügbarkeit aus Ackerbohnen durch einen Inhibitor beeinträchtigt sein.

7.3.3 Gehalt an antinutritiven Inhaltsstoffen

Leguminosenkörner enthalten verschiedene antinutritive Substanzen (s. Tab. 41), die ihren Anteil in Futterrationen einschränken können bzw. vor der Verfütterung grundsätzlich eine thermische Behandlung (*Phaseolus*-Bohnen) erfordern, wenn Leistungsminderungen und gesundheitliche Störungen ausgeschlossen werden sollen.

7.3.4 Proteinqualität

Die Proteinqualität, ein den Futterwert von Körnerleguminosen für monogastrische Nutztiere maßgeblich bestimmender Parameter, wird in starkem Maße von der Aminosäurenzusammensetzung des Proteins bestimmt. Für Lysin, Methionin bzw. Methionin plus Cystin, Tryptophan, Threonin vermittelt Tabelle II (Abschnitt 19) die entsprechenden Gehalte. Vergleichsweise zu den Getreidekörnern (Tab. II, Abschnitt 19) sind die Leguminoseneiweiße deutlich lysinreicher. Auffällig ist der geringe Gehalt an schwefelhaltigen Aminosäuren im Protein einheimischer Körnerleguminosen. Im Vergleich zum Sojaprotein liegt die Methioninkonzentration um 30 bis 50 % niedriger und unterschreitet auch deutlich die Konzentration im Getreideeiweiß.

Wie auch bei weiteren pflanzlichen Proteinträgern (Extraktionsschrote, Einzellerprotein) sind die Thioaminosäuren die erstlimitierenden Eiweißbausteine. Sie erweisen sich als eindeutig wertbegrenzend beim Leguminosenprotein. Ackerbohneneiweiß enthält etwa die gleiche Lysinkonzentration wie Sojaprotein (s. Tab. II, Abschnitt 19), während das Erbseneiweiß den Wert dieses Vergleichsproteins noch übertrifft. Von den einheimischen Leguminosen weisen Süßlupinen die niedrigsten Lysinanteile auf, wobei jedoch Artenunterschiede existieren (s. Tab. II, Abschnitt 19).

Über die Verdaulichkeit (st. pc. VQ) der essenziellen Aminosäuren informiert Tab. II (Abschnitt 19). Bei mehreren AS (Met, Cys, Thr, Trp) liegt die VQ (Schwein) bei den Lupinen beachtlich über den Werten von Ackerbohnen und Erbsen, während bei anderen (z. B. Lys) die Verdaulichkeit sich auf annähernd gleichem Niveau bewegt. Mit 82–84 % beim Lysin wird die Lys-Verdaulichkeit von Sojaextraktionsschrot nicht erreicht (87 %), übertrifft jedoch deutlich die von Rapsextraktionsschrot (73 %).

Für die Wiederkäuerfütterung und insbesondere für die Fütterung der Hochleistungskühe ist neben dem absoluten Rohproteingehalt in den Körnerleguminosen auch die Geschwindigkeit und die Höhe des Rohproteinabbaus in den Vormägen von Interesse, die die Menge an nutzbarem Rohprotein beeinflussen. Der Anteil an pansenbeständigem Rohprotein (UDP) liegt in der Größenordnung von 15 bis 25 % (Lupinen höher als Ackerbohnen und Erbsen und bei den Ackerbohnen buntblühende Sorten (höherer Tanningehalt) etwas günstiger als weißblühende Sorten) und unterschreitet damit deutlich den UDP-Anteil von getoastetem Sojaextraktionsschrot (≈ 35 %). Durch hydrothermische Behandlung der Körner kann jedoch der UDP-Anteil erheblich gesteigert werden (z. B. bei Ackerbohnen von 15 auf 30 %).

7.3.5 Verdaulichkeit und energetischer Futterwert

Entsprechende Daten enthält Tabelle I (Abschnitt 19). Die Nährstoffe der Körnerleguminosen werden von Wiederkäuern und Schweinen sehr gut verdaut. Beim Geflügel wirken sich jedoch die beachtlichen Faser- und Oligosaccharidanteile in den Körnern nachteilig auf die Verdaulichkeit der organischen Substanz und somit auf den energetischen Futterwert aus. Erbsen und die fettreicheren Weißen Süßlupinen sind für Schweine und Geflügel die energiereicheren Vertreter innerhalb der Körnerleguminosen. Der energetische Futterwert lässt sich durch Schälen der Körner beachtlich steigern (s. Tab. 68, Abschnitt 17.2). Weitere Möglichkeiten der Futterwerterhöhung von Körnerleguminosen werden im Abschnitt 17 dargelegt.

7.3.6 Einsatzempfehlungen

Körnerleguminosen sollen aufgrund ihrer nährstoffmäßigen Zusammensetzung in erster Linie einen Beitrag zur Protein- und Aminosäurenversorgung monogastrischer Nutztiere leisten. Sie sind infolge ihrer Proteinqualität (lysinreich, relativ geringer Gehalt an schwefelhaltigen Aminosäuren) und guten Verdaulichkeit vorteilhafte Proteinfuttermittel für Futterrationen auf der Basis von Getreide und Getreideprodukten in der **Schweinefütterung**. Vor allem empfiehlt sich ihr Einsatz in der Schweinemast. Durch das methioninreichere Getreideprotein erfolgt ein Ausgleich der Defizite in den Körnerleguminosenproteinen, aber auch an weiteren essenziellen Aminosäuren, wie Threonin und Tryptophan (außer bei Mais).

Beim Einsatz in **Geflügelmischungen** verdient die Absicherung der Konzentrationsnormen an schwefelhaltigen Aminosäuren besondere Aufmerksamkeit. Dieses Defizit lässt sich vorteilhaft durch technisches Methionin ausgleichen. Erhöhte Anteile in Geflügelfuttermischungen verursachen einen Abfall des Energiegehaltes unter die geforderten Konzentrationsnormen, wenn eine Auffettung nicht möglich ist oder Mais nicht ausreichend zur Verfügung steht.

Weiße Süßlupinen und Erbsen sind aus energetischer Sicht die vorteilhaftesten Körnerleguminosen für Geflügelrationen. Für die Geflügelfütterung (insbesondere Zuchthennen und Hähne) besitzt auch der reichliche Linolsäuregehalt im Lupinenfett einen ernährungsphysiologischen Stellenwert. Beim Einsatz von Körnerleguminosen in den Futtermischungen bzw. -rationen für Schweine und Geflügel ist eine ausreichende Ergänzung mit Mineralstoffen und Vitaminen zu gewährleisten.

Körnerleguminosen können selbstverständlich auch in der **Wiederkäuerfütterung**, z. B. Bullenmast, zum Ausgleich des Proteindefizits in der Ration (z. B. Maissilage als Grundfutter) eingesetzt werden. Sojaextraktionsschrot lässt sich in der Bullenmast proteinäquivalent ohne Leistungseinbußen durch Körnerleguminosen austauschen. Als Futtermittel für Hochleistungskühe sind den Körnerleguminosen in unbehandelter Form Grenzen gesetzt (s. 7.3.4, außerdem hohe

Tab. 42. Empfehlungen für Höchstanteile an Körnerleguminosen in Ergänzungsfutter (Kälber) und Alleinfutter (Lämmer, Schweine, Geflügel)

Tierart/ Nutzungsrichtung	Ackerbohnen (%)	Erbsen (%)	Süßlupinen (%)
Kälber	15	20	20
Mastlämmer	30	30	20
Sauen	$15^1/15^2$	25/25	20/15
Saugferkel	0	10	0
Absetzferkel	5	30	5
Mastschweine	$15^3/25^4$	40/40	15/20
Zuchthennen	5	$20^5/30^6$	10
Legehennen	10	20/30	15
Küken	15	20/30	15
Junghennen	15	20/30	20
Broiler	15	20/30	15
Zuchtputen	5	15/25	10
Mastputen,			
1.–4. Woche	10	15/20	10
ab 5. Woche	15	20/30	15
Zuchtenten	5	20/30	15
Mastenten	15	20/30	15
Zuchtgänse	5	20/30	10
Mastgänse (Schnellmast)	20	20/30	10

[1] güste und tragende Sauen
[2] säugende Sauen
[3] Anfangsmast
[4] Endmast
[5] Buntblühende Sorten
[6] Weißblühende Sorten

Stärkeabbaubarkeit im Pansen, beachtlicher Fettgehalt der Lupinen). Es werden folgende Höchstmengen je Kuh und Tag empfohlen: 4,0 kg Ackerbohnen; 4,0 kg Erbsen; 3,0–4,0 kg Süßlupinen. Nach neueren Versuchsergebnissen sind von hydrothermisch behandelten Leguminosenkörnern höhere Einsatzmengen möglich. Der größte Nutzen für die Verbesserung der Proteinqualität ist durch technische Behandlungen bei den proteinreicheren Lupinen zu erwarten.

Die in Tabelle 42 ausgewiesenen Empfehlungen zum Körnerleguminosenanteil in Futtermischungen für Kälber, Lämmer, Schweine und Geflügel berücksichtigen sowohl ernährungsphysiologische als auch praxisrelevante Belange (u. a. realisierbare Rationsgestaltung, kein erhöhtes Produktionsrisiko). Die nicht unerhebliche Variation im Gehalt an antinutritiven Inhaltsstoffen ist ein weiterer Grund, dass in Versuchen durchaus bewährte Rationsanteile für den praktischen Einsatz nicht aufrechtzuerhalten sind. Die Empfehlungen für Süßlupinen treffen nur bei einem Restalkaloidgehalt < 0,05 % zu.

Durch Bearbeitung bzw. Behandlung der Leguminosenkörner (s. Abschn. 17) ist eine Einsatzerweiterung möglich. Gartenbohnen (z. B. *Phaseolus vulgaris* L.) sowie tropische Bohnenarten sind generell vor der Verfütterung einer thermischen Behandlung zu unterziehen, um die reichlichen Konzentrationen an Lectinen abzubauen. Denn bereits geringe Rationsanteile unbehandelter Bohnen verursachen gesundheitliche Schäden.

7.4 Fettreiche Samen

In erster Linie sind fettreiche Samen nach wie vor Rohstoffe für die Ölgewinnung (s. Abschn. 8.7). In gewissem Umfang kommen diese direkt als Futtermittel zum Einsatz, vor allem Sojabohnen, aber mitunter auch Rapssaat und Sonnenblumensamen. Eine längere Tradition hat die Verwendung von Leinsamen als Diätfuttermittel, insbesondere bei Kälbern und Pferden.

Zum Nährstoffgehalt und Futterwert vermittelt Tabelle I (Abschnitt 19) Daten. Die Zahlen zum energetischen Futterwert basieren erst auf wenigen Untersuchungen und sind deshalb mit einer gewissen Unsicherheit belastet. Ölreiche Samen sind aufgrund ihres Nährstoffgehaltes sowohl Energie- als auch Proteinträger. An monogastrische Nutztiere sollten grundsätzlich getoastete Sojabohnen verfüttert werden. Auch bei der Rapssaat wirken technische Behandlungen qualitätsverbessernd (s. Abschn. 17) und erweitern dadurch auch Einsatzspektrum und Rationsanteil. Sonnenblumensamen sind an Schweine und Geflügel wegen des hohen Schalenanteils in geschälter Form zu verfüttern.

Über Einsatzrichtlinien informiert Tabelle 43. Das Vorkommen an antinutritiven Substanzen (s. Tab. 47, Abschnitt 8.7.6), der Fettgehalt sowie der hohe Anteil an ungesättigten Fettsäuren erfordern Beschränkungen im Mischfutteranteil bzw. in der Tagesgabe.

Den im wässrigen Medium schleimbildenden Stoffen des Leinsamens (Gemisch aus verschie-

Tab. 43. Empfehlungen für Höchstmengen an fettreichen Samen

Futtermittel	Relativer (%) im Mischfutter für				
	Milchkühe[1]	Mastrinder[1]	Schweine[2]	Geflügel[2]	
				Masttiere	Legetiere
Rapssamen	5	5	10	10	10[3]
Sojabohnen	10	10	15[4]	15[4]	10[4]
Sonnenblumensamen bzw. -kerne	5	5	5[5]	5–10[5]	10–15[5]

[1] Ergänzungsfutter
[2] Alleinfutter
[3] An braunschalige Eier legende Hennenherkünfte ohne bzw. unzureichender TMA-Oxidaseaktivität 0 %, Einsatz nur nach vorgeschalteter Behandlung zum Sinapinabbau möglich (s. Abschnitt 17)
[4] Nach Toasten (s. Abschnitt 17)
[5] Sonnenblumenkerne

denen Kohlenhydraten in den Epidermiswänden) werden eine Reihe günstiger Eigenschaften (u. a. Stimulierung der Darmperistaltik, Beseitigung von Verdauungsstörungen) zugeordnet. Leinsamenschrote kommen deshalb v. a. in der Kälberaufzucht als Bestandteil der Tränke bzw. des Aufzuchtfutters zum Einsatz. Das Vorkommen an cyanogenen Glucosiden erfordert jedoch eine Einsatzrestriktion ($\approx 10\%$ im Kälberaufzuchtfutter). Durch Erhitzen der Leinsamenkörner (s. Abschnitt 17.5) oder Aufbrühen des Leinsamenschrotes mit 70 °C heißem Wasser vor der Tränkezubereitung werden die Blausäure freisetzenden Enzyme inaktiviert. Dadurch sind höhere Einsatzmengen möglich.

7.5 Buchweizen

Buchweizen zählt zu den Knöterichgewächsen (*Polygonaceae*) und ist aus dieser Pflanzenfamilie die einzige landwirtschaftlich genutzte Art. Sein Anbau zur Körnernutzung war früher auch in Mitteleuropa auf sehr leichten, sandigen Böden verbreitet. Der ertragreichere Roggen hatte ihn praktisch verdrängt. Im Rahmen des alternativen Landbaus gelangt Buchweizen neuerdings wieder zum Anbau. Die Samen und ihre Verarbeitungsprodukte dienen zwar in erster Linie der menschlichen Ernährung; dennoch schließt dies eine Verwendung als Futtermittel nicht aus. Über Inhaltsstoffe und Futterwert dieser Körnerfrucht informiert Tabelle I (Abschnitt 19).

Die Buchweizenkörner sind von einer harten und rohfaserreichen Schale umgeben, auf die 20% und mehr der Gesamtkornmasse entfallen. Dadurch enthalten die Körner ebenso wie Hafer einen relativ hohen Rohfasergehalt. Verdaulichkeit und energetischer Futterwert sind somit nur mittelmäßig. Dagegen ist nach Entfernen der Schalen, die selbst für Wiederkäuer nur einen geringen Futterwert besitzen, das entschälte Korn ein hochverdauliches und energiereiches Futtermittel. Mit etwa 130 g (intakte Körner) bzw. 145 g (geschälte Körner) Rohprotein/kg DM liegt dieser Inhaltsstoff in der Größenordnung von Gerste, Weizen und Triticale. Das Buchweizenprotein weist jedoch ein deutlich günstigeres Aminosäurenmuster auf als Getreideeiweiße. Es enthält immerhin rund 5,5 g Lysin/16 g N (Gerste 3,6 g/16 g N).

Auch die Konzentration an weiteren essenziellen Aminosäuren (u. a. Tryptophan, Threonin, Methionin) liegt z. T. beachtlich höher als bei Getreide. Das relativ ausgewogene AS-Spektrum bewirkt somit eine Überlegenheit in der Proteinqualität gegenüber Getreideproteinen. Dies erklärt auch die früher bevorzugte Verwendung von Buchweizengrütze (aus entschälten Körnern) in der Kükenaufzucht.

Geschälter Buchweizen ist ein vorzügliches Energiefuttermittel für monogastrische Nutztiere, das vergleichsweise zu Getreide außerdem einen höheren Beitrag zur Rohprotein- bzw. Aminosäurenversorgung leistet. Das auch in den Körnern enthaltene „Fagopyrin" mit photodynamischen Eigenschaften erfordert Einsatzbeschränkungen, wenn eine Freilandhaltung der Tiere erfolgt. Bei Hühnern bilden bereits 30 g Buchweizenschrot je Tier und Tag die Empfindlichkeitsschwelle.

8 Futtermittel aus der industriellen Verarbeitung pflanzlicher Rohstoffe

8.1 Allgemeine Angaben

Die nachfolgenden Ausführungen konzentrieren sich v. a. auf Verarbeitungsstrecken, die im Inland angesiedelt sind und überwiegend einheimische Rohstoffe verarbeiten. Das Ziel der einzelnen Verarbeitungstechnologien besteht in der Erzeugung hochwertiger Produkte (Lebensmittel, Lebensmittelausgangserzeugnisse, Genussmittel, Industrierohstoffe u.s.w.) bei höchstmöglicher Ausnutzung des jeweiligen pflanzlichen Rohstoffes. Die dabei anfallenden Nebenprodukte tragen jedoch ebenfalls zur Wertschöpfung bei und sind somit keinesfalls Rückstände, die irgendwie verwertet werden müssen. Ihr Einsatz in der Fütterung landwirtschaftlicher Nutztiere unter Berücksichtigung ihrer spezifischen Eigenschaften (u. a. Inhaltsstoffe, Beschaffenheit, Haltbarkeit) leistet einen beachtlichen Beitrag zur Energie- und Nährstoffversorgung. Es handelt sich um nicht zulassungsbedürftige Einzelfuttermittel, die in der FMV sowie in der Positivliste für Futtermittel konkret bezeichnet und beschrieben sind. Außerdem sind anzugebende Inhaltsstoffe festgelegt (FMV) und in der Positivliste noch zusätzlich Differenzierungsmerkmale und Anforderungen zur besseren futtermittelkundlichen Charakterisierung.

Im einzelnen werden die Nebenprodukte abgehandelt, die in den folgenden Bereichen anfallen:
- Mehl- und Schälmüllerei,
- Stärkeherstellung,
- Spiritusherstellung,
- Mälzerei und Brauerei,
- Obstverarbeitung,
- Ölindustrie,
- Zuckerindustrie.

Die sehr heterogene Nebenproduktpalette unterscheidet sich von den jeweiligen Ausgangsmaterialien sowohl in der Beschaffenheit als auch der chemischen Zusammensetzung. Der dem jeweiligen Verfahren zugrunde liegende Inhaltsstoff im Ausgangsmaterial ist in den Nebenprodukten in deutlich geringerer Konzentration enthalten.

Mitunter werden auch die Hauptprodukte der Verarbeitung als Futtermittel verwendet (z. B. Pflanzenöle, Quellstärke, Zucker), die futtermittelrechtlich (FMV) und in der Positivliste den Nebenerzeugnissen in allen Belangen gleichgestellt sind.

8.2 Nebenprodukte der Mehl- und Schälmüllerei

Bei der Verarbeitung von Getreidekörnern und Leguminosensamen fallen verschiedenartige Nebenprodukte an. Es sind Futter- bzw. Nachmehle, Kleien und Spelzen bzw. Schalen.

Im Vergleich zu den Ausgangsmaterialien enthalten die Verarbeitungsrückstände v. a. geringere Stärkeanteile sowie mehr Rohprotein und/oder Faser. Sie sind reicher an Phosphor und Vitaminen des B-Komplexes. Der energetische Futterwert ist mit wenigen Ausnahmen niedriger.

8.2.1 Nebenprodukte der Mehlmüllerei

Rohstoffe der Mehlmüllerei sind in Deutschland fast ausschließlich Roggen und Weizen. Auf weitere im Ausland zum Einsatz kommende Getreidearten (z. B. Mais) kann nicht eingegangen werden. Vor der eigentlichen Verarbeitung, die in Abbildung 62 stark vereinfacht dargestellt ist, muss das Getreide zunächst gereinigt werden. Dies vollzieht sich in zwei Schritten. Bei der sogenannten „Schwarzreinigung" werden Verunreinigungen

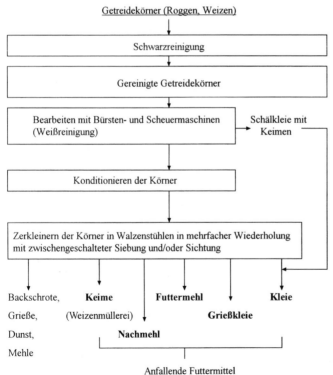

Abb. 62. Verfahrensschema der Mehlmüllerei.

verschiedener Art (Erdbrocken, Staub, Sand, kleine Steine, Metallteile, Unkrautsämereien, Fremdgetreide, durch parasitische Pilze veränderte Körner (z. B. Mutterkorn), verkümmerte, notreife und zerbrochene Körner) entfernt. Hierzu durchläuft das Getreide mehrere Reinigungsstufen unter Verwendung von Aspirateur, Magnet, Steinausleser und Trieur. Von den Abfällen sind nur die aussortierten Fremdgetreidearten sowie Klein- und Bruchkörner der zur Verarbeitung kommenden Körnerart als Futtermittel zugelassen.

Während der anschließenden „Weißreinigung" wird die Kornoberfläche mittels Scheuermaschine gereinigt. Bei dieser mechanischen Bearbeitung kommt es zu einer mehr oder weniger starken Abtrennung der obersten Zellschicht der Fruchtschale. Der rohfaserreiche Abrieb (2 bis 4 % der Gesamtkornmasse) führt die Bezeichnung Schälkleie und wird in der Regel der Kleie zugemischt. Lediglich bei der Herstellung von Vollkornmehlen kann Schälkleie ein eigenständiges Nachprodukt bilden. Außerdem wird bei dieser Art der Reinigung ein Teil der Keime, bei Roggen mehr als bei Weizen, abgeschlagen, die gleichfalls Bestandteil der Schälkleie sind.

Während der eigentlichen Vermahlung der Roggen- und Weizenkörner werden durch stufenweises Zerkleinern mit zwischengeschalteter Siebung und/oder Sichtung Backschrote, Grieße, Dunst und verschiedene Mehle aus dem Mehlkörper hergestellt. Dabei erfolgt eine Abtrennung der Schalenteile, Aleuronzellen und Keime, die die Hauptbestandteile für die anfallenden Nebenprodukte (Nachmehl, Futtermehl, Grießkleie, Kleie, Keime) bilden. Bei höherer Ausmahlung ($\approx 80\%$) fallen nur Grießkleie und Kleie als Rückstände an. Aus wirtschaftlichen Gründen erfolgt nicht in jedem Fall eine getrennte Gewinnung der Nebenprodukte. Als Mischung werden sie unter der Bezeichnung Kleie in den Handel gebracht.

8.2.1.1 Inhaltsstoffe und Futterwert
Vergleichsweise zu den ganzen Körnern steigen mit zunehmendem Schalenanteil in den Nebenprodukten die Gehalte an Rohfaser (Gesamtfaser) und Rohasche (Mineralstoffe) an, während der Stärkegehalt deutlich abnimmt (Tab. I, Abschnitt 19). Außerdem sind die Rückstände gegenüber den Ausgangsmaterialien reicher an Rohfett und Rohprotein (Tab. I, Abschnitt 19) und enthalten höhere Konzentrationen an Vitaminen des B-Komplexes und an Vitamin E.

Verdaulichkeit und energetischer Futterwert sind mit Ausnahme der selten anfallenden Nachmehle stets niedriger als die der intakten Körner (Tab. I, Abschnitt 19). Der Rückgang im energetischen Futterwert fällt für das Schwein und v. a. für das Geflügel deutlicher aus als für Wiederkäuer (Abb. 63). Für Wiederkäuer und Schweine ist Roggenkleie etwas wertvoller als Weizenkleie. Die Proteinqualität der Nachprodukte übertrifft die der Roggen- und Weizenkörner aufgrund der Anreicherung mit den lysinreicheren Globulinen und Albuminen der äußeren Kornschichten (s. Abschn. 7.2.7). Bezogen auf 1 kg DM enthalten Futter-, Nachmehle und Kleien höhere Konzentrationen an ernährungsphysiologisch bedeutsamen essenziellen Aminosäuren als die jeweiligen Getreidekörner (Tab. II, Abschnitt 19).

Soweit Weizenkeime nicht einer anderweitigen Verwendung (pharmazeutische Industrie, Spezialnahrungsmittel) zugeführt werden, bilden sie wegen ihrer reichlichen Gehalte an Rohprotein (hohe biologische Wertigkeit), Rohfett, Vitaminen (E, B-Komplex) und Mineralstoffen (P, Mg, Mn, Zn, Cu, Co) ein hochwertiges Futtermittel.

8.2.1.2 Einsatzempfehlungen
Der Einsatz von Mühlennachprodukten bei den einzelnen Nutztierarten und Produktionsrichtungen wird v. a. von deren Verdaulichkeit und damit ihrem energetischen Futterwert bestimmt. Daneben sind Verzehrs- und diätetische Eigenschaften zu beachten. In den Futtermischungen bzw. -rationen für Schweine und Geflügel lassen sich Kleien infolge ihrer mäßigen Verdaulichkeit (OM: Schwein $\approx 75\%$, Geflügel $\approx 60\%$) nur begrenzt einsetzen (bis maximal 20 % in Alleinfuttermischungen), wenn hohe Leistungen erwartet werden. Für die Schweinemast ist Roggengegenüber Weizenkleie aufgrund ihres höheren energetischen Futterwertes besser geeignet. Lediglich in den Rationen bzw. Mischungen für güste und niedertragende Sauen sowie in bestimmten Phasen bzw. Fütterungsprogrammen der Geflügelaufzucht und während der Legeruhe (z. B. Wassergeflügel) sind höhere Anteile möglich und auch vorteilhaft. Weizenkleie hat dabei den Vorzug gegenüber Roggenkleie.

Weizenkleie ist außerdem eine sehr günstige Komponente für das Ferkelfutter nach dem Absetzen (diätetische Wirkung der Kleierohfaser). Wegen der Futterstruktur sollten auch die höherverdaulichen Nachmehle auf Anteile bis zu 30 % beschränkt bleiben. Das stark staubende oder nach dem Anfeuchten pappige Futter beeinträchtigt die Futteraufnahme. Bei pelletiertem Futter entfällt diese Begrenzung.

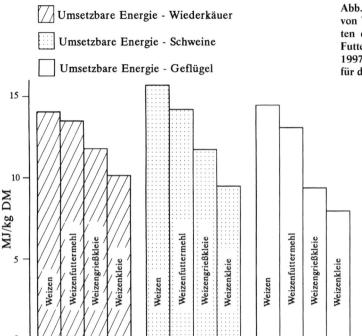

Abb. 63. Energetischer Futterwert von Weizen und den Nebenprodukten der Weizenvermahlung (DLG-Futterwerttabellen – Wiederkäuer, 1997, – Schweine, 1991; Jahrbuch für die Geflügelwirtschaft 1997).

Bevorzugtes Einsatzgebiet für Kleien sollte die Wiederkäuerfütterung sein, da Rinder und Schafe die Nährstoffe besser verdauen und außerdem auf den Verzehr voluminöser Futtermittel eingestellt sind. Wenn Weizenkeime für die Verfütterung zur Verfügung stehen, sind sie an männliche Zuchttiere und in der Jungtieraufzucht in kleinen Gaben einzusetzen. Dadurch wird das Futter hinsichtlich des Mineralstoff- und Vitaminangebotes aufgewertet.

Mühlennachprodukte sind in Folge einer Zerstörung der Zellstrukturen und damit hoher Substratverfügbarkeit für Keime nur begrenzt lagerfähig. Bereits bei leicht erhöhtem Wassergehalt als Folge einer Wasseraufnahme z. B. aus der umgebenden Luft oder aus Kondensationsprozessen können sie leicht schimmeln sowie dumpf, muffig und klumpig werden. Außerdem tritt schnell Milbenbefall auf. Bei den fettreichen Keimen besteht bereits nach kurzer Lagerung die Gefahr der Fettverderbnis, so dass ein alsbaldiger Verbrauch erforderlich ist.

8.2.2 Nebenprodukte und Produkte der Schälmüllerei

In den Schälmühlen gelangen bespelzte oder schalenreiche Getreidearten (Gerste, Hafer, Hirsen, Reis) und Leguminosen (insbesondere Erbsen) zur Verarbeitung, aus denen vorrangig Nährmittel hergestellt werden. Je nach Verwendungszweck der Schälprodukte werden die Körnerfrüchte in ein- oder mehrmaligen Arbeitsgängen geschält und danach weiteren Bearbeitungen unterzogen (Abb. 64).

Die anfallenden Nebenprodukte bei der Verarbeitung von Hafer, Gerste und Erbsen vermittelt Abbildung 64. Sie sind bis auf die Futtermehle sehr rohfaserreich und weisen mäßige bis geringe Energiedichten auf (Tab. I, Abschnitt 19). Für monogastrische Nutztiere kommen deshalb lediglich Futtermehle und Gerstenkleie als Rationskomponenten in Betracht. Schälkleien, Spelzen und Schalen eigenen sich z. B. als Weideergänzungsfutter.

Verschiedentlich werden auch entspelzte bzw. geschälte Hafer- bzw. Gerstenkörner (s. Tab. 68, Abschnitt 17.2) als Komponenten in Futtermischungen für Jungtiere (Kälber, Ferkel, Küken) verwendet. Vor allem Haferfutterflocken sind hochverdaulich sowie energiereich und somit sehr geeignet für die Jungtierfütterung. Durch das Herstellungsverfahren (Quetschen zwischen dampfbeheizten Walzen) werden Enzyme (Lipasen, Peroxidasen) des Haferkorns zerstört, die die Lagerfähigkeit beeinträchtigen könnten (s. Abschnitt 18).

Wertvolle Futtermittel liefert die Reisverarbeitung. Dazu zählen Bruchreis (Anfall bei der

Abb. 64. Verfahrensschema der Schälmüllerei.

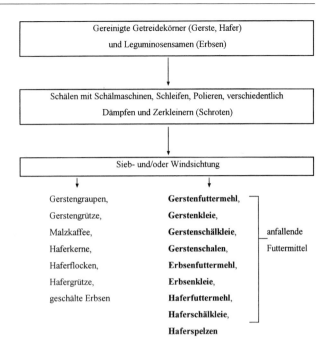

Herstellung von poliertem oder glasiertem Reis), Reisfuttermehle und Reiskeime. Ausgewählte Futterwertdaten von diesen Produkten enthält Tabelle I (Abschnitt 19). Sie finden vorrangig als Mischfutterkomponente Verwendung.

8.3 Nebenprodukte der Stärkeindustrie

Zur Stärkegewinnung werden Getreidefrüchte (Mais, Weizen, Roggen, Reis, Milocorn u. a.), stärkehaltige Knollen (Kartoffeln, Maniok u. a.) sowie neuerdings auch Erbsen verwendet. In Deutschland sind Mais, Weizen und Kartoffeln die Rohstoffe für die Stärkeindustrie. Die Verarbeitung der im morphologischen Aufbau und der chemischen Zusammensetzung unterschiedlichen Ausgangsmaterialien erfolgt nach verschiedenen Verarbeitungstechnologien. Die anfallenden Produkte unterscheiden sich und werden deshalb getrennt abgehandelt.

8.3.1 Nebenprodukte bei der Stärkegewinnung aus Mais und Weizen

Das Herstellungsverfahren für Maisstärke ist vereinfacht in Abbildung 65 dargestellt. Die dabei auftretenden Nebenprodukte sind in der Reihenfolge ihres Anfalls Maisquellwasser, Maiskeimkuchen (nach Abpressen des Öles), Maisfasern und Maiseiweiß (Maiskleber). Aus diesen Rückständen werden in der Mischstation standardisierte Futtermittel mit unterschiedlichem Kleberanteil hergestellt. Dadurch variiert insbesondere der Rohproteingehalt, der lt. FMV anzugeben ist. Außerdem bilden Maiskleber, Maiskeimöl und mitunter auch Maisquellwasser eigenständige Produkte, wobei das Keimöl kaum als Futtermittel verwendet wird.

Abweichend zur Maisstärkeerzeugung erfolgt bei der Stärkegewinnung aus Weizen zunächst eine Trockenvermahlung der gereinigten Körner (Abb. 66). Neben der hierbei anfallenden Kleie (enthält u. a. die Keime) sind Fasern, wasserlösliche Bestandteile und ein Teil des Klebers als Rückstände beim mehrstufigen Naßseparieren die weiteren Komponenten für die als Weizenkleberfutter bezeichnete Mischung, die getrocknet und pelletiert in den Handel gelangt. Ein weiteres Produkt aus dem Prozess der Weizenstärkegewinnung ist Vitalkleber (modifiziertes Weizeneiweiß), der insbesondere in der Lebensmittelindustrie verarbeitet wird und kaum als Futtermittel dient.

Inhaltsstoffe und Futterwert
Gegenüber den Ausgangsstoffen sind Kleber und Kleberfutter deutlich stärkeärmer, sehr protein-

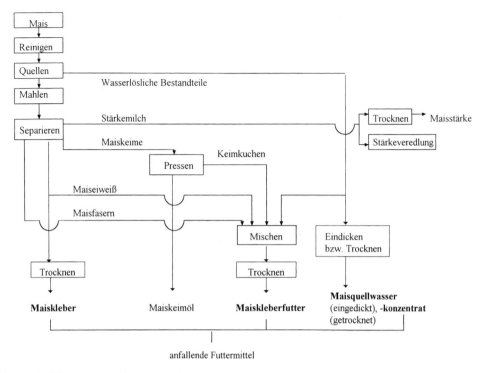

Abb. 65. Verfahrensschema der Maisstärkegewinnung.

reich (Kleber) bzw. mehr oder weniger eiweißreicher (Kleberfutter) (Tab. I, Abschnitt 19). Das Protein ist aufgrund seiner ungünstigen Aminosäurenzusammensetzung (Tab. II, Abschnitt 19), d. h. seiner geringen Gehalte an Lysin und Tryptophan (Maisprodukte) von geringer Qualität. Maiskleber ist reich an Carotinoiden (Lutein, Zeaxanthin).

Der energetische Futterwert nimmt von Kleber über eiweißreiches Maiskleberfutter zu proteinärmerem Mais- bzw. Weizenkleberfutter deutlich ab. Letztere Produkte sind aufgrund der Anreicherung mit Zellwandsubstanzen beachtlich energieärmer als die jeweiligen Getreidekörner. Maisquellwasser besteht vorwiegend aus Rohprotein (40 bis 45 % der DM), N-freien Extraktstoffen (lösliche Kohlenhydrate, organische Säuren, ≈ 35 % der DM) und ist reich an Mineralstoffen und Vitaminen des B-Komplexes (außer Vitamin B_{12}).

Einsatzempfehlungen
Sowohl proteinärmere Maiskleberfutter als auch Weizenkleberfutter sind durch ihren Rohfasergehalt vorrangig in der Wiederkäuerfütterung einzusetzen (Tab. 44). Auch rohfaserärmere und damit besser verdauliche proteinreichere Maiskleberfutter sowie der sehr eiweißreiche Maiskleber ermöglichen infolge der schlechten Proteinqualität nur einen begrenzten Einsatz in Futterrationen bzw. Futtermischungen für monogastrische Nutztiere (s. Tab. 44). In Wiederkäuerrationen eignen sie sich vorteilhaft als Proteinergänzung zu proteinärmeren Grundfuttermitteln (z. B. Maissilage, Rüben, Pressschnitzelsilage).

Der carotinoidreiche Maiskleber ist eine gute Pigmentquelle v. a. für Legehennenmischungen. In Geflügelrationen auf der Basis inländischer pflanzlicher Eiweißfuttermittel (Körnerleguminosen, Kuchen aus der Kaltverpressung von Ölsaaten) lässt sich durch die Integration von Maiskleber die Versorgung mit S-haltigen Aminosäuren verbessern.

Maisquellwasser soll außer den bereits genannten Inhaltsstoffen unbekannte Wachstumsfaktoren (unidentifed growth factors, UGF) enthalten und kam deshalb v. a. in der Geflügelfütterung (USA) zum Einsatz. Unabhängig davon lässt sich durch geringe Rationsanteile (Trockenprodukte) v. a. der Gehalt an Vitaminen des B-Komplexes anreichern (Futtermischungen für wachsendes Geflügel, Zuchthennen, Ferkel).

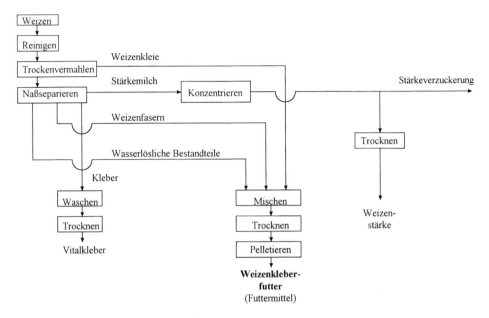

Abb. 66. Verfahrensschema der Weizenstärkeerzeugung.

8.3.2 Nebenprodukte aus der Kartoffelstärkegewinnung

Ein vereinfachtes Schema der Stärkegewinnung aus Kartoffeln vermittelt Abbildung 67. Nach Abscheiden des Fruchtwassers aus den Kartoffelreibseln und Abtrennen der Rohstärkemilch fällt Pülpe als Rückstand an. Dieses Nebenprodukt enthält vom Ausgangsmaterial die Zellwandbestandteile und außerdem verfahrensbedingt unterschiedliche Stärkeanteile. Mitunter findet auch eine Trocknung der Pülpe statt. Verschiedentlich wird das im Fruchtwasser enthaltene Kartoffeleiweiß durch Zusatz von Säure koaguliert, ausgefällt und als Kartoffeleiweiß in getrocknetem Zustand vermarktet. Durch Vereinigung von Pülpe und Kartoffeleiweiß entsteht ein Futtermittel mit der Produktbezeichnung „Kartoffelpülpe, eiweißreich". Verschiedentlich wird aus dem Restfruchtwasser durch Eindampfen ein Futtermittel mit der Bezeichnung „Kartoffelfruchtwasserkonzentrat" gewonnen.

Tab. 44. Empfehlungen für Höchstmengen an Nebenprodukten der Getreidestärkeherstellung in der Nutztierfütterung

Tierart/ Nutzungsrichtung	Menge je Tier und Tag bzw. Anteil im Mischfutter		
	Maiskleberfutter	Weizenkleberfutter	Maiskleber
Milchkühe	4,0 kg	2,0 kg	2,0 kg
Kälber bis 4. Monat[1]	25 %	25 %	15 %
Weibl. Jungrinder ab 4. Monat	0,30 kg/100 kg LM	0,30 kg/100 kg LM	0,20 kg/100 kg LM
Mastrinder	0,35 kg/100 kg LM	0,40 kg/100 kg LM	0,25 kg/100 kg LM
Sauen, tragend[2]	20 %	25 %	15 %
Sauen, säugend[2]	20 %	20 %	15 %
Mastschweine, Anfangsmast[2]	20 %	20 %	15 %
Mastschweine, Endmast[2]	15 %	15 %	5 %
Legehennen[2]	15 %	10 %	10 %

[1] Ergänzungsfutter   [2] Alleinfutter

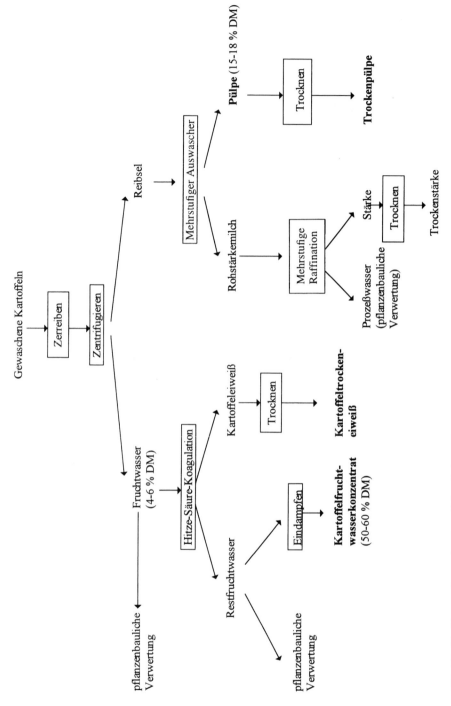

Abb. 67. Verfahrensschema der Kartoffelstärkeherstellung (anfallende Futtermittel in Fettdruck).

Inhaltsstoffe und Futterwert
Entsprechende Daten sind in Tabelle I (Abschnitt 19) ausgewiesen. Kartoffelpülpe ist ein faserreiches Futtermittel, das aber noch einen beachtlichen Reststärkeanteil enthält. Demgegenüber handelt es sich bei Kartoffeleiweiß um ein Produkt, das fast nur aus Rohprotein von hoher Qualität besteht. Die Kartoffelpülpe, eiweißreich, weist einen beachtlichen Rohproteingehalt auf, der dem von Körnererbsen entspricht. Aufgrund des reichlichen Fasergehaltes ist der energetische Futterwert von Kartoffelpülpe aber nur mittelmäßig.

Beim Kartoffelfruchtwasserkonzentrat handelt es sich um ein Produkt, das neben Rohprotein ($\approx$ 375 g/kg DM) und N-freien Extraktstoffen (vorrangig zuckerartige Verbindungen; 360 g/kg DM) auch relativ viel Rohasche ($\approx$ 260 g/kg DM) enthält. Die Rohaschefraktion besteht überwiegend aus Kalium.

Einsatzempfehlungen
Herkömmliche Pülpe und eiweißreiche Pülpe sollten bevorzugt in der Wiederkäuerfütterung zum Einsatz kommen. Es sind Tagesgaben bis zu 25 kg bei Milchkühen und bis zu 20 kg bei Mastrindern möglich. Bei Verwendung in der Schweinefütterung muss durch Erhitzen eine Verkleisterung der Reststärke und eine Zerstörung der Trypsin- und Chymotrypsinhibitoren erreicht werden. Kartoffeleiweiß eignet sich vorteilhaft zur Ergänzung des lysinarmen Getreides in der Schweine- und Geflügelfütterung. Der hohe Kaliumgehalt im Fruchtwasserkonzentrat lässt eine Verfütterung an monogastrische Nutztiere nur in sehr geringen Mengen zu, so dass v. a. ein begrenzter Einsatz in der Wiederkäuerfütterung in Betracht kommt.

8.4 Nebenprodukte der Brennerei

Im Brennereigewerbe wird Spiritus (Ethanol) auf dem Wege der alkoholischen Gärung erzeugt. Hierzu können Materialien dienen, die vergärbare Zucker oder in vergärbare Zucker überführbare Polysaccharide (z. B. Stärke) enthalten. Die Stärke der Getreidekörner (vorrangig Weizen und Roggen) und der Kartoffelknollen bildet in Deutschland die wesentlichste Ausgangssubstanz für die Spiritusherstellung. Daneben werden verschiedene zuckerhaltige Materialien (z. B. Zuckerrüben, Melasse, Obst) verwendet.

Neben den herkömmlichen Brennereien gibt es inzwischen auch in Deutschland wie bereits seit den 1990er Jahren in mehreren europäischen Ländern (z. B. Frankreich) und auf dem amerikanischen Kontinent (insbesondere in den USA und Brasilien) große Produktionskapazitäten (Bioethanolanlagen), die Ethanol ausschließlich für die Verwendung als Biokraftstoff erzeugen. Für die Bioethanolherstellung sind derzeitig vor allem Mais (USA), Zuckerrohr (Brasilien) und in Europa verschiedene Ährengetreidearten (Weizen, Roggen, Triticale) die Ausgangsmaterialien. Aber auch weitere zuckerreiche (z. B. Zuckerrüben), stärkereiche (z. B. Kartoffel) und aufbereitete cellulosereiche Rohstoffe (z. B. Stroh) könnten zukünftige Rohstoffe sein. Der Herstellungsprozess von Bioethanol ist weitgehend analog zum Verfahren in den konventionellen Brennereien (s. Abb. 68).

Die Spiritusherstellung aus Getreide und Kartoffeln gliedert sich im Prinzip in die folgenden Teilprozesse: Rohstoffzerkleinerung, thermischer Stärkeaufschluss, enzymatische Stärkeverzuckerung, alkoholische Gärung und Destillation (Brennen). Im Verlauf der Destillation fallen ein alkoholreiches Destillat (Rohspiritus) sowie ein sehr wasserreicher (5–10% DM) alkoholfreier Destillationsrückstand, als Schlempe bezeichnet, an. Abbildung 68 vermittelt vereinfacht den technischen Ablauf am Beispiel der Getreidebrennerei.

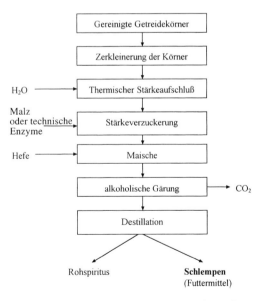

Abb. 68. Verfahrensschema der Spiritusherstellung aus Getreide.

Die Schlempe hat nur eine kurze Haltbarkeit und ist außerdem wegen des hohen Wassergehaltes nur sehr begrenzt transportgeeignet. Deshalb werden die in den konventionellen Brennereien anfallende Schlempemengen vorrangig an Rinder im nahen Umkreis frisch verfüttert. Diese Verwertungsform ist bei den großen Schlempemengen der Bioethanolanlagen nicht möglich. Sie werden getrocknet und oft anschließend pelletiert (Trockenschlempe, Trockenschlempepellets) oder zumindest abgepresst (Pressschlempe mit ≈ 35–40 % DM). Die Pressschlempe ist gut silierbar z.B. in Folienschläuchen (s. Abschnitt 16.2) und kann durch chemische oder biologische Siliermittel (s. Abschnitt 16.2) kurzfristig haltbar gemacht werden.

Inhaltsstoffe und Futterwert
Die nachfolgenden Ausführungen sind vorrangig auf Getreide- und Kartoffelschlempen ausgerichtet. Sie enthalten nur noch geringe Stärke- und Zuckermengen, aber alle anderen Inhaltsstoffe (Rohprotein, Rohfett, Rohfaser bzw. Gerüstsubstanzen, Mineralstoffe) der verarbeiteten Rohstoffe und zwar in relativ höheren Anteilen in der Trockensubstanz gegenüber den Ausgangsmaterialien. Durch die Vermehrung der Hefezellen während des Gärprozesses kommt es darüber hinaus zu einer weiteren erheblichen Rohproteinanreicherung (ebenfalls mit Vitaminen des B-Komplexes) und biologischen Aufwertung des Eiweißes. In der Brennerei entsteht demzufolge aus kohlenhydratreichen Rohstoffen ein proteinreiches Futtermittel (Abb. 69). Die Verdaulichkeit der Schlempen (Getreide, Kartoffel) liegt in einem günstigen Bereich, nicht nur für Wiederkäuer, sondern auch für Schweine.

Ein Vergleich des energetischen Futterwertes der verschiedenen Schlempen (Wiederkäuer, Schweine) ergibt folgende Rangfolge: Maisschlempe > Weizenschlempe > Roggenschlempe > Kartoffelschlempe > Rüben- und Rübenmelasseschlempen > Obstschlempen. Maisschlempe ist in den Futtermitteltabellen mit 13,75 MJ (Schweine) bzw. 12,68 MJ ME/kg DM (Wiederkäuer) und 7,47 MJ NEL/kg DM ausgewiesen.

In der nährstoffmäßigen Zusammensetzung und bei den Futterwertdaten bestehen bei gleichem Ausgangsmaterial (z.B. Weizen) zwischen Schlempen aus den herkömmlichen Brennereien und den Bioethanolanlagen keine wesentlichen Unterschiede. Die Produkte aus den neuen Anlagen enthalten sowohl die Schlempefeststoffe als auch die löslichen Anteile (Schlempelösung), d.h. alle Bestandteile der Frischschlempe.

Einsatzempfehlungen
Frische Schlempen eignen sich vor allem für die Verfütterung an Rinder. Dabei sind folgende Grundsätze zu beachten:
• Allmähliche Gewöhnung der Tiere an die Schlempefütterung.
• Schlempe noch warm verfüttern, Zwischenlagerung von über 24 Stunden ist zu vermeiden.

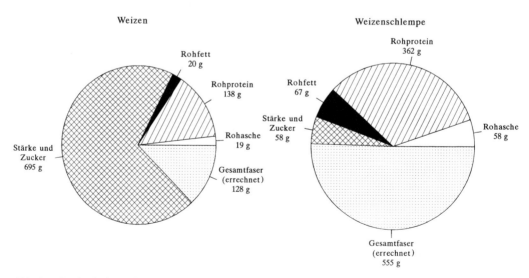

Abb. 69. Vergleich der Nährstoffgehalte von Weizen und Weizenschlempe (Angaben je kg DM) (DLG-Futterwerttabellen – Wiederkäuer 1997).

- Die strukturfreie Schlempe erfordert bei Wiederkäuern die Berücksichtigung strukturreicher Futtermittel (Heu, Stroh) in den Rationen.
- Milchkühen ist Schlempe nach dem Melken zu verabfolgen, um eine mögliche Geschmacksveränderung der Milch auszuschließen.
- Die Schlempegaben sollten pro Tier und Tag folgende Mengen nicht überschreiten:
  - Milchkühe ≤ 35 kg (≤ 2 kg DM),
  - Mastrinder ≤ 12 kg/100 kg LM ($\leq 0,7$ kg DM/100 kg LM),
  - Jungrinder (> 1 Jahr) 5 kg/100 kg LM (0,3 kg DM/100 kg LM).
- Für Mastschweine sind steigende Mengen bis 7 kg/Tier/Tag einsetzbar, Zuchtsauen sollten keine Schlempe erhalten.
- Transportbehälter, Zwischenlagerungseinrichtungen, Rohrleitungen und Futterkrippen, die mit Schlempe in Berührung kommen, sind nach jeder Nutzung gründlich zu reinigen, ansonsten sind Gärungsprozesse und bakterielle Infektionen vorprogrammiert, die u. a. Durchfallerscheinungen verursachen.

Im Zusammenhang mit der Schlempeverfütterung können bei den Tieren Erkrankungen auftreten. Die Ursachen für den beim Übergang zur Schlempefütterung mitunter auftretenden Schlempehusten sind durch Essigsäure und Alkohol ausgelöste Schleimhautreizungen im Kehlkopfbereich. Die Schlempemauke wird durch Verfüttern zu großer Mengen Kartoffelschlempe und schlechte Vergärung der Maische verursacht. Die Erkrankung, von der vorrangig Rinder befallen werden, äußert sich in einem entzündlichen Ausschlag an den unteren Gliedmaßenteilen und am Unterbauch.

Pressschlempen und Pressschlempensilagen sind gegenüber den konventionellen Schlempen fütterungstechnisch vorteilhafter und diesbezüglich mit Pressschnitzeln und abgepresstem Biertreber bzw. daraus hergestellten Silagen vergleichbar. Die täglichen Einsatzmengen sollten sich an den DM-Empfehlungen für frische Schlempe orientieren.

Vielseitig einsetzbare Futtermittel sind die Getreidetrockenschlempen, insbesondere als Mischfutterkomponente. Der hohe Anteil an nicht im Pansen abbaubarem Rohprotein ($\approx 40\%$ UDF) der relativ protein- und energiereichen Trockenschlempen (s. Tab. I, Abschnitt 19) empfehlen diese Produkte insbesondere als Komponente im Mischfutter für Hochleistungskühe (bis 30%). In der Rindermast kann Trockenschlempe das alleinige Eiweißfuttermittel sein. Aber auch für monogastrische Tiere bieten sich Trockenschlempen als Mischungskomponente an, deren Anteil vor allem vom Rohfasergehalt und den Anforderungen an den Energiegehalt des Alleinfutters bestimmt werden. Für tragende Sauen und säugende Sauen sind Anteile bis 10 bzw. 5% und für Mastschweine bis 8% im Alleinfutter zu empfehlen. Die relativ hohen Anforderungen an den Energiegehalt im Mastfutter für Broiler und Mastputen begrenzen den Mischungsanteil auf 5%. In den Futtermischungen für das Aufzuchtgeflügel kann der Anteil bis 10% ansteigen. Für Legehennfutter sind bis 6% zu empfehlen. Bei den genannten Mengen in den Futtermischungen für Schweine und Geflügel sind die Trockenschlempen auch potenzielle Quellen für Vitamine des B-Komplexes, außer für Vitamin B_{12}.

8.5 Nebenprodukte der Bierbrauerei

Ausgangsmaterial für die Bierproduktion ist vorrangig zweizeilige Sommergerste. Zur Herstellung des untergärigen Gerstenbieres darf nach dem deutschen Reinheitsgebot nur Gerste, Hopfen, Hefe und Wasser verwendet werden. In geringen Umfang bildet auch Weizen den Rohstoff, aus dem jedoch obergäriges Bier gebraut wird. Außerhalb Deutschlands dienen noch weitere Getreidearten (Mais, Reis, Hafer, Roggen) der Bierbereitung.

Die wichtigsten Arbeitsgänge der Biererzeugung sind vereinfacht in Abbildung 70 dargestellt. Diesem Verfahrensschema können auch die dabei anfallenden Nebenprodukte entnommen werden.

Dem eigentlichen Brauvorgang ist das Mälzen der Getreidekörner vorgeschaltet. Der Zweck des Mälzens liegt in der Bildung von Amylasen, die für den Abbau der Getreidestärke zu vergärbarem Zucker erforderlich sind. Vor diesem Arbeitsschritt wird das Getreide zunächst vorgereinigt (Absonderung von Fremdbestandteilen) und danach einer Hauptreinigung unterzogen (Abtrennung von Bruch- und nicht vollwertigen Körnern, Grannen und Unkrautsamen). Das gereinigte Getreide wird durch Anfeuchten und gesteuerte Lagerungsbedingungen zum Keimen gebracht. Das gekeimte Getreide führt die Bezeichnung Grünmalz.

Der Keimprozess wird durch schonendes Trocknen (Darren) unterbrochen. Bei der nachfolgenden Bearbeitung in der Malzputzmaschine

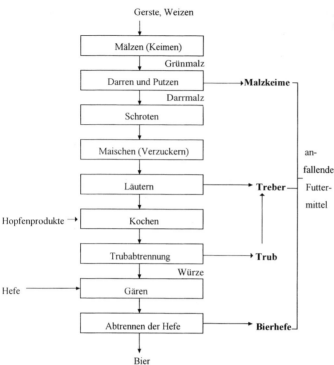

Abb. 70. Verfahrensschema der Malz- und Bierherstellung.

erfolgt die Abtrennung der Keime vom Darrmalz. Die Keime kommen als lose oder pelletierte Malzkeime in den Handel. Beim Reinigungs- und Poliervorgang des Darrmalzes fällt Malzstaub an, der entweder den Keimen oder dem Treber zugesetzt wird. Das zerkleinerte Malz wird in Maischpfannen mit warmem Wasser angesetzt. Bei diesem Vorgang bauen die Amylasen die Stärke nahezu vollständig zu Maltose ab. Nach beendeter Verzuckerung werden die unlöslichen Teile durch Filtration von der süßen Würze abgetrennt. Sie führen die Bezeichnung Treber.

Anschließend wird die Würze nach Zugabe von Hopfen gekocht. Nach dem Einbittern folgt das Absondern von Trubstoffen und Hopfentreber. Der gefilterten und abgekühlten Würze werden Hefen der Gattung *Saccharomyces* zugesetzt. Bei der nun einsetzenden alkoholischen Gärung vermehrt sich die Hefe sehr stark. Sie wird nach Abschluss der Gärung abgetrennt und als „Brauereihefe" oder „Bierhefe" bezeichnet.

In der Reihenfolge ihres Anfalls bilden somit Malzkeime, Biertreber, Trub und Hopfentreber sowie Bierhefe die Nebenprodukte. Die geringen Mengen an Trub und Hopfentreber werden in der Regel dem Biertreber zugesetzt. Außer Malzkeime sind die weiteren Nebenprodukte wasserreich und müssen deshalb nach dem Anfall verfüttert werden. Verschiedentlich wird Wasser abgepresst (z. B. Biertreber), oder es erfolgt eine Kurzzeitkonservierung (Bierhefe), Silierung (Treber) oder technische Trocknung (Treber, Hefe).

Über Inhaltsstoffe und Futterwert von Malzkeimen und Treber informiert Tabelle I (Abschnitt 19). Die Bierhefe wird im Abschnitt 9 abgehandelt.

Malzkeime

Gerstenmalzkeime bestehen ausschließlich aus Keimwurzeln, während Weizenmalzkeime auch noch Blattkeime enthalten. Als junges Pflanzengewebe sind Malzkeime zwar rohproteinreich, jedoch können bis 50% dieser Nährstofffraktion auf NPN-Verbindungen entfallen. Den wesentlichen Inhaltsstoff bilden Faserkomponenten, die neben dem NPN-Gehalt den Einsatz von Malzkeimen in der Fütterung monogastrischer Nutztiere stark begrenzen. Die Verdaulichkeit der organischen Substanz liegt beim Schwein lediglich bei knapp 60%; demgegenüber beträgt sie beim Wiederkäuer 70%. In erster Linie sind deshalb Malzkeime ein Proteinfuttermittel für Rinder und Schafe, zumal die Eiweißabbaubarkeit im Pansen mäßig ist.

Die Einsatzempfehlungen belaufen sich auf maximal 2 kg/Kuh/Tag bzw. bis 20% im Kraftfutter. Höhere Mengen können einen herben Milchgeschmack verursachen. In Kraftfutter für Mastrinder sind bis 25% möglich. Eine Verfütterung an Schweine und Geflügel kommt nur bei Nutzungsrichtungen bzw. Geflügelarten in Betracht, die geringere Anforderungen an den Energiegehalt des Alleinfutters stellen (z.B. güste und niedertragende Sauen, Junghennen, Wassergeflügel). Der Anteil sollte in den Rationen dennoch 10% nicht überschreiten.

Biertreber

Dieses Nebenprodukt verbleibt nach dem Abtrennen der Würze. Während bei herkömmlicher Technologie der DM-Gehalt in der Größenordnung von 20% liegt, fällt nach neueren Technologien im Sudhausbereich ein trockensubstanzreicheres Produkt an (≥ 28%), auch als abgepresster Biertreber bezeichnet. Biertreber enthält alle ungelöst gebliebenen Bestandteile des Malzes. Vor allem sind es Gerüstkohlenhydrate, Eiweißstoffe, Rohfett, nicht in Zucker umgewandelte Stärke und die wasserunlöslichen Mineralstoffe, v.a. Ca- und P-Verbindungen. Demgegenüber fehlen die wasserlöslichen Mineralstoffe und Vitamine. Vergleichsweise zu den Ausgangsmaterialien enthält Biertreber das 3- bis 4fache an Zellwandkomponenten und das Doppelte an Rohprotein (Abb. 71) und ist somit als faserreiches Futtermittel mit beachtlichem Rohproteingehalt einzustufen. In der chemischen Zusammensetzung unterscheiden sich die nach herkömmlicher bzw. neuer Technologie anfallenden Treber kaum. Der reichliche Fasergehalt beeinträchtigt v.a. die Verdaulichkeit der organischen Substanz beim Schwein (50%), sie erreicht beim Wiederkäuer auch nur 65%, d.h. annähernd den Wert von Weizenkleie (67%).

Aufgrund seiner Nährstoffzusammensetzung ist Biertreber in erster Linie ein Wiederkäuerfuttermittel. Er eignet sich gut zur Ergänzung energiereicher und hochverdaulicher Rationskomponenten wie Maissilage, Maiskolbensilagen und Getreide. Folgende Tagesgaben an einwandfrei frischem bzw. siliertem Biertreber können empfohlen werden:
- Milchkühe: 10 bis 15 kg je Tier und Tag,
- Mastrinder: bis 2,5 kg/100 kg LM und Tag,
- Jungrinder: bis 2,0 kg/100 kg LM und Tag.

Biertreber kann siliert werden. Wegen des geringen Zuckergehaltes sind Silierzusätze (z.B. Melasse) erforderlich. Der Zusatz von 0,2% Kaliumsorbat erlaubt eine 14tägige Zwischenlagerung des trockensubstanzreicheren Biertrebers unter Dach.

Die niedrige Verdaulichkeit lässt kaum einen Einsatz in der Schweinefütterung zu, außer bei güsten oder niedertragenden Sauen (3 bis 6 kg/Tier und Tag).

Trockentreber gelangt v.a. als Komponente im Rindermischfutter zum Einsatz (10 bis 20%iger

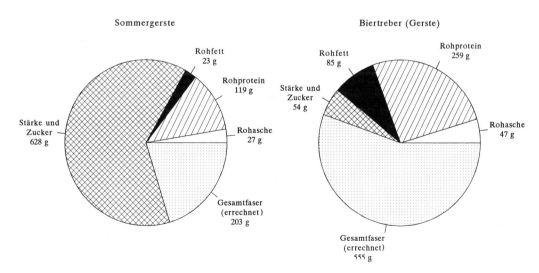

Abb. 71. Vergleich der Nährstoffzusammensetzung von Sommergerste (Braugerste) und Biertreber (Angaben je kg DM) (DLG-Futterwerttabellen – Wiederkäuer 1997).

Anteil). Er kann durchaus auch in Pferdemischfuttermitteln verarbeitet werden. In den Futtermischungen für Schweine und Geflügel sind nur geringe Anteile ($\approx 5\%$) möglich; sie lassen sich steigern (10 bis 15 %), wenn nur mittlere Anforderungen an Verdaulichkeit und Energiegehalt der Futterrationen bestehen (z. B. güste und niedertragende Sauen, Junghennen, Wassergeflügel).

8.6 Nebenprodukte der Obstverarbeitung

Bei der Verarbeitung von Obst (insbesondere Äpfel, Birnen, Trauben) zu Saft oder alkoholischen Getränken fallen Nebenprodukte an, die die Bezeichnung „**Trester**" führen. Aus Importen stammen Citrustrester. Diese Nebenprodukte bestehen v. a. aus Kämmen (Trauben), Schalen, Kerngehäusen, Kernen und wechselnden Anteilen des Fruchtfleisches (-markes) der verarbeiteten Früchte. In Abhängigkeit vom Ausgangsmaterial verbleiben zwischen 25 und 40 % der Originalsubstanz als Trester mit einem DM-Gehalt zwischen 10 bis 20 %. Es handelt sich um ausgesprochen faserreiche Produkte, deren nährstoffmäßige Zusammensetzung in Tabelle I (Abschnitt 19) ausgewiesen ist.

Wesentliche Teile der Faserfraktion entfallen auf Pectine und Hemicellulosen. Weintrester sind außerdem sehr ligninreich. Die Kerne liefern den Rohfettanteil. Die Inhaltsstoffe unterliegen jedoch beachtlichen Schwankungen, die v. a. vom Ausgangsmaterial, von der Art der Saftgewinnung und der weiteren Aufbereitung verursacht werden. Wenn beispielsweise Trester zur Pectingewinnung genutzt werden, dann verändert sich nicht nur der Nährstoffgehalt, sondern auch der Futterwert ist deutlich vermindert (Tab. I, Abschnitt 19).

Trester sind aufgrund ihrer Inhaltsstoffe Futtermittel für Wiederkäuer, jedoch für diese Nutztierkategorie von unterschiedlichem Wert (Tab. I, Abschnitt 19). Bedingt durch den hohen Ligningehalt sind Weintrester und entpectinierte Trester nur gering bis mäßig verdaulich, und der energetische Futterwert liegt in der Größenordnung von Stroh. Einen guten bis sehr guten Futterwert besitzen demgegenüber Obst- und Citrustrester. Es handelt sich um Energiefuttermittel, die in ihren Eigenschaften eine gewisse Ähnlichkeit mit Pressschnitzeln (s. Abschn. 8.8) aufweisen

Trester können frisch, siliert oder getrocknet verfüttert werden. Als Trockenprodukte gelangen v. a. Citrustrester zum Einsatz. Sie können in beachtlichem Umfang das Getreide in den Kraftfuttermischungen für Milchkühe und Mastrinder ersetzen (bis 30 % in den Futtermischungen). Besondere Beachtung ist bei der Tresterverfütterung der Rohprotein- und Mineralstoffergänzung beizumessen. Weintrester eignet sich als Futtermittel lediglich bei geringen Leistungsanforderungen. Für monogastrische Nutztiere sind Trester ungeeignet.

8.7 Nebenprodukte der Ölindustrie

8.7.1 Allgemeine Angaben

Von den zur Ölgewinnung genutzten Pflanzenarten haben in der Reihenfolge ihres Anteils an der Weltproduktion ($\approx 381{,}7$ Mio. t) Sojabohnen (56 %), Rapssamen (12,1 %) und Baumwollsaat (11,9 %) die größte Bedeutung. Das Aufkommen an Sojabohnen ist auch seit dem Jahr 2000 weiter gestiegen. Die Hauptanbauländer sind die USA, Brasilien und Argentinien, wobei in diesen Ländern überwiegend genmodifizierte Sorten zur Aussaat kommen. Auch die Rapserzeugung verzeichnet eine weitere Zunahme im neuen Jahrtausend. Am Gesamtaufkommen an Rapssaat sind im Wesentlichen die EU (5,6 Mio. t), China (12 Mio. t), Kanada (7,7 Mio. t) und Indien (5,7 Mio. t) beteiligt. In Kanada werden etwa 70 % der Anbaufläche mit gentechnisch verändertem Saatgut bestellt. Raps ist mit großem Abstand die wichtigste Ölpflanze in Deutschland, wie auch in weiteren mittel- und nordeuropäischen Ländern. Der hohe ernährungsphysiologische Wert des Rapsöles für die menschliche Ernährung und die steigende Nutzung des Rapsöles für technische Zwecke (Biodieselerzeugung) haben den Rapsanbau maßgeblich stimuliert.

Von allen Nebenprodukten der pflanzliche Rohstoffe verarbeitenden Industrie sind die Nachprodukte der Ölindustrie die wichtigste Futtermittelgruppe für die Nutztierfütterung. Der größte Teil der Nachprodukte kommt aus der deutschen Ölindustrie. Der Verbrauch im Wirtschaftsjahr 2005/2006 betrug 7,15 Mio. t, wobei rund 72 % der Nebenprodukte als Mischfutterkomponenten verarbeitet wurden und der Rest direkt verfüttert wurde. Von der Gesamtmenge entfallen auf die Nebenprodukte von Sojabohnen 60 %, von Rapssaat 30 %, von Palmkernen 6,5 %, von Sonnenblumensamen 2,5 % und von weiteren Ölsaaten 1,5 %.

Von den mehr als 40 Pflanzenarten, die zur Öl- bzw. Fettgewinnung genutzt werden, sollen außerdem noch Erdnüsse, Kopra (Kokosnussendosperm), Leinsaat, Öl- und Babassupalmkerne, Saflor-, Sesam- und Mohnsaat sowie Maiskeime genannt werden. Für die Nebenprodukte aus der Ölindustrie sind folgende produktübergreifende Merkmale herauszustellen:
- Die Rückstände aus der Verarbeitung fettreicher Samen, Früchte oder anderer Pflanzenteile, denen auf mechanischem Wege oder mit Hilfe von Extraktionsmitteln bzw. einer Kombination beider Verfahren das Fett zu einem beachtlichen Anteil bis fast vollständig entzogen wird, sind vorrangig proteinreiche Futtermittel, jedoch mit großer Variationsbreite beim Rohproteingehalt.
- Die Proteinqualität ist mäßig bis gut.
- Auf Verdaulichkeit und energetischen Futterwert nehmen insbesondere Schalen- bzw. Hülsenanteile und Restölgehalte Einfluss.
- Es handelt sich um Futtermittel, die hohe Konzentrationen an Phosphor, jedoch überwiegend in organischer Bindungsform, Magnesium, Spurenelementen und Vitaminen des B-Komplexes (außer Vitamin B_{12}) enthalten.
- Qualitätsmindernd wirkt sich bei zahlreichen Verarbeitungsrückständen das Vorkommen an antinutritiven und toxischen Substanzen aus. Vor der Verfütterung sind deshalb Behandlungen zu deren Beseitigung bzw. Reduzierung erforderlich (s. Abschnitt 17), um Einsatzrestriktionen aufzuheben bzw. abzuschwächen.

8.7.2 Verfahren der Ölgewinnung

Das Öl kann im Press- oder Extraktionsverfahren bzw. durch Kombination beider Verfahren gewonnen werden. In den modernen Anlagen erfolgt der Ölentzug fast ausschließlich durch Extraktion (fettärmere Rohstoffe, z. B. Sojabohne) oder durch eine Kombination von Pressen und Extraktion (fettreichere Weichsaaten, wie Raps, Sonnenblumen, Lein).

Beide Verfahren sind vereinfacht in Abbildung 72 dargestellt. Nach Reinigen, Schälen bzw. Enthülsen bei schalen- bzw. hülsenreichen Ausgangsmaterialien (z. B. Baumwoll- und Sonnenblumensaat, Erdnüsse) und Zerkleinern der Rohstoffe schließen sich entweder Flockieren (Sojabohne) oder Konditionieren in Wärmepfannen (u. a. Raps) an. Das konditionierte Material durchläuft danach eine kontinuierlich arbeitende Schneckenpresse, die einen beachtlichen Teil des Gesamtölgehaltes entzieht.

Die Extraktion erfolgt in der Regel mit dem Lösungsmittel Hexan. Dabei wird das Öl fast vollständig entfernt. Als Nebenprodukt verbleibt Extraktionsschrot.

Für den Futterwert und die Fütterungseignung der Extraktionsschrote ist die anschließende Behandlung mit überhitztem Wasserdampf im Toaster außerordentlich bedeutsam. Dabei werden einerseits noch verbleibende Reste des Lösungsmittels beseitigt, zum anderen erfolgt eine Inaktivierung von Hemmstoffen, insbesondere Trypsininhibitoren, die v. a. in Sojabohnen bzw. Sojaextraktionsschrot enthalten sind, sowie des Enzyms Myrosinase in Rapsextraktionsschrot. Außerdem entweichen bereits gebildete Abbauprodukte der Glucosinolate, die durch Einwirkung der Myrosinase während des Verarbeitungsprozesses entstanden sind. Die getoasteten Extraktionsschrote werden anschließend getrocknet und abgekühlt. Etwa 90 % der Rapssaat wird derzeitig in Deutschland nach dem in Abb. 72 dargestellten Verfahren verarbeitet.

Bei der Ölgewinnung durch Pressen ist zwischen den folgenden Verfahren zu differenzieren:
- Anwendung hydraulischer Pressen im diskontinuierlichen Verfahren (älteres Verfahren, nur noch wenig in der Anwendung): Der Rückstand sind plattenförmige Kuchen mit einem Restölgehalt bis 12 %.
- Abpressen mit kontinuierlich arbeitenden Schneckenseiherpressen (sogenannte Expellerpressen) nach vorangegangener Konditionierung der zerkleinerten Saat in Wärmepfannen: Bei diesem Verfahren wird in getrennten Pressen zunächst vorgepresst und dann fertig gepresst. In den modernen Doppelschneckenpressen sind Vor- und Fertigpressen zu einer Einheit zusammengefasst. Es fallen als Pressrückstand scherbenförmige Stücke an, die mit „Expeller" oder „Schilfer" bezeichnet werden und einen Restölgehalt von 5–8 % aufweisen.
- Kaltpressen mittels kontinuierlich arbeitender Schneckenpresse: Dieses Verfahren kommt in den zahlreichen dezentralen Anlagen zur Anwendung, die Rapssaat für die Ölverwendung im Nicht-Nahrungsmittel-Bereich (insbesondere zu Biodiesel) verarbeiten. Der Rückstand fällt in Form von Chips oder Pellets an und kann im Restölgehalt zwischen 12 und 18 % variieren.

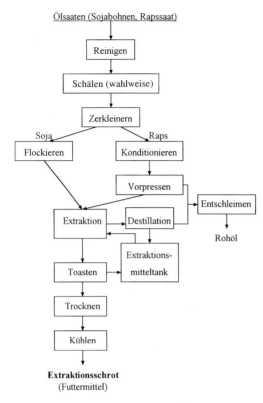

Abb. 72. Verfahrensschema für die Ölgewinnung aus Sojabohnen (links) und Rapssaat (rechts).

In Abhängigkeit vom angewandten Verfahren der Ölgewinnung verbleibt somit ein unterschiedlicher Ölanteil in den Nebenprodukten, während sich die weiteren Inhaltsstoffe der verarbeiteten Ölsaat mit zunehmendem Ölentzug in diesen anreichern, wie in Abb. 73 am Beispiel der Rapssaatverarbeitung gezeigt wird. Die ausschließlich durch Abpressen des Öles anfallenden Nebenprodukte werden futtermittelrechtlich generell als Kuchen bezeichnet. Nach wie vor wird in der Öl- und Futtermittelindustrie für den fettärmeren Kuchen aus den Doppelpressanlagen die Bezeichnung „Expeller" verwendet.

8.7.3 Rohproteingehalt und Proteinqualität

Für die Bewertung der Ölsaatenrückstände als Futtermittel sind in erster Linie ihre Rohproteingehalte und die Proteinqualitäten entscheidend. Der **Rohproteingehalt** variiert in den im Handel befindlichen Produkten außerordentlich stark (Tab. 45). Erdnussextraktionsschrot aus enthülster Saat nimmt mit nahezu 600 g/kg DM die Spitze ein. Palmkernextraktionsschrote können nur bedingt als Eiweißfuttermittel bezeichnet werden. Wesentlichen Einfluss auf den Rohproteingehalt in den Verarbeitungsrückständen nehmen:

- Der Rohprotein- und Rohfettgehalt in den Rohstoffen,
- das teilweise oder vollständige Entfernen der Hülsen bzw. Schalen vor dem Ölentzug,
- das Verfahren der Ölgewinnung,
- eine nachträgliche Auffettung bzw. Schalenanreicherung von Extraktionsschroten.

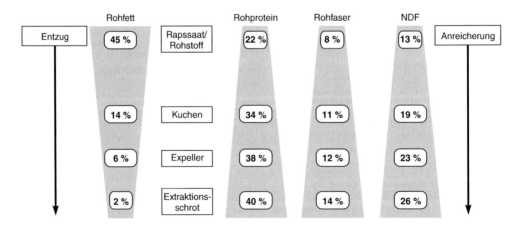

Abb. 73. Veränderung des Rohfett-, Rohprotein- und Fasergehaltes während der Ölgewinnung aus Rapssaat (Angaben bezogen auf DM) (eigene Analysendaten).

Bei Ölfrüchten mit hohem Hülsen- bzw. Schalenanteil (z. B. Erdnüsse, Sonnenblumensaat) wirkt sich deren Entfernung sehr drastisch auf den Rohproteingehalt aus (Tab. 46). Demgegenüber fällt bei der Sojabohne der Schäleffekt deutlich geringer aus. Bei der einheimischen Ölfrucht Raps würde das Schälen ebenfalls eine Proteinanreicherung im Extraktionsschrot und Kuchen bewirken (s. Tab. 45). Ein Schälen der Samen erfolgt jedoch derzeitig noch nicht, wenngleich dadurch u. a. auch eine Qualitätsverbesserung des Rapsöls erzielt wird. In Abhängigkeit vom Ausmaß des Fettentzuges steigt der Rohproteingehalt im Rückstand an. Extraktionsschrote enthalten mehr Rohprotein als Expeller, diese wiederum mehr als Kuchen.

Die **Proteinqualität** der für die Fütterung monogastrischer Nutztiere in Betracht kommenden Ölsaatrückstände ist sehr unterschiedlich (Tab. II, Abschnitt 19). Von allen Produkten nehmen die aus der Sojabohne gewonnenen mit reichlich 6 g Lysin/16 g N eine führende Stellung ein. Die S-haltigen Aminosäuren sind demgegenüber im Sojaeiweiß nicht optimal vertreten. Dies wirkt sich besonders limitierend in Geflügelfuttermischungen aus, wenn keine SAS-reicheren Proteinträger bzw. technisches Methionin bei der Rezepturgestaltung berücksichtigt werden.

Ein relativ günstiges Aminosäurenmuster weist auch das Rapsprotein auf (Tab. II, Abschnitt 19). Vergleichsweise zum Sojaprotein liegt der Anteil an Methionin und Cystin etwas höher. Alle weiteren Ölsaatrückstände sind durch relativ niedrige Lysingehalte gekennzeichnet.

Jedoch werden die essenziellen Aminosäuren von Rapsextraktionsschrot und Rapskuchen im Vergleich zu denen des Sojaextraktionsschrotes schlechter verdaut (st. pc.VQ, Tab. II, Abschnitt 19). Der Hauptgrund ist der deutlich höhere Gehalt an Zellwandsubstanzen mit hohem Ligninanteil. Die Abstände bei den Verdauungsquotienten werden deutlich geringer, wenn die Rapsnebenprodukte aus verarbeiteter, geschälter Rapssaat stammen.

Für Wiederkäuer, insbesondere für Hochleistungskühe, ist der Anteil an unabbaubarem Rohprotein (UDP) in Nebenprodukten ein wichtiges Qualitätsmerkmal. Neben dem Energiegehalt beeinflusst dieser Anteil die Menge an nutzbarem Rohprotein. Im UDP-Anteil unterscheiden sich die Nebenprodukte erheblich: Sonnenblumenextraktionsschrot 25 %, Rapskuchen 30 %, Raps- und Sojaextraktionsschrot 35 %, Kokos- und Palmkernextraktionsschrot 50 %.

Tab. 45. Rohproteingehalt in Extraktionsschroten. Quelle: DLG-Futterwerttabellen – Wiederkäuer (1997)

Einteilung nach dem Rohproteingehalt	Ausgangsprodukt	Rohproteingehalt g/kg DM
Hoch	Erdnüsse	
	– enthülste Saat	568
	– teilenthülste Saat	521
	Sojabohnen	
	– geschälte Saat	548
	– ungeschälte Saat	510
Mittel	Baumwollsamen	
	– geschälte Saat	501
	– teilgeschälte Saat	412
	Rapssamen (00-Typ)	
	– geschälte Saat	435
	– ungeschälte Saat	399
	Leinsamen	385
	Sonnenblumensamen	
	– geschälte Saat	439
	– teilgeschälte Saat	379
Mäßig	Kokospalmkerne	238
	Ölpalmkerne	188

Tab. 46. Einfluss der Höhe des Schalen- (bzw. Hülsen-)Anteils auf den Rohproteingehalt von Extraktionsschroten. Quelle: DLG-Futterwerttabellen – Wiederkäuer (1997)

Ölsaat	Vorbehandlung	Rohproteingehalt g/kg DM
Erdnüsse	Mit Hülsen	370
	teilenthülst	521
	enthülst	568
Sonnenblumensaat	Ungeschält	324
	teilgeschält	379
	geschält	439
Baumwollsaat	Ungeschält	358
	teilgeschält	412
	geschält	501
Sojabohnen	Ungeschält	510
	geschält	548

8.7.4 Gehalt an Kohlenhydraten und Faser, Verdaulichkeit und energetischer Futterwert

Die bei der Ölgewinnung anfallenden Futtermittel enthalten mit Ausnahme der Getreidekeimrückstände nur geringe **Stärkeanteile** (≤ 100 g/kg DM). Auch der **Zuckeranteil** unterschreitet in der Regel 100 g/kg DM. Demgegenüber sind verschiedentlich sehr hohe **Gerüstsubstanzgehalte** (Zellwandkohlenhydrate plus Lignin) für Ölsaatrückstände typisch. Rückstände aus der Verarbeitung ungeschälter Erdnuss-, Baumwoll- und Sonnenblumensaat sowie aus der Babassu- und Palmkernverarbeitung enthalten mehr als 50 % Gerüstsubstanzen in der Trockensubstanz. Die Verdaulichkeit solcher Produkte ist selbst für Wiederkäuer nur mittelmäßig.

Durch Schälen bzw. Enthülsen vermindert sich zwar deutlich der Fasergehalt, dennoch sind die Gehalte mit Ausnahme des Sojaextraktionsschrotes noch beachtlich (Tab. I, Abschnitt 19). Dies trifft gleichfalls für die Rapsprodukte zu. Die Zusammensetzung der Gerüstsubstanzfraktion variiert zwischen den Produkten erheblich. Rapsextraktionsschrot enthält gegenüber Sojaextraktionsschrot die neunmal höhere Menge an Lignin, während der Gehalt an neutraler Detergenzienfaser um 65 % höher ist.

In verschiedenen Ölsaatrückständen sind außerdem noch **Oligosaccharide** der Raffinosegruppe analysiert worden, für deren Abbau landwirtschaftliche Nutztiere keine körpereigenen Verdauungsenzyme besitzen. Sie sind auf die Hydrolyse durch bakterielle Enzyme angewiesen, deren Effizienz bei monogastrischen Tieren deutlich geringer als bei Wiederkäuern ist.

Futterwertdaten über ausgewählte Extraktionsschrote vermittelt Tabelle I (Abschnitt 19). Für alle Tierkategorien besitzt Sojaextraktionsschrot die höchste Verdaulichkeit und den höchsten energetischen Futterwert. Fasergehalt und -zusammensetzung beeinflussen maßgeblich Verdaulichkeit und energetischen Futterwert der Extraktionsschrote. Kuchen und Expeller sind aufgrund ihres höheren Fettanteils energiereicher als Extraktionsschrote der gleichen Ölfrucht.

8.7.5 Gehalte an Mineralstoffen und Vitaminen

Gegenüber Getreidekörnern enthalten Extraktionsschrote erheblich mehr Calcium (s. Tab. II, Abschnitt 19). Der Phosphoranteil ist zwar hoch, jedoch analog zu anderen pflanzlichen Futtermitteln liegen 50 bis 75 % als Phytat-P vor. Dessen Nutzung ist durch das weitgehende Fehlen von futterbürtigen Phytasen gering. Die Spurenelementgehalte (Zink 44 bis 74 mg, Kupfer 7 bis 25 mg, Selen 0,1 bis 1,0 mg, Mangan 33 bis 75 mg, Iod 0,3 bis 0,7 mg (jeweils je kg DM)) sind bei den Extraktionsschroten aus Rapssaat, Sojabohnen und Sonnenblumensaat (geschält) für die Versorgung bedeutsam.

In der Größenordnung des Getreides bewegen sich die Konzentrationen an Vitaminen des B-Komplexes. Relativ reich an Vitamin E sind die Expeller und Kuchen.

8.7.6 Vorkommen an antinutritiven Inhaltsstoffen

Eine Übersicht zu diesen Inhaltsstoffen, die bei entsprechender Aufnahme antinutritiv wirken können, vermittelt Tabelle 47. Gleichzeitig sind Maßnahmen für die Schadstoffreduzierung bzw. -beseitigung aufgeführt. Für folgende Ölsaaten und deren Verwertungsrückstände sind im nationalen Futtermittelrecht Höchstgehalte (je kg bei 88 % DM) an unerwünschten Stoffen festgelegt:
- 0,02 mg Aflatoxin B_1 in allen Ölsaaten und den Nebenprodukten ihrer Verarbeitung,
- 350 mg Blausäure in Leinextraktionsschrot und Leinkuchen, 250 mg in Leinsamen
- 5000 mg freies Gossypol in Baumwollsaat,
- 1200 mg freies Gossypol in Baumwollsaatextraktionsschrot und Baumwollsaatkuchen.

8.7.7 Einsatzempfehlungen

Wesentliche Aspekte, die die Einsatzhöhen von Extraktionsschroten in den Futterrationen für monogastrische Nutztiere beeinflussen, sind v. a. die Proteinqualität, der energetische Futterwert und antinutritive Substanzen bzw. Schadstoffe. Bei Expeller und Kuchen kommt noch der Fettanteil bzw. der Gehalt an polyungesättigten Fettsäuren hinzu. Diese Nährstofffraktion setzt auch dem Einsatz von fettreicheren Ölsaatenrückständen in der Wiederkäuerfütterung Grenzen. Demgegenüber tolerieren Wiederkäuer infolge im Pansen stattfindender Abbauprozesse die antinutritiv wirkenden Inhaltsstoffe wesentlich besser als Geflügel und Schweine sowie Kälber und Lämmer in den ersten Lebensmonaten.

Die in Tabelle 48 zusammengestellten Höchstmengen bzw. -anteile berücksichtigen Schwan-

Tab. 47. Antinutritive bzw. toxische Substanzen in ölreichen Samen und Früchten sowie deren Verarbeitungsrückständen

Produkt	Substanz(en)	Wirkung	Maßnahmen zur Schadstoffreduzierung bzw. -beseitigung
Sojabohnen	Trypsinhemmstoffe	Pankreasvergrößerung, schlechtere Proteinverdaulichkeit	Wasserdampfbehandlung (Toasten, s. Abschnitt 17.5)
	Phytinsäure	Bindung von Mengen (P, Ca)- und Spurenelementen, dadurch schlechtere Verwertung	Ergänzung der Futterrationen mit mikrobieller Phytase
Rapssaat	Glucosinolate	Strumigen, verzehrs- und wachstumsdepressiv	Partieller Abbau durch Toasten und Abführung der Spaltprodukte mit dem Dampfstrom. Weitere Reduzierung durch züchterische Maßnahmen
	Phytinsäure	s. Sojabohne	s. Sojabohne
	Tannine	Hemmung proteolytischer Enzyme, schlechtere Proteinverdauung	Nicht erforderlich bei Einsatzmengen entsprechend Tabellen 43 und 48
	Sinapin	Fischiger Geruch und Geschmack der Eier durch Abbauprodukt Trimethylamin bei Hennen mit fehlender bzw. unzureichender Trimethylaminoxidaseaktivität	NaHCO$_3$-Behandlung mit nachfolgendem Expandieren (s. Abschnitte 17.4, 17.5)
Baumwollsaat	Gossypol	Freies Gossypol: Eisenbindung → hämolytische Erscheinungen, Eidotterverfärbungen, Störung des Proteinstoffwechsels, Hemmung der Spermatogenese, herabgesetzte Schlupffähigkeit	Sorten mit vermindertem Gehalt anbauen, Hitzebehandlung, Einsatz von Fe-Salzen
	Malvalia- und Sterculiasäure (zyklische Fettsäuren)	Verfärbung von Eidotter und Eiklar	Im Öl enthalten, deshalb Extraktionsschrote unbedenklich
Leinsaat	Cyanogene Glucoside (Linostatin, Neolinostatin)	Vergiftungserscheinungen durch freigesetzte Blausäure	Toasten (s. Abschnitt 17.5)
Erdnüsse, Baumwollsaat	Mykotoxine, insbes. Aflatoxin	Leistungsminderung, Leber- und Nierenschädigung, Schwächung der körpereigenen Abwehr, Todesfälle	Vermeiden der Kontamination durch optimale Lagerung; Toxinbeseitigung durch chemische (z. B. mit Ammoniak, Natriumbisulfit) und physikalische Methoden (Bestrahlung, adsorbierende Substanzen) möglich, aber sehr aufwendig

Tab. 48. Empfehlungen für Höchstanteile (%) an ausgewählten Nebenprodukten aus der Ölsaatenverarbeitung in den Futtermischungen für Wiederkäuer, Schweine und Geflügel

Tierart/ Nutzungs- richtung	Baumwoll- saat extrak- tions- schrot[1]	Lein- extrak- tions- schrot	Kokos kuchen	Palm- kern kuchen	Raps- extrak- tions- schrot	Raps- kuchen	Sonnen- blumen extrak- tions- schrot
Milchkühe[2]	20	20	20	30	35	20	20[4]/30[5]
Kälber[2]	5	10	10	10	15	10	5/15
Weibliche Jungrinder[2]	20	25	25	20	40	30	40/50
Mastrinder[2]	35	35	20	35	35	25	25/50
Mastlämmer[3]	0	20	20	5	20	15	5/25
Zuchtsauen[3], tragend	0	10	25	0	5	4	10/15
säugend	0	10	15	0	5	3	5/5
Saugferkel[3]	0	3	5	0	0	0	0/0
Absetzferkel[3]	3	10	10	0	0	0	5/5
Mastschweine[3]	10	10	10	0	10	5	0/10
Zuchthennen[3]	0	3	7	0	10[6]	5[6]	0/5
Legehennen[3]	0	3	7	0	10[6]	5[6]	0/5
Küken[3]	3	2	5	0	15	10	0/3
Junghennen[3]	3	2	5	0	15	10	0/5
Broiler[3]	3	2	3	0	15	10	0/3
Zuchtputen[3]	0	3	5	0	5	5	0/5
Mastputen[3], 1.–4. Wo.	3	2	3	0	5	5	0/5
> 5. Wo.	3	3	5	0	7,5	7,5	0/5
Zuchtenten[3]	0	3	5	0	5	5	0/10
Mastenten[3]	3	2	5	0	10	5	0/5
Zuchtgänse[3]	0	3	5	0	5	5	0/10
Mastgänse[3]	3	2	5	0	10	5	0/1

[1] aus geschälter Saat
[2] Ergänzungsfutter
[3] Mischfutter
[4] aus ungeschälter Saat
[5] aus geschälter Saat
[6] bei Legehennenherkünften mit fehlender bzw. unzureichender TMA-Oxidaseaktivität kein Einsatz, wenn nicht vorher behandelt (s. Tab. 47 u. Abschnitt 17.4)

kungen bei den ungünstigen Futtermittelbestandteilen, um jegliches Produktionsrisiko zu vermeiden. Obgleich die Rückstände der Rapsverarbeitung aus Doppelnullqualitäten deutlich geringere Glucosinolatkonzentrationen als aus herkömmlichen Sorten aufweisen, sind diese dennoch als problematisch anzusehen und erfordern Einsatzbeschränkungen bzw. einen Einsatzverzicht. Nach neueren Untersuchungen und den Erfahrungen der Fütterungspraxis sind Raps- und Sojaextraktionsschrot unter Beachtung der unterschiedlichen Energiegehalte und Proteinwerte in der Wiederkäuerfütterung voll austauschbar.

8.7.8 Nebenprodukt aus Biodieselproduktion

In den letzten Jahren entstanden erhebliche Produktionskazitäten für Biodiesel. In der Regel wird für die Herstellung Rapsöl verwendet. Aber auch andere pflanzliche Öle und tierische Fette könnten die Ausgangsstoffe sein. Als Nebenprodukt bei der Umesterung der Öle bzw. Fette zu Fettsäuremethylestern (Biodiesel) fällt Glycerol an. Außer als Rohstoff für die chemische Industrie und die Pharmaindustrie sowie zur Biogasgewinnung kann dieses Nebenprodukt in der Fütterung landwirtschaftlicher Nutztiere eingesetzt werden.

In der Positivliste für Einzelfuttermittel des Zentralausschusses für Landwirtschaft sind zwei Produkte aufgeführt: Reinglycerol mit mindestens 99% Glycerol (Pharmaqualität) und Rohglycerol mit mindestens 80% Glycerol. Der Methanolgehalt in letzterem Produkt sollte unter 0,5% liegen. Für Rohglycerol werden folgende Angaben zum energetischen Futterwert gemacht: 12,5 MJ NEL/kg, 15,0 MJ ME (Schwein)/kg, 14,6 MJ ME (Geflügel)/kg.

Aufgrund seiner glucoplastischen Wirkung wird ein Einsatz von Glycerol bei Hochleistungskühen um den Geburtszeitpunkt und in der ersten Laktationsphase analog zur Verwendung von Propylenglycol empfohlen (zur Prophylaxe von Stoffwechselstörungen, u. a. der Ketose). Als Einsatzmengen pro Kuh und Tag werden 200 bis 500 g genannt. Des Weiteren ist eine Verwendung in der Schweine- und Geflügelfütterung als Energiefuttermittel in Anteilen von 10% (Schweinealleinfutter) und 5% (Geflügelalleinfutter) möglich. Glycerol ist außerdem ein effektiver Pelletstabilisator.

8.8 Nebenprodukte der Zuckerrübenverarbeitung

Im gemäßigten Klimabereich bildet die auf hohen Zuckergehalt ($\approx$75% i. d. DM) gezüchtete Zuckerrübe (*Beta vulgaris ssp. vulgaris var. altissima*) den Rohstoff für die Zuckergewinnung (Weißzucker). Geschichtlich älter ist die Nutzung von Zuckerrohr (*Saccharum officinarum*) als Ausgangsmaterial, das jedoch nur unter tropischen Bedingungen wächst. Beide Rohstoffe enthalten jeweils das Disaccharid Saccharose.

8.8.1 Verfahren der Zuckerherstellung

Die Zuckerrübenverarbeitung geschieht in mehreren Schritten (Abb. 74). Zunächst werden die Rüben gewaschen und geschnitzelt, danach erfolgt die Zuckerextraktion bzw. Diffusion. Es fallen der zuckerhaltige Rohsaft und extrahierte Schnitzel an. Die extrahierten Schnitzel, zunächst als Diffusions- oder Nassschnitzel bezeichnet, werden fast ausschließlich zu Futterzwecken genutzt.

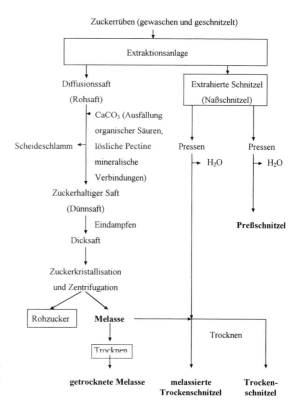

Abb. 74. Verfahrensschema der Zuckerherstellung aus Zuckerrüben (anfallende Futtermittel in Fettdruck).

Der Rohsaft, der den zu gewinnenden Zucker enthält, wird über verschiedene Behandlungsstufen durch Kalk- und Kohlendioxidzusatz (Scheidung, Saturation) gereinigt. Im Saft gelöste Stoffe wie Pectine, Eiweißstoffe, hochmolekulare Zucker (Araban, Galactane), Phosphat, Oxalat, Citrat, Farbstoffe u. a. werden dadurch ausgefällt. Der dabei anfallende Scheideschlamm besteht v. a. aus kohlensaurem Kalk und wird meist getrocknet als Düngemittel verwendet. Nach der Scheidung und Saturation liegt der Saft als Dünnsaft mit 12 bis 15 % DM vor. Er wird zu Dicksaft mit 65 bis 68 % DM eingedampft.

In Kochapparaten wird der Zucker in einem mehrstufigen Prozess aus dem Dicksaft zur Kristallisation gebracht und abzentrifugiert. Es entstehen Rohzucker und Melasse. Durch nochmaliges Auflösen und erneute Kristallisation wird der Rohzucker von Melasseresten befreit und damit zu Weißzucker. Im Mittel fallen bei der Verarbeitung von 1 t Zuckerrüben 135 kg Weißzucker und 540 kg Diffusionsschnitzel (60 kg Trockenschnitzel) sowie 40 kg Melasse an.

Die Nebenprodukte unterscheiden sich erheblich im Trockensubstanzgehalt und in der Nährstoffzusammensetzung. Ihre wertbestimmenden Inhaltsstoffe sind v. a. verschiedene Zucker, Hemicellulosen, Pectine und Rohprotein. Sie besitzen keine strukturwirksame Rohfaser. Dem allgemein geringen Gehalt an Phosphor steht bei der Melasse eine hohe Kaliumkonzentration gegenüber.

8.8.2 Inhaltsstoffe, Futterwert und Einsatzempfehlungen

Eine zusammenfassende Darstellung von Inhaltsstoffen und Futterwertdaten der Nebenprodukte der Zuckerrübenverarbeitung enthält Tabelle I (Abschnitt 19).

8.8.2.1 Extrahierte Zuckerrübenschnitzel

Sie werden nach dem Anfall zunächst als Diffusions- bzw. Nassschnitzel (8 bis 13 % DM) bezeichnet. In der Regel erfolgt eine Weiterverarbeitung durch Abpressen zu Pressschnitzeln ($\approx$ 20 bis 25 % DM), die durch Heißlufttrocknung (Trockenschnitzel) bzw. durch Silierung (Pressschnitzelsilage) konserviert werden (siehe Abschnitt 16.2). Infolge des Zuckerentzuges bilden v. a. **Zellwandkohlenhydrate** neben **Rohprotein** und **Rohasche** die wesentlichen Inhaltsstoffe. In der Gerüstkohlenhydratfraktion sind v. a. Pectine (20 bis 25 % d. DM) und Hemicellulosen vertreten. Den Pectinen verdanken die Schnitzel ihre Struktur und Quellfähigkeit.

Der Rohproteingehalt der Schnitzel ist gering; die Aminosäurenzusammensetzung des Proteins aber vergleichsweise zum Getreideprotein (Gerste) günstiger (5,9 bzw. 3,6 g Lysin/100 g Rohprotein). Die Unterschiede im Nährstoffgehalt je kg DM sind zwischen Nassschnitzel, Pressschnitzel bzw. -silage und Trockenschnitzel gering. In Abhängigkeit vom Herstellungsverfahren bzw. der jeweiligen Charge bleiben Schwankungen im Nährstoffgehalt nicht aus.

Die **Verdaulichkeit** der organischen Substanz der extrahierten Schnitzel beträgt beim Wiederkäuer etwa 85 %, die Energiedichte 7,4 MJ NEL bzw. 12,0 MJ ME/kg DM. Bedingt durch die Abbauspezifik des Pectins im Verdauungskanal der Wiederkäuer stellen extrahierte Zuckerrübenprodukte eine wertvolle Energiequelle für die Wiederkäuerfütterung dar. Im Pansen erfolgt die Fermentation langsamer als die von Zucker und Stärke, so dass einerseits der Pansen-pH-Wert kaum abfällt (> 6.0), andererseits günstige Bedingungen für den Faserabbau von Grundfuttermitteln bestehen. Sie bewirken bei grundfutterreichen Rationen eine Steigerung des Futterverzehrs und der Faserverdauung. Bei Sicherung eines ausreichenden Angebotes an strukturwirksamer Rohfaser, Protein und Phosphor können in der Milchviehfütterung bis zu 30 % und für wachsende Rinder bis zu 50 % der Trockensubstanz der Rationen aus extrahierten Schnitzeln (Pressschnitzel, -silage, Trockenschnitzel) stammen.

Nichtwiederkäuer verwerten extrahierte Schnitzel wesentlich ungünstiger als Wiederkäuer, da bei diesen der Pectinabbau erst im Enddarm mit Hilfe bakterieller Pectinasen erfolgt und die Abbauprodukte energetisch nur mangelhaft verwertet werden können. Es entstehen hohe CH_4-Ausscheidungen und thermische Energieverluste. Der Gehalt an **umsetzbarer Energie** von extrahierten Schnitzeln beträgt deshalb nur 56 % von dem der Gerste, obwohl die scheinbare Verdaulichkeit der organischen Substanz nur unwesentlich niedriger liegt. Für die Schweinefütterung sind extrahierte Schnitzel deshalb nur bedingt geeignet. Ein Einsatz bei Mastschweinen führt zu gravierenden Leistungsminderungen und ist nicht zu empfehlen; geeignet sind sie als Rationskomponente für güste und niedertragende Sauen. Die geringe Energiedichte ist für diesen Fütterungsabschnitt vorteilhaft.

8.8.2.2 Melasse

Der DM-Gehalt des braunen, sirupartigen Rückstandes schwankt zwischen 60 % und 80 %. Wichtigster wertbestimmender Bestandteil ist **Zucker** (vorwiegend Saccharose, daneben noch Glucose, Fructose und Raffinose). Neben Zucker enthält die Melasse alle wasserlöslichen Nichtzuckerstoffe der Zuckerrübe. Hierzu zählen N-haltige organische Verbindungen (neben freien Aminosäuren, wie Asparaginsäure und Glutaminsäure, Nitrat und v. a. Betain) und Mineralstoffe, v. a. Kalium.

Bei der weiteren Entzuckerung der Zuckerrübenmelasse nach verschiedenen Methoden fällt teilentzuckerte Melasse an. Aus Importen und aus der Raffination von Rohzucker aus Zuckerrohr kommt auch Zuckerrohrmelasse in den Handel. Der Zuckeranteil entspricht etwa dem der Zuckerrübenmelasse. Demgegenüber ist der Gehalt an N-haltigen Verbindungen deutlich niedriger.

Die **Verdaulichkeit** der organischen Substanz beträgt 90 % (Schweine, Wiederkäuer). Die **Energiedichte** der Melasse ist vom Zuckergehalt abhängig. Für zuckerreiche Melasse sind in den Futtermitteltabellen 12,29 MJ ME (Wiederkäuer) bzw. 7,88 MJ NEL sowie 13,28 MJ ME (Schwein) je kg DM ausgewiesen.

Melasse kann in begrenzten Mengen an verschiedene Tierarten (Wiederkäuer, Pferde, Schweine) verfüttert werden. Wegen des hohen Gehaltes an leichtfermierbarem Zucker wird Melasse auch als Silierzusatz für schwervergärbare Futterstoffe (s. Abschnitt 16.2) genutzt. In der Wiederkäuerfütterung ist Melasse auf 15 % der DM-Aufnahme zu begrenzen. Bei zu hohen Einsatzmengen und unzureichendem Rohfaseranteil in der Ration tritt eine acidotische Gefährdung der Pansenfermentation ein. Wenn die Rationen noch weitere zuckerreiche Futtermittel enthalten, ist die Einsatzmenge weiter zu reduzieren. Es ist darauf zu achten, dass Wiederkäuer allmählich an die Melassefütterung gewöhnt werden.

Die günstigste Form der Melasseverabreichung stellt ihre homogene Vermischung mit den weiteren Rationskomponenten dar (TMR). Vorteilhaft ist der Melassezusatz bei der Pelletierung von faserreichen Futtermitteln. Die Handhabung von Melasse ist wegen ihrer zähflüssigen, sirupartigen Konsistenz schwierig. Verschiedentlich erfolgt deshalb eine Bindung an Trägersubstanzen (u. a. Haferschalen, Kleie, Maniokmehl) unter Zusatz von Mineralstoffen, Vitaminen sowie NPN-Verbindungen und bei anschließendem Verpressen in Blöcke (Melassefuttermittel).

Für die Schweinefütterung werden mit 20 % der Rationstrockensubstanz maximale Einsatzmengen für Melasse angegeben. Dabei ist es zweckmäßig, mit dem Melasseeinsatz erst bei einer Lebendmasse > 40 kg zu beginnen. An Tiere ab 15 kg ist der Melasseeinsatz weiter (10 % der Futter-DM) zu begrenzen. Für die Schweinefütterung sind nur zuckerreiche Melassen geeignet. Der hohe Zuckergehalt und die staubbindende Wirkung machen zuckerreiche Melassen auch zu beliebten Komponenten in der Pferdefütterung. Melassen werden wegen ihrer staubbindenden Wirkung oft in Mischfuttermitteln (ca. 2 %) verarbeitet.

8.8.2.3 Zuckerrübenmelasseschnitzel

Dieses Futtermittel entsteht durch Trocknung melassierter Pressschnitzel. Durch den Melassezusatz werden Zucker, aber auch NPN-Verbindungen und Mineralstoffe (insbesondere Ca und K) angereichert.

Melasseschnitzel sind wie Trockenschnitzel ausgesprochene Wiederkäuerfuttermittel. Darüber hinaus können sie auch vorteilhaft in der Pferdefütterung eingesetzt werden. Für Wiederkäuer bewirkt die Melassierung eine geringe Verbesserung der Verdaulichkeit und des Energiegehaltes der Schnitzel. Die Einsatzkriterien bei der Fütterung entsprechen weitgehend denen von Trockenschnitzeln. Auf eine ausreichende Versorgung mit strukturwirksamer Rohfaser ist besonders zu achten.

8.8.2.4 Futterzucker

Als Futterzucker deklarierte Ware kann Rohzucker oder vergällter Weißzucker sein. Der Saccharosegehalt muss mindestens 95 % betragen. Das Vergällen von Weißzucker zu Futterzucker erfolgt u. a. durch den Zusatz kleiner Mengen Eisenoxid, Fischmehl oder Quellstärke, die den Futterwert kaum beeinflussen.

Futterzucker ist hochverdaulich ($\geq$ 95 %) und energiereich (Tab. I, Abschnitt 19). Bevorzugtes Einsatzgebiet für Futterzucker ist die Schweinefütterung. In hinsichtlich des Energie- und Nährstoffgehaltes ausbilanzierten Futtermischungen sind Anteile bis 15 % möglich. Kälber verfügen nicht über das Enzym Saccharase im Verdauungstrakt, deshalb kommt ein Einsatz in Milchaustauscher- und Aufzuchtfutter kaum in Betracht. Lediglich zur Geschmacksverbesserung sind 2 bis 3 % möglich.

Im Magen-Darm-Kanal von Küken ist die Saccharaseaktivität zunächst gering und steigt mit zunehmendem Alter an. Deshalb ist in Startermischungen kein Zucker zu integrieren und danach auf 5 bis 10% zu begrenzen. Adultes Geflügel (z. B. Legehennen) verwertet den Futterzucker gut. Jedoch steigt bereits bei Anteilen ≥ 15% in der Futtermischung die Wasseraufnahme stark an; die Exkremente sind feuchter und klebrig mit nachteiligen Folgen für die Stallhygiene und die mechanische Exkrementebeseitigung bzw. Einstreubeschaffenheit bei Bodenhaltung der Tiere.

9 Futtermittel auf mikrobieller Basis

9.1 Allgemeine Angaben

Als Futtermittel mikrobieller Herkunft werden Produkte bezeichnet, die vorrangig aus mikrobieller Zellmasse bestehen. Man nutzt hierbei gezielt die rasche Vermehrung und das intensive Wachstum insbesondere speziell gezüchteter Hefen, Bakterien, Mikropilze und Mikroalgen zur Erzeugung eiweißreicher Futtermittel, die auch die Bezeichnung „Einzellerproteine" (single cell protein, SCP) führen. Demgegenüber stehen bei den verschiedenen Verfahren der alkoholischen Gärung (s. Abschnitte 8.4 und 8.5) die Gärungseigenschaften der Hefen im Vordergrund. Die dabei in gewissem Umfang stattfindenden Zellsubstanzvermehrungen bilden Nebenprodukte des Gärungsgewerbes (z. B. Bierhefe).

Die Nutzung von Hefen zur Futtereiweißproduktion setzte im Ersten Weltkrieg ein, wobei die Nährlösungen Ammoniak als einfache Stickstoffverbindung und Melasse als Kohlenstoffquelle sowie Mineralstoffe enthielten. In den Folgejahren kamen weitere Kohlenstoffquellen, wie zuckerhaltige Nebenprodukte der Molkereien und Käsereien sowie Sulfitablaugen aus der Zelluloseherstellung, hinzu.

Im Zusammenhang mit der vor wenigen Jahrzehnten einsetzenden stürmischen Entwicklung der Biotechnologie erfuhr die Produktion von Futtermitteln auf mikrobieller Basis einen enormen Aufschwung. In der großtechnischen Kultivierung von Mikroorganismen bei gleichzeitiger Erschließung neuer C-haltiger Nährsubstrate (n-Alkane, Ethanol, Methanol, Methan, Essigsäure, Kohlendioxid) wurde eine große Möglichkeit zur Lösung des Eiweißproblems sowohl in der Tier- als auch in der Humanernährung gesehen. Diese Erwartungen haben sich bislang nicht erfüllt. Neben den hohen Kosten dieser Produkte im Vergleich zu hochwertigen pflanzlichen Eiweißfuttermitteln können bei der Verwendung nichtkonventioneller Rohstoffe toxikologische Probleme auftreten.

Nach EG-Recht sind die Futtermittel mikrobieller Herkunft zulassungsbedürftig und führen die Bezeichnung „Proteinerzeugnisse aus Mikroorganismen" (FMV). Zugelassene Futtermittel aus dieser Gruppe sind u. a. Hefen und auf Methanol gezüchtete Bakterien.

Derzeitig werden in bescheidenem Umfang fast nur Hefen als Futtermittel verwendet. Die nachfolgenden Ausführungen sind deshalb vorrangig dieser Gruppe von Einzellerproteinen gewidmet.

Für Futtermittel auf mikrobieller Basis lassen sich folgende gemeinsame Eigenschaften formulieren:

- Es handelt sich um rohproteinreiche Produkte, wobei die Bakterienbiomasse mit 75% Rohprotein in der Trockensubstanz den höchsten Gehalt aufweist.
- Ein beachtlicher Anteil der Rohproteinfraktion entfällt bei den schnell wachsenden Einzellern auf nichteiweißartige Verbindungen, vorrangig Nucleinsäuren. Diese Inhaltsstoffe besitzen für monogastrische Nutztiere keinen Nährwert.
- Die Qualität des Hefeproteins ist durch den relativ niedrigen Gehalt an Methionin und Cystein beeinträchtigt.
- Mengenmäßig folgen nach dem Rohprotein als Inhaltsstoffe Zellwandkohlenhydrate, deren Abbau im Verdauungstrakt nur durch mikrobielle Enzyme möglich ist.
- An leicht hydrolysierbaren Kohlenhydraten enthalten Einzellerproteine ≤ 10% in der Trockensubstanz.
- Neben dem reichlichen Gehalt an gut verfügbarem Phosphor und beachtlichen Spurenelementkonzentrationen sind v. a. die hohen Gehalte an Vitaminen des B-Komplexes (außer Vitamin B_{12}) in mikrobiellen Futtermitteln herauszustellen.

9.2 Hefen

Zur Hefeproduktion werden verschiedene Gattungen genutzt, die auf die Verwertung unterschiedlicher Nährsubstrate spezialisiert sind. Die dabei gewonnenen Produkte führen häufig die genutzte Kohlenstoffquelle im Namen (z. B. Melassehefe, Molkenhefe, Sulfitablaugenhefe), mitunter wird der Hefestamm in der Bezeichnung mitgeführt (z. B. Torulahefe). Nach der FMV sind Hefen in flüssiger oder getrockneter Form, die bei Verwendung von *Saccharomyces cerevisae*, *Saccharomyces carlsbergensis*, *Kluyveromyces lactis* oder *Kluyveromyces fragilis* auf tierischen und pflanzlichen Nährsubstraten (Molke, Milchsäure, Melasse, Nachwein, Getreide- und Stärkeerzeugnisse, Fruchtsäfte oder Hydrolysate aus Pflanzenfasern wie Sulfitablauge aus der Zellstoffindustrie) gezüchtet werden und deren Zellen abgetötet sind, als Einzelfuttermittel zugelassen.

Ein vereinfachtes Verfahrensschema der mikrobiellen Biomasseproduktion vermittelt Abbildung 75.

Die als Nebenerzeugnis bei der Bierherstellung (s. Abschn. 8.5) als Hefe der Gattung *Saccharomyces* anfallende Bierhefe ist ebenfalls als Futtermittel zugelassen. Sie liegt in flüssiger Form vor und gelangt in dieser Beschaffenheit überwiegend zur Verfütterung. Vor dem Einsatz sind jedoch die Hefezellen durch Erhitzen (5 min bei 80 °C) abzutöten. Das gleiche Ziel wird durch Propionsäurezusatz (1 %) erreicht. Außerdem übt diese Säure eine konservierende Wirkung aus, wodurch eine Lagerung bis 4 Wochen möglich ist. Eine Trocknung von Bierhefe erfolgt selten.

9.2.1 Inhaltsstoffe

Wesentlicher Inhaltsstoff in Hefen ist das **Rohprotein**. Sein Anteil kann zwischen 400 g/kg DM und 700 g/kg DM variieren. Vor allem die auf dem jeweiligen Rohstoff gezüchtete Hefepopulation und die technologischen Bedingungen bei der Herstellung beeinflussen den Rohproteingehalt. In dieser Nährstofffraktion ist im Gegensatz zu pflanzlichen und tierischen Eiweißfuttermitteln ein beachtlicher Anteil an NPN ($\approx 20\%$), v. a. an Nucleinsäuren und Nucleotiden infolge der hohen Reproduktionsrate der Mikroorganismen enthalten. Diese N-haltigen Verbindungen besitzen aber für monogastrische Nutztiere keinen Proteinwert.

Für den intermediären Abbau der zu einem hohen Anteil zur Absorption gelangenden Verdauungsprodukte der Nucleinsäuren verfügen Schweine und Geflügel über ausreichende Kapazitäten. Die renalen Ausscheidungsprodukte sind Allantoin (Schweine) bzw. Harnsäure (Geflügel).

Die beachtliche **Kohlenhydratfraktion** (≈ 350 bis 500 g/kg DM) besteht zu einem hohen Anteil aus Zellwandkohlenhydraten (Glucogalactane, Galactomannane), die bei monogastrischen Nutztieren erst im Dickdarm durch mikrobielle Enzyme abgebaut werden können. Diese Kapazität ist beim Geflügel sehr bescheiden. Auf leicht hydrolysierbare Kohlenhydrate (Stärke, Zucker) entfallen 50 bis 100 g/kg DM, die sich aus Hefeglycogen, den Pentosen der Nucleinsäuren und bei Kohlenhydrathefen aus Substratresten zusammensetzen und gut verdaulich sind.

Der **Rohfettgehalt** liegt im Bereich von ≈ 35 bis 90 g/kg DM und wird von den Fermentations- und Aufbereitungsbedingungen beeinflusst. Im Etherextrakt ist ein beachtlicher Phosphatidanteil vertreten. Beim Fettsäurenmuster dominieren die ungesättigten Fettsäuren mit einem beachtlichen Linolsäureanteil.

Die **Mineralstoffe** in den Hefen stammen v. a. aus den verwendeten C-Quellen (z. B. Melasse, Sulfitablaugen, Molke) sowie aus den zugesetzten Nährsalzen und in geringem Maße aus Metallabtrag der verschiedenen Apparaturen. Hefen sind P-reich (12 bis 17 g/kg DM), und der Phosphor ist für monogastrische Tiere auch gut verfügbar. Der Ca-Gehalt wird vom verwendeten Nährsubstrat bzw. dessen Aufbereitung beein-

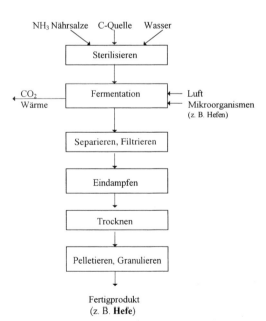

Abb. 75. Verfahrensschema der mikrobiellen Biomasseproduktion.

flusst. Molken- und Sulfitablaugenhefen enthalten deshalb deutlich mehr Calcium als z. B. Melassehefen. Die Gehaltswerte an weiteren Mengenelementen sowie an Spurenelementen unterliegen gleichfalls Schwankungen, sie übertreffen jedoch die Konzentrationen in den meisten pflanzlichen Futtermitteln.

Hefen sind reich an **Vitaminen** des B-Komplexes (außer Vitamin B_{12}) und können selbst bei geringem Rationsanteil einen beachtlichen Beitrag zur Versorgung mit diesen Vitaminen leisten. Durch UV-Bestrahlung kann das in Hefen enthaltene Ergosterol in Vitamin D_2 umgewandelt werden. Diese Möglichkeit nutzte man in früheren Jahren zur Herstellung eines Vitamin-D_2-reichen Produkts, das v. a. zur Absicherung des Vitamin-D-Bedarfes von Schweinen und Kälbern zum Einsatz kam. Erwähnenswert ist auch der beachtliche Vitamin-E-Gehalt in einigen Hefen.

9.2.2 Proteinqualität, Verdaulichkeit und energetischer Futterwert

Da es sich bei den Hefen um Eiweißfuttermittel handelt, steht die **Proteinqualität** als Qualitätsparameter im Vordergrund. Das Aminosäurenmuster der verschiedenen Hefen zeichnet sich durch einen hohen Lysinanteil aus, der den des Sojaproteins übertrifft und annähernd die Werte hochwertiger tierischer Proteine erreicht (Tab. II, Abschnitt 19). Demgegenüber fällt der Gehalt an S-haltigen Aminosäuren relativ niedrig aus und unterschreitet noch die Konzentration beim Sojaprotein. Durch Ergänzung mit DL-Methionin bzw. den Hydroxyanaloga dieser Aminosäure erfährt das Hefeprotein eine deutliche Qualitätsaufwertung, die v. a. bei höheren Hefeanteilen in Geflügelfuttermischungen außerordentlich bedeutsam ist.

Das Hefeeiweiß ist gut bis sehr gut verdaulich (Schwein > 80 %, Geflügel > 75 %), wobei durchaus herkunftsbedingte Unterschiede bestehen. Bei der Verdaulichkeit der Rohkohlenhydrate (Rohfaser plus N-freie Extraktstoffe) gibt es erhebliche tierart- und herkunftsbedingte Unterschiede. Schweine sind hierbei dem Geflügel deutlich überlegen (z. B. Molkenhefe: Schwein 74 %, Geflügel 32 %). Lösliche Ligninverbindungen in Sulfitablaugenhefen verursachen niedrige Rohkohlenhydratverdaulichkeiten gegenüber Hefen, die auf anderen C-Quellen produziert werden. Daraus resultieren vorrangig auch die Unterschiede im **energetischen Futterwert** zwischen den Hefeherkünften. Mit Ausnahme der Sulfitablaugenhefen weisen alle weiteren Hefen Energiedichten in der Größenordnung anderer proteinreicher Futtermittel auf. Erstgenannte Produkte besitzen einen vergleichsweise niedrigen Energiegehalt, der dem rohfaserreicher Futtermittel wie Weizenkleie etwa entspricht.

9.2.3 Einsatzempfehlungen

Aufgrund ihres hohen Lysingehaltes sind Hefen Eiweißfuttermittel für Kälber, Schweine und Geflügel. In ausbilanzierten Futtermischungen sind Anteile von 10 bis 15 % möglich, deren Realisierung jedoch von der Produktbeschaffenheit und Futterangebotsform abhängt. Sprühgetrocknete Produkte lassen wegen ihrer Beschaffenheit und der damit verbundenen Staubbelastung nur geringe Rationsanteile zu, wenn das Futter in Mehlform und trocken (in der Geflügelhaltung üblich) verabfolgt wird. Andere Trocknungsverfahren, Pelletieren bzw. Anfeuchten des Futters können Abhilfe schaffen. Bei Ferkeln hat sich Trockenfutterhefe als Diätfuttermittel (probiotische Wirkung spezifischer Zellwandoligosaccharide) nach dem Absetzen bewährt (geringere Abpufferung der Magensäure vergleichsweise zu Fischmehl oder Sojaextraktionsschrot, Aktivierung der Milchsäurebakterienflora).

Als Einsatzgebiet für frische Bierhefe kommt in erster Linie die Schweinemast bei der Anwendung von Flüssigfutter in Betracht. Die Tagesmenge pro Tier sollte zu Mastbeginn 1,5 kg betragen und kann bis Mastende auf 4 kg gesteigert werden.

Auch in der Rinderfütterung kann flüssige Bierhefe erfolgreich eingesetzt werden, wenn durch hohe Rationsanteile an energiereichen Futtermitteln (Maissilage, Maiskolbensilage, Rüben, Pressschnitzelsilage, Getreide) ein Proteindefizit besteht. Milchkühe können bis 15 kg je Tier und Tag erhalten, Mastbullen bis 2 kg/100 kg LM und Tag. Für einen gezielten Einsatz flüssiger Bierhefe ist die Kenntnis des DM-Gehaltes erforderlich, weil dieser erheblich variieren kann (8 bis 30 %, mittlerer Gehalt 15 %). Er sollte deshalb regelmäßig bestimmt werden.

9.3 Bakterien

Bakterien werden gegenwärtig in nur geringem Umfang großtechnisch zur Erzeugung eiweißreicher Biomasse kultiviert. Als Einzelfuttermittel ist laut FMV Bakterieneiweiß, das durch Trocknen der in der Nährlösung auf Methanolbasis vermehrten Bakterien *Methylomonas methylotrophas*, Stamm NCIB 10.515 erzeugt wird, zugelassen. Im Vergleich zu Hefen sind Bakterienbiomassen zwar rohproteinreicher, jedoch entfällt von der Rohproteinfraktion ein deutlich höherer Anteil auf Nucleinsäuren. Das Eiweiß enthält gegenüber Hefen weniger Lysin.

Die Verdaulichkeit ist als gut einzuschätzen. Als nachteilig für die Verarbeitung und den Einsatz in der Fütterung erweist sich ebenso wie bei den sprühgetrockneten Hefen die meist staubförmige Beschaffenheit der Produkte. In ausbilanzierten Rationen ist unter Beachtung von Qualität und Beschaffenheit ein Einsatz von 10 bis 15 % in den Futtermischungen für Kälber, Schweine und Geflügel (für diese Tierarten und Fische zugelassen) problemlos möglich.

10 Futtermittel tierischer Herkunft

10.1 Allgemeine Angaben

Zu den Futtermitteln tierischen Ursprungs zählen:
- Milch und Milchverarbeitungsprodukte,
- Produkte von Landsäugetieren und Geflügel,
- Fisch und Fischverarbeitungsprodukte.

Mit dem 1986 ausgesprochenen Walfangverbot wurde auch die Herstellung von Futtermitteln aus diesem Meeressäugetier praktisch eingestellt. Deshalb erfolgt hier keine Besprechung von Futtermitteln aus der Walverarbeitung. Unberücksichtigt bleiben auch Futtermittel aus weiteren Meerestieren, z. B. Krebstiere (u. a. Garnelen, Krabben, Krill), Weichtiere (z. B. Muschel), weil ihr Aufkommen gering ist und ein Einsatz in der Fütterung landwirtschaftlicher Nutztiere kaum erfolgt.

Als unmittelbare Folge des vermehrten Auftretens transmissibler spongioformer Enzephalopathien, speziell der BSE beim Rind, besteht in den Ländern der EU seit 2001 ein Fütterungsverbot für die proteinhaltigen Erzeugnisse von Landsäugetieren und Geflügel an Lebensmittel liefernde Tiere (s. Abschn. 3, Gefahrenabwehr). Das im Zusammenhang mit der BSE-Krise verfügte nationale Verfütterungsverbot für Futtermittel aus Fischen wurde jedoch bald wieder dahingehend eingeschränkt, dass eine Verfütterung an andere Nutztiere außer Wiederkäuer erlaubt ist. Des Weiteren ist an Nichtwiederkäuer der Einsatz einiger tierischer Futtermittel (z. B. Gelatine aus Nichtwiederkäuer-Herkünften, bestimmte Proteinhydrolysate, Blutprodukte) inzwischen wieder gestattet (s. Abschn. 3).

Die früher mögliche Verarbeitung von Tierkadavern zu Futtermitteln wurde ebenfalls verboten. Es dürfen nur noch Tierkörper und Tierkörperteile von lebensmitteltauglich befundenen Tieren zu Futtermitteln verarbeitet werden. Die Verfütterung dieser Produkte ist auf Tiere beschränkt, die nicht für die Erzeugung von Lebensmittel genutzt werden (Pelztiere, Heimtiere).

Gegenüber der 1. Auflage wird wegen des Fütterungsverbotes nachfolgend von einer Abhandlung der eiweißhaltigen Produkte von Landsäugetieren und Geflügel Abstand genommen.

Für tierische Futtermittel lassen sich folgende gemeinsame Merkmale herausstellen:
- In fast allen Produkten bildet das Rohprotein den dominierenden Inhaltsstoff. Deshalb führen sie auch die Bezeichnung „tierische Eiweißfuttermittel".
- Von wenigen Ausnahmen abgesehen, besitzt das Eiweiß eine gute bis sehr gute biologische Wertigkeit. Diese Futtermittel werden daher vordergründig zur Deckung des Protein- und Aminosäurenbedarfs monogastrischer Tiere eingesetzt. Allerdings stehen Produkte aus fleischreichen Schlachtkörperteilen von warmblütigen Landtieren durch das Verfütterungsverbot vornehmlich für die Fütterung von Pelztieren und Heimtieren zur Verfügung.
- Außer der Lactose in Milch und Milchprodukten enthalten die weiteren Vertreter dieser Futtermittelgruppe praktisch keine Kohlenhydrate.
- Die überwiegende Zahl der Futtermittel ist reich an Calcium und hochverdaulichem Phosphor.
- Für monogastrische Tiere hat der Vitamin-B_{12}-Gehalt einen hohen Stellenwert, denn dieses Vitamin fehlt in pflanzlichen Futterstoffen.
- Sie enthalten keine antinutritiven Inhaltsstoffe.

10.2 Milch und Milchverarbeitungsprodukte

Bei den zu besprechenden Produkten handelt es sich stets um Kuhmilch und die bei ihrer Verarbeitung anfallenden Nebenerzeugnisse. Vollmilch selbst ist heute kaum noch ein Futtermittel. Außer der Kolostralmilch (nicht verkehrsfähig) wird gelegentlich nur Überschussmilch verfüttert. Bei den verschiedenen Formen der Mutterkuh- und Ammenkuhhaltung bildet jedoch Vollmilch die Kälbernahrung.

10.2.1 Milchverarbeitung und anfallende Produkte

Das Grundprinzip der Milchverarbeitung besteht in der Abtrennung der Fett- und Caseinfraktion (Abb. 76). Dabei fallen Magermilch, Buttermilch und Molke an. In Abhängigkeit von der Caseinfällung bleibt entweder Süßmolke (Fällung durch Labferment, pH 6,2 bis 6,6) oder Sauermolke (Fällung durch Milchsäuregärung oder Säurezusatz, pH 4,5 bis 4,7) zurück. Des weiteren erfolgt verschiedentlich eine Abtrennung von Nährstofffraktionen aus der Mager- und Buttermilch (Casein) sowie der Molke (Lactose, Eiweiß, Mineralstoffe), die in erster Linie industrielle Rohstoffe bilden.

Da Milchprodukte sehr schnell verderben und im halbgesäuerten Zustand Verdauungsstörungen verursachen, dürfen sie grundsätzlich nur in ganz frischem oder dicksaurem Zustand verfüttert werden. In beträchtlichem Umfang erfolgt deshalb eine Haltbarmachung der Produkte durch Trocknung, wenngleich der enorme Wasserentzug sehr kostenaufwendig ist. Auf diese Weise entstehen u. a. Magermilchpulver, Buttermilchpulver sowie Süß- und Sauermolkenpulver, die vorrangig zur Herstellung von Spezialfuttermitteln dienen, wie z. B. Milchaustauscher für Kälber, Lämmer und Ferkel.

10.2.2 Inhaltsstoffe und Futterwert

Die unmittelbar nach der Geburt des Kalbes anfallende Kolostralmilch (Kolostrum) ist vergleichsweise zur Normalmilch wesentlich eiweiß-, mineralstoff- und vitaminreicher, enthält aber geringere Fett- und Lactoseanteile (Tab. I, Abschnitt 19). Auch die Zusammensetzung der Eiweißfraktion unterscheidet sich wesentlich von der der Normalmilch. Über die Hälfte des Eiweißes besteht nämlich aus der Globulinfraktion, besonders aus γ-Globulinen (Immunglobulinen). Jedoch in wenigen Tagen normalisiert sich die Zusammensetzung, so dass etwa nach einer Woche die für die Kuhmilch typische Zusammensetzung vorliegt. Magermilch enthält mit Ausnahme des entzogenen Fettes und der fettlöslichen Vitamine alle weiteren Nährstoffe der Vollmilch. Vergleichsweise zur Magermilch ist Buttermilch im Nährstoffgehalt nahezu identisch. Von den Nährstoffen der Vollmilch findet man in der Molke noch die gesamte Lactose (Süßmolke) bzw. den nicht zu Milchsäure abgebauten Anteil (Sauermolke), die Globulinfraktion des Milcheiweißes ($\approx 20\%$ vom Gesamteiweiß), Mineralstoffe (außer im Caseinkomplex gebundenes Ca bei der

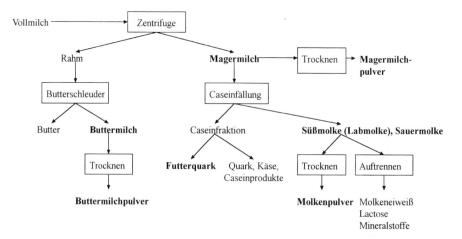

Abb. 76. Verfahrensschema der Milchverarbeitung (als Futtermittel genutzte Produkte in Fettdruck).

Süßmolke) und Vitamine des B-Komplexes. Molke kann deshalb nur bedingt als Eiweißfuttermittel bezeichnet werden.

Das Eiweiß aller Milchprodukte ist von hoher biologischer Wertigkeit und wird lediglich vom Fischmehleiweiß erreicht. Im Vergleich zum Sojabohneneiweiß (s. Tab. II, Abschnitt 19) enthält das Milcheiweiß v. a. deutlich mehr Methionin. Eine Qualitätsbeeinträchtigung können jedoch Milchprodukte bei der Trocknung und Lagerung erfahren. Bei höheren Trocknungstemperaturen (> 105 °C) finden Umsetzungen zwischen der Lactose und verschiedenen Aminosäuren, insbesondere Lysin, aber auch zwischen den reaktionsfähigen Gruppen des Proteinmoleküls statt, die jeweils zu enzymresistenten Verbindungen führen (s. Kapitel A 7.3.2). Gleiche Reaktionen vollziehen sich auch, wenn der DM-Gehalt < 950 g/kg beträgt oder die Lagerungsbedingungen aufgrund der Hygroskopizität der Produkte eine unerwünschte Wasseraufnahme ermöglichen. Damit die hohe Rohprotein- und AS-Verdaulichkeit auch bei Verarbeitungsprodukten erhalten bleibt, sind schonende Trocknungsverfahren anzuwenden und optimale Lagerungsbedingungen zu gewährleisten.

Die Verdaulichkeit (organische Substanz, Rohprotein) ist sehr hoch (> 90 %). Vollmilch zählt zu den energiereichsten Produkten. Der energetische Futterwert der Molke entspricht nahezu dem der Gerste. Milchprodukte sind relativ reich an Calcium und Phosphor mit jeweils hoher Verdaulichkeit. Demgegenüber enthalten sie ausgesprochen wenig Mangan und Eisen. Der bei entsprechender Versorgung der Milchkühe relativ hohe Gehalt der Vollmilch an fettlöslichen Vitaminen wird bei der Milchfettabtrennung entzogen, so dass die Nebenprodukte nur noch Spuren aufweisen. Dagegen bestehen im Gehalt an wasserlöslichen Vitaminen zwischen dem Rohstoff Milch und den Verarbeitungsprodukten nur geringe Unterschiede. Herauszustellen sind die relativ hohe Vitamin-B_2-Konzentration und der beachtliche Vitamin-B_{12}-Gehalt.

10.2.3 Einsatzempfehlungen

Die Kolostralmilch sollte die erste Nahrung der Neugeborenen sein und so früh wie möglich angeboten werden, denn Konzentration und Absorption der enthaltenen Immunglobuline (Antikörper) nehmen bereits 12 Stunden nach der Geburt rapide ab. Abgemolkenes Kolostrum ist körperwarm zu verabreichen. Bei Verenden des Muttertieres oder akutem Milchmangel kann Kälbern, Lämmern und Fohlen das Kolostrum von Ammen verabfolgt werden.

Der Einsatz von Vollmilch bleibt heute auf die bereits genannten Sonderfälle beschränkt (s. Abschnitt 10.2). Gegenüber Magermilch als Eiweißquelle für Kälber und Ferkel besteht kein Vorteil. Bei Fremdfettanreicherung und Ergänzung mit fettlöslichen Vitaminen ist Magermilch ein vollwertiger Ersatz für Vollmilch in der Kälberaufzucht. Die traditionellen Tränkverfahren erfordern den Einsatz von Magermilch in überwiegend dicksaurem Zustand. Dickgelegte Milch ist etwa 3 Tage haltbar. Als Trockenprodukt bildet sie einen wesentlichen Bestandteil von Milchaustauschern.

Frische und dicksaure Magermilch sowie Trockenmagermilch sind wertvolle Proteinträger für Schweine, insbesondere Ferkel, aber auch für weitere Säugetiere (Fohlen, Kaninchen, Pelztiere). Demgegenüber ist der Einsatz in der Geflügelfütterung zu begrenzen, weil das Geflügel keine Lactase bildet und der Lactoseabbau durch bakterielle Lactase begrenzt ist. In Alleinfuttermitteln sollte der Anteil 3–4 % (wachsende Tiere) bzw. 5 % (Legetiere) nicht überschreiten, um Verdauungsstörungen und erhöhten Exkrementwassergehalt zu vermeiden.

Buttermilch ist hinsichtlich des Einsatzes etwa der Magermilch gleichzusetzen. Vergleichsweise zu Magermilch und Buttermilch lassen sich Frischmolken wesentlich schwieriger in der Fütterung einsetzen. Der geringe DM-Gehalt und die damit verbundene niedrige Nährstoffkonzentration begrenzen selbst bei Mastschweinen, dem traditionellen Einsatzgebiet, die Einsatzmengen. Zur Sicherstellung hoher Zunahmen ist deshalb bei steigenden Gaben mit fortschreitender Mastdauer die tägliche Menge pro Tier auf 10 bis 15 kg zu begrenzen und mit einem auf die Molkeinhaltsstoffe abgestimmten Mischfutter zu kombinieren. Wesentlich besser für den Einsatz in der Schweinemast eignet sich eingedickte Molke (30 bis 40 % DM). Trockenmolkeprodukte werden überwiegend als Komponenten für Milchaustauscher verwendet.

10.3 Futtermittel aus Fischen

Die wichtigsten Vertreter dieser Futtermittelgruppe sind die verschiedenen Arten von Fischmehlen. Frischfisch kommt praktisch nur bei Pelztieren zum Einsatz. Die Herstellung von Fischsilagen ist Vergangenheit. Deshalb wird auf Ausführungen hierzu verzichtet. An weiteren Produkten sind Fischpresssaft (Nebenprodukt der Fischmehlherstellung), Fischlebermehle (Rückstand bei der Fischölgewinnung) und Fischöle (s. Abschn. 11) zu nennen.

10.3.1 Fischmehl

Als Ausgangsmaterialien für die Fischmehlherstellung dienen neben ganzen Fischen außerdem Fischteile und Fischabfälle, die bei der Herstellung von Fischfilets und Fischkonserven anfallen. Der Begriff „ganze Fische" bezieht sich sowohl auf untermaßige Speisefische, Beifang (nicht zu Speisezwecken geeignete Fischarten und andere Meerestiere), wegen unsachgemäßer Behandlung oder zu langer Lagerfristen auf den Fangschiffen für die menschliche Ernährung nicht mehr absetzbare Fische und auch speziell für die Fischmehlproduktion gefangene Fische.

Der Fischfang zur ausschließlichen Nutzung des Fanggutes für die Fischmehlherstellung ist in den letzten Jahren stark rückläufig und wird derzeitig in gewissem Umfang im Rahmen der Küstenfischerei (Südamerika: Chile, Peru; Afrika: Angola) betrieben. Bei den Fischabfällen sind collagen- und mineralstoffreiche Teile des Fischkörpers, wie Köpfe, Knochen, Gräten, Flossen, Haut und Schuppen, durch die Entfernung der Hauptmasse des Muskelfleisches relativ angereichert.

10.3.1.1 Herstellungsverfahren

Die Verarbeitung des Rohmaterials (ganze Fische, Fischabfälle) erfolgt entweder nach dem Trocken- oder Nassverfahren. Das **Trockenverfahren** wird ausschließlich für die Verarbeitung von Magerfischen angewendet. Zu dieser Kategorie zählen Fische, deren Körperfett vorrangig in der Leber lokalisiert ist und bei denen die Leber vor der Verarbeitung entfernt wird. Der Fischkörper enthält im Gegensatz zu den Fettfischen relativ wenig Fett. Wichtige Vertreter der Magerfische sind Fische der Dorschfamilie (insbesondere Kabeljau, Schellfisch, Seelachs), der Seehecht und Plattfische (u. a. Scholle, Flunder, Heilbutt).

Das Verfahren umfasst folgende Arbeitsschritte: Zerkleinern der Rohware, Sterilisieren der zerkleinerten Rohware (unter Vakuum), Verdampfen des Gewebewassers (unter Vakuum), Abpressen des Fischöles sowie Brechen und Mahlen des Presskuchens.

Das **Nassverfahren** ist sowohl für die Verarbeitung fettreicher als auch fettarmer Fische und deren Abfälle geeignet und die verbreitetste Methode. Die einzelnen Verfahrensstufen vermittelt Abbildung 77. Zur Gruppe der Fettfische, in deren Muskelgewebe in beachtlichem Umfang Fett eingelagert ist, zählen insbesondere Heringe, Rotbarsch, Makrelen und Thunfischarten.

Der erste Arbeitsschritt ist wiederum das Zerkleinern der Rohware. Dem folgt der Kochprozess, der gleichzeitig Aufschluss der Gerüsteiweiße und Fettaustritt aus dem Muskelgewebe, Sterilisation sowie Vorentwässerung umfasst. Bei dem anschließenden Pressen wird das fettreiche Presswasser entzogen, das in einem weiteren Arbeitsgang in Fischöl und Presswasser (fish solubles) aufgetrennt wird. Verfahrensbedingt enthält das Presswasser noch einen Teil des Fischfettes (deshalb die Bezeichnung „teilentfettes Presswasser"). Der beim Abpressen zurückbleibende Kuchen wird zerkleinert, getrocknet und gemahlen.

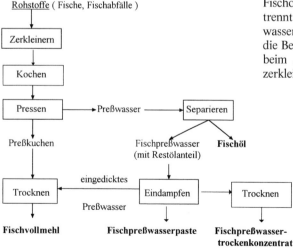

Abb. 77. Verfahrensschema der Fischmehlherstellung (anfallende Futtermittel in Fettdruck).

Das anfallende Presswasser unterliegt einer unterschiedlichen weiteren Bearbeitung. Entweder es gelangt nach vorangegangener Eindickung gemeinsam mit dem zerkleinerten Kuchen zur Trocknung, oder in mehreren schonenden Trocknungsgängen entsteht ein eigenständiges Produkt in pasten- oder pulverförmiger Konsistenz. Mit Presswasser angereicherte Fischmehle führen die Bezeichnung „Vollmehl". Fischmehle, die ausschließlich oder überwiegend aus einer Fischart hergestellt werden, können nach dieser Art bezeichnet werden (z. B. Dorschmehl, Heringsmehl, Sardinen-/Sardellenmehl, Menhadenmehl).

Für die hygienische Unbedenklichkeit von Fischmehlen ist zunächst das Sterilisieren der zur Verarbeitung gelangenden Materialien ein unverzichtbarer Arbeitsgang, durch den pathogene Mikroorganismen, besonders Salmonellen, abgetötet werden. Die erzeugten Fischmehle müssen mindestens 88% DM aufweisen, die bei Transport und Lagerung keinesfalls unterschritten werden dürfen, damit mikrobieller Verderb nicht begünstigt wird.

Die Qualitätserhaltung des hochwertigen Fischproteins erfordert schonendes Trocknen. Um die Oxidation des Fischfettes einzuschränken und oxidationsempfindliche Vitamine zu schützen (z. B. Vitamin A), erfolgt ein Antioxidanszusatz. Dieser Futterzusatzstoff schränkt außerdem die Gefahr einer Selbsterhitzung beim Fischmehl ein. Diese aufgezeigten Maßnahmen sind für die Qualität von Fischmehlen und deren Einsatzwürdigkeit von enormer Bedeutung.

10.3.1.2 Inhaltsstoffe und Futterwert

Der Gehalt an futterwertbestimmenden Inhaltsstoffen in Fischmehlen wird vorrangig vom Ausgangsmaterial und dem Herstellungsverfahren bestimmt. Bei der Beurteilung bildet das **Rohprotein** den wichtigsten Nährstoff. Verarbeitete ganze Fische ergeben in der Regel Futtermittel mit höherem Rohproteingehalt als bei anteiliger oder ausschließlicher Verarbeitung von Fischabfällen. Dadurch ist eine beachtliche Variationsbreite bei diesem Rohnährstoff unvermeidbar. Deshalb erfolgt auch die Einteilung der Fischmehle nach dem Rohproteingehalt. Der Rohproteingehalt liegt in der Regel zwischen 550 und 750 g/kg Originalsubstanz (entspricht ≈ 600 bis 830 g/kg DM). Sortenreine Fischmehle sind proteinreicher als solche aus mehreren Fischarten und/oder Fischabfällen.

Das Fischprotein zählt zu den hochwertigsten Eiweißen. Ein Vergleich mit dem Aminosäurenmuster von Trockenmagermilch (Tab. II, Abschnitt 19) zeigt bei den S-haltigen Aminosäuren eine leichte Überlegenheit. Das Aminosäurenmuster unterliegt jedoch Schwankungen. Zu Fischmehl verarbeitete Fische mit hohem Fleischanteil ergeben ein Protein mit höheren Anteilen an Lysin und S-haltigen Aminosäuren gegenüber Produkten, die überwiegend aus Fischabfällen mit hohem Gehalt an Gerüst- und Leimeiweißen bestehen und damit geringere Konzentrationen an den genannten Aminosäuren aufweisen. Durch Fehler bei der Verarbeitung, v. a. bei Überhitzung, wird infolge der Maillard-Reaktion (s. Kapitel A 7.3.2) die Verdaulichkeit des Rohproteins und der Aminosäuren (v. a. Lysin) herabgesetzt.

Neben Rohprotein enthalten Fischmehle z. T. recht hohe **Fettanteile** (10–12% in der DM). Das Fischfett besteht zu einem hohen Anteil aus polyungesättigten Fettsäuren (s. Tab. 49, Abschnitt 11), die einerseits zur Bedarfsdeckung monogastrischer Nutztiere mit essenziellen Fettsäuren beitragen, aber andererseits negative Effekte u. a. auf die Produktqualität auslösen können, wenn die Grenzwerte für den Fischölgehalt in Alleinfuttermischungen überschritten werden (Mastschweinefutter 6 g/kg, Legehennenfutter 15 g/kg, Broilermastfutter 12 g/kg, Mastputenfutter 8 g/kg, Mastentenfutter 6 g/kg). Mit diesen Restriktionen für den Fischölgehalt soll außerdem verhindert werden, dass die in Verbindung mit den Fischölen auftretenden Geruchs- und Geschmacksstoffe auf dem Weg über den Stoffwechsel der landwirtschaftlichen Nutztiere in die Lipide des tierischen Erzeugnisses (Fleisch, Speck, Eier) verstärkt eingelagert werden und sensorische Veränderungen bei den tierischen Produkten verursachen.

Fischmehle sind generell auch mineralstoffreiche Futtermittel. Der Gehalt an **Mengen- und Spurenelementen** variiert aber beachtlich. Steigende Anteile an Fischabfällen im Ausgangsmaterial, aber auch Beifang (Krebse, Muscheln) erhöhen insbesondere die Ca- und P-Gehalte v. a. zu Lasten des Rohproteingehaltes und der Proteinqualität. Aber auch die vorrangig verarbeitete Fischart beeinflusst den Gehalt an beiden Mengenelementen. Unerwünscht sind zu hohe Gehalte an Calciumcarbonat, Kochsalz und Sand. Eine Anreicherung mit $CaCO_3$ erfolgt bei erhöhtem Beifanganteil (Muscheln, Krebse) im Ausgangsmaterial. NaCl-reiche Fischmehle ergeben sich z. B. aus der Verarbeitung gesalzener Fische. Erhöhte Sandanteile (HCl-unlösliche Asche) resultieren aus der Fischtrocknung am Küstenstrand.

Diese Art der Trocknung ist in äquatornahen Gebieten Afrikas und Asiens z. T. noch üblich.

Besonders hervorzuheben sind die beachtlichen Iod- und Selenkonzentrationen in Fischmehlen, die deutlich höher als in Milchverarbeitungsprodukten liegen (z. B. ≈ 3 mg I/kg DM in Fischmehlen gegenüber ≈ 1 mg I/kg DM in Trockenmagermilch). Sie werden bereits bei geringen Fischmehlanteilen im Futter monogastrischer Tiere versorgungswirksam.

Die Konzentration an fettlöslichen Vitaminen variiert beachtlich (abhängig vom Fettgehalt, Leberanteil und Trocknungsart). Vollmehle sind gegenüber Fischmehlen ohne Fischpresssaftergänzung reich an Vitaminen des B-Komplexes (außer Vitamin B_1 und Pantothensäure), insbesondere an Vitamin B_{12}.

Bedingt durch den Fettgehalt und fehlende Faserkomponenten sind Fischmehle hochverdaulich und energiereich. Die Verdaulichkeit der organischen Substanz bewegt sich in Abhängigkeit vom Rohprotein-, Rohfett- und Rohaschegehalt von 80 bis 90 %, die umsetzbare Energie von ≈ 14 bis 17 MJ/kg DM (Schwein) bzw. $\approx$ von 10 bis 14 MJ/kg DM (Geflügel).

10.3.1.3 Einsatzempfehlungen

Fischmehle zählen aufgrund des hohen Rohproteingehaltes, der ausgezeichneten Eiweißqualität sowie der hohen Iod- und Vitamin B_{12}-Konzentrationen zu den wertvollsten Eiweißfuttermitteln. Ihre Einsatzgrenzen werden neben dem Produktpreis v. a. durch den Fettgehalt und das Fettsäurenmuster des Fischfettes, die an das Fischöl gebundenen Geruchs- und Geschmacksstoffe sowie den Kochsalzgehalt vorgegeben.

Vor allem in der Geflügelfütterung lassen sich durch Fischmehlintegration in die Futtermischungen die Defizite an S-haltigen Aminosäuren sehr gut beheben. Aber auch der hohe Gehalt an weiteren essenziellen Eiweißbausteinen und deren ernährungsphysiologisch günstige Relation ermöglichen beim Einsatz in Schweine- und Geflügelfuttermischungen ein ausgewogenes Aminosäurenangebot auch unter dem Aspekt einer reduzierten N-Ausscheidung. Die Fischmehlanteile bewegen sich in der Regel zwischen 20 g/kg und 80 g/kg in Schweine- und Geflügelalleinfuttermischungen.

10.3.2 Weitere Fischprodukte

Bei der Fischölgewinnung aus den Lebern der Magerfische fällt als Nebenprodukt **Lebermehl** an. Der Gehalt an Rohprotein und Rohfett ist abhängig vom Grad des Fettentzuges (z. B. ≈ 800 g Rohprotein und ≈ 50 g Rohfett je kg u. S. bei weitgehendem Fettentzug). Die Proteinqualität entspricht etwa der des Fischmehls. Der Gehalt an fettlöslichen Vitaminen variiert insbesondere in Abhängigkeit vom Restfettanteil. Das Einsatzgebiet sind vorrangig Futtermischungen für wachsende Tiere, wobei Anteile von 20 bis 40 g/kg Alleinfutter üblich sind.

Bevor fettlösliche Vitamine aus chemischen Synthesen zur Ergänzung der Futterrationen monogastrischer Nutztiere und von Milchaustauschern Fütterungspraxis wurden, bildeten insbesondere **Lebertrane** und **Fischöle** bedeutsame Vitaminträger (Vitamine A, D_3 und E). Ein sehr bekanntes Produkt war Dorschlebertran.

Die bei der Fischmehlherstellung nach dem Nassverfahren anfallenden teilentfetteten **Presssäfte** (fish solubles) enthalten neben Rohfett, wasserlöslichen N-Verbindungen und Mineralstoffen auch die wasserlöslichen Vitamine des Fischkörpers. Trockenprodukte kommen als Träger von Vitaminen des B-Komplexes (sehr reich an Vitamin B_{12}) insbesondere in Geflügelfuttermischungen (1–2 %iger Anteil) zum Einsatz.

11 Futterfette

11.1 Futterfettquellen

Fast alle Futtermittel enthalten Fett, wenngleich in unterschiedlichen Anteilen und unterschiedlicher Zusammensetzung. Während in einer Reihe Futtermittel pflanzlicher Herkunft der Fettanteil überwiegend gering ist (z. B. Grünfutter, Knollen und Wurzeln, Getreidekörner), weisen die neuerdings zum Einsatz kommendem Ölsaaten sowie die fettreichen Nebenprodukte ihrer Verarbeitung (z. B. Rapskuchen) hohe bzw. höherer Fettgehalte auf. Auch einige tierische Futtermittel enthalten beachtliche Fettmengen.

Darüber hinaus werden seit mehreren Jahrzehnten sowohl pflanzliche als auch tierische Fette als Futtermittel verwendet. Mit dem nationalen Verfütterungsverbot (s. Abschn. 3) im Zusammenhang mit der BSE-Krise wurde – im Unterschied zu anderen Staaten der EU – die Verwendung von Fetten tierischer Herkunft als Futtermittel für Lebensmittel liefernde Tiere und

Pferde untersagt. Von diesem Verbot wurden etwas später Fischöle als Futtermittel für Nichtwiederkäuer ausgeklammert. Da Schlachttierfette von lebensmitteltauglich befundenen Landsäugetieren und Geflügel nach wie vor Nahrungsmittel sind, ist nicht auszuschließen, dass das Verfütterungsverbot wieder aufgehoben wird. Deshalb finden die Fette von Landtieren Berücksichtigung in den folgenden Ausführungen.

Nach der FMV und der Positivliste für Futtermittel stehen derzeitig folgende Produkte zur Verfügung:
- Pflanzenfett- oder Pflanzenöl – Baumwoll-, Erdnuss-, Mais-, Raps-, Sojaöl, Palkern-, Kokosfett u. a., außer Rizinusöl,
- Fischöl – raffiniertes und gehärtetes Fischöl,
- Destillations- und Raffinationsfettsäuren, die bei der destillativen bzw. Laugenentsäuerung von pflanzlichen Fetten und Ölen, ausgenommen Rhizinusöl, anfallen,
- Salze von Fettsäuren, die bei der Verseifung von Fettsäuren entstehen.

Fette können vielfältig bearbeitet werden (z. B. Härtung, Umesterung) und gelangen neben ihrer ursprünglichen Beschaffenheit auch als gezielt hergestellte (Fettsäurenmuster, Schmelzpunkt etc.) Mischfette in den Handel.

11.2 Ziele des Fetteinsatzes

Die Ziele bzw. Vorteile des Fetteinsatzes in der Fütterung landwirtschaftlicher Nutztiere sind vielfältig. Sie lassen sich wie folgt zusammenfassen:
- Substitution des Milchfettes in der Kälberernährung.
- Energetische Aufwertung von Futtermischungen bzw. Futterrationen. Dadurch kann einerseits den Anforderungen der Tiere an den Energiegehalt optimal entsprochen werden (z. B. in der Broiler- und Putenmast), und zum anderen können in größerem Umfang energieärmere Futtermittel als Rationskomponenten zum Einsatz kommen.
- Absicherung des Bedarfes an essenziellen Fettsäuren.
- Verbesserung der Absorption von Carotinoiden (Dotter- und Hautpigmenten) und fettlöslichen Vitaminen einschließlich ihrer Vorstufen.
- Positive Effekte auf die Tiergesundheit (z. B. Prophylaxe des Fettlebersyndroms bei der Legehenne).
- Gezielte Einflussnahme auf das Fettsäurenmuster tierischer Produkte (z. B. Eifettanreicherung mit Omega-3-Fettsäuren, bessere Streichfähigkeit der Butter).
- Technologische Vorzüge bei der Mischfutterherstellung und Fütterungspraxis (weniger Staubbelastung, geringerer Energiebedarf beim Pelletieren, verminderte Entmischungsgefahr bei Schrotfutter u. a.).

Nachteile, die durch Futterfetteinsatz möglich sind, sind eine verminderte Ca- und Mg-Verdaulichkeit, geringere Pellethärte (wenn kein nachträgliches Aufsprühen erfolgt); eine bedarfsübersteigende Energieaufnahme und eine stärkere Verfettung der Masttiere (nur bei nicht ausbilanzierten Rationen hinsichtlich des Rohprotein-(Aminosäuren-)Energie-Verhältnisses). Leistungsdepressionen und gesundheitliche Störungen bei Qualitätsmängeln des Futterfettes sind ebenfalls möglich.

11.3 Fettsäurenmuster von Futterfetten

Über das Fettsäurenmuster von fütterungsrelevanten pflanzlichen und tierischen Fetten informiert Tabelle 49. Es handelt sich hierbei um mittlere Anteile der jeweils mengenmäßig wichtigsten Vertreter bei den einzelnen Fetten. Die Zahl der insgesamt in Futterfetten analysierten Fettsäuren übersteigt die in Tabelle 49 aufgeführten um ein Vielfaches. Das Milchfett der Wiederkäuer ist das am vielfältigsten zusammengesetzte Fett. Des weiteren ist anzumerken, dass die relative Zusammensetzung in einem weiten Bereich variieren kann, wofür v. a. Genotyp und Vegetationsbedingungen (Klima, Standort) der entsprechenden pflanzlichen Rohstoffe bzw. Art, Ernährung und Haltungsbedingungen der die Fette erzeugenden landwirtschaftlichen Nutztiere verantwortlich zeichnen.

Am Fettaufbau sind fast ausschließlich geradzahlige unverzweigte aliphatische Monocarbonsäuren mit verschiedenem Sättigungsgrad und 4 bis 26 Kohlenstoffatomen beteiligt. Ein geringer Gehalt an Fettsäuren sowohl mit einer ungeraden Zahl an Kohlenstoffatomen bzw. mit verzweigter Kette als auch an trans-Fettsäuren ist für das Milch- und Körperfett der Wiederkäuer typisch und das Ergebnis der mikrobiellen Vormagenverdauung bzw. des Mikrobenstoffwechsels.

Bei den meisten pflanzlichen und tierischen Fetten überwiegen Fettsäuren mit 16 und 18 C-Ato-

Tab. 49. Mittlere Fettsäurenzusammensetzung einiger tierischer und pflanzlicher Fette (nach Literaturdaten und eigenen Analysen)

Fettsäure(n)	Relativer Anteil der Fettsäuren an den Gesamtfettsäuren (%)[1]							
	Rindertalg	Schweineschmalz	Heringsöl	Kokosfett	Sojaöl	Maiskeimöl	Leinsaatöl	Rapsöl
Gesättigte Fettsäuren								
C 12:0				48				
C 14:0	2	1	3	18				
C 16:0	28	27	11	9	11	7	5	5
C 18:0	24	13	<1	3	4	2	4	2
Einfach ungesättigte Fettsäuren								
C 16:1			6					
C 18:1	40	47	21		23	35	17	59
C 20:1			12	6				1
Mehrfach ungesättigte Fettsäuren								
C 18:2	2	8	<1	2	54	54	14	21
C 18:3		1	<1		8	1	57	11
C 20:4		1	13					
C 20:5			6					
C 22:5			18					
C 22:6			5					

[1] Differenz zu 100% sind weitere hier nicht aufgeführte Fettsäuren

men. Lediglich bei einigen Fetten tropischer Ölfrüchte (Kokos, Palmkern) wird das Fettsäurenprofil von C-14- und C-16-Fettsäuren geprägt. Mit Ausnahme von Palmkern-, Kokos-, und Babassufett enthalten pflanzliche Fette wesentlich höhere Mengen an ungesättigten Fettsäuren als tierische Fette. Insbesondere trifft dies für die mehrfach ungesättigten und essenziellen Fettsäuren Linolsäure (zwei Doppelbindungen) und α-Linolensäure (drei Doppelbindungen) zu. Zu den ernährungsphysiologisch suspekten Fettsäuren zählen insbesondere Malvalia- und Sterculiasäure (Cyclopropensäuren) in Baumwollsaatöl und die Erucasäure im Rapsöl konventioneller Sorten.

11.4 Fettqualitätsveränderungen

Neben der chemischen Zusammensetzung der Fette bestimmen deren „äußere" Eigenschaften (Aussehen, Geruch, Geschmack), die durch den Frischezustand gekennzeichnet werden, den ernährungsphysiologischen Wert und die Fütterungseignung von Futterfetten. Fette sind keinesfalls unangreifbare Substanzen. Sie unterliegen verschiedenen Veränderungen, die durch mikrobielle, enzymatische und chemische Umsetzungen und deren Zusammenwirken verursacht werden. Dabei kann man drei Wege des Fettverderbs unterscheiden: Hydrolyse der Triglyceridmoleküle, oxidative Veränderungen der Fettsäuren und Polymerisation von Fettsäuren.

Durch **hydrolytische Spaltung (enzymatisch, chemisch)** der Neutralfette fallen freie Fettsäuren an. Sie lassen sich analytisch mit der Säurezahl erfassen. Freie Fettsäuren sind durchaus physiologische Substanzen, die auch im Verdauungstrakt bei der Fettverdauung vorliegen. Jedoch weisen kurz- und mittelkettige freie Fettsäuren einen intensiven Geruch und Geschmack auf, was sich nachteilig auf die Futteraufnahme auswirken kann. Freigesetzte langkettige Fettsäuren sind demgegenüber geschmacklich neutral.

Von größerer Bedeutung sind **oxidative Veränderungen** des Futterfettes. Einem oxidativen Angriff sind v. a. Fettsäuren mit zwei und mehr Doppelbindungen, die in zahlreichen pflanzlichen Fetten und Seetierfetten stärker vertreten sind (s. Tab. 49), ausgesetzt. Die relative Oxidationsgeschwindigkeit verhält sich in der Reihenfolge Stearin-, Öl-, Linol-, und Linolensäure wie

1:100:1200:2400. Bei der Autoxidation der Fettsäuren entstehen zunächst geschmack- und geruchslose Hydroxyperoxide, die analytisch über die Peroxidzahl erfassbar sind. Im weiteren Prozess der Fettoxidation bilden sich aus den Hydroxyperoxiden unter Wasserabspaltung Aldehyde, Ketone, Fettsäuren und Polymerisationsprodukte, die in frischen Fetten nicht vorkommen und mit den durch die Hydrolyse freigesetzten mittel- und kurzkettigen Fettsäuren die „Ranzigkeit" des Fettes bewirken. Durch die Aldehydzahl und Säurezahl kann der fortgeschrittene Fettverderb charakterisiert werden.

Das Verhalten von Peroxid-, Aldehyd- und Säurezahl im Verlauf der Fettveränderung ist in Abbildung 78 dargestellt. Hierzu ist anzumerken, dass diese Kennzahlen einer fortlaufenden Veränderung durch parallel stattfindende Abbau- und Umbauprozesse nach Beginn des Fettverderbs unterliegen. Nachteilige Effekte verursachen die Hydroxyperoxide durch die Übertragung des Sauerstoffs auf leicht oxidierbare Futterinhaltsstoffe (Vitamin A, D, E, Carotine, Carotinoide), die dadurch zerstört werden. Als Folgeerscheinung kann Vitaminmangel auftreten. Außerdem sind durch die entstehenden Carbonylverbindungen sensorische Veränderungen beim Schlachtkörper- und Eifett möglich. Oxidierte Fette selbst kommen nicht zur Absorption, jedoch Folgeprodukte, die toxische Effekte bewirken.

Der oxidative Fettverderb lässt sich durch natürliche (Vitamin E, Vitamin C) oder/und synthetische Antioxidanzien verhindern bzw. verzögern. Die Stabilisierung gefährdeter Fette sollte durch entsprechende Zusätze unmittelbar nach deren Gewinnung bzw. Herstellung (Mischfette) erfolgen. Eine weitere Präventivmaßnahme ist möglichst nur kurzzeitige Lagerung bei tiefen Temperaturen unter weitgehendem Sauerstoffabschluss. Die Anforderungen an die Reinheit der Futterfette (s. Positivliste für Futtermittel) sind zu gewährleisten, weil Verunreinigungen die Autoxidation begünstigen.

Eine weitere Erscheinung bei der Fettverderbnis ist die **Polymerisation von Fettsäuren**. Sie tritt insbesondere bei Hitzeeinwirkung auf, so dass bei Frittier- und Bratfetten mit thermisch geschädigten Fettsäuren zu rechnen ist. Bei ihrer Verfütterung können toxische Effekte auftreten. Dieser Nachweis wurde v. a. an Labortieren erbracht.

Da Frittier- und Bratfette zu den Speiseabfällen zählen, besteht ein Verfütterungsverbot an Lebensmittel liefernde Tiere (s. Abschn. 3).

11.5 Verdaulichkeit und energetischer Futterwert

Die Verdaulichkeit von Futterfetten liegt meist im Bereich von 75 % bis nahezu 100 %. Sie wird v. a. durch folgende Faktoren beeinflusst:

- **Kettenlänge und Sättigungsgrad der Fettsäuren bzw. der von diesen Parametern abhängige Schmelzpunkt:** Unterhalb der Körpertemperatur schmelzende und daher im Darmlumen flüssige Fette werden leichter emulgiert als höherschmelzende. Beim Anstieg des Schmelzpunktes über 40 °C nimmt die Verdaulichkeit noch verhältnismäßig wenig, bei Schmelzpunkten über 50 °C sehr stark ab.
- **Interaktionen zwischen den einzelnen Fettsäuren in Triglyceridgemischen:** Tierisch-pflanzliche Mischfette sind höher verdaulich als sich rechnerisch aus dem gewogenen arithmetischen Mittel der einzelnen Verdauungswerte vorhersagen lässt. Die Verdaulichkeit von Fetten mit hohem Anteil langkettiger gesättigter Fettsäuren lässt sich durch geringen Zusatz (5 bis 10 %) linolsäurereicher Öle deutlich verbessern.
- **Stellung der höher ungesättigten Fettsäuren im Triglyceridmolekül:** Wenn sich die Palmitin- (C 16:0) und Stearinsäure (C 18:0) in zweiter Stellung befinden (Schweineschmalz), ist die Verdaulichkeit weniger beeinträchtigt als bei einer Außenposition der Fettsäuren (Talg).
- **Fettanteil im Futter:** Bei geringerem Anteil werden auch Fette mit relativ hohem Schmelzpunkt gut verdaut; ab > 4 % Futterfettanteil ist jedoch die Verdaulichkeit solcher Fette rückläufig.

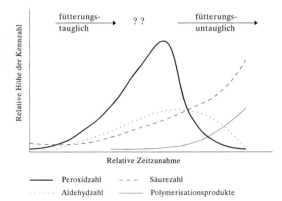

Abb. 78. Veränderung der Fettkennzahlen während des Fettverderbs.

246 Futterfette

- **Teilchengröße der Fettpartikel:** In Milchaustauschern (Kälber, Ferkel) sollte der Fetttröpfchendurchmesser zwischen 2 µm und 4 µm liegen (Vollmilch ≈ 2,5 µm), um durch eine möglichst große Oberfläche eine hohe Wirksamkeit der Lipasen zu erreichen. Eine günstige Fetttröpfchengröße bzw. stabile Verteilung erreicht man durch Homogenisieren in Verbindung mit Emulgatoren.
- **Tieralter:** Beim Geflügel ist in den ersten Lebenswochen die Fettverdaulichkeit infolge begrenzter Gallensaft- und Lipasesekretion geringer als später.
- **Viskositätssteigernde Futterinhaltsstoffe:** Lösliche Nichtstärke-Polysaccharide (s. Abschnitt 7.2.5) erhöhen die Digestaviskosität und erschweren den Kontakt zwischen Fett und fettspaltenden Sekreten. Dadurch verschlechtert sich die Fettverdaulichkeit v. a. bei Küken und Ferkeln. Davon werden höherschmelzende Fette stärker betroffen als flüssige Fette.
- **Seifenbildung:** Unter den mineralischen Elementen können Ca^{++} und Mg^{++}-Ionen durch die Bildung wasserlöslicher Erdalkaliseifen die Fettsäurenabsorption beeinträchtigen (umgekehrt hemmen hohe Fettanteile im Futter die Absorption dieser Elemente). Diese gegenseitige Einflussnahme ist insbesondere beim Auffetten von Legehennenrationen gegeben.

Der energetische Futterwert hängt vom Bruttoenergiegehalt und von der Verdaulichkeit der Fette ab. Die Bruttoenergie variiert je nach Kettenlänge und Sättigungsgrad der am Fettaufbau beteiligten Fettsäuren zwischen etwa 37 MJ/kg und 41 MJ/kg. Durch zunehmende Kettenlänge steigt der Brennwert an, eine höhere Zahl an Doppelbindungen vermindert ihn. Die aufgelisteten Einflussgrößen auf die Fettverdaulichkeit sind im Prinzip auch auf den energetischen Futterwert übertragbar. Pflanzliche Öle weisen die höchste Energiedichte auf, es folgen Schweineschmalz und Rindertalg (Abb. 79).

11.6 Einsatzempfehlungen

Futterfette kommen bislang vorrangig bei monogastrischen Nutztieren einschließlich Kälber und Lämmer in der präruminalen Phase zum Einsatz. Auf die unterschiedlichen Aspekte ihrer Verfütterung wurde bereits eingegangen. Der jeweilige Rationsanteil wird insbesondere von der Zielsetzung beeinflusst, ist vom Preis abhängig, und es muss die Verträglichkeit beachtet werden. Diese liegt bei monogastrischen Nutztieren weit oberhalb der praxisrelevanten Empfehlungen, die für die einzelnen Tierarten bzw. Produktionsrichtungen nachfolgend aufgelistet sind und sich auf die Futter-DM beziehen: Kälber, Zuchtsauen (Hochträchtigkeit und Laktation) 8 %, Mastschweine 6 %, Ferkel 5 %, Legehennen 3 bis 6 %, Broiler und Mastputen 3 bis 5 % (1. bis 3. Lebenswoche) bzw. 9 % (> 3. Lebenswoche), Zucht- und Mastkaninchen 4 bis 6 %.

Auch beim Wiederkäuer kann Futterfett in die Ration integriert werden, wobei die Summe aus

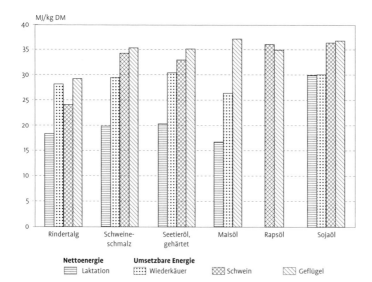

Abb. 79. Energetischer Futterwert ausgewählter pflanzlicher und tierischer Fette (DLG-Futterwerttabellen – Schweine 1991 – Wiederkäuer 1997; WPSA 1989).

den Fettanteilen der Komponenten und dem supplementierten Fett 5% in der Trockensubstanz nicht überschreiten sollte. Bei höheren Mengen wird der Kohlenhydratabbau im Pansen gestört, und es kommt zu einer Verminderung der Futteraufnahme. Bei Einsatz pansengeschützter Fette kann der Fettgehalt in der Trockensubstanz bis 10% betragen.

Zur Verfütterung kommende Fette dürfen keine Qualitätsmängel, v.a. keine oxidativen Veränderungen aufweisen. Die von der DLG (1979) formulierten Anforderungen an Futterfette (Tab. 50) sind auch unter diesem Aspekt zu sehen. Die bekannte Einflussnahme des Fettsäurenmusters der Futterfette auf das Fettsäurenprofil von Tierkörperfett, Eifett und ebenso Milchfett ist beim Futterfetteinsatz stets auch im Hinblick auf die Produktqualität einschließlich ihrer Erhaltung und Verarbeitungseigenschaften zu berücksichtigen.

12 Erzeugnisse und Nebenerzeugnisse aus der Lebensmittelindustrie

12.1 Allgemeine Angaben

Nach FMV und Positivliste der Futtermittel handelt es sich bei dieser Gruppe um
- Erzeugnisse und Nebenerzeugnisse der Back- und Teigwarenindustrie,
- Erzeugnisse und Nebenerzeugnisse der Süßwarenindustrie,
- Erzeugnisse und Nebenerzeugnisse der Konditorei- und Speiseeisindustrie,
- Nebenerzeugnisse der Fertignahrungsindustrie sowie
- Lebensmittelidentische Stoffe und Zusatzstoffe.

Tab. 50. Anforderungen an Futterfette[1] (DLG-Arbeitskreis Futterfette 1979)

		Rind[3]	Kalb, Lamm, Ferkel	Schwein	Küken, bis 4 Wo und Mastgeflügel	Übriges Geflügel
Relativer Anteil der Fettsäuren (%)						
C 6:0 bis C 12:0	max.	20	–[2]	20	20	20
C 14:0 bis C 16:1		–	–	–	–	–
C 18:0	max.	–	20	20	20[4]	20
C 18:1		–	–	–	–	–
C 18:2	max.	–	12	12	–	–
C 18:3	max.	3	2	2	2	2
Summe aus ein- und zweifach ungesättigten FS mit über 18 C-Atomen	max.	3	3	3	3	3
Summe der gesamten ungesättigten FS mit über 18 C-Atomen und mehr als 2 Doppelbindungen	max.	1	1	1	1	1
Summe der gesamten ungesättigten FS mit über 18 C-Atomen	max.	5	5	5	5	5
Summe der gesamten ungesättigten FS mit über C 14:1	max.	–	70	70	70	70
	min.	–	30	30	30	30
Summe der gesamten gesättigten FS mit über C 18:0	max.	5	3	3	3	5

[1] Die Angaben beziehen sich auf Fette und Öle im Sinne der FMV   [2] Keine Begrenzung
[3] Die Anforderungen an spezielle Futterfette für Wiederkäuer sind noch zu definieren
[4] Bei Küken bis 4 Wochen Lebensalter darf der Gehalt an gesättigten Fettsäuren mit mehr als 16 C-Atomen 15% nicht überschreiten

Hinsichtlich der futterwertbestimmenden Inhaltsstoffe liegt eine erhebliche Variation vor. Für die einzelnen Produktgruppen gibt es deshalb Vorgaben für anzugebende Inhaltsstoffe. Die Abgabe als Futtermittel ist im Originalzustand, aber auch getrocknet möglich und die Produkte müssen frei von Verpackungen und Verpackungsteilen sein. Zum Futterwert liegen nur begrenzte Werte vor. Die hauptsächliche Verwendung erfolgt in der Schweinemast. Von den oben aufgeführten Gruppen dürften die Erzeugnisse und Nebenerzeugnisse der Back- und Teigwarenindustrie die größte Bedeutung haben; sie werden deshalb nachfolgend etwas ausführlicher besprochen.

Bis vor Kurzem konnten auch Speisereste, insbesondere aus Restaurants, Cateringeinrichtungen und Großküchen, unter Beachtung der veterinärmedizinischen Vorgaben als Futtermittel eingesetzt werden. Die hierzu erteilte Sondergenehmigung ist ausgelaufen, so dass entsprechend der VO (EG) 1773/2002, Artikel 22 die Verfütterung von Speiseabfällen oder von Futterausgangserzeugnissen, die Speiseabfälle enthalten, an Nutztiere, außer an Pelztiere, verboten ist.

12.2 Produkte und Nebenprodukte der Back- und Teigwarenindustrie

Größere Backwarenbetriebe fertigen auf erzeugnisspezifischen Produktionslinien Brot, Kleingebäck sowie Konditoreiwaren. Diese gliedern sich in folgende Prozessstufen: Rohstoffannahme, -lagerung und -aufbereitung, Teigbereitung und -bearbeitung, Backprozess, Nachbehandlung und Verpackung. Das Mehl wird mit Tankwagen angeliefert und pneumatisch in die Annahmesilos gefördert. Hier und bei der Backvorbereitung bildet Kehrmehl ein Abprodukt. Auch bei der Teigbereitung und nach dem Backprozess gibt es fütterungswürdige Produkte, wie nicht qualitätsgerechte Erzeugnisse, Kuchenränder, Kuchen-, Zwieback- und Feingebäckabfälle. Außerdem fällt das sogenannte Backfutter (unverkaufte, überlagerte Backwaren) an, das sich vorrangig aus den verschiedensten Brotsorten, Brötchen und Kuchenresten zusammensetzt. Aber auch überlagerte Dauerbackwaren bereichern das Sortiment.

12.2.1 Inhaltsstoffe und Futterwert

Die Nebenprodukte enthalten wenig **Rohfaser**, aber hohe Anteile an N-freien Extraktstoffen (vorrangig Stärke und Zucker). Für Feingebäckabfälle bzw. überlagerte Erzeugnisse ist außerdem ein beachtlicher **Fettgehalt** typisch. Der **Rohproteingehalt** liegt in der Größenordnung des Getreides. Die Produkte sind vergleichsweise zu Getreidekörnern in der Regel mineralstoffärmer, wenn nicht Zusätze (z. B. NaCl, Iod) erfolgten. Mit dem Vorkommen an Vitaminen des B-Komplexes (außer Vitamin B_{12}) ist zu rechnen, wenngleich Verluste beim Herstellungsprozess nicht auszuschließen sind.

Alle Produkte sind **hochverdaulich** und **energiereich**. Auf der Basis von experimentellen Verdaulichkeitswerten wurden nachstehende Gehalte an umsetzbarer Energie je Kilogramm DM errechnet: Altbrot 16,45 MJ, Butterkeks 18,42 MJ, Waffeln 22,57 MJ. Brot übertrifft damit die Energiedichte von Getreide.

Das Aminosäurenmuster des Eiweißes ist mit Ausnahme von Vollkornprodukten noch einseitiger zusammengesetzt als die Zerealienproteine. Der Backprozess bewirkt in der Regel eine Proteinschädigung, die v. a. die Verdaulichkeit der Aminosäure Lysin, aber auch weiterer essenzieller Eiweißbausteine mehr oder weniger vermindert. Durch Zusätze (insbesondere Zucker, Fette, Backhefe, Salz, Aromastoffe) bei der Teigbereitung und die dabei z. T. notwendige Sauerteigmikroflora (Mischbrot, Roggenbrot) weisen die Abfälle einen angenehmen Geruch auf und werden deshalb gern gefressen.

Aufgrund der Tatsache, dass immer mit Schwankungen im Nährstoffgehalt bei den Produkten der Backwarenindustrie zu rechnen ist, sollten deshalb bei höheren Einsatzmengen kontinuierlich Futtermittelanalysen durchgeführt werden. Besondere Beachtung verdient auch der DM-Gehalt der Produkte aus der Sicht der Zwischenlagerung. Sie ist nur möglich, wenn dieser Gehalt $\geq 88\%$ beträgt. Wenn keine Nachtrocknung erfolgt, sind feuchtere Produkte innerhalb von 2 bis 3 Tagen zu verfüttern, um v. a. einem Pilzbefall, aber auch weitere Qualitätsbeeinträchtigungen zu vermeiden. Mit Schimmel befallene Partien sind nicht fütterungstauglich.

12.2.2 Einsatzempfehlungen

Die Erzeugnisse und Nebenerzeugnisse der Backwarenindustrie werden vorzugsweise in der Mastschweinefütterung eingesetzt, eignen sich aber durchaus auch für Ferkel, Zuchtsauen, Geflügel und Rinder. Da es sich um ausgesprochene Energiefuttermittel handelt, verdient die optima-

le Ergänzung mit Eiweiß (Aminosäuren), Mineralstoffen und Vitaminen besondere Beachtung.
Der Anteil sollte bei Mastschweinen nicht mehr als ein Drittel der Rationstrockensubstanz betragen. Diese Empfehlung gilt auch bei einer Verfütterung an Mastgeflügel. Bei fettreicheren Abprodukten sind geringere Mengen angebracht, um u. a. Fettqualitätsmängel beim Tierkörperfett zu vermeiden. An alle weiteren Nutzungsrichtungen bei Schweinen und Geflügel ist der Rationsanteil auf maximal 20 % der DM einzustellen. Bei einer Verfütterung an Mastrinder und Milchkühe ist die Tagesgabe auf ≈ 5 kg/Tier zu begrenzen. Trockenprodukte (z. B. Brot, Brötchen) eignen sich durchaus auch als Futtermittel für Pferde und Kaninchen.

13 Ergänzungs- und Zusatzstoffe

13.1 Allgemeine Angaben

Diese Substanzgruppe umfasst Produkte unterschiedlicher Art und Wirkung. Ergänzungs- und Zusatzstoffe werden futtermittelrechtlich teilweise als Einzelfuttermittel (Mengenelemente) behandelt, zum überwiegenden Teil jedoch als Zusatzstoffe. Ergänzungs- und Zusatzstoffe sollen im wesentlichen die folgenden Aufgaben erfüllen:
- Fehlende bzw. unzureichende Gehalte an Nährstoffen in Futterrationen bzw. Futtermischungen ergänzen,
- die Leistung bei landwirtschaftlichen Nutztieren stabilisieren bzw. steigern (höhere Futteraufnahme, verbessertes Wachstum bzw. mehr Eier, geringerer Futter-, Nährstoff- bzw. Energieaufwand, geringere Tierverluste),
- die Nährstoffausscheidung in den tierischen Exkrementen vermindern,
- die Qualität tierischer Produkte erhalten, erhöhen bzw. verbessern,
- die Qualität und Fütterungseignung von Futterstoffen erhalten bzw. erweitern,
- die Lagerungs-, Transport- oder Verabreichungseigenschaften der Futtermittel bzw. Futtermischungen verbessern,
- im Rahmen der intensiven Geflügelhaltung vor verbreitet vorkommenden Krankheiten schützen (Kokzidiose, Histomoniasis).

13.2 Ergänzungsstoffe – Mengenelemente

Zu den Ergänzungsstoffen mit Nährstoffcharakter gehören Verbindungen, die Mengenelemente enthalten.
Die in den bisher besprochenen Einzelfuttermitteln natürlicherweise vorkommenden Mengenelemente reichen in der Mehrheit für eine vollständige Bedarfsdeckung der landwirtschaftlichen Nutztiere nicht aus. Hinzu kommt noch, dass v. a. der Phosphor in Getreidekörnern, Leguminosensamen, Ölfrüchten sowie deren Verarbeitungsprodukten für monogastrische Nutztiere aufgrund seiner organischen Bindung nur partiell nutzbar ist. Außerdem ist das Mengenverhältnis der einzelnen lebensnotwendigen Elemente in den meisten Futterstoffen keinesfalls den jeweiligen Bedürfnissen der Tiere angepasst. Es gibt insgesamt 40 verschiedene Einzelfuttermittel, die für eine Ergänzung der Futterrationen mit den Mengenelementen Ca, P, Na und Mg in Frage kommen. Aus dieser umfangreichen Palette sind in Tabelle 51 einige Produkte mit ihren Gehalten

Tab. 51. Relative Gehalte an Mengenelementen in mineralischen Einzelfuttermitteln (Beispiele)

	Ca %	P %	Na %	Mg %
Calciumcarbonat	37,0			
Calciumchlorid	34,6			
Calciumsulfat	26,2			
Magnesiumoxid				52,0
Magnesiumchlorid				11,9
Natriumchlorid			38,3	
Natriumcarbonat			43,0	
Natriumbicarbonat			26,6	
Monocalciumphosphat	16,0	22,7		
Dicalciumphosphat	26,0	17,5		
Monodicalciumphosphat	21,8	19,0		
Monoammoniumphosphat	–	25,5		
Natriumphosphat	–	24,0	20,0	
Calcium-Natrium-Phosphat	31,0	18,0	6,0	
Magnesiumphosphat	3,0	12,0	–	25,0
Eierschalen, getrocknet	33			
Kohlensaurer Algenkalk	33			
Seealgenmehl	35	14		

an einzelnen Elementen ausgewiesen. Die unterschiedlichen mineralischen Einzelfuttermittel gelangen entweder als einzelne Komponente, Bestandteil von Mineralfutter oder von Mischfuttermitteln zur Verfütterung.

13.3 Futterzusatzstoffe

13.3.1 Einteilung der Futterzusatzstoffe

In der Europäischen Union werden die Futterzusatzstoffe gemäß der EG Verordnung Nr. 1831/2003 auf Grundlage ihrer unterschiedlichen Funktionen in folgende Kategorien eingeteilt:
- Technische Zusatzstoffe (Fließstoffe, Konservierungsmittel, Antioxidationsmittel, Emulgatoren, Stabilisatoren, Bindemittel, Verdickungsmittel, Geliermittel, Trennmittel, Säureregulatoren und Silierhilfsmittel),
- sensorische Zusatzstoffe (Farbstoffe, Aromastoffe und appetitanregende Stoffe),
- ernährungsphysiologische Zusatzstoffe (Vitamine, Spurenelemente, Aminosäuren sowie deren Salze und Analoga, Harnstoff und andere NPN-Verbindungen),
- zootechnische Zusatzstoffe (Substanzen, die die Nährstoffverdaulichkeit verbessern, Mikroorganismen oder andere definierte Substanzen, die die Mikrobiota im Verdauungstrakt in einer für das Tier günstigen Weise beeinflussen, sowie Wachstumsförderer),
- Kokzidiostatika und Histomonostatika, welche krankheitsvorbeugende Mittel sind und zur Abtötung oder Wachstumshemmung von Protozoen vor allem bei Masthühnern, Truthühnern, Junghennen aber auch Mastkaninchen eingesetzt werden. Die jeweils zugelassenen Substanzen sind dem aktuellen Register für Futterzusatzstoffe der Europäischen Kommission zu entnehmen.

Es handelt sich hierbei um sehr unterschiedliche Substanzen und Organismen, die eine sehr niedrige Dosierung (Größenordnung Gramm pro Tonne) gemeinsam haben. Um Fehldosierungen auszuschließen und Homogenität der Futtermischungen zu gewährleisten, werden an die verarbeitenden Betriebe spezielle Anforderungen gestellt.

Bezüglich der chemisch-physikalischen Eigenschaften gibt es eine große Diversität. Zu den Futterzusatzstoffen gehören neben chemisch definierten anorganischen oder organischen Substanzen (z. B. Spurenelemente, Aminosäuren, Vitamine, Konservierungsmittel) auch Makromoleküle mit spezifischen katalytischen Eigenschaften (Enzyme) sowie lebensfähige Formen von Mikroorganismen (Präparate vegetativer Bakterienzellen oder Hefen und Bakteriensporen). Aufgrund der Vielfalt der Futterzusatzstoffe sind auch die Hauptwirkungsbereiche sehr unterschiedlich und betreffen sowohl die Futtermittel als auch den Verdauungstrakt, den Intermediärstoffwechsel und die erzeugten Lebensmittel tierischer Herkunft.

13.3.2 Technische Zusatzstoffe

Technische Zusatzstoffe dienen der Verbesserung der Verarbeitungsprozesse von Futtermitteln sowie deren Stabilität und Haltbarkeit. Dies soll anhand einiger Beispiele verdeutlicht werden.

Fließstoffe: Um Futterzusatzstoffe in technologischen Prozessen genau dosieren zu können, müssen sie frei fließend sein und dürfen nicht zu Verklumpungen führen. Deshalb werden Mineral- und Vitaminmischungen häufig Fließstoffe zugegeben. Als Fließstoffe sind verschiedene Silikate und Stearate zugelassen.

Stabilisatoren und Emulgatoren: Hierbei handelt es sich primär um Substanzen mit emulgierender Wirkung, die es ermöglichen, stabile Emulsionen aus zwei eigentlich nicht miteinander mischbaren Flüssigkeiten herzustellen, wie es beim Mischen einer öligen mit einer wässrigen Phase der Fall ist. Emulgatoren reichern sich an den flüssig-flüssigen Grenzschichten an und reduzieren auf diese Weise die Grenzflächenspannung zwischen den Flüssigkeiten. Bei den Emulgatoren handelt es sich um Lecithine, Ester von Mono-, Di- und Triglyceriden sowie um Salze von Speisefetten. Ihr Einsatz ist bei der Herstellung von Milchaustauschern erforderlich.

Bindemittel: Bindemittel können mit dem Ziel eingesetzt werden, in technologischen Verfahren, wie der Kompaktierung von Futtermitteln (z. B. Pelletieren, Extrudieren) den Produkten Stabilität zu verleihen. Als Bindemittel werden Ligninosulfonate, Carboxymethylcellulose oder Polymethylcarbamid verwendet.

Konservierungsmittel: Als Konservierungsmittel sind vor allem organische Säuren zugelassen. Es handelt sich dabei um eine Vielzahl von niedermolekularen Verbindungen mit einem Molargewicht < 200, wie z. B. Zitronensäure, Ameisensäure, Fumarsäure, Milchsäure und Propionsäure. Die Zulassungen basieren auf dem Nachweis einer antibakteriellen Wirkung im Futtermittel und damit einer Hemmung gegenüber bakteriellem und pilzlichem Verderb. Dies schließt nicht aus, dass organische Säuren wie zootechnische Zusatzstoffe wirken (s. 13.3.5), allerdings liegen Zulassungen für diesen Anwendungszweck bisher noch nicht vor.

13.3.3 Sensorische Zusatzstoffe

Wie aus der Bezeichnung zu entnehmen ist, beeinflussen die Zusatzstoffe dieser Kategorie die durch die Sinnesorgane wahrnehmbaren Eigenschaften der Futtermittel und zum Teil auch der Produkte, wie Farbe, Geschmack und Geruch. Hinter dem Begriff „Aromastoffe" verbirgt sich mehr als nur Geruch, da es sich bei Aroma um den olfaktorischen Gesamteindruck eines Futtermittels handelt, wobei auch Substanzen eine Rolle spielen, die erst in der Mundhöhle freigesetzt werden und im Nasen-Rachenraum wahrgenommen werden. Dennoch werden Stoffe, die z. B. als Geruchsstoffe wirken oder bis hin zu einer appetitanregenden Wirkung haben, als Aromastoffe beschrieben. Die meisten Zusatzstoffe dieser Kategorie kommen natürlich vor, Ausnahmen bilden einige Süßstoffe, wie Saccharin und Neohasperidin-Dihydrochalcon.

Ziel des Einsatzes der Aromen und der appetitanregenden Stoffe ist es, die Futteraufnahme insbesondere nach dem Absetzen von Säugetieren und während der Mast zu verbessern bzw. Verzehrsdepressionen bei Komponentenwechsel im Futter zu vermeiden. Bei Jungtieren (Ferkel, Kälber) werden nach dem Absetzen häufig Süßstoffe eingesetzt.

Kräuter und Produkte aus Kräutern werden gegenwärtig ebenfalls zu den sensorischen Zusatzstoffen gezählt, mit der Begründung, dass es sich um Substanzen handelt, deren Zusatz den Geruch oder die Schmackhaftigkeit von Futtermitteln verbessert.

Die als Futterzusatzstoffe eingesetzten Farbstoffe gehören zu den Carotinoiden. In der Natur kommen mehrere hundert Carotinoide vor. Das bekannteste ist das ß-Carotin, das zwar kaum pigmentierende Wirkung hat, aber von den meisten Tierarten in Vitamin A umgesetzt werden kann. Es gibt aber eine Vielzahl von pigmentierenden Carotinoiden, die bei Einlagerung in Haut, Eidotter oder Fleisch gelbliche bzw. rötliche Färbung bewirken, wovon einige als Futterzusatzstoffe eingesetzt werden. Obwohl Carotinoide auch wichtige physiologische Funktionen haben, ist Hauptanliegen dieses Einsatzes einerseits, Lebensmitteln eine dem Verbraucherwunsch entsprechende Farbnote zu verleihen, und andererseits, bei Ziervögeln und Zierfischen Farbenpracht des Gefieders bzw. der Haut zu bewirken. Der quantitativ größte Einsatz erfolgt im Legehennenfutter, in dem sowohl gelbe Carotinoide (Lutein, Zeaxanthin, Apo-ester) als auch in geringeren Mengen rote Carotinoide (Canthaxanthin, Citranaxanthin, Capsanthin/Capsorubin) verwendet werden. Ziel ist es, eine gewünschte gelbe bis rötliche Färbung des Dotters einzustellen. Bei Broilern und Enten kann aber auch eine goldgelbe Färbung der Haut bewirkt werden, wie es in manchen Regionen von den Verbrauchern gewünscht wird. Bei wildlebendem Lachs und bei Forellen entsteht durch die Einlagerung von Astaxanthin (in Crustaceen enthalten) eine rosa Färbung des Fleisches. Diese kann durch Astaxanthinzusätze im Futter auch in Zuchtanlagen erreicht werden. Die Gewinnung der Carotinoide erfolgt hauptsächlich aus Tagetes- und Paprikaextrakten.

13.3.4 Ernährungsphysiologische Zusatzstoffe

Spurenelemente: Analog zu den Mengenelementen wird auch der Bedarf zahlreicher Spurenelemente aus den natürlichen Gehalten in den Rationskomponenten häufig nicht gedeckt. Außerdem kann die Konzentration beim gleichen Futtermittel erheblich variieren, und die Verfügbarkeit für das Tier unterliegt verschiedenen z. T. gravierenden Einflüssen. Deshalb sind Ergänzungen mit Spurenelementen erforderlich.

Über die futtermittelrechtlich zugelassenen Spurenelementverbindungen und die jeweils zulässigen Höchstgehalte an einzelnen Spurenelementen in Alleinfuttermischungen gibt Tabelle 52 Auskunft. Die Versorgung der Tiere erfolgt entweder als Bestandteil von Mineralfutter oder Mischfuttermittel. Eine gleichmäßige Verteilung der geringen Zusätze in den Mischfuttermitteln erreicht man nur über eine Vormischung, die im Mischfutterwerk selbst oder in Vormischbetrieben hergestellt wird.

Vitamine: Eine bedarfsgerechte Vitaminversorgung landwirtschaftlicher Nutztiere ist insbesondere bei intensiven Haltungsformen aus den Gehalten der Rationskomponenten nicht gewährleistet. Verschiedentlich fehlen einzelne Vitamine vollständig. Außerdem variiert der Vitamingehalt in den Futtermitteln beachtlich, und es treten deutliche Verluste bei den fettlöslichen Vitaminen bzw. deren Vorstufen bei der Ernte, Konservierung und Lagerung auf.

Tab. 52. Futtermittelrechtlich zugelassene Spurenelementverbindungen (Beispiele) und Höchstgehalte an Spurenelementen in Alleinfuttermischungen (88% DM)

Element	Zugelassene Verbindungen	Tierart	Höchstgehalt [mg/kg Alleinfutter]
Eisen	-carbonat, -chlorid, citrat, -fumarat, lactat, -oxid, -sulfat, aminosäurenchelat	Ferkel (bis 1 Woche vor dem Absetzen) Schafe Heimtiere Sonstige Tierarten	250 mg/d 500 1250 750
Zink	-lactat, -acetat, carbonat, -chlorid, oxid, -sulfat, -aminosäurenchelat	Kälber (Milchaustauscher) Fische Heimtiere Sonstige Tierarten	200 200 250 150
Mangan	-carbonat, -chlorid, oxid, -sulfat, -aminosäurenchelat	Fische Sonstige Tierarten	100 150
Kupfer	-acetat, -carbonat, chlorid, -methionat, oxid, -sulfat, -aminosäurenchelat	Ferkel (bis 12. Lebenswoche) Wiederkäuer (präruminant) Milchaustauscher und Alleinfuttermittel Schafe Sonstige Wiederkäuer Schalentiere Sonstige Tierarten	170 15 15 35 50 25
Iod	Calciumiodat, Kalium- und Natriumiodid	Pferde Fische Sonstige Tierarten[1]	4 20 10
Cobalt	-acetat, -carbonat, chlorid, -sulfat, -nitrat	Alle Tierarten	2
Selen	Natriumselenit, -selenat	Alle Tierarten	0,5

[1] Ab 9.9.2006 wurden die Höchstgehalte für Iod für Milchkühe und Legehennen auf 5 mg/kg herabgesetzt.

Durch technisch hergestellte Vitamine ist eine gezielte, d. h. auf den Bedarf ausgerichtete Versorgung möglich. Als Zusatzstoffe sind die fettlöslichen Vitamine A, D, E und K sowie die Palette der B-Vitamine und Vitamin C zugelassen. Ihr Einsatz erfolgt als Supplemente zu Mischfuttermitteln (als Komponenten der Vormischung) und Mineralfutter. Für die Vitamine A und D_3 sind Höchstgehalte vorgegeben, um Hypervitaminosen auszuschließen und eine erhöhte Vitamin-A-Akkumulation im Nahrungsmittel Leber (Verbraucherschutz) zu verhindern.

Vitamine sind in einem unterschiedlichen Ausmaß empfindlich gegenüber Erwärmung, Lichteinstrahlung (UV) und Kontakt mit Sauerstoff oder anderen Reaktionspartnern. Um empfindliche Vitamine zu stabilisieren, werden z. B. Derivate hergestellt (Tocopherolacetat statt Tocopherol), oder es erfolgt ein Coaten (Mikroverpackung) der Präparate, bzw. es werden andere Antioxidanzien zugesetzt.

Aminosäuren und deren Hydroxyanaloga: Durch den Einsatz freier Aminosäuren einschließlich der Hydroxyanaloga kann der Bedarf monogastrischer Nutztiere an limitierenden essenziellen Aminosäuren effektiver gedeckt werden als durch den Einsatz verschiedener Proteine. Die Ergänzung ermöglicht einerseits die Aufwertung von Futterrationen bzw. -mischungen mit defizitären Aminosäurengehalten und zum anderen eine bedarfsgerechte Aminosäurenversorgung bei reduziertem Rohproteingehalt. Dadurch lässt sich die N-Ausscheidung über den Harn deutlich vermindern.

Neben Lysin und Methionin werden zunehmend auch Threonin und Tryptophan eingesetzt. Als Lysinquellen stehen L-Lysin, L-Lysin-Konzentrat, flüssig, L-Lysin-Monohydrochlorid, L-Lysin-Monohydrochlorid-Konzentrat, flüssig sowie L-Lysin-Sulfat und seine Nebenerzeugnisse aus der Fermentation zur Verfügung.

Beim Methionin gibt es Präparate sowohl für monogastrische Tiere als auch für Wiederkäuer. Für die Ergänzung der Futterrationen monogastrischer Nutztiere sind DL-Methionin, DL-Methionin-Natrium-Konzentrat, flüssig und Methionin-Zink verfügbar. Außerdem werden Hydroxyanaloga des Methionins eingesetzt: DL-2-Hydroxy-4-methyl-mercapto-Buttersäure und das Ca-Salz der DL-2-Hydroxy-4-methyl-mercapto-Buttersäure. Diese sind nur für Schweine und Geflügel zugelassen. Die Hydroxyanaloga besitzen keine volle Methioninwirksamkeit. Beim äquimolaren Vergleich mit DL-Methionin sind sie zwischen 77 und 82 % bei Geflügel und Schweinen wirksam.

Außerdem sind noch pansenstabile Methioninpräparate für den Einsatz bei Wiederkäuern bzw. ausschließlich bei Milchkühen zugelassen. Für Milchkühe steht außerdem ein geschütztes Präparat mit L-Lysin-Monohydrochlorid und DL-Methionin zur Verfügung. Weiterhin sind L-Threonin, L-Tryptophan und DL-Tryptophan als Einzelfuttermittel zugelassen. Der Einsatz freier Aminosäuren bzw. ihrer Analoga erfolgt entweder als Bestandteil von Alleinfuttermischungen, Ergänzungsfutter oder Mineralfutter.

Nicht-Protein-Stickstoff (NPN)-Verbindungen: Unter NPN (Nichtprotein-Stickstoff) wird Stickstoff verstanden, der nicht im Eiweiß gebunden ist und durch die Pansenbakterien für die Eiweißbildung genutzt werden kann. Nichteiweißartige Stickstoffverbindungen sind generell in Futtermitteln enthalten. Sie werden außerdem großtechnisch hergestellt. Folgende Präparate sind zugelassen: Harnstoff, Harnstoffphosphat, Isobutylidendiharnstoff, Biuret, verschiedene Ammoniumsalze sowie Nebenerzeugnisse aus der Herstellung von L-Glutaminsäure und L-Lysin. Die Beschreibung dieser Produkte kann Anlage 1 der FMV entnommen werden.

Der weitaus wichtigste Vertreter dieser Stoffgruppe ist Harnstoff, der als Pulver oder granuliert angeboten wird. Seine starke Hygroskopizität kann die Lagerung und weitere Verarbeitung beeinträchtigen. Dieser Nachteil lässt sich durch Beschichten der Harnstoffpartikel mit amorpher Kieselsäure (SiO_2), Wachs und anderen Substanzen beseitigen. Dieses „Coaten" verlangsamt außerdem die ansonsten zu rasche Harnstoffhydrolyse (schnelle Ammoniakfreisetzung) im Pansen.

Die NPN-Verbindungen dienen zur Aufwertung proteinarmer Futterrationen bei Wiederkäuern. Der Einsatz erfolgt in erster Linie als Bestandteil des Kraftfutters bzw. Mineralfutters oder als Zusatz zum Grundfutter (z. B. bei der Maissilierung). Harnstoff findet zudem als Konservierungsmittel Anwendung, dabei findet durch das freigesetzte Ammoniak eine gewisse N-Anreicherung im Konservat (Getreide, Stroh) statt.

13.3.5 Zootechnische Zusatzstoffe

Futterenzyme: Alle in der EU als Futterzusatzstoffe zugelassenen Enzyme sind mikrobiellen Ursprungs und werden biotechnologisch mit Schimmelpilz- und Bakterien-Produktionsstämmen hergestellt. Die kommerziellen Enzympräparate können dabei mehrere Enzyme mit verschiedenen Substratspezifitäten enthalten (Multienzympräparate) oder nur ein Enzym (Monoenzympräparate). Die Anwendungsziele für den Einsatz von Futterenzymen sind:

- Abbau antinutritiv wirkender Futterinhaltsstoffe; damit wird gleichzeitig eine erhöhte Verfügbarkeit anderer Nährstoffe erreicht.
- Abbau von Nährstoffen, für deren Verdauung zu resorptionsfähigen Produkten keine körpereigenen Enzyme gebildet werden.
- Eine quantitative Ergänzung körpereigener Enzymaktivitäten.

Eine wichtige Gruppe von Enzymen, die als Futterzusatzstoffe Anwendung finden, sind Enzyme mit Aktivitäten zur Hydrolyse bestimmter Nicht-Stärke-Polysaccharide (NSP-Enzyme). Insbesondere lösliche NSP, wie 1,3-1,4-β-Glucane und Arabinoxylane, führen zu einer Viskositätserhöhung im Verdauungstrakt von Tierarten, bei denen der mikrobielle Nährstoffabbau im Verdauungstrakt gering ist. Unlösliche NSP können als Zellwandkomponenten eine Barriere zwischen Verdauungsenzymen und Substraten sein. Die antinutritiven Effekte dieser NSP bestehen in einer Verminderung der Nährstoffverwertung, der Leistung und im Auftreten von Durchfällen. Effekte löslicher und unlöslicher NSP können durch Zusätze von entsprechenden Enzympräparaten (mit β-Glucanase-Aktivität bzw. Xylanase-

aktivität) aufgehoben oder gemildert werden. Eine mögliche positive Enzymwirkung ist von der Tierart, dem Alter und den Rationskomponenten abhängig. Bezüglich der Wirksamkeit für verschiedene Tierarten bzw. Getreidearten kann folgende Rangfolge aufgestellt werden:
- Putenküken > Broilerküken > Entenküken > Ferkel > Legehennen (?) > Mastschweine (?)
- Roggen > Gerste > Hafer > Triticale > Weizen (bei hohem Gehalt an löslichen NSP, ansonsten ?) > Mais (?)

Die Kennzeichnung mit „?" weist auf keinen eindeutigen Nachweis der Wirksamkeit.

Neben den NSP hydrolysierenden Enzymen haben mikrobielle Phytasen als Futterzusatzstoffe große Bedeutung erlangt. Diese Enzyme katalysieren die hydrolytische Abspaltung von Phosphorsäureresten aus Phytinsäure (Hexaphosphorsäureester des Inositols). In Getreide und Leguminosen liegen ≈ 50 bis 80 % des Phosphors als Phytin-P vor. Die Phytin-P-Verwertung liegt bei Schwein und Geflügel allgemein bei 20 bis 40 %. Darüber hinaus bildet Phytinsäure mit Ca-, Mg-, Fe- und Zn-Ionen schwerlösliche Chelate, so dass auch die Verdaulichkeit dieser Mineralstoffe beeinträchtigt wird. Durch Phytasezusätze kann bei Schweinen und Geflügel sowohl die P-Verwertung, als auch die der anderen komplexgebundenen Elemente wesentlich verbessert werden. Bei entsprechender Rationsgestaltung kann dadurch die P-Exkretion um 25 bis 50 % reduziert werden. Die Reduzierung der P-Emission durch die Tierhaltung ist ein umweltrelevanter Aspekt.

Der Einsatz von Enzymen zur quantitativen Ergänzung körpereigener Enzyme (Amylasen, Proteasen, Lipasen) scheint nur in Ausnahmefällen gerechtfertigt zu sein.

Mikroorganismen (Probiotika): Bei den als Futterzusatzstoffen zugelassenen Mikroorganismen handelt es sich um lebensfähige, getrocknete vegetative Zellen von ausgewählten Stämmen von Bakterien oder Hefen sowie um Präparate, die Bakteriensporen enthalten. Sie werden in der Größenordnung von 10^9 Keimen pro kg Alleinfutter eingesetzt und können verschiedenen Habitaten entstammen (Verdauungstrakt, Boden, Früchte/Pflanzen). Der Einsatz erfolgt vor allem bei Jungtieren (Kälber, Ferkel, Küken) und es werden positive Wirkungen für das Tier aufgrund einer Modifizierung der intestinalen mikrobiellen Population postuliert. Als positive Wirkungen wurden insbesondere eine Reduzierung der Durchfallhäufigkeit und gelegentlich auch verbesserte Leistungsparameter beobachtet.

Die Wirkungsmechanismen sind noch nicht vollständig aufgeklärt. Die Modifikationen der intestinalen Mikrobiota bewirken aber ein Zurückdrängen verschiedener pathogener Keime sowie eine Beeinflussung der Funktion der Darmschleimhaut und des darmassoziierten Immunsystems.

Im Sinne des Verbraucherschutzes werden an Mikroorganismen, die als Futterzusatzstoffe eingesetzt werden, hohe Sicherheitsanforderungen gestellt. So müssen sie apathogen sein, dürfen keine Toxine bilden und vorhandene Antibiotika-Resistenzgene dürfen nicht auf transferierbaren Elementen lokalisiert sein. Sie müssen unbedenklich für Mensch, Tier und Umwelt sein. Bei den in der EU zugelassenen Mikroorganismen handelt es sich vorwiegend um verschiedene Stämme des Bakteriums *Enterococcus faecium* und der Hefe *Saccharomyces cerevisiae* sowie um Sporenpräparate von ausgewählten *Bacillus*-Arten und um Vertreter der Bakteriengattungen *Lactobacillus* oder *Pediococcus*.

14 Futtermittel aus gentechnisch veränderten Organismen

In einigen Ländern, insbesondere den USA, Kanada, Argentinien und Brasilien, hat in den letzten Jahren der Anbau gentechnisch veränderter Pflanzen deutlich zugenommen. Dies betrifft im Hinblick auf die Fütterung die Kulturen Sojabohnen, Raps, Baumwolle, Mais und Zuckerrüben. Diese können direkt oder über Nebenprodukte zur Verfütterung anstehen. Darüber hinaus können Futtermittel und vor allem Futterzusatzstoffe mithilfe gentechnisch veränderter Organismen hergestellt werden.

Gentechnisch veränderte Organismen (GVO) unterliegen einer ausgiebigen Begutachtung und einem komplexen Zulassungsverfahren sowie einem Monitoring nach erfolgter Freisetzung[1]. Nach den derzeitigen rechtlichen Regelungen besteht eine Deklarationspflicht[2] für Futtermittel einschließlich aller Zusatzstoffe, die aus GVO bestehen, diese enthalten oder aus GVO hergestellt wurden. Nach

---

[1] Z. B.: Guidance document of the scientific panel on genetically modified organisms for the risk assessment of genetically modified microorganisms and their derived products intended for food and feed use. EFSA J. 374, 1–115, 2006.
[2] Derzeit geregelt in den EU VO 1829/2003 und 1830/2003.

derzeitiger Rechtsauffassung besteht keine Kennzeichnungspflicht bei Produkten, die mithilfe von GVO hergestellt wurden, jedoch keine GVO-Bestandteile enthalten (z. B. Futterzusatzstoffe, die fermentativ mit gentechnisch verändertern Mikroorganismen hergestellt wurden).

Hinsichtlich der Futtermittel, die aus GVO-Pflanzen anfallen, stehen insbesondere Raps-, Soja- und Maisprodukte im Vordergrund. Die derzeit auf dem Markt befindlichen Pflanzen bzw. Produkte entstammen allesamt der sogenannten 1. Generation, d. h. es handelt sich um Pflanzen, die gegenüber bestimmten Pflanzenschutzmitteln oder gegenüber bestimmten Erregern oder Schädlingen resistent sind. Hinsichtlich der Nährstoffzusammensetzung zeigen die Untersu-

Tab. 53. Vergleich ausgewählter Inhaltsstoffe von isogenen und transgenen Maiskörnern und Sojabohnen (nach FLACHOWSKY UND AULRICH 2001)

Inhaltsstoffe	Isogener Mais	Transgener Mais[1]	Isogener Mais	Transgener Mais[2]	Isogene Sojabohnen	Transgene Sojabohnen[3] Linie 40-3-2	Transgene Sojabohnen[3] Linie 61-67-1
Nährstoffe (g/kg DM)							
Rohasche	15	16	19	18	50	52	52
Rohprotein	108	98	120	119	416	414	413
Rohfett	54	56	31	35	155	163	161
Rohfaser	23	25	34	30	71	69	71
N-freie Extraktstoffe	800	805	796	798	381	371	375
Stärke	710	708	692	701	–	–	–
Mengenelemente (g/kg DM)							
Calcium	0,3	0,4	1,2	0,5	–	–	–
Phosphor	3,7	3,2	4,0	3,9	–	–	–
Magnesium	1,2	1,2	1,7	1,5	–	–	–
Aminosäuren (g/kg DM)							
Lysin	2,9	3,0	3,3	3,2	26,1	25,6	25,8
Methionin	2,2	2,1	2,6	2,5	5,5	5,5	5,4
Cystin	2,5	2,4	3,0	2,7	–	–	–
Threonin	–[4]	–	–	–	16,0	15,6	15,8
Tryptophan	–	–	–	–	5,9	5,9	5,9
Fettsäuren (% der Gesamtfettsäuren bzw. g/100 g Fett)							
Palmitinsäure	12,4	12,5	11,5	11,8	–	–	–
Ölsäure	31,1	28,6	27,7	27,4	19,7	19,7	19,8
Linolsäure	50,0	51,2	57,0	56,3	52,5	52,3	52,5
Linolensäure	–	–	–	–	8,0	8,2	8,1
Antinutritive Substanzen							
Lektine[5]	–	–	–	–	3,0	2,6	3,2
Trypsin-Inhibitor (TI) (mg TI/g DM)	–	–	–	–	22,6	23,7	22,6

[1] BT (*Bacillus thuringiensis*)-Mais [2] Pat (Phosphino-tricinacetyl-transferase)-Mais
[3] Gt (Glyphosat-Toleranz)-Sojabohnen [4] keine Analysen [5] hämagglutinierende Einheiten je mg Protein

Tab. 54. Futterwertdaten von Maissilagen aus isogenen und transgenen Maisganzpflanzen sowie Mast- und Schlachtleistung von Schwarzbunten Jungmastbullen bei Verfütterung dieser Silagen (nach Flachowsky und Aulrich, 2001)

Parameter	Isogener Mais (Cesar)	Transgener (Bt-) Mais
Trockensubstanz (g/kg u.S)	337	321
Rohnährstoffe (g/kg DM)		
Rohasche	45	42
Rohprotein	84	87
Rohfett	29	28
Rohfaser	186	191
N-freie Extraktstoffe	656	652
Verdaulichkeit OM (%)	75	74,5
Umsetzbare Energie (MJ/kg DM)	10,95	10,91
Aufnahme Maissilage (kg/Tier und Tag)	18,8	18,7
Aufnahme Umsetzbare Energie (MJ/Tier und Tag)	91,2	88,6
Zunahme (g/Tier und Tag)	1487	1482
Energieaufwand (MJ ME/kg Zunahme)	61,5	60,1
Schlachtausbeute (%)	52,4	52,8
Bauchhöhlenfett (kg/Tier)	49,6	48,7

chungen eine weitgehende Übereinstimmung mit den nicht veränderten Ausgangspflanzen.

Die sogenannte zweite Generation, die in absehbarer Zeit auf den Markt kommt, umfasst Pflanzen, in denen substanzielle Veränderungen vorliegen. So können verschiedene wertgebende Inhaltsstoffe verändert sein, wie z. B. die Zusammensetzung der Stärke in Kartoffeln, Veränderung des Fettsäuren- und/oder des Aminosäuremusters, die Reduktion oder das Fehlen sogenannter antinutritiver Faktoren.

Neben den Fragen der unkontrollierten Ausbreitung freigesetzter gentechnisch veränderter Organismen oder Änderungen in den Resistenzen gegenüber verschiedenen Krankheiten interessiert in der Tierernährung und Futtermittelkunde vor allem die langfristige Auswirkung der Verfütterung von gentechnisch veränderten Pflanzen auf das Tier bzw. auf die vom Tier stammenden Lebensmittel.

Von verschiedenen Autoren (Flachowsky und Aulrich 2001, Kuiper et al. 2004[3]) wurden die bisher publizierten Ergebnisse wissenschaftlicher Untersuchungen zum Einsatz von Futtermitteln aus gentechnisch veränderten Pflanzen der ersten Generation im Vergleich zu isogenen Ausgangspflanzen zusammenfassend ausgewertet. Dabei wurde festgestellt, dass keine gerichteten Unterschiede hinsichtlich der Inhaltsstoffe bestehen (Tab. 53). In Bt-Mais-Produkten wurden häufiger weniger Mykotoxine (insbesondere an Deoxynivalenol, Zearalenon und Fumonisinen) gefunden. Im Tierversuch ergaben sich keine Unterschiede in der Verdaulichkeit der Energie und der Nährstoffe, in der Tiergesundheit, der Leistung der Tiere sowie der Zusammensetzung der erzeugten Lebensmittel tierischer Herkunft (Tab. 54). Darunter sind neben relativ kurzfristigen Bilanzversuchen auch langfristige „Mehr Generationen Versuche" an Wachteln.

Im Zusammenhang mit der Sicherheitsbewertung stellt sich auch häufig die Frage nach dem Schicksal der veränderten DNA, die über die GVO-Futtermittel in die Ration eingetragen werden. Hierzu ist festzuhalten, dass im Vergleich zur Aufnahme an Fremd-DNA mit dem Futter der Anteil gentechnisch veränderter Abschnitte äußerst gering ist. Im Rahmen verschiedener futtermitteltechnologischer Verfahren (Extraktionsverfahren, Silierung) wird DNA abgebaut. Ein weiterer Abbau erfolgt während der Passage durch den Verdauungstrakt. Dennoch lässt sich ein Transfer von DNA-Spuren in Organe und Gewebe nicht ausschließen und konnte experimentell auch nachgewiesen werden. Es gibt allerdings

---

[3] H. A. Kuiper, G. A. Kleter, A. König, W. P. Hammes, I. Knudsen: Safety assessment, detection and tracebility, and societal aspects of genetically modified foods. Food Chem Toxicol 42, issue 7, 2004; Flachowsky, G., Aulrich, K.: Genetically modified crops (GMO) in animal nutrition. Übers. Tierernährung 29, 45–79, 2001.

keine Hinweise, dass sich transgene DNA anders verhält als native Pflanzen-DNA. Da pflanzliche Promotoren im tierischen und menschlichen Organismus nicht aktiv sind und die Bruchstücke über spezifische Entsorgungssysteme wieder eliminiert werden, ist die Ausprägung unerwünschter Eigenschaften nicht möglich. Eine weitere Sorge ist eine mögliche unerwünschte Wirkung durch neuartige Proteine, die durch die gentechnische Veränderung gebildet werden. In bisherigen Fütterungsversuchen konnte gezeigt werden, dass sowohl bei Wiederkäuern als auch bei Nichtwiederkäuern diese „Novelproteine" im Verdauungstrakt abgebaut werden. Es ergeben sich keine Hinweise aus der Literatur, dass die neu ausgeprägten Proteine sich im Magen-Darm-Trakt anders verhalten als herkömmliche Proteine.

15 Mischfuttermittel

15.1 Allgemeine Bemerkungen

Mischfuttermittel sind fast ausschließlich Mischungen aus zerkleinerten, lufttrockenen Einzelfuttermitteln (insbesondere Getreide und Nebenprodukte aus der Verarbeitung pflanzlicher Rohstoffe) sowie Ergänzungs- und Zusatzstoffen (s. Abschnitt 13). Die Einzelfuttermittel (mindestens 2 Arten) werden nach Art und Menge so kombiniert und mit Ergänzungs- und Zusatzstoffen supplementiert, dass die Mischungen den gewünschten Fütterungseffekt bewirken. Die Herstellung der Mischfuttermittel erfolgt nach modernen Produktionsverfahren in einem spezifischen Industriezweig, der Mischfutterindustrie. Innerhalb der Mischfutterindustrie besteht ein gesonderter Produktionszweig, der Mineralfuttermittel erzeugt, die sich größtenteils aus mineralischen Einzelfuttermitteln zusammensetzen. Sowohl für die Mischfutterproduktion (einschließlich der zuliefernden Wirtschaftszweige) als auch den Mischfutterhandel existieren umfassende gesetzliche Regelungen (s. Abschn. 3 und Abschnitte 15.5 bis 15.7), insbesondere zur Sicherheit der Käufer, der Nutziere, der Verbraucher von tierischen Nahrungsmitteln und der Umwelt.

Schon seit einigen Jahrzehnten nimmt das Mischfutter einen festen Platz in der Fütterung landwirtschaftlicher Nutztiere ein. Mischfuttermittel sind eine wichtige Grundlage für eine leistungsfähige und effektive Tierproduktion, die dadurch Nahrungsmittel mit hoher Qualität und Sicherheit ressourcen- und umweltschonend erzeugen kann. Der Leistungsanstieg, z. B. in der Geflügelwirtschaft in den letzten Jahrzehnten wäre ohne Einsatz von Mischfutter nicht möglich gewesen. Bei der Fütterung von Hochleistungskühen sind neben hochwertigen Grundfuttermitteln die Milchleistungsfutter und Mineralfutter wichtige Ergänzungsfutter im Sinne einer vollwertigen Ernährung. Für die Herstellung von tierart- und leistungsgerechten Futtermischungen im landwirtschaftlichen Betrieb bilden die vielfältigen Ergänzungsfuttermittel aus der Mischfutterindustrie die notwendige Vorleistung.

Die Jahresproduktion an Mischfutter in Deutschland beträgt $\approx 20{,}0$ Mio t (Stand 2005/2006). Von der Gesamtproduktion entfallen etwa 31,0 % auf Mischfuttermittel für Rinder, 39,0 % auf Schweinemischfutter, 26,5 % auf Geflügelmischfutter, 1,5 % auf Mischfuttermittel für Pferde und 2,0 % auf andere Tierarten.

Über die zur Mischfutterherstellung verwendeten Einzelfuttermittel und -gruppen (Wirtschaftsjahr 2005/2006, jeweilige Gesamtmengen und prozentale Anteile am Gesamtfuttermitteleinsatz) informiert die folgende Übersicht:

- 9,0 Mio t Getreide (45 %),
- 5,1 Mio t Nebenprodukte der Ölindustrie (25,7 %),
- 1,5 Mio t Nebenprodukte der Mehl- und Schälmüllerei (7,5 %),
- 0,5 Mio t Maiskleberfutter (2,6 %),
- 0,6 Mio t Produkte und Nebenprodukte der Zuckerindustrie (3,0 %),
- 0,2 Mio t Körnerleguminosen (0,8 %),
- 0,04 Mio t Zitrus- und Obsttrester (0,2 %),
- 0,01 Mio t Fischmehl ($< 0{,}1$ %) und
- 3,0 Mio t sonstige Futtermittel (14,5 %).

Die mit deutlichem Abstand mengenmäßig wichtigsten Rohstoffgruppen sind demzufolge das Getreide und die Nebenprodukte aus der Ölgewinnung. Zur Gruppe „Sonstige Futtermittel" zählen insbesondere weitere Nebenprodukte aus der Verarbeitung pflanzlicher und tierischer Rohstoffe sowie pflanzliche Öle bzw. Fette, Mineralstoffe und Prämixe. Der Anteil der einzelnen Rohstoffe im Mischfutter unterliegt im Verlauf der Zeit Veränderungen aufgrund verschiedener Einflussfaktoren. Hierzu zählen die Preiswürdigkeit (z. B. Preisrelationen zwischen den Komponenten, bewertet nach Energie und Nährstoffgehalt), die Verfügbarkeit von Einzelfuttermitteln (Einflussfaktoren insbesondere Erntezeit, Erntemengen, Lagerbestände, Verarbeitungsmengen der Ernährungsindustrie), administrative Eingriffe (z. B. Verfütterungsverbote; aktuelle Beispiele: Produkte von Säugetieren und Geflügel, tierische Fette), Höchst-/Mindestgehalte, EU-Agrarreform (Getreidepreis sank, dadurch deutlicher Getreideanstieg im Mischfutter).

Einzelfuttermittel können bei ihrer Verfütterung an landwirtschaftliche Nutztiere nicht gleichzeitig den Bedarf an Energie, Rohprotein (Aminosäuren), Mineralstoffen, Vitaminen und weiteren essenziellen Futterinhaltsstoffen decken, selbst hochwertiges Weidegras nicht (u. a. Na-Defizit). Es ergeben sich sowohl mehr oder weniger große Versorgungslücken als auch bedarfsüberschreitende Aufnahmen, wie das extreme Beispiel „Wintergerste" in Tab. 55 zeigt. Daraus folgt, dass einerseits das genetische Leistungspotenzial der Tiere unzureichend ausgeschöpft wird, andererseits durch das unausgewogene Energie- und Nährstoffangebot keine optimale Verwertung des Futters (Umwandlung der Futterinhaltsstoffe in tierische Leistungen) möglich ist. Darüber hinaus resultiert daraus eine höhere Ausscheidung, besonders von Stickstoff über den Harn, der zu einer erheblichen Belastung der Umwelt führen kann. Außerdem können gesundheitliche Störungen auftreten und auch nachteilige Einflüsse auf die Qualität der tierischen Produkte sind möglich. Durch entsprechende Mischfuttermittelzusammensetzung, d. h. eine sachgemäße Kombination von Einzelfuttermitteln in Verbindung mit Ergänzungs- und Zusatzstoffen, lassen sich die Ansprüche der Tiere an Energie und Nährstoffen optimal erfüllen. Diese Feststellung trifft sowohl für Allein- als auch für Ergänzungsfuttermittel zu (s. Abschn. 15.2).

Mit der Herstellung und dem Einsatz von Mischfuttermitteln sind vor allem folgende Vorteile verbunden:

- Neue Erkenntnisse der Ernährungsphysiologie und Futtermittelkunde können kontinuierlich bei der Rezepturgestaltung berücksichtigt werden. Dies betrifft u. a. die wertbestimmenden Inhaltsstoffe, Bewertung der Futtermittel, verdauungsphysiologische Anforderungen, Futtermittelrestriktionen und die Ergänzung mit Futterzusatzstoffen.
- Der Einsatz von Mischfutter ermöglicht eine effektive Versorgung der Tiere mit Energie und Nährstoffen entsprechend dem Bedarf.
- Im Gemisch treten ungünstige Eigenschaften von Einzelfuttermitteln zurück, die ansonsten bei alleiniger Verfütterung eine Gefahr für Leistung und Gesundheit der Tiere darstellen würden.
- Durch spezielle Technologien (Zerkleinern, Homogenisieren, Hitzebehandlung, Pelletieren u. a.; s. Abschnitt 17) lässt sich nicht nur eine Qualitätsverbesserung einzelner Komponenten und der Mischung erreichen, sondern es er-

Tabelle 55. Vergleich des Energiegehaltes und der Inhaltsstoffe von Wintergerste mit den Anforderungen an Alleinfutter für Mastschweine (Angaben bezogen auf 1 kg bei 88 % DM)

Umsetzbare Energie/ Inhaltsstoffe	Wintergerste	Alleinfutter bis 60 kg LM	Alleinfutter 60–90 kg LM	Alleinfutter ab 90 kg LM	Abweichung %
Umsetzbare Energie (MJ)	12,6	13,0	13,0	12,5	−3 bis +1
Rohprotein (g)	110	185	165	150	−41 bis −27
pcd[1] Lysin (g)	2,4	9,1	7,4	6,2	−74 bis −61
pcd Methionin + Cystin (g)	3,0	5,1	4,1	3,5	−41 bis −14
pcd Threonin (g)	2,5	6,0	4,9	4,1	−58 bis −39
pcd Tryptophan (g)	0,8	1,6	1,3	1,1	−50 bis −27
Calcium (g)	0,6	7,0	6,0	5,0	−91 bis −88
verd. Phosphor (g)	1,6	2,9	2,3	1,9	−45 bis −16
Vitamin A (IE)	0	4000	3000	3000	−100
Vitamin D (IE)	0	300	200	200	−100

[1] pcd: präcaecal verdauliches

geben sich weitere Vorteile, die u. a. den Transport, die Lagerung, die Futterdarbietung und -aufnahme sowie die Fütterungs- und Arbeitshygiene betreffen.
- Wenn in den Herstellungsprozess thermische Behandlungen integriert sind (z. B. Pelletieren, Expandieren, Pasteurisieren; s. Abschnitt 17.5), wird ein hoher Hygienestatus des Futters erreicht.
- Zur Sicherung einer gleichbleibenden Qualität erfolgt durch den Mischbetrieb selbst, durch externe Qualitätssicherungssysteme und durch entsprechende Behörden eine ständige Qualitätskontrolle der verwendeten Komponenten und der produzierten Mischfuttermittel.

15.2 Einteilung und Verwendungsart

Mischfuttermittel werden nach verschiedenen Aspekten eingeteilt und bezeichnet:
- **Verwendungszweck:** Milchaustauscher-Futtermittel (als Alleinfuttermittel), Alleinfuttermittel, Ergänzungsfuttermittel einschließlich Mineralfuttermittel und Melassefuttermittel, Diätfuttermittel,
- **Leistungs- und Alterskategorie:** z. B. Starter, Aufzucht mit Altersklassen, Zucht, Mast mit Gewichtsklassen, Milchvieh, Lege-/Zuchtgeflügel,
- **Tierart:** Rinder, Schweine, Schafe, Pferde, Hühner, Puten u. a.

Unter **Alleinfuttermitteln** sind Mischungen zu verstehen, die die für eine bedarfsgerechte Versorgung notwendigen Gehalte an Energie, Protein (Aminosäuren), Mineralstoffen und Vitaminen aufweisen und mit verschiedenen Zusatzstoffen u. a. zum Zwecke der Optimierung der Verdauungsprozesse, der Leistungsstabilisierung, der Futterqualitätserhaltung und der Krankheitsprophylaxe ergänzt sein können. Sie kommen in der Regel ohne Zufütterung weiterer Futtermittel zum Einsatz, d. h. sie sind bei ausschließlicher Verfütterung bedarfsdeckend an Energie und Nährstoffen. Alleinfuttermittel ermöglichen den höchsten Grad der Vereinfachung in der Futterdarbietung.

Ergänzungsfuttermittel dienen zur Aufwertung und Komplettierung betrieblicher Futtermittel (z. B. Grundfutter, Getreide) mit Energie, Nähr- und Mineralstoffen, Vitaminen und Zusatzstoffen. Sie sind hinsichtlich Zusammensetzung und Inhaltsstoffen auf die im Betrieb verfügbaren Futtermittel ausgerichtet. Durch gezielte Kombination mit diesen wird eine vollwertige Ernährung der Tiere erreicht. Mischfuttermittel dieser Kategorie werden vor allem in der Rinder-, Pferde- und Schweinefütterung eingesetzt. Sie haben aber auch eine gewisse Bedeutung in der Geflügelfütterung in Kombination mit Getreide.

Auch mit der Fütterung von Mineralfuttermitteln (enthalten neben Mengenelementen in der Regel Spurenelemente und Vitamine und im Bedarfsfall auch technische Aminosäuren) wird das Ziel verfolgt, unzureichende Gehalte in den Rationskomponenten aufzubessern, d. h. eine bedarfsorientierte Versorgung mit genannten Nährstoffen zu gewährleisten. Die Zusammensetzung der Mineralfutter kann gezielt auf die Rationszusammensetzung ausgerichtet werden. Mineralfutter werden außerdem zur Herstellung von Alleinfuttermischungen und Ergänzungsfuttermitteln im landwirtschaftlichen Betrieb verwendet.

Auch die **Melassefuttermittel** sind wie die Mineralfuttermittel ein spezifisches Ergänzungsfuttermittel. Sie werden unter Verwendung von Melasse hergestellt und müssen mindestens 14 % Gesamtzucker, berechnet als Saccharose, enthalten.

Vormischungen gelten nicht als Mischfuttermittel im futtermittelrechtlichen Sinn. Sie werden zur gewerbsmäßigen Abgabe von „anerkannten Vormischbetrieben" oder von „anerkannten Mischfutterherstellern" für die innerbetriebliche Verwendung zwecks Einbringen von Zusatzstoffen in Mischfuttermittel hergestellt. Ein direkter Verkauf an landwirtschaftliche Betriebe ist untersagt.

Des Weiteren sind noch die **Diätfuttermittel** zu nennen. Als solche werden Alleinfutter oder Ergänzungsfutter bezeichnet, die einen „besonderen Ernährungszweck" im Rahmen der Prophylaxe oder Therapie, insbesonders bei Verdauungs-, Resorptions- und Stoffwechselstörungen erfüllen sollen. Sie sind ausführlich in der Futtermittelverordnung beschrieben.

15.3 Mischfutterberechnung

Das zu produzierende Mischfutter soll die Energie- und Nährstoffansprüche der zu versorgenden Tierart, Nutzungsrichtung bzw. Altersklasse allein (Alleinfutter) oder in Kombination mit weiteren Futtermitteln (Ergänzungsfutter) optimal erfüllen. Eine wirtschaftliche Fütterung kann nur dann erfolgen, wenn neben der optimalen Futterzusammensetzung gleichzeitig auch die

Futterkosten möglichst gering sind. Außerdem hat die Mischfutterzusammensetzung eine hohe Produktqualität zu gewährleisten, und das Mischfutter darf nicht ernährungsbedingte Störungen und Krankheiten verursachen bzw. begünstigen. Weiterhin sollte das zur Verfütterung kommende Mischfutter einen Beitrag zur umwelt- und ressourcenschonenden Fütterung leisten. Diese Zielstellungen sind bei der Rezepturgestaltung des jeweiligen Mischfuttertyps zu berücksichtigen. Die Berechnung der Mischfutterzusammensetzung erfolgt per Computer mithilfe der linearen Optimierung. Hierzu werden inbesondere die folgenden Ausgangsdaten/Ausgangsbedingungen benötigt bzw. berücksichtigt:

- Inhaltsstoffanforderungen an die einzelnen Mischfuttertypen (z. B. Schweinemast-Alleinfutter im ersten Mastabschnitt), Verhältnisse zwischen einzelnen Nährstoffen bzw. zwischen Energie und Nährstoffen,
- Kundenwünsche hinsichtlich Mischungskomponenten, Inhaltsstoffen und Zusatzstoffen,
- Inhaltsstoffe der zur Verfügung stehenden Einzelfuttermittel,
- Verfügbare Komponenten und deren Mengen,
- Einsatzgrenzen von Einzelfuttermitteln (Höchstanteile) bzw. Vorgaben für bestimmte Futtermittel,
- technische Restriktionen (z. B. max. mögliche Zugabe an flüssigen Komponenten) und
- Preise der Rohstoffe (Komponenten) sowie der Zusatzstoffe.

Grundsätzlich dürfen nur Einzelfuttermittel und Futterzusatzstoffe verwendet werden, die vom Gesetzgeber (Futtermittelverordnung) zugelassen bzw. in der Positivliste für Futtermittel gelistet sind.

Am Ende des Rechenprozesses wird die Rezeptur mit den Inhaltsstoffangaben sowie dem dazu gehörenden Preis ausgedruckt. Des Weiteren enthält der Computerausdruck für alle nicht in der Mischung berücksichtigten Komponenten einen „Schattenpreis". Dieser Schattenpreis besagt, wie billig diese(s) Futtermittel hätte(n) sein müssen, um in der Mischung berücksichtigt zu werden.

15.4 Herstellung

Die Herstellung von Mischfuttermitteln ist an bestimmte Voraussetzungen gebunden, die im landwirtschaftlichen Betrieb nicht oder nur bedingt gewährleistet sind. Sie umfassen die Lagerhaltung zahlreicher Einzelkomponenten, ihre Aufbereitung und Qualitätsermittlung, eine leistungsfähige Mischtechnik, die u. a. ein exaktes Vermischen von Mineralstoffen, Vitaminen und weiteren Futterzusätzen mit den Hauptkomponenten gewährleistet, den Einsatz spezieller Einzelfuttermittel und flüssiger Komponenten sowie die Qualitätskontrolle der fertigen Mischungen. Deshalb erfolgt weltweit die Mischfutterproduktion überwiegend in Spezialbetrieben. Das Grundprinzip der Mischfutterherstellung ist in Abb. 80 dargestellt. Einzelne Verfahrensschritte können davon durchaus abweichen. Das Beschichten bzw. Aufsprühen von Substanzen (Fette, Enzyme, Probiotika) kann z. B. an verschiedenen Stellen erfolgen (auch nach dem Pelletiervorgang bzw. dem Kühlen der Pellets). Des Weiteren finden zusätzliche Technologien bei der Mischfutterherstellung Anwendung wie Ex-

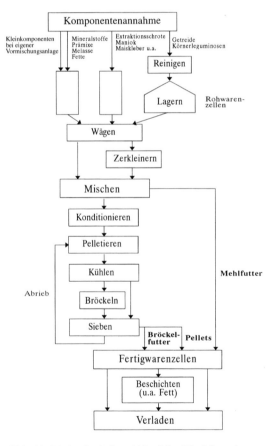

Abb. 80. Technologischer Ablauf der Mischfutterherstellung.

pandieren und Extrudieren (s. Abschnitt 17.5) und spezielle Hygienisierungsverfahren. Durch Integration des Expanders im Herstellungsprozess ergeben sich u. a. folgende Vorteile: Verbesserte Pelletfestigkeit bei Mischungen mit höheren Anteilen schwer pelletierbarer Komponenten (z. B. Kleien, Sojabohnen) – dadurch: mehr Flexibilität in der Komponentenauswahl, Pelletqualität auch bei Zusatz höherer Flüssigkeits- bzw. Fettmengen nicht beeinträchtigt, zuverlässige Hygienisierung des Futters (sehr hohe Abtötungsrate von gesundheitsgefährdenden Bakterien, wie u. a. Salmonellen, Campylobacter). Das Expandieren des Futters ist aber auch eine Alternative für das Pelletieren mit dem Vorteil eines höheren Hygienisierungseffektes im Vergleich zum konventionellen Pelletieren. Der Extruder kommt vor allem bei der Herstellung von Katzen- und Hundefutter sowie Fischfutter (Aquakultur) zum Einsatz. Bezüglich der Keimzahlreduzierung im Futter wirkt die Extrusion am effektivsten. Zur Dekontamination von Bakterien in Mehlfutter ist das Pasteurisieren ein sehr wirksames Behandlungsverfahren.

Eine gute Mischfutterqualität lässt sich ebenfalls mit modernen stationären und fahrbaren Mischaggregaten in landwirtschaftlichen Betrieben und Unternehmen erzielen, wenn die genannten Voraussetzungen erfüllt sind. In der Regel ermöglichen diese Anlagen jedoch keine spezifischen Arbeitsschritte, wie z. B. Pelletieren, Granulieren und Beschichten. Außerdem bestehen Grenzen bezüglich Homogenität und Verschleppung.

Etwa 80 bis 90 % des industriell hergestellten Mischfutters wird derzeitig pelletiert. In Mehlform kommen vorrangig nur bestimmte Geflügelmischfutter (Legehennenfutter, Küken- und Junghennenaufzuchtfutter; Gründe s. Kapitel C 5) in der Fütterung zum Einsatz. Durch die Pelletierung des Mischfutter entstehen u. a. folgende Vorteile:

- **Technologisch:** Reduziertes Volumen (= Vorteile für Transport und Lagerung), keine Entmischung von der Herstellung bis zum Futtertrog, verbesserte Fließfähigkeit.
- **Ernährungsphysiologisch:** Partielle Inaktivierung antinutritiver Substanzen, Nährstoffaufschluss (= z. T. verbesserte Nährstoffverdaulichkeit).
- **Zootechnisch:** Geringere Futterverluste, keine selektive Auswahl von Futterkomponenten, erhöhter Futterverzehr bei energieärmeren Futtermischungen, mitunter höhere Leistungen (z. B. Geflügelmast).
- **Hygienisch:** Staubentwicklung minimiert (= bessere Umwelt- und Arbeitshygiene), deutlich verminderte Keimzahl, vermindertes Risiko für mikrobiellen Verderb durch Oberflächenreduzierung (= längere Haltbarkeit).

Um mögliche Verhaltensstörungen durch Pelletfütterung zu vermeiden, ist Bröckelfutter (gebrochene Pellets) anstelle von Pellets zu verfüttern (= längere Beschäftigung mit der Futteraufnahme, Vorteile des Pelletierens bleiben aber weitgehend erhalten).

15.5 Allgemeine Anforderungen

Entsprechend der FMV gelten für Mischfutter allgemeine Anforderungen. Diese werden nachfolgend kurz vorgestellt:

- **Wassergehalte:** Der Gehalt an Feuchtigkeit darf in Mischfuttermitteln, ausgenommen Mischfuttermittel aus ganzen Körnern, Samen oder Früchten höchstens betragen (bezogen auf Originalsubstanz): Bei Milchaustauschern sowie anderen Mischfuttermitteln mit Anteilen von > 40 % Trockenmilcherzeugnissen 7 %, bei Mineralfuttermitteln mit organischen Bestandteilen 10 % und ohne organische Bestandteile 5 % sowie bei sonstigen Mischfuttermitteln 14 %. Diese Anforderungen gelten nicht, wenn der Feuchtigkeitsgehalt angegeben ist.
- **Gehalte an HCL-unlöslicher Asche:** In Mischfuttermitteln – ausgenommen Mischfuttermittel aus ganzen Samen, Körnern oder Früchten – darf der Gehalt an salzsäureunlöslicher Asche, bezogen auf die Trockensubstanz, höchstens betragen: Bei Mischfuttermitteln, die überwiegend aus Nebenerzeugnissen der Reisverarbeitung bestehen 3,3 % und bei sonstigen Futtermitteln 2,2 %. Diese Anforderungen sind aufgehoben für Mischfuttermittel mit Bindemitteln mineralischen Ursprungs, Mineralfuttermittel, Mischfuttermittel, die überwiegend aus Schnitzelerzeugnissen von Zuckerrüben bestehen sowie Mischfuttermittel für Nutzfische, die mehr als 15 % Fischmehl enthalten, wenn der Gehalt an salzsäureunlöslicher Asche angegeben ist.
- **Spurenelementgehalte:** Zum Einsatz dürfen nur zugelassene Spurenelementverbindungen kommen, die in der FMV aufgeführt sind. Für die Konzentrationen an den Spurenelementen Eisen, Zink, Mangan, Kupfer, Iod, Kobalt und Selen in Alleinfuttermitteln sind Höchstgehalte

(mg/kg Futter bei 88% DM) vorgegeben. Dadurch soll neben dem toxikologischen Aspekt vor allem eine Belastung der Tiere, übermäßige Einlagerung in verschiedene Organe (z. B. Kupfer in der Leber) sowie ein vermehrter Eintrag in die Umwelt vermieden werden. Andererseits müssen, um einen Eisenmangel insbesondere bei Mastkälbern vorzubeugen, Milchaustauscher-Alleinfuttermittel für Kälber bis 70 kg Körpergewicht mindestens 30 mg Eisen je kg (88% DM) enthalten.

- **Mineralische Einzelfuttermittel:** Mischfuttermittel für Nutztiere dürfen nur zugelassene mineralische Einzelfuttermittel enthalten (Ausnahmegenehmigungen sind möglich); mineralische Einzelfuttermittel, die nicht der Zulassung unterliegen, dürfen nur dann enthalten sein, wenn sie der futtermittelrechtlichen Beschreibung in der FMV entsprechen.
- **Vitamingehalte:** Für das Vitamin D (D_2, D_3) und zum Teil auch für das Vitamin A sind Höchstgehalte in Mischfuttermitteln festgelegt. In Ergänzungsfuttermitteln dürfen Höchstgehalte überschritten werden, wenn sichergestellt ist, dass die mit der Gesamtration aufgenommene Menge nicht höher ist als der für das Alleinfutter festgelegte Wert. Die Gründe für diese Festlegung sind: Vermeidung von Hypervitaminosen, Verbraucherschutz (Vitamin A-Gehalt der Leber).
- **Sonstige Zusatzstoffe (s. Abschn. 13):** In der FMV sind für die einzelnen Kategorien die zugelassenen Verbindungen (Name, chemische Bezeichnung, Beschreibung), deren Verwendungszweck (Tierart/Tierkategorie, Höchstalter der Tiere, Dosis (min., max.)) und weitere Bestimmungen, wie Verwendungsbeschränkungen und Einsatzempfehlungen, ausgewiesen.
- **Unerwünschte Stoffe:** Hierbei handelt es sich um Stoffe, die in Futtermitteln enthalten sein können (s. Abschnitt 3), d. h. nicht vollständig zu vermeiden, aber generell unerwünscht sind. Um die Gesundheit der Nutztiere nicht zu gefährden sowie einen Transfer in die tierischen Produkte (Verbraucherschutz!) zu verhindern, sind Höchstgehalte festgelegt.

15.6 Deklaration

Mischfuttermittel dürfen entsprechend der FMV nur mit folgender Kennzeichnung (auf den Sackanhängern, Fracht- oder Begleitpapieren) in den Verkehr gebracht werden:

- **Bezeichnung:** Aus der Bezeichnung muss hervorgehen, ob das Mischfuttermittel als Alleinfuttermittel, Ergänzungsfuttermittel, Mineralfuttermittel, Melassefuttermittel, Milchaustausch-Alleinfuttermittel oder Milchaustausch-Ergänzungsfuttermittel bestimmt ist und für welche Tierart oder Tierkategorie (Nutzungsrichtung, Altersstufe) es verwendet werden soll.
- **Zusammensetzung:** Bei Mischfuttermitteln für landwirtschaftliche Nutztiere sind alle enthaltenen Einzelfuttermittel in absteigender Reihenfolge mit ihren Prozentanteilen anzugeben („offene Deklaration"). Abweichungen vom deklarierten Anteil werden bis zu einer Höhe von 15% (relativ) toleriert, wenn der Hersteller gleichzeitig dokumentiert, dass die genaue Zusammensetzung bei Verlangen kurzfristig mitgeteilt wird. Anstelle der Nennung von Einzelfuttermitteln einer Futtermittelkategorie (z. B. Gerste, Weizen, Hafer) ist auch die Gruppenbezeichnung (Getreide) möglich.
- **Gentechnisch veränderte Organismen (GVO):** Bei Einsatz von Futtermitteln, Futterbestandteilen und Futterzusatzstoffen, die aus gentechnisch veränderten Organismen hergestellt wurden, muss eine Kennzeichnung durch folgenden Vermerk erfolgen: „Dieses Produkt enthält (Bezeichnung des (der) Organismus/Organismen), genetisch verändert". Diese Kennzeichnungspflicht ist auch verbindlich für solche Futterbestandteile, die keinen Nachweis der GVO bei der Herstellung aus GVO mehr zulassen (z. B. Sojaöl).
- **Gehalte an Inhaltsstoffen:** Bei allen Alleinfuttermitteln und Ergänzungsfuttermitteln (außer Mineralfuttermittel) sind die Gehalte an Rohprotein, Rohfett (außer Melassefuttermittel) Rohfaser und Rohasche zu deklarieren. Wenn Mischfuttermittel für Wiederkäuer NPN-Verbindungen enthalten, ist außer dem Gesamtgehalt an Rohprotein zusätzlich derjenige Rohproteinanteil, der sich aus dem Stickstoff der enthaltenen NPN-Verbindungen ergibt, auszuweisen. Die Angabe des Gesamtzuckergehaltes (berechnet als Saccharose) beschränkt sich auf Melassefuttermittel. Zusätzlich ist für Schweine- und Geflügel-Futtermittel (Alleinfutter, Ergänzungsfutter) der Gehalt an Lysin (Schwein) bzw. Methionin (Geflügel) auszuweisen. Bei Mineralfuttermitteln besteht Deklarationspflicht für die Gehalte an Calcium, Natrium, Phosphor (jeweils alle Tierarten bzw. Tierkategorien) und Magnesium (nur Mineralfutter für Rinder, Schafe und Ziegen). Außerdem ist der

Gehalt an verschiedenen Mengenelementen anzugeben, wenn bestimmte Konzentrationen in Melassefuttermitteln und in anderen Ergänzungsfuttermitteln (z. B. $\geq 5\%$ Calcium in Ergänzungsfuttermitteln außer Melassefuttermittel) überschritten werden.
- **Erlaubte zusätzliche Inhaltsstoffangaben:** Neben den vorgeschriebenen Inhaltsstoffangaben dürfen zusätzlich angegeben werden, z. B. bei Alleinfuttermitteln: Wasser, Stärke, Gesamtzucker, Lysin (alle weiteren, für Schweine verbindlich), Methionin (alle weiteren, für Geflügel verbindlich), Cystin, Threonin, Tryptophan, Calcium, Kalium, Magnesium, Natrium, salzsäureunlösliche Asche, Energie (nach Berechnung mit den Schätzgleichungen in Tab. 56)
- **Zusatzstoffe:** Grundsätzlich sind die supplementierten Zusatzstoffe namentlich mitzuteilen. Weitere Angaben sind abhängig von der Art des Zusatzstoffes. Hierzu zählen: Gehalt an wirksamer Substanz (Vitamine, Enzyme, Mikroorganismen, Zusatzstoffe zur Verhütung der Histomoniasis oder der Kokzidiose), Gehalt an Elementen (Spurenelementverbindungen, z. B. Cu aus Kupfer-II-sulfat), Endtermin der Garantie des Gehaltes oder Haltbarkeitsdauer vom Herstellungsdatum an (Vitamine, Enzyme, Mikroorganismen, Zusatzstoffe zu Verhütung der Histomoniasis oder der Kokzidiose), EG-Registriernummer (Enzyme, Mikroorganismen), Anerkennungs-Kennnummer des Herstellungsbetriebes (Zusatzstoffe zur Verhütung der Histomoniasis oder der Kokzidiose). Hinzu kommen z. B. bei Zusatzstoffen zur Verhütung der Kokzidiose und der Histomoniasis, bei Kupfer und Mikroorganismen Hinweise auf das Höchstalter oder die Wartezeit sowie für eine Reihe von Zusatzstoffen eine Gebrauchsanweisung oder Empfehlung für den sicheren Gebrauch. Bei Ergänzungsfuttermitteln, die einen höheren Gehalt an Zusatzstoffen haben, als er für entsprechende Einzelfuttermittel zulässig ist, sind besondere Hinweise für den Rationsanteil erforderlich, damit die für die Gesamtration verbindlichen Höchstgehalte eingehalten werden. Es besteht somit gegenüber dem Tierhalter eine ausführliche Informationspflicht.
- **Herstellungsdatum:** Es ist das konkrete Herstellungsdatum (Tag, Monat, Jahr) anzugeben sowie die Ablaufzeit der Mindesthaltbarkeit.
- **Name und Anschrift des Herstellers** müssen dokumentiert sein, einschließlich der betriebsspezifischen Anerkennungsnummer.
- **Fütterungshinweise:** Für Mischfuttermittel mit bestimmten Zusatzstoffen, bzw. wenn die Bezeichnung eine sachgerechte Verwendung nicht sicherstellt, hat der Hersteller Einsatzhinweise mitzuteilen.
- **Zusätzliche Angaben:** Mit der Bezeichnung „Normtyp" entsprechend Anlage 2 der FMV können Mischfutter gekennzeichnet werden, wenn die für den jeweiligen Typ formulierten Anforderungen an Inhaltsstoffe, Zusatzstoffe und umsetzbare Energie sichergestellt und deklariert werden. Außerdem sind die vom Gesetzgeber festgelegten Hinweise für die sachgerechte Verwendung mitzuteilen.

Nachfolgend ein Beispiel für die Mischfutterdeklaration aus den Raiffeisen Kraftfutterwerken Süd GmbH, Würzburg:
Bezeichnung: SMA 134 Pell, Alleinfutter für Mastschweine von etwa 35 kg an
Inhaltsstoffe: 17,5% Rohprotein, 1,0% Lysin, 0,02% Gesamtsäure, 0,1% monom. Säure von Methionin-Hydroxyanalog, 2,3% Rohfett, 4,0% Rohfaser, 4,9% Rohasche, 0,7% Calcium, 0,5% Phopsphor, 0,18% Natrium, 13,4 MJ ME/kg
Zusatzstoffe je kg Mischfutter: 10000 IE Vitamin A, 1200 IE Vitamin D_3, 100 mg Vitamin E (DL-alpha-Tocopherylacetat), 0,34 mg Selen (Natriumselenit), 13 mg Kupfer (aus Kupfer-II-sulfat, Pentahydrat), Propionsäure, E1614(i): 750 FYT 6-Phytase (EC 3.1.3.26), Antoxydans BHT
Zusammensetzung: 46,6% Weizen, 17,1% Triticale, 15,0% Sojaextraktionsschrot dampferhitzt[1], 7,0% Gerste, 5,5% Weizenkleie, 5,0% Rapskuchen, 1,2% Calciumcarbonat, 0,64% Mais, 0,44% L-Lysin-Konzentrat, flüssig, 0,42% Natriumchlorid, 0,25% Mono-Calcium-Phosphat, 0,02% Hydroxy-Analog v. Methionin
Fütterungshinweise: Für die Schweinemast an Automaten empfohlen. Bei 2-Phasenmast bis 60 kg Lebendmasse; bei 3-Phasenmast nach Vormastkorn 134 als Phase 2 von 60–80 kg Lebendmasse einsetzen. Anschließend SMA 130/SMA 126 bis Mastende verfüttern. Dieses Futter entspricht den HQZ-Anforderungen für Schweinfleisch Baden-Würtemberg. 09/334509 (Bezugsnummer). Nettogewicht: siehe Sackaufdruck bzw. Begleitpapiere, mindestens haltbar bis 16/2/06
Hersteller: Raiffeisen Kraftfutterwerke Süd GmbH, 97013 Würzburg, Postfach 6340, hergestellt im Werk: Heilbronn
Zusätzliche Angaben: Zertifiziertes QM-System ISO 9001

[1] aus genetisch veränderten Sojabohnen hergestellt

Tab. 56. Formeln zur Abschätzung des energetischen Futterwertes von Mischfuttermitteln

Energiestufe	Tierart	Futtertyp	Gleichung	Anmerkung
Verdauliche Energie	Pferd[1]	Mischfuttermittel	DE (MJ/kg) = −3,54 + CP × 0,0209 + EE × 0,0420 + CF × 0,0001 + NfE × 0,0185	Rohnährstoffe jeweils in g/kg Futter
Umsetzbare Energie	Rinder, Schafe, Ziegen, ausgenommen Milchvieh[2]	alle, ausgenommen Mischfuttermittel mit weniger als 9 MJ ME/kg oder weniger als 4 v. H. CF in der DM sowie Milchaustauschfutter	ME (MJ/kg) = CP × 0,0126 + CF × 0,0225 + NfE × 0,0112 + CA × EE × 0,0003975 − CA × CF × 0,0001993 + EO × EO × 0,0002449 − 0,15	Rohnährstoffe in g/kg; EO = ELOS = Celluloselöslichkeit in %; alle Werte bez. auf OM
	Schwein[2]	Alle Mischfuttermittel, außer Ergänzungsfutter > 25 % CP und Milchaustauschfuttermittel	ME (MJ/kg) = CP × 0,0223 + EE × 0,0341 + STC × 0,017 + SUG × 0,0168 + OR × 0,0074 − CF × 0,0109	Rohnährstoffe in g/kg; OR (organischer Rest) = OM − (CP + EE + STC + SUG + ADF)
		Ergänzungsfuttermittel > 25 % CP	ME (MJ/kg) = CP × 0,0199 + EE × 0,035 + STC × 0,0163 + SUG × 0,0189 + OR × 0,0062 − CF × 0,0013	
	Geflügel[2]	Mischfuttermittel	ME (MJ/kg) = CP × 0,01551 + EE × 0,03431 + STC × 0,01669 + SUG × 0,01301	Nährstoffe in g/kg OM; EE nach HCl-Aufschluß; SUG berechnet als Saccharose
Nettoenergie	Milchvieh[2]	alle, ausgenommen Mischfuttermittel mit weniger als 5 MJ NEL/kg	NEL (MJ/kg) = CP × Gb × 0,0126 + EE × 0,0001601 + CF × CF × 0,0000135 + NfE × Gb × 0,0000631 − CA × CF × 0,0000487 + 3,81	Trockensubstanz und Rohnährstoffe in g/kg OM; Gasbildung (Gb) in ml/200 mg OM

[1] GfE (2003) [2] FMV, Anlage 4 (2007)

15.7 Qualitätskontrolle

Gewerblich hergestelltes Mischfutter wird in Deutschland in vielfältiger Weise und mit großer Gründlichkeit kontrolliert. Die Qualitätskontrolle des Mischfutters vollzieht sich dabei auf 3 Ebenen: Eigenkontrolle durch den Mischfutterhersteller, die amtliche Futtermittelkontrolle und die freiwillige Qualitätsüberwachung durch verschiedene Institutionen.

- **Eigenkontrolle durch den Mischfutterhersteller:**

Eine analytische Qualitätskontrolle nach systemübergreifenden Qualitätsprogrammen (QKP) erfolgt durch die **Mischfutterhersteller**. Sie beinhalten ausgewählte Inhaltsstoffe, mikrobiologische Kontaminanten und Schadstoffe. Zum einen dienen diese Untersuchungen zur Überwachung der Rohstoffe (Komponenten) und produzierten Mischfuttermittel bezüglich der wertbestimmenden Inhaltsstoffe. Bei Importfuttermitteln aus Übersee werden bereits die Proben bei Ankunft im Hafen gezogen. Konkrete Rohstoffdaten sind für die Mischfutterberechnung eine wichtige Voraussetzung. Mit der Kontrolle der fertigen Mischungen soll sichergestellt werden, dass die deklarierten Inhaltsstoffe in den produzierten Mischungen auch vorliegen. Des Weiteren werden im Rahmen von Qualitätssystemen potenzielle Schadfaktoren überwacht, damit diese, z. B. durch Ausschluss möglicher belasteter Rohstoffe, nicht in den Herstellungsprozess gelangen. Dadurch soll eine höchstmögliche Lebensmittelsicherheit von Seiten der Mischfutterindustrie gewährleistet werden, denn diese ist ein bedeutsames Glied in der Herstellungskette von Lebensmittel tierischen Ursprungs. Die hierbei zur Anwendung kommenden Qualitätsmanagementsysteme (z. B. DIN EN ISO 900ff., GMP (Good Manufacturing/Managing Practice)-Regelwerk, HACCP-System, Qualitätssicherungsprogramm QS (Qualität und Sicherheit)) sind übergreifend, d. h. neben den Mischfutterherstellern sind die Rohstoffproduzenten (auch der Landwirt als Futtergetreideproduzent), die Rohstoffhändler, Transportunternehmen, Mischfutterhändler und Tierhalter eingebunden. Die Anwendung dieser Systeme setzt eine Zertifizierung voraus und zur Sicherstellung ihrer Einhaltung erfolgen periodische Überprüfungen (Audits). Diese Systeme sichern sowohl die Rohstoffe für die Mischfutterherstellung als auch die Prozesse und Produkte der Mischfutterherstellung ab. Notwendige Analysen werden entweder im ebenfalls zertfizierten betriebseigenen Labor und/oder durch anerkannte Untersuchungseinrichtungen durchgeführt. Die Analysendaten sind dem Mischfutterkäufer und der Öffentlichkeit nicht zugänglich.

- **Amtliche Futtermittelkontrolle:**

Diese führen die hierfür zuständigen Überwachungsbehörden in den einzelnen Bundesländern durch. Die Kontrolle erstreckt sich auf die Mischfutterhersteller, Vertriebsunternehmen (Handel, Genossenschaften, Importeure) und den Tierhalter. Untersucht werden Einzelfuttermittel, Vormischungen von Zusatzstoffen zur Einmischung in Mischfuttermittel und die Mischfuttermittel nach den folgenden Kriterien: Ordnungsgemäße Kennzeichnung, deklarierte Komponenten sowie deren Anteile und Qualität, Energie und Nährstoffgehalte, Gehalte an Zusatzstoffen, Gehalte an unerwünschten Stoffen und Schadstoffen (z. B. Mykotoxine, Schwermetalle, Dioxine), Vorhandensein verbotener Stoffe (z. B. Tiermehl) und Vorkommen nicht mehr zugelassener Stoffe (z. B. Antibiotika). Neben der Kontrolle futterwertrelevanter Inhaltsstoffe entsprechend der Deklaration, beinhaltet die Überwachung auch Stoffe, die eine Gefahr für die Nutztiere, die Verbraucher von tierischen Lebensmitteln und die Umwelt darstellen. Die Untersuchung der Proben führen die Landwirtschaftlichen Untersuchungs- und Forschungsanstalten (LUFA) sowie andere amtliche Untersuchungseinrichtungen durch. Bei Beanstandungen und Abweichungen werden die Futtermittelhersteller und -inverkehrbringer mit den ermittelten Befunden konfrontiert. Es erfolgt keine Veröffentlichung der Untersuchungsergebnisse mit entsprechender Wertung. Dadurch erhält der tierhaltende Betrieb, der Mischfutter in der Fütterung einsetzt, keine Infomationen über die Qualität der Mischfuttermittel der verschiedenen Hersteller.

- **Qualitätsüberwachung durch Institutionen:**

Das Ziel dieser Kontrolleinrichtungen ist, den Tierhaltern objektive Daten zur Mischfutterqualität der verschiedenen Hersteller zur Verfügung zu stellen.

Ähnlich wie bei der Stiftung Warentest werden durch gemeinnützige Vereine bzw. Stiftungen Mischfuttermittel nach streng festgelegten und öffentlich transparenten Regeln für die Probenahme, Analytik und Bewertung **vergleichenden Tests** unterzogen und die Untersuchungsbefunde unter Nennung von Marke und Hersteller veröffentlicht. Beim **Verein Futtermitteltest e. V.**

(VFT) bilden neben der Deklarationstreue (Inhaltsstoffe auf dem Packzettel sind auch im Futter laboranalytisch nachweisbar), ernährungsphysiologische Anforderungen sowie ökologische Parameter (geringe Standardausscheidung von N und P je tierisches Produkt) weitere Bewertungskriterien. Dadurch ist es möglich, dass eine Qualitätsabwertung aus ernährungsphysiologischer und/oder ökologischer Sicht erfolgen kann, obgleich die deklarierten Gehalte durch die Analysendaten nicht in Frage gestellt werden.

In der **Vergabe von Gütezeichen** besteht eine weitere Möglichkeit der Qualitätsüberwachung. Die bekannteste und älteste Form ist das **DLG-Gütezeichen** von der Deutschen Landwirtschafts-Gesellschaft. Mischfutter und Mineralfutter mit diesem Qualitätssiegel zeichnen sich dadurch aus, dass sie nach im Gütezeichen festgelegten Qualitätsvorschriften (DLG-Mischfutterstandards) hergestellt werden und einer strengen Kontrolle mit der Veröffentlichung aller Einzelergebnisse unterliegen. Die Mischfuttermittel sind außerdem in das DLG-Futterberatungsprogramm integriert. Zusätzlich zum DLG-Gütezeichen hat die DLG den **Kodex für Mischfutter** geschaffen (2002). Darin verpflichten sich die Hersteller u. a. zur Einhaltung zusätzlicher Anforderungen bei den Rohstoffen, der Einbeziehung von Handel und Transport in die Qualitätssicherung und der Gewährleistung der Rückverfolgbarkeit jeder ausgelieferten Mischfutterpartie.

16 Konservierung von Futtermitteln

16.1 Einleitende Bemerkungen

Die Notwendigkeit der Futterkonservierung ergibt sich aus der zeitlichen Diskrepanz zwischen Futteranfall und Futterbedarf. Das Ziel der Futterkonservierung besteht darin, die Futtermittel über einen langen Zeitraum vor Verderb zu schützen und ihre Futterwerteigenschaften weitgehend zu erhalten. Das betrifft sowohl den Energie- und Nährstoffgehalt als auch die Verzehrseigenschaften der Futterstoffe.

Ohne Konservierung sind Futtermittel mit einem Wassergehalt von über 14 % nur eine begrenzte Zeit haltbar. Durch geeignete Konservierungsmaßnahmen können die Verderbnisprozesse fast vollständig verhindert werden. Das erfordert, die futtermitteleigenen Enzyme zu inaktivieren sowie den aeroben oder anaeroben mikrobiellen Stoffabbau weitgehend zu unterbinden.

Die wichtigsten Konservierungsmaßnahmen für Futtermittel beruhen auf den folgenden Wirkungsprinzipien:

- Herabsetzung der aktuellen Wasseraktivität durch Wasserentzug (Trocknung).
- Herabsetzung oder Erhöhung des pH-Wertes durch Konserviermittelzusatz (Konservierung).
- Spontane Milchsäuregärung unter Luftabschluss (Silierung).
- Reduktion der Atmung dürch Kühlung auf unter 10 °C.
- Luftdichte Lagerung unter CO_2-Milieu.

Voraussetzung für die Produktion hochwertiger Konservate ist eine hohe Qualität des Ausgangsmaterials, die bereits die erreichbare Konservatqualität bestimmt.

16.2 Silierung

16.2.1 Verfahrensprinzip

Unter aeroben Bedingungen werden Nährstoffe relativ schnell durch pflanzeneigene Enzyme und aerobe Mikroorganismen veratmet; dabei wird Energie als Wärme, CO_2 und Wasser freigesetzt und der Verderb des Futters eingeleitet. Die Atmung verläuft in vereinfachter Form nach folgender Gleichung:

$C_6H_{12}O_6 + 6\ O_2 \rightarrow 6\ CO_2 + 6\ H_2O + 2835\ kJ$
Glucose

Durch silietechnische Maßnahmen werden **anaerobe Bedingungen** geschaffen, wodurch der aerobe Stoffabbau beendet wird. Der anaerobe Stoffabbau kann durch **Absenkung** des **pH-Wertes** unter die Aktivitätsgrenze der im Siliergut befindlichen anaeroben Mikroben zum Erliegen gebracht werden. Dieses erfolgt in der Regel durch Säuren, die als Stoffwechselprodukte der Mikroorganismen gebildet werden. In Tabelle 57 sind die Ansprüche und Stoffwechselaktivitäten der wichtigsten Mikroorganismen für die Silierung zusammenfassend und vereinfacht dargestellt. Daraus wird erkennbar, dass nur die Milchsäurebakterien durch Bildung ihres Stoffwechselproduktes Milchsäure (starke Säure) und wegen ihrer vergleichsweise hohen Säuretoleranz in der Lage sind, eine ausreichende pH-Wert-Absenkung zu bewirken.

Hervorzuheben sind die hohe Stoffwechselaktivität der Milchsäurebakterien sowie eine Reihe positiver Eigenschaften der Milchsäure. Sie ist geruchlos, gut verträglich für die Tiere und wirkt hemmend auf Clostridien. Alle anderen am Silierprozess beteiligten Mikroben sind mehr oder weniger als Gärfutterschädlinge anzusehen. In den Silagen kommen 15 bis 20 verschiedene Milchsäurebakterienarten vor, die vor allem den Gattungen *Lactobacillus*, *Enterococcus*, *Pediococcus* und *Leuconostoc* angehören. Nach ihrem Stoffwechseltyp wird nach **homofermentativen** und **heterofermentativen** unterschieden.

Die homofermentative Milchsäuregärung verläuft in vereinfachter Form nach folgender Gleichung:

$C_6H_{12}O_6 \rightarrow 2\ CH_3CHOHCOOH + 197\ kJ$
Glucose   Milchsäure

Dabei entsteht nur ein minimaler Masseverlust; es gehen nur ca. 3 % der Energie der Glucose verloren. Beim heterofermentativen Gärungstyp entsteht neben Milchsäure noch Ethanol sowie/oder Essigsäure, Manitol und CO_2. Das bedingt höhere Verluste und eine geringere Absenkung des pH-Wertes.

$C_6H_{12}O_6 \rightarrow CH_3CHOHCOOH + C_2H_5OH + CO_2 + H_2O$
Glucose   Milchsäure   Alkohol

$3\ C_6H_{12}O_6 \rightarrow CH_3CHOHCOOH + CH_3COOH + 2\ C_6H_{14}O_6 + CO_2 + H_2O$
Fructose   Milchsäure   Essigsäure   Manitol

Die auf den Futterpflanzen vorhandene epiphytische Keimflora enthält relativ wenige Milchsäurebakterien. Diese sind durch optimale Silierbedingungen zu fördern. Für ihre Entwicklung und Stoffwechselleistung haben anaerobe Bedingungen, ausreichend vergärbare Kohlenhydrate, die Temperatur und der pH-Wert entscheidenden Einfluss. Die durch die übrigen Mikroben bewirkten Aktivitäten bei der Silierung können durch Luftabschluss (aerobe Bakterien, Schimmelpilze und Massenvermehrung der Hefen) sowie durch Absenkung des pH-Wertes (*Coli aerogenes*, Clostridien und Fäulnisbakterien) eliminiert oder stark unterdrückt werden.

Besonders gefährliche Gärfutterschädlinge sind die **Clostridien**, weil sie die Fähigkeit besitzen, Milchsäure und Protein abzubauen und den völligen Verderb der Silage einzuleiten. Das Hauptstoffwechselprodukt der Saccharolyten ist die Buttersäure. Die Buttersäurebildung durch die Saccharolyten verläuft nach folgenden Gleichungen:

$C_6H_{12}O_6 \rightarrow CH_3(CH_2)_2COOH + 2\ CO_2 + 2\ H_2 + 3\ H_2O$
Glucose   Buttersäure

$2\ CH_3CHOHCOOH \rightarrow CH_3(CH_2)_2COOH + 2\ CO_2 + 2\ H_2 + H_2O$
Milchsäure   Buttersäure

Das Vorhandensein von Buttersäure stellt ein wesentliches Kriterium für die Einschätzung des Siliererfolges und die Silagequalität dar. Clostridienkeime können die Milch infizieren und stellen deren Käsereitauglichkeit in Frage (Spätblähung bei der Hartkäserei). Buttersäurehaltige Silagen sind deshalb für Milchvieh nur bedingt geeignet.

Der Fermentationsverlauf bei der Silierung lässt sich in 4 bis 5 Phasen untergliedern, die nachfolgend in Anlehnung an WEISSBACH (1968) und PAHLOW u. a. (2006), kurz charakterisiert werden:

1. Der aerobe Stoffwechsel der Pflanzenzellen und der von Epiphyten (besonders aerobe Sporenbildner) bleibt bestehen, solange Sauerstoff vorhanden ist. Bei raschem Luftabschluss dauert diese Phase nur wenige Stunden.

2. Es tritt eine schnelle Vermehrung fakultativ anaerober Keime (z. B. *Coli-aerogenes*-Arten), sowie zunehmend von Milchsäurebakterien, ein. Die Zeitdauer beträgt ein bis zwei Tage.

3. Die Milchsäurebakterien erreichen den Höhepunkt ihrer Entwicklung bei Umschichtung der Milchsäurebakterienpopulation zu säuretoleranten Typen, wofür ein bis zwei Wochen (Hauptgärphase) benötigt werden.

4. Die Milchsäurebildung erlischt wegen zu niedrigem pH-Wert oder Mangel an vergärbaren Kohlenhydraten. Wird der kritische pH-Wert (Aktivitätsgrenze für Clostridien) unterschritten, sind die Silagen stabil. Wird der kritische pH-Wert nicht erreicht (labile Lagerungsphase), kann eine 5. Silierphase folgen (Umkippen der Silagen).

5. Es kommt zur Entwicklung von Clostridien, die Milchsäure und Protein abbauen, wodurch der pH-Wert ansteigt, Fäulnisprozesse einsetzen und der völlige Verderb der Silagen eintreten kann.

Eine Verschlechterung der Silagen kann auch nachträglich durch Eindringen von Luftsauerstoff in den Futterstock sowie durch Luftkontakt bei der Silageentnahme eintreten. Dabei werden Hefen (Kahmhefen), aber auch aerobe Bakterien und Schimmelpilze aktiviert, die Milchsäure oxidativ abbauen. Die Folgen sind Wiederanstieg des pH-Wertes und Einleitung weiterer Verderbprozesse. Die Silagen widerstehen dem aeroben Stoffabbau in unterschiedlichem Maße. Diese Eigenschaft wird als Haltbarkeit bzw. aerobe Stabilität bezeichnet und ist vom Siliergut und den Silierbedingungen abhängig.

Folgende Maßnahmen können die aerobe Stabilität von Silagen erhöhen:
1. Verringerung der Keimbelastung bei der Ernte, beim Anwelken und bei der Bergung des Siliergutes.
2. Verringerung der Hefekonzentration in den Silagen ($< 100\,000$ Hefen/g) durch Reduktion der Sauerstoffverfügbarkeit bei der Einlagerung und in der Hauptgärphase, d. h.
   - Lagerdichten über 200 kg DM je m^3 (sicheres, gleichmäßiges CO_2-Milieu),
   - Trockenmassegehalt des Silierguts von 30 bis 40%,
   - Optimierung der Anschnittsflächen (z. B. 0,1 bis 0,15 m^2/Kuh),
   - Silobefüllzeiten von maximal 2–3 Tagen,
   - Reduktion der Gasdurchlässigkeit durch geeignete Folien und Silowände,
   - Häcksellängen von maximal 6 bis 8 mm bei Silomais und 30 mm bei Gras,
   - schnelle pH-Wert-Senkung durch Siliermitteleinsatz.
3. Einsatz von Silier- bzw. Konservierungsmitteln, welche den oxidativen Abbau der Milchsäure durch Hefen reduzieren bzw. verhindern, d. h.
   - chemische oder biologische Siliermittel mit heterofermentativen Milchsäurebildnern, welche neben der Milchsäure, trotz geringfügig höherer Silierverluste, kurzkettige Fettsäuren, wie Essigsäure oder eventuell Propionsäure liefern,
   - Konservierungsmittel, wie z. B. Propionsäure, Benzoesäure, Sorbinsäure, Sulfit, Ameisensäure, Harnstoff, Kochsalz,
   - zuckerhaltige Zusätze, wie z. B. Melasse, dürfen nur bei zuckerarmen Siliergütern zugesetzt werden, da sonst mit einer starken Hefevermehrung, sowohl in der Hauptgärphase als auch bei der Auslagerung der Silagen, zu rechnen ist.

Tab. 57. Ansprüche und Stoffwechselaktivität der wichtigsten Mikroorganismen für die Silierung

Mikrobengruppe	Verhalten zu Luftsauerstoff	Aktivitätsgrenze bei pH	Kohlenhydratvergärung	Eiweißabbau
Milchsäurebakterien	Fakultativ bis obligat anaerob	3,0–3,6	Stark zu Milchsäure, Alkohol, CO_2, H_2O (Essigsäure)	Ohne
Coli-Aerogenes-Gruppe (coliforme Keime)	Fakultativ anaerob	4,3–4,5	Stark zu Essigsäure, CO_2, H_2O (Ameisensäure)	Ohne oder schwach
Clostridien	Obligat anaerob	4,2–4,4		
Saccharolyten			Stark zu Buttersäure, CO_2, 2 H (Essigsäure)	Ohne
Proteolyten			Ohne	Stark zu Amin + CO_2 Carbonsäure + NH_3
Fäulnisbakterien (*Pseudomonas*, *Alcaligenes*-Arten)	Aerob bis fakultativ anaerob	4,2–4,8	Stark	Sehr stark
Hefen	Aerob bis fakultativ anaerob	1,3–2,2	Stark zu Alkohol, CO_2, H_2O (Acetaldehyd)	Vorhanden
Schimmelpilze	Obligat aerob	2,5–3,0	Stark	Stark

Therapeutische Maßnahmen sind oft weniger wirksam bzw. teuer. Das Reagieren auf eine Silagenacherwärmung beschränkt sich auf folgende Maßnahmen:
- Vermeidung jeglicher Auflockerung und Zwischenlagerung der Silage.
- Erhöhung des täglichen Entnahmevorschubes (im Sommer > 40cm, im Winter > 20cm); bei einer Temperatur von < 10 °C geht die Aktivität der Hefen deutlich zurück.
- Erhaltung der Lagerdichte der Silage im Silo bei der Entnahme durch geeignete Entnahmetechnik (z. B. Blockschneider).
- Wenn Zwischenlagerung nicht vermeidbar ist, nur in Blöcken oder Ballen, nicht als aufgelockertes Schüttgut lagern.
- Oberflächenkonservierung mit Säuren oder Salzen (kein Schutz der Silage hinter dem Anschnitt).
- Abdecken der Anschnittsflächen mit außen weißer und innen schwarzer Folie.
- Silööffnung in den Sommermonaten im Norden, nicht im Süden (Reduktion von Sonneneinwirkung) und nicht in Hauptwindrichtung (stärkere Luftzirkulation).
- „Umsilieren" der kalten Silagen (warm gewordene Silagepartien aussondern) mit chemischen Silier- oder Konservierungsmitteln.

16.2.2 Vergärbarkeit

Als Vergärbarkeit wird die auf Grund der chemischen Zusammensetzung des Futters vorhandene Siliereignung bezeichnet. Der Zuckergehalt, in diesem Zusammenhang als Summe der wasserlöslichen von Milchsäurebakterien nutzbaren Kohlenhydrate verstanden, ist der wichtigste Faktor für die Vergärbarkeit, da er das Substrat für die Milchsäurebildung und damit für die biologische Ansäuerung darstellt. Je nach dem Zuckergehalt (Tab. 58) sind die Futtermittel unterschiedlich gut für die Silierung geeignet.

Weitere wesentliche Merkmale für die Vergärbarkeit sind die Pufferkapazität und der DM-Gehalt des Siliergutes (Tab. 58). Als Pufferkapazität wird das Verhalten von Inhaltsstoffen mit puffernder Wirkung (z. B. Rohprotein, basische Mineralstoffe) auf die Ansäuerung zusammengefasst. Sie wird in diesem Zusammenhang durch die erforderliche Milchsäuremenge in g/kg DM des Siliergutes definiert, die zur Ansäuerung auf pH 4,0 notwendig ist. In Abhängigkeit von der Pufferkapazität ist demnach eine unterschiedliche Milchsäure- und damit Zuckermenge erforderlich, um eine bestimmte Absenkung des pH-Wertes zu erreichen. Deshalb wird der Quotient aus Zuckergehalt und Pufferkapazität (Z/PK-Quotient) des Siliergutes berechnet und als Maß für die mögliche biologische Säuerung des Siliergutes betrachtet. Tabelle 59 enthält Angaben über die Z/PK-Quotienten wichtiger Futterpflanzen.

Der DM-Gehalt ist für die Vergärbarkeit bedeutsam, weil von ihm die Zellsaftkonzentration und damit die osmotischen Bedingungen bzw. die Wasseraktivität für die Fermentation abhängen. Eine Erhöhung des DM-Gehaltes führt zu einer Verminderung der Geschwindigkeit mikrobieller Stoffwechselvorgänge und zu einer Verschiebung

Tab. 58. Vergärbarkeitskenndaten verschiedener Futterpflanzenarten

Futterpflanze	Trockensubstanz g/kg Orginalsubstanz	Rohprotein g/kg DM	Zucker (Z) g/kg DM	Pufferkapazität (PK) g Milchsäure/ kg DM	Z/PK-Quotient	Vergärbarkeitskoeffizient
Mais	280 (200–350)	75	230	35	6,6 (4,7–8,8)	81
Zuckerrübenblatt	145 (120–180)	135	285	52	5,5 (1,9–10,8)	59
Markstammkohl	155 (140–190)	150	290	66	4,4 (3,5–5,0)	51
Grünhafer	220 (145–265)	95	130	40	3,3 (2,7–4,7)	48
Felderbse	155 (130–165)	180	155	49	3,2 (2,4–3,6)	41
Ackerbohne	150 (110–165)	175	145	49	3,0 (1,6–3,2)	39
Süßlupine	150 (120–160)	180	115	46	2,5 (1,8–3,0)	35
Gräser	200 (140–270)	140	115	47	2,4 (0,8–4,6)	39
Grünroggen	160 (155 210)	155	135	56	2,4 (1,6–3,3)	35
Rotklee	200 (165–250)	165	115	69	1,7 (0,9–1,8)	34
Luzerne	200 (150–220)	190	65	74	0,9 (0,5–0,9)	27

Tab. 59. Vergärbarkeit verschiedener Grasarten sowie Rotklee und Luzerne (1. Aufwuchs)

Grasart	Trockensubstanz g/kg Siliergut	Zucker (Z) kapag/kg Siliergut	Puffer-Quotient zität (PK) g Milchsäure/DM	Z/PK-	DM-Mindestgehalt g DM/kg Siliergut	Vergärbarkeitskoeffizient
Welsches Weidelgras	180	190	55	3,5	170	46
Ausdauerndes Weidelgras	190	155	44	3,5	170	47
Knaulgras	200	95	43	2,2	274	38
Wiesenlieschgras	200	75	40	1,9	298	35
Wiesenschwingel	210	90	55	1,6	322	34
Wiesenrispe	170	80	54	1,5	330	29
Rotklee	180	115	69	1,7	310	32
Luzerne	180	75	81	0,9	378	25

der pH-abhängigen Wachstumsgrenze der Clostridien und damit des kritischen pH-Wertes in die Richtung des Neutralpunktes. Der kritische pH-Wert gibt somit die Acidätsgrenze für die sichere Verhinderung des Wachstums der Clostridien in Abhängigkeit vom DM-Gehalt an.

Der DM-Gehalt bestimmt somit das Maß der notwendigen Ansäuerung. Andererseits erfordert der jeweilige Z/PK-Quotient des Siliergutes für das Gelingen der Silierung einen bestimmten DM-Gehalt. WEISSBACH et al. (1974) haben diesen als Mindesttrockensubstanzgehalt (DM_{min}) bezeichnet und dafür die Gleichung $DM_{min} = 450 - 80 \times Z/PK$ ermittelt. In Abhängigkeit verschiedener Einflussfaktoren besteht dabei ein gewisser Unzuverlässigkeitsbereich. Der DM_{min} gibt die obere Grenze des Unsicherheitsbereiches für die Erzeugung buttersäurefreier Silagen bei sorgfältiger Silierung an.

Zur Bewertung der Vergärbarkeit von Siliergütern formulierten SCHMIDT et al. (1971) einen **Vergärbarkeitskoeffizienten** (VK = % DM + 8 × Z/PK-Quotient) als Kriterium für buttersäurefreie Silagen. Bei Vergärbarkeitskoeffizienten von über 45 (mind. 0,5 g Nitrat je kg DM und über 10^5 Milchsäurebakterien je g Siliergut) können mit großer Sicherheit buttersäurefreie Silagen erzeugt werden (WEISSBACH & HONIG 1996).

In Tabelle 60 werden die Zusammenhänge verdeutlicht. Durch Anwelken des Siliergutes bis über den DM_{min} kann die Vergärbarkeit des Siliergutes gesichert werden. Der Wasserentzug bewirkt außerdem eine Reihe weiterer Vorteile (s. Abschn. 16.2.5).

Für die Siliereignung der Futtermittel spielen auch die epiphytische Ausgangskeimflora und der Nitratgehalt eine Rolle. Das aus dem Nitrat bei der Vergärung entstehende Nitrit ist ein Inhibitor für die Buttersäuregärung. Deshalb werden gewisse Nitratgehalte des Siliergutes von > 3 g/kg DM für die sichere Erzeugung buttersäurefreier Silagen als notwendig erachtet.

16.2.3 Silierzusätze

Die Anwendung von Silierzusätzen dient der Sicherung und Stabilisierung des Konservierungserfolges sowie der Einschränkung von Verlusten. Mit der EU-Verordnung 1831/2003 werden die Siliermittel als zulassungspflichtige Zusatzstoffe (Kategorie: Technologische Zusatzstoffe) im Sin-

Tab. 60. Abhängigkeit zwischen Z/PK-Quotienten, erreichbarer pH-Wert-Absenkung und erforderlichem DM-Gehalt (DM_{min})

Z/PK im Siliergut	Erreichbarer pH-Wert im Siliergut	DM_{min}[1]-Gehalt für Stabilität der Silagen (g/kg Orginalsubstanz)
3,8	4,10	150
3,1	4,20	200
2,5	4,35	250
1,9	4,45	300
1,2	4,60	350
0,6	4,75	400
0,3	4,85	450
0,2	5,00	500

[1] Erforderlicher DM-Gehalt

ne des Futtermittelrechts verstanden. Es sind eine Vielzahl von konservierungswirksamen Substanzen bekannt, von denen verschiedene als Einzelsubstanzen oder als Gemische in Handelspräparaten enthalten sind. Nach der Wirkungsrichtung können folgende Gruppen unterschieden werden:

- **Zucker und zuckerfreisetzende Zusätze** liefern vergärbares Substrat. Verwendung finden Melasse, Futterzucker und Zuckerschnitzel. Als zuckerfreisetzende Substanzen dienen auch Getreideschrot in Verbindung mit Amylasen sowie Cellulasen, die vergärbare Monomere aus den Gerüstsubstanzen des Siliergutes verfügbar machen.
- **Chemische Zusätze zur Unterdrückung der mikrobiellen Fermentation** verhindern neben den Verderbprozessen auch die Milchsäuregärung. Das wird z. B. durch starke Säuren oder Harnstoff erreicht. Gemische aus Schwefelsäure und Salzsäure, Ameisensäure in hoher Dosierung (5 bis 6 l/t) oder im Gemisch mit anderen Säuren senken den pH-Wert so weit ab bzw. die mikrobizide Wirkung der Ameisensäure ist so hoch, dass kaum noch eine Fermentation stattfindet und eine weitgehend chemische Konservierung vorliegt. Ein guter Konservierungserfolg ist unabhängig von der Menge an vergärbarem Substrat des Siliergutes erreichbar. Bei Harnstoffzusatz wird die konservierende Wirkung durch Ammoniak hervorgebracht, der durch enzymatische Spaltung (Urease) des Harnstoffs entsteht.
- **Chemische Zusätze zur Steuerung des Gärverlaufs** sind Stoffe mit selektiv mikrobizider

Tab. 61. Gruppen der von der DLG geprüften Siliermittel (THAYSSEN 2006)

Gruppe		Beschreibung
1	A	**Mittel zur Verbesserung des Gärverlaufes für schwer silierbares Futter** VK < 35, Grundfutter mit zu niedrigem Gehalt an Gärsubstrat und / oder DM
	B	**Mittel zur Verbesserung des Gärverlaufes für mittelschwer bis leicht silierbares Futter im unteren DM-Bereich** VK ≥ 35; DM ≤ 35 %, Gräser, Leguminosen, Silomais, Getreideganzpflanzen, jeweils mit ausreichendem Gehalt an Gärsubstrat
	C	**Mittel zur Verbesserung des Gärverlaufes für leicht silierbares Futter im oberen Trockenmassebereich** VK ≥ 35; DM ≥ 35 % bis ca. 50 %[1], Gräser, Leguminosen, Silomais, Getreideganzpflanzen, jeweils mit ausreichendem Gehalt an Gärsubstrat
	D	**Mittel für spezielle Futterarten** Futtermittel, die besondere Wirkungen des Siliermittels erfordern (z. B. Futterrüben, Pülpen, Pressschnitzel)
2		**Mittel zur Verbesserung der aeroben Stabilität von** Gras oder Leguminosen vorzugsweise angewelkt, Silomais und Maiskolbenprodukten, Getreide-Ganzpflanzensilage, Feuchtgetreide, feuchter Körnermais, feuchte Leguminosensaat, andere Körnerfrüchte
3		**Mittel zur Reduzierung von Gärsaftablauf**
4	A	**Mittel zur Förderung der Futteraufnahme**
	B	**Mittel zur Verbesserung der Verdaulichkeit**
	C	**Mittel zur Verbesserung der Mastleistung beim Rind**
	C	**Mittel zur Verbesserung der Milchleistung beim Rind**
5	A	**Mittel mit zusätzlichen Wirkungen** Zur Verhinderung der Vermehrung von Clostridien im Futter

[1] durch zu geringe Wasserverfügbarkeit bedingte Wirkungsgrenze

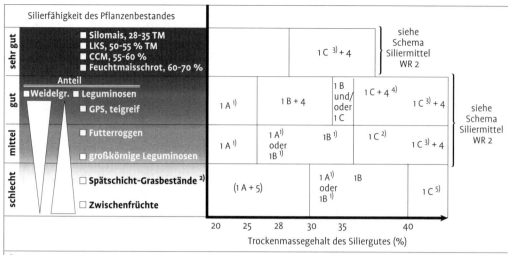

Abb. 81. Einsatzempfehlungen für Siliermittel der Wirkungsrichtung 1 (KALZENDORF et al. 2006).

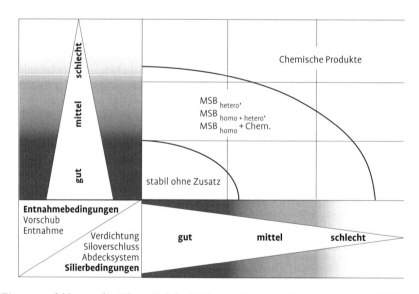

Abb. 82. Einsatzempfehlungen für Siliermittel der Wirkungsrichtung 2 (KALZENDORF et al. 2006).

Wirkung, die unerwünschte Mikroben unterdrücken und damit die Milchsäuregärung fördern sowie einen möglicherweise auftretenden Milchsäureabbau hemmen. Dafür werden Säuren, z. B. Ameisensäure, Propionsäure, in begrenzten Gaben, die noch zu einer gewissen Ansäuerung führen, sowie Substanzen mit vorrangiger Hemmstoffwirkung, wie z. B. Nitrit, Hexamethylentetramin, Pyrosulfit, Benzoe- und Sorbinsäure, eingesetzt.

- **Milchsäurebakterien-Impfkulturen** (MBI) bestehen aus auf biotechnologischem Wege hergestellten, vermehrungsfähigen Lactobakterien, die überwiegend in getrockneter, hochkonzentrierter Form in Präparaten angeboten und in flüssigen Suspensionen oder in Granulatform dem Siliergut zugegeben werden. Mit ihnen sollen die geringe Michsäurebakterienkeimdichte der epiphytischen Keimflora ergänzt und damit folgende Effekte erreicht werden:
- Beschleunigung der homofermentativen Milchsäurebildung und damit schnelle Absenkung des pH-Wertes,
- Verringerung der Essigsäurebildung und stärkere Unterdrückung einer möglichen Buttersäuregärung,
- Verringerung des Proteinabbaues,
- Reduzierung der Gärverluste,
- Erhöhung der aeroben Stabilität und Haltbarkeit der Silagen,
- Verbesserung der Verzehrs- und Futterwerteigenschaften der Silage.

Die zur Zeit im Handel befindlichen über 100 MBI-Präparate beinhalten ähnliche Stämme (vor allem *Lactobacillus plantarum* sowie *Pediococcus*- und *Enterococcus*-Arten), weisen aber in Abhängigkeit von ihrer Herkunft, Konzentration und dem Herstellungsverfahren gewisse Wirkungsunterschiede auf.

16.2.4 Siliertechnik

Die Siliertechnik zielt darauf ab, molekularen Sauerstoff vom Silierprozess auszuschließen. Deshalb ist es notwendig, das Siliergut zu zerkleinern, geeignete Silos zu verwenden, das Siliergut rasch einzulagern, ausreichend zu verdichten (Tab. 62) und weitgehend gasdicht zu verschließen.

Die Silos sollen so beschaffen sein, dass sie das Futter vor Verschmutzung, Luftzutritt und Witterungseinflüssen schützen. Außerdem müssen sie den verfahrenstechnischen Anforderungen entsprechen und aus säurebeständigem und weitgehend gasdichtem Material gefertigt sein. Es gibt zur Zeit eine Vielzahl von Silovarianten, die den drei Grundtypen Horizontal-, Vertikal- und Foliensilos zugeordnet werden können. Die Horizontalsilos sind meist in Betonbauweise erstellt. Zu ihnen zählen aber auch Erdsilos und Freigärhaufen. Vertikalsilos sind in der Regel aus Stahl oder Beton gefertigt, während bei den Foliensilos folienumwickelte Ballen und Folienschlauchsilos zu unterscheiden sind.

Bei der Silierung von Futtermitteln mit geringen DM-Gehalten (in der Regel < 28% DM) fließt Gärsaft ab. Die Menge hängt vom DM-Gehalt des Siliergutes und seiner Druckbelastung im Futterstock (Höhe und Dichte) ab. Der Gärsaft ist stark oxidierend (ca. 90 g O_2-Verbrauch/l) und besitzt beachtliche Säure- und Nährstoffgehalte, die zur Beeinträchtigung von Gewässern und besonders des Grundwassers führen können. Er darf deshalb nicht in Vorfluter, Grundwasser und Kanalisationen gelangen, sondern ist vollständig zu erfassen und zu beseitigen.

Bei der Entnahme der Silagen aus den Silos ist bis zu ihrer Verfütterung der Luftkontakt zu minimieren.

16.2.5 Spezielle Hinweise für die Silierung verschiedener Futtermittel

Gräser und kleinsamige Futterleguminosen sind Futtermittel, bei denen die Vergärbarkeit in der Regel nicht ausreicht, um aus frischem Erntegut stabile Silagen zu produzieren. Es bestehen aber erhebliche Unterschiede zwischen den Arten (s. Tab. 59). Außerdem haben der Aufwuchs, der

Tab. 62. Anforderungen an die Verdichtung von Silagen in Abhängigkeit vom DM-Gehalt (Honig, 1987)

Futterart	DM-Gehalt %	Verdichtung kg DM/m^3	DM-Gehalt %	Verdichtung kg DM/m^3
Gras	20	160	40	225
Luzerne	20	175	40	235
Gersten-GPS	35	230	45	260
Mais (4–7 mm)	28	225	33	265
Ährenschrot	45	400	55	440
CCM	55	400	60	480

Schnittzeitpunkt, die Düngung, das Klima sowie weitere Faktoren Einfluss auf die Siliereignung. Gräser und kleinsamige Leguminosen sind grundsätzlich vor der Silierung anzuwelken. Durch den Wasserentzug (Anwelken) wird die Vergärbarkeit wesentlich verbessert und außerdem eine Reihe weiterer nachfolgend aufgeführter Vorteile bewirkt:
- Verringerung der zu transportierenden Masse und Einsparung von Siloraum,
- Einschränkung bzw. Verhinderung der Gärsaftbildung,
- Abnahme der Silierverluste (Gär- und Gärsaftverluste),
- Erhöhung der Futterwerteigenschaften der Silagen (Verzehrseigenschaften, physiologische Verträglichkeit).

DM-Gehalte von > 28 bis 30 % sind bei Gräsern und Leguminosen für die Verhinderung des Gärsaftaustrittes und solche von 25 bis 40 % zur Sicherung der Vergärbarkeit erforderlich.

Maisganzpflanzen sind gut vergärbar und für die Silageerzeugung vorzüglich geeignet. Die Futterwerteigenschaften von Maissilage werden maßgeblich durch den DM-Gehalt (> 30 %), den Kolbenanteil (> 50 %) und den Zerkleinerungsgrad (Häcksellänge < 10 mm) des Siliergutes bestimmt. Zur Gewährleistung einer hohen Verdaulichkeit der Körner durch Rinder ist das Siliergut außerdem mittels Reibeeinrichtungen nachzubehandeln. Maissilagen besitzen eine geringe aerobe Stabilität. Deshalb bestehen hohe Anforderungen an das Verdichten und eine gasdichte Lagerung sowie an die Silageentnahme.

Getreideganzpflanzen. Der optimale Zeitpunkt der Ernte wird nach unten durch den Korn- bzw. Stärkegehalt und nach oben durch die Verwertbarkeit der Körner im Verdauungstrakt der Rinder bzw. durch die Konservierbarkeit begrenzt. Beim Übergang von der Milch- in die Teigreife hat die Ähre der Gerste einen Trockenmassegehalt von 45 bis 50 % und die von Weizen 35 bis 45 %. Dies ist der Zeitpunkt, zu dem die Pflanze geerntet werden sollte, wenn die Getreidekörner bei der Ernte nicht angeschlagen bzw. zerrieben werden können. Das Stroh beginnt sich gelb zu verfärben, die Halmknoten, Grannen und die oberen zwei Drittel der Blätter müssen noch grün sein. Die Gesamtpflanze hat zu dieser Zeit einen Trockenmassegehalt von 32 bis 40 %. Bei Überschreitung des Optimums sind Exakthäcksler (Vielmessertrommeln) mit Reibeboden bzw. Quetschwalzen oder Korn-Crackern notwendig.

Beim Hafer wäre ein kurzzeitiges Anwelken sinnvoll. Bei Getreideganzpflanzen mit DM-Gehalten über 35 % ist neben der exakten Zerkleinerung eine theoretische Häcksellänge von 6 bis 8 mm, eine starke Verdichtung sowie ein unverzügliches Abdecken zwingend notwendig, da sonst mit einer starken Erhitzung im Silostock und einer erhöhten Essigsäurebildung gerechnet werden muss. Als Ursache sind die stabile und elastische Röhrchenstruktur der Getreidehalme mit Lufteinschlüssen zu sehen, welche ein starkes Auffedern beim Festfahren (Strohmatteneffekt) provozieren können. Nach der Verdichtung sollten mindestens 200 bis 240 kg Trockenmasse je Kubikmeter Silo gelagert sein. Da Getreideganzpflanzen in der Teigreife einen niedrigen Nitratgehalt aufweisen, besteht die Gefahr der Buttersäurebildung durch Chlostridien, die man durch den Einsatz nitrat- bzw. -nitrithaltiger Siliermittel verhindern kann. Eine weitere Möglichkeit, die Silierbarkeit und auch die Ertragsfähigkeit von Getreideganzpflanzensilagen zu steigern, sind Untersaaten. Am günstigsten haben sich Weidelgräser erwiesen. Neben der Lieferung von Nitrat, wird zusätzlich auch ausreichend Zucker für einen optimalen Silierverlauf zur Verfügung gestellt und die Verdichtung des trockensubstanzärmeren Siliergutes verbessert.

Zuckerrübenpressschnitzel. Pressschnitzel aus der Zuckerindustrie sind ein gut silierbares Futtermittel. Sie silieren in der Regel ohne Zusatz von Siliermitteln oder gärfähigen Zucker. Der **Restzuckergehalt** der Schnitzel beträgt oft nicht mehr als 4 bis 5 %. Zur Steigerung der Zuckerausbeute gelingt es heute vielen Zuckerfabriken, den Gehalt an Restzucker unter 2 % zu halten. Obwohl die Pressschnitzel eine geringe Pufferkapazität besitzen und relativ wenig Milchsäure benötigen, um sicher zu silieren, ist bei derartig niedrigen Zuckergehalten eine spontane Milchsäuregärung gefährdet. Hier muss gegebenenfalls ein Melassezusatz erfolgen. Ein siliertechnisch bedeutsamer Parameter ist der **DM-Gehalt**. Nassschnitzel haben DM-Gehalte von 16 bis 18 % und Pressschnitzel von 20 bis 26 %. Nassschnitzel sind aerob instabil und neigen im Silo oft zu Fehlgärungen. Am besten silieren Pressschnitzel mit 22 bis 26 % DM. Ab 26 % DM kann die Grenze in der Verdichtbarkeit überstiegen sein. Außerdem steigt die Gefahr der alkoholischen Fehlgärung. Die Pressschnitzel besitzen eine geringe **Pufferkapazität**. Die Vergärungseigenschaften können jedoch negativ beeinflusst werden, wenn Presshilfsmittel zugesetzt werden. Auch ein Zusatz von Desinfektionsmitteln (z. B. Formalin), kann sich negativ auf die nachfolgende Vergärbarkeit auswirken. Noch bedeutsamer ist das **Temperaturregime**. Pressschnitzel verlassen die Fabrik mit etwa 50 °C. Bereits auf dem Weg zum Silierort finden eine Abkühlung sowie erste Nährstoffumsetzungen statt. Die frischen Schnitzel müssen unbedingt warm, d. h. mit mindestens 40–45 °C innerhalb von 24 Stunden bei einer Lagerdichte von 850 kg je m^3 luftdicht verpackt sein. Die relativ hohen Einlagerungstemperaturen sind notwendig, um den hitzetoleranten Milchsäurebakterien eine Chance zu geben, die geringen Mengen an leicht fermentierbarem Zucker hocheffizient zu verstoffwechseln. Abgekühlte Pressschnitzel und nicht ausreichend gesäuerte Silagen neigen sehr stark zu Schimmel- und Hefenbildung. Bei Temperaturen über 50 °C, aber auch bei zu geringer oder zu rascher Abkühlung während der Silierung werden die Pektine und damit die Struktur der Pressschnitzel zerstört. Die Abkühlung sollte deshalb ca. 1 °C pro Tag betragen. Wenn die Silageabkühlung zu gering ist, kann außerdem die gebildete Milchsäure wieder abgebaut werden, wodurch die Silage umkippt. Für die Pressschnitzel wird, wie für alle anderen Silagen auch, eine Mindestsilierdauer von 4 bis 6 Wochen empfohlen. Keinesfalls darf das Silo geöffnet werden, wenn noch über 20 °C im Futterstapel vorherrschen, da dann eine schnelle Verderbnis vorprogrammiert ist. Ein Problem ist die **aerobe Stabilität** der Pressschnitzelsilagen. Bei Luftzutritt und Außentemperaturen von über 8 °C werden alle nassen und energiereichen Futtermittel verstärkt von Mikroorganismen attackiert. Ein **Siliermitteleinsatz** könnte dann notwendig werden, wenn abgekühlte Schnitzel mit einem Restzuckergehalt von unter 4 % einsiliert werden sollen und wenn die aerobe Stabilität der Pressschnitzelsilagen insbesondere in den Sommermonaten unterstützt werden muss.

Biertreber. Frische Treber aus Brauerein sind wegen des hohen Wassergehaltes leicht verderblich. Das Produkt ist **trockenmassearm** (ca. 20 % DM). Biertreber sind reich an Rohprotein (ca. 25 % in der Trockenmasse). Die **Pufferkapazität** ist deshalb relativ hoch. Der **Zuckergehalt** ist produktspezifisch sehr gering. Aufgrund des hohen Wassergehaltes, der hohen Auslieferungstemperaturen (> 50 °C) und der hohen Enzymlöslichkeit der Nährstoffe sind frische Biertreber leicht verderblich. Die aerobe Stabilität der frischen Biertreber beträgt maximal 2–3 Tage. Durch den **Zusatz von Konservierungsmitteln** kann die Haltbarkeit der Biertreber deutlich gesteigert werden. Vorrangig getestet wurden bisher Mittel, deren wirksame Substanzen ein Gemisch aus Propionsäure und Natriumbenzoat waren. Berichtet wird auch über den Zusatz von Kaliumsorbat. Entscheidend sind oft die Außentemperaturen und die Geschwindigkeit des Abkühlens der Treber. Trotz der scheinbar schlechten **Siliereignung** (geringer Zuckergehalt, hohe Pufferkapazität gegenüber Milchsäure, geringer DM-Gehalt) silieren Treber relativ gut. Nach 4–6 Wochen Silierdauer weisen die Silagen einen Milchsäuregehalt von 0,9 % und einen Essigsäuregehalt von 2,1 % in der Trockenmasse auf. Die Silierung der Biertreber erbringt auch ohne jeglichen Zusatz ein gutes Ergebnis in der Gärqualität. Durch eine starke Sedimentierung und Wasserabspaltung und ein geringes Wasserbindevermögen der Treber entstehen relativ hohe Gärsaftmengen. Ähnlich wie bei der Silierung von Pressschnitzeln und Getreideschlempe ist das **Temperaturregime** von Bedeutung. Biertreber verlassen die Fabrik mit etwa 50 °C.

Getreideschlempe. Der frische Gärrückstand hat einen Trockenmassegehalt von ca. 8 %, ist energie- und je nach Produktionsverfahren und Getreideart mehr oder weniger proteinreich. Aufgrund des hohen Wassergehaltes, der hohen Auslieferungstemperaturen (> 50 °C) und der hohen Enzymlöslichkeit der Zellwandbestandteile und Hefereste sind frische Schlempen leicht verderblich. Die Schlempen werden als Trockenschlempe (88–90 % DM) und als Pressschlempe (35–40 % DM) angeboten. Frische Pressschlempe kommt aus der Ethanolanlage nahezu steril. Eine längerfristige **Lagerung von frischer Schlempe** ist deshalb nahezu ausgeschlossen. Aerob stabil sind die abgepressten Gärrückstände maximal für 1 bis 5 Tage bei mittleren Außentemperaturen von 15 bis 20 °C. Durch den **Zusatz von Konservierungsmitteln** kann die Haltbarkeit der Getreidepressschlempe deutlich gesteigert werden. Die **Siliereignung** der gegenwärtig am Markt gehandelten Getreideschlempen ist relativ gut; sie enthalten noch ausreichend Zucker (8–12 %), der Gehalt an puffernden Substanzen ist nicht hoch und verderbnisanzeigende Keime sind nicht nachweisbar. Durch das Abpressen der Rückstände auf über 35 % Trockenmasse wird die Konserviereignung verbessert. Ein weiteres Abpressen auf über 40 % Trockenmasse sollte nicht angestrebt werden, da bei dem gegebenen Gefüge der Schlempen Verdichtungsprobleme unvermeidlich sind. Die **aerobe Stabilität** der erzeugten Silagen aus Pressschlempe beträgt > 8 Tage. Ähnlich wie bei der Silierung von Pressschnitzeln und Biertreber ist das **Temperaturregime** von Bedeutung. Pressschlempen verlassen die Fabrik mit etwa 50 °C.

Getreide und **Maiskolbenprodukte** besitzen auf Grund ihrer chemischen Zusammensetzung mit ausreichend vergärbaren Kohlenhydraten, geringer Pufferkapazität und des vergleichsweise hohen DM-Gehaltes eine gute Vergärbarkeit. Getreide mit zu geringem DM-Gehalt für die Lagerung (< 86 % DM) kann deshalb außer durch Trocknung, Kühlung und chemischer Konservierung (mit Propionsäure- oder Harnstoffzusatz) auch mittels Silierung (Milchsäuregärung), jedoch mit etwas höheren Verlusten, haltbar gemacht werden. Die Getreidekörner sind zu schroten und gegebenenfalls etwas anzufeuchten, da eine ausreichende Milchsäuregärung erst bei Feuchtegehalten von > 20 % (< 80 % DM) zustande kommt. Maiskolbenprodukte, also Fraktionen des Maiskolbens mit unterschiedlichen Anteilen von Körnern, Spindeln und Lieschen, die durch bestimmte Ernteverfahren realisiert und als Corn-Cob-Mix (CCM; Körner mit 30 bis 80 % der Spindeln), Maiskolben (Körner und Spindeln, kaum Lieschen) sowie Lieschkolben (Körner, Spindeln, Lieschen und geringe Stengelanteile) bezeichnet werden, sind vor der Silierung mittels Hammermühlen, Kreiselschroter oder Spezialmühlen stark zu zerkleinern. Der DM-Gehalt, der in Abhängigkeit von der Art des jeweiligen Produktes, in der Regel im Bereich von 50 bis 70 % liegt, ermöglicht eine intensive Fermentation. Silagen aus Getreide und Maiskolbenprodukten besitzen eine geringe aerobe Stabilität; deshalb sind Futterstockhermetisierung und Silageentnahme besonders sorgfältig vorzunehmen.

16.2.6 Bewertung der Gärqualität

Zur Beurteilung der Gärqualität von Futtermitteln ist aufgrund wissenschaftlicher Untersuchungen ein Bewertungsschlüssel (DLG 2006) erarbeitet worden. Basis der Bewertung sind chemische Untersuchungsbefunde der Silagen. Der Schlüssel gilt für alle Gärungssilagen. Zur Bewertung werden Merkmale des Gärungsverlaufes und Nährstoffabbaues im Silo herangezogen, die sich chemisch-analytisch in der Silage nachweisen lassen. Weitere Parameter, wie der Futterwert, die Akzeptanz durch landwirtschaftliche Nutztiere oder die aerobe Stabilität der Silage, werden damit nicht erfasst. Wie Untersuchungen an der Humboldt-Universität in Berlin (KAISER et al. 2006) gezeigt haben, lässt sich die Gärqualität mit hinreichender Sicherheit aus den Gehalten und dem gegenseitigen Verhältnis von Buttersäure und Essigsäure ableiten. Die früher stärker gewichtete Einbeziehung des pH-Wertes wurde abgeschwächt. Der pH-Wert einer fertigen Silage gibt zwar Hinweise über den Grad der stattgefundenen Säuerung, er steht aber nur in geringer Beziehung zur Gärqualität der fertigen Silage.

Tab. 63 informiert über die Vorgehensweise bei der Beurteilung der Gärqualität von Grünfuttersilagen mit dem neuen DLG-Bewertungsschlüssel. Der Buttersäuregehalt und Essigsäuregehalt sowie der pH-Wert werden durch Punktzahlen einzeln bewertet und aus der Gesamtpunktzahl wird ein zusammenfassendes Urteil abgeleitet. Die Bewertung gilt für Silagen, welche sensorisch nicht bereits verschimmelt, verschmutzt oder verdorben sind.

16.3 Bereitung von Trockenfutter

16.3.1 Verfahrensprinzip

Bei der Trocknung von Futtermitteln wird die Haltbarkeit ausschließlich durch Wasserentzug erreicht, wofür beträchtliche Energiemengen erforderlich sind. Allein der physikalische Wärmebedarf zur Überführung von 1 kg Wasser in die Wasserdampfphase beträgt 2,3 MJ. Als Energiequellen werden Sonnenenergie (Strahlungswärme, Wärmeenergie der Luft), technische Energie (fossile und organische Brennstoffe, Elektroenergie) und Atmungsenergie (aus biologischem Stoffabbau) genutzt.

Die Stoffwechselaktivität der Pflanzenzellen endet bei einem Wassergehalt von ca. 35 %. Für die Verhinderung des mikrobiell bedingten Verderbs sind geringere Wassergehalte erforderlich, die verfahrensabhängig bei < 15 bzw. < 12 % liegen. Die Lebensansprüche mikrobieller Verderberreger an die Verfügbarkeit des Wassers werden durch die Wasseraktivität gekennzeichnet.

Für die Futterkonservierung gebräuchliche Verfahren sind Bodentrocknung, Belüftungstrocknung und Heißlufttrocknung.

16.3.2 Bodentrocknung

Die Bodentrocknung ist das wichtigste Trocknungsverfahren für Gräser und kleinsamige Le-

Tab. 63. Beurteilung der Gärqualität von Grünfuttersilagen (DLG 2006)

Beurteilung des Buttersäure- und Essigsäuregehaltes			
Buttersäuregehalt		Essigsäuregehalt	
BS in % TS	Punkte	ES in % TS	Punkte
> 0–0,3	90	bis 3	0
> 0,3–0,4	81	> 3–3,5	−10
> 0,4–0,7	72	> 3,5–4,5	−20
> 0,7–1,0	63	> 4,5–5,5	−30
> 1,0–1,3	54	> 5,5–6,5	−40
> 1,3–1,6	45	> 6,5–7,5	−50
> 1,6–1,9	36	> 7,5–8,5	−60
> 1,9–2,6	27	> 8,5	−70
> 2,6–3,6	18		
> 3,6–5,0	9		
> 5,0	0		

Berücksichtigung des pH-Wertes					
unter 30% TM		30–45% TM		über 45% TM	
pH	Pkte.	pH	Pkte.	pH	Pkte.
bis 4,0	10	bis 4,5	10	bis 5,0	10
> 4,0–4,3	5	> 4,5–4,8	5	> 5,0–5,3	5
> 4,3–4,6	0	> 4,8	0	> 5,3	0
> 4,6	−5				

Bewertung		
Gesamtpunktzahl (Summe 1. und 2)	Gärqualität	
	Note	Urteil
100–90	1	sehr gut
89–72	2	gut
71–52	3	verbesserungsbedürftig
51–30	4	schlecht
< 30	5	sehr schlecht

guminosen. Sie ist eine Verdunstungstrocknung und wird zur Bereitung von Dürrheu, Anwelkgut für die Silierung sowie als Vorstufe für die Belüftungs- und Heißlufttrocknung angewandt. Das Erntegut wird gemäht und in breiter Ablage (Belagmasse 2 bis 3 kg/m^2) auf der Erntefläche abgelegt und durch Sonnenenergie getrocknet.

Das für die Wasserverdunstung notwendige Sättigungsdefizit bzw. das theoretische Wasseraufnahmevermögen der Luft (Abb. 83) ist von der

278 Konservierung von Futtermitteln

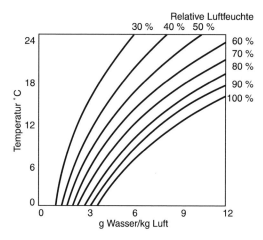

Abb. 83. Temperatur-Luftfeuchtigkeits-Diagramm für feuchte Luft mit Kurven gleicher Luftfeuchtigkeit.

Temperatur und der relativen Luftfeuchtigkeit abhängig. Die Welkgeschwindigkeit wird neben dem Sättigungsdefizit der Luft von der Luftbewegung, der Globalstrahlung, dem Niederschlag, dem DM-Gehalt und der Beschaffenheit (Lignifizierungsgrad, Blätter-Stängel-Verhältnis) sowie von der Belagstärke des zu trocknenden Gutes bestimmt. Der Trocknungsverlauf kann durch folgende drei Phasen charakterisiert werden:
1. Wasserverdunstung an der Oberfläche des Pflanzenmaterials (Stomata der Blätter geöffnet, Verdunstungsgeschwindigkeit hoch).
2. Trocknungspegel wandert ins Gutinnere (Stomata der Blätter geschlossen, Verdunstungsgeschwindigkeit nimmt ab).
3. Wasserverdunstung aus kleinen Kapillaren und Zellen (erhöhter Diffusionswiderstand am Pflanzenmaterial durch starke Schrumpfung, Verringerung der Oberfläche und Erhöhung der Zellsaftkonzentration; Verdunstungsgeschwindigkeit sehr gering).

Durch mechanische Aufbereitung (Quetschen und Auffaserung bzw. Zetten) des Pflanzenmaterials und der damit verbundenen Reduzierung des Wasserhaltevermögens ist eine erhebliche Steigerung der Wasserabgabe erreichbar.

Bei der **Dürrheubereitung** wird das Erntegut mittels Bodentrocknung bis zur Lagerfähigkeit ($> 80\%$ DM) gebracht und danach in Unterdachlagerstätten (Heuscheunen, Folienumhüllungen, Lagerhallen, Lagerböden) bis zum Verbrauch gelagert. Sie ist besonders witterungsabhängig und mit Risiken behaftet. Das Verfahren ist nur bei ausgesprochenen Schönwetterperioden von > 4 Tagen und sachgerechter Schwadbearbeitung (Zetten, Wenden, Schwadformung), die die Wasserabgabe beschleunigt bzw. die Wiederbefeuchtung durch Tau verringert, erfolgreich zu gestalten.

16.3.3 Belüftungstrocknung

Die Belüftungstrocknung kommt zur Anwendung bei stark angewelktem Grünfutter (Halbheu mit 50 bis 70% DM), wodurch die langsam verlaufende Endphase der Bodentrocknung entfällt, und bei Getreide. Sie wird als Zwangsbelüftung mit kalter oder erwärmter Luft betrieben. Durch die Belüftung wird der Trocknungsprozess beschleunigt und gleichzeitig Atmungswärme abgeführt. Maßgebend für die Trocknungsgeschwindigkeit sind die Belüftungsintensität, der Feuchtegehalt und die Temperatur der Trocknungsluft sowie der DM-Gehalt und die Temperatur des zu trocknenden Gutes. Für die Belüftungstrocknung existieren verschiedene Verfahrensvarianten, die mit Kaltluft und mit mehr oder weniger stark erwärmter Luft betrieben werden.

Eine traditionelle Sonderform der Belüftungstrocknung stellt die **Gerüsttrocknung** dar, die ebenfalls für vorgewelktes Grünfutter geeignet ist. Das Futter wird mit einem DM-Gehalt von ca. 70% (verfahrensabhängig) auf verschiedenartige Holzgerüste (Dreibockreuter, Heuhütten, Heinzen) gepackt und durch Verdunstungstrocknung unter natürlichen atmosphärischen Bedingungen bis zur Lagerfähigkeit ($> 84\%$ DM) gebracht. Wegen des sehr hohen Handarbeitsaufwandes hat dieses Verfahren nur noch geringe (regionale) Bedeutung.

16.3.4 Heißlufttrocknung

Die Heißlufttrocknung kann für verschiedenartige Futtermittel (Grünfutter, Getreideganzpflanzen, Hackfrüchte, Futtergetreide, Pressschnitzel u. a.) angewandt werden. Sie ist das verlustärmste und am wenigsten witterungsabhängige Verfahren der Futterkonservierung. Bei der Heißlufttrocknung wird dem Futter das Wasser durch Verdampfung entzogen. Das erfordert einen hohen Energieaufwand. Energie wird außerdem noch für die Überwindung der Bindungskräfte des Wassers am Trocknungsgut benötigt. Die als Nutzwärmebedarf bezeichnete Energiemenge liegt in Abhängigkeit von verschiedenen Faktoren bei ca. 2,7 MJ/kg Wasserverdampfung. Je kg Wasserverdampfung sind demnach 3,6 bis 4,5 MJ erforderlich.

Der Trocknungsprozess wird so gesteuert, dass die Endtemperaturen je nach Gutart 70 bis 100 °C nicht überschreiten und DM-Gehalte von 88 bis 92 % erreicht werden. Bei Übertrocknung erfahren Verdaulichkeit und Futterwert (Maillard-Reaktion) eine negative Beeinträchtigung, und bei nicht ausreichender Trocknung wird die Lagerfähigkeit des Trockengutes nicht gewährleistet. Nach dem Trocknen wird das Trockengut abgekühlt und gegebenenfalls pelletiert.

16.3.5 Lagerung der Trockenkonservate

Die Trockenfuttermittel müssen einen ausreichenden DM-Gehalt (Heu $\geq$ 84 %, Trockengrün > 88 %) besitzen und sind bis zu ihrer Verfütterung vor Wiederbefeuchtung zu schützen. Bei der Dürrheubereitung kann das Erntegut zwar schon mit 80 % DM eingelagert werden, durchläuft aber noch eine gewisse Fermentation (Schwitzprozess), an deren Ende der für die Langzeitlagerung erforderliche DM-Gehalt erreicht sein muss. Ein zu hoher Feuchtegehalt der Trockenfuttermittel führt zur Fermentation und Erwärmung, die der Ausgangspunkt für den völligen Verderb des Futters und von Bränden sein können. Während der Lagerung des Trockenfutters sind unabhängig vom Trocknungsverfahren regelmäßige Temperaturkontrollen an einer ausreichenden Zahl von Messstellen (Problemstellen besonders beachten) vorzunehmen.

16.4 Konservierende Lagerung von Getreide, Kartoffeln und Beta-Rüben

Eine Sonderform der Konservierung stellt die konservierende Lagerung dar, bei der die Pflanzenzellen lebensfähig und stoffwechselaktiv bleiben. Sie ist nur für die Haltbarmachung pflanzlicher Speicherorgane anwendbar, da diese eine geringe Stoffwechselaktivität besitzen und über eine längere Zeitdauer Verderbprozessen widerstehen. Durch konservierende Maßnahmen, in erster Linie Belüftung mit kühler Luft, wird die Atmungswärme abgeführt und die Atmung als wichtigste Stoffwechselaktivität verringert. Die Atmung ist aber auf einem gewissen Niveau (ATP-Gewinn für die Lebenserhaltung) aufrecht zu erhalten, weil sonst Verderb infolge anaeroben Stoffwechsels und verstärkter mikrobieller Tätigkeit stattfindet. Von entscheidender Bedeutung sind die Gewährleistung bzw. der Erhalt günstiger Lagerungseigenschaften dieser Futtermittel und die Gestaltung günstiger Lagerungsbedingungen. Dabei gilt es, die wasserreichen und deshalb frostempfindlichen Futtermittel (Kartoffeln und Rüben) vor dem Erfrieren zu schützen.

Getreide wird auch für Futterzwecke zum größten Teil durch Lagerung bevorratet. Es ist erst bei DM-Gehalten von 86 bis 88 % über längere Zeit lagerfähig.

Getreidekörner weisen auch im unverdorbenen und frischen Zustand einen hohen Besatz an Bakterien, Hefen und Schimmelpilzen auf. Solange das Korn lebt, sind 6 Millionen Bakterien, 40 000 Pilzkeime und 50 000 Hefen je g Getreide aber nicht problematisch, da die Zellwände einen möglichen Verderb abwehren können. Erst wenn die Zellwände ihren Schutz aufgeben, das Korn eine Feuchte über 14 % aufweist und Sauerstoff sowie Temperaturen über 15 °C das Getreide umgeben, bauen die Mikroorganismen die verfügbare Getreideenergie explosionsartig zu Kohlendioxid, Wasser und thermischer Energie ab. Durch die Stoffwechselaktivität dieser Mikroorganismen steigen der Wassergehalt und die Temperatur im Getreidestapel, wodurch der Verderb weiter beschleunigt wird. Bei erntefrischem Getreide mit einem Feuchtegehalt von 23 % und einer Temperatur zur Ernte von 18 °C steigen innerhalb von 24 Stunden die Temperaturen im Stapel auf über 30 °C an. Nach 4 Tagen sind bereits 45 °C im Stapel nachweisbar. Diese hohen Temperaturen sind auch nach 30-tägiger Lagerung noch nachweisbar. Neben diesem enormen Energieverlust, steigt der Feuchtegehalt um ca. 10 % an und das Getreide ist bereits nach einer Woche sensorisch verdorben und damit fütterungsuntauglich. Folgende Möglichkeiten bieten sich an, Feuchtgetreide bzw. -mais stabil zu lagern bzw. zu konservieren:

- **Trocknung** auf Kornfeuchten unter 14 %,
- **Kühlung** auf Lagerungstemperaturen von unter 10 °C,
- **Gasdichte Lagerung** unter CO_2-Milieu,
- **Konservierung** mit organischen Säuren, Harnstoff oder Natronlauge,
- **Silierung** mit/ohne Wasserzusatz.

Kartoffeln für Futterzwecke sind in Deutschland in der Regel nicht marktfähige Restpartien, deren Lagerungseignung oft durch Infektion mit Lagerfäuleerreger und Verletzungen gemindert ist. Deshalb ist die Lagerung meist nur kurzfristig möglich. Als optimale Lagerungsbedingungen gelten für die Hauptlagerungsphase 3 bis 5 °C und eine relative Luftfeuchte von 90 bis 95 %. In der davorliegenden und etwa 14 Tage dauernden Wundheil- und Abtrocknungsphase sind Temperaturen von 10 bis 15 °C und eine relative Luftfeuchte von 80 bis 90 % anzustreben. Für die Lagerung von Futterkartoffeln sind zwangsbelüftete Großmieten mit kombinierter Stroh-Folien-Zudeckung besonders gut geeignet.

Beta-Rüben werden vorrangig durch die konservierende Lagerung bevorratet. Die Lagerungseigenschaften der Sortengruppen sind differenziert. Während Atmungsintensität und Anfälligkeit für das Welken mit steigendem Zuckergehalt (Massenrüben, Gehaltsrüben, Futterzuckerrüben, Zuckerrüben) zunehmen, verringern sich Empfindlichkeit gegenüber Frost und mechanischen Verletzungen. Bei schonender Behandlung sind die Lagerungseigenschaften von Massen- und Gehaltsrüben günstiger als die von Zuckerrüben.

Als optimale Lagerungsbedingungen gelten Lagerungstemperaturen bei Zuckerrüben 0 bis 4 °C und bei Futterrüben von 2 bis 5 °C sowie eine relative Luftfeuchte von 90 bis 95 %. Rüben für Futterzwecke werden vor allem in kleinen prismaförmigen Mieten, Großmieten ohne und mit Zwangsbelüftung gelagert. Die Zudeckung erfolgt zweckmäßigerweise durch die Kombination von Strohballen und Folien. Die maximale Lagerungsdauer richtet sich nach den Lagerungseigenschaften der Rüben sowie dem Lagerungsverfahren und schwankt zwischen 4 und 6 Monaten. Keinesfalls darf bei der Verfütterung der Anteil mikrobiell sichtbar veränderter Rübenmasse 10 % überschreiten.

16.5 Nährstoffverluste und Konservatqualität

Bei der Konservierung gehen durch verfahrensbedingte unvermeidbare Stoffumwandlungen Energie und Nährstoffe verloren. In Abhängigkeit vom jeweiligen Verfahren und Grad seiner Beherrschung treten außerdem vermeidbare Verluste auf. Dazu gehören die sogenannten mechanischen Verluste, die durch Bearbeitung und Umschlag der Futtermittel im Zusammenhang mit der Konservierung entstehen. An den nichtmechanischen Verlusten sind die Nährstoffgruppen in unterschiedlichem Maße beteiligt. Vorrangig gehen leicht lösliche und gut fermentierbare Nährstoffe, vor allem Kohlenhydrate, verloren. Diese sind hoch verdaulich, wodurch eine gewis-

Tab. 64. Verlusterwartungswerte an organischer Masse bei der Futterkonservierung

	Verlustquoten (%)/Bedingungen		
	günstig	ungünstig	davon unvermeidbar
Feldverluste (Bodentrocknung)			
Feldliegezeit 0 Tage	1–3	> 4	1
1–2 Tage	4–6	> 10	3
3–4 Tage	6–8	> 12	5
> 4 Tage	8–12	> 18	7
Silierverluste (außer Feldverluste)			
Gärung und Restatmung	4–6	> 8	3
Sickersaftbildung	0–4	> 6	0
Aerober Stoffabbau an der Futterstockoberfläche	1–3	> 5	0
Aerobe Nachlagerung und Silageentnahme	1–2	> 6	< 1
Heuwerbung (Unterdachlagerung ohne Feldverluste)			
Dürrheubereitung	4–6	> 8	3
Kaltbelüftung	8–10	> 12	5
Warmbelüftung	6–8	> 10	2
Heißlufttrocknung			
Trocknungsprozeß	4–6	> 7	3
Lagerung des Trockengutes	1	> 1	> 1

se Abnahme der Verdaulichkeit der Konservate eintritt. Die übrigen Nährstoffe werden weniger bzw. nur bei intensiveren Verderbprozessen oder bei Saftaustritt in Mitleidenschaft gezogen.

In Tabelle 64 sind Erwartungswerte über Teilverlustquoten bei der Futterkonservierung angegeben, die beim jeweiligen Verfahren entsprechend zu addieren sind. Danach ist bei Welksilagebereitung im Horizontalsilo unter günstigen Bedingungen mit Verlustquoten (einschließlich Feldverlusten) von 15 bis 20 % und bei der Maisganzpflanzensilierung mit solchen von 9 bis 14 % zu rechnen.

Bei der konservierenden Lagerung treten infolge Atmung kontinuierlich steigende Verluste auf. Bei Kartoffeln und Rüben kommen besonders bei langer Lagerungsdauer noch mikrobieller Verderb, eventuell auch Keimbildung (Kartoffel) bzw. Austrieb von Blattknospen (Rüben) hinzu. Bei Kartoffeln und Rüben ist bei 4-monatiger Lagerung mit Verlusten von 11 bis 15 %, nach 6 Monaten von 22 bis 30 % zu rechnen. Alle angegebenen Verluste beziehen sich auf die organische Substanz.

17 Futtermittelbearbeitung und -behandlung

Die erzeugten bzw. im Rahmen von industriellen Verarbeitungsstrecken anfallenden Futtermittel kommen häufig erst nach einer Bearbeitung bzw. Behandlung zur Verfütterung. Ebenso ist das Herstellen von Mischfuttermitteln aus Einzelkomponenten mit vor- bzw. nachgelagerten Bearbeitungsverfahren verknüpft. Für eine ordnungsgemäße Lagerung und Konservierung von Futtermitteln bilden vorgeschaltete Bearbeitungen wesentliche Voraussetzungen.

Nach den zur Anwendung kommenden Verfahrensprinzipien lassen sich die einzelnen Futtermittelbearbeitungen und -behandlungen den folgenden Gruppen zuordnen:
- Reinigungsverfahren,
- mechanische Bearbeitung,
- biologische und chemische Behandlungen,
- thermische, hydrothermische, thermisch-mechanische und hydrothermisch-mechanische Bearbeitung von Einzelfuttermitteln bzw. Futtermischungen.

Die Zielstellung kann bei den unterschiedlichsten Verfahren durchaus die gleiche sein, z. B. Beseitigen von antinutritiven Inhaltsstoffen bzw. Nährstoffaufschluss. Die wesentlichen Ziele der Futtermittelbearbeitung und -behandlung lassen sich wie folgt zusammenfassen:
- Qualitätserhaltung während der Lagerung,
- Voraussetzung für eine hohe Konservatqualität,
- bessere Mechanisierung von Futtermitteltransport, -umschlag, -lagerung und -darbietung,
- Voraussetzung für homogene Futtermischung,
- Beseitigung bzw. Reduzierung von antinutritiven Futtermittelbestandteilen,
- Sicherung einer tiergerechten und hohen Futteraufnahme,
- optimale Verdauung der Futterinhaltsstoffe,
- Optimierung pansenphysiologischer Prozesse,
- Erhöhung des Futterwertes,
- verbesserter Hygienestatus.

In den Übersichten 17.1 bis 17.5 sind nach oben genannten Einteilungsprinzipien die einzelnen Verfahren und Behandlungen zusammengefasst. Durch diese Vorgehensweise sollen wiederholende Erklärungen bei der Besprechung der Einzel- und Mischfuttermittel weitgehend vermieden werden. Aufgelistet sind neben konventionellen Verfahren auch neuere Bearbeitungs- und Behandlungsmethoden. Ihre derzeitigge praktische Anwendung ist unterschiedlich. Neben den Vorteilen können sich aus der Bearbeitung auch Nachteile ergeben, die gleichfalls erwähnt werden. Für ausgewählte Verfahren wird deren Wirkung durch die Darstellung repräsentativer Versuchsergebnisse verdeutlicht.

17.1 Reinigen von Futtermitteln

Futtermittel	Zielsetzung	Verfahrensprinzipien	Nutzen
Körnerfrüchte (Getreide, Leguminosen)	Entfernen von unerwünschten Beimengungen, wie Strohteile, Spreu, Unkrautsamen, Mutterkorn, Schmutz, metallische und nichtmetallische Fremdkörper, mitunter auch des Ausputzes – nach der Ernte bzw. Trocknung	Sieben, Behandlung im Luftstrom, magnetische und optische Auslese	Geringerer Keimbesatz, bessere Lagerfähigkeit, Verträglichkeit und Akzeptanz, höherer Futterwert
Mischfutterkomponenten (z. B. Extraktionsschrote, Expeller)	Beseitigen von metallischen und nichtmetallischen Fremdkörpern	Sieben, magnetische Auslese	Vermeiden von Schäden und übermäßigem Verschleiß an den Aggregaten der Mischfutterwerke
Wurzeln und Knollen, Rübenblätter	Entfernen von Erdanlagerungen	Waschen, mechanische Reinigung	Geringerer Keimbesatz, bessere Lagerfähigkeit und Silierung, Vermeiden von Verdauungsstörungen, keine Futterwertminderung (s. Tab. 65)

17.2 Mechanische Bearbeitung und Behandlung von Futtermitteln

Verfahren	Futtermittel	Aggregate	Zielstellung/Nutzen	Mögliche Nachteile
Häckseln	Grünfutter, Heu, Trockengrün, Stroh	Fahrbare und stationäre Häcksler mit einstellbarer Häckslerlänge	Bessere Mechanisierung von Transport, Umschlag und Lagerung, Voraussetzung für eine optimale Verdichtung des Siliergutes und für Mischrationen in der Wiederkäuerfütterung, beschleunigte Futteraufnahme	Schnelle Erwärmung (Grünfutter) bei Zwischenlagerung; verminderte Strukturwirksamkeit bei zu intensiver Zerkleinerung
Schnitzeln	Rüben, Kartoffeln (Wiederkäuer)	Stationäre Anlagen	Erleichterte Futteraufnahme, erforderlich für Mischrationen	Nährstoffverluste durch Saftaustritt möglich

Mechanische Bearbeitung und Behandlung von Futtermitteln

Verfahren	Material	Geräte	Vorteile	Nachteile
Musen	Rüben (Schweine)	Stationäre Geräte	Erforderlich für normalen Verzehr; höhere Aufnahme (weniger zellgebundenes Wasser), Verdauung der Kohlenhydrate (Zucker, Stärke) vorrangig enzymatisch im Dünndarm	Nährstoffverlust durch Saftaustritt (deshalb Saft binden)
Schroten	Körnerfrüchte (Getreide, Leguminosen, Ölfrüchte), Nebenprodukte aus der Verarbeitung pflanzlicher Rohstoffe (z. B. Ölkuchen, Expeller)	Hammermühle, Walzenstuhl	Voraussetzung für Mischfähigkeit und gute Pelletierbarkeit, verbesserte Aufnahme und höhere Verdaulichkeit (deutlich bei Rindern und Schweinen; gering bei Schafen, s. Tab. 66)	Bei zu intensiver Zerkleinerung Magenulzera (Schweine) und Akzeptanzprobleme bei Geflügel
Quetschen, Walzen	Getreide	Walzenstuhl	Verbesserte Verdaulichkeit (Rind), gleiche Wirkung wie Schroten aber geringerer Energieaufwand, Verhinderung von Magengeschwüren beim Schwein	
	Maiskörner siloreifer Maispflanzen (Rinder)	Zusatzeinrichtungen (Reibboden, Quetschwalzen) am Exaktfeldhäcksel	Vermeiden von unverdauten Körnern bzw. Kornbruchstücken im Rinderkot, dadurch höhere Stärkeverdaulichkeit und höherer energetischer Futterwert (Tab. 67)	–
Entspelzen, Schälen	Getreidekörner, Leguminosen, Ölfrüchte	Schälmaschine	Abtrennen der faserreichen Spelzen, Schalen und Hülsen; Verdaulichkeitsanstieg und höherer energetischer Futterwert (Tab. 68), Reduzierung antinutritiver Inhaltsstoffe (z. B. Tannine in Ackerbohnen und Erbsen), Einsatzerweiterung	Substanzverlust; bei zu intensiver Bearbeitung auch Verluste an Endospermsubstanz
Bröcken (Granulieren)	Pelletierte Mischfuttermittel	Walzenbröckler	Längere Beschäftigung mit der Futteraufnahme bei gleichem Nutzen wie Pellets	s. Pellets (s. Übersicht 17.5) außer Verhaltensstörungen (z. B. kein Federpicken)
Brikettieren von gehäckseltem Material (Brikets: Ø 70 mm, mittlere Länge 20–30 mm, Cobs: Ø 16–25 mm, mittlere Partikellänge 15–25 mm)	Heu, Trockengrün, Stroh	Flachmatrizen-, Ringmatrizenpresse	Bessere Mechanisierung von Transport, Umschlag und Lagerung, geringerer Lagerraum erforderlich, höhere Verzehrsleistung	Verminderte Strukturwirksamkeit

Verfahren	Futtermittel	Aggregate	Zielstellung/Nutzen	Mögliche Nachteile
Pressen von gemahlenem Material	Trockengrün	Flachmatrizen-, Ringmatrizenpresse	Bessere Mechanisierung von Transport, Umschlag und Lagerung, weniger Lagerraum erforderlich, geringerer β-Carotin-Abbau	Kaum Strukturwirksamkeit
	Stroh		Verzehrssteigerung, höhere Energieaufnahme mit dem Futtermittel Stroh (Wiederkäuer)	Kaum Strukturwirksamkeit, leichte Verdaulichkeitsabnahme

17.3 Biologische Behandlungsverfahren

Verfahren	Futtermittel	Verfahrensprinzipien	Zielstellung/Nutzen	(mögliche) Nachteile
Ankeimen	Getreidekörner, Leguminosen, Ölsaaten	Aktivierung korneigener Enzyme, Stoffabbau, Stoffaufbau	Proteinanreicherung und -aufwertung, Abbau von antinutritiven Substanzen (u. a. NSP, Glucosinolate), Phytathydrolyse (s. Tab. 69)	Nährstoffverluste (Stärke Zucker), Rückgang des energetischen Futterwertes (s. Tab. 69)
Einweichen	Getreidekörner (Roggen, Gerste)	Aktivierung korneigener Enzyme	Abbau von Nichtstärke-Polysacchariden, dadurch Qualitätsverbesserung; Phytathydrolyse	–
Enzymatische Vorbehandlung	Getreide, getreidereiche Futtermischungen, Leguminosen, rohfaserreiche Materialien	Behandlung mit substratspezifischen mikrobiellen Enzympräparaten (z. B. β-Glucanase enthaltende Präparate bei der Gerste bzw. gerstenreiche Rationen) unter definierten Bedingungen	Abbau von Nichtstärke-Polysacchariden, Futterwertverbesserung, Einsatzerweiterung von Futtermitteln mit höheren spezifischen NSP-Gehalten (Gerste, Hafer, Roggen)	Trocknungskosten, wenn keine Direktverfütterung

17.4 Chemische Behandlungsverfahren

Futtermittel	Verfahren	Zielstellung/Nutzen	Mögliche Nachteile
Gerste, Roggen	Wasserextraktion	Entfernen von löslichen Nichtstärke-Polysacchariden (β-Glucane, Pentosane), höherer Futterwert	Verlust an weiteren wasserlöslichen Verbindungen (Vitamine, Spurenelemente), Trocknungskosten
Getreidekörner	NaOH-Behandlung (Sodagrain-Verfahren)	Verzicht auf mechanische Aufbereitung (Schroten) durch Aufschluß der Zellwände, Reduzierung des ruminalen Stärkeabbaus (bessere Rohfaserverdauung durch höhere pH-Werte und weites Verhältnis ES:BS im Pansen, geringere Fermentationsverluste durch Glukosetransfer im Dünndarm), teilweise Neutralisation stark saurer Silagen	Reduzierung der Gesamtstärkeverdauung, Verringerung der mikrob. Proteinsynthese, Verringerung der Energiedichte durch Rohasche, Natriumbelastung des Stoffwechsels, hohe Wasseraufnahme, eventuell Verätzungen
Extraktionsschrote (z. B. Raps, Soja)	Behandlung mit Formaldehyd	Reduzierung der ruminalen Abbaubarkeit durch Denaturierung, Verlagerung der Proteinverdauung in den Labmagen bzw. Dünndarm	Verringerung der enzymatischen Proteinverdaulichkeit
Rapsprodukte	Behandlung mit Natriumbicarbonat im Reaktor	Spaltung von Sinapin in Sinapinsäure und Cholin, dadurch begrenzter Einsatz von Rapsprodukten bei Legehennen mit gestörter Trimethylamin-Oxidase-Aktivität (vor allem Braunleger) möglich (Tab. 70)	Na-Belastung des Stoffwechsels, Ascites bei Geflügel
Stroh	Strohaufschluß mit Laugen (NaOH, KOH, Ammoniakverbindungen u. a.)	Lockerung des Lignin-Hemicellulose-Cellulose-Komplexes, dadurch höhere Verdaulichkeit und höherer energetischer Futterwert, Strohmehrverzehr	Na-Belastung des Stoffwechsels

Tab. 65. Einfluss des Verschmutzungsgrades auf die Verdaulichkeit von Zuckerrübenblattsilage beim Schaf

Verschmutzungsgrad von Zuckerrübenblattsilage	Rohasche g/kg DM	Verdaulichkeit DM (%)	OM (%)	Energiedichte MJ ME/kg DM
Gering	180	67	75	10,05
Noch vertretbar	240	66	74	9,63
Hoch	280	61	73	8,67
Unzulässig hoch	340	51	66	7,11

Tab. 66. Einfluss des Zerkleinerns von Getreidekörnern auf die Nährstoffverdaulichkeit bei verschiedenen Tierarten[1]

Tierart	Getreideart	Kornbeschaffenheit	Verdaulichkeit (%)			
			OM	CP	NfE	NfE + CF
Rind	Weizen	intakt	55	53	–	43
		Schrot	90	77	–	92
Schaf	Weizen	intakt	88	77	–	80
		Schrot	89	81	–	91
Schwein	Gerste	intakt	64–67	58–60	75	–
		Schrot (mittelfein bis fein)	78–85	78–84	88–90	–

[1] nach verschiedenen Literaturquellen

Tab. 67. Einfluss von Häcksellänge und Nachzerkleinerung der Körner auf Verdaulichkeit und energetischen Futterwert von Maissilagen (SCHWARZ et al. 1997)

Häcksellänge mm	Nachzer- kleinerung	Körner und Korn- bruchstücke (%)	Verdaulichkeit		NEL MJ/kg DM
			OM	Stärke	
4	–	29,5	75	91	6,64
4	+	15,8[1]	77	95	6,84
8	–	38,5	72	83	6,20
8	+	19,1[1]	78	96	7,02

[1] Nur Kornbruchstücke

Tab. 68. Einfluss des Entspelzens bzw. Schälens auf den Nährstoffgehalt und energetischen Futterwert von Körnerfrüchten und Nebenprodukten ihrer Verarbeitung (Rapssaat) (Nach Literaturangaben und eigenen Untersuchungen)

Körnerfrucht	Bearbeitung	Rückgang des Fasergehaltes[1] %	Anstieg des Rohproteingehaltes[1] %	Anstieg des Gehaltes an umsetzbarer Energie[1]	
				Huhn (%)	Schwein (%)
Gerste	Schälen	75	20	15[3]	15
Hafer	Entspelzen	79	22	27[3]	33
Erbsen	Schälen	41	12	25[3]	7
Rapssaat	Schälen	73 (Rapssaat)	7–13[2]	20[4] (Rapskuchen) 24[4] (Rapsextraktionsschrot)	15 (Rapskuchen) 14 (Rapsextraktionsschrot)

[1] Bezugsbasis nichtbearbeitete Körnerfrüchte bzw. Nebenprodukte aus der Verarbeitung intakter Saat
[2] Rapssaat, -kuchen und -extraktionsschrot
[3] Adulte Tiere
[4] Küken

Tab. 69. Einfluss des Keimvorganges bei verschiedenen Getreidearten auf die Inhaltsstoffe und den energetischen Futterwert[1] (nach eigenen Untersuchungen und Literaturangaben)

Getreideart	Relative Veränderung[2] (%)						
	Inhaltsstoffe					umsetzbare Energie	
	Rohprotein	Lysin	Methionin	Rohfaser	Stärke	Broiler	Legehenne
Weizen	−2 bis +11	+71 bis +78	−5 bis +22	+10 bis +128	−1 bis −27	−5	−4
Gerste	+1 bis +15	+23 bis +38	+5	+ 7	−4 bis −9	−3	+1
Roggen	+2 bis +12	+24 bis +53	0 bis +20	+15 bis +126	−1 bis −7	+3	−1
Hafer	0 bis −3	k. A.[3]	k. A.	+ 8	−4	−5	+1

[1] Länge der Keime ca. 1–3 cm nach einer Keimdauer von 2–5 Tagen
[2] Relative Veränderung im Vergleich zu ungekeimten Chargen (Angaben in %)
[3] Keine Angaben

Tab. 70. Einfluss der Rapssaatbehandlung mit Natriumbicarbonat auf den Sinapingehalt in Rapsprodukten und den Trimethylamingehalt im Eidotter (nach eigenen Untersuchungen)

Rapsprodukt	Behandlung	Sinapin g/kg DM	Rationsanteil %	Trimethylamingehalt im Eidotter[1] µg/g
Rapssaat	−	6,8	7,5	1,37
	+	1,1	7,5	0,57
Rapskuchen	−	10,6	10	1,90
	+	0,6	10	<0,20

[1] >0,8 bis 0,9 µg/g Eidotter sensorisch wahrnehmbar (Fischgeschmack)

17.5 Thermische, hydrothermische, thermisch-mechanische und hydrothermisch-mechanische Behandlungsverfahren

Verfahren	Verfahrensprinzipien	Futtermittel	Zielstellung/Nutzen	Mögliche Nachteile
Puffen	Rasche Erhitzung ohne Wasserzusatz	Getreide, z. B. Mais, Milocorn	Stärkeaufschluß für Jungtiere (Ferkel, Kälber)	–
Mikronisieren	Schlagartige Erhitzung (100–120 °C) im Infrarotofen bei einer Verweildauer von 20–40 sec.	Getreide, Mischfutter	Aufplatzen der Körner mit anschließender Flockierung, Trocknung von Getreide, Stärkeaufschluß, Verdaulichkeitsanstieg, Zerstörung von Inhibitoren	Proteinschädigung
Jet-Sploding	Kurzzeitige Erhitzung durch Einwirkung trockener Wärme (105–120 °C oder auch höher)	Getreide, Eiweißfuttermittel	Getreidetrocknung, Senkung der Proteinlöslichkeit im Pansen (z. B. bei Rapsprodukten), Stärkeaufschluß bei anschließender Flockierung	Rückgang der Proteinlöslichkeit bzw. -verdaulichkeit
Toasten	Behandlung mit überspanntem Wasserdampf	Extraktionsschrote (Soja, Raps), aber auch ölreiche Samen, Körnerleguminosen	Entfernen von Extraktionsmitteln (Desolventisierung), Inaktivierung von Verdauungsenzyminhibitoren (dadurch verbesserte Proteinverdaulichkeit und -verwertung bei Monogastriden [s. Tab. 71]) und weiteren antinutritiven Substanzen (z. B. Glucosinolate), Verminderung des ruminalen Proteinabbaus (Tab. 72)	Beeinträchtigung der Proteinlöslichkeit, Lysinverlust
Dämpfen	Behandlung mit feuchter Wärme in Dämpfanlagen	Kartoffel	Aufschluß der Kartoffelstärke und Inaktivierung von Inhibitoren; höhere enzymatische Verdaulichkeit der Stärke und dadurch deutlicher Anstieg des energetischen Futterwertes, höherer Verzehr (Schweine)	–
Dampfflockung	Dämpfen und Walzen	Getreidekörner (Mais), Haferflocken	Inaktivierung von Lipasen, Peroxidasen, dadurch bessere Lagerfähigkeit, Stärkeaufschluß für Jungtiere (Ferkel, Kälber)	–
Autoklavieren	Wärme-Druck-Behandlung im Autoklaven	Collagen- und keratinreiche Produkte (z. B. Geflügelschlachtabfälle, Federn)	Zerstörung der Collagen- und Keratinstruktur (Hydrolyse), damit das Eiweiß im Verdauungstrakt durch Enzyme gespalten werden kann	–
Dampfsterilisation	Behandlung im Sterilisator mind. 133 °C für mind. 20 min und einem Druck von mind. 3 bar	Ausgangsmaterial für die Fischmehlherstellung	Abtöten pathogener Keime	Beeinträchtigung der Aminosäurenverfügbarkeit

Verfahren	Beschreibung	Einsatzbereich	Wirkung
Pelletieren	Konditionieren durch Wasserdampfzugabe, Verdichten in der Presse mittels Ring- oder Flachmatrizen (Lochdurchmesser 2–12 mm in Abhängigkeit vom Einsatzgebiet (Tierart, Alter)); Kühlen und Trocknen; physikalische Bedingungen, die auf das Futter in der Presse einwirken: bis 80°C, >10 sec, Umgebungsdruck	Mischfutter, vor allem für Kälber, Ferkel, Mastgeflügel, Fische	Reduzierung der Keimzahl, Inaktivierung antinutritiver Substanzen, kein Entmischen beim Futtertransport, gute Fließeigenschaften der Pellets; vermindertes Volumen, höhere Futteraufnahme und dadurch bessere Nährstoff- und Energieversorgung, Leistungsverbesserung (s. Tab. 73), weniger Futterverluste, keine Selektionsmöglichkeit der Tiere, z. T. verbesserte Verdaulichkeit	Vitaminverluste (s. Tab. 75), Aktivitätsminderung von Futterenzymen (z. B. Phytase), bedarfsübersteigende Nährstoff- und Energieaufnahme, Förderung von Verhaltensstörungen (z. B. Federpicken)
Expandieren	Förderung des Futters mittels Schnecke durch einen druckfesten Zylinder gegen ein Druckgefälle unter Einleitung von Wasserdampf; hydrothermischmechanische Druckkonditionierung; physikalische Bedingungen, die auf das Futter einwirken: 100–130°C, ca. 5–10 sec ca. 40 bar	Getreide, Leguminosen, Ferkelfutter, Geflügelfutter, Eiweißfuttermittel für Wiederkäuer	Stärkeaufschluß, aber nur geringe Verdaulichkeitsverbesserung (s. Tab. 76), Inaktivierung von antinutritiven Substanzen, Keimreduzierung, Salmonellenabtötung, Verbesserung der Preßfähigkeit und damit der Pelletierfestigkeit für Mischungen mit hohen Anteilen schwer pelletierbarer Komponenten	Proteinschädigung, Vitaminabbau (Tab. 75), Inaktivierung von Enzymen (z. B. Phytase)
Extrudieren	Förderung des Futters durch einen druckfesten Zylinder mit ein oder zwei Schnecken gegen ein Druckgefälle bei Wasserdampfzusatz; hydrothermischmechanische Beanspruchung mit abschließender Formgebung; physikalische Bedingungen, die auf das Futter einwirken: 130–160°C, ca. 5–10 sec, ca. 60 bar	Heimtierfutter, Fischfutter, Ferkelfutter (?), Eiweißfuttermittel für Wiederkäuer	Stärkeaufschluß und deutlich verbesserte Verdaulichkeit (z. B. Fischfutter, s. Tab. 74), Zerstörung von Proteaseinhibitoren, Keimreduzierung, Senkung der Proteinlöslichkeit im Pansen, Extrudat (Endprodukt) vergleichbar mit Pellets, jedoch geringere Dichte	Proteinschädigung, Verlust an futterbürtiger Phytaseaktivität, Vitaminabbau (Tab. 75)

Tab. 71. Einfluss des Toastens von Sojaextraktionsschrot auf Eiweißqualitätsparameter (nach verschiedenen Literaturquellen)

Tierart	Getoastet	CP-Verdaulichkeit (%)	Physiologischer Nutzwert	Biologische Wertigkeit
Laborratte	–	79	49	62
	+	88	60	69
Schwein	–	80	42	–
	+	89	56	–

Tab. 72. Einfluss der hydrothermischen Behandlung[1] von Körnerleguminosen und Sojaextraktionsschrot auf deren Proteinkenndaten für Wiederkäuer (TRINKEL et al. 2005)

Behandlung	Erbsen		Blaue Süßlupinen		Sojaextraktionsschrot	
	–	+	–	+	–	+
Rohproteingehalt (g/kg DM)	214	219	365	383	480	504
Ruminale Abbaubarkeit des Roproteins (%)	83	79	68	58	68	49
Unabgebautes Rohprotein (%)	17	21	32	42	32	51
Nutzbares Rohprotein (g/kg DM)	182	189	258	297	278	373

[1] Toasten mit vorgeschalteter Feuchtkonditionierung

Tab. 73. Einfluss des Pelletierens von Broilermastmischungen bei Einsatz verschiedener Getreidearten auf die Mastleistung (eigene Experimente)

Getreideart	Energiegehalt MJ/kg	Relative Verbesserung (Schrotvarianten = 100%)		
		Futterverzehr (%)	Mastendmasse (%)	Futteraufwand (%)
Mais	12,0	102	105	97
Milocorn	11,8	103	107	96
Weizen	11,7	106	110	96
Gerste	10,7	108	115	93
Hafer	9,9	117	124	92

Tab. 74. Einfluss der Extrusion auf die Verdaulichkeit der Stärke in Futtermischungen für Forellen (nach TOURE et al. 1995)

Weizenanteil (g/kg Mischung)	Stärkeverdaulichkeit (%)					
	150		300		450	
Extrusion	nein	ja	nein	ja	nein	ja
Wassertemp. 10 °C						
ohne Enzymzusatz	46	94	34	90	23	69
mit Enzymzusatz	50	94	42	90	30	75
Wassertemp. 15 °C						
ohne Enzymzusatz	64	96	34	92	29	74
mit Enzymzusatz	68	96	51	91	43	76

Tab. 75. Einfluss von hydrothermischen Druckverfahren auf den Vitaminabbau bei Geflügelmischfutter (LEESON und SUMMERS 1997)

Vitamin	Vitaminverluste (%)		
	Pelletieren (82 °C, 30 s)	Expandieren (117 °C, 20 s)	Extrudieren (120 °C, 60 s)
A	7	4	12
D_3	5	2	8
E	5	3	9
K	18	30	50
B_1	11	9	21
Folsäure	7	6	14
Cholinchlorid	2	1	3
C	45	40	63

Tab. 76. Einfluss des Expandierens und Extrudierens auf die Verdaulichkeit getreidereicher Futtermischungen[1] für Ferkel mit 15 kg LM (nach Literaturquellen und eigenen Untersuchungen)

Getreideart	Rationsanteil (%)	Parameter	Verdaulichkeit		
			Unbehandelt	Expandiert	Extrudiert
Mais	60	OM-Verdaulichkeit	89	–	90
		Stärkeverdaulichkeit	100	–	99
		Rohproteinverdaulichkeit	81	–	82
Weizen	90	OM-Verdaulichkeit	90	–	91
Roggen	90	OM-Verdaulichkeit	88	88	89
		ileale Stärkeverdaulichkeit	88	90	89
Gerste	90	OM-Verdaulichkeit	84	86	85
		ileale Stärkeverdaulichkeit	91	93	95

[1] Das Expandieren bzw. Extrudieren bezieht sich auf die Getreidekomponente der Ration

18 Futtermittelhygiene

18.1 Allgemeine Vorbemerkungen und Begriffsbestimmungen

Die Vorkommnisse und Krisen, die sich in der jüngeren Vergangenheit auf dem Gebiet der Lebens- und Futtermittelsicherheit im Zusammenhang mit dem BSE-Geschehen und dem Vorkommen von Dioxinen in Lebens- und Futtermitteln ereignet haben, waren Anlass für die Europäische Union, Konzepte für die Lebensmittelsicherheit neu zu definieren (Weißbuch zur Lebensmittelsicherheit[1], Verordnung (EG) Nr. 178/2002[2]). Ausgehend von der Überlegung, dass für die EU der höchste Standard der Lebensmittelsicherheit gelten soll, wurde in diesem Weißbuch der Grundsatz „vom Erzeuger zum Verbraucher", der sämtliche Glieder der Lebensmittelherstellungskette (Futtermittelerzeugung, Primärproduktion, Lebensmittelverarbeitung, Lagerung, Transport und Einzelhandel) einschließt, festgeschrieben. Diesem Konzept folgend, wurde auch ein neuer Rechtsrahmen für Futtermittel geschaffen, der davon ausgeht, dass die Sicherheit von Lebensmitteln tierischen Ursprungs mit sicheren Futtermitteln beginnt. Für die Erreichung der im Weißbuch zur Lebensmittelsicherheit formulierten Ziele wurde von der EU die **Europäische Behörde für Lebensmittelsicherheit (EFSA, European Food Safety Authority)** geschaffen. Auf nationaler Ebene wurden die Bundesanstalt für Verbraucherschutz und Lebensmittelsicherheit (BVL) und das Bundesinstitut für Risikobewertung (BfR) gegründet.

Die rechtliche Umsetzung des Grundsatzes „vom Erzeuger zum Verbraucher" erfolgte mit der Zusammenführung des Lebensmittel- und Bedarfsgegenständegesetzes mit dem Futtermittelgesetz zum gemeinsamen Lebensmittel-, Bedarfsgegenstände- und Futtermittelgesetzbuch (LFGB)[3].

Zur weiteren Vereinheitlichung der Europäischen Gesetzgebung zur Lebensmittelsicherheit, die auch Grundregeln für den freien Verkehr mit Futtermitteln erfordert, wurden in der Verordnung (EG) Nr. 183/2005 Vorschriften für die Futtermittelhygiene[4] festgeschrieben.

Im Sinne dieser Verordnung bezeichnet **Futtermittelhygiene** die Maßnahmen und Vorkehrungen, die notwendig sind, um Gefahren zu beherrschen und zu gewährleisten, dass ein Futtermittel unter Berücksichtigung seines Verwendungszwecks für die Verfütterung an Tiere tauglich ist. Das Resultat all dieser Maßnahmen drückt sich im **Futtermittelhygienestatus** aus. Dieser wiederum bestimmt, inwiefern ein Futtermittel tauglich ist im Hinblick auf die Sicherheit des Lebensmittels tierischen Ursprungs, die Tiergesundheit sowie die Umwelt (Abb. 84). Aus den genannten Definitionen lässt sich ableiten, dass alle Futtermittelbestandteile, welche den Futtermittelhygienestatus und die Futtermittelsicherheit nachteilig beeinflussen, im weitesten Sinne als **unerwünschte Stoffe** anzusehen sind. Im engeren Sinne werden Tierseuchenerreger hiervon ausgenommen. In der Futtermittelverordnung (FMV)[5] sind im sechsten Abschnitt unerwünschte Stoffe (Anlage 5), Rückstände von Schädlingsbekämpfungsmitteln (Anlage 5a) sowie verbotene Stoffe (Anlage 6) geregelt.

Für die in Anlage 5 aufgeführten unerwünschten Stoffe sind **Höchstgehalte** (Höchstwerte) festgesetzt, die in Futtermitteln nicht überschritten werden dürfen. Aus praktischer Sicht ist bedeutsam, dass ein Futtermittel mit einem Gehalt an einem unerwünschten Stoff, der den festgesetzten Höchstgehalt überschreitet, zu Verdünnungszwecken mit dem gleichen oder einem anderen Futtermittel, nicht vermischt werden darf (sogenanntes **Verschneidungsverbot**). Ferner ist zu berücksichtigen, dass nicht alle Stoffe, denen ein nachteiliger Effekt im Hinblick auf die Futtermittelsicherheit zukommt, im Anhang 5

---

[1] Weißbuch zur Lebensmittelsicherheit: Kommission der Europäischen Gemeinschaften, Brüssel, 12. Januar 2000, KOM (1999) 719 endg.
[2] Verordnung (EG) Nr. 178/2002 des Europäischen Parlaments und des Rates vom 28. Januar 2002 zur Festlegung der allgemeinen Grundsätze und Anforderungen des Lebensmittelrechts, zur Errichtung der Europäischen Behörde für Lebensmittelsicherheit und zur Festlegung von Verfahren zur Lebensmittelsicherheit.
[3] Lebensmittel- und Futtermittelgesetzbuch in der Fassung der Bekanntmachung vom 26. April 2006 (BGBl. I S. 945).
[4] Verordnung (EG) Nr. 183/2005 des Europäischen Parlaments und des Rates vom 12. Januar 2005 mit Vorschriften für die Futtermittelhygiene.
[5] Futtermittelverordnung in der Fassung der Bekanntmachung vom 7. März 2005 (BGBl. I S. 522), zuletzt geändert durch Artikel 1 u. 2 der Verordnung vom 6. Juli 2006 (BGBl. I S. 1444).
[6] Empfehlung der Kommission vom 17. August 2006 betreffend das Vorhandensein von Deoxynivalenol, Zearalenon, Ochratoxin A, T-2- und HT-2-Toxin sowie von Fumonisinen in zur Verfütterung an Tiere bestimmten Erzeugnissen (Text von Bedeutung für den EWR) (2006/576/EG), Amtsblatt der Europäischen Union L 229/7 (23. 8. 2006).

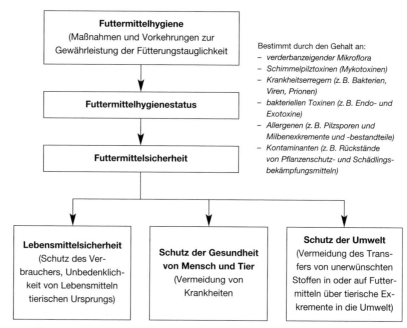

Abb. 84. Das Resultat aller Maßnahmen und Vorkehrungen zur Erhaltung der Fütterungstauglichkeit von Futtermitteln (Futtermittelhygiene) drückt sich im Futtermittelhygienestatus aus. Dieser wiederum bestimmt, inwiefern ein Futtermittel sicher ist im Hinblick auf die Lebensmittelsicherheit, die Tiergesundheit und die Umwelt. Die Festlegung von Höchstgehalten bzw. Orientierungswerten für kritische Konzentrationen an unerwünschten Stoffen in Futtermitteln richtet sich nach deren Vorkommen in Relation zu den Elementen der Futtermittelsicherheit.

der FMV geregelt sind. Für einige dieser Stoffe, wie z. B. die *Fusarium*-Toxine Deoxynivalenol und Zearalenon, wurden sogenannte **Orientierungswerte** (Richtwerte) für kritische Konzentrationen im Futter landwirtschaftlicher Nutztiere veröffentlicht, die im Rahmen von § 17 (Verbote) LFGB[3] zu interpretieren sind, nach dem es verboten ist, Futtermittel an Tiere zu verfüttern, die dazu geeignet sind, die Tiergesundheit nachteilig zu beeinflussen. Für Futtermittel, die Orientierungswerte überschreiten, gilt nicht das Verschneidungsverbot. Vielmehr sollen ein einheitliches Vorgehen bei erhöhten Gehalten dieser unerwünschten Stoffe ermöglicht sowie alle Beteiligten veranlasst werden, das **Minimierungsprinzip** anzuwenden. Dieses Prinzip beinhaltet, auf allen Stufen der Nahrungskette den Eintrag des unerwünschten Stoffes so gering wie möglich bzw. so niedrig wie vernünftigerweise vertretbar zu halten. Letzteres Prinzip wird auch als sogenanntes **ALARA (as low as reasonable achievable)-Prinzip** bezeichnet, welches davon ausgeht, dass häufig mit unvermeidbaren Rest-Spurenkontaminationen zu rechnen ist, deren weitere Verminderung einen unvertretbar hohen Aufwand erfordern würde, wobei die damit erzielbaren Effekte auf die Futtermittelsicherheit vernachlässigbar gering wären.

Bei den in Anlage 5 der FMV geregelten unerwünschten Stoffen handelt es sich um eine recht heterogene Gruppe, in der chemische Elemente und Verbindungen sowie Saaten und Früchte von giftigen Pflanzen zusammengefasst sind (Tab. 77). Die entsprechenden Höchstgehalte für diese unerwünschten Stoffe sind detailliert in der Anlage 5 der FMV aufgeführt.

Gegenwärtig wird durch die EFSA eine Neubewertung aller in Tabelle 77 aufgeführten unerwünschten Stoffe vorgenommen, da zumindest einigen von diesen heute aus praktischer Sicht kaum noch eine Bedeutung zukommt. Andererseits wird auch die Aufnahme bisher nicht geregelter unerwünschter Stoffe in die Anlage 5 der FMV diskutiert (z. B. bestimmte Mykotoxine).

Die Festlegung von Höchstgehalten oder Orientierungswerten für kritische Konzentrationen von unerwünschten Stoffen in Futtermitteln erfolgt unter Berücksichtigung der Anforderungen, die an die Futtermittelsicherheit gestellt werden, und betreffen die Lebensmittelsicherheit, den Schutz der Gesundheit von Mensch und Tier sowie der Umwelt (Abb. 84). Die Wichtung dieser Aspekte bei der Festlegung solcher Werte hängt unter anderem ab vom Vorkommen des betrachteten unerwünschten Stoffes in Futtermitteln in Relation zu seiner toxikologischen oder antinutritiven Bedeutung (Tierschutzaspekt), seinem Rückstandsverhalten in Lebensmitteln tierischen Ursprungs (Lebensmittelsicherheit, sogenannter Carry over) sowie seiner Persistenz in tierischen Exkrementen (Umweltaspekt). Darüber hinaus ist bei diesem Vorgehen der (mögliche) Verzehr des betreffenden Futtermittels zu berücksichtigen, da sich die absolute Menge der Aufnahme eines unerwünschten Stoffes aus seiner Konzentration im Futtermittel sowie der verzehrten Menge des Futtermittels ergibt.

Weitere Informationen zur Bedeutung von Giftpflanzen und weiteren unerwünschten Futterinhaltsstoffen finden sich in den einzelnen Abschnitten der Futtermittelkunde (Teil B).

Tabelle 77. In Gruppen unterteilte unerwünschte Stoffe nach Anlage 5 der FMV (FLACHOWSKY 2006)

Gruppe	Unerwünschte Stoffe
Anorganische Stoffe/ Kontaminanten	Arsen, Blei, Cadmium, Quecksilber, Fluor, Nitrit/Nitrat
Organische Stoffe/ Kontaminanten	Organochlorpestizide [Aldrin/Dieldrin, Camphechlor (Toxaphen), Chlordan, Dichlordiphenyltrichlorethan (DDT), Endosulfan, Endrin, Heptachlor, Hexachlorbenzol, Hexachlorcyclohexan], Dioxine/Furane [Summe aus polychlorierten Dibenzo-para-dioxinen (PCDD) und polychlorierten Dibenzofuranen (PCDF) und dioxinähnliche polychlorierte Biphenyle (PCB)]
Pilze und Mykotoxine	Aflatoxin B1, Mutterkorn
Antinutritive Pflanzeninhaltsstoffe	Blausäure, Gossypol, Theobromin, Senföl (flüchtig, berechnet als Allylisothiocyanat) und Vinylthiooxazolidon (Vinyloxazolidinthion)
Pflanzenteile und Pflanzen mit antinutritiven Substanzen	Aprikose (*Prunus armeniaca* L.), Bittermandel (*Prunus dulcis* var. *Amara*), Buchecker, ungeschält (*Fagus silvatica* L.), Rizinussamen (*Ricinus communis*), *Lolium temulentum* L. und *Lolium remotum* Schrank, *Datura stramonium*, *Crotalaria* spp., Leindotter (*Camelina sativa* L.), Mowrah, Purgierstrauch (*Jatropha curcas* L.), Purgierölbaum (*Croton tiglium* L.), Senfe der Brassica-Arten (Indischer Braunsenf – *Brassica juncea* (L.) Czern. et Coss ssp. *integrifolia* (West) Thell., Sareptasenf – *Brassica juncea* (L.) Czern. et Coss ssp. *juncea*, – Chinesischer Gelbsenf – *Brassica juncea* (L.) Czern. et Coss ssp. *juncea* var. *lutea* Batalin, Schwarzer Senf – *Brassica nigra* (L.) Koch , Abessinischer (äthiopischer) Senf – *Brassica carinata* A. Braun)

18.2 Futtermittelhygienestatus und Futtermittelverderb

Im Zusammenhang mit dem Futtermittelhygienestatus ist zunächst noch der Begriff des **Futtermittelverderbs** zu klären. Dabei ist der Verderb von Futtermitteln als ein Prozess anzusehen, der mit einem Futtermittel endet, dessen Fütterungstauglichkeit nicht mehr gegeben ist und damit die Anforderungen an die Futtermittelsicherheit nicht mehr erfüllt und mithin als verdorben anzusehen ist. Somit lässt sich der Grad des Futtermittelverderbs durch den Futtermittelhygienestatus charakterisieren. Ein verdorbenes Futtermittel weist erhöhte Gehalte an verderbanzeigenden Mikroorganismen, Mykotoxinen oder weiteren unerwünschten Stoffen auf; das Futtermittel ist im Hinblick auf seinen Verwendungszweck als nicht mehr sicher einzuschätzen (s. Abb. 84).

Der Futtermittelverderb lässt sich grob in einen **abiotischen** und einen **biotischen Verderb** einteilen. Der abiotische Verderb ist durch chemische oder physikalische Veränderungen des Futtermittels charakterisiert, welche die Fütterungstauglichkeit beeinträchtigen können. Beispiele hierfür sind peroxidative Veränderungen von Fetten und fettlöslichen Vitaminen, Nährstoffabbau durch pflanzeneigene Enzyme, Proteinschädigung und eine damit verbundene verringerte Proteinqualität durch Maillard-Reaktionen (durch Wärmeeinwirkung verursachte Reaktion von reduzierenden Zuckern mit basischen Aminosäuren).

Am biotischen Verderb sind Organismen beteiligt; dazu gehören vor allem Mikroorganismen, aber auch Milben, Insekten, Vögel und Schadnager. Sie können beispielsweise in unsachgemäß, vor allem zu feucht gelagertem Getreide zusammen mit diesem Substrat ein Ökosystem aufrechterhalten (Abb. 85), das letztlich zu deutlichen Einbußen der Futtermittelsicherheit führt.

Mikroorganismen benötigen für ihre Entwicklung einen bestimmten Anteil an frei verfügbarem Wasser, welcher sich durch die sogenannte Wasseraktivität ausdrücken lässt. Diese ist definiert durch den Quotienten zwischen dem Wasserdampfdruck einer Lösung bzw. des gelagerten Futtermittels und dem Dampfruck des reinen Wassers. Im Gleichgewichtszustand entspricht die relative Luftfeuchte diesem Quotienten. Zudem bestehen futtermittelspezifische Zusammenhänge zwischen dem Wassergehalt des Futtermittels und der relativen Luftfeuchte (Abb. 86), so dass sich aus dem Wassergehalt des gelagerten Futtermittels ableiten lässt, ob und welche Mikroorganismengruppen wachsen und den Verderb des Futtermittels bewirken können. Daher sind die Verfahren der Trockenfutterherstellung (siehe Abschnitte 16.3, 16.4) darauf abzustellen, den Wassergehalt des zu trocknenden Futtermittels soweit zu reduzieren, dass eine mikrobielle Aktivität weitestgehend vermieden werden kann. Für Getreide und Mischfutter beträgt dieser kritische Wassergehalt 14 % (Abb. 86). Kann dieser kritische Wert nicht eingehalten werden, muss mit zunehmendem Wassergehalt mit dem Wachstum bestimmter Arten der Schimmelpilzgattungen *Aspergillus*, *Penicillium* und schließlich *Fusarium*, sowie mit den von ihnen gebildeten Mykotoxinen gerechnet werden.

Gleichzeitig verbessern sich die Lebensbedingungen für Milben und Insekten, wobei deren Stoffwechselaktivität zu einer weiteren Erhöhung des Wassergehaltes führen und damit den Ver-

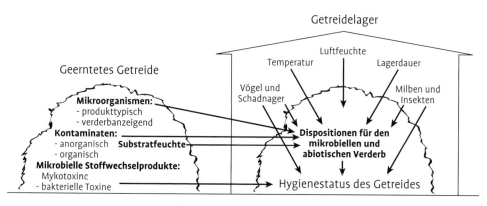

Abb. 85. Ausgewählte Einflüsse auf den Hygienestatus von gelagertem Getreide.

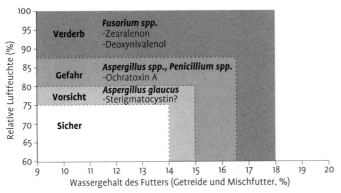

Abb. 86. Beziehung zwischen der relativen Luftfeuchte und dem daraus resultierenden Wassergehalt des Futters im Hinblick auf den Verderb (nach DLG 1998, erweitert).

derb weiter forcieren kann. Hinzu kommt, dass zwischen bestimmten Milben- und Pilzarten enge ökologische Wechselbeziehungen bestehen. Mit Milben befallenes Getreide weist keine sichtbaren Veränderungen auf, macht sich aber bei starkem Befall gegebenenfalls durch einen typischen honigartigen, widerlich süßlichen Geruch bemerkbar, der durch Sekrete von Öldrüsen der Milben hervorgerufen wird. Bei der Beurteilung der Folgen eines Milbenbefalls für die Futtermittelsicherheit ist zu berücksichtigen, dass der Milbenbefall häufig nicht isoliert von einem Schimmelpilzbefall und einer damit einhergehenden Mykotoxinbildung auftritt. Beide Prozesse, die ihren Ursprung in einem erhöhten Wassergehalt des Futtermittels haben, können in unterschiedlichem Maße zum Futtermittelverderb beitragen. Insofern ist der Nachweis eines erhöhten Milbenbefalls oder eines erhöhten Schimmelpilzbefalls (Mykotoxinkonzentration) als Indikator eines Futtermittelverderbs anzusehen. Daher können Effekte bei einer gegebenen Indikatorkonzentration beim Tier unterschiedlich ausfallen, was die Festlegung von kritischen Konzentrationen von isoliert betrachteten Indikatoren nicht erleichtert. Insofern sind die in Tabelle 78 angegebenen Höchstmengen von vermilbtem Getreide nur als grobe Anhaltswerte zu verstehen. In jedem Fall sollten erhöhte Indikatorkonzentrationen im Rahmen der guten fachlichen Praxis bzw. von sogenannten **HACCP (Hazard Analysis and Critical Control Points) -Systemen** Anlass geben, die entsprechenden Schwachstellen zu lokalisieren und Maßnahmen zur Minimierung des identifizierten Risikos einzuleiten.

Häufig bei Getreide vorkommende Fraßschädlinge, wie Kornkäfer (*Sitophilus granarius*), Reiskäfer (*Sitophilus oryzae*) und Getreideplattkäfer (*Oryzaephilus surinamensis*), führen durch ihre Fraßtätigkeit u. a. dazu, dass die Integrität intakter Getreidekörner zerstört und damit die physikalische Schutzfunktion der äußeren Schichten des Korns nicht mehr gegeben ist. Dies wiederum begünstigt mikrobiellen Befall (Abb. 87), der, wie bereits dargelegt, auch Wegbereiter für Milbenbefall darstellen kann.

Tab. 78. Maximale Einsatzgrenzen von Milben-befallenem Getreide (kg DM/Tier und Tag); vermilbte Futtermittel nicht an Geflügel und Jungtiere verfüttern (nach KAMPHUES und SCHULZE-BECKING 1992, ULBRICH et al. 2004, modifiziert)

Befallsstufe	Milben/ kg Futter	Milchkühe (2. und 3. Laktationsdrittel)	Mastbullen (ab 250 kg Lebendmasse)	Mastschweine (ab 60 kg Lebendmasse)
unbedeutend	< 1000	unbedenklich	unbedenklich	unbedenklich
leicht[1]		< 1	< 0,5	< 0,3
mittel[1]		–	< 0,5	< 0,2
stark[1]		–	< 0,2	< 0,1
verdorben	> 1000000	–	–	–

[1] Befallsstufen werden hinsichtlich der Zahl von Milben/kg Futter unterschiedlich definiert

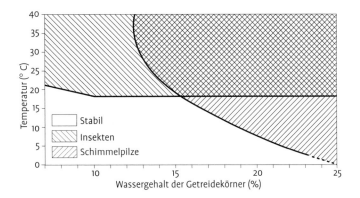

Abb. 87. Einfluss von Umgebungstemperatur und Wassergehalt des Getreides auf die Stabilität von Getreidekörnern im Hinblick auf Insekten- und Schimmelpilzbefall (modifiziert nach BURGES und BURREL 1964).

18.2.1 Mikrobieller Verderb

Bei der Abschätzung des Risikos von Mikroorganismen auf Futtermitteln für die Fütterungstauglichkeit muss man sich zunächst vergegenwärtigen, dass Futtermittel in der Regel immer mit Bakterien, Schimmelpilzen oder Hefen behaftet sind. Dieser mikrobielle Besatz ist bei pflanzlichen Futtermitteln zum Zeitpunkt der Ernte bereits vorhanden und wird als Feldflora oder Primärflora angesprochen. Futtermittel können darüber hinaus im Prozess der Futtermittelbe- und -verarbeitung (technische Behandlung, Konservierung) auf den verschiedenen Prozessstufen mit einer prozessspezifischen Sekundärflora kontaminiert werden. Primär- und Sekundärflora werden auch unter dem Sammelbegriff der **produktspezifischen Mikroflora** zusammengefasst. Im Verlauf der Lagerung der Futtermittel kann es unter ungünstigen Umweltbedingungen, wie z. B. bei erhöhten Umgebungstemperaturen und bei erhöhter Luftfeuchte bzw. Wassergehalt des Futtermittels (s. Abb. 86), zu einer selektiven Förderung des Wachstums von saprophytären Keimen kommen, die in ihrer Summe als **verderbanzeigende Mikroflora** bezeichnet werden. Dies bedeutet, dass im zeitlichen Verlauf des Verderbs eines Futtermittels der Anteil der verderbanzeigenden Mikroflora im Verhältnis zur produktspezifischen Mikroflora stetig ansteigt. Der bakterielle Verderb beinhaltet nicht nur eine Erhöhung der verderbanzeigenden Keimzahlen, sondern auch die Bildung bakterieller Stoffwechselprodukte und Toxine, die sich nachteilig auf die Tiergesundheit auswirken können (Tab. 79). Bakterielle Stoffwechselprodukte des Kohlenhydrat- und Proteinabbaus wie beispielsweise Essig- und Buttersäure, Ammoniak, Putrescin (aus Ornithin) und Kadaverin (aus Lysin) können zunächst verzehrsdepressiv wirken und nach Aufnahme zusammen mit den Bakterien außerdem zu einer Keimerhöhung bzw. Dysbakterie im Gastrointestinaltrakt und damit verbundenen Beeinträchtigungen der Nährstoffverwertung sowie der Tiergesundheit führen. Andere Abbauprodukte wie z. B. die Amine Tyramin (aus Tyrosin) und Histamin (aus Histidin) können darüber hinaus pharmakologische Wirkungen auf den Kreislauf ausüben. Daneben sind insbesondere grampositive Bakterien zur Bildung von sogenannten **Exotoxinen** befähigt, die in das umgebende Medium abgegeben werden. Zu ihnen gehören auch die **Enterotoxine**, die von *Clostridium*-Arten und *Escherichia coli* im Verdauungstrakt gebildet werden und toxische Effekte auf das Darmepithel ausüben können. Weiterhin gehören in diese Gruppe die von *Staphylococcus aureus* und *Bacillus cereus* gebildeten Toxine, die Diarrhoe und Leistungsrückgang hervorrufen können. Auch das Botulismus-Toxin, das von *Clostridium botulinum* gebildet wird, ist hier zu nennen, wenngleich sein Vorkommen nicht zwangsläufig mit einem erhöhten Besatz an verderbanzeigenden Bakterien verbunden sein muss, sondern häufig auf eine Kontamination von Futtermitteln mit Tierkadaver-assoziiertem Toxin zurückzuführen ist. Inwieweit der Gülle- oder Mistdüngung von Futterpflanzen, die zur Silierung verwendet werden, eine epidemiologische Bedeutung für das Auftreten von Botulismus zukommt, kann nicht abschließend beurteilt werden. Darüber hinaus wird vermutet, dass eine Botulismus-Toxin-Bildung erst nach Aufnahme des Erregers im Tier stattfinden könnte.

Als **Endotoxine** werden Lipopolysaccharide der Zellwand gramnegativer Bakterien bezeichnet, die bei der Bakterienlyse im Futtermittel oder im Verdauungstrakt freigesetzt werden. Nach Ab-

Tab. 79. Mögliche Folgen des Verderbs von gelagerten Trockenfuttermitteln

Für das Futtermittel:

– Substanz- und Nährstoffverlust (Verringerung des Futterwertes)
– erhöhte Kontaminationen mit:
  – verderbanzeigender Mikroflora
  – lagerspezifischen Mykotoxinen, wie z. B. Ochratoxin A
  – Krankheitserregern (z. B. Bakterien, Viren, Prionen)
  – bakteriellen Toxinen (z. B. Endo- und Exotoxine)
  – Allergenen (z. B. Pilzsporen, Milbenexkremente und -bestandteile)
– verminderte technologische Eigenschaften (z. B. durch Klumpen- und Nesterbildung und verringerte Fließfähigkeit)

Für das Tier:

– verringerte Futteraufnahme
– verringerte Leistung
– Beeinträchtigung des Immunsystems und erhöhte Krankheitsanfälligkeit
– Beeinflussung des physiologischen Keimbesatzes des Verdauungstraktes (Dysbakterie) mit Konsequenzen auf die Nährstoffverwertung und das Krankheitsgeschehen
– Auftreten von Allergien (z. B. durch Pilzsporen, Milbenexkremente und -bestandteile)
– Auslösung von Erkrankungen und Vergiftungen

Für den Menschen:

– Anreicherung unerwünschter Stoffe in Lebensmitteln tierischen Ursprungs (z. B. Ochratoxin A)
– Beeinträchtigung des Immunsystems und erhöhte Krankheitsanfälligkeit
– Auftreten von Allergien (z. B. durch Pilzsporen, Milbenexkremente und -bestandteile)
– Auslösung von Erkrankungen und Vergiftungen

sorption können sie Fieber und Durchfall auslösen, immunsuppressiv wirken und bei sehr hohen Mengen zum sogenannten Endotoxin-Schock führen.

Niedrige Endotoxin-Konzentrationen werden in Konzentratfuttermitteln gesehen, während höhere Gehalte in oberflächlich anhaftenden Stäuben und im Abrieb gefunden werden. Auch Heu und Silagen können höhere Gehalte aufweisen, wobei für Silagen eine besondere Gefahr der Endotoxin-Anreicherung aus der durch Hefen verursachten Nacherwärmung nach Luftzutritt resultiert, die mit einem Anstieg des pH-Wertes sowie einer Vermehrung gramnegativer Bakterien einhergeht.

Zur Bewertung von Endotoxin-Konzentrationen in Futtermitteln kann für die Fütterungspraxis das in Tabelle 80 angegebene Schema verwandt werden. Futtermittel mit erhöhten Endotoxin-Gehalten sollten nicht an Jungtiere, tragende Tiere oder Hochleistungstiere verfüttert werden. Auch hier sei noch einmal darauf verwiesen, dass dem Endotoxin-Gehalt eine Indikatorfunktion im Hinblick auf den Futtermittelverderb zukommt und dass mit weiteren negativen Effekten auf den Futtermittelhygienestatus und die Futtermittelsicherheit zu rechnen ist.

Zur verderbanzeigenden Mikroflora zählen neben Bakterien auch Schimmelpilze und Hefen.

Tab. 80. Bewertung des Endotoxin-Gehaltes von Futtermitteln (bezogen auf 88 % DM, ULBRICH et al. 2004)

Endotoxin-Gehalt (μg/g)	Bewertung
< 10	normal
11–15	leicht erhöht
16–20	erhöht
21–25	deutlich erhöht
> 25	stark erhöht

Tab. 81. Zuordnung von Indikatorkeimen zu Keimgruppen (KG) hinsichtlich ihrer Bedeutung für das Futtermittel (produkttypisch, verderbanzeigend)

Gruppe	Bedeutung	Keimgruppe	Indikatorkeime innerhalb der KG	Nr.
aerobe mesophile Bakterien	produkttypisch	KG 1	Gelbkeime	1
			Pseudomonas/Enterobacteriaceae	2
			sonstige produkttypische Bakterien	3
	verderbanzeigend	KG 2	*Bacillus*	4
			Staphylococcus/Micrococcus	5
		KG 3	Streptomyceten	6
Schimmel- und Schwärzepilze	produkttypisch	KG 4	Schwärzepilze	7
			Verticilium	8
			Acremonium	9
			Fusarium	10
			Aureobasidium	11
			sonstige produkttypische Pilze	12
	verderbanzeigend	KG 5	*Aspergillus*	13
			Penicillium	14
			Scopulariopsis	15
			Wallemia	16
			sonstige verderbanzeigende Pilze	17
		KG 6	*Mucorales* (Mucoraceen)	18
Hefen	verderbanzeigend	KG 7	alle Gattungen	19

Schimmelpilzen kommt nicht nur eine entscheidende Bedeutung bei der Einleitung des mikrobiellen Verderbs (s. Abb. 86) zu, sondern durch die von ihnen gebildeten sekundären Stoffwechselprodukte, den Mykotoxinen, kann es zu beträchtlichen Problemen in der Fütterungspraxis (siehe Abschnitt 18.2.2) kommen. Aus diesen Ausführungen wird deutlich, dass die Angabe einer Gesamt-Zahl an Kolonie-bildenden Einheiten (KBE) von Bakterien oder Pilzen noch relativ wenig aussagt über das Ausmaß des Futtermittelverderbs und die Futtermittelsicherheit. Daher wurde durch den Arbeitskreis „Futtermittelmikrobiologie" der Fachgruppe VI (Futtermittel) des Verbandes Deutscher Landwirtschaftlicher Untersuchungs- und Forschungsanstalten (VDLUFA) ein Orientierungswertschema zur Auswertung der Ergebnisse mikrobiologischer Untersuchungen zwecks Beurteilung von Futtermitteln nach § 17 (Verbote) LFGB (früher § 7 (3) Futtermittelgesetz) erarbeitet (Tabellen 81–84). Das Orientierungswertschema basiert auf 19 Indikator-Mikroorganismen, die mittels Keimplattenverfahren als Kolonien erfassbar sind. Der Arbeitsablauf umfasst das Herstellen dezimaler Verdünnungsreihen nach Einwaage der Futterprobe in Suspendierungslösung. Anschließend wird ein Pepton-Fleischextrakt-Glukose-Agar

Tab. 82. Zuordnung jeder der 7 Keimgruppen zu den Keimzahlstufen

Keimzahlstufen der 7 Keimgruppen	Keimzahl der Keimgruppen (Orientierungswert × Faktor)
KZS I	≤ OW
KZS II	> OW bis ≤ 5 × OW
KZS III	> 5 × OW bis ≤ 10 × OW
KZS IV	> 10 × OW

Für die Abgrenzung von KZS I gegen KZS III gelten für bestimmte Futtermittel (Kleien, Gerste, Hafer sowie einige Mischfuttermittel) Ausnahmen

Tab. 83. Zuordnung der Keimzahlstufen der 7 Keimgruppen zu den Qualitätsstufen

QS I   alle 7 KG in der KZS I
QS II   mindestens bei einer KG liegt KZS II vor
QS III mindestens bei einer KG liegt KZS III vor
QS IV   mindestens bei einer KG liegt KZS IV vor

(nach SCHMIDT) für Bakterien sowie zwei Agars für Schimmel/Schwärzpilze und Hefen (Malzextrakt-Hefeextrakt-Glukose-Bengalrosa-Marlophen-Agar (nach SCHMIDT) sowie Dichloran-Glycerin-Agar (DG18)) beimpft und ausgestrichen, für 2–8 Tage bebrütet und anschließend ausgezählt. Die 19 Indikatorkeime werden dann zu 7 Keimgruppen zusammengefasst, die entweder

Tab. 84. Orientierungswerte für in Keimgruppen zusammengefasste Mikroorganismen für Futtermittel

Keimgruppe (KG)	aerobe mesophile Bakterien ($\times 10^6$ KBE/g)			Schimmel- und Schwärzepilze ($\times 10^3$ KBE/g)			Hefen ($\times 10^3$ KBE/g)
	1	2	3	4	5	6	7
Einzelfuttermittel							
Tierische Einzelfuttermittel							
Milchnebenprodukte, getrocknet	0,1	0,01	0,01	1	1	1	1
Fischmehl	1	1	0,01	5	5	1	30
Rückstände der Ölgewinnung							
Extraktionsschrote	1	1	0,1	10	20	1	30
Ölkuchen	1	1	0,1	10	20	2	30
Getreidenachprodukte							
Nachmehle, Grieskleien	5	1	0,1	50	30	2	50
Weizen- und Roggenkleien	8	1	0,1	50	50	2	80
Getreide, Körner und Schrote							
Mais	5	1	0,1	40	30	2	50
Weizen, Roggen	5	1	0,1	50	30	2	50
Gerste	8	1	0,1	60	30	2	50
Hafer	15	1	0,1	70	30	2	50
Silagen[1]	1	1	0,1	5	5	1	1000
Mischfuttermittel							
Milchaustauschfutter	0,5	0,1	0,01	5	5	1	10
Eiweißkonzentrate	1	1	0,05	10	20	1	30
Mehlförmige Mischfutter							
Jung- und Mastgeflügel	3	0,5	0,1	30	20	5	50
Legehennen	5	1	0,1	50	50	5	50
Ferkel	5	0,5	0,1	30	20	5	50
Mast- und Zuchtschweine	6	1	0,1	50	50	5	80
Kälber	2	0,5	0,1	30	20	5	50
Milchkühe, Zucht/Mastrinder	10	1	0,1	50	50	5	80
Gepresste Mischfutter							
Jung- und Mastgeflügel	0,5	0,1	0,05	5	5	1	5
Legehennen	0,5	0,5	0,05	5	10	1	5
Ferkel	0,5	0,1	0,05	5	5	1	5
Mast- und Zuchtschweine	1	0,5	0,05	5	10	1	5
Kälber	0,5	0,5	0,05	5	5	1	5
Milchkühe, Zucht/Mastrinder	1	0,5	0,05	5	10	1	5

[1] European Feed Microbiology Organization (EFMO), 2003

zur produktspezifischen oder zur verderbanzeigenden Mikroflora gehören. Die Beurteilung der KBE orientiert sich an der statistischen Auswertung der Häufigkeitsverteilung bisher vorliegender Keimzahluntersuchungen einer Reihe von Futtermitteln. Daher berücksichtigen die in Tabelle 84 angegebenen Orientierungswerte einerseits das „normale" Vorkommen der ausgezählten Keime und andererseits aber auch deren biologische und ökologische Besonderheiten sowie deren Bedeutung im Futtermittelverderb.

Anschließend erfolgt für jede der 7 Keimgruppen eine Zuordnung in eine Keimzahlstufe (KZS) zwischen KZS I und KZS IV (Tab. 82) anhand der Futtermittel-spezifischen Orientierungswerte (Tab. 84), was eine Voraussetzung des Vergleichs des mikrobiologischen Status verschiedener Futtermittel ist. Um letztlich eine Aussage zur mikrobiologischen Qualität des Futtermittels treffen zu können, werden in Abhängigkeit der Zugehörigkeit der 7 Keimgruppen zu den jeweiligen Keimzahlstufen die Qualitätsstufen QS I bis QS IV festgelegt (Tab. 83).

Zur Vereinheitlichung der Formulierungen bei der Attestierung für einen Prüfbericht werden jeder Qualitätsstufe bestimmte Formulierungen (A bis E) zugeordnet. Mit der Formulierung A werden die Keimgehalte in Bezug zu den Orientierungswerten beurteilt; mit Formulierung B erfolgt eine generelle Aussage zur Qualität; mit Formulierung C erfolgt eine Aussage darüber, ob die untersuchte Probe noch den Bestimmungen von § 17 (Verbote) LFGB entspricht; Formulierung D beinhaltet eine Empfehlung bezüglich der Fütterungstauglichkeit und mit Formulierung E werden dem Futtermittelunternehmer Empfehlungen bezüglich von Maßnahmen zur Minderung der Keimbelastung sowie zur Analyse von kritischen Kontrollpunkten bei der Futtermittelproduktion gegeben. Somit kommt Formulierung E nur bei geringerer Qualität (QS III und IV) zur Anwendung. Darüber hinaus wird bei Auftreten von *Fusarium* spp. die Untersuchung der Probe auf *Fusarium*-Toxine empfohlen (siehe auch Abschnitt 18.2.2). Bei Vorliegen der Qualitätsstufe QS IV wird davon ausgegangen, dass die untersuchte Probe nicht mehr den Anforderungen an die Unverdorbenheit entspricht und daher von der Fütterung auszuschließen ist.

Bei Anwendung dieser Formulierungen könnten die Ergebnisse der mikrobiologischen Untersuchungen der in Tabelle 85 aufgeführten Sojaextraktionsschrot-Probe folgendermaßen bewertet werden: Der festgestellte Keimgehalt an verderb-

Tab. 85. Anwendung der mikrobiologischen Orientierungswerte für Sojaextraktionsschrot, bewertet mit der Qualitätsstufe QS III

	aerobe mesophile Bakterien			Schimmel- und Schwärzepilze			Hefen
Keimgruppe (KG)	1	2	3	4	5	6	7
Vorwiegend nachweisbar sind:	Gelbkeime, Pseudomonas/Enterobacteriaceae, coryneforme Bakterien	*Bacillus*, *Staphylococcus*/ Micrococcus	Streptomyceten	Schwärzepilze	*Wallemia*, *Aspergillus*, *Penicillium*	*Mucorales*	Hefen
Mikroorganismen gelten als:	produkttypisch	verderbanzeigend	verderbanzeigend	produkttypisch	verderbanzeigend	verderbanzeigend	verderbanzeigend
	($\times 10^6$ KBE/g)			($\times 10^3$ KBE/g)			
Keimzahlen	0,12	1,25	0,05	1,5	165	5	25
entsprechen KZS	I	**II**	I	I	**III**	**II**	I

anzeigenden Schimmel-/Schwärzepilzen der Keimgruppe 5 ist als deutlich erhöht zu bewerten (A 3.1). Daneben besteht ein leicht erhöhter Keimgehalt an verderbanzeigenden Bakterien (KG 2) und ein erhöhter Besatz an Schimmelpilzen der KG 6 (A 3.2). Die Qualität ist deutlich herabgesetzt (B 3). Die Probe entspricht noch den Anforderungen von § 17 LFGB (C 3). Probleme bei der Verfütterung sind bei Jungtieren und empfindlichen Zuchttieren nicht auszuschließen (D 3). Dem Hersteller sollten Maßnahmen zur Minderung der Keimbelastung und belegbare Eigenkontrollen aufgegeben werden. Zu gegebener Zeit sind Nachkontrollen zu veranlassen (E).

18.2.2 Mykotoxine

18.2.2.1 Übersicht und rechtliche Regelungen

Schimmelpilze gehören, wie bereits dargelegt, zum natürlichen Keimbesatz von Futtermitteln. Meist führt nur eine übermäßige Schimmelbildung zum Futtermittelverderb, wobei dieser Verderb durch Nährstoffabbau, aber auch durch Bildung von sekundären Stoffwechselprodukten der Pilze charakterisiert sein kann. Wirken sich diese sekundären Stoffwechselprodukte nachteilig auf Tiergesundheit und Leistung aus, so sind sie als Mykotoxine anzusprechen. Von den mehreren hundert gegenwärtig bekannten Mykotoxinen kommt aber nur einigen eine praktische Bedeutung zu, da sie in Konzentrationen vorkommen können, die toxikologisch bedeutsam sind. Dazu zählen unter unseren Produktionsbedingungen insbesondere die Mykotoxine Deoxynivalenol (DON) und Zearalenon (ZON), die durch verschiedene *Fusarium*-Arten gebildet werden (Tab. 86, Abb. 88).

Pilze der Gattung *Fusarium* werden klassisch den sogenannten **Feldpilzen** zugeordnet, da sie überwiegend auf lebenden Pflanzen wachsen und Toxine bilden. Demgegenüber sind viele Arten der Gattungen *Penicillium* und *Aspergillus* durch eine saprophytische Lebensweise charakterisiert, d. h. sie wachsen hauptsächlich auf abgestorbenem Pflanzenmaterial. Daher bilden diese Pilze ihre Toxine hauptsächlich im Futtermittellager und werden mithin als **Lagerpilze** angesprochen (hauptsächlich Silagen und Konzentratfuttermittel bei unsachgemäßer Lagerung). Demgegenüber ist die Toxinbildung durch Feldpilze zum Zeitpunkt der Ernte im Wesentlichen abgeschlossen. Da ein großer Teil der bereits auf dem Feld gebildeten Mykotoxine den Silierungsprozess unbeschadet übersteht, sind in Silagen neben den Toxinen der Feldpilze auch typische Vertreter der Lagerpilze anzutreffen.

Demzufolge ist bei der Fütterung stets davon auszugehen, dass sowohl Konzentratfuttermittel als auch Grobfuttermittel zur täglichen Mykotoxinexposition von Monogastriern und Wiederkäuern beitragen. Dabei sind die unterschiedlichsten Kombinationen von Mykotoxinen denkbar, was die Einschätzung des gesamten toxischen Potenzials der täglichen Ration nicht erleichtert, da häufig nur ausgewählte Mykotoxine analysiert werden bzw. analysiert werden können. Hinzu kommt, dass der Kenntnisstand zur toxikologischen Bedeutung einzelner Mykotoxine noch recht unzureichend ist.

Entsprechend ihrer unterschiedlichen chemischen Struktur (z. B. Abb. 88) sind auch die Wirkmechanismen und Angriffspunkte der einzelnen Mykotoxine im Organismus recht verschieden. Dies erschwert zusätzlich die Abschätzung des toxischen Potenzials eines Futtermittels oder einer Ration, das sich ohnehin schon aus der Anwesenheit einer Reihe von verschiedenen Mykotoxinen ergibt. Dies schließt auch mögliche Wechselwirkungen zwischen Mykotoxinen ein, welche dann summarisch den gesamten Effekt beim Tier bewirken und denen prinzipiell additiver, synergistischer aber auch antagonistischer Charakter zukommen kann.

Für Deoxynivalenol, Zearalenon, Fumonisine und Ochratoxin A wurden Richtwerte (Orientierungswerte) für Ergänzungs- und Alleinfuttermittel und Futtermittelausgangserzeugnisse durch die EU empfohlen (Tab. 87). Bei der Fest-

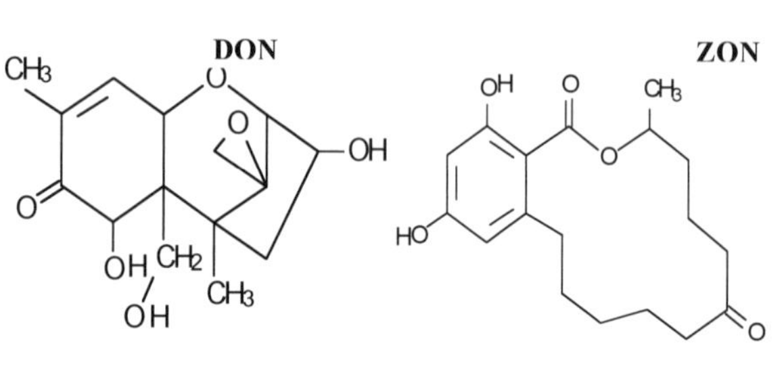

Abb. 88. Strukturformeln von Deoxynivalenol (DON) und Zearalenon (ZON)

Tab. 86. Mykotoxinbildner, deren Mykotoxine, Wirkmechanismen und pathophysiologische Effekte sowie deren Bedeutung in der Fütterung (Auswahl, nach verschiedenen Quellen)

Wichtige Mykotoxinbildner	Mykotoxine	Vorwiegender Ort der Mykotoxinbildung	Wirkmechanismen und pathophysiologische Effekte	Prädisponierte Futtermittel	Hauptsächlich betroffene Tierarten/Tierkategorien[1]	Relevanz unter praktischen Fütterungsbedingungen der BRD[2]
Fusarium graminearum, F. culmorum, F. avenaceum, F. quiseti	Zearalenon (ZON)	Feld (vor der Ernte)	Östrogenähnlich, Störungen im Reproduktionsgeschehen	Futtermittel aus Mais und Weizen	Schwein > Rind > Huhn	++
F. graminearum, F. poae, F. quiseti, F. moniliforme	**Trichothecene** Typ A: T-2 Toxin, HT-2 Toxin, Diacetoyscirpenol	Feld (vor der Ernte)	Proteinsynthesehemmend; immunmodulierend, verzehrsdepressiv, zytotoxisch, dermatotoxisch, hepatotoxisch	Futtermittel aus Hafer, Gerste, Mais und Weizen	Schwein > Rind ~ Huhn	+
F. graminearum, F. culmorum, F. avenceeum, F. moniiforme	Typ B: Deoxynivalenol (Vomitoxin, DON), 3-Acetyl-DON, 15-Acetyl-DON, Nivalenol, Fusarenon X	Feld (vor der Ernte)	Proteinsynthesehemmend; immunmodulierend, verzehrsdepressiv	Futtermittel aus Hafer, Gerste, Mais und Weize	Schwein > Rind ~ Huhn	++
F. moniliforme	Fumonisine	Feld (vor der Ernte)	Störungen im Sphingolipid-Stoffwechsel; hauptsächlich in Leber, Lungen (porcines pulmonales Ödemsyndrom) und Gehirn (equine Leukoencephalomalazie)	Futtermittel	Pferd ~ Schwein > Rind ~ Huhn	–

Tab. 86. Fortsetzung

Wichtige Mykotoxinbildner	Mykotoxine	Vorwiegender Ort der Mykotoxinbildung	Wirkmechanismen und pathophysiologische Effekte	Prädisponierte Futtermittel	Hauptsächlich betroffene Tierarten/Tierkategorien [1]	Relevanz unter praktischen Fütterungsbedingungen der BRD [2]
F. oxysporum, F. moniliforme, F. quiseti	Moniliformin	Feld (vor der Ernte)	Hemmung von Thiamin-abhängigen Enzymen (Störungen des Energieumsatzes), cardiotoxisch beim Geflügel	Futtermittel aus Mais	Geflügel	?
F. solani, F. verticilloides, F. moniliforme	Fusarinsäure	Feld (vor der Ernte)	Beeinträchtigung der Noradrenalinsynthese durch Inhibition der Dopamin-ß-Hydroxylase → hypotensive Aktivität, verzehrsdepressiv	Körner von Mais, Weizen, Gerste; häufig mit DON und anderen Trichothecenen co-kontaminiert	Schwein, Geflügel	?
F. equiseti	Fusariochromanon	Feld (vor der Ernte)	zytotoxisch, beteiligt an der Pathogenese der Dyschondroplasie der langen Röhrenknochen	Körner von Getreide	wachsendes Geflügel	?
Aspergillus flavus, A. nomius, A. parasiticus	Aflatoxin B1	Feld (vor der Ernte), Lager (nach der Ernte)	Kovalente Bindung von Aflatoxin B1-Metaboliten an zelluläre DNA oder Proteine; diese DNA-Addukte führen zu Mutation und Krebs; Protein-Addukte wirken	Futtermittel aus Erdnüssen, Baumwollsaat, Sonnenblumenkernen, Sojabohnen sowie daraus hergestellte Futtermittel	Rind Schwein Geflügel	– (weltweit ++)

A. glaucus	Sterigmatocystin	Lager (nach der Ernte)	ken zellschädigend; Leber besonders prädisponiert hepatotoxisch, karzinogen	Körner von Getreide	Schwein ? ?
A. ochraceus, A. alutaceus, Penicillium verrucosum	Ochratoxin A	Lager (nach der Ernte)	Proteinsynthese-hemmend, Förderung der Lipid-Peroxidation; immunmodulierend, Nieren und Leber als primäre Zielorgane	Körner von Mais, Roggen, Weizen, Triticale und Gerste; häufig mit Citrinin co-kontaminiert	Schwein + > Geflügel > Rind
P. verrucosum, P. citrinum	Citrinin	Lager (nach der Ernte)	Verminderung der selektiven Membranpermeabilität, Nieren und Leber als primäre Zielorgane, Polydipsie, Polyurie, wässriger Durchfall	Körner von Mais, Roggen, Weizen, Triticale und Gerste; häufig mit Ochratoxin A co-kontaminiert	Schwein ?
P. griseofulvum	Cyclopiazonsäure	Lager (nach der Ernte)	Hemmung der Proteinsynthese sowie Ca-abhängiger ATPasen, Inflammation und Ulzeration der gastrointestinalen Mukosa, neurotoxisch	Getreidekörner, Futtermittel aus Erdnüssen; häufig mit Aflatoxinen co-kontaminiert	?
P. roqueforti, P. chrysogenum, P. roqueforti	Roquefortin C	Lager (nach der Ernte)	Hemmung von P450-Cytochromen; antibiotisch, neurotoxisch	Silagen	Rind ?
	Mycophenolsäure	Lager (nach der Ernte)	Hemmung der Lymphozytenproliferation, immunsuppressiv, antibiotisch	Silagen	Rind ?

Tab. 86. Fortsetzung

Wichtige Mykotoxinbildner	Mykotoxine	Vorwiegender Ort der Mykotoxinbildung	Wirkmechanismen und pathophysiologische Effekte	Prädisponierte Futtermittel	Hauptsächlich betroffene Tierarten/Tierkategorien[1]	Relevanz unter praktischen Fütterungsbedingungen der BRD[2]
P. roqueforti	Patulin	Lager (nach der Ernte)	neurotoxisch, tremorgen	Silagen	Rind	?
Monascus ruber	Monacoline	Lager (nach der Ernte)	Hemmung der Sterolsynthese	Silagen	Rind	?
Alternaria alternata, A. tenuissma	Tenuazonsäure, Altemariol, Altuene, Altuenisol, Fumonisine	Feld (vor der Ernte)	hämorrhagisch, immunmodulierend, mutagen	Futtermittel aus Getreide, Leguminosen		?
Claviceps purpurea	Mutterkorn(Ergot)-Alkaloide	Feld (vor der Ernte)	vasokonstriktorisch, gangränöser oder konvulsiver Ergotismus, Hemmung der Prolaktinausschüttung, Agalaktie beim Schwein, verzehrsdepressiv, leistungsmindernd	Körner von Roggen, Weizen, Triticale und Gerste	Schwein Geflügel Rind	+

[1] Nicht aufgeführte Tierarten sind weniger empfindlich oder es liegen nur ungenügende experimentelle Daten zur Toxizität bei landwirtschaftlichen Nutztieren vor
[2] ++ große Bedeutung + bedeutungsvoll – geringe Bedeutung ? Bedeutung noch nicht hinreichend geklärt

Tab. 87. Empfehlung der Kommission der Europäischen Union für Richtwerte (Orientierungswerte) von Mykotoxinen in zur Verfütterung an Tiere bestimmten Erzeugnissen[6]

Mykotoxin	Zur Fütterung bestimmte Erzeugnisse	Richtwert in mg/kg (ppm) für ein Futtermittel mit einem Feuchtegehalt von 12 %
Deoxynivalenol	Futtermittelausgangserzeugnisse (*)	
	Getreide und Getreideerzeugnisse (**) außer Maisnebenprodukte	8
	Maisnebenprodukte	12
	Ergänzungs- und Alleinfuttermittel außer:	5
	Ergänzungs- und Alleinfuttermittel für Schweine	0,9
	Ergänzungs- und Alleinfuttermittel für Kälber (<4 Monate), Lämmer und Ziegenlämmer	2
Zearalenon	Futtermittelausgangserzeugnisse (*)	
	Getreide und Getreideerzeugnisse (**) außer Maisnebenprodukte	2
	Maisnebenprodukte	3
	Ergänzungs- und Mischfuttermittel	
	Ergänzungs- und Alleinfuttermittel für Ferkel und Jungsauen	0,1
	Ergänzungs- und Alleinfuttermittel für Sauen und Mastschweine	0,25
	Ergänzungs- und Alleinfuttermittel für Kälber, Milchkühe, Schafe (einschließlich Lämmer) und Ziegen (einschließlich Ziegenlämmer)	0,5
Ochratoxin A	Futtermittelausgangserzeugnisse (*)	
	Getreide und Getreideerzeugnisse (**)	0,25
	Ergänzungs- und Alleinfuttermittel	
	Ergänzungs- und Alleinfuttermittel für Schweine	0,05
	Ergänzungs- und Alleinfuttermittel für Geflügel	0,1
Fumonisin B1 + B2	Futtermittelausgangserzeugnisse (*)	
	Mais und Maiserzeugnisse (***)	60
	Ergänzungs- und Alleinfuttermittel für:	
	Schweine, Pferde (*Equidae*), Kaninchen und Heimtiere	5
	Fische	10
	Geflügel, Kälber (<4 Monate), Lämmer und Ziegenlämmer	20
	Wiederkäuer (>4 Monate) und Nerze	50

(*) Bei Getreide und Getreideerzeugnissen, die unmittelbar an Tiere verfüttert werden, ist auf Folgendes zu achten: Ihre Verwendung in einer Tagesration sollte nicht dazu führen, dass das Tier einer höheren Menge an diesen Mykotoxinen ausgesetzt ist als bei einer entsprechenden Exposition, wenn in einer Tagesration nur die Alleinfuttermittel verwendet werden.

(**) Der Begriff „Getreide und Getreideerzeugnisse" umfasst nicht nur die unter der Überschrift 1 „Getreidekörner, deren Erzeugnisse und Nebenerzeugnisse" des nicht ausschließlichen Verzeichnisses der wichtigsten Futtermittel-Ausgangserzeugnisse in Teil B des Anhangs zur Richtlinie 96/25/EG des Rates vom 29. April 1996 über den Verkehr mit Futtermittelausgangserzeugnissen (ABl. L 125 vom 23. 5. 1996, S. 35) aufgeführten Futtermittelausgangserzeugnisse, sondern auch andere aus Getreide gewonnene Futtermittelausgangserzeugnisse, vor allem Getreidegrünfutter und -raufutter.

(***) Der Begriff „Mais und Maiserzeugnisse" umfasst nicht nur die aus Mais gewonnenen Futtermittelausgangserzeugnisse, die unter der Überschrift 1 „Getreidekörner, deren Erzeugnisse und Nebenerzeugnisse" des nicht ausschließlichen Verzeichnisses der wichtigsten Futtermittelausgangserzeugnisse in Teil B des Anhangs zur Richtlinie 96/25/EG aufgeführt sind, sondern auch andere aus Mais gewonnene Futtermittelausgangserzeugnisse, vor allem Maisgrünfutter und -raufutter.

legung der Richtwerte für Ergänzungs- und Alleinfuttermittel wurde sich an der tierartspezifischen Empfindlichkeit orientiert, während bei Futtermittelausgangserzeugnissen die Bedeutung von Getreide als Eintragsquelle für diese Mykotoxine und von Mais für die berücksichtigten *Fusarium*-Toxine besondere Berücksichtigung fanden.

Im Gegensatz zu den *Fusarium*-Toxinen DON und ZON sind für die Analyse von Silage-typischen Mykotoxinen (s. Tab. 86) keine Verbandsmethoden verfügbar, so dass eine routinemäßige Kontrolle und Risikoabschätzung derzeitig nicht erfolgen kann. Auch über die toxikologische Bedeutung dieser Toxine in Beziehung zum Vorkommen bestehen noch Wissenslücken, so dass im Wesentlichen nur Pilzkeimzahl und optischer Befund der Silagen als „Grob"-Indikatoren für die Anwesenheit solcher Mykotoxine herangezogen werden können. Daher sollten sichtbar verschimmelte Silagepartien im Sinne des Minimierungsprinzips generell nicht verfüttert werden. Wenn es die betrieblichen Möglichkeiten gestatten, dann sollten auch hier suspekte Partien mit einwandfreien Silagen verschnitten werden.

Futtermittelrechtlich sind in Anlage 5 der FMV Aflatoxin B1 (0,005–0,02 mg/kg Futtermittel) und Mutterkorn (1000 mg/kg unzerkleinertes Getreide) mit Höchstgehalten geregelt. Wie bereits dargelegt, gilt für diese unerwünschten Stoffe das Verschneidungsverbot.

Mutterkorn nimmt insofern eine Sonderstellung ein, als es als Sklerotium des Schlauchpilzes *Claviceps purpurea* die eigentlichen Mykotoxine beinhaltet. Es handelt sich bei den Sklerotien um das verfestigte Mycel und die Dauerform dieses Pilzes. Der Pilz befällt überwiegend Gramineen, auf denen sich anstelle des Samens die Sklerotien entwickeln. Die Länge der Sklerotien kann bei einem Durchmesser von ca. 1–5 mm zum Teil beträchtlich variieren, wobei die Spannbreite von einigen mm bis mehr als 4 cm reicht. Als toxische Bestandteile des Mutterkorns werden die sogenannten Ergot-Alkaloide (Clavine und Lysergsäurederivate) angesehen.

Symptome einer Intoxikation mit Ergot-Alkaloiden werden unter dem Begriff Ergotismus zusammengefasst (s. Tab. 86). Roggen und Triticale sind in der Regel häufiger und mit höheren Gehalten an Sklerotien kontaminiert als Weizen, Gerste und Hafer, wobei Überschreitungen des Höchstgehaltes für Futtergetreide von 1000 mg/kg regelmäßig festgestellt wurden. Dieser Höchstgehalt soll sicherstellen, dass die Tiergesundheit durch mit Mutterkorn kontaminiertes Futter nicht beeinträchtigt wird. Diese Regelung ist aus mehreren Gründen nicht befriedigend. Einerseits kann eine visuelle Kontrolle zur Einhaltung dieses Höchstgehaltes bei geschrotetem Getreide oder bei Mischfutter nicht mehr erfolgen und andererseits bleibt unberücksichtigt, dass die Ergot-Alkaloide zum Teil erheblichen Schwankungen unterliegen können, was nicht nur den Gesamtalkaloidgehalt (= Summe der Einzelalkaloide) betrifft, sondern auch das Muster der einzelnen Alkaloide, die hinsichtlich ihrer Toxizität im Zusammenwirken mit anderen Alkaloiden (Synergismen, Antagonismen) unterschiedlich zu bewerten sind.

Von der EU wurde angeregt, in den nächsten Jahren korrespondierende Daten zum Vorkommen sowohl von Mutterkorn als auch von Mutterkornalkaloiden zu erheben. Darüber hinaus sollen auf Alkaloidbasis durchgeführte Fütterungsversuche den Zusammenhang zwischen Alkaloidgehalt im Futter und Tiergesundheit sowie tierischer Leistung näher quantifizieren, bevor Richt- oder Höchstwerte für den Alkaloidgehalt des Futters festgelegt werden, die einen besseren Schutz der Tiere gewährleisten, als dies momentan für den Mutterkorngehalt möglich ist.

18.2.2.2 Management von mit Mykotoxinen kontaminierten Futtermitteln

Selbst bei Anwendung aller verfügbaren pflanzenbaulichen Strategien zur Minimierung des Befalls von Futtermitteln mit Schimmelpilzen (siehe Abschnitt 18.2.3) wird sich eine Kontamination mit Mykotoxinen nie vollständig verhindern lassen, da die Witterung insbesondere bei den Feldpilzen als ein wesentlicher Risikofaktor anzusehen ist. Daher sind Strategien zu entwickeln, um negative Toxineinflüsse auf Tiergesundheit und Leistung, die sich aus mehr oder weniger stark mit Mykotoxinen kontaminierten Futtermitteln ergeben können, zu verhindern.

Prinzipiell sind verschiedene Möglichkeiten denkbar (Abb. 89):

- *Entsorgung von kontaminiertem Getreide, wenn **Höchstwerte** (Aflatoxin B1, Mutterkorn) überschritten werden* – Eine solche Vorgehensweise erscheint sowohl betriebswirtschaftlich als auch volkswirtschaftlich kaum gerechtfertigt, da nach z. B. *Fusarium*-Epidemien unter Umständen beträchtliche Getreidemengen vernichtet werden müssten. Eine Alternative stellt die energetische Nutzung oder Kompostierung des kontaminierten Getreides dar.
- *Die FMV sieht vor, dass ein Futtermittel, ein Zusatzstoff oder eine Vormischung mit einem Ge-*

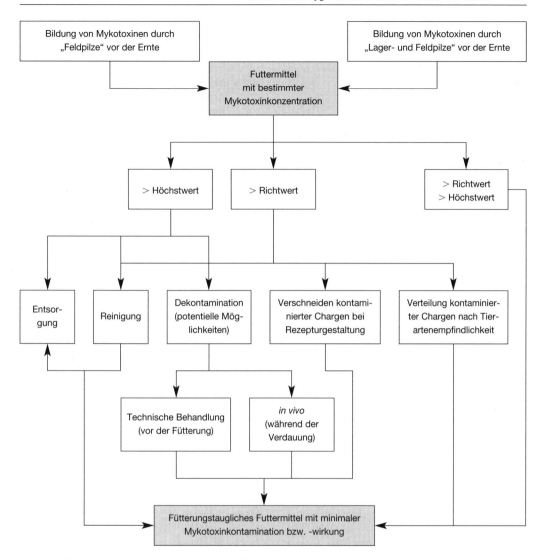

Abb. 89. Management von Mykotoxinen in der Tierernährung (Erläuterungen im Text).

halt an einem unerwünschten Stoff *(in diesem Falle Aflatoxin B1 oder Mutterkorn), der den in Anlage 5 festgesetzten Höchstgehalt übersteigt, einer geeigneten Behandlung zur Verminderung oder* **Entfernung (Reinigung)** *oder zur* **Inaktivierung (Dekontamination)** *des unerwünschten Stoffes unterzogen werden kann; sein Gehalt an diesem Stoff darf nach der Behandlung den in Anlage 5 festgesetzten Höchstgehalt nicht überschreiten. Eine umfassende Übersicht zu entsprechenden Möglichkeiten für alle in der Anlage 5 gelisteten unerwünschten Stoffe findet sich bei* FLACHOWSKY *(2006).*

Reinigung: Wie bereits angesprochen, sollte Getreide vor der Verfütterung prinzipiell gereinigt werden, wobei die Reinigungsrückstände als Schadstoffsenken zu betrachten und daher von der Fütterung auszuschließen sind. Durch die Reinigung von Getreidekörnern kann beispielsweise eine Reduktion der Deoxynivalenol-Konzentration um ca. 10 bis 20 % erreicht werden. Die Variationen von Mutterkorn hinsichtlich Farbe, Größe und spezifischer Dichte erfordern die komplexe Anwendung verschiedener Reinigungsprinzipien. Eine Kombinationen von Sieben (Korngröße), Tischauslesern (spezifische

Dichte), Leichtkornauslesern (spezifische Dichte), Trieuren (Form und Größe) sowie Farbauslesern (Farbabweichungen) kann zu einer Separation von 95 bis 99 % des ursprünglich enthaltenen Mutterkorns führen.

Dekontamination: Hierbei ist prinzipiell zwischen einer Futtermittelbehandlung und der Verwendung von Futterzusatzstoffen zu unterscheiden. Mit einer Futtermittelbehandlung wird das Ziel verfolgt, die Toxinkonzentration auf physikalischem, chemischem oder biologischem Wege bereits vor der Verfütterung zu reduzieren, während die Verwendung von Detoxifikationsmitteln als Futterzusatzstoffe (Adsorbenzien, Hefebestandteile, Bakterien, Enzyme) von einer Verhinderung der Toxinwirkung durch Wechselwirkung zwischen Detoxifikationsmittel und Toxin unter den Bedingungen des Verdauungstraktes (pH, Temperatur, Feuchte) ausgeht. Häufig sind Futtermittelbehandlungsverfahren effektiver als Detoxifikationsmittel; aber oft teurer, nur im Labormaßstab getestet und überwiegend nur auf Konzentratfuttermittel anwendbar. So praktikabel auch die Verwendung von Detoxifikationsmitteln erscheinen mag; bisher liegen noch keine überzeugenden Befunde in der Literatur vor, die eine *in vivo* Wirksamkeit solcher Mittel bei *Fusarium*-Toxin-Kontamination von Futtermitteln belegen. Bei Aflatoxinen hingegen ist eine partielle Wirksamkeit belegt.

- *Verfütterung kontaminierter Chargen entsprechend der tierartspezifischen Empfindlichkeit, wenn für das Mykotoxin ein **Richtwert (Orientierungswert)** festgelegt ist* – Da Schweine beispielsweise sowohl auf Deoxynivalenol als auch Zearalenon im Futter wesentlich empfindlicher reagieren als Hühner und Rinder, sollten kontaminierte Partien in der Rinder- und Hühnerfütterung unter Einhaltung kritischer Toxinkonzentrationen in der Gesamtration eingesetzt werden.
- *Verschneiden von kontaminierten mit nichtkontaminierten Futtermitteln, wenn für das Mykotoxin ein **Richtwert (Orientierungswert)** festgelegt ist* – Das Ziel besteht hierbei darin, die Gesamtkonzentration des Mischfutters an Mykotoxinen soweit zu verdünnen, dass kritische Toxinkonzentrationen, die zu einer Beeinträchtigung der Tiergesundheit führen könnten, in der täglichen Gesamtration unterschritten werden.

Welche Strategie oder welche Kombination von Strategien angewandt werden kann, hängt von den konkreten betrieblichen Umständen (z. B. Eigenmischer, Mischfutterhersteller) ab.

18.2.3 Maßnahmen zur Vermeidung negativer Einflüsse auf den Futtermittelhygienestatus

Aus den in Abbildung 85 dargestellten Zusammenhängen wird klar, dass für die Sicherstellung eines Futtermittelhygienestatus, welcher die Fütterungstauglichkeit und damit die Futtermittelsicherheit gewährleistet, ein integrierter Ansatz nötig ist. Einerseits bestimmen sowohl die Wachstumsbedingungen (insbesondere Feuchte und Temperatur) als auch das agrotechnische Management den mikrobiellen Status geernteter Futterpflanzen und andererseits können Umweltkontaminanten (z. B. Dioxine) oder Rückstände von Pflanzenschutzmitteln die hygienische Beschaffenheit frisch geernteter Futtermittel beeinflussen. Dabei kann der Hygienestatus bei der Einlagerung des Futtermittels sein weiteres Schicksal im Verlauf der Lagerung modulieren. Dies trifft bei trocken gelagerten Futtermitteln insbesondere für den Wassergehalt im Hinblick auf den Keimbesatz und den mit ihm assoziierten mikrobiellen Verderb zu.

Daher muss ein integrierter Ansatz zur Sicherstellung der Fütterungstauglichkeit von Futtermitteln sowohl agrotechnische Maßnahmen bei der Futtermittelerzeugung als auch Maßnahmen zum Erhalt der Fütterungstauglichkeit während der Lagerung beinhalten. Wie bereits erwähnt, kommt der Schimmelpilzbildung eine entscheidende Rolle bei der Einleitung des Futtermittelverderbs zu. Daher soll ein solcher integrierter Ansatz beispielhaft zur Minimierung des Pilzbefalls, und damit auch der Mykotoxinkontamination, für Getreide und Mischfutter dargestellt dargestellt werden. Weitere Hinweise sowie spezifische Ausführungen zu anderen Futtermitteln sind den jeweiligen Kapiteln zu entnehmen.

Maßnahmen zur Sicherung der Qualität von Getreide und Mischfutter mit Fokus auf die Minimierung des Schimmelpilzbefalls (modifiziert nach OLDENBURG et al. 2000; DLG, 1998):

Vor der Ernte:
- Unterpflügen von Ernterückständen, insbesondere Mais, in den Boden/Verzicht auf pfluglose Bodenbearbeitung,
- Vermeidung von engen Mais/Getreide-Fruchtfolgen,

- vorbeugende, termingerechte Anwendung von geeigneten Fungiziden, wenn enge Mais/Getreide-Fruchtfolgen kombiniert mit pflugloser Bodenbearbeitung praktiziert werden,
- Wahl von standortgerechten, gegen *Fusarium*-Befall weniger anfälligen Sorten, soweit verfügbar,
- Vermeidung von Unter- bzw. Überdosierung von Nährstoffen und
- keine Verzögerung der Ernte über den nutzungsspezifischen Zeitpunkt hinaus.

Ist ein Unterpflügen von Maisrückständen aus Gründen des vorsorgenden Bodenschutzes nicht möglich, sollten folgende Maßnahmen, die darauf ausgerichtet sind, die gut zerkleinerten Ernterückstände von Mais in die obere umsetzungsaktivste Bodenschicht zu verbringen, zusätzlich zur Anwendung kommen (SCHMIDT et al. 2001):
- Rotteförderndes Häckseln/mechanisches Zerkleinern, Stoppelbearbeitung sowie flaches Einmulchen von Maisrückständen,
- bedarfsweise flaches Einpflügen bzw. Einschälen von Maisrückständen (Arbeitstiefe bis 15 cm, evtl. Einsatz von Zweischichtenpflug).

Vor der Lagerung:
- Reinigung der Silos,
- Reinigung des Getreides vor der Einlagerung (Ausputzgetreide und Reinigungsabfälle nicht verfüttern, da sie generell als Schadstoffsenke anzusehen sind),
- sorgfältige Auswahl der Lagerräume, fugenfreie Böden und Wände,
- Gefahr der Kondenswasserbildung vermeiden; Getreide nicht an Außenwänden, Stützpfeilern oder Wasserleitungen lagern,
- Bekämpfung von Kornkäfern, Milben u. a. Schädlingen,
- Konservierung des gesamten Getreides sofort nach der Ernte (Trocknen, Kühlen, gasdicht lagern, Silieren oder durch Zusatz von organischen Säuren konservieren).

Während der Lagerung:
- Regelmäßige Kontrolle des Getreides (Temperatur),
- Wasserdampfentwicklung in der Nähe von gelagertem Getreide vermeiden,
- für Möglichkeit der Belüftung zum Entfernen von Feuchtigkeit sorgen (Gebläse, Umlauf).

Getreide ist als ganzes Korn dauerhaft nur unter 14% Feuchtigkeit und unter 15 °C lagerfähig. Geschrotetes bzw. gemahlenes Getreide sollte nicht mehr als 13% Feuchtigkeit aufweisen, da diese Bearbeitung zu einer erheblichen Oberflächenvergrößerung, einem Verlust der natürlichen Schutzfunktion intakter Körner und damit zu einer Begünstigung des mikrobiellen Verderbs führt. Selbst unter guten Lagerungsbedingungen sollte die Lagerdauer jedoch 3 Wochen nicht übersteigen.

Sicherung der Mischfutterqualität:
- Futter möglichst kühl und trocken sowie nicht im Stall- und Tierbereich lagern,
- Überwachen der Lagerzeiten,
- regelmäßige Totalentleerungen der Silos mit Reinigung und Desinfektionsmaßnahmen gegen Milben und Getreideschädlinge,
- Kontrolle auf Milben: Lupe, Ausschütten einer mehlförmigen Futterprobe als Kegel; bei Milbenbefall zerfließt dieser Kegel innerhalb eines Tages,
- Temperatur- und Feuchtigkeitskontrolle im Silo,
- Lüftungsabdeckungen in den Siloabdeckungen vorsehen, damit Wärmeabfuhr und Belüftung möglich sind,
- erwärmtes Futter durch Umlagern belüften und kühlen,
- Kontakt des Futters mit Vögeln und Schadtieren sowie mit deren Ausscheidungen vermeiden,
- Futter nur in sauberen Trögen verabreichen,
- schonende Einlagerung des Pelletfutters aus dem Tankfahrzeug in die Silos durch:
  - geringe Ausblasdrücke,
  - möglichst hohe Materialbeladung der Förderluft,
  - kurze Förderleitungen mit großem Innendurchmesser und wenigen Krümmern,
  - große Krümmerradien,
  - Befüllen des Silos durch den Silodeckel ohne zwischengeschalteten Zyklon,
  - Kontrolle, dass Pellets nicht an Silowände geblasen werden (evtl. Gummischürze einbauen),
  - im Sommer in Außensilos nur Mischfutter mit Konservierungszusätzen lagern.

19 Futterwerttabellen

Tab. I. Inhaltsstoffe, Verdaulichkeit und Futterwertdaten ausgewählter Futtermittel für Pferde, Wiederkäuer, Schweine und Geflügel[1]

Futtermittel	DM	Inhaltsstoffe						Verdaulichkeit (DOM)				Energetischer Futterwert					Proteinkenndaten (Wdk)		
		CA	CP	EE	CF	NfE	STC	SUG	Wdk	Pfd	Schw	Gefl	DE	ME			NEL	unab- geb. CP	nutzb. CP	Rum. N-Bilanz
													Pfd	Wdk	Schw	Gefl	Wdk			
	g/kg FM				g/kg DM						%				MJ/kg DM			%	g/kg DM	g/kg DM

Grünfutter

Futtermittel	DM	CA	CP	EE	CF	NfE	STC	SUG	Wdk	Pfd	Schw	Gefl	DE Pfd	ME Wdk	ME Schw	ME Gefl	NEL Wdk	unab. CP %	nutzb. CP	N-Bilanz
Ackerbohne, i.d. Blüte	160	70	181	12	268	469	0	–[2]	(69)	–	–	–	–	9,86	–	–	5,83	10	130	+ 8
Alexandrinerklee, Beginn Blüte	190	120	187	34	257	402	0	–	70	–	–	–	–	9,72	–	–	5,77	25	146	+ 6
Erbse, i.d. Blüte	160	95	177	41	282	405	0	–	71	63	–	–	10,60	9,21	–	–	5,40	15	137	+ 6
Gerste, vor/bis Ährenschieben	170	123	180	44	231	422	0	–	81	64	–	–	10,50	11,25	–	–	6,89	20	155	+ 4
Grünland, 4 u. mehr Nutzungen, grasreich, (untergrasbetont), 1. Aufwuchs																				
• im Schossen	160	95	235	43	172	455	0	–	84	–	–	–	–	11,97	–	–	7,38	10	157	+12
• Beginn Ähren-/ Rispenschieben	170	94	225	49	204	428	0	–	80	–	–	–	–	11,48	–	–	6,99	10	151	+12
• volles Ähren-/ Rispenschieben	180	97	207	47	231	418	0	–	77	–	–	–	–	10,92	–	–	6,58	15	151	+ 9
Grünland, 4 u. mehr Nutzungen, grasreich, (untergrasbetont), 2. u. folg. Aufwüchse																				
• unter 4 Wochen	160	104	235	45	207	409	0	71	75	–	–	–	–	10,53	–	–	6,30	10	143	+15
• 4–6 Wochen	180	103	213	45	229	410	0	61	73	–	–	–	–	10,23	–	–	6,09	15	144	+11
Grünland, 2–3 Nutzungen, grasreich, (obergrasbetont), 1. Aufwuchs																				
• Beginn Ähren-/ Rispenschieben	170	92	180	37	195	496	0	–	80	–	–	–	–	11,30	–	–	6,90	15	152	+ 5
• volles Ähren-/ Rispenschieben	180	89	152	39	247	473	0	101	74	–	–	–	–	10,45	–	–	6,27	15	139	+ 2
Grünland, 2–3 Nutzungen, grasreich, (obergrasbetont), 2. u. folg. Aufwüchse																				
• unter 4 Wochen	180	113	183	35	208	461	0	127	74	–	–	–	–	10,21	–	–	6,12	15	140	+ 7
• 4–6 Wochen	200	100	166	38	247	449	0	94	72	–	–	–	–	10,01	–	–	5,95	15	135	+ 5

Futterwerttabellen

Futtermittel																		
Grünland, 2-3 Nutzungen, klee- u. kräuterreich, 1. Aufwuchs																		
• Beginn Ähren-/Rispenschieben	160	98	184	48	188	482	0	88	81	–	–	–	11,48	–	7,03	15	153	+5
• volles Ähren-/Rispenschieben	180	90	172	43	229	466	0	–	77	–	–	–	10,79	–	6,50	15	145	+4
Grünland, 2-3 Nutzungen, klee- u. kräuterreich, 2. u. folg. Aufwüchse																		
• unter 4 Wochen	170	107	202	48	187	456	0	14	80	–	–	–	11,27	–	6,87	15	153	+8
• 4-6 Wochen	190	105	185	46	225	439	0	133	75	–	–	–	10,44	–	6,25	15	143	+7
Grünland, 1-2 Nutzungen (späte 1. Nutzung), grasreich, 1. Aufwuchs																		
• Nutzungszeitraum: Ende Juni/Anf. Juli	250	60	118	24	288	510	0	80	67	–	–	–	(9,38)³	–	(5,48)	15	125	0
Grünland, 1-2 Nutzungen (späte 1. Nutzung), grasreich, 2. Aufwuchs																		
• über 7 Wochen	260	83	116	22	266	513	0	–	61	–	–	–	8,29	–	4,76	15	113	+1
Grünland, 1-2 Nutzungen (späte 1. Nutzung), klee- u. kräuterreich, 1. Aufwuchs																		
• Nutzungszeitraum: Ende Juni/Anf. Juli	250	70	102	22	284	522	0	75	57	–	–	–	7,97	–	4,53	15	106	0
Hafer, vor/bis Rispenschieben	170	106	164	40	210	480	0	288	83	67	–	11,40	11,41	–	7,01	15	152	+2
Klee, persischer, Beginn Blüte	190	135	208	30	207	420	0	–	74	–	–	–	9,86	–	5,89	20	148	+10
Knaulgras, volles Rispenschieben	220	98	171	43	252	436	0	89	76	–	–	–	10,66	–	6,42	15	143	+4
Landsberger Gemenge, i. d. Büte	160	97	148	28	269	458	0	–	71	60	–	10,50	9,86	–	5,86	15	133	+2
Lupine, gelb, süß, i. d. Büte	140	139	202	32	222	405	0	–	69	–	–	8,60	9,62	–	5,75	10	125	+12
Luzerne, 1. Aufwuchs																		
• v. d. Knospe	150	105	254	34	178	429	0	–	75	67	–	11,55	10,54	8,55	6,33	15	154	+16
• i. d. Knospe	170	106	219	31	238	406	0	–	70	62	56	10,51	9,83	(7,58)	5,82	15	141	+12
• Beginn Blüte	200	106	187	29	286	392	0	25	68	59	51	9,92	9,37	6,96	5,49	20	139	+8
Luzerne, 2. u. folg. Aufwüchse																		
• i. d. Knospe	180	97	214	34	247	408	0	40	70	58	–	9,87	9,85	–	5,81	15	141	+12
• Beginn Blüte	210	95	204	31	281	389	0	35	67	53	42	8,89	9,31	–	5,43	20	141	+10

Tab.I. Fortsetzung

Futtermittel	DM g/kg FM	Inhaltsstoffe (g/kg DM)							Verdaulichkeit (DOM) (%)				Energetischer Futterwert (MJ/kg DM)					Proteinkenndaten (Wdk)		
		CA	CP	EE	CF	NfE	STC	SUG	Wdk	Pfd	Schw	Gefl	DE Pfd	ME Wdk	ME Schw	ME Gefl	NEL Wdk	unabgeb. CP %	nutzb. CP g/kg DM	Rum. N-Bilanz g/kg DM

Grünfutter

Mais
• Beginn Kolbenbildung	170	73	104	22	258	543	43	172	72	–	–	–	(10,10)	10,11	–	–	6,04	25	131	– 3
• i. d. Milchreife	210	55	90	21	223	611	120	137	75	65	–	–	11,00	10,70	–	–	6,47	25	136	– 6
• Beginn Teigreife	270	48	86	27	205	634	187	142	73	–	–	–	(11,50)	10,61	–	–	6,39	25	133	– 6
• Ende Teigreife	350	46	81	29	198	646	277	88	73	–	–	–	(12,00)	10,61	–	–	6,38	25	131	– 7

Markstammkohl,
frisch geerntet	120	140	193	30	123	514	0	–	85	–	–	–	–	11,38	–	–	7,07	15	155	+ 6
Raps, v. d. Blüte	110	147	194	37	133	489	0	111	88	–	–	–	–	11,30	–	–	7,00	15	157	+ 6

Roggen, volles
Ährenschieben	170	88	147	35	288	442	0	124	77	60	–	–	10,20	10,79	–	–	6,51	15	142	+ 1

Rotklee, 1. Aufwuchs
• i. d. Knospe	160	100	193	35	213	459	0	–	76	70	–	47	11,80	10,68	–	7,00	6,44	20	152	+ 7
• Beginn Blüte	220	93	161	28	261	457	0	36	70	62	–	–	10,50	9,82	(5,93)	–	5,82	20	138	+ 4
• Ende Blüte	250	89	150	29	296	496	0	–	66	57	–	–	9,70	9,34	–	–	5,47	25	135	+ 2

Rotklee, 2. u. folg. Aufwüchse
• i. d. Knospe	180	102	207	37	209	445	0	–	74	65	–	36	11,20	10,48	–	5,68	6,29	20	152	+ 9
• Beginn Blüte	220	92	177	34	262	435	0	–	68	61	–	–	10,25	9,64	–	–	5,67	20	138	+ 6

Rotklee-Gras-Gemenge, 1. Aufwuchs
• i. d. Knospe	170	102	178	32	223	465	0	–	75	–	–	–	(11,40)	10,52	–	–	6,34	15	143	+ 6
• Beginn Blüte	200	97	155	30	259	459	0	35	72	–	–	–	(10,60)	9,84	–	–	5,84	15	134	+ 3
• Ende Blüte	240	87	134	25	300	454	0	41	70	–	–	–	(9,60)	9,66	–	–	5,70	20	133	0

Weidelgras, deutsches, 1. Aufwuchs
• i. Schossen	160	117	240	44	177	422	0	138	83	71	–	–	12,20	11,56	–	–	7,10	15	162	+12
• volles Ährenschieben	180	115	191	43	221	430	0	108	81	67	–	–	11,30	11,16	–	–	6,81	15	151	+ 6

Weidelgras, deutsches, 2. u. folg. Aufwüchse
• unter 4 Wochen	190	125	175	33	195	472	0	–	(70)	73	–	–	12,50	10,63	–	–	6,42	15	143	+ 5
• 4–6 Wochen	220	103	164	41	235	457	0	109	72	64	–	–	10,80	9,98	–	–	5,93	15	135	+ 5

Futterwerttabellen

Weidelgras, Welsches, 1. Aufwuchs																					
• i. Schossen	160	104	211	36	—	174	475	0	158	85	71	—	40	11,70	11,75	—	6,12	7,25	15	162	+ 8
• volles Ährenschieben	180	113	168	36	—	219	464	0	115	79	64	—	—	10,70	10,60	—	—	6,41	15	145	+ 4
Weidelgras, Welsches, 2. u. folg. Aufwüchse																					
• 4–6 Wochen	210	107	205	33	—	229	426	0	102	76	63	—	—	10,20	10,47	—	—	6,29	15	147	+ 9
Weißklee																					
• i. d. Blüte	130	117	229	32	—	188	434	0	—	80	71	—	48	12,50	11,05	—	7,82	6,74	20	163	+11
Zuckerrübenblätter, sauber	160	166	159	21	—	108	546	0	220	82	—	—	—	11,50	10,48	—	—	6,47	15	141	+ 3

Grünfutter-Silage

Gerste, i. d. Teigreife (GPS)	450	59	97	21	—	227	596	268	10	—	67	—	—	11,30	9,58	—	—	5,65	20	124	− 3
Grünland, 4 u. mehr Nutzungen, grasreich, (untergrasbetont), 1. Aufwuchs																					
• Beginn Ähren-/Rispenschieben	350	111	184	42	—	214	449	0	—	79	—	—	—	—	10,85[4]	—	—	6,58[4]	15	147	+ 6
• volles Ähren-/Rispenschieben	350	106	167	41	—	247	439	0	—	71	—	—	—	—	9,96	—	—	5,92	15	134	+ 5
Grünland, 4 u. mehr Nutzungen, grasreich, (untergrasbetont), 2. u. folg. Aufwüchse																					
• unter 4 Wochen	350	143	186	42	—	213	416	0	27	71	—	—	—	—	9,92	—	—	5,93	15	136	+ 8
• 4–6 Wochen	350	113	161	42	—	246	438	0	27	66	—	—	—	—	9,73	—	—	5,76	15	131	+ 5
Grünland, 2–3 Nutzungen, grasreich, (obergrasbetont), 1. Aufwuchs																					
• Beginn Ähren-/Rispenschieben	350	108	165	44	—	221	462	0	16	79	—	—	—	—	11,09	—	—	6,69	15	145	+ 3
• volles Ähren-/Rispenschieben	350	107	148	40	—	264	441	0	—	71	—	—	—	—	9,91	—	—	5,89	15	132	+ 3
Grünland, 2–3 Nutzungen, grasreich, (obergrasbetont), 2. u. folg. Aufwüchse																					
• unter 4 Wochen	350	119	175	47	—	219	440	0	38	72	—	—	—	—	10,04	—	—	5,98	15	135	+ 6
• 4–6 Wochen	350	113	157	41	—	260	429	0	44	70	—	—	—	—	9,62	—	—	5,68	15	130	+ 4
Grünland, 2–3 Nutzungen, klee- u. kräuterreich, 1. Aufwuchs																					
• Beginn Ähren-/Rispenschieben	350	115	171	46	—	212	456	0	—	81	—	—	—	—	10,75[4]	—	—	6,51[4]	15	148	+ 4
• volles Ähren-/Rispenschieben	350	113	158	43	—	245	441	0	—	78	—	—	—	—	10,62	—	—	6,41	15	142	+ 3
Grünland, 2–3 Nutzungen, klee- u. kräuterreich, 2. u. folg. Aufwüchse																					
• unter 4 Wochen	350	122	183	40	—	206	445	0	—	76	—	—	—	—	10,43	—	—	6,28	15	142	+ 7
• 4–6 Wochen	350	119	163	40	—	242	436	0	—	72	—	—	—	—	9,80	—	—	5,82	15	133	+ 5

Tab. I. Fortsetzung

Futtermittel	DM g/kg FM	Inhaltsstoffe (g/kg DM)							Verdaulichkeit (DOM) (%)				Energetischer Futterwert (MJ/kg DM)					Proteinkenndaten (Wdk)		
		CA	CP	EE	CF	NfE	STC	SUG	Wdk	Pfd	Schw	Gefl	DE Pfd	ME Wdk	Schw	Gefl	NEL Wdk	unabgeb. CP %	nutzb. CP g/kg DM	Rum. N-Bilanz g/kg DM

Grünfutter-Silage

Grünland, 1–2 Nutzungen, (späte 1. Nutzung), grasreich, 2. Aufwuchs
- über 7 Wochen | 350 | 133 | 116 | 17 | 288 | 446 | 0 | – | 49 | – | – | – | – | 6,41 | – | – | 3,55 | 15 | 90 | + 4

Grünland, 1–2 Nutzungen, (späte 1. Nutzung), klee- u. kräuterreich, 1. Aufwuchs
- Nutzungszeitraum: Ende Juni/Anf. Juli | 350 | 70 | 124 | 23 | 272 | 511 | 0 | – | 55 | – | – | – | – | 7,71 | – | – | 4,35 | 15 | 106 | + 3

Grünland, 1–2 Nutzungen, (späte 1. Nutzung), klee- u. kräuterreich, 2. Aufwuchs
- über 7 Wochen | 350 | 100 | 161 | 37 | 259 | 443 | 0 | – | 60 | – | – | – | – | (8,38) | – | – | 4,81 | 15 | 117 | + 7

Hafer, i. d. Teigreife (GPS) | 400 | 61 | 92 | 40 | 269 | 538 | 198 | 3 | 61 | 58 | – | – | 10,00 | (9,00) | – | – | (5,21) | 20 | 114 | – 2

Landsberger Gemenge
i. d. Blüte | 350 | 109 | 144 | 40 | 289 | 418 | 0 | – | 71 | 56 | – | – | 9,30 | 9,90 | – | – | 5,88 | 15 | 130 | + 2

Luzerne, 1. Aufwuchs
- v. d. Knospe | 350 | 134 | 211 | 45 | 187 | 423 | 0 | – | 71 | 66 | – | – | 11,10 | 10,05 | – | – | 6,00 | 15 | 137 | +12
- i. d. Knospe | 350 | 118 | 207 | 39 | 254 | 382 | 0 | 1 | 66 | 61 | – | – | 10,20 | 9,28 | – | – | 5,43 | 15 | 132 | +12

Luzerne, 2. u. folg. Aufwüchse
- i. d. Knospe | 350 | 101 | 204 | 31 | 269 | 395 | 0 | 1 | (65) | 57 | – | – | 9,39 | (9,04) | – | – | (5,25) | – | – | –
- Beginn Blüte | 350 | 111 | 213 | 48 | 293 | 335 | 0 | – | 62 | 52 | – | – | 8,49 | (8,95) | – | – | (5,17) | 20 | 135 | +13

Mais
- Beginn Teigreife | 270 | 52 | 88 | 33 | 212 | 615 | 203 | 13 | 72 | – | – | – | 11,40 | 10,51 | – | – | 6,31 | 25 | 131 | – 6
- Ende Teigreife | 350 | 45 | 81 | 32 | 201 | 641 | 286 | 15 | 73 | – | – | – | (12,00) | 10,70 | – | – | 6,45 | 25 | 131 | – 7

Rotklee, 1. Aufwuchs
- i. d. Knospe | 350 | 118 | 182 | 44 | 234 | 422 | 0 | – | 72 | 65 | – | – | 10,90 | 10,10 | – | – | 6,03 | 20 | 142 | + 6
- Beginn Blüte | 350 | 100 | 155 | 40 | 277 | 428 | 0 | – | 68 | 58 | – | – | 9,70 | 9,49 | – | – | 5,58 | 20 | 132 | + 4

Rotklee-Gras-Gemenge, 1. Aufwuchs
- i. d. Knospe | 350 | 92 | 173 | 45 | 246 | 444 | 0 | – | 76 | – | – | – | (11,10) | 10,83 | – | – | 6,55 | 15 | 145 | + 5

Zuckerrübenblätter, sauber | 160 | 171 | 149 | 34 | 159 | 487 | 0 | 16 | 76 | – | – | – | (10,70) | 9,71 | – | – | 5,86 | 15 | 130 | + 3

Heu

Kategorie																
Grünland, 4 u. mehr Nutzungen, grasreich, (untergrasbetont), 1. Aufwuchs																
• volles Ähren-/Rispenschieben	860	79	126	26	275	494	0	–	72	–	10,13	–	6,05	20	136	0
Grünland, 4 u. mehr Nutzungen, grasreich, (untergrasbetont), 2. u. folg. Aufwüchse																
• unter 4 Wochen	860	94	165	32	238	471	0	–	73	–	10,23	–	6,12	20	142	+ 4
• 4–6 Wochen	860	94	142	31	273	460	2	–	68	–	9,40	–	5,52	20	131	+ 2
Grünland, 2–3 Nutzungen, grasreich, (obergrasbetont), 1. Aufwuchs																
• volles Ähren-/Rispenschieben	860	78	106	24	294	498	0	81	65	–	9,11	–	5,32	20	121	– 1
Grünland, 2–3 Nutzungen, grasreich, (obergrasbetont), 2. u. folg. Aufwüchse																
• unter 4 Wochen	860	96	151	31	251	471	0	–	70	–	9,66	–	5,71	20	135	+ 3
• 4–6 Wochen	860	95	133	30	284	458	0	–	66	–	9,05	–	5,28	20	125	+ 1
Grünland, 2–3 Nutzungen, klee- u. kräuterreich, 1. Aufwuchs																
• volles Ähren-/Rispenschieben	860	90	123	26	275	486	0	–	68	–	9,41	–	5,54	20	127	0
Grünland, 2–3 Nutzungen, klee- u. kräuterreich, 2. u. folg. Aufwüchse																
• unter 4 Wochen	860	102	171	37	231	459	0	–	69	–	9,61	–	5,67	20	137	+ 5
• 4–6 Wochen	860	103	147	35	265	450	0	–	66	–	9,06	–	5,28	20	128	+ 3
Grünland, 1–2 Nutzungen (späte 1. Nutzung), grasreich, 1. Aufwuchs																
• Nutzungszeitraum: Ende Juni/Anf. Juli	860	67	97	20	301	515	0	84	61	–	8,44	–	4,85	20	113	– 2
Grünland, 1–2 Nutzungen (späte 1. Nutzung), klee- u. kräuterreich, 1. Aufwuchs																
• Nutzungszeitraum: Ende Juni/Anf. Juli	860	84	92	22	297	505	0	87	64	–	8,84	–	5,14	20	116	– 3
Luzerne, 1. Aufwuchs																
• i. d. Knospe	860	98	192	22	276	412	0	–	64	62	10,39	8,92	5,18	25	141	+ 8
• Beginn Blüte	860	88	165	20	326	401	0	–	61	59	9,97	8,51	4,89	25	131	+ 5
Luzerne, 2. u. folg. Aufwüchse																
• i. d. Knospe	860	101	181	20	279	419	0	–	60	65	10,87	8,31	4,77	25	133	+ 8
Rotklee, 1. Aufwuchs																
• i. d. Knospe	860	96	157	24	258	465	0	–	67	64	10,41	9,37	5,51	25	137	+ 3
• Beginn Blüte	860	95	155	26	300	424	0	–	66	55	9,22	9,01	5,25	25	134	+ 3
• Ende Blüte	860	88	134	21	336	421	0	–	63	50	8,45	8,73	5,05	30	130	+ 1
Rotklee-Gras-Gemenge, 1. Aufwuchs																
• i. d. Knospe	860	94	136	26	260	484	0	–	71	–	(9,80)	9,85	5,86	20	134	0
• Beginn Blüte	860	84	139	25	300	452	0	–	68	–	(9,40)	9,51	5,59	20	132	+ 1

Tab. I. Fortsetzung

Futtermittel	DM g/kg FM	Inhaltsstoffe (g/kg DM)							Verdaulichkeit (DOM) (%)				Energetischer Futterwert (MJ/kg DM)					Proteinkenndaten (Wdk)			
		CA	CP	EE	CF	NfE	STC	SUG	Wdk	Pfd	Schw	Gefl	DE Pfd	ME Wdk	ME Schw	ME Gefl	NEL Wdk	unabgeb. CP %	nutzb. CP g/kg DM	Rum. N-Bilanz g/kg DM
Trockengrün																				
Grasgrünmehl	900	111	197	46	209	437	0	92	76	73	51	–	10,70	10,69	6,63	5,56	6,44	40	177	+3
Kleegrünmehl	900	118	209	35	204	434	0	–	74	64	54	–	10,60	10,30	7,17	–	6,18	40	179	+5
Luzernegrünmehl	900	118	218	35	222	407	0	53	70	60	53	–	9,96	9,61	6,80	5,86	5,67	45	184	+5
Stroh																				
Erbsen	860	86	94	18	409	393	0	–	48	48	–	–	8,00	6,57	–	–	3,62	30	96	0
Gerste	860	59	39	16	442	444	0	7	50	38	–	–	6,28	6,80	–	–	3,76	45	82	–6
Hafer	860	66	35	15	440	444	0	14	50	41	–	–	6,67	6,74	–	–	3,73	40	80	–6
Roggen	860	58	37	13	472	420	0	8	44	41	–	–	6,87	6,00	–	–	3,25	45	74	–5
Weizen	860	78	37	13	429	443	0	–	47	33	–	–	5,52	6,37	–	–	3,50	45	76	–5
Wurzeln und Knollen																				
Kartoffeln																				
• roh	220	59	96	4	27	814	710	31	92	88	85	–	14,49	13,08	11,66	–	8,44	20	162	–10
• gedämpft	220	63	98	5	29	805	657	6	84	87	93	88	14,36	(11,99)	14,98	13,16	(7,56)	15	150	–7
Gehaltvolle Futterrübe	150	83	77	7	64	769	0	614	89	85	90	–	13,53	11,96	12,46	–	7,57	20	149	–11
Massenrübe	120	101	89	9	69	732	0	537	89	85	82	–	13,18	11,96	(11,54)	–	7,60	20	150	–9
Zuckerrübe	230	47	62	3	54	834	0	696	89	–	91	–	–	12,56	13,00	–	8,01	20	152	–13
Maniokmehl, nicht geschält	880	58	29	7	59	847	671	30	–	85	91	–	14,40	11,95	14,53	14,09	7,55	30	132	–15
Maniokmehl, • schnitzel, geschält	880	40	26	7	36	891	760	32	85	85	93	–	13,90	12,40	15,32	14,81	7,89	30	133	–16

Körner und Samen

Ackerbohne (var. minor)	880	39	298	16	89	558	422	41	91	85	81	72	15,46	13,62	14,39	12,22	8,53	15	195	+17
Buchweizen																				
• intakt	880	27	132	27	131	683	–	11	(70)	67	77	71	11,99	10,47	(12,86)	12,35	(6,24)	15	136	0
• geschält	880	20	143	32	15	790	–	–	(75)	–	93	86	–	12,08	(15,75)	15,31	–	–	–	–
Erbse (*Pisum sativum*)	880	34	251	15	67	633	478	61	90	80	89	74	14,57	13,48	15,49	13,39	8,34	15	187	+10
Gerste (Sommer)	880	27	119	23	52	779	604	24	87	83	83	78	14,60	12,93	14,41	13,55	8,16	25	165	– 6
Gerste (Winter)	880	27	124	27	57	765	599	18	85	82	83	76	14,59	12,84	14,35	15,00	8,08	25	164	– 5
Hafer	880	53	121	53	116	677	452	16	74	71	70	65	13,09	11,48	12,75	11,56	6,97	15	140	– 2
Leinsamen	880	47	249	366	71	267	0	30	83	67	60	–	15,98	(17,34)	(13,15)	20,01	(10,75)	15	122	+20
Lupine, gelb, süß	880	49	438	57	168	288	49	64	90	78	87	68	15,48	14,31	14,64	9,57	8,95	20	232	+33
Mais	880	17	106	45	26	806	694	19	86	86	90	87	15,45	13,29	16,01	15,51	8,39	50	164	– 8
Maiskolbenprodukte																				
• Corn-Cob-Mix	880	17	100	40	59	784	613	–	87	–	83	–	(15,10)	13,29	14,87	14,00	8,40	40	161	– 9
• Maiskolbenschrot (ohne Hüllblätter)	880	19	92	36	82	771	588	–	76	–	81	–	–	11,70	14,17	–	7,17	40	144	– 7
• Lieschkolbenschrot (mit Hüllblättern)	880	39	84	26	171	680	422	86	72	80	73	–	13,82	10,61	11,89	–	6,38	40	133	– 7
Milocorn	880	18	117	34	24	807	724	11	86	83	91	87	14,92	13,12	16,02	14,92	8,28	50	169	– 7
Rapssamen („00"-Typ)	880	45	227	444	75	209	0	52	74	–	73	–	–	17,56	19,84	20,95	10,75	20	100	+20
Reis	880	65	93	23	109	710	642	–	–	71	–	–	12,00	(11,69)	–	12,19	(7,26)	40	146	– 7
Roggen	880	21	112	18	27	822	632	68	90	91	89	80	15,97	13,31	15,29	12,78	8,49	15	167	– 8
Sojabohne (dampferhitzt)	880	54	398	203	62	283	57	81	86	79	83	–	18,10	15,88	17,57	15,43	9,90	20	189	+33
Sonnenblumensamen	880	37	191	495	169	108	–	–	76	–	–	–	–	(17,85)	–	16,30	(10,85)	20	96	+15
Sonnenblumensamen, geschält	880	39	240	591	29	101	–	–	–	–	–	–	15,30	–	–	21,33	–	–	–	–
Triticale	880	22	145	18	28	787	640	40	89	87	89	–	15,46	(13,13)	15,46	14,32	(8,32)	15	170	– 3
Weizen (Winter)	880	19	138	20	29	794	662	33	89	87	90	85	15,40	13,37	15,67	14,47	8,51	20	172	– 4

Tab. I. Fortsetzung

Futtermittel	DM g/kg FM	Inhaltsstoffe (g/kg DM)							Verdaulichkeit (DOM) (%)					Energetischer Futterwert (MJ/kg DM)					Proteinkenndaten (Wdk)		
		CA	CP	EE	CF	NfE	STC	SUG	Wdk	Pfd	Schw	Gefl	DE Pfd	ME Wdk	Schw	Gefl	NEL Wdk	unabgeb. CP %	nutzb. CP g/kg DM	Rum. N-Bilanz g/kg DM

Futtermittel aus der industriellen Verarbeitung pflanzlicher Rohstoffe

Baumwollsaatextraktionsschrot
• aus teilentschälter Saat	900	69	412	21	185	313	0	55	69	62	51	–	12,27	10,95	(9,25)	–	6,52	35	243	+27
• aus geschälter Saat	900	69	501	23	96	311	0	76	76	74	82	59	14,76	11,85	(13,78)	10,88	7,15	35	285	+35
Citrustrester	900	62	70	35	132	701	0	243	85	71	83	–	12,20	12,29	10,48	–	6,94	25	145	−11
Erbsenfuttermehl	900	38	237	28	79	618	–	–	–	75	92	–	13,80	–	(16,02)	–	–	15	–	–

Erdnußextraktionsschrot
• aus teilenthülster Saat	920	66	521	15	117	281	79	104	85	–	84	–	–	(13,10)	(14,67)	–	(8,09)	25	261	+42
• aus enthülster Saat	880	65	568	14	57	296	98	116	89	–	87	72	–	13,76	(15,73)	10,98	8,60	25	279	+46
Futterzucker	990	1	1	0	0	998	0	991	96	91	98	–	14,80	(14,15)	(15,16)	16,65	(9,30)	0	–	–
Gerstenflocken	877	15	135	18	20	812	638	23	–	89	94	–	15,70	–	16,25	14,98	–	–	–	–
Gerstenfuttermehl	880	43	151	44	89	673	396	69	76	–	79	–	(13,70)	11,50	13,61	11,49	7,01	25	154	0
Gerstenkleie	890	53	138	45	153	611	148	59	71	61	52	–	10,78	(10,81)	(8,98)	10,30	(6,50)	30	146	0
Gerstenschälkleie	900	67	129	51	207	546	135	104	57	–	43	–	(10,00)	(8,67)	(7,81)	–	(4,97)	30	121	+1
Haferfutterflocken	910	21	139	72	22	746	630	17	86	84	92	–	15,30	(13,64)	17,04	16,26	(8,58)	15	160	−2
Haferfuttermehl	910	25	152	80	59	684	557	17	–	78	84	–	14,10	–	–	15,43	–	15	–	–
Haferschälkleie	910	60	68	29	270	573	167	11	61	44	38	–	7,77	8,65	6,20	7,77	4,99	20	108	−5
Kartoffeleiweiß	910	31	841	17	8	103	0	6	–	–	92	–	17,90	–	18,44	–	–	–	–	–
Kartoffelpülpe	880	31	71	4	216	678	423	2	80	80	80	–	13,77	(11,18)	11,07	–	(6,84)	20	142	−10
Kartoffelpülpe, eiweißr.	890	162	270	9	96	463	153	131	–	72	81	–	11,70	–	(11,23)	–	–	–	–	–
Kartoffelschlempe, getr.	900	142	284	17	106	451	71	13	73	–	72	–	(9,60)	(9,81)	9,22	–	(5,86)	35	194	+14
Maiskleber	900	20	708	52	13	207	146	6	92	80	92	–	17,80	15,27	18,78	15,54	9,52	50	482	+36

Futtermittel																			
Maiskleberfutter																			
• eiweißreich	900	31	497	42	37	393	–	–	79	85	–	15,50	(13,47)	(15,93)	12,84	(8,29)	25	261	+38
• eiweißarm	900	55	189	38	88	630	332	82	73	74	–	13,30	12,57	11,96	8,76	7,84	25	171	+ 3
Melasse	770	105	136	2	0	757	0	89	90	90	–	14,31	12,29	13,28	14,10	7,88	20	160	– 3
Melasseschnitzel	910	85	125	8	143	639	245	88	79	86	–	12,89	11,98	10,44	–	7,53	30	162	– 5
Naßschnitzel	140	65	117	21	237	560	0	84	79	76	–	12,93	11,70	8,03	–	7,23	30	156	– 5
Obsttrester (Apfel), entpectiniert	910	25	82	57	356	480	61	45	–	–	–	–	(6,90)	–	–	(3,77)	40	96	– 1
Obsttrester (Apfel), getr.	920	24	61	46	223	646	–	64	50	–	–	8,56	(10,21)	–	–	(6,04)	40	114	– 7
Obsttrester (Birne), getr.	910	16	45	22	323	594	–	–	–	–	–	–	–	–	–	–	–	–	–
Palmkernex.-Schrot	890	43	188	21	199	549	0	76	67	54	25	12,00	11,20	7,16	5,44	6,77	45	185	0
Preßschmitzel, siliert	220	71	111	11	208	599	0	86	79	79	–	13,19	11,87	8,19	–	7,40	30	157	– 6
Rapsextraktionsschrot „00-Typ"	890	77	399	25	131	368	0	80	68	67	50	12,76	11,99	11,12	9,33	7,31	25	219	+29
Rapskuchen „00"-Typ, 8–12% Fett	900	75	370	101	128	326	0	80	–	–	–	–	13,06	–	–	7,99	30	217	+25
Reisfuttermehl, gelb	900	120	143	167	105	465	240	67	64	76	–	12,30	11,04	14,72	11,67	6,56	40	127	+ 3
Reisfuttermehl, weiß	890	107	145	160	59	529	268	54	73	–	–	13,40	(13,26)	(16,33)	15,53	(8,23)	40	151	0
Roggenfuttermehl	880	36	173	35	37	719	376	–	84	81	–	14,80	(12,37)	13,80	13,42	(7,68)	15	164	+ 1
Roggengrießkleie	880	53	164	37	66	680	208	74	78	72	–	13,70	11,05	10,99	12,67	6,69	15	145	+ 3
Roggenkleie	880	60	163	36	83	658	128	73	68	67	–	12,10	(10,67)	10,09	8,18	(6,42)	15	143	+ 3
Roggennachmehl	880	32	154	32	25	757	472	91	86	–	–	15,30	(13,49)	(15,41)	14,18	(8,59)	15	174	– 2
Roggenschlempe	56	53	431	54	56	406	–	–	–	–	–	–	–	–	–	–	–	–	–
Sojabohnenextraktionsschrot																			
• aus ungeschälter Saat	880	67	510	15	67	341	69	91	86	87	64	16,56	13,75	14,82	11,24	8,63	35	308	+32
• aus geschälter Saat	890	67	548	13	39	333	69	92	86	92	–	16,78	(13,73)	16,21	11,81	(8,59)	35	324	+36
Sonnenblumenextraktionsschrot																			
• aus urgeschälter Saat	880	64	324	25	287	300	0	60	–	–	–	(9,67)	9,27	–	–	5,34	25	173	+24

Tab. I. Fortsetzung

Futtermittel	DM	Inhaltsstoffe							Verdaulichkeit (DOM)				Energetischer Futterwert					Proteinkenndaten (Wdk)		
		CA	CP	EE	CF	NfE	STC	SUG	Wdk	Pfd	Schw	Gefl	DE	ME			NEL	unab- geb. CP	nutzb. CP	Rum. N-Bilanz
	g/kg FM					g/kg DM					%		Pfd	Wdk	Schw	Gefl	Wdk	%	g/kg DM	g/kg DM

Futtermittel aus der industriellen Verarbeitung pflanzlicher Rohstoffe

Sonnenblumenextraktionsschrot

Futtermittel	DM	CA	CP	EE	CF	NfE	STC	SUG	Wdk	Pfd	Schw	Gefl	DE Pfd	ME Wdk	ME Schw	ME Gefl	NEL Wdk	unab. CP %	nutzb. CP g/kg DM	Rum. N-Bilanz g/kg DM
• aus teilentschälter Saat	900	70	379	24	223	304	0	68	65	–	72	–	(12,40)	10,24	(11,99)	–	6,02	25	193	+30
• aus geschälter Saat	910	79	439	20	135	327	0	103	80	70	–	66	13,70	11,88	–	10,01	7,22	25	229	+33
Traubentrester	900	69	136	72	248	475	0	28	31	–	–	–	–	5,36	–	–	2,84	40	93	+7
Trockenschnitzel	900	54	99	9	205	633	0	68	86	79	82	–	13,11	11,93	9,04	–	7,43	45	156	–8
Weizenfuttermehl	880	43	192	53	52	660	386	62	85	79	82	–	14,01	(13,07)	14,21	13,09	(8,18)	20	173	+3
Weizengrießkleie	880	56	175	49	97	623	223	67	74	70	71	–	12,65	11,17	11,74	9,38	6,76	20	151	+4
Weizenkleber	910	13	813	14	5	155	0	–	95	92	97	–	20,64	15,63	(19,67)	14,58	9,81	20	322	+79
Weizenkleberfutter	900	54	167	40	65	674	244	109	80	75	75	–	13,40	12,03	(12,69)	9,48	7,43	15	155	+2
Weizenkleie	880	65	160	43	134	598	149	64	67	62	58	–	11,03	9,92	9,47	7,94	5,86	25	140	+3
Weizennachmehl	880	37	192	51	33	687	504	60	87	83	90	–	15,00	(13,52)	16,18	14,22	(8,53)	20	177	+2
Weizenschlempe, getr. (aus Bioethanolanlage; SPIEKERS et al. 2006; WEBER 2007)	920	55	382	61	75	416	27	35	–	–	68	–	–	12,1	12,1	–	7,3	40	269	18,1

Futtermittel auf mikrobieller Basis

Futtermittel	DM	CA	CP	EE	CF	NfE	STC	SUG	Wdk	Pfd	Schw	Gefl	DE Pfd	ME Wdk	ME Schw	ME Gefl	NEL Wdk	unab. CP %	nutzb. CP g/kg DM	Rum. N-Bilanz g/kg DM
Bakterieneiweiß	920	94	783	81	6	36	0	0	93	–	83	–	–	(14,84)	16,66	14,31	(9,20)	40	434	+56
Bierhefe	900	81	521	16	25	357	0	13	84	78	85	–	15,00	(12,40)	(13,82)	12,80	(7,61)	40	324	+32
Sulfitablaugenhefe	910	84	502	36	31	347	0	5	78	77	78	75	14,80	12,27	12,59	11,65	7,48	40	307	+31

Futterwerttabellen 323

Futtermittel tierischer Herkunft

Futtermittel																				
Buttermilch, frisch	85	78	372	69	0	481	0	432	96	90	94	–	17,50	14,48	–	13,65	9,22	5	180	+31
Kolostralmilch, 1. Tag	143	62	421	262	0	255	0	255	97	–	–	–	–	–	–	–	–	–	–	–
Magermilch • frisch	85	82	368	11	0	539	0	546	96	89	96	–	16,20	13,94	15,77	–	8,96	5	179	+30
• getrocknet	960	83	365	5	0	547	0	512	96	89	96	–	16,10	13,75	15,78	12,22	8,82	5	179	+30
Molke • frisch	60	78	135	23	0	764	0	731	–	89	93	–	15,00	–	14,05	–	–	–	–	–
• milchsauer, frisch	60	113	152	13	0	722	0	610	–	–	92	–	14,60	–	13,69	–	–	–	–	–
Vollmilch • frisch	140	54	264	321	0	361	0	362	97	–	96	–	–	(19,31)	22,27	–	(12,47)	5	128	+22
Fischmehl • 65–70 % CP, über 3 % EE	910	177	695	102	8	18	0	3	88	–	87	–	–	13,98	16,41	14,68	8,69	60	504	+31
• 60–65 % CP, über 3 % EE	910	229	637	95	13	26	0	0	88	–	85	–	–	12,86	15,81	13,71	7,97	60	464	+28
Fischpreßsaft, getr.	940	154	754	61	4	27	0	0	92	–	96	–	–	(13,10)	(18,52)	13,11	(8,03)	45	455	+48

Nebenprodukte der Backwarenindustrie

Futtermittel																				
• Brotabfälle	800	22	121	17	19	821	666	47	96	–	–	–	–	(14,35)	–	–	(9,34)	10	177	–8
• Keksabfälle	920	11	97	148	13	731	0	169	96	–	–	–	–	(16,07)	–	–	(10,36)	10	160	–9
• Knäckebrot-abfälle	930	26	121	24	16	813	574	51	96	–	–	–	–	(14,36)	–	–	(9,35)	10	176	–8
• Teigwarenabfälle	880	14	162	26	3	795	735	36	96	–	–	–	–	(14,54)	–	–	(9,42)	10	183	–2

[1] Quellen:
- DLG-Futterwerttabellen (Herausgeber: Universität Hohenheim – Dokumentationsstelle) Wiederkäuer (7. erw. u. überarb. Auflage, 1997), Schweine (6. erw. u. überarb. Auflage, 1991), Pferde (3. erw. u. überarb. Auflage, 1985), DLG-Verlag, Frankfurt am Main.
- Jahrbuch für die Geflügelwirtschaft 1997 (Herausgeber: J. Petersen), Verlag Eugen Ulmer, Stuttgart, 1997.
- European Table of Energy Values for Poultry Feedstuffs. Subc. Energy of the Working Group nr. 2 Nutrition of the European Federation of the WPSA, 3rd Edition 1989.
- Workshop „Unkonventionelle Futtermittel", 10.–11. April 1996, FAL Braunschweig-Völkenrode.
- Autorenkollektiv: DDR-Futterbewertungssystem, 5. völlig neu gefaßte Auflage, 1986, VEB Deutscher Landwirtschaftsverlag, Berlin.
- JEROCH, H., FLACHOWSKY, G. und F. WEISSBACH (Herausgeber). Futtermittelkunde. Gustav Fischer Verlag, Jena, Stuttgart, 1993.

[2] Keine Daten verfügbar.
[3] Unsichere bzw. geschätzte Werte.
[4] Gehalte an umsetzbarer Energie und Nettoenergie-Laktation sind, soweit möglich, mit Hilfe von Regressionsgleichungen berechnet.

Tab. II. Aminosäuren-Zusammensetzung ausgewählter Futtermittel sowie praecaecale Rohprotein- und Aminosäurenverdaulichkeit (Schwein)[1]

Futtermittel	CP g/kg DM	Aminosäure (g/kg DM)						Aminosäure (% im CP)						Standardisierte praecaecale Verdaulichkeit (%)					
		Lys	Met	Cys	Met+Cys	Thr	Trp	Lys	Met	Cys	Met+Cys	Thr	Trp	CP	Lys	Met	Cys	Thr	Trp
Trockengrün																			
Grasmehl	191	8,0	2,8	1,7	4,5	7,5	3,5	4,1	1,5	0,9	2,4	3,9	1,6	2	–	–	–	–	–
Luzernegrünmehl	181	7,5	2,4	1,8	4,2	6,8	2,7	4,1	1,3	1,0	2,3	3,8	1,4	–	–	–	–	–	–
Knollen																			
Tapioka	31	1,3	0,3	0,3	0,8	1,0	0,3	3,8	1,1	1,2	2,4	3,1	1,0	–	–	–	–	–	–
Kartoffelschalen	154	8,0	2,2	1,8	4,0	5,8	1,6	5,2	1,4	1,2	2,6	3,8	1,0	–	–	–	–	–	–
Körner und Samen																			
Ackerbohne	301	18,4	2,2	3,5	5,7	10,5	2,6	6,1	0,7	1,2	1,9	3,5	0,9	77	82	61	68	75	71
Felderbse	246	17,3	2,2	3,5	5,7	9,1	2,2	7,1	0,9	1,4	2,3	3,7	0,9	79	84	73	66	75	70
Gerste	123	4,4	2,0	2,6	4,7	4,1	1,5	3,6	1,6	2,2	3,8	3,4	1,3	73	73	82	79	76	76
Hafer	121	4,9	1,9	3,5	5,6	4,1	1,7	4,0	1,6	2,9	4,6	3,3	1,4	88	95	88	82	90	–
Lupine, blau	324	15,0	2,0	4,3	6,4	10,9	2,6	4,7	0,6	1,4	2,0	3,4	1,0	85	84	81	91	83	85
Lupine, gelb	361	16,3	2,0	4,8	6,8	11,9	3,0	4,5	0,6	1,3	1,9	3,3	0,8	85	84	81	91	83	85
Lupine, weiß	381	18,2	2,5	6,7	9,2	13,3	3,0	4,8	0,7	1,8	2,4	3,5	0,8	85	84	81	91	83	85
Mais	95	2,8	1,9	2,0	4,0	3,4	0,7	3,0	2,0	2,2	4,2	3,6	0,8	82	79	85	86	83	82
Maiskolben-produkt (Corn-Cob- Mix)	105	2,7	2,0	2,2	4,2	3,6	0,7	2,6	2,0	2,0	4,0	3,6	0,7	–	–	–	–	–	–
Milocorn	103	2,3	1,8	1,9	3,8	3,4	1,1	2,3	1,8	1,9	3,6	3,3	1,1	–	–	–	–	–	–
Rapssaat	219	13,0	4,3	5,2	9,5	9,8	3,1	6,0	2,0	2,4	4,4	4,5	1,4	–	–	–	–	–	–
Reis	97	3,4	2,5	2,2	4,7	3,3	1,3	3,6	2,6	2,3	4,8	3,5	1,3	–	–	–	–	–	–
Roggen	106	3,9	1,7	2,5	4,1	3,4	1,1	3,6	1,6	2,3	3,9	3,3	1,1	–	–	–	–	–	–
Sojabohne	408	24,9	5,5	6,3	11,7	15,9	5,5	6,1	1,3	1,5	2,9	3,9	1,4	76	80	78	75	76	74
Triticale	129	4,1	2,0	2,8	4,9	4,0	1,4	3,3	1,6	2,3	3,9	3,1	1,1	84	84	88	87	81	77
Weizen	142	3,8	2,2	3,2	5,3	4,0	1,7	2,7	1,5	2,2	3,7	2,8	1,2	90	88	88	92	90	88
Nebenprodukte der Müllerei																			
Weizenkleie	180	6,9	2,6	3,6	6,3	5,7	2,6	3,8	1,4	2,0	3,5	3,2	1,5	72	71	77	68	66	–
Weizennachmehl	188	7,5	2,7	3,9	6,6	6,0	2,7	4,0	1,5	2,0	3,5	3,2	1,5	76	81	83	–	74	85

Futterwerttabellen

Nebenprodukte der Stärkeindustrie																			
Kartoffeleiweiß	856	65,3	18,6	12,0	30,7	48,6	12,3	7,6	2,2	1,4	3,6	5,7	1,4	–	–	–	–	–	–
Maiskleber (CP 60%)	689	11,1	16,6	12,0	28,8	22,8	3,6	1,6	2,4	1,8	4,2	3,3	0,5	90	77	–	–	71	76
Maiskleberfutter	235	7,4	3,8	4,8	8,5	8,5	1,3	3,1	1,6	2,0	3,6	3,6	0,5	–	–	–	–	–	–
Weizenkleber	863	13,0	12,7	17,8	30,6	20,8	8,0	1,5	1,5	2,1	3,5	2,4	0,9	–	–	38	–	–	–
Weizenkleberfutter	169	4,8	2,4	3,4	5,8	5,3	2,2	4,3	1,4	2,1	3,5	3,1	1,3	–	–	–	–	–	–
Nebenprodukte der Brauerei und Brennerei																			
Bierhefe, getr.	483	31,7	7,3	4,9	12,3	22,3	6,1	6,6	1,5	1,0	2,5	4,6	1,2	–	–	–	–	–	–
Weizenschlempe, getr.	379	8,4	5,8	7,5	13,3	11,4	3,8	2,2	1,5	2,0	3,5	3,0	1,0	–	69	67	67	82	–
Nebenprodukte der Ölindustrie																			
Baumwollsaatex.-Schrot	518	19,8	7,3	8,3	15,5	15,7	6,4	3,8	1,4	1,6	3,0	3,0	1,2	77	64	77	65	71	69
Erdnussex.-Schrot	522	16,6	5,3	6,7	12,0	13,5	5,1	3,2	1,0	1,3	2,3	2,6	1,0	83	78	85	77	77	76
Palmkernex.-Schrot	160	4,5	3,0	1,9	4,9	4,8	1,3	2,9	1,9	1,2	3,1	3,0	0,8	–	–	–	–	–	–
Rapsex.-Schrot	408	20,0	7,8	9,7	17,5	17,2	5,5	4,9	1,9	2,4	4,3	4,2	1,3	71	73	82	72	69	68
Sojaex.-Schrot (CP 44%)	498	30,0	6,7	7,4	14,0	19,4	6,7	6,0	1,3	1,5	2,8	3,9	1,4	82	87	88	79	80	86
Sojaex.-Schrot (CP 48%)	541	33,1	7,3	8,0	15,2	21,3	7,4	6,1	1,3	1,5	2,8	3,9	1,4	82	87	88	79	80	86
Sonnenblumenex.-Schrot (CP > 42%)	521	16,6	10,0	8,8	18,6	17,4	7,0	3,2	1,9	1,7	3,6	3,4	1,3	77	77	86	81	77	–
Futtermittel auf mikrobieller Basis																			
Melassehefe	471	33,0	–	10,4	–	–	–	7,0	–	2,2	–	–	–	–	–	–	–	–	–
Molkenhefe	460	32,7	–	13,8	–	–	–	7,1	–	3,0	–	–	–	–	–	–	–	–	–
Sulfitablaugenhefe	469	34,2	–	11,7	–	–	–	7,3	–	2,5	–	–	–	–	–	–	–	–	–

Tab. II. Fortsetzung

Futtermittel	CP g/kg DM	Aminosäure (g/kg DM)						Aminosäure (% im CP)						Standardisierte praecaecale Verdaulichkeit (%)					
		Lys	Met	Cys	Met+Cys	Thr	Trp	Lys	Met	Cys	Met+Cys	Thr	Trp	CP	Lys	Met	Cys	Thr	Trp
Futtermittel tierischer Herkunft																			
Trockenmagermilch	357	26,7	8,5	3,5	11,9	15,9	5,8	7,5	2,4	1,0	3,4	4,5	1,5	–	–	–	–	–	–
Trockenmolke	127	9,5	1,8	2,6	4,4	7,5	1,9	7,4	1,4	2,1	3,5	5,9	1,5	82	77	90	90	88	–
Fischmehl (<60%)	581	36,3	13,6	4,7	18,4	21,8	5,4	6,2	2,4	0,8	3,2	3,7	0,9	83	87	88	59	88	79
Fischmehl (>60%)	729	52,3	19,5	6,5	25,9	29,1	7,4	7,2	2,7	0,9	3,5	4,0	1,0	83	87	88	59	88	79

[1] Quellen
– AMINODAT® 3.0, Degussa, 2006.
– JEROCH, H., FLACHOWSKY, G. und F. WEISSBACH (Herausgeber): Futtermittelkunde. Gustav Fischer Verlag, Jena und Stuttgart, 1993.
– Ausschuss für Bedarfsnormen der GfE: Standardised precaecal digestibility of amino acids in feedstuffs for pigs – methods and concepts. Proc. Soc. Nutr. Physiol. 2005, 14, 185–205.

[2] Keine Angaben verfügbar

Tab. III. Mineralstoffgehalt von Futtermitteln[1]

Futtermittel	DM	CA	Ca	P	verd. P (Schwein)	Nicht-Phytin-P	Mg	Na
	g/kg FM			g/kg DM				
Grünfutter								
Ackerbohne, i. d. Blüte	160	98	15,5	3,5	[2]	–	3,3	0,9
Futtererbse	150	105	16,2	3,3	–	–	3,2	0,4
Hafer, i. Schossen	170	101	4,4	3,1	–	–	1,7	1,0
Klee, persischer, i. d. Blüte	190	132	16,9	3,5	1,8	–	2,0	1,4
Knaulgras, i. Schossen	220	72	6,3	2,7	–	–	1,6	1,5
Landsberger Gemenge,								
• Beginn d. Blüte	160	103	8,6	3,0	–	–	1,8	0,4
Lupine, gelb, süß, i. d. Blüte	140	94	10,2	2,6	–	–	2,3	–
Luzerne, 1. Aufwuchs								
• i. d. Knospe	170	111	18,9	3,0	1,5	–	3,2	0,5
• i. d. Blüte	200	109	20,9	2,8	–	–	2,7	1,0
• Ende d. Blüte	230	101	16,7	2,6	–	–	2,1	2,4
Luzerne, 2. u. folg. Aufwüchse								
• i. d. Blüte	210	108	18,7	2,8	–	–	2,7	0,7
Mais								
• i. d. Teigreife	270	49	3,8	2,4	–	–	1,8	0,1
Markstammkohl, frühgeerntet	110	146	19,7	3,5	–	–	2,0	1,7
Raps, v. d. Blüte	110	153	16,8	4,6	–	–	2,5	1,3
Roggen, v. d. Ährenschieben	170	96	4,1	4,1	–	–	2,0	1,3
Rotklee, 1. Aufwuchs								
• i. d. Knospe	160	18	16,2	2,9	–	–	3,6	0,4
• i. d. Blüte	220	91	15,3	2,5	1,2	–	3,6	0,4
Rotklee, 2. u. folg. Aufwüchse								
• i. d. Knospe	180	99	17,1	2,8	–	–	3,6	–
• i. d. Blüte	220	89	17,3	3,0	–	–	4,0	–
Rotklee-Gras-Gemenge, 1. Aufwuchs								
• i. d. Knospe	170	95	13,4	3,2	1,6	–	1,3	–
• i. d. Blüte	200	83	13,0	6,1	–	–	2,4	–
Sonnenblumen								
• Beginn d. Blüte	120	154	15,0	2,4	–	–	4,1	0,4
Weide, 1. Aufwuchs								
• im Ähren-/Rispenschieben	190	86	6,6	3,9	–	–	1,9	1,2
Weißklee, i. d. Knospe	130	118	14,7	3,3	–	–	2,8	2,0
Weizen, vor/im Ährenschieben	210	82	2,6	2,3	–	–	1,3	2,3
Weidelgras, Deutsches, 1. Aufwuchs								
• i. Schossen	190	115	5,9	3,3	1,6	–	1,6	1,8
• i. d. Blüte	210	97	5,1	3,2	–	–	1,6	2,5
Weidelgras, Welsches, 1. Aufwuchs								
• i. Ährenschieben	180	119	6,5	3,4	–	–	1,4	1,2
Wiese, 1. Schnitt								
• i. Ähren-/Rispenschieben	180	95	6,8	3,7	–	–	2,2	0,6
• i. d. Blüte	210	85	9,1	2,7	–	–	1,9	0,6
Wiese, 2. u. folg. Schnitte								
• i. Schossen	200	101	9,1	3,9	–	–	2,7	1,0
Zuckerrübenblätter, sauber	160	165	12,4	2,5	1,2	–	4,8	9,4
Grünfutter-Silage								
Mais, i. d. Teigreife	270	52	3,9	2,6	–	–	2,3	0,4
Roggen, i. Schossen	170	126	4,5	3,5	–	–	1,5	0,6

Tab. III. Fortsetzung

Futtermittel	DM	CA	Ca	P	verd. P (Schwein)	Nicht-Phytin-P	Mg	Na
	g/kg FM			g/kg DM				
Grünfutter-Silage								
Rotklee, 1. Aufwuchs								
• i. d. Knospe	350	122	15,4	2,7	1,4	–	2,1	–
• i. d. Blüte	350	125	14,7	3,2	–	–	–	–
Rotklee-Gras-Gemenge, 1. Aufwuchs								
• i. d. Knospe	350	113	10,9	3,3	1,4	–	1,7	0,5
Weide, 1. Aufwuchs								
• i. Schossen	350	108	9,5	3,8	–	–	2,4	1,2
Weide, 2. u. folg. Aufwüchse								
• i. Schossen	350	120	11,1	3,9	–	–	–	–
Wiese, 1. Schnitt								
• i. Schossen	350	112	6,6	3,3	–	–	1,6	1,3
Wiese, 2. u. folg. Schnitte								
• i. Schossen	350	110	7,7	3,4	–	–	1,8	1,2
Zuckerrübenblätter, sauber	160	168	12,9	2,4	1,2	–	4,1	6,4
Heu								
Luzerne, 1. Aufwuchs								
• i. d. Knospe	860	100	16,9	3,1	–	–	3,1	0,8
• i. d. Blüte	860	85	15,7	2,7	–	–	2,3	0,4
Luzerne, 2. u. folg. Aufwüchse								
• i. d. Knospe	860	95	18,3	3,1	–	–	3,9	2,3
Rotklee, 1. Aufwuchs								
• i. d. Knospe	860	111	18,8	2,5	–	–	3,2	0,8
• i. d. Blüte	860	89	15,4	2,6	–	–	3,7	0,4
Rotklee-Gras-Gemenge, 1. Aufwuchs								
• i. d. Blüte	860	84	10,8	2,7	–	–	1,8	0,13
Weide, 1. Aufwuchs	860	77	5,9	2,8	–	–	1,6	0,6
Weide, 2. u. folg. Aufwüchse	860	76	7,0	3,4	–	–	1,9	0,7
Wiese, 1. Schnitt								
• i. Ähren-/Rispenschieben	860	80	9,1	2,8	–	–	2,1	0,6
• i. d. Blüte	860	80	7,2	2,7	–	–	2,0	0,75
Wiese, 2. u. folg. Schnitte								
• i. Schossen	860	109	11,4	3,1	–	–	2,9	0,8
• i. d. Blüte	860	90	9,5	3,1	–	–	1,7	0,4
Trockengrün								
Luzerne, Beginn Blüte	930	117	20,2	3,2	1,6	–	3,2	19
Rotklee, Beginn Blüte	930	116	11,0	2,8	1,4	–	2,7	0,9
Wiesengras								
• Beginn Ährenschieben	930	130	7,5	4,3	2,2	–	1,6	0,7
Stroh								
Gerste (Sommer)	860	60	4,8	0,8	–	–	0,9	3,7
Hafer	860	65	4,1	1,4	–	–	1,1	2,2
Roggen (Winter)	860	56	2,9	1,0	–	–	1,0	1,5
Weizen (Winter)	860	61	3,1	0,8	–	–	1,0	1,3

Tab. III. Fortsetzung

Futtermittel	DM	CA	Ca	P	verd. P (Schwein)	Nicht-Phytin-P	Mg	Na
	g/kg FM			g/kg DM				
Wurzeln und Knollen								
Gehaltvolle Futterrübe	135	103	2,7	2,4	0,24	–	1,8	4,1
Kartoffel								
• roh	220	49	0,4	2,5	1,2	–	1,4	0,55
• gedämpft	240	60	0,8	2,5	–	–	1,0	0,04
• gedämpft, siliert	220	54	0,5	2,5	–	–	0,9	–
Maniokmehl, -schnitzel	880	35	1,2	1,1	0,11	–	0,7	0,27
Massenrübe	105	127	2,5	2,5	0,25	–	2,5	3,3
Zuckerrübe								
• frisch	250	52	2,3	1,5	–	–	1,6	0,95
• getrocknet	920	66	6,8	1,0	–	–	–	2,6
Körner und Samen								
Ackerbohne	890	41	1,6	4,8	1,7	1,5	1,8	0,18
Buchweizen	880	35	1,3	3,8	–	1,5	1,2	0,60
Erbse	880	36	0,9	4,8	2,2	2,1	1,3	0,25
Gerste (Sommer)	870	28	0,8	3,9	1,8	1,4	1,3	0,32
Gerste (Winter)	860	29	0,7	4,1	1,8	1,5	1,2	0,86
Hafer	880	33	1,2	3,5	0,9	1,4	1,4	0,38
Hirse	900	20	0,3	3,7	–	–	1,4	0,09
Leinsamen	880	65	2,8	5,4	–	–	5,6	0,93
Lupine, gelb, süß	890	48	2,7	5,1	2,6	2,2	2,4	–
Mais	870	17	0,4	3,2	0,5	0,8	1,0	0,26
Milocorn	870	19	0,9	3,1	–	0,9	2,1	0,71
Raps	920	56	4,8	9,5	3,8	–	3,4	–
Reis	900	60	0,5	1,9	–	–	0,5	–
Roggen	860	22	0,9	3,3	1,6	1,3	1,4	0,26
Sojabohne	910	62	2,9	7,1	2,5	–	–	–
Sonnenblume	910	35	2,8	3,8	–	–	–	–
Weizen (Winter)	870	20	0,7	3,8	2,5	1,2	1,3	0,17
Futtermittel aus der industriellen Verarbeitung pflanzlicher Rohstoffe								
Baumwollsaatex.-Schrot,								
• aus teilentschälter Saat	900	75	4,0	12,1	–	–	5,6	–
• aus geschälter Saat	910	60	2,1	11,8	2,4	3,5	5,1	0,13
Biertreber								
• frisch	250	46	3,8	6,7	2,3	–	2,2	0,43
• siliert	270	48	3,3	5,8	2,0	–	2,2	0,38
Citrustrester, getr.	900	63	20	1,0	–	–	–	–
Erdnußex.-Schrot								
• aus teilenthülster Saat	910	62	1,6	6,7	–	–	3,7	0,40
• aus enthülster Saat	890	60	2,5	5,8	1,7	1,8	4,9	0,37
Futterzucker	990	18	0,4	0,1	–	–	0	0,08
Gerstenfuttermehl	880	37	1,0	2,5	–	–	2,0	0,50
Gerstenkleie	890	55	1,6	4,5	–	–	2,1	0,60
Haferflocken	890	22	0,9	4,4	–	–	1,9	0,06
Haferfuttermehl	890	28	1,1	5,7	–	–	2,0	–
Haferschälkleie	920	52	1,8	2,7	–	–	1,8	0,40

Tab. III. Fortsetzung

Futtermittel	DM	CA	Ca	P	verd. P (Schwein)	Nicht-Phytin-P	Mg	Na
	g/kg FM			g/kg DM				

Futtermittel aus der industriellen Verarbeitung pflanzlicher Rohstoffe

Futtermittel	DM	CA	Ca	P	verd. P	Nicht-Phytin-P	Mg	Na
Kartoffelflocken	890	58	0,5	2,6	–	–	1,0	1,09
Kartoffelschlempe, frisch	60	132	2,8	7,3	3,6	–	–	0,57
Maisfuttermehl	890	19	0,8	5,0	–	–	–	0,51
Maiskleber	890	14	0,9	4,1	–	1,1	0,3	0,50
Maiskleberfutter (CP < 30%)	900	63	1,5	9,5	1,9	2,7	4,8	2,76
Melasse	780	118	5,4	0,3	–	–	0,2	7,33
Melasseschnitzel	910	76	8,1	1,0	0,1	–	2,5	2,64
Naßschnitzel, siliert	130	101	9,7	0,9	0,09	–	4,5	3,80
Obsttrester (Apfel), frisch	330	36	7,9	2,7	–	–	1,2	1,39
Palmkernex.-Schrot	890	44	2,9	7,2	2,2	–	3,9	0,11
Rapskuchen, 4–8% EE	940	87	6,3	10,0	–	–	5,1	0,80
Rapsex.-Schrot	900	79	6,9	11,9	3,6	3,9	5,5	0,13
Reisfuttermehl, gelb	900	78	1,5	14,7	–	–	7,1	0,22
Roggenfuttermehl	880	35	1,3	9,2	–	–	3,8	0,19
Roggenkleie	880	54	1,7	11,3	–	–	3,6	0,79
Roggennachmehl	880	20	0,9	5,2	–	–	2,0	0,13
Sojabohnenex.-Schrot								
• aus ungeschälter Saat	880	66	3,1	7,0	2,4	3,1	3,0	0,23
• aus geschälter Saat	900	66	3,2	7,6	2,7	3,3	2,7	0,34
Sonnenblumenex.-Schrot								
• aus nicht geschälter Saat	900	57	5,5	7,0	–	–	4,6	0,18
• aus teilgeschälter Saat	910	66	4,0	10,7	–	–	5,2	0,50
• aus geschälter Saat	910	66	4,4	9,9	3,5	3,6	5,4	0,12
Trockenschnitzel	910	62	9,7	1,1	–	–	2,5	2,41
Weizenfuttermehl	890	36	1,2	8,1	2,4	3,1	2,9	0,35
Weizengrießkleie	880	19	0,5	2,6	–	–	0,8	0,07
Weizenkleber	910	88	0,9	2,5	–	–	0,7	–
Weizenkleberfutter (CP < 30%)	880	96	5,0	6,9	1,7	–	4,4	–
Weizenkleie	870	64	1,8	13,0	3,9	2,2	5,3	0,54
Weizennachmehl	880	49	0,9	7,4	–	–	2,9	0,15
Weizenschlempe, frisch	42	95	3,5	5,3	1,6	–	2,4	–

Futtermittel auf mikrobieller Basis

Futtermittel	DM	CA	Ca	P	verd. P	Nicht-Phytin-P	Mg	Na
Bierhefe, getr.	900	85	2,6	17,0	8,5	–	2,6	2,44
Sulfitablaugenhefe, getr.	890	79	4,4	14,6	–	–	2,0	1,22

Futtermittel tierischer Herkunft

Futtermittel	DM	CA	Ca	P	verd. P	Nicht-Phytin-P	Mg	Na
Buttermilch	102	–	10,8	8,6	7,7	–	1,1	–
Magermilch								
• frisch	86	103	13,6	10,9	9,8	–	1,6	3,63
• getrocknet	940	86	14,0	10,8	9,7	–	1,6	5,41
Molke, milchsauer, getr.	940	107	16,4	10,9	8,7	–	–	8,55
Vollmilch, frisch	130	49	8,6	7,2	6,5	–	0,9	3,21

Tab. III. Fortsetzung

Futtermittel	DM	CA	Ca	P	verd. P (Schwein)	Nicht-Phytin-P	Mg	Na
	g/kg FM			g/kg DM				
Futtermittel tierischer Herkunft								
Fischmehl								
• 55–60 % CP	880	232	54,5	35,6	30,3		2,9	6,84
• 60–65 % CP	900	194	47,5	28,2	24,0		2,5	9,74
• 65–70 % CP	920	157	42,7	27,2	28,1		1,9	8,47

[1] Quellen:
- DLG-Futterwerttabellen (Herausgeber: Universität Hohenheim – Dokumentationsstelle), Mineralstoffgehalte in Futtermitteln, 2., erw. u. neugest. Aufl., 1973, DLG-Verlag, Frankfurt am Main.
- DLG-Information 1/1999 – Schweinefütterung auf der Basis des verdaulichen Phorphors.
- JEROCH, H., FLACHOWSKY, G. u. F. WEISSBACH (Herausgeber), Futtermittelkunde. Gustav Fischer Verlag, Jena, Stuttgart, 1993.
- Eigene Analysen.
- National Research Council: Nutrients Requirement of Poultry 9th rev. ed. National Academy Press Washington, D. C., 1994.
- NEHRING, K., BEYER, M. u. B. HOFFMANN: Futtermitteltabelle – Wiederkäuer, 2. Aufl., 1972, VEB Deutscher Landwirtschaftsverlag, Berlin.

[2] Keine Daten verfügbar.

C Fütterung

1 Fütterung der Schweine

Die Summe der physiologischen und biochemischen Abläufe im Körper der Schweine resultiert in einem spezifischen Bedarf an Energie und einzelnen Nährstoffen, der durch den Verzehr einer Mischung aus gezielt ausgewählten Einzelkomponenten gedeckt werden kann. In diesem Abschnitt werden daher sowohl die quantitativen Aspekte des Bedarfes als auch die Möglichkeiten zu ihrer Deckung erläutert. Unabhängig vom quantitativen Nährstoffbedarf gibt es einige anatomische und physiologische Besonderheiten beim Schwein, die für die Futteroptimierung und die Futterdarbietung relevant sind und die daher zunächst erläutert werden.

1.1 Besonderheiten in Anatomie und Physiologie und Konsequenzen für die Fütterung

Das heute genutzte Schwein geht entwicklungsgeschichtlich auf das wildlebende und allesfressende Schwein zurück. Dieses ist auf saisonale Unterschiede im Nahrungsangebot, Mobilität und Wühlen zur Nahrungsfindung eingestellt. Beim Hausschwein sind Nasenrücken und Rüsselscheibe weniger betont und das Gebiss ist weniger stark als beim Wildschwein. Dennoch ist mit der beweglichen Rüsselscheibe und Zunge eine Veranlagung zum Wühlen und Selektieren vorhanden, der unter Stallhaltungsbedingungen und dem Angebot von Mischfuttermitteln kaum Rechnung getragen werden kann. Bei Außenhaltung von Schweinen und entsprechenden Bodenverhältnissen gehen die Schweine diesem Bedürfnis aber deutlich erkennbar nach, auch wenn sie ausreichend Futter am Trog angeboten bekommen.

Wühlen und Kauen spielt bei den heutigen Haltungs- und Fütterungsbedingungen keine bedeutende Rolle. Die Zeit, die das Schwein mit Futtersuche und Futteraufnahme beschäftigt ist, ist kurz. Vor allem dann, wenn rationiert gefüttert und eine Sättigung der Tiere nicht erreicht wird (z. B. bei tragenden Sauen), sollten die Tiere zur Vermeidung von Verhaltensstörungen Beschäftigungsmöglichkeiten haben. Hierunter fällt auch das Angebot von rohfaserreichen Futtermitteln wie z. B. Stroh oder Heu.

Futteraufnahme und Vorgänge im Maul
Das Schwein hat einen ausgeprägten Geruchssinn und das Geruchsempfinden kann den Futterverzehr beeinflussen. Ranzige, faulige oder brandige Gerüche senken die Akzeptanz. Oxidierte Fette, verdorbene oder stark überhitzte Futtermittel sollen daher nicht zum Einsatz kommen. Auch bittere, verpilzt-muffige Geschmacks- und Geruchsvarianten wirken negativ auf den Verzehr. Ein süßer Geschmack wird hingegen bevorzugt, was bei Einsatz entsprechender Futterzusatzstoffe gezielt zur Steigerung des Verzehrs genutzt wird. Auch eine Melassierung des Futters oder die Verwendung von Milchpulvern oder frischen Fetten kann den Futterverzehr fördern. Grundsätzlich kann das Schwein auf plötzliche Änderungen in der Rezeptur (Zusammensetzung) des Futters empfindlich mit einer Veränderung des Futterverzehrs reagieren. Bei geschrotetem Getreide gibt es Präferenzen für Gerste und Weizen. Hinsichtlich der Vorgänge im Maul sind die Partikelgröße und die Festigkeit der Partikel, die über Vermahlung und Pelletierung des Futters beeinflusst werden, von Bedeutung. Stark quellende oder klebende Futterkomponenten werden weniger gut verzehrt.

Das Gebiss des Hausschweins ist schwächer als das des Wildschweins. Kauvermögen und Kauintensität sind mäßig. Grobstängeliges Futter oder ganze Körner werden wegen der mäßigen Kauleistung des Hausschweins oft nicht ausreichend zerkleinert, besonders rohfaserreiches Material. Sehr fein vermahlenes Futter (mittlere Partikelgröße um 1 mm) begünstigt zwar eine hohe Verdaulichkeit der Nährstoffe, erhöht aber die

Anfälligkeit der Schweine für Magengeschwüre. Zudem kann staubendes Futter zu Belastungen der Atemwege und Husten führen. Durch Pelletieren des Futters oder Zusatz geringer Mengen an Öl kann die Staubbildung in Stall und Trog vermindert werden. Die Speicheldrüsen des Schweins sind relativ klein. Ihre Sekretionsleistung genügt aber, wenn die Nahrung konzentriert ist. Bei hoher Futtermenge kann sich Krümelfütterung oder Flüssigfütterung als vorteilhaft zur Sicherung eines hohen Verzehrs erweisen. Neuere Untersuchungen haben ergeben, dass sich bei säugenden Sauen, die sehr hohe Futtermengen aufnehmen müssen, die Erhöhung der Mahlzeiten von 2 auf 4 pro Tag positiv auf den Verzehr auswirken kann.

Verdauung im Magen und Dünndarm
Das Magenvolumen ist begrenzt. Werden in kurzer Zeit hohe Futtermengen aufgenommen, sind die pH-Absenkung im Magen und damit die bakterizide Wirkung sowie die Pepsinwirkung verzögert. Wird das Futter *ad libitum* angeboten, lassen sich große Mahlzeiten vermeiden. Insbesondere beim Aufzuchtferkel ist die Sekretion von Magensäure noch begrenzt, was einem raschen pH-Abfall entgegenwirkt. Unter diesen Bedingungen ist die Reduzierung von puffernd wirkenden Substanzen im Futter wichtig, z. B. durch eine Absenkung des Rohproteingehaltes oder die Vermeidung von Ca-Überschüssen. Grobe Futterbestandteile verweilen länger im Magen als feine. Rohfaserhaltige Bestandteile, insbesondere wenn sie nicht vermahlen sind, fördern die Magen- und Darmsekretion, beschleunigen die Digestapassage durch den Dünndarm, begünstigen die Umsetzungen im Dickdarm, helfen Verstopfungen vorzubeugen und sind daher prinzipiell positiv. Allerdings sind sie kaum verdaulich und sie vermindern die Energiedichte, weshalb sie keinen hohen Anteil in der Ration von Schweinen ausmachen können. Die Rohfasergehalte sollten im Futter für Saugferkel etwa 3%, im Futter für Aufzuchtferkel, Mastschweine und säugende Sauen etwa 5% und können im Futter für tragende Sauen auch 10% betragen.

Verdauung im Dickdarm
Im Dickdarm findet eine mikrobielle Umsetzung von Nahrungsbestandteilen statt, die praecaecal nicht verdaut wurden. Im Wesentlichen betrifft dies die Kohlenhydrate, insbesondere die Gerüstkohlenhydrate. Je höher die Rohfasergehalte im Futter sind, desto intensiver ist die Fermentation im Dickdarm. Bei einigen Futtermitteln ist auch die Stärke praecaecal nur begrenzt verdaulich, z. B. bei rohen Kartoffeln. Diese Stärke wird dann ebenfalls im Dickdarm fermentiert. Auch praecaecal unverdaute Proteine oder endogene Proteine können durch die Mikroben teilweise abgebaut werden. Die wesentlichen Endprodukte der Fermentation sind kurzkettige Fettsäuren (Essig-, Propion-, Buttersäure), Methan und Ammoniak. Die Fettsäuren werden absorbiert und vom Stoffwechsel des Schweins genutzt. Ammoniak wird zum Teil zur Neusynthese mikrobiellen Proteins verwendet (und als solches ausgeschieden) oder nach Absorption in der Leber zu Harnstoff entgiftet. Der Anteil, den die Fermentation an der Gesamtverdaulichkeit ausmacht ist somit zwischen den Futtermitteln sehr verschieden. Die Ausscheidungen von Protein und Aminosäuren mit dem Kot sind bei intensiver Fermentation in nennenswertem Maße mikrobiellen Ursprungs. Um diesen Einfluss bei der Futterbewertung auszuschalten, wird zur Beschreibung des Proteinwertes die **praecaecale Verdaulichkeit der Aminosäuren** herangezogen. Mit der Neuauflage seiner Empfehlungen für Schweine 2006 gibt der Ausschuss für Bedarfsnormen auch die Versorgungsempfehlungen auf der Basis der praecaecal verdaulichen Aminosäuren an.

1.2   Ferkel und Mastschweine

Als Ferkel werden Schweine bis zum Erreichen von etwa 30 kg LM bezeichnet. Bis zum Zeitpunkt des Absetzens sind es Saug-, danach Absetzferkel. Die sich daran anschließende Wachstumsphase wird als Mast bezeichnet. Die Mast endet üblicherweise bei Erreichen von 110 bis 120 kg LM. Börge sind kastrierte männliche Schweine. Fleischgewinnung mit Ebern hat in Deutschland keine Bedeutung.

Grundsätzliches Ziel ist die Erzeugung qualitativ hochwertiger Schlachttiere, weshalb die Geschwindigkeit des Wachstums, ausgedrückt in täglichen Lebendmasse (LM)-Zunahmen, und die chemische Zusammensetzung des LM-Zuwachses maßgeblich vorgeben, wie die Fütterung der Tiere erfolgen muss. Da z. B. die genetische Herkunft der Tiere oder die Bindung des Tierhalters an bestimmte Produktionsbedingungen (z. B. Richtlinien des Ökologischen Landbaus) das Leistungsniveau beeinflussen, müssen die Empfehlungen zur Versorgung mit ME und Nährstoffen sowie die Fütterungsempfehlungen eine Flexibilität beinhalten. Bei der Ableitung der Versorgungsempfehlungen wird dies durch die sogenannte **faktorielle Vorgehensweise** ermöglicht. Hierbei werden die Bestandteile des Bedarfs der Tiere zunächst einzeln quantifiziert (z. B. für Erhaltung und Wachstum), so dass die Empfehlungen letztlich durch Modellierung unterschiedlicher Wachstumsabschnitte und Leistungsniveaus differenziert werden können. Wegen des Fehlens von Daten ist das faktorielle Vorgehen allerdings nicht bei allen Nährstoffen möglich, so dass in solchen Fällen Versorgungsempfehlungen alternativ abgeleitet werden müssen. Für die beiden „Leitelemente" der Fütterung, nämlich die ME und das Lysin, sind die nötigen Daten aber vorhanden. In Deutschland bilden die Empfehlungen des Ausschusses für Bedarfsnormen der Gesellschaft für Ernährungsphysiologie die wissenschaftliche Grundlage für die Versorgung der Schweine (GfE 2006). Diese Empfehlungen sind die Grundlage des gesamten Kapitels zur Schweinefütterung. Ihre Umsetzung in die praktische Anwendung wird von Gremien der Deutschen Landwirtschaftsgesellschaft in Kooperation und Abstimmung mit Wissenschaft, Offizialberatung und der Wirtschaft vorgenommen. Dieses Vorgehen bringt den Vorteil mit sich, dass in Deutschland im Hinblick auf die praktische Anwendung ein abgestimmtes Vorgehen aller Beteiligten möglich ist.

1.2.1 Entwicklungen während des Wachstums

Geburtsmasse
Die Geburtsmasse der Ferkel liegt im Optimum bei 1,4–1,6 kg im Durchschnitt eines Wurfes. Bei mehr als 10 Ferkeln pro Wurf kann davon ausgegangen werden, dass die durchschnittliche Geburtsmasse der Ferkel um 100 g je zusätzliches Ferkel sinkt. Zusätzlich zu diesem Effekt der Wurfgröße ist auch das Alter der Sau bzw. die Wurfzahl von Bedeutung. Eine Steuerung der Geburtsmasse über die Energieversorgung des Muttertieres ist kaum möglich. Häufig führt eine Sau mehr als 12 Ferkel pro Wurf, so dass einzelne Ferkel mit einer sehr niedrigen Geburtsmasse nicht nur deutlich geringere LM-Zuwächse, sondern auch eine verminderte Überlebenschance haben.

Ansatz von Protein und Fett
Das neugeborene Ferkel besteht zu mehr als zwei Dritteln aus Wasser. Es enthält etwa 17 % Protein und nur sehr wenig Fett und Glykogenreserven. Mit fortschreitendem Wachstum verändert sich die Zusammensetzung der Körpermasse kontinuierlich. Hiervon ist insbesondere das Fett betroffen. Aus dem **Ansatz von Protein und Fett ergibt sich der Bedarf an ME für das Wachstum**. Der Quantifizierung des Ansatzes von Protein und Fett wird daher besondere Aufmerksamkeit gewidmet. Dabei ist es aus Sicht der Fütterung nicht von Bedeutung, in welchen Geweben oder Körperteilen der Ansatz erfolgt. Maßgeblich ist das Wachstum des gesamten Tieres und nicht nur das seiner genusstauglichen Anteile.

Für den **Gehalt an Protein** im LM-Zuwachs der Ferkel bis 30 kg LM wird ein mittlerer Wert von 170 g/kg berücksichtigt. Die Proteinmasse im Körper steigt bei weiterem Wachstum ab einer LM von 30 kg bis zum Ende der Mast in einer Weise an, die sich in Abhängigkeit von der Leerkörpermasse (LKM, in kg) mit folgender Gleichung beschreiben lässt:

Proteinmasse (kg/Tier)
$= 0{,}168 \times \text{LKM} - 0{,}0000914 \times \text{LKM}^2$

Die LKM ist hierbei definiert als die LM des Tieres abzüglich des gesamten Inhaltes von Magen, Darm und Blasen. Der Anteil der LKM an der LM kann je nach Futter- bzw. Wasseraufnahme und Nüchterungszeit verschieden sein. Im Mittel macht die LKM 94 % der LM aus.

Der **Gehalt an Fett** im LM-Zuwachs steigt bereits in den ersten Tagen nach der Geburt sehr stark an. Für den LM-Abschnitt zwischen 10 und 30 kg wurde ein konstanter Anstieg des Fettgehaltes im LM-Zuwachs von etwa 110 g/kg bei 10 kg LM auf 170 g/kg bei 30 kg LM ermittelt. Mit weiter fortschreitendem Wachstum steigt die Fettmasse im Körper überproportional an, was sich mit folgender Gleichung in Abhängigkeit von der LKM (in kg) beschreiben lässt:

Fettmasse (kg/Tier)
$= 0{,}1162 \times \text{LKM} + 0{,}001389\, \text{LKM}^2$

In Abb. 90 ist dargestellt, welche Konsequenzen sich hieraus für die Gehalte an Protein und Fett im LM-Zuwachs der Mastschweine ergeben. Der Proteingehalt geht von etwa 170 g/kg bei 30 kg LM auf 145 g/kg bei 120 kg LM zurück. Hiervon abweichend kann bei sehr hohem Proteinansatzvermögen der Schweine der Proteingehalt im LM-Zuwachs allerdings bis zum Ende der Mast unverändert hoch bleiben. Der Gehalt an Fett im LM-Zuwachs steigt kontinuierlich an und erreicht einen Wert von 420 g/kg bei 120 kg LM.

Ein Fettansatz in der gezeigten Größenordnung ist als physiologisch normal anzusehen und ergibt sich kaum aus vermeidbaren Überschüssen in der Energieversorgung. Die Daten zeigen daher eindrucksvoll, welch hoher Aufwand auch in der Mast moderner Schweine mit hohem Magerfleischanteil für die Erzeugung von Fett betrieben werden muss.

Abb. 90 beschreibt die Verläufe, wie sie im Durchschnitt der Schweinemast erzielt werden. Vergleichbare Ableitungen sind für verschiedene genetische Herkünfte wegen des Fehlens von Daten nicht möglich. Auch Fütterungseinflüsse lassen sich hierbei nicht quantifizieren. Besser beschreibbar sind hingegen Unterschiede in der Entwicklung zwischen weiblichen Tieren und Börgen. Während der Ansatz von Protein bei Börgen nur geringfügig niedriger ist als der von weiblichen Tieren, ist der Gehalt an Fett bei Börgen höher als bei weiblichen Tieren, insbesondere ab einer LM von etwa 70 kg. Dies ergibt sich aus den Unterschieden im endokrinen System und der Höhe des Futterverzehrs und begründet, dass die Futterzuteilung, insbesondere bei Börgen ab einer LM von ca. 70 kg, zur Vermeidung einer übermäßigen Verfettung rationiert werden sollte.

Ansatz von Mineralstoffen
Für die **Mengenelemente** Ca, P, Mg, Na, K und Cl gibt es Werte zum Gehalt im Zuwachs, die aus Körperanalysen von Tieren mit unterschiedlich hoher LM abgeleitet wurden. Dabei wurde eine Unterscheidung zwischen Schweinen mit weniger oder mehr als 80 kg LM vorgenommen (Tab. 88). Hierhinter verbirgt sich allerdings nicht ein abrupter Wechsel bei 80 kg LM. Es soll eher eine Veränderung zum Ausdruck gebracht werden, die im Verlaufe der Mast stattfindet, ohne genauer beschrieben werden zu können. Der Ansatz von Ca und P erfolgt zum allergrößten Teil in den Knochen, so dass das Verhältnis von Ca zu P im LM-Zuwachs gleich bleibt.

Für **Spurenelemente** gibt es zwar in einigen Fällen Daten über den Ansatz beim wachsenden

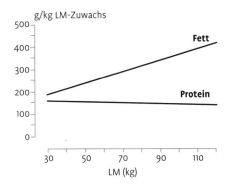

Abb. 90. Veränderungen der Gehalte an Protein und Fett im LM-Zuwachs von Mastschweinen (GfE 2006).

Schwein. Die Datengrundlage ist für die Spurenelemente insgesamt aber nicht ausreichend, um Versorgungsempfehlungen faktoriell ableiten zu können. Hinzu kommt, dass einzelne Spurenelemente spezifische physiologische Funktionen im Stoffwechsel haben (siehe Kapitel A 2.3).

1.2.2 Bedarf an ME

Der Zuwachs von Protein und Fett während des Wachstums setzt eine angemessene Versorgung mit ME voraus. Hinzu kommt der Erhaltungsbedarf an ME (ME$_m$). Dieser ist definiert als die ME-Zufuhr, die zur Aufrechterhaltung einer ausgeglichenen Energiebilanz (weder Ansatz noch Mobilisation) im thermoneutralen Bereich bei geringer Bewegungsaktivität nötig ist.

1.2.2.1 Bedarf an ME für Erhaltung
Die grundsätzliche Beziehung zwischen ME$_m$ und der metabolischen Körpergröße (LM^{0,75}) ist lange bekannt und wird für das Schwein, unabhängig vom Wachstumsabschnitt, zunächst mit folgender Formel berechnet:

$$ME_m = 0{,}44 \times LM^{0{,}75}$$

mit ME$_m$ = Tagesbedarf an ME für Erhaltung (MJ)
LM = Lebendmasse in kg.

Wird die Bewegungsaktivität höher, ergeben sich hieraus Konsequenzen für den Bedarf an ME, die nicht zwingend dem Erhaltungsbedarf zugeschrieben werden können. Aus Gründen der Praktikabilität wird dieser Zusatzbedarf aber pragmatisch dem Erhaltungsbedarf zugeschlagen. Die Bewegungsaktivität ist bei jungen Schweinen höher als bei älteren. Bei der Berechnung von ME$_m$ wird daher bis zu einer LM von

Tab. 88. Gehalte von Mengenelementen im LM-Zuwachs von Schweinen (in g/kg LM-Zuwachs)

	Ca	P	Mg	Na	K	Cl
Bis 80 kg LM	8,5	5,0	0,3	1,2	1,9	1,6
Über 80 kg LM	7,6	4,5	0,3	1,1	1,7	1,4

Tab. 89. Täglicher Erhaltungsbedarf an ME für Ferkel und Mastschweine (in MJ/kg LM^{0,75}) (GfE 2006)

			Lebendmasse (kg)				
≤ 30	40	50	60	70	80	90	≥ 100
0,550	0,534	0,519	0,503	0,487	0,471	0,456	0,440

30 kg ein Zuschlag von 25 % vorgenommen. Mit weiter zunehmender LM wird dieser Zuschlag bis zum Erreichen von 100 kg LM kontinuierlich und gleichmäßig auf Null reduziert (Tab. 89). Für die Erhaltung benötigt ein Schwein mit 20 kg LM demnach täglich 5,2 MJ ME, ein Schwein mit 70 kg LM 11,8 MJ ME und ein Schwein mit 120 kg LM 16,0 MJ ME.

Weitere Zuschläge sind erforderlich, wenn die Umgebungstemperatur der Schweine außerhalb des thermoneutralen Bereichs liegt. Die sogenannte untere kritische Temperatur, ab der zusätzliche Wärmebildung zur Aufrechterhaltung der Körpertemperatur erforderlich wird, liegt beim neugeborenen Ferkel bei 32–35 °C, beim Absetzen bei etwa 27–30 °C und bei 20 kg LM bei 17–19 °C. Mit weiter ansteigender LM wird sie noch geringer und beträgt am Ende der Mast etwa 14–16 °C. Bei Haltung in geschlossenen Ställen wird den unterschiedlichen Temperaturansprüchen in der Regel über die Gestaltung und Einrichtung der Ställe bzw. über Beheizung Rechnung getragen, so dass dann ein zusätzlicher Bedarf nicht zu berücksichtigen ist. Bei Außenhaltung oder Haltung in Offenställen kann aber ein zusätzlicher ME-Aufwand notwendig werden, wenn die untere kritische Temperatur unterschritten wird.

1.2.2.2 Bedarf an ME für Wachstum

Der Bedarf an ME für das Wachstum ergibt sich aus dem Ansatz von Protein und Fett. Die Brennwerte von Körperprotein und Körperfett betragen 23,8 und 39,7 kJ/g. Durch Multiplikation des Gehaltes im Zuwachs gemäß Kapitel 1.2.1 mit dem jeweiligen Brennwert ergibt sich der Energiegehalt im LM-Zuwachs, differenziert nach Protein und Fett. Bei der Umwandlung der ME des Futters in Körperenergie treten Energieverluste auf, die eine unvollständige Verwertung der ME bedingen. Diese sind zum Teil im ATP-Bedarf von Biosyntheseschritten zu sehen. Von Bedeutung ist aber, insbesondere beim Protein, auch der kontinuierliche Turnover der Gewebe. Dieser bedingt, dass die in den Geweben neu synthetisierte Proteinmenge deutlich größer sein muss als die angesetzte Proteinmenge. Die Teilwirkungsgrade der ME für den Energieansatz betragen im Falle des Proteins (k_p) 0,56 und im Falle des Fettes (k_f) 0,74. Diese Werte werden seit Jahrzehnten verwendet und erweisen sich nach wie vor als zutreffend. Anscheinend haben die züchterischen Veränderungen der Tiere nicht zu einer Veränderung in der Verwertungskapazität der Schweine geführt. In der Mast wird mit diesen beiden Teilwirkungsgraden gerechnet. Für die Ferkelaufzucht ist eine Differenzierung zwischen k_p und k_f nicht notwendig. Die Berechnung des ME-Bedarfes erfolgt unter Verwendung eines einheitlichen Teilwirkungsgrades für den gesamten Ansatz (k_{pf}) von 0,70.

1.2.2.3 Versorgungsempfehlungen für ME und Einflüsse auf den ME-Aufwand

Der Tagesbedarf an ME eines wachsenden Schweins lässt sich zusammenfassend wie folgt berechnen:

ME (MJ/d) = ME_m + LMZ × (P_{ZW} × 23,8/k_p + F_{ZW} × 39,7/k_f)

mit ME_m = Bedarf an ME für Erhaltung gemäß Tab. 89 (MJ/d)
LMZ = Zunahme an Lebendmasse (kg/d)
P_{ZW} und F_{ZW} = Gehalte an Protein und Fett im Zuwachs (g/kg)
23,8 und 39,7 = Brennwerte des angesetzten Proteins und Fetts (kJ/g)
k_p und k_f = Teilwirkungsgrade; Mast 0,56 (P) und 0,74 (F), Ferkel beide 0,70.

Bei gegebener LM und LM-Zunahme lässt sich hiermit berechnen, welche Versorgung mit ME notwendig ist. Dies ist beispielhaft in Tab. 90 für Ferkel und in Tab. 91 für Mastschweine gezeigt.

Als Faustzahlen gelten für die Mast, dass für jedes Mehr an LM-Zunahme von 100 g 2–3 MJ ME mehr benötigt werden und dass mit jedem Anstieg in der LM um 10 kg etwa 2 MJ ME/d mehr benötigt werden.

Tab. 90. Empfehlungen zur Versorgung von Ferkeln mit ME (MJ/d) (GfE 2006)

LMZ (g/d)	LM (kg)		
	5	15	25
100	2,9		
200	4,1		
300	5,2	8,0	
400		9,3	11,9
500		10,6	13,4
600		11,8	14,8
700			16,2
800			17,7

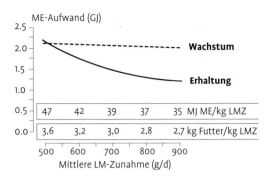

Abb. 91. Bedeutung des Zunahmeniveaus in der Mast von 30 bis 120 kg LM für den ME-Aufwand und den Futteraufwand.

Wegen des Erhaltungsbedarfs kommt dem Zunahmeniveau der Schweine eine große Bedeutung für die Futterverwertung und damit für die Futterkosten zu, insbesondere in der Mast. In Abb. 91 ist dies exemplarisch für unterschiedliche Niveaus der LM-Zunahme gezeigt. Unterstellt ist, dass die Mast in jedem Fall von 30 bis 120 kg verläuft und somit 90 kg Körpermasse erzeugt werden. Die ME, die hierfür benötigt wird, beträgt etwa 2 GJ je Schwein und ist von der Höhe der Zunahmen kaum beeinflusst. Für einen Zuwachs von 90 kg werden aber bei 500 g/d mittlerer LM-Zunahme 180 Tage und bei 900 g/d mittlerer LM-Zunahme nur 100 Tage benötigt, was einen Unterschied im Aufwand für die Erhaltung von etwa 1 GJ je Schwein ausmacht. So kommt es, dass der Futteraufwand, bezogen auf die gesamte Mast, bei diesen Extremen 3,6 bzw. nur 2,7 kg je kg LM-Zuwachs beträgt. Dies entspräche einer Differenz im Futterverbrauch von etwa 80 kg pro Schwein, was sich in entsprechenden Unterschieden in den Futterkosten niederschlagen würde. Dieser Effekt des Leistungsniveaus auf den ME-Aufwand für Erhaltung ist der entscheidende Grund dafür, dass in der Entwicklung der Schweineproduktion der Steigerung der LM-Zunahmen eine hohe Bedeutung zukommt.

Selbst bei einem hohen Leistungsniveau werden aber noch knapp 40% der aufgewendeten ME allein zur Deckung des Erhaltungsbedarfes benötigt (Tab. 91). Lediglich 25 bis 15% der aufgewendeten ME, abnehmend mit zunehmendem Alter, dienen dem Ansatz von Protein. Auch bei hohen Leistungen wird daher der größte Energie- und damit Futteraufwand zur Bildung von Körperfett betrieben (Abb. 92).

1.2.3 Bedarf an Aminosäuren und Rohprotein

Das wachsende Schwein ist auf die regelmäßige Zufuhr aller essenziellen Aminosäuren und von Amino-N angewiesen. Quantitativ ist der Bedarf

Tab. 91. Empfehlungen zur Versorgung von Mastschweinen mit ME (MJ/d) (GfE 2006)

LMZ (g/d)	LM (kg)									
	30	40	50	60	70	80	90	100	110	120
500	15	18							29	30
600	17	19	21	23			28	30	31	33
700	18	21	23	25	27	29	31	32	34	36
800	20	23	25	28	30	31	33	35	37	39
900			27	30	32	34	36	38	40	42
1000					32	34	36	38	40	
1100					36	39				

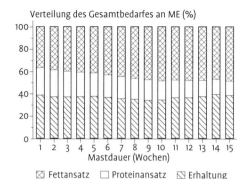

Abb. 92. Verteilung des Gesamtbedarfes an ME in der Mast von 30 bis 120 kg bei Annahme einer mittleren LM-Zunahme von 850 g/d.

vor allem von der Höhe des Proteinansatzes abhängig. Hinzu kommen spezielle physiologische Funktionen, die einzelne Aminosäuren über ihre Baustofffunktion hinaus wahrnehmen (siehe Kapitel A 1.3.2), sowie ein unvermeidlicher Verlust, den es mit der Fütterung auszugleichen gilt. Unter den hiesigen Fütterungsbedingungen ist Lysin (Lys) in der Regel die erstlimitierende Aminosäure. Hierin liegt begründet, dass für das Lys deutlich mehr Informationen zu Teilfaktoren des Bedarfes vorliegen als für andere Aminosäuren. Empfehlungen zur Versorgung mit Rohprotein werden nur noch indirekt gegeben. Sie ergeben sich als Summe der Angaben zu den essenziellen Aminosäuren, multipliziert mit dem Faktor 2,5. Hierdurch wird berücksichtigt, dass die essenziellen Aminosäuren im Körperprotein etwa 40% der Summe aller Aminosäuren ausmachen.

Bewertungsmaßstab sind die praecaecal verdaulichen (pcd) Aminosäuren und das pcd CP. Hiermit wird berücksichtigt, dass sich die Verdaulichkeit sowohl für eine bestimmte Aminosäure zwischen verschiedenen Proteinträgern als auch zwischen verschiedenen Aminosäuren desselben Proteinträgers unterscheiden kann. Mit der pc Verdaulichkeit wird somit ein erheblicher Teil des futtermittelspezifischen Einflusses auf die Gesamtverwertung der AS berücksichtigt. Da die postileale Mikrobentätigkeit die Ausscheidung von Aminosäuren mit dem Kot beeinflussen kann, erfolgt die Messung am Ende des Ileums (siehe Kapitel A 5.3). Diese Messung erfordert ein standardisiertes methodisches Vorgehen, damit die Ergebnisse für verschiedene Einzelfuttermittel vergleichbar sind und in eine Futterwerttabelle eingehen können. Der Ausschuss

für Bedarfsnormen hat daher eine Methode festgelegt, die die Einzelheiten der Versuchsdurchführung, insbesondere die Berücksichtigung der endogenen Aminosäurenausscheidungen, beschreibt. Im Vergleich zu üblichen Verdaulichkeitsbestimmungen, in denen der Kot der Tiere erfasst wird, sind Messungen zur pc Verdaulichkeit mit Schweinen um ein Vielfaches aufwändiger. Sie erfordern eine spezielle technische Ausstattung und Fertigkeiten, und können nur in wenigen Forschungseinrichtungen durchgeführt werden. Dieser Umstand trägt dazu bei, dass die Tabellen zur pc Verdaulichkeit von Einzelfuttermitteln noch nicht vollständig sind.

1.2.3.1 Erhaltungsbedarf an Aminosäuren

In Analogie zur Definition des Erhaltungsbedarfes bei der ME ist der Erhaltungsbedarf an einer Aminosäure derjenige Aufwand, der dem Schwein eine ausgeglichene N-Bilanz ermöglicht, wenn also Körperprotein weder angesetzt noch mobilisiert wird. Der Erhaltungsbedarf ergibt sich insbesondere aus den Verlusten, die mit dem ständig stattfindenden Proteinturnover verbunden sind, sowie aus den endogenen Ausscheidungen mit dem Kot, die eine Konsequenz des Futterverzehrs sind. Üblicherweise wird der Erhaltungsbedarf auch für die Aminosäuren in Relation zur metabolischen Körpergröße ($LM^{0,75}$) angegeben. Die experimentelle Ermittlung ist nicht einfach, und Angaben aus einzelnen Versuchen sind teilweise sehr verschieden. Die Angaben in Tab. 92 sind vom Ausschuss für Bedarfs-

Tab. 92. Angaben zum Bedarf an pcd Lys und zur Relation zwischen pcd Lys und weiteren Aminosäuren (GfE 2006)

Lys Relation (Lys = 100)	Erhaltung 38 mg/kg $LM^{0,75}$	Wachstum 11,4 g/100 g Proteinansatz	
		< 30 kg LM	> 30 kg LM
Met + Cys	118	50	51
Thr	132	60	60
Trp	39	17	16
Ile	47	49	49
Leu	66	100	105
Val	61	62	65
His	37	40	45
Phe	47	k. A.	k. A.
Phe + Tyr	108	90	88

normen festgelegt worden und geben eine Orientierung über die Höhe des Erhaltungsbedarfes. Relativiert wird die Unsicherheit bei der Quantifizierung durch die Tatsache, dass – anders als bei der ME – der Erhaltungsbedarf in der Regel nur einen relativ geringen Anteil des Gesamtbedarfes an Aminosäuren ausmacht ($< 10\%$). Lediglich im letzten Drittel der Mast liegt der Anteil des Erhaltungsbedarfes für die Aminosäuren Met+Cys, Thr, Trp und Phe+Tyr deutlich höher und kann bis zu einem Viertel des Gesamtbedarfes ausmachen. Unter den essenziellen Aminosäuren besteht der höchste Erhaltungsbedarf für Threonin.

1.2.3.2 Bedarf an Aminosäuren für Wachstum
Der Bedarf für Wachstum ergibt sich aus der Höhe der LM-Zunahmen und dem Proteingehalt im LM-Zuwachs, wie er in Kapitel 1.2.1 erläutert wurde. Das Aminosäurenmuster des Proteins ist zwischen verschiedenen Geweben des Körpers unterschiedlich (z. B. Muskelprotein, Kollagen, Skleroprotein). Da sich die Anteile dieser Gewebe während des relevanten Wachstumsabschnittes aber nicht grundlegend ändern, kann bei Verwendung des Aminosäurenmusters des Ganzkörperproteins der Ansatz von Aminosäuren hinreichend genau beschrieben werden. Unter Berücksichtigung der intermediären Verwertung lässt sich dann der Bedarf an pcd Aminosäuren für das Wachstum ermitteln. Die Datengrundlage ist aber nur für Lys ausreichend groß, damit diese faktorielle Vorgehensweise angewendet werden kann.

Der Gehalt an Lys im angesetzten Körperprotein beträgt 7,2 g/100 g. Mit diesem Wert wird im gesamten Wachstumsabschnitt gerechnet. Das pcd Lys kann im Mittel zu 63 % für den Ansatz verwertet werden. Auch dieser Wert wird durchgehend für den gesamten Wachstumsabschnitt verwendet. Es ist nicht belegt, dass diese Verwertungskapazität mit zunehmendem Alter der Tiere geringer wird. Eine Versorgung oberhalb des Bedarfes führt zwingend zu einer geringeren Lys-Verwertung, was aber nicht Grundlage der Ableitung von Versorgungsempfehlungen sein darf. Für den Ansatz von 100 g Körperprotein benötigt das Schwein daher 11,4 g pcd Lys.

Daten zur intermediären Verwertung der übrigen Aminosäuren sind nur sehr begrenzt vorhanden. Für die Versorgungsempfehlungen wurden stattdessen Relationen zum Lys festgelegt, die auf dem Aminosäurenmuster des Körperproteins sowie auf Erkenntnissen aus Fütterungsversuchen beruhen. Die Relationen sind für Ferkel und Mastschweine bei einigen Aminosäuren geringfügig unterschiedlich (Tab. 92).

1.2.3.3 Versorgungsempfehlungen für pcd Aminosäuren und pcd Rohprotein
Ein Ferkel mit einer LM von 25 kg und einem LM-Zuwachs von 500 g/d benötigt demnach täglich 10,1 g pcd Lys. Davon entfallen 0,4 g auf die Erhaltung (25 kg LM; 38 mg/kg $LM^{0,75}$) und 9,7 g auf das Wachstum (0,5 kg LMZ; 170 g Protein/kg LMZ; 11,4 g pcd Lys/100 g Proteinansatz). Ein Mastschwein mit 90 kg LM und einem LM-Zuwachs von 900 g/d benötigt auf dieser Grundlage täglich 16,5 g pcd Lys. Unter Annahme von unterschiedlichen Werten für die LM und die LM-Zunahme sind die Empfehlungen zur Versorgung mit pcd Lys in der Tab. 93 für Ferkel und Tab. 94 für Mastschweine gezeigt.

Für alle übrigen essenziellen Aminosäuren wurden zunächst basierend auf den zuvor genannten Relationen mit gleicher Differenzierung wie für das Lys Empfehlungen zur täglichen Versorgung abgeleitet. Betrachtet man Lys auch für die praktische Rationsplanung als Leitaminosäure, empfiehlt es sich, zur besseren Übersicht die Relationen einzelner Aminosäuren zu Lys heranzuziehen. Diese Relationen sind leicht beeinflusst von der LM der Tiere sowie vom Zunahmeniveau und somit nicht für die gesamte Wachstumsphase völlig konstant. Die Unterschiede sind aber ausreichend gering, um zur Orientierung für die praktische Fütterung eine Relation für die gesamte Wachstumsphase angeben zu können. Danach ist bei bedarfsgerechter Versorgung mit pcd Lys die Relation zwischen pcd Lys und den nächst limitierenden Aminosäuren wie in Abb. 93 gezeigt.

Tab. 93. Empfehlungen zur Versorgung von Ferkeln mit pcd Lysin (g/d) (GfE 2006)

LMZ (g/d)	LM (kg)		
	5	15	25
100	2,1		
200	4,0		
300	6,0	6,1	
400		8,1	8,2
500		10,0	10,1
600		11,9	12,1
700			14,0
800			16,0

Tab. 94. Empfehlungen zur Versorgung von Mastschweinen mit pcd Lysin (g/d) (GfE 2006)

LMZ (g/d)	LM (kg)									
	30	40	50	60	70	80	90	100	110	120
500	10,0	9,8							9,6	9,6
600	11,9	11,7	11,6	11,5			11,4	11,4	11,3	11,3
700	13,8	13,6	13,4	13,3	13,2	13,2	13,1	13,0	13,0	12,9
800	15,7	15,4	15,2	15,1	15,0	14,9	14,8	14,7	14,6	14,6
900			17,0	16,9	16,8	16,7	16,5	16,4	16,3	16,3
1000				18,7	18,5	18,4	18,3	18,1		
1100					20,3	20,1				

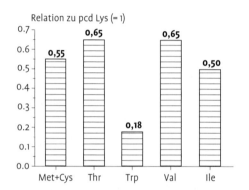

Abb. 93. Orientierungswerte zum Verhältnis von pcd Aminosäuren zu pcd Lysin in praktischen Rationen bei Gehalten von pcd Lysin entsprechend den Empfehlungen.

Tab. 95. Empfehlungen zur Mindestversorgung von Ferkeln mit pcd CP (g/d) (GfE 2006)

LMZ (g/d)	LM (kg)		
	5	15	25
100	30		
200	58		
300	85	88	
400		116	118
500		143	146
600		171	173
700			201
800			229

Die hier betrachteten Aminosäuren machen ca. 40% des gesamten Körperproteins aus. Es wird daher davon ausgegangen, dass der Bedarf an Amino-N für die übrigen Aminosäuren dann gedeckt ist, wenn die Versorgung mit pcd CP insgesamt mindestens um den Faktor 2,5 höher ist als die Summe der betrachteten Aminosäuren. Die Mindestwerte zur Versorgung mit pcd CP sind auszugsweise in Tab. 95 für Ferkel und in Tab. 96 für Mastschweine dargestellt. In der praktischen Fütterung ergeben sich in der Regel deutlich höhere Gehalte an CP, weil die Relationen der essenziellen Aminosäuren zueinander vom Optimum abweichen.

1.2.4 Bedarf an Mengenelementen

Im Rahmen der faktoriellen Ableitung besteht bei den Mengenelementen der Nettobedarf aus dem Ansatz des jeweiligen Elementes und den unvermeidlichen Verlusten. Unter Berücksichtigung einer für jedes Element spezifischen Gesamtverwertbarkeit ergibt sich die notwendige Versorgung. Dies wird bei den meisten Elementen mit Ausnahme von P auf der Basis der Gesamt-Gehalte vorgenommen. Das Element P nimmt insofern eine Sonderstellung ein, weil die futtermittelspezifische Verdaulichkeit des P berücksichtigt wird. Dies hängt mit der besonderen ökologischen Bedeutung dieses Elementes zusammen und damit, dass die Variation in der Verdaulichkeit zwischen verschiedenen P-haltigen Futtermitteln sehr groß ist. Für viele Einzelkomponenten liegen Verdaulichkeitswerte vor, die auf Basis einer standardisierten Methode der Gesellschaft für Ernährungsphysiologie ermittelt wurden. Aus diesem Grund werden auch die Versorgungsempfehlungen auf der Basis des verdaulichen P (dP) ausgedrückt.

Im Hinblick auf Mg, K und Cl ist es bei Einsatz üblicher Einzelkomponenten sehr unwahrscheinlich, dass die Versorgung zu gering wird. Dies

Tab. 96. **Empfehlungen zur Mindestversorgung von Mastschweinen mit pcd CP (g/d) (GfE 2006)**

LMZ (g/d)	LM (kg)									
	30	40	50	60	70	80	90	100	110	120
500	145	144							145	144
600	172	171	171	171			170	169	169	168
700	200	197	197	197	196	195	195	194	193	192
800	227	224	223	223	222	221	220	219	218	216
900			250	249	247	246	245	243	242	240
1000				275	273	271	270	268		
1100					299	297				

erklärt, warum kaum Daten für eine faktorielle Ableitung von Empfehlungen vorliegen, insbesondere nicht zu den unvermeidlichen Verlusten und zur Gesamtverwertbarkeit.

Bei ausreichender Versorgung mit den S-haltigen Aminosäuren Methionin und Cystin wird dem Körper auch genügend S zugeführt. Dieses Mengenelement wird daher nicht gesondert berücksichtigt.

1.2.4.1 Unvermeidliche Verluste an Mengenelementen

Selbst in der (theoretischen) Situation, dass eine Futterration ein Element überhaupt nicht enthält, findet eine Ausscheidung desselben mit Kot und Harn statt. Diese Ausscheidung wird als unvermeidlicher Verlust bezeichnet und ist ausschließlich auf endogene Sekretion zurückzuführen. Im Falle von Ca und P sind die unvermeidlichen Verluste von der LM der Tiere abhängig, im Falle von Na, K und Cl vom Futterverzehr der Tiere. Die Werte betragen je 1 kg LM und Tag für Ca 20 mg und für P 10 mg. Je 1 kg TS-Verzehr werden 350 mg Na, 700 mg K und 500 mg Cl unterstellt. Für Mg ist kein Wert bekannt. Die quantitative Bedeutung ist beim Ca und P nicht groß. Bei einem schnell wachsenden Schwein machen die unvermeidlichen Verluste bei Mastbeginn weniger als 10% und bei Mastende etwa 20% des Nettobedarfes aus. Beim Na machen die unvermeidlichen Verluste etwa ein Drittel bis die Hälfte des Nettobedarfes aus.

1.2.4.2 Bedarf an Mengenelementen für Wachstum

Der Nettobedarf für das Wachstum ergibt sich aus der Höhe der LM-Zunahme und den Gehalten im LM-Zuwachs, die in Tab. 88 bereits gezeigt wurden.

1.2.4.3 Versorgungsempfehlungen für Mengenelemente

Die Berechnung der täglichen Versorgung erfolgt wie folgt:

1. Für P

$$\text{Versorgung mit dP (g/Tag)} = \frac{\text{Nettobedarf (g/Tag)}}{0{,}95}$$

Hiermit wird berücksichtigt, dass der verdaute P mit einer sehr hohen Effizienz (95%) zur Deckung des Nettobedarfes verwertet wird. Werte für die Gesamtversorgung werden für P nicht empfohlen, weil sie sich in Abhängigkeit von den verwendeten Futterkomponenten und deren Verdaulichkeiten ergeben. Hier ist die Vorgehensweise also ähnlich wie bei den pcd Aminosäuren.

2. Für Ca, Na, K, Cl

$$\text{Gesamtversorgung (g/Tag)} = \frac{\text{Nettobedarf (g/Tag)}}{\text{Gesamtverwertbarkeit (\%)}} \times 100$$

Bezüglich der Gesamtverwertbarkeit wird für Ca mit 70% und für Na, K und Cl mit 90% gerechnet.

1.2.5 Bedarf an Spurenelementen und Vitaminen sowie Versorgungsempfehlungen

Eine faktorielle Bedarfsableitung ist für Spurenelemente und Vitamine nicht möglich, weil sich Teilfaktoren des Bedarfes kaum quantifizieren lassen. Insbesondere die Verwertung ist schwierig zu quantifizieren. Hinzu kommt, dass einzelne Elemente und Verbindungen spezielle physiologische Funktionen erfüllen, die über die rein quantitative Bedeutung für den Ansatz hinausgehen können. Eine quantitative Ableitung des Bedarfes ist daher kaum möglich und die Versorgungsempfehlungen werden direkt als Konzentration im Futter angegeben. Sie beruhen auf einer Mischung von Daten aus Wachstumsversuchen, Bilanzstudien oder sonstigen Dosis-Wirkung-Versuchen, in denen unterschiedliche Wirkungskriterien herangezogen wurden.

Für die wichtigsten Spurenelemente sind die Empfehlungen in Tab. 97 zusammengefasst. Die Angaben beziehen sich auf ein Alleinfuttermittel. Reichen für einzelne Elemente die Gehalte in den Hauptkomponenten nicht aus, ist eine entsprechende Ergänzung über ein Mineralfutter notwendig.

Bei Saugferkeln kann infolge von Fe-Mangel sehr leicht eine Anämie auftreten, weil die Fe-Gehalte in der Milch und die Körperreserven des neugeborenen Ferkels gering sind. Es ist daher eine gezielte zusätzliche Verabreichung von Fe während der ersten 3 Tage nach der Geburt erforderlich (siehe 1.2.6).

Bezüglich der Empfehlung für I ist die Besonderheit zu beachten, dass Isothiocyanate einen sekundären Mangel hervorrufen können. Enthält eine Futtermischung Rapsschrot oder Rapskuchen, sind zur Aufrechterhaltung einer normalen Schilddrüsenfunktion höhere Dosierungen von I erforderlich (ca. 1 mg/kg TS).

In der Praxis überschreiten die Gehalte an **Cu** und **Zn** häufig die in Tab. 97 gemachten Angaben. Dies wird mit positiven Effekten auf Leistung und Durchfallgeschehen in Verbindung gebracht, die nichts mit der Deckung des Bedarfes der Schweine an diesen Elementen zu tun haben. Die Angaben für Zn berücksichtigen die relativ geringe Verfügbarkeit, die Zn in pflanzlich basierten Futtermischungen mit hohen Phytingehalten aufweist. Der Einsatz von Phytase führt zu einer Erhöhung der Verfügbarkeit pflanzlich gebundenen Zinks. Für einige Spurenelemente gibt es futtermittelrechtlich festgelegte Höchstwerte.

Die Empfehlungen zur Versorgung mit Vitaminen sind in den Tabellen der nachfolgenden Abschnitte enthalten. Fett- und wasserlösliche Vitamine werden über Mineralfutter verabreicht. In Futtermischungen aus der Praxis werden häufig Vitamindosierungen festgestellt, die die Versorgungsempfehlungen deutlich überschreiten. Bei einigen Vitaminen lassen sich durch bedarfsüberschreitende Dosierungen Zusatzeffekte erzielen, z. B. mit Vitamin E im Zusammenhang mit der Oxidationsstabilität bei Einsatz von Rationen mit hohen Gehalten an ungesättigten Fettsäuren. Sehr hohe Überdosierungen bestimmter Vitamine können auch negative Effekte haben, so dass futtermittelrechtlich Höchstwerte festgelegt wurden (z. B. Vit. A und D).

1.2.6 Fütterung der Ferkel

Saugferkelentwicklung

Aus mehreren Gründen ist es wichtig, dass das Ferkel möglichst schnell nach der Geburt die erste Milch aufnimmt. Das neugeborene Ferkel ist durch einen sehr geringen Gehalt an Fett und einen hohen Gehalt an Wasser im Körper gekennzeichnet. Die als kurzfristig verfügbare Energiereserven vorhandenen Glykogenspeicher sind gering, so dass die frühe Aufnahme von Kolostrum einer Hypoglykämie vorbeugt. Zudem ist die Immunisierung über das Kolostrum wichtig zur Steigerung der Abwehrbereitschaft gegen pathogene Keime. Die Immunoglobuline müssen stall- bzw. bestandsspezifisch sein, damit sie die gewünschte Wirkung beim Ferkel zeigen können. Das bedeutet, dass die Sauen rechtzeitig in das Abferkelabteil umgestallt werden müssen. Bereits während der ersten 24 Stunden nach der Geburt nehmen sowohl der Gehalt an Globulinen in der Sauenmilch als auch die Durchlässigkeit der Darmwand des Ferkels für die großen Moleküle erheblich ab. Der Rückgang im Gehalt der Milch an Immunoglobulinen spiegelt sich in einer Veränderung der Proteinkonzentration der Sauenmilch wider. Während der Proteingehalt im Ko-

Tab. 97. Empfehlungen zur Versorgung wachsender Schweine mit Spurenelementen (mg/kg Futtertrockenmasse)[1] (GfE 2006)

Spurenelement	Ferkel	Mastschweine
Eisen (Fe)	80–120[2]	50–60
Iod (I)	0,15	0,15
Kupfer (Cu)	6	4–5
Mangan (Mn)	15–20	20
Selen (Se)	0,20–0,25	0,15–0,20
Zink (Zn)	80–100	50–60

[1] Bei den Spannen beziehen sich die höheren Werte jeweils auf den Beginn des jeweiligen Abschnittes.
[2] Bei Saugferkeln zusätzlich mindestens 200 mg Fe parenteral am 2.–3. Lebenstag.

lostrum etwa 15% betragen kann, liegt er in der normalen Sauenmilch bei etwa 5%. Der Fettgehalt der Milch liegt bei etwa 7%, und der Brennwert bei 5,0 MJ/kg Milch. Abgesehen vom Kolostrum sind bei einer Säugeperiode von 3–4 Wochen die Veränderungen in der Zusammensetzung der Milch relativ gering, so dass für den Laktationsverlauf eine gleich bleibende Zusammensetzung unterstellt werden kann.

Während der ersten Lebenstage ist die Sauenmilch die einzige Nährstoffquelle für das Ferkel. Die tägliche Milchleistung der Sau liegt bei 8 bis 12 l, ist jedoch nur schwierig zu quantifizieren. Die Milchleistung ist umso höher, je höher die Zahl der säugenden Ferkel ist. Dennoch wird die für jedes Ferkel zur Verfügung stehende Milchmenge mit zunehmender Wurfgröße geringer. Ein Ferkel nimmt etwa 700 bis 900 ml Milch pro Tag auf.

Der Gehalt der Milch an Fe sowie die Fe-Speicher des Ferkels sind zu gering, um bei schnell wachsenden Ferkeln einer Anämie vorbeugen zu können. Am 2. oder 3. Lebenstag bekommen die Ferkel daher etwa 200 mg Fe als Dextrankomplex subkutan mit einer Spritze verabreicht. Eine orale Gabe mittels Pasten oder über das Trinkwasser ist ebenfalls möglich.

Trinkwasser muss den Ferkeln auch während der Säugezeit und bereits in den ersten Lebenstagen stets zur freien Aufnahme zur Verfügung stehen. Das Wasser muss frisch und hygienisch unbedenklich sein. Durch den Einsatz höhenverstellbarer Nippeltränken lässt sich dies gut sicherstellen. Allerdings kann es aufgrund der spielenden Beschäftigung mit den Nippeln zur Verschwendung von Wasser kommen.

Die Ausstattung des Ferkels mit Verdauungsenzymen ist zunächst auf die Milch als Nahrung ausgelegt. Die Aktivität von Laktase und Lipasen ist vorhanden (Abb. 94). Aktivitäten von Trypsin und Chymotrypsin sowie insbesondere von Amylase müssen sich jedoch erst entwickeln, bevor eine Umstellung auf die in der Regel stärkereichen Alleinfuttermittel vorgenommen werden kann. Die Entwicklung der Enzymaktivität kann durch frühzeitiges Angebot kleiner Mengen festen Futters stimuliert werden.

Saugferkelbeifütterung
Aus mehreren Gründen ist eine Ergänzungsfütterung während der Säugeperiode sinnvoll. Die Ferkel haben ein hohes Wachstumspotenzial, und der hieraus resultierende Nährstoffbedarf lässt sich nicht vollständig über die Milch der Sau

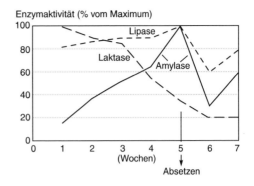

Abb. 94. **Intestinale Enzymaktivität beim wachsenden Ferkel.**

decken. Eine gezielte Ergänzung kommt somit dem Wachstum der Ferkel zugute und kann zudem bewirken, dass eine übermäßig starke Mobilisierung von Körperreserven der Sau vermieden wird. Frühzeitige Aufnahme festen Futters ist auch der Anpassung der Aktivität der Verdauungsenzyme und der Gewöhnung an festes Futter grundsätzlich zuträglich. Mit der Verabreichung geringer Mengen eines Ergänzungsfuttermittels sollte daher bereits am Ende der ersten Lebenswoche begonnen werden.

Dabei reicht es zunächst, kleine Mengen in flachen Schalen oder breit gestreut auf sauberer Fläche anzubieten, weil dies dem Futtersuchverhalten der Ferkel entgegenkommt. Mehrmaliges Anbieten kleiner Mengen fördert den Verzehr. Futterreste sind täglich gründlich zu entfernen, damit einem Verderb vorgebeugt wird. Diese Grundsätze gelten auch, wenn zum Ende der Säugephase das Ergänzungsfutter über Futterautomaten angeboten wird. Die Befüllung sollte dann nur mit kleinen Mengen erfolgen. Der Futterverzehr der Ferkel lässt sich wegen des durch Spielen und Wühlen verursachten Futterverlustes nicht genau quantifizieren. Bis zum Absetzen im Alter von etwa 4 Wochen nimmt ein Ferkel etwa 1–2 kg Ergänzungsfuttermittel auf. Dies erscheint zunächst wenig. Unterstellt man einen ME-Gehalt von etwa 14 MJ/kg Futter, ist mit jedem Kilogramm verzehrten Ergänzungsfutters aber ein Anstieg im Wachstum von etwa 1,3 kg LM möglich, weil Saugferkel einen ME-Bedarf für das Wachstum von etwa 11 MJ/kg Zuwachs haben.

Als Komponenten eines Ergänzungsfuttermittels kommen Einzelfuttermittel mit hoher Verdaulichkeit und insbesondere Produkte der Milchverarbeitung in Frage. Getreide sind unter Umständen hydrothermisch vorbehandelt, um die Zugänglichkeit der Stärke für die Verdauungsenzyme zu erhöhen. Die CP-Gehalte liegen bei 190 bis 210 g/kg, und der Gehalt an Gesamt-Lysin ist mit etwa 7 % des CP hoch. Ergänzungsfutter für Saugferkel werden industriell hergestellt und in pelletierter Form angeboten.

Absetzferkel
Mit dem Absetzen und der völligen Entwöhnung von der Muttermilch im Alter von etwa 4 Wochen haben die Ferkel eine LM von 8–10 kg. Die täglichen LM-Zunahmen steigen im Verlauf der Aufzuchtperiode kontinuierlich an und betragen im Durchschnitt der Aufzucht bis zu einem Gewicht von 30 kg 400–550 g/Tag. Bis zum Erreichen von etwa 30 kg LM liegt der Gehalt an Protein im LM-Zuwachs bei 170 g/kg. Der Gehalt an Fett steigt kontinuierlich an (siehe 1.2.1), was die zuvor erläuterten Veränderungen im Bedarf mit sich bringt und dazu geführt hat, dass in der Ferkelaufzucht 2 Futtertypen eingesetzt werden, die üblicherweise als Ferkelaufzuchtfutter I und II bezeichnet werden. Dies sind Alleinfuttermittel, die definitionsgemäß den Bedarf an ME und allen Nährstoffen in gleicher Weise decken sollen. Für die Herstellung und Optimierung des Futters ist es notwendig, die Angaben zum täglichen Bedarf in Konzentrationen umzurechnen. Hierzu müsste die Futteraufnahme, die in der Praxis einer hohen Streuung unterliegt, bekannt sein. Alternativ können die Konzentrationen in Relation zur ME ausgedrückt werden, so dass diese Relationen dann die Grundlage für die Futteroptimierung sein können.

Für Lysin ergeben sich unter Verwendung der Daten aus den Tabellen 90 und 93 die folgenden Relationen:

bis etwa 15 kg LM: 0,90–0,85 g pcd Lys/MJ ME und von 15 bis etwa 30 kg LM: 0,80–0,75 g pcd Lys/MJ ME.

Weisen die gewählten Futtermittel eine Verdaulichkeit des Lysins von 88 % aus, würde dies bedeuten, dass ein Ferkelaufzuchtfutter I mit 13,5 MJ ME/kg einen Gehalt an Gesamt-Lysin von 13–14 g/kg Futter aufweisen muss. Für das Ferkelaufzuchtfutter II liegt der notwendige Gehalt an Gesamt-Lysin bei diesen Annahmen bei 11–12 g/kg Futter. Die Gehalte an den 3 nächstlimitierenden Aminosäuren spielen für die Futteroptimierung ebenfalls eine Rolle. Auch sie können als Relation ausgedrückt werden, hier ist die Bezugsgröße dann das Lysin als Leitaminosäure.

Solche Verhältnisse haben allerdings nur dann einen Aussagewert, wenn sie eine quantitative Bezugsbasis haben. Insofern gelten die in Tab. 98 genannten Relationen nur dann, wenn die Versorgung mit Lys den Empfehlungen entspricht. Für die Mengenelemente Ca und P ist in gleicher Weise erkennbar, dass die Gehalte im Ferkelaufzuchtfutter II geringer sein können als im Ferkelaufzuchtfutter I. Da einige mineralische Verbindungen puffernde Wirkung ausüben, wird in der Ferkelaufzucht besonders darauf geachtet, dass die Gehalte im Futter den Bedarf nicht überschreiten. Bei der Auswahl der mineralischen Komponenten sind solche mit einer hohen Verdaulichkeit zu bevorzugen.

Die Anpassungen im Verdauungstrakt an überwiegend pflanzliche Futtermittel sind noch nicht abgeschlossen, so dass bei der Auswahl der Futterkomponenten weiterhin Sorgfalt geboten ist, insbesondere bei den Kohlenhydratquellen und bei den pflanzlichen Proteinen. Die Gehalte an CP sind relativ gering und der Einsatz freier Aminosäuren ist weit verbreitet. Hierdurch lässt sich die Pufferwirkung im Magen reduzieren. Zur Unterstützung der Absenkung des pH-Wertes im Magen werden dem Futter häufig organische Säuren zugesetzt. Auch andere Futterzusatzstoffe finden bei einigen Herstellern Berücksichtigung, z. B. NSP-hydrolysierende Enzyme oder Phytase. Phytase ermöglicht eine Verminderung des Einsatzes mineralischer Phosphate bei gleichbleibender Versorgung mit dP. Auch phytogene Substanzen oder Probiotika sind häufig als Zusatzstoffe in den Aufzuchtfuttern zu finden. Ihre Wirksamkeit wird im Zusammenhang mit einer positiven Beeinflussung der Futteraufnahme, der Leistung und Gesundheit der Ferkel diskutiert. Eine Wirksamkeit ließ sich in einigen, aber nicht in allen wissenschaftlichen Untersuchungen nachweisen. Die Wirkungsmechanismen der Substanzen dieser Stoffgruppe bedürfen noch der weiteren Klärung.

Ferkelaufzuchtfutter weisen in der Praxis häufig höhere Gehalte an bestimmten Spurenelementen, insbesondere Cu auf, die bis an die futtermittelrechtlich festgelegten Höchstgehalte heranreichen können. Dies liegt in leistungssteigernden Effekten der Überdosierung begründet und steht nicht in Zusammenhang mit dem Bedarf des Tieres.

Das Ferkel muss mit seinem sich noch entwickelnden Verdauungstrakt Gelegenheit bekommen, sich auf Änderungen in der Fütterung einzustellen. Eine plötzliche Umstellung in den

Tab. 98. Richtwerte für einige Inhaltsstoffe in Alleinfuttermitteln für die Ferkelaufzucht (88% DM)

	Ferkelaufzuchtfutter I	Ferkelaufzuchtfutter II
ME, MJ/kg	13–14	13–14
Rohprotein, g/kg	180–210	170–200
Rohfaser, g/kg	max. 70	max. 70
pcd Lys, g/MJ ME	0,90–0,85	0,80–0,75
Gesamt-Lys[1], g/kg	14–13	12–11
In Relation zu pcd Lys = 100		
pcd Met+Cys	52–54	52–54
pcd Thr	62–64	62–64
pcd Trp	18	18
Verd. Phosphor, g/MJ ME	0,27–0,25	0,24–0,22
Gesamt-Phosphor[2], g/kg	6,0–5,0	5,5–5,0
Calcium, g/kg	8,5–7,5	7,5–6,5
Natrium, g/kg	1,2	1,2
Eisen[3], mg/kg	100–120[2]	80–100
Kupfer, mg/kg	6	6
Mangan, mg/kg	15–20	15–20
Zink, mg/kg	80–100	80–100
Selen, mg/kg	0,20–0,25	0,20–0,25
Jod, mg/kg	0,15	0,15
Vitamin A, IE/kg	4000	4000
Vitamin D, IE/kg	500	500
Vitamin E, mg/kg	15	15

[1] Bei 13,5 MJ ME/kg und einer mittleren pc Verdaulichkeit des Lys aus den Einzelkomponenten von 88%.
[2] Bei 13,5 MJ ME/kg und einer mittleren Verdaulichkeit des P aus den Einzelkomponenten von 50–65%.
[3] Die Angaben für Spurenelemente entsprechen den Angaben in Tab. 83. Die Nichtberücksichtigung des Trockenmassegehaltes kommt einem Zuschlag gleich.

Inhaltsstoffen und der Zusammensetzung des Futters muss daher vermieden werden. Ein Ansatzpunkt besteht darin, die Unterschiede in den Nährstoffgehalten zwischen Futter I und II nur durch Anpassung der Mischungsanteile der ansonsten gleich bleibenden Hauptkomponenten zu erzielen. Auch kann beim Futterangebot über mehrere Tage ein Verschneiden der beiden Aufzuchtfutter vorgenommen werden. Der Stress, dem die Ferkel durch das Absetzten von der Milch und die Trennung vom Muttertier ausgesetzt sind, sollte nicht durch weitere Belastung (Futterumstellung) gesteigert werden. Das Verschneiden vom Saugferkelergänzungsfutter mit dem Aufzuchtfutter sollte daher schon in den letzten Tagen der Säugeperiode beginnen und gegebenenfalls in den ersten Tagen nach dem Absetzten noch fortgesetzt werden.

1.2.7 Fütterung der Mastschweine

Der Futterverzehr und die Wachstumsgeschwindigkeit von Mastschweinen sowie die Gehalte an Protein und Fett im Zuwachs sind zwischen Rassen verschieden und können auch zwischen den verschiedenen Kreuzungen und Herkünften, die in der Mast eingesetzt werden, verschieden sein. Der Variation in der Futteraufnahme kommt im Zusammenhang mit der Bedarfsdeckung die größte Bedeutung zu, so dass die in diesem Kapitel gegebenen Erläuterungen zur Zusammensetzung des Futters zunächst als allgemein gültig angesehen werden können. Es ist aber möglich, dass spezifische Anforderungen einer bestimmten genetischen Herkunft auch Anpassungen bei der Zusammensetzung des Futters erforderlich machen, insbesondere im Hinblick auf die Gehalte an Aminosäuren. Diese Besonderheiten können in diesem Kapitel nicht vertieft werden. Vielfach fehlen die experimentellen Daten, die für eine Ableitung von herkunftsspezifischen Versorgungsempfehlungen notwendig wären. Die von der GfE (2006) erarbeiteten Empfehlungen decken aber durch Einbeziehung von Erläuterungen zu Schweinen mit sehr hohem Proteinansatz das gesamte Leistungsspektrum ab.

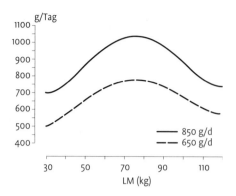
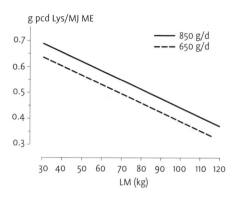

Abb. 95. Verlauf der täglichen Zunahme an LM in der Schweinemast, wenn im Mittel der Mast entweder 850 oder 650 g/d realisiert werden soll.

Abb. 96. Notwendige Relation von pcd Lys zu ME im Futter von Mastschweinen bei Annahme unterschiedlicher mittlerer LM-Zunahmen im Mastverlauf.

Während der Mast nimmt die LM der Tiere von etwa 30 auf 110–120 kg zu. Im Durchschnitt dieses gesamten Mastabschnittes liegen die LM-Zunahmen bei etwa 650–750 g/d, in sehr gut geführten Beständen bei 850 g/d. Einzeltiere können Zunahmen erreichen, die noch deutlich höher liegen. Abb. 95 zeigt beispielhaft für 2 verschiedene Zunahmeniveaus, in welchem Bereich sich die täglichen LM-Zunahmen im Verlaufe der Mast entwickeln.

Sie erreichen ein Maximum im LM-Bereich zwischen 60 und 80 kg und gehen dann wieder zurück. Die kontinuierliche Entwicklung zugunsten eines weiter steigenden Zunahmeniveaus sind zum Teil darin begründet, dass sich der Anteil des Erhaltungsbedarfes und damit der Futteraufwand und die Futterkosten reduzieren lassen (siehe Abschnitt 1.2.2.3 und Abb. 91). Die chemische Zusammensetzung des LM-Zuwachses, insbesondere die Gehalte an Protein und Fett, sind neben der Höhe der LM-Zunahmen ausschlaggebend für den Bedarf und die Zusammensetzung des Futters. Der kontinuierliche Anstieg im Fettgehalt (Abb. 90) bei nur geringfügig verändertem Gehalt an Protein bedingt, dass der Bedarf an ME mit zunehmender LM der Schweine stärker steigt als der Bedarf an Aminosäuren. Konsequenterweise können die Gehalte an Aminosäuren und anderen Nährstoffen im Futter mit zunehmender LM kontinuierlich abgesenkt werden. Aus den Angaben in den Tab. 91 und Tab. 94 lässt sich errechnen, wie die Relation zwischen pcd Lys und ME im Verlauf der Mast angepasst werden kann. Während bei 30 kg LM etwa 0,7 g pcd Lys/MJ ME im Futter enthalten sein müssen, liegen die Werte bei einer LM von mehr als 90 kg unter 0,5 g pcd Lys/MJ ME (Abb. 96).

Die Darstellung zeigt auch, dass ein höherer LM-Zuwachs nicht nur mit einer höheren Futteraufnahme erzielt werden kann, sondern auch eine höhere Konzentration von Aminosäuren im Futter erfordert. Hat ein Alleinfutter für Mastschweine einen ME-Gehalt von 13 MJ/kg und weisen die Proteinträger im Mittel eine pc Verdaulichkeit des Lys von 85 % auf, so sind beispielsweise für hohe Zuwachsleistungen in einem Alleinfuttermittel Gehalte an Gesamt-Lys von 10,7 g/kg bei 30 kg LM, 8,7 g/kg bei 60 kg LM und 7,6 g/kg bei 90 kg LM notwendig.

Herkünfte mit einem sehr hohen Proteinansatzvermögen sind dadurch gekennzeichnet, dass sie bis zum Ende der Mast einen gleichbleibend hohen Proteingehalt im LM-Zuwachs haben und einen geringeren Fettgehalt im LM-Zuwachs als in Abb. 90 gezeigt. Bei diesen Tieren sind in der zweiten Masthälfte deutlich höhere Aminosäurenkonzentrationen im Futter erforderlich. Sie sollten bei 70 kg LM den Wert von 0,6 g pcd Lys/MJ ME und bei Mastende den Wert von 0,5 g pcd Lys/MJ ME nicht unterschreiten.

Die Anforderungen bezüglich der nächstlimitierenden Aminosäuren Met+Cys, Thr und Trp sind in ähnlicher Weise verändert wie für Lys. Daher können hier, wie für die Ferkelaufzucht erläutert, für die Rationsplanung die Relation zum pcd Lys als Leitaminosäure zugrunde gelegt werden, die in Tab. 99 gezeigt sind.

Bei Verminderung des Lys-Gehaltes im Futter mit zunehmender LM der Schweine werden somit auch die Gehalte an den übrigen Aminosäuren reduziert. Das Arbeiten mit konstanten Relationen erscheint zunächst unlogisch. Das Muster der Aminosäuren ist im Hinblick auf den Erhaltungsbedarf deutlich verschieden vom Muster für

Tab. 99. Richtwerte für einige Inhaltsstoffe in Alleinfuttermitteln für die Schweinemast[1] (88% DM)

	ab 30 kg LM	ab 60 kg LM	ab 90 kg LM
ME, MJ/kg	12,5–13,5	12,5–13,5	12,0–13,0
Rohprotein, g/kg	170–200	150–180	140–160
pcd Lys, g/MJ ME	0,70	0,57	0,50
Gesamt-Lys[2], g/kg	10–11	8–9	7–8
In Relation zu pcd Lys = 100			
pcd Met+Cys	53–56	53–56	53–56
pcd Thr	63–66	63–66	63–66
pcd Trp	18	18	18
Verd. Phosphor, g/MJ ME	0,22	0,18	0,15
Gesamt-Phosphor[3], g/kg	4,5–5,5	4,0–5,0	3,5–4,5
Calcium, g/kg	6,5–7,0	5,5–6,0	4,5–5,0
Natrium, g/kg	1,1	1,0	0,9
Kupfer[4], mg/kg	5	4	4
Mangan, mg/kg	20	20	20
Zink, mg/kg	60	50	50
Selen, mg/kg	0,20	0,15	0,15
Jod, mg/kg	0,15	0,15	0,15
Vitamin A, IE/kg	4000	3000	3000
Vitamin D, IE/kg	300	200	200
Vitamin E, mg/kg	15	15	15

[1] Bei einem hohen Niveau der LM-Zunahme (850 g/d).
[2] Verdaulichkeit des Lys aus den Einzelkomponenten: 80–85%.
[3] Bei 13,0 MJ ME/kg und einer mittleren Verdaulichkeit des P aus den Einzelkomponenten von 40–65%.
[4] Die Angaben für Spurenelemente entsprechen den Angaben in Tab. 83. Die Nichtberücksichtigung des Trockenmassegehaltes kommt einem Zuschlag gleich.

den Proteinansatz, insbesondere für die nach Lys nächstlimitierenden Aminosäuren (Tab. 92). Da mit zunehmender LM der Anteil des Erhaltungsbedarfes am Gesamtbedarf kontinuierlich steigt (Abb. 97), müsste sich diese Veränderung auch in der Relation der Aminosäuren auf der Ebene des Gesamtbedarfes niederschlagen.

Experimentell konnte diese Veränderung in Wachstumsversuchen aber bislang nicht mit einer Deutlichkeit nachgewiesen werden, die differenzierende Empfehlungen erlauben würde. Trotz der mit ansteigender LM zunehmenden Bedeutung des Erhaltungsbedarfes bleibt die quantitative Bedeutung bei den meisten Aminosäuren gering (Abb. 97).

Die Relationen der Aminosäuren zueinander haben allerdings für die Rationsplanung nur dann einen Aussagewert, wenn sie die richtige quantitative Bezugsbasis haben. Insofern gelten die in Tab. 99 genannten Relationen nur dann, wenn die Versorgung mit Lys den Empfehlungen entspricht. Sind die Gehalte an Lys im Futter beispielsweise höher als empfohlen, kann der Bedarf an den übrigen Aminosäuren auch bei erweiterten Werten für die Verhältnisse gedeckt sein. Mischfutteroptimierung allein mit Verhältnissen ist daher nicht möglich.

Die Gehalte an **Rohprotein** im Futter sind bei Deckung des Bedarfes an pcd Aminosäuren ein

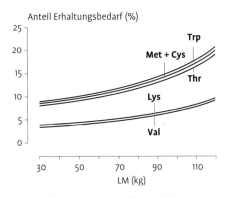

Abb. 97. Schätzung des Anteils des Erhaltungsbedarfes am Gesamtbedarf von Mastschweinen für ausgewählte Aminosäuren (hohe LM-Zunahme, Grunddaten gemäß GfE 2006).

Resultat der Auswahl der Aminosäurenquellen. Das Muster der Aminosäuren in den Proteinquellen, die pc Verdaulichkeit der einzelnen Aminosäuren sowie möglicherweise der Einsatz freier Aminosäuren sind die Einflussgrößen. Das Schwein hat daher keinen Bedarf an CP per se. Empfehlungen zur Versorgung gibt es nur insofern, als eine Mindestversorgung mit pcd CP definiert ist, die eine ideale Versorgung mit allen essenziellen Aminosäuren plus die benötigte Menge an Amino-N für die Neubildung von Aminosäuren berücksichtigt (siehe 1.2.3.3). In üblichen Futterrationen wird diese Mindestversorgung immer überschritten, auch wenn freie Aminosäuren zum Einsatz kommen. Die Angaben zum CP in Tab. 99 sind daher als Orientierungswerte zu verstehen. Sie kennzeichnen den Bereich, der durch die Variabilität bei den Einzelkomponenten und deren Verdaulichkeit bestimmt wird.

Die Veränderungen im Fettansatz während des Wachstums und die Konsequenzen für den ME-Bedarf bedingen, dass auch die Konzentrationen weiterer Nährstoffe, ähnlich wie für die Aminosäuren erläutert, kontinuierlich vermindert werden können. Relevant und gut beschrieben ist dies vor allem für P und Ca. Die Relation von dP zu ME im Alleinfuttermittel kann von 0,22 g/MJ bei 30 kg LM auf etwa 0,15 g/MJ ME bei 90 kg reduziert werden (Abb. 98).

Die Abbildung verdeutlicht zudem auch für dP den grundsätzlichen Zusammenhang, dass bei einem hohen Leistungsniveau höhere Konzentrationen im Futter benötigt werden als bei einem niedrigen. Die hieraus resultierenden Gehalte an Gesamt-P sind von den verwendeten Einzelkomponenten und deren Gehalten an P sowie den Verdaulichkeiten abhängig. Für Gesamt-P wird also, ähnlich wie für das CP, ein Schwankungsbereich angegeben (Tab. 99). Die Gehalte an Gesamt-Ca können in einem konstanten Verhältnis zum dP in Höhe von 2,4 zu 1 eingestellt werden.

Die Einstellung der Gehalte an dP und Ca im Futter erfolgt über das Mineralfutter, dessen Gehalte an P- und Ca-haltigen Einzelkomponenten variabel sind. Auch die Verabreichung einiger Spurenelemente sowie der Vitamine erfolgt über spezielle Vormischungen, die ein selbstmischender Schweinehalter als Mineralfutter beziehen kann.

Fütterung in Phasen

Aus den Erläuterungen im vorangegangenen Abschnitt ergibt sich, dass die Zusammensetzung des Futters im Verlauf der Mastperiode kontinuierlich verändert werden muss, wenn man den beispielhaft in Abb. 96 und Abb. 98 gezeigten Veränderungen gerecht werden will. In der Fütterungspraxis wird dies in sehr unterschiedlichem Maße getan, weil zusätzlich zu den Kriterien der Futteroptimierung einige andere Rahmenbedingungen über das Vorgehen bei der Fütterung auf dem Betrieb entscheiden. In großen Schweinebeständen, die im Rein-Raus-Verfahren geführt werden, gibt es große und hinsichtlich der LM relativ homogene Tiergruppen. Wenn auf dem Betrieb die Einzelkomponenten gelagert werden und das Futter kontinuierlich selbst angemischt wird, kann dessen Zusammensetzung in kleinen Schritten häufig angepasst und der Bedarf der Tiere somit möglichst genau getroffen werden. Dies ist umso schwieriger, je kleiner die Bestände sind und vor allem dann, wenn eine kontinuierliche Belegung des Stalles erfolgt. Falls industriell hergestellte Alleinfutter eingesetzt werden, ergibt sich zudem die Notwendigkeit zusätzlicher Silokapazität. Unter diesen Bedingungen ist die sogenannte **Universalfütterung** relevant, bei der eine Mischung während der gesamten Mast eingesetzt wird. Diese ist dann so zusammengesetzt, dass sie den Anforderungen für Schweine mit 35–40 kg LM entspricht. Im Verlaufe der Mastperiode ergibt sich hieraus ein ständig größer werdender Überschuss an Nährstoffen. Für das Schwein entstehen durch diesen Überschuss zwar keine unmittelbaren Nachteile, da die physiologischen Regulationsmechanismen greifen. Der Überschuss führt aber zu erhöhten Ausscheidungen, insbesondere von N- und P-haltigen

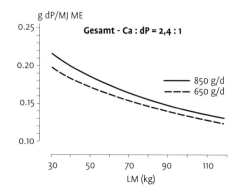

Abb. 98. Notwendige Relation von dP zu ME im Futter von Mastschweinen bei Annahme unterschiedlicher mittlerer LM-Zunahmen im Mastverlauf sowie Ca: dP-Verhältnis.

Verbindungen, die eine ökologische Relevanz haben können (s. Kapitel 1.11). Zudem kann eine erhöhte N-Ausscheidung der Schweine zu einer erhöhten NH_3-Konzentration in der Stallluft führen, was im Sinne von Tier und Betreuer vermieden werden sollte. Häufig wird daher in der Praxis eine Fütterung in 2 oder 3 **Phasen** realisiert, wobei eine Futterumstellung bei etwa 70 kg LM (2 Phasen) oder bei etwa 60 und etwa 90 kg LM (3 Phasen) vorgenommen wird. Tab. 99 zeigt die Orientierungswerte für Nährstoffgehalte im Alleinfutter für 3 Phasen. Die Nährstoffgehalte entsprechen den Anforderungen zu Beginn der jeweiligen Phase. Bis zum Ende der Phase entsteht zwar auch wieder ein Überschuss. Insgesamt wird der Aufwand an Nährstoffen aber deutlich reduziert.

Ermittlung von Mischungsanteilen

Unter Futteroptimierung wird der Prozess verstanden, in dem die Zusammensetzung eines Mischfuttermittels den Versorgungsempfehlungen unter Berücksichtigung der verfügbaren Futtermittel und ihrer Preise angepasst wird. Üblicherweise wird dies mit computergestützten Programmen vorgenommen, die hinsichtlich der Preise und Inhaltsstoffe der Einzelkomponenten ständig aktualisiert werden können. Das Prinzip der Vorgehensweise bei der linearen Optimierung lässt sich an vereinfachten Beispielen gut nachvollziehen (Tab. 100).

In diesem Beispiel sollen Gerste, Weizen und Sojaextraktionsschrot die Hauptkomponenten des Mischfutters sein. Ein Mineralfutter nicht näher spezifizierter Zusammensetzung soll die Versorgung mit allen Mineralstoffen und Vitaminen sicherstellen und mit 3 % in der Ration enthalten sein. Die Futteroptimierung soll für Schweine mit 30 und 90 kg LM vorgenommen werden und das Optimierungskriterium ist der Gehalt an pcd Lysin je 1 MJ ME. Die Relation von pcd Lys zu ME muss daher für die berücksichtig-

Tab. 100. Beispiel zur Berechnung der Anteile von Einzelkomponenten in Futtermischungen für Mastschweine

	Angaben zu den Futterkomponenten			
	ME (MJ/kg)	CP (g/kg)	pcd Lys (g/kg)	pcd Lys/ME (g/MJ)
Weizen	13,7	124	2,9	0,21
Gerste	12,6	110	3,2	0,25
Sojaextraktionsschrot	13,1	440	23,3	1,78

Lebendmasse	30 kg	90 kg
Zielgröße	**0,70** g pcd Lys/MJ ME	**0,50** g pcd Lys/MJ ME
Vorgaben	x: Mischungsanteil von Getreide (je zur Hälfte Gerste und Weizen) y: Mischungsanteil von Sojaextraktionsschrot Gesetzter Mischungsanteil eines Mineralfutters: 3 %	
Gleichung 1[1] Gleichung 2[2]	x + y = 0,97 0,23 x + 1,78 y = 0,70 0,23 (0,97 − y) + 1,78 y = 0,70 1,55 y = 0,47 0,30 = y 0,67 = x	x + y = 0,97 0,23 x + 1,78 y = 0,50 0,23 (0,97 − y) + 1,78 y = 0,50 1,55 y = 0,27 0,17 = y 0,80 = x
ME (MJ/kg) CP (g/kg) pcd Lys (g/kg)	12,7 210 9,0	12,7 168 6,4

[1] Getreide und Sojaextraktionsschrot stellen in der Summe 97 % der Mischung.
[2] Getreide und Sojaextraktionsschrot sollen zusammen einen bestimmten Gehalt an pcd Lys je MJ ME ergeben.

ten Komponenten bekannt sein. Sie können aus den Daten der Futterwerttabellen berechnet werden. Unter Berücksichtigung der Festlegung, dass die Getreidefraktion jeweils zur Hälfte aus Weizen und Gerste bestehen soll, bleiben mit den Mischungsanteilen für Getreide (x) und Sojaextraktionsschrot (y) zwei Unbekannte, die sich nach Formulierung von 2 Gleichungen eindeutig ermitteln lassen. In diesem Beispiel kann der Anteil des Sojaextraktionsschrotes im Futter der Schweine von 30 % bei 30 kg LM auf 17 % bei 90 kg LM reduziert werden. Im nächsten Schritt würden die Relationen der übrigen essenziellen Aminosäuren zum pcd Lys geprüft. In den hier berechneten Mischungen wäre die Versorgung mit allen Aminosäuren ausreichend. Die CP-Gehalte, die sich für die Mischungen ergeben, sind hoch. Sie ergeben sich aus der gewählten Kombination der Komponenten und ihrer Verdaulichkeiten. Alternativ könnte die Versorgung mit pcd Lys auch über den Einsatz von freiem Lysin als Einzelkomponente erfolgen. Hierdurch ließe sich der Aufwand an Rohprotein auf das Maß reduzieren, das zur Deckung des Bedarfes an der nächst-limitierenden Aminosäure (hier Threonin) notwendig wäre. Dies ermöglicht eine Reduzierung der CP-Gehalte in einer Größenordnung von 15 bis 20 g/kg Futter.

Futterverzehr und -zuteilung

Die Wachstumsintensität hängt in erster Linie von der Energieversorgung und damit von der Höhe der Futteraufnahme ab. Haben die Schweine *ad libitum* Zugang zum Futter, werden daher die höchsten Zunahmen erreicht. Börge nehmen im letzten Mastabschnitt mehr Futter auf als weibliche Tiere, was zu dem verstärkten Fettansatz der Börge beiträgt (siehe 1.2.1). Zur Vermeidung eines übermäßigen Fettansatzes wird daher ab einer LM von ca. 70 kg eine Rationierung der Energiezufuhr vorgenommen. Dies kann zum einen über eine moderate Verminderung des ME-Gehaltes des Futters erfolgen (12,5 bis 13,0 MJ/kg in der Endmast). Wichtiger ist aber die Rationierung der Futtermenge. Eine getrenntgeschlechtliche Aufstallung der Tiere ermöglicht es, weibliche Tiere bis zum Ende *ad libitum* zu füttern und deren Wachstumspotenzial somit vollständig auszunutzen und über eine Rationierung der Futtermenge bei Börgen eine Einschränkung bei der Verfettung zu erreichen (Abb. 99). Hinsichtlich der Zusammensetzung des Futters ist eine Unterscheidung zwischen den Geschlechtern in der Endmast nicht üblich.

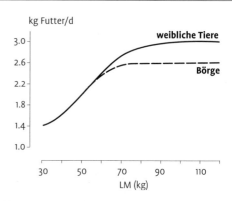

Abb. 99. Futterverbrauch in der Schweinemast bei einem hohen Niveau der LM-Zunahme und 13,0–13,5 MJ ME/kg Futter (weibl. Tiere entspricht *ad libitum*-Aufnahme, bei den Börgen ist die Futtermenge rationiert).

Futtervorlage, Fütterungstechnik, Wasserversorgung

Das Futter wird den Schweinen in verschiedener Weise angeboten. Weit verbreitet sind Trockenfutterautomaten oder Flüssigfütterungsanlagen. Dabei wird das Futter mit Wasser in einem zentralen und computergesteuerten Anmischbehälter in eine pumpfähige Konsistenz versetzt und zu den Trögen gepumpt. Die mengenmäßige Zuteilung kann dabei über Ventile für jeden Trog einzeln gesteuert werden, z. B. gemäß einer „Futterkurve" (Zuteilungsliste), oder erfolgt über im Trog installierte Füllstandsensoren (bei *ad libitum*-Fütterung). Eine Alternative sind sogenannte Breifutterautomaten. Sie sind mit Trockenfutter befüllt und es erfolgt beim Besuch des Tieres am Automaten eine Zudosierung von Wasser und eine Vermengung durch das Tier.

Ständiger Zugang zu frischem und sauberem Tränkwasser muss gegeben sein, auch bei Einsatz von Flüssigfütterung oder Breifutterautomaten. Ein Mastschwein benötigt bei Trockenfütterung und üblichen Haltungsbedingungen etwa 4 Liter Wasser pro Tag. Selbsttränken müssen regelmäßig auf Funktionsfähigkeit und Sauberkeit überprüft werden und sind möglichst in der Höhe verstellbar, so dass sie dem Wachstum der Tiere angepasst werden können. Bei Nippeltränken sollte die Flussrate 0,6 bis 0,8 l/min betragen. Ein plötzlicher Rückgang im Futterverzehr kann auf unzureichende Wasserversorgung zurückzuführen sein.

Futterbeschaffung und -herstellung

Es bestehen unterschiedliche Möglichkeiten zur Beschaffung bzw. Herstellung des Futters, die je

nach Betriebsstruktur in den Regionen Deutschlands eine unterschiedliche Bedeutung haben.
- Futtermittelhersteller bieten **Alleinfuttermittel** für die Schweinemast an, die Energie und alle Nährstoffe in der für einen bestimmten Wachstumsabschnitt passenden Konzentration enthalten. Phasenfütterung ist also auch hiermit möglich. Für den Tierhalter erübrigt sich der Prozess der Optimierung des Futters und die Beschaffung und Kontrolle der Einzelkomponenten, allerdings nicht die Auswahl des für seinen Bestand passenden Futters und ggf. dessen Kontrolle.
- Wenn hofeigene Futtermittel verwendet werden sollen, wird auf dem Betrieb gemischt (**Eigen- oder Selbstmischer**). Hierbei ist Getreide eine wichtige Grundlage. Proteinträger können ebenfalls aus dem Betrieb stammen (z. B. Körnerleguminosen) oder werden als Einzelkomponente zugekauft (z. B. Sojaextraktionsschrot). In allen Fällen ist eine Ergänzung mit Mineralstoffen und Vitaminen über spezielle **Mineralfutter** notwendig. Diese Mineralfutter sind ebenfalls Mischfuttermittel aus spezialisierten Mischfutterwerken. Die Angebotspalette ist groß, so dass eine gezielte Auswahl gemäß den betriebsspezifischen Ansprüchen vorgenommen werden kann. Über das Mineralfutter werden im Bedarfsfall auch spezielle Futterzusatzstoffe verabreicht. Ein Kompromiss für den Selbstmischer kann die Verwendung von **eiweißreichen Ergänzungsfuttermitteln** oder **Eiweißkonzentraten** sein. Auch bei diesen beiden Kategorien handelt es sich um Mischfuttermittel, die hauptsächlich als Proteinträger eingesetzt werden, die aber auch bereits die notwendigen Ergänzungen von Mineralstoffen und Vitaminen enthalten. In einer Mischung mit Getreide lässt sich dann auf dem Betrieb auf relativ einfachem Wege die passende Ration erstellen.

1.3 Jungsauen

Die Aufzucht der weiblichen Tiere zur späteren Zuchtnutzung (Jungsauenaufzucht) ist weniger intensiv als die Schweinemast, auch wenn die physiologischen Grundlagen zur Zusammensetzung des LM-Zuwachses und zu Wirkungsgraden bei der Energie- und Nährstoffumsetzung sehr ähnlich sind. Die Ausschöpfung der Wachstumskapazität tritt zugunsten der Sicherstellung hoher Reproduktionsraten, eines stabilen Skeletts und einer langen Nutzungsdauer zurück. Das Alter und die Höhe der LM können bezüglich ihres Einflusses auf das Eintreten der ersten Brunst nicht völlig losgelöst voneinander gesehen werden. Zudem gibt es eine Wirkung des im Fettgewebe gebildeten Hormons Leptin auf die Geschlechtshormone und damit auf die Steuerung der Geschlechtsreife. Während lange davon ausgegangen wurde, dass die LM den dominierenden Einfluss ausübt, scheint auch ein bestimmter Mindestfettgehalt im Körper notwendig zu sein, der sich in Versuchen in einer positiven Beziehung zwischen Rückenfettdicke und dem Eintreten der Geschlechtsreife bzw. der Wurfgröße zeigte. Andererseits führt eine zu starke Verfettung zu verminderter Fruchtbarkeit, so dass ein Optimum hinsichtlich Alter, LM und Körperkondition zu finden ist, das je nach Rasse oder Herkunft von den nachfolgenden Angaben, die als mittlere Orientierungswerte zu verstehen sind, abweichen kann.

Die erste Belegung erfolgt bei der zweiten oder dritten Brunst. Die Jungsauen sollten dann 220 bis 230 Tage alt sein, eine LM von 130 bis 140 kg aufweisen und eine Rückenspeckdicke von 18 bis 20 mm haben. Diese LM-Entwicklung wird erreicht, wenn die täglichen LM-Zunahmen ab 30 kg LM etwa 700 g betragen. Die LM-Entwicklung soll möglichst gleichmäßig verlaufen. Eine höhere Energiezufuhr nach Eintritt der Geschlechtsreife bis zur Belegung kann die Ovulationsrate verbessern. In dem für die Fortpflanzung besonders wichtigen Bereich von 100 bis 140 kg LM sollte der tägliche Ansatz von Protein 100 bis 120 g und der von Fett 250 g betragen.

Eine Quantifizierung des Bedarfes ist nicht mit der gleichen Präzision wie beim Mastschwein möglich, weil die notwendigen Daten, insbesondere zum Ansatz von Nährstoffen im Verlauf der Aufzucht, fehlen. Es können aber die Teilwirkungsgrade und Verwertungsfaktoren, wie sie für die Mast abgeleitet und dargestellt wurden, auch für die Jungsauenaufzucht unterstellt werden. Danach ergibt sich ein Bedarf an ME und pcd Lys, wie er in Tab. 101 skizziert ist.

Für die übrigen essenziellen Aminosäuren können dieselben Relationen zum pcd Lys zugrunde gelegt werden wie in der Mast (Tab. 99). Aus dem geringeren Zuwachsniveau und dem höheren Anteil des Erhaltungsbedarfes an ME ergibt sich, dass die Konzentrationen der Aminosäuren im Alleinfutter geringer sein können als im Futter für Mastschweine mit gleicher LM. Im Hinblick auf

Tab. 101. Empfehlungen zur Versorgung mit ME und pcd Lysin in der Jungsauenaufzucht (GfE 2006)

LM (kg)	Zuwachsrate (g/Tag)	ME (MJ/Tag)	pcd Lysin (g/Tag)
30–60	650	21	12,6
60–90	700	28	13,2
90–120	700	33	13,0
120–150	700	37	13,0

die Mineralstoffversorgung gilt ebenfalls, dass Konzentrationen, wie sie sich für ein Mastalleinfutter ergeben, auch für die Jungsauenaufzucht ausreichend sind. Phasenfütterung ist auch in der Jungsauenaufzucht sinnvoll.

Zur Sicherstellung eines verhaltenen Wachstums ist eine frühe Restriktion in der Energieversorgung nötig. Daher ist in Betrieben mit geschlossenem System eine gemeinsame Haltung mit den Mastschweinen auch in der Anfangsmast nicht sinnvoll. Eine Restriktion kann über eine Begrenzung der Futtermenge oder durch Einsatz von rohfaserreicheren und damit ME-ärmeren Futterkomponenten erfolgen. Die grundsätzlichen Möglichkeiten der Fütterung und Futtergestaltung sowie der Kombinationen von betriebseigenen und zugekauften Futtermitteln sind wie für die Mast beschrieben. Im Hinblick auf die Komponentenauswahl ist in der Jungsauenaufzucht ganz besonders auf die Vermeidung solcher Futtermittelpartien zu achten, die das Mykotoxin Zearalenon enthalten, das östrogenähnliche Wirkung hat.

1.4 Tragende Sauen

Der Bedarf der Sauen, der sich durch das Heranwachsen der Föten und die Ausbildung sonstiger Konzeptionsprodukte (Plazenta, Milchdrüse) ergibt, ist relativ gering. Nur während des letzten Drittels der Trächtigkeit ist er von nennenswerter Bedeutung, weil dann der Zuwachs an Konzeptionsprodukten exponentiell ansteigt. Aus diesem Grunde hat sich eine Einteilung der Trächtigkeit in 2 Abschnitte bewährt: die ersten zwei Drittel („niedertragend") und das letzte Drittel („hochtragend") der insgesamt etwa 115-tägigen Trächtigkeit. Der Zuwachs an Konzeptionsprodukten während der gesamten Trächtigkeit beträgt bei 12 bis 13 geborenen Ferkeln etwa 25 kg, wovon zwei Drittel auf die Ferkel und der Rest auf die übrigen Konzeptionsprodukte entfallen. Sauen sind nicht vor dem 4. Reproduktionszyklus ausgewachsen, so dass sich zudem ein Bedarf aus dem LM-Zuwachs der Sauen an sich ergibt („maternaler LM-Zuwachs"), insbesondere während der ersten Trächtigkeit. Bei den heute erreichten Aufzuchtleistungen der Sauen findet während der Säugeperiode ein teilweise erheblicher Abbau von Körperreserven (Protein und Fett) statt, der in der darauffolgenden Trächtigkeit zusätzlich ausgeglichen werden muss. Dennoch ist der Energiebedarf während der Trächtigkeit so gering, dass die Versorgung bei *ad libitum*-Fütterung leicht den Bedarf überschreiten und zur Verfettung der Tiere führen kann. Diese Verfettung wäre wiederum nachteilig für die Fruchtbarkeit und Aufzuchtleistung und hätte negative Effekte auf den Futterverzehr während der Laktation, weshalb sie vermieden werden muss. Die Fütterung während der Trächtigkeit erfordert also Fingerspitzengefühl des Tierbetreuers bei der Futterzuteilung, da die individuelle Konstitution des Tieres und dessen Entwicklung im Auge behalten werden muss. Die nachfolgenden Angaben dienen zur Orientierung, von der je nach genetischer Herkunft und vor allem tierindividueller Konstitution abgewichen wird.

Jungsauen nehmen in der ersten Trächtigkeit zwischen 50 und 70 kg LM zu, wovon etwa 25 kg auf die Konzeptionsprodukte entfallen. Bei den folgenden Reproduktionszyklen sind die Zuwächse geringer, und ab der 4. Trächtigkeit braucht nur noch der Zuwachs an Konzeptionsprodukten unterstellt werden. Zu Beginn der 2. Trächtigkeit hat eine Sau eine LM von etwa 180 kg. Ausgewachsene Altsauen können zu Beginn der 4. Trächtigkeit 250 kg wiegen. Während einer 4-wöchigen Säugeperiode kann es zu einer Mobilisierung von Körpermasse der Sau von bis zu 25 kg kommen. In der darauffolgenden Trächtigkeit muss der LM-Zuwachs dann um diesen Betrag höher ausfallen.

1.4.1 Energie- und Nährstoffbedarf

Die Ableitung von Bedarfswerten ist für ME, pcd Aminosäuren und einige Mineralstoffe auch bei Sauen auf faktoriellem Wege möglich. Nicht alle Teilfaktoren sind aber wegen der begrenzten Datengrundlage gleich gut abgesichert. Dies gilt insbesondere für die Verwertungsgrößen in der Trächtigkeit. Da sich der Ansatz in den Konzeptionsprodukten quantitativ in eher geringem Umfang auf den Gesamtbedarf auswirkt, sind diese Unsicherheiten tolerierbar.

Energie
Der ME-Bedarf der Sauen für Erhaltung lässt sich ebenso wie beim wachsenden Schwein als eine Funktion der metabolischen Körpergröße beschreiben (1.2.2.1). Eine Sau mit 180 kg LM benötigt demnach zur Deckung des Erhaltungsbedarfes täglich 22 MJ ME.

Ein zusätzlicher Bedarf kann entstehen, wenn sich die Sauen in Gruppenhaltung vermehrt bewegen oder bei Außen- oder Auslaufhaltung mehr Energie zur Aufrechterhaltung der Körpertemperatur aufgewendet werden muss. Dies kann bei einer Umgebungstemperatur von 5 bis 10 °C einen Mehrbedarf an ME von etwa 20 % des Erhaltungsbedarfes ausmachen (etwa 0,4 kg Futter/d).

Der maternale LM-Zuwachs erfolgt relativ gleichmäßig während der gesamten Trächtigkeit. Je Kilogramm LM-Zuwachs sind bei mittleren Gehalten an Protein und Fett 12 MJ Energie enthalten. Die Verwertung der ME für den Ansatz von Protein und Fett ist nicht verschieden von der anderer wachsender Schweine. Daher wird mit einem Teilwirkungsgrad der ME für den maternalen LM-Zuwachs von $k_{pf} = 0,70$ gerechnet. Hieraus ergibt sich ein Bedarf nur für das maternale Wachstum von etwa 6 MJ ME/d, was weniger als 20 % des Gesamtbedarfes an ME ausmacht.

Tab. 102. Empfehlungen zur Versorgung von Sauen in der Trächtigkeit ohne Berücksichtigung von LM-Verlusten in der Laktation[1] (GfE 2006)

	Trächtigkeit Nummer			
	1	2	3	4
LM beim Belegen (kg)	140	185	225	255
Erwartete Ferkelzahl	12	13	13	13
LM-Zuwachs (kg)	70	65	55	25
davon maternal (kg)	45	40	30	0
ME, MJ/d				
Niedertragend	29	32	34	31
Hochtragend	37	40	41	37
pcd Lysin, g/d				
Niedertragend	9,7	9,4	8,2	3,7
Hochtragend	14,5	14,6	13,4	8,9
pcd Met+Cys, g/d				
Niedertragend	6,0	6,1	5,7	3,6
Hochtragend	8,6	8,9	8,5	6,4
pcd Threonin, g/d				
Niedertragend	6,5	6,6	6,2	3,9
Hochtragend	9,2	9,6	9,1	6,8
pcd CP (mindestens), g/d				
Niedertragend	184	189	179	122
Hochtragend	257	269	258	201
dP, g/d				
Niedertragend	4,0	1,9	2,4	2,7
Hochtragend	6,2	6,6	6,9	6,9
Ca, g/d				
Niedertragend	9,7	5,3	6,4	7,3
Hochtragend	15,3	16,4	17,3	17,3
Na, g/d				
Niedertragend	1,6	1,0	1,0	1,1
Hochtragend	1,2	1,2	11,3	1,2

[1] Je 1 kg LM-Verlust in der vorangegangenen Säugezeit ist der Bedarf an ME um 0,2 MJ/d und an pcd Lys um 0,16 g/d erhöht.

Der Energieansatz in den Konzeptionsprodukten ist während der niedertragenden Phase nicht höher als 1 MJ/d und beträgt in der hochtragenden Phase etwa 2,5 MJ/d. Hinzu kommt in der hochtragenden Phase ein Ansatz von etwa 1 MJ/d bei der Ausbildung des Gesäuges. Die Verwertung der ME für den Energieansatz in den Konzeptionsprodukten wird mit k = 0,50 angenommen. Hieraus ergibt sich ein Bedarf von etwa 2 MJ ME/d in der niedertragenden Phase und von etwa 7 MJ ME/d in der hochtragenden Phase.

In Tab. 102 ist dargestellt, welche Bedarfswerte sich bei Annahmen zur LM-Entwicklung ergeben. Demnach braucht eine Sau während der niedertragenden Phase etwa 30 bis 34 MJ ME/d und während der hochtragenden Phase 37 bis 41 MJ ME/d. Diesen Werten liegt die Annahme zugrunde, dass es in der vorangegangenen Säugeperiode nicht zu einer Mobilisierung von Körpermasse der Sau gekommen ist. Kommt es zu einer Mobilisierung, ist diese in der folgenden Trächtigkeit wieder auszugleichen. Dabei resultiert für 1 kg mobilisierte LM ein Mehrbedarf an ME in der Trächtigkeit von 0,2 MJ/d. Die in Tab. 102 genannten Werte wären also beispielsweise bei einer Mobilisierung von 20 kg LM alle um 4 MJ ME/d zu erhöhen.

Aminosäuren und Rohprotein
Zur Quantifizierung des Erhaltungsbedarfes von Sauen an pcd Aminosäuren wird mit denselben Relationen zur metabolischen Körpergröße gerechnet wie für wachsende Schweine (Tab. 92). Insgesamt werden während der Trächtigkeit in den Konzeptionsprodukten plus Milchdrüse etwa 3 kg Protein angesetzt, wovon etwa zwei Drittel auf die Hochträchtigkeit entfallen. Dieses Protein weist einen Lysin-Gehalt von 6–7 g/16 g N auf. Im maternalen LM-Zuwachs beträgt der Gehalt an Protein 158 g/kg und der Gehalt an Lysin 7,1 g/16 g N. Bezüglich der Verwertung des pcd Lysins für den Ansatz (sowohl maternal als auch in Konzeptionsprodukten) wird derselbe Wert wie für das Wachstum (63%) verwendet. Tab. 102 zeigt den Tagesbedarf, der sich hieraus für pcd Lysin und andere Aminosäuren ergibt. Mit zunehmender Trächtigkeitszahl wird der Bedarf an Aminosäuren kontinuierlich geringer. Dies ist eine Konsequenz des abnehmenden Ansatzes von maternalem Protein und der geringen Bedeutung des Erhaltungsbedarfes an Aminosäuren. Kommt es zur Mobilisierung von Körperprotein in der Laktation, so führt dies in der nachfolgenden Trächtigkeit zu einem Mehrbedarf an pcd Lys. Dieser beträgt 0,16 g/d je 1 kg in der Säugezeit mobilisierter LM.

Mengenelemente
Bei der Versorgung mit Mengenelementen ist neben den unvermeidlichen Verlusten der Ansatz zu berücksichtigen, der in Form von Konzeptionsprodukten und maternalem LM-Zuwachs stattfindet. Die Verwertungsfaktoren für die einzelnen Elemente sind dieselben wie in der Mast. Tab. 102 enthält Angaben zum täglichen Bedarf an dP, Ca und Na.

1.4.2 Fütterung

Angesichts des relativ geringen Bedarfes in der Trächtigkeit können Sauen kaum bis zur Sättigung gefüttert werden. Alleinfuttermittel enthalten daher ME-Gehalte von 11–12 MJ/kg (Tab. 103). Niedrige ME-Gehalte im Alleinfuttermittel werden durch den Einsatz von Komponenten mit geringerer Verdaulichkeit, wie z. B. Trockenschnitzeln oder Kleien erreicht. Gerste ist eine gut geeignete Komponente für die Sauenfütterung.

Die Anpassung an den veränderten Bedarf im Verlaufe der Trächtigkeit bzw. die Anpassung an die tierindividuelle Konstitution erfolgt über die zugeteilte Futtermenge. Das geschulte body condition scoring oder auch Messungen der Rückenfettdicke mittels Ultraschall können zur Beurteilung der Entwicklung des Tieres eingesetzt werden. Bei einer LM von 180 kg und einem ME-Gehalt des Futters von 11,5 MJ/kg ist zu Beginn der Trächtigkeit eine Futtermenge von etwa 2,7 kg/d und in der Hochträchtigkeit von etwa 3,5 kg/d notwendig. Bei stark abgesäugten Sauen (LM-Verlust > 20 kg) ist eine zusätzliche Futtermenge von ca. 0,3 bis 0,4 kg/d erforderlich.

Die Konzentration von pcd Lys im Futter könnte mit zunehmender Zahl von Reproduktionszyklen und mit abnehmendem LM-Verlust ständig geringer ausfallen. Da in einem Bestand in der Regel ein einheitliches Futter für tragende Sauen eingesetzt wird, ist daher in Orientierung an den Werten für Jungsauen eine Konzentration von 0,40 g pcd Lys je MJ ME notwendig, was einer Konzentration von Gesamt-Lys von 6 bis 7 g/kg Futter entspricht. Bei diesem Lys-Gehalt ist eine Relation zum pcd Lys (= 100) von 60 für pcd Met+Cys, 65 für pcd Thr und 18 für pcd Trp notwendig. Da der Lys-Gehalt im CP in der Regel nicht geringer als 5 g/16 g N ist, sind Gehalte an CP im Tragefutter von 130 bis 140 g/kg ausreichend. Es ist daher mit geringem Aufwand

Tab. 103. Richtwerte für einige Inhaltsstoffe in Alleinfuttermitteln für Sauen (88% DM)

	Trächtigkeit	Säugezeit
ME, MJ/kg	11,0–12,0	13,0–14,0
Rohfaser, g/kg	80–120	40–70
Rohprotein, g/kg	130–140	170–190
pcd Lys, g/MJ ME	0,40	0,60
Gesamt-Lys[1], g/kg	6–7	9–10
In Relation zu pcd Lys = 100		
pcd Met+Cys	60	60
pcd Thr	65	65
pcd Trp	18	22
Verd. Phosphor, g/MJ ME	0,18	0,25
Gesamt-Phosphor[2], g/kg	4,0–5,0	5,5–6,5
Calcium, g/kg	5,0–6,5	7,0–8,0
Natrium, g/kg	0,6	2,0
Kupfer[3], mg/kg	8	8
Mangan, mg/kg	20	20
Zink, mg/kg	50	50
Selen, mg/kg	0,20	0,20
Iod, mg/kg	0,60	0,60
Vitamin A, IE/kg	4000	2500
Vitamin D, IE/kg	200	200
Vitamin E, mg/kg	15	30

[1] Verdaulichkeit des Lys aus den Einzelkomponenten: 75–80 % in der Trächtigkeit und 80–85 % in der Säugezeit.
[2] Bei einer mittleren Verdaulichkeit des P aus den Einzelkomponenten von 50–65 %.
[3] Die Angaben für Spurenelemente entsprechen den Angaben in Tab. 83. Die Nichtberücksichtigung des Trockenmassegehaltes kommt einem Zuschlag gleich.

möglich, eine bedarfsdeckende Versorgung mit Aminosäuren in der Trächtigkeit sicherzustellen. Eine Ergänzung des Futters mit mineralischen P-Quellen ist, wenn überhaupt, dann nur in geringem Maße notwendig (Tab. 103). Neben dem Zukauf eines Alleinfuttermittels können auch Ergänzungsfuttermittel (Einzelkomponenten oder Mischfuttermittel) eingesetzt werden, die auf den Betrieben mit hofeigenem Getreide gemischt werden.

Rau- und Saftfuttermittel (Silagen, Heu, Grünfutter) können tragenden Sauen angeboten werden, sofern es Arbeits- und Fütterungstechnik zulassen. Die hygienische Unbedenklichkeit muss dabei sichergestellt sein. Dies bedeutet auch das ständige Entfernen von Futterresten aus den Trögen. Der Einsatz dieser rohfaserreichen Futter hat den Vorteil, dass die Sättigung der Tiere erreicht werden kann und zudem die Zeit der Beschäftigung mit dem Futter länger wird. Wenn Silagen eingesetzt werden, muss die verzehrte Menge bekannt sein, damit der Einsatz des Mischfutters bei gegebenem ME-Bedarf entsprechend reduziert werden kann. Rohfaserreiche Futtermittel haben zwar eine deutlich geringere Verdaulichkeit als übliche Mischfutterkomponenten. Sie tragen aber dennoch zur Versorgung der Sauen bei. Bei Stroheinstreu kommt es zu einer freiwilligen Aufnahme von Stroh zur Sättigung. Es ist wichtig, dass das Stroh trocken ist und keine erkennbaren Verpilzungen aufweist, die einen Eintrag von Mykotoxinen bedingen könnten.

Bei der Umstallung der Sauen in den Abferkelstall wird in der Regel auch eine Umstellung auf das Säugefutter vorgenommen. Die Nährstoffgehalte im Säugefutter sind höher als im Tragefutter (siehe unten), die Futtermenge bleibt aber zunächst gleich. Wird das Futter auf dem Betrieb selbst gemischt, sollten möglichst nur die Mischungsanteile der Komponenten, nicht aber die Hauptkomponenten an sich verändert werden.

In den letzten 2 Tagen vor dem erwarteten Abferkeltermin wird die Futtermenge etwa um die Hälfte reduziert. Eine solch kurze Restriktion ist unter dem Aspekt der bedarfsdeckenden Nährstoffversorgung unproblematisch und hat sich zur Vermeidung von Verstopfungen und nachfolgenden Erkrankungen („MMA-Komplex": Mastitis in Verbindung mit Metritis und Agalaktie) als vorteilhaft erwiesen. Tränkwasser muss den Sauen immer zur freien Aufnahme zur Verfügung stehen.

1.5 Laktierende Sauen

Die Sau ist im Verlaufe eines Reproduktionszyklus sehr starken Schwankungen in der Beanspruchung ihres Stoffwechsels ausgesetzt. Die Säugephase ist nur wenige Wochen lang, und wenn die Spitze der Laktationskurve erreicht ist, steht das Absetzen schon wieder bevor. Hinzu kommt, dass der Geburtsprozess an sich eine Belastung für die Sau und ihren Stoffwechsel darstellt.

Die Säugedauer beträgt 3 bis 5, in den meisten Fällen etwa 4 Wochen. Die Ferkelzahl beträgt zwischen etwa 10 und 14 Ferkel pro Sau, wobei die Anzahl bei Jungsauen in der Regel geringer ist. Größere Bestände erlauben bei Synchronisation des Reproduktionsgeschehens einen Ausgleich der Größe zwischen verschiedenen Würfen kurz nach der Geburt. Die Höhe der Milchleistung lässt sich aber unter praktischen Bedingungen kaum quantifizieren. Daher wird als Indikator für die Milchleistung und damit den Leistungsbedarf der Sau die Ferkelzahl herangezogen. Der Futterverzehr ist häufig nicht ausreichend hoch, um den mit der Milchleistung verbundenen Bedarf zu decken. Die Sau kompensiert dies durch die Mobilisierung körpereigenen Gewebes, insbesondere von Fett und Protein. Der hiermit verbundene LM-Verlust während der Säugezeit kann 10 bis 20 kg betragen, ohne dass der Sau hieraus ein Nachteil entstehen muss. Ein Verlust, der diesen Bereich deutlich überschreitet, kann zu Beeinträchtigungen der Gesundheit und Fruchtbarkeit führen.

1.5.1 Energie- und Nährstoffbedarf

Sauen können bis zu 12 Liter Milch am Tag geben. Die Milchleistung ist zwar umso höher, je höher die Zahl der Ferkel ist. Der LM-Zuwachs der Ferkel wird aber ohne Ergänzungsfütterung mit zunehmender Wurfgröße geringer. Während der ersten 2 bis 3 Wochen steigt die Milchleistung stetig an. Zur Erzielung von 1 kg LM-Zuwachs der Ferkel werden etwa 4,1 kg Milch benötigt. Sauenmilch enthält etwa 5 % Protein und etwa 8 % Fett und ist somit energiereich (ca. 5 MJ/kg Milch).

Energie
Der Erhaltungsbedarf der laktierenden Sau an ME wird ebenso berechnet wie der der tragenden Sau und des wachsenden Schweins (1.2.2.1). Eine Sau mit 160 kg LM benötigt demnach zur Deckung des Erhaltungsbedarfes täglich etwa 20 und ein Sau mit 220 kg LM täglich etwa 25 MJ ME.

Der Teilwirkungsgrad der ME für Milchbildung (k_l) beträgt 0,70. Für 1 kg Milchleistung mit einem Energiegehalt von 5 MJ/kg benötigt die Sau daher 7,1 MJ ME. Dies entspricht einem ME-Bedarf von 29 MJ für die Erzielung von 1 kg LM-Zuwachs der Ferkel (bei 4,1 Milch je 1 kg LM-Zuwachs der Ferkel). Ist die Milchleistung höher als der Futterverzehr es zulässt, wird Körpergewebe mobilisiert. Der Beitrag zur Bedarfsdeckung lässt sich nur schätzen, weil die Zusammensetzung und der Energiegehalt des Sauenkörpers zwischen Einzeltieren sehr unterschiedlich sein können. Man kann im Mittel einen Energiegehalt der mobilisierten LM von 20 MJ/kg unterstellen. Diese Energie kann mit einer hohen Effizienz für die Milchbildung verwertet werden (k = 0,89). Dies bedeutet, dass sich je 1 kg mobilisierter LM der Sau eine Einsparung an ME aus dem Futter in Höhe von 25 MJ ergibt (20 × 0,89/0,70). In Tab. 104 ist bei Annahme einiger Werte für die Höhe des Ferkelzuwachses, der LM und des LM-Verlustes der Sau beispielhaft dargestellt, welche Versorgung mit ME nötig ist.

Es wird deutlich, dass der Einfluss des Ferkelzuwachses auf den ME-Bedarf größer ist als der auf den Erhaltungsbedarf wirkende Einfluss der Sauenmasse. Bei sehr hoher Leistung ließen sich die Angaben aus Tab. 104 aber selbst bei hoher Mobilisierung von Körpersubstanz nur realisieren, wenn die Sauen mehr als 7 kg Futter/Tag verzehren (bei 13 MJ ME/kg Futter). Dies wird in sehr vielen Betrieben nicht erreicht, so dass das skizzierte Ferkelwachstum nur bei zusätzlichem Angebot von Saugferkelergänzungsfutter möglich ist. Je 1 kg Ergänzungsfutter, das von den Ferkeln direkt verzehrt wird, werden etwa 1,7 kg Laktationsfutter ersetzt. In Beständen, in denen die Sauen einen Futterverzehr von 7 kg/Tag oder mehr aufweisen und in denen die Ferkel beigefüttert werden, ist korrespondierend die Mobilisierung von Körpermasse gering, was positiv zu werten ist. In Tab. 105 ist anhand von Beispielen zusammengefasst, wie der Bedarf an ME und pcd Lys in der Säugezeit ermittelt werden kann.

Tab. 104. Empfehlungen zur Versorgung von säugenden Sauen bei einer Säugedauer von 25 Tagen (GfE 2006)[1]

LM-Verlust (kg)	0		10			20		
Wurfzuwachs (kg/d)	1,5	2,0	1,5	2,0	2,5	2,0	2,5	3,0
ME (MJ/Tag) LM zu Beginn der Laktation (kg)								
185	66	81	56	70	85	60	75	90
225	69	84	59	74	89	64	78	93
265	73	87	63	77	92	67	82	96
pcd Lysin, g/d	34	44	29	40	50	35	46	56
pcd Met+Cys, g/d	20	26	18	23	29	21	27	33
pcd Threonin, g/d	22	28	19	26	32	23	30	36
pcd Tryptophan, g/d	7,2	9,3	6,6	8,7	10,8	8,1	10,2	12,3
pcd CP (mind.), g/d	530	694	466	630	794	567	730	893
dP, g/d	12,9	16,4	12,9	16,4	19,8	16,4	19,8	23,1
Ca, g/d	26,2	32,8	26,2	32,8	39,0	32,8	39,0	45,3
Na, g/d	7,4	9,6	7,4	9,6	11,5	9,6	11,5	13,5

[1] Der Verzehr von 1 kg Ergänzungsfutter durch die Ferkel vermindert die nötige ME-Versorgung der Sau um 22 MJ oder den LM-Verlust der Sau um 0,9 kg.

Tab. 105. Beispiele für die Berechnung des Bedarfes an ME und pcd Lys in einer 25-tägigen Säugezeit

LM zu Beginn der Säugezeit, kg	180		260	
Mittlerer Wurfzuwachs, kg/d	1,5	2,0	2,0	2,5
LM-Mobilisierung in der Säugezeit, kg	0	0	0	10
Milchbildung, kg/d (4,1 kg/kg Wurfzuwachs)	6,2	8,2	8,2	10,3
Energieabgabe, MJ/d (5,0 MJ/kg Milch)	31	41	41	52
Lysinabgabe, g/d (3,7 g Lys/kg Milch)	23	30	30	38
Energiemobilisierung, MJ/d (20 MJ/kg LM)	–	–	–	8
Lys-Mobilisierung, g/d (10,7 g/kg LM)	–	–	–	4,3
Erhaltungsbedarf				
ME, MJ/d (0,44 MJ/kg LM^{0,75})	22	22	29	29
pcd Lys, g/d (38 mg/kg LM^{0,75})	1,9	1,9	2,5	2,5
Leistungsbedarf				
ME, MJ/d (Energieabgabe/0,70)	44	59	59	74
pcd Lys, g/d (Lys-Abgabe/0,74)	31	41	41	51
Einsparung aus Mobilisierung				
ME, MJ/d (Mobilisierung × 0,89/0,70)	–	–	–	10
pcd Lys, g/d (Lys-Mobilisierung × 0,85/0,74)	–	–	–	4,9
Gesamtbedarf (Erh. + Leistung abzgl. Einsparung)				
ME (MJ/d)	66	81	88	93
pcd Lys (g/d)	33	43	44	49

Aminosäuren und Rohprotein

Zur Quantifizierung des Erhaltungsbedarfes von Sauen an Aminosäuren wird mit denselben Relationen zur metabolischen Körpergröße gerechnet wie für wachsende Schweine (Tab. 92). Von großer Bedeutung für den Bedarf an Aminosäuren ist die Bildung des Milchproteins. Das Protein der Sauenmilch enthält je 16 g N im Mittel 7,4 g Lys, 3,3 g Met+Cys, 4,2 g Thr und 1,3 g Trp. Die Verwertung des pcd Lys für die Milchbildung ist mit 74% relativ hoch. Bei einem Proteingehalt der Milch von 5% beträgt der Bedarf an pcd Lys zu Bildung von 1 kg Milch somit 5,0 g. Dies entspricht einem Bedarf an pcd Lys von etwa 21 g für die Erzielung von 1 kg LM-Zuwachs der Ferkel. Ein Ansatz von Körperprotein während der Laktation ist unwahrscheinlich und braucht nicht berücksichtigt zu werden. Ein LM-Verlust während der Säugezeit tritt hingegen, wie bereits beschrieben, häufig auf. Die Freisetzung von Aminosäuren im Zuge der Mobilisierung von Körpermasse lässt sich noch schwieriger schätzen als die Freisetzung von Energie. Es kann aber angenommen werden, dass die Mobilisierung von 1 kg LM eine Lys-Menge für die Milchbildung liefert, die zu 12 g pcd Lys aus dem Futter äquivalent ist. Bei den übrigen essenziellen Aminosäuren beruht die Bedarfsableitung auf den Relationen, die im Erhaltungsbedarf bzw. im Milchprotein zum Lys bestehen. Zusätzlich wurden Daten aus Fütterungsversuchen herangezogen. In Tab. 104 ist zusammengefasst, welcher Bedarf sich für einzelne Aminosäuren insgesamt ergibt, wenn verschiedene Annahmen zur Leistung und Mobilisierung getroffen werden. Eine Differenzierung hinsichtlich der LM der Sauen ist bei den Aminosäuren nicht erforderlich, weil der Erhaltungsbedarf in der Säugezeit quantitativ eine untergeordnete Rolle spielt.

Mengenelemente

Bei der Versorgung mit Mengenelementen ist neben den unvermeidlichen Verlusten die Abgabe mit der Milch zu berücksichtigen. Sauenmilch enthält je 1 kg im Mittel 2,2 g Ca, 1,6 g P und 0,8 g Na. Die Verwertungsfaktoren für die einzelnen Elemente sind dieselben wie in der Mast. Tab. 102 enthält Angaben zum täglichen Bedarf an dP, Ca und Na. Ob bei einem LM-Verlust der Sau auch Mineralstoffe mobilisiert werden und in welchem Umfang die mobilisierten Mineralstoffe für die Milchbildung zur Verfügung stünden, ist nicht bekannt.

1.5.2 Fütterung

Die Zusammensetzung des Futters ist in der Säugezeit anders als in der Tragezeit. Der höhere Bedarf lässt sich nicht allein durch eine höhere Futtermenge decken, sondern das Futter muss auch konzentrierter sein. Die erforderlichen ME-Gehalte (Tab. 103) sind nur bei Verwendung von Komponenten mit hohen Verdaulichkeiten zu erreichen. Die Rohfasergehalte sind daher deutlich geringer. Eine Möglichkeit zur Erhöhung des ME-Gehaltes ist der Zusatz von Fettquellen. Für einige Inhaltsstoffe ist dies in Tab. 104 gezeigt. Der Bedarf an ME und an Aminosäuren wird bei der laktierenden Sau in unterschiedlicher Weise von der Höhe des Wurfzuwachses und der LM der Sau beeinflusst. Daraus ergibt sich, dass man bei der Futterherstellung mit unterschiedlichen Relationen von pcd Lys zu ME im Futter rechnen könnte. Sauen mit einer noch geringen LM benötigen eine höhere Relation von pcd Lys zu ME als schwere Sauen. Die Differenz bei einem Unterschied in der LM von 100 kg liegt bei etwa 0,06 g pcd Lys/MJ ME. Eine Erhöhung des Wurfzuwachses um 1 kg/d bewirkt eine Erhöhung bei der benötigten Relation in einer Größenordnung von 0,05 bis 0,08 g pcd Lys/MJ ME. In der Praxis wird lediglich ein einheitliches Laktationsfutter eingesetzt und die Gehalte sind dann auf einen hohen Wurfzuwachs auszurichten. Die Relation soll daher 0,60 g pcd Lys/MJ ME betragen (Tab. 103). Für die übrigen Aminosäuren liegen die Relationen zu pcd Lys (=1) dann bei 0,60 für pcd Met+Cys und 0,65 für pcd Thr. Die Anteile proteinreicher Komponenten in der Mischung müssen daher höher sein als in der Tragezeit. Der Einsatz freier Aminosäuren mit dem Ziel der Senkung des Rohproteinaufwandes ist ebenso möglich wie in der Ferkelaufzucht und Mast. Die zum Einsatz kommenden Mineralfutter müssen einen ausreichenden Gehalt an dP aufweisen. Wenn das Futter auf dem Betrieb gemischt wird, sollten die gleichen Hauptkomponenten, allerdings in veränderten Anteilen, eingesetzt werden.

Die Futtermengen orientieren sich an der Ferkelzahl. Täglich benötigt die Sau je nach ME-Gehalt des Futters etwa 1,5 bis 2,0 kg Futter plus 0,4 bis 0,5 kg für jedes säugende Ferkel. Bei 12 bis 14 Ferkeln entspräche dies einer Futtermenge von 6,5 bis 9,0 kg Futter. Der Verzehr ist in aber in den meisten Fällen geringer, was zu der bereits erläuterten Mobilisierung von Körpersubstanz führt. Ist der Verlust an LM in der Säugeperiode deutlich höher als 20 kg, müssen negative Einflüsse auf die Fruchtbarkeit befürchtet werden. Die Sicherung eines möglichst hohen Futterverzehrs in der Laktationsspitze der Sau ist daher eine besondere Herausforderung. Während der ersten Woche wird daher das Futter nicht *ad libtium* angeboten. Stattdessen wird, beginnend mit etwa 1 kg/Tag, das Futterangebot täglich um etwa 1 kg erhöht, bis die angestrebte Menge oder die Grenze der Sättigung erreicht ist. Dadurch ist zwar während der ersten 5 bis 7 Tage die Versorgung noch deutlich unter dem Bedarf. Eine zu schnelle Steigerung der Futtervorlage nach der Geburt erhöht aber das Risiko für Verdauungsstörungen und Futterverweigerung und birgt somit die Gefahr eines dauerhaft unzureichenden Verzehrs. Futterreste dürfen bei der nächsten Mahlzeit nicht mehr im Trog sein. Üblicherweise wird die Tagesration auf 2 Mahlzeiten verteilt. Neuere Untersuchungen haben gezeigt, dass eine Erhöhung des Verzehrs um 0,3 bis 0,5 kg/Tag erreicht werden kann, wenn das Futter verteilt auf 4 Portionen angeboten wird. Es hängt von den technischen und arbeitswirtschaftlichen Voraussetzungen auf dem Betrieb ab, ob dieser Vorteil genutzt werden kann. Eine übermäßige Verfettung in der Trächtigkeit führt zu einem verminderten Futterverzehr in der Laktation und muss daher auch aus diesem Grunde vermieden werden (siehe 1.4.2).

Der Futterverzehr der Sau ist auch von der Umgebungstemperatur abhängig. Bei Temperaturen von mehr als 20 °C gehen Verzehr, Milchleistung und Ferkelwachstum zurück. Da die Temperaturansprüche der Sau und der Ferkel so verschieden sind, ist eine separate und punktuelle Wärmequelle für die Ferkel wichtig. Sauen benötigen uneingeschränkt Zugang zu Tränkwasser. Wegen der Milchbildung und der hohen Wärmeproduktion ist der Wasserbedarf hoch. Die durchschnittliche Wasseraufnahme beträgt etwa 20 l/d, die Wasseraufnahme kann aber auch bis zu 40 l/d betragen.

Das frühzeitige Angebot von Saugferkelergänzungsfutter ermöglicht es, dem steigenden Energiebedarf der Ferkel gerecht zu werden, ohne eine übermäßige Mobilisierung maternaler Gewebe in Kauf nehmen zu müssen (siehe 1.2.6). Je Kilogramm verzehrtem Ergänzungsfutter kann mit einer Einsparung an ME für die Sau von etwa 22 MJ oder einer Verminderung der Mobilisierung von Körpersubstanz von etwa 0,9 kg gerechnet werden.

Am Tag des Absetzens geht der Bedarf der Sau abrupt zurück. Es kann in der Vorbereitung für die nächste Belegung weiterhin das Säugefutter eingesetzt werden. Die Futtermengen orientieren sich an denen der hochtragenden Phase.

1.6 Eber

Aufzucht
Jungeber haben ein hohes Wachstumspotenzial, das in der Aufzucht nicht voll ausgeschöpft wird, damit die Ausbildung funktionstüchtiger Reproduktionsorgane nicht beeinträchtigt wird. Ziel ist die Sicherung einer hohen Spermamenge mit guter Spermaqualität und eine gute Skelettentwicklung. Allgemein gültige Versorgungsempfehlungen können nur mit Einschränkung gegeben werden, da die Spezifik der Rasse und die Zuchtziele bei der Gestaltung der Eberaufzucht eine besondere Rolle spielen. Je nach Rasse wird die Zuchtreife im Alter von 7 bis 9 Monaten und mit einer LM von 140 bis 180 kg erreicht. Die mittleren LM-Zunahmen in der gesamten Aufzucht betragen 600 bis 700 g/d. In der 10-wöchigen Eigenleistungsprüfung, die im Alter von etwa 100 Tagen beginnt, können die LM-Zunahmen allerdings auch 1000 g/d und mehr betragen. Entsprechend geringer ist dann die Fütterungsintensität in der letzten Phase der Aufzucht.

Bei den Jungebern ist der Proteingehalt im LM-Zuwachs etwas höher und der Fettgehalt geringer als bei der Mast von Kastraten. Die Konzentration von pcd Lys sollte daher bis zum Erreichen von etwa 120 kg LM 0,65 bis 0,75 g/MJ ME betragen und kann danach auf etwa 0,50 g/MJ ME vermindert werden. Bezüglich der Relationen der übrigen essenziellen Aminosäuren zum Lys können die Werte für die Schweinemast verwendet werden. Eine Ausnahme bilden die S-haltigen Aminosäuren, denen bei der Spermatogenese eine besondere Bedeutung zukommt. Die Relation von pcd Lys zu pcd Met+Cys beträgt daher in der Eberaufzucht 1:0,70.

Zuchtnutzung ausgewachsener Eber
Während der Zuchtphase besteht ein Energiebedarf für Erhaltung, für die Bildung des Ejakulates und den Deckakt, sowie evtl. für noch geringfügig stattfindendes Wachstum. Eine ME-Zufuhr von 30 bis 35 MJ/Tag ist, je nach LM der Eber, ausreichend. Wird das Futter für säugende Sauen verwendet, ist eine bedarfsdeckende Versorgung mit allen Nährstoffen sichergestellt. In Besamungsstationen bieten sich allerdings spe-

zielle Mischungen an, die dann höhere Rohfasergehalte enthalten und in größeren Mengen eingesetzt werden können. Die vermeintlich positiven Effekte sehr hoher Dosierungen bestimmter Vitamine und Spurenelemente im Futter für Zuchteber sind experimentell nicht eindeutig belegt.

1.7 Versorgung von Schweinen mit wasserlöslichen Vitaminen

In Tab. 106 ist zusammengefasst, welche Versorgung mit B-Vitaminen für Schweine empfohlen wird. Die Gehalte an Vitaminen in Einzelkomponenten sind sehr unterschiedlich und können durch die Lagerung oder Behandlung der Futtermittel verändert sein, so dass ihr Beitrag in der Futtermischung normalerweise nicht berücksichtigt wird. Stattdessen wird die Zufuhr von B-Vitaminen vollständig über das Mineralfutter vorgenommen. Sehr häufig sind Mineralfutter oder Alleinfuttermittel im Angebot, die großzügige Sicherheitszuschläge hinsichtlich der Vitamine, auch der fettlöslichen, enthalten. Effekte von Dosierungen, die mehrfach höher sind als die in Tab. 106 genannten, konnten aber in Versuchen nicht reproduzierbar nachgewiesen werden.

Das Schwein ist in der Lage, Ascorbinsäure (Vitamin C) zu synthetisieren. Die Eigensynthese ist ausreichend hoch, so dass eine Ergänzung durch das Futter nicht erforderlich ist.

Carnitin ist kein Vitamin, wird aber als vitaminähnliche Substanz angesehen. Die biologisch aktive Form (L-Carnitin) ist beteiligt am Transport langkettiger Fettsäuren in die Mitochondrien sowie an weiteren physiologischen Prozessen. L-Carnitin wird von Schweinen unter Verwendung der Aminosäuren Lysin und Methionin synthetisiert. Die Höhe der Eigensynthese scheint, auch bei Einsatz rein pflanzlicher Rationen, für das Wachstum in der Regel ausreichend zu sein. Neuere Untersuchungen zeigten positive Effekte auf die Reproduktionsleistung von Sauen, wenn Carnitin dem Futter zugesetzt wurde. Es bleibt daher die Frage zu prüfen, ob die Eigensynthese von Sauen für bestimmte physiologische Prozesse nicht ausreichend ist.

1.8 Fütterung und Produktbeschaffenheit

In der Schweinefleischerzeugung ist der Magerfleischanteil ein ökonomisch bedeutendes Kriterium. Für eine Maximierung des Proteinansatzes ist eine ausreichende Versorgung mit Aminosäuren wichtig. Im Abschnitt 1.2.3.3 sind die Anforderungen spezifiziert. Werden sie eingehalten und die Anforderungen von auf sehr hohen Proteinansatz gezüchteten Schweinen wie erläutert berücksichtigt, ist die Voraussetzung für hohen Proteinansatz gegeben. Der Magerfleischanteil kann dennoch suboptimal sein, wenn der Fettan-

Tab. 106. Empfehlungen zu den Gehalten an B-Vitaminen im Alleinfutter für Schweine (mg/kg DM) (GfE 2006)

	Ferkel	Mastschwein	Zuchtsau
Thiamin (B_1)	1,7	1,7	1,7
Riboflavin (B_2)	4,4[1]/3,7	2,8[2]/2,3	4,2
Niacin[3]	20[1]–15	15	11
Pantothensäure	13	10	13
Pyridoxin (B_6)	3,0	3,0	1,5
Cobalamin (B_{12})	0,040[1]/0,023	0,010	0,017
Biotin[4]	0,09	0,06	0,22
Folsäure	0,33	0,33	1,44
Cholin[5]	1000	800[2]/500	1200

[1] bis 10 kg LM,
[2] bis 60 kg LM,
[3] verfügbares Niacin bei bedarfsgerechter Versorgung mit Tryptophan,
[4] verfügbares Biotin,
[5] vitaminähnliche Substanz

satz überproportional steigt. In der Endmast sind die in Abschnitt 1.2.7 erläuterten Möglichkeiten zur Begrenzung der Energieaufnahme, insbesondere bei Börgen, zur Vermeidung eines geringen Magerfleischanteils gegeben. Im Zusammenhang mit dem Gehalt an intramuskulärem Fett besteht ein Zielkonflikt. Letzterer ist wegen seiner Bedeutung für die sensorischen Eigenschaften gewünscht und sollte etwa 2 % betragen. Häufig liegt er niedriger. Der Gehalt an intramuskulärem Fett kann durch energiereiche Fütterung in der Endmast gesteigert werden, allerdings geht dies nur bei Inkaufnahme einer gleichgerichteten Erhöhung des Fettansatzes insgesamt und somit eines verminderten Magerfleischanteils. Kenndaten der Fleischbeschaffenheit *post mortem* (pH-Wert, Wasserhaltevermögen, etc.) sind teilweise genetisch determiniert und von den Bedingungen beim Schlachttiertransport und bei der Schlachtung abhängig. Durch die Fütterung sind sie nicht beeinflussbar, sofern im Vorfeld eine bedarfsdeckende Versorgung sichergestellt war. Auch die Farbe des Fleisches ist nicht direkt von der Fütterung abhängig.

Das Aminosäurenmuster des Proteins ist genetisch determiniert und durch die Fütterung nicht beeinflussbar. Ein Mangel in der Versorgung mit einer einzelnen Aminosäure führt zu einer Verminderung des Proteinansatzes, aber nicht zu einem selektiv nur für diese Aminosäure reduzierten Ansatz. Umgekehrt hat ein Überschuss in der Versorgung mit einer oder mehreren Aminosäuren keinen Einfluss auf das Aminosäurenmuster im Muskelprotein.

Anders verhält es sich mit dem Fettsäurenmuster im Körperfett. Schon bei geringen Fettgehalten im Futter spiegelt sich das Fettsäuremuster des Futterfettes im Körperfett wider, weil ein Teil der Fettsäuren unmittelbar in das Fettgewebe des Tieres überführt wird. Mehrfach ungesättigte Fettsäuen (vor allem Linol- und Linolensäure) machen den Speck weicher und sind anfällig gegen Oxidation und damit Verderb. Sie beeinflussen daher Verarbeitungs- und Lagereigenschaften. Weil sich die pflanzlichen Futtermittel und die Öle erheblich in ihrem Anteil an mehrfach ungesättigten Fettsäuren unterscheiden, ist die Kombinationswirkung im Hinblick auf die Gehalte in der Gesamtration im Einzelnen dahingehend zu beachten, dass nicht mehr als 18 g Linol- und Linolensäure je kg Futter enthalten sind. In der Endmast ist daher der Einsatz von Körnermais oder Hafer in größeren Anteilen und insbesondere die Ergänzung mit Pflanzenölen zu vermeiden. Eine Erhöhung der Oxidationsstabilität des Fettes im Futter kann durch gesteigerte und bedarfsüberschreitende Dosierungen von Vitamin E erreicht werden. Auch im Hinblick auf die Erhöhung der Lagerstabilität der Verarbeitungsprodukte kann eine erhöhte Dosierung von Vit. E vor der Schlachtung sinnvoll sein, obwohl der carry-over aus dem Futter in das tierische Gewebe sehr gering ist.

1.9 Fütterungsbedingte Gesundheitsstörungen

Fehler sind in gut geführten Beständen mit moderner Fütterungstechnik und bei erfahrenen Schweinehaltern selten. Grundsätzlich sind sie aber möglich und sie können in folgenden Bereichen auftreten: bei der Fütterungsintensität (mit stressbedingten Folgen), in der Futtermitteltechnologie und Fütterungstechnik, bei der Dosierung im Mischprozess und bei der Fütterungshygiene.

Fütterungsintensität wachsender Schweine. Eine zu hohe Fütterungsintensität entweder in Form zu hoher ME-Gehalte oder zu hoher Futtermengenzuteilung, insbesondere in der Endmast, kann zu frühzeitigem Verfetten und damit einhergehend geringen Magerfleischanteilen, zu Fundamentproblemen und zu Durchfällen führen. Stressbedingt (evtl. einhergehend mit knapper Versorgung mit Vitamin E und Selen in Kombination mit einer hohen Aufnahme ungesättigter Fettsäuren) steigt die Neigung genetisch disponierter Tiere zu

- Muskelnekrosen (auch bei Sauen und Ebern möglich): einseitige Nekrose des Musculus longissimus dorsi; wird häufig als „Bananenkrankheit" bezeichnet,
- Hundesitzigkeit (Beinschwächesyndrom),
- plötzlichem Herztod: z. B. bei Transportstress, auch bei hoher Fütterungsintensität, hoher Belegungsdichte, hohen Temperaturen und allgemein ungünstigem Stallklima,
- Maulbeerherzerkrankung (in der Anfangsmast): bei dieser Krankheit liegen einzelne Tiere abseits, zeigen Kreislaufschwäche, gestörtes Allgemeinbefinden, blaurot verfärbte Ohren, und verenden unter Umständen. Es handelt sich um eine Mikroangiopathie, eine Erkrankung der kleinen Blutgefäße. Die Herzwand fällt durch eine raue Oberfläche auf.

In Problembetrieben, in denen gehäuft Maulbeerherzerkrankungen oder Hundesitzigkeit zu beobachten sind, sollten die Gehalte an Vitamin E längerfristig für einen bestimmten Zeitraum auf über 100 mg/kg Futter angehoben und die Gehalte an ungesättigten Fettsäuren bei Minimierung des Ölzusatzes zum Futter reduziert werden. Bei Hundesitzigkeit ist vor allem für Ruhe (Trennung von den übrigen Tieren der Gruppe), knappe aber regelmäßige Fütterung am Liegeplatz und ausreichend Wasser zu sorgen. Häufig erholen sich die betroffenen Tiere innerhalb von 3 bis 4 Tagen.

Stress, Fütterungs- und Haltungsbedingungen können komplexe Ursachen von Kreislauf- und Muskelerkrankungen sein, deren Auftreten durch unzureichende Versorgung mit Vitamin E und Selen begünstigt sein kann.

Fundamentprobleme sind genetisch bedingt und können durch eine hohe Fütterungsintensität gefördert werden. Häufig handelt es sich um Apo- und Epiphyseolysis. Dies sind schwere Lahmheiten infolge der Ablösung der Sitzbeinhöcker bzw. des Oberschenkelkopfes. Von Apophyseolysis sind eher die weiblichen, von Epiphyseolysis eher die männlichen Jungtiere betroffen. Insbesondere in der Jungsauenaufzucht ist das Auftreten dieser Fundamentprobleme infolge einer zu intensiven Fütterung problematisch, weshalb eine submaximale LM-Entwicklung angestrebt wird (siehe 1.3). Zudem kann eine zu intensive Energieversorgung in der Jungsauenaufzucht zu Fruchtbarkeitsstörungen, insbesondere spätem Eintritt der Geschlechtsreife oder gehäuftem Umrauschen führen.

Fundament- und Haltungsschäden sowie Fruchtbarkeitsstörungen der Zuchtschweine können zum Teil durch restriktive Fütterung in der Jugendphase vermieden werden.

Durchfallerkrankungen infolge zu hoher Futteraufnahme und Energiedichte (zu niedrige Rohfasergehalte) treten vor allem beim Absetzen auf. Das nach dem Absetzen auftretende Überfütterungssyndrom wurde zuvor bereits skizziert. Wesentliche Merkmale der Pathogenese sind Magenüberladung und intensive Gärungsvorgänge im Magen und oberen Intestinum. Es wird ein saurer, teils Gasbläschen enthaltender Kot abgesetzt. Ausreichende Gehalte an Rohfaser verhindern das Überfressen und wirken diätetisch.

Fütterungsintensität in der Sauenfütterung. Eine gewisse Mobilisierung von Körperreserven in der Säugezeit als Folge einer unzureichenden Futteraufnahme (10 bis 15 kg LM während einer vierwöchigen Säugezeit) kann als physiologisch unproblematisch angesehen werden. In der folgenden Trächtigkeit ist auf einen moderaten Ausgleich dieser Verluste zu füttern, ohne dass eine Verfettung der Sauen einsetzt (siehe 1.4.2). Fette Sauen haben in der Säugezeit einen zusätzlich eingeschränkten Futterverzehr, was das Energiedefizit verstärkt. Zudem kommt es bei verfetteten Sauen eher zu Geburtskomplikationen und zum Erdrücken von Ferkeln. Andererseits besteht bei zu mageren Sauen auch die Gefahr eines übermäßigen Körpermasseabbaus in der Säugezeit, verbunden mit Anöstrie oder Umrauschen.

Der sogenannte MMA-Komplex, gekennzeichnet durch das Zusammentreffen von Mastitis (Gesäugeentzündung), Metritis (Gebärmutterentzündung) und Agalaktie (Milcharmut), tritt nach der Geburt mit höherer Häufigkeit bei verfetteten Sauen auf, ist aber mehrfaktoriell bedingt. Die Ödematisierung von Scham und Gesäuge kann durch Mykotoxinwirkung verstärkt sein. Eine hohe Konzentration pathogener Keime begünstigt das Auftreten von Entzündungen, so dass die Stallhygiene ein wichtiges Element der Prophylaxe ist. Die Vermeidung von Verstopfung nach der Geburt durch Einsatz rohfaserreicher Futtermittel im geburtsnahen Zeitraum und allmähliche Gewöhnung an die hohen Futtermengen nach der Geburt ist ein weiterer prophylaktischer Ansatz.

Fütterungstechnologie, Fütterungstechnik, Dosierung. Entmischungen können bei Flüssigfütterung vorkommen, wenn Rationsbestandteile mit unterschiedlichem spezifischem Gewicht entweder auftreiben (rohfaser- und fettreiche Komponenten) oder sedimentieren (z. B. Mineralstoffe). Auch bei der Beförderung mehlförmigen Futters mit Druckluft kann es zu Entmischungen kommen. Solche Entmischungen können dazu führen, dass das im Trog ankommende Futter bezüglich einzelner Nährstoffe unausgewogen ist, auch wenn die Mischung zunächst bedarfsgerecht zusammengesetzt war.

Zu feine Vermahlung beeinflusst die Futteraufnahme und Magenpassage, was die Sekretion und Fermentation im Magen und damit das Absinken des pH-Wertes im Magen negativ beeinflussen kann. Die Futteroberfläche wird vergrößert, was allerdings zunächst positiv auf die Verdaulichkeit wirken kann. Die Pelletierung fein vermahlenen Futters kann daher eine gute Kombination darstellen. Magenulcera als Folge von Feinvermahlung sind beschrieben. Zusätzliche Faktoren wie Stress können dies begünstigen.

Eine unvollständige Stärkeverdauung im Dünndarm und erhöhter Fluss von Stärke in den postilealen Abschnitt des Darms kann die Ursache von fermentativ bedingten Dickdarmdurchfällen sein. Dies betrifft vor allem Stärken, die in unbehandelter Form gering verdaulich sind, z. B. rohe Kartoffelstärke. Bei Verwendung solcher Futtermittel hat vor der Fütterung ein Stärkeaufschluss, z. B. durch Dämpfen, zu erfolgen. Bei Ferkeln, die noch nicht über eine hohe Amylaseaktivität verfügen, kann auch der Aufschluss von ansonsten hoch verdaulichen Getreidestärken sinnvoll sein, weil die enzymatische Hydrolyse hierdurch unterstützt wird. Eine unzureichende Toastung von Sojaextraktionsschroten kann Qualitätsmängel bewirken, wenn die Inaktivierung der Trypsininhibitoren unvollständig bleibt und die enzymatische Proteinhydrolyse im Dünndarm beeinträchtigt wird. Sojabohnen müssen unbedingt einer ausreichenden hydrothermischen Vorbehandlung unterzogen werden, bevor sie als Futtermittel eingesetzt werden.

Eine Überhitzung von Futtermitteln bei Trocknung oder Pelletierung kann zu verminderter Nährstoffverdaulichkeit infolge von Protein- oder Stärkeschädigung und zu Durchfällen führen. Beim Protein können Maillard-Reaktionen (Kondensation mit reduzierenden Zuckern) die Ursache einer verminderten Aminosäurenverwertung sein. Auch überlange Lagerzeiten, z. B. bei Milchprodukten, können hierzu beitragen. Erhöhte Mengen fermentierbaren Substrates im Dickdarm werden vergoren und können zu Durchfällen führen.

Nährstoffmangel. Eine Versorgung unterhalb des Bedarfes kann durch Kalkulations-, Dosier- oder Mischfehler sowie durch Lagerverluste und die zuvor bereits angesprochenen Entmischungsmöglichkeiten bedingt sein. Mangelsituationen sind aber unter heutigen Fütterungsbedingungen selten. Deshalb sind auch Mangelsymptome oder -krankheiten wie z. B. die Rachitis als Folge eines Mangels and P und Ca selten anzutreffen. Eine kurzzeitige Unterversorgung mit diesen Elementen führt nicht zu negativen Effekten, weil das Skelett bezüglich der Mineralisierung eine Flexibilität aufweist und nicht immer die maximal mögliche Mineralstoffeinlagerung nötig ist.

Unter den Spurenelementen kommt dem Eisen in der Saugferkelernährung eine besondere Bedeutung zu, was im Kapitel 1.2.6 bereits näher erläutert ist. Ein Mangel an Zink, unter Umständen als Folge eines hohen Phytatgehaltes in der Ration, Ca-Überschuss und chronischer Durchfall, führen mittelfristig zu rauer, borkiger Haut, im ausgeprägten Stadium zu Parakeratose. Diese ist an flächigen, keratinartigen dunklen Hautauflagerungen erkennbar. Durchfälle können aufgrund eingeschränkter Absorption auch bei anderen Spurenelementen eine Unterversorgung verursachen, z. B. bei Kupfer und Mangan. In vielen Fällen sind die Symptome eines Mangels, wie verminderte Futterverwertung oder geringes Wachstum, unspezifisch.

Unspezifisch sind auch die Symptome, die bei Vitaminmangel auftreten. Bei Fehlmischungen oder Verwendung von zu lange gelagerten Komponenten sowie bei krankheitsbedingter Verminderung der Absorption sind solche Mangelsituationen möglich. Abgesehen von diesen Ausnahmen ist aber in der Regel über die Verwendung der gängigen Vormischungen und bei Einsatz von Alleinfuttermitteln eine mangelhafte Vitaminversorgung unter Praxisbedingungen nicht zu erwarten.

Eine Unterversorgung mit nur einer Aminosäure schränkt die Proteinsynthese der Tiere ein, was zu vermindertem Proteinansatz führt und sich in eingeschränkten Zuwachsleistungen zeigt.

Eine mangelhafte Versorgung mit Nährstoffen ist bei sachgemäßer Futteroptimierung in der modernen Schweinehaltung selten. Mineralstoffe und Vitamine werden in der Regel über Vormischungen in ausreichender Menge zugeführt. Schwachstellen können bei Transport und Lagerung des Futters auftreten und zur Entmischung des Futters führen. Krankheitsbedingte Störungen in der Nährstoffabsorption oder dem Futterverzehr können die Versorgung auch dann beeinträchtigen, wenn ein bedarfsgerecht konzipiertes Futter verwendet wird.

1.10 Hygiene von Futter, Fütterung und Tränke

Das Futter soll frei von Stoffen sein, die die Gesundheit des Tieres oder die Beschaffenheit des gewonnenen Produktes negativ beeinflussen können. Hierzu zählen pflanzeneigene Stoffe, die je nach Konzentration giftig oder anti-nutritiv wirken können. Bestimmte Pflanzen oder Pflanzenteile sind daher völlig aus der Fütterung verbannt, oder es werden Obergrenzen für deren Einsatz definiert. Problematischer sind Fremdstoffe, die aus der Umwelt oder durch Behandlungsmaßnahmen in Pflanzen und deren Verarbeitungsprodukte gelangen können. Für viele Substanzen gibt es futtermittelrechtlich festgelegte Höchstgehalte, deren Einhaltung z. B. im Rahmen der amtlichen Futtermittelüberwachung kontrolliert wird.

Ein Besatz des Futters mit Milben, Insekten oder Käfern wird überwiegend als nicht unmittelbar schädlich angesehen, ist jedoch ein Indikator für abnehmende Nährstoffgehalte und für Verderb des Futters. Faktoren einer guten Futter-Hygiene sind:
- Saubere, trockene und kühle Lagerung der Futtermittel.
- Verbrauch mehlförmiger Mischfuttermittel innerhalb von 4 Wochen.
- Vollständige Entleerung von Futtersilos vor Neubefüllung.
- Beschattete Außensilos, damit die Gefahr der Bildung von Kondenswasser vermindert wird.
- Belüftungsmöglichkeiten ohne Gefahr von Wassereintritt.
- Flüssigfütterungsanlagen bergen ein höheres Risiko. Der Anmischbottich ist regelmäßig gründlich zu reinigen. Restmengen sollten vor allem im Sommer nicht verbleiben. Pumpwege und Fallrohre sollen so kurz wie möglich sein.

Ein verstärkter mikrobieller Besatz kann problematisch werden. Vor allem Pilze und deren Stoffwechselendprodukte, die Mykotoxine, sind in bestimmten Regionen und bei entsprechend förderlichen Umweltbedingungen in einzelnen Jahren ein sehr großes Problem. Wissenschaftliche Untersuchungen hat es in den zurückliegenden Jahren vor allem zum Deoxynivalenol (DON) und zum Zearalenon (ZEA) gegeben. Das Schwein gilt als die gegenüber DON empfindlichste Nutztierart. Verminderter Futterverzehr, Erbrechen und Leistungsrückgang sind bei überhöhten Gehalten die Reaktion. ZEA wirkt bei regelmäßiger Aufnahme östrogen-ähnlich und senkt durch die Blockierung der Östrogenrezeptoren die Fruchtbarkeit; weibliche, präpubertäre Schweine sind besonders empfindlich. Eine Schwellung und Rötung der Scheide ist ein Indikator für ZEA-Wirkung, Fruchtbarkeitsprobleme sind vorprogrammiert. Höchstwerte wurden im rechtlich verbindlichen Sinne bislang nicht definiert. Eine Expertengruppe hat aber im Rahmen der Arbeit der DLG einen Katalog von Orientierungswerten erarbeitet, bei deren Unterschreitung Gesundheit und Leistungsfähigkeit der Tiere nicht beeinträchtigt werden. Dieser Orientierungswert beträgt für DON beim Schwein 1,0 mg/kg Futter.

Für ZEA liegt der Wert bei 0,25 mg/kg im Futter für Mastschweine und Zuchtsauen und bei 0,05 g/kg im Futter für Jungsauen vor Eintritt in die Geschlechtsreife. Belastungen mit Mutterkorntoxin führen bei Sauen zu einer Blockierung der Prolaktinsekretion und zum Versiegen der Milch. Für Aflatoxin gibt es einen futtermittelrechtlich festgelegten Grenzwert.

Während gegen Mikroorganismen gezielt vorgegangen werden kann, sind deren Toxine mit üblichen Futterbehandlungsmethoden kaum zu entfernen. Daher ist die Prophylaxe entscheidend. Acker- und pflanzenbauliche Maßnahmen beeinflussen maßgeblich das Auftreten und die Verbreitung von Schimmelpilzen und Toxinen (Bodenbearbeitung, Fruchtfolge, Aussaatstärke, Sortenwahl, Pflanzenschutz, Erntezeitpunkt). Starker Pilzbefall ist in Getreide mit Klein- und Schmachtkorn verbunden, so dass eine Reinigung und Sortierung hilfreich sein kann. Lagerpilze können bei zu hohem Feuchtegehalt des Getreides auftreten. Eine sichere Konservierung des Getreides durch Trocknung (Feuchtegehalte unter 14 %) oder alternativ durch Kühlung bzw. Zusatz von Konservierungsstoffen (z. B. Propionsäure) ist geboten.

Sogenannte Detoxifikationsmittel haben in wissenschaftlichen Untersuchungen bislang keine überzeugend und durchgängig gute Wirksamkeit im Sinne einer Bindung von Toxinen gezeigt.

Zur Futterhygiene gehört auch die Verhinderung der Einschleppung von Tierseuchenerregern. Als vorbeugende Maßnahme ist die Verfütterung von Speiseresten seit 2006 EU-weit verboten, weil ein Zusammenhang mit dem Auftreten von MKS und anderen Seuchen vermutet wird. Für Deutschland, wo die Verwendung von hygienisch einwandfreien Speiseresten etabliert und als Beitrag zur ressourcenschonenden Kreislaufwirtschaft anerkannt war, bedeutet dies den Wegfall eines bewährten Systems.

Bei Bezug von **Tränkwasser** aus der öffentlichen Wasserversorgung kann von einem hohen Hygienestatus ausgegangen werden. Hofeigene Wasserquellen dürfen nicht durch Einträge mit Oberflächenwasser oder sonstigen Kontaminationen verunreinigt sein. Nippel- oder Zapfentränken gewährleisten die beste Qualität des Tränkwassers für das Tier. Systeme mit Tränkebecken müssen täglich von Futterresten, Kot und Urin befreit werden. Nach einer erfolgten Tränkwassermedikation sind Tränknippel abzuschrauben und zu reinigen und das gesamte Leitungsnetz zu spülen.

1.11 Umwelt- und ressourcenschonende Fütterung

Ausscheidungen der Schweine können in bestimmten Situationen zur Belastung für die Umwelt werden. Besonderes Augenmerk gilt den Ausscheidungen von N und P sowie von einigen Spurenelementen, insbesondere Cu und Zn. Bei allen Elementen gilt, dass bezüglich des Austrags mit dem Dung ein Problem nur dann auftritt, wenn die Tierzahl und die ausgebrachte Güllemenge nicht in einer angemessenen Relation zur verfügbaren Fläche stehen. Beim N kommen zusätzlich gasförmige Emissionen hinzu, die als Folge der Umsetzung der ausgeschiedenen N-Verbindungen, insbesondere des Harnstoffs, im Stall und während der Lagerung sowie bei der Ausbringung des Dungs auftreten (insbesondere Ammoniak).

Ein Teil der Ausscheidungen über Kot und Harn der Tiere ist unvermeidlich, weil er entweder von den Eigenschaften des Futters (insbesondere der Verdaulichkeit) oder durch die Umsetzungen im Körper des Tieres verursacht wird. Je höher die Leistung und damit die Futteraufnahme eines Tieres ist, desto mehr Nährstoffe werden auch ausgeschieden. Aus ökologischer Sicht ist dennoch eine hohe Leistung positiv, weil bei begrenzter Nachfrage nach Lebensmitteln die Ausscheidungen nicht auf das Einzeltier, sondern auf das erzeugte Produkt bezogen werden müssen. Wird beispielsweise eine bestimmte Schlachtkörpermasse bei hohen LM-Zunahmen in geringerer Zeit erreicht als bei niedrigen LM-Zunahmen, so ist für die verkürzte Zeit kein Nährstoffaufwand für Erhaltung zu treiben (siehe auch Abb. 91).

Besonderes Augenmerk gilt den Ausscheidungen, die als Folge einer überhöhten Versorgung auftreten und die somit vermeidbar sind.

Die **Ausscheidungen von N** lassen sich vor allem dadurch reduzieren, dass
- das Konzept der Phasenfütterung in Ferkelaufzucht und Mast konsequent umgesetzt wird und die Gehalte an Aminosäuren im Futter kontinuierlich vermindert werden (für die Schweinemast siehe 1.2.7). Gegenüber der Universalmast, bei der in der gesamten Mast ein einheitliches Futter eingesetzt wird, wird hierdurch eine Verminderung der N-Ausscheidungen um bis zu 15% möglich. Tragende Sauen sollen möglichst nicht mit einem Futter für säugende Sauen gefüttert werden. Tragende Sauen kommen mit deutlich geringeren Aminosäurengehalten im Futter aus als säugende.
- das Aminosäurenmuster im Futterprotein optimiert wird und dem Bedarf an einzelnen Aminosäuren möglichst nahe kommt. Wird das Futter auf den Gehalt an der üblicherweise erstlimitierenden Aminosäure Lysin optimiert, ist damit häufig für alle anderen Aminosäuren eine über dem Bedarf liegende Versorgung verbunden. Durch eine gezielte Auswahl und Kombination verschiedener Proteinträger lässt sich in begrenztem Maße die Aminosäurenrelation verbessern. Noch wirkungsvoller lässt sich dies durch den Einsatz von freien Aminosäuren erreichen. Lysin, Methionin, Threonin und Tryptophan sind als Futtermittel verfügbar und ermöglichen in Kombination mit der Phasenfütterung in der Mast eine Reduzierung der N-Ausscheidungen um bis zu $1/3$ im Vergleich zur Universalmast. Auch in der Sauenfütterung hat sich der Einsatz von Aminosäuren zur Verminderung der CP-Gehalte im Futter und damit der N-Ausscheidungen bewährt. Die Einsatzwürdigkeit freier Aminosäuren hängt nicht nur vom Preis der Aminosäuren in Relation zum Preis der Proteinträger ab. Werden für einen Betrieb die Restriktionen zur Ausbringung von N mit Wirtschaftsdünger zum begrenzenden Faktor für die Tierzahl, wird die ökonomische Relevanz verminderter N-Ausscheidungen anders sein, als wenn lediglich die Futterkosten zu berücksichtigen sind.

Die Verminderung der N-Ausscheidungen geht nahezu ausschließlich darauf zurück, dass die Schweine weniger Harnstoff mit dem Urin ausscheiden. Dieser Harnstoff kann sehr leicht zu Ammoniak und Kohlendioxid gespalten werden, so dass die Bedeutung der genannten Maßnahmen für die Verminderung der Ammoniakemissionen größer ist als für die Verminderung der N-Ausscheidungen allgemein.

Die **Ausbringung von P** mit dem Dung auf den Betriebsflächen kann nur dann ein Problem werden, wenn sie langfristig den Entzug durch die Kulturpflanzen übersteigt. Die Düngeverordnung sieht daher eine Obergrenze für die Ausbringung von P mit dem Wirtschaftsdünger in Fällen vor, in denen die Böden keine Unterversorgung mit Phosphat aufweisen. Langfristige Überversorgung bringt die Gefahr des Eintrags von Phosphaten in die Gewässer (Auswaschung und Erosion) mit sich. Für Betriebe mit einer hohen Intensität der Tierhaltung und in Relation dazu geringer Flächenausstattung ist die Notwendigkeit zur Minimierung der P-Ausscheidungen daher groß. Als globales Problem kommt hinzu, dass die Lagerstätten für Rohphosphate begrenzt sind und es unter dem Aspekt der Ressourcenschonung für nachfolgende Generationen schwer zu rechtfertigen ist, wenn die Kreisläufe für Phosphat in Betrieben oder zumindest Regionen nicht geschlossen werden.

Für die Reduzierung der Ausscheidungen von P kommt ebenfalls der Phasenfütterung die größte Bedeutung zu. Die Gehalte an dP im Futter können im Verlaufe des Wachstums kontinuierlich reduziert werden (siehe Abb. 98), und in der Sauenfütterung sind in der Säugeperiode deutlich höhere Gehalte an dP im Futter notwendig als in der Trächtigkeit. Die Variation der P-Gehalte erfolgt dabei zum überwiegenden Teil über den Einsatz mineralischer P-Quellen. Die Ergänzung mineralischer P-Quellen kann geringer ausfallen, wenn dem Futter Phytase zugesetzt und damit die Verdaulichkeit des pflanzlichen Phosphors gesteigert wird. Dies ist vor allem dann möglich, wenn Einzelkomponenten ohne pflanzeneigene Phytaseaktivität verwendet werden (z. B. Mais, Extraktionsschrote) oder die pflanzeneigene Phytase durch Temperatureinwirkung (ca. > 70 °C) deaktiviert wurde. Bei den in Europa zugelassenen Dosierungen von Phytasen lässt sich eine Verdaulichkeit des pflanzlichen Phosphors in den Rationen von bis zu 60 % erreichen. Ein Mastschwein, das auf der Basis von Getreide und Sojaextraktionsschrot mit Universalfutter gefüttert wird, scheidet bis zum Erreichen der Schlachtreife insgesamt etwa 1 kg P aus (Abb. 100). Die Ausscheidung lässt sich um etwa 20 % reduzieren, wenn entweder in 3 Phasen mit abgesenkten dP-Gehalten gefüttert wird oder Universalmast mit Phytaseeinsatz praktiziert wird. Werden Phasenfütterung und Phytaseeinsatz miteinander kombiniert, lässt sich die P-Ausscheidung eines Schweins im Vergleich zur Universalmast um etwa $1/3$ vermindern. Betriebe, die hofeigen erzeugtes Getreide einsetzen, können mit der Phasenfütterung und Phytaseeinsatz auch bei einem hohen Viehbesatz vermeiden, dass es durch den Zukauf von P-haltigen Futterkomponenten zu einem Überschuss in der P-Bilanz des Betriebes kommt (Abb. 101). Eine hohe Intensität der Schweinehaltung kann daher unter dem Gesichtspunkt der P-Bilanz nicht zwingend als ökologisch negativ angesehen werden. Die Wirkung hängt von der Größe der zur Verfügung stehenden Fläche ab und davon, ob betriebseigen erzeugte Futtermittel im Betrieb verbleiben oder nicht. In der Ferkelerzeugung konzentrieren sich die Möglichkeiten zur Verminderung der P-Ausscheidungen durch Phytaseeinsatz auf das Sauenfutter in der Säugezeit und das Ferkelaufzuchtfutter. In der Fütterung der Sauen während der Trächtigkeit ist der Bedarf an dP niedrig, so dass er auch bei Verzicht auf eine mineralische P-Ergänzung und Phytase mit den meisten Rationen gedeckt wird.

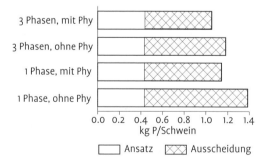

Abb. 100. Kalkulation des Aufwandes an Phosphor bei der Mast eines Schweines von 30 bis 120 kg LM. Unterstellt sind Rationen auf der Basis von Gerste, Weizen und Sojaextraktionsschrot, optimiert entsprechend der Empfehlungen zur Versorgung mit pcd Lys und dP, mit und ohne Berücksichtigung des Einsatzes von Phytase (Phy).

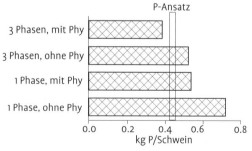

Abb. 101. Gegenüberstellung der Mengen an importierten und angesetzten P-Mengen in der Schweinemast von 30 bis 120 kg LM auf der Basis betriebseigen erzeugten Getreides mit und ohne Einsatz von Phytase (Phy).

1.12 Fütterungskontrolle

Eine Optimierung der Futterzusammensetzung und der Fütterung kann nur dann zum gewünschten Erfolg führen, wenn die Einhaltung der gesetzten Ziele durch den Betriebsverantwortlichen bzw. den Futterlieferanten sichergestellt wird. Hierzu gibt es in der Mischfutterindustrie und in landwirtschaftlichen Betrieben Kontrollmaßnahmen und Konzepte, die die Überwachung der Einhaltung von Standards beinhalten. Dennoch ist ein kritisches Begleiten unerlässlich. Vor allem ist eine Beurteilung der eingesetzten Rohstoffe durch Analysen vorzunehmen und ständig zu aktualisieren. Spezialisierte Labore führen heute in vielen Fällen Routineanalysen mit Techniken durch, die auch einen größeren Probendurchsatz zu vertretbaren Kosten erlauben. Zugekaufte Mischfuttermittel können vom Landwirt hinsichtlich der Einhaltung deklarierter Nährstoffgehalte überprüft werden lassen. Professionelle Fütterungsberater von öffentlich getragenen und privaten Beratungsorganisationen oder aus der Mischfutterindustrie können in Einzelfällen bei der Interpretation von Analysendaten und bei dem Abgleich mit Sollwerten sowie bei der Fehlerfindung und -behebung helfen.

Die amtliche Futtermittelkontrolle hat zum Ziel, die Einhaltung der Vorgaben des Futtermittelrechts zu überprüfen. Sie dient also primär der Sicherheit und Zuverlässigkeit im Verkehr mit Futtermitteln insgesamt und stellt nicht in erster Linie Verbraucherinformationen für den Landwirt bereit.

Neben der amtlichen Futtermittelüberwachung gibt es eine von unterschiedlichen Einrichtungen getragene Qualitätskontrolle (z. B. Verein Futtermitteltest VFT), die stichprobenartig Segmente des Mischfuttermarktes beprobt, Analysen durchführen lässt und die Ergebnisse dann über die Fachpresse der Öffentlichkeit zugänglich macht.

Die Beurteilung aktueller Futterchargen beginnt mit einfachen Kontrollmaßnahmen im Betrieb. Oft gibt schon die grobsinnliche Beurteilung eines Futters oder der Rohstoffe durch das geschulte Auge des Betreuers Hinweise auf Qualitätsmängel (Milbenbesatz, Pilzbefall, hoher Schmachtkornanteil, ungewöhnlicher Geruch, etc.). Futter oder Einzelkomponenten, die in freier Schüttung wandartig stehen, sollten dringend hinsichtlich des Wassergehaltes und des Schädlingsbesatzes näher untersucht werden. Ganze Körner in der Mischung mahnen die Kontrolle des Siebes in der Mühle an.

Ungewöhnliche Veränderungen in Dauer und Höhe der Futteraufnahme können ein Hinweis für Abweichungen im Gesamtsystem sein und müssen nicht zwangsläufig auf Fehler beim Futter zurückzuführen sein. Zum Beispiel führt eine unzureichende Wasserversorgung zur Verminderung der Futteraufnahme. Innerhalb eines Stalles sind oft große Unterschiede zwischen der Flussrate einzelner Tränken zu beobachten. Dies lässt sich mit minimalem Aufwand kontrollieren. Beginnende Krankheiten können sich in reduziertem Futterverzehr widerspiegeln. Die Futteraufnahme sollte daher so gut und regelmäßig wie möglich erfasst und dokumentiert werden, damit sie auch als Indikator für nicht futterbedingte Störungen herangezogen werden kann.

Analysen von Blut- oder Exkrementproben können allenfalls Hinweise auf Fütterungsfehler geben. Nie erlauben sie die Beurteilung einer Ration, und sie können eine gezielte Futtermittelanalyse und Fehlersuche nicht ersetzen.

2 Fütterung der Pferde

Pferde sind ursprünglich Grasland- und Steppenbewohner, deren Domestikation etwa 6000 Jahre zurückliegt. Während die Ernährung in freier Wildbahn durch ein vielseitiges, aber saisonal unterschiedliches, zeitweise ausgesprochen karges Nahrungsangebot gekennzeichnet ist, haben sich die Bedingungen in menschlicher Obhut deutlich verändert. Intensivere Nutzung und der dadurch bedingte zunehmende Energie- und Nährstoffbedarf führten dazu, dass Raufutter und Gras als alleinige Futtergrundlage nicht mehr ausreichend sind. In Abhängigkeit von der jeweiligen Leistung ist das Futterangebot durch höhere Anteile an Konzentraten und eine quantitativ reduzierte Raufuttergabe gekennzeichnet. Daneben werden aber heute auch viele Pferde durchaus „robust", d. h. unter mehr oder weniger extensiven Bedingungen gehalten.

2.1 Grundlagen der Verdauungsphysiologie

Pferde sind Pflanzenfresser mit einer ausgeprägten mikrobiellen Dickdarmverdauung. Nach Möglichkeit nehmen sie nahezu kontinuierlich während des gesamten Tages und auch nachts Futter auf (bis zu 18 Stunden pro Tag). Die Nahrung wird intensiv eingespeichelt und gekaut. Die pro Zeiteinheit aufgenommenen Futtermengen sind bei Weidegang und raufutterbetonten Rationen relativ klein, bei Gabe von Getreide oder Mischfutter deutlich höher. Für die Aufnahme von 1 kg Kraftfutter werden rund 10 Minuten, für Raufutter 40–50 Minuten benötigt. Neben der Struktur des Futters spielt auch der Feuchtigkeitsgehalt eine Rolle. Feuchtes Futter wird im Allgemeinen kürzer gekaut als trockenes. Quetschen beschleunigt die Aufnahme. Pelletierte Futtermittel werden in der Regel etwas schneller gefressen als ganze Getreidekörner. Die Futteraufnahmezeiten für Schrote liegen meist etwas höher. Berechnet man die tägliche Futteraufnahmezeit für ein Pferd, das 7 kg Heu und 6 kg Hafer erhält, entsprechend 115 MJ DE (verdauliche Energie), so resultiert für diese Ration eine Futteraufnahmedauer von 7 Stunden und eine Kauschlagzahl von 25 000. Letztlich werden Futteraufnahmedauer und Zahl der Kauschläge vorrangig durch die Heu- bzw. Raufuttermenge bestimmt. Mindestmengen an kaufähigem Raufutter (0,5–0,8 kg/100 kg LM) sollten aus verschiedenen physiologischen Gründen eingehalten werden. Ausreichend lange Futteraufnahmezeiten sind zur Vorbeuge von Verhaltensanomalien und der Abnutzung des Gebisses sowie der Initiierung der Verdauungsprozesse erforderlich. Wenn das Gebiss intakt ist, können Pferde die meisten Futtermittel ohne vorherige Zerkleinerung erhalten. Zahnanomalien, z. B. Haken infolge unzureichender oder ungleichmäßiger Abnutzung, führen zu verminderter Futteraufnahme, ungenügender Zerkleinerung und schlechterer Verdauung. Die Futteraufnahme erfolgt beim Pferd selektiv, wenn dazu die Möglichkeit besteht. Futter wird mithilfe der Lippen und der Zunge erfasst, die Schneidezähne werden beim Grasen bzw. bei der Aufnahme fester Stoffe eingesetzt. Die Backenzähne haben breite und raue Kauflächen, die dem Vermahlen des aufgenommenen Futters dienen. Die Oberflächenstruktur der Backenzähne resultiert aus dem Aufbau aus Dentin, Zement und harten Schmelzleisten. Der durch mahlendes Kauen erreichte Zerkleinerungsgrad kann bei genügenden Futteraufnahmezeiten sehr fein sein (mittlere Partikelgröße unter 1 mm). Der Begriff „kaufähiges Raufutter" ist allerdings nicht objektiv messbar. Darunter können alle Arten von Heu oder Stroh zusammengefasst werden, die Definition entspricht somit am ehesten jener der „strukturierten Rohfaser" in der Wiederkäuerfütterung. Feingemahlene Grünmehle können diese Forderung nicht erfüllen, Silagen (Saftfutter) entsprechen dieser Anforderung nur teilweise. Der Rationsanteil an kaufähigem Raufutter sollte bei mindestens 40 % der Gesamt-Trockenmasse (DM)-Aufnahme liegen. Höhere Gehalte an Raufutter sind bei geringer Leistung möglich.

Die Dauer der Futteraufnahme hat auch Rückwirkungen auf zahlreiche Verdauungsprozesse. Eine ausreichende Speichelsekretion und die dadurch zugeführten Muzine machen den Nahrungsbrei gleitfähig, sie wirken schleimhautschützend und bakteriostatisch. Die Intensität der pH-Absenkung im Magen, die Sekretionsvorgänge im Rahmen der Dünndarmverdauung und die Fermentation im Dickdarm sind von ausreichender Kautätigkeit und Zerkleinerung der Nahrung abhängig. Die produzierten Speichelmengen liegen zwischen 1 l (Krippenfutter) und 4 l (Raufutter) pro kg DM. Das Futteraufnahmevermögen (DM) von Pferden liegt bei 2 % der LM, bei jungen wachsenden Tieren und bei laktierenden Stuten erreicht es 3 %. Die aufgenommene Futtermenge ist von der Art der Futterzuteilung, dem Energiebedarf und der Energiedichte der angebotenen Ration abhängig.

Magen
Der Magen des Pferdes ist primäres Speicher- und Verdauungsorgan. Mit 17 bis 20 l Fassungsvermögen (bei 550 kg Lebendmasse) ist er allerdings vergleichsweise klein. Er ist begrenzt dehnungsfähig, der Mageneingang ist durch eine Muskelschicht fest verschlossen und durch die schräge Einmündung der Speiseröhre anatomisch so beschaffen, dass eine retrograde Entleerung (Erbrechen) unmöglich ist. Koliken und Rupturen des Magens sind bei schneller Aufgasung, z. B. nach Aufnahme überhöhter Futtermengen oder bei verdorbenen Futtermitteln, möglich und können zu fatalen Konsequenzen führen. Der vordere, relativ große Magenblindsack, der sich an die Speiseröhrenmündung anschließt, ist mit drüsenloser Schleimhaut ausgekleidet, die keine Sekretionsaktivität hat. In diesem Teil des Magens findet eine mikrobielle Fermentation statt. Die bakterielle Besiedlung umfasst überwiegend aerobe und fakultativ anaerobe Bakterien, z. B. Laktobazillen. Milchsäure, flüchtige Fettsäuren, Gase (Kohlendioxid, Wasserstoff) und in gewissem Umfang auch Proteinabbauprodukte sind im Chymus nachweisbar. Bei guter Durchsaftung des Inhalts nach raufutterreicher Fütterung kommt es zu

einer schnellen und intensiven pH-Absenkung. Im Fundusbereich (Basis des Magens) werden durch die Salzsäuresekretion niedrige pH-Werte erreicht, im Bereich des Magenausgangs (Pylorus) pH-Werte um 2. Pro 100 kg Körpermasse bilden Pferde 5 bis 10 Liter Magensaft, dieser enthält große Mengen an Natrium (0,6 g pro kg) und Chlorid (3 g pro kg). Die Durchsaftung von Mageninhalt leitet über Pepsin die Proteinverdauung ein, dient aber auch der mikrobiellen Inaktivierung des Futters. Die Säuresekretion ist bei sehr jungen Fohlen noch nicht voll ausgebildet. Die Regulation erfolgt nerval, insbesondere über den Nervus vagus, sowie humoral, insbesondere durch Freisetzung von Azetylcholin sowie von Gastrin aus den G-Zellen. Das Enterohormon Gastrin ist der stärkste Stimulus der Säuresekretion. Die Magensekretion ist bei Stress und Magenüberladung reduziert. Bei hohen Kraftfuttergaben steigt die Verweildauer des Futterbreis aufgrund des höheren Trockensubstanzgehaltes des Mageninhalts und die pH-Absenkung wird verzögert. Deshalb ist eine langsame und kontinuierliche Beschickung des Magens durch entsprechende Limitierung des Konzentratangebotes (Getreide oder Mischfutter) aus ernährungsphysiologischer Sicht günstiger. Pferde sollten pro Mahlzeit nicht mehr als 0,5 % der LM als Krippenfutter erhalten. Überlastungen des Magens werden so vermieden und damit wird auch Koliken (Dysbiosen) vorgebeugt. Bei Ersatz von Hafer durch Gerste oder Mais, die nicht ganz die Verträglichkeit des Hafers aufweisen, ist die obere Grenze pro Mahlzeit auf 0,3 % der LM einzustellen.

Dünndarm
Die Länge des Dünndarmes von Pferden entspricht fast jener von Wiederkäuern und erreicht bei einem mittelgroßen Pferd 18 bis 24 m. Die Bauchspeicheldrüse (Pankreas) ist funktionell eng mit dem Dünndarm verknüpft. Pferde bilden etwa 5–10 Liter Bauchspeichel/100 kg Körpermasse. Das Sekret des Pankreas ist enzymreich und weist einen alkalischen pH-Wert auf, neben Bicarbonationen sind hohe Konzentrationen an Natrium, Chlorid und Kalium enthalten. Im Vergleich zu anderen Haustieren ist die Aktivität der stärkespaltenden Amylase eher niedrig. Die Stärkeverdaulichkeit ist beim Pferd recht hoch, vorausgesetzt, Herkunft der Stärke, Zubereitung und verabreichte Menge überfordern die enzymatische Digestionskapazität nicht (s. u.). Auch die Leber übernimmt vielfältige Funktionen bei der Verdauung, die bei anderen Spezies vorhandene Gallenblase fehlt beim Pferd. Die Galle ist aufgrund ihrer emulgierenden Wirkung für eine funktionierende Fettverdauung unerlässlich.

Der Inhalt des Dünndarms ist durch die zufließenden Verdauungssekrete aus den Darmeigendrüsen, der Bauchspeicheldrüse und der Leber sehr wässrig. Der Trockensubstanzgehalt liegt unter 4 %, wenn Raufutter gefüttert wird. Die enzymatische Verdauung der meisten Nährstoffe (Stärke, Zucker, Protein, Fett) erfolgt im Dünndarm mit hoher Effizienz. Über die Fetttoleranz von Pferden weiß man noch wenig, sie ist jedoch offenbar recht hoch. Die Amylaseaktivität ermöglicht unter normalen Fütterungsbedingungen eine hohe Stärkeverdaulichkeit, allerdings gibt es Unterschiede zwischen verschiedenen Futtermitteln. Haferstärke ist besonders gut verdaulich und verträglich. Die Tendenz zu Verkleisterungen bzw. Verklumpungen ist bei Hafer, anders als bei Weizen, der proteinreicher ist, gering. Insofern besitzt der Hafer gegenüber vielen anderen Futtermitteln (Gerste, Roggen, Weizen, Mais) eine Reihe von Vorteilen. In verschiedenen Untersuchungen wurde eine höhere Dünndarmverdaulichkeit der Haferstärke (74–99 %) gegenüber der Maisstärke (29–54 %), Gerstenstärke (10–75 %) und Hirsenstärke (36–56 %) festgestellt. Die höheren Werte wurden bei entsprechender Aufbereitung der Futtermittel durch Zerkleinern bzw. durch thermische Behandlung festgestellt. Die mechanische und thermische Zubreitung der Futtermittel hat beim Pferd erheblichen Einfluss auf die Stärkeverdaulichkeit und die Verträglichkeit, ausgenommen davon scheint der Hafer zu sein. Eine fehlerhafte Rationsgestaltung kann zu intensiver mikrobieller Gärung im Dünndarm führen. Eine intensive Lactatbildung kann dazu führen, dass das pH-Optimum der Verdauungsenzyme unterschritten wird. Unverdaute Nahrungsbestandteile gelangen unter diesen Umständen vermehrt in den Dickdarm und können dort Fehlgärungen auslösen. Das Risiko steigt bei Gerste-, Hirse- oder Maisfütterung. Die Dünndarmverdauung kann durch Störungen der Magenverdauung (Überfütterung, Fehlgärungen, Passagestörungen, zu schnelle Verflüssigung des Inhaltes, Verkleisterungen) beeinträchtigt sein. Auch primäre Störungen der Dünndarmverdauung, z. B. durch Entzündungen der Darmschleimhaut oder Infektionen, kommen vor.

Dickdarm
Der Dickdarm des Pferdes ist voluminös, Caecum und Colonkammern (Caecuminhalt um 20 l) des

Pferdes sind Fermentationsräume, in denen die im Dünndarm unverdauten Futterreste bakteriell umgesetzt werden. Der Dickdarm ist durch eine hohe Bakteriendichte charakterisiert. Die Dünndarmverdauung beeinflusst die Zusammensetzung des in den Dickdarm fließenden Substrats (Ileumchymus) erheblich. Ein kg Raufutter-DM bewirkt ca. 12 l ileocaecalen Wasserflux, bei Gabe von Krippenfutter beträgt er nur etwa die Hälfte. Im Dickdarm ist bei faserreicher Fütterung ein höherer Füllungsgrad durch den erhöhten Digestafluss aus dem Dünndarm zu beobachten. Ileumchymus enthält bei Haferfütterung nur wenig Stärke, da diese nahezu vollständig verdaut wird. Bei Maisfütterung kann der Stärkegehalt je nach Zubereitung noch erheblich sein. Die Proteingehalte im Ileumchymus sind überwiegend endogener Herkunft. Zudem ist ein hoher Anteil Harnstoff enthalten, so dass auch bei knapper Proteinversorgung davon auszugehen ist, dass den Mikroorganismen im Dickdarm ausreichend Stickstoff zur Verfügung steht. Ileumchymus enthält hohe Gehalte puffernder Substanzen, insbesondere Natriumbicarbonat, die wesentlich für die Erhaltung konstanter Fermentationsbedingungen durch relative pH-Konstanz sind. Die Gärungsvorgänge im Dickdarm von Pferden sind prinzipiell mit jenen im Pansen der Wiederkäuer vergleichbar. Als Endprodukte der Fermentation entstehen flüchtige Fettsäuren, weiterhin sind geringe Mengen an Milchsäure sowie Ammoniak nachweisbar. Der Methananteil im Gärgas ist hoch.

Fehlgärungen äußern sich in Übersäuerungen des Dickdarmchymus durch Anreicherung von flüchtigen Fettsäuren und Milchsäure, einen daraus resultierenden pH-Abfall, übermäßiger Gasbildung (Kolik) und schweren Durchfällen. Das Risiko steigt bei hohem ileocaecalen Einstrom mikrobiell schnell fermentierbarer Nährstoffe. Rohfaserreiche Fütterung fördert das Puffervermögen des in den Dickdarm einfließenden Substrates. Die Rohfaser beeinflusst auch den intestinalen Wasserhaushalt. Rohfaserreiche Fütterung führt zudem zu einer Chymuszusammensetzung, die mikrobiell nur langsam angegriffen werden kann, da sie kaum Stärke, keinen Zucker und wenig Protein enthält. Gefahren intensiver Fehlgärungen, ggf. mit Gasbildung (Koliken), sind damit unter diesen Bedingungen gering. Abbildung 102 erlaubt einen Überblick über physiologische Verdauungsprozesse im Dickdarm des Pferdes.

Der Blinddarm ist sehr dehnungsfähig und im Volumen variabel. Er dient der Aufnahme ileocaecal (aus dem Dünndarm in den Dickdarm) einströmender Flüssigkeit sowie als Fermentationsraum. Eine Pufferung erfolgt durch bakteriell gebildete flüchtige Fettsäuren und Bicarbonat. Die Verdauung von Faserstoffen wird im Caecum initiiert, der Hauptabbau findet jedoch in der unteren Colonlage statt. Gröbere Partikel werden zurückgehalten und in der magenähnlichen Erweiterung intensiv fermentiert. Die wertlosen Anteile werden eliminiert, durch die Peristaltik wird ein Misch- und Separierungseffekt erzielt. Die Separierung wird durch die Poschen der Darmwand unterstützt. Feste Partikel bleiben so zurück, flüssige werden weiter transportiert. Cellulytische Bakterien haben Zeit, sich an Cellulosestrukturen zu verankern und im Anheftungsbereich die Cellulase zu sezernieren. Vorbeiströmender flüssiger Chymus dient dem Stoffaustausch dieser Bakterien. Die Rolle des Colons für die Wasser- und Natriumabsorption ist beim Pferd besonders hervorzuheben, da die in den Dickdarm einfließenden Wasser- und Natriummengen hoch sind. Das im Dickdarm vorhandene Natrium (pro Liter des eintretenden Ileumchymus sind es 3 bis 3,6 g) bildet ein Elektrolytreservoir, auf das bei Bedarf z. B. infolge hoher Schweißverluste zurückgegriffen wird. Neben der positiven Wirkung raufutterreicher Rationen auf Aufnahmedauer, Kauintensität und Speichelmenge ist auch eine Bedeutung der mikrobiellen Fermentation für die Aufrechterhaltung der Schleimhautintegrität und damit die Barrierefunktion der Darmwand wichtig.

Störungen der Dickdarmverdauung sind vor allem Fehlfermentationen durch ileocaecalen Einstrom großer Mengen leicht vergärbarer, unverdauter Futterbestandteile. Ursachen hierfür können Störungen der Dünndarmverdauung, Überfütterung, beschleunigte Futterpassage, Stress, Krankheiten oder auch hohe körperliche Anstrengung sein. Auch bei hohen Anteilen von durch körpereigene Enzyme unverdaulichen, dafür mikrobiell leicht fermentierbaren Substanzen in der Ration können die Gärungsvorgänge im Dickdarm zu stark intensiviert werden (z. B. bei Aufnahme von zu viel Stachyose und Raffinose aus Melasse, Lactose aus Molkenpulver, Stärke aus Maisprodukten).

2.2 Pferde im Erhaltungsstoffwechsel

Viele Pferde werden nicht zu Arbeits- oder Zuchtzwecken gehalten, z. B. Liebhabertiere, nicht mehr genutzte, ältere Pferde und viele Ponys. Die

Pferde im Erhaltungsstoffwechsel 371

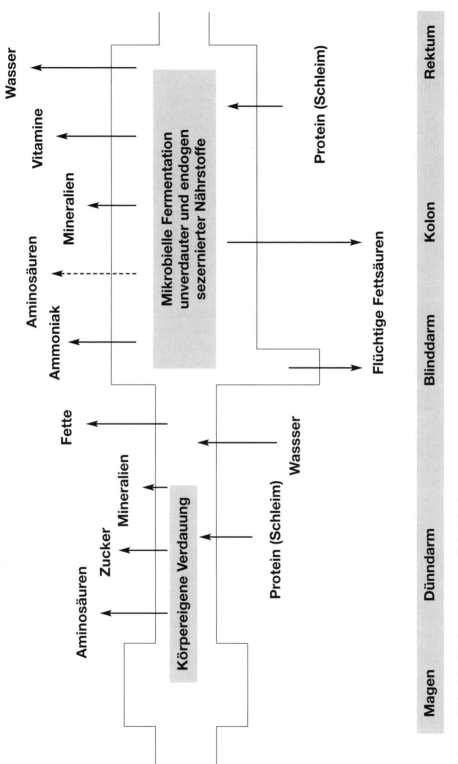

Abb. 102. Ablauf der Verdauungsprozesse beim Pferd.

Haltungs- und Fütterungsformen sind sehr unterschiedlich. Neben temporärer oder ganzjähriger Weidehaltung werden Pferde im Offenstall oder im Warmstall gehalten, so dass sich die Ansprüche an die Ernährung durchaus unterscheiden. Bei Temperaturen von unter −10 bis −15 Grad Celsius ist eine Erhöhung der Futtermenge notwendig, dieses ergibt sich aus dem zusätzlichen Bedarf für Wärmebildung. Dieser zusätzliche Bedarf hängt ab von den Aufstallungs- beziehungsweise den Haltungsbedingungen sowie der Körperkonstitution. Die Futteraufnahmekapazität (DM) im Erhaltungsstoffwechsel ist mit 1,5–2 % der LM anzunehmen.

2.2.1 Energie- und Nährstoffbedarf

Der Erhaltungsbedarf an Energie liegt bei 0,6 MJ/kg LM^{0,75} und wird als verdauliche Energie (DE) angegeben. Untersuchungen zur umsetzbaren Energie fehlen bei Pferden weitgehend. Der Erhaltungsbedarf an Protein ist bei Zufuhr von 3 g verdaulichem Rohprotein (vCP) pro kg LM^{0,75} bzw. 5 g vCP/MJ DE abgedeckt. Der Ca-Bedarf wird auf die LM bezogen und durch Mengen von 5 g Ca/100 kg LM sicher gedeckt. Das Ca/P-Verhältnis der Ration sollte bei 1,6:1 liegen, die K-Menge ist derjenigen des Ca gleichzusetzen. Na und Mg werden mit ca. 40 % des Ca-Bedarfs angesetzt, so dass sich für ein Warmblutpferd mit 550 kg LM ein täglicher Bedarf von 27 g Ca, 27 g K, 17 g P, 11 g Na und 11 g Mg ergibt. Der Spurenelementbedarf kann bei den Elementen Fe, Zn, Mn mit Gaben von 100, 50 und 60 mg/100 kg LM sicher abgedeckt werden, die Kupferbedarfswerte liegen mit 15 mg deutlich niedriger. Der Selen- und Iodbedarf wird mit 0,3 bzw. 0,15 mg/100 kg LM angenommen. Der Vitaminbedarf im Erhaltungsstoffwechsel beträgt 7500 IE Vitamin A/100 kg LM, 500 IE Vitamin D/100 kg LM und 100 mg Vitamin E (α-Tocopherol)/100 kg LM (Tab. 107).

Die Versorgung mit wasserlöslichen Vitaminen wird vermutlich durch die endogene mikrobielle Synthese der Gastrointestinalflora gedeckt. Für Pferde im Erhaltungsstoffwechsel werden aus Sicherheitsgründen Gehalte von 3–5 mg Vitamin B1/kg DM und 2,5 mg Vitamin B2/kg DM

Tab. 107. Empfehlungen zur Energie- und Nährstoffversorgung von Pferden im Erhaltungsstoffwechsel (nach MEYER & COENEN 2004)

		Lebendmasse in kg				
		100	300	500	700	je kg Futter DM[1]
verdauliche Energie	MJ	19	43	64	82	
verdauliches Rohprotein	g	95	216	318	408	
Calcium	g	5	15	25	35	3,3
Phosphor	g	3	9	15	21	2,0
Magnesium	g	2	6	10	14	1,3
Natrium	g	2	6	10	14	1,3
Kalium	g	5	15	25	35	3,3
Chlorid	g	8	24	40	56	5,3
Eisen	mg	100	300	500	700	66,7
Kupfer	mg	15	45	75	105	10,0
Zink	mg	50	150	250	350	33,3
Mangan	mg	60	180	300	420	40,0
Cobalt	mg	0,15	0,45	0,75	1,05	0,1
Jod	mg	0,3	0,9	1,5	2,1	0,2
Selen	mg	0,15	0,45	0,75	1,05	0,1
Vitamin A	IE	7500	22500	37500	52500	5000
Vitamin D	IE	500	1500	2500	3500	333
Vitamin E	mg	100–200	300–600	500–1000	700–1400	67–133

[1] DM Aufnahme von 1,5 % der LM unterstellt

empfohlen. Die Essenzialität von Vitamin D ist beim Pferd fraglich, da weder typische Mangelsymptome noch eine Hydroxylierung und damit Aktivierung der mit dem Futter aufgenommenen Vitamin D-Vorstufen nachgewiesen wurden. Mangelzustände verschiedener weiterer Vitamine sind bei dieser Spezies nicht bekannt oder wahrscheinlich nur unter extremen Bedingungen auszulösen.

2.2.2 Fütterungspraxis

Meist ist für Pferde im Erhaltungsstoffwechsel die Verabreichung von Raufutter bzw. Weidefütterung ausreichend. Auf der Weide besteht im Frühjahr ein Eiweißüberschuss, im Herbst kann aufgrund des hohen Rohfasergehalts ein nicht ausreichendes Nährstoffangebot resultieren. Unter Umständen muss die Weidefläche im Frühjahr limitiert (Portionsweiden) und für eine ausreichende Weidebeifütterung (proteinarm, strukturreich) gesorgt werden. Bei Stallhaltung sind zur Beschäftigung der Tiere raufutterreiche Rationen zu bevorzugen. Als Grundfuttermittel wird Heu möglichst guter hygienischer Qualität mit ausreichendem Rohfasergehalt (25 bis 30%) eingesetzt. Es ist aufgrund der diätetischen Wirkung und seines günstigen Protein/Energie-Verhältnisses die Basis der Ration. Da Heu teuer ist, bietet es sich an, dass es nur bis zur Höhe der nötigen Versorgung mit kaufähigem Raufutter vorgesehen wird (0,8 kg/100 kg LM). Einige Autoren setzen diese Norm sogar auf 1 kg/100 kg LM fest. Alternativ können hochwertige Gras- und auch Maissilagen, als preiswerte Komponente auch Stroh verwendet werden. Einige einfache Beispielrationen für Pferde im Erhaltungsstoffwechsel finden sich in Tab. 108.

Eine Beurteilung der Körperkondition (Body condition scoring) sollte regelmäßig erfolgen, um Über- und Unterversorgung mit Energie zu erkennen und die Futtermengen entsprechend zu adaptieren. Als Orientierungspunkte dienen die Dornfortsätze der Wirbelsäule, die Rippenbögen sowie die Beckenknochen. Bei einem optimal ernährten Pferd sollten die Dornfortsätze der Wirbelsäule und die Rippen verstrichen, aber leicht tastbar sein, die Kruppe ist bei seitlicher Betrachtung abgerundet und die Hüfthöcker sind leicht tastbar.

2.3 Reit- und Sportpferde

Pferde werden heute meist im Freizeitsport genutzt, der früher übliche Einsatz in der Land- und Forstwirtschaft bzw. im Gewerbe hat nur noch geringe Bedeutung. Je nach Intensität der Belastung ergeben sich besondere Anforderungen an die Fütterung, insbesondere an die Versorgung mit Energie. Die Gestaltung einer Ration für Reit- und Sportpferde orientiert sich an folgenden Gesichtspunkten:

- Nutzungsrichtung, Nutzungsintensität, Leistung
- Verwendung wirtschaftseigener Futtermittel, Zukaufsmöglichkeiten
- Vorgaben für die Fütterungstechnik, Aufnehmbarkeit
- Berücksichtigung ausreichender Beschäftigung
- Ökonomik unter Verwendung wirtschaftseigener Futtermittel

2.3.1 Bedarf für Bewegung

Für aufgewendete Zug- und Tragkraft und die Bewegung muss zusätzlich Energie zugeführt werden. Im Muskel findet eine Transformation der chemischen Energie in mechanische Arbeit statt. Der zusätzliche Energiebedarf für Bewegung kann in Prozent des Erhaltungsbedarfs angegeben werden, dadurch wird die Lebendmasse des Pferdes als Variable einfacher berücksichtigt. Der zusätzliche Energiebedarf hängt von der Intensität und Dauer der Bewegung bzw. der Zugbelastung ab und erreicht bei leichter Arbeit etwa 25% des Erhaltungsbedarfs, bei mittlerer Belastung 50% und bei hoher Arbeitsintensität 50–100% (Tab. 109).

Tab. 108. Beispielrationen für Pferde im Erhaltungsstoffwechsel (500 kg LM)

Ration ohne Kraftfutter:
- 6–8 kg Heu
- 50 g Mineralfutter mit ca. 12–15% Ca

Ration mit Hafer:
- 5–6 kg Heu
- 1–1,5 kg Hafer
- 50 g Mineralfutter

Ration mit Mischfutter:
- 4,5 kg Heu
- 2 kg Mischfutter

Tab. 109. Zusätzlicher Energiebedarf bei Bewegungsleistungen von Pferden (nach MEYER & COENEN 2004)

Bewegungsleistung	Zusätzlicher Energiebedarf in % des Erhaltungsbedarfs	Belastung
Leicht	bis 25	z. B. 20 Min. Schritt, 5 Min. Trab, 10 Min. Galopp
Mittel	25–50	z. B. 45 Min. Schritt, 35 Min. Trab, 5 Min. Galopp
Schwer	50–100	z. B. 60 Min. Schritt, 45 Min. Trab, 5 Min. Galopp

Der Stoffwechsel von Sportpferden wird je nach Intensität und Dauer der Belastung in unterschiedlicher Weise beansprucht. Kurzfristige Belastungen, z. B. bei Renn- und Springpferden, führen zu anaerober Energiegewinnung, länger dauernde, submaximale Belastungen bedingen eine gemischte aerob/anerobe Energiegewinnung und bei Ausdauerbelastungen erfolgt die Energiegewinnung ausschließlich aerob. Bei kurzfristigen Belastungen wird der Energiebedarf zunächst aus energiereichen Phosphaten (Adenosintriphosphat, Creatinphosphat) und bereits nach sehr kurzer Zeit durch die Verstoffwechselung von Glykogen bzw. Glucose abgedeckt. Bei länger dauernden Belastungen werden alternative Energiequellen, z. B. Fettsäuren, herangezogen.

Der Proteinbedarf steigt bei Bewegungsleistungen nur gering an. In der praktischen Fütterung wird man bei Steigerung der Energiezufuhr ein Verhältnis von 5 g verdaulichem Rohprotein pro 1 MJ DE einzuhalten versuchen. Ein durch Bewegung induzierter zusätzlicher Muskelansatz bedingt einen gewissen Mehrbedarf, der aber durch die insgesamt erhöhte Futtermenge abgedeckt wird. Eine Überversorgung mit Protein ist nachteilig, da überflüssiges Eiweiß in Leber und Nieren unter Energieaufwand metabolisiert bzw. als Harnstoff ausgeschieden werden muss. Bei jüngeren Pferden bzw. in der Aufbauphase des Trainings wird oft eine höhere Eiweißgabe vorgesehen. Ob dadurch die Leistungsfähigkeit tatsächlich effektiv gefördert wird, ist unklar. Bei intensiver Arbeit ist bei Pferden eine erhebliche Schweißbildung zu verzeichnen. Der Wirkungsgrad der Muskelarbeit ist vergleichsweise gering, der k-Faktor ist niedrig und wird auf 0,2–0,25 geschätzt. Durch körperliche Belastung entsteht demzufolge eine erhebliche Wärmemenge, die beim Pferd überwiegend über eine hohe Schweißbildung abgeführt wird. Die Schweißverluste erreichen bei Reitpferden bei leichter Arbeit 0,75 l/100 kg LM und Tag und können im Extremfall auf über 5 l/100 kg LM und Tag ansteigen. Über den Schweiß gehen vor allem Mineralien und N verloren (Na 3,3; K 1,6; Cl 5,5; Ca 0,12; P 0,015; Mg 0,05; N 1–3 g/l). Die sezernierten Elektrolyte werden nicht über die Haut reabsorbiert. Die Spurenelementgehalte in der Schweißflüssigkeit sind vergleichsweise niedrig. Bei Reit- und Arbeitspferden muss demzufolge in erster Linie für bedarfsdeckenden Na-, Cl-, K-Ersatz gesorgt werden. Faustregel für den durch die Belastung besonders ansteigenden Na-Bedarf:

leichte Arbeit: ~ 3-facher Erhaltungsbedarf
mittlere Arbeit: ~ 4-facher Erhaltungsbedarf
schwere Arbeit: ~ 6-facher Erhaltungsbedarf

Der Bedarf an Ca, P und Mg steigt nur geringfügig an und wird durch die erhöhten Futtermengen bei Arbeitspferden sicher gedeckt. Eine ausreichende Versorgung mit Spurenelementen ist für Sportpferde erforderlich. Im Allgemeinen reichen die für Pferde im Erhaltungsstoffwechsel empfohlenen Gehalte aus, da ein belastungsbedingter Mehrbedarf durch die höhere Futteraufnahme erfüllt wird. Eisen und Kupfer sollten aufgrund ihrer Funktion für die Blutbildung, Kupfer zudem aufgrund der Bedeutung für die Festigkeit des Bindegewebes, d. h. der Quervernetzung der Kollagenfasern, beachtet werden. Selen ist Bestandteil der Glutathionperoxidase und für den Schutz der Zellmembran vor oxidativen Schäden durch belastungsinduzierte Sauerstoffradikale erforderlich. Der Selenbedarf wird durch Grünfutter und dessen Konservate sowie durch Getreide nicht gedeckt, da diese Futtermittel unter hiesigen Bedingungen meist Se-Gehalte von deutlich unter 0,1 mg/kg DM aufweisen. Zur Vorbeuge von oxidativen Schäden an Muskelzellmembranen ist auf eine ausreichende Versorgung mit Vitamin E als Antioxidans zu achten. 1 bis 4 mg Vitamin E pro kg LM und Tag werden in Abhängigkeit vom Grad der Belastung empfohlen. Die wasserlöslichen Vitamine sollten in den für den Erhaltungsstoffwechsel empfohlenen Konzentrationen verabreicht werden. Für Vitamin B1 werden wie im Erhaltungsstoffwechsel 3–5 mg/kg DM, für Vitamin B2 2,5 mg/kg DM empfohlen, auch wenn davon auszugehen ist, dass ein großer Teil des Bedarfs durch endogene Synthese, das heißt über die Mikroorganismen des Magen-Darmtrakts gedeckt wird.

2.3.2 Fütterungspraxis

Der Energiebedarf von Leistungspferden wird bei hoher Beanspruchung durch entsprechend hohe Kraftfuttergaben abgedeckt. Die Raufutterversorgung zeigt dadurch in der Praxis eine erhebliche Schwankungsbreite, gerade bei Rennpferden werden bei zunehmendem Bedarf an Kraftfutter oft nur marginale Raufuttermengen gegeben. Dadurch besteht ein erhöhtes Risiko für Fehlgärungen im Dickdarm im Sinne einer Azidose. Bei stark beanspruchten Pferden sollte auf eine qualitativ hochwertige und quantitativ ausreichende Raufuttergabe geachtet werden, auch wenn 1 kg Heu durch die intestinale Wasserbindung zu einem Mehrgewicht von etwa 4 kg führt. Die erhöhte Darmfüllung ist einerseits nachteilig für die Leistung, sie kann aber andererseits als Wasserreservoir betrachtet werden, das als kompensatorische Reserve zur Verfügung steht. Das Raufutter sollte beste Qualität aufweisen, Qualitätsmängel wie Schimmelbefall können zu erheblichen Beeinträchtigungen der Leistung führen: Eine verminderte Rennleistung kann durch Störungen der Verdauungsvorgänge selbst oder aber durch Reaktionen des Atmungstrakts auf antigenwirksame Pilzsporen und andere mikrobielle Bestandteile erklärt werden. Die häufig in der Praxis anzutreffende Verabreichung besonders eiweißreicher Grundfuttermittel, z. B. von Leguminosenheu, ist aufgrund der dadurch erzielten hohen Proteinzufuhr nicht als günstig zu beurteilen. Als Grundfuttermittel kommen neben Heu, das durchaus stängelreich und damit strukturiert sein kann, auch hochwertige Silagen in Frage. Die in der Fütterung von Hochleistungspferden eingesetzten Kraftfuttermittel sind meist Getreide, zunehmend auch Mischfuttermittel, die gegenüber Standardprodukten oft erhöhte Fettmengen aufweisen. Dadurch ist der Energiegehalt höher und die Energiegewinnung durch Fettsäurenoxidation wird forciert. Das Verhältnis von verdaulichem Rohprotein zu verdaulicher Energie sollte nicht zu weit sein, etwa 5–7g vRp/MJ DE sind zu empfehlen. Die Kraftfuttermengen können im Bedarfsfall bis zu 8 kg/Tag erreichen. Bei derartig hohen Kraftfuttergaben sollten pro Mahlzeit maximal 0,5 kg/100 kg LM verabreicht werden, um eine Überforderung der Verdauungsvorgänge zu vermeiden. Dabei kann die Körperkondition als praktische Orientierungshilfe dienen. Vorsicht ist bei fehlender körperlicher Belastung ohne parallele Reduktion der Energiezufuhr angebracht, da es zu erheblichen Störungen des Muskelstoffwechsels kommen kann (Kreuzverschlag bzw. Lumbago, Abschn. 2.8.4).

Durch Mischfuttermittel werden meist ausreichende Mengen an Mineralstoffen, Spurenelementen und Vitaminen zugeführt, allerdings ist die Natriumversorgung in nahezu allen Fällen nicht bedarfsdeckend. Daher sollte eine ausreichende Salzaufnahme durch Angebot von Salzlecksteinen sichergestellt werden. Bei Verwendung von Getreide ist in jedem Fall eine Ergänzung mit einem vitaminierten Mineralfutter zu empfehlen, da es ansonsten zu defizitären Versorgungssituationen kommt. Salz wird am besten über einen Leckstein verabreicht. Bei allerdings erheblichen individuellen Schwankungen werden bedarfsnahe NaCl-Mengen über Salzlecksteine aufgenommen. Für die Ca-, P-, Mg- und Spurenelementversorgung sind Lecksteine dagegen wenig geeignet, da die Mengenaufnahme überwiegend durch den Na-Bedarf geregelt wird, allerdings auch erheblichen individuellen Variationen unterliegt. Mash, eine Mischung aus diversen Einzelfuttermitteln, z. B. Weizenkleie, Haferschrot, Leinsamen und weiteren Zutaten, wird in der Praxis häufig eingesetzt. Nach Übergießen mit heißem Wasser wird die Mischung stehen gelassen und dann körperwarm an Pferde verfüttert. Vorteilhaft sind die gute Akzeptanz sowie vereinfachte Verdauungsvorgänge, da die Stärke durch Wärme und Feuchtigkeit aufgeschlossen wird.

Pferde, die in höherem Umfang beansprucht werden, sollten 3- bis 4-mal täglich gefüttert werden. Dabei sollte auch auf den Trainingsablauf Rücksicht genommen werden. Vor der Belastung ist ein ausreichend langer Abstand von 3–4 Stunden zur Fütterung einzuhalten. Lösliche Kohlenhydrate, z. B. Zucker, sollten nicht vor der Belas-

Tab. 110. Beispielrationen für Reitpferde mit 500 kg LM bei mittlerer Belastung

		Ration 1	Ration 2	Ration 3
Heu		5	–	5,5
Grassilage		–	10	–
Hafer		5	5	–
Mischfutter		–	–	4
Mineralfutter		0,05	0,05	

		Bedarf	Aufnahme		
verdauliche Energie	MJ	96	98	94	94
verdauliches Rohprotein	g	480	695	745	686
Calcium	g	27	33	37	51
Phosphor	g	15	31	31	22
Magnesium	g	11	16	14	17
Natrium*	g	39	6	7	3
Kalium	g	42	160	115	149

* Ergänzung über Leckstein oder Salzgabe.

tung verabreicht werden, da dadurch eine Insulinsekretion ausgelöst wird, die während der Belastung die Energiemobilisierung hemmt. Zusätzliche Gaben an Vitaminen bzw. alkalisierenden Substanzen haben keine nachgewiesene leistungssteigernde Wirkung.

Beispielrationen für Reitpferde finden sich in Tabelle 110.

Alle in Tab. 110 enthaltenen Beispielrationen weisen ein Na-Defizit auf, das über die Gabe von Viehsalz oder aber durch ad libitum Angebot eines Salzlecksteins auszugleichen wäre.

2.4 Rennpferde

Galopper und Springpferde sind „Kurzstreckenspezialisten", Jagd-, Military- und Distanzrittpferde „Dauerläufer" mit sehr unterschiedlichen Leistungsanforderungen. Galopper (englisches Vollblut) benötigen für eine Strecke von 100 m bei maximaler Geschwindigkeit etwa 2 MJ an verdaulicher Energie (bei fast 60 km/h). Bei einer mittellangen Strecke von 2500 m sind 50 MJ DE zu veranschlagen. Diese Energie wird völlig aus den im Muskel verfügbaren Speichern mobilisiert. Die ATP-Gewinnung erfolgt durch anaerobe Glycolyse. Die Glycogenspeicher sind bei trainierten Pferden so aufgefüllt, dass Glucosemangel kaum Ursache für mangelnde Renn- oder Springleistungen sein dürfte. Trainingszustand, Genetik und Leistungsadaptation sind entscheidende Faktoren für die Kurzstreckenleistung. Training fördert die Muskelmasse und optimiert andererseits auch die Freisetzung der Energie (Induktion der entsprechenden Enzymsysteme und Stoffwechselvorgänge). In der Trainingsphase ist für die Glycogenspeicherung eine gleichmäßig gute Energiezufuhr (Stärke), die zu einer kontinuierlichen Anflutung von Glucose über die Pfortader führt, notwendig. Hochleistungspferde sollten dreimal pro Tag gefüttert werden. So ist ein kontinuierlicher portaler Glucosefluss zu erreichen. Die Muskelaktivitätshypertrophie kann geringfügig höhere Proteinansatzwerte bedingen als bei untrainierten Pferden. Proteinzulagen sind, wenn überhaupt, nur in mäßigem Umfang (10 bis 20% über den vorgegebenen Bedarfswerten) sinnvoll. Auch Kreislauf, Blutgefäßsystem, Blutmenge und Skelettausbildung reagieren auf intensives Training. Die Bedarfswerte für essenzielle Aminosäuren, Vitamine, Mineralstoffe und Spurenelemente sind erhöht. Die für den Energiestoffwechsel notwendigen Vitamine (z. B. Thiamin, Riboflavin, Niacin und auch Pantothensäure) sind in Mischfuttermitteln meist in solch ausreichendem Maße vorhanden, dass eine zusätzliche Zufuhr unnötig ist. Glucosegaben vor dem Rennen haben sich nicht bewährt. Die dadurch induzierte Insulinausschüttung, die mit kurzfristig hohem Glucoseangebot einsetzt, hat nachteilige Wirkungen auf die Energiemobilisierung.

Auch Hochleistungspferde benötigen ausreichend Raufutter. Geringe Heu- und Mischfutter-

oder Hafergaben (1 bis 2 kg) vor dem Rennen dienen der Beschäftigung und Beruhigung. Höchstleistungspferde sollten vor dem Rennen nicht mit voluminösen Rationen überfüttert werden, da das Darmgewicht dadurch stark ansteigen kann. Eine regelmäßige zusätzliche Versorgung von Rennpferden mit Vitamin E und Se ist in jedem Fall zu empfehlen, da die Versorgung über das Grundfutter nicht ausreichend ist und die Gehalte in Mischfuttermitteln erheblich schwanken. Die empfohlenen Mengen betragen 2 bis 4 mg Vitamin E/kg LM. Diese decken den Bedarf von Leistungspferden sicher ab, eine weitere Erhöhung ist wirkungslos. Bei Selen dürfen nach Vorgaben der Futtermittelverordnung Grenzwerte von 0,5 mg pro kg Futter (bezogen auf 88% DM) nicht überschritten werden.

Bei Distanzritten und Vielseitigkeitsgeländeprüfungen sind die Leistungsanforderungen sehr unterschiedlich. Distanzritte über mehrere Tage stellen eine hohe Ausdauerleistung dar. Pferde können diese Anforderungen an die Energiebereitstellung nicht aus dem Glycogenabbau erbringen. Zur Deckung des Energiebedarfs wird Fett mobilisiert, so dass durch die je nach Dauer der Belastung entstehenden Bedarfswerte von 100 bis 160 MJ DE gedeckt werden. Die tägliche Futteraufnahme erreicht unter diesen Bedingungen 13 bis 16 kg DM, was aufgrund der eingeschränkten Futteraufnahmezeiten und -kapazitäten nicht unproblematisch ist. Ein hoher Krippenfutteranteil von mindestens 50% des Gesamtfutterangebotes ist unter diesen Bedingungen unabdinglich. Fettreichere Getreide, ggf. auch Ölzumischungen zum Futter können somit sinnvoll sein. Ein ausreichender Fasergehalt in der Fütterung hat Vorteile, da der in den Dickdarm einfließende Na-reiche Chymus ein nutzbares Elektrolytreservoir darstellt. Der Dickdarmchymus steht mit dem extrazellulären Raum in intensivem Austausch, so dass der Na-Abfluss über den Schweiß aus diesem Reservoir kompensiert werden kann, Ähnliches gilt auch für Wasser und Cl.

Am Wettkampftag sollte das Jagd-, Distanzritt- oder Vielseitigkeitspferd früh gefüttert werden und in Ruhe Heu und Krippenfutter aufnehmen können. Das Heuangebot erfolgt über Nacht. Die notwendigen hohen Krippenfuttergaben sind möglichst so zu verabreichen, dass der Magen vor der körperlichen Belastung nicht zu stark gefüllt ist. Bei der Fütterung vor dem Rennen sollten daher begrenzte Mengen Mischfutter/Hafer, maximal im Abstand von etwa 4 Stunden vor Belastungsbeginn vorgesehen werden. Höhere Zufuhren können zu erheblichen Gesundheitsproblemen führen.

Wasserzufuhr

Ein Tränkwasserangebot in Pausen ist bei Langzeitbelastung unbedingt erforderlich. Pferde soll-

Tab. 111. Beispielrationen für Reitpferde mit 500 kg LM bei intensiver lang andauernder Belastung

			Ration 1	Ration 2	Ration
Heu			6,5	2	6
Grassilage			–	10	–
Hafer			6	–	1,5
Maisflocken			–	–	1
Mischfutter			–	6,5	4
Öl			0,1	–	–
Mineralfutter			0,075	–	–
		Bedarf		Aufnahme	
verdauliche Energie	MJ	125	125	127	125
verdauliches Rohprotein	g	625	861	1072	906
Calcium	g	28	44	144	96
Phosphor	g	15	38	56	46
Magnesium	g	12	20	23	21
Natrium*	g	6,2	8	18	11
Kalium	g	55	206	177	190

* Ergänzung über Leckstein oder Salzgabe.

ten aber nicht überhastet trinken. Vorteilhaft ist, wenn sie sich vor der Wassergabe etwas beruhigt und erholt haben (leichtes Bewegen, Führen). Die aufgenommenen Wassermengen sind teilweise sehr hoch. Dies kann sogar im Extremfall zu Schädigungen der roten Blutkörperchen (Hämolyse) führen, was allerdings nur selten beobachtet wurde. Zur Sicherheit sollen jedoch 8 l Wasser als Einzelgabe bei mittelgroßen Pferden nicht überschritten werden. Oft wird zu NaCl-Zulagen im Tränkwasser geraten. Etwa 5 g NaCl pro l Flüssigkeit können die Schweißverluste ausgleichen. Alternativ stehen spezielle Elektrolyttränken zur Verfügung, die neben NaCl noch weitere Nährstoffe enthalten. Die praktischen Erfahrungen sind unterschiedlich, viele Pferde müssen an salzhaltige Tränken erst gewöhnt werden.

Beispielrationen für Rennpferde sind in Tab. 111 dargestellt.

2.5 Zuchtstuten

Zuchtstuten sollten jährlich ein gesundes Fohlen zur Welt bringen. Die bedarfsgerechte Versorgung mit Energie und Nährstoffen ist eine wesentliche Voraussetzung für einen guten Zuchterfolg. Die Zuchtperiode kann in die Phase der Belegung (Deckperiode), die Früh- und Spätgravidität, Geburt und die Laktation eingeteilt werden. In diesen Perioden ändert sich der Bedarf sehr nachhaltig. Der Bedarf jüngerer Zuchtstuten ist gegenüber älteren Stuten erhöht, da bei ihnen das Körperwachstum noch nicht abgeschlossen ist. Die Trächtigkeit und die Laktation führen zu einer Umschichtung der Nährstoffflüsse, um den erhöhten Nährstoff- und insbesondere Glukosebedarf von Uterus und Gesäuge zu decken.

2.5.1 Energie und Nährstoffbedarf

Zu empfehlen ist, dass vor dem Decken nicht zu energiereich gefüttert wird und eine Verfettung der Stuten vermieden wird. Beides kann die Zahl unerwünschter Zwillingsträchtigkeiten erhöhen. Eine knappe Fütterung kurz vor der Ovulation bis nach dem Decken kann dieses verhindern. Sogenanntes Flushing (hohe Energiezufuhr bei mageren Stuten vor dem Decken) hat sich nicht bewährt. Es fördert ebenfalls die Disposition zu Zwillingsträchtigkeiten. Besser ist es, früh genug auf eine gute Zuchtkondition zu achten (Weidetiere im Herbst evtl. zufüttern). In der Praxis wird oft β-Carotin zugelegt, um die Fruchtbarkeit zu verbessern. Der wissenschaftliche Wirkungsbeweis einer temporär erhöhten Versorgung steht jedoch aus. Der Mehrbedarf niedertragender Stuten (bis zum 8. Trächtigkeitsmonat) gegenüber dem Erhaltungsbedarf ist minimal. Mäßige Energieverwertung für den fetalen Gewebeansatz (vergleichsweise niedriger k-Faktor von 0,2 für Reproduktion) und überproportionales Fetuswachstum in den letzten 3 Monaten sind durch entsprechend höhere Energie- und Nährstoffmengen zu berücksichtigen. Auch in dieser Phase muss die Energiezufuhr so eingestellt werden, dass die Kondition der Stute optimal bleibt und eine Verfettung vermieden wird. In Tab. 112 ist der Energiebedarf von trächtigen bzw. laktierenden Zuchtstuten aufgezeigt.

Der Energiebedarf von tragenden Stuten ist zunächst wie im Erhaltungsstoffwechsel anzusetzen, bei 600 kg LM sind 73 MJ verdauliche

Tab. 112. Energie- und Nährstoffbedarf von Zuchtstuten (500 kg LM) in der Trächtigkeit bzw. Laktation

		Trächtigkeit		Laktation	
		8. Monat	11. Monat	1. Monat	3 Monat
verdauliche Energie	MJ	79	88	118	124
verdauliches Rohprotein	g	450	560	1115	1040
Calcium	g	39	39	55	55
Phosphor	g	26	26	42	42
Magnesium	g	11	11	19	19
Natrium	g	12	12	14	14
Kalium	g	28	28	36	36

Tab. 113. Beispielrationen für Stuten mit 500 kg LM in der Hochträchtigkeit bzw. Laktation

		Trächtigkeit	Laktation	
		9.–11. Monat	1. Monat	3. Monat
Heu		6,5	6	6
Hafer		1	2,5	3
Mais		1	–	–
Sojaextraktionsschrot		–	1	0,5
Mischfutter für Zuchtstuten		1	2,5	3
Mineralfutter		0,05	0,05	0,05
		Aufnahme		
verdauliche Energie	MJ	89	120	125
verdauliches Rohprotein	g	599	1196	1082
Calcium	g	52	80	88
Phosphor	g	30	46	47
Magnesium	g	16	22	22
Natrium	g	8	11	12
Kalium	g	191	208	203

Energie und 365 g verd. CP vorzusehen. Die Steigerung des Bedarfs in der Hochträchtigkeit liegt bei der Energie beim 1,25-Fachen, bei den sonstigen Nährstoffen beim 1,5-Fachen des Erhaltungsbedarfs. Die ausreichende Versorgung der Stute mit Mengen- und Spurenelementen sowie mit Vitaminen ist für die Entwicklung des Fohlens von besonderer Bedeutung. Heu und Silage haben Defizite an Spurenelementen, insbesondere Kupfer, Zink und Selen. Je nach Qualität und Lagerung des Raufutters kann der Gehalt an Vitaminen sehr gering sein, daher ist aus Gründen der Versorgungssicherheit eine Ergänzung zu empfehlen. Eine ausreichende Kupferversorgung ist für die Skelettentwicklung des Fohlens von Bedeutung, bei unzureichender Aufnahme wurden häufiger Entwicklungsstörungen beobachtet. In der Laktation nimmt der Bedarf an Energie um das 2-Fache, an den übrigen Nährstoffen ca. um das 3–3,5-Fache gegenüber dem Erhaltungsstoffwechsel zu. Stutenmilch weist im Vergleich zu Kuhmilch niedrigere Gehalte an DM, Fett und Protein auf. Sie ist reich an Milchzucker (Laktose) und weist ein ähnliches Verhältnis von Casein:Albumin/Globulin auf wie Frauenmilch (~ 55:45). Über die Hälfte des Stutenmilchfettes sind ungesättigte Fettsäuren. Das Maximum der Milchbildung wird im 3. Monat erreicht (je 100 kg LM ca. 2,5–3,5 l). Viele Stuten werden bereits kurz nach der Geburt in der Fohlenrosse wieder gedeckt, was zu einem erhöhten Bedarf an Energie und Nährstoffen führt.

2.5.2 Fütterungspraxis

Stutenfutter sollte besonderen hygienischen Anforderungen genügen. Insbesondere sollte darauf geachtet werden, dass die eingesetzten Futterkomponenten keine überhöhte Belastung mit Mikroorganismen und deren Stoffwechselprodukten, insbesondere Mykotoxinen, aufweisen. Liegen Anzeichen für Verderb vor, z. B. Schimmelbefall, Geruchsabweichungen oder Erwärmung des Futters, dann ist die Verabreichung sofort einzustellen. Futterwechsel sollten in der Anfangsphase der Gravidität vermieden werden, ein erheblicher Mangel an Energie kann zu Fruchtresorption führen.

Während in den ersten Phasen des Reproduktionszyklus raufutterreiche Rationen vorteilhaft sind, sollte in der Endphase eine zu voluminöse Fütterung vermieden werden. Durch das foetale Wachstum ist der Bauchraum erheblich eingeengt. Sofern Stuten vor der Deckperiode einen unzureichenden Ernährungszustand aufweisen, sollte dieser möglichst korrigiert werden. Das erfordert jedoch eine langfristige Vorbereitung. Ca. 1,5 kg Getreide zusätzlich pro Tag unterstützen die Verbesserung der Körperkondition innerhalb von 2 bis 3 Monaten (LM-Zunahme ca. 20 kg).

Eine Optimierung der Körperkondition ist auch in der Früh- bis Mittelgravidität möglich, in dieser Phase können Stuten effizient an Gewicht zulegen.

Die Rationsgestaltung umfasst typischerweise Heu/Hafer-Rationen, die mit Mischfutter ergänzt werden (Tab. 113).

Die Zusammensetzung sollte so sein, dass ein protein- und mineralienreicheres Produkt die variierenden Grundfuttergehalte ausgleichen kann. Der Heuanteil sollte für tragende Stuten hoch sein, die Aufnehmbarkeit der Ration ist aber zu beachten. Zwei Drittel der Heugabe sind mit der Abendfütterung zu verabreichen. Bei hohen Heugaben (über 10 kg) ist mindestens 1 kg Mischfutter zu füttern, um die Eiweißqualität aufzuwerten. Der Bedarf an Na, Ca, P und Spurenelementen sowie den wichtigsten Vitaminen ist über das Mischfutter oder ein spezielles vitaminiertes und mineralisiertes Ergänzungsfutter zu decken. Die DM-Futteraufnahme erreicht unter diesen Bedingungen bis 2 % der LM und kann in Abhängigkeit vom Ernährungszustand modifiziert werden. Weidegang mit angepasster Beifütterung ist empfehlenswert. Kurz vor der Geburt reduzieren Stuten den Futterverzehr. Die Vermeidung einer zu starken Darmfüllung unterstützt den Geburtsvorgang, ggf. kann die Verabreichung laxierender Futtermittel überlegt werden, z. B. Weizenkleie, Melasse oder auch Leinsaat.

Hochtragende und insbesondere laktierende Stuten müssen große Futtervolumina aufnehmen. Eine bedarfsgerechte Versorgung muss also über Rationen mit ausreichendem Kraftfutteranteil erfolgen, d. h. eine genügende Energiedichte ist erforderlich. Tabelle 113 zeigt ein Rationsbeispiel für hochtragende bzw. laktierende Stuten. Laktierende Stuten brauchen Rationen mit hoher Energiedichte bei Gabe von genügend kaufähigem Raufutter. Bei zu schneller Steigerung der Futteraufnahme besteht ein erhöhtes Risiko für Koliken und Lahmheiten, daher sollten Rationsanpassungen nur langsam durchgeführt werden. Die Futteraufnahmekapazität (DM) erreicht 3 % der LM. Die Proteinqualität muss den Bedarf an essenziellen Aminosäuren für die Milchbildung absichern. Getreide hat nur mittlere Eiweißgehalte und -qualitäten, so dass Mischfuttermittel oder auch geringe Mengen an eiweißreichen Einzelfuttermitteln eingesetzt werden, z. B. Sojaextraktionsschrot. Der Bedarf ist von der individuellen Milchleistung abhängig. Laktierende Stuten müssen regelmäßig auf die Körperverfassung kontrolliert werden (Body Condition Scoring).

Die Fütterung ist an die LM-Entwicklung anzupassen. Durch den Einsatz von energiereichen Futterkomponenten, z. B. aufgeschlossener Mais oder Pflanzenöl, kann eine Erhöhung der Energiedichte der Ration erreicht werden, die die Aufnehmbarkeit der Ration sichern hilft. Die Aufnahme an kaufähigem Raufutter sollte 1,1 kg/l00 kg LM erreichen. Die Bildung von 15 l Stutenmilch erfordert die zusätzliche Gabe von 54 MJ verdaulicher Energie und 1080 Gramm verdaulichem CP. Eine gleichmäßige Verteilung des Krippenfutters auf die Mahlzeiten ist zu empfehlen. Krippenfutteranteile von 0,5 % der LM – bei mittelgroßen Pferden 2,5–3 kg – sollten pro Mahlzeit nicht überschritten werden. Drei Mahlzeiten sind daher empfehlenswert, Heu ist über Nacht ad libitum anzubieten.

Der Proteinbedarf wird mit einer Heu/Hafer-Ration je nach Grundfutterqualität oft nicht abgedeckt. Mischfutter für Zuchtpferde sind im Handel erhältlich und weisen erhöhte Eiweißgehalte auf, so dass sie sich gut für die Rationsgestaltung eignen. In der Hochlaktation (40. bis 70. Tag nach dem Abfohlen) kann auch eine Zufütterung von Sojaschrot erfolgen. 300 g Sojaschrot mit fast 50 % Rohprotein können den Proteingehalt von 1 kg Mischfutter mit 160 g Rohprotein in die Ration einbringen. Die meisten Stuten werden nach der Geburt auf der Weide gehalten. Das junge Gras weist einen hohen Eiweißgehalt auf, daher sollte die Umstellung von Stall- auf Weidefütterung langsam erfolgen. Eine Weidebeifütterung ist zu empfehlen, da junges Gras ein unausgewogenes Nährstoffspektrum hat.

2.6 Hengste

Ziel der Fütterung von Deckhengsten ist die Sicherung einer guten Zuchtkondition, d. h. optimaler Ernährungszustand und körperliche Belastungsfähigkeit in Verbindung mit hoher Fruchtbarkeit. Wichtigste Voraussetzung ist eine optimale Aufzucht durch eine moderate Wachstumsintensität in der Jugendphase zur Optimierung der Skelettentwicklung und eine stets bedarfsgerechte Versorgung mit den essenziellen Nährstoffen. Der Zusatzbedarf in der Deckperiode ist gering, so dass im Rahmen einer faktoriellen Bedarfsanalyse nur verschwindend geringe zusätzliche Nährstoffmengen errechnet werden können. Für die Rationsgestaltung bedeutet dies, dass Hengste in etwa wie im Erhaltungsbedarf bzw. bei leichter körperlicher Belastung zu füttern sind. Je nachdem, in welchem Umfang der Einsatz stattfindet und ob sich die Tiere täglich mehr oder weniger intensiv bewegen bzw. ein gewisser psychischer Stress hinzukommt, ist in der Praxis ein Zuschlag von 25–50 % gegenüber den Bedarfswerten im Erhaltungsstoffwechsel als Richtgröße einzuhalten. Für Hengste mit 600 kg Lebendmasse sollte man etwa 100 MJ DE und 700–1000 g verdauliches Protein vorsehen. Von anderen Nutztieren weiß man, dass eine gute Methionin- und Lysinversorgung entscheidend für hochwertiges Sperma ist. Die Daten für Hengste sind noch wenig untermauert und können derzeit nur Orientierungshilfe sein. Danach ist eine Zufuhr von 8 g Lysin sowie 5 g Methionin plus Cystin pro 100 kg LM und Tag anzustreben. Die Versorgung mit Zink sollte optimiert werden, da ein primäres Zinkdefizit in der Ration oder aber ein sekundärer Mangel, z. B. durch einen erheblichen Calciumüberschuss, zu einer beeinträchtigten Spermaqualität führen kann. Wichtig ist zudem eine sichere Versorgung mit den Vitaminen A und E, mit B-Vitaminen und neben Zink weiteren Spurenelementen, insbesondere Mangan und Selen. Der Bedarf ist bei üblicher Rationsgestaltung durch Verwendung entsprechend ergänzter Mischfutter oder vitaminierter Mineralfutter zu decken. Andere Ergänzungen, z. B. mit Beta-Carotin, können unter bestimmten Bedingungen sinnvoll sein. Linolsäurereiche Fette, z. B. Sonnenblumen- oder Sojaöl, können als Energiequellen und aufgrund des Bedarfs an Linolsäure für die Spermienbildung eingesetzt werden. Versuche, eine schlechte Spermaqualität durch Nahrungssupplemente zu verbessern, bleiben meist erfolglos.

Weidegang ist möglichst anzubieten. Eine bedarfsgerechte Hengstfütterung kann mit einer Heu/Hafer-Ration nur eingeschränkt erfolgen. Gutes Heu bildet die Basis jeder Hengstration und sollte mindestens in einer Menge von 1 kg/100 kg LM gegeben werden. Dadurch wird eine gewisse Beschäftigung und Beruhigung erreicht. Luzerneheu wird oft verwendet, kann aber zu einer deutlichen Proteinüberversorgung führen, die bei älteren Hengsten oder bei Organerkrankungen von Leber und Nieren nachteilig ist. Es sollte bei Grasheu eine lysin- und methioninreiche Ergänzung angeboten werden, wofür sich insbesondere Mischfutter für Zuchtpferde anbieten. Zusätzliche Energie kann auch über Hafer oder Mais zugeführt werden. Dieses kann insbesondere bei sehr nervösen Hengsten oder ggf. auch bei älteren Tieren sinnvoll sein. Die Proteinversorgung sollte nicht übermäßig angehoben werden, da ansonsten eine vermehrte Ammoniakbelastung der Stallluft resultiert. Hengste reagieren auf plötzliche Futterwechsel ggf. mit reduzierter Futteraufnahme, möglicherweise auch mit Schwankungen in der Spermaqualität. Kontinuität in der Fütterung ist daher empfehlenswert. Auch Hengste müssen regelmäßig auf den Körperzustand hin überprüft werden (Body Condition Scoring). Verfettete Hengste zeigen reduzierte Libido und mangelnde Spermaqualität. Gewichtsverluste während der Decksaison können in begrenztem Umfang auftreten und stellen im Allgemeinen kein Problem dar. Außerhalb der Decksaison erfolgt die Fütterung je nach Haltungsform und körperlicher Beanspruchung, wobei Optimierung bzw. Konstanz der LM angestrebt wird.

2.7 Fohlen

Fohlen sind nach der Geburt schon recht selbstständig, sie stehen schnell auf und nehmen bald die erste Milch (Kolostrum) auf. Die Geburtsmasse beträgt circa 8 bis 10 % der Körpermasse des Muttertieres. Sie werden mit geringen Energiereserven geboren, insbesondere weisen Fohlen einen geringen Fettgehalt auf. Das Verdauungssystem ist unvollständig entwickelt. Es ist in den ersten Lebenswochen an die Aufnahme von Milch adaptiert, Fohlen haben eine hohe Laktaseaktivität. In der postnatalen Entwicklungsphase bleibt das Gewicht des Magens relativ konstant, die Größe des Dünndarms wird durch die Milchaufnahme stimuliert und die Entwicklung des Dickdarms wird durch die Aufnahme von Festfutter angeregt. Im Magen findet zunächst eine geringe Säurebildung statt. Dieses führt dazu, dass Fohlen eine andere Enzymausstattung als adulte Pferde haben. Die enzymatische Aktivität im Magen ist durch Chymosin charakterisiert, Pepsinaktivität ist in geringem Umfang nachzuweisen. Fohlen zeigen bereits zum Geburtszeitpunkt hohe Aktivitäten des Verdauungsenzyms Laktase. Diese nehmen nach circa 4 Monaten ab. Während der Säugeperiode steigen die Aktivitäten der kohlenhydratspaltenden Enzyme Maltase, Saccharase und Trehalase an. Das Niveau adulter Pferde wird nach circa 7 Monaten erreicht. Fohlen setzen üblicherweise nach der Geburt den Darminhalt ab (sogenanntes Mekonium). Falls dieses nicht stattfindet, muss tierärztlicherseits dafür gesorgt werden. Essenziell ist eine frühzeitige Aufnahme ausreichender Kolostrummengen. Das Kolostrum ist für das Fohlen die wesentliche Quelle für Immunglobuline und weist im Vergleich zur reifen Milch deutlich erhöhte Proteingehalte auf. Daneben ist auch die Konzentration an Vitamin A deutlich höher als in der reifen Milch. Die Immunglobulinkonzentrationen sinken nach der Geburt durch die schnell einsetzende Milchbildung ab. Es ist zu empfehlen, dass Stuten vor der Geburt ausreichend lange im Stall beziehungsweise in der Umgebung gehalten werden, in denen die Abfohlung erfolgt. 4 bis 6 Wochen sollten ausreichen, um eine Bildung spezifischer Antikörper zu ermöglichen. Die Qualität des Kolostrums wird durch die Fütterung der Stute nachhaltig beeinflusst. Insbesondere wurden Effekte durch die Versorgung mit fettlöslichen Vitaminen sowie auch mit einigen Spurenelementen festgestellt. In seltenen Fällen kann es zu einer Unverträglichkeit des Kolostrums bei Fohlen kommen. Dieses erklärt sich dadurch, dass die Stute Antikörper gegen Antigene des Hengstes gebildet hat, die zu einer Hämolyse beim Fohlen führen können (hämolytischer Ikterus). In derartigen Fällen ist zu empfehlen, zwei bis drei Tage Ersatzmilch zu verabreichen. Durch den fortschreitenden Schluss der Darmschranke ist nach dieser Zeit von einer optimalen Verträglichkeit der Muttermilch auszugehen.

Das Absetzen von Fohlen erfolgt üblicherweise im Alter von 5 bis 7 Monaten. Der Vorgang der Trennung vom Muttertier sollte so vorgenommen werden, dass der Stress für das Fohlen möglichst minimiert wird. In bestimmten Fällen kann es notwendig sein, Fohlen in einem früheren Alter abzusetzen. Üblicherweise wird vor dem Absetzen die Futtermenge für die Stute reduziert. Am einfachsten ist die Zurücknahme der Mischfutteranteile beziehungsweise des Kraftfutters. Dadurch setzt eine Reduktion des Milchflusses ein und das Euter wird zurückgebildet.

Milchaustauscher für Fohlen können in Problemsituationen eingesetzt werden. Die auf dem Markt befindlichen Produkte entsprechen in ihrer Zusammensetzung in etwa der Stutenmilch. Kuhmilch sollte für Fohlen nicht verwendet werden, da sich die Zusammensetzung der Kuhmilch von der Stutenmilch deutlich unterscheidet. Fohlen müssen in kleinen Portionen in Abständen von circa 4 Stunden für 1 bis 2 Wochen gefüttert werden. Im Alter von drei Wochen ist eine Reduktion der Fütterungsfrequenz möglich (4 Mahlzeiten pro Tag). Ersatzmilch kann über Eimertränken verabreicht werden. Allerdings ist die Tränke über Saugeimer günstiger, da die Milchaufnahme pro Zeiteinheit reduziert wird. Dadurch wird die Gefahr der Überladung des Magens reduziert. Auch ist die Gefahr von Verschlucken geringer. Es ist sinnvoll, Festfutter so früh wie möglich anzubieten. Aufgrund der besonderen Empfindlichkeit von Fohlen und der verminderten Kapazität zur Säurebildung im Magen ist besonderer Wert auf die Fütterungshygiene zu legen. Futterwechsel sollten beim Fohlen nur allmählich durchgeführt werden.

Im zweiten Lebenshalbjahr wachsen Fohlen sehr schnell und haben einen entsprechend hohen Bedarf an Energie, essenziellen Aminosäuren, Mineralstoffen und Vitaminen. Die notwendige Nährstoffzufuhr kann am besten durch entsprechende Kraftfutterzuteilung erreicht werden. Dieses sollte möglichst in mehreren kleinen Portionen am Tag angeboten werden. Die Fütterungsintensität sollte so gestaltet werden, dass die Wachstumsraten nicht maximal ausgeschöpft werden. Überfütterung und daraus resultierendes Übergewicht können zu Störungen der Skelettentwicklung führen. Eine langsamere Entwicklung in der Säugeperiode wird in der folgenden Weidesaison kompensiert. Grundlage der Fütterung von Absetzfohlen im zweiten Lebenshalbjahr ist hochwertiges Heu. Leguminosenheu, z. B. Luzerneheu, kann bei Fohlen sinnvoll eingesetzt werden. Das Krippenfutter wird in einer Menge von bis zu 1,5 kg/100 kg LM verabreicht. Die Verwendung eines speziellen Aufzuchtfutters für Fohlen ist zu empfehlen. Die Ration kann mit Hafer oder anderen energiereichen Komponenten ergänzt werden. Nach der ersten Wintersaison sollten Fohlen Gelegenheit zum Weidegang erhalten. Auf der Frühjahrsweide ist damit zu rechnen, dass die Fohlen große Mengen an eiweißreichem, jungem Gras aufnehmen. Dieses kann unter Umständen zu Verdauungsstörungen führen. In jedem Fall ist bei Weidefütterung darauf zu achten, dass die Versorgung mit Mineralstoffen, Spurenelementen und gegebenenfalls mit energiereichen Futtermitteln gesichert ist. Die Versorgung mit Calcium und Phosphor, aber auch mit Natrium, Kupfer und Selen kann unzureichend sein. Daher ist darauf Wert zu legen, dass diese Komponenten in entsprechenden mineralstoffreichen Ergänzungsfuttermitteln enthalten sind. Im Herbst werden Fohlen in der Regel aufgestallt und mit hochwertigen Grundfuttermitteln (Heu, Grassilage) und Kraftfutter ernährt. Aufgrund der reduzierten Wachstumsintensität ist der Aufwand in dieser Phase geringer als in der ersten Winterperiode. Kommen die Fohlen als Zweijährige im nächsten Frühjahr auf die Weide, so ist prinzipiell ähnlich zu verfahren wie beschrieben. Es sollte weiterhin darauf geachtet werden, dass die Energie- und Nährstoffzufuhr bedarfsdeckend ist. Eine zu frühe Nutzung von jungen Pferden ist ebenso wie ein zu starkes beziehungsweise sehr ungleichmäßiges Wachstum nachteilig für die Skelettentwicklung.

2.8 Fütterungsbedingte Gesundheitsstörungen

2.8.1 Koliken

Der Magen-Darm-Trakt des Pferdes ist durch einen relativ kleinen Magen, den langen Dünndarm, einen großen Blind- und Dickdarm mit natürlichen Verengungen (Beckenflexur und Bereich hinter der magenähnlichen Erweiterung) gekennzeichnet. Obturationen der Speiseröhre (Speiseröhrenverstopfungen), vor allem im Brustbereich, kommen beim Pferd gelegentlich vor. Quellende, voluminöse Futtermittel mit hoher Wasserbindungskapazität (Trockenschnitzel, fein vermahlenes Grasmehl, Kleie) legen hierfür gewisse Dispositionen, auch ist die Fütterungstechnik, z. B. hohe Futtergaben oder Futterneid (führt zu hastigem Fressen), gelegentlich mitbeteiligt. Fehlgärungen im Magen können Folge ungenügender Durchsäuerung sein, insbesondere, wenn die Sekretion von Speichel und anderen Verdauungssäften durch mangelnde Kauaktivität aufgrund fehlender Futterstruktur unzureichend ist. Hoher Keim- und Hefenbesatz sowie Verpilzungen von Grund- und Kraftfutter wirken disponierend. Eine Magenüberladung kann Koliken auslösen, insbesondere bei zu hoher oder zu schneller Aufnahme stark quellender Futtermittel sowie bei Passage- oder Motilitätsstörungen. Da Pferde nicht erbrechen, ist eine solche Erkrankung stets als bedrohlich anzusehen. Bei hoher Gasbildung treten sogar Rupturen des Magens auf. Verkleisterungseffekte (Verklumpungen) treten durch hohe Weizenanteile, Roggenschrot oder evtl. auch bei übermäßiger Gabe von Brot auf. Dünndarmkoliken können isoliert oder aber gekoppelt mit Störungen der Magenfunktion auftreten. Gelegentlich kommt es im Bereich des Ileums zu Passagestörungen (Anschoppungen, Fehlgärungen). Eine solche Störung wird vor allem als Folge der Aufnahme größerer Mengen sehr fein geschnittenen Grases gesehen (Rasenmähergras). Schwere Dünndarmkoliken können die Folge sein.

Störungen im Dickdarm des Pferdes sind besonders häufig. Die Dickdarmkolik ist mit Fehlgärungen, mikrobiellen Dysbiosen, starker Gasbildung, Passagestörungen und Durchfällen verbunden. Abbildung 102 zeigt die typischen Besonderheiten des Pferdedickdarms, die bekannte Dispositionen für Erkrankungen bieten. Die Ursachen für nutritiv bedingte Dickdarmverdauungsstörungen liegen ebenfalls oft in der Fütterungstechnik, der Futterzusammensetzung und mangelhafter Futterhygiene. Überfütterung, unregelmäßige Fütterung, Fütterung mit praecaecal schwer verdaulichem Futter, verdorbenes Futter, ungenügende Kauleistung, z. B. bei Gabe von zerfasertem, zerspliestem oder kurz geschnittenem Stroh, Zahnschäden, unzureichende praecaecale Verdauung und darauf basierender hoher Einstrom mikrobiell leicht vergärbarer Nährstoffe in den Dickdarm sind mögliche Auslöser von Koliken. Der Caecumacidose liegt ursächlich die Anflutung und intensive Fermentation leicht vergärbarer Kohlenhydrate in den Dickdarm zugrunde. Neben Stressfaktoren spielen Allgemeinerkrankungen und Futtereigenschaften, die eine geringe Verdaulichkeit im Dünndarm bedingen, eine Rolle in der Entstehung von Caecumazidosen. Die in den Dickdarm einfließenden Nährstoffe werden intensiv mikrobiell fermentiert. Praecaecal weniger gut verdaulich sind z. B. die Stärkegranula aus Mais, Gerste oder auch Kartoffeln. Ist viel Stärke im Dickdarm, wird dieses mikrobiell fermentiert. Es reichern sich flüchtige Fettsäuren und Milchsäure im Dickdarminhalt an. Wassereinstrom, pH-Absenkung und Verschiebungen der Keimflora sind die Folge. Die Pferde zeigen Koliken, wässrigen Kot, Krämpfe oder Darmatonie. Vermutlich sind unter diesen Bedingungen die Durchlässigkeit und der aktive Nährstofftransport der Darmwand erheblich gestört. Durch Störungen der Darmflora kommt es zur Freisetzung von Exo- und Endotoxinen (Lipopolysacchariden). Die geschädigten Mucosamembranen können den Übertritt von Endotoxinen nicht ausreichend verhindern. Rehe (Huflederhautentzündung mit Lahmheiten) als Begleiterscheinung der Acidose kann so erklärt werden. Zusätzlich ist bei niedrigen pH-Werten mit einer intensiven Decarboxylierung von Aminosäuren zu rechnen. Dabei auftretende erhöhte Histaminkonzentrationen sind auch an der Entstehung der Hufrehe beteiligt. Für Anschoppungen bietet die Beckenflexur und die Einengung des Lumens nach der magenähnlichen Erweiterung eine anatomische Disposition. Eine unkontrollierte Strohaufnahme (insbesondere, wenn es hartstängelig oder zu zerfasert ist und dann schlecht gekaut wird) kann diese Anschoppungen begünstigen.

Sandanreicherungen und Enterolithen (Darmsteine, oft auf der Basis schwerlöslicher Phosphorverbindungen entstehend) können sich im Blinddarm und vor allem in den Poschen des Grimmdarms absetzen. Phytobezoare (Zusammenballungen von Pflanzenteilen) können die Passage und Motilität stören, vor allem den Übergang vom Caecum ins Colon, aber auch den Übergang in die Beckenflexur, und dabei die Zusammensetzung und den Stoffwechsel der Darmflora beeinflussen und so Anlass zu chronischrezidivierenden Koliken sein. Caecumanschoppungen treten bei Pferden gelegentlich auf (sog. Blinddarmverstopfungen). Häufiger sind die bekannten Lokalisationen (vor der Beckenflexur und caudal an der magenähnlichen Erweiterung). Ursache kann die Futterbeschaffenheit, aber auch eine nachhaltige Störung der Dickdarmfermentation mit unzureichendem Abbau faserreicher Substanzen sein.

2.8.2 Durchfallerkrankungen

Neben Koliken spielen Durchfallerkrankungen eine besondere Rolle. Fütterungsbedingt tritt Durchfall beim Pferd eher selten auf, davon ausgenommen sind Probleme bei Fohlen. Als Ursachen für Durchfallerkrankungen kommen Störungen im Bereich der Dickdarm- oder Dünndarmverdauung infrage, z. B. eine zu geringe Absorption von Flüssigkeit oder eine erhöhte Sekretion. Im Zusammenhang mit Durchfallproblemen sind häufiger nicht fütterungsbedingte Erkrankungen relevant: Parasitenbefall, bakterielle Infektionen und Viruserkrankungen stellen insbesondere bei Fohlen wichtige Ursachen dar. Veränderungen der Kotkonsistenz treten auch auf jungen, sehr eiweißreichen Weideflächen auf. Auch andere Futtermittel können eine abführende Wirkung entfalten, z. B. Weizenkleie, Melasse oder auch hygienisch nicht einwandfreie Rationskomponenten (z. B. Maissilage). Bei Saugfohlen können Durchfallerscheinungen bei sehr hoher Milchproduktion der Stute physiologisch auftreten. Gegebenenfalls empfiehlt es sich, die Milchzufuhr zu reduzieren und die Fohlen mit Flüssigkeit beziehungsweise Elektrolytersatz zu versorgen.

2.8.3 Hyperlipidämie

Hierbei handelt es sich um eine schwere Stoffwechselerkrankung, die durch überschießende Mobilisierung von Fett bei Energieunterversorgung und Blutfettanreicherung mit der Folge einer Leberverfettung gekennzeichnet ist. Die Prognose ist schlecht. Ursache ist meist die Umstellung von reichlicher auf eine eher knappe Fütterung. Besonders gefährdet sind hoch tragende, verfettete Ponystuten, die extensiv gefüttert werden. Der hohe Energiebedarf wird oft auf der Herbstweide oder bei Umstallung und Umstellung des Fütterungsregimes nicht gedeckt.

2.8.4 Kreuzverschlag (Lumbago)

Es handelt sich um eine Stoffwechselschädigung der Muskulatur, insbesondere des Rückens und der Kruppe, mit Myoglobinurie und schweren sekundären Nierenschäden.

Ursache ist eine massive Glycogenolyse mit Myoglobinabbau. Störungen der Glycolyse treten auf, Milchsäure reichert sich abnorm in der Muskulatur an. Mit der damit verbundenen pH-Absenkung kommt es zu massiven Membranschädigungen der Muskelzellen. Myoglobin tritt ins Blut über und wird über die Niere ausgeschieden (Dunkelfärbung des Harns). Kreuzverschlag ist die typische Krankheit der schweren Kaltblüter, tritt aber auch bei Trabern und Galoppern bei Unterbrechung hoher Arbeitsbelastungen und bei fortgeführter intensiver Fütterung (sogenannte Feiertagskrankheit) auf. Daher sollte die Verabreichung von Kraftfutter immer in Anpassung an die Arbeitsleistung erfolgen.

2.8.5 Störungen des Bewegungsapparates

Erkrankungen des Bewegungsapparates können das Knochengerüst, die Gelenke sowie Sehnen und Bänder betreffen. Häufig werden entsprechende Probleme bei Fohlen beobachtet. Die Wachstumsvorgänge in den langen Röhrenknochen sind durch einen kontinuierlichen Auf- und Abbau von Knochenmaterial gekennzeichnet. Die knorpeligen Bereiche des Skeletts (Wachstumsfuge und Gelenkknorpel) sind besonders empfindlich. Entwicklungsstörungen des Skeletts treten häufig dann auf, wenn junge Tiere zu schnell aufgezogen werden. Eine zu hohe Wachstumsrate kann zur Überlastung des Skelettsystems führen. Bei zu intensiver Bewegung beziehungsweise Beanspruchung von jungen Pferden können vermehrt Skelettschäden beobachtet werden. Als weitere Ursachen kommen Ernährungsstörungen, z. B. durch eine Unterversorgung mit Calcium, Phosphor oder Kupfer, infrage. Calcium und Phosphor werden für die Mineralisierung des Knochengerüsts benötigt. Kupfer hat seine wesentliche Funktion als Coenzym der Lysyloxidase. Dieses Enzym wird benötigt, um die kollagenen Fasern in Bändern, Sehnen und Gelenkknorpeln miteinander zu vernetzen. Grundsätzlich ist zu empfehlen, dass Fohlen eher moderat aufgezogen werden. Bei jungen Tieren sollte die Versorgung mit Mineralstoffen und insbesondere auch mit Spurenelementen geprüft werden.

2.8.6 Verhaltensstörungen

Als Folge mangelnder Beschäftigung entstehen Verhaltensstörungen wie Weben, Koppen oder Barrenwetzen. Beim Weben stehen Pferde mit den Vorderbeinen sägebockähnlich, der Kopf schwingt in monotonem Rhythmus mit kurzen Unterbrechungen hin und her. Beim Koppen schlucken Pferde Luft, meist verbunden mit einem rasselnd-glucksenden Geräusch, teils werden hierzu die Zähne auf einen festen Gegenstand, wie etwa die Krippe, aufgesetzt. Koppen ist kaum zu therapieren. Beim Barrenwetzen bewegen Pferde die Schneidezähne auf einem festen Gegenstand, z. B. der Futterkrippe, hin und her. Es kommt zu Schleifspuren an den Schneidezähnen. Kotfressen steht nicht in eindeutigem Zusammenhang mit der CF-Versorgung. Bei allen aufgeführten Verhaltensstörungen sind die Möglichkeiten der Einflussnahme begrenzt. In jedem Fall sollte die Ration hinsichtlich der Raufutteranteile optimiert werden, oft empfiehlt sich eine gleichzeitige Korrektur der Haltungsbedingungen.

3 Fütterung der Rinder

3.1 Fütterung der Mastkälber (kälbergerechte Ernährung)

Definition: Kälber sind junge Boviden (ca. 50–150 kg LM), die sich vom Monogastrier zum Ruminantier (mit Absetzen der Milch) entwickeln. Das Neugeborene ist reiner Monogastride (Schlundrinnenreflex). Das vorhandene große Saugbedürfnis kann durch Einsatz von Saugstutzeneimern befriedigt werden. Saug- und Schlundrinnenreflex sind gekoppelt, so dass aufgenommene Milch sicher in den Labmagen gelangt.

Gegenseitiges Besaugen der Kälber ist Ausdruck ungestillten Saugbedürfnisses. Es kann auch bei Einzelhaltung – über die Boxentrennwand hinweg – auftreten und so zu einem Bestandsproblem werden.

Faserreiches Futter wird bereits nach wenigen Tagen aufgenommen und intensiv gekaut. Die Wiederkauzeiten erreichen nach Aufnahme von Festfutter bereits früh Werte erwachsener Tiere. Auch nur geringe Raufuttermengen (Tierschutz-Nutztierhaltungsverord.) erfordern eine ausreichende Kau- und Pansentätigkeit. Das mit Heu versorgte Milchkalb nimmt damit eine Zwischenstellung zwischen Monogastride und Ruminantier ein, es kann dabei aber nicht „halber Ruminantier" sein. Schon der unreife **Pansen** muss bereits alle Funktionen (Schichtung, Motorik) übernehmen. Falsche Fütterungstechnik, zu kalte[1] Milch, Sedimentierung nach Entmischung (was ein Schlecken statt Saufen erfordert), Unterbrechung des Wiederkauens und auch Stress können Störungen des Schlundrinnenreflexes bewirken. Die dabei in den Pansen abgeschluckte Milch wird vergoren und verursacht Tympanien, Labmagengeschwüre, Durchfälle und Leistungseinbußen.

In Abbildung 103 wird verdeutlicht, wie sich das Verhältnis von Labmagen zu Pansen bei Frühabsetzen und bei Milchfütterung innerhalb der ersten drei Lebensmonate entwickelt.

Im **Labmagen** des Kalbes erfolgt eine Labproteinfällung, der Caseinkuchen wird langsam durch Pepsin und Salzsäure verflüssigt. Die Funktion des Pförtners wird dabei u. a. durch den pH-Wert im Darm und Magen und den Füllungsgrad des Magens gesteuert.

Ausreichende Enzymaktivitäten im **Magen-Darm-Trakt** sind Voraussetzung für die Nährstofftoleranz des jungen Organismus. Die anfangs hohe intestinale Lactaseaktivität fällt innerhalb von 4 Wochen deutlich ab. In dieser Zeit ist die Lipaseaktivität hoch, die Amylase-, Saccharase- und Maltaseaktivitäten im unreifen Kälberintestinum sind aber niedrig; sie steigen nur langsam und erreichen erst später eine mäßige Intensität, so dass am Darm angeflutete Stärke nur in be-

---

[1] Kalte Milch wird nur nach Adaptation und in jeweils kleinen Mengen gut toleriert.

Ernährung: rohfaserreich   rohfaserarm

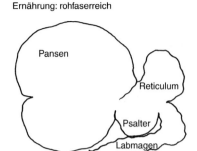
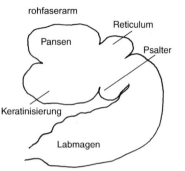

Abb. 103. Schematischer Vergleich der Vormagengrößen beim Kalb bei rohfaserreicher und rohfaserarmer Ernährung.

grenztem Umfang enzymatisch gespalten wird. Proteolytische Enzyme (Pepsin und Trypsin) sind dagegen bereits früh entwickelt. Dennoch ist pflanzliches Protein nur begrenzt verdaulich.

Insgesamt ist der Kälberdarm ein außerordentlich empfindliches Ökosystem. Eine hohe Nährstoffverdaulichkeit im Dünndarm ist die Basis für eine gute, stabile Eubiose in den tiefer gelegenen Abschnitten des Magen-Darm-Traktes und im Dickdarm, da zu nährstoffreicher Chymus im Dickdarm intensiver Vergärung unterliegt.

3.1.1 Fütterung in der ersten Lebenswoche

Die Bedeutung der Kälbermilchmast ist auf Grund mäßiger Nachfrage in den letzten Jahren rückläufig.

3.1.1.1 Physiologische Grundlagen, Leistungskenndaten

Die Geburtsgewichte von Kälbern sind rasseabhängig. Ein mittleres Geburtsgewicht ist durch optimale Ernährung der hochtragenden Kühe sicherzustellen. Knappe Fütterung vor dem Abkalben kann aber in der Extensivtierhaltung (Mutterkuhhaltung), in der die Tiere allein abkalben, notwendig sein.

Neugeborene Kälber sind immuninkompetent, da die Ruminantierplazenta Übergänge von Immunglobulinen aus dem Blut des Muttertieres auf den Embryo/Fetus verhindert. Ihr Darmtrakt ist noch wenig ausgereift und weist folgende Besonderheiten auf:
- hohe Absorptionskapazität für intakte Immunglobuline mittels eines speziellen tubulozisternalen Systems (bzw. spezieller Enterozyten),
- Rezeptoren für IGF, „mitogenic growth factor" und Endozytosefaktoren,
- sehr intensives Protein-Turnover und schneller Schluss der Darmporen,
- intensiver Proteinanabolismus.

Kolostrum unterscheidet sich von reifer Milch durch:
- leicht abführende Inhaltsstoffe, die einen Abgang des Darmpechs ermöglichen,
- hohen Gehalt an γ-Globulinen (passive Immunisierung),
- höheren Trockensubstanz- und Proteingehalt (bis 14 % CP gegenüber 3,4 % in reifer Milch),
- hohen Gehalt an fettlöslichen Vitaminen, insbesondere an den Vitaminen A und E (je 125 bis 150 IE/g Milchfett gegenüber 20 bis 25 IE/g Milchfett in reifer Milch) und einigen B-Vitaminen, wie Thiamin und Cyanocobalamin,
- höheren Gehalt an Mg, Na und Spurenelementen.

Kolostruminhaltsstoffe sichern auch die neonatale Darmentwicklung mit Schluss der Darmschranke. Wichtig ist eine frühe Gabe, da die maximale γ-Globulin-Konzentration und -absorptionskapazität in den ersten 12 Lebensstunden vorliegen und die Gehalte innerhalb von 24 Stunden auf 50 bis 70 % abfallen. Ältere Kühe haben meist breitere Immunglobulinspektren als Erstkalbinnen. Kurz vor dem Kalben zugekaufte oder umgestallte Kühe haben nur eine unzureichende stallspezifische Immunität.

3.1.1.2 Praktische Fütterung

Kolostrumüberfütterung ist zu vermeiden. Die erste Gabe von 1,0 l Milch sollte innerhalb der ersten drei Lebensstunden, eine Wiederholung der Gabe nach 4 bis 6 Stunden erfolgen. Durch die Geburt geschwächte Kälber erhalten zunächst nur kleine Mengen an Milch. Man kann die Milchaufnahme und das aktive Schlucken auch durch Aufträufeln von Milch auf die Zunge fördern. Niemals soll ein nicht zum Schlucken fähiges Kalb mit Schlundsonde ernährt werden (Milch gelangt in den Pansen und gärt).

Bei nächtlichem Abkalben kann ggf. auf das sofortige Melken der Kühe verzichtet werden, wenn man auf eingefrorenes Kolostrum einer Altkuh desselben Bestandes zurückgreifen kann. In den meisten Fällen wird Melken jedoch weniger aufwendig sein als das Auftauen und Anwärmen von gefrorenem Kolostrum.

Die Milchmengengabe der Kälbertränke wird dann von Tag zu Tag gesteigert, beginnend mit 2,5 kg am zweiten Lebenstag und täglichen Steigerungen um 0,5 kg, am 5. Lebenstag wird auf Milchaustauscher (MAT) umgestellt. Am Ende der ersten Lebenswoche sollen mengenmäßig etwa 11 bis 12 % der Lebendmasse an Tränke pro Tag angeboten werden. Die Milch ist körperwarm zu geben. Am Ende der ersten Lebenswoche sollten bei mittelgroßen Rassen (Schwarzbunte Holstein Friesian) 6 bis 7 l Milch gefüttert werden.

Ein Anbinden der Kälber bei der Kuh – mit Eröffnung der Möglichkeit des Saugens oder das gemeinsame Aufstallen von Kuh und Kalb in einer Liegebox führen schnell zu übermäßigen Milchaufnahmen und oft zu schweren Durchfällen der Kälber (die Milchmenge übersteigt den Milchbedarf). Erstkalbinnen müssen bei diesem Verfahren zudem direkt nach der Geburt beobachtet werden, da die Kälber nicht immer gleich angenommen werden.

> Frühe Kolostrumgabe sichert die passive Immunisierung und die Darmreifung.

3.1.2 Fütterung nach der ersten Lebenswoche

3.1.2.1 Physiologische Grundlagen, Leistungskenndaten

Bereits am Ende der ersten Lebenswoche werden die Kälber entsprechend der angestrebten Nutzungsrichtung gefüttert (Abb. 104).

Das Mastkalb soll Monogastrier bleiben, das Aufzuchtkalb muss früh auch Ruminantier werden. Mastkälber sollen bei hohen Zunahmen ein helles, mageres, hochbekömmliches Fleisch liefern, Aufzuchtkälber sollen eine harmonische Jugendentwicklung zeigen und früh eine effektive Pansenverdauung aufweisen. Hierzu werden Mastkälber bis an die Grenze ihres Aufnahmevermögens mit MAT steigender Konzentration, Aufzuchtkälber aber restriktiv und faserreich versorgt.

3.1.2.2 Energie- und Nährstoffbedarf

Milchmastkälber werden, da sie Monogastrier bleiben sollen, ausschließlich oder weit überwiegend mit Milchersatz ernährt.

Energie

Der Bedarf an Energie errechnet sich aus der Summe an Bedarf für Erhaltung und Wachstum. Der **Erhaltungsbedarf** steht in einer weitgehenden, aber nicht vollständig linearen, Beziehung zur Stoffwechselmasse und beträgt 0,46 MJ ME pro kg $LM^{0,75}$.

Ältere Kälber weisen eine gute Fettabdeckung und damit geringe Wärmeabstrahlung auf, ihr Grundumsatz ist niedriger, außerdem bewegen

	Mast	Aufzucht
Kolostrum	4 Tage	4 Tage
Heu/Festfutter	limitiert	sehr früh (Ende 1. Woche)
Vormagenentwicklung	verzögern	fördern
Tägliche Zunahme (g)	1300 (auch mehr)	600–800
Endgewicht (kg)	180 (12. Woche)	130 (16. Woche)

Zeit (Wochen)	Menge (kg)	Tränkekonzentration (%)	Menge (kg)	Tränkekonzentration (%)
1	6	12	6	10
12	12	24		
14			8	12

Abb. 104. Fütterung der Aufzucht- und Mastkälber (Übersicht); Geburtsgewicht (Lebendmasse) 45 bis 50 kg, ggf. 40 kg (rassenabhängig)

sie sich weniger. Für die Bedarfskalkulation wird dies jedoch vernachlässigt, auch weil eine intensive Pansentätigkeit zu berücksichtigen ist. Der zugrundeliegende Erhaltungsbedarf wurde von niederländischen Autoren unter Stationsbedingungen bei Schwarzbunten Kälbern mit 0,45 bis 0,46 MJ ME pro kg $LM^{0,75}$ bestimmt. Der Wert entspricht nicht ganz den Angaben der GfE für Aufzuchtkälber (0,53 MJ). Bei Aufzuchtkälbern spielt die Fermentation im Pansen und die freie Bewegung in Gruppenhaltung eine wichtigere Rolle als bei Mastkälbern. Ggf. wird man für Praxisbedingungen (Gruppenhaltung) mit einem Erhaltungsbedarfszuschlag rechnen.

Mit hohen Zunahmen steigt der Anteil an Fettenergie im Zuwachs (Abb. 105).

Bei einer Zunahmesteigerung von 1000 g auf 1650 g täglich steigt der Energieansatz überproportional von 7,5 auf 22,5 MJ. Dies ist durch den wachsenden Fettanteil bedingt. Im Gewichtsabschnitt von 60 kg bis etwa 170 kg LM verdreifacht sich die Energiemenge im täglichen Zuwachs. Gleichzeitig steigt der prozentuale Anteil der Fettenergie von unter 50% im Ansatz auf etwa 70%. Der DM-Gehalt des Leerkörpers steigt entsprechend an bis auf Werte um 38% (einschließlich Asche) (Abb. 105). Der Quotient aus Energieansatz und Verwertungsfaktor k_{pf} für Transformationsverluste der umsetzbaren Energie zu Nettoenergie ergibt den Bedarf an umsetzbarer Energie für den Ansatz.

Für 1 g **Fettansatz** werden 39,7 kJ an Nettoenergie benötigt. Dies entspricht 45,6 kJ ME an notwendiger umsetzbarer Energie. Der Quotient NE/ME ergibt für k_f 0,85.

Für 1 g **Proteinansatz** werden 23,8 kJ Nettoenergie benötigt. Dies entspricht 52,7 kJ an notwendiger umsetzbarer Energie. Der Quotient NE/ME ergibt für k_p 0,45.

Die Verwertung für den gemeinsamen Energieansatz aus Protein und Fett (k_{pf}) nimmt also mit steigendem Gewicht zu. Für die Wachstumsabschnitte bis etwa 180 kg LM kann als Mittelwert 0,68 berechnet werden.

Die folgende Regression wurde aus Daten für unterschiedliche Rassen berechnet. Sie berücksichtigt, dass mit steigendem Körpergewicht mehr Fett angesetzt wird, der Bedarf pro kg Zuwachs absolut also steigen muss. Bis 180 kg LM ist die Regression linear. Eine Schätzkalkulation ergibt einen Bedarf von 14,7 MJ ME pro kg:

- Energieansatz aus Protein und Fett: Nettoenergie 10 MJ pro kg bei mittlerem Gewicht um etwa 100 kg LM,
- Verwertungsfaktor k_{pf} für den Ansatz = 0,68,
- 10 MJ : 0,68 ergibt 14,7 MJ ME.

Genauere rassenspezifische Ansatzleistungen sind bisher nicht ausreichend erfasst.

Der Energiebedarf für 1 kg Ansatz folgt der Regression:

$$Y = 2,583 + 0,1224 \text{ mal } x$$

x = Lebendmasse (kg);
Y = ME (MJ) pro kg Ansatz.

Die Verwendung eines mittleren Verwertungsfaktors gerade bei Mastkälbern mit ihrem dynamischem Verlauf des Protein/Fett-Ansatzverhältnisses, ist eine erhebliche Vereinfachung; die Nachteile in praxi sind jedoch gering.

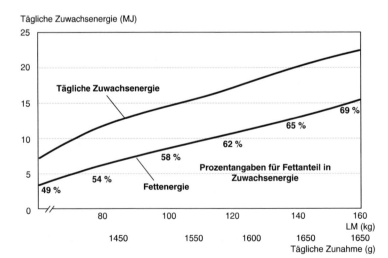

Abb. 105. Relativer Anteil der Fettenergie an der Zuwachsenergie beim Kalb.

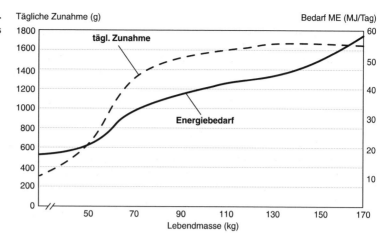

Abb. 106. Tägliche Zunahme und Energiebedarf des Mastkalbes.

Für den Tagesbedarf lässt sich somit folgende Näherungsformel aufstellen:

IME = 0,46 × $LM^{0,75}$ + [Δ kg LM
(2,58 + 0,1224 kg LM)]

Gültig für LM 60 bis 180 kg.

Abbildung 106 verdeutlicht – in Anlehnung an Daten aus einem Fütterungsexperiment – das hohe Zuwachspotential von Mastkälbern, die bei guter Fütterung bereits mit 65 kg LM tägliche Zunahmen von mehr als 1000 g erreichen. Danach steigt der tägliche Energiebedarf im Bereich 60 bis 160 kg LM von 25 MJ auf 60 MJ ME pro Tag. Die tägliche Zunahme erreicht bereits bei 110 kg LM eine Höhe von 1600 g.

Rohprotein

Die faktorielle Ableitung für den Bedarf an Rohprotein folgt der Beziehung:

$$(CP) = \frac{CPm + CPre}{NPU}$$

CPm = Erhaltungsbedarf an Rohprotein.
CPre = Retention an Rohprotein pro Tag.
NPU = Nettoproteinverwertung (Nutzung des Proteins für Leistungen).

Die Kalkulation erfolgt auf der Basis des Rohproteins. Umrechnungen in verdauliches Rohprotein sind relativ leicht möglich, da die Milchproteine zu etwa 90 bis 95% verdaulich sind.

Bedarf für Erhaltung:
- endogener Harn-N (UenN): 0,16 g N/kg $LM^{0,75}$,
- Verluste von Haut-N (VN): 0,02 g N/kg $LM^{0,75}$.

Der endogene fäkale N-Verlust (FaeN) ist von der Gesamttrockenmasseaufnahme abhängig; es werden 1,9 g N /kg DM-Aufnahme veranschlagt.

Die Verluste von Haut-N sind vergleichsweise gering, so dass sie oft vernachlässigt werden, (Verluste von endogenem Kot-N werden bei Berechnung des Basalwertes des N-Stoffwechsels berücksichtigt).

Der **Proteinansatz** zwischen 60 und 160 kg LM pro Δ kg LM liegt etwa bei 190 g. Der Gesamtansatz pro Tag steigt mit zunehmender LM geringfügig an. Er kann durch die folgende Regression beschrieben werden:

Y = 60 × 2,65 × (0,35 × [W−60] × Δ kg LM)

Die NPU beträgt bei Milchprotein 75%, der Proteinansatz liegt bei Kälbern von 100 kg LM und 1300 g täglicher Zunahme bei etwa 250 g.

Beispiel: Ein Kalb mit 100 kg LM nimmt 1,63 kg DM auf, die Stoffwechselmasse beträgt 31,6 kg. Für den N-Erhaltungsbedarf errechnet sich folgender Wert:

31,6 [0,16 UenN + 0,02 VN] + 1,63 × 1,9 g FaeN
5,69 g N + 3,10 g N = 8,79 g N
oder 8,79 × 6,2 = 55,0 g CP
Proteinansatz   250,0 g Protein
                       ─────────────
                       305,0 g Protein

Bei 75% NPU-Wert von 75% ergeben sich 305,0 : 0,75 = 407,0 g Rohprotein (CP), die täglich zugeführt werden müssen.

Die zur Abdeckung des Tagesbedarfes notwendige Proteinkonzentration im MAT richtet sich nach der notwendigen Futtermenge (gemäß Energiebedarf). Dies sind im vorliegenden Beispiel 1,63 kg DM. Im MAT müssen also enthalten sein: 407,0 : 1,63 = 25,0% Rohprotein in der DM.

Die Ableitung des Proteinbedarfs ist beim Kalb einfach, da die NPU-Werte für Milch und milchäquivalente Futtermischungen gut bekannt und recht konstant sind. Entscheidend sind darüber hinaus die Aminosäurenbedarfsnormen. Im Futterprotein sollte der Gehalt an Lysin mindestens 8 g pro 100 g betragen. Der Methionin/Cystingehalt sollte 75 % des Lysinniveaus erreichen. Übliche MAT enthalten:19 bis 25 MJ ME pro kg. Aus Tagesbedarf und Energiedichte berechnet sich die tägliche MAT-Menge. Bei einem Tagesbedarf von z. B. 35,7 MJ ME ergeben sich 35,7:22 = 1,62 kg. Ein Futtermittel mit 22 MJ ME in der lufttrockenen Substanz müsste in einer Menge von 1,62 kg pro Tier und Tag verfüttert werden (übliche DM in Milchpulver um 90 bis 92 %). Bei einer Tränkekonzentration von ca. 16 % wären dies 10,2 l pro Tag.

Mineralstoffe

Der Mineralstoff**bedarf** errechnet sich aus:

$$\text{Bedarf} = \frac{\text{Erhaltung (endogene Verluste)}}{\text{Ausnutzung}}$$

$$\text{Bedarf} = + \frac{\text{Gehalte im Ansatz}}{\text{Ausnutzung}}$$

Die endogene Ausscheidung an Mineralien im Gewichtsabschnitt von 50 bis 180 kg LM beträgt für Ca 0,8 bis 2,8 g und für P 0,6 bis 2,6 g pro Tier und Tag.

Der Ansatz pro kg Zuwachs beträgt 7 bis 10 g Ca, 4 bis 4,5 g P, 0,3 bis 0,4 g Mg und 1,3 bis 1,4 g Na. Ein Beispiel gibt Tabelle 114.

Tab. 114. Mineralstoffbedarf des Mastkalbes (100 kg LM), Kalkulationsbeispiel

	Ca	P	Mg	Na
endogen (g)	1,6	1,5		
Ansatz 1550 (g)	13,2	7,8		
Summe	14,8	9,3		
Ausnutzungsgrad (%) (Verfügbarkeit)	40–60	50	20–30	90
Bedarf (g pro Tier u. Tag)	29,6	18,6	ca. 2,8	3,5

Faustregel für den Mineralstoffbedarf Kalb: Verdoppelung der täglichen Bedarfswerte von Mastbeginn bis Mastende (60–180 kg): 19 g Ca, 12 g P, 2 g Mg und 3 g Na auf resp. 38/24/4/6 g

Der Spurenelementbedarf wird meist nicht faktoriell berechnet, da die Bedarfswerte niedrig, die Verfügbarkeiten variabel und die Versorgungskriterien elementspezifisch differenziert berücksichtigt werden müssen. Spurenelementbedarfsnormen werden deshalb meist aus Dosis-Wirkungs-Beziehungen entwickelt.

Die **Mineralstoffversorgung** – insbesondere bei Ca – ist durch hohe Gehalte in der Milch bzw. in Milchprodukten weitgehend gesichert. Sie ist dennoch sorgfältig einzustellen. Na-Gehalte in MAT sind allerdings manchmal höher als erwünscht. Die gefürchtete Na-Intoxikation der Mastkälber droht bei Na-Werten über 6 g/kg und hohen K-Werten, aber immer nur dann, wenn die Wassergabe limitiert ist. Die Mg-Zufuhr sollte etwa 20 % der P-Gabe ausmachen (s. Gehalte in üblichen Handelsfuttermitteln).

Die **Eisen**versorgung des Mastkalbes erfordert besondere Aufmerksamkeit. Etwa 40 bis 50 mg in MAT I reichen aus, um eine Anämie zu vermeiden. Im zweiten Mastabschnitt (MAT II) kann auf 30 mg zurückgegangen werden, ohne dass gesundheitliche Nachteile entstehen. Die so erzielte helle Fleischfarbe wird leider immer noch von Verbrauchern verlangt, Vorteile für die Zartheit des Fleisches ergeben sich hierdurch nicht. Sie ist für den Konsumenten aber Beweis der „Kalbfleischidentität". Zuwachsleistungen und auch immunologische Parameter sind nicht beeinträchtigt. Mittlere Hämoglobingehalte um 80 g/l Blut können so noch gewährleistet werden.

> Eine minimale Eisenversorgung (50 mg Fe in MAT I; 30 mg Fe in MAT II) ist Vorbedingung für eine ausreichende gesunde Entwicklung des Mastkalbes.

Andererseits steht fest, dass Gesundheit, Immunkompetenz und Zuwachsleistungen leiden, wenn Mastkälber längerfristig eine zu knappe Eisenversorgung erhalten.

Zinkmangel beim Kalb, gelegentlich als Folge chronischen Durchfalls oder mäßiger intestinaler Nutzung zu beobachten, kann durch Gaben von 20 bis 40 mg Zink pro kg Futtermittel sicher verhindert werden. Genetisch bedingte unzureichende Zinknutzung ist dagegen in seltenen Fällen als mehr oder weniger therapieresistente Form des Zinkmangels zu beobachten.

Die **Kupfer**gehalte im MAT müssen sorgfältig eingestellt werden. Mangelerscheinungen und Überdosierungen sind gelegentlich ein Problem (Werte unter 10 bzw. über 25 mg/kg). Das sogenannte „Sway-back-Syndrom" der Kälber und Lämmer (Lähmungen der Gliedmaßen) ist eher eine seltene Ausnahme und in der Regel nur als fortschreitende Demyelinisierung der Markscheiden der Schaflämmer von Bedeutung; Überdosierungen sind dagegen meist als Folge von Fehlmischungen oder Verwechselungen von Vormischtypen (z. B. kupferreiche aus der Schweineernährung) zu beobachten; dabei gelten längerfristige Aufnahmen von mehr als 20 bis 30 mg/kg (bei Lämmern über 15 mg/kg) als kritisch).

Vitamine
Die Vitaminversorgung des Mastkalbes muss berücksichtigen, dass bei hohen Zuwachsleistungen nur unbedeutende mikrobielle Vitaminmengen verfügbar sind. **Vitamin-A**-Gehalte von 8000 bis 12 000 IE pro kg Futtermittel und von 800 bis 1200 IE für **Vitamin D** stellen den Bedarfsrahmen dar, der auch für andere Nutztierarten gilt.

Die **Vitamin-E**-Zufuhr sollte auf die Menge und Zusammensetzung des Futterfetts ausgerichtet werden. Meist muss zusätzlich ein Antioxidans eingesetzt werden. Die häufig vorgesehenen 20 mg α-Tocopherol können als Mindestwert nur genügen, wenn begrenzte Fettmengen mit wenig ungesättigten Fettsäuren vorliegen.

Gewisse native Gehalte an **B-Vitaminen** werden mit Milchpulver oder Molkenpulver in die Ration eingebracht. Die Bedarfswerte für die Vitamine B_2, Pantothensäure, Nicotinsäure und Vitamin B_{12} orientieren sich vornehmlich an Praxiserhebungen. Man kann davon ausgehen, dass die Versorgung mit 3,0 mg Vitamin B_2, 10 mg **Pantothensäure** und 12 bis 20 mg **Nicotinsäure** pro kg MAT ausreichend ist. Die üblichen Bedarfswerte für Vitamin B_{12} variieren. Die Dosierungen liegen zwischen 10 und 20 µg/kg MAT.

In Tabelle 115 sind zusammenfassend die wichtigsten Bedarfswerte des Mastkalbes für praxisübliche Zunahmen zusammengestellt.

3.1.2.3 Praktische Fütterung
Milchersatzprodukte
Bei Mast- wie Aufzuchtkälbern ist nach der Kolostralmilchperiode aus ökonomischen Gründen zügig auf Milchersatzprodukte umzustellen. Die Umstellung fördert die Anfälligkeit des Magen-Darm-Traktes für Durchfälle. Die hohe Verträglichkeit der Milch ist durch die optimale Anpassung des Verdauungssystems an dieses hochverdauliche Futtermittel vorgegeben. Vor allem die Kapazität der Verdauungsenzyme, aber auch die graduelle Ausreifung des Intestinaltraktes limitieren dagegen den Einsatz von Milchersatzprodukten.

Wie oben erwähnt, sind zudem die Verträglichkeiten pflanzlicher Proteine beim Kalb begrenzt. Dies hängt u. a. mit den caseinspezifischen Konditionen der Magenlabgerinnung zusammen, die hierbei nicht gegeben sind. Die Bildung eines Labkuchens ist Vorbedingung einer guten Pepsinwirkung und für einen schrittweisen Transport von angedautem Protein in den Dünndarm. Dies stärkt somit die Verträglichkeit.

Viele pflanzliche Proteinträger weisen zudem Lectine auf, die die Durchfallneigung fördern können. Sie müssen durch spezielle thermische Prozesse inaktiviert werden. Milchfette mit ihrem etwas höheren Anteil an kurzen und mittellangen Fettsäuren sind besser verträglich als Ersatzfette. Zu viel Linolsäure fördert außerdem ein weiches Schlachtkörperfett.

Mastverfahren
Die „Anfütterung" zugekaufter Kälber (Gewöhnung an Ersatzmilch) muss vorsichtig erfolgen, da die Disposition zu Durchfällen (und Lungenerkrankungen) groß ist. Kälber sollten ohnehin nicht über zu weite Strecken transportiert werden, da der Transportstress u. a. das Auftreten von Durchfällen

Tab. 115. Tägl. Bedarf an Energie, verd. Protein und Mineralstoffen für Mastkälber

LM (kg)	Zunahme/Tag (g)	ME (MJ)	DCP (g)	Ca (g)	P (g)	Mg (g)	Na (g)	MAT[1] (kg)
60	1000	20	250	19	12	2	3	1,05
80	1450	32	360	25	16	3	4	1,6
100	1550	38	380	27	18	4	4	2,0
120	1600	44	400	29	19	4	4	2,3
140	1650	51	420	31	20	4	4	2,7
160	1650	57	420	35	21	4	4	3,0

[1] 19 MJ ME/kg

fördert. Das Verbringen in eine neue Keimumwelt birgt immer Risiken. Milchgaben am ersten Tag nach dem Transport sollten 1,5 bis 2 l nicht überschreiten, ausreichend Wasser muss jedoch angeboten werden. Danach ist langsame Steigerung auf die volle Höhe in einer Woche anzuraten.

In Problembetrieben kann anfangs die MAT-Menge in Tee als Flüssigkeitsträger eingemischt werden, um so einen Durchfallschutz zu erreichen. Effekte einer Nahrungskarenz für Durchfallkälber werden oft kontrovers diskutiert.

Kräftige Kälber werden durch eine kurze Hungerphase sicherlich nicht wesentlich geschwächt, und die Umstellung der Darmmikroflora wird erleichtert. Schwache Kälber zusätzlich hungern zu lassen, bedeutet dagegen meist eine zusätzliche Belastung.

Grundlagen der Milchaustauscher- und Ergänzungsfutterrezepturgestaltung sowie der Fütterungstechnik für Mastkälber
MAT muss ausreichende physikalisch-chemische Eigenschaften aufweisen. Eine gute Wasserlöslichkeit des Pulvers und geringe Verklumpungsneigung müssen z. B. gewährt sein. Klumpende Milchaustauscher sind oft Anlass zu Sedimentation, Störungen der Futteraufnahme, des Schlundrinnenreflexes und damit auch zu Pansenfehlgärungen. Eine praktikable Anmischtechnik (Zugabe des Pulvers in kleinen Portionen unter Rühren in die vorgewärmte Flüssigkeit) muss beachtet werden. Angemischter MAT darf sich nicht schnell entmischen (durch Sedimentation oder Flotation).

Proteinhaltige Komponenten sind in der Regel Milch- und Molkenprodukte, in geringem Umfang auch Sojaisolate nach spezieller thermischer Behandlung (u. a. zur Entfernung der bereits erwähnten Lectine). Selten werden weitere Proteinträger unterschiedlicher Herkunft in geringen Anteilen (z. B. Proteinhydrolysat) eingesetzt. Milchpulver ist in den letzten Jahren teurer geworden und kann daher aus ökonomischen Gründen nur noch einen geringen Anteil an den Gesamtmischungen ausmachen. Molkenproteine sind preisgünstiger und hochverträglich, Nitrat- und Na-Überschüsse (Anreicherung bedingt durch die Käsetechnologie) müssen evtl. beachtet werden.

Überlange Lagerungszeiten, vor allem bei Magermilchpulver, führen zu reduzierter Proteinverfügbarkeit (Bildung von Maillard-Produkten u. a. ε-Fructose-Lysin), meist ist dies eine Folge von Überhitzungen beim Trocknungsprozess.

Fette mit einem Anteil bis 10 (20)% (Schweineschmalz, Rinderfett, Pflanzen-, Tierkörperfette) mit nicht zu hohem Schmelzpunkt ($< 40\,°C$) werden verwendet. Das Fett muss feinstverteilt vorliegen (Sprühtechnik unter Einsatz vom Emulgatoren); Fetttröpfchengrößen über 3 bis 10 µm bedingen bereits Verträglichkeitsprobleme. Das Fettsäuremuster sollte möglichst wenig langkettige, ungesättigte Fettsäuren enthalten (mangelnde Toleranz), z. B. Seetieröle.

Sehr junge Kälber verfügen – abgesehen von Lactase – kaum über Dünndarmdisaccharidasen. Entsprechend empfindlich sind sie gegenüber pflanzlichen Kohlenhydraten. Teilaufgeschlossene Stärke in begrenzter Menge kann aber eingesetzt werden. **Stärke**anteile über 10 % sind aufgrund der erwähnten Begrenzung der Verdauungskapazität für jüngere Kälber nicht zu empfehlen. Ein Stärkeaufschluss (Dextrinisierung, Quellung, Erhitzung) fördert die Verträglichkeit.

Lactose wird als Rationsbestandteil (aus Molke oder Milchpulver) gut toleriert. Aber auch zu hohe Lactose-/Saccharosemengen können Probleme bereiten. Begrenzte Absorptionskapazität und osmotische Effekte können typische Durchfälle verursachen. Nach Praxiserfahrungen wurden Grenzwerte formuliert (die Summe von Lactose, Glucose und Saccharose sollte danach 50 % der Gesamtmischung nicht übersteigen).

Die Mineralienversorgung ist mit wasserlöslichen – zumindest gut suspendierbaren – Verbindungen vorzusehen, insbesondere bei Mg-, Ca- und P-Salzen sind die Sedimentationseigenschaften zu beachten. Die Ca-Zufuhr mit standardgemäßen Ca-Konzentrationen kann bei sehr hohen Zuwachsraten bereits knapp sein. Hier müssen spezielle Zulagen erfolgen. Auf die Na-Intoxikationsgefahr, besonders bei Verwendung hoher, salzreicher Molkenpulveranteile, sei nochmals verwiesen.

Wachtumsfördernde Substanzen
Der Einsatz antibiotischer Stoffe, aber auch biologischer Stoffe zur Förderung des Wachstums, ist – wie für alle anderen landwirtschaftlichen Nutztiere – nach der Futtermittelverordnung (u. a. Anlage III) nicht mehr zugelassen. Viele Stoffe mit hormoneller Wirkung, wie etwa bovines Wachstumshormon (BST) oder β-Agonisten, sind auch effektive Leistungsförderer. Sie sind jedoch in der EU nicht zugelassen (anders als teilweise in den USA, den GUS-Staaten oder einigen

asiatischen Ländern). Ihr Einsatz wäre ein Verstoß gegen das Futtermittelrecht.

Probiotika:
sogenannte biologische Zusatzstoffe
In den letzten Jahren werden vermehrt Dauerformen von Bakterien, teils auch Hefen, als Zusatzstoffe zur Verbesserung von Futterverwertung und Zunahmen eingesetzt. Ihr Wirkungsprinzip ist nicht vollständig geklärt. Die mikrobielle Eubiose im Darm wird durch hohe Gehalte bestimmter (teils sporulierender) Keime wohl positiv beeinflusst, Durchfälle und intestinale Fehlgärungen werden so unterdrückt. Für die Wirkung werden auch Faktoren, wie die bevorzugte Bildung bestimmter Stoffwechselprodukte und Konkurrenz zu lokalen Pathogenitätsmechanismen (Blockade von Rezeptoren) verantwortlich gemacht.

Die durch solche Zusätze erzielbaren Verbesserungen sind nicht so hoch wie bei antibiotisch wirksamen Stoffen. Größenordnungen von 3 bis 6% Wachstumssteigerung (Zunahmen) und Verbesserung der Futterverwertung erscheinen realistisch. Zu beachten ist, dass die Produkte ausreichende Stabilität bei der Lagerung und beim Pelletieren aufweisen müssen. Ggf. werden sie durch Aufsprühen aufgebracht.

▎ Zugelassene probiotische Stoffe fördern die MAT-Verträglichkeit. Sie erhöhen die Futterverwertung um 3 bis 10% und wirken durchfallmindernd.

Aromastoffe
Da die Futteraufnahme den Zuwachs sichert, werden in vielen Milchaustauschern Aromastoffe verschiedenster Art eingesetzt. Futtermittelrechtlich sind alle natürlich vorkommenden Stoffe als Aromastoffe zugelassen, auch naturidentische synthetische Erzeugnisse. Die Effizienz von Aromastoffen für die Futteraufnahmeverbesserung ist aber recht unsicher.

Auf die notwendige physikalische Stabilität eines angemischten Milchaustauschers wurde oben bereits mehrfach hingewiesen. Klumpen, schnelle Sedimentation und Flotation von Teilkomponenten sind nachteilig. (Die Tiere fangen an zu „schlecken" und zu „kauen", der Schlundrinnenreflex wird gestört). Für die Rezeptur des Milchaustauschers gilt deshalb:

▎ Die Verträglichkeit eines Milchaustauschers hängt von der Verdaulichkeit des Proteins, dem „Fällungsverhalten" im Magen, der Güte der Fettemulsion, dem Anmischverhalten und der Stabilität der Tränke ab.

Tab. 116. Mischfutter-Standardtypen für die Kälbermast

	MAT I	MAT II	EFM*
Rohprotein min. (%)	22	17	–
Lysin min. (%)	1,75	1,25	–
Rohfett (%)	12–30	15–30	30–60
Rohfaser max. (%)	1,5	2	3
Rohasche max. (%)	10	10	–
Ca (%)	0,9	0,9	–
P (%)	0,7	0,7	–
Na (%)	0,2	0,2	–
Mg (%)	0,13	0,13	0,15
Cu/kg	4–15	max. 15	8–30
Vitamin A min. (IE)	10 000	8000	20 000
Vitamin D min. (IE)	1250	1000	2500
Vitamin E min. (mg)	20	20	40

* EFM = Ergänzungsfuttermittel

Mischfutter-Standardtypen für die Kälbermast
Es werden folgende Typen eingesetzt:
- MAT I, MAT II = Milchaustauschfuttermittel für Mastkälber I und II (ab 80 kg LM);
- EEFM = energiereiches Ergänzungsfuttermittel zu Magermilch für Mastkälber. Die gängigen Normtypen sind in Tabelle 116 aufgeführt.

Tränkeplan
Tabelle 117 zeigt einen Tränkeplan für die Kälbermast für hohe Zunahmen. Die Anmischung (Pulver in etwa 15 bis 20% der Flüssigkeitsmenge – körperwarm – mit Schneebesen klumpenfrei einrühren, auf Endmenge verdünnen) erfolgt abgemessen auf die angegebenen Flüssigkeitsmengen.

Kommentar zu Tab. 117

Der Verlauf des Quotienten DCP/MJ ME zeigt: Der Proteinbedarf pro MJ ME geht mit steigender LM zurück. Konsequenz: trotz Verwendung von 2 Milchaustauschern (zweiphasige Mast): Proteinüberschuss gegen Mastende. Ausmästung der Kälber auf 180 kg LM und mehr bedingt N-Überschuss gegen Ende der Mast. Sie ist in bei steigenden Magermilchpreisen schnell unökonomisch. Praktikable Lösungen, um Inkongruenz zwi-

Tab. 117. Tränkeplan für Mastkälber
Tränkeplan mit MAT I mit 24% Rohprotein (21,6% DCP) und 20 MJ ME
MAT II mit 18% Rohprotein (16,2% DCP) und 20 MJ ME/kg

LM (kg)	Zunahme/Tag (g)	DCP/MJ ME (g)	MAT (kg)	Protein-differenz[2] (g)	MAT (%)	Flüssigkeit (kg) (± 10%)
60	1000	12,5	1	– 49	16	6,26
80	1450	11,25	1,6	– 15	18	9,0
100	1550	10,0	1,9	+ 30	18	10,6
120[1]	1600[1]	9,1	2,2[1]	– 34	20	11
140	1650	8,2	2,55	– 7	22	11,6
160	1650	7,4	2,85	+ 22	23	12,4

[1] Umstellung von MAT I auf MAT II   [2] zum Bedarf

schen Proteinbedarf und -konzentration aufzufangen, sind nötig (weitere Differenzierung der MAT-Typen kaum praxisnah, weitere billige Eiweißträger, die man bei jüngeren Kälbern zu einem „Grundstandard" zumischen könnte, sind nicht im Handel). Sie wären evtl. bei steigenden Umweltauflagen eine Lösung. Einfach wäre eine Mischung von Milchaustauscher I und II nach Proteinbedarf. So könnte der MAT Typ I etwas proteinreicher (28%), MAT Typ II aber proteinärmer (16%) konzipiert werden. Ab etwa 90 kg LM könnte bereits ein gewisser Anteil an MAT II zugemischt werden, um eine entsprechende Anpassung zu erreichen.

| Gegen Ende der zweiphasigen Mast kommt es bei hohen Endgewichten und üblichen Proteingehalten des MAT II zu einem Proteinüberschuss.

Die Gesamtflüssigkeitsaufnahmekapazität des Mastkalbes kann auch limitierend wirken. In dem beschriebenen Tränkeplan wird bereits mit 90 kg LM eine Menge von 10 l erreicht. Bei ggf. limitierter Flüssigkeitsaufnahme sind also die Konzentrationen an MAT in der Tränke anzupassen. (Anforderungen an Temperatur, konstante Tränkezeit und gute Hygiene sind zu beachten).

Vollmilchmast
Vollmilchmast ist ökonomisch gegenüber Trinkmilchverkauf nicht konkurrenzfähig. Im Rahmen der Milchkontingentierung kommt es aber gelegentlich zu Milchüberschüssen, die nicht mit dem zugeteilten Kontingent vermarktet werden können (Übermilch). Die Verwertung über den Kälbermagen muss also zunächst ökonomisch abgeklärt werden. Vollmilchmastkälber erreichen auch nicht die hohen Zunahmen der MAT-Mast. Dies hat vor allem zwei Gründe:
- Die Energiedichte von Vollmilch ist vorgegeben; die hohe Trockenmassesteigerung der Tränke während der MAT-Mast kann mit ihr nicht erreicht werden.
- Das Protein/Energie-Verhältnis der Milch von Hochleistungskühen entspricht – Selektion auf hohe Milchfettgehalte – nicht dem Bedarf des Kalbes. Besonders junge Tiere werden so mit Protein (relativ) unterversorgt.

Vollmilch enthält pro kg 2,7 bis 2,8 MJ ME und 32 g Protein. Das Energie/Protein-Verhältnis liegt also bei 1:12. Hohe Proteinbedarfswerte des jungen Kalbes (Tab. 115) können so nicht abgedeckt werden. Bis 100 kg LM resultiert bei den skizzierten hohen Zunahmen ein Proteinmangel, der später in einen Proteinüberschuss übergeht. Absolut ist die Proteinzufuhr ohnehin durch die Konzentration von Milch und die Flüssigkeitsaufnahmekapaziät limitiert.

So werden für ein 180 kg schweres Kalb 66 MJ ME pro Tag benötigt. Dies entspräche einer Milchmenge von 22 l (bei 3 MJ ME /l). Die Aufnahme dürfte aber nur bei 14 bis 15 l liegen. Mast mit Vollmilch ist also nur bei jungen Kälbern sinnvoll, eine gewisse Energie/Protein-Imbalanz muss auch hierbei in Kauf genommen werden. Vereinzelt werden Zumischungen von Milchaustauscher (45 bis 100 g/kg) zu Vollmilch propagiert. Dies ist rechtlich problematisch (wenn es um Alleinfuttermittel geht), insbesondere aber, wenn Nährstofflimitierungen oder gar die Dosis für Spurenelemente überschritten werden. So könnte aber andererseits bei jungen Tieren der relative Proteinüberschuss und bei älteren die begrenzte Trockenmassekonzentration der Tränke ausgeglichen werden.

Mast mit aufgewerteter Magermilch
Die gültige Marktordnung erhöhte den Magermilchpreis. Der Einsatz von Magermilch in fri-

scher oder in dicksaurer Form spielt ferner aus praktisch-hygienischen Gründen nur noch eine nachgeordnete Rolle. In frischer Form ist Magermilch – vor allem im Sommer – nicht lagerfähig und wird, auch bei Transporten, leicht ansauer. Sie kann so schwere Durchfälle verursachen. Durchgesäuert ist sie nicht einfach zu erhitzen, sie muss bei Ergänzung mit Spezialfuttermitteln intensiv gerührt werden. Dicklegung (u. a. durch Säurezugabe) verbessert die Lagerfähigkeit.

Eine Aufwertung erfolgt durch ein energiereiches Ergänzungsfuttermittel. Es hat zwischen 30 % und 60 % Fett. Bei 10 bis 30 g Zugabe auf 1 l Milch ergeben sich also Werte um 3 bis 6 % Fett in der Tränke (ggf. Dosierung höher). Bei 40 kJ GE/g Fett entspricht dies 1,2 bis 2,4 MJ und bei ca. 80 % Umsetzbarkeit 1 bis 2 MJ ME/kg aufgewerteter Milch zusätzlich. Mehr Fett ist wohl nicht mehr optimal verträglich. Gelegentlich wird sogar eine Begrenzung der Fettobergrenze in Vollmilch durch Verdünnung mit Wasser vorgeschlagen, (z. B. bei Jerseys und Guernseys). Die Zunahmen mit ergänzter Magermilch liegen um 10 bis 20 % unter jenen der MAT-Mast.

Mast mit Fütterungsautomaten
Bei dieser Form der Mast können Kälber in der Gruppe und mit Einstreu bzw. auf Teilspaltenboden tierindividuell gefüttert werden (Fütterungsautomaten mit Sender-Responder-System). Gegenüber der Einzelboxenmast ergeben sich ethologische Vorteile. Die Zunahmen liegen gering unter jenen in Einzelhaltung. Die Fleischfarbe ist trotz Einstreu nicht zu beanstanden (geringe Strohaufnahme). Die individuelle Entwicklung ist ggf. nicht so gleichmäßig wie in Einzelbuchten. Diese Haltungsform erfordert also eine intensive Kontrolle der Futteraufnahme und Hygienebedingungen. Kälber müssen an Automaten gewöhnt werden, auf Durchfälle ist zu achten.

Heugabe an Mastkälber
Die Tierschutz- und Nutztierhaltungsverordnung der EU schreibt ein ausreichendes Raufutterangebot für Kälber ab Ende der ersten Lebenswoche vor zur Förderung der Vormagenentwicklung.

Das gegenseitige Besaugen der Kälber und die Ausbildung von Trichobezoaren (Haarbällchen) im Pansen können so reduziert werden. Eine ausreichende Schichtung der Rohfaser im Pansen und eine wirkliche Stimulierung der Pansentätigkeit kann durch diese kleinen Gaben nicht erreicht werden. Ob die Heugabe an Tiere, die eigentlich ja Monogastriden sind, Störungen des Schlundrinnenreflexes fördern kann, ist ungeklärt.

Mast mit Kraftfutterergänzung
Wie aus Abbildung 103 zu sehen, beeinflusst die Art der Fütterung ganz entscheidend die Entwicklung der Vormägen des Kalbes. Ein Kalb mit Milchnahrung hat einen kleinen Pansen. Futtermittel, die gekaut werden müssen, sind jedoch stets zusammen mit einem ausreichenden Rohfaseranteil zu verfüttern. Geschieht dies nicht, sind alle Folgen der chronischen Pansenacidose, des erhöhten Abflusses unzureichend vergorener Substrate und des Eintritts unstrukturierten „Pansenschlamms" in den Labmagen zu befürchten. Dies ist bei manchen Systemen der sogenannten verlängerten Kälbermast (Mast mit Kraftfutter) der Fall. Schwere Labmagenentzündungen, Ulcera (Geschwüre), intensive Fermentationen auch in den tiefer gelegenen Abschnitten des Magen-Darm-Traktes und chronische, meist „saure Durchfälle" treten vermehrt auf.

Eine verlängerte Kälbermast mit steigenden Kraftfutteranteilen ohne Berücksichtigung der Gesichtspunkte einer pansenphysiologisch wiederkäuergerechten Ernährung ist abzulehnen.

3.1.3 Fütterung und Schlachtkörperqualiät

Schlachtendgewicht, Wachstumsrate
Verlangt wird ein vollfleischiger Schlachtkörper, mäßig mit Fett abgedeckt, bei hoher Ausschlachtung und guter Fleischqualität. Kalbfleisch sollte rosa, fest in der Konsistenz, nach dem Braten zart und nicht wässrig sein. Geringe Fettmengen verleihen dem Kalbfleisch seinen typischen Geschmack. Ein Qualitätsmaß der Zukunft wird auch die Erzeugung gleichmäßig großer Partien sein.

Fehler, die die Fleischqualität nachteilig beeinflussen, sind:
- Schlachtung zu junger, unreifer Kälber, was mäßigen Fleischanteil, fehlende Fettabdeckung und teils auch ungenügende Fleischkonsistenz bedingt;
- zu hoher Fettanteil, evtl. verursacht durch:
  – hohes Schlachtendgewicht und disponierte Rasse; Verfettung nimmt bei schweren Kälbern (über 170 kg LM) zu (bei Deutschen Schwarzbunten früher als bei Fleischrassen oder Fleckvieh),
  – zu hohe Fütterungsintensität (vor allem bei Ausmästung auf hohe Endgewichte); hierbei

ist auch auf tierindividuell genaue Dosierung und eine in den letzten Wochen vor dem Schlachten restriktive Energiezufuhr zu achten;
– eine zu knappe Versorgung mit Protein bzw. essenziellen Aminosäuren (insbesondere Methionin/Cystin und Lysin). Jüngere Kälber sollten im Milchaustauscher 0,7 % Methionin und Cystin und 1,8 % Lysin erhalten. Eine ausreichende Lysin/Methioninversorgung ergibt einen festen, leicht mit Fett abgedeckten, hellfleischigen Schlachtkörper mit besten organoleptischen Eigenschaften des Fleisches.

Bei hoher Fütterungsintensität nahe an der Aufnahmekapazität ist ein „Auseinanderwachsen" bei Gruppenhaltung zu vermeiden. Solche Haltungsformen werden also eher bei extensiven Systemen sinnvoll sein. Zu knochige, schlecht bemuskelte Kälberschlachtkörper erhalten immer Preisabschläge. Nicht ausgemästete, magere Kälber finden kaum einen Markt. Der Fleischanteil solch unreifer Kälber ist gering, die Marktpreise entsprechend ungünstig. Neugeborene und sogenannte Kolostrumkälber sind nicht vermarktungsfähig.

Die **Fleischfarbe** ist nach wie vor ein Qualitätskriterium, wenn auch objektive organoleptische Eigenschaften damit nicht verbunden sind. Das extrem helle, anämische Fleisch hat in der öffentlichen Akzeptanz nicht annähernd mehr den Stellenwert früherer Jahre. Es wird dennoch nach wie vor verlangt. Die Abdeckung minimaler Eisenbedarfswerte ist aber angezeigt (s. oben). Bekannt ist übrigens, dass zweiwertiges Eisen wohl höhere Bioverfügbarkeiten aufweist als dreiwertiges. Eigenschaften der Zartheit und des Genusswertes des Fleisches sind nach allen bisher vorliegenden Untersuchungen nicht mit der Eisenzufuhr gekoppelt.

Die **Schlachtkörperfettqualiät** ist durch Nahrungsfette direkt beeinflussbar. Zu hohe Anteile an ungesättigten Fettsäuren mindern die Festigkeit des Fleisches. Milchmastkälber reagieren auf Unterschiede im Fettsäuremuster des Futters deutlicher und direkter als Tiere mit aktivem Pansenstoffwechsel. Die Übertragung ungesättigter Fettsäuren aus dem Futter ins Depotfett wird auch als „Fettverölung" bezeichnet. Sogenannte Transfettsäuren, langkettige ungesättigte Fettsäuren, früher auch aus Fischölen, und Abbauprodukte dieser mehrfach ungesättigten Fettsäuren (insbesondere Decatrienale, Aldehyde mit 10 Kohlenstoffatomen und 3 Doppelbindungen sowie Octotrienale) sind als negative Faktoren des Fleischfettgeschmacks bekannt. Eine gute Fettqualität, kurze Lagerungszeiten des Futters, Begrenzung des Gehaltes ungesättigter Fettsäuren im Futter und ausreichende Vitamin-E-Gehalte (20 bis 40 mg/kg MAT) sichern dagegen die Fettqualität; für eine verbesserte Lagerfähigkeit des Fettes sind sogar höhere Vitamin-E-Gehalte zu empfehlen.

Als **Fettfarbe** wird ein weißes, helles Fett gewünscht. Gelbfärbungen sind meist unerwünscht. In Ausnahmefällen können sie in der Kälbermast eine Rolle spielen (z. B. bei Verwendung von xantophyllhaltigen Ölen).

Freisein von Rückständen
Rückstände unerwünschter Stoffe in Schlachtkörpern wurden in den letzten Jahren in ganz seltenen Fällen festgestellt. Prinzipiell ist Muskelfleisch ohnehin nicht primäres Speichergewebe für fettlösliche unerwünschte Stoffe oder Schwermetalle. Sie sind fast immer Folge gesetzeswidriger, bewusster oder unbewusster Verstöße gegen die Futtermittelverordnung. Die Richtlinie der EU „Unerwünschte Stoffe" in Futtermitteln enthält einschlägige Regelungen für tolerierbare Höchstgehalte unerwünschter Stoffe in Futtermitteln. Die Höchstgehalte wurden auf Grund wissenschaftlicher Daten zu ihrem Eintrag in die Nahrungskette festgelegt. Werden diese Regelungen eingehalten, sind schädliche Rückstände im Fleisch ausgeschlossen.

3.1.4 Fütterungsbedingte Gesundheitsstörungen

Durchfälle als Folge von Fehlern in Haltung oder Fütterungstechnik
Fehler, die zu Verdauungsstörungen des Kalbes führen, können bereits bei der Ernährung des Muttertieres gemacht werden. Haltungs- und Fütterungsfehler können die Menge und Spezifität der Immunglobuline im Kolostrum beeinträchtigen. Die Aspekte genügender stallspezifischer Immunität sind zu beachten durch ausreichenden Kontakt zur stallspezifischen Mikroflora.

Ein Managementfehler ist das Durchmelken der Kühe (fehlende Trockenstehzeit verhindert die Kolostrumbildung). Die Registrierung falscher Besamungs- oder Natursprungtermine (z. B. bei gemeinsamer Weidehaltung des Deckbullen mit den Kühen) kann hierfür eine Ursache sein. Fehlerhafte praepartale Fütterung betrifft vor allem die Menge und Qualität des Kolostrums. Auch in der Extensivmilchviehhaltung kann zu knappe Nährstoffversorgung Ursache für quantitativ und qualitativ unzureichendes Kolostrum sein. So reagieren die Gehalte an Fett, Eiweiß, vor allem aber an den Vitaminen E, A und D auf die Zufuhr.

Direkt nach der Geburt benötigen Kälber eine frühzeitige Energiezufuhr und eine „energiesparende", ausreichend warme Umgebung. Anders als für das Muttertier, liegt die Optimaltemperatur für neugeborene Kälber deutlich höher. Die geringen Reserven an braunem Fett (zur zitterfreien Thermogenese) und an Muskelglycogen sind ansonsten schnell verbraucht. In den ersten Lebenstagen zu kühl und feucht gehaltene Kälber verlieren bei geringer Milchaufnahme ggf. schnell an Vitalität und Abwehrkraft und entwickeln dann eine Hypoglykämie.

Mängel bei der Milchaustauscherfütterung
Folgende Probleme stehen im Vordergrund:
- Rations- und Hygienemängel: Verwendung ansaurer Milch mit Ergänzungs-MAT, aber auch bei Einsatz verpilzter, verkeimter Milchaustauscher und von unsauberem Tränkegeschirr, Verabreichung schwerverdaulicher Stärke in zu großer Menge, von ungeeignetem Eiweiß mit schlechten Labfällungseigenschaften;
- Futterunverträglichkeiten (Nitrat, Lectine, Na- und K-Überschuss), Verdaulichkeitsmängel (Stärke, Protein), Futterallergien, schädliche Inhaltsstoffe;
- unregelmäßige Fütterungszeiten und Futterkarenzzeiten;
- unkontrollierte Variation der Futtermengendosierung;
- unzureichende Anmischqualität, dadurch Klumpenbildung;
- zu niedrige Tränketemperatur, Abkühlung z. B. bei zögerlicher Milchaufnahme;
- Dosierfehler, überhöhte Konzentration von MAT oder Fett (> 24 % DM resp. 5 bis 6 % Fett in der Tränke), Überfütterung, insbesondere nach Stress;
- Wasserversorgungsprobleme, insbesondere bei Na- und K-reichem MAT. Molkenprodukte sind besonders K-reich. Na-Intoxikation von Mastkälbern bei hohen Na- und K-Gehalten in der Tränke können immer dann auftreten, wenn die Na-Konzentration im Milchaustauscher in der DM bei mehr als 6 g/kg liegt, die K-Gehalte entsprechend groß sind und gleichzeitig die verfügbare Flüssigkeitsmenge limitiert ist.

Kälberverluste sind vorrangig Folge von **Respirationserkrankungen** und **Durchfällen**. Fütterungsfehler wirken sich zunächst auf den Magen-Darm-Trakt aus, Durchfälle sind die Folge. Bei längerer Dauer schwächen sie den Organismus schnell und nachhaltig (Wasserverlust, allgemeine Schwäche). Respirationserkrankungen treten dann oft als Sekundärerkrankungen auf mit Beteiligung stallspezifischer Infektionserreger (s. prophylaktische Bedeutung des Kolostrums).

Der Darm des Kalbes ist ein empfindliches Ökosystem. Er muss in den ersten Lebenstagen eine ausreichende Chance zur Ausreifung erhalten (s. oben). Mangelnde Ausreifung, geringe Absorptionsleistung und Durchfälle bedingen einander.

Gefürchtet ist das **Abschlucken von Milch** und Milchaustauschersediment in den Pansen. Ursachen sind Stress, Überfütterung, Entmischung der Tränke, die den Schlundrinnenreflex stören. Es bilden sich käsige, klumpige, fermentierende Milchreste im Pansen, die Säure und Gas bilden, den pH-Wert senken. Zudem stören sie auch die Verdauung im Dünn- und Dickdarm.

| In den Pansen abgeschluckte Milch wird fermentiert und verursacht oft schwere allgemeine Verdauungsstörungen.

Heugaben – wie durch die Kälberhaltungsverordnung vorgeschrieben – werden von den überwiegend monogastrischen Milchkälbern recht gut toleriert.

Ein **monogastrisch orientierter Organismus**, der nach der Schlundrinnenpassage mit der peptolytischen Labmagenverdauung einsetzt und ein **Ruminantiersystem**, das auf einer normalen effizienten Pansenfermentation beruht, bestehen hier parallel. Letzteres ist in der Mastkälberfütterung gering entwickelt und gegenüber Störungen empfindlich.

Mechanische Reizungen der Schleimhäute von Pansen und Labmagen können vereinzelt auch Verdauungsstörungen verursachen; dies kann durch harte Fasern und auch Trichobezoare (Haarbällchen, die sich nach gegenseitigem Besaugen bilden) bedingt sein. Sie sollen u. a. Motilitätsstörungen verursachen.

Störungen der Magen-Darm-Verdauung selbst
Oft liegen – als Folge vorausgegangener Erkrankungen – Schädigungen der Darmzottenzahl und -integrität (evtl. auch Schäden der Leber oder des Pankreas) vor, die die Resorptionsleistung nachhaltig beeinträchtigen und Fehlgärungen verursachen. Auch sekundär infolge der erwähnten Pansenstörungen können sie sich entwickeln.

In den Labmagen gelangte Milch oder Ersatzmilch muss gute Labgerinnung und peptolytische Abbaubarkeit aufweisen. Störung der Pepsinausschüttung, geringe Labempfindlichkeit (bei geringem Caseingehalt), lange Lagerung oder Überhitzung, teils auch übermäßige Milchaufnahme können die Proteinfällung, die Magenpassage und Dünndarmproteinverdauung nachhaltig stören. Ungenügend verdaute Nährstoffe erreichen so den Dickdarm und werden dort intensiv fermentiert.

| Gute Labgerinnung im Magen und hohe Dünndarmverdaulichkeit des Proteins sichern die Verträglichkeit.

Mikrobieller Verderb mit Keim-(Toxin-)Anreicherung, evtl. auch mit Mykotoxinakkumulation (z. B. Ochratoxin und Aflatoxin M) schädigen die Eubiose im Chymus, aber auch die Zotten.

| Eine herabgesetzte Magen-Darm-Verdaulichkeit von Nährstoffen kann die Fermentation in tieferen Abschnitten des Darmtraktes fördern und ist dann Ursache für nutritiv bedingte Durchfälle.

Diättränken dienen primär der Bekämpfung von Energieverlust und Exsikkose (Austrocknung). Der Ersatz verfügbarer Energie und der Elektrolyte (Natrium, Chlor, Kalium) ist in der Situation länger anhaltenden Durchfalls essenziell. Zehn bis 30 g Glucose und je 2 g NaCl, KCl, Bicarbonat und Kaliumhydrogenphosphat werden pro Liter Flüssigkeit verabreicht. Selbstverständlich ist auch ein warmes Lager. Milchersatzpräparate mit schleimbildenden Stoffen sowie Proteinträgern nicht laktogener Herkunft können stoffabhängige Unverträglichkeiten vermeiden helfen. Diesbezügliche Spezialpräparate sind im Handel. Hypertone (zu konzentrierte) Tränken haben sich nicht bewährt. Vorsicht ist geboten, wenn kein Schluckreflex vorhanden ist (intravenöse Ernährung durch Tierarzt).

| Kälber mit chronischem Durchfall benötigen ein trockenes, warmes Lager, leicht verfügbare Energie (Glucose) und Elektrolyte.

Befristete Nahrungskarenz als Prophylaxemaßnahme (ca. 1 Tag) wird kontrovers diskutiert. Man kann sie nur bei Durchfallkälbern mit noch gutem Allgemeinbefinden empfehlen. In solchen Fällen kann dieses Hungern zur Stabilisierung der Verdauungsprozesse beitragen. Wasser (ggf. als Tee) muss jedoch in ausreichender Menge angeboten werden.

Gelegentlich kommt beim Kalb **Hirnrindennekrose** vor (CCN = Cerebrocorticalnekrose). Sie ist Folge eines Vitamin-B_1-Mangels, der primär durch niedrige Gehalte im Futter, sekundär durch Störungen der Pansentätigkeit und tertiär durch Antagonisten des Vitamins B_1, die teilweise im Pansen gebildet werden, bedingt sein kann. Betroffene Tiere zeigen schwere Störungen des Allgemeinbefindens und Lähmungen.

3.2 Fütterung der Aufzuchtkälber

3.2.1 Tiergerechte Fütterung

Definition: Junge Rinder im Lebensabschnitt von der Geburt bis 150 bis 180 kg LM, die der weiblichen und männlichen Nachzucht und der Aufzucht von Mastbullen dienen. Regional werden junge Mastbullen von 180 bis 250 kg LM für die Weitermast gehandelt; sie werden dann unterschiedlich, u. a. als Fresser, bezeichnet.

Im Gegensatz zu Milchmastkälbern vollzieht sich bei der Aufzucht von Aufzuchtkälbern der Übergang vom Monogastriden – neugeborenes Kalb – zum Wiederkäuer, Fresser, sehr schnell.

Mastkälber und Aufzuchtkälber werden in den ersten 1 bis 2 Wochen identisch gefüttert (s. oben unter Kolostrum und MAT-Einsatz). Das Aufzuchtkalb soll nun schnell – bei ausreichender Jugendentwicklung – Ruminantier werden. Die Adaptation an rohfaserreiche Nahrung beginnt bereits mit der zweiten Lebenswoche.

Erfahrungsgemäß beginnen Kälber nach Aufnahme geringer Heumengen schon früh mit dem Wiederkauen mit allen Vorteilen des erhöhten Speichelflusses vor allem für die ruminale pH-Stabilität. Typisches Kälberheu muss weich (Grummet oder früher erster Schnitt) und aromatisch sein. Es ist frisch zu füttern (Stallgeruch vermeiden!) und wird zunächst zögerlich und alsbald ausreichend aufgenommen.

Die Faserfütterung führt zu folgenden adaptiven Prozessen:
- Förderung der Keratinisierung des Zungenrückens und -grundes,
- Kräftigung der Zähne,
- Stimulierung von Größenwachstum und Sekretionsleistung der Speicheldrüsen,
- Förderung der Ausbildung der Pansenräume (s. hierzu Abb. 103), Strukturierung des Panseninhaltes,
- Förderung der Zottenbildung (dies vor allem im Zusammenhang mit entsprechenden Konzentratgaben) im Bereich des ventralen Pansensackes und der Pansenpfeiler.

Bereits früh bildet sich die pansenphysiologisch gewünschte Faserschicht im Pansen aus. Sie erfüllt die Funktion der mechanischen Separierung (Gasabtrennung) und Filterung (Siebfunktion), so dass nur Fraktionen bestimmter Partikelgröße den Pansen verlassen und gleichzeitig eine ausreichende Gasabtrennung einen physiologischen Ruktus erlaubt.

Nach einer älteren Untersuchung wurde das Gewichtsverhältnis zwischen Labmagen und dem Leergewicht des Pansen-Netzmagen-Komplexes berechnet (Labmagen = 1). Es steigt von 0,8 bei Geburt auf 4,5 mit 16 Wochen und 5,8 im adulten Stadium. Die Entwicklung kann eben durch frühe Aufnahme faserreicher Nahrung stimuliert werden. Daneben kann ein frühes auf die Fasermenge abgestimmtes Angebot an Kraftfutter fördernd wirken.

3.2.2 Physiologische Grundlagen, Leistungskenndaten

Saugkälber/Aufzuchtkälber zur Nachzucht sollen etwa 700 bis 800 g pro Tag zunehmen, bei vorgesehener Bullenmast sind jedoch höhere Zunahmen von 800 bis 1000 g anzustreben.

Ziele der Aufzucht

Aufzuchtkälber sollen sich zu gesunden, fruchtbaren Jungtieren mit hohem Leistungsvermögen entwickeln oder zu wüchsigen Mastbullen mit hoher Futteraufnahmekapazität. Hierzu sind zu beachten:
- Stimulierung einer frühzeitigen Ausbildung des Pansens,
- Anregung einer frühzeitigen, intensiven Wiederkautätigkeit,
- wenig Milcheinsatz, kostengünstige Fütterung.

Angestrebt wird ein Absetzalter (Ende der Milch- oder MAT-Fütterung) zwischen 3 und 4 Monaten. Der Ansatz an Fett und Protein bei 100 kg LM und bei unterschiedlichen Zunahmen ist in Tabelle 118 aufgeführt.

In Abbildung 107 sind die Ergebnisse eines Aufzuchtversuchs dargestellt. Sie verdeutlicht den kontinuierlich mit steigendem Gewicht zunehmenden Fettansatz und die recht konstanten Proteinansatzwerte in der Aufzuchtperiode.

Nährstoffansatz, angestrebte Leistungen

Aufzuchtkälber mit Zunahmen von 650 bis 800 g/Tag setzen um 120 g Protein/Tag an, der Fettansatz steigt von 30 g/Tag bei jungen Tieren auf über 60 g/Tag.

3.2.3 Energie- und Nährstoffbedarf

Energie

Die sogenannte konventionelle Aufzucht mit überwiegender Milchnahrung bis zum 100. Lebenstag ist ökonomisch nicht mehr vertretbar. Sie ist durch Verfahren der milcharmen Aufzucht abgelöst worden.

Der **Energiebedarf** kann nach folgender Näherungsformel überschlägig berechnet werden:

$$\text{Energiebedarf ME MJ} = 0{,}53 \times \text{LM}^{0{,}75} + 15 \times \Delta \text{ kg LM}$$

Der Erhaltungsbedarf wird also etwas höher angesetzt als bei Mastkälbern, wohl wegen extensiverer Haltungsbedingungen. Aufzuchtkälber sind zudem schon früh Ruminantier. Wiederkäuerspezifische Verluste (Fermentationswärmeverlust, niedriger Ausnutzungsgrad der Essigsäure gegenüber Glucose im Intermediärstoffwechsel)

Tab. 118. **Tägl. Fett- und Proteinansatz beim Aufzuchtkalb, Basis 100 kg Lebendmasse und bei unterschiedlichen Zunahmen**

Zunahme (g)	Fett (g)	pro Δ 25 kg LM[1] (g)	Protein (g)	pro Δ 25 kg LM[1] (g)
400	22	+ 3	67	− 2
500	29	+ 3	84	− 3
600	37	+ 3	100	− 3
700	46	+ 4	117	− 3
800	56	+ 4	134	− 4

[1] Die tabellarische Darstellung erlaubt eine einfache Berechnung der Ansatzverhältnisse bei verschiedenen Lebendmassen. Mit steigender oder fallender Körpermasse (ausgehend von 100 kg) um Einheiten von jeweils 25 kg ändert sich der Ansatz bei gegebenen Zunahmen um 3–4 g/Tag. Es resultiert also bei 75 kg Lebendmasse und 600 g Zunahmen ein täglicher Fettansatz von 37 − 3 g = 34 g und ein täglicher Proteinansatz von 100 + 3 g = 103 g.
Mit steigender LM nimmt also auch beim Aufzuchtkalb bei gleichen Zunahmen (wie bei anderen Nutztieren) der Proteinansatz relativ ab, der Fettansatz aber zu.

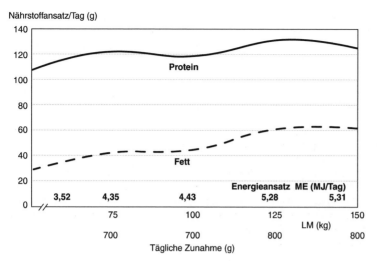

Abb. 107. Täglicher Protein- und Fettansatz bei Schwarzbunten Aufzuchtkälbern.

sind zu berücksichtigen. Und auch die Effizienz der Nutzung der umsetzbaren Energie für Erhaltung und Ansatz ist zu einem Teil auch von der Umsetzbarkeit der Futterenergie abhängig. In der Aufzucht nimmt die Umsetzbarkeit mit steigendem Rationsanteil an Heu und Kraftfutter und rückläufiger Milchgabe ab.

Die Näherungsformel geht von linearen Zusammenhängen aus, die oft nicht gegeben sind; sie führt zu geringen Unterschätzungen der Verwertung zu Beginn und zu Überschätzungen gegen Ende der Aufzucht. Die GfE hat für Aufzuchtkälber deshalb einen recht niedrigen Verwertungskoeffizienten der umsetzbaren Energie für den Stoffansatz zugrunde gelegt (k_{pf} = 0,40 bis 0,43), der weitgehend jenem für Mastbullen entspricht. Unter günstigen Umweltbedingungen und bei später Entwöhnung sind sicherlich höhere Verwertungsfaktoren anzusetzen. Aufzuchtkälber zeichnen sich zudem durch den hohen Proteinanteil im Ansatz (s. Abb. 107) aus, sie haben eben niedrigere Zuwachsraten als Mastkälber.

Bei Aufzuchtkälbern nimmt mit beginnender Entwöhnung das Ausmaß der enzymatischen Verdauung ab und das der mikrobiell-fermentativ ausgerichteten zu. Dies beeinflusst den Energieverwertungsfaktor k_{pf} und (s. unten) die Proteinverwertung.

Der **Protein- und Mengenelementbedarf** wird in Analogie zu den faktoriellen Bedarfskalkulationen für Mastkälber bei niedrigeren Zunahmen kalkuliert. Der fäkale endogene N-Verlust ist etwas höher als beim Mastkalb anzusetzen, u. a. auch weil der Rohfaseranteil der Nahrung höher ist. Bedarfsnormen für die Kälberaufzucht sind in Tabelle 119 zusammengestellt.

Tab. 119. Versorgungsempfehlungen für die Kälberaufzucht

Alter (Mon.)	LM (kg)	DM (kg)	ME (MJ)	CP (g)	Ca (g)	P (g)	Mg (g)	Na (g)	Zunahme (g)
1	60	1	20,4	188	10	6	1,5	1,5	600
2	80	1,5	25,1	223	14	8	2,2	2,2	700
3	100	1,9	28	256[1]	18	10	2,9	2,9	700
4	125	2,5	33	297	22	12	3,6	3,6	800
5	150	3,0	36	323	24	13	3,9	3,9	800

[1] Mit zunehmender Rumination tritt der Proteinbedarf am Duodenum in den Vordergrund, die NPU des Futterproteins ist bei fortschreitender Verdrängung des Milchproteins durch Kraftfutter- und Heu-Protein niedriger. Zuschläge von 10–20% des errechneten Proteinbedarfs sind unter diesen Umständen sinnvoll. Wesentlich für die Proteinversorgung des ruminierenden Wiederkäuers ist dann eine ausreichende Energieversorgung der Pansenmikroben.
Die in der Kälberaufzucht üblichen Milchaustauschfuttermittel sind energiereich (durch hohe Fettgehalte), proteinreich, gut mit Mineralien, Spurenelementen und Vitaminen versorgt

Der **Spurenelement- und Vitaminbedarf** des Aufzuchtkalbes entspricht dem in der Mast. Die Eisenversorgung liegt aber höher. Die Versorgung mit B-Vitaminen ist stark von der Vormagenentwicklung abhängig (Eigensynthese der Mikroflora ist höher als bei Mastkälbern mit ihrem gering entwickelten Pansen). Die Normentafel sieht als Normtypen die unten aufgeführten Standardfuttermittel vor (Tab. 120).

3.2.4 Praktische Fütterung

Die **Kolostralmilchphase** entspricht jener des Mastkalbes. Es folgt eine Milchfütterungsphase, die sich von der Mast bereits deutlich unterscheidet – eben zur möglichst frühzeitigen Induktion der Pansentätigkeit. Zu verschiedenen Aufzuchtverfahren s. Übersicht in Abbildung 104. In dieser Phase, also ab Ende der ersten bis zweiten Woche, werden Vollmilch oder Milchaustauscher für Aufzuchtkälber, Ergänzungsfuttermittel für Kälber und Heu guter Qualität angeboten. In Ausnahmefällen wird manchmal noch „ergänzte Magermilch" eingesetzt.

Es folgt die **Absetzphase** mit 2,5 bis 5 (6) Monaten, je nach Aufzuchtverfahren.

Neben der Gabe hochwertigen Heus, kann – vor allem in der Mutterkuhhaltung – auch das Angebot an Weideaufwuchs guter Qualität die Pansenentwicklung fördern.

Kälber von Mutterkühen werden je nach Entwicklung und Geschlecht erst mit 8 bis 10 Monaten abgesetzt. Die Kraftfutterversorgung erfolgt zunächst ad libitum. Eine gute Kraftfutteraufnahme, freilich immer gemeinsam mit ausreichend Heu, ist die Basis einer befriedigenden Vormagenentwicklung und erfolgreichen Entwöhnung. (Die Aufnahme kann ggf. durch Einbringen von geringen Kraftfuttermengen ins Maul in der zweiten bis dritten Lebenswoche gefördert werden. Wichtig ist auch hier eine jeweils frische Vorlage, da es schnell Stallgeruch annimmt).

Im Festfutter (Heu plus Kraftfutter) sollte der Rohfasergehalt mindestens 15% betragen. Erfahrungsgemäß lassen sich Kälber recht gut auch an rohfaserreichere Beifutter gewöhnen.

> Aufzuchtkälber müssen früh ausreichend Heu aufnehmen. Sie sind gleichzeitig Monogastrier und Ruminantier. Der „Festanteil" der Ration muss wiederkäuergerecht zusammengesetzt sein.

Prinzipiell ist die allseits geübte „ad libitum-Kraftfuttervorlage" ohne Ausrichtung der Ration auf wiederkäuergerechte Ernährung also problematisch, da Übersäuerungen durch fehlende Struktur drohen. Meist setzt die Kraftfutteraufnahme jedoch zögerlich ein. Kälber, deren Pansen fermentativ tätig ist, müssen prinzipiell aber die Gelegenheit haben, eine ausreichende Faserschicht im Pansen aufzubauen. Alle Grundprinzipien der Wiederkäuerernährung sind beim Kalb mit beginnender Rumination sorgfältig einzuhalten. Die tatsächlich erreichte Heuaufnahme ist also stets zu prüfen, ggf. muss Kraftfutter limitiert werden.

> Der Rohfaseranteil in der Festfutterkomponente für Aufzuchtkälber sollte mindestens 15%, besser 18% betragen, davon sollten zwei Drittel strukturiert sein.

Als MAT sind „Standard-MAT" im Handel (s. Tab. 120). Der Energiegehalt steuert die mög-

Tab. 120. Standardfuttermittel für Aufzuchtkälber

	MAT	Ergänzungsfuttermittel zu Magermilch	Ergänzungsfuttermittel
Rohprotein min. (%)	18		18
Lysin (%)	1,45		
Rohfett (%)	5–30		
Rohfaser max. (%)	3		10
Rohasche max. (%)			10
Ca min. (%)	0,9		
P min. (%)	0,7		
Cu (mg)	4–15	120	
Vitamin A min. (IE)	12 000	bis 80 000[1]	8000
Vitamin D (IE)	1 500	bis 10 000	1000
Vitamin E (mg)	20	160	

[1] Dosisvorschriften beachten, Gefahr der Überdosierung!

lichen täglichen Zunahmen. Er variiert je nach Aufzuchtverfahren (die Fettspannen sind groß).

Kälberkraftfutter sollte pelletiert, staubfrei, hochverdaulich (Akzeptanz!) und immer frisch angeboten werden. Schroteigenmischungen sind selbstverständlich möglich. Einsatzgrenzen üblicher Kälberfuttermittel sind in Tabelle 121 aufgeführt.

Kommentar zu Tab. 120

Ergänzungsfuttermittel für Kälber haben CP-Gehalte um 18%, ca. 12 MJ ME/kg und mehr, und CF-Gehalte um 5 bis 10%, eventuell auch höhere Rohfasergehalte. Hafer und Leinkuchen sind diätetisch wertvoll durch schleimbildende Stoffe (Durchfallprophylaxe). Vorsicht mit Saccharose bzw. Melassierung zur Geschmacksverbesserung, die Verträglichkeit bei Kälbern ist begrenzt. Melasseschnitzel nicht über 10% dosieren. Bei höherem Anteil kann dagegen Durchfall auftreten. Luzerne (Grasgrünmehl) restriktiv einsetzen, es ist aschereich, etwas bitter, gelegentlich auch von mäßiger hygienischer Qualität.

Aufzuchtverfahren

Vorherrschend sind zwei Verfahren:
- eines mit relativ normalen Milch- und/oder MAT-Gaben als **„Milchaustauscheraufzucht"**,
- das zweite mit reduzierten Gaben an Milch oder MAT: das sogenannte **„early weaning"**.

Gelegentlich – bei niedrigen Milchpreisen – wird noch die **Vollmilchaufzucht** durchgeführt. Hinweise in älteren Lehrbüchern auf grundsätzliche Vorteile der Vollmilch sind widerlegt. Dennoch ist sie ein besonders hochwertiges Futtermittel. Sie hat jedoch nur eine begrenzte Nährstoffdichte und ein festes Energie/Protein-Verhältnis. Je nach Nährstoffgehalten kann ein kg Vollmilch etwa 150 g Milchaustauscher ersetzen. (Man rechnet, abhängig vom Fettgehalt, mit 2,7 bis 3,0 MJ ME pro kg Milch und mit 34 g Protein). Nach dem Nährstoffwert darf also der Erlös für einen Liter Vollmilch nur ca. 15% des Kilopreises für MAT ausmachen.

Trotz der Hochwertigkeit der zugeführten Nährstoffe hat Vollmilch auch Nachteile. Die Beifutteraufnahme lässt bei Vollmilchgaben gelegentlich zu wünschen übrig. Dies erschwert das Absetzen und führt in der Absetzphase zu retardierten Verläufen der Lebendmasseentwicklung. Auch aus diesem Grund werden deshalb in der Regel die Dosierungen auf 6 bis 7 l pro Tier und Tag begrenzt. So erreicht man zumeist eine ausreichende zusätzliche Heu- und Kraftfutteraufnahme. Gelegentlich kann auch ein frühes Reduzieren der Vollmilchgabe zur Verbesserung der Grundfutteraufnahme sinnvoll sein.

Bei diesem Fütterungsregime mit den vorgegebenen Mengen (6 kg) werden 20 MJ ME und 204 g Rohprotein über die Milch in die Ration eingebracht. Dies reicht in den ersten Lebenswochen für Zunahmen um 600 g. Ab der 8. Lebenswoche müssen Heu- und Beifutter die auftretende Deckungslücke schließen (s. Tab. 122).

Individuelle Unterschiede der Heuaufnahme sind erheblich. Deshalb regelmäßig prüfen; Festfutter wiederkäuergerecht! Die Heu- und Kraftfutteraufnahme soll mit 100 kg LM bei je 0,5 kg liegen.

Mit 150 kg LM und 800 g Zunahmen sollen Aufnahmen von je 1 kg Heu und Kraftfutter vorliegen.

Die Verträglichkeit der Vollmilch ist sehr gut. Milch nach dem Melken vor dem Verfüttern nicht auskühlen lassen, ggf. anwärmen; Heugabe in hoher Qualität zunächst in kleinen Mengen und frisch. Gegen Aufzuchtende hilft einmalige Milchgabe, z. B. morgens, die Festfutteraufnahme, insbesondere von Heu, zu fördern.

Tab. 121. Komponenten für Kälberergänzungsfuttermittel, empfohlene maximale Einsatzgrenzen (in %)

Getreide (Hafer, Gerste, Weizen)	50	Reisnachprodukte	20
Roggen	20	Mais	30
Sojaschalen	20	Molkenpulver (vereinzelt)	10
Sojaschrot, extr.	25	Proteinhydrolysate	10
Sojaproteinisolate	15	Melasse	5
Futterfette	8	Trockenschnitzel	10
Leinsamenschrot	20	Leinkuchen	20
Weizenkleie	20	Mineralstoffvormischung	2–3
Luzerne-/Grasgrünmehl	10		

Tab. 122. Vollmilchaufzucht

Alter (Mon.)	LM (kg)	Bedarf MJ/Tag	CP g/Tag	Zunahmen g/Tag	Vollmilch kg/Tag	Lücke (MJ | g CP)	Heu[1] (kg)	Kraftfutter[2] (kg)
1	60	20	190	600	7	–	–	–
3	100	28	256	700	6	11 | 40	0,5	0,5
5	150	36	323	800	6	17 | 100	1,0	1,0

[1] 9 MJ ME, 140 g Rohprotein/kg
[2] 12 MJ ME, 180 g CP/kg Vollmilch 2,7 MJ ME, 37 g CP pro kg

Milchaustauscheraufzucht

Nach der Kolostralmilchphase erfolgt die Umstellung auf MAT in 3 Tagen zu Beginn der zweiten Lebenswoche. Man kann ggf. in dieser Zeit ein Vollmilch/MAT-Gemisch geben. Probleme der MAT-Fütterung sind mit jenen in der Milchmast identisch (s. dort). Freilich sind die Futtermengen niedriger, die Tränkekonzentrationen konstant und die Eisengehalte höher als in der Mast.

Die Beifutteraufnahme wird durch begrenztes MAT-Angebot gefördert (meist werden bei diesem Verfahren 600 g MAT, also 6 kg Tränke/Tag, nicht überschritten). Sie kann durch „Verdünnung" des MAT, Verlegung der MAT-Gabe auf einen Fütterungszeitpunkt pro Tag und durch jeweils frisches Angebot hochwertigen Heus zusätzlich angeregt werden. So entwickeln sich diese Tiere ausreichend schnell, und auch die späteren Zuwachsleistungen befriedigen. Ein „Heubauch" ist ein Zeichen für eine gute Entwicklung des Pansenraumes.

Bei **Frühabsetzen** entwickeln sich die Kälber oft nicht ganz so gleichmäßig, da sich individuelle Unterschiede in der Heu- und Kraftfutteraufnahme auswirken. Das Fell wirkt oft stumpfer als bei höheren MAT-Gaben. Die Futteraufnahme ist aber meist so gut, dass es zu keinen merklichen Umstellungsproblemen beim Aufstallen zur Mast oder weiteren Aufzucht kommt.

Tabelle 123 zeigt einen Vorschlag für die Aufzucht mit niedrigen MAT-Mengen.

Kommentar zu Tab. 123

Die Bedarfsdeckungslücke zeigt, dass die schnelle und ausreichende Aufnahme von Kraftfutter und Heu eine wichtige Voraussetzung ist, um angestrebte Zunahmen zu erreichen. Es ist vor allem aus ökonomischen Gründen auf ausreichende Beifutteraufnahme zu achten. Bei einem Heu mit 9 MJ ME/kg und 140 g Rohprotein sowie einem Kraftfutter mit 12 MJ ME/kg und 180 g CP/kg sind also mit 120 kg LM und 800 g Zunahme bei 1,5 kg Heu noch etwa 1 kg Kraftfutter zu füttern. Es ist immer eine zusätzliche Wasseraufnahmemöglichkeit vorzusehen.

Die bei den Verfahren aufgenommenen MAT-Mengen sind in Tabelle 124 aufgeführt.

Tab. 123. Nährstoffversorgung von Aufzuchtkälbern bei knapper MAT-Zufuhr, MAT mit 20 MJ ME und 200 g CP/kg und Begrenzung der Zufuhr auf 600 g/Tag

Alter Woche	LM (kg)	Zunahme (g)	Bedarf ME (MJ/Tag)	Bedarf Protein (g/Tag)	MAT (g)	Nährstoffzufuhr MJ | g Prot.	Deckungslücke[1] MJ | g Prot.
3.–6.	60	600	20,4	188	600	12,0/120	8 | 68
7.–8.	70	600	22	205	600	12/0/120	10 | 85
9.–12	90	700	27,5	239	600	12,0/120	15,5 | 119
13.–15.	120	800	36	323	600	12,0/120	24 | 203

Beim Frühabsetzen "early weaning" wird die Milchaustauscherfütterung eingestellt, wenn 1,5 kg Kraftfutter aufgenommen werden. Zu beachten ist, daß die Heuaufnahmen zu diesem Zeitpunkt gelegentlich nicht befriedigen. Unter diesen Bedingungen besteht die Gefahr einer chronischen Acidose!

[1] **Deckungslücke** = durch limitierte MAT-Gabe nicht abgedeckter Bedarf

Tab. 124. Milchaustauschermengen bei konventioneller MAT-Aufzucht, bei Aufzucht mit reduziertem MAT-Anteil und bei "early weaning" der Kälber

	Konventionell	Reduziert	"early weaning"
1. Woche	Kolostrum	Kolostrum	Kolostrum
2. Woche	MAT 600 g	MAT 600 g	MAT 600 g
3.–6. Woche	800 g	600 g	600 g
7.–12. Woche	800 g	600 g	600 g (bis 8. Woche)[1]
13.–14. Woche	500 g	600 g	–
15.–16. Woche	–	200 g	–
MAT-Verbrauch	67 kg	57,4 kg	29,4 kg

[1] Absetzen, je nach Entwicklung und Beifutteraufnahme; wichtig, daß beim Absetzen schon ausreichend Heu bzw. faserreiches Grundfutter aufgenommen wird!

Kommentar zu Tab. 124

Bei konventioneller Aufzucht pro Kalb nötige MAT-Mengen liegen mit ca. 70 kg höher als bei „milchreduzierter Aufzucht" (50 bis 60 kg) und bei „early weaning" (je nach Absetzalter 27 bis 35 kg). Beim „early weaning" sind die mittleren Zunahmen niedriger, etwa bis zur 10. Woche erreichen sie nur ca. 500 g, danach liegen sie aber oft nahe 1000 g, so dass im Mittel 700 bis 900 g möglich sind.

MAT-**Automatentränken** sind bei Gruppenhaltung gut zu verwenden. Die Kälber lernen die Milchaufnahme am Abrufautomaten schnell. Der MAT wird bei diesem Verfahren frisch angesetzt, die Milchgaben sind über den Tag verteilt, überhöhte Milchaufnahmen sind so nicht möglich, Hygieneverhältnisse und Verträglichkeit sind günstig. Arbeitswirtschaftlich vorteilhaft, muss bei dieser Art der Fütterung eine sehr gewissenhafte, sorgfältige Beobachtung der Kälber erfolgen. Nicht erkannte Durchfälle können schnell zu einer kritischen Exsikkose führen.

Um ein Nährstoffdeckungsdefizit gegen Ende der Aufzucht sicher zu vermeiden (die Beifutteraufnahme befriedigt gelegentlich nicht), wird in der konventionellen Aufzucht oft ein höherer Milchanteil eingesetzt. Er kann über Vollmilch, ergänzte Magermilch oder MAT in die Ration eingebracht werden, sofern dies der Preis zulässt. Strikte Limitierung des Milchanteils in der Kälberaufzucht wird jedoch die Regel sein.

Bei dem Verfahren des **Frühabsetzens** (8. bis 9. Woche) entwickeln sich die Kälber oft nicht gleichmäßig, da sich individuelle Unterschiede in der Heu- und Kraftfutteraufnahme auswirken. Das Fell wirkt oft stumpfer als bei höheren MAT-Gaben. Die Futteraufnahme ist aber oft so gut, dass es zu Umstellungsproblemen beim Aufstallen zur Mast oder weiteren Aufzucht nicht kommt. Bei Frühabsetzen mit konventioneller MAT-Gabe und beim Verfahren der Kalttränke werden die Milchgaben, je nach Gewichtsentwicklung der Kälber und Höhe der Beifutteraufnahme, nach Ende der 8. Lebenswoche bereits abgesetzt.

Beim Umstellen auf milchfreie Nahrung beim Verfahren des Frühabsetzens mit etwa 130 bis 140 kg LM sollten die Heu- und Kraftfutteraufnahmemengen überprüft werden, damit der übliche, mit dem Milchabsetzen verbundene, Wachstumsknick nicht zu groß wird. Die bloße Orientierung an der Kraftfutteraufnahme reicht nicht.

Neben dem Angebot frischen Heus gibt es weitere Maßnahmen zur Förderung der Festfutteraufnahme: Qualitätsheu blattreich, aromatisch, von hohem hygienischem Standard wird bevorzugt; zunächst begrenzte Mengen vorlegen. Bei Gruppenhaltung stimulieren anfangs einige gute Fresser die Futteraufnahme der Restgruppe. Die direkte Gabe kleiner Mengen (Heu oder Kraftfutter) ins Maul wird vereinzelt zur Förderung der Aufnahme vorgeschlagen. Nach eigenen Erfahrungen wird Langheu zögerlicher und langsamer gefressen als sogenanntes Kurzheu mit ca. 10 bis 15 cm Partikellänge. Gute Heuaufnahmen wirken diätetisch und beugen Verdauungsstörungen vor.

Jede unnötige Änderung im Fütterungsregime, in der Fütterungstechnik und in den Haltungsbedingungen ist zu vermeiden. Darüber hinaus wurden die folgenden weiteren Aufzuchtmethoden entwickelt bzw. haben sich noch erhalten.

Magermilchaufzucht (meist durchsäuert): bei rückläufigem Angebot am Markt ist sie kaum mehr von Bedeutung. Sie kann nur mit Ergänzung von Energie und Wirk-/Mineralstoffen erfolgen. Hierzu dient ein fett-, vitamin- und mineralienreiches Mischfutter (s. Kälbermast); etwa 10% davon werden zu Magermilch dosiert (teils höhere Zumischanteile). Die Zunahmen sind so ausreichend. Probleme der Hygiene, Lagerung, des Transports und der Durchfalldisposition sind jedoch zu beachten. Die gesamte Logistik, auch für das Anwärmen der Milch, ist aufwendig.

Aufzucht mit Kalttränke
Kalttränke (Stalltemperatur) ist ein MAT mit wenig Casein, oft viel Molke und wenig pflanzlichem Protein, Hydrolysaten, der in angesäuerter (Propionat, Formiat) und angemischter Form über 2 bis 4 Tage haltbar und suspendierfähig ist. Stabil für etwa 3 Tage ist er bereits, wenn pH-Werte unter 4,9 erreicht werden. Caseinreichere Produkte neigen zu Proteinfällungen, so dass Rührwerke zur kontinuierlichen Suspendierung im Anmischvorratsbottich notwendig sind. Die Mischkonzentration (MAT in Wasser) wird je nach Produkt zwischen 10% und 12% angesetzt, die Voranmischung erfolgt oft zur Förderung der Lösung mit einem Aliquot angewärmten Wassers.

Die Tiere werden in Gruppen (zu 10 bis 15 Tieren), seltener in Einzelhaltung, aus dem Vorratsbehälter über Schläuche und Saugnippel ad libitum versorgt. Eine Ansäuerung mit Propion- oder Ameisensäure (0,3 bis 0,35%) ist unverzichtbar; auch mit Salzen (z. B. Ca-Formiat) ist sie möglich, aber weniger effektiv.

Ernährungsphysiologisch widerspricht die Verabreichung von Kalttränke zunächst allen Grundprinzipien der Säuglingsernährung (Empfehlung dosierter Mengen körperwarmer Milch). Da caseinarme Milchaustauscher auch kein Labgerinnungsverhalten zeigen, bildet sich auch kein „Proteinkuchen" im Magen, der in kleinen Portionen in den Darm befördert würde. Dies ist ja die Basis für die hohe Verträglichkeit der Muttermilch. Kalttränke soll deshalb nur mit wiederholter Zufuhr kleiner Mengen erfolgen (Dauerzugang zur Tränke). Die Durchfallhäufigkeit geht in vielen Betrieben mit hohem Infektionsdruck bei Umstellung auf Kalttränke zurück. (In den ersten Umstellungstagen ist auf eventuell weiche Faeces zu achten!).

Die gute Verträglichkeit liegt an der konservierenden, wohl auch an der die Barrierefunktion des Labmagens stützenden Eigenschaft der Ameisensäure. Die Aufnahme von Kalttränke pro Saugvorgang ist begrenzt. Die Gesamtaufnahme ist aber gut (Mengen von 900 g MAT-DM/Tag über einen Zeitraum von der 3. bis zur 12. Lebenswoche sind möglich). Die Aufnahmen in der Aufzuchtperiode erreichen so bei Frühabsetzen mit 7 bis 8 Wochen ca. 35 kg MAT-DM und mit spätem Absetzen in der 12. bis 13. Woche ca. 70 kg MAT-DM. Wesentlich sind die arbeitswirtschaftlichen Vorteile durch die gute Haltbarkeit der angesetzten Tränke.

Eine Limitierung der Milchzufuhr vor dem Absetzen zur Förderung der Aufnahme an Festfutter kann durch Verdünnung der Kalttränke (1:1 mit Wasser) erreicht werden. Danach steigt die Beifutteraufnahme. Eine andere Strategie ist die halbtägige Limitierung der Zugangszeiten in der Phase des Absetzens. Sie fördert zwar die Beifutteraufnahme, erhöht jedoch das Risiko des phasenweise „Übersaufens".

Unter diesen Umständen mag auch die gelegentlich beschriebene Acidose (Übersäuerung) von „Kalttränkekälbern" zu erklären sein. Unabhängig davon ist selbstverständlich auf eine genaue Einhaltung der Säurekonzentrationen zu achten.

| Kalttränketechnik ist bei begrenzter Arbeitskraftkapazität interessant. Gute Beobachtung, insbes. von Verdauungsstörungen, ist hier besonders wichtig.

Wasserzufuhr
Eine ad libitum-Wassergabe während der Aufzucht ist notwendig. Die Anmischkonzentration des Milchpulvers sollte zwar nur zwischen 10% und 12% liegen, die damit verabreichte Wassermenge reicht jedoch bei höheren Außentemperaturen, bei limitierter Milchaustauschergabe und vor allem bei höheren Na-Gehalten im Futter (über 5 bis 6 g pro kg MAT) nicht aus. Es besteht ohne zusätzliche Wasserversorgung ggf. die Gefahr der Na-Intoxikation. Hierbei hat K eine zusätzlich belastende Funktion. Wichtig ist die Wasserzufuhr bei Milchreduktion in der Entwöhnung.

Mutterkuh-Ammenkuh-Aufzucht
Im Hinblick auf Extensivierung und Milchquoten ist die Mutter- (die Kuh führt ihr Kalb) oder Ammenkuhhaltung (die Kuh führt 2 bis 3 (4) Kälber) eine Alternative, die nur bei geringer Pacht, viel Weide, niedrigen Fixkosten und attraktiven Vermarktungsmöglichkeiten interessant ist. Es handelt sich im Grunde um eine Vollmilchaufzucht. Sie erlaubt teilweise gute Zunahmen von über 1000 g/Tag, die von Rasse, Milchleistung der Muttertiere, vor allem aber der Weidequalität abhängig sind. Letztere führt in der Mutterkuhhaltung zu einem optimalen Angebot an Mutter-

milch. Die saugenden Kälber fressen dann nur wenig zu, auch wenn gutes Beifutter angeboten wird. Abnehmende Weidequalität senkt die Milchleistung und fördert die Futteraufnahme der Kälber (s. auch bei Mast).

Silagefütterung
Hochwertige Silagen (Grasanwelk-, Mais-) können in der Kälberaufzucht Heu teils ersetzen. Auch Futterrüben (geschnitzelt) haben sich bei Berücksichtigung des notwendigen Strukurbedarfs bewährt. Silagefütterung ist aber arbeitswirtschaftlich etwas aufwendiger, da die Vorlage stets frisch erfolgen muss und in der Regel Heu parallel anzubieten ist. Wasserreiche Silagen sind nicht zu empfehlen.

3.2.5 Fütterungsbedingte Gesundheitsstörungen

Junge Aufzuchtkälber zeigen die gleichen Gesundheitsstörungen wie Mastkälber (s. dort). Die angestrebte frühe Gewöhnung an Kraftfutter birgt aber Risiken überhöhter Kraftfutteraufnahmen und damit von Störungen der Pansentätigkeit. Der noch unreife Pansen ist gegenüber Übersäuerung, Fehlgärungen sehr empfindlich. Mit Beginn des Wiederkauens ist eine ausreichende Heuaufnahme essenziell.

Durchfall- und Erkältungsdisposition, hygienische Risiken, aber auch die Stressanfälligkeit junger Kälber, sind Ursachen allgemein zu hoher Kälberverluste. Transportstress beeinträchtigt z. B. die Ausschüttung der Darmenzyme, so dass die neu aufgestallten Tiere besonders vorsichtig nach einer ersten Wassergabe mit wenig Milch angefüttert werden müssen. Eine grundsätzliche antibiotische Vorabversorgung per os ist aber abzulehnen. Es resultieren hieraus nur zu oft intestinale bakterielle Dysbiosen mit hartnäckigen Durchfällen.

Pansenübersäuerung kann im Abschlucken von Milch in den Pansen begründet sein (sogenannte Pansentrinker), sie kann aber auch durch Gärung in den Pansen abgeschluckten, stärkereichen Festfutters verursacht sein. Sekundäre Effekte (Stressoren), evtl. auch sonstige Allgemeinerkrankungen, können für **Dysfunktionen des Schlundrinnenreflexes** verantwortlich sein. Die zu empfehlenden diätetischen Maßnahmen sind bei jungen Aufzuchtkälbern mit überwiegender Milchernährung vergleichbar mit jenen bei Mastkälbern. Bei älteren Aufzuchtkälbern mit funktionierendem Vormagensystem sind Strategien zur Stärkung der Pufferung, des Wiederkauens und der Pansenmotorik bedeutsamer.

Harnsaufen mit Besaugen des Präputiums ist eine Unart, die sich meist in Gruppenhaltung bei schlechten Haltungsbedingungen und durch Nachahmung entwickelt. Indigestionen, chronische Durchfälle und geringer Zuwachs sind die Folge. Vorbeugend ist die Haltung zu optimieren (gute Einstreu und Heugabe). Vereinzelt hilft ein ad libitum-Wasserangebot über Sauger.

Die Ursachen von **Labmagengeschwüren (Ulcera)** sind komplex. Futterstruktur, Futterhygiene, Fütterungs- und Haltungstechnik sowie Stress können kausal beteiligt sein. Die Rolle infektiöser Erreger ist ungeklärt. Diätetische Maßnamen sind: tiergerechte Ernährung, Optimierung der Fütterungstechnik und Futterhygiene. Wesentliche Faktoren sind wohl Störungen des Schlundrinnenreflexes und zu konzentratreiche Beifütterung. Quellende, auskleidende, schleimbildende Futtermittel, wie Leinsaat, Haferprodukte werden diätetisch eingesetzt. Bei ruminierenden Kälbern ist vor allem auch die Faserstruktur (Schichtung) im Pansen durch ausreichende Heuaufnahme und sonstige strukturierte Futtermittel sicherzustellen.

3.3 Jungviehfütterung für die weibliche Nachzucht

Definition: Jungrinder zur Remontierung sind weibliche Wiederkäuer nach Entwöhnung von etwa 150 kg LM bis zum ersten Abkalben mit ca. 500 kg LM (dies gilt für Schwarzbunte, Braunvieh, einfarbig rote Rassen wie Rote Dänen oder Angler, sie sind leichter als Fleckvieh oder Rotbunte). Die Kanalinselrassen sind kleinrahmiger (Guernsey und Jersey), Mastrassen großrahmiger (Charolais, Blonde d'Aquitaine).

3.3.1 Tiergerechte Ernährung

Weibliche Zuchtrinder und Zuchtbullen sollen bei ausreichend früher Zuchtreife gesund, fruchtbar und langlebig sein. Die Aufzuchtintensität muss damit niedriger sein als die Lebendmassezunahmen in der Mast. Sie ist rassenabhängig einzustellen. Eine mittlere Aufzuchtintensität ist die Basis für eine tiergerechte Ernährung.

Jungrinder sollen mit 12 Monaten 50 % ihres Endgewichtes (LM ausgewachsen) erreichen, mit 24 Monaten 80 % des Endgewichtes.

Bei 600 kg Endlebendmasse sind in der zweiten Jahreshälfte des ersten Aufzuchtjahres tägliche Zunahmen um 700 g anzustreben, im zweiten Jahr reichen 550 g aus. Mit 24 Monaten werden so um 500 kg LM erreicht.
Eine zu hohe Aufzuchtintensität führt zu:
- frühem Einsetzen der Brunst, ggf. gefolgt von erhöhter Frequenz von Eierstockzysten; diese Zusammenhänge sind jedoch unklar;
- starker Verfettung und Geburtsschwierigkeiten bei Erstkalbinnen (ein Problem, das besonders in der Mutterkuhhaltung gefürchtet ist, da hier geburtshilfliche Maßnahmen schwieriger sind).

Fälle von Epiphyseolysis (Abtrennung der Epiphysenfugenzone vom Knochenschaft) und auch Haltungsschäden als Begleiterscheinung zu intensiver Energiezufuhr in der Aufzucht wurden vor allem bei großwüchsigen, genetisch disponierten Fleischrinderrassen beobachtet.

Eine geringe Jugendentwicklung ist aber ebenso nachteilig für Leistungsfähigkeit, Fruchtbarkeit und Zuwachs. Besonders Weiderinder bei mäßigem Witterungsverlauf und geringem Grasaufwuchs zeigen zu geringen Zuwachs. Untergewichtige Tiere leiden unter Stillbrünstigkeit, Fruchtresorption, sie bringen kleine Kälber und zeigen geringe Milcheinsatzleistungen. Auch das sogenannte kompensatorische Wachstum kann unter solchen Bedingungen nur begrenzt genutzt werden. Hoher Zuwachs nach längerfristig restriktiver Fütterung fördert meist eine frühzeitige Verfettung.

> Weibliche Jungtiere sollten im ersten Jahr zwischen 600 und 750 g pro Tag zunehmen, im zweiten Lebensjahr genügen 500 bis 600 g.

3.3.2 Physiologische Grundlagen, Leistungskenndaten

Der Protein- und Fettansatz von Aufzuchtrindern ist rassenabhängig (Schwarzbunte, besonders solche mit hohem Anteil an Jersey- oder HF-Blut, haben ein niedrigeres Proteinansatzpotential als z. B. Fleckvieh). Mit steigender Zunahme und Lebendmasse erhöht sich der relative Fettanteil am Gesamtansatz. In Tabelle 125 sind die Ansatzwerte bei 250 kg und 450 kg LM für verschiedene Zunahmen aufgeführt.

Tab. 125. Täglicher Ansatz von Protein und Fett sowie Energie bei Aufzuchtrindern von 250 kg und 450 kg LM, Schwarzbunte

Zunahme (g)	Protein[1] (g/Tag)	+ 50 kg (g/Tag)	Fett (g/Tag)	+ 50 kg (g/Tag)	Energie (MJ/Tag)	+ 50 kg
bei 250 kg LM						
400	66	− 1	47	+ 11	3,32	+ 0,41
500	80	− 2	63	+ 17	4,27	+ 0,60
600	93	− 3	83	+ 23	5,35	+ 0,81
700	106	− 4	105	+ 32	6,52	+ 1,13
800	117	− 6	130	+ 40	7,71	+ 1,38
bei 450 kg LM						
400	61	− 2	96	+ 15	5,12	+ 0,55
500	71	− 4	136	+ 23	6,88	+ 0,80
600	78	− 5	184	+ 30	8,95	+ 1,08
700	85	− 7	238	+ 41	11,23	+ 1,43
800	89	− 9	299	+ 50	13,67	+ 1,76

[1] Der Proteinansatz von Beginn der Aufzucht (mit 150 kg LM) bis etwa 250 kg LM ist nur geringfügig höher als die für 250 kg angegebenen Werte. Er sinkt mit steigender LM nur mäßig ab. Diese Beziehung ist nicht linear und dabei von der Ansatzhöhe und Ansatzqualität der jeweiligen Rassen und z. B. auch von der Intensität der Kälberzucht abhängig. Näherungsweise lassen die Angaben für 50 kg-Stufen eine ausreichend genaue Berechnung des Ansatzes für steigende Lebendmassen zu. Danach werden bei 350 kg LM und 600 g täglicher Zunahme zusätzlich 6 g insgesamt also 99 g Protein angesetzt. Der Fettansatz ist stärker von Lebendgewicht und täglicher Zunahmehöhe abhängig. Bei 500 kg LM und 600 g Zunahme werden also beispielsweise 184 + 30 g = 214 g Fett täglich angesetzt. Energieansatz ist entsprechend zu berechnen.

3.3.3 Energie- und Nährstoffbedarf

Energie

Der **Erhaltungsbedarf** des wachsenden Rindes ist u. a. von Bewegung (Weide, Laufstall, Anbindung), Außentemperatur, Rasse (Körpergröße, Haarkleid, Fettabdeckung) abhängig. Er wird in ME angegeben und entspricht – bezogen auf die Einheit Stoffwechselmasse – dem Erhaltungsbedarf für Aufzuchtkälber:

Erhaltungsbedarf Jungrinder
= $0{,}53$ MJ ME $LM^{0,75}$

In Tabelle 126 sind Erhaltungsbedarfswerte für verschiedene Lebendmassen aufgeführt.

Sie liegen etwas höher als bei Milchkühen, was berücksichtigt, dass bei Jungrindern mit steigender LM sinkende Werte pro kg $LM^{0,75}$ vorliegen. Dies hängt mit Bewegungsintensität und Fettabdeckung zusammen (Fettgewebe hat niedrigen Turnover, die Wärmeabstrahlung sinkt). Es fehlen jedoch klare, systematische Untersuchungen hierzu. Die GfE hat eine Regression für die Ermittlung von Energiebedarfswerten für wachsende Jungrinder entwickelt:

Täglicher Energiebedarf für wachsende Jungrinder MJ ME/Tag
= $LM^{0,75} \times 0{,}53 + reEn \times 2{,}5$

Die retinierte Energie teilt sich auf Fett und Protein auf. Als k-Faktor (Verwertung der umsetzbaren Energie für Protein- und Fettenergieansatz) liegt dieser Gleichung ein konstanter Wert von 0,4 zugrunde. Dies wird von der GfE vorgegeben, obwohl die Transformation zu Fett – energetisch gesehen – günstiger als zu Protein verläuft und andererseits der Fettenergiegehalt im Ansatz während des Wachstums (Abb. 108) auf über 85 % ansteigt (s. Tab. 127).

Bei einem großen Tierkollektiv hat sich eine relativ ungünstige Nettoverwertung der ME für den Ansatz beim wachsenden Tier gezeigt. Dies entspricht einer Aufzucht mit ungünstigen Haltungs- und Fütterungsbedingungen (begrenzte Umsetzbarkeit der Energie, ungünstiges Stallklima, niedriger Zuwachs, geringer Fettansatz), wie sie in der extensiv betriebenen Jungviehfütterung nicht selten sind. Werden dagegen höhere Zuwachsraten erreicht, so ist ggf. mit Abschlägen zu kalkulieren. Da in obige Gleichung das Ausmaß retinierter Energie eingehen muss, das nur geschätzt werden kann, bietet sich für die schnelle Ermittlung von Bedarfsnormen eine Kalkulation allein nach Stoffwechselmasse und Zuwachsrate an.

Tab. 126. Erhaltungsbedarf für weibliche Jungrinder bei steigender LM

Lebend-masse (kg)	Metabolische LM (kg)	Bedarf ME pro Tier und Tag (MJ)
130	38,9	20,6
160	45,0	23,8
190	51,2	27,1
220	57,1	30,3
250	62,9	33,3
300	72,1	38,2
350	80,9	42,9
400	89,4	47,4
450	97,7	51,8
500	105,7	56,0

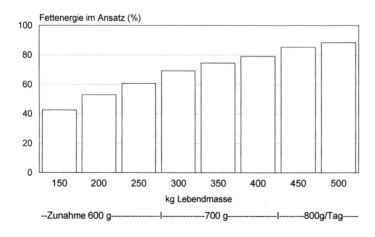

Abb. 108. Fettenergie im Zuwachs von Aufzuchtrindern bei üblichen Zunahmen.

Tab. 127. Tägl. Energie-/Proteinbedarf von Aufzuchtrindern in Abhängigkeit von Lebendmassen und Zunahmen (nach GFE 2001, geändert)

Lebend-masse (kg)	Zunahme (g)							
	500		600		700		800	
	MJ	g CP	MJ	g CP	ME	ME	ME	ME
150	30	400	32	440	34	480	–	–
250	44	540[1]	47	540	50	565	53	595
350	–	–	60	690	65	735	70	785
450	–	–	74	765	80	825	86	880
500	–	–	81	925	88	1000	94	1070

[1] Zu hohe Zunahmen gegen Ende der Aufzucht insbesondere bei Deutschen Schwarzbunten (Milchrassen) vermeiden, um einer zu frühen Verfettung vorzubeugen.
[1] minimale Proteinbedarfswerte resultieren aus dem Mindestbedarf an Rohprotein für die Pansenmikroorganismen.

Praxisformel zur Berechnung des täglichen Energiebedarfs von wachsenden weiblichen Jungrindern:

$$MJ\ ME/Tag = LM^{0,75} \times 0,53 + kg\ LM\ [(0,125 \times \Delta\ kg\ LM/Tag) - 0,022]$$

Die Formel unterschätzt den Bedarf in niedrigen Gewichtsbereichen und bei mäßigen Zunahmen geringfügig. Sie geht von einem relativ günstigen Verwertungsfaktor k_m für die Erhaltung, aber einem niedrigen Verwertungsfaktor k_{pf} (0,4) für den Zuwachs aus. Dies bedeutet, dass bei guter Grundfutterqualität (hohe Umsetzbarkeit) und guten Zuwachsleistungen ein Abschlag vom so errechneten Energiebedarf von 5 bis 10 % möglich ist.

In der Rinderaufzucht liegt ein relativ hoher Erhaltungsbedarfsanteil vor, da die Zunahmen nicht zu hoch sein dürfen. Sein Anteil am Gesamtbedarf liegt bei ca. 70 %, er sinkt bei Anstieg der Zunahmen auf 700 g/Tag etwas ab und erreicht bei restriktiven Zunahmen gegen Ende der Aufzucht wieder 70 % (Abb. 109).

Protein

Der Proteinbedarf des Jungrindes wird faktoriell aus Proteinerhaltungsbedarf (N-Verluste über Harn, Kot, Haut) und dem Leistungsbedarf (Ansatz) berechnet. Bei niedrigen Proteinansatzwerten, die zwischen 60 g und 120 g täglich liegen, und begrenztem Proteinerhaltungsbedarf steht die Versorgung der Pansenmikroben im Vorder-

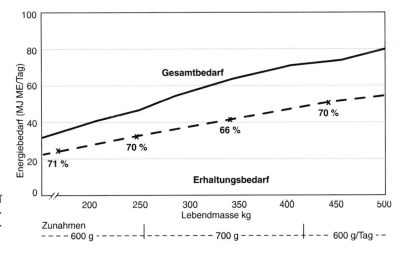

Abb. 109. Energiebedarf und prozentualer Erhaltungsbedarf bei Aufzuchtrindern.

grund. Mikrobielle Synthese im Panseninhalt ist nur bei ausreichender Versorgung der Mikroorganismen mit N möglich. Im Pansen abgebaute organische Substanz steht also in enger Beziehung zur mikrobiellen Proteinsynthese. Hierfür suboptimale Stickstoffmengen können die Futterverwertung nachteilig beeinflussen, zu hohe führen zu NH_3-Überschuss und hohen renalen N-Verlusten.

> Der größte Teil des Futterproteins wird fermentativ abgebaut und abhängig von der Menge fermentierbarer organischer Substanz zu Mikrobeneiweiß aufgebaut. Es fallen 150 bis 160 g mikrobielles Protein pro kg verdauter organischer Substanz an. So können im Pansen pro Megajoule zugeführter ME etwa 10 g mikrobielles Protein gebildet werden. Unter Praxisbedingungen sollten andererseits für die mikrobielle Synthese im Pansen pro MJ ME 12 g Protein (CP, evtl. 20 % des N als Harnstoff) zur Verfügung stehen.

Diese für die Mikroorganismen ausreichende Proteinmenge reicht qualitativ und quantitativ nach differenzierter Kalkulation für Jungrinder ab 200 kg LM und mit Wachtumsraten zwischen 600 und 800 g/Tag vollständig aus. Unter Praxisbedingungen wird man Zunahmen anstreben, die rassentypisch zu einer guten Zuchtkondition führen.

Die **Energiezulagen für gravide Tiere** beginnen 6 Wochen vor dem errechneten Abkalbetermin. Sie betragen zunächst 20 und in den letzten drei Wochen 30 MJ ME. Die Energiezufuhr ist jedoch etwa 3 Tage vor dem Abkalbetermin deutlich zu reduzieren. Für Deutsche Schwarzbunte hat sich ein täglicher Zuwachs von etwa 600 g bewährt. Ein Beispiel hierfür gibt Tabelle 128.

Mineralstoffe

Der Bedarf an Mengenelementen resultiert aus unvermeidlichen Verlusten, Stoffansatz und Verwertung. Die endogenen Mineralienverluste pro kg LM liegen bei 16 mg Ca, 24 mg P, 4 mg Mg und 11 mg Na. Versuchsdaten für den Ansatz sind bisher nur begrenzt verfügbar. Sie sind von Rasse, Typ und Zuwachs abhängig. Die Verfügbarkeit ist vom Versorgungsniveau und teils auch von der Mineralstoffverbindung abhängig. Eine Beispielkalkulation für den Ca-(P)Bedarf gibt Tabelle 129.

Die Verwertung für Mg liegt niedrig (20 %), für Natrium hoch (85 bis 95 %).

Eine vereinfachte Berechnung für den Ca- und P-Bedarf des Aufzuchtrindes ist über Regressionsformeln möglich (g/Tier u. Tag):

Ca: LM (kg) $\times$ 0,04 + Δ LM/Tag (kg) $\times$ 33,75
P: LM (kg) $\times$ 0,04 + Δ LM/Tag (kg) $\times$ 12,33

Die Bedarfswerte für Mg steigen von 4 g mit 150 kg LM auf 10 g mit 500 kg LM und für Na entsprechend von 3 g auf 9 g. Bedarfswerte für praxisnahe vorgegebene Leistungen in der Aufzucht sind in Tabelle 130 aufgeführt.

Ausführungen zu Spurenelement- und Vitaminbedarf s. Abschnitt Kuhfütterung. Zulagen

Tab. 128. Praxisnahe angestrebte Leistungen in der Aufzucht weiblicher Jungrinder (Deutsche Schwarzbunte) und hierfür kalkulierter Energie- und Proteinbedarf

Alter Monat	LM (kg)	Zunahme pro Tag (g)	täglicher Ansatz			täglicher Bedarf	
			Fett (g)	Protein (g)	Energie pro Tier und Tag (MJ)[2]	Energie ME (MJ)	Protein (g)
5.–6.	130–172	700	74	109	5,35	34	410
7.–12.	172–285	630	99	97	6,06	44	528
13.–18.	285–397	650[1]	165	92	8,53	62	744
19.–24.	397–505	600[4]	142	71	7,14	74	888
hochtragend[3]	505–550	(500) (650)				95–100	1200–1400

[1] Belegung mit ca. 19 Monaten, Erstkalbedatum mit ca. 28 Monaten. Zunahmen in der Hochträchtigkeit sind nach körperlicher Verfassung, Entwicklungsstand, Rahmen und Typ auszurichten, zunehmende Vorverlegung des Besamungstermins bei guten Zunahmen.
[2] Energiegehalte in Rinderfett 39 kJ/g
in Protein des Zuwachses 22,6 kJ/g
[3] Höhere Werte für Tiere in den letzten drei Wochen vor dem Abkalben
[4] Evtl. Futterreduktion zwei Wochen nach der Erstbesamung

Tab. 129. Faktorielle Berechnung des Calcium- und Phosphorbedarfs beim Jungrind

Man kann mit folgenden Werten pro kg Zuwachs rechnen:
Ca: 13,5 g
P: 7,4 g

Für ein 150 kg schweres Jungrind (700 g Zunahme pro Tag) errechnen sich somit **für Ca** folgende Bedarfswerte:

Endogene Verluste	150 kg LM × 0,016	=	2,400 g	
Zuwachs	0,700 kg × 13,5	=	9,450 g	
Summe			11,85 g	
Verwertung 40 % ~			11,85 : 0,40	= **29,6 g**

und **für P** resultiert:

endogene Verluste	150 kg LM × 0,024	=	3,600 g	
Zuwachs	0,700 kg × 7,4	=	5,180 g	
Summe			8,780 g	
Verwertung 60 % ~			8,78 : 0,60	= **14,6 g**

Tab. 130. Mineralstoffbedarf für Aufzuchtrinder bei üblichen Zuwachsleistungen (Deutsche Schwarzbunte)

Alter	LM	Zunahme	Bedarf (g/Tier/Tag)			
(Mon.)	(kg)	(g)	Ca	P	Mg	Na
5–6	130–172	700	29,6	14,6	4	3
7–12	172–285	630	30,2	16,9	6	4
13–18	285–397	650	35,5	21,6	8	5
19–24	397–505	600	38,3	25,4	10	7

für Mineralien in der Spätgravidität erfolgen nach Daten für tragende Kühe.

Die Versorgung mit **Spurenelementen** kann bei extensiver Haltung knapp werden. Die Trockensubstanz von Rinderrationen sollte je 50 mg Zink, Eisen und Mangan, 15 mg Kupfer und 0,2 bis 0,4 mg Cobalt pro kg enthalten. Eine gezielte Selenversorgung (nicht über 0,5 mg/kg Mischfutter) kann in Gebieten mit leichten oder ausgewaschenen Böden (Selenmangel) sinnvoll sein.

Vitamine
Die Vitamin-A- und Carotinzufuhr sind unter besonderen Bedingungen (mäßige Qualität des Grundfutters) aufzubessern. Eine Vitamin-A-unabhängige Wirkung des β-Carotins auf Ovulationszeitpunkt und Progesteronsynthese wird nach wie vor diskutiert. Zur Sicherheit kann für Jungrinder im zweiten Aufzuchtjahr eine tägliche Carotinzufuhr von 70 bis 80 mg vorgesehen werden. Vitamin-A-Gehalte zwischen 4000 und 8000 IE pro kg DM werden gefordert. Sie sind insbesondere in der Phase der Zuchtreife und des Besamens sicherzustellen. Die notwendigen Vitamin-D-Gehalte liegen zwischen 300 und 500 IE pro Futter-DM.

3.3.4 Praktische Fütterung

Bei Jungrindern sinkt die relative DM-Aufnahmekapazität mit steigender LM je nach Zuwachs, Schmackhaftigkeit und Futterqualität von etwa 2,2 % der LM pro Tag mit 150 kg auf 1,8 % der LM pro Tag mit 500 kg LM. Da der Zuwachs mit steigender LM abnimmt, sinkt der Anspruch an Futteraufnahme und Verdaulichkeit der organischen Substanz.

Der niedrige Zuwachs erlaubt also eine extensive Haltung von Jungrindern im zweiten Jahr und eine im Vergleich zu Milchkühen niedrigere Energiedichte der Ration.

Erstkalbealter und Aufzuchtintensität
Trotz des mäßigen Energiebedarfs von Jungrindern muss Grund- und Kraftfutter guten qualitativen Ansprüchen genügen. Sie sollen schließlich ausreichend früh und dann über mehrere Jahre als Milchkühe hohe Leistungen und jährlich ein Kalb erbringen. Aus ökonomischen Gründen muss die **erste Abkalbung** bereits mit 28 Monaten oder früher erfolgen.

Da die Größe des Kalbes durch die vorgegebene Heritabilität beeinflusst ist, sollte hierauf bei der Auswahl der Besamungsbullen geachtet werden. Besamt muss bereits in einem Alter von etwa 19 Monaten (bei ca. 420 kg LM) werden, eventuell auch früher. Ab diesem Zeitpunkt wird oft eine Reduktion der Energiezufuhr vorgeschlagen, um ein Verfetten der Tiere zu vermeiden. Um die Besamungszeit herum darf aber nicht zu restriktiv gefüttert werden! Intensität der Brunst und Konzeption sind energieabhängig. Eine Faustregel besagt, dass bei Stallfütterung 2 Wochen vor und nach der errechneten Brunst Zunahmen von 600 bis 700 g pro Tag vorliegen sollten. Auf der Weide, auch bei Extensivhaltung (mit Natursprung) sollte in der Deck-/Besamungsphase unbedingt ein ausreichender, nicht überständiger, Aufwuchs zur Verfügung stehen, evtl. muss zugefüttert werden.

| Vielseitige wiederkäuergerechte Ernährung und ausreichende Aufzuchtintensität sind die Basis für Frühreife, gute Fruchtbarkeit und Langlebigkeit.

Allgemeine Gesichtspunkte
Jungrinderfütterung erfolgt fast ausnahmslos mit **sommerlicher Weidehaltung** und winterlicher Laufstallhaltung, wobei ein früher Austrieb im Frühjahr und ein später Abtrieb im Herbst möglich sind, wenn die Tiere trockene, ggf. eingestreute Liegeplätze haben. Weidegang ist natürlich und artgerecht. Bei junger Weide ergeben sich aber Proteinüberschuss und knappe Rohfaserversorgung. Anders als bei der Milchkuh nimmt man dies in Kauf und verzichtet – aus arbeitsökonomischen Gründen – bis in den Herbst auf eine gezielte Weidebeifütterung. Für Jungvieh haben sich also extensive Weideformen durchgesetzt (Koppelweide, Standweide). Insbesondere bei Standweidehaltung ist eine regelmäßige parasitologische Betreuung der Tiere notwendig. In Gebieten mit Leberegelbefall muss die Bekämpfung der Zwischenwirte (Schnecken) durchgeführt werden.

Eine genaue Dosierung von Mineralstoffen und Spurenelementen ist nötig, sie ist freilich über Lecksteine kaum möglich. (Allgemeine Prinzipien der Weidehaltung s. Milchviehfütterung). Die relativ niedrigen Bedarfsnormen erlauben im zweiten Jahr auch im Herbst meist noch eine ausreichende Nährstoffversorgung auch bei mäßiger Bestandshöhe. Bei spätem Weideabtrieb im Dezember ist jedoch für eine rechtzeitige Zufütterung zu sorgen. Bei längerfristig zu knapper Weide entwickeln sich die Jungrinder unzureichend (Fruchtbarkeitsmängel, niedrige Einsatzleistungen). Ihre Kälber sind untergewichtig, schlecht entwickelt und anfällig gegenüber Krankheiten.

| Weidehaltung bietet eine ideale Basis für eine wiederkäuergerechte, arbeitswirtschaftlich ökonomische und vollwertige Ernährung der Jungrinder.

In den letzten beiden Monaten der Trächtigkeit empfiehlt sich eine Zulage von Energie von zunächst 15 MJ ME pro Tag, die bis 30 MJ ME pro Tag gesteigert wird. Die letzten 3 bis 5 Tage vor dem Abkalben freilich sollte verhalten gefüttert werden. Ein zu intensives „Euterödem", aber ggf. auch eine postpartale (postpartal = Phase nach dem Abkalben) Ketosedisposition können so vermieden werden. Auf der Weide ist diese Zulage nicht einfach durchführbar. Die zum Abkalben kommenden Jungrinder müssten von der Herde separiert und aufgestallt werden, um zufüttern zu können.

Die Fütterung bei **winterlicher Laufstallhaltung** ist in der Regel auch eine Extensivhaltung (z.B. Fressgitterfütterung am Fahrsilo oft mit qualitativ weniger guten Silagen oder Heupartien, Verwertung von Milchviehrationsresten, Mineralstoffgaben über Lecksteine, mäßige Kraftfutterzulagen in Gruppen). In Jahren mit knapper Grundfutterversorgung kann mit Ammoniak oder NaOH aufgeschlossenes Stroh 30 bis 50% des Grundfutters ersetzen, ohne dass Fruchtbarkeitseinbußen befürchtet werden müssen. Genaues Beobachten der Einzeltiere, ggf. auch eine spezielle Versorgung schwächer entwickelter Tiere, sind aber Vorbedingung für eine erfolgreiche Nachzucht unter Extensivbedingungen. Der Ernährungszustand von Jungvieh ist regelmäßig zu erheben! Hierzu sind Wägungen am einfachsten, bei Weidehaltung aber kaum möglich. Nur ein Behelf können „Scoring-Programme" sein, die bei der Milchkuh bewährt sind. Beurteilt wird im zweiten Lebensjahr nach mehreren Stufen, s. Tabelle 131.

Tab. 131. Beurteilung des Ernährungszustandes von Kühen und Jungrindern1 im LM-Bereich zwischen 400 und 700 kg

BCS (Body condition score)
I = kachektisch, extrem schlechter Körperzustand, weit fortgeschrittene Abmagerung, Rippenzwischenräume und Zwischenräume der Lendenwirbel stark eingesenkt.
II = Schlecht, stark hervorstehende Darmbeinschaufeln und Sitzhöcker, Rückenfettdicke um 10 mm, Schwanzwurzelbereich eingefallen.
III = Guter bis mäßiger Körperzustand, Darmbeinschaufeln und Sitzbeine deutlich hervorgehoben, Kniefalte ohne Fett palpierbar, Einzelrippen deutlich abgesetzt zu erkennen, Rückenfettdicke um 20 mm.
IV = Körperzustand fett, Fettauflage auf Rippen, an der Schwanzwurzel im Triel- und Sitzbeinbereich deutlich zu palpieren, Rückenfettdicke um 30 mm.
V = Verfettet bis extrem verfettet, Rippenfettauflage ausgeprägt, im Wirbelsäulenbereich überdeckt das Fett die Quer- und Dornfortsätze, Schwanzwurzel in Fett eingebettet, mit dem Kniefaltengriff ist eine erhebliche Fetteinlagerung palpierbar. Rückenfettdicke über 35 mm.

[1] Jungrinder vergleichbaren Alters

Tiere der Stufe II sollten eine Futterzulage für etwa 30 kg Gewichtsansatz erhalten, solche der Stufe I für etwa 40 bis 60 kg.

In der **Rationsgestaltung** ist die sachgerechte Ergänzung des für die Jungrinderaufzucht verfügbaren Grundfutters zentrale Aufgabe. Grundprinzipien sind:
- einfache Gestaltung (arbeitswirtschaftliche Aspekte),
- hoher Anteil preisgünstigen Grundfutters,
- sachgerechte Ergänzung (u. a. Aufwertung durch Wirkstoffe).

Grundfuttermittel
Bei Umstellung von Kälber- auf Jungviehfütterung wird hochwertiges Kälberheu durch rohfaserreiches ersetzt; Gras-, Rübenblatt-, Mais-, Rapssilage mittlerer Qualität und auch Futterrüben und aufgeschlossenes Stroh können übrigens schon früh und in steigenden Mengen angeboten werden. Auf guter Weide können Jungtiere bis zu 1,8 % der Lebendmasse als Gras (bezogen auf DM) aufnehmen. Bis etwa 250 kg LM benötigen Kälber und Jungrinder jedoch höherwertige Grundfutter. In der ersten Aufzuchtphase bis 200 kg LM hat sich die Zufütterung von täglich 1 kg Mischfutter als sinnvoll erwiesen, auch um Unterschiede in der Grundfutteraufnahme abzupuffern.

Jungrinder ab etwa 250 kg LM sind fähig, auch energetisch etwas „ärmere" Grundfuttermittel, die für Milchvieh suboptimal wären, gut zu verwerten.

Für ältere Tiere, die überwiegend mit Grundfutter versorgt werden, sind wichtige Kriterien die Aufnehmbarkeit der Ration (bei qualitativ mäßigem Grundfutter – z. B. aufgeschlossenes Stroh – oder magerer Weide), ausreichende mikrobiologische Qualität, insbesondere von Silagen und Heu sowie die sachgerechte Ergänzung (tierspezifisch und bedarfsgerecht).

Mineralien- und Lecksteingaben in Gruppenfütterung sind wegen tierindividueller Variation der Aufnahme nicht immer bedarfsgerecht. Auch die Vitamin-A- und Carotinzufuhr, besonders im Spätherbst und Winter, sind zu beachten. In Tabelle 132 sind einige Beispielrationen aufgeführt.

Kommentar zu Tab. 132

Die Gras-/Grünfutteraufnahme ist von der Wuchshöhe abhängig (am höchsten bei 16 bis 20 cm). Leguminosen fördern die Aufnahme. Da junges Gras proteinreich und mineralienarm ist, sollte mit dem Austrieb eine Mineralstoffergänzung vorgenommen werden. Der Proteinüberschuss ist tolerierbar, der Rohfasergehalt reicht bei Weidehaltung von Jungrindern (im Gegensatz zur Milchkuhfütterung) immer aus. Bei spätem, altem Aufwuchs wird die Aufnahme gelegentlich überschätzt. Weidereifes Gras vor der Blüte kann dagegen mit bis zu 10 % der LM als Frischsubstanz aufgenommen werden. Maissilage ist ein gutes Aufzuchtfutter, muss jedoch durch ein proteinreiches Futter ergänzt werden. Der Heuanteil wird bei guter Adaptation nicht unbedingt nötig sein.

Tab. 132. Beispielrationen für Jungrinder[1]

A. 170 kg LM, 700 g Zunahme pro Tag

	u. S.	DM (kg)	Energie (MJ ME)	Rohprotein (g)	Rohfaser (g)	Ca (g)	P (g)
Bedarf pro Tag		> 3,4	38	504	–	30	15
Weide jung	22	3,5	40/*1,82*[1]	805/*37*	656/*30*	19,9/*0,9*	13,1/*0,6*
Mineralfutter	30 g					9	6
Summe			40	805	656	29	19,1
Maissilage (teigreif 27% DM)	10	2,7	28/*2,8*	210/*21*	610/*61*	8/*0,8*	6/*0,6*
Heu (gut)	1	0,84	7,7	140	238	7,9	2,6
Mischfutter	0,5	0,45	6/*12*	140/*280*	50/*100*	6/*12*	3/*6*
Mineralfutter	30 g					9	6
Summe			41	490	898	31	17,6

B. 300 kg LM, 600 g Zunahme pro Tag

	u. S.	DM (kg)	Energie (MJ ME)	Rohprotein (g)	Rohfaser (g)	Ca (g)	P (g)
Bedarf pro Tag			54	650	–	32	20
Weidegras (Rispenschieben)	33	5,8	59,4/*1,8*	1155/*35*	902/*41*	30/*0,9*	19,8/*0,6*
Grassilage (spät)	18	5,1	52,2/*2,9*	880/*49*	1820/*101*	32/*1,8*	19,8/*1,1*

C. 450 kg LM, 600 g Zunahme pro Tag

	u. S.	DM (kg)	Energie (MJ ME)	Rohprotein (g)	Rohfaser (g)	Ca (g)	P (g)
Bedarf pro Tag			74	765 g	–	38	25
Weidegras (überständig)	30	6,9	54,0/*1,8*	900/*30*	1800/*60*	36/*12*	24/*0,8*
Mischfutter	1	0,86	14	100	80	8	6
Summe			68	1000	1880	44	30
Grassilage (spät)	20	7,0	58/*2,9*	980/*49*	2020	36/*1,8*	22/*1,1*
Rübenblattsilage	15	2,4	25/*1,67*	315/*21*	360/*21*	31/*2,1*	6/*0,4*
Summe			83	1259	2380	67	28

[1] Inhaltsstoffe pro kg kursiv

Bei 300 kg LM und 600 g Zunahmeziel können die Grundfuttermittel – wie Weide oder Grassilage – zur Nährstoffversorgung ausreichen. Gute Futterverfügbarkeit um den Besamungszeitpunkt herum ist aber besonders wichtig. In der Winterfütterung kann gute Grassilage den Bedarf für Erhaltung und 600 g Zunahme pro Tag abdecken. Mit Fressgitterfütterung direkt aus dem Fahrsilo (Selbstfütterung) wird Arbeit gespart. Es ist auf saubere Lauf- und Anschnittfläche zu achten (Harn, Kot, Schadnager, Entfernen verschimmelter Partien etc.), auch darauf, dass keine Auswaschung über Regenwasser stattfindet und dass genügender „Vorschub" gewährleistet ist (Vermeidung von Nachgärung oder Fäulnis). Langhalmsilage ist oft so verfestigt, dass die Aufnahme durch die Tiere leidet.

Als Ergänzung zu Grassilage oder Maissilage eignet sich gute Rübenblattsilage.

Ergänzungsfuttermittel für Jungrinder
Da der Anspruch von Jungrindern an die Energiedichte von Rationen nur begrenzt ist, können faserreiche, billige Handelsfuttermittel (Tab. 133) gut verwendet werden. Wichtig ist eine befriedigende hygienische Qualität (weitgehendes Freisein von unerwünschten Stoffen). Die Energiegehalte sollten zur Ergänzung von Grundfutter mäßiger Qualität ausreichen. Der Proteingehalt kann in der Regel niedrig sein, da die Proteinbedarfswerte vergleichsweise mäßig sind.

Preisgünstige Kleien, Nachmehle, Grasmehle, Melasseschnitzel, Ölschrote, vor allem aber auch Sojaschalen, Nebenprodukte der Sojaverarbeitung und Nachprodukte der Nassmüllerei und Stärkeindustrie können verstärkt in Ergänzungsfuttermitteln für Jungrinder eingesetzt werden. Nebenprodukte der Brauerei und Brennerei (Treber, Schlempen) sind dagegen nur bei hohen Rationsanteilen und bei Verwendung in silierter Form arbeitswirtschaftlich geeignet. Sie sind in getrockneter Form aus Preisgründen ohnehin meist nicht konkurrenzfähig.

3.4 Milchkuhfütterung

3.4.1 Anforderungen an wiederkäuergerechte Fütterung

Definition: Milchkühe sind weibliche Rinder nach der ersten Kalbung, die der Milchgewinnung dienen.

Die Hochleistungskuh benötigt eine konzentrierte und doch strukturierte Nahrung. In den Verdauungstraktabschnitten sind spezifische Faserwirkungen bedeutsam.

Maulhöhle, Schlund
Das **Maul** des großen Wiederkäuers ist durch einen feuchten, sensiblen, aber wenig beweglichen Nasenspiegel (Flotzmaul), eine kräftige Mandibel-Schneidezahnreihe, (maxillär fehlend), durch kräftige, breite Mahlflächen bietende Backenzähne und große Speicheldrüsen gekennzeichnet. Die wenig beweglichen Lippen eignen

Tab. 133. Empfohlene Einsatzgrenzen von Einzelfuttermitteln in Mischfuttermitteln für Jungrinder (in %)

Getreide	60	Maniok	35
Kleien	40	Luzernegrünmehl	30
Rapskuchen glucosinolatarm	30	Melasseschnitzel	30
Palmkern- Kokos-, Babassukuchen	30	Erbsen, Ackerbohnen	20
Sojaextraktionsschrot	30		
Sojaschalen	20		

Nährstoffempfehlungen für Ergänzungsfuttermittel für Aufzuchtrinder pro kg:

Rohprotein	10–15 %[1]	Ca	8 g/kg	ggf. β-Carotin	80–160 mg[2]
Rohfaser	10–15 %	P	6 g/kg	Se	0,5 mg
Energie	13–14 MJ ME	Vitamin A	10 000 IE	Zn	30 mg
		Vitamin D	1 000 IE	Cu	20 mg
				Mn	20 mg

[1] Der Proteingehalt richtet sich nach dem Grundfuttermittel. Weide und Grassilage enthalten meist mehr als ausreichend Protein, sodass mit einem proteinarmen Mischfutter supplementiert werden muss.
[2] Dosierung je nach Carotingehalt des Grundfutters. Vieles spricht für eine Vitamin-A-unabhängige Wirkung des β-Carotins am Ovar. Eine längerfristige gute Versorgung muss jedoch gewährleistet sein, um ausreichende Carotin-Spiegel im Blut und Ovar zu erreichen; die notwendige Tagesdosis hierfür dürfte zwischen 100 mg und 300 mg pro Tier liegen.

sich kaum zur Selektion von Nahrungspflanzen, anders als bei Ziege und Schaf. Die Backenzähne des Wiederkäuers gehören zum schmelzfaltigen Typus. Sie müssen kontinuierlich und gleichmäßig abgerieben werden, was vor allem durch faserreiche Nahrung möglich ist.

Die kräftige Zunge eignet sich mit ihren festverhornten Papillen und ihrer starken Muskulatur gut zum Umfassen faserreicher Pflanzen, die beim Grasen mit Hilfe der schaufelartig gestalteten Schneidezähne des nur ca. 8 cm breiten Unterkiefers abgerissen werden. Die Bewirtschaftung von Weideflächen muss sich dieser Futteraufnahmelimitierung anpassen. Die Kuh kann die notwendigen hohen Mengen Gras eben nur aufnehmen, wenn es „Weidereife" hat. Langes Gras wird in Einzelbüscheln abgerissen und mit Heben des Kopfes langsam unter Kauen und Speicheln in die Maulhöhle eingezogen, was die Futteraufnahmekapazität begrenzt.

Der ausgewachsene Wiederkäuer ist zudem – entgegen weitläufiger Meinung – auch ein „Nasentier" mit feinem Geruchssinn, der Abweichungen registriert. Er benötigt also nicht nur ein strukturreiches Futter, sondern auch eines mit guten olfaktorischen Eigenschaften.

Die Kauaktivität ist durch das Futtervolumen, insbesondere Futter-Rohfasergehalt und -härte, Benetzbarkeit, Wassergehalt und Partikelgröße bestimmt. Während die Fresszeit durch übliche Partikellängen über 10 mm nur wenig beeinflusst ist, wirkt sich Kurzhäckselung von Grassilagen negativ auf die Wiederkauzeit und die Zahl der Kauschläge pro Tier und Tag aus. Dabei ist diese Zahl auch bei Unterschreiten einer gewissen Struktur erstaunlich konstant. Die Kauschlagzahlen pro Tier und Tag variieren zwischen 40 000 und 58 000. Kurzhäckselung von Maissilage auf ca. 6 mm hat keine Nachteile.

Bei ungenügender Struktur sinkt die Kauschlagzahl selten auf Werte unter 45 000, es werden dann auch feinstrukturierte Boli noch intensiv wiedergekaut. Pro Bolus (Bissen) liegt die Zahl der Kauschläge bei gesunden Tieren recht konstant bei 50. Der Wiederkäuer zeigt demnach einen minimalen Kaubedarf. Futteraufnahme und Wiederkauen des Ruminantiers zeigen bei tiergerechter Weidehaltung eine ausgeprägte diurnale und von der Futteraufnahme abhängige Rhythmik. Die Verteilung von Kraftfuttergaben auf viele Mahlzeiten pro Tag darf diese Grundrhythmik nicht stören. Versuche, die Energiedichte von Rationen anzuheben (Fett, Kohlenhydrate), dürfen die Kauaktivität nicht zu sehr reduzieren. Hohe Lignin- und Rohfasergehalte erhöhen die Kauaktiviät. Gelegentlich nehmen Futteraufnahmezeiten aber auch infolge mäßiger Akzeptanz zu.

Die Kau- und Wiederkautätigkeit nimmt also unter physiologischen Verhältnissen den weitaus überwiegenden Teil des Tages in Anspruch. Insgesamt werden hierfür 700 bis 950 Minuten pro Tier und Tag gemessen. Bei zu konzentratreicher Ernährung geht dieser Zeitaufwand aber stark zurück, Beschäftigungsmangel stellt sich neben den pansenphysiologischen Problemen (Puffermangel) ein. Untugenden insbesondere der Mastbullen, wie etwa Zungenschlagen, Harnsaufen, treten auf. Kauen und Wiederkauen sind von voluminöser Speichelbildung der großen Drüsen Parotis und Glandula mandibularis (Ohr-, Unterkieferspeicheldrüse) begleitet. Die sezernierte Menge liegt bei Milchkühen zwischen 70 und 200 l pro Tier und Tag. Sie dient der Bicarbonat-, Harnstoff- und Wasserrezyklisierung, damit der Pufferung und ist wohl auch ein Resultat der Anpassung der Wildwiederkäuer an wechselnde Versorgung mit Wasser und N.

| Eine wiederkäuergerechte Ration muss eine ausreichende Kauaktivität und Speichelbildung ermöglichen.

Die **Futteraufnahmekapazität** der Wiederkäuer liegt bei hoher Milchleistung und 600 kg LM etwa bei 20 kg bis 23 kg DM. Sie muss bei Hochleistungen ausgeschöpft werden. Erstaunlich sind aber die individuellen Futteraufnahme-Unterschiede, die gefunden wurden. Faktoren wie Körpermasse, Rahmen, Laktationsstadium, Alter, DM, Energiedichte und Rohfasergehalt des Futters sind wesentliche Einflussgrößen. Da meist eine dosierte Kraftfuttergabe mit einer ad libitum-Grundfutterzufuhr kombiniert wird, kommt einer sicheren Abschätzung der Aufnahmemenge eine große Bedeutung zu. Aus der Energiedichte kann überschläglich die mittlere DM-Aufnahme berechnet werden. Für Heu und Halmfuttersilagen mit mehr als 30 % DM gilt in der Milchkuhfütterung bei hoher Milchleistung und 600 kg LM die Faustregel:

MJ NEL/kg DM × 2 = DM-Aufnahme aus Grundfutter in kg

Die aufnehmbaren Mengen energiedichter Maissilage mit über 30 % DM (mit ca. 6,5 NEL/kg DM) sind aber niedriger, von Heu oder Leguminosenanwelksilagen dagegen höher, so dass Abschläge bzw. Zuschläge von 20 % zu kalkulieren sind. Natürlich sind Mindestforderungen an hygienische Qualität, Siliergüte, Frische und Geruch zu stellen. Sogenanntes angeblasenes Futter (Trogreste) muss entfernt werden. Erhitzte Silagen mit brandigem Geruch werden z. B. ebenso abgelehnt wie faulige oder buttersäurereiche Qualitäten und Fremdgerüche, wie etwa bei Vinasse, überhitzem Kleber, Ammoniumverbindungen, ranzigem Fett. Weidegeilstellen werden gemieden.

Pansen
Der Volksmund beschreibt die Seele des Pferdes als einen Verbund aus Herz und Beinen, in Analogie müsste jene des Wiederkäuers im Pansen begründet sein. Jeder, der eine ruhende, wiederkauende Kuh beobachtet, wird erkennen, dass Wiederkauen ein Ausdruck des Wohlbefindens ist. Der Pansen, als wiederkäuerspezifisches Organ, ermöglicht diese Rumination in optimaler Weise aber nur bei Berücksichtigung einiger Fütterungsgrundprizipien. Er dient zunächst der Aufnahme großer Futtermengen, der Mischung, Fermentation, der Gasseparierung, dem Ruktus, der Synthese, Absorption und dem Weitertransport von Nährstoffen (Abb. 110).

Nach Abbildung 110 ist der Kern, der einen funktionierenden Pansen auszeichnet, in einer stabilen Faserschicht zu sehen. Diese Schicht muss eine plastische Konsistenz besitzen, sie muss durchströmbar sein, damit an den Strukturpartikeln anheftende Bakterien von genügend Flüssigkeit umspült werden können, denn nur so können diese, angeheftet an die Rohfaserpartikel, die Cellulolyse bewirken. Die spezifischen Enzyme werden im Grenzbereich der Anheftungsstelle abgegeben. Eine Sekretion direkt in die Pansenflüssigkeit würde ja zu einer schnellen Auswaschung mit Transport in tiefere Abschnitte des Intestinums führen. Das Flüssigkeitsniveau insgesamt hebt und senkt sich im Rhythmus der Pansenkontraktionen, so dass in diesem „Tidenbereich" des Pansens ein kontinuierlicher Wechsel zwischen Gas- und Flüssigphase stattfindet. Die Kontraktionen fördern auch die Abtrennung von Gasbläschen aus der Flüssigkeit und die Bildung der dorsalen (rückenseitigen) Gasblase.

Die Schicht selbst weist von dorsal nach ventral (bauchseitig), also von oben nach unten, einen Fermentations- und Temperaturgradienten auf. In dem unteren Bereich ist die Fermentation soweit fortgeschritten, dass höhere lokale Temperaturen (Differenz zu dem oberen Bereich ca. 0,7 Grad) auftreten. Die fermentierte organische Substanz geht hier in Lösung oder in kleinpartikuläre Suspension, wird durch den Faserschwamm „gedrückt" und den tiefer gelegenen Abschnitten des Intestinums zugeführt. Der Pansen ist somit ein „Nachsacksystem", das Futter muss also in einem bestimmten zeitlichen Rahmen fermentierbar (darf also nicht zu ligninhaltig) sein.

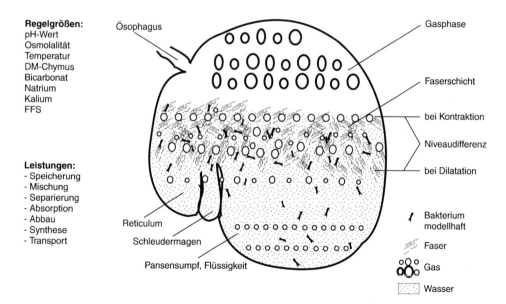

Abb. 110. **Pansenfunktion und Pansenleistungen.**

Regelkreisläufe sichern eine isoacide, isoosmotische, isotherme Kondition. Auch die Gehalte an DM, flüchtigen Fettsäuren und mit mehr Variationsbreite Ammoniak werden weitgehend stabil gehalten. All dies ist Basis der mikrobiellen Eubiose (des Mikrobengleichgewichtes) im Pansen. Die steigenden Konzentratgaben, die in der Hochleistungsfütterung nötig sind, beeinflussen diese komplexe Pansenhomöostase nachhaltig.

Stärke und Zucker werden schnell fermentiert, führen zu Anreicherung von Säuren, Absinken des pH-Wertes mit Acidosedisposition. Stärke in Kombination mit speziellen verkleisternden Proteinen kann zu einer „mikrobenfeindlichen Verkittung" der Faserschicht führen, die Abtrennung der Gasbläschen kann vermindert, die Intensität der Kontraktionen verschlechtert sein. Dies kann die Absorption mindern, vor allem bei ungünstiger Zottenoberflächengröße, die hierfür im bauchseitigen Pansenbereich zur Verfügung steht, werden reduzierte Mischbewegungen die Subtrat-Schleimhaut-Kontakte mindern.

Auch **Fette** haben einen bakteriostatischen Effekt; sie liegen wie ein Film über den Strukturanteilen und behindern die Füssigkeitsumspülung der Einzelpartikel durch Verkleben und Fettüberzug (sogenanntes Coating).

Die Syntheseleistung des Pansens ist für mindestens 80 % der duodenalen Proteinanflutung verantwortlich, 80 % und mehr der Energiezufuhr wird durch flüchtige Fettsäuren und mikrobielle Biomasse (ca. 3 kg DM/Tag) aus dem Pansen abgedeckt. Der kontinuierliche Weitertransport von kleinpartikulärem Panseninhalt und von Pansenflüssigkeit in den Labmagen erfolgt durch eine komplizierte Sequenz von Vormagenkontraktionen unter Abpressen von Pansenflüssigkeit aus der Faserschicht.

Der Pansen ist darüber hinaus Absorptionsorgan u. a. für flüchtige Fettsäuren, Ammoniak und einige Mineralien, hierbei ist insbesondere die Mg-Absorption von Bedeutung. Nur bei ausreichender Faserschicht erfolgen genügend Durchmischungskontraktionen, die die Absorption fördern.

Wiederkäuer benötigen also **strukturiertes Futter zum Aufbau der Fasermatte**. Eine gute Fütterungstechnik kann diesen Aufbau unterstützen. Nach Nahrungskarenz oder bei Futterumstellung ist zunächst eine faserreiche Fütterung vorzusehen, um den Aufbau der Fasermatte zu ermöglichen. Bei Verabreichung gemischter Rationen kann die Vorabgabe des rohfaserreichen Grundfutters für stabilere Pansenverhältnisse sorgen. Bevorzugt cellulosereiche Rohfaserqualitäten (mit begrenztem Lignin- und Silikatgehalt) ermöglichen den Aufbau dieser stabilen Faserschicht. Sie sollte selbst ausreichend verdaulich sein, also hohe Futteraufnahmen erlauben.

Wie die Aufnahme einer TMR (total mixed ration) auf die Pansenphysiologie wirkt, ist nur im Ansatz geklärt. Überzogene Strategien der Verteilung der Kraftfuttergabe auf mehrere Mahlzeiten stören die Wiederkautätigkeit und führen oft zu retardierter pH-Stabilisierung und verzögertem Fermentationsverlauf.

| Aufbau und physiologische Funktion einer stabilen Fasermatte im Pansen sind unverzichtbare Basis für eine artgerechte Pansenökologie.

Effekte von bakteriostatischen oder bakteriziden Substanzen im Futter, Futterwechsel

Bestimmte Pflanzeninhaltsstoffe (z. B. Saponine, Tannine, oberflächenaktive Stoffe, natürliche Antibiotika) oder schädliche Stoffe (z. B. chlorierte Kohlenwasserstoffe) können die Mikroflora im Pansen schädigen. Auch plötzliche Veränderungen des Substrates (z. B. zu häufiges Wechseln des Grundfutters) sollten vermieden werden.

Effekte hoher nutritiver Keimbelastung

Hohe Futterkeimkonzentrationen pansenfremder Mikroflora können primär die ruminale Eubiose stören. Erde, die an Futtermitteln anhaftet, stört ggf. durch hohen Anteil an Bodenbakterien diese Eubiose ebenfalls, hat aber auch direkt negative Wirkungen durch sogenannte Pansenversandung. Verdorbenes, anfermentiertes (frisches Heu) Futter verursacht Indigestionen.

Nährstoffimbalanzen

Überhöhte Zufuhr von Einzelnährstoffen kann die Pansenfunktion, insbesondere die Fermentation und Absorption, stören. Infolge intensiver Bewirtschaftung, hoher Düngungsintensität, haben sich die Konzentrationen unserer Futtermittel, vor allem im K-, teils auch N-Gehalt deutlich erhöht. Nährstoffreiche, konzentrierte Rationen müssen also hierauf besonders abgestimmt werden.

Eiweiß wird ruminal fast vollständig zu Ammoniak abgebaut; überschüssiges NH_3 muss nach Absorption in der Leber „entgiftet" werden. NH_3 kann neben der Leberbelastung zum Anstieg des ruminalen pH-Wertes beitragen und ggf. die Magnesiumabsorption beeinträchtigen. Es wird deshalb über Modelle nachgedacht, die eine langsamere Freisetzung des Ammoniaks aus Futterprotein ermöglichen.

Sogenannte Bypass-Proteine, die unabgebaut den Pansen passieren, könnten die Versorgungssituation der Höchstleistungskuh mit essenziellen Aminosäuren (Methionin, Lysin) verbessern. Sie sollten aber im Dünndarm genügend verdaulich sein.

Kaliumüberschuss tritt bei intensiver Düngung vor allem in Gramineen und Cruciferen auf. Eine Beeinflussung der Löslichkeit und Absorbierbarkeit (Mg) bestimmter Moleküle in der ruminalen Flüssigkeit als Folge hoher Kaliumgehalte wurde beschrieben. Dies kann zu Störungen der Gasseparierung und Tympanieneigung beitragen.

| Wiederkäuerfütterung muss neben Nährstoffbedarfsdeckung auch immer eine Optimierung der Aktivität der mikrobiellen ruminalen Flora zum Ziel haben.

Verdauung im Psalter und Labmagen

Psalter

Der Psalter gilt als Wasserpumpe und dient wohl auch der Eindickung der Digesta. Psalterkontraktionen und die absorbierende Oberfläche der Psalterblätter können durch Anschoppungen von Fasermaterial gestört werden. Insbesondere feine Fasern, wie jene der Baumwollsaat, können sich an Papillen der Psalterblätter heften und die Passage nachhaltig beeinträchtigen. Zu fein geschnittenes Gras (Rasenmähergras) verursacht gelegentlich vergleichbare Anschoppungen, insbesondere in der Hobbyschafhaltung.

Der **Labmagen** dient der Proteinverdauung (Pepsinolyse) und der mikrobiellen Barriere durch HCl-Pepsin-Einwirkung. Bei Wiederkäuern ist das zum Labmagen anflutende Substrat ein Resultat der Futterbeschaffenheit, der Wiederkauaktivität, der Pansenfermentation und ruminalen Absorption. Störungen der Fermentation können Passage und Nährstoffanflutung erheblich beeinflussen.

Als Prädispositionen für Labmagenverlagerungen mit Aufgasung des Organs werden diskutiert: partielle Pansenatonien, ggf. gekoppelt mit Abfluss nährstoffreichen, gasbildenden Flüssigkeitsubstrates (z. B. bedingt durch erhöhten ruminalen Kohlenhydrat-Bypass). Hochleistende Milchkühe (mit hohem Rationskonzentratanteil) scheinen eine besondere Disposition für derartige Störungen der Labmagenverdauung aufzuweisen.

Dies mag eine Konsequenz gestörter, beschleunigter, ruminoabomasaler (aus dem Pansen in den Labmagen) Passage sein, von Fermentationsstörungen mit Anflutung leicht fermentierbarer Komponenten zum Labmagen, von Separierungsstörungen im Pansen mit Abfluss gasbildenden Substrates und von Sekretionsstörungen mit zu langsamer Absenkung des Labmagen-pH-Wertes (Gärung wird so nicht wirksam gestoppt) (auch als Folge von Stress) und ggf. Nachgärungen sein. Indirekt ist also auch die Häcksellänge bedeutsam, da sie in enger Korrelation mit der Pansenverweildauer steht. All diese Überlegungen haben nach Einführung neuer Fütterungstechniken (z. B. der TMR = total mixed ration) besondere Aktualität.

| Eine ungestörte Labmagenverdauung beruht auf einer physiologischen Pansenverdauung.

Dünndarm und Dickdarm

Der lange Dünndarm und der Dickdarm des Wiederkäuers sind eingerichtet für die Nachverdauung eines durch Mikroorganismen bereits vorfermentierten Substrates. Die intestinale Amylase- und Lipaseaktivität liegt im Vergleich zu jener der Monogastriden niedrig. Fett- und Stärketoleranz – ggf. aus dem ruminalen Bypass – sind also limitiert.

Der Proteingehalt des Duodenalchymus ist vor allem durch die mikrobiellen Vorgänge (Abbau, Synthese) vorbestimmt. Verdaulichkeit und biologische Wertigkeit des mikrobiellen Proteins sind weitgehend standardisierbar.

Die Nährstoffanflutung aus dem Labmagen zum Darm erfolgt kontinuierlich und im diurnalen Rhythmus recht gleichmäßig. Dünndarmkoliken und Blinddarmdilatationen kommen vereinzelt vor, kausal sind sie oftmals nicht eindeutig geklärt. Immerhin ist bekannt, dass die Eindickung der Faeces bei hohem Proteinüberschuss und mangelndem Faserangebot bei großen Wiederkäuern gelegentlich nicht ausreicht (Rübenblattdurchfall). Rohfaser fördert auch die Dickdarmpufferung.

| Wiederkäuergerechte Ernährung bewirkt die Anflutung eines Intestinalinhaltes am Duodenum, der sich durch hohe Verdaulichkeit und einen optimalen Protein- und Vitamingehalt auszeichnet. Diese Digestaqualität ist nur bei physiologischer Pansenfunktion sichergestellt.

Fehlfermentationen im Dickdarm kommen besonders häufig bei Mastlämmern, Kälbern in der sogenannten verlängerten Kälbermast, Feed-lot-Mastbullen und bei kraftfutterreich ernährten Milchkühen mit wenig strukturierter Rohfaser in der Ration vor. Die Rübenblattdurchfälle können hier – zumindest ein Teil von ihnen – auch angeführt werden.

Was im Dickdarm als Folge von rohfaserreicher Fütterung geschieht, wurde in gezielten Untersuchungen bei Schafen mit Brückenfisteln zwischen Ileum und Caecum untersucht. Faserreiche Fütterung fördert danach die Menge an ileocaecal fließender organischer Substanz. Der Wassergehalt dieses Substrates steigt, die Na-Mengen, die in den Dickdarm eintreten, sind erhöht. Insgesamt ist die Pufferkapazität verbessert; durch die am Ileumende angeflutete, im Pansen nicht verdaute, Cellulose wird ein schwer abbaubares Substrat in den Dickdarm transportiert, das wenig Disposition zu Gärungen zeigt. Faserreiche Fütterung kann so die Kotkonsistenz stabilisieren.

Rohfaserreiche Fütterung stärkt die Pufferung im Dickdarm, sie kann so Durchfällen vorbeugen.

3.4.2 Physiologische Grundlagen, Leistungskenndaten

Die durchschnittliche Milchleistung von Milchkühen in Westeuropa hat sich seit 1950 von 2500 kg per anno auf fast das Dreifache erhöht. Gerade aber Hochleistungskühe mit 8000 bis 10000 kg Milch müssen täglich bilanzdeckend – entsprechend ihres Erhaltungs- und Leistungsbedarfs – gefüttert werden, da die Möglichkeiten zum Ausgleich über die Mobilisierung von Körperreserven begrenzt und auch stoffwechselbelastend sind. Die Nährstoffabgaben über die Milch müssen also mittelfristig ausgeglichen werden, um zu hohen Körpermasseabbau in der Hochlaktation zu vermeiden.

Milch mit 4% Fett enthält etwa 3,1 MJ an Nettoenergie und 34 g Rohprotein pro kg. Pro Jahr entspricht dies mit 24000 bis 31000 MJ an Milchenergie und ca. 250 bis 340 kg Protein sehr hohen Energie- und Nährstoffsummen. Anders als in der Jungviehaufzucht kommt dem Leistungsbedarf in der Kuhfütterung also eine in Relation zum Erhaltungsbedarf viel größere Bedeutung zu.

Für die Milchkuh wurde deshalb ein leistungsbezogenes Energiebewertungssystem entwickelt, da die von ihr aufgenommene Bruttoenergie variierenden Verlusten bis zur Transformation zu Nettoenergie unterliegt. Variationsfaktoren dieser Verluste sind vor allem die Art der ruminalen Energieumsetzung und die „Kau- und Verdauungsarbeit", die rationsabhängig sind.

Diese Transformation ist zudem leistungsabhängig. Sie ist relativ günstig für Milchbildung und Fettansatz, aber ungünstiger für Proteinansatz und die Bildung von Graviditätsprodukten. In der Milchviehfütterung ist aber das Leistungsziel die Milchbildung. Die Milchmenge steuert vorrangig den Bedarf. Für die Milchkuh wurde deshalb die Milchbildung als Produktionsziel besonders berücksichtigt.

Der Energiebedarf wird deshalb auf der Basis der **Nettoenergie Laktation (NEL)** ausgedrückt. Siehe hierzu die Ausführungen unter Kapitel A 6.4.3.2.

3.4.3 Energie- und Nährstoffbedarf

Energie

Der NEL-Bedarf für verschiedene Leistungen ist im folgenden aufgeführt.

Erhaltungsbedarf Milchkühe

Dies ist der Bedarf zur Erhaltung der Lebensfunktionen, Körpertemperatur, Futteraufnahme, Verdauung, des Intermediärstoffwechsels, für Stehen/geringe Bewegungsleistung.

Das NEL-System basiert auf dem k-Wert für Milchbildung. Für andere Leistungen, die parallel zur Milchbildung erbracht werden, müssen eigene k-Faktoren beachtet werden. Der k-Faktor für Erhaltung ist mit 0,7 höher, für Gravidität mit 0,2 aber deutlich niedriger, als für Milchbildung mit 0,6. Die Relation zwischen den k-Werten ist jedoch konstant, so dass durch Zu- oder Abschläge die Bedarfswerte für Erhaltung und Gravidität mit der NEL-Dimension genau ausgedrückt werden können. Bei der Milchkuh spielen Besonderheiten der individuellen Fettabdeckung und auch Rassefaktoren eine Rolle (Rahmen, Haarkleid etc.). Der **tägliche Erhaltungsbedarf** beträgt:

$$0{,}293 \times kg\ LM^{0{,}75}\ (MJ\ NEL/Tag)$$

Die für verschiedene Lebendmassen berechneten metabolischen Körpermassen und täglichen Erhaltungsbedarfswerte sind Tabelle 134 zu entnehmen. Für Extensivrassen (z. B. Galloway, Scottish Highland, Freilandhaltung) sind Zuschläge vor allem im Winter bis zu 20 bis 35% zu machen. Auch bei extensiver Weidehaltung, z. B. Almweidehaltung, sind Zuschläge (u. a. für die Bewegung) (10 bis 15%) notwendig.

Für die Beratungspraxis ist die schnelle Überprüfung eines Versorgungsniveaus durch eine Faustzahl hilfreich. Hierfür hat sich folgende

Tab. 134. **Stoffwechselmasse und täglicher Erhaltungsbedarf bei steigender Lebendmasse, Rind**

Lebend-masse (kg)	Stoffwechsel-masse $LM^{0,75}$ (kg)	Erhaltungs-bedarf (MJ NEL/Tag)
350	80,9	23,7
400	89,4	26,2
450	97,7	28,6
500	105,7	31,0
550	113,6	33,3
600	121,2	35,5
650	128,7	37,7
700	136,1	39,9
750	143,3	42,0

Näherungsformel für den Erhaltungsbedarf (Milchkuh, 500 bis 750 kg LM) bewährt:

$$\text{Erhaltungsbedarf (NEL, MJ)} = \frac{\text{Lebendmasse (kg)}}{20} + 6$$

Leistungsbedarf

Allgemeines

Das NEL-Bewertungssystem basiert auf der in Milch messbaren Energie. Sie wird durch die Summe der Brennwerte der Einzelnährstoffe berechnet. Da der Lactosegehalt relativ konstant ist, geht er als Konstante ein. Der Fettgehalt ist die wesentliche Variable, aber auch Protein ist von Fütterung und Genetik abhängig. Letzteres wird aus dem Milch-N-Gehalt durch Multiplikation mit 6,38 berechnet. Für Milch verschiedenen Fettgehalts gelten die in Tabelle 135 berechneten Energiewerte.

Mit steigenden Fettgehalten steigt in der Regel also auch der Proteingehalt (unterstrichene Werte skizzieren übliche Energiewerte bei bedarfsgerechter Rationsgestaltung bei 3,5; 4,0 und 4,5% Milchfett). Diese Energiegehalte der Milch können für die Bedarfsangaben direkt verwendet werden. Im NEL-System verwendet man jedoch noch einen Zuschlag.

Dies ist vor allem dadurch begründet, dass die Umsetzbarkeit einer Ration mit Verdoppelung der Futteraufnahme (Basis Erhaltungsniveau) um 0,8% sinkt. Da Milchleistung und Futteraufnahmeniveau korreliert sind, wird der damit gekoppelte Rückgang der Energienutzung durch Bedarfszuschlag von 0,07 MJ NEL pro kg Milch berücksichtigt. Dieser Korrekturwert orientiert sich an einer mittleren täglichen Leistung von 20 kg Milch (bei 600 kg LM). Es ergibt sich somit der in Tabelle 136 dargestellte Zusammenhang.

Die Korrektur ist also bei niedrigen Milchleistungen leicht überhöht, bei hohen niedriger. Sie ist ausreichend genau und praktikabel. Für variierende Milchleistungen ist in Tabelle 137 der Energiebedarf (Erhaltung und Leistung) berechnet.

Tab. 135. **Energiegehalte in Kuhmilch MJ/kg in Abhängigkeit von Protein- und Fettgehalt[1]**

Fettgehalt (%)	Proteingehalt (%)			
	2,9	3,2	3,5	3,8
3,0	2,67	2,73	2,80	2,86
3,25	2,76	2,82	2,89	2,95
3,5	2,86	2,92	2,99	3,05
3,75	2,95	3,01	3,08	3,14
4,0	3,04	3,10	3,17	3,23
4,25	3,13	3,19	3,26	3,32
4,5	3,22	3,28	3,35	3,41
4,75	3,32	3,38	3,45	3,51
5,0	3,41	3,47	3,54	3,60

[1] Für die Berechnung wird der Brennwert für 1 g Milchfett mit 37 kJ, für 1 g Protein mit 21 kJ angesetzt. Für den Lactosegehalt wird mit einer Konstanten von 950 kJ pro Liter Milch gerechnet

Tab. 136. **Berechnung eines Korrekturfaktors zur Berücksichtigung der abnehmenden Umsetzbarkeit bei steigenden Futtermengenaufnahmen**

	Bedarf
Erhaltung	35,5 MJ NEL
20 kg Milch, 4% Fett, 3,2% Protein:	63,4 MJ NEL
Summe	98,9 MJ NEL

dies ist (98,9 : 35,5 = 2,78) das 2,78fache des Erhaltungsbedarfs. Das Erhaltungsniveau ist um den Faktor 1,78 überschritten; es wäre also ein Abfall der Umsetzbarkeit von 0,8% × 1,78 = 1,42% zu erwarten.

Dies ergibt:

98,9 × 1,42 : 100 = 1,40 bei 20 kg Milch, pro Liter Milch ist dies ein Betrag von 0,07 MJ.

Tab. 137. Täglicher Energiebedarf für Erhaltung und Leistung von Kühen mit 600 kg LM (Milch mit 4% Fett ~ 3,17 MJ NEL/kg), Futteraufnahme

	DM-Aufnahme (kg)	NEL MJ
hochtragend		
8. Monat	10,5	50
9. Monat	9,5	56
Milchleistung (kg)		
10	12	67
15	14	83
20	15,5	99
25	17,5	115
30	19,5	131
35	21,5	146

Neben metabolischem Körpergewicht sind also Milchmenge und -zusammensetzung als Bedarfsbasis zu erfassen. Die Fettgehalte variieren am intensivsten, deshalb werden Milchmengen korrigiert (auf 4% Fettgehalt); die englische Bezeichnung für fettkorrigierte Milch ist „fat-corrected milk" (FCM). Die Umrechnungsformel für **fettkorrigierte (auf 4% Fett) Milchleistung** lautet:

kg FCM = kg gemessen × [(Fett% × 0,15) + 0,4]

Beispiel: 30 kg Milch mit 3,2% Fett entsprechen:

30 × [(3,2 × 0,15) + 0,4] = 30 × [0,48 + 0,4]
= 30 × 0,88 = 26,4 kg FCM

Bedarf während der Trächtigkeit

Während der Endphase der Trächtigkeit ab der 6. Woche vor dem Kalben benötigen Kühe (Trockenstehzeit) Energiezulagen. Der Teilwirkungsgrad für Energieansatz im Fruchtgewebe ist niedrig und bewegt sich zwischen 0,15 und 0,2 (Mittel 0,175), Differenzen für die Bildung von Euter- und Uterusgewebe bleiben unberücksichtigt. Für Praxisbedingungen genügt die Schätzung nach folgendem Schema:

Täglicher Energieansatz Uterus + täglicher Energieansatz Euter × Korrekturfaktor Verwertung.

Der Korrekturfaktor für die Verwertung errechnet sich aus der Relation des k-Werts im NEL-System (0,6) und der tatsächlichen Relation (0,175). Er liegt bei 3,43, wie aus folgender Beispielrechnung ersichtlich (s. Tab. 138).

Protein

Der Proteinbedarf der Milchkuh ist, bedingt durch den ruminalen Proteinab- und -aufbau, Besonderheiten unterworfen. Da ca. 80% des Futterproteins ruminal zu NH_3 abgebaut wird, muss man eher von N-Bedarf für mikrobielle Proteinsynthese oder Bedarf für verfügbare Aminosäuren am Duodenum sprechen. Letztere ergeben sich aus Mikrobenprotein und nicht abgebautem Futterprotein.

Prinzipiell vereinfacht setzt sich der Nettoproteinbedarf zusammen aus:

1. unvermeidlichen Verlusten im Harn, Kot und über die Haut (geprüft über N-freie Rationen oder Kalkulation durch Regressionen mit Interpolieren auf eine N-Aufnahme von Null) und N-Ansatz bzw. -Ausscheidung (Milch).

Endogene Verluste:
- UNe (g/Tag) = 5,9206 × log LM (kg) – 6,76
  (= endogener Harn-N-Verlust),
- VN (g/Tag) = 0,018 × $LM^{0,75}$ (kg)
  (= N-Verlust über Haut),
- FNe (g/Tag) = 2,19 × IDM (kg)
  (= fäkaler endogener unvermeidlicher N-Verlust).

Die endogenen Harn-N-Verluste werden also niedriger veranschlagt als für das Kalb. Die endogenen fäkalen Verluste pro kg aufgenommener Futtertrockenmasse liegen in der Summe dagegen deutlich höher. Da die DM-Aufnahme in die Berechnungen als bedeutsamer Faktor eingeht, wird an dieser Stelle eine Einfachformel zur Abschätzung in Abhängigkeit von der Milchleistung

Tab. 138. Energieansatz in der Hochgravidität und Bedarf an NEL

	Ansatz Uterus MJ/Tag	Ansatz Euter MJ/Tag	Ansatz gesamt MJ/Tag	$\times \frac{0,6}{0,175} = 3,43$		Bedarf NEL MJ/Tag
Wochen ante partum						
6.–4.	2,65	1,0	3,65	× 3,43	=	12,5
3.–1.	3,75	1,5	5,25	× 3,43	=	18,0

Tab. 139. Trockenmasseaufnahme (IDM) von Milchkühen in Abhängigkeit von der Milchabgabe (600 kg LM, Angaben pro Tier und Tag)

	IDM (kg/Tag)
Hochtragend/trockenstehend:	10,0
Milchleistung (kg)	
5	9,5
15	13,5
20	15,5
25	17,5
30	19,5
35	21,5

aufgeführt (600 kg LM, Mitte der Laktation, mittlere Energiekonzentration der Ration):

IDM (Trockenmasseaufnahme/Tag) = 7,5 + (0,4 × kg Milch)

Danach errechnen sich die in Tabelle 139 angegebenen DM-Aufnahmen für eine Milchkuh mit 600 kg LM.

2. Proteinabgabe über die Milch: Hierfür sind Variationen in Abhängigkeit vom Laktationsstadium, der Rasse und der Fütterung zu berücksichtigen. So liegt z. B. der Proteingehalt der Milch bei manchen Rassen bei 3,35 % (Schwarzbunte, Rotbunte, Braunvieh, Mitte der Laktation), höher ist er bei Rassen der Kanalinseln oder Anglern. Der Nettoproteinbedarf für Milch wird also folgendermaßen berechnet:

kg Milch × CP-Gehalt Milch = Nettobedarf für Milchproduktion

Eine Beispielrechnung für den Nettoproteinbedarf für eine Milchkuh mit 600 kg LM und einer Milchleistung von 20 kg pro Tag ist in Tabelle 140 aufgeführt.

3. Bedarf an nutzbarem Protein am Duodenum: Der Rohproteinbedarf am Duodenum wird nun aus dem Nettobedarf unter Berücksichtigung folgender Zusammenhänge berechnet:
- nur 73 % des Gesamt-N am Duodenum sind Aminosäuren-N,
- 85 % dieser Aminosäuren sind absorbierbar,
- intermediär werden 75 % dieser Aminosäuren verwertet.

In Kombination errechnet sich ein Korrekturwert von 0,73 × 0,85 × 0,75 = 0,465.

Zusammengefasst kann also die Nettobedarfssumme mit dem Faktor 2,18 (dies entspricht 100:46,5) multipliziert werden.

Danach errechnet sich im obigen Beispiel (Tab. 140) der **Rohproteinbedarf am Duodenum** aus der Multiplikation der Nettobedarfssumme mit dem Faktor 2,1, also:

966,8 × 2,1 = 2078 g

Tab. 140. Nettoproteinbedarfswert für eine Kuh mit 600 kg LM (121,2 kg $LM^{0,75}$) und 20 kg Milchleistung

Teilgröße	$LM^{0,75}$	Faktor	Produkt N		Protein	
VN	121,2	0,018	2,18	× 6,25	=	13,5 zuzüglich
FNe	15,5 (kg IDM) ×	2,19	33,9	× 6,25	=	211,7
UNe	log LM^1 2,778 × 5,921 =	16,58 − 6,76				
		9,82		× 6,25	=	61,3
						286,5
		Teilsumme				286 ~ Nettobedarf für endogene Verluste
Milchprotein 20 kg × 3,4 (Milchprotein %)					=	680,0 ~ Nettobedarf für Milchproduktion
		Nettobedarf Summe				**966,8 g Rohprotein**

[1] Nach Formel GFE (2001): UN_e (g/Tag) = 5,90206 $\log_W$ −6,76

In Tabelle 141 sind die Proteinbedarfswerte für verschiedene Leistungen aufgeführt.

Unterschiedliche Milchproteingehalte beeinflussen den Bedarf an nutzbarem Protein am Duodenum.

Der Bedarf an nutzbarem Rohprotein in g pro kg Milch in Abhängigkeit vom Proteingehalt (x) der Milch berechnet sich nach folgender Kalkulationsformel:

$f_x = 94 - (3{,}8 - x) \times 21$

Für Praxisverhältnisse mit 3,4% Protein in der Milch und bei etwa 600 kg LM der Kühe kann mit folgender Regressionsformel der GfE (2001) der Bedarf an nutzbarem Protein in Abhängigkeit von der Milchleistung in kg (x) recht einfach geschätzt werden:

$f_x = 431 + 81 \times$ kg Milch
(bei 34 g Rp/kg Milch)

Berechnung der Versorgung mit nutzbarem Rohprotein (nXP) am Duodenum

Berechnungen des nXP in Deutschland gehen vorwiegend auf experimentelle Arbeiten in Rostock und Braunschweig zurück.

Hauptkomponenten des nXP sind das im Pansen nicht abgebaute Protein (**UDP**) und das mikrobielle Protein.

Eine direkte Bestimmung des UDP ist methodisch aufwendig. Definiert ist es als Differenz zwischen Rohprotein (bereinigt um Ammoniak) und der Summe von endogenem Protein und Mikrobenprotein:

UDP = NAN × 6,25 - (Mikrobenprotein + endogenes Protein)
NAN = Nicht-Ammoniak-N

Die Menge des Mikrobenproteins ist in erster Linie von der ruminalen Energieversorgung abhängig. Im Mittel werden 10,1 g Mikrobenprotein pro MJ umsetzbarer Energie gebildet (± 1,5 g) bzw. 156 g je kg verdaulicher organischer Substanz (DOS) (± 24). Kohlenhydratüberversorgung, hoher Anteil ruminal langsam abbaubarer Stärke und Fasermangel senken die mikrobielle Proteinsynthese. Als N-Quelle dient Ammoniak, der aus mikobiellem Proteinabbau und aus der Rezyklisierung (Harnstoff im Speichel) stammt. Es ist nahe liegend, dass zur Aufrechterhaltung der Proteinsynthese der Ammoniakspiegel in der Pansenflüssigkeit nicht zu sehr abfallen darf. Der Grenzwert für eine optimale Proteinsynthese von 50 mg NH_3N pro Liter Pansenflüssigkeit sollte nicht unterschritten werden.

Die Schätzung der Menge an nutzbarem Protein ist über Regressionsformeln, die in Braunschweig-Völkenrode ermittelt wurden, möglich (GFE 2001):

nXP = {187,7 − [115,4 (UDP/XP)]}
DOS + 1,03 UDP

Bei Rohfettgehalten über 7% ist ein Fettabzug nötig:

nXP = {196,1 − [127,5 (UDP/XP)]}
(DOS − DXL) + 1,03 UDP

nXP = nutzbares Rohprotein (g)
ME = umsetzbare Energie (MJ)
DOS = verdauliche organische Substanz (kg)
DXL = verdauliches Rohfett (kg)
UDP = unabgebautes Futterrohprotein (g)

Ruminale N-Bilanz

Für das Fermentationssystem im Pansen ist eine ausgeglichene Bilanzierung zwischen N-Zufuhr

Tab. 141. **Tages-Rohproteinbedarf Milchkühe (650 kg LM, 4% Fett, 3,4% Protein in der Milch)**

Milch-Menge	Aufnahme		Nettobedarf Protein, g			nXP g
	MJ ME	IDM kg	Erhaltung	Leistung	Summe	
10	120	12,5	247	340	587	1230
20	170	16,0	295	680	975	2050
25	195	18,0	323	850	1173	2460
30	220	20,0	350	1020	1370	2880
35	240	21,5	371	1190	1561	3280
40	265	23,0	391	1360	1751	3680

und Protein-Abfluss eine wichtige Regelgröße. Ein N-Mangel beeinträchtigt die Proteinsynthese, Überschüsse belasten die Tiergesundheit. Die ruminale N-Bilanz berechnet sich aus

RNB = {(XP − nXP)/6,25}

Sie gibt also an, wie viel Stickstoff als Ammoniak-N absorbiert werden muss. Überschüsse von 100 g RNB pro Tag oder mehr bei Milchkühen sollten nicht toleriert werden.

Die Proteinklassifizierung in verschiedene Abbaubarkeitsgruppen wurde von der GfE vorgenommen. Dabei wurden drei Gruppen gebildet (Abbaubarkeit 85%, 75% und 65%), (s. Kap. Futtermittel). Gramineenproteine erwiesen sich als hochabbaubar, Sojaprotein getoastet dagegen als ruminal recht stabil (65-%-Gruppe).

Für die Abbaubarkeit sind Passagedauer, Partikelgröße, evtl. Umhüllungseffekte (cage effects), Denaturierungen, aber wohl auch die Tertiärstrukturen und Aminosäurensequenzen verantwortlich. Die Abbaubarkeit von Protein kann zunächst nur geschätzt werden, da hierfür praktikable In-vitro-Methoden fehlen und eine Bestimmung im Experiment unverhältnismäßig aufwendig ist.

In Schätzformeln geht also vorrangig die Energiezufuhr als Basis für die mikrobielle Proteinsynthese und der Anteil an UDP ein. Proberechnungen zeigen, dass es Versorgungssituationen gibt, in denen die Menge an ruminal verfügbarem N durch rezyklisierten Stickstoff stark beeinflusst ist (vor allem bei knappem Protein). Wird nun genügend Energie zugeführt, kann es so zu einer höheren Anflutung an nutzbarem Protein am Duodenum kommen als über die Futterration eingebracht wird.

Andererseits kann die Menge an bakteriell synthetisiertem Protein knapp werden, wenn hohe Milchleistungen vorliegen. Sehr hohe Milchleistungen über 30 kg/Tag sind nur bei einer Proteinabbaubarkeit von nicht mehr als 75% vorstellbar. Hier kann unter besonderen Bedingungen der Einsatz von geschütztem Protein (Protein, das durch besondere Behandlungsverfahren ruminal wenig abgebaut wird) sinnvoll sein.

Bei niedriger Milchleistung kann die am Duodenum angeflutete Proteinmenge jene der oralen Zufuhr übertreffen, da dann rezirkulierter Stickstoff in merklichem Umfang für die bakterielle Proteinsynthese herangezogen wird.

Je Megajoule umsetzbarer Energie rechnet man mit 10,1 ± 1,5 g mikrobiellen Proteins, oder aber je Kilogramm verdaulicher organischer Substanz (DOM) 162 g. Bei hoher Milchleistung erhält also die Zufuhr von ruminal nicht abbaubarem Protein eine besondere Bedeutung. Diese Werte weichen übrigens etwas ab von jenen, die für den Proteinbedarf der Mastbullen zugrunde gelegt wurden; dort wird der Anteil mikrobieller Proteinsynthese pro MJ ME auf 10,5 g geschätzt.

Mengenelemente
Der Bedarf an Mengenelementen errechnet sich wie folgt:

$$\text{Bedarf (g/Tag)} = \frac{\text{Nettobedarf (g/Tag)}}{\text{Verwertbarkeit (\%)}} \times 100$$

Die nachfolgenden Tabellen zeigen den Bedarf der Milchkuh an Mengenelementen (Tab. 142), Bedarfswerte für Milchkühe (600 kg LM) unterschiedlichen Leistungsniveaus (Tab. 143) sowie einfache Regressionsformeln zum Mineralstoffbedarf für die Kalkulation unter Praxisbedingungen (Tab. 144).

Die Bedarfswerte sind in erheblichem Umfang abhängig von intestinaler Verwertung und Versorgungsniveau. Bei Minimalversorgung ist mit hoher intestinaler Nutzung, bei hoher Versorgung mit geringeren Nutzungsraten zu rechnen. Oft ist die Sicherheit der Versorgung (Angebote über Futtermittel, die ggf. nicht vollständig gefressen werden) nicht immer gewährleistet. Übersehen wird gelegentlich die Ca-Versorgung über Trinkwasser in Gebieten mit Kalkverwitterungsböden. Bei 300 mg Ca/l Wasser und Aufnahmen um 80 l Wasser resultieren 24 g Ca pro Tier und Tag. In der Praxis werden oft Ca- und P-Zulagen von 10 bis 20% über dem Bedarf empfohlen.

Ca/P-Verbindungen, Ca/P-Verfügbarkeit
Die Ca- und P-Versorgung der Wiederkäuer unter europäischen Bedingungen erfolgt meist über Mineralstoffvormischungen. Die hierin enthaltenen Verbindungen weisen in aller Regel eine gute Verfügbarkeit auf. Gewisse Unterschiede in der Absorbierbarkeit verschiedener Ca- und P-Salze bestehen jedoch zweifellos. Die pH-Wert-Absenkung (HCl-Einwirkung) im Labmagen beeinflusst durch Dissoziation und Chloridbildung die Verfügbarkeit ähnlich wie bei Monogastriern. Naturgranulate oder silicatreiche Mineralverbindungen weisen oft unterdurchschnittliche Verfügbarkeiten auf.

Ferner gilt der phytatgebundene P und vor allem auch das tertiäre Ca-Phosphat als weniger verfügbar als primäres oder sekundäres. Die Unterschiede haben jedoch beim Wiederkäuer kaum

Tab. 142. Ableitung des Mineralstoffbedarfs von Milchkühen

	Ca	P	Mg	Na
Endogene Verluste	g/kg IDM[1]		g/kg LM/d	
	1	1	0,004	0,011
Ansatz Konzeptionsprodukt g/Tier u. Tag	3,5	2,25	0,125	0,75
Abgabe über Milch/kg (g)	1,25	1,0	0,12	0,5
Verwertbarkeit %	50	70	25	85
Faktor (100 : Verwertbarkeit)	2,0	1,43	4	1,18
Für Milchkühe mit 600 kg LM und 20 l Milchleistung (DM-Aufnahme 15,5 kg/Tag) errechnen sich somit folgende Werte (g/Tier u. Tag):				
endogene Verluste	15,5	15,5	2,4	6,6
20 kg Milch	25,0	20,0	2,4	10,0
Summe Nettobedarf	40,5	35,5	4,8	16,6
× Verwertungsfaktor = Bruttobedarf	81,0	50,8	19,2	19,6

[1] IDM = Trockenmasseaufnahme

Bedeutung, da mikrobielle Umsetzungen im Pansen die Verfügbarkeit verbessern. Neben Phytat können auch Oxalate im Pansen umgebaut und so gebundene Mineralien verfügbar gemacht werden.

Ca-Seifen werden im Labmagen hydrolysiert, das freie Ca wird so intestinal verfügbar. Da Mg überwiegend im Pansen absorbiert wird, kann bei diesem Element eine gute Löslichkeit im Pansenmilieu ein gutes Verfügbarkeitskriterium sein. Natrium ist weitgehend unabhängig von der jeweiligen Verbindung regelmäßig hoch verfügbar. Die Mineralstoffgehalte im Grundfutter, insbesondere der Ca-Gehalt, variieren in Abhängigkeit vom Vegetationsstadium (ältere Gräser sind meist Ca-reicher) und sind auch durch die Pflanzenart beeinflusst (Kräuter, Leguminosen, Cruciferen, Rübenblatt sind Ca-reich).

P weist in einer Reihe Ca-reicher Futtermittel (wie etwa Leguminosen, Cruciferen) geringe Konzentrationen auf, so dass eine grundfutterspezifische Ergänzung mit P erfolgen muss. Der P-Gehalt in Getreide ist höher als jener des Ca und gut verfügbar.

Die Mg-Gehalte in jungem Gras – in Mitteleuropa also im Frühjahr, in den Tropen nach Beginn der Regenzeit – sind gering und durch hohe Eiweißgehalte (NH_3) nur mäßig verfügbar. In Verbindung mit zusätzlich hohen Kaliumgehalten kann die schlechte ruminale Verfügbarkeit

Tab. 143. Täglicher Mineralstoffbedarf von Milchkühen (g/Tier) (Nettobedarf × Verwertungsfaktor)

	Ca	P	Mg	Na
Erhaltung	20	20	9,6	7,9
+ Bedarf hoch gravid	7,0	3,0	0,5	0,9
Summe (Bruttobedarf)	27	23	10,1	8,8
Erhaltung + 10 kg Milch	49	31	14,4	13,9
Erhaltung + 15 kg Milch	66	41	16,8	16,9
Erhaltung + 20 kg Milch	82	51	19,2	19,9
Erhaltung + 25 kg Milch	98	61	21,6	22,9
Erhaltung + 30 kg Milch	114	71	24,0	25,9
Erhaltung + 35 kg Milch	130	80	26,4	28,9

Tab. 144. Regressionsformeln zum täglichen Mineralstoffbedarf von Milchkühen (600 kg LM)

Ca-Bedarf (g)	= 18 + (kg Milch × 3,13)
P (g)	= 11 + (kg Milch × 1,95)
Mg (g)	= 9,6 + (kg Milch × 0,48)
Na (g)	= 7,9 + (kg Milch × 0,6)

zu absolut marginaler Versorgung (Tetaniegefahr) führen. Die Na-Versorgung aus Grundfutter, vor allem aber bei Weidehaltung, ist in aller Regel knapp.

Spurenelemente
Auch eine faktorielle Berechnung des Spurenelementbedarfs erlaubt grundsätzlich die Ermittlung von Bedarfsnormen. Allein methodische Probleme der Erfassung der Verfügbarkeit (die absolut insgesamt meist gering ist) erschweren ein solches Vorgehen außerordentlich. Außerdem tritt der Wirkstoffcharakter dieser Nährstoffe so in den Vordergrund, dass Gewebeeinlagerungen, Depotbildungen oder Plateaukonzentrationen nur eine Auswahl von mehreren Kriterien der Versorgung sind. Bedarfsnormen sind also meist Ergebnisse von Dosiswirkungsstudien, die mit unterschiedlichen Kriterien durchgeführt wurden. So orientiert sich z. B. die Optimierung der Eisenversorgung an der Aufrechterhaltung eines optimalen roten Blutbildes. Bei anderen Elementen steht die Verhinderung von Mangelerscheinungen oder der Aufbau einer ausreichenden Organspeicherung, z. B. in der Leber, im Vordergrund.

Die Bedarfsnormen für Spurenelemente werden zumeist als Konzentrationen für 1 kg Futtermittel-DM angegeben. Die Fütterung einer gemischten Ration mit Differenzen in der Energiekonzentration führt somit zu Variationen in der Spurenelementzufuhr. Deshalb sind Sicherheitszuschläge vorzusehen. Die Normen in Tabelle 145 entsprechen Empfehlungen der GfE, sie wurden vor allem auf Grund von experimentellen Daten des NRC (1978), ARC und von einschlägigen Lehrbüchern zusammengestellt. Gleichzeitig wurden empfohlene Vitamingehalte aufgenommen.

Die Versorgung mit Spurenelementen ist mit dem Einsatz kommerzieller Vormischungen am sichersten. Gehalte in Mischfuttermitteln müssen ebenfalls so ausgelegt sein, dass der Bedarf gedeckt ist. Die Grundfuttergehalte variieren dagegen sehr. **Eisen**mangel ist auch unter extremeren Versorgungsbedingungen selten und oft eine Folge anderer Erkrankungen (z. B. Darmparasitosen). Ein Versorgungsniveau von 50 mg/kg Futter DM reicht aus, um Mangelerscheinungen zu verhindern. Auch die **Zink**versorgung ist mit 50 mg/kg DM gesichert, für spezielle Ziele (Verbesserung der Klauenqualität, des Hautstoffwechsels) können phasenweise höhere Dosierungen sinnvoll sein.

Die **Kupfer**bedarfsangaben liegen oft niedriger als oben angegeben. Dies hängt wohl mit der begrenzten Cu-Toleranz der Wiederkäuer zusammen, freilich ist dies eher bei Schafen und einigen Wildwiederkäuern ein Problem. Zudem spielt Cu als anthropogen eingetragenes, umwelttoxisches Agens bereits eine zentrale Rolle. Variationen des Cu-Gehalts im Grundfutter und Interaktionen des Cu mit S (Vormagen), aber auch mit Molybdän, was die Verfügbarkeit nachhaltig senkt, lassen aber eine Versorgung mit mindestens 15 mg Cu/kg DM sinnvoll erscheinen. Auch höhere Gehalte an Ca, wie sie in Grundfuttermitteln für Rinder (s. Raps, Rübenblatt etc.) vorkommen, senken die Cu-Verfügbarkeit. Diese Ca-bedingte Verfügbarkeitsdepression ist auch für Zn und Mn bekannt.

Mangan wird in Mischfuttermitteln in Dosierungen zwischen 15 mg und 100 mg pro kg eingesetzt. Die empfohlenen Werte liegen bei 50 mg pro kg Futter-DM. Der eigentliche Bedarf pro kg täglich aufgenommener Trockenmasse liegt aber relativ niedrig. Die Mn-Verfügbarkeit ist allgemein niedrig, die Nettoabsorbtion bei üblich ver-

Tab. 145. Empfohlene Spurenelementgehalte in Mischfutter für weibl. Aufzuchtrinder und Milchkühe (mg/kg Futter, lufttrocken)

	Spurenelementgehalte für Milchkühe (mg/kg)
Eisen	50
Zink	50
Mangan	50
Kupfer	15
Iod	0,25 (Zuchtrinder) bis 0,5 (Milchkühe)
Selen	0,25
Cobalt	0,10

In Mischfuttermitteln für Milchkühe übliche Dosierungen fettlöslicher Vitamine IE/kg

Vitamin A IE	4000–9000 (1 IE = 0,3 µg Retinol = 2,5 µg β-Carotin)
Vitamin D IE	400–900 (1 IE = 0,025 µg Cholecalciferol)
Vitamin E IE	25–50 (1 IE = 1 mg DL-α-Tocopherolacetat)

sorgten Tieren bewegt sich nur zwischen 2 % und 15 %.

Anreicherungen von Mn im Ovar des Rindes sind seit langem bekannt.

Selen ist in vielen Gebieten unserer Erde knapp. In allen regenreichen gemäßigten Zonen der Welt spielt die Auswaschung des Bodens eine Rolle. Wirkungen des Se im Intermediärstoffwechsel (z. B. im Red-Ox-System des Organismus, auch bei der Thyroxinsynthese) lassen vor allem bei hoher Milchproduktion einen gesteigerten Bedarf vermuten. Wechselwirkungen mit Vitamin E sind zu berücksichtigen. Se-S-Interaktionen im Pansen können die Verfügbarkeit senken.

Darüber hinaus wurden Zusammenhänge zwischen knapper Se-Versorgung und einem erhöhten Zellgehalt der Milch beschrieben. Ob diesbezüglich ein Vitamin-E-Spareffekt des Se oder eine Se-eigene Wirkung vorliegt, ist ungeklärt. Eine sichere Se-Versorgung ist mit 0,25 mg Se/kg DM gewährleistet.

Nur wenige Untersuchungen zum **Iod**bedarf liegen vor. Knappe Iod-Versorgung ist jedoch bei Mensch und Tier, vor allem in kontinentalen Gebieten verbreitet. Eine grundsätzliche Supplementierung von Mischfuttermitteln für Rinder mit Iod wäre also hier sinnvoll, zumal die nativen Iodgehalte in Futtermitteln erheblich variieren. Die Bedarfsempfehlungen liegen bei 0,5 mg Iod pro kg Futter-DM. Die „indirekte Versorgung" des Menschen mit Iod über eine fütterungsbedingte Iodanreicherung der Kuhmilch ist möglich.

Die **Cobalt**versorgung in Co-Mangel-Gebieten (Granitverwitterungsböden) verdient besondere Aufmerksamkeit. Co-Mangel-Erscheinungen (Hinsch-Krankheit im Schwarzwald) sind relativ unspezifisch (Schwäche, Leistungsmangel, Fruchtbarkeitsstörungen) und werden im submarginalen Bereich sicherlich oft übersehen. 0,1 mg Co pro kg Futter DM gelten als ausreichend, werden jedoch neuerlich als bereits knapp diskutiert.

Vitamine
Vitamine werden in unterschiedlichem Ausmaß gespeichert. Bedarfsanalysen orientieren sich aber vornehmlich an Wirkungen, nur begrenzt und abhängig von der Molekülart am Speicherverhalten.

Entwicklungsgeschichtlich hat sich der Wiederkäuer durch ruminale mikrobielle Syntheseleistung von einer oralen B-Vitamin-Zufuhr weitgehend unabhängig gemacht. Überschüsse an Riboflavin, Pyridoxin, Nicotinsäure, Biotin, Pantothensäure und auch Cobalamin liegen meist vor. In Einzelfällen ist eine Supplementierung mit Thiamin sinnvoll (Bullenmast mit chronisch acidotischer Stoffwechsellage, was die Hirnrindennekrose begünstigt). Bei der Milchkuh spielt die Vitamin-B_1-Mangel-Erkrankung keine größere Rolle. Vereinzelt werden zusätzliche Niacingaben für Milchkühe bei Ketosedisposition (s. dort) empfohlen.

Eigentlicher Supplementierungsbedarf besteht dagegen regelmäßig für die fettlöslichen Vitamine. Auch wenn **Carotin** im Weidegras in erheblichem Überschuss vorhanden ist, so liegen die Gehalte in überlagertem Heu oder in Silagen oft sehr niedrig, so dass dann marginale Versorgungssituationen für Vitamin A und Carotin entstehen können. Der Bedarf ist stark von der Leistung abhängig. Die Bedarfsangaben (s. Tab. 145) werden deshalb meist als Dosierempfehlung pro kg Rations-DM bzw. pro kg Mischfutter angegeben.

Die **Vitamin-A**-Gehalte in Lebern von Milchrindern schwanken. Gelegentlich stellt die Anreicherung dieses Vitamins in Lebern von Schlachttieren ein Problem dar, so dass unnötig hohe Supplementierungen vermieden werden sollten. Die Speichereffizienz ist höher als beim Carotin. Seit Beginn der fünfziger Jahre wird ein Vitamin-A-unabhängiger Bedarf der Milchkühe für Carotin diskutiert. Das Speicherverhalten u. a. im Ovar weist auf besondere Funktionen in diesem Organ hin. Praxisbeobachtungen bei stillbrünstigen Kühen mit schlechter Fruchtbarkeit zeigen, dass Carotingaben durchaus positive Wirkungen (frühere Ovulation nach Einsetzen der Brunst) auf die Fruchtbarkeit zeigen können.

Da die biochemische Funktion nicht klar ist, können Bedarfswerte nur unter Vorbehalt angegeben werden. Bisher ist die Ausrichtung am Blutspiegel die einzige Basis für eventuelle Bedarfsangaben. Mehr als 3000 µg/l im Blut an β-Carotin gelten als Hinweis für eine gute Versorgung. Dies erreicht man mit 100 mg β-Carotin pro Tier und Tag als Grundversorgung und Zulage von 10 mg β-Carotin pro kg Milch.

Die notwendige Höhe der **D-Vitamin**-Zufuhr ist von Haltungs- und Fütterungsbedingungen (Weidegang, Sonneneinstrahlung) abhängig. Als Faustregel kann gelten, dass die Dosierungshöhe (in IE) etwa bei einem Zehntel der Vitamin-A-Menge liegen sollte. Eine zusätzliche Zufuhr an **Vitamin K** ist nicht notwendig. Die mit grünen Pflanzen aufgenommenen Gehalte sind ausreichend.

3.4.4 Praktische Fütterung

Prinzipien der Rationsgestaltung (Sicherstellung einer wiederkäuergerechten Ernährung)

Die Ration muss aufnehmbar sein. Die Aufnahme variiert mit Leistung, Körpergröße, Laktationsdauer, Futterbeschaffenheit, Rasse etc. Für die Abschätzung der Futteraufnahme genügt die Berechnung nach der Einfachformel, wie unter „Endogener fäkaler Proteinverlust" ausgeführt.

Bei Deutschen Schwarzbunten ist dies bei einer gewissen standardisierten Körpergröße einigermaßen genau zu errechnen. So erlaubt die einfache Regression eine gute Annäherung an die tatsächlich erreichbare Futteraufnahme (maximal bis ca. 23 kg DM/Tag). Im Einzelfall ist die tatsächliche Aufnahme jedoch zu prüfen. Auf die Bedeutung der CF-Versorgung und der Energiedichte wurde bereits im Kapitel Wiederkäuergerechte Ernährung eingegangen.

Nahrungsbedingte Grenzen für die Futteraufnahme sind außerdem: Faserlänge, Faserabbaubarkeit, aber auch die schnelle Freisetzung flüchtiger Fettsäuren und schließlich auch der Geschmack und Geruch einer Ration. Es sind also vor jeder Detailrationsberechnung ausreichende organoleptische Eigenschaften sicherzustellen. Die Hauswiederkäuer sind gegenüber Futtergeruchsabweichungen – ähnlich wie z. B. die *Suidae* und Carnivoren – durchaus empfindlich.

Verzehrssenkend wirken u. a. die meisten Bitterstoffe, Glucosinolate, Senföle, Nitrile, S-Methyl-Cystein der Cruciferen, Mimosin in *Leucaena*, Saponine, cyanogene Glucoside. Gelegentlich entwickelt sich die Abneigung gegen bestimmte Futtermittel erst nach längerer Fütterungsdauer (teils wurde dies bei brandig überhitzten Pellets und buttersäurereichen Silagen beobachtet). Störend auf die Fermentation und Futteraufnahme wirken ggf. auch Säuren (milchsäurereiche Silage), Fette, aber auch eine Reihe pflanzlicher Inhaltsstoffe. So wirken Tannine verzehrssenkend, weil sie die mikrobielle Fermentation dämpfen, selbst aber auch Bittergeschmack aufweisen.

Säureinfusionen in den Pansen zeigen, dass schon ihre Konzentration selbst die Futteraufnahme beeinflusst. Zu schnelle ruminale Freisetzung solcher Säuren wirkt also verzehrshemmend. Sie ist bei Gabe von Konzentraten höher als bei Grundfutter.

Die Grundfutter-(Grobfutter-)Verdrängung spielt für die Kalkulation der Aufnahme eine wichtige Rolle. Der Verdrängungswert ist von vielen Faktoren abhängig. Überschlägig liegt er bei mittleren Futteraufnahmen und Rohfasergehalten um 18 % in der DM sowie durchschnittlichen Energiekonzentrationen bei 0,6. Dies bedeutet, dass bei einem Angebot von 1 kg Kraftfutter-DM mit einem Rückgang der Grundfutteraufnahme um 0,6 kg DM zu rechnen ist.

Darüber hinaus erlaubt erst eine günstige Relation zwischen Grundfutter und Konzentrat eine maximale Gesamtfutteraufnahme. Zwar verdrängt Kraftfutter-DM nur unterproportional Grundfutter-DM, dies gilt jedoch nur bis zu einem Optimum von 55 bis 60 % Kraftfutteranteil in der Ration. In Abbildung 111 wird gezeigt, dass der Konzentratanteil 60 % der täglichen Trockenmassezufuhr nicht überschreiten sollte. Ist dies der Fall, geht die Gesamt-DM-Aufnahme zurück, wohl verursacht durch die hohen Säureproduktionsraten, dann auch zunehmend durch subchronisch-acidotische Fermentationsbedingungen.

Etwas genauer kann der Verdrängungswert mit der Formel

$$0{,}96 - 0{,}0031 \times CF^1 \ (g/kgDM) + 0{,}045 \times kg \ Konzentrat$$

berechnet werden. Diese Formel gilt für einen sehr weiten – über übliche praxisrelevante Werte auch hinausgehenden – Bereich an Rohfaserkonzentrationen.

Die Formel zeigt, dass die Rohfaser entscheidend für die Futteraufnahme ist. Freilich geht bei höheren Rohfasergehalten die Futteraufnahme überproportional zurück. Und bei Energiedefizit treten geringere Verdrängungen durch Konzentrate auf.

Neben Geruch und Geschmack sind das Futtervolumen und der Pansenfüllungsdruck limitierende Faktoren für die Aufnahme. Der Füllungsdruck

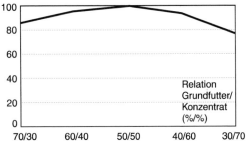

Abb. 111. Maximale Energieaufnahme in Abhängigkeit vom Grundfutter/Konzentrat-Verhältnis (auf Basis DM).

des Pansens wird durch die Trockensubstanz, aber auch durch die Struktur, Wasserbindung und Gasbildungsintensität des Panseninhaltes beeinflusst. Der bekannte Zusammenhang zwischen Grassilage-Anwelkegrad und Futteraufnahme lässt sich durch eine Faustregel beschreiben. Basis ist die Annahme, dass die DM-Aufnahme von Nasssilage (25 %) 8 bis 9 kg DM ausmacht.

Pro Prozentpunkt DM-Zunahme steigt – von 25 % ausgehend – die Futteraufnahme um etwa 200 g DM.

Oberhalb von 35 bis 38 % DM ist aber bereits mit einer negativen Korrelation zwischen DM und Aufnahme zu rechnen.

Die Realisierbarkeit von Fütterungsplänen ist stets hinsichtlich tatsächlicher Futtermengenaufnahme zu überprüfen.

Menge an strukturiertem Futter
Wiederkäuer benötigen genügend strukturiertes Futter zum Aufbau der essenziellen ruminalen Faserschicht. Die unverzichtbaren Funktionen dieser Fasermatte sind in Abbildung 110 aufgeführt.

Die optimale Partikellänge ist von Vegetationsstadium, Abbaubarkeit und Vernetzungseigenschaften abhängig. Sie soll den Aufbau einer stabil vernetzten, gut durchströmbaren Faserschicht im Pansen ermöglichen. Als Faustregel kann gelten, dass Maissilage um 6 mm Partikellänge noch gute Struktureigenschaften aufweist, Grassilage jedoch nicht unter 10 mm mittlerer Partikellänge aufweisen sollte.

Die Struktureigenschaften von Rübenblattsilage sind als ungünstig einzustufen.

Zur Sicherung der Struktureigenschaften einer Ration werden folgende Hilfsgrößen berücksichtigt:

- **Mindestens 18 % Rohfaser** sollen in der DM vorliegen. Für Mastbullen werden ggf. niedrigere Gehalte (14 bis 16 %) toleriert. Für die Wirkung entscheidend sind ferner: Partikellänge, Lignifizierung, Silicatanteil und Celluloseabbaubarkeit. Vereinzelt wird vorgeschlagen, diesen Rohfasermindestbedarf auf die Lebendmasse zu beziehen. Diätetisch ist aber der prozentuale Rohfasergehalt in der Ration entscheidend.
- Mindestens zwei Drittel der Rohfaser sollten **strukturiert** sein, um die ruminale Faserschicht zu stabilisieren. Diese Forderung entspricht in etwa 40 bis 45 % Halmfutter-DM (CF in Grünfutter, Grassilage, Heu, Mais, Ganzpflanzensilage) an der gesamten DM. Struktureigenschaften sind per se kaum objektiv messbar (Halmfutterfaser gilt als strukturiert). Rohfaser aus Pellets, Grünmehl, Rübenblatt etc. gilt dagegen als wenig oder nicht strukturiert. Für eine stabile Faserschicht ist eine Mindestpartikellänge von etwa 1,0 cm nötig. Nur dann erfolgt ihre ausreichende Verfestigung und Vernetzung bei genügender Möglichkeit der „Durchspülung". Die Einstufung von Maissilage als Grundfutter mit Halmfuttereigenschaften ist teilweise berechtigt, aber in hohem Ausmaß von Partikellänge und Reifegrad abhängig.
- Auch die **Fütterungstechnik** soll die Struktur des Panseninhalts verbessern. So fördern Heu- und Silagegaben *vor* der Kraftfuttergabe den Aufbau der Faserschicht und damit die Konzentratverträglichkeit. Erste Hinweise zur TMR-Fütterung zeigen z. B., dass über den Tag verteilte untergemischte Konzentratgaben sogar retardierend auf den postprandialen pH-Anstieg im Pansenmilieu einwirken können.

Nach Standardlehrbüchern (Kirchgessner 2005) sollte der Rohfaseranteil in der Ration 18 % der DM betragen, 2/3 hiervon sollten strukturiert sein. Als strukturiert gilt Faser aus Gramineen.

Die Arbeitsgruppen um PIATKOWSKI und HOFFMANN (Rostock und Leipzig) haben Struktureigenschaften faserreicher Futtermittel nach ermittelten Kauzeiten eingestuft. Lange Kauzeiten fördern den Speichelfluss, sie tragen durch den Pufferanteil im Speichel HCO_3^- (125 mmol/l) und HPO_4^- (26 mmol/l) zur Stabilisierung des pH-Wertes der Pansenflüssigkeit bei. Hierfür wurde der Begriff der strukturwirksamen Faser eingeführt:

Strukturwirksame Faser (g) = Rohfaser (g) × f

Der in diese Formel eingehende Strukturfaktor f ist eine dimensionslose Vergleichszahl.

In dem System von HOFFMANN wird die Strukturwirksamkeit der Rohfaser durch die ausgelöste Kauaktivität bestimmt, Bezugsgrundlage ist Heu mit 28–30 % Rohfaser, für das ein Faktor von 1 festgelegt wurde. Folgende Strukturfaktoren (vereinfacht) können zur überschlägigen Berechnung der Strukturwirksamkeit herangezogen werden:

Heu, Silagen, Grünfutter, Stroh   1,0

Häckselung senkt den Faktor um 25 %, bei sinkendem Rohfasergehalt um 15 % (auf unter 28 %) fällt der Faktor auf 0,75. Übliche Maissilage, auch bei kurzer Häckselung, erhält den Faktor 1, Rübenblattsilage lediglich 0,5. Brikettierte Strukturfuttermittel werden mit dem Faktor 0,5, pelletierte mit 0,25 bewertet. Konzentrate besitzen in diesem System keinerlei Strukturwert. 1 kg Grassilage mit 240 g Rohfaser in der DM hat also folgenden Anteil strukturwirksamer Faser:

$$240 \times 0{,}75 = 180 \text{ g}$$

Entscheidend in diesem System ist die täglich aufgenommene strukturwirksamer Faser. Sie sollte bei 2,6 kg pro Tier und Tag liegen.

Mit einfachen Mitteln (Schüttelbox) lässt sich eine ungefähre Einstufung der minimalen Partikelgröße zusätzlich vornehmen. Danach sollen 5–10% der Ration (lufttrockene Substanz) über 19 mm Siebgröße sein, nur 40–55% sollten ein Sieb von 8 mm passieren.

Ein sogenanntes Strukturwertsystem von DE BRABANDER, Belgien, hat sich teils in der Praxis bereits durchgesetzt. Es orientiert sich an Milchfettwerten (obwohl in der Hochlaktation der mobilisierte Fettanteil den Milchfettgehalt maßgeblich beeinflusst), kombiniert mit Daten zur Futteraufnahme, zum Kauverhalten und zur Milchleistung. Besonderheiten dieses Systems: Auch Mischfutter erhalten einen gewissen, wenn auch geringen, Strukturwert, der aus Kohlenhydratanteil und Beständigkeit der Stärke berechnet wird. Strukturwerte für Grundfuttermittel werden aus Rohfasergehalten regressiv errechnet. Maissilage wird gesondert durch Korrekturen berücksichtigt. Dieses System weist einen erheblichen Vorteil gegenüber anderen auf, da versuchsmäßig abgeleitete Messgrößen in die Regressionsbetrachtung eingeführt werden; damit ist dieses System differenzierter als das oben beschriebene von PIATKOWSKI und HOFFMANN. Nötige Nachkorrekturen für Maissilage, Rohfaseranteile, verschiedene Konzentrate, auch eine gewisse Unterbewertung der Struktur aus Grundfutter und vor allem der mittleren Partikellänge sollten Anlass sein, dieses System noch nicht in breiter Form in die Praxis zu übernehmen. In einer Modellrechnung mit 6 kg Grassilage und 14 kg Kraftfutter des Ausschusses für Bedarfsnormen (GfE) wurde z. B. ein ausreichender Strukturwert nach DE BRABANDER berechnet, obwohl dies allen Erfahrungswerten widerspricht. Das System sollte also weiter optimiert werden.

Die Ration muss eine Aufrechterhaltung der **mikrobiellen Eubiose** erlauben (Wahrung des intestinalen Ökosystems). Der Vormagen ist ein offener „Fermenter", der Nährstoffabbau und -aufbau nur bei mikrobieller Eubiose leistet.

Fütterungstechniken, Futtermittelkontaminanten und Futterinhaltsstoffe, die die mikrobielle Eubiose des Pansens stören, sind zu vermeiden.

Die Mikroflora muss bei **Futterwechsel** die Möglichkeit einer Adaptation haben. Schneller Futterwechsel, aber auch überhöhte Mengen von Stoffen, die sehr zügig fermentiert werden können, sind nicht wiederkäuergerecht. Das für Mikroorganismen verfügbare Substrat sollte nicht zu sehr in seiner Zusammensetzung variieren.

Die Rationsgestaltung muss die Kontinuität der Nährstoffzufuhr gewährleisten, um den Mikroorganismen eine Optimaladaptation zu ermöglichen.

Auch plötzliche **hohe Aufnahmen an Konzentraten** können die Panseneubiose nachhaltig stören. Werte von täglich mehr als 2,5 kg Stärke einschließlich Zucker werden verschiedentlich bereits als risikoreich geschildert. Vorsichtiges Adaptieren erlaubt aber auch weit höhere Gaben (bis 4,5 kg).

Überschüsse an Stickstoff werden im Pansen als Ammoniak freigesetzt. Ein pH-Anstieg im Pansen und hohe Leberbelastungen durch N-Absorption sind die Folge. Harnstoffgaben dürfen nicht über 0,30 g/kg LM und Tag (Mastbulle) bei vorsichtiger Adaptation liegen. In der Milchviehfütterung ist an Harnstofffütterung allenfalls unter Extensivbedingungen (z. B. in den Tropen) zu denken.

Auf die notwendige Begrenzung der **Fettzufuhr** (nicht mehr als 4% der DM) wurde bereits hingewiesen. Sogenannte geschützte Fette (Ca-Seifen oder Vollbohnenfette werden in höherer Konzentration toleriert – bis etwa 5 bis 6%).

Eine Störung der mikrobiellen Eubiose ist aber auch durch Aufnahme sehr hoher Mengen von Mikroorganismen möglich. Wichtiges Prinzip der Wiederkäuerfütterung ist deshalb die Vermeidung einer hohen oralen Keimbelastung.

Die Ration sollte frei sein von **schädlichen Stoffen**. Die Verträglichkeit einer Ration kann auch von besonderen Inhaltsstoffen und eventuellen Nährstoffimbalanzen abhängen. Selbstverständlich ist ferner eine Limitierung der oralen Zufuhr größerer Mengen an bakteriostatischen oder bakteriziden Substanzen sicherzustellen.

Über Giftpflanzen, sonstige schädliche Stoffe wie Pflanzeninhaltsstoffe, mikrobielle Sekundärstoffe (z. B. Mykotoxine, Bakterientoxine) und Kontaminanten (z. B. Schwermetalle, Pestizide, organische technische Stoffe) s. Kap. Futtermittel. Sie können direkt schädigend wirken, teils über Fleisch oder Milch aber auch in die Nahrungskette des Menschen gelangen.

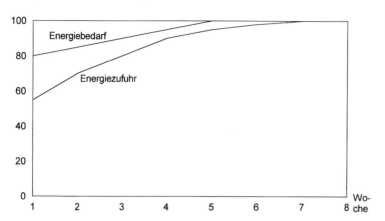

Abb. 112. **Typisches Beispiel für das Energiedefizit der frisch laktierenden Hochleistungskuh.**

Vorrangig ist auch die Forderung nach einer bedarfsgerechten Ration. Die Forderung ist eine Selbstverständlichkeit. Sie ist bei limitierter Futteraufnahme für Energie und Proteinzufuhr in der Hochlaktation aber nur partiell zu erfüllen. Phasen mit Nährstoffimbalanz müssen jedoch so kurz wie möglich gehalten werden. Siehe hierzu Abbildung 112, die ein typisches Beispiel zeigt.

> Eine möglichst bald nach dem Kalben energiedeckende schadstofffreie Ernährung mit ausreichender Proteinanflutung am Duodenum der Milchkuh ist Basis für eine hohe Tierleistung, Tiergesundheit und für einen optimalen ruminalen Fermentationsablauf.

Abbildung 113 zeigt, dass eine schnelle Steigerung der Kraftfuttermengen in den ersten Wochen post partum alsbald zu einer kritischen Verdrängung des Grundfutters in der Ration führt.

Bedarfsgerechte Ernährung ist sicherzustellen durch präzise Bedarfskalkulation, solide Einstufung der Qualitäten eingesetzter Futtermittel und ausreichende Misch- und Fütterungstechnik. (Milchqualität s. Sonderkapitel).

Die Ration sollte eine gute Qualität der von Tieren stammenden Lebensmittel sicherstellen und die Umwelt nicht unnötig belasten. Nährstoffüberschüsse und schädliche Stoffe werden zu einem großen Teil wieder ausgeschieden. Unter Praxisbedingungen sind nach wie vor die N-Ausscheidungen der Wiederkäuer erheblich. Diese Forderung wird vor allem durch eine streng bedarfsorientierte Fütterung sichergestellt.

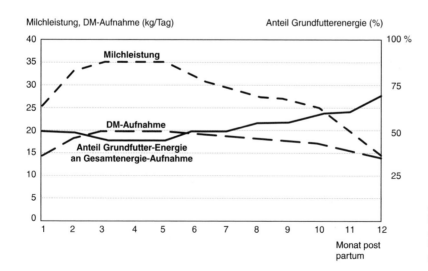

Abb. 113. **Verlauf von Milchleistung, DM-Aufnahme und Anteil Grundfutterenergie in der Laktation.**

Praktisches Vorgehen bei der Rationsgestaltung:
a) Für die Rationsberechnung müssen Basisdaten vorliegen. Betriebsinterne Vorgaben sind zu beachten. Vor der praktischen Rationsberechnung ist zu klären, welche technischen Fütterungsmöglichkeiten bestehen, welche Eigen- und Zukauffuttermittel verfügbar sind. Futtermitteleigenschaften und Fütterungstechnik müssen aufeinander abgestimmt sein (z. B. Laufstallhaltung mit Transpondertechnik erlaubt eine gute zeitliche Verteilung der Kraftfuttergaben, Anbindehaltung erfordert hohen Arbeitsaufwand für die Einzelfütterung). Futtermengen aus Eigenerzeugung, aber auch die Konservierungs- und Lagermöglichkeiten sind zu berücksichtigen. Bei Heu und Silage ist immer eine Futterbeurteilung einzubeziehen. Für die langfristige Planung ist die Erstellung eines Bestandsfutterjahresplans notwendig.
b) Evtl. ökonomisch günstige Zukaufmöglichkeiten für Futtermittel müssen berücksichtigt werden.
c) Fütterungstechnische Vorgaben sind zu beachten.

c-1) Rationsgestaltung bei TMR-(total mixed ration)Fütterung

TMR-Kraft/Grundfutter-Gemische werden u. U. in höherer Menge aufgenommen als bei getrennter Gabe. Die Verbesserung der Energieaufnahme darf aber nicht überschätzt werden (um 5 %). Die in eigenen Versuchen mit einer Responderanlage zur individuellen Grundfutterverwiegung gemessenen Futteraufnahmen zeigten starke Abhängigkeiten vom Laktationsstadium. Gelegentlich wird auch auf den Einfluss der Energiedichte hingewiesen. Dagegen ist die Abhängigkeit von der aktuellen Milchleistung nicht ganz so ausgeprägt. (Auch Alter der Kuh, Rahmen und genetische Herkunft hatten, wie erwartet, einen gewissen Einfluss.)

TMR-Rationen mit unterschiedlicher Energiedichte wurden von Kühen mit 600 kg LM und ca. 20 kg Milchleistung über einen längerfristigen Zeitraum etwa in dem in Tabelle 146 aufgeführten Umfang aufgenommen.

Höhere Futteraufnahmen sind bei optimaler Grundfutterqualität und Energiedichte möglich.

Die Erstellung einer TMR sollte folgende Schritte umfassen:
- Einstellen der Energiedichte (Kraftfutteranteil sollte 60 % der DM nicht überschreiten); für hohe Leistungen sollten 6,5 bis 7,0 MJ NEL/kg DM, für mittlere 6 bis 6,5 MJ NEL/kg DM eingestellt werden;

Tab. 146. Trockenmasseaufnahme von TMR-Rationen durch laktierende Kühe in Abhängigkeit von Energiedichte und Milchleistung

NEL/kg DM	Aufnahme DM (kg)	NEL (MJ)	entsprechend ~ kg Milch + Erhaltung
bis 5,6	16	~ 89,6	17
bis 5,8	16,5	~ 95,7	19
bis 6,0	17,4	~ 104,4	22
bis 6,2	18,0	~ 111,6	24
bis 6,4	18,5	~ 118,4	26
bis 6,6	19,0	~ 125,4	28
bis 6,8	19,5	~ 132,6	31

- Einstellen des Rohfaser- und Proteingehaltes (Fasergehalte um 15 bis 18 % CF), evtl. Sicherstellen eines ruminal nicht abbaubaren Proteinanteils von 20 %;
- adäquate Mineralisierung.

Die Mischtechnik darf nicht zu intensiver Zerkleinerung führen. Bei Einstellung des Proteingehaltes empfiehlt sich eine Relation Gramm Protein: Megajoule NEL von 23:1. Dies führt zwar bei niedriger Milchleistung zu geringem Proteinüberschuss. Für das Gros der Leistungsstufen ist die Versorgung jedoch bedarfsgerecht. Die Mineralstoffdosierung kann u. U. mit Bezug auf die Energieeinheit erfolgen. Die Relationen liegen bei Leistungen um 25 kg Milch pro Tag in folgender Größenordnung:

Ca ~ 0,85 g/MJ,
P ~ 0,53 g/MJ,
Mg ~ 0,23 g/MJ,
Na ~ 0,20 g/MJ.

Bei niedrigen Leistungen ist ein geringer Ca- und P-Überschuss kaum vermeidbar.

Die TMR-Aufnahme in den ersten Wochen nach dem Abkalben steigt bis etwa zur 7. Woche kontinuierlich, danach setzt eine Plateauphase mit stabiler DM-Aufnahme ein. Ein Energiedefizit bei hoher Leistung liegt auch bei dieser Fütterungsform oft in der 6. bis 10. Laktationswoche. Mit sinkender Milchleistung bleibt der TMR-Verzehr erfahrungsgemäß zunächst noch bedarfsüberschreitend hoch. Tiere im Leistungsmaximum sind also mit diesem System eher bedarfsgerecht zu füttern, da die Futteraufnahme etwas günstiger ist als bei herkömmlichen Fütterungssystemen. Tiere mit Milchleistungen unter 20 kg pro Tag nehmen über TMR dagegen immer mehr Energie auf als bei konventioneller Fütterung. In der Spätlaktation und auch in der Trockenstehzeit besteht somit die Gefahr des Verfettens.

In der Regel sollte mit mindestens zwei Mischungen unterschiedlicher Energiedichte gearbeitet werden (Gruppenfütterung). Ggf. kann auch die schwächere Leistungsgruppe, wenn entsprechende technische Bedingungen gegeben sind, rationiert gefüttert werden. Dies hat jedoch den Nachteil, dass rangniedere Tiere schnell und nachhaltig abgedrängt werden. Vorschläge mit drei oder vier Leistungsgruppen unterliegen auch dieser Einschränkung. Sie lassen sich nur in Großbetrieben unter vertretbarem Aufwand in die Praxis umsetzen.

TMR-Fütterung erhöht ggf. die Disposition zu Labmagenverlagerungen (kausal ungeklärt; evtl. spielen Energiedichte, unzureichende Struktur und Pansenschichtung mit Abfluss leicht fermentierbaren Substrates in den Labmagen hierfür eine Rolle). Erste Untersuchungen zur Kinetik wichtiger Parameter des Pansenstoffwechsels zeigen, dass eine retardierte Normalisierung tiefer postprandialer pH-Werte vorliegen kann. Gegenüber getrennter Verabreichung von mengenäquivalentem Grund- und Kraftfutter konnte u. a. auch ein Rückgang der Wiederkauintensität nachgewiesen werden.

Angemischte TMR ist alsbald zu verfüttern (wegen Erwärmung), im Trog verbleibende Reste können frisch ggf. noch für Jungrinder Verwendung finden.

c-2) Kalkulation von Rationen für die Laufstallfütterung mit getrenntem Angebot an Kraftfutter über die Transpondertechnik
Die Energiekonzentration des vorhandenen Grundfutters erlaubt eine Abschätzung der möglichen Aufnahme. Hierfür ist die bereits unter Tiergerechte Ernährung aufgeführte Formel

kg DM-Grundfutteraufnahme
= MJ NEL/kg DM × 2

für Halmfutter mit 30% bis etwa 40% DM hilfreich.

Die Vereinfachung bedingt, dass die Formel im konkreten Fall flexibel auszulegen ist. Grundfutter wird bei dieser Form der Fütterung in der Regel ad libitum angeboten. Die dabei tatsächlich erzielten Grundfutteraufnahmen sind grob abschätzbar. Man kann aber in Fütterungsprogrammen (z. B. Feed-Base) auf Regressionen zurückgreifen, die eine gute Voraussschätzung der Grundfutteraufnahme erlauben.

Eine Zielsetzung war über viele Jahrzehnte, aus dem Grundfutter den Bedarf für 10 kg Milch und die Erhaltung abzudecken (sogenannter **Sockelbedarf**). Dies kann aber nur bei mittleren Milchleistungen und mit qualitativ hochwertigem Grundfutter erreicht werden. In der Regel sind Einzelnährstoffe durch diesen Sockel nicht einheitlich abgedeckt (meist in unterschiedlichem Umfang für Energie und Protein), so dass ein darauf zugeschnittenes **Ausgleichsfutter** nötig ist.

Beispiel: Grassilage mit 5,1 MJ NEL/kg DM (35% DM) wird zu einem Umfang von etwa 10 kg DM, dies entspricht etwa 28,0 kg Frischsubstanz, aufgenommen (Tab. 147).

Kommentar zu Tab. 147

Grundfutter und Ausgleichsfutter gelten als „Rationssockel". Oft wird er aus mehreren Grundfuttern bestehen, meist aber nur für Erhaltung einschließlich 5 bis 8 kg Milch kalkuliert. Große Vielfalt der Grundfutter bietet Vorteile – auch für die Akzeptanz –, Arbeitsbelastung steht jedoch oft dagegen. Durch Ausgleichsfutter wird ergänzt nach Protein- ggf. auch Mineralstoffbedarf. Für höhere Milchleistungen ist Mischfutter als Leistungsfutter mit Transponder einzusetzen. Es sollte pro MJ NEL 27 g Rohprotein enthalten. Die Mineralstoffe orientieren sich am Bedarf pro kg Milch [Frühere Faustregel: 1 kg Mischfutter entspricht 2 bis 2,3 kg

Tab. 147. Rationsgestaltung mit Grassilage und Ausgleichsfutter zur Abdeckung des Erhaltungsbedarfs einschließlich einer Leistung von 10 kg Milch[1] 600 kg LM

	Futtermenge (kg)	NEL (MJ)	nXP (g)	CF (g)
Bedarf 10 kg Milch + Erhaltung		67	1230	
Grassilage	28	*1,78/50*	*45/1274*	*101/2828*
Differenz zu Erhaltung		17		
Ausgleichsfutter	2,4	*7,1/17*		

[1] Gehalt pro kg Futtermittel kursiv

Milch, nun konkreter durch Milcherzeugungswert des Mischfutters (3,17 NEL) auszudrücken z. B. bei 6,7 NEL im Mischfutter 6,7 : 3,17 = 2,11)]. Die Rohfaserversorgung aus der Grassilage (strukturierte Rohfaser ~ 2,8 kg) ist ausreichend. Bei hoher Leistung kann sie marginal werden.

Die Transponderprogrammierung ist bei sogenannter **biologischer Fütterung** auf mehrere Abrufzeiten aufgeteilt. Dies soll Vorteile bieten. Untersuchungen zur Vormagenphysiologie zeigen aber, dass häufiges Unterbrechen des Wiederkauens zu einer postprandial verzögerten pH-Normalisierung führen kann.

Rationskalkulation ohne Transpondereinsatz
Höchstleistungsherden in Laufstallhaltung und bei größerer Tierzahl *müssen* Kraftfutter mit Transponder erhalten. Früher übliche Dosierungen im Melkstand nach Milchleistung reduzieren die Melkleistung des Personals; sie stoßen schnell an die zeitlich limitierte Futteraufnahmekapazität der Tiere, führen ferner zu unregelmäßigen, übergroßen Kraftfuttereinzelzuteilungen in den Trog und als Folge auch zu unzureichender Grundfutteraufnahme. Eine sinnvolle Rationsgestaltung ist in solchen Betrieben eigentlich nur bei Einteilung nach Leistungsgruppen möglich. Eine mengendosierte Mischfuttergabe ist so jedoch auch nur unvollständig durchsetzbar.

c-3) Kalkulation von Einzelrationen für Tiere in Anbindehaltung
Die Kalkulation von Rationen für Einzelanbindehaltung oder Gruppen kann als Standardverfahren der Rationsgestaltung (s. älteren Lehrbüchern) angesehen werden. Eine Transpondertechnik für Anbindehaltung ist sehr aufwendig und hat sich nicht durchgesetzt. Es wird also zumeist individuell per Hand/Futterwagen dosiert. Geschätzt wird nun die leistungsabhängige Grundfutteraufnahme; die Teildeckung des Bedarfs wird so berechnet. Deckungslücken werden durch Mischfutter meist unter Verwendung von Ausgleichsfutter aufgefüllt. Mit steigenden Mischfuttergaben nimmt der Gehalt an strukturierter Rohfaser ab. Meist wird als Kompromiss eine Einteilung in Leistungsgruppen vorgenommen, ein Standardumfang an Grundfutter vorgelegt und die Kraftfutterdosierung nach Milchleistung vorgenommen. Je nach Hauptgrundfutterkomponente kann man von verschiedenen **Rationstypen** sprechen:
- Heu/Futterrüben,
- Rübenblattsilage,
- Grassilage,
- Maissilage,
- Schlempe/Biertreber.

Auf die einzelnen Rationstypen wird im folgenden eingegangen.

Heu/Futterrüben
Diese Rationsgestaltung hat noch regionale Bedeutung. Rübenreinigung und Zerkleinerung sind selbstverständlich. Eine Flüssigkonservierung im Hochbehälter mit Muser und Rührwerk ist möglich. Geringe Energiedichte dieses Futters – besonders bei hohen Milchleistungen – ist oft ein Problem. Futterrüben haben andererseits nur einen begrenzten Verdrängungswert (1 kg Rüben-DM verdrängt etwa 0,6 kg Grundfutter-DM), sie können also bei hohen Heu-/Silagegaben meist noch als „Rationsaufsattelung" eingebracht werden, so dass sich die Futteraufnahme insgesamt erhöht. Die Einsatzempfehlungen liegen bei 2 kg Rüben-DM pro Tag. Begrenzte Eiweiß-, Mineralstoff- und Vitamingehalte in Rüben sind zu ergänzen. Die Kombination von Silage und Rüben ist bewährt, auch gemeinsames Silieren. Neben Futterrüben sind auch Zuckerrüben als Milchviehfutter geeignet. Sie müssen jedoch sorgfältig gereinigt werden. Die hohen Zuckergehalte erfordern eine deutlich stärkere Limitierung der DM-Mengen pro Tier und Tag und eine gute Adaptation. Heuqualitäten variieren sehr stark (Beurteilung!), die Kosten sind relativ hoch.

Rübenblattsilage
Trotz guter Siliereigenschaften sind die tatsächlich erzeugten Silagen oft minderwertig. Geringe Gärqualität als Folge von hohen Gehalten an Wasser, welken, faulen Blättern, Clostridien, sonstigen Fremdbakterien und Verpilzungen lassen oft einen sinnvollen Einsatz nicht zu. Der Sickersaft ist zudem ein schwieriges Umweltproblem. Mit moderner Erntetechnik kann jedoch durchaus eine gute bis hervorragende Silage gewonnen werden. Die DM-Aufnahmen aus diesen Silagen (keine Anwelkmöglichkeit) sind aber begrenzt. N- und Ca-Gehalt sind hoch, der an strukturierter Faser gering. Ein Grundfuttermittel (z. B. Heu) mit ausreichend Struktur muss zugefüttert werden. Eine Beispielration ist in Tabelle 148 aufgeführt.

Kommentar zu Tab. 148

Die Ration ist aufnehmbar und bedarfsdeckend, strukturierte CF aus Heu und Maissilage nur 1,8 kg; erhebli-

Tab. 148. Beispielration mit Rübenblattsilage (wenig verschmutzt) für Kühe (600 kg LM, Leistung 25 kg Milch/Tag)[1], 4% Fett

	u. S. (kg)	DM (kg)	NEL (MJ)	nXP (g)	Ca (g)	P (g)	CF (g)
Bedarf		17,5	115	2460	98	61	
Rübenblattsilage	30	4,8	*1/30*	*21/630*	*2,1/63*	*0,4/12*	*24/720*
Maissilage (Teigreife)	10	2,7	*1,7/17*	*35/350*	*0,8/8*	*0,6/6*	*61/610*
Heu	4	3,44	*4,1/16,4*	*101/404*	*6,5/26*	*2,5/10*	*301/1204*
Zwischensumme		10,94	63,4	1384	97	28	2534
Differenz zu Bedarf		6,56	51,6	1076	1,0	33	
Mischfutter	7	6,0	*7,2/50,4*	*160/960*	*6/42*	*5/35*	*100/700*
Summe		16,94	113,8	2344	138,5	75,5	3033

[1] Gehalte pro kg Futtermittel kursiv

che Ca-Überschüsse rationstypisch. Zufütterung von Milchleistungsfutter II (180 g CP und 7,2 NEL) kann ggf. durch Mischung aus 22% Soja (mit 45% CP) und 78% Gerste (10,5% CP) ersetzt werden. Grundfutteranteil ist bei Verdrängung von 0,6 kg DM durch 1 kg Kraftfutter-DM auch mit weiteren 4 kg Mischfutter noch gesichert. Die Struktur wird dann jedoch knapp, und eine Erhöhung der Maissilage- oder Heuanteile ist nötig. Bei Käseproduktion keine Rübenblattsilage (u. a. Geschmacksfehler; Clostridienbesatz bedingt Fehlreifungen)!

Grassilage
(Beispielration s. unter Kap. Fütterungstechnische Verfahren). Die Grassilageaufnahme ist von der Energiedichte, vom Vegetationsstadium bei der Ernte und vom Anwelkegrad abhängig. (s. obige Regressionsformel). Späte Grassilagen sind rohfaserreich, protein- und energieärmer, die Ca-Gehalte steigen oft an, sonstige Mineralien nehmen mit fortschreitendem Vegetationsstadium eher ab. Der optimale Schnittzeitpunkt variiert von Jahr zu Jahr; er ist vor allem vom Witterungsverlauf und der Düngung abhängig. Für die Gewinnung hervorragender Grassilage ist also eine schlagkräftige Technik Grundvoraussetzung. Das Risiko (Einregnen beim Anwelken) ist ungleich höher als bei anderen Silagetypen.

Anwelken bis etwa 40% DM stimuliert die Futteraufnahme, bei höheren Werten steigt sie aber nicht mehr. Höhere DM-Konzentrationen (über 50%) führen öfter zu schlechten Verdichtungseigenschaften und Fehlgärungen.

Maissilage
Energiedichte und Wassergehalt sind von Erntezeitpunkt und Witterung abhängig. Hinsichtlich Energiedichte, Verträglichkeit und Siliereignung ist sie ein ideales Wiederkäuergrundfutter. Sie ist zudem arm an Protein, so dass eine Kombination mit Grassilage oder Rübenblattsilage sinnvoll ist (s. Beispielration). Die aus dem Grundfutter erzielbaren Energieaufnahmen sind günstig. Die ruminale Abbaubarkeit des Maisproteins ist übrigens niedriger als jene anderer Getreidearten. Dies kann ein Vorteil bei hoher Milchleistung und begrenzten Gehalten an UDP sein. Eine Beispielration ist in Tabelle 149 aufgeführt.

Kommentar zu Tab. 149

Silagequalität und Fütterungsregime sind für die Aufnehmbarkeit entscheidend. Ggf. muss die Grassilagevorlage reduziert werden. Die Berechnung „strukturierter Rohfaser" aus Mais- und Grassilage zeigt, dass die CF-Vorgaben sogar bei dieser Milchleistung erreicht werden. 2800 g CF in 20,9 kg DM ergeben 13,4% strukturierte Rohfaser. Mehr Mais in Rationen für Milchkühe ist oft nicht zu realisieren. Die DM-Aufnahme geht zurück; Ergänzung mit Protein und strukturwirksamer Rohfaser wird bei hoher Leistung zunehmend schwieriger.

Ganze Körner werden oft intakt wieder ausgeschieden, wenn hohe Reifegrade vorliegen (Anschlagen der Körner beim Häckseln sicherstellen, besondere Techniken des Anquetschens!), Ca- und P-Ergänzung beachten!

Tab. 149. Ration aus Maissilage/Grassilage für Milchkühe, 600 kg LM, 35 kg Milch/d, 4% Fett[1]

Bedarf	u. S. (kg)	DM (%/kg)	NEL (MJ)	nXP (g)	Ca (g)	P (g)	CF (g)
			146	3280	130	80	
Maissilage	20	27/5,4	1,7/34	35/700	0,8/16	0,6/12	1200
Grassilage	20	35/7,0	2,1/42	45/900	1,9/38	1,2/24	1600
Mischfutter	10	85/8,5	7,0/70	150/1500	7/60	5/50	1000
Summe I		20,9	146	3100	114	86	
evtl. zusätzliche Gabe von:							
Heu 1 kg		0,85	4	101/118	6	2,5	262
Summe II mit Heu		21,7	150	3201	120	88,5	4062

[1] Gehalte pro kg Futtermittel kursiv

Ganzpflanzensilage

Getreideganzpflanzenanbau zur Silagegewinnung kann aus Fruchtfolgegründen oder in Gebieten, die Maisanbau nicht erlauben, sinnvoll sein. Die DM-Verdaulichkeit ist gut bis sehr gut, bei 70% und 75%. NEL-Konzentrationen pro kg DM von knapp 6 werden erreicht. Sie liegen mit 5,1 bis 5,3 bei Roggen und Hafer niedriger als bei Weizen und Gerste (5,4 bis 5,8 MJ NEL/kg DM).

Die DM-Gehalte bei Silage liegen bei normaler Witterung bei 35 bis 40%. Sie können durch Auswahl des Erntezeitpunktes (Teigreife) beeinflusst werden. Sie sind als Grob- oder Halmfutter einzustufen, das auch hervorragende diätetische Eigenschaften aufweist. Der Erntezeitpunkt ist nicht zu spät zu wählen, da Körner, die in der späten Teigreife einsiliert werden, zu einem höheren Anteil nicht ausreichend gekaut und als ganze Körner ausgeschieden werden. Unter diesen Bedingungen können Verluste bis zu 10% auftreten. Dies scheint besonders bei den Spelzgetreidearten und insbesondere bei Gerste bedeutsam.

Die Rohproteingehalte liegen bei Weizen und Gerste um 90 g/kg DM, bei Hafer und Roggen um etwa 10 g niedriger.

Schlempe/Biertreber

Treber und Schlempe sind als Nebenprodukte der Brauerei resp. Brennerei wasserreich, bezogen auf DM proteinreich, der Kohlenhydratgehalt ist begrenzt. Sie sind also gute N-reiche Ergänzungen faser- und kohlenhydratreicher Grundrationen.

In der Milchviehfütterung hat Biertreber aus verständlichen Gründen einen wesentlich höheren Stellenwert als die Schlempe. Sie ist ohnehin nur sinnvoll einzusetzen, wenn hohe Mengen frisch verfüttert werden. Nach Adaptation sind Aufnahmen von 30 bis 40 kg mit einem DM-Gehalt von 5,5% möglich. (In den wenigen Spezialbetrieben, die noch Schlempe in der Milchviehfütterung verwenden, werden aber teils sogar deutlich höhere Aufnahmen erreicht). Im Durchschnitt werden aber nur 1,5 bis 2 kg DM (8 bis 12 MJ NEL an Energie aus der Schlempe und etwa 600 bis 800 g Rohprotein) resultieren, was dokumentiert, dass Schlempeverwertung über den Tiermagen sehr aufwendig und in Herden mit Höchstleistungen schwierig und mit hohen Arbeitskosten belastet ist.

Bei sinkenden Getreidepreisen ist die Konkurrenzfähigkeit dieses Verfahrens limitiert. Zweifellos stellt sich hier die Frage der alternativen Beseitigungskosten. In Einzelfällen werden zukünftig auch „Abnahmeprämien" für Schlempe zu diskutieren sein. Das hohe Schlempevolumen (94% Wasser) kann nur bei Verwendung hochwertiger Grundfuttermittel (Maissilage, Heu) sinnvoll ergänzt werden. Hohe Schlempemengen führen oft zu sekundären Problemen, wie etwa Schlempehusten, Schlempemauke, Fruchtbarkeitsmängeln, die kausal ungeklärt sind. In früher üblichen sogenannten Abmelkbetrieben wurden die Kühe deshalb gegen Ende der Laktation als Schlachttiere verkauft.

Die Schlempequalitäten variieren. Restmengen an Alkohol, vor allem aber an unvergorener, teilverzuckerter Stärke, können massive Indigestionen hervorrufen. Der Fütterungshygiene ist deshalb besondere Aufmerksamkeit zu schenken. Die Zufütterung faserreichen Grundfutters sollte selbstverständlich sein und evtl. auch die Zulage puffernder Substanzen (Na-Bicarbonat in ausreichenden Konzentrationen ~ um 100 bis 400 g/Tier und Tag) erwogen werden.

Biertreber ist ebenfalls eiweiß- und faserreich. Er hat durch Abfiltern einen höheren DM-Gehalt (20 bis 25 %), kann mit Silierhilfsmitteln eingesäuert und damit gelagert werden und somit durchaus günstig in der Milchviehhaltung verwertet werden. Die Energiegehalte pro kg DM liegen bei bis zu 6,5 MJ NEL. Andererseits löst die „Entsorgung" von Biertreber über den Tiermagen ein wichtiges Problem, das langfristig in Anbetracht der steigenden Abfallbeseitigungskosten auch honoriert werden sollte. Er ist nie alleiniges Grundfutter, sondern nur eine Proteinergänzung, kann also nicht als „rationstypbestimmend" angesehen werden. Die Verfütterung größerer Mengen an Biertreber in Verbindung mit Maissilage ergibt ein hochwertiges „Grundfutter". Silierter, gefilterter Biertreber hat in der Regel 25 bis 27 % DM. Die Siliereigenschaften sind mäßig, so dass unbedingt Silierhilfsmittel eingesetzt werden sollten.

Mischfutterrezeptur
Das Standardergänzungsfuttermittel für laktierende Kühe wird in aller Regel ein Milchleistungsfutter sein mit einem **Protein/Energie-Verhältnis** von 27 : 1, das sich an dem Energie- und Eiweißbedarf für die Milchproduktion orientiert. Auch die Ca- und P-Gehalte werden in den Bedarfsrelationen, die für die Milchproduktion entscheidend sind, orientiert an der Energiezufuhr dosiert werden müssen. Mit einem Sicherheitszuschlag werden dies pro MJ NEL 0,98 g Ca, 0,54 g P, 0,19 g Mg und 0,19 g Na sein.

Eine höhere Dosierung ist unnötig, P-Überschuss wird über Harn, teils auch Kot, ausgeschieden, belastet die Umwelt und trägt zur Eutrophierung der Gewässer bei.

Rezepturlimitierungen von Futtermitteln ergeben sich aus Nährstoffgehalt, Qualität, ruminaler Abbaubarkeit, Verdaulichkeit sowie Akzeptanz und eventuellen Schadstoffen. Begrenzt einsetzbar sind alle Trockentrester, Traubenpressrückstand/Traubentrester (nicht über 10 %), Citrustrester (nicht über 15 bis 20 %), auch Luzerne/Grasgrünmehle sollten nicht über 25 % (Bitterstoffe, Tannine) eingesetzt werden. Raps ist nach dem Glucosinolat/Senfölgehalt einzustufen; dabei werden 20 % in der Regel nicht überschritten, höhere Mengen sind aber bei den sogenannten 00-Varianten (erucasäure- und glucosinolatarm) möglich.

Sojaschalen (Anteile bis 20 %) sind in den letzten Jahren verstärkt im Einsatz. Sie erwiesen sich als gut verträglich und auch ausreichend verdaulich, so dass sie nicht als typische „Billigmacher" bezeichnet werden sollten.

Für Melasseschnitzel kann man 25 % ansetzen. Vinasse (entzuckerte Restmelasse) sollte vorsichtig und begrenzt eingesetzt werden.

Eine gute Getreidebasis erlaubt eine günstige Energiedichte und bietet sich auf Grund der Kosten an. Je höher die Energiedichte ist, desto geringer ist zudem die Verdrängung je Mengeneinheit, und das schafft Spielraum für eine erhöhte Aufnahme von Grundfutter.

Baumwollsaat, Cocosschrot und Erdnussschrot werden auf Grund des Aflatoxinrisikos, Baumwollsaatkuchen wohl auch wegen des Gossypolgehaltes in Mitteleuropa kaum mehr eingesetzt. Auch der Markt für Maniok, Palmkernkuchen oder -extraktionsschrote, eigentlich klassische Wiederkäuerfuttermittel, ist in den letzten Jahren rückläufig.

In der Praxis haben sich die Ergänzungsfuttermittel mit einem Rohfasergehalt von 10 bis 12 % durchgesetzt. Dies kommt einerseits dem Ziel entgegen, dass Rationen für laktierende Wiederkäuer oft knapp mit Rohfaser versorgt sind, dass andererseits aber auch die Verträglichkeit solcher Mischfutter günstiger ist. Gut fermentierbare Rohfaserkomponenten (z. B. Sojaschalen) haben also in Milchleistungsfutter ihren berechtigten Platz.

Die Deutsche Landwirtschaftsgesellschaft unterscheidet zwischen 5 Typen an Milch-Leistungsfuttern, gestaffelt nach dem Protein- und Energiegehalt, s. Tabelle 150.

Typ I ist als Ergänzungsfutter zu eiweißreichem Grundfutter konzipiert. Es könnte auch als sogenanntes Ausgleichsfutter Verwendung finden, gelegentlich ist dazu Verschneiden mit eiweißarmen Futtermitteln (Melasseschnitzeln) sinnvoll.

Typ II nimmt als das eigentliche Milchleistungsfutter 80 % des Mischfuttermarktes für Milchkühe ein. In Hochleistungsherden sind grundsätzlich bei vergleichbaren Energiekosten die energiereicheren Mischfutter (Energiestufe 3) vorzuziehen.

Die Typen III und IV dienen dem Verschneiden mit wirtschaftseigenem Getreide. Bei der durch die Neuordnung der EU-Getreide-Marktordnung erfolgten Verbilligung der Getreidepreise ist der Vorteil des Aufwertens hofeigenen Getreides wieder wichtiger geworden, vor allem an marktfer-

Tab. 150. Milchleistungsfutter (Ergänzungsfutter) Standard

Nährstoff	Typ			
	I	II	III	IV
CP (%)	13–17	18–22	23–30	>31
NEL (MJ/kg)	6,4–6,9	6,4–6,9	5,9–6,4	5,9
CP (g/MJ)	20–26	27	45	50
EE max. (%)	6	6	8	8
CF (%)	12	12	14	14
Asche max. (%)	9	9	12	12
Ca min. (g/kg)	5	5	15	22
P min. (g/kg)	5	5	6	7
Na min. (g/kg)	2	2	4	6

neren Standorten. Diese Mischfuttertypen haben ihren Platz also dort, wo die alternative Vermarktung des Getreides Preisnachteile gegenüber der Eigenverwertung bringt.

Die Mineralstoff- und Vitaminversorgung über Mischfutter kann bedarfsorientiert erfolgen, da sie an die Milchleistung gekoppelt ist. Sicherheitszuschläge (vor allem für die Mengenelemente) sollten vorsichtig kalkuliert werden; Überschüsse bei sehr hohen Milchleistungen summieren sich erheblich auf.

Weidehaltung

Weidegang ist „natürliche Fütterung". Neben den günstigen Nährstoffgehalten sind die ethologischen Vorteile nicht zu unterschätzen (Bewegungsmöglichkeiten an der Luft, freie Wahl des Aufenthaltsbereiches). Die erreichbaren Futteraufnahmemengen befriedigen für Höchstleistungsansprüche (Milchkühe in der Hochlaktation) aber nicht, es muss also Kraftfutter und Struktur zugefüttert werden. Wichtig für eine ausreichende Futteraufnahme ist die Weidereife des Grases (mit gleichmäßigem Bestand und 18 bis 20 cm durchschnittlicher Wuchshöhe). Die erreichbaren Futteraufnahmemengen schwanken zwischen 60 und 80 kg Frischmasse. In Tabelle 151 ist eine Beispielration mit Weidegang bei jungem Grasaufwuchs aufgeführt.

Kommentar zu Tab. 151

Junges Gras ist wasser- und eiweißreich. Ersteres limitiert die Futteraufnahme (bei hoher Eiweißversorgung).

Tab. 151. Nährstoffversorgung von Milchkühen bei Weidehaltung (600 kg LM, 30 bzw. 20 kg Milchleistung, 4% Fett)[1]

	u. S. (kg)	DM (%/kg)	NEL (MJ)	nXP (g)	Ca (g)	P (g)	CF (g)
Bedarf (30 kg Milch)			131	2880	114	71	
Gras	75	*16/12*	*1,1*/82,5	*24*/1800	*0,9*/68	*0,6*/51	2250
Defizit zum Bedarf			49	1080	46	20	
7 kg Mischfutter			*7*/49	*100*/1050	*6,5*/45	*4,5*/31,5	
Summe			131,5	2850	113	82,5	
(20 kg Milch) Bedarf	75 kg (s. oben)		99	2050	82	51	
Defizit zum Bedarf			16,5		14	± 0	

[1] kursiv: Werte pro kg Futtermittel

Längerfristig werden 75 kg Frischmasse pro Tag nicht überschritten. Bei extensiveren Haltungsformen bietet man große Weideflächen pro Tier an. Die Tiere haben so die Möglichkeit der Selektion. Die Weide wird dabei früh gewechselt, so dass Nachhutungen durch extensivere Nutzungen (Schafe) vorgenommen werden können. Hochleistungstiere sind zuzufüttern. Die früher öfter empfohlene Zufütterung von Stroh oder Heu hat sich wegen unzureichender Aufnahmen oft nicht bewährt. Rechnerisch reicht die aufgenommene Menge strukturierter Rohfaser meist aus. Die Eiweißgehalte sind bei jungem Gras und Leistungen um 30 kg Milch/Tier und Tag ausreichend.

Ca- und P- wie auch Mg- und Na-Versorgung (hier nicht kalkuliert) sind meist unzureichend. Junge Weide ist zudem reich an K und Nitrat. Beifutter für Milchkühe mit Weidegang sollte also energiereich, proteinarm und ausreichend mit Mineralien versehen sein. Falls mit Fütterungstechnik machbar, ist die Zufütterung von Maissilage und Pressschnitzeln sinnvoll. Bei mittlerer Milchleistung (um 20 kg pro Tier und Tag) ist die Energie- und Proteinversorgung ausreichend, nur bei mäßigem Aufwuchs ist mit 2 bis 3 kg Mischfutter oder Getreide auszugleichen.

Richtige Weidebeifütterung hat also Energiemangel zu kompensieren, ein Eiweißüberangebot zu balancieren, ggf. Struktur auszugleichen und die Mineralienversorgung (insbesondere mit Ca und Mg) zu verbessern.

> Bei Weidegang ist die Energieversorgung bei hoher Leistung knapp. Es sollte gezielt und tierindividuell zugefüttert werden. Das Protein reicht bei jungem Gras auch bei höheren Milchleistungen, Mineralstoffzulage ist immer nötig. Hochleistungstiere sind bei Weidehaltung energetisch immer unterversorgt.

Es gibt geregelte und ungeregelte **Nutzungsformen** der Weide. Geregelte Nutzung dient der saisonalen Abschöpfung von Ertragsüberschüssen, damit dem Angebot eines stets weidereifen Grases und hohen Futteraufnahmen. Hofferne Weiden sind dann durch Milchkühe nutzbar, wenn sie durch Melkstand und Fütterungstechnik so ausgerüstet sind, dass eine gezielte Zufütterung möglich ist. Hofnahe Weiden können u. a. in Kombination mit Laufstallhaltung als **Stundenweiden** oder auch **Mähstandweiden** (intensive Form der Standweide) genutzt werden. Die verschiedenen Weidenutzungssysteme sind in Tabelle 152 aufgeführt.

Auf Mähstandweiden wird intensiv gedüngt. Hierzu werden N-Gaben von 1 bis 2 kg pro ha und Vegetationstag gegeben. Hohe N-Einzelgaben sind zu vermeiden, da die Nitratgehalte bei mehr als 40 kg N/ha überproportional ansteigen. Im Frühjahr kann durch einfache Abtrennung (Elektrozaun) das überschüssige Wachstumspotential partiell durch Silage- oder Heugewinnung abgeschöpft werden.

Besatzstärke ist die pro ha der Gesamtweidefläche vorgesehene Nutzvieh-LM, die **Besatzdichte** bezieht sich auf die pro ha Weide jeweils zugeteilte Nutzvieh-LM.

Standweide: Eine große Koppel (ohne Ruhezeiten) steht zur Verfügung, im Frühjahr bestehender Aufwuchsüberschuss wird in Kauf genommen. Bei Koppel- und Umtriebsweiden wird die Ruhezeit nach der Aufwuchsintensität gewählt.

Bei der **hofnahen partiellen Weidehaltung** werden die Tiere im Stall zugefüttert, die Kraftfuttergabe erfolgt über ein Transpondersystem tierindividuell. Die Zufütterung hat sich an Bestandsentwicklung und zur Verfügung stehender Weidefläche zu orientieren. Die hofnahe Mähstandweide muss über einen sicheren Außenzaun und die Möglichkeit der Flächenunterteilung durch Elektrozaun verfügen. So können zu Beginn Phasen hoher Aufwuchsleistungen durch partielle Nutzung zur Silage- oder Heugewinnung genutzt werden. Intensive Düngungs- und Pflegemaßnahmen auf Teilstücken der Weide sind so möglich. Bei knapper Weidefläche wird sie jedoch die Funktion einer Auslaufkoppelweide haben. Dann dominiert die Fütterung im Stall.

Tab. 152. Nutzungsformen des Dauergrünlands in der Milchviehhaltung

Intensitätsstufe	Besatzstärke (dt/ha)	Besatzdichte (dt/ha)	Weidedauer (Tage)	Bemerkungen
Standweide	5–10	5–10	dauernd	extensiv
Mähstandweide	15–18	15–18	parzellenweise	düngungsintensiv
Koppelweide	10–15	50–100	2–3 Wochen	
Umtriebsweide	15	150–250	4–6 Tage	
Portionsweide	20–25	500–1000	1–2 Tage	

Auf Bodentrittfestigkeit (Wasserregulierung) und Weidehygiene (Parasiten) muss besonders geachtet werden (z. B. Schneckenbekämpfung). Gleiche Graswuchshöhe kann durch geeignete Pflegemaßnahmen (Pflegeschnitt) erreicht werden. Überständiges Gras ist lignifiziert, sperrig, für die Tiere schwer aufnehmbar. Zu kurzes Gras hat meist wenig Struktur bei unbefriedigender Futteraufnahme. Ältere, überständige Weide ist ärmer an Protein, aber reicher an Rohfaser, Ca, Lignin.

3.4.5 Fütterung und Milchqualität

Inhaltsstoffe der Milch können durch verschiedene Futterfaktoren beeinflusst werden. Am deutlichsten sind die Einflussmöglichkeiten auf das Milchfett.

Die **Milchfettmenge** ist vorrangig eine Folge der Essigsäureproduktion im Pansen. Viel Essigsäure, die bei intensivem Celluloseabbau anfällt, führt zu viel Acetyl-CoA und somit zu guter Vorbedingung für die De-novo-Synthese. Viel Propionsäure (z. B. bei stärkereicher Fütterung) wirkt dagegen eher hemmend.

Futterfette (insbesondere langkettige ungesättigte Fettsäuren) haben einen fettsenkenden Effekt. Sie hemmen den Anfall von Acetat im Pansen, da sie die Aktivität der Mikroflora dämpfen. Ungesättigte Fettsäuren werden ferner hydriert oder zu Trans-Fettsäuren (vor allem Elaidin- und Vaccensäure) umgewandelt. Der Einbau dieser Transfettsäuren ins Milchfett ist gering, sie (in erster Linie die Elaidinsäure) sollen zudem die Fettsäuretransferasen im Gewebe hemmen.

Eine Ausnahme machen die mittelkettigen Fette aus Cocos- und Palmkern, die jedoch heute kaum mehr (vor dem Hintergrund der Aflatoxinkontrollen) eingesetzt werden. Ihre mittellangen Fettsäuren werden teils direkt ins Milchfett übertragen und fördern den Milchfettgehalt per se. Freilich dürfen Grenzwerte von 4 bis 5 % Fett in der Rations-DM nicht überschritten werden.

Die **Streichfähigkeit** des Butterfettes ist vom Gehalt an ungesättigten Fettsäuren abhängig. Es ist eine alte Beobachtung, dass sogenannte Weidebutter auch bei Kühlschranktemperatur noch eine gute Streichfähigkeit aufweist. Dies ist durch die hohen Öl-, Linol- und Linolensäuregehalte in den Gräserlipiden bedingt, die teils den Pansen passieren und im Duodenum absorbiert werden. Weiches Butterfett entsteht auch nach Fütterung von Samen oder Ölkuchen (Sonnenblumen) und Leguminosen. Auch Vollfettraps beeinflusst die Streichfähigkeit positiv. Die Fütterung geschützten Fettes kann hierzu ebenso genutzt werden.

Ein festes Fett resultiert andererseits aus einer rohfaserreichen Fütterung. Auch Extraktionsschrote und -kuchen mit gesättigten Fetten (Cocos- und Palmkern-, Talg), deren Fettsäuren – wie erwähnt – teils direkt in die Milch eingelagert werden, fördern die Festigkeit des Butterfettes. Viele Extraktionsschrote wirken ähnlich.

Der **Geschmack** des Butterfettes ist zu einem wesentlichen Anteil durch die kurzkettigen Fettsäureanteile in den Triglyceriden mitbestimmt (u. a. Buttersäure).

Das **Protein** der Milch ist genetisch determiniert. Vorrangiges Fütterungsziel muss also sein, die genetischen Grenzen auszuschöpfen. Dies gelingt durch optimales Energieangebot bei genügendem Eiweiß bzw. N. Absinkende Milcheiweißgehalte können also auf Energiemangel beruhen, so dass die mikrobielle Proteinsynthese nicht mehr befriedigt. Bei hohen Milchleistungen kann auch ein Mangel an Methionin oder Lysin eine Rolle spielen. Dann kann entweder der Anteil an sogenanntem Bypass-Protein erhöht werden oder aber der Einsatz von geschütztem Protein (pansengeschützten Aminosäuren) versucht werden. Futtermängel können den Gehalt an Milchprotein senken. Hierfür kann ein Protein- oder Energiedefizit, ggf. auch eine Kombination beider Faktoren verantwortlich sein. Hinweise auf Ursachen sind aus der Harnstoffanalyse der Milch abzuleiten. Siehe hierzu Abbildung 114.

Die **Mineralstoffgehalte** der Milch sind überwiegend genetisch determiniert und durch die Fütterung nur wenig zu beeinflussen. Für die menschliche Ernährung ist der Ca-Gehalt der Milch eine wichtige, aber nutritiv nicht zu beeinflussende Größe. Von den Mengenelementen reagiert Mg auf Zufuhrveränderungen am ehesten.

Die Spurenelementgehalte der Milch sind gering. Niedrige Eisengehalte führen bei alleiniger oder überwiegender Milchfütterung sogar zu Kälber-Anämie. Cobalt, Iod und mit Einschränkungen Selen und Zink sind jene Elemente, die auf Veränderungen der Zufuhr mit Anreicherungen in der Milch reagieren. Geringe Zunahmen von Mangan und Molybdän nach hohen Gaben mit dem Futter haben keine Bedeutung.

Viele Schwermetalle können dagegen in der Milch angereichert werden, z. B. Blei, Cadmium, Quecksilber, aber auch Strontium (im Austausch mit Ca) und Caesium (im Austausch mit K); für die meisten wurden Grenzwerte in Futtermitteln festgelegt.

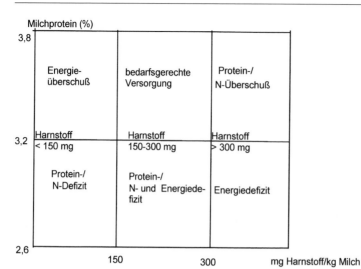

Abb. 114. Milchprotein und Versorgung mit Energie, Stickstoff und Protein.

Futtereinflüsse auf die **Vitamingehalte der Milch** lassen sich bei den fettlöslichen Vitaminen nachweisen. Carotin-, Vitamin-A- und Vitamin-D-Gehalt der Milch reagieren deutlich auf Nahrungsgehalte (Beispiel: gelb gefärbte Sommerweide-Butter als Folge der Carotinaufnahme). Vitamin-A-Anreicherungen in der Milch folgen Vitamin-A-Gaben freilich mit höherer Effizienz als nach Carotingaben, während Carotin selbst intensiv angereichert wird. Seit langem ist auch der Zusammenhang zwischen Vitamin-D-Gehalt und Weidehaltung (Sonnenstrahlung!) bekannt. Die Milchzellzahl soll zudem vom Niveau der Vitamin-A-, Vitamin-E- und Se-Versorgung abhängig sein. Hohe Vitamin E-Gaben vor dem Abkalben (10 Tage je 4000 i. E.).

Indirekte und direkte **Geschmacksbeeinflussungen** der Milch durch Komponenten der Luft (Buttersäure der Silage) sind bekannt. Ein direkter Kontakt der Milch zu derart belasteter Luft ist zu vermeiden. Aber auch die geschmackliche Beeinflussung durch Futterkomponenten selbst kann vielfältig sein. (Erfahrungen liegen z. B. mit Kunststoffhärtern, Lösungsmitteln, Fetten vor). Ein leicht fischiger Geruch wurde nach Verfütterung von Vinasse (teilentzuckerte Melasse) und nach höheren Melassegaben festgestellt. Verantwortlich hierfür dürfte der Betaingehalt sein. Sehr hohe Mengen Rübenblatt führen zu einer ähnlichen Geschmacksqualität. Bekannt ist Lauchgeschmack nach Aufnahme von *Allium* (Zwiebelabfällen). Ein Senfölgeschmack tritt nach Aufnahme hoher Mengen an Cruciferen (vor allem bei plötzlichen Futterumstellungen) auf. In diesem Zusammenhang ist zu beachten, dass die Zwischenfruchtrapssorten wenig auf niedrige Glucosinolatgehalte selektiert sind.

Den Schilddrüsenstoffwechsel störende Komponenten (SCN-Ionen aus dem Thioglucosidabbau) können in der Milch angereichert werden, wenn längerfristig überhöhte Mengen an diesen Cruciferen gefüttert werden. (Bekannt ist das vor Jahrzehnten beobachtete Phänomen einer größeren Zahl an Kropf erkrankter Kinder aus Tasmanien, die Milch von Kühen erhielten, die ihrerseits einseitig mit großen Mengen Markstammkohl gefüttert wurden). Neben der Adaptation und Mengenlimitierung ist evtl. die Verfütterung kritischer Futtermittel nach dem Melken vorzusehen. Eine gesunde Fermentation trägt zum Abbau vieler Stoffe bei.

Sonstige unerwünschte Stoffe können auch die Milchqualität senken. Bekannt ist der Transfer von chlorierten Kohlenwasserstoffen (HCH, HCB, polychlorierte Biphenyle), Arzneimitteln, Konservierungsstoffen in die Milch. Ein umfangreiches Monitoring-System wurde für Aflatoxin aufgebaut. Das nach Aflatoxinaufnahme in der Milch erscheinende Stoffwechselprodukt ist Aflatoxin M. In der EU wurden aufgrund seiner hohen Toxizität Grenzwerte für Aflatoxin in Futtermitteln festgelegt.

Keimgehalt der Milch

Die Keimkonzentration wird durch Fütterung indirekt beeinflusst. Durchfall im Bestand erschwert die Melkhygiene. Kotverunreinigte Liege- und Laufflächen fördern die Euterverschmutzung. Gefürchtet sind Clostridien, die sich in bestimmten Silagen (fehlvergorene, buttersäurereiche Blattsilage) anreichern können. Gelangen sie aus dem Darmtrakt durch Durchfall, über Euterkontamination in die Milch, so folgen Geschmacks- und Geruchs-, ggf. auch technische Fehler in der Käserei.

3.4.6 Fütterungsbedingte Gesundheitsstörungen

Das Spektrum dieser Erkrankungen lässt sich hier nur schwerpunktmäßig besprechen. Man kann einteilen in die Ursachen: Nährstoffunterversorgung und Fermentationsstörungen, Mineralstoffwechselstörungen, sonstige Ursachen.

Nährstoffunterversorgung

Energie
Wiederkäuer sind an saisonal knappe Energiezufuhr adaptiert, das natürliche Nahrungsspektrum schließt jahreszeitliche Schwankungen ein. In Ausnahmen betrifft Energiemangel wachsende Tiere, deren Energiebedarf an sich ja nur mäßig ist. Bei Weidehaltung spielt ein ungünstiger Witterungsverlauf mit schlechtem Aufwuchs eine Rolle, aber auch neuere Formen der Extensivhaltung von Fleischrindern (ganzjährige Freilandhaltung). Bei zu geringen Zunahmen resultiert Minderwuchs, die Fruchtbarkeit ist eingeschränkt, und es kommt ggf. bei tragenden Tieren zu Fruchtresorption und zur Geburt untergewichtiger Kälber. Die Milchleistung ist mangelhaft.

Es können sogar ketotische Stoffwechselsituationen tragender Tiere auftreten (Ketose der Mutterkühe). Bei Milchkühen ist die knappe Energie bei Einsetzen der Milchsekretion Hauptursache von Stoffwechselstörungen. Dieses Defizit ist durch geringe Futtermenge und -qualität und schlechte Aufnahme bedingt.

Unter diesen Bedingungen besteht die Gefahr einer **Ketose**. Hierbei handelt es sich im engeren Sinne um eine komplexe Erkrankung mit Glucose- aber auch Oxalacetatmangel. Letzterer limitiert die Gluconeogenese, aber auch die Aufnahme von AcetylCo-A in den Citratzyklus.

Glucosemangel führt zu **Defizit an Oxalacetat**. Er resultiert aus niedriger Glucoseabsorption (wiederkäuertypisch) und geringer Gluconeogenese, aber auch aus sehr hohem Glucosebedarf. Die Gluconeogenese aus Propionat ist auf hohe Produktion im Pansen angewiesen. Sie ist bei wenig Stärke und Zucker nicht immer gesichert. Die Gluconeogenese aus Aminosäuren beruht auf hoher mikrobieller Proteinsynthese; sie ist bei Energiemangel beeinträchtigt. Glucosemangel ist auch Folge der hohen laktogenen Lactoseabgabe.

Ketonkörperanreicherung im Blut ist die Folge hoher Fettmobilisierung, eines Überschusses an aktivierter Essigsäure und des Mangels an Oxalacetat, das dem Acetyl-CoA als Akzeptor im Citratzyklus dient. Aus Acetyl-CoA werden β-Hydroxibutyrat, Acetoacetat und Aceton gebildet. Gelegentlich fördern ketotische Futterkomponenten (Buttersäure) die Akkumulation.

Pansenatonie, Kachexie, intestinale und nervöse Form der Ketose sind die Folge eines längeranhaltenden Energiemangels mit Ketonkörperanreicherung in Blut und Geweben, Störungen in Futteraufnahme und Verdauungsstörungen, gelegentlich auch zentralnervösen Störungen und deutlichem Leistungsrückgang. Schwere Leberschäden, Einbußen der Fruchtbarkeit werden beobachtet.

Diätetische Maßnahmen zur Prophylaxe und Therapie sind:
- ausreichende Stimulierung der Propionatbildung im Pansen (Stärkeanteil optimieren, ggf. Gabe glucoplastischer Substanzen, wie Propionat),
- Vorbereitungsfütterung (Kraftfuttergaben in den letzten Wochen vor dem Abkalben zur Stimulierung der Ausbildung aktiver Zottenoberfläche),
- Limitierung des Verfettungsgrades (praepartale Verfettung und postpartale Lipolyse mindern die Futteraufnahme),
- ggf. Förderung der duodenal angefluteten Proteinmengen zur Stimulierung der Glukoneogenese (Erfahrungen mit Bypass-Protein sind diesbezüglich jedoch noch unzureichend).

> Die klinische und subklinische Ketose sind oft Folge energiereicher Ernährung in der Gravidität und energiedefizitärer Ernährung zu Beginn der Laktation.

Gelegentlich findet man eine **Fremdkörpererkrankung** gekoppelt mit Ketosesymptomen vor. Meist ist dies eine klassische Hungerketose. Betroffene Tiere zeigen Schmerzen im Brustbeinbereich, mangelnden Appetit, Abmagerung und Leistungsabfall. Die Netzmagenschleimhautoberfläche, aber auch die Motorik des Vormagensystems bieten die Vorbedingungen für mechanische Verletzungen nach Fremdkörperaufnahme. Dies ist verständlich, da die Trabekel des Netzmagens und die intensive Kontraktion dieses Organs das Eindringen spitzer Gegenstände in die Wandung fördern. Bei Verletzung der Retikulumschleimhaut und sekundärer Infektion bildet sich schnell eine eitrig abszedierende Erkrankung oder gar eine allgemeine Sepsis mit Pansenatonie und extremer Einschränkung des Appetits. Die Ketose ist unter diesen Bedingungen eine Sekundärerkrankung.

Prophylaxemöglichkeiten bestehen nur in der Vermeidung der Aufnahme von Fremdkörpern. Vorsicht ist vor allem bei an anderen Primärerkrankungen leidenden Kühen geboten. Ihre Fähigkeit, spitze Fremdkörper aus dem Futter zu selektieren, ist stark eingeschränkt. Die Fremdkörpererkrankung kann dann als Folge des eingeschränkten Wohlbefindens, z. B. durch eine vorangegangene Ketose, auftreten. Die Verwendung sogenannter Käfigmagneten hat sich in Betrieben mit Häufung von Fremdkörpererkrankungen prophylaktisch bewährt.

Bei wertvollen erkrankten Kühen wird nach gesicherter Diagnose (Einsatz des Fremdkörpersuchgerätes, sogenannte Stabprobe) eine Fremdkörperoperation durchgeführt oder auch die Eingabe starker Käfigmagneten kann versucht werden.

> Fremdkörpererkrankungen sind Folge unzureichender Sorgfalt in der Fütterungstechnik, oft auch mangelnder Futterselektion der Tiere (Folgeerkrankung).

Fermentationsstörungen

Pansenacidose, Lactatacidose

Sie ist die Erkrankung der kraftfuttereich und faserarm ernährten Wiederkäuer. Acidose ist der längerfristig anhaltende pH-Abfall des Pansenihaltes (Werte unter pH 6 über längere Zeit) mit Störungen der mikrobiellen Aktivität und – bei tieferen pH-Werten – einer Anreicherung des Lactats.

Die **Ursachen** der Acidose sind intensive Fermentation, Säureanreicherung, ggf. Störungen der Absorption und auch der Pufferung. Bei hoher Lactatkonzentration treten Schleimhautschäden auf. Sekundäre Erkrankungen, z. B. Clostridiosen, sind nicht selten. Gelegentlich können Acidose und Tympanie (s. unten) gekoppelt sein. Subklinische Acidosen zeigen sich durch mäßigen aber dauerhaften pH-Abfall, Propionsäureakkumulation und gestörte mikrobielle Aktivität. Die Lactatanreicherung fehlt aber. Hohe exogene Säurezufuhr spielt dagegen kausalgenetisch nur eine nachrangige Rolle. Gaben von Silagen nach Mineralsäurezusatz oder lactatreiche Silage senken den Appetit.

Diätetik und **Prophylaxe** müssen auf Adaptation und Minderung der Aufnahme leicht fermentierbarer Kohlenhydrate ausgerichtet sein. Adaptation erlaubt eine Intensivierung der Absorption (Zottenoberfläche nimmt zu) und eine Anreicherung von lactatzehrenden Bakterien, die eine Milchsäureanreicherung verhindern. Eine ausreichende Faserversorgung hat jedoch Vorrang. Rationskraftfutteranteile über 55 % fördern die Acidose. Konzentration und Abbau leicht fermentierbarer Komponenten werden in erster Linie durch Konzentrate in die Ration eingebracht. Wichtig für die Verträglichkeit sind Dosierung und tierartgerechte Fütterungstechnik. Hierzu gehört der ruminale Aufbau einer ausreichenden Faserschicht, was wiederum die Stärke- und Zuckertoleranz erhöht.

Der Effekt einer sogenannten biologischen Fütterung (Verteilung der Konzentrate auf mehrere Futterzeiten) ist mäßig und darf nicht zur Einschränkung der Wiederkaudauer führen. TMR-Fütterung hat im Hinblick auf Acidoseprophylaxe ebenfalls kaum Vorteile, die diesbezüglichen Zusammenhänge sind aber nicht ausreichend untersucht. Prophylaktische Puffergaben (Na-Bicarbonat) sind bei Acidosedisposition erfolgreich einzusetzen.

> Die Acidose – als Folge nicht tiergerechter Ernährung – tritt bei Rohfasermangel und Stärke-/Zuckerüberschuss nach intensiver Fermentation auf.

Pansenalkalose

Die seltene Pansenalkalose mit Anstieg der ruminalen pH-Werte auf über 7,2 wird durch Überschuss an N verursacht. Dies kann Folge zu hoher Eiweißaufnahme, zu geringer Mengen fermentierbarer Kohlenhydrate, aber auch zu intensiver Freisetzung von N (NPN-Verbindungen, Harnstoff) sein. Oft wird auch reduziertes Wiederkauen (Bicarbonat des Speichels wirkt puffernd) beobachtet. Anhaltende Alkalosen führen zu NH_3-bedingten Leberschäden mit Leistungseinbußen. Hohe Aufnahmen an NPN-Verbindungen können akut zu Ammoniakvergiftung führen.

Die **Prophylaxe/Diätetik** besteht in der Limitierung der N-Zufuhr, bei gleichzeitig gutem Angebot an fermentierbaren Kohlenhydraten, so dass die mikrobielle N-Bindung im Pansen effizient ist. Gleichzeitig ist unbedingt auf ausreichende Faserzufuhr und Stabilisierung der Pansenmotorik und Pansenpufferung zu achten.

> Pansenalkalose ist selten, sie ist heute überwiegend Folge einer unzureichend vorgenommenen NPN-Versorgungstechnik.

Pansenfäulnis wird als eigenes Krankheitsbild mit ruminaler Fermentationsstörung und Dominanz eiweißspaltender, fäulniserregender Mikroorganismen beschrieben.

Pansenblähung (Tympanie)

Dies ist eine durch übermäßige Gasbildung im Pansen und gestörten Ruktus bedingte Blähung des Pansens; seltener: übermäßig schnelle Bildung einer großen Gasblase im Pansen; häufiger: sogenannte schaumige Gärung mit mangelnder Separierung des Gases, was durch enormen Druckanstieg zu Kreislaufkollaps und Exitus führen kann.

Tympanieursachen sind Verlegungen der Speiseröhre oder Adaptationsmangel, Fasermangel, Überschuss an emulgierenden oder schleimbildenden Substanzen, (Störungen des Sol/Gel-Gleichgewichtes u. a. bei Überschuss an Kalium?) und gekoppelte starke Gasbildung. Lösliche Proteine der Futtermittel, z. B. aus Chloroplasten der Leguminosen, aber auch Schleime von Streptokokken u. a. Mikroorganismen (z. B. bei getreidereicher Nahrung), können die feinen Gasbläschen im Pansen umhüllen und die Bildung der Gasphase behindern. Die mechanische Gaseparierung kann durch mangelnde physikalische Struktur der Fasermatte beeinträchtigt sein. Speichelinhaltsstoffe (Bicarbonat/ Muzine) können andererseits die Aggregation der löslichen Proteine fördern. Gut wiederkauende Tiere zeigen deshalb meist keine Tympanie.

Prophylaxe/Diätetik: Eine vorsichtige und erst nach Adaptation zu steigernde Fütterung von blähenden Futtermitteln ist zu beachten (Getreide, Leguminosengrünfutter). Ausreichende Gabe faserreicher, strukturierter Futtermittel ist die effizienteste Prophylaxe.

> Die Pansenblähung (Tympanie) ist durch unzureichende Gaseparierung, Emulsionsbildung und übermäßig intensive Fermentation bedingt.

Löserdürre (Psalteranschoppung)

Die Löserdürre ist eine seltene, kausal nicht völlig aufgeklärte Erkrankung mit Anreicherung feinster Faserstoffe im Psalter und schweren Passage- und Wasserhaushaltsstörungen. Eine Rolle spielen Stabilität, Benetzungsvermögen und spezifisches Gewicht der Fasern. An den Baumwollsamen anhaftende Reste aus Baumwollfädchen (Linters der Baumwollsaatkuchen) bieten z. B. eine Disposition zur Anheftung an die Psalterpapillen. Feingeschnittenes Gras (Rasenmähergras) scheint die Erkrankung zu fördern.

Labmagenverlagerung

Darunter versteht man die Aufgasung des Labmagens mit – meist linksseitigem – Aufstieg des tympanisch erweiterten Organs und Motilitäts- und Passagestörungen. Die Ursache ist nicht eindeutig geklärt. Eine Häufung bei kraftfutterreich ernährten Hochleistungskühen ist jedoch gesichert. Auch die Verwendung von TMR-Systemen mit kurzer Häckselung des Grundfutters dürfte eine Prädisposition sein. Die Rolle von Bypass-Stärke ist ungeklärt. Prophylaktisch hat sich eine faserreiche Fütterung bei ausreichender Partikellänge der strukturierten Faserkomponenten bewährt.

Störungen des Mineralstoffwechsels

Hypocalcaemie (downer cow syndrome, „Milchfieber")

Diese Störung zeigt sich in Festliegen mit allgemeiner Schwäche, Auskühlung des Körpers, Apathie, schlaffer Lähmung, verbunden mit niedrigem Ca-Blutspiegel (Absinken auf bis zu 20 mg/l). Die Bezeichnung „downer cow syndrome" wird für länger festliegende Kühe – auch außerhalb der postpartalen Phase – benutzt. Die Bezeichnung „Milchfieber" ist irreführend, da die Temperatur eher leicht erniedrigt ist.

Ursache: temporäre Ca-Unterversorgung, vor allem in der Phase post partum, wenn plötzlich hohe Abgabe über die Milch (Bedarf pro kg Milch: 3,1 g Ca) einsetzt. Die Gehalte im Kolostrum sind zusätzlich in den ersten Tagen post partum bedarfserhöhend. Das endokrine „Mobilisierungssystem" des Ca aus den Knochen (Parathormonausschüttung) ist oft nicht leistungsfähig genug. Bei älteren Tieren nimmt die Mobilisierungseffizienz ab. Einzeltiere zeigen besondere Dispositionen.

Diätetik/Prophylaxe. Folgende Maßnahmen haben sich bewährt:
- Ca-Gaben ante partum ausreichend limitieren, wenn möglich 30 g/Tier und Tag nicht überschreiten.
- Vitamin-D-Gaben ausreichend dosieren (ante partum mehrere Tage 30 Mio. IE/Tag oral bis zum Abkalben). Bei Herdenhaltung ist eine einmalige intramuskuläre Gabe in der Zeit vom 8. bis 3. Tag ante partum mit 20 Mio. IE wirksam; (Überdosierungen sind zu vermeiden, Induktion einer Calcinose droht!).
- Ca-Zufuhr post partum optimieren (evtl. Ca-Chlorid-Gel ins Maul, besser als Tränke).
- Regulation des Säure-Basen-Verhältnisses (möglichst Säureüberschuss einstellen, wobei die Pathophysiologie nicht eindeutig geklärt

ist). Hierzu kann angesäuerte Silage, sehr lactatreiche Silage, aber auch die Zufuhr von Ammoniumchlorid dienen. (Letzteres limitiert aber die Futteraufnahme, es muss in Dosierungen um 120 g über einen Zeitraum von 2 bis 3 Wochen ante partum bis 3 bis 4 Tage post partum gegeben werden).

Die festliegende Kuh bedarf der Intensivpflege. Technische Maßnahmen:
- Für festes, aber doch auch weiches Lager sorgen (trockenes Stroh in dünner Schüttung gibt auf festem Boden keinen ausreichenden Halt zum Aufstehen für die geschwächten Kühe; evtl. Lager mäßig anfeuchten).
- Festliegende Kühe müssen regelmäßig in Seitenlage gedreht werden, evtl. Auskühlen durch Decke oder Strohschüttung vermeiden. Bei Aufstehversuchen ist Hilfe zu geben (mehrere Personen). Durch mehrere Aufstehversuche werden die Tiere zusätzlich geschwächt, daher sollte gleich der *erste* Aufstehversuch gelingen.
- Vorsichtig ausmelken in den ersten beiden Tagen post partum, insbesondere bei älteren disponierten Kühen. So kann ein zu massiver Ca-Verlust vermieden werden.

Im akuten Fall muss der Tierarzt frühzeitig geholt werden. Er verabreicht eine intravenöse Ca-Infusion unter stethoskopischer Herzkontrolle.

> Hypocalcämie betrifft meist disponierte Kühe mit hoher Einsatzleistung, Ca-reiche Fütterung ante partum spielt oft eine Rolle. Die Bedeutung eines Basenüberschusses ante partum ist nicht ausreichend geklärt.

Hypomagnesämie
Absinken des Magnesiumspiegels (weniger als 18 mg/l Plasma) mit Auftreten tonisch-klonischer Krämpfe.

Ursachen:
- geringe Mg-Absorption im Pansen durch absolut zu niedrige Mg-Gehalte, hohe pH-Werte, K-Überschuss; besonders bei Frühjahrsweide, jungem, schnell wachsendem Gras, vor allem nach intensiver K- und N-Düngung bzw. in den Tropen nach Beginn der Regenzeit;
- Stress durch Weideaustrieb und kalte Nächte;
- hohe Protein- und Kaliumgehalte senken die ruminale Mg-Absorption;
- niedrige Na-Gehalte in jungem Gras fördern den speichelbedingten K-Zufluss.

Diätetik/Prophylaxe: Ausreichende Mg-Gaben, Proteinzufuhr optimieren, faserreich füttern (Fördern des Wiederkauens), ggf. Mg-Stäbe intraruminal verabreichen – letzteres insbesondere bei Extensivhaltung –, K- und N-Düngung reduzieren.

> Hypomagnesämie ist Folge limitierter Mg-Zufuhr und unzureichender ruminaler Mg-Nutzung.

Phosphormangel
P-Mangel zeigt sich als unspezifisches Krankheitsbild, in der klassischen Form als Rachitis oder Osteoporose ist er selten.

Ursachen: Mäßige P-Gehalte in jungen Gräsern, Grassilagen, z. B. bei schlechten Erntebedingungen (Auswaschungsverluste) oder aber in Grünfutter z. B. aus Brassicaceen, in Rübenschnitzeln, Maniokmehl u. a. sind hohen in Leguminosen, Getreide und Ölschroten gegenüberzustellen, so dass man bei einseitiger Ernährung, z. B. der Jungrinder, ggf. eine marginale P-Versorgung vorfinden könnte.

Auch in der Extensivtierhaltung kann mit P-Mangel gerechnet werden. In bestimmten Gebieten der Tropen/Subtropen spielen P-Mängel der Böden und eine schlechte P-Verfügbarkeit eine primäre Rolle.

Recht unspezifisch sind Fruchtbarkeitsstörungen, Indigestionen, Minderungen der mikrobiellen Eiweißsynthese (nur bei einem Mindest-P-Gehalt ist sie effizient). Im Extrem werden Allotriophagie (Aufnahme von Stoffen unterschiedlichster Art) und Knochenweiche beobachtet.

Diätetik/Prophylaxe: Die P-Verfügbarkeit der üblichen P-Verbindungen ist bei Ruminantiern durch den im Pansen möglichen Abbau gut (auch der Phytate). Die P-Zufuhr bei Extensivhaltung und insbesondere bei der Weidehaltung in den Tropen stellt hohe logistische Anforderungen an die Fütterungstechnik. Lecksteinangebote werden individuell sehr unterschiedlich angenommen, so dass die Versorgung unsicher ist.

> P-Mangel ist selten, er ist überwiegend ein Problem bestimmter tropischer Gebiete mit geringer P-Versorgung des Bodens.

Sekundärer Hyperparathyreoidismus
Eine verstärkte Ausschüttung von Parathormon als Folge knapper Ca-Serumspiegel führt zu einer Mobilisierung von Ca (P). Es kommt bei jungen Tieren zu einer allgemeinen fortschreitenden Entkalkung (Osteodystrophia fibrosa) der Knochen, bei älteren zu einer mehr focalen (Osteoporose); hohe P-Gehalte im Serum fördern die renale P-Ausscheidung. Vorrangig bei männlichen Tieren steigt unter diesen Bedingungen die Neigung

zur Ausbildung von Magnesium- und Ammoniumphosphatsteinen.

Ursache: knappe Ca-Versorgung mit induziertem Knochenmatrixabbau.

Diätetik/Prophylaxe: Ca-Mangel vermeiden; ein enges Ca/P-Verhältnis schafft eine Disposition für Ca-Mobilisierungsvorgänge. Niemals dürfen P-Gehalte über dem Ca-Versorgungsniveau längerfristig toleriert werden.

Natriummangel, Überschuss an Natrium und Kalium

Eine knappe Na-Versorgung, u. a. von Weidetieren, besonders bei jungem Aufwuchs, ist nicht selten. Die Folgen sind unspezifisch, betreffen vor allem die Pufferung im Pansen. Der an den Speicheldrüsenepithelien ablaufende Na/K-Austausch führt zu einem K-Überschuss im Pansen. Appetitmangel, Fruchtbarkeitseinbußen, auch vermehrtes Verhalten der Nachgeburt treten auf. Extremer Na-Mangel in tropischen Weidegebieten mit niedriger Salzversorgung kann zu schwerer Exsikkose führen. Andererseits ist in „Salzgebieten" vor allem die Wasserversorgung sorgsam zu beachten. Bei guter Wasserversorgung wird eine hohe Versorgung kompensiert.

K-Überschuss in Intensivdüngungsgebieten wird für Vaginitiden bei Jungrindern und Kühen verantwortlich gemacht. Interaktionen mit Mg sind zu beachten.

Spurenelementmangel und -überschuss

Eisenmangel mit Anämie und schweren Leistungseinbußen ist beim Milchrind ggf. Folge von chronischen Blutverlusten, hämolytischen Erkrankungen oder Parasitosen. Primärer Fe-Mangel ist auf Grund der nativen Fe-Gehalte im Boden bei Weidegang bzw. ausreichendem Grobfutteranteil in der Ration weitgehend auszuschließen.

Fe-Überschuss mit reduzierter Futteraufnahme ist extrem selten.

Knappe **Zink**versorgung wird vereinzelt im Zusammenhang mit Hautveränderungen und erhöhten Zellgehalten in der Milch diskutiert.

Hohe **Kupfer**gehalte in Rinderlebern sind ernährungsphysiologisch (für die Ernährung des Menschen) bedenklich. Sie treten in letzter Zeit gelegentlich als Folge unsachgemäßer Weidedüngung (Schweinegülle) oder Konzentratzufütterung auf. Wenige Einzelfuttermittel, wie Ölschrote, Biertreber, können per se bedenkliche Cu-Gehalte aufweisen. Cu-haltige Rohre und Beschläge, zu denen Tiere Zugang haben, können beträchtliche Cu-Mengen abgeben. Cu-Mangel des Aufwuchses in Cu-Mangel-Regionen ist bekannt. Aus verschiedenen Gebieten werden Interaktionen zwischen der S- und Mo-Versorgung und der Cu-Verfügbarkeit berichtet. Absoluter Cu-Mangel ist limitierender Faktor u. a. in vielen tropisch-subtropischen Gebieten (z. B. Australien).

Manganmangel als Ursache von Fruchtbarkeitsstörungen wird immer wieder diskutiert. (Die Mangangehalte in Ovarien sind bemerkenswert). Die Mn-Zufuhr bei Extensivhaltung ist im Aufwuchs abhängig vom Mn-Gehalt und der Verfügbarkeit im Boden. Kalkverwitterungsböden zeigen oft geringe Mn-Gehalte.

Selen ist in manchen Gebieten Westdeutschlands, u. a. den Schwemmlandböden der Flussmündungen und Küsten, auf vielen leichten Böden der Geest, aber auch auf den Lössböden der regenreichen Gebiete (Se-Auswaschung ist ein weltweites Problem) in nur geringer Konzentration enthalten. In neueren Untersuchungen werden Se-Mangelsymptome, wie Nachgeburtsverhaltung und Fruchtbarkeitsstörungen, bei extremerem Mangel Kachexie, „Weißfleischigkeit", disseminierte Blutungen bei Milchrindern in verschiedensten Gebieten beschrieben. Ein Einfluss auf den Zellgehalt der Milch wird diskutiert. Se-Überschuss in tropisch-subtropischen Gebieten (Selenose) kann Folge einer Selenanreicherung in speziellen Pflanzen sein.

Cobaltmangel auf Granitverwitterungsböden („Hinsch-Krankheit", Schwarzwald) ist seit langem als Ursache von Anämien, Abmagerung, Fruchtbarkeitsstörungen bei Extensivhaltung bekannt. Mit Supplementierung auch nur begrenzter Mengen an Konzentraten spielt die Erkrankung in der modernen Tierhaltung keine Rolle. Co-Mangel in Australien unter tropisch-subtropischen Bedingungen der Extensivhaltung wurde mehrfach beschrieben, entsprechende Untersuchungen für den Bereich des tropischen Afrikas fehlen weitgehend.

Iodmangel beim Menschen ist in Mitteleuropa verbreitet. Der Iodbedarf von Milchkühen könnte sich an notwendigen I-Gehalten in der Milch (um I-Mangel des Menschen zu vermeiden) orientieren. Danach müsste I regelmäßig ergänzt werden. Niedrige I-Gehalte im Aufwuchs, insbesondere in Süddeutschland, sind verbreitet nachgewiesen.

Vitamin-A-/Carotinmangel kann bei Verwendung überlagerten, ausgewaschenen Heus, oder minderwertiger Silage, auch bei Verwendung von viel aufgeschlossenem Stroh in der Rinderfütterung auftreten (s. hierzu Ausführungen Jungrinder).

3.5 Mastbullenfütterung

3.5.1 Anforderungen an eine tiergerechte Ernährung

Definition: Mastbullen sind zur Fleischerzeugung gehaltene männliche Jungrinder im Abschnitt zwischen ca. 150 kg und 550 kg bis zu 650 kg LM. Nur ausnahmsweise werden Bullen auf höhere Endgewichte ausgemästet, da sie ansonsten stark verfetten. Bei Deutschen Schwarzbunten mit hohem Anteil an Holstein-Friesian werden eher niedrigere Mastendgewichte eingehalten, Bullen der Fleischrassen und Fleckvieh können mit hohen Mastendgewichten (650 kg LM) vermarktet werden. Bullenmast kann nur bei hohen Zunahmen ökonomisch betrieben werden, nur selten (extensive Haltung, Nutzung von billigen Nebenprodukten) kann eine Extensivmast sinnvoll und ertragreich sein. Die relative Futteraufnahmekapazität ist etwas niedriger als bei der Milchkuh, so dass bestimmte Mindestansprüche an die Energiedichte gestellt werden müssen.

Vor diesem Hintergrund muss in der Fütterung also eine Mindestenergiedichte der Tagesration sichergestellt werden, gleichzeitig muss aber wiederkäuergerecht gefüttert werden. Bei Festlegung der üblichen Rationskriterien orientiert man sich nur teilweise an der Milchkuhfütterung, freilich bei Tolerierung höherer Konzentratanteile und niedrigerer Rohfasergehalte. Bei ausreichender Adaptation sollten letztere 13 bis 14 % der DM erreichen, wovon zwei Drittel strukturiert, also möglichst Halmfutterrohfaser sein sollten. Mastbullen müssen, wenn fütterungstechnisch möglich, das faserreiche Grundfutter vor den Konzentraten erhalten. Der Aufbau einer stabilen Pansenschichtung ist bei ihnen, wie bei der Milchkuh, essenziell für die Gesunderhaltung des Pansens, eine ausreichende ruminale Eubiose und eine gute Wiederkautätigkeit.

Die im Vergleich zur Milchviehhaltung etwas niedrigeren Mindestbedarfswerte für strukturierte Rohfaser werden damit erklärt, dass die bei milchproduzierenden Rindern erwünschte hohe ruminale Essigsäureproduktion hier keine Rolle spielt. Die durch Konzentrate geförderte Propionatbildung erlaubt zudem eine ökonomischere Nutzung der Futterenergie.

Eine ausreichende Wiederkauaktivität hat alle Vorteile, wie sie im Kap. Milchkuh geschildert wurden. Sie sichert nebenbei auch eine genügende Beschäftigung der Tiere und ist damit Basis für das Wohlbefinden. Sie verhindert so indirekt auch in gewissem Umfang Verhaltensstörungen, wie etwa Zungenschlagen, gegenseitiges Besaugen, Praeputiumsaugen mit Harnsaufen. Schließlich vermag sie auch Pansenstoffwechselstörungen, wie etwa Acidose oder Vitamin-B_1-Mangel, zu verhindern.

Die regional üblichen Anfangs- und Endgewichte variieren erheblich und sind von Mastverfahren, Futterbedingungen, Rasse, Haltungsverfahren und Marktchancen abhängig. Bei Vermarktung über Großabnehmer sind gleichmäßig schwere, homogene Schlachtkörper mit standardisierter Ausschlachtung und mäßiger Fettauflage bei guter Marmorierung des Fleisches, gutem Ausreifungsverhalten und ausreichender Fleischfarbe wichtige Vermarktungskriterien. So lassen sich Teilprozesse des Schlachtvorgangs (z. B. die Schlachtkörpertrennung in zwei Häften) mechanisieren, nur so lässt sich auch ein Angebot in Qualität und Größe vergleichbarer Fleischpartien verwirklichen.

3.5.2 Physiologische Grundlagen, Leistungskenndaten

Die in der Mastbullenfütterung erzielbaren Tageszunahmen liegen bei 1000 bis 1400 g. Manchmal (Extensivhaltung) werden niedrigere Zunahmen toleriert (z. B. bei Weidemast). Der Tageszuwachs der Fleisch- und Zweinutzungsrassen (Fleckvieh) ist höher als bei Milchrassen (z. B. Holstein-Friesian). Bei letzteren setzt bekanntlich die Verfettung früher ein. Mastintensität und Mastendgewichte sind so vorgegeben.

Während der tägliche Proteinansatz nahezu konstant ist, nimmt der tägliche Fettansatz zu. Letzterer erfordert bei Bullen der Milchrassen eine bei 400 bis 450 kg LM einsetzende restriktive Fütterung. Diese Zusammenhänge werden in Abbildung 115 verdeutlicht.

Die Abbildung zeigt, dass bei dem vorgegebenen Fütterungsregime ein konstanter Proteinansatz bis etwa 400 kg LM erreicht werden kann. Bei Zunahmen von mindestens 1100 (1200) g pro Tag bei Schwarzbunten (Fleckvieh) liegt der Proteinansatz bis 400 kg LM bei 170 g pro Tag (195). Mit steigender LM (475 bis 550 kg) sinkt dieser Ansatz jedoch um 10 bis 15 % ab. Fleckviehbullen setzen auch in der Endmast über 550 kg LM bei 1000 g Tageszunahme noch täglich 200 bis 210 g Protein an. Gegenüber diesem konstanten Proteinansatz steigt der tägliche Fettansatz von etwa 100 g mit 180 kg LM auf 300 g mit 500 kg

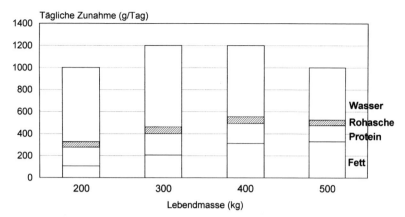

Abb. 115. Zuwachsqualität in Abhängigkeit von Lebendmasse und Zuwachshöhe bei Schwarzbunten Bullen.

LM (bei Zunahmen um 1000 g/Tag) oder gar auf mehr als 400 g (bei 1200 g Zunahme).

Bei Fleckvieh ist der tägliche Proteinansatz bis zur LM von 300 bis 350 kg jenem der Schwarzbunten Bullen vergleichbar. In höheren Gewichtsabschnitten (bis 500 kg) zeigt sich die Überlegenheit des Fleckviehs als Mastrasse, da dann der Proteinansatz mit steigendem Gewicht langsamer abnimmt. Eine intensivere und längere Ausmästung dieser Rasse ist also möglich. So sind hier Zunahmen von 1300 bis 1500 g pro Tag im ersten und von 1200 bis 1400 g im zweiten Drittel der Mast möglich. Die Ausmästung auf schwere Endgewichte bis 650 kg ist üblich. (Im Gewichtsabschnitt von ca. 500 bis 650 kg LM sind aber Zunahmen von lediglich 1000 g die Regel, um Verfettung zu vermeiden).

| Restriktive Fütterung in der Endmast erlaubt eine Ausmästung schwerer Bullen bei Erfüllung der Anforderungen an den Schlachtkörper.

3.5.3 Energie- und Nährstoffbedarf

Energie

Wie für das Kalb beträgt der **Erhaltungsbedarf** für Mastbullen 0,53 MJ ME/kg $LM^{0,75}$ und Tag. Bei steigender Lebendmasse ergeben sich die in Tabelle 153 aufgeführten Werte.

Der **Leistungsbedarf** summiert sich auf aus: Energie im Protein- und Fettansatz, korrigiert mit dem Faktor k zur Berechnung der umsetzbaren Energie (ME).

Umgesetzte Nahrungsenergie wird für Protein- und Fettansatz unterschiedlich verwertet. Da sich mit steigendem Massenzuwachs der Energieansatz zugunsten des Fettes verschiebt, ändert sich auch der Faktor k kontinuierlich. Um die Berechnung nicht zu sehr zu komplizieren, hat sich die GfE dazu entschlossen, den Verwertungsfaktor für Protein und Fett als Mischfaktor mit k_{pf} 0,4 zu kalkulieren. Dabei ist dieser Faktor abhängig von der Höhe des Fett- und Proteinansatzes und vom Ernährungsniveau (Rückgang der Verdaulichkeit). Aufgrund knapper experimenteller Daten wird dies nicht detailliert berücksichtigt und ein Mischfaktor k_{pf} benutzt, den wir bereits bei den Kalkulationen für Kalb und Schwein kennengelernt haben.

| Aus Gründen der Praktikabilität wird für die Verwertung der umsetzbaren Energie für den Nettostoffansatz, der während des Wachstums kontinuierlich steigende Fettmengen aufweist, mit einem Mischfaktor k_{pf} von 0,4 gerechnet.

Die über die faktorielle Analyse ermittelten Energiebedarfswerte sind Tabelle 154 zu entnehmen.

Protein

Der **Nettobedarf für Protein** für die Erhaltung errechnet sich aus:

Tab. 153. Erhaltungsbedarf von Mastbullen mit steigender Lebendmasse

LM (kg)	150	200	250	300	350	400	450	500	550
Bedarf (MJ ME/Tier/Tag	22,7	28,2	33,3	38,2	42,9	47,4	51,8	56,0	60,2

Tab. 154. Lebendmassezunahmen und Energiebedarf von Mastbullen (Dt. Schwarzb.)

	Lebendmassezunahme (g/Tag)						Bedarf[1] (MJ/0,4)
	1000 Ansatz (g/Tag)			1300 Ansatz (g/Tag)			
	Fett (g)	Protein (g)	Energie (MJ)	Fett (g)	Protein (g)	Energie (MJ)	
LM 150 kg	91	174	7,25				18,12
LM 350 kg				304	191	16,53	41,32
LM 500 kg	330	146	16,56				41,40

Gesamtbedarf:	Bei 150 kg LM	bei 350 kg LM	bei 500 kg LM
Zunahme (g)	1000	1300	1000
Erhaltung (MJ ME)	22,7	42,9	56,0
Ansatz (MJ ME)	18,1	41,3	41,4
Summe (MJ ME)	40,8	83,2	97,4

[1] MJ/0,4 = Ansatz an Energie/Verwertungsfaktor k_{pf} 0,4

- UNe (g/Tag) = 5,9206 × log LM − 6,76
  (= endogener Harn-N-Verlust),
- FNe (g/Tag) = 2,19 × kg IDM
  (= endogener fäkaler N-Verlust),
- VN (g/Tag) = 0,018 × $LM^{0,75}$
  (= N-Verlust über Haut).

Der Nettobedarf für Protein (N × 6,25) für die Erhaltung ergibt sich aus den nach obigen Formeln errechneten Summen. Mit 150 kg LM sind dies 95 g CP, bei 350 150 g und bei 500 etwa 190 g.

Bei 1000 g Zunahme kann man bei 150 kg LM mit 175 g CP-Ansatz pro Tag rechnen, bei 500 kg mit 146 g; bei 1300 g Zunahme kann man bei 350 kg LM mit 191 g CP-Ansatz rechnen.

Der Rohproteinbedarf am Duodenum errechnet sich, vergleichbar jenem der Milchkuh, durch Multiplikation dieser „Nettowerte" mit Faktoren für Verwertung, Absorbierbarkeit und Anteil an Nichtammoniak-N (Tab. 155).

Das nutzbare Protein wird errechnet aus dem mikrobiellen Protein (10,5 g/MJ ME × ME-Aufnahme) und dem nicht abgebauten Futterprotein (UDP g/Tag). In späten Mastabschnitten steht also die Sicherstellung der N-Versorgung der Mikroben im Vordergrund, deshalb sollte dieses Verhältnis nicht unterschritten werden. Hieraus werden Empfehlungen für die Proteinzufuhr kalkuliert. Für die Kalkulation der Menge an UDP stehen Tabellen zur Verfügung. Nach Erfahrungswerten sollte die Proteinzufuhr pro Energieeinheit Mindestwerte nicht unterschreiten. Diese Mindestwerte sind von der LM abhängig (Tab. 156). Die aufgeführten Proteinwerte sind für die praktische Kalkulation ausreichend ge-

Tab. 155. Faktoren zur Berechnung des Proteinbedarfs am Duodenum

• Verwertung der absorbierten Aminosäuren mit 70 %	(100 : 70 = 1,43)
• Absorbierbarkeit des AAN von 85 %	(100 : 85 = 1,18)
• Anteil des Aminosäurenstickstoffs (AAN) am Nichtammoniak-N (NAN) im Duodenalchymus 73 %	(100 : 73 = 1,37)
Alle drei Faktoren werden zusammengefaßt:	1,43 × 1,18 × 1,37 = 2,3

Bei 350 kg LM und 1300 kg Zunahme errechnet sich ein Nettobedarf von 191 g + 152 g (Ansatz + Erhaltung) = 343 g. Für am Duodenum nutzbares Protein gilt also folgender Bedarfswert: 343 × 2,3 = 789 g

Tab. 156. Proteinmindestbedarfswerte pro Einheit umsetzbarer Energie bei Mastbullen mit verschiedenen Lebendmassen (mittlere bis gute Zunahmen)

LM (kg)	Proteinmindestbedarf	
	Deutsche Schwarzbunte (g CP/MJ ME)	Fleckvieh (g CP/MJ ME)
150–250	13	14
350	12	12,6
450	11,2	11,7
550	10,3	10,8
625	–	10,2

nau. Sie liegen bei Fleckvieh etwas höher als bei Deutschen Schwarzbunten.

Mineralstoffe

Die Zufuhr an Mengelementen resultiert aus dem Nettobedarf für unvermeidbare Verluste über Kot und Harn, den Gehalten im Zuwachs und der Verwertbarkeit. Wie bei den Milchkühen und wachsenden weiblichen Jungrindern können ähnliche Faktoren für Verwertbarkeit und endogene Verluste angenommen werden.

Dabei ist die Höhe des endogenen fäkalen Verlustes überwiegend durch die Trockenmasseaufnahme bedingt.

Der endogene Mineralstoffverlust wird mit je 1 g pro kg DM-Aufnahme für Ca und P und mit 0,2 g für Mg und 0,55 g für Na angesetzt. Die Gehalte im Zuwachs sind von der Zuwachshöhe, also auch vom Energie/Protein-Verhältnis abhängig.

Die Verwertung für Ca und vor allem für P ist zudem vom Versorgungsgrad abhängig. Sie kann bei niedrigem Versorgungsniveau für Ca Werte zwischen 40% und 50%, für P von 50 bis 70% annehmen. Die Mg- (20%) und Na-Verwertung (80 bis 90%) ist dagegen konstanter. Mindestwerte für die Versorgung sind in Tabelle 157 angegeben.

In der Praxis kann man also – ausgehend von dem Ca-Bedarfswert von 34 g – mit 150 kg LM und 1000 g Zuwachs leicht die Bedarfswerte für verschiedene Massen und Zunahmen überschlägig berechnen. Mit steigender LM nimmt der Ca-Bedarf pro Tier und Tag je 100-kg-Stufe um 2 bis 3 g zu und pro 100 g Zunahme jeweils um 2 g. Die P-Bedarfswerte sind überschlägig durch Halbierung der Ca-Werte leicht zu errechnen.

Eine faktorielle Ableitung des Spurenelementbedarfes für Mastbullen ist selbstverständlich in Analogie zu anderen Nutztieren möglich. Sie ist jedoch unter Praxisbedingungen erschwert durch Probleme der Bilanzierung (spurenelementfreie Umgebung bei der Aufstallung), große Variationen in der Verfügbarkeit und bei vielen Elementen auch der Abhängigkeit der endogenen Ausscheidung von der Futteraufnahmemenge.

Unter praktischen Bedingungen wird jedoch ein Mindestgehalt an Spurenelementen pro kg Futtertrockenmasse gefordert, der in der Größenordnung den Gehalten im Mischfutter für Milchkühe entspricht.

Vitamine

Eine Zufütterung von B-Vitaminen ist in aller Regel nicht nötig, da die ruminale Synthese völlig ausreicht. In Ausnahmefällen wird eine zusätzliche Gabe von B-Vitaminen (Thiamin) empfohlen, z. B. wenn Konditionen chronischer Acidose zu

Tab. 157. Mineralstoffbedarfswerte für Mastbullen bei unterschiedlicher Lebendmasse und vorgegebenen Zunahmen (Angaben pro Tier und Tag)

LM (kg)	Zunahme (g)	Ca (g)	P (g)	Mg (g)	Na (g)
150	1000	34	17	5	4
200	1200	37	18	6	5
250	1200	40	20	7	5
300	1300	44	22	8	6
350	1300	46	23	9	6
400	1300	47	24	10	7
450	1200	45	23	9	7
500	1000	45	23	9	7
550	1000	45	23	9	7

befürchten sind und Fälle von CCN (Hirnrindennekrose) beobachtet wurden. Siehe hierzu Tabelle 158.

Zusatzstoffe
Zu rechtlichen Regelungen und Einsatzbedingungen s. Teil B Futtermittel. Einige wenige wachstumsfördernde Zusatzstoffe sind in der Bullenmast zugelassen. Unter ihnen befinden sich sogenannte probiotische Stoffe, die in Interaktion mit Mikroben im Pansen die mikrobielle Eubiose stärken und die Nährstofffermentation verbessern sollen. Mit ihnen stehen Produkte zur Verfügung, die als natürliche Stoffe keine Rückstandsproblematik in sich bergen, umweltfreundlich eingesetzt werden können und durch Verbesserung der Futterverwertung sogar umweltentlastend sind.

Alle Zusatzstoffe unterliegen einem differenzierten Zulassungsverfahren, das den Transfer schädlicher Stoffe in das Fleisch, Resistenzbildungen und Umweltbelastung ausschließt.

3.5.4 Praktische Fütterung

Mastbullen erhalten Grundfutter ad libitum. Sogar in der Mast mit Maissilage kann diese meist bis zur Schlachtreife ad libitum gefüttert werden. Die angestrebte Mastintensität regelt man nur mit der Kraftfuttermenge. In Ausnahmefällen (bei hohem Endgewicht) ist restriktiv zu füttern, um eine zu hohe Verfettung der Schlachtkörper zu vermeiden. Generell sind gute bis sehr gute Grundfutterqualitäten zu fordern. Für eine ökonomische Bullenmast ist ihre Erzeugung die wichtigste Vorbedingung.

Für Mastbullen mit Grundfutter-ad-libitum-Versorgung wird die Kraftfuttergabe nach Zunahme und Lebendmasse eingestellt. Eine maximale Aufnahme preisgünstig erzeugten Grundfutters ist Basis jeder ökonomischen Bullenmast.

Die Rationsgestaltung hat also folgendem Schema zu folgen:
- Schätzung der Grundfutteraufnahmekapazität,
- Abschätzung der maximal möglichen Zunahme (unter Berücksichtigung der Grundfutterqualität, Kraftfuttermenge und der Schlachtkörperqualitätsanforderung),
- Bedarfskalkulation,
- Errechnung der notwendigen Energiedichte (daraus wird die nötige Kraftfuttermenge kalkuliert). Protein- und Mineralstoffgehalt im Kraftfutter werden eingestellt, bzw. die Höhe der Mineralfuttergabe.

Tab. 158. Empfohlene Gehalte an Spurenelementen und Vitaminen in Mischfutter für Mastbullen

Eisen	50 mg/kg
Zink	50
Mangan	50
Kupfer	15
Iod	0,25 mg
Selen	0,25
Cobalt	0,10
Vitamin A	4000–10 000 IE
Vitamin D	400–1000 IE
Vitamin E	30–50 mg

Die DM-Aufnahmekapazität von Mastbullen ist von einer Reihe von Faktoren abhängig, besonders wichtig sind:
- die Adaptation (Gewöhnung spielt eine entscheidende Rolle),
- Energiedichte, der DM-Gehalt (insbesondere der Silagen),
- physikalische und organoleptische Eigenschaften,
- Größe (Rahmen) und das Körpergewicht des Tieres.

Heute wird auch mit der TMR experimentiert. Zweifellos wird die Futteraufnahme durch TMR erhöht. Es ist fraglich, ob sie in der Endmast zu früher Verfettung beiträgt. Vor allem die Kraftfuttermenge ist dann aber anzupassen.

Schnelle Ausmästung bei Nutzung der Aufnahmekapazität ist Basis der Mastökonomik, da bei Bullen der Erhaltungsbedarf wesentlicher Teil des Tagesbedarfs ist.

Die tägliche DM-Aufnahme aus Maissilage (25 bis 30 % DM; ME 10,5 MJ/kg DM) von Mastbullen (Deutsche Schwarzbunte) kann folgendermaßen geschätzt werden:
- bis 300 kg LM   IDM = kg LM × 0,0196
- über 300 kg LM   IDM = kg LM × 0,0196 – (LM – 300) × 0,008.

Bei schweren Tieren über 300 kg LM (bis etwa 400 kg) ist bereits der relative Rückgang der Futteraufnahmekapazität zu berücksichtigen.

Zur Ausmästung (ab 400 bis 450 kg LM) ist ggf. ein restriktives Angebot des Grundfutters bei hohen Energiekonzentrationen sinnvoll. Maissilage mit DM-Gehalten um 25 %, Gras- und Rübenblattsilage können aber auch unter diesen Bedingungen ohne weiteres ad libitum angeboten werden. Die Zunahmerate und Verfettung sind in der Endmast überwiegend von der Kraftfuttermenge abhängig.

Fleckviehbullen zeigen bekanntlich in höheren Lebendmasseabschnitten ein günstigeres Proteinansatzvermögen, sie können auf höhere Endgewichte ausgemästet werden und dies mit höheren täglichen Zunahmen.

Mast mit Maissilage
Maissilage ist ideales Grundfutter für die Bullenmast. In der Teigreife geernteter Silomais weist DM-Gehalte (je nach Witterung) von 28 bis 30 % auf, ist energiereich und dabei hochakzeptabel. Die Körner müssen eröffnet (angeschlagen) sein. Ganze Maiskörner werden vom großen Wiederkäuer nur begrenzt verdaut und teils unzerkleinert ausgeschieden.

Bestimmte Techniken (Reibe- oder Quetschbehandlung) fördern die Verdaulichkeit. Ein Risiko zu hoher Strukturverluste besteht aber nicht, da Mais bei der Ernte gut ausgereift ist und eine stabile Rohfaserstruktur aufweist. Maiskörner sind bei solchen Silagen schon gut ausgebildet, mit einer schützenden Wachsschicht umgeben.

Eine feine Häckselung wird gelegentlich zum „Anschlagen" aller Körner eingesetzt (6 bis 8 mm mittlere Häcksellänge). Häcksler moderner Bauart leisten diese notwendige Kornzerkleinerung mit hoher Zuverlässigkeit (verschiedene Reibe- und Quetschtechniken). Dennoch birgt eine zu kurze Häckselung die Gefahr eines Strukturverlustes, so dass die Ausbildung der Schichtung im Pansen gestört sein könnte. Wiederkauverhalten und Kotkonsistenz sollten also beobachtet werden, wenn kurz gehäckselte Maissilage ohne weiteres Grundfutter eingesetzt wird. Für stark abgereiften – auf dem Stamm bereits über 30 % DM aufweisenden – Mais wird oft eine Zerkleinerung auf 4 mm vorgeschlagen. Derart fein gehäckselter Mais bildet aber kaum mehr Struktur im Pansen. Die pansenphysiologischen Parameter sind ungünstig, eine chronische Acidose (je nach Kraftfutteranteil in der Ration) droht.

Die Silagequaliät von Mais ist gut. Allenfalls stark abgereifter Mais, der grob gehäckselt ist, neigt zur Ausbildung von Schimmelnestern oder Verderb der Randpartien. Hefenbesatz kann dann zu Gasbildung, u. U. auch zu Alkoholbildung führen. Diese Gefahr wird durch richtiges Silieren (schnelle Silobefüllung, hohe Lagerungsdichte > 750 kg/m³, sofortige Abdeckung) und eine sachgerechte Entnahme (Blockschneider, Entnahmefräse) mit ausreichend Vorschub sowie Einsatz von Silierzusätzen (Propion-, Benzoe-, Ameisensäure etc.) gemindert. Auch biologische Silierzusätze (Lactobazillen) fördern die homofermentative Gärung. Bewährt hat sich für verschiedenstes Siliergut auch die Folienschlauchsilierung.

Die Futteraufnahme bei ad libitum-Angebot von Maissilage kann bei mittleren bis guten Silagequalitäten recht genau geschätzt werden. Die Verdrängung von Maissilage durch Kraftfutter ist von vielen Faktoren abhängig. Überschlägig lässt sich hier kalkulieren:

■ 1 kg DM aus Kraftfutter erniedrigt die DM-Aufnahme von Maissilage um 0,7 kg (Maissilage-Verdrängung).

Die anzustrebende DM-Aufnahme in höheren Gewichtsabschnitten bewegt sich zwischen 1,75 % der LM mit bis zu 400 kg LM bis 1,45 % mit 550 kg LM.

Von einer sehr guten Maissilage mit 10,5 MJ ME/kg DM und 30 % DM können etwa die in Tabelle 159 aufgeführten Mengen aufgenommen werden.

Als Ergänzung muss ein Mischfutter konzipiert werden, dass pro 10 MJ ME 300 bis 400 g CP enthält. 1 kg Ergänzungsfutter-DM (pro kg DM 12,5 MJ ME) verdrängt in der Ration 0,7 kg Maissilage-DM (pro kg DM 10,5 MJ ME). Energetisch gesehen ist dies pro MJ Kraftfutter ein Betrag von 10,5 : 12,5 mal 0,7 = 0,59 MJ. Energetisch muss also die errechnete Deckungslücke an Energie mit 1,59 multipliziert werden, da neben der Abdeckung dieser Lücke auch die Grundfutterverdrängung durch Kraftfutter ausgeglichen werden muss.

Es errechnet sich die notwendige Kraftfutterergänzung überschlägig nach folgender Formel (Mais mit 10,5 MJ ME/kg DM und Ergänzungsfutter mit 12,5 MJ ME/kg DM):

$$\frac{D \text{ (Energiedeckungslücke)}}{E \text{ (Energiekonzentration im Kraftfutter)}} \times 1{,}59$$

Hierbei berücksichtigt der Faktor 1,59, dass mit Zulage von 1 kg Kraftfutter (pro kg DM 12,5 MJ ME) 0,7 kg Grundfutter (pro kg DM 10,5 MJ ME) verdrängt werden. Diese überschlägige Berechnung genügt in der Regel als Basis.

Im Beispiel also für den Bedarf bei 150 kg ergibt sich folgende Rechnung:

10,5 : 12,5 = 0,840 × 1,59 = 1,26 kg Mischfutter-DM oder bei Berücksichtigung von 88 % DM im Mischfutter 1,26 : 0,88 = 1,44 kg Mischfutter lufttrocken. Danach werden für obige Rationen benötigt an Mischfutter (DM Mischfutter, 12,5 MJ ME und 34 % Protein in der DM) für die

Tab. 159. Theoretische Aufnahmemengen an Maissilage und Nährstoffversorgung in Abhängigkeit von der Lebendmasse bei Mastbullen (10,5 MJ ME/kg DM)

LM (kg)	150	200	250	300	350	400
Alter (Tage)	180	230	270	310	350	390
Aufnahme max. DM (kg)	3,00	3,92	5,08	5,88	6,46	7,04
(~ MJ ME)	31,5	41,2	53,3	61,7	67,8	73,9
Bedarf (MJ ME)	42[1]	52	61	69	78	88 für 1200 (1000[1]) g Zunahme/Tag
Differenz (MJ)	10,5	10,8	7,7	7,3	10,2	14,1
Proteinaufnahme (g)	252	329	426	494	543	591
Bedarf Protein (g)	550[1]	690	765	840	920	1000 für 1200 (1000[1]) g Zunahme/Tag
Differenz (g)	298	361	339	346	377	409
Aus Energie-Deckungslücke und Verdrängungswert berechnete notwendige Kraftfuttergabe (kg DM, s. Text)	1,59	1,63	1,16	1,10	1.54	2,13

Der notwendige Proteingehalt läge bei 340 g/kg Mischfutter-DM (346/1,1). Der Proteingehalt kann bei Lebendmassen über 300 kg abnehmen
[1] Bedarf für 1000 g Zunahme

Tab. 160. Maissilagerationen für Mastbullen (Deutsche Schwarzbunte, Zunahmen 1200 g/d, optimale Maissilagequalität und energiereiche Beifütterung)

LM (kg)	150	200	250	300	350	400	450	500	550
Zunahme (g/Tag)	1000	1200	1200	1200	1200	1200	1000	1000	1000
Bedarf ME (MJ/Tag)	42	52	61	69	78	88	87,5	97,5	105
Bedarf Protein (g/Tag)	550	690	765	840	920	1000	950	1010	1080
Maissilage (kg)[2]	6,9	10	14	16,5	18,5	20	22	24	25
DM (30%) (kg)	2,07	3,0	4,2	4,95	5,55	6,0	6,6	7,2	7,5
ME (MJ)	23	33	46	54	61	66	73	79	82
Protein (g)	186	270	378	446	500	540	594	648	675
Mischfutter[1] (kg)	1,6	1,6	1,6	1,6	1,6	1,8	1,6	1,6	1,8
ME (MJ)	19	19	19	19	19	21,4	19	19	21,4
Protein (g)	384	384	384	384	384	432	384	384	432
Summe Energie (MJ)	42	52	65	73	80	87,4	92	98	103,4
Summe Protein (g)	570	654	762	830	884	972	978	1032	1107

[1] MF mit 12 MJ ME und 240 g CP/kg DM
[2] DM in Maissilage: 30%
DM in Mischfutter: 88%

Tab. 161. Mineralstoffdefizit und Mineralstoffversorgung bei Maissilagefütterung von Mastbullen[1]

LM (kg)	150	200	250	300	350	400	450	500	550
Bedarf Ca (g)	34	37	40	44	46	47	45	45	45
Ca in Maissilage (g)	6,2	9,0	12,6	14,8	16,6	18,0	19,8	21,6	21,6
Ca im Mischfutter (g)	12,8	12,8	12,8	12,8	12,8	14,4	12,8	12,8	14,4
Summe	19,0	21,8	25,4	27,6	29,4	32,4	32,6	34,4	36,0
Differenz zu Bedarf (g)	*15,0*	*15,2*	*14,6*	*16,4*	*16,6*	*13,6*	*12,4*	*10,6*	*9,0*
Bedarf P (g)	17	18	20	22	23	24	23	23	23
P in Maissilage (g)	4,8	7	9,8	11,6	12,9	14	15,4	16,8	17,5
P im Mischfutter (g)	11	11	11	11	11	12,6	11	11	12,6
Summe	15,8	18	20,8	22,6	23,9	26,6	26,4	27,8	30,1
Differenz zu Bedarf (g)	*1,8*	–	–	–	–	–	–	–	–

[1] Zunahmen und Fütterung s. Tab. 160

jeweiligen Gewichtsabschnitte ca. 1,2 bis 2,4 kg lufttrockene Substanz (u. S.[1]). Dies ist ein Mindestwert. Unter Praxisbedingungen werden meist Zuschläge von 10 bis 20 % nötig sein (Berücksichtigung der Variation der Maissilagequalität). Eine praktische Maissilageration (30 % DM, 11 MJ ME/kg DM) ist in Tabelle 160 aufgeführt.

Kommentar zu Tab. 160

Maissilage sollte von hervorragender Qualität sein und hohe Aufnahme zeigen (3,3 MJ ME pro kg und 27 g Rohprotein sowie 0,9 g Ca und 0,7 g P/kg), energiereiches Mischfutter mit 12,0 MJ ME und 240 g Rohprotein, 8 g Ca und 5 g P pro kg. Zur Vitamin- und Spurenelementversorgung ist in der Regel zusätzlich eine Vormischung nötig. Bei Maisfütterung ist die Verwendung eines kostengünstigen Calciumcarbonates oder Calciumphosphates parallel zur Mineralstoffergänzung zu empfehlen, da das Ca-Deckungsdefizit bei dieser Rationsvariante besonders groß ist.

Bei durchschnittlicher Maissilagequalität und mittleren Kraftfutterenergiegehalten (11,5 MJ ME) ist bei Gabe von 1,5 kg Kraftfutter pro Tag nur mit Zunahmen um 1000 g zu rechnen.

Bei 2,5 kg Kraftfutter ergeben sich so Zunahmen um 1200 g/Tier und Tag. Die Ca- und P-Versorgung für die obigen Rationen zeigt Tabelle 161.

Kommentar zu Tab. 161

Die Ca-Deckungslücke kann durch preisgünstiges $CaCO_3$ ausgefüllt werden. Bei 36 % Ca in Carbonat werden bei einer Gabe von 30 g pro Tier und Tag 11 g Ca in die Ration eingebracht. Die P-Deckungslücke ist klein. Es genügen z. B. 30 g eines Mineralstoffgemisches mit 5 % P und 20 % Ca. Dies würde zusätzlich 6 g Ca und 1,5 g P in die Ration einbringen. In Maissilagerationen reicht die P-Versorgung über Grundfutter fast aus. Ein solches Mineralstoffgemisch sollte ferner um 5 bis 10 % Na enthalten.

In Tabelle 162 ist ein Mineralfutter aufgeführt, das für die Ergänzung geeignet ist.

Kommentar zu Tab. 162

Mit einer Menge von 30 g pro Tier und Tag ist ein Sicherheitsrahmen vorhanden. Ggf. ist die Menge an mineralisiertem Kraftfutter zu berücksichtigen.

Maissilage-/Kraftfuttermast ist ohne Heugaben möglich, der Mais sollte jedoch nicht zu kurz (26 mm mittlere Partikellänge) gehäckselt sein. Letzteres fördert die Disposition zu Indigestionen, zu langes Häcksel verschlechtert die silagetechnischen Eigenschaften. Das Fütterungsregime umfasst neben ad libitum-Angebot von Maissilage begrenzte [1,4 (1,6) kg] Mischfuttermengen. Die erforderlichen Mineralstoffgaben sind gering, sie betreffen überwiegend den nötigen Ausgleich des Ca-Defizits und Sicherheitsgaben von Na, P und Spurenelementen. Hilfreich für die Energieeinstufung der Maissilage ist die DM-Bestimmung. Zwischenwägungen sind empfehlenswert, vor allem um zu prüfen,

[1] u. S. = ursprüngliche Substanz; identisch: lufttrockene Substanz.

Tab. 162. Praxisübliches Mineralfutter für Mastbullen (Gehalte pro kg Futter)

25 % Ca[1]	500 000 IE Vitamin A	3000 mg Zn	13 mg I
10 % P	80 000 IE Vitamin D_3	700 mg Cu	13 mg Se
10 % Na	300 mg Vitamin E	700 mg Mn	13 mg Co
1 % Mg			

[1] Maissilagerationen können teils mit billigem Ca-Carbonat ergänzt werden

ob die angestrebten Futteraufnahmen auch erreicht werden. Ggf. ist der Kraftfutteranteil zu erhöhen. Auf die Erhöhung der Zulage von Mischfutter im Gewichtsabschnitt über 500 kg LM kann verzichtet werden, wenn dies aus Gründen der Praktikabilität zu aufwendig ist. Man erzielt so eine etwas langsamere Ausmästung, aber einen geringeren Fettansatz.

Proteinergänzung kann auch mit Sojaschrot plus Mineralstoffen erfolgen. Ggf. können in der Anfangsmast (bis 250 kg LM) für Fleckvieh Zulagen von 10 % gemacht werden. In der Endmast kann der höhere Proteinansatz ausgeschöpft werden. Er liegt für Fleckviehbullen um 10 bis 15 % höher.

> Maissilage erlaubt hohe Zunahmen bei begrenztem Kraftfutteraufwand. Für sachgerechte Mineralien- und Proteinergänzung ist zu sorgen.

Mast mit Rübenblattsilage

Rübenblattsilage ist strukturarm, eiweißreich mit begrenzter Energiedichte. Bullenmast auf Rübenblattbasis lohnt sich nur mit guten bis sehr guten Qualitäten. Diese sind jedoch nur bei günstigem Witterungsverlauf und guter Erntetechnik möglich. Minderwertige Qualitäten sind asche- und buttersäurereich (Erdkontamination).

Die Grundfutteraufnahme allein aus Blattsilage ist unbefriedigend. Bei Rübenblattsilage guter Qualiät (< 240 g Rohasche/kg DM sowie weitgehende Buttersäurefreiheit) kann die Tagesgabe bis auf 0,8 kg DM/100 kg LM eingestellt werden. Eine Grenze von 1,2 kg DM aus Rübenblatt/100 kg LM sollte als Obergrenze nicht überschritten werden. Es muss also ein zweites Grundfutter (Heu, Grassilage, Maissilage) zur Verfügung stehen, um die Strukturarmut, aber auch die limitierte Grundfutterenergiedichte und damit -mengenaufnahme auszugleichen. Die Aufnahmeschätzung bei derartigen Rationen ist schwieriger als z. B. bei Maissilagerationen. Überschlägig werden Rationen, deren DM-Anteil zu 50 % aus Rübenblatt besteht, aber auch in Größenordnungen aufgenommen, die jenen der Maissilage entsprechen.

So kann mit einiger Variationsbreite obige Formel für die Schätzung der Futteraufnahme ebenfalls eingesetzt werden. Die Energiekonzentration pro kg DM in Rübenblattsilage liegt jedoch um 10 bis 15 % niedriger als in guter Maissilage. Ein höheres Kraftfutterangebot ist unter diesen Umständen notwendig. Bei Kombination mit Heu sollte man eine limitierte Heumenge (ca. 1 kg/Tag) in allen Gewichtsabschnitten anbieten und die Mengen an Rübenblattsilage ad libitum geben. Ergänzt mit 2,5 kg Kraftfutter (12,5 MJ ME und 16 % Rohprotein) werden dann etwa folgende Silagemengen (16 % DM, 1,6 MJ ME/kg) aufgenommen (Tab. 163).

Kommentar zu Tab. 163

Die Ration erlaubt Zunahmen um 1200 g bis 400 kg LM, freilich wird hierfür ein beträchtlicher Kraftfutteranteil benötigt. Oft liegt die realistische Zunahme nur bei 1100 g. Stets ist zu prüfen, ob die kalkulierte Aufnahme auch erreicht wird. Diese Mast ist nur lohnend, wenn genügende Qualität zur Verfügung steht.

Die eingesetzten Heumengen sollten zeitlich vor der Silagefütterung angeboten werden (frühmorgens), damit sich im Pansen eine ausreichende Ausbildung der Fasermatte ergibt.

Melasseschnitzel. können zu Rübenblatt in Größenordnungen von etwa 3 kg eingesetzt werden. Dieser gemeinsame Einsatz birgt jedoch auch Risiken einer mäßigen Strukturierung im Pansen. Beide Rübenprodukte sollten somit in der Ration nicht mehr als 1,7 kg DM/100 kg LM ausmachen. Das Ca in Rübenblatt ist durch P, Mg und Spurenelemente zu ergänzen. Überschlägig errechnet sich bei hohen Rübenblattgehalten immer ein Ca-Überschuss. In obigem Beispiel werden bei Bullen mit 500 kg LM über die aufgenommenen 30 kg Rübenblattsilage (2,1 g Ca/kg) 63 g Ca in die Ration eingebracht. Der Bedarf von 45 g wird also überschritten, dies jedoch in Kauf genommen, der P-Bedarf ist selbstverständlich zu decken.

> Rübenblattmast erlaubt nur mittlere Zunahmen. Es muss energetisch ergänzt werden, der Struktur- und Mineralstoffbedarf ist sorgfältig auszugleichen.

Mast mit Grassilage

Von vielen Autoren wird lediglich eine Endmast mit Grassilage ab etwa 300 kg LM in Grünland-

Tab. 163. Bullenmast mit Rübenblattsilage und begrenzten Heumengen

LM (kg)	150	200	250	300	350	400	450	500	550
Zunahme (g)	1000	1000	1200	1200	1200	1200	1100	1000	1000
Bedarf ME (MJ/Tag)	41	48	61	69	78	88	92	98[2]	105
Bedarf Protein (g/Tag)	550	690	765	840	920	1000	950	1010	1050
Menge (DM) Rübenblattsilage bei[1] 16% DM (kg)	1,28	1,92	2,56	3,20	3,84	4,16	4,48	4,80	4,80
ME (MJ)	13	19	26	32	38	42	45	48	48
Protein (g)	*168*	*252*	*336*	*420*	*504*	*546*	*588*	*630*	*630*
Heu 870 g DM[3]									
MJ ME	8,0	8,0	8,0	8,0	8,0	8,0	8,0	8,0	8,0
Protein (g)	*118*	*118*	*118*	*118*	*118*	*118*	*118*	*118*	*118*
Kraftfutter* 2,5 kg[2]	2,5	2,5	2,5	2,5	2,5	3	3	3	3
ME (MJ)	31	31	31	31	31	37,5	37,5	37,5	37,5
Protein (g)	*350*	*350*	*350*	*350*	*350*	*380*	*380*	*380*	*380*
Summe ME (MJ)	52	58	65	71	77	87,5	90,5	93,5	93,5
Summe Protein (g)	636	720	804	888	972	1002	1086	1118	1118

[1] Hohe Rübenblattsilageanteile müssen hinsichtlich tatsächlicher Akzeptanz in praxi erprobt werden.
[2] Zur Abdeckung des Energiebedarfs für Zunahmen um 1200 g wäre also ab 500 kg LM eine weitere Kraftfutterzulage nötig
[3] Heu 1 kg lufttrocken, Mischfutter mit 12,5 MJ ME und 140 g CP pro kg DM
* Kraftfutter: 88% DM

betrieben empfohlen. Prinzipiell ist die Grassilagemast als durchgehendes Mastverfahren ab etwa 170 kg LM aber ein in zahlreichen Betrieben (mit viel absolutem Grünland, Mittelgebirge, Voralpen, Norddeutsche Tiefebene) erfolgreich praktiziertes Mastverfahren. Die aus dem Grundfutter erzielbare Energieaufnahme und Energienutzung sind etwas niedriger als beim Mais. Da die Silage stärkeärmer ist, fällt weniger Propionsäure im Pansen an. Es muss auch mit höherer Verdauungsarbeit als bei Maissilagen gerechnet werden. Nach Verbilligung der Getreidekosten durch die EU-Marktordnung kann dieses supplementiert werden, dadurch hat sich die Konkurrenzfähigkeit der Grassilagemast gegenüber der Maissilagemast deutlich verbessert. Bereits in dem Gewichtsbereich um 170 kg LM können Mastbullen etwa 6 bis 9 kg Grassilage (bei 35% DM) aufnehmen. Die Aufnahme ist ferner von Qualität und Anwelkegrad abhängig. Sie steigt bis 500 kg LM auf Werte um 20 bis 25 kg Grassilage. Die Mast erfolgt also mit hochwertiger früher und angewelkter (35% DM) Grassilage. Verschiedene Rationen sind in Tabelle 164 aufgeführt.

Kommentar zu Tab. 164

Höhere Aufnahmemengen sind in den höheren Lebendmasseabschnitten ggf. möglich. Früh geschnittene, gut angewelkte, Grassilage wird von Mastbullen in solchen Mengen aufgenommen, dass immer mehr als 50% der Energie aus dem Grundfutter zur Deckung des Bedarfes zur Verfügung steht (bei mittleren Zunahmen).

Oft muss ein gewisser Proteinüberschuss in Kauf genommen werden. Die „Energiezulagen" erfolgen deshalb am besten mit proteinarmen Konzentraten, wie etwa Getreide, Melasseschnitzel oder Maniokmehl. In der Kombination mit Maissilage kann die Grundfutteraufnahme fast die Größenordnungen erreichen, die bei Maissilagefütterung möglich sind, gleichzeitig kann so ein Proteinüberschuss leicht vermieden werden.

> Grassilagereiche Bullenmastrationen erlauben Zunahmen, die nur bei viel Kraftfutter jenen mit Maissilage entsprechen.

Mast mit Pressschnitzeln

Pressschnitzel sind wasserreich, protein- und rohfaserarm. Im Silo sind sie schwer zu verdichten und neigen zum Schimmeln; besondere Sorg-

Tab. 164. Bedarf und Versorgung von Mastbullen bei Grassilagemast bei steigender Lebendmasse (Deutsche Schwarzbunte)

Lebendmasse (kg)	150	200	250	300	350	400	450	500	550
Zunahme (g/Tag)	1000	1000	1200	1200	1200	1200	1100[1]	1000[3]	1000
Bedarf ME (MJ/Tag)	41	48	51	69	78	88	92	98	105
Bedarf CP (g/Tag)	550	620	765	840	920	1000	1020	1010	1050
Menge an Grassilage in DM bei DM-Gehalt 35% (kg)	2,1	2,8	3,7	4,3	4,9	5,3	5,8	6,3	6,6
ME (bei 10 MJ/kg) (MJ)	21	28	37	43	49	53	58	63	66
CP (bei 140 g/kg) (g)[2]	294	392	518	602	686	742	812	882	924
Differenz ME (MJ)	20	20	23	26	29	35	43	35	39
Differenz CP (g)	256	228	243	238	234	258	208	128	126
Kraftfutter (kg)*	2	2	2	2	2	2	2	2	2
ME (bei 12 MJ/kg) (MJ)	24	24	24	24	24	24	24	24	24
CP (bei 125 g/kg) (g)	250	250	250	250	250	250	250	250	250
Melasseschnitzel (kg)				0,5	0,5	1	1	1	1,5
ME (bei 12 MJ/kg) (MJ)				6	6	12	12	12	18
CP (bei 120 g/kg) (g)				60	60	120	120	120	180
Summe ME (MJ)	45,0	52	61	73	79	89	94	99	108
Summe CP (g)[2]	554	642	768	912	966	1112	1182	1252	1354

Gute Grassilage mit 35% DM, 10 MJ ME und 140 g CP/kg DM
[1] Höhere Zunahme (10–15%) sind möglich bei optimaler Futteraufnahme und bei speziellen Zweinutzungsrassen wie Fleckvieh
[2] Proteinüberschuß aus dem Grundfutter erfordert eine Zulage proteinarmer Konzentrate (bis auf Starterphase)
[3] Reduktion der Zunahmen, um eine Verfettung der Schlachtkörper zu vermeiden. Ggf. Mischung mit Maissilage in der Endmast sinnvoll, um N-Überschuß zu reduzieren

Die Ergänzung mit Mineralfutter hat sich an den Mineralstoffgehalten der Grassilage zu orientieren. Früh geschnittene Grassilage ist im Vergleich zu später relativ mineralstoffarm (insbesondere die Gehalte an Natrium, Phosphor, Magnesium und Spurenelementen liegen niedrig). Eine Versorgung mit Mineralfutter mit einem relativ engen Ca/P-Verhältnis sowie ausreichenden Gehalten an Spurenelementen ist vorzusehen
* Kraftfutter: 88% DM

falt beim Silieren ist also erforderlich (s. Kap. Konservierung). Puffernde Eigenschaften der Pressschnitzel, die hohen Ca-Gehalte und die „puffige Konsistenz", die eine gute Verdichtung erschwert, limitieren die Silierfähigkeit.

Die Harnstoffkonservierung ist bewährt, stößt aber manchmal an Grenzen der Praktikabilität; ammoniakalisch riechende Pressschnitzel werden zögerlich gefressen.

Futteraufnahmen um 1% der LM als Pressschnitzel-DM sollten erreicht werden. Die sachgerechte Ergänzung durch Struktur und Protein muss gewährleistet sein. Hohe Aufnahmen erfordern Adaptation, kontinuierliches Angebot, hervorragende Silierqualität und ausreichenden DM-Gehalt (20 bis 25%). Das Pectin in Pressschnitzeln (20 bis 25% der DM) hat gute Fermentationseigenschaften (es wird langsamer fermentiert als Stärke), es wirkt also einer raschen pH-Senkung im Pansen in gewissem Umfang entgegen. Es besitzt aber kaum oder nur begrenzte Strukturwirksamkeit.

Eine tägliche Gabe von ca. 1000 g Heu ist sinnvoll, da die tierarttypische Pansenschichtung durch Schnitzel nicht sichergestellt werden kann. Der CP- (< 10% der DM) und Mineralstoffgehalt (bis auf Ca) sind niedrig, so dass gezielt ergänzt werden muss. Für die Proteinergänzung eignet sich Sojaschrot ausgezeichnet.

Mast mit silierten Pressschnitzeln ist bei günstigen Transportkosten wirtschaftlich interessant. Eine Ergänzung mit strukturierter Rohfaser, Protein und phosphorreichem Mineralfutter ist grundsätzlich vorzusehen.

Kraftfuttermast (Feed-lot-Mast)
Diese Bezeichnung umfasst verschiedene Mastverfahren – teils auch unter Einsatz erheblicher Mengen an Mais. In der klassischen Form ist sie aber eine fast reine Konzentratmast, die in den Vereinigten Staaten in Großbetrieben nahezu fabrikmäßig durchgeführt wird. In aller Regel wird nur wenig strukturiertes Futter angeboten (z. B. täglich 0,5 bis 1 kg Heu), die Ration besteht ansonsten nur aus Kraftfutter. Sie widerspricht geradezu dem Prinzip artgerechter Fütterung, auch wenn durch Zugabe von Puffern (1 bis 2 % Natriumbicarbonat) des öfteren versucht wird, diese Mastform durch pH-Stabilisierung für die Tiere erträglicher zu gestalten.

Mastbullen entwickeln unter derartigen Bedingungen nicht nur chronische Acidosen, schmerzhafte Rumenitiden (chronische Entzündungen der Schleimhaut des Pansens), sondern gelegentlich auch Vitaminstoffwechselstörungen (mikrobielle Synthese ist reduziert). Vor allem aber werden Verhaltensstörungen beobachtet, da Futteraufnahmezeiten und Wiederkauzeiten deutlich verringert sind.

Untersuchungen zum Kauverhalten zeigen, dass das Kaubedürfnis meist nicht befriedigt werden kann. Die erzielbaren Zunahmen liegen bei dieser Form der Mast zwar oft über 1300 g pro Tier und Tag. Die Tendenz zum Verfetten ist jedoch groß, so dass oft nur bis zu 480 kg LM (Deutsche Schwarzbunte) ausgemästet wird.

Verhaltensstörungen sind unter den Bedingungen der Kraftfuttermast gehäuft zu verzeichnen. Beobachtet wird vor allem das Zungenschlagen. Die Zunge wird dabei weit aus der Maulspalte herausgestreckt und in rhythmischer, schlagender Form nach seitlich und oben bewegt. Ethologische Beobachtungen zeigen, dass verkürzte Wiederkauzeiten und Futteraufnahmezeiten diese Form von Verhaltensstörungen fördern.

Vereinzelt wird auch das Harnsaufen, das besser von Absetzkälbern bekannt ist, bei solchen Mastbullen beobachtet, die durch geringe Rohfasergehalte in der Ration kurze Futteraufnahme- und Wiederkauzeiten aufweisen. Die Folgen sind nicht nur extreme Unruhe im Bestand sondern auch Pansenindigestionen, unregelmäßige, unzureichende Futteraufnahme, Durstgefühl, mäßige Kotkonsistenz und deutlich verminderte Zunahmen.

Kraftfuttermast (Feed-lot-Mast) ist nur bei ausreichender Versorgung mit strukturierter Rohfaser als tiergerecht zu bezeichnen. Hohe Zunahmen führen zu Verfettung, so dass die Ausmästung – je nach Rasse – mit deutlich geringeren Endgewichten (im Vergleich zu anderen Mastverfahren) abgeschlossen wird.

Mast mit Grünfutter-Cobs (Briketts)
Die Trocknung und Pelletierung von Grünfutter unter hohem Energieaufwand war früher verbreitet. Hohe Energiekosten haben sie heute sehr zurückgedrängt, so dass sie nur in speziellen Fällen noch Bedeutung hat. Prinzipiell sind Grünfutterpresslinge (Cobs) ein gutes Bullenmastfutter. Die Partikelstruktur sollte jedoch nicht zu fein sein, damit die erwähnte Faserschichtung im Pansen aufgebaut werden kann. Die erzielbare Verdaulichkeit der Rohnährstoffe ist – je nach Trocknungstemperatur – günstig, sogenannte Überhitzungsschäden kommen aber vor. Bei dieser Form der Mast kann viel Grundfutter aufgenommen werden. Praxiserfahrungen zeigen, dass die Pelletierung rohfaserreicher Futtermittel die Futteraufnahme erheblich fördert.

Fütterungssysteme zur Proteinergänzung

Harnstoff
Harnstofffütterung an Mastbullen kann einen Teil des Proteinbedarfs decken. Hierzu sollten jedoch 1 % der Futtertrockenmasse als Futterharnstoff nicht überschritten werden. Die Applikation von Harnstoff in Konzentraten ist so vorzunehmen, dass eine gute Adaptation (Gewöhnung) erfolgt. Es ist darauf zu achten, dass die insgesamt verabreichten Harnstoffmengen (45 % N) 35 g pro 100 kg LM nicht überschreiten. Bei schwereren Bullen (etwa ab 400 kg) können so 30 bis 40 % des Proteinbedarfs durch Harnstoff-N abgedeckt werden.

Harnstoff sollte nie auf blanken Trog gegeben werden (hohe Ammoniakfreisetzung durch Pansenureasen), eine artgerechte Ernährung mit gleichzeitig ausreichendem Anteil leicht fermentierbarer Stärke und die Verteilung des Harnstoffs auf mehrere Gaben pro Tag verbessern die Verträglichkeit. Biuret und Isobutyliden-Di-Harnstoff werden langsamer abgebaut, sind somit verträglicher.

Harnstoffkonservierung von Feuchtgetreide und Pressschnitzeln ist möglich, sie wird aber relativ wenig genutzt. Harnstoffzumischung zu Maissilage beim Einsilieren (0,4 % zum Frischgut) kann Nährstoffverluste mindern und gleichzeitig die N-Versorgung verbessern. Entmischungen bei Nasssilagen mit Ammoniakanreicherung im Sickerwasser sind aber unbedingt zu vermeiden.

Harnstoff hat einen bitteren Geschmack, daher ist die Gewöhnung der Tiere entscheidend für die Futteraufnahme. Weiterhin stimuliert Harnstoff die Wasseraufnahme; frisches Trinkwasser muss also selbstverständlich jederzeit verfügbar sein.

Bei Auftreten von Harnsteinen kann Harnstoff übrigens prophylaktisch die Diurese (Harnbildung) fördern.

Die **Biertrebermast** ist aufgrund hoher Eiweißmengen und der geringen Struktur dieses Nebenprodukts der Brauerei kein eigenes Mastsystem. Biertreber ist Eiweißträger (s. auch unter Milchvieh). Frischverfütterung kann nur bei kurzen Transportwegen empfohlen werden. Silierung ist möglich, aber risikoreich und aufwendig (z. B. mit Melassezusatz). Zu Biertreber muss also ein ökonomisch günstig verfügbares Grundfutter eingesetzt werden. Ziel sollten 10 MJ ME aus Biertreber pro 100 kg LM sein. Die erreichbaren Zunahmen sind also bei dieser Mastform in hohem Maße von der sonstigen Rationsgestaltung abhängig. Das Hygienerisiko ist hoch, Fehlgärungen drohen.

Dennoch ist Biertreber ein gefragtes Futtermittel. Seine Verfütterung löst zudem ein wichtiges „Entsorgungsproblem" der Brauindustrie. Biertreberfütterung ist also angewandter Umweltschutz.

Die sogenannte **Schlempemast** ist noch schwieriger als die Biertrebermast. Wie unter Milchviehfütterung erwähnt, sind die Hygienerisiken groß. Schlempemast wird wegen geringer Energiedichte, Verderblichkeit und Transportkosten stets in Brennbetriebnähe durchgeführt. Wie Biertreber ist Schlempe wegen des hohen Eiweißgehaltes und begrenzter Energiekonzentration eigentlich nur ein Eiweißergänzungsfutter. Getreideschlempe hat etwa 0,45 MJ ME pro kg und 12 g CP, Kartoffelschlempe nur etwa 0,22 MJ ME und 8 g CP.

Aufnahmemengen von 10 bis 12 kg pro 100 kg LM erlauben dabei nur Energiezufuhren von 9 bis 12 MJ ME bei 200 kg LM und von 18 bis 24 MJ bei 400 kg LM, dies sind nur 20 bis 30 % des Bedarfs, aber bereits 20 bis 50 l Flüssigkeit. Schlempe wird auf Grund der Risiken (Verderb, limitierte Futteraufnahme, Faserarmut der Rationen mit Disposition zu Pansenindigestionen) erst ab 300 kg LM empfohlen. Schlempemast ist also ebenfalls kein eigenes Mastsystem.

Der Getreidebrennprozess muss standardisiert ablaufen, Restmengen teilvergorener Stärke werden – wie auch verzweigte Dextrine als Destillatrückstände – intensivst im Pansen fermentiert und verursachen Acidosen, ggf. gekoppelt mit Aufblähen. Der Gülleanfall ist sehr hoch.

Bei limitiertem Strukturangebot muss ein Grundfutter mit strukturierter Rohfaser ausreichend verfügbar sein. Kraftfutter, das in Schlempebetrieben verfüttert wird, soll faserreich sein; es hat sich in Einzelfällen bewährt, puffernde Substanzen (Bicarbonat) prophylaktisch zuzusetzen.

> Eine erfolgreiche Schlempemast erfordert hohe Schlempeaufnahmemengen bei Sicherstellung der Versorgung mit Energie und strukturierter Rohfaser.

Ergänzung mit Soja-, Erdnuss-, Rapsschrot, sonstigen Eiweißfuttermitteln

Sojaschrot ist das Standardeiweißfuttermittel für die Maissilage- oder Pressschnitzelration. Mit einem Mineralfutter werden so optimale Zunahmen erreicht.

Erdnussschrot ist – bedingt durch die Aflatoxinproblematik – als Wiederkäuerfutter in Mitteleuropa ohne Bedeutung. Rapsschrot der „neuen Generation" mit niedrigen Gehalten an Glucosinolaten und Erucasäure unterliegt bei Mastbullen nun fast keiner Beschränkung mehr. Daneben kommen auch Kuchen und Expeller zum Einsatz, teilweise Rapssaat. Einsatzbeschränkungen für Rapssaat resultieren aus dem Fettgehalt.

Folgende Einsatzgrenzen werden empfohlen: Rapsextraktionsschrot 250 g, -kuchen 200 g, -saat 100 g, jeweils pro Tag und 100 kg LM.

Ackerbohnen-, Sonnenblumenschrot sind gute Eiweißträger. Etwas vorsichtiger ist Baumwollsaatschrot einzusetzen. Einerseits wurden auch bei diesem Futtermittel gelegentlich erhöhte Aflatoxingehalte festgestellt, andererseits enthält es Gossypol, das in höheren Dosierungen lebertoxische Eigenschaften aufweist.

Weidemast

Die Weidemast der Bullen kann in zwei Formen durchgeführt werden:
- Intensivweidemast,
- Extensivweidemast mit Ausmästung im Stall.

Die Weide variiert in Aufwuchshöhe, Bestandesdichte und Nährstoffzusammensetzung, was die Futteraufnahmekapazität beeinflusst. Die Qualität der Weide ist zudem stark abhängig vom Witterungsverlauf, so dass das Risiko zu geringer Aufwuchsintensität und damit zu geringer Zunahmen in schlechten Weidejahren groß ist. Eine Endmast mit Kraftfutterzulagen, die ausreichende Zunahmen und eine gute Fettabdeckung des Schlachtkörpers erlaubt, ist auf der Weide immer schwierig durchzuführen. Sie ist eigentlich nur mit der Stallendmast erreichbar.

Bei bestimmten Formen der Intensivweidemast werden sehr knappe Zunahmen in einer dem Weideaustrieb vorgeschalteten Stallperiode bewusst in Kauf genommen, um hohe Zunahmen durch sogenanntes kompensatorisches Wachstum erreichen zu können. Dies bedingt aber eine Verlängerung der Mastdauer. Diese Form der Viehhaltung hat in verschiedenen Gebieten Europas eine lange Tradition. Sie kann heute wegen vieler Nachteile nur unter besonderen regionalen Bedingungen sinnvoll sein, da folgende Probleme zu berücksichtigen sind:
- Beim Mastbullen ist die Relation Energiebedarf für Erhaltung zu dem für Leistung ungünstig. Die Mastverlängerung kostet also unverhältnismäßig viel des Ertrages.
- Die neue EU-Marktordnung hat den Preisunterschied zwischen Grundfutter und Kraftfutter reduziert, energiereicher füttern ist nun meist auch ökonomisch sinnvoll.
- Die Fleischqualität von Magervieh nach Ausmästung entspricht heute meist nicht mehr den Verbrauchererwartungen (Verfettung).
- Bullen in Laufstallhaltung zur Vorbereitung auf die Weideperiode sind bei knapper Fütterung (Zunahmen um 300 bis 400 g) sehr unruhig, die Zunahmen werden so sehr verschlechtert (bei ohnehin 5% niedrigeren Zunahmen gegenüber Anbindehaltung).

Am verbreitetsten ist die Umtriebsweide mit zusätzlicher Silage-/Heugewinnung in der Zeit hoher Aufwuchsleistung im Frühjahr/Frühsommer. Moderne Formen der Intensivstandweide, wie sie in der Milchviehhaltung üblich sind, wurden in der Mastbullenhaltung bisher wenig erprobt. Man rechnet mit einer Besatzdichte von 15 bis 17 GVE pro ha. Hierfür sind die Ertragsfähigkeit der Weide und die Düngungsintensität entscheidend. Die Besatzstärke ist der Höhe des Aufwuchses anzupassen. Bei guten Zunahmen ist der Umtrieb dann vorzunehmen, wenn etwa 75% des Aufwuchses abgefressen wurden. Im Verbund mit Schafhaltung oder mit der Aufzucht weiblicher Jungrinder (Nachweide) kann eine solche partiell abgeweidete Fläche ggf. noch für extensivere Nutzung Verwendung finden.

Bei Weideaustrieb sollten die Bullen um 170 kg LM aufweisen. Junge Tiere brauchen in der ersten Zeit nach dem Austrieb unbedingt einen witterungsgeschützten Liegeplatz. Wichtig ist, dass die Bullen enthornt und durch Laufstallhaltung an die Gruppe gewöhnt sind.

In der ersten Weidesaison sind Zunahmen von 700 g/Tag möglich, wenn das Anfangsgewicht ausreichend, die Tiere an Grünfutter und Gruppenhaltung gewöhnt sind, eine hervorragende Weide zur Verfügung steht und der Umtrieb dem Aufwuchs gut angepasst ist.

Die Beifütterung auf der Weide ist aufwendig, da sie tierindividuell erfolgen sollte. Über den Sinn einer solchen Beifütterung wird immer wieder diskutiert. Bei zu hohem Kraftfutterangebot sinkt die Grasaufnahme. Ohne größere Logistik ist andererseits die tierindividuelle Dosierung kaum sicherzustellen. Bei extensiverer Haltung und ohne Beifutter sinken jedoch die Zunahmen bei zurückgehendem Aufwuchs schnell unter einen Wert von 600 g.

Die Tiere erreichen bei Mastende meist ein Alter von 590 bis über 600 Tagen. Bei Mastbeginn mit 150 kg LM sind die Bullen etwa 180 Tage alt, bei 190 Weidetagen und Zunahme um 700 g (mit 1 kg Kraftfutterzufütterung) erreichen die Tiere um 280 kg LM. Es folgt eine Stallmast von etwa 220 Tagen mit täglichen Zunahmen um 1200 g (Endgewicht um 550 kg LM).

Für diese Form der Weidemast eignen sich also Herbstkälber weitaus besser als Frühjahrskälber. Die Futteraufnahme solcher Weidebullen im zweiten Jahr nach dem Weideabtrieb ist sehr günstig. Ihre Ausmästung nach abgeschlossener Weidesaison sollte mit Zunahmen zunächst um 1200 g, dann 1100 g erfolgen (Deutsche Schwarzbunte), damit zu starke Verfettung in der Endmast vermieden wird.

Frühjahrskälber müssten im zweiten Jahr evtl. auf der Weide zur Schlachtreife ausgemästet werden. Sie werden im Sommer nach Abschluss der Aufzuchtphase zunächst aufgestallt und im folgenden Jahr als relativ schwere Weidebullen ausgemästet. Die Probleme der Weidehaltung solch schwerer Mastbullen vor allem durch die bei beginnender Geschlechtsreife auftretende Agressivität sind hinreichend bekannt. Die Futteraufnahme dieser schweren Tiere auf der Weide nimmt übrigens ab etwa 450 kg LM überproportional ab. Wenn nun nicht zugefüttert wird, stellen sich geringe Zunahmen ein; die erzielten Schlachtkörperqualitäten sind unbefriedigend (wenig Fettabdeckung).

Das skizzierte Mastsystem mit Herbstkälbern einer Weide- und einer Stallmastsaison hat also eindeutige Vorteile.

Weidemast erlaubt bei hervorragendem Grasbestand und idealen Bedingungen sowie ggf. bei definierter Zufütterung Zunahmen von 800 bis 900 g/Tag. Eine Ausmästung auf der Weide nach vorausgehender knapper Stallfütterung ist bei relativ preisgünstiger Kraftfutterenergie kaum interessant.

3.5.5 Schlachtkörperqualität, Fleischqualität

Schlachtkörpergröße

Eine weitgehend standardisierte Schlachtkörpergröße spielt zunehmend eine wichtige Rolle. Sie ist für die Vermarktung von Teilstücken (z. B. Größe des Roastbeefstückes, der Hochrippe, der Keule) von Bedeutung. Auch die mechanische Zerlegung (Hälftentrennung etc.) ist im Schlachthaus nur mit Schlachtkörpern definierter Größe möglich.

Fleisch/Fett-Verhältnis

Das Fleisch/Fett-Verhältnis und die Fettauflage des Schlachtkörpers sind Folge der genetischen Veranlagung und der Fütterungsintensität. Der Bullenmäster wird also – auch bei Zukauf – versuchen, die genetisch möglichen Zunahmen zu erreichen, dabei aber zu frühzeitige Verfettung der Schlachtkörper zu vermeiden. Zu hohe Fettauflagen bei Schwarzbunten Bullen sind durch knappe Fütterung in der Endmast zu vermeiden. Anzustreben sind im Bereich von 450 bis 550 kg LM Zunahmen um 1000 g (Deutsche Schwarzbunte) pro Tag. Sie erlauben genügend intramuskuläres Fett, das dem Fleisch Saftigkeit und Aroma verleiht, sie verhindern jedoch eine zu starke Fettauflagerung. Der Fleckviehschlachtkörper ist vollfleischiger als bei Milchrassen.

Fleischzartheit, Marmorierung

Die Zartkeit des Wiederkäuerfleisches ist in erster Linie altersabhängig. Altkühe liefern immer ein zähes Fleisch, das besser als Hackfleisch genutzt wird. Daneben spielen jedoch die Reifebedingungen des Fleisches, die durch die Fütterung nur wenig zu beeinflussen sind, eine nicht unwichtige Rolle. Auch vermittelt ein Anteil intramuskulären Fetts den Eindruck von Saftigkeit und Zartheit. Die Genetik ist vor allem für die Höhe dieses intramuskulären Fettanteils bedeutsam.

Fettkonsistenz, Fettfarbe

Fettkonsistenz und Fettfarbe sind fütterungsabhängig. Ein großer Teil der Futterfette wird im Pansen hydriert. Eine sogenannte Verölung des Schlachtkörperfettes, wie sie vom Schwein bekannt ist, muss ggf. beim Einsatz geschützter Fette oder Ölsaaten befürchtet werden. Hohe Fettauflagen bei Deutschen Schwarzbunten Bullen werden durch restriktive Endmastfütterung vermieden. Anzustreben sind im Bereich von 450 bis 550 kg LM Zunahmen um 1000 g pro Tag. Sie sichern eine ausreichende intramuskuläre Fettanreicherung, die dem Fleisch Saftigkeit und Aroma verleiht, und verhindern doch eine Verfettung. Hohe Carotinmengen (Weide!) färben das Depotfett gelb.

Färbung des Muskelfleisches

Manche Märkte, insbesondere in USA und England, verlangen eine tiefrote, kräftige Färbung des Fleisches auch nach längerer Lagerung, bzw. nach Einfrieren.

Neuere Untersuchungen zeigen, dass hohe Vitamin-E-Gaben (geprüft wurden z. B. 600 mg Vitamin E pro Tag über 80 Tage in der Endmast vor dem Schlachten) diese Färbung unterstützen, auch bei Kühlfleisch hält sie 8 bis 9 Tage an. Die Oxidation von Fett, insbesondere von Hackfleisch, kann so vermindert und die Bildung von Metmyoglobin verzögert werden.

Rückstände schädlicher Stoffe

Rindfleisch gehört zu den gesündesten Nahrungsmitteln. Das Freisein von Rückständen kann nach bereits vor 30 Jahren in der BRD getroffenen Schadstoffregelungen, die für die EU Vorbild waren, garantiert werden.

Das Futtermittelgesetz untersagt z. B. die Verfütterung von Futtermitteln, die die Gesundheit des Tieres oder die gesundheitliche Unbedenklichkeit von Lebensmitteln tierischer Herkunft negativ beeinflussen könnten. Futtermittel die verarbeitet wurden, sind zulassungspflichtig. Nur unbedenkliche Futtermittel werden selbstverständlich zugelassen. So ist die weltweit verbreitete Verfütterung von Kot (z. B. Trockenkot aus der Broilerhaltung) in der EU verboten.

Auch die Verwendung von Tiermehl für Wiederkäuer ist nicht gestattet. Die Übertragung von BSE (bovine spongioforme Enzephalopathie) auf den Menschen (als besondere Form der Kreutzfeld-Jacob-Erkrankung) ist bisher immer noch nicht klar bewiesen. Der epidemiologische Verlauf in Großbritannien zeigt, dass ein Überschreiten der Speziesgrenze nur durch Fütterung bisher nicht eindeutig erfolgt ist. Die veterinärmedizinischen Grenzschließungen sind aber berechtigt, da das Restrisiko unwägbar ist.

Futtermittel unterliegen zudem Grenzwertregelungen: In Anlage 5 der Futtermittelverordnung sind Grenzwerte für viele unerwünschte Stoffe festgelegt.

Futtermittel unterliegen auch bestimmten Fütterungsvorschriften. Auch sie sichern, dass kein gesundheitlich bedenklicher Übergang schädlicher Stoffe in tierisches Gewebe erfolgt.

Der Wiederkäuervormagen ist übrigens auch ein Fermenter organischer schädlicher Stoffe. Er kann somit wie ein Dekontaminator und eine Sicherheitsschleuse betrachtet werden, die die Absorption vieler Stoffe vermindert oder gar verhindert.

3.5.6 Fütterungsbedingte Gesundheitsstörungen

Prinzipiell treten Indigestionen bei Mastbullen in ähnlicher Form auf wie bei Milchkühen, insbesondere, wenn kraftfutterreich gefüttert wird. Im Vordergrund steht die **Acidose**. Beim Mastbullen ist die mögliche Koppelung der Acidose mit Tympanie (Aufblähen) und schaumiger Gärung zu erwähnen. Chronische Acidose beruht weniger auf Lactatanreicherung, als auf hohen Konzentrationen an Säuren bei mäßig erniedrigten pH-Werten des Panseninhaltes. Keratinauflagerungen auf den Pansenzotten, Ulcera (Geschwüre) und Sekundärinfektionen werden beobachtet. Bei der chronischen Form der Acidose wird zudem die **Hirnrindennekrose (CCN = Cerebro-Cortical-Nekrose)** als eine Folgeerkrankung beschrieben, die kausal auf Vitamin-B_1-Mangel beruht.

Die Ursachen sind nicht vollständig geklärt. In Frage kommen:
- geringe Vitamin-B_1-Synthese im Pansen,
- geringe Stabilität des Thiamins bei niedrigem Pansen-pH-Wert,
- Wirkung von Thiaminasen mikrobieller oder pflanzlicher Herkunft,
- Auftreten von Antagonisten mikrobieller Herkunft (u. a. δ-Pyrrolin),
- Schwefelüberschuss ggf. aus Abbau von Aminosäuren,
- hoher Vitamin-B_1-Bedarf bei kohlenhydratreicher Fütterung.

Als Acidosefolgen gelten Klauenrehe, Schleimhautnekrose und Clostridiose.

Die **Alkalose** (anhaltender pH-Wert über pH 7,2 im Pansensaft) des Mastbullen droht vor allem bei Harnstofffütterung. Da Harnstoffgaben in Mitteleuropa kaum mehr eine Rolle spielen, in den ehemaligen Ostblockländern aber durchaus oft verwendet werden, sind solche Krankheitsbilder dort häufiger. Ggf. liegen auch direkt Ammoniakvergiftungen vor (unsachgemäßer Ammoniakaufschluss, Entmischungen bei Harnstoffkonservierung). In Ländern der Tropen/Subtropen wird teils durch Angebot einfacher Lecksteine (Zement/Harnstoffgemisch) versucht, dem chronischen Eiweißdefizit entgegenzuwirken. Bei ihrer unkontrollierten Aufnahme droht immer eine Alkalose. Gelegentlich wird unter diesen Bedingungen (NH_3-Aufschluss) über eine Lungen-Atemweg-Erkrankung berichtet.

Folge einer andauernden Alkalose kann Pansenfäulnis sein. Hierbei überwuchern eiweißspaltende, fäulniserregende Mikroorganismen die Pansenmikroflora.

Pansenblähung (Tympanie)

Mastbullen, vor allem jene, die getreidereich ernährt werden, zeigen Dispositionen für Aufblähen (Tympanie). Bei wenig Fasergehalt der Nahrung ist das Wiederkauen eingeschränkt (weniger puffernder Speichel wird in den Pansen abgeschluckt), die Motilität des Pansens ist verschlechtert (Stoffaustausch, Fermentation und Absorption sind so beeinträchtigt). Bei reduzierter Faserschicht ist auch die Gasseparierung im Pansen behindert. Sie wird durch fehlende Speichelinhaltsstoffe, aber auch durch besondere Proteine von Mikroorganismen (u. a. Streptokokken) zusätzlich erschwert. Auch Mastbullen, die ohne Adaptation viel Klee erhalten, neigen zum Aufblähen. Hierfür sind u. a. die Kohlenhydrate und emulsionsfördernde Chloroplastenproteine verantwortlich.

Epiphysiolysis

Gelegentlich treten bei schnell wachsenden Bullen (Blaue Belgier, Saler, Limousin, vor allem aber Charolais) Ablösungen der Epiphysenfugen auf. Sie kommen spontan, aber auch nach starker Belastung vor. Die Rolle der Fütterung ist nicht geklärt. Verbesserungen der Ca- und Vitamin-D-Zufuhr genügen prophylaktisch sicherlich nicht. Eine genetische Disposition in Verbindung mit sehr hohen Zuwachsraten wird jedoch vereinzelt beschrieben.

Harn-, Blasen-, Nierensteine

Mastbullen zeigen – eher als weibliche Tiere – eine Neigung zur Ausbildung von Harnröhrensteinen (Flexura sigmoidea); die Umschlagstelle des Penis im Becken weist eine Verengung der Harnröhre auf, so dass Harnröhrensteine hier vorrangig zu finden sind. Harnstau und Urämie sind die Folge.

Für die Prophylaxe ist die Diagnose des Steintyps bedeutsam. Bei Proteinüberschuss und hoher P- und Mg-Zufuhr können Struvitsteine vorliegen (Magnesium-Ammoniumphosphat-Steine). Vereinzelt scheinen auch Carbonatsteine und in den trockenen Gebieten der Tropen und Subtropen sogar die Silicatsteine eine Rolle zu spielen. Neben Rationskorrektur muss vor allem auf die Wasserversorgung geachtet werden. Hochwertiges Trinkwasser muss stets in ausreichender Menge angeboten werden. Bei gehäuftem Auftreten kann die Wasseraufnahme durch vorsichtige, schrittweise Zulage geringer Harnstoffmengen gefördert werden.

3.6 Jungrindermast durch Mutterkuhhaltung

Eine extensive Form der Jungviehmast ist die Mutterkuhhaltung. Notwendig sind hierfür gute Weidebedingungen, aber niedrige Pacht- bzw. Flächenkosten. Pro Jahr wird pro Mutterkuh nur ein marktfähiges Kalb „produziert". Die Grasaufnahme der mit den Müttern laufenden Kälber beginnt zwar im Alter von 3 Monaten. Auch mit 9 Monaten liegt sie aber noch recht niedrig, wenn genügend Milch aufgenommen werden kann. Beifütterung der Saugkälber auf der Weide lohnt sich nach eigenen Erfahrungen nur, wenn der Aufwuchs knapp ist und Perioden geringen Aufwuchses (z. B. Trockenperioden im Sommer) überbrückt werden müssen. Weibliche Tiere erzielen 5 bis 15 % niedrigeren Zuwachs als männliche.

Im Rahmen von Extensivierungsmaßnahmen wird in den letzten Jahren mit Spezialrassen experimentiert. Die Zuwachsleistung dieser Kälber ist jedoch oft gering, so dass sich die Mast auch bei gutem Futter meist nicht lohnt. Galloways und Highlands haben also in Landschaftspflege und in der Hobbytierhaltung ihren Platz. Auch die Schlachtkörpergrößen kleiner Extensivrassen sind so begrenzt, dass nur Direktvermarktung und hohe Preise oder Zuchtviehverkauf Marktchancen eröffnen.

Das Leistungsvermögen der verschiedenen Rassen, die in der Mutterkuhhaltung eingesetzt werden, geht aus den Abbildungen 116 und 117 hervor. Die Zunahmekapazität ist danach bei den großrahmigen Rassen Charolais und Blonde d'Aquitaine am günstigsten. Gute Ausschlachtungsergebnisse erzielen Limousin, die zudem leichtkalbig sind. Weideaußenhaltung ohne genügenden Witterungsschutz – auch bei Extensivrassen – ist im Winter aus tierschützerischen Gründen für mitteleuropäische Verhältnisse abzulehnen. Auch gut genährte Tiere verlieren bereits in mittleren Wintern viel Gewicht. Dichtes Fell täuscht über mangelnde Kondition hinweg. Ein Rassenvergleich ist Abbildung 117 zu entnehmen.

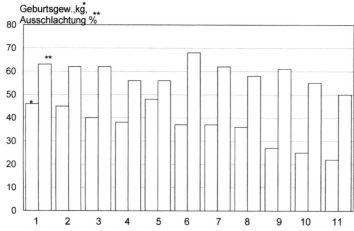

Abb. 116. Geburtsgewicht und Ausschlachtung verschiedener Rassen.

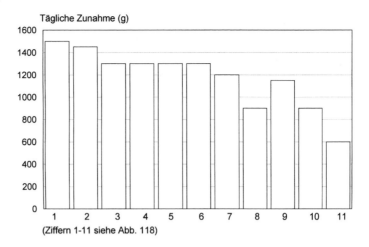

Abb. 117. Durchschnittliche tägliche Zunahmen bei verschiedenen Rassen bei Mutterkuhhaltung unter guten Produktionsbedingungen.

(Ziffern 1-11 siehe Abb. 118)

3.7 Mast von Färsen und Ochsen

Ochsenmast ist in den USA weit verbreitet. Der Ochsenfleischmarkt in Mitteleuropa (ausgenommen E und GB) ist unbedeutend. Ochsen sind in Weide- oder Laufstallhaltung leichter zu halten als Bullen. Das Fleisch ist gut marmoriert, saftiger als bei Bullen und damit – im angelsächsischen Raum – besser vermarktbar. Ochsen und Färsen verfetten jedoch früh. Die Zunahmen sind mäßig. Zur Färsen- und Ochsenmast eignen sich nur die typischen Fleischrassen mit gutem Proteinansatzvermögen. Die in den USA übliche hormonelle Behandlung von Ochsen zur Verbesserung des Fleischansatzes ist in der EU verboten. Eine potentielle Verbrauchergefährdung besteht hierdurch jedoch nicht.

Als Faustregel kann gelten, dass Ochsen zu Beginn der Mast etwas mehr Fett und ein wenig mehr Protein ansetzen als Mastbullen, dass also ihr Energiebedarf zunächst etwa 10 % unter jenem der Bullen liegt. Bis etwa 400 kg LM gleicht sich diese Energiebedarfsdifferenz dann jedoch weitgehend aus. In Gewichtsabschnitten darüber setzen Ochsen deutlich mehr Fett an als Bullen. Der Energiebedarf ist dann für gleiche Zunahmen höher. Die Ausmästung von Ochsen auf schwere Gewichte (über 600 kg LM) ist möglich. Wachstumsintensität und Markt bestimmen den tolerierbaren Verfettungsgrad. Ggf. ist eine restriktive Endmast anzuraten.

Die Mast weiblicher Jungrinder ist in Ausnahmefällen sinnvoll. Sie spielt in der Mutterkuhhaltung eine gewisse Rolle, da die Nachzucht nicht in vollem Umfang für die Remontierung benötigt wird. Zunahmen von zunächst 800 g zu Beginn der Mast können auf knapp 1000 g zwischen 350 und 500 kg LM gesteigert werden. Höhere Ausmästungsgewichte sind nur nach Erschließung entsprechender Märkte möglich. Die Verfettungsneigung schwerer weiblicher Tiere ist überproportional.

3.8 Ausmästung von Altkühen

Eine Ausmästung von Altkühen wird kaum empfohlen, zumal ihr Proteinansatz begrenzt ist. Daten für Milchrassen fehlen. Erfahrungen zeigen jedoch, dass trockene Altkühe sogar bei reinem Weidegang und ohne jegliche Zufütterung gute Zunahmen zeigen. Man muss dabei auch mit einem gewissen Proteinansatz rechnen. Eine vorsichtige Ausmästung ist also sinnvoll, wenn ein mittlerer Ernährungszustand der Kuh vor der Vermarktung angestrebt wird. Ziel muss sein, den Fettansatz zu limitieren und das Proteinansatzvermögen auszuschöpfen. Dies kann durch moderate Zunahmen (z. B. nicht über 800 g/Tag), gute Proteinzufuhr und mäßiges Endgewicht (z. B. nicht über 650 bis 700 kg LM) erreicht werden.

3.9 Fütterung der Zuchtbullen

Physiologische Grundlagen, Leistungen, Energie- und Nährstoffbedarf

Jungbullen, also Zuchtbullen, zum Einsatz als Vatertiere (Besamungsstation, Natursprung) vorgesehene Tiere, sollen nicht zu schnell wachsen.

Tab. 165. Täglicher Nährstoffbedarf von Jungbullen (und Zuchtbullen)

Alter/LM (Monate/kg)	Zunahme (g)	ME (MJ)	Rohprotein (g)	Ca^2 (g)	P^2 (g)
5–6/*150*	–1000	44	580	35	17
7–9/*210*	–1000	54	650	36	18
10–11/*300*–	–1000	67	820	39	20
12–17/*360*–	Einsatz im Natursprung resp. für die Samengewinnung				
	800	75^1	860	43	22
18–23/*504*–	800	100	900	43	22
24–35/*648*–	500	100^3	900	43	22
36–47/*830*–	350	100	900	43	22
48/*960*					

[1] Zulage von 10 % an Energie und Nährstoffen, wenn hohe Beanspruchung durch Zuchtnutzung gegeben ist
[2] Die Ca- und P-Bedarfswerte sind knapp kalkuliert. Bei hoher Zuchtbeanspruchung ist mit Zulagen von 20 % zu rechnen
[3] Verstärkter Einsatz bei Besamungsbullen etwa bei Erreichen eines Alters von 24 Monaten

Zunahmen des zur Zucht vorgesehenen Jungbullen über 1000 g pro Tier und Tag sollten vermieden werden.

Die Deckfähigkeit ist etwa mit einem Alter von einem Jahr erreicht. Bei guter Entwicklung ist dann ein mäßiger Einsatz möglich. Hohe Zunahmen führen zu Verfettung, oft gekoppelt mit mangelnder Libido, bei Fleischrassen oft auch mit Skelettmängeln. Diese Schäden können aber meist durch gezielte Mineralstoff-, Protein- (Tab. 165) und restriktive Energiezufuhr vermieden werden. Die Na- und Mg-Versorgung ist den Bedarfswerten bei Mastbullen anzupassen. Erwachsene Zuchtbullen benötigen ein hochwertiges Futter mit mäßiger Energiedichte. Die Faustzahl von 100 MJ ME mit 900 g verdaulichem Rohprotein muss bei geringem Einsatz in der Samengewinnung oder bei gemäßigtem Deckeinsatz reduziert werden, um Gewichtskonstanz zu erreichen.

Praktische Fütterung

Zuchtbullen sollen ein vielseitiges, faserreiches (18 % Rohfaser in der Trockenmasse) und schmackhaftes Futter erhalten. Sie erhalten also das im Betrieb verfügbare qualitativ beste Heu und die hochwertigste Silage. Die Zufütterung von Mineral- und Wirkstoffen (z. B. Vitamine E und A) muss quantitativ kontrollierbar erfolgen.

Die Bedarfswerte für viele Nähr- und Wirkstoffe wurden überwiegend empirisch festgelegt. Entsprechend variieren sie von Autor zu Autor. Bewährt haben sich **Vitamin-A**-Gaben von 50000 IE und von 5000 IE **Vitamin D** pro Tag sowie **Vitamin-E**-Gaben von 100 mg α-Tocopherol. Die Notwendigkeit einer zusätzlichen Carotinversorgung ist umstritten. Diskutiert werden Gaben zwischen 100 und 200 mg pro Tier und Tag. Hierzu eignen sich Beifutter, die in Einzelfütterung angeboten werden, besser als Lecksteine oder ein Mineralfutterangebot ad libitum.

Fütterungsbedingte Samenqualitätsmängel sind bisher nicht systematisch untersucht. Vitamin-A-Gehalt und Zinkgehalt des Spermas können durch die Ernährung beeinflusst werden. Spermabildung und Reifung erfordern lange Zeiträume. Fütterungsstrategien müssen dies beachten. Ein wichtiges Grundprinzip in der Deckbullenfütterung ist jedoch die grundsätzliche **Vermeidung von plötzlichen Futterumstellungen**.

Gewünscht wird:
- Eine frühe Nutzung, sie wird besonders in Mutterkuhherden aber auch bei Natursprung in der Milchviehherde angestrebt (Deckeinsatz mit ca. 14 Monaten Alter). Ausreichende Zunahmen im ersten Lebensjahr sind hierfür Vorbedingung, dabei ist aber ein zu schnelles Wachstum zu vermeiden. Besonders bei schnellwüchsigen Fleischrassen können sich unter diesen Bedingungen Skelettentwicklungsstörungen einstellen.
- Geringe Verfettung: Zuchtbullen sind unter Praxisbedingungen oft zu fett.

Folgen sind Deckmüdigkeit, Schwerfälligkeit und Fruchtbarkeitsmängel. Der Nährstoffaufwand für Ejakulat und Energieverbrauch für den Deckakt sind nur gering, nur bei intensiver Decktätigkeit sind Zuschläge zum Bedarf für Erhaltung und Wachstum von 10 % zu dem errechneten jeweiligen Wert vorzusehen. Zu mastige Fütterung, vor allem im zweiten Lebensjahr, ist also zu vermeiden. Bei Deckeinsatz in Weidehaltung kann andererseits der Zuwachs zu gering sein, hier ist vor allem im Spätsommer eine Zufütterung sinnvoll.

Altbullen sollten ein vielseitig zusammengesetztes, vollwertiges Futter erhalten. Ihr Endgewicht ist rassenspezifisch vorgegeben, aber auch durch den individuellen Typ bedingt. Zunahmen auf Werte um 1000 kg LM sind aber üblich. Freilich sinkt die Zunahmeintensität von 600 kg LM bis 1000 kg kontinuierlich, so dass dieses Endgewicht erst mit 4 bis 4,5 Jahren erreicht wird. Auch bei ihnen ist auf ein ausreichendes Rohfaserangebot (18 % der DM) zu achten und bedarfsdeckende Nährstoffversorgung. Da Altbullen ab 3 Jahren Alter kaum mehr wachsen, ist so zu füttern, dass dann weitgehende Gewichtskonstanz vorliegt.

4 Fütterung der Schafe

4.1 Einleitende Bemerkungen

Schafe werden sowohl zur Erzeugung von Fleisch, Wolle, Milch und Fellen als auch zur Pflege der Landschaft, besonders von Biotopen, Nationalparks und Brachland, von Flug- oder Truppenübungsplätzen und von Deichen gehalten. Die natürlichen und die wirtschaftlichen Bedingungen bestimmen den Umfang und die Struktur der Schafbestände, die Auswahl der Rassen und deren Zuchtziele sowie die jeweilige Ausnutzung ihres genetischen Leistungsvermögens. Dabei gibt es Bedingungen, unter denen die Hütehaltung dominiert, und andere mit vorwiegender Koppel- und Einzelschafhaltung.

Wegen der gegenwärtigen Erlösrelationen zwischen Wolle (minimal) und Fleisch (90 % des Erlöses) und der vorhandenen Absatzchancen ist die Erzeugung von Qualitätsfleisch aus fettarmen Schlachtkörpern von jungen Mastlämmern mit gut ausgebildeten fleischreichen Teilstücken (Keule, Rücken) anzustreben. Dazu sind Mutterschafe mit hoher Fruchtbarkeit und asaisonaler Brunst von Vorteil, um gleichmäßig über das Jahr verteilte Ablammungen zu erreichen. Sowohl die tragenden und laktierenden Mutterschafe als auch die Mastlämmer stellen hohe Anforderungen an die Fütterung, unabhängig davon, ob sie im Stall oder auf der Weide gehalten werden.

Eine ganz andere Situation liegt bei der Landschaftspflege durch extensive Beweidung vor. Das Beweiden mit Schafen stellt die wirksamste Pflegemaßnahme dar, um Verwilderungen und Verbuschungen von Flächen zu verhindern und Biotope zu pflegen. Es ist allerdings wirtschaftlich nicht attraktiv und muss als eine Dienstleistung durch die öffentliche Hand gefördert werden.

Somit kann die Fütterungsintensität und die Ansprüche an die Versorgung bei Schafen große Unterschiede zwischen Nutzungsrichtungen und Beständen aufweisen. Eine ihnen oft nachgesagte generelle Anspruchslosigkeit an die Futterversorgung besteht bei Weitem nicht.

4.2 Anforderungen an die Fütterung

4.2.1 Besonderheiten des Schafes hinsichtlich Futteraufnahme und Verdauungsleistung

Verdauung und Stoffwechsel der Schafe unterscheiden sich nur wenig von denen anderer Wiederkäuer. Demzufolge gleichen sich auch die grundlegenden Anforderungen an die Fütterung. Wegen dieser Ähnlichkeit dient das Schaf häufig als Modelltier für die ernährungsphysiologische Forschung am Wiederkäuer (z. B. Verdaulichkeitsversuche). Dennoch sind einige tierartspezifische Besonderheiten zu beachten:

- **Futterselektion:** Das Schaf hat ein ausgeprägtes Vermögen und die Neigung zur Futterselektion. Dadurch ist es den Tieren auf kargen Weiden möglich, ein im Vergleich zur Qualität des Aufwuchses wesentlich nährstoffreicheres Futter aufzunehmen. Aus Tabelle 166 ist ersichtlich, dass die Tiere trotz deutlicher Unterschiede in der Zusammensetzung der Aufwüchse ein recht einheitliches Futter aufgenommen haben mit wesentlich höherem CP-Gehalt, niedrigerem CF-Gehalt und höherer Verdaulichkeit. In der Stallfütterung dagegen ist diese Eigenschaft eher unerwünscht. Hier müssen Maßnahmen getroffen werden, die Selektierbarkeit von Rationen zu vermindern. In größeren Beständen kann dies beispielsweise mithilfe von Totalmischrationen erfolgen.
- **Einfluss des Vlieses auf die Futteraufnahme:** Über die thermische Regulation der Futterauf-

Tab. 166. Nährstoffselektion von Schafen bei Beweidung von Leguminosen

	Hornklee		Schwedenklee		Rotklee		Luzerne	
	A	S	A	S	A	S	A	S
CP (g/kg DM)	182	274	194	279	182	267	199	254
CF (g/kg DM)	300	161	256	160	251	149	297	255
dOM (%)	66	77	72	79	72	79	69	79

A Aufwuchs
S selektiert

nahme wirkt sich der Wollbesatz ungünstig auf den Verzehr aus. Nach der Schur fressen Schafe deutlich mehr als vorher.
- **Einfluss des Leistungsniveaus auf die Futteraufnahme:** Da Hammel und güste Mutterschafe einen niedrigen Energiebedarf haben (Ernährungsniveau 1), ist ihr Futteraufnahmevermögen – metabolisch reguliert – niedrig. Somit sind Ergebnisse aus Futteraufnahmeversuchen mit Hammeln nicht ohne weiteres auf wachsende oder laktierende Schafe oder gar Rinder übertragbar.
- **Fähigkeit zur Anpassung an energiearme Rationen:** Einige Schafrassen können unter kargen Fütterungsbedingungen ihr Pansenvolumen erweitern. Dadurch wird die Retentionszeit des Futters im Magen-Darmtrakt verlängert und die Verdaulichkeit erhöht sich. Vor allem Extensivrassen wie z. B. Heidschnucken sind dazu in der Lage, während dies bei Intensivrassen weit weniger ausgeprägt ist. Abbildung 118 verdeutlicht dies: Bei einer energiereichen Ration liegt die Energieaufnahme über dem Bedarf und das Pansenvolumen sinkt bei beiden Rassen. Nach Umstellung auf das energiearme Futter sind die Landschafe in der Lage, das Flüssigkeitsvolumen um ca. 50 % zu steigern, während die Merinofleischschafe das Volumen zu Versuchsbeginn kaum überschreiten.
- **Verzehrs- und Wiederkauverhalten:** Das Schaf kann im Gegensatz zum Rind ganze Getreidekörner rejektieren und beim Wiederkauen zerkleinern. Deshalb kann in der Schaffütterung auch unzerkleinertes Getreide gefüttert werden, ohne eine Verdaulichkeitsdepression befürchten zu müssen. Weiterhin kann das Wiederkauen

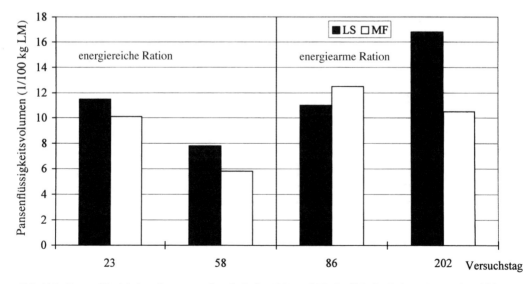

Abb. 118. Pansenflüssigkeitsvolumen von Landschafen (LS) und Merinofleischschafen (MF) nach Ad-libitum-Fütterung energiereicher (1. bis 58. Versuchstag) und energiearmer Rationen (59. bis 202. Versuchstag).

auch noch bei stark zerkleinertem Raufutter aufrecht erhalten werden, wenn das Rind dazu nicht mehr in der Lage ist. Dadurch kann der verzehrssteigernde Effekt der Raufutterkompaktierung wesentlich besser genutzt werden. Trockensubstanzreiche und kurz gehäckselte Silagen werden vom Schaf besser aufgenommen und wiedergekaut als lange Nasssilagen.

- **Verdaulichkeit:** Abgesehen von Futtermitteln mit ganzen Körnern (Getreide, DM-reiche Mais- und Getreide-Ganzpflanzensilagen) sind die Unterschiede in der Verdaulichkeit der Nährstoffe zwischen Schaf und Rind gering. Somit ist es zulässig, die am Schaf bestimmte Verdaulichkeit auf andere Wiederkäuerspezies zu übertragen.

4.2.2 Energie- und Proteinbedarf

Wegen der weitgehenden Übereinstimmung der Verdaulichkeit der Nährstoffe und deren energetischen Verwertung bei Rind und Schaf können und sollten für beide Tierarten gleiche energetische Futtereinheiten und Proteinbewertungssysteme benutzt werden.

In Deutschland gilt seit 1996 für Schafe die umsetzbare Energie (ME) als Maßstab der energetischen Futterbewertung.

Die Beschreibung des Proteinbedarfs der Schafe erfolgt bisher nur auf der Basis Rohprotein (CP). Es ist zu erwarten, dass in Zukunft wie bei Milchkühen und Aufzuchtrindern die Kenngröße „nutzbares Rohprotein am Duodenum" (nXP) verwendet wird. Um die Proteinversorgung besser beurteilen zu können, wird an dieser Stelle empfohlen, auch für Schafe den Proteinwert der Futtermittel auf der Basis nXP auszudrücken und für den Bedarf an nXP den zur Zeit offiziell angegebenen Bedarf an CP zu übernehmen.

Die Bedarfsangaben und Einsatzempfehlungen für Energie und Nährstoffe, einschließlich Mineralstoffe und Vitamine, gründen auf Angaben des Ausschusses für Bedarfsnormen der Gesellschaft für Ernährungsphysiologie (GfE 1996) und des Rostocker Futterbewertungssystems. Für Energie und CP (nXP) sind die Basisdaten in Tabelle 167 zusammengestellt.

Angaben zum energetischen Erhaltungsbedarf schwanken von 0,29 bis 0,37 MJ/kg $LM^{0,75}$. In dem angegebenen Wert von 0,43 MJ/kg $LM^{0,75}$ ist ein Zuschlag für normale Bewegungsaktivität sowie für ein mittleres Wollwachstum enthalten. Darüber hinaus erforderliche Bewegung (v.a. bei Hütehaltung) wird mit 0,38 kJ/100 kg LM und km berücksichtigt. Im Erhaltungsbedarf ist auch ein mittleres Wollwachstum von 3 kg Reinwolle im Jahr enthalten. Abweichungen davon sind pro kg Wolle mit 0,19 MJ/Tag energetisch wenig bedeutend. Da die Wolle praktisch ausschließlich aus Protein besteht, beträgt für 1 kg Wolle die tägliche Proteinsynthese ca. 3 g. Da die AS-Zusammensetzung des Wollproteins stark von der des nXP abweicht, besonders aufgrund des etwa zehnfach höheren Cystingehaltes, ist mit einer schlechten Proteinverwertung zu rechnen. So ergibt sich ein zusätzlicher täglicher Bruttobedarf von 15 g CP (nXP).

Der Energiegehalt der Konzeptionsprodukte beträgt 5 MJ/kg. Multipliziert mit dem Geburtsgewicht und unter Berücksichtigung einer Ver-

Tab. 167. Grundlagen zum Energie- und Proteinbedarf von Schafen

Leistung	Bezug	ME (MJ)	CP (nXP) (g)*
Erhaltung (inkl. mittlerer Wollertrag und normale Bewegungsaktivität)	kg $LM^{0,75}$ u. Tag	0,43	4,7
Fortbewegung (Triftweg, Weidegang)	100 kg LM u. km	0,38	1,4
Abweichung im Wollertrag je 1 kg Reinwolle u. Jahr	pro Tag	0,19	15
Trächtigkeit			
Einling	Gesamtperiode	200	4300
Zwilling		270	5400
Milchproduktion (6–9% Fett, 4–6% Protein)	kg Milch	8	130
Lebendmassezuwachs	kg Zuwachs	24–36	300–500

* Erläuterungen siehe Text S. 469

wertung der ME von 0,2 ergibt sich ein Zusatzbedarf von insgesamt 200 bzw. 270 MJ ME für die Trächtigkeit, die in den letzten beiden Trächtigkeitsmonaten zu berücksichtigen sind.

Schafmilch ist sehr nährstoffreich und enthält 6–9% Fett und 4–6% Eiweiß. Entsprechend hoch ist der Energiegehalt, der im Mittel 4,8 MJ/kg beträgt. Bei einer Verwertung der ME für die Milchproduktion von 0,6 ergibt sich ein ME-Bedarf von 8 MJ/kg Milch. Der Bruttobedarf an CP (nXP) ist mit 130 g/kg Milch hoch. Er berücksichtigt einen Gehalt von 60 g Milchprotein/kg, was sicherlich die obere Grenze des physiologisch normalen Bereiches darstellt.

Die Zusammensetzung des LM-Zuwachses verändert sich mit steigender LM und höheren täglichen Zunahmen stark. Der Fettanteil steigt auf Kosten des Wassers an. Der Energiegehalt des Zuwachses liegt zwischen 7,5 und 11,5 MJ/kg. Bei einem Teilwirkungsgrad von 0,4 ergibt sich daraus ein ME-Bedarf von 19 bis 29 MJ/kg Zuwachs. Auch der Proteinansatz ist abhängig von Lebendmasse und Leistungshöhe. Der Bedarf liegt zwischen 300 und 500 g CP (nXP) pro kg Zuwachs. Einflüsse von Rasse und Geschlecht bleiben bei den Bedarfsableitungen für Schafe unberücksichtigt.

4.2.3 Mineralstoffbedarf und -versorgung

In Tabelle 168 sind Empfehlungen zur Versorgung mit Mengenelementen zusammengefasst.

Je nach Leistungsrichtung ergibt sich ein notwendiges Ca:P-Verhältnis von ca. 1,6:1. P-Überschüsse begünstigen das Auftreten von Harn- und Blasensteinen (s. Abschnitt 4.9). Andererseits sind viele Grundfuttermittel phosphorarm, besonders wenn sie von extensiv bewirtschafteten Standorten stammen. Ein subklinischer P-Mangel senkt die Futteraufnahme und beeinträchtigt Stoffwechselprozesse. Unter diesen Bedingungen wird weniger und wesentlich feinere Wolle gebildet.

Wegen des hohen Anteils an schwefelhaltigen Aminosäuren im Wollprotein wird mitunter eine Schwefelsupplementierung empfohlen. Jedoch ist der Bedarf an Schwefel (1 g/kg DM) in den meisten Rationen gedeckt und aufgrund von Industrieemissionen liegen die Schwefelgehalte der Futtermittel meist weit über diesem Wert. Lediglich bei Einsatz von Harnstoff und Stroh in der Ration könnte eine Schwefelergänzung erforderlich werden, um die mikrobielle Synthese schwefelhaltiger AS im Pansen sicherzustellen.

Das Futter für Mutterschafe und Zuchtböcke sollte folgende Spurenelementgehalte je kg DM

Tab. 168. Empfehlungen zur Versorgung mit Mengenelementen für Schafe (in g je Tier und Tag)

		Ca	P	Mg	Na
Mutterschafe					
Erhaltung		4	3	0,6	1,0
hochtragend		6	5	0,8	1,5
Laktation	1. und 2. Monat	12	8	2,1	2,5
	3. und 4. Monat	8	5	1,5	2,0
Zuchtböcke		6	5	0,8	1,5
wachsende Schafe					
10–20 kg LM	100 g LMZ/Tag	3,0	1,8	0,4	0,4
	300 g LMZ/Tag	7,0	4,0	1,0	0,7
20–30 kg LM	100 g LMZ/Tag	3,5	2,0	0,5	0,5
	300 g LMZ/Tag	7,5	4,7	1,1	0,8
30–40 kg LM	100 g LMZ/Tag	4,5	3,0	0,8	0,6
	300 g LMZ/Tag	9,5	5,5	1,6	0,9
40–50 kg LM	100 g LMZ/Tag	5,5	3,4	1,0	0,8
	200 g LMZ/Tag	7,5	4,7	1,4	0,9
50–60 kg LM	100 g LMZ/Tag	6,0	3,9	1,0	0,9
	200 g LMZ/Tag	8,0	5,1	1,4	1,0

aufweisen: 50 mg Eisen, 8 mg Kupfer, 60 mg Mangan, 40 mg Zink, 0,08 mg Cobalt, 0,3 mg Iod und 0,15 mg Selen. Schafe haben eine geringe Cu-Toleranz; deshalb besteht sowohl die Gefahr des Cu-Mangels als auch die des Cu-Überschusses (s. Abschn. 4.9). Für wachsende Schafe werden für Zink mit 30 mg/kg DM und für Iod mit 0,2 mg/kg DM etwas niedrigere Werte angegeben. Diese Konzentrationen gelten bei einem ausgewogenen Angebot an den einzelnen Mineralstoffen. Durch Wechselwirkungen mit anderen Elementen kann die Cu-Versorgung stark beeinflusst werden. So führen Überschüsse an S, Ca, Cd, Fe, Pb und Mo zu einer geringeren Absorption von Cu. Dieses Problem ist vor allem in Gebieten mit Industrieimmissionen zu beachten. Dann können typische Mangelerscheinungen auch bei Einhaltung der angegebenen Versorgungsempfehlungen auftreten.

4.2.4 Vitaminbedarf und -versorgung

Ein Mutterschaf benötigt je Tag 2000 bis 6000 IE Vitamin A und 200 bis 600 IE Vitamin D. An der unteren Grenze liegen die güsten und niedertragenden Tiere, an der oberen die hochtragenden und laktierenden. Bei ausgedehntem Weidegang ist ein Vitaminmangel nicht zu befürchten. Dagegen sollte während längerer Stallfütterungsperioden die Vitaminversorgung bilanziert und gegebenenfalls durch den Einsatz eines Vitaminkonzentrates oder eines vitaminisierten Mineralfutters abgesichert werden.

Schafe mit funktionsfähigem Pansen sind infolge der mikrobiellen Synthesen von der Zufütterung wasserlöslicher Vitamine unabhängig, wobei in einigen Versuchen Niacinsupplementationen in hohen Dosen günstige Auswirkungen auf Stoffwechselparameter hochtragender und laktierender Mutterschafe hervorriefen. Für Lämmer gilt folgender Bedarf je 10 kg LM und Tag: 1000 IE Vitamin A, 150 IE Vitamin D, 5 mg Vitamin E, 1 mg Vitamin B_1, 1 mg Vitamin B_2, 1 mg Vitamin B_6, 6 µg Vitamin B_{12}, 8 mg Niacin und 4 mg Pantothensäure.

Mischfuttermittel für die Lämmeraufzucht und für die intensive Lämmermast enthalten Zusätze an den Vitaminen A, D und E. Darüber hinaus werden Lämmeraufzuchtfuttermitteln die Vitamine B_1, B_2, B_6 und B_{12}, Pantothensäure, Nicotinsäure und K zugesetzt.

4.2.5 Futterdarbietungsformen

Die Anforderungen, die in der Schaffütterung an die Futterdarbietungsformen gestellt werden müssen, zielen letzten Endes auf die weitgehende Ausschöpfung des Futteraufnahmevermögens und die günstige Gestaltung der ruminalen Verdauungsvorgänge hin. Sie unterscheiden sich nicht wesentlich von denen in der Rinderfütterung. So ist der erforderliche Gehalt an strukturwirksamen Gerüstsubstanzen bei vergleichbaren Kategorien der Schafe und Rinder ähnlich, d. h. bei Jungschafen 14 bis 18% und für Mutterschafe 18 bis 24% CF in der DM. An dieser Stelle soll erwähnt sein, dass die häufig praktizierte Intensivmast von Lämmern mit Kraftfutter mit einem minimalen Angebot an Raufutter als nicht wiederkäuergerecht anzusehen ist. Aus Gründen der Tiergerechtheit ist auch bei intensiven Mastformen ein Mindestanteil von 20 bis 25% strukturiertem Grundfutter zu fordern. Auf die tierartspezifischen Besonderheiten bei der Fütterung unzerkleinerter Körner, kompaktierter Raufuttermittel und lang gehäckselter Silagen wurde schon im Abschnitt 4.2.1 hingewiesen.

Häufige Futtergaben (hohe Fütterungsfrequenz) steigern den Verzehr und führen zu einem ausgeglichenen Verdauungsablauf im Pansen. Der pH-Wert schwankt in einem engeren Bereich und sinkt nicht so tief ab wie bei ein oder zwei Futtergaben. Das ist beim Einsatz von Futtermitteln mit einem hohen Anteil leichtfermentierbarer Kohlenhydrate besonders wichtig. Durch häufige Futtergaben werden außerdem bessere Bedingungen für die Resorption der Nährstoffe und die mikrobiellen Synthesen geschaffen.

Bei Fütterungsverfahren mit Tier/Fressplatz-Verhältnissen von 2 : 1 und mehr, aber auch beim Hüten ist auf eine ausreichende Fütterungsdauer zu achten. Unter ad libitum-Bedingungen nehmen die Schafe täglich etwa 7 (3 bis 16) Mahlzeiten in 6 (3 bis 13) Stunden Fresszeit ein. Vor allem im Sommer wird am aktivsten am frühen Morgen, am späten Nachmittag und abends gefressen, da liegen die „großen" Mahlzeiten. Wenn das Futteraufnahmevermögen ausgeschöpft werden soll, benötigen die Schafe auch Zeit für „kleine" Mahlzeiten. Bei geringen Flächenerträgen bzw. minderwertigen Futteraufwüchsen wenden die Tiere lange Zeiträume zum Selektieren und Fressen auf. Das gilt auch, wenn der Energie- und Nährstoffbedarf durch Trächtigkeit oder Laktation erhöht ist und deshalb eine maximale Futteraufnahme erzielt werden soll.

Die mittlere tägliche Wiederkaudauer liegt bei Rationen mit guter Strukturwirksamkeit zwischen 8 und 9 Stunden, so dass die Schafe insgesamt etwa 15 Stunden am Tag kauen. Rationen mit geringer Strukturwirksamkeit führen zu verlängerter Fressdauer und zu verkürzter Wiederkaudauer. Dann versuchen die Tiere, durch eine große Anzahl kürzerer Mahlzeiten und Wiederkauperioden einen Ausgleich zu schaffen. Bei sehr faserreichem Grundfutter verschieben sich die Kauaktivitäten zugunsten des Wiederkauens. Aufgrund der begrenzten Gesamtkauaktivität führt dies zu einem Rückgang der Futteraufnahme. Rationen mit günstiger Futterstruktur verursachen ausgeprägte Häufungen des Fressens (morgens und gegen Abend) und Wiederkauens (vormittags, nachts).

Im Hinblick auf die Futtersequenz, die Gestaltung von Futterwechseln und die Gewöhnung an leichtverdauliche Rationen oder NPN-Verbindungen gelten für das Schaf die gleichen Prinzipien wie für das Rind. Zwar haben Störungen der Pansenfermentation bei Hammeln oder bei güsten Mutterschafen seltener akute Erkrankungen und drastische Leistungseinbußen zur Folge, als das bei hochtragenden und laktierenden Tieren der Fall ist, aber selbst bei Hammeln werden für hohe Wollerträge optimale Abläufe der Verdauungsvorgänge benötigt.

Durch zweckmäßige Futterdarbietungsformen und Fütterungsverfahren ist im Stall der ausgeprägten Neigung der Schafe zur Futterselektion zu begegnen. Vorlage von Mischrationen, Kompaktierung sowie Bereitstellung von ausreichend Fressplätzen dienen dazu, eine unerwünschte Futterselektion in Grenzen zu halten.

4.3 Fütterung der Mutterschafe

4.3.1 Empfehlungen zur Energie- und Nährstoffversorgung

Die Empfehlungen für die Energie- und Proteinversorgung der Mutterschafe sind nach den Stadien im Reproduktionszyklus (Abb. 119), der Anzahl und der Geburtsmasse der Föten bzw. Lämmer und der Lebendmasse differenziert (Tab. 169). Die Angaben für Erhaltung schließen die Wollproduktion sowie eine mittlere Bewegungsaktivität ein. Sie gelten für güste und niedertragende Mutterschafe sowie für Hammel. Somit unterscheiden sich bedarfsdeckende Rationen zwischen diesen Tierkategorien nicht.

Die Produktivität der Mutterschafe wird durch die genetisch veranlagte Fruchtbarkeit und den Grad ihrer Ausnutzung bestimmt. Dazu tragen eine gute Kondition und ein um 30 % höheres Fütterungsniveau 3 bis 4 Wochen vor und während der Deck- bzw. Besamungsperiode bei. Diese „Flushing-Fütterung" steigert die Ovulationsrate und damit den Anteil an Mehrlingsgeburten. Ihre Wirkung beruht auf

- einem statischen Effekt, d.h. Einfluss der Kondition schlechthin, unabhängig davon, wann sie erreicht wurde;
- einem dynamischen Effekt, d.h. Auswirkungen der Lebendmassezunahme unmittelbar vor und während der Konzeption.

In Versuchen trat ein dynamischer Flushing-Effekt sowohl bei guter als auch bei schlechter

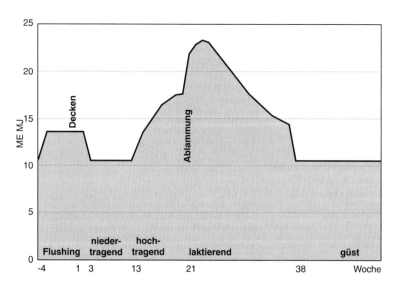

Abb. 119. Energiebedarf von Mutterschafen im Verlauf des Produktionszyklus (70 kg LM; Zwillinge).

Tab. 169. Empfehlungen für die Energie- und Proteinversorgung von Mutterschafen je Tag (nach GfE 1996, AUTORENKOLLEKTIV 1986, ergänzt)

Stadium	Lebendmasse[1] (kg)	Umsetzbare Energie (MJ)	CP (nXP) (g)	geschätzte max. DM-Aufnahme (kg)
güst, 1.–3. Monat tragend	70	10,4	115	1,3
Flushing[1]	70	13,5	135	1,4
4. Trächtigkeitsmonat	75	13,7	170	1,5
5. Trächtigkeitsmonat				
Einlinge (5 kg)	80	14,6	200	1,5
Zwillinge (je 4 kg)	80	17,1	235	1,5
1. und 2. Laktationsmonat				
Einlinge (1,0 kg Milch)	70	18,4	245	1,7
Zwillinge (1,4 kg Milch)	70	21,6	295	2,0
3. und 4. Laktationsmonat				
Einlinge (0,5 kg Milch)	70	14,4	180	1,6
Zwillinge (0,7 kg Milch)	70	16,0	205	1,8

[1] pro 10 kg Unterschied in der Lebendmasse ca.: 1,1 MJ ME; 10 g CP (nXP); 0,2 kg DM-Aufnahme
[2] 3 bis 4 Wochen vor und während der Belegung

Kondition auf und erhöhte die Zwillingsrate um etwa 10 %. Zusätzlich betrug der statische Effekt 5 bis 10 %. Andere Autoren erreichten bei Mutterschafen mittlerer Kondition mit Flushing deutlich höhere Ovulationsraten (2,6 gegenüber 1,8) infolge verminderter Atresie bei großen Follikeln in den letzten 30 Stunden vor der Ovulation. Der dynamische Flushing-Effekt ist aber bei Tieren, die sich in sehr gutem Futterzustand befinden, nicht immer nachweisbar.

Die Flushing-Fütterung als plötzlich erhöhte Energieaufnahme ab mindestens einem Brunstzyklus, besser zwei Zyklen vor der Konzeption, wird am leichtesten mit Kraftfutterzugaben realisiert. Eine deutliche Verbesserung der Grundfutterqualität oder -aufnahme kann die gleiche Wirkung hervorrufen. Futtermittel- oder nährstoffspezifische Effekte sind bisher experimentell nicht nachgewiesen worden.

Die Fortpflanzungsleistung beeinträchtigen können eine unzureichende Versorgung mit Vitamin A, Mangel an den Spurenelementen Mn, Zn, Cu, I, Se, Mo und Ni, aber auch hohe Phytöstrogengehalte in Grünfuttermitteln und ihren Konservaten. Eine energetische Überversorgung zu Beginn der Trächtigkeit erhöht die embryonale Mortalität. Deshalb wird die Flushing-Fütterung beendet, sobald eine Trächtigkeit vermutet werden kann (Tiere „bocken nicht um"). Generell ist darauf zu achten, dass niedertragende Tiere, da sie leicht Fett ansetzen, nicht überkonditioniert werden, denn verfettete Schafe haben in der Hochträchtigkeit und zu Beginn der Laktation ein geringeres Futteraufnahmevermögen. Dadurch wird die Realisierung des in dieser Zeit hohen Energie und Nährstoffbedarfes (Abb. 119) erschwert.

Folgen von Energiedefiziten während der Hochträchtigkeit sind:

Beim Mutterschaf
- Abbau von Körpersubstanz,
- damit verbunden Ketosen, die gehäuft mehrlingstragende Tiere in guter Kondition betreffen (s. Abschn. 4.9),
- verminderte Wollproduktion und -qualität („Wollknick", verminderte Reißfestigkeit),
- geringere Milcherträge.

Beim Lamm
- niedrigere Geburtsmassen und beeinträchtigte Vitalität,
- verzögertes Wachstum,
- vermindertes Wollproduktionsvermögen über längere Zeiträume hinweg durch eine gestörte Ausbildung der Sekundärfollikel.

Um derartige Schäden zu verhindern, sollte in Beständen mit einem größeren Anteil an mehrlingstragenden Mutterschafen die gesamte Herde oder Gruppe nach entsprechenden Versorgungsempfehlungen gefüttert werden. Dabei muss man berücksichtigen, dass die Futteraufnahme in der Hochträchtigkeit bei Mehrlingsmutterschafen in der Regel nicht höher als bei einlingstragenden ist (Abb. 120). Dem ist durch eine erhöhte Energiekonzentration der Ration Rechnung zu tragen.

Die Laktation stellt quantitativ die höchsten Anforderungen an die Energie- und Nährstoffversorgung. Da die Futteraufnahme hier gegenüber derjenigen in der Trächtigkeit zwar deutlich ansteigt (Abb. 120), der Energiebedarf sich aber mindestens in gleichem Umfang erhöht (Tab. 169), muss die Energiekonzentration der Ration ähnlich hoch wie für hochtragende Tiere eingestellt sein (> 10,5 MJ ME/kg DM). Voraussetzung ist, dass tatsächlich so viel Trockensubstanz aufgenommen wird, wie unterstellt wurde (Tab. 169). Schon geringe Abweichungen in der Futteraufnahme vom angenommenen Wert wirken sich deutlich auf die benötigte Energiekonzentration aus.

Schafmilch ist wesentlich nährstoffreicher als Kuhmilch. Sie enthält etwa 5 bis 9 % Fett, 4 bis 6 % Eiweiß und 4 bis 5 % Lactose. Milchmenge und -zusammensetzung variieren sowohl zwischen als auch innerhalb der Rassen stark und hängen vom Laktationsstadium ab. So wurden am 50. Laktationstag je Mutterschaf 2,5 kg Milch mit 4,9 % Fett ermolken und 150 Tage später 1 kg Milch mit 7,8 % Fett. Diese Daten werden nur selten erfasst, so dass bei Rationsberechnungen kaum auf die tatsächlichen Milcherträge zurückgegriffen werden kann.

Die in Tabelle 169 enthaltenen Empfehlungen zur Energie- und Proteinversorgung sind auf mittlere Milcherträge von 1,1 kg Milch je Tag im ersten, 0,9 kg im zweiten, 0,6 kg im dritten bzw. 0,4 kg im vierten Laktationsmonat bei Einlingsmutterschafen ausgelegt. Bei Zwillingsmutterschafen rechnet man mit 40 % höheren Leistungen. Besonders beim Milchschaf ist mit einer deutlich höheren Milchleistung zu rechnen. Aufgrund der erfassten Milchmenge ist hier allerdings auch exakter eine bedarfsgerechte Rationskalkulation möglich. Für diesen Fall sei auf die Angaben in Tab. 167 verwiesen (8 MJ ME; 130 g CP (nXP) pro kg Milch zuzüglich des Erhaltungsbedarfs).

Die Anforderungen an die Proteinversorgung innerhalb des Reproduktionszyklus sind noch stärker als die für Energie differenziert. Wenn ein günstiger Ablauf der ruminalen Verdauungsvorgänge gewährleistet ist, werden in der Laktation, ähnlich wie bei Milchkühen, über 70 % des Proteinbedarfs über die mikrobielle Proteinsynthese gedeckt. Bei güsten und niedertragenden Tieren sichert das mikrobielle Protein den gesamten nXP-Bedarf, solange eine bedarfsdeckende Energieversorgung gegeben ist und die Ration ca. 10 g CP/MJ ME enthält.

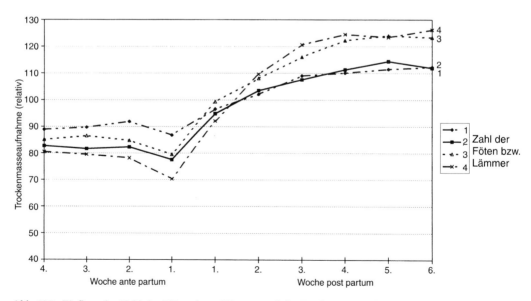

Abb. 120. Einfluss der Zahl der Föten bzw. Lämmer auf die Trockenmasseaufnahme von Mutterschafen vor und nach der Geburt (relativ).

4.3.2 Fütterung mit Grünfutter

Nach wie vor stellt eine lange Weideperiode die Futtergrundlage für Mutterschafe dar. Dabei führen große Unterschiede in den örtlichen Bedingungen (Klima, Nutzflächenverhältnis, Schafbesatz und Herdenstruktur), in den im Verlauf der Weideperiode zur Verfügung stehenden Pflanzenarten sowie in den jeweiligen Futterqualitäten zu einer Vielfalt von Futterrationen. Um die Futterkosten niedrig zu halten, wird angestrebt, einen möglichst großen Anteil der Energie- und Nährstoffversorgung aus absolutem Schaffutter bzw. von anderen Tierarten nicht genutztem Futter abzudecken.

Bei der Nutzung derartiger Futtermittel treten häufig folgende Probleme auf:
- zeitlich und territorial diskontinuierliches Futteraufkommen, besonders in grünlandarmen spezialisierten Ackerbaugebieten,
- krasse Futterwechsel,
- erforderliche Ergänzungsfütterung bei zu hohen Gehalten an leicht fermentierbaren Kohlenhydraten bzw. zu geringen Anteilen an Gerüstsubstanzen oder Protein.

Deshalb erfordert eine erfolgreiche Nutzung solcher Futtermittel und die Prophylaxe gegen Pansenstörungen (Pansenacidose, Tympanie) oft eine Ergänzung mit Futterstroh, Heu bzw. mit Grünfutter. Im Gegensatz zur Rinderfütterung werden in Sommermonaten selbst bei Stallfütterung Silagen nur eingesetzt, wenn kein Grünfutter zur Verfügung steht.

Das Grünfutter wird vorwiegend als Weide genutzt. Dadurch sind die Menge und die Qualität des verzehrten Futters schwer einschätzbar, zumal sich durch selektives Fressen die aufgenommene Ration vom angebotenen Bestand stark unterscheiden kann. Der Futterverzehr auf der Weide wird durch zahlreiche Faktoren beeinflusst. So fressen laktierende Tiere mehr als tragende oder güste, magere mehr als fette. Die Verzehrsleistung ist bei niedrigen Weideerträgen, jungen, rohfaserarmen und bei überständigen Futtermitteln wesentlich geringer als bei optimalem Aufwuchs (Tab. 170 und 171). Auch durch die Hütetechnik (Reihenfolge bei verschiedenen Futterarten, Weidedauer und Verteilung im Tagesverlauf, Pausengestaltung, Vermeidung krasser Wechsel, Möglichkeiten zur Futterselektion, Herdengröße) sowie durch das Weideverfahren werden die Menge und die Zusammensetzung der aufgenommenen Ration beeinflusst.

Wenn Grünfutter ad libitum zur Verfügung steht, liegt die Trockensubstanzaufnahme güster und tragender Schafe bei ausreichendem Angebot je nach Futterqualität zwischen 50 und 80 g DM/kg $LM^{0,75}$, im Mittel bei 65 g, dies entspricht

Tab. 170. Rationsbeispiele mit Grünfutter für Mutterschafe bei Weidegang (in kg DM je Tier u. Tag)

	güst niedertr.	hochtragend		laktierend Zwilling
		4. Monat	5. Monat	
Günstiges Reifestadium				
• Weidegras intensiv, Ähren-/Rispenschieben (pro kg DM: 11 MJ ME; 160 g CP; 240 g CF)	1,2	1,5	1,5	2,1
• Kraftfutter (Getreide)	–	–	0,1	–
Rohfaserarmes Grünfutter				
• Herbstweide oder Rotklee in der Knospe (pro kg DM: 10,5 MJ ME; 200 g CP; 180 g CF)	1,0	1,3	1,1	1,6
• Stroh	0,2	0,2	0,2	0,2
• Kraftfutter (Getreide)	–	–	0,3	0,3
Überständiges Grünfutter				
• Weidegras extensiv, Ende der Blüte (pro kg DM: 9 MJ ME; 100 g CP; 300 g CF)	1,3	1,3	1,0	1,4
• Kraftfutter (pro kg DM: 12,5 MJ ME; ca. 220 g CP)	–	0,2	0,6	0,7

Mineralfutterergänzung obligatorisch

Tab. 171. Trockensubstanz- und Energieaufnahme aus frischem und konserviertem Grünfutter (relativ, optimales Frischfutter = 100)

	Aufnahme an	
	DM	ME
Frischfutter		
optimal	100	100
sehr jung	90	85–95
überständig	75	55–65
im optimalen Stadium konserviert		
getrocknet	90	75–80
angewelkt siliert	80	70–75
direkt siliert	70	60–65

ca. 1,5 kg DM pro Tier und Tag. In der Laktation erhöht sich die DM-Aufnahme auf 70 bis 110 g/kg $LM^{0,75}$, was absolut etwa 2,0 kg DM entspricht. Die Futteraufnahme kann bei hochwertigem Weidegras sogar in der Hochträchtigkeit und in der Laktation ausreichen, um den Bedarf an Energie und Protein ohne Beifutter zu decken. Bei minderwertigen Beständen von Wiesen ohne Pflege und Düngung ist selbst für Hammel weder die Energie- noch die Proteinversorgung voll gewährleistet, falls nicht genug verzehrt wird.

In frühen Vegetationsstadien entspricht die Strukturwirksamkeit des Grünfutters nicht den Anforderungen. Deshalb erhalten die Schafe 200 bis 300 g Stroh oder älteres Heu als Beifutter. Ein Teil davon sollte vor dem Weidegang aufgenommen werden. Damit wird gleichzeitig der blähenden Wirkung einiger Grünfuttermittel, vor allem der Leguminosen (z. B. Luzerne, Rotklee) vorgebeugt.

Mineralfutter und Salzlecksteine, am besten mit Mn, Zn, Cu und Co angereichert, sollten immer zur Verfügung stehen. Zur Ergänzung grundfutterreicher Rationen, die für Mutterschafe und Hammel typisch sind, haben sich Mineralfutter mit einem Ca:P-Verhältnis von 2–3:1 bewährt. Diese speziellen Mineralfutter für Schafe enthalten meist noch ca. 10% Na und 2–3% Mg. Bei den üblicherweise enthaltenen Spurenelementen ist ein niedriger Cu-Gehalt zu fordern. Meist sind auch Se und I enthalten, um Defiziten an diesen Elementen vorzubeugen. Zur bedarfsgerechten Versorgung sollten güste Mutterschafe täglich etwa 10 g, hochtragende 15 g und laktierende 30 g Mineralfutter aufnehmen. Bei kraftfutterreichen Rationen ist eine andere Zusammensetzung mit höheren Ca- und niedrigeren P-Gehalten angebracht. Genauere Empfehlungen zur Zusammensetzung können jedoch nur gegeben werden, wenn die spezifischen Rationskomponenten bekannt sind.

4.3.3 Fütterung mit Konservaten

Die Konservatfütterungsperiode wird für Mutterschafe und Hammel so kurz wie möglich gehalten. Unter günstigen Bedingungen benötigen die Schafe weniger als 60 Stallfuttertage, im Extremfall gar keine. In vielen Herden liegen aber mit der Hochträchtigkeit und der frühen Laktation die anspruchsvollsten Phasen in dieser Fütterungsperiode.

In der Herdenschafhaltung enthalten die Futterrationen vorwiegend Gras- oder Kleegrassilagen. Diese haben eine etwas geringere Energiekonzentration als ihr Ausgangsmaterial. Viel stärker aber ist infolge der chemischen und der physikalischen Veränderungen des Futters die Trockensubstanzaufnahme durch Schafe vermindert (Tab. 171). Stärker angewelkte Silagen eignen sich hier besser, solange die Silagestabilität sichergestellt ist. Auch weisen sie eine höhere Strukturwirksamkeit der Rohfaser auf. Je nach Qualität der zur Verfügung stehenden Silagen müssen weitere Futtermittel die benötigten Mengen an Energie, Rohprotein oder strukturwirksamer Rohfaser ergänzen (Tab. 172).

Außerdem besteht bei hohen Silageanteilen die Gefahr der Listeriose (s. Abschn. 4.9). Daher eignen sich Silagen nur bedingt als Alleinfuttermittel für Mutterschafe.

Die erforderlichen Ergänzungsfuttermittel können auch in gepresster Form zum Einsatz kommen. Da diese nicht selektierbar sind, stellen sie eine günstige Darbietungsform dar, weil damit auch Futterzusätze (Mineralfutter) sicher aufgenommen werden. Wenn es ökonomisch vertretbar ist, kann man die Vorteile der Trockenfütterung bei Schafen mit Presslingen als Alleinfutter nutzen. Sie erreichen bei diesen Futtermitteln eine außerordentlich hohe Futteraufnahme (bis 2 kg DM in der Trächtigkeit und bis 3 kg DM in der Laktation), deshalb können 40 bis 60% Trockengrünfutter und 10 bis 30% Stroh in der Rezeptur enthalten sein.

In der Einzelschafhaltung bzw. in kleineren Beständen werden vorwiegend Rationen auf der Basis von Heu eingesetzt. Wie aus Tabelle 172 hervorgeht, hängen die benötigten Konzentratgaben

Tab. 172. Rationsbeispiele mit Grassilage und Heu für Mutterschafe (in kg DM je Tier u. Tag)

	güst niedertr.	hochtragend		laktierend Zwilling
		4. Monat	5. Monat	
Grassilage angewelkt, Ähren-/Rispenschieben (pro kg DM: 10,2 MJ ME; 150 g CP; 250 g CF)	0,9	0,9	0,9	1,1
Heu Beginn der Blüte (pro kg DM: 9 MJ ME; 120 g CP; 300 g CF)	0,3	0,3	0,3	0,3
Kraftfutter (pro kg DM: 12,5 MJ ME; 160 g CP)	–	0,2	0,4	0,6
Heu gut, Ende Ähren-/Rispenschieben (pro kg DM: 9,5 MJ ME; 130 g CP; 270 g CF)	1,2	1,2	1,0	1,3
Kraftfutter (pro kg DM: 12,5 MJ ME; 180 g CP)	–	0,2	0,6	0,7
Heu mäßig, Ende der Blüte (pro kg DM: 8,5 MJ ME; 100 g CP; 300 g CF)	1,2	1,0	0,8	0,9
Kraftfutter (pro kg DM: 12,5 MJ ME, 200 g CP)	–	0,4	0,8	1,1

Mineralfutterergänzung obligatorisch

von der Heuqualität ab. Es wird deutlich, dass bei hochtragenden und laktierenden Schafen für eine bedarfsgerechte Versorgung bis über 50 % Kraftfutter in der Ration notwendig werden, wenn eine nur mäßige Heuqualität vorliegt. Da ein derartiges Heu meist CP-Gehalte unter 100 g/kg DM aufweist, sollte das Kraftfutter einen Rohproteingehalt von 200 bis 220 g/kg DM haben. Bei entsprechend höherwertigem Grundfutter (Grassilage, gutes Heu) reicht ein CP-Gehalt im Kraftfutter von ca. 160 g/kg DM zumeist aus.

Auch bei den Rationen auf der Basis von Grundfutterkonserven muss die Versorgung mit Mineralfutter abgesichert werden. Dafür gelten die gleichen Prinzipien wie beim Einsatz von Frischfutter.

4.4 Fütterung der Zuchtböcke

Die Fütterung der Zuchtböcke außerhalb der Deckperiode kann sich an derjenigen für niedertragende Mutterschafe orientieren, unter Berücksichtigung der wesentlich höheren Lebendmasse der männlichen Tiere. Eine Überfütterung ist zu vermeiden, um einer übermäßigen Verfettung vorzubeugen.

Der Zusatzbedarf während der Deckperiode ergibt sich hauptsächlich durch die wesentlich erhöhte (Bewegungs-)Aktivität und betrifft daher primär den Energiebedarf. Dieser zusätzliche Bedarf ist nicht unerheblich, da sich die Deckperiode auf einen relativ kurzen Zeitraum konzentriert. Zum Grundfutter (Grünfutter, Silagen, Heu, ca. 2 kg DM) sind je nach Zuchtbeanspruchung und Grundfutterqualität 0,5 bis über 1 kg Kraftfutter erforderlich. Um die Vitalität und Spermaqualität sicherzustellen, ist dabei ein mit Eiweiß und Mineralstoffen ergänztes Kraftfutter, wie es für laktierende Schafe eingesetzt wird, einer reinen Getreidegabe vorzuziehen. Stark verausgabten Böcken wird auch nach Ende der Deckperiode Kraftfutter verabreicht, bis die Tiere wieder ihre normale Kondition erlangt haben.

4.5 Fütterung der Lämmer

4.5.1 Energie- und Nährstoffbedarf

In der Aufzucht und Mast von Lämmern und Jungschafen werden sehr unterschiedliche Anforderungen an die Ausnutzung des Wachstumsvermögens gestellt. Deshalb sind die Fütterungsempfehlungen (Tab. 173) in weiten Bereichen nach Lebendmasse und Zunahmen gestaffelt.

4.5.2 Kolostralmilchversorgung

Bei allen Lämmeraufzuchtverfahren ist die Aufnahme von Kolostralmilch in den ersten Lebensstunden Voraussetzung für eine sichere und ungestörte Entwicklung. Auf drei bis vier Mahlzeiten verteilt soll ein Lamm mindestens 200 g Kolostrum aufnehmen. In der Regel steht dem Lamm die Kolostralmilch der eigenen Mutter zur Verfügung. Die Milch eines anderen frisch abgelammten Mutterschafes ist ein vollwertiger, Rinderkolostrum ein relativ wirksamer Ersatz.

4.5.3 Lämmeraufzucht am Mutterschaf

Von wenigen Ausnahmen abgesehen erfolgt die Lämmeraufzucht in den ersten Lebenswochen an der Mutter. Die Enzymaktivitäten des Lammes sind in den ersten drei Lebenswochen auf die Verdauung der Milchinhaltsstoffe eingestellt. Später können andere Eiweißquellen das Milcheiweiß ersetzen. Gewöhnlich dauert die Säugeperiode länger als drei Wochen, und die Lämmer erhalten die gesamte Milch, die in den 90 bis 150 Laktationstagen produziert wird. Im Mittel bleiben sie 100 bis 120 Tage an der Mutter. Besonders bei saisonalen Rassen, die nur einmal im Jahr zur Zucht benutzt werden, wird dieses Verfahren angewandt. Voraussetzung ist, dass die Mutterschafe durch die lange Säugeperiode nicht wesentlich in ihren Fruchtbarkeitsleistungen bzw. in ihrer Wollproduktion (Qualität) beeinträchtigt werden.

Eine Verkürzung der Säugezeit ist von Vorteil, wenn die Mutterschafe wegen einer schlechten Kondition geschont werden müssen, die Schafmilch gewonnen werden soll oder wenn eine höhere Ablammfrequenz angestrebt wird. In der Praxis werden sowohl Zucht- als auch Mastlämmer häufig nach ca. 60 Tagen mit einer Lebendmasse von 18 bis 20 kg abgesetzt. Eine noch frühere Entwöhnung nach 5 bis 6 Wochen ist durchaus möglich und praktikabel. Die Lämmer sollten zu diesem Zeitpunkt allerdings mindestens 15 kg Lebendmasse erreicht haben, damit eine ausreichende Festfutteraufnahme gewährleistet ist.

Im Extremfall ist eine Verkürzung der Säugezeit auf 21 bis 30 Tage möglich. Diese Form ist nur dann sinnvoll, wenn sie zur deutlichen Erhöhung der Reproduktionsleistung der Mutterschafe führt. Am Ende der Säugezeit sollten die Lämmer 10 kg Lebendmasse aufweisen. Das Problem bei diesem Verfahren ist jedoch eine zumeist ungenügende Futteraufnahme der kleinen Läm-

Tab. 173. Empfehlungen für die tägliche Energie- und Rohproteinversorgung wachsender Schafe

Lebendmasse kg/Tier	LM-Zuwachs (g/Tag)	Umsetzbare Energie (MJ)	Rohprotein (g)	geschätzte max. DM-Aufnahme (g)
15	100	5,2	70	600
	200	7,6	110	700
	300	10,4	150	800
25	100	6,8	90	900
	200	9,3	130	1000
	300	12,3	170	1100
	400	15,8	210	1200
35	100	8,3	110	1100
	200	11,0	145	1200
	300	14,1	195	1300
	400	17,7	245	1400
45	100	9,8	130	1300
	200	12,5	155	1400
	300	15,8	210	1500
55	100	11,1	140	1500
	200	14,0	160	1600

Tab. 174. **Beispiele für Kraftfutter-Eigenmischungen für Schafe**

Futtermittel	Zuchtschafe (Mutterschafe)				
	gutes Grundfutter %	proteinarmes Grundfutter %	Mast Bsp. I %	Mast Bsp. II %	„Ökofutter" (Zucht u. Mast) %
Gerste[1]	20	28	24	26	22
Hafer	–	–	–	–	22
Mais[1]	30	20	24	25	–
Weizen[1]	–	–	–	25	22
Melasseschnitzel	30	20	23	–	–
Rapsextraktionsschrot	17	14	24	–	–
Sojaextraktionsschrot	–	14	–	18	–
Ackerbohnen	–	–	–	–	20
Leinkuchen	–	–	–	–	10
Pflanzenöl	–	–	2	2	–
Mineralfutter[2]	2	3	2	3	3
CaCO₃	1	1	1	1	1
ME (MJ/kg DM)	**12,3**	**12,3**	**12,6**	**12,8**	**12,3**
CP (g/kg DM)	**160**	**206**	**178**	**180**	**172**

[1] Mais/Gerste/Weizen/Triticale sind austauschbar
[2] 16% Ca, 4% P, 3% Mg, 10% Na

mer, verbunden mit ausgeprägten Wachstumsdepressionen.

Die Lämmer saugen in kurzen Abständen. Wenn die Mutterschafe ohne Lämmer weiden, sollen die Säugepausen nicht länger als 6 bis 8 Stunden sein. Um die Entwicklung des Verdauungstraktes und seiner Funktionen zu fördern, erhalten die Lämmer ab Ende der zweiten Lebenswoche Heu und Kraftfutter ad libitum. Als Kraftfutter werden energiereiche Mischungen mit einem CP/ME-Verhältnis von 14–15:1 auf der Basis von Getreide oder Melasseschnitzeln und Extraktionsschroten (Tab. 174) eingesetzt oder auf Mischfutter zurückgegriffen.

Frühes Absetzen erfordert eine hohe Kraftfutteraufnahme. Deshalb wird Mischfutter in pelletierter Form und Getreide entweder grob gequetscht oder mit Ausnahme von Mais unzerkleinert verabreicht. Lämmer zerkauen ganze Getreidekörner, so dass Verdaulichkeitsdepressionen nicht zu befürchten sind. Die Kraftfutteraufnahme hängt von der zur Verfügung stehenden Milchmenge ab. Wenn viel Raufutter aufgenommen werden soll, sperrt man die Lämmer zeitweise vom Mutterschaf ab.

Zuchtlämmern im Stall wird zunächst Heu ad libitum angeboten. Ab dem dritten Lebensmonat kann auch Anwelksilage guter Qualität eingesetzt werden. Ab diesem Zeitpunkt ist die Kraftfutteraufnahme auf etwa 500 g pro Tier und Tag zu begrenzen. Abgesetzte Zuchtlämmer auf der Weide kommen bei sehr guter Futterqualität ohne Kraftfutter aus.

4.5.4 Lämmeraufzucht mit Milchaustauschern

Die Lämmeraufzucht mit Milchaustauschern stellt ein Ergänzungsverfahren dar. Diese „mutterlose Lämmeraufzucht" wird angewendet, wenn die Milchproduktion der Mutterschafe nicht für ihre Lämmer ausreicht (z.B. bei Krankheit des Mutterschafes, bei Mehrlingsgeburten), die Zwischenlammzeit stark verkürzt oder die Schafe gemolken werden sollen. Gegenüber der Aufzucht am Mutterschaf ist sie mit einem erhöhten Aufwand und mit größeren hygienischen Anforderungen verbunden.

Die Aufzucht erfolgt ab dem 2. oder 3. Lebenstag mit einem Milchaustauscher, nachdem die Lämmer zuvor mit Kolostrum versorgt worden sind. Die Fütterung des Milchaustauschers dauert etwa 6 Wochen, danach sollen die Lämmer 14 kg Lebendmasse aufweisen und täglich mindestens 100 g Kraftfutter aufnehmen.

In der Lämmeraufzucht werden Tränken mit 15 bis 26 % Trockensubstanz, d. h. 170 bis 300 g Substrat je Liter Wasser verwendet. Die Tränke kann warm (36 bis 38 °C) oder kalt (4 bis 10 °C) verabreicht werden. Warmtränken ergeben eine stabilere Emulsion und können problemlos in größeren Mengen aufgenommen werden. Das ist bei rationierter Fütterung von Vorteil. Sie müssen aber zu jeder Mahlzeit frisch zubereitet oder durch Zusatz von Konservierungsmitteln vor dem Verderb geschützt werden. Gut homogenisierte Kalttränken eignen sich am besten zur ad libitum-Fütterung aus Tränkautomaten. Sie werden in kleinen Teilmengen aufgenommen, die sich im Körper schnell erwärmen. Sie sollten mindestens 20 % DM enthalten.

Bei rationierter Fütterung ist die erforderliche Fütterungsfrequenz einzuhalten. In den ersten beiden Wochen benötigen die Lämmer 3 bis 5 Mahlzeiten am Tag, die nicht länger als 8 Stunden auseinander liegen sollten. Später genügen (2 bis) 3 Mahlzeiten, deren Abstand voneinander maximal 12 Stunden betragen darf.

Für die Aufzucht eines Lammes werden 8 bis 10 kg Milchaustauscher benötigt. Als Beifutter werden Heu und Kraftfutter ad libitum angeboten.

4.6 Fütterung der Mastlämmer

4.6.1 Energie- und Nährstoffbedarf

Zur Lammfleischproduktion dienen verschiedene Mastverfahren, die sich nach der zur Verfügung stehenden Futtergrundlage, den zu mästenden Tieren (Rasse, Alter, Geschlecht) sowie dem gewünschten Produkt (Mastendmasse, Verfettungsgrad) wesentlich unterscheiden können. Daraus leiten sich die jeweils zweckmäßigen Fütterungsintensitäten ab. So kann ein breiter Bereich der Versorgungsempfehlungen für wachsende Schafe (Tab. 173) für die Mastlämmer in Frage kommen.

4.6.2 Milchlämmermast

Die Milchlämmermast ist eine intensive Mastform zur Erzeugung eines hochwertigen Schlachtkörpers. Mit 4 Monaten sollen die Lämmer 35 bis 45 kg Lebendmasse erreicht haben. Dazu sind tägliche Lebendmassezunahmen von mindestens 300 g erforderlich.

Für derartige Zunahmen sind eine hohe Milchproduktion während der gesamten Laktationsperiode und in der Regel eine intensive Beifütterung der Lämmer ab der zweiten Lebenswoche Voraussetzung (Abb. 121). Damit die Lämmer neben der Milch ausreichend Beifutter aufnehmen, müssen bestes Heu sowie Kraftfutter in günstigen Darbietungsformen ad libitum zur Verfügung stehen. In den letzten Wochen verzehren die Lämmer täglich etwa 300 bis 400 g Heu und 1000 bis 1200 g Kraftfutter.

Gegenüber der „intensiven Lämmermast" kann der direkte Kraftfutteraufwand in der Milchlämmermast etwas niedriger liegen. Allerdings wird die erforderliche Milchmenge nur bei einer bedarfsdeckenden Fütterung der Mutterschafe erreicht, wozu neben einer hohen Grundfutterqualität auch Kraftfutter benötigt wird (Tab. 170 und 172).

Eine verbreitete Form der Milchlämmermast stellt die Weidemast dar. Bei diesem Verfahren werden die Mutterschafe mit ihren 4 bis 6 Wochen alten Lämmern im Frühjahr auf die Weide gebracht. Die hohen Anforderungen, die säugende Mutterschafe an die Futterqualität stellen, erfüllen nur gut gepflegte Weiden. Die Lämmer weiden entweder mit ihren Mutterschafen auf derselben Fläche und erhalten zusätzlich Kraftfutter, das nur ihnen zugänglich ist, oder sie grasen den Mutterschafen voraus. Durch einen Lämmerschlupf im Weidezaun haben sie dann die Möglichkeit, den frischen Aufwuchs vor den Mutterschafen zu nutzen („creep grazing"). Bei dieser Form können Lämmer 200 g LMZ ohne Kraftfutterzulagen erreichen. Wenn die Lämmer am Ende der Weideperiode eine hohe Schlachtkörperqualität aufweisen, kann dieses Verfahren der intensiven Lämmermast im Stall ökonomisch überlegen sein.

4.6.3 Intensive Lämmermast

Die intensive Lämmermast ist das verbreitetste Verfahren zur Lammfleischerzeugung.

Die Mastlämmer, die mit 40 bis 60 Tagen abgesetzt werden, sollen so schnell wie möglich, d. h. mit 120 (bis 150) Lebenstagen, die vorgesehene Mastendmasse erreichen. Männliche Lämmer sind bei 60 bis 65 % der Körpermasse des adulten Mutterschafes schlachtreif. Bei weiblichen Lämmern liegt die Schlachtreife 3–5 kg niedriger. Je nach Verbraucherwünschen bzw. Marktlage sind auch niedrigere Mastendmassen möglich.

Stets wird ein hochwertiges, fettarmes Fleisch bei günstigem Energieaufwand (unter 50 MJ ME je kg LMZ) angestrebt. Das erfordert tägliche Lebendmassezunahmen von mehr als 300 g. Angaben zum Energie- und Proteinbedarf sind in Tab. 173 dargestellt. Der Bedarf an ME und CP (nXP) lässt sich auch mit folgenden Formeln berechnen:

$$\begin{array}{l}\text{ME} = 0{,}43 \times \text{LM}^{0{,}75} + [(14{,}6 + 0{,}13 \times \text{LM} \\ \text{(MJ/d)} \qquad \text{(kg)} \qquad\qquad\qquad\qquad \text{(kg)} \\ \qquad + 23{,}9 \times \Delta\text{LM}) \times \Delta\text{LM}] \\ \qquad\qquad \text{(kg/d)} \end{array}$$

$$\begin{array}{l}\text{CP} = 4{,}7 \times \text{LM}^{0{,}75} + [(330 + 2{,}2 \times \text{LM}) \times \Delta\text{LM}] \\ \text{(g/d)} \qquad \text{(kg)} \qquad\qquad\qquad \text{(kg)} \qquad \text{(kg/d)} \end{array}$$

Diese günstigen Zunahmen können nur durch eine hohe Aufnahme an ad libitum angebotenen pelletierten Mischfuttermitteln oder betriebsspezifischen Futtermischungen gewährleistet werden. Die tägliche Futteraufnahme steigt von etwa 0,5 kg im 2. Lebensmonat bis auf ca. 1,5 kg am Ende der Mast an. Sie kann mit folgender Formel abgeschätzt werden:

$$\begin{array}{l}\text{DM-Aufnahme} = 0{,}022 \times \text{LM} + \Delta\text{LM} + 0{,}21 \\ \text{(kg/d)} \qquad\qquad\qquad \text{(kg)} \quad \text{(kg/d)} \end{array}$$

Die hohen Anforderungen an die Energie- und Nährstoffkonzentration dieser Futtermittel werden im wesentlichen mit Getreide realisiert. Anteile bis 30 % Melasseschnitzel sind möglich. In der Intensivmast ist ein CP/ME-Verhältnis (g/MJ) von 13–14:1 notwendig. Bei energiereichen Kraftfuttermischungen erfordert dies einen CP-Gehalt von 16–18 % in der DM (Tab. 174). In eigenen Untersuchungen ergaben sich deutlich höhere Mastleistungen, wenn Eiweißfuttermittel mit einer relativ niedrigen Proteinabbaubarkeit eingesetzt wurden. Dies kann als Folge einer besseren Aminosäurenversorgung und einer günstigeren energetischen Verwertung interpretiert werden (Abb. 122). Aus dieser Darstellung ist außerdem das deutlich höhere Wachstumsvermögen männlicher Tiere bei Intensivmast zu erkennen.

Zur Maximierung der Energieaufnahme wird häufig empfohlen, den Lämmern nur minimale Mengen an strukturwirksamen Futtermitteln (100 g Heu) als Ergänzung anzubieten. Dies ist aus ernährungsphysiologischer Sicht abzulehnen und es ist ein Mindestanteil von 20 % Grundfutter zu fordern. Im ökologischen Landbau sind mindestens 40 % Grobfutteranteil in der DM der Ration vorgeschrieben. Dass auch mit 20 und 40 % Grundfutteranteil gute Mastleistungen erzielt werden können, geht aus Abb. 123. hervor. Diese Untersuchungen zeigen auch die Bedeutung der CP-Versorgung für die Mastleistung.

Wenn kostengünstige Energieträger zur Verfügung stehen, kann zur Einsparung von pflanzlichen Eiweißfuttermitteln Harnstoff in das Lämmermastfutter aufgenommen werden. Dadurch lassen sich gleichzeitig Probleme in der Mineralstoffversorgung, die durch die hohen P- und Cu-Gehalte der Extraktionsschrote verursacht werden können, verringern. Bei höheren Harnstoffanteilen ist aber damit zu rechnen, dass die Mastleistung zurückgeht, weil dadurch die Versorgung mit nXP abnimmt (Abb. 122). Die konzentratreichen Rationen in der Lämmermast werden mit einem Cu-freien, P-armen und Ca-reichen Mineralfutter supplementiert. Außerdem sind sie mit den Vitaminen A, D und E angereichert.

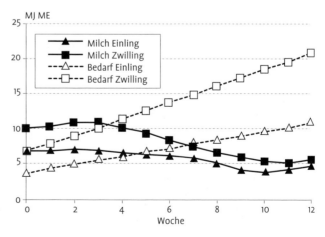

Abb. 121. Energieversorgung von Lämmern bei Milchernährung.

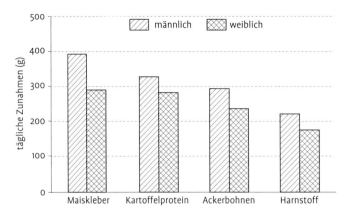

Abb. 122. **Einfluss der Proteinquelle auf die Mastleistung bei männlichen und weiblichen Lämmern (eigene Untersuchungen).** – Der Anteil der jeweiligen Proteinergänzung betrug 42 bis 55 % des Gesamt-CP.

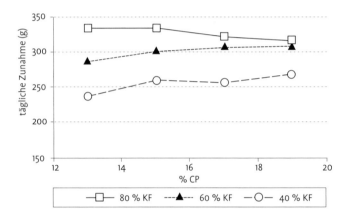

Abb. 123. **Einfluss des Kraftfutteranteils und des CP-Gehaltes der Ration auf die Mastleistung beim Lamm** (Ringdorfer 1997).

4.6.4 Wirtschaftsmast

Die Mast abgesetzter Lämmer erfolgt in verschiedenen Formen, wie:
- **Absetzlämmermast:** Im 5. bis 7. Lebensmonat erreichen die Tiere 40 bis 50 kg Lebendmasse. Bei dieser Mastform enthält die Ration höhere Grundfutteranteile in Form von guter Grassilage oder auch Maissilage. Der Kraftfutteranteil wird auf 50 % oder weniger in der DM der Ration begrenzt.
- **Weidelämmermast:** Mit 7 bis 12 Monaten werden 50 bis 60 kg Lebendmasse erreicht. Voraussetzung für diese Mastform sind intensive Weiden bzw. Koppelschafhaltung. Dann können die Lämmer nach dem Absetzen auch ohne Konzentratbeifutter auskommen.

Je älter die Tiere und je höher die Mastendmassen werden, umso stärker fällt die Schlachtkörperqualität gegenüber der intensiven Mast ab. Außerdem wird der Energie- und Nährstoffaufwand ungünstiger. Derartige Mastformen haben nur unter bestimmten ökonomischen und lokalen Bedingungen ihre Berechtigung, z. B. bei hohen Wollpreisen, wenn spätreife oder aus Zuchtbeständen selektierte Lämmer zu mästen sind und eine geeignete Grundfutterbasis dafür zur Verfügung steht.

4.7 Fütterung der Jungschafe

4.7.1 Energie- und Nährstoffbedarf

Das Ziel bei der Aufzucht weiblicher Jungschafe besteht in der Bereitstellung von Tieren, die zum geplanten Zeitpunkt der Erstkonzeption mindestens 75 % der Lebendmasse des erwachsenen Mutterschafes aufweisen. Das sind bei den Rassen mit der stärksten Verbreitung etwa 50–60 kg. Je nach Rasse und Zuchtrhythmus der Herde kann dieser Termin zwischen dem 7. bis 8. und 18. Lebensmonat variieren. Daraus ergeben sich sehr differenzierte Anforderungen an die Aufzuchtintensität und die Versorgungsempfehlungen für wachsende Schafe (Tab. 173).

4.7.2 Praktische Fütterung

Nach dem Absetzen wird zunächst noch das hohe Wachstumsvermögen der Lämmer ausgenutzt. Sie erhalten deshalb beste Weide, im Winter gute Silagen, Raufutter und 250 bis 300 g Kraftfutter.

Im zweiten Lebenshalbjahr richtet sich die Fütterung nach der jeweils vorgesehenen Aufzuchtintensität, der Grundfutterqualität und -aufnahme. Da diese Periode bei Zuchtschafen vorwiegend im Winterhalbjahr liegt, ist der Grünfuttereinsatz begrenzt. Unter Beibehaltung mäßiger Kraftfuttergaben in Höhe von 200–300 g kann der zunehmende Bedarf durch steigende Grundfuttermengen gedeckt werden (400–800 g DM in Form von Heu oder Grassilage). Grünfutterkonserven guter Qualität liefern ausreichend Rohprotein, so dass die Kraftfutterergänzung aus Getreide oder Melasseschnitzeln bestehen kann.

Im zweiten Lebensjahr werden Jungschafe auf der Weide aufgezogen. Eine Kraftfutterzufütterung ist nicht erforderlich, es sei denn, die Lebendmasseentwicklung reicht für die vorgesehene Zuchtbenutzung noch nicht aus.

Trächtige Jungschafe werden prinzipiell wie Mutterschafe gefüttert. Es wird empfohlen, sich an den Versorgungsempfehlungen für adulte Mutterschafe zu orientieren. Somit wird dem Zusatzbedarf für deren Wachstum bei gleichzeitig geringerer Körpermasse Rechnung getragen. Da die Futteraufnahme der Jungschafe im Vergleich zu ausgewachsenen Tieren etwa 20 % niedriger ist, sollte die Energie- und Nährstoffkonzentration der Ration entsprechend höher sein.

Männliche Zuchtschafe sollten intensiver gefüttert werden. Tägliche Zunahmen von 200 bis 250 g sind aber ausreichend, damit die Tiere der gebräuchlichen Rassen im Alter von 12 Monaten eine Lebendmasse von 80 bis 90 kg aufbringen. Eine zu hohe Fütterungsintensität, vergleichbar mit der Intensivmast, ist abzulehnen, wird aber häufig praktiziert. Immer wieder werden daher bei Auktionen überkonditionierte Jungböcke angetroffen, die bei einem anschließenden Deckeinsatz dann völlig einbrechen.

Die Mineralstoffsupplementation hängt auch in der Jungschafaufzucht von den eingesetzten Rationstypen ab. Rationen, die reich an Getreide, Körnerleguminosen oder Extraktionsschroten sind, werden mit einem P-armen und Cu-freien, aber Ca-reichen Mineralfutter ergänzt. Bei Rationen auf der Basis von Grünfutter und Grünfutterkonservaten sowie Hackfrüchten wird dagegen ein übliches Mineralfutter für Schafe verwendet. Wachsende Schafe benötigen täglich etwa 25 bis 35 g Mineralfutter je 100 kg Lebendmasse.

4.8 Fütterung und Wollbildung

Reinwolle besteht aus dem schwefelhaltigen Protein Keratin, das im Vergleich zu anderen Proteinen etwa die 10fache Menge an Cystin enthält. So stellt die Wollbildung im wesentlichen Proteinansatz dar und wird von der Menge an Aminosäuren, die im Dünndarm resorbiert werden, bestimmt. In Versuchen wurde zwischen dem postruminalen Proteinfluss und dem Wollwachstum eine sehr enge Beziehung ermittelt. Über die Einflussnahme auf die mikrobielle Proteinsynthese erklären sich die starken Auswirkungen der Energieversorgung auf die Wollproduktion, obwohl der Energiebedarf für die Wollbildung selbst im Vergleich zu anderen Leistungen gering ist (Abschnitt 4.2.2).

Auch die Schwefelversorgung beeinflusst die Wollproteinsynthese. Besonders bei Einsatz von NPN-Verbindungen ist auf ein ausreichendes Schwefelangebot zu achten.

Bei gleicher Größe der Schafe können Unterschiede im Wollertrag auf der Anzahl an Wollhaaren je Einheit Körperoberfläche oder auf Differenzen der Faserlänge und der Faserstärke beruhen. Demzufolge stehen bei der Wollbildung quantitative und qualitative Merkmale im Zusammenhang.

Die Anzahl der angelegten Wollfollikel wird durch die Versorgung des Fötus sowie des neugeborenen Lammes über die Energie- und Nährstoffversorgung der Muttertiere beeinflusst.

Der Faserdurchmesser (Wollfeinheit) ist ein wichtiges Merkmal für die Verarbeitung der Wolle und wird in erster Linie genetisch bestimmt. Feine Wollen sind wertvoller als grobe. Alle Fütterungsfaktoren, die den Wollertrag erhöhen, führen zu etwas dickeren Wollfasern, während eine Unterversorgung an nutzbarem Protein oder an Phosphor geringere Haardurchmesser nach sich zieht. Im Extremfall kann es in Perioden mit Energie- und Proteinmangel zu starken Einschnürungen der Faser kommen, so dass ihre Reißfestigkeit beeinträchtigt wird. Die Kontinuität der Energie- und Nährstoffversorgung spiegelt sich in der Reißfestigkeit, aber auch in der Dehnbarkeit und in der Elastizität deutlich wieder.

Kupfer ist Bestandteil eines Enzyms, das die Verbindung der Thiolgruppen des Cystins kontrolliert. Kupfermangel führt zu ungekräuselter Wolle. Schließlich wirkt sich ein Mangel an Cobalt oder Selen auf den Haardurchmesser und die Reißfestigkeit ungünstig aus.

4.9 Fütterungsbedingte Gesundheitsstörungen

Die direkt oder indirekt durch die Fütterung bedingten Erkrankungen sind bei Schaf und Rind ähnlich. Deshalb wird auch auf die entsprechenden Ausführungen im Kapitel „Fütterung der Rinder" hingewiesen. Im folgenden werden einige auf die Ernährung bezogene Aspekte zur Ätiologie, Pathogenese und Prophylaxe der für Schafe spezifischen bzw. besonders wichtigen Erkrankungen angesprochen. Hinsichtlich klinischer, pathologischer, diagnostischer und therapeutischer Gesichtspunkte sei auf spezielle Literatur verwiesen.

Ketose (Trächtigkeitstoxikose)
Die Ketose tritt beim Schaf, im Gegensatz zur Milchkuh, vorwiegend in der Hochträchtigkeit auf. Besonders Mehrlingsmutterschafe sowie in der Güstzeit energetisch überversorgte Tiere sind betroffen. Eine energetische Unterversorgung aufgrund zu niedriger Futteraufnahme und/oder Energiekonzentration der Ration bewirkt einen starken Fettabbau. Dieser führt im Stoffwechsel zu einem erhöhten Verbrauch an Glucose, die aber auch für die Entwicklung der Feten benötigt wird. Bei ungenügender Aufnahme glucogener Substanzen kommt es zur Hypoglykämie sowie zu einer Anhäufung von Acetat, Acetoacetat und β-Hydroxybuttersäure (85 % der Ketonkörpergehalte im Blut). In der Folge sinkt die Futteraufnahme weiter und es kommt zum akuten Krankheitsverlauf mit zentralnervösen Störungen und Festliegen. Prophylaktisch ist seitens der Ernährung für die Energiebedarfsdeckung durch Verabreichung ausreichender Kraftfuttergaben zu sorgen. Dadurch wird die Gluconeogenese aus Propionsäure und/oder beständiger Stärke erhöht. Auch höhere Gaben an pansenstabilem CP können von Vorteil sein. Buttersäurehaltige Silagen wirken dagegen ketogen und sollten nicht verfüttert werden.

Pansenacidose
Die Aufnahme zu großer Mengen an leicht vergärbaren Kohlenhydraten, z. B. bei Nachweiden auf Mais-, Kartoffel-, Rüben- und Lagergetreideflächen oder in verbreiteten Formen der Lämmermast, führt zum Absinken des pH-Wertes im Pansen von normal 6,2 bis 6,8 auf unter 5,0. Da derartige Rationen wenig gekaut und wiedergekaut werden, sinkt zudem die Speichel- und damit die Puffermenge. Mit fallendem pH-Wert steigen die Milchsäurekonzentration und der osmotische Druck, wodurch dem Blut Wasser entzogen wird. Außerdem verändert sich die Bakterienflora, u. a. wird nicht genügend Thiamin gebildet bzw. es wird durch Thiaminasen zerstört.

Dieser Vitamin-B_1-Mangel kann die **Zerebrokortikalnekrose (CCN)** auslösen. Als Vorbeugemaßnahmen gegen die Pansenacidose dienen die Realisierung der Anforderungen an die Strukturwirksamkeit der Rationen auch bei Mastlämmern, Gewöhnung an entsprechende Futtermittel, höhere Fütterungsfrequenz (mehrere kleine Mahlzeiten) und richtige Fütterungssequenz (erst Raufutter, dann im Pansen schnell abbaubare Futtermittel).

Pansentympanie
Bei Schafen wird die Tympanie überwiegend durch eine kleinschaumige Gärung des Panseninhaltes, seltener durch Ansammlung großer Gasmengen im dorsalen Pansenraum hervorgerufen. Während in der Vergangenheit die Saponine als Hauptursache angesehen wurden, wird inzwischen bestimmten Proteinfraktionen, die vor allem in jungen Leguminosen, Cruciferen, Gräsern und Getreidepflanzen vorliegen, die größere Bedeutung beigemessen. Auch nasse, mit Reif behaftete und gefrorene Futtermittel wirken blähend. Vor der restriktiven Beweidung suspekter Flächen sollte den Schafen Raufutter und ausreichend Tränkwasser angeboten werden.

Listeriose
Die Listeriose ist zwar eine Infektionskrankheit, hervorgerufen durch die ubiquitären Stäbchen *Listeria monocytogenes*, wird aber häufig mit Silagefütterung in Beziehung gebracht. Zu erklären ist dieser Zusammenhang durch die Verminderung der Abwehrbereitschaft infolge der ungenügenden Energie- und Nährstoff- (einschließlich Vitamin- und Mineralstoff-)Aufnahme bei vielen Silagerationen als prädisponierender Faktor, durch die ungünstigen hygienischen Bedingungen (Restfutter, Feuchtigkeit) im Stall und

durch instabile Silage als Hauptinfektionsquelle. Deshalb verbietet sich ein Einsatz von verdorbenen Silagepartien grundsätzlich. Da das Auftreten der Listeriose häufig mit nassen, stark durchsäuerten Silagen, insbesondere Maissilage, in Verbindung gebracht wird, sind für Schafe trockensubstanzreiche, aber stabile Silagen, gegebenenfalls unter Einsatz von Silierhilfsmitteln, zu empfehlen.

Störungen der Mineralstoffversorgung
Urolithiasis. Die Bildung von Harngrieß und Harnsteinen ist bei intensiv gefütterten Bocklämmern und bei Zuchtböcken häufig anzutreffen. Sie kann zu Harnstau mit Urämie und Tod führen. Als Ursache kommt bei diesen Tieren in erster Linie eine P- und Si-reiche und Ca-arme Fütterung in Betracht, auch Mg-Überschuss und ungenügende Wasseraufnahme tragen wesentlich zur Harnsteinbildung bei. Deshalb ist bei getreide- und extraktionsschrotreich gefütterten Tieren stets auf eine reichliche Wasseraufnahme zu achten. Diese kann durch Kochsalzgaben und den teilweisen Ersatz von pflanzlichen Eiweißfuttermitteln durch Harnstoff erhöht werden. Außerdem sollte zur Vorbeugung das Ca:P-Verhältnis weiter als 2:1 sein. Dazu ist ein auf die Ration abgestimmtes Ca-reiches Mineralfutter oder auch eine zusätzliche Gabe von $CaCO_3$ notwendig.

Mangel an Mengenelementen. In der Ernährung der Schafe kommen Na-, P- und Mg-Mangellagen vor. Zur Absicherung der Na-Versorgung sind ständig Salzlecksteine anzubieten. Die Phosphorversorgung der Schafe ist nach trockener Witterung und unzureichender Düngung der Futterflächen nicht immer abgesichert. Da sich bereits ein subklinischer P-Mangel auf die Futteraufnahme auswirkt, verursacht er immer Leistungsminderungen, die durch Mineralfuttergaben zu vermeiden sind. Der Tierkörper kann nur unbedeutende Magnesiummengen speichern. Deshalb wirkt sich eine unzureichende Mg-Versorgung (Weidetetanie), vorwiegend durch Resorptionsstörungen verursacht, rasch auf das Tier aus. Wie bei der Milchkuh ist deshalb neben Mg-Zusätzen auf Strukturwirksamkeit der Rationen und langsame Futterwechsel zu achten. Rationen mit Grünfutter sollten aufgrund der dort niedrigen Mg-Verwertung mindestens 1,4 g Mg/kg DM enthalten. Bei Stallfütterung genügt die Hälfte dieser Konzentration, was in den meisten Rationen der Fall ist.

Fehlerhafte Spurenelementversorgung. Bei Schafen kommen wie bei den anderen Wiederkäuerarten Krankheiten durch Cu-, Co, Zn-, I-, und Se-Mangel vor. Ein tierartspezifisches Problem stellt die Kupferversorgung dar. Während bei grundfutterreichen Rationen – verstärkt durch Antagonisten – mit verlustreichen Mangelerscheinungen, wie Fruchtbarkeitsstörungen, Störungen der Entwicklung des ZNS im Fetus, Lähmungen der Lämmer („sway back") und verminderter Kräuselung der Wolle zu rechnen ist, führt bereits eine längerfristige Gabe in Höhe des 2- bis 3fachen Bedarfes zur chronischen Kupfervergiftung. Die Toleranz gegenüber Kupfer ist beim Schaf gering. Es wird in der Leber gespeichert. Bei Überschüssen werden die Hepatozyten zerstört, schließlich kommt es zum Tode. Deshalb ist die Fütterung von Cu-kontaminierten Futtermitteln (Kupferleitungen und -behälter, Pflanzenschutzmittel u. a.) und Mischfuttermitteln oder Mineralfstoffgemischen, die für andere Tierarten bestimmt sind, zu unterlassen. Außerdem sollte der Kupfergehalt von suspekten Futtermitteln analytisch überprüft werden.

Giftige Pflanzen
Auf der Weide meiden die Schafe bei ausreichendem Futterangebot und wenn sie nicht sehr hungrig sind, giftige Pflanzen, so dass es kaum zu Schädigungen kommt. Bei Stallfütterung erkennen die Tiere schädliche Pflanzen nicht immer. Besonders in Grundfuttermischungen, die ja eigentlich zur Verminderung der Futterselektion eingesetzt werden, kann dies ein Problem sein. Das kann auch der Fall sein, wenn die Pflanzen vertrocknet sind. BOSTEDT und DEDIÉ (1996) beschreiben Vergiftungen durch Blaualgen, Sumpf- und Ackerschachtelhalm, Kreuzkraut und Dürrwurz, Sauerampfer, Johanniskraut, Goldhafer, Hahnenfußarten, Steinklee, Saatmohn, Bingelkraut, Farnkräuter, Rhododendron, Eibe, Zypressengewächse, Eichblätter und Eicheln, Bucheckern, Ginsterarten, Herbstzeitlose, Goldregen, Rhabarber, Kartoffelkraut und -keime sowie Tabak. In der Praxis ist vor allem in Süddeutschland der Goldhafer von größerer Relevanz. Goldhafer enthält ein aktives Vitamin D_3 Analog. Da er als schmackhaftes Futtergras von den Schafen nicht gemieden wird, kann es bei längerfristiger Aufnahme zu eines Kalzinose kommen. Bei Mutterschafen tritt dann nach der Geburt häufig eine Gebärparese auf.

Phytöstrogene
Fruchtbarkeitsstörungen infolge von Pflanzenöstrogenen (Isoflavone, Cumarine) sowie dem

Mykotoxin Zearalenon spielen weltweit bei Schafen eine große Rolle. Diese Stoffe sind normale Bestandteile in Leguminosen, in vielen Wiesengräsern, in Ampfergewächsen u. a. Besteht der Verdacht, sind Zuchtschafe von den betreffenden meist leguminosenreichen Flächen fernzuhalten.

5 Fütterung des Geflügels

5.1 Einleitende Bemerkungen

Das Verständnis für eine artgerechte Ernährung und Fütterung des Nutzgeflügels ergibt sich aus dem grundlegenden Bau des Verdauungstraktes dieser Nutztierkategorie. Einerseits ist dieser entwicklungsgeschichtlich in der Biologie des Vogels begründet, andererseits durch die verschiedenen Urformen des Hausgeflügels einschließlich deren bevorzugten Lebensräumen, aus denen diese domestiziert wurden, modifiziert. So lebt das **Bankivahuhn** als Urform des Haushuhnes in Wäldern und Gebüsch, während **Wildenten** und -**gänse** an eine Lebensweise an Gewässern angepasst sind. An diese verschiedenen Lebensräume sind auch einzelne Teile des Verdauungsapparates in gewisser Weise adaptiert. Das betrifft sowohl die Ausbildung des Schnabels, das Nahrungsaufnahmeverhalten, aber auch Aufbau und Größenverhältnisse des Magen- und Darmtraktes, worauf in den folgenden Abschnitten noch eingegangen wird.

Zum landwirtschaftlichen Nutzgeflügel zählen insbesondere **Hühner, Puten, Enten** und **Gänse**. Kaum Bedeutung haben in Deutschland **Perlhühner** und **Wachteln**. In den letzten Jahren ist der **Strauß** neu hinzugekommen. Für die Eiererzeugung werden in unserem Land praktisch nur **Legehennen** genutzt. Zwei Drittel der Geflügelfleischproduktion entfallen auf **Hühner**, wobei die **Jungmasthühner (Broiler)** eindeutig überwiegen. An zweiter Stelle folgen **Mastputen**, deren Anteil sich in den zurückliegenden Jahren ständig erhöhte und heute bei 35 % der Bruttoeigenerzeugung an Geflügelfleisch liegt. Ausgehend von der wirtschaftlichen Bedeutung der einzelnen Geflügelarten und Nutzungsrichtungen werden in den folgenden Kapiteln **Hühner, Puten, Enten** und **Gänse** abgehandelt. Über die Fütterung weiterer Geflügelarten enthält das Literaturverzeichnis entsprechende Quellen.

Die Anforderungen an das Futter und die Gestaltung der Fütterung werden vom Bedarf der Tiere an Energie und Nährstoffen bestimmt. Zum Bedarf der wichtigsten Geflügelarten und Nutzungsrichtungen liegen heute weitgehend gesicherte Daten vor (Abschn. 5.4), deren Präzisierung und Vervollständigung ein ständiges Anliegen der Forschung ist.

Die Absicherung der Bedarfsanforderungen setzt zunächst eine ausreichende Futteraufnahme (Nährstoffaufnahme) und nachfolgend eine hohe Verdauung und Absorption der Futterinhaltsstoffe bzw. deren Bausteine voraus. Deshalb müssen bei der Auswahl der Futtermittel und bei der Rationsgestaltung die die Futteraufnahme beeinflussenden Faktoren und das Verdauungsvermögen berücksichtigt werden.

Ausgehend von den Grundlagen (s. Teil A, Ernährungsphysiologie) werden nachfolgend wesentliche Faktoren, die die Futteraufnahme beim Geflügel regulieren und beeinflussen, sowie artspezifische Aspekte der Verdauung zusammenfassend dargestellt.

5.2 Futter- und Wasseraufnahme beeinflussende Faktoren

Das Geflügel wählt das Futter in erster Linie nach **Form, Farbe, Größe** und **Konsistenz** der Futterpartikel aus. Es stehen also **optische** und **taktile Reize** im Vordergrund, während der **Geschmack** weitgehend zurücktritt. Bei Futterauswahlmöglichkeit bilden die einzelnen Geflügelarten Präferenzen aus, die sich wie folgt darstellen lassen (abnehmend von links nach rechts):

- Allgemein: Körner > Weichfutter > Mehlfutter.
- Getreideschrote: Weizenschrot > Gerstenschrot > Roggenschrot > Erbsenschrot > Maisschrot.
- Körner: Weizen > Mais > Hafer > Gerste > Roggen.

Als praktische Konsequenz ergibt sich, dass eine weitgehend einheitliche Partikelgröße der Rationskomponenten gewährleistet sein muss, um bei der Verfütterung von Alleinfutter in Mehlform ein selektives Fressen einzelner Futterpartikel zu vermeiden. Das Pelletieren von Alleinfutter verhindert generell eine selektive Aufnahme.

Als weitere, die Nahrungsaufnahme beeinflussende Faktoren seien herausgestellt:
- **Regulative Anpassung der Nahrungsaufnahme an den Energiegehalt des Futters.** Energieärmeres Futter wird in größeren Mengen aufgenommen und umgekehrt (Ziel: Aufrechterhaltung einer ausgeglichenen Energiebilanz). Die Anpassung ist jedoch unvollständig, so dass die Gefahr eines sogenannten „Luxuskonsums" besteht, der durch das Pelletieren des Futters noch verstärkt werden kann. In der intensiven Mast sind diese Effekte in der Regel erwünscht, während in der Aufzucht und bei legenden Tieren diesen Effekten gegebenenfalls restriktiv entgegenzuwirken ist (s. Abschnitt 5.7.3 und 5.8.1.2).
- **Antinutritive Futterinhaltsstoffe.** Gelbildende Nichtstärke-Kohlenhydrate, wie lösliche β-Glucane und lösliche Pentosane, verursachen insbesondere bei wachsendem Geflügel einen Viskositätsanstieg im Verdauungstrakt, der den Nahrungstransit verzögert und dadurch die Futteraufnahme verringert. Durch Ergänzung des Futters mit industriellen Enzymen (s. Teil B, Abschn. 13.3.5) kann diesen viskositätssteigernden Effekten weitgehend begegnet werden.
- **Ca-Appetit legender Hühner.** In den Zeiträumen eines erhöhten Ca-Bedarfes (Eischalenbildung) wird getrennt angebotenes Ca-reiches Futter bevorzugt aufgenommen.

Im Gegensatz zur Futteraufnahme muss die **Wasseraufnahme** durch das Küken erlernt werden. Daher sind die Haltungsmaßnahmen darauf auszurichten, dass die Tiere die Tränkstellen schnell finden können (Tränkstellen in Futternähe, angepasste Tränkeinrichtungen, gegebenenfalls Anlocken der Tiere durch farbige Steinchen in der Wasserrinne). Geschmacksveränderungen im Wasser werden empfindlicher wahrgenommen als im Futter.

5.3 Besonderheiten des Verdauungstraktes und Folgen für die Fütterung

Der schematische Aufbau des Verdauungstraktes des Geflügels ist in Abb. 31 (Teil A, Abschn. 5.1) dargestellt. Er unterscheidet sich in einigen wesentlichen Merkmalen von dem der Säugetiere, die nachfolgend aufgelistet sind:

Merkmal	Funktion bzw. Konsequenz
Ersatz der Lippen der Säuger durch den Schnabel, Fehlen der Backen bzw. Backenmuskeln, Fehlen der Zähne	Aufnahme des Futters, nur grobe und ungenügende Zerkleinerung des Futters, Abschlucken des Futters
Spindelförmige Erweiterung der Speiseröhre (Ente, Gans) oder Ausbildung eines Kropfsackes bzw. mehrerer Kropfsäcke (Körnerfresser)	Einweichen der Nahrung, Speicherung bzw. Regulation der Magenfüllung
Zwei aufeinanderfolgender Mägen: • Drüsenmagen • Muskelmagen	Beginn der enzymatischen Eiweißverdauung Zerkleinern der Nahrung durch intensive Magenmuskelkontraktion, wobei Grit (Steinchen bzw. harte Futterpartikel) zur reibenden Wirkung beiträgt („Zahnersatz des Geflügels")
Ausbildung von zwei Blinddärmen	Hauptort der mikrobiellen Verdauung, jedoch nur ein geringer Teil der Ingesta gelangt in die Blinddärme
Vorhandensein einer Kloake, bestehend aus Kotraum, Harnraum und Endraum	Harn-Kot-Behälter, Passage von Geschlechtsprodukten (Eier, Sperma)

Hinsichtlich des Verdauungsvermögens sind folgende Besonderheiten gegenüber den anderen Nutztieren herauszustellen:

Merkmal	Konsequenz
Länge und Volumen des Verdauungstraktes sind – bezogen auf die Lebendmasse – am geringsten	Kurze Verweildauer des Futters im Verdauungstrakt (ca. 24 Stunden) → Futtermittel hoher Verdaulichkeit erforderlich!
Fehlen der Lactase und geringe Saccharaseaktivität	Restriktionen für den Einsatz bestimmter Futtermittel!
Schlechte Verwertung vorwiegend gesättigter Futterfette (Tierfette) in den ersten Lebenswochen	Zufuhr von Futterfett vorwiegend über ungesättigte Fettsäuren pflanzlichen Ursprungs
Geringe mikrobielle Verdauungskapazität im Blinddarmbereich	Geringe Verwertung von Zellwandbestandteilen → kaum Beitrag zum Energie- und Vitamin-B-Haushalt des Wirtstieres → exogene Zufuhr von B-Vitaminen beachten!

Hühner und Puten beanspruchen Futtermittel mit hoher Nährstoffkonzentration und leicht abbaubaren Inhaltsstoffen. Futtermittel, die bezogen auf die Originalsubstanz viel zellgebundenes Wasser und wenig Nährstoffe enthalten (z. B. Kartoffeln und Rüben), sind zur Fütterung ebensowenig geeignet wie faserreiche Futterstoffe, wenn hohe Leistungen das Ziel sind. Aus den artspezifischen und verdauungsphysiologischen Gegebenheiten sowie den Unterschieden in den Leistungen der einzelnen Nutzungsrichtungen lassen sich folgende Anforderungen an die Verdaulichkeit der organischen Substanz des Futters formulieren: Mastgeflügel für die Intensivmast 80 bis 85 %, Aufzuchtgeflügel für die Reproduktion sowie männliche Zuchttiere 75 bis 80 %, legende Tiere ca. 80 %.

5.4 Energie- und Nährstoffbedarf sowie Versorgungsempfehlungen

Entsprechend dem Vorgehen bei den anderen landwirtschaftlichen Nutztieren wird auch der Bedarf des Geflügels an Energie und Nährstoffen nach der faktoriellen Methode abgeleitet.

5.4.1 Energie-, Protein- und Aminosäurenbedarf legender Tiere

Die Ableitung wird nachfolgend am Beispiel der Legehenne der Legerichtung vorgenommen. Ausgangspunkte der faktoriellen Ableitung des **Energiebedarfes** der Legehenne sind die Lebendmasse, die täglich produzierte Eimasse sowie die Lebendmassezunahme. Hinzu kommt, dass der Energiegehalt je Gramm produzierte Eimasse nicht konstant ist, sondern bedingt durch Veränderung des Verhältnisses von Eidotter zu Eiklar variieren kann. Bei einem mittleren Teilwirkungsgrad der umsetzbaren Energie für die Energie von 0,68 errechnet sich bei einer durchschnittlichen Eizusammensetzung (fettgedruckte Werte in Tab. 175) ein Bedarf von 9,6 kJ je g produzierte Eimasse. Der Bedarf für Erhaltung wird auf die metabolische Körpermasse ($LM^{0,75}$) bezogen und beträgt 480 kJ pro Tag. Dabei erfolgt eine Korrektur des Erhaltungsbedarfes auf unterschiedliche Umgebungstemperaturen.

Weiterhin ist der notwendige Energiebedarf für den Lebendmassezuwachs der Henne im Verlaufe der Legeperiode zu berücksichtigen. Da der Lebendmassezuwachs während der Legeperiode vor allem in den ersten Legewochen erfolgt, ist für die Bedarfsableitung insbesondere der Zeitraum von der 20. bis zur 32. Lebenswoche zu berücksichtigen (s. Abb. 126, Abschn. 5.7.3). Für leichte und mittelschwere Hennenherkünfte kann für diese Periode ein mittlerer Lebendmassezuwachs von 4 g bzw. 7 g pro Henne und Tag veranschlagt werden. Ab der 33. Lebenswoche findet nur noch ein geringfügiger Zuwachs statt, der unter praktischen Bedingungen über den Sicherheitszuschlag abgedeckt wird. Je Gramm Lebendmassezuwachs werden bei mittlerer Zusammensetzung des Zuwachses (ca. 10 % Protein und 40 % Fett) und mittleren Teilwirkungsgraden für Protein- und Fettenergieansatz ($k_p = 0,52$, $k_f = 0,84$) 23 kJ ME veranschlagt.

Energie- und Nährstoffbedarf sowie Versorgungsempfehlungen

Tab. 175 Ableitung des faktoriellen Bedarfes an Energie und Protein für die Eiproduktion (Erläuterungen im Text)

Einzel-eimasse (O, g)	Dotter-anteil (%)	Eiklar-anteil (%)	Protein Dotter (g)	Protein Eiklar (g)	Fett (g)	Energie Gehalt (kJ/Ei)	Energie Gehalt (kJ/g O)	Energie Bedarf (kJ AME$_N$/g O)	Protein Gehalt (g/g O)	Protein Bedarf (g/g O)
60	30	60	2,97	3,60	5,49	375	6,3	9,2	0,1095	0,24
60	**32**	**58**	**3,17**	**3,48**	**5,86**	**392**	**6,5**	**9,6**	**0,1108**	**0,25**
60	34	56	3,37	3,36	6,22	408	6,8	10,0	0,1121	0,25

Für die Berechnungen unterstellte Größen: Rohproteingehalt des Dotters: 16,5%, Rohproteingehalt des Eiklars: 10%, Rohfettgehalt des Eidotters: 30,5%, Bruttoenergiegehalt des Eiproteins: 23,85 kJ/g, Bruttoenergiegehalt des Eifettes: 39,77 kJ/g, Partielle Verwertung der umsetzbaren Energie für die Eienergie: 0,68 kJ/kJ, Partielle Verwertung des Rohproteins für das Eiprotein: 0,45 g/g.

Tab. 176. AME$_N$- und CP-Bedarf leichter und mittelschwerer Legehybriden (weitere Erläuterungen im Text) (Legebeginn bis 32. Lebenswoche[1]) und notwendige Futteraufnahme zur Bedarfsdeckung

Eimasse l/m (g/d)	AME$_N$-Bedarf[2] l (MJ/d)	AME$_N$-Bedarf[2] m (MJ/d)	CP-Bedarf[2] l (g/d)	CP-Bedarf[2] m (g/d)	CP l (g/kg Futter)	CP m (g/kg Futter)	CP: AME$_N$ l (g/MJ)	CP: AME$_N$ m (g/MJ)	Notwendige Futteraufnahme[3] l (g/d)	Notwendige Futteraufnahme[3] m (g/d)
40,0	1,25	1,41	15,7	16,8	143	136	11,9	12,5	110	124
42,5	1,28	1,44	16,3	17,4	146	138	12,1	12,8	112	126
45,0	1,30	1,46	16,9	18,0	149	141	12,4	13,0	114	128
47,5	1,32	1,48	17,6	18,7	151	143	12,6	13,3	116	130
50,0	1,35	1,51	18,2	19,3	154	146	12,8	13,5	118	132
52,5	1,37	1,53	18,8	19,9	156	148	13,0	13,7	120	134
55,0	1,40	1,56	19,4	20,5	159	150	13,2	13,9	123	136
57,5	1,42	1,58	20,1	21,2	161	153	13,4	14,1	125	139
60,0	1,44	1,60	20,7	21,8	163	155	13,6	14,3	127	141
62,5	1,47	1,63	21,3	22,4	165	157	13,8	14,5	129	143
65,0	1,49	1,65	21,9	23,0	168	159	13,9	14,7	131	145

l = leichte Herkünfte, mittlere Lebendmasse 1900 g, m = mittelschwere Herkünfte, Lebendmasse 2200 g.
[1] Lebendmassezunahme 20. bis 30. Lebenswoche: leichte Hybriden: ca. 4 g/Henne/Tag; mittelschwere Hybriden: ca. 7 g/Henne/Tag.
[2] Werte sind mit entsprechendem Sicherheitszuschlag zu versehen, gerundete Werte.
[3] Bei 11,4 MJ AME$_N$/kg Futter.

Die Aussagen zum Energiebedarf können wie folgt zusammengefasst werden:

$$AME_N = [480 + (15-UT) \times 7] \times LM_{kg}^{0,75} + 23 \times LMZ + 9,6 \times O \quad (1)$$

AME_N = Energieaufnahme je Henne/Tag in kJ N-korrigierter scheinbarer umsetzbarer Energie;
O = täglich gelegte Eimasse in g/Henne (= Legeintensität (%)/100 × Einzeleimasse);
UT = Umgebungstemperatur (°C; Korrektur für UT < 15 °C);
LMZ = Lebendmassezunahme in g/Henne/Tag.

Es soll noch erwähnt werden, dass Haltungsform, Besatzdichte sowie Befiederungszustand der Hennen den Erhaltungsbedarf beeinflussen. Vergleichsweise zur Käfighaltung (Grundlage der Bedarfsableitung) erhöht sich der Erhaltungsbedarf bei der Boden- und Freilandhaltung um 10 % bzw. 15 % und ist bei der Bedarfskalkulation zu berücksichtigen.

Bei der Kalkulation des **Proteinbedarfes** wird analog zur Ableitung des Energiebedarfs vorgegangen, d. h., der Gesamtbetrag resultiert aus den Teilbeträgen für Erhaltung, Eibildung und Lebendmassezunahme. Für die Erhaltung sind 3,1 g Rohprotein je kg $LM^{0,75}$ und Tag zu veranschlagen. Die Ableitung des Rohproteinbedarfes für ein 1 g Eimasse berücksichtigt den Rohproteingehalt im Ei (s. Tab. 175) sowie eine mittlere Verwertung des Futterproteins für die Eiproteinbildung von 45 %. Für 1 g Eimasse ergibt sich somit ein Rohproteinbedarf von 0,25 g.

Ein Proteinansatz in der Lebendmassezunahme erfolgt bei Legehybriden vorrangig in den ersten 12 Legewochen (20. bis 32. Lebenswoche) und ist bei der Bedarfsableitung für diesen Zeitraum zu berücksichtigen. Aus einem mittleren Proteingehalt des Lebendmassezuwachses von 10 % sowie einer mittleren Verwertung des Futterproteins für den Proteinansatz von 60 % resultiert ein partieller Bedarf von 0,17 g Rohprotein je g Lebendmassezuwachs. Die Ansprüche für die einzelnen Teilleistungen können wie folgt zusammengefasst werden:

$$CP_I = 3,1 \times LM_{kg}^{0,75} + 0,25 \times O + 0,17 \times LMZ \quad (2)$$

CP_I = Gesamtbedarf an Rohprotein in g/Henne/Tag;
O = täglich gelegte Eimasse in g/Henne;
LMZ = Lebendmassezunahme in g/Henne/Tag.

In den Tabellen 176 und 177 ist der Energie- und Rohproteinbedarf von leichten und mittelschweren Legehybriden für eine unterschiedliche tägliche Eimasseproduktion, der auf der Grundlage der Gleichungen (1) und (2) berechnet wurde, zusammengestellt.

Auch bei der Legehenne ist davon auszugehen, dass der abgeleitete Rohproteinbedarf nur bei der Verwendung eines Idealproteins Gültigkeit besitzt, d. h., wenn die Aminosäurenzusammensetzung des Futterproteins den spezifischen Bedarf einer jeden essenziellen Aminosäure sowohl für Erhaltung als auch für Eiproteinsynthese und Körperproteinansatz deckt. Faktoriell kann der **Bedarf an essenziellen Aminosäuren** wie folgt abgeschätzt werden:

$$AS_I = k_M \times LM_{kg} + \frac{c_{AS}}{k_{AS}} \times O \quad (3)$$

AS_I = Aminosäurenbedarf in mg/Henne/Tag;
k_{AS} = Verwertungskoeffizient der Futteraminosäuren;
k_M = Erhaltungsbedarf (mg/kg Lebendmasse);
c_{AS} = Aminosäurenkonzentration (mg/g Ei);
O = täglich gelegte Eimasse in g/Henne.

Als Beispiel wird nachfolgend der Lysinbedarf für eine 1,9 kg schwere Henne mit einer täglichen Eimasseproduktion von 55 g je Tag errechnet. Die hierzu erforderlichen Ausgangsdaten betragen: Erhaltungsbedarf 73 mg/kg LM; Verwertungskoeffizient 0,79, Lysingehalt 7,87 mg/g Eimasse. Danach ergibt sich folgender Lysinbedarf je Henne und Tag:

$Lys_I = 73 \times 1,9 + 7,87 : 0,79 \times 55$
$Lys_I = 687$ mg

Nach dem gleichen Vorgehen kann auch der Bedarf an weiteren Aminosäuren berechnet werden. Für leichte und mittelschwere Legehybriden sowie unterschiedliche tägliche Eimasseproduktion sind die Daten für Lysin, SAS, Threonin und Tryptophan in Tabelle 178 ausgewiesen.

Zur Deckung des täglichen Energiebedarfs von leichten und mittelschweren Legehybriden werden 10,5 bis 12,0 MJ AME_N/kg Alleinfutter empfohlen. In diesem Bereich wird bei der vorhandenen Futteraufnahmekapazität und optimalen Haltungsbedingungen der Energiebedarf jederzeit sichergestellt.

Da – wie bereits im Abschnitt 5.2 dargelegt – die Höhe der täglichen Futteraufnahme in erster Linie vom Energiegehalt des Futters beeinflusst wird, sind die erforderlichen Rohprotein- bzw. Aminosäurekonzentrationen im Futter dem jeweiligen Energiegehalt anzupassen, um ebenfalls den täglichen Bedarf abzusichern. Hierzu bilden Angaben an Rohprotein (in Gramm) bzw. an Aminosäuren (in Milligramm) je 1 MJ N-korrigierter umsetzbarer Energie die Voraussetzung. Diese Relationen sind nicht konstant, wie den Ta-

Tab. 177. AME_N- und CP-Bedarf leichter und mittelschwerer Legehybriden (weitere Erläuterungen im Text) (ab 33. Lebenswoche[1]) und notwendige Futteraufnahme zur Bedarfsdeckung

Eimasse l/m (g/d)	AME_N-Bedarf[2] l (MJ/d)	m (MJ/d)	CP-Bedarf[2] l (g/d)	m (g/d)	CP l (g/kg Futter)	m (g/kg Futter)	CP: AME_N l (g/MJ)	m (g/MJ)	Notwendige Futteraufnahme[3] l (g/d)	m (g/d)
40,0	1,16	1,25	15,0	15,6	142	137	12,9	12,5	106	114
42,5	1,18	1,28	15,6	16,2	145	140	13,2	12,7	108	116
45,0	1,21	1,30	16,3	16,8	148	143	13,5	13,0	110	118
47,5	1,23	1,32	16,9	17,5	151	145	13,7	13,2	112	120
50,0	1,26	1,35	17,5	18,1	153	148	13,9	13,4	114	122
52,5	1,28	1,37	18,1	18,7	156	150	14,2	13,7	116	125
55,0	1,30	1,40	18,8	19,3	158	153	14,4	13,9	119	127
57,5	1,33	1,42	19,4	20,0	161	155	14,6	14,1	121	129
60,0	1,35	1,44	20,0	20,6	163	157	14,8	14,3	123	131
62,5	1,38	1,47	20,6	21,2	165	159	15,0	14,5	125	133
65,0	1,40	1,49	21,3	21,8	167	161	15,2	14,7	127	136

l = leichte Herkünfte, mittlere Lebendmasse 1900 g, m = mittelschwere Herkünfte, Lebendmasse 2200 g.
[1] Lebendmassezunahme kann vernachlässigt werden.
[2] Werte sind mit entsprechendem Sicherheitszuschlag zu versehen, gerundete Werte.
[3] Bei 11,0 MJ AME_N/kg Futter.

Tab. 178. **Aminosäurenbedarf von leichten und mittelschweren Legehybriden**

Eimasse l oder m (g/Tag)	AS-Bedarf (mg/Tag)[1]									
	Lys		Met + Cys		Met		Thr		Try	
	l	m	l	m	l	m	l	m	l	m
40	537	559	472	493	263	273	377	390	120	124
45	587	609	515	536	289	298	414	427	133	136
50	637	659	557	578	315	324	451	464	145	148
55	687	709	600	621	340	349	488	500	158	161
60	737	759	642	663	366	375	524	537	170	173
65	786	808	684	705	391	400	561	574	182	186

Eimasse l oder m (g/Tag)	AS: AME_N (mg/MJ)									
	Lys		Met + Cys		Met		Thr		Try	
	l	m	l	m	l	m	l	m	l	m
40	462	446	406	393	226	217	324	311	103	99
45	484	468	425	411	238	229	341	328	109	104
50	506	488	442	428	250	240	358	343	115	110
55	525	507	458	444	260	250	373	358	120	115
60	543	525	473	458	270	259	387	372	125	120
65	560	541	487	472	279	268	400	384	130	124

Eimasse l oder m (g/Tag)	g AS/kg Futter[2]									
	Lys		Met + Cys		Met		Thr		Try	
	l	m	l	m	l	m	l	m	l	m
40	5,29	5,26	4,67	4,67	2,58	2,54	3,69	3,63	1,17	1,14
45	5,60	5,56	4,93	4,92	2,74	2,69	3,91	3,85	1,24	1,21
50	5,88	5,83	5,17	5,15	2,88	2,83	4,12	4,05	1,31	1,28
55	6,14	6,08	5,39	5,36	3,01	2,96	4,31	4,23	1,38	1,34
60	6,38	6,32	5,59	5,57	3,14	3,08	4,49	4,41	1,44	1,40
65	6,60	6,54	5,78	5,75	3,25	3,20	4,66	4,57	1,49	1,45

l = leichte Herkünfte, mittlere Lebendmasse 1900 g, m = mittelschwere Herkünfte, mittlere Lebendmasse 2200 g.
[1] Werte sind mit entsprechendem Sicherheitszuschlag ($\approx 5\%$) zu versehen.
[2] Bei 11,0 MJ AME_N/kg Futter.

bellen 176 und 177 für das Rohprotein und der Tabelle 178 für Aminosäuren entnommen werden kann. Da für Eibildung und Wachstum wesentlich mehr Rohprotein (ebenso Aminosäuren) pro Energieeinheit erforderlich ist als für die Erhaltung, erhöht sich bei steigender täglicher Eimasseproduktion der Eiweißbedarf (AS-Bedarf) je Energieeinheit (s. Tab. 176, 177 und 178). Ein Anstieg der Lebendmasse hat demgegenüber einen Rückgang des Eiweißbedarfs je Energieeinheit zur Folge (s. Tab. 176, 177 und 178). Die bei einem vorgegebenen Energiegehalt im Alleinfutter erforderlichen Rohprotein- und Aminosäurengehalte sind ebenfalls den Tabellen 176 bis 178 zu entnehmen.

5.4.2 Energie-, Protein- und Aminosäurenbedarf des Mastgeflügels

Die Bedarfsableitung erfolgt am Beispiel des wachsenden männlichen Broilers. Der **Energiebedarf** – ausgedrückt als Bedarf an scheinbarer N-korrigierter umsetzbarer Energie (AME_N) – setzt sich aus den Teilbeträgen für Erhaltung (480 kJ/$LM_{kg}^{0,75}$/Tag) sowie für den Ansatz von Protein und Fett summarisch zusammen:

$$AME_N = 480 \times LM_{kg}^{0,75} + \frac{1}{k_p} \Delta P \times GE_P + \frac{1}{k_f} \Delta F \times GE_F \quad (4)$$

AME_N = Bedarf an kJ scheinbarer, N-korrigierter umsetzbarer Energie je Broiler und Tag;
$\Delta P, \Delta L$ = Protein- bzw. Fettansatz im Lebendmassezuwachs (einschließlich Federn) (g/Broiler/Tag);
GE_P, GE_F = Bruttoenergiegehalt des Tierkörperproteins bzw. -fettes (= 23,86 kJ/g bzw. 39,77 kJ/g);
k_p, k_f = partieller Wirkungsgrad an AME_N für den Protein- bzw. Fettenergieansatz: 0,52 bzw. 0,84.

Das schnelle Wachstum moderner Herkünfte ist auch verbunden mit Änderungen in der Dynamik des Proteinstoffwechsels. Es ist davon auszugehen, dass sich die energetische Verwertung für den Proteinansatz (k_p) im Verlauf des Wachstums verschlechtert und bei der Ableitung des Energiebedarfs berücksichtigt werden muss.

Aus den Berechnungsschritten für die einzelnen Teilbeträge wird deutlich, dass zunächst Informationen über die Dynamik des Protein- und Fettansatzes erforderlich sind, da die partielle Verwertung der ME für den Proteinansatz wesentlich schlechter ist als für den Fettansatz (s. oben). Berücksichtigt man noch den unterschiedlichen Energiegehalt des Körperproteins und -fettes (23,86 vs. 39,77 kJ/g), dann wird klar, dass sich Unterschiede in der Lebendmassezunahme sowie dessen Zusammensetzung auf den Gesamtenergiebedarf auswirken.

Einen Überblick über die Veränderungen im Zuwachs bzw. im Tierkörper vermitteln Abbildung 124 und Tabelle 189 (Abschn. 5.9.4). Es ist ersichtlich, dass sich der Anstieg im Proteingehalt des Lebendmassezuwachses aus einer Erhöhung des Körperproteinanteils und einer vor allem in den späteren Mastabschnitten stärkeren Erhöhung des Federproteinanteiles zusammensetzt. Deutlicher als der Proteinanteil im Zuwachs steigt jedoch der Fettanteil, so dass der Energiegehalt des Lebendmassezuwachses altersbedingt ansteigt.

Auch der **Proteinbedarf** setzt sich aus den Teilbeträgen für Erhaltung und Ansatz zusammen, wobei in die Berechnung des Bedarfes für den Ansatz Feder- sowie Tierkörperprotein eingehen:

$$CP_I = P_m \times LM_{kg}^{0,67} + \frac{\Delta P_F + \Delta P_{TK}}{k_p (F, TK)} \quad (5)$$

CP_I = Gesamtbedarf an Rohprotein in g/Broiler/Tag;
k_p (F, TK) = mittlerer Verwertungsgrad des Futterproteins für Proteinansatz in Federn (F) und Tierkörper (TK) = 0,6 g/g;
$\Delta P_{TK}, \Delta P_F$ = Proteinzuwachs im Tierkörper und in den Federn (g);
P_M = Proteinerhaltungsbedarf (= 2,8 g/kg metabolische Lebendmasse).

Die Verwertung des aufgenommenen Futterproteins wird sowohl für Erhaltung als auch für Ansatz mit 0,6 g/g als konstant unterstellt.

Beispiel für die Ableitung des AME_N-und CP-Bedarfes
Bei einer mittleren Lebendmasse eines männlichen Broilers von 0,575 kg und einer Lebendmassezunahme von 358 g in der 3. Mastwoche errechnet sich der AME_N-Bedarf wie folgt (s. auch Tab. 179):

Erhaltungsanteil = 480 × 0,575 $kg^{0,75}$ × 7 Tage
= 2218 kJ

Für den Leistungsbedarf ist zunächst der Ansatz an Protein und Fett aus den entsprechenden Anteilen im Lebendmassezuwachs (LMZ) zu ermitteln (s. auch Tab. 179):
• Proteinansatz = 358 g × (0,026 g Federprotein/g LMZ + 0,161 g Tierkörperprotein/g LMZ) = 67,0 g,
• Fettansatz = 358 g × 0,159 g Tierkörperfett + Federfett/g LMZ = 56,9 g.

In einem nächsten Schritt muss der Stoffansatz in den entsprechenden Energieansatz umgerechnet werden:
• Proteinenergieansatz = 67,0 g × 23,86 kJ/g = 1599 kJ,
• Fettenergieansatz = 56,9 g × 39,77 kJ/g = 2263 kJ.

Schließlich müssen die partiellen Wirkungsgrade der umsetzbaren Energie – k_p bzw. k_f – für den Protein- bzw. Fettenergieansatz bei der Berechnung des Leistungsbedarfes berücksichtigt werden:
• AME_N-Bedarf für Proteinenergieansatz = 1599 kJ : 0,52 kJ/kJ = 3075 kJ,

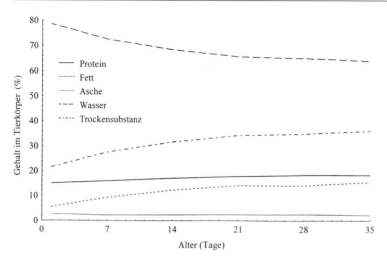

Abb. 124. Veränderungen in der chemischen Zusammensetzung des Broilers (männlich) im Verlauf des Wachstums.

- AME_N-Bedarf für Fettenergieansatz
  = 2263 kJ : 0,84 kJ/kJ = 2694 kJ.

Der Gesamtbedarf an scheinbarer, N-korrigierter umsetzbarer Energie für die 3. Mastwoche ergibt sich aus der Summe des Erhaltungs- und des Leistungsanteils:
- AME_N =   2218 kJ (Erhaltung)
       + 3075 kJ (Proteinenergie)
       + 2694 kJ (Fettenergie),
- AME_N =   7987 kJ (7,99 MJ).

In die Berechnung des Proteinbedarfes gehen der Erhaltungsbedarf sowie der Bedarf für den Feder- und Tierkörperproteinansatz ein:

$$CP_I = 2,8 \text{ g/d} \times 0{,}575^{0{,}67} \times 7 \text{ Tage} + \frac{9{,}3 + 57{,}6}{0{,}6}$$

$$CP_I = 125 \text{ g}$$

Die entsprechenden Kalkulationen für die anderen Mastabschnitte sowie die für die weiblichen Broiler sind in Tabelle 179 zusammengestellt.

Aus den kalkulierten Werten für den Energie- und Rohproteinbedarf errechnet sich ein Rohprotein/Energie-Verhältnis von 15,7 : 1, d. h., auf 1 MJ AME_N entfallen 15,7 g Rohprotein. Da die Höhe der Futteraufnahme maßgeblich vom Energiegehalt des Futters beeinflusst wird (s. Abschn. 5.2), sind auch in den Futtermischungen die sich aus den Bedarfsableitungen ergebenden Verhältnisse von Energie : Rohprotein zu gewährleisten, damit eine bedarfsgerechte Rohproteinaufnahme sichergestellt wird.

Für Broiler in der 3. Lebenswoche wird ein Mastfutter mit ≈ 13,0 MJ AME_N/kg empfohlen. Bei diesem Energieniveau müssten die Küken zur Absicherung des Energiebedarfs (7,99 MJ

AME_N) in der 3. Lebenswoche 615 g Futter aufnehmen. Ausgehend vom oben errechneten Rohprotein/Energie-Verhältnis (15,7 : 1) ist in diesem Futter ein Rohproteingehalt von 204 g/kg erforderlich (15,7 g CP/MJ × 13 MJ). Für praktische Belange sind die jeweiligen Bedarfswerte noch mit einem Sicherheitszuschlag zu versehen, dessen Höhe von der angewandten Fütterungstechnik abhängt und mit 3 bis 5 % des Bedarfs zu veranschlagen ist.

Die vorgenommene Ableitung des Proteinbedarfes ist eine starke Vereinfachung der Gegebenheiten, da es strenggenommen für das Geflügel keinen Proteinbedarf, sondern nur einen Bedarf an essenziellen Aminosäuren sowie an Aminostickstoff gibt. Diese Vorgehensweise setzt ein sogenanntes Idealprotein voraus, d. h., die Aminosäurenzusammensetzung des Futterproteins muss optimal auf den Bedarf einer jeden essenziellen Aminosäure abgestimmt sein.

Analog der faktoriellen Ableitung des Proteinbedarfes lässt sich auch der **Aminosäurenbedarf** aus dem Bedarf für Erhaltung und Ansatz mit folgender Gleichung berechnen:

$$AA_I = \frac{AA_m \times LM_{kg} + \Delta AA_F + \Delta AA_{TK}}{k_{AA}(F, TK)} \quad (6)$$

AA_I = Gesamtaminosäurenbedarf (g/Broiler/d);
k_{AA} (F, TK) = durchschnittlicher Verwertungsgrad der Futteraminosäure für Aminosäurenansatz, g/g;
ΔAA_F, ΔAA_{TK} = Aminosäurenansatz im Tierkörper und in den Federn, g/d;
AA_m = Aminosäurenerhaltungsbedarf (g/LM_{kg}).

Für die Ableitung ist insbesondere von Bedeutung, dass sich das Aminosäurenmuster des Federproteins von dem des Restkörperproteins un-

Tab. 179. AME$_N$- und CP-Bedarf männlicher und weiblicher Broiler und erforderliche Futteraufnahme zur Bedarfsdeckung (weitere Erläuterung im Text)

Alter (Wochen)	LM^{1,2} am Ende der Woche m (g)	LM^{1,2} am Ende der Woche w (g)	CP-Federn LMZ m/w (g/100 g)	CP-Tierkörper, ohne Federn LMZ m/w (g/100 g)	EE-Tierkörper, einschl. Federn LMZ m (g/100 g)	EE-Tierkörper, einschl. Federn LMZ w (g/100 g)	AME$_N$-Bedarf^3 m (MJ/Woche)	AME$_N$-Bedarf^3 w (MJ/Woche)	CP-Bedarf^3 m (g/Woche)	CP-Bedarf^3 w (g/Woche)	AME$_N$ m/w (MJ/kg Futter)	CP:AME$_N$ m (g/MJ)	CP:AME$_N$ w (g/MJ)	CP^4 m (g/kg Futter)	CP^4 w (g/kg Futter)	Notwendige Futteraufnahme^5 m (g/Woche)	Notwendige Futteraufnahme^5 w (g/Woche)
1	168	150	1,1	14,5	11,5	11,5	2,21	1,94	37	32	12,6	16,8	16,5	212	208	175	154
2	396	364	1,2	15,9	13,4	14,0	4,54	4,31	73	69	13,0	16,1	16,0	209	208	349	332
3	754	693	2,6	16,1	15,9	16,5	7,99	7,47	125	115	13,0	15,3	15,4	204	200	615	575
4	1226	1109	3,0	16,3	16,4	17,5	11,18	10,24	171	152	13,0	15,3	14,8	199	192	860	788
5	1768	1561	3,8	16,4	16,8	18,9	13,88	12,41	208	176	13,0	15,0	14,2	195	185	1068	955
6	2329	2002	4,3	16,4	17,2	20,1	15,65	13,57	225	180	12,2	14,4	13,3	176	162	1283	1112
7	2867	2399	4,5	16,5	17,5	21,5	16,52	13,94	225	172	12,2	13,6	12,3	166	150	1354	1143
8	3352	2737	4,5	16,5	17,8	23,0	16,63	13,75	211	155	12,2	12,7	11,3	155	138	1363	1127

m = männlich, w = weiblich.
[1] Mittlere Lebendmasse in der Mastwoche (notwendig für Kalkulation des Erhaltungsanteils) = $(LM_{n-1} + LM_n) : 2$.
[2] Lebendmassezunahme (LMZ) in der Mastwoche (notwendig für Kalkulation des Zuwachses an CP und EE) = $(LM_n - LM_{n-1})$.
[3] Werte sind mit entsprechendem Sicherheitszuschlag zu versehen.
[4] In Fütterungsprogrammen erfolgt eine weitere Anpassung an praktische Belange (s. Abb. 154).
[5] Vollständige Regulation über den AME$_N$-Gehalt unterstellt.

terscheidet. Bei den Aminosäuren Lysin sowie Methionin plus Cystin betragen die Anteile wie folgt:
- Lysin: 1,8 g/100 g Federprotein, 7,0 g/100 g Restkörperprotein,
- Methionin plus Cystin: 8,8 g/100 g Federprotein, 3,8 g/100 g Restkörperprotein.

Die Bedarfsableitung soll nachfolgend am Beispiel der schwefelhaltigen Aminosäuren (Met plus Cys) demonstriert werden. Der Erhaltungsbedarf beträgt 72 mg je kg Lebendmasse. Bei einer mittleren Verwertung der Futteraminosäuren für den Ansatz in Federn und Restkörper von 0,66 g je g errechnet sich unter Nutzung der in Tab. 179 aufgeführten Daten für den Proteinansatz sowie dessen Gehalt an schwefelhaltigen Aminosäuren folgender Bedarf für die 3. Mastwoche:

$$\text{Met} + \text{Cys} = \frac{0{,}575 \text{ kg LM} \times 0{,}072 \text{ g/kg} \times 7}{0{,}66}$$

$$+ \frac{9{,}3 \text{ g Federprotein} \times 0{,}088}{0{,}66}$$

$$+ \frac{57{,}6 \text{ g Restkörperprotein} \times 0{,}038}{0{,}66}$$

Met plus Cys = 5,0 g

Dieser Bedarf erfordert zur Absicherung 8,13 g Methionin plus Cystin pro kg Futter, wenn die bereits errechnete Futteraufnahme zugrunde gelegt wird

$$\left(\frac{5{,}0}{615} \times 1000\right).$$

Unter Berücksichtigung eines Sicherheitszuschlages ergibt sich eine entsprechende Konzentrationsempfehlung von 9,4 g/kg (s. Tab. 182, Abschn. 5.5). Es ist hier ebenfalls angezeigt, die Aminosäurenkonzentration auf den Energiegehalt des Futters zu beziehen, um eine Bezugsgröße bei unterschiedlichen Energiegehalten des Futters nutzen zu können. Weiterhin ist zu beachten, dass die essenziellen Aminosäuren untereinander in solchen Relationen vorhanden sind, die eine Bedarfsdeckung aller dieser Aminosäuren ermöglichen. Diese Relationen können aus den Empfehlungen zum Aminosäurengehalt von Alleinfuttermischungen errechnet werden (Tab. 182, Abschn. 5.5).

5.4.3 Bedarf an Mengen- und Spurenelementen

Der Bedarf des Geflügels an Mengenelementen wurde gleichfalls nach der faktoriellen Methode abgeleitet. Danach gliedert sich der Gesamtbedarf in den Bedarf für die Erhaltung und den Bedarf für die Leistungen der Tiere. Letzterer leitet sich bei Legetieren fast ausschließlich aus den mit der täglichen Eimasse abgegebenen Mineralstoffen und bei wachsenden Tieren aus den in der Lebendmassezunahme angesetzten Mineralstoffen ab.

Als Beispiel ist in Tabelle 180 die Berechnung des Calciumbedarfes der Legehenne ausgewiesen. Beim Phosphor beziehen sich die Bedarfsangaben im Unterschied zu den anderen Elementen auf den

Tab. 180. Ableitung des Mengenelementbedarfes der Legehenne am Beispiel des Ca-Bedarfs (Angaben je Henne und Tag)

Eimasse (g)	50	60	50[1]	60[1]
Eischale (9,5 %) (g)	4,75	5,7		
Eischale (8,7 %) (g)			4,35	5,22
Ca-Gehalt der Eischale (37,3 % Ca) (g)	1,772	2,126	1,623	1,947
Ca-Gehalt des Eiinhaltes (g)	0,025	0,030	0,025	0,030
Erhaltungsbedarf (g)	0,1	0,1	0,1	0,1
Nettobedarf (g)	1,897	2,256	1,748	2,077
Gesamtverwertung (%)	50	50	40	40
Bruttobedarf (g)	3,749	4,512	4,370	5,192
Futteraufnahme bei 11,25 MJ AME_N/kg (g) Henne (Tag)	117	125	117	125
Notwendiger Ca-Gehalt (g/kg Futter) bei 11,25 MJ AME_N/kg	32	36	37,4	41,5

[1] Am Ende der Legeperiode.

Nichtphytin-Phosphor (NPP). Diese Vorgehensweise beim Phosphor wurde deshalb gewählt, weil bei den vorrangig aus pflanzlichen Komponenten zusammengesetzten Futtermischungen ein hoher Anteil vom Gesamt-P auf Phytat-P entfällt (s. Teil A, Abschn. 2.2.1 und Teil B, Abschn. 7.2.3 u. 19, Tab. III), der für junge Küken praktisch nicht und für ältere Küken, Junghennen und Legehennen nur partiell verfügbar ist. Empfehlungen zur Deckung des Bedarfs an Mengenelementen enthält Tabelle 183 (Abschn. 5.5).

Empfehlungen zur Spurenelementeversorgung des Geflügels, die unkorrekterweise verschiedentlich als Bedarfswerte deklariert sind, wurden bislang überwiegend aus Leistungsversuchen (bei Verwendung definierter Diäten und gestaffelter Gehalte (Dosis-Wirkungs-Studien)) abgeleitet, wobei verschiedentlich weitere Kriterien, wie Enzymaktivitäten, Gehalte in Geweben und Produkten (Ei, Eintagsküken) zur Versorgungseinschätzung mit herangezogen wurden. Die Angaben erfolgen in der Regel pro kg lufttrockenen Futters (Tab. 183, Abschn. 5.5).

5.4.4 Bedarf an Vitaminen und essenziellen Fettsäuren

Die Ermittlung des Bedarfs erfolgt für die einzelnen Vitamine nach verschiedenen Kriterien. Die üblichen Leistungsparameter, wie Zunahme, Legeleistung und Futteraufwand, sind hierfür oft nicht ausreichend. Bei der Ermittlung des Vitamin-A-Bedarfs der Legehenne sind vor allem folgende Kriterien zu berücksichtigen: Legeleistung, Futteraufwand, Befruchtung der Bruteier, Schlupffähigkeit, Schlupfmasse und Vitalität der Eintagsküken, Vitamin-A-Gehalt der Hennenleber (Depot), Vitamin-A-Gehalt im Ei, Vitamin-A-Gehalt in Leber und Dottersack der Eintagsküken (Carry-over-Effekt).

Der Bedarf zur Sicherstellung der verschiedenen Leistungen bzw. Erfüllung der genannten Kriterien ist unterschiedlich (Tab. 181). Für eine optimale Legeleistung reichen bereits 230 IE je Henne und Tag aus; sie gewährleisten aber keine Reservebildung in der Leber. Hierzu sind 575 IE je Henne und Tag erforderlich. Einen wesentlich höheren Anspruch haben Zuchthennen, denn angemessene Depots bei Eintagsküken, die für die Vitalität und Entwicklung in den ersten Tagen notwendig sind, lassen sich erst durch 1150 IE je Henne und Tag realisieren. Für die Ableitung des Bedarfes an Vitaminen des B-Komplexes sind Enzymaktivitäten geeignete Kriterien.

Tab. 181. Vitamin-A-Bedarf der Legehenne nach verschiedenen Kriterien

Kriterium	Bedarf/ Henne/ Tag (IE)	Gehalt/kg Alleinfutter (IE)
Legeleistung	230	2 000
Befruchtung der Bruteier	230	2 000
Schlupfleistung	345	3 000
Depotbildung in der Leber	575	5 000
Carry-over-Effekt	1150	10 000

Versorgungsempfehlungen enthalten aus verschiedenen Gründen einen Sicherheitszuschlag, d. h., sie übersteigen den unter Versuchsbedingungen ermittelten Bedarf. Sie stellen somit die Menge eines alimentär zugegebenen Vitamins dar, die unter praktischen Bedingungen zur Bedarfsdeckung des Geflügels erforderlich ist. Die Versorgungsempfehlungen werden in der Regel auf 1 kg lufttrockenes Futter bezogen und sind in Tabelle 184 (Abschn. 5.5) zusammengestellt. Bei den Vitaminen A und D sind Überdosierungen zu vermeiden, da diese negativ wirken können (s. Teil A, Abschn. 3.5).

Für das Geflügel sind die mehrfach ungesättigten Fettsäuren Linolsäure (18:2) und α-Linolensäure (18:3) essenziell (s. Abschn. 1.1.3.1, Teil A), d. h., sie müssen mit dem Futter zugeführt werden. Zur Sicherstellung des Bedarfs sollte das Alleinfutter für Aufzucht- und Mastgeflügel mindestens 10 g Linolsäure je kg Futter enthalten; die Empfehlungen für das Futter von adultem Geflügel bewegen sich zwischen 10 g und 15 g/kg. Der α-Linolensäure-Anspruch kann etwa mit 10 % der Linolensäuregehalte veranschlagt werden.

5.4.5 Wasserversorgung

Ein Wassermangel wirkt sich in der Regel stärker leistungsdepressiv aus als unzureichende Nährstoffaufnahme. Nach mehrtägigem Wasserentzug stellen Legehennen die Eiproduktion ein und kommen in die Mauser. Bei wachsenden Tieren bewirkt unzureichende Wasserversorgung Wachstumsdepressionen und erhöhte Verluste.

Die Wasseraufnahme steigt mit dem Alter bzw. der Lebendmasse der Tiere an, vermindert sich jedoch je kg Lebendmasse. Sie steht in enger Beziehung zur Futtertrockensubstanzaufnahme, so dass Faktoren, die die Futteraufnahme beeinflussen, auch indirekt den Wasserkonsum verändern. Außerdem wird die Wasseraufnahme von der Legeleistung beeinflusst.

Mit steigender täglicher Eimasseproduktion erhöht sich die Wasserabgabe mit den gelegten Eiern und somit auch der Verbrauch. Bei legenden Tieren ist die Wasseraufnahme innerhalb eines Tages nicht kontinuierlich. Während der Eibildung ist ein deutlicher Anstieg zu verzeichnen. Bei optimalen Haltungsbedingungen (Temperatur, Luftfeuchtigkeit) beträgt die Wasseraufnahme etwa das Zweifache des Verzehrs an lufttrockenem Futter (z. B. leichte Legehybriden ≈ 250 ml/Tier/Tag). Bedarfsübersteigende Gehalte an Rohprotein und Mengenelementen im Futter erhöhen die Wasseraufnahme, da mehr Wasser zur Exkretion der Eiweißabbauprodukte bzw. der überschüssigen Elemente über die Nieren benötigt wird. Dies hat einen erhöhten Wassergehalt in den Exkrementen zur Folge.

Einen sehr starken Einfluss auf die Wasseraufnahme bewirkt die Umgebungstemperatur, da das Wasser der Wärmeregulation dient. Bei 30 °C beträgt das Verhältnis Wasser zu Futter etwa 3:1 und bei 35 °C etwa 4,5:1.

Über geeignete Tränkvorrichtungen (z. B. Nippel-, Tassen-, Rund- und Rinnentränken), die Wasserverluste möglichst ausschließen, ist ausreichend Wasser in Trinkwasserqualität anzubieten, wobei sich bei Legehennen eine kontrollierte Wasseraufnahme als durchaus vorteilhaft erwiesen hat (geringerer Verbrauch, trockenere Exkremente, weniger Schmutzeier).

5.5 Futtermittel, Futtermischungen und Futterzusatzstoffe

Für die Berechnung bzw. Optimierung von Futtermischungen (Alleinfutter, Ergänzungsfutter) für das Geflügel werden vor allem folgende Ausgangsdaten benötigt:
- **Inhaltsstoffe und energetischer Futterwert für die in Frage kommenden Einzelfuttermittel.** Die entsprechenden Daten sind den Tabellen I, II und III im Teil B „Futtermittelkunde" zu entnehmen. Es handelt sich hierbei um mittlere Gehaltswerte, die – wenn erforderlich – durch Futtermittelanalysen zu konkretisieren sind. Für nicht in den genannten Tabellen ausgewiesene Futtermittel sind die Daten der Literatur zu entnehmen (s. Literaturverzeichnis).
- **Anforderungen an den Energie- und Nährstoffgehalt von Allein- und Ergänzungsfutter.** Ausgehend vom täglichen Bedarf der Tiere (s. Abschn. 5.4) und der unter praktischen Bedingungen realisierbaren Futteraufnahme (ad libitum gefütterte Tiere) ergeben sich die jeweiligen Anforderungen an den Gehalt an Energie und Nährstoffen je kg Futtermischung, die z. B. bei Alleinfutter zur Bedarfsdeckung benötigt werden (s. Abschn. 5.4). Die DLG hat Empfehlungen zum Energie- und Nährstoffgehalt, vorrangig von Alleinfuttermitteln, für die wirtschaftlich bedeutsamsten Geflügelarten und Nutzungsrichtungen erarbeitet und publiziert (DLG-Mischfutterstandards verbindlich ab 1. 1. 1993). Dabei fanden die Belange der praktischen Fütterung die notwendige Beachtung. Die entsprechenden Festlegungen zum Energie- und Nährstoffgehalt (Rohprotein, Aminosäuren, Mengen- und Spurenelemente, Vitamine, Linolsäure) sind in den Tabellen 182–184 zusammengestellt. Fehlende Daten wurden ergänzt (Quellen s. Fußnote zu den Tabellen 182 bis 184). Die DLG-Standardmischfutter bilden überwiegend die Basis für die Fütterungshinweise in den Abschnitten 5.7, 5.8 und 5.9.
- **Einsatzhöhen von Einzelfuttermitteln.** Insbesondere ernährungsphysiologisch begründete Einsatzhöhen von Einzelfuttermitteln zählen zu den sogenannten Nebenbedingungen bei der Optimierung von Futterrezepturen. Zum einen handelt es sich hierbei um bestimmte Vorgaben für Mischungskomponenten, um spezifische Anforderungen an die Ration zu erfüllen (z. B. vorgegebener Anteil an carotinoidreichen Futtermitteln im Legehennenfutter), und zum anderen um Einsatzrestriktionen, z. B. für Futtermittel mit antinutritiven Inhaltsstoffen (Tab. 185).
- **Futtermittelpreis** (s. Abschn. 15.3, Teil B).

Ausgehend von den genannten Bedingungen für die Optimierung von Geflügelmischfutter erfolgte die computergestützte Berechnung von Beispielrezepturen für Hühner und Puten (Aufzucht, Lege- und Zuchttiere, Mast), die in Tabelle 186 ausgewiesen sind.

Geflügelmischfuttermittel werden mit freien (technischen) Aminosäuren, Mengenelementen, Spurenelementen und Vitaminen supplementiert. Bei den beiden letztgenannten Substanzgruppen, die laut FMV als ernährungsphysiologische Zusatzstoffe deklariert sind, finden die in den Einzelfuttermitteln enthaltenen Konzentrationen bei der Rezepturberechnung keine oder nur eine geringe Berücksichtigung, d. h., die jeweilige Ergänzung ist in der Regel auf die Gehaltsempfehlungen ausgerichtet (s. Tab. 183 und 184).

Von den weiteren Zusatzstoffen (s. Teil B, Abschn. 13.3) werden Geflügelmischfuttermittel vor allem mit Antioxydanzien, Eidotterpigmenten (Carotinoide), Futterenzymen sowie zur Prophylaxe von Kokzidiose und Schwarzkopfkrankheit mit Kokzidiostatika bzw. Antihistomoniaka unter Berücksichtigung der geltenden futtermittelrechtlichen Vorschriften ergänzt.

5.6 Fütterungstechnik

Futterarten

Das Futter kann dem Geflügel in verschiedener Art verabreicht bzw. angeboten werden. Die wichtigste Futterart ist heute das Alleinfutter; gewisse Bedeutung gewinnen wieder Ergänzungsfutter und Körnerfutter. Die Weide als weitere Fütterungsmöglichkeit kommt derzeit, außer bei kleineren Beständen, nur in der Gänsehaltung zur Anwendung. Eine andere mögliche Angebotsform ist das Weichfutter, das in der gewerbsmäßigen Geflügelhaltung kaum die Futterbasis bildet. Moderne Varianten des Weichfutters sind Maiskolbensilagen, vor allem CCM-Silage, sowie Futtergemische aus silierten Maiskolbenfuttermitteln und Ergänzungsfutter.

Unter **Alleinfutter** sind lufttrockene Futtermischungen zu verstehen, die die für eine bedarfsgerechte Versorgung erforderlichen Inhaltsstoffe (Energie, Nährstoffe) in der notwendigen Menge und im bedarfsdeckenden Verhältnis zueinander enthalten. Es bildet das einzige Futter der Tiere.

Beim **Ergänzungsfutter** handelt es sich um eiweiß-, mineralstoff- und vitaminreiche Futtermischungen, die erst in Kombination mit Körnerfutter oder Maiskolbensilage eine vollwertige Ration ergeben.

Körnerfutter besteht entweder nur aus einer Getreideart (bevorzugt Weizen) oder aus einem Gemisch verschiedener Körnerfrüchte. Dabei sind deren unterschiedliche Akzeptanz und die Einsatzgrenzen (s. Abschn. 5.5, Tab. 185) zu beachten. Das Getreide kommt als Grütze (für Küken), gebrochen oder unzerkleinert zum Einsatz. Getreidekörner dürfen niemals die einzige Futterart bilden, da ansonsten als Folge eines beachtlichen Versorgungsdefizits an essenziellen Aminosäuren, Mineralstoffen und Vitaminen nicht nur Minderleistungen, sondern auch Mangelsymptome und erhöhte Verluste auftreten können.

Fütterungsmethoden

Neben der derzeitig dominierenden Alleinfütterung sind die kombinierte Fütterung, die Mahlzeitenfütterung und die Wahlfütterung weitere Fütterungsmethoden.

Bei der **Alleinfütterung** erhalten die Tiere ausschließlich eine Futtermischung (Alleinfutter), die entweder stets zur freien Aufnahme (ad libitum) zur Verfügung steht oder im Rahmen einer restriktiven oder kontrollierten Fütterung rationiert wird.

Bei der **kombinierten Fütterung** werden in der Regel zwei Futterarten eingesetzt: Körnerfutter und Ergänzungsfutter. Die herkömmliche Variante sieht den getrennten Einsatz von Körnerfutter (Junghennen z. T. rationiert, Legehennen rationiert) und Ergänzungsfutter (ad libitum) vor, der jedoch nur bei Bodenhaltung der Tiere möglich ist. Eine abgewandelte Form der kombinierten Fütterung ist die gemeinsame Verabreichung von Körnerfutter und pelletiertem Ergänzungsfutter, die in den letzten Jahren sowohl in der Mastgeflügel- als auch in der Legehennenfütterung praktische Bedeutung erlangt hat. Als Körnerfutter wird vorrangig Weizen verwendet, der jedoch in den ersten Lebenswochen gebrochen einzusetzen ist.

Aus den unterschiedlichsten Gründen (Nährstoffeinsparung, bessere Anpassung der Energie- und Nährstoffaufnahme an zeitliche und tierindividuelle Bedarfsunterschiede, Kosteneinsparung, Einsatz hofeigener Futtermittel) wird die **Wahlfütterung** in den letzten Jahren verstärkt wissenschaftlich untersucht. Bei dieser Fütterungsmethode haben die Tiere die Möglichkeit, aus verschiedenen Futterangeboten – sowohl Mischungen wie auch Einzelkomponenten – zu wählen und sich die Gesamtration selbst zusammenzustellen.

Bei der **Mahlzeitenfütterung** werden mehrmals täglich abgemessene Futtergaben verabreicht.

Futterdosierung

Neben der ad libitum-Fütterung sind die restriktive Fütterung und die kontrollierte Fütterung weitere Varianten des Futterangebots. Bei der **ad libitum-Fütterung** (ad libitum – nach Belieben) steht den Tieren das Futter mengenmäßig und zeitlich unbegrenzt zur Verfügung.

Mit der **restriktiven Fütterung** wird das Ziel verfolgt, die Energie- und/oder Nährstoffauf-

Tab. 182. Empfehlungen für den AME$_N$-Gehalt (MJ/kg Futter) sowie den Gehalt an Rohprotein und ausgewählten Aminosäuren (%) in Geflügelmischfuttermitteln

	AME$_N$	CP	Arg	Gly+Ser	His	Ile	Leu	Lys	Met+Cys	Met	Phe	Phe+Tyr	Pro	Thr	Trp	Val
Alleinfutter für Hühnerküken, i. d. ersten LW	11,4	22	1,06	1,06	0,30	0,68	1,02	1,10	0,45	0,85	0,61	1,14	0,51	0,68	0,17	0,77
Alleinfutter I für Masthühnerküken	13,0	23	1,14	1,21	0,34	0,78	1,16	1,25	0,52	0,94	0,70	1,30	0,58	0,78	0,18	0,83
Alleinfutter II für Masthühnerküken	12,2	18	1,00	1,04	0,29	0,66	0,99	0,98	0,44	0,78	0,59	1,11	0,50	0,67	0,16	0,75
Alleinfutter für Hühnerküken	11,0	17	0,92	0,64	0,24	0,55	1,01	0,76	0,35	0,56	0,50	0,92		0,63	0,16	0,57
Alleinfutter für Junghennen A	10,6	15	0,74	0,51	0,20	0,44	0,75	0,51	0,30	0,44	0,40	0,74		0,51	0,12	0,46
Alleinfutter für Junghennen B	10,6	12	0,58	0,41	0,15	0,35	0,61	0,43	0,25	0,40	0,31	0,58		0,32	0,10	0,36
Alleinfutter I für Legehennen, leichter Typ[1]	11,4	16	0,54		0,23	0,47	0,68	0,65	0,32	0,61	0,41	0,77		0,41	0,13	0,56
mittelschwerer Typ[1]	11,4	16	0,51		0,22	0,46	0,64	0,64	0,31	0,59	0,39	0,73		0,39	0,12	0,54
Alleinfutter II für Legehennen, leichter Typ[2]	10,6	15	0,48		0,21	0,42	0,60	0,58	0,29	0,54	0,37	0,68		0,36	0,11	0,49
mittelschwerer Typ[2]	10,6	15	0,46		0,20	0,41	0,57	0,57	0,28	0,53	0,34	0,64		0,34	0,11	0,48
Ergänzungsfutter für Legehennen	[3]	18							0,35							
Eiweißreiches Ergänzungsfutter für Legehennen	[3]	27						1,0	0,54							
Alleinfutter für Zuchthennen	10,6	15						0,65	0,30	0,60						

Fütterungstechnik

Alleinfutter für															
Truthühnerküken, bis 2. Woche	11,0	29	1,50	0,94	0,55	1,03	1,79	1,7	0,55	1,05	0,94	1,69	0,94	0,24	1,13
Truthühnerküken, 3. bis 5. Woche	11,0	26	1,27	0,81	0,45	0,91	1,58	1,5	0,52	0,98	0,81	1,45	0,86	0,22	1,09
Masttruthühner A	11,4	23	1,00	0,72	0,36	0,72	1,36	1,4	0,45	0,86	0,72	1,09	0,72	0,18	0,81
Masttruthühner B	11,4	21	0,79	0,61	0,26	0,53	1,10	1,25	0,42	0,78	0,61	0,88	0,66	0,16	0,70
Masttruthühner C	11,8	18	0,66	0,53	0,22	0,44	0,88	0,9	0,36	0,68	0,53	0,79	0,53	0,13	0,62
Masttruthühner D	12,6	14	0,55	0,46	0,18	0,41	0,73	0,8	0,28	0,52	0,46	0,82	0,46	0,12	0,55
Jungtruthühner	10,6	14													
Zuchttruthühner	10,6	15	0,52	0,44	0,26	0,44	0,44	0,52	0,28	0,35	0,48	0,87	0,39	0,11	0,51
Entenküken	10,6	18,5	0,73		0,26	0,50	0,82	0,69	0,35	0,57		0,85	0,48	0,11	0,55
Jungenten	10,6	12	0,73		0,26	0,50	0,82	0,69	0,35	0,57		0,85	0,48	0,11	0,55
Zuchtenten	10,6	15				0,33	0,66	0,52	0,28	0,44			0,00	0,12	0,41
Mastenten	11,4	16,5	0,90			0,42	0,82	0,59	0,30	0,50			0,52	0,15	0,51

[1] Werte entsprechen einer täglichen Eimasseproduktion von 55 g und einem mittleren Verzehr von 118 g (leichter Typ) bzw. 127 g (mittelschwerer Typ) je Tag.
[2] Werte entsprechen einer täglichen Eimasseproduktion von 50 g und einem mittleren Verzehr von 123 g (leichter Typ) bzw. 132 g (mittelschwerer Typ) je Tag.
[3] Der Energiegehalt ist anzugeben.

Bei abweichenden AME_N-Gehalten ist die entsprechende Nährstoffkonzentration wie folgt zu korrigieren: Nährstoffkonzentration – neu = $\dfrac{\text{Nährstoffkonzentration – Tabelle} \times AME_N\text{ – neu}}{AME_N \text{ – Tabelle}}$

Quellen: Fettgedruckte Werte entsprechen DLG-Mischfutter-Standards (1992), Jahrbuch für die Geflügelwirtschaft (1997), NRC (1994), Larbier und Leclercq (1994).

Tab. 183. Empfehlungen für den Gehalt an Mengenelementen (%) und Spurenelementen (mg/kg) in Geflügelmischfuttermitteln

	AME_N (MJ/kg)	NPP	Ca	Na	Mn	Zn	Mg	K	Cl	Fe	Cu	I	Se
Alleinfutter für Hühnerküken, in der ersten LW	11,4	0,47	0,90–1,20	0,12–0,25	50	50	0,04	0,19	0,13	76	7,58	0,33	0,14
Alleinfutter I für Masthühnerküken	13,0	0,44	0,95–1,20	0,14–0,25	50	50	0,04	0,20	0,12	78	7,76	0,34	0,15
Alleinfutter II für Masthühnerküken	12,2	0,32	0,70–1,20	0,12–0,25	50	50	0,04	0,18	0,11	73	7,28	0,32	0,14
Alleinfutter für Hühnerküken	11,0	0,36	0,70–1,20	0,10–0,25	50	50	0,04	0,14	0,10	74	4,62	0,32	0,14
Alleinfutter für Junghennen A	10,6	0,31	0,55–1,20	0,10–0,25	50	50	0,03	0,14	0,08	53	3,56	0,31	0,09
Alleinfutter für Junghennen B	10,6	0,31	0,50–1,20	0,10–0,25	50	50	0,03	0,12	0,08	54	3,56	0,31	0,09
Alleinfutter I für Legehennen	11,4	0,24	3,40–4,00	0,12–0,25	40	60	0,04	0,15	0,12	42	4,24	0,04	0,06
Alleinfutter II für Legehennen	10,6	0,21	3,50–4,50	0,12–0,25	40	60	0,04	0,14	0,11	39	3,94	0,04	0,05
Ergänzungsfutter für Legehennen			2,00–6,00	0,18–0,40	60	100							
Eiweißreiches Ergänzungsfutter für Legehennen			9,00–12,00	0,30–0,70	120	180							
Alleinfutter für Zuchthennen	10,6	0,22	2,30–4,00	0,12–0,25	40	60	0,03	0,13	0,09	53	3,94	0,09	0,05

Alleinfutter für										
Truthühnerküken, bis 2. Woche	11,0	0,56	1,20–1,60	0,14–0,25	70	70	0,05	0,22	0,12	75	7,52	0,38	0,19
Truthühnerküken, 3. bis 5. Woche	11,0	0,45	1,10–1,50	0,14–0,25	70	70	0,05	0,22	0,12	75	7,52	0,38	0,19
Masttruthühner A	11,4	0,38	1,00–1,40	0,12–0,25	50	50	0,04	0,18	0,12	57	7,54	0,38	0,19
Masttruthühner B	11,4	0,33	1,00–1,40	0,12–0,25	50	50	0,04	0,18	0,12	54	7,21	0,36	0,18
Masttruthühner C	11,8	0,28	1,00–1,40	0,12–0,25	50	50	0,05	0,18	0,12	50	6,31	0,36	0,18
Masttruthühner D	12,6	0,26	1,00–1,40	0,12–0,25	50	50	0,05	0,20	0,13	46	5,48	0,37	0,18
Junggruthühner	10,6	0,44	0,70–1,70	0,12–0,25	50	50	0,04	0,17	0,11	54	7,25	0,36	0,18
Zuchttruthühner	10,6	0,31	2,40–3,00	0,15–0,25	40	60	0,03	0,16	0,10	53	7,01	0,35	0,18
Entenküken	10,6	0,35	0,80–1,60	0,15–0,25	50	50				32	4,15	0,23	0,12
Jungenten	10,6	0,30	0,80–1,60	0,10–0,25	50	50							
Zuchtenten	10,6	0,25	2,40–3,00	0,10–0,25	40	60				34	4,34	0,43	0,14
Mastenten	11,4	0,32	0,80–1,40	0,10–0,25	50	50				35	4,46	0,25	0,13

Bei abweichenden AME_N-Gehalten ist die entsprechende Nährstoffkonzentration wie folgt zu korrigieren: Nährstoffkonzentration – neu = $\frac{\text{Nährstoffkonzentration – Tabelle} \times AME_N - \text{neu}}{AME_N - \text{Tabelle}}$

Fettgedruckte Werte entsprechen DLG-Mischfutter-Standards (1992), Jahrbuch für die Geflügelwirtschaft (2005), NRC (1994), World's Poultry Science Journal (1984, 1985).

Tab. 184. Empfehlungen für den Gehalt an Vitaminen (DLG-Mischfutter-Standards) sowie Linolsäure in Geflügelmischfuttermitteln (Angaben je kg Futter)

	AME_N MJ	A IE	D_3 IE	E mg	K_3 mg	B_1 mg	B_2 mg	B_6 mg	B_{12} µg	Nicotin-säure mg	Pantothen-säure mg	Fol-säure mg	Biotin mg	Cholin mg	Linol-säure g
Alleinfutter für Hühnerküken, in der ersten LW	11,4	12000	1500	15	2	2	4,0	5,0	10	30	10	0,7	0,08	1300	10
Alleinfutter I für Masthühnerküken	12,6/13,0	8000	1000	15	2	2	4,0	5,0	10	40	10	1,0	0,08	1500	10
Alleinfutter II für Masthühnerküken	12,2	8000	1000	15	2	2	3,0	5,0	10	30	10	0,7		1900	10
Alleinfutter für Hühnerküken	11,0	6000	750	15	2	2	4,0	3,0	10	30	10	0,7	0,08	1300	6
Alleinfutter für Junghennen A	10,6	4000	500	10	1	2	2,0	3,0	10	30	10	0,7	0,08	1300	10
Alleinfutter für Junghennen B	10,6	4000	500	10	1	2	2,0	3,0	10	30	10	0,7	0,08	1000	10
Alleinfutter I für Legehennen	11,4	8000	1000	10	1	2	2,5	3,0	10	30	10	0,7	0,10	1000	10
Alleinfutter II für Legehennen	10,6	6000	1000	10	1	2	2,5	3,0	10	30	10	0,7	0,10	1100	10
Ergänzungsfutter für Legehennen		9000	1125	15	1	2	4,0	3,0	10	30	10	0,7	0,15	2000	
Eiweißreiches Ergänzungsfutter für Legehennen		18000	2250	30	3	2	7,5	3,0	10	50	18	1,5	0,20	1500	
Alleinfutter für Zuchthennen	10,6	12000	1000	20	2	2	6,0	4,0	15	30	14	0,7	0,10	1000	15

Fütterungstechnik 505

Alleinfutter für Truthühnerküken, bis 2. Woche	11,0	10000	2000	15	2	4,0	4,0	10	50	10	1,0	0,25	1900	10
Alleinfutter für Truthühnerküken, 3. bis 5. Woche	11,0	10000	2000	15	2	4,0	4,0	10	50	10	1,0	0,25	1300	10
Alleinfutter für Masttruthühner A	11,4	8000	1600	15	2	4,0	5,0	10	50	10	1,0	0,15	1300	10
Alleinfutter für Masttruthühner B	11,4	8000	1600	15	2	4,0	5,0	10	50	10	1,0	0,15	1300	10
Alleinfutter für Masttruthühner C	11,8	8000	1600	15	2	4,0	5,0	10	50	10	1,0	0,15	1300	10
Alleinfutter für Masttruthühner D	12,6	8000	1600	10	2	4,0	5,0	10	50	10	1,0	0,15	1300	10
Alleinfutter für Jungtruthühner	10,6	8000	1600	10	2	4,0	3,0	10	50	10	1,0	0,08	1300	10
Alleinfutter für Zuchttruthühner	10,6	12000	1600	35	2	4,0	4,0	12	50	8	1,0	0,30	1300	15
Alleinfutter für Entenküken	10,6	4000	500	10	1	4,0	2,5	10	30	10	0,7	0,08	1300	10
Alleinfutter für Jungenten		3200	400	10	2	2,0	2,5	10	30	10	0,7	0,08	1300	10
Alleinfutter für Zuchtenten	10,6	6000	750	10	1	4,0	5,0	10	30	10	0,7	0,10	1300	15
Alleinfutter für Mastenten	11,4	4000	500	10	1	3,0	2,5	10	30	10	0,7	0,08	1300	10

Bei abweichenden AME_N-Gehalten ist die entsprechende Nährstoffkonzentration wie folgt zu korrigieren: $\text{Nährstoffkonzentration – neu} = \dfrac{\text{Nährstoffkonzentration – Tabelle} \times AME_N \text{ – neu}}{AME_N \text{ – Tabelle}}$

Quellen: DLG-Mischfutter-Standards (1992), Jeroch (1987), Jahrbuch für die Geflügelwirtschaft (2500).

Tab. 185. Höchstmengen (Richtwerte)[1] verschiedener Einzelfuttermittel in Alleinfuttermischungen für Geflügel

Futtermittel	Ursache(n) für Einzelrestriktionen	Anteile in % im Alleinfutter für							
		wachsendes Hühnergeflügel	Legehennen/ Zuchthennen	Zucht-puten	Mastputen 1.–4. W.	Mastputen >5. W.	Zucht-enten	Mast-enten	Zucht-gänse	Mast-gänse
Gerste	β-Glucan	10–20[2] 30–40[3]	40	45	10	20	60	20–30	60	30–40
Hafer	β-Glucan, Energiegehalt	20[2] (geschält) 20–30[3]	20	20	10 (geschält)	10 (geschält)	20	10	30	50
Mais	Energiegehalt, Polyenfettsäuren	30	o.B.[6]	o.B.	o.B.	o.B.	o.B.	30	o.B.	30
Milocorn	Tannine	20	30	25	20	20	20	30	25	25
Roggen	Pentosane, β-Glucan	5[2]/15[3]	20/10	10	5	5	10	5	10	5
Triticale	Pentosane	20[2]/30[3]	30	30	15	20	25	20	25	20
Weizen (pentosan-reichere Herkünfte)	Pentosane	20[2]	o.B.	o.B.	20	30	o.B.	60	o.B.	60
Futtermehle, Nachmehle										
von Roggen	s. Roggen, Konsistenz	5[2]/15[3]	15	5	0	5	10	0	10	10
von Weizen	Konsistenz	15	20	20	15	15	25	15	25	20

Fütterungstechnik 507

Kleien										
von Roggen	s. Roggen, Energiegehalt	$0^2/5^3$		10	5	0	0	10	0	10	10
von Weizen	Energiegehalt	$5^2/10^3$		15	15	5	5	30	15	35	25
Kartoffel- flocken	Kalium, Protein- qualität (trocknungs- bedingte Beein- trächtigungen)	10		15	15	10	15	15	10	15	20
Zuckerrüben- schnitze	Zuckergehalt, Proteinqualität	5		15	10	5	10	15	10	15	10
Melasse	Zuckergehalt, Kalium, Konsistenz	2		2	2	1	2	2	2	2	2
Maniokmehl	Cyanogene Glucoside	10		15	10	5	10	10	10	10	15
Ackerbohnen	SAS-Gehalt, Tannine (buntblühende Sor- ten), Vicin, Convicin	15		10/5	5	10	15	5	15	5	20
Erbsen	Tannine (bunt- blühende Sorten), SAS-Gehalt	$20^4/30^5$		$20^4/30^5$	$15^4/25^5$	$15^4/20^5$	$20^4/30^5$	$20^4/30^5$	$20^4/30^5$	$20^4/30^5$	$20^4/30^5$
Süßlupinen	Energiegehalt, SAS-Gehalt	$15^2/20^3$		15/10	10	10	15	15	15	10	10
Rapsextrak- tionsschrot	Sinapin, Gluco- sinolate, Fasergehalt	10		10^7	5	5	7,5	5	10	5	10
Rapskuchen	Sinapin, Gluco- sinolate, Polyenfett- säuren	10		5	5	5	7,5	5	5	5	5

Tab. 185. Fortsetzung

Futtermittel	Ursache(n) für Einzelrestriktionen	Anteile in % im Alleinfutter für									
		wachsendes Hühnergeflügel	Legehennen/ Zuchthennen	Zucht- puten	Mastputen 1.–4. W.	Mastputen > 5. W.	Zucht- enten	Mast- enten	Zucht- gänse	Mast- gänse
Baumwollsaat-ex.-schrot	Gossypol	3	0	0	3	3	0	3	0	3
Erdnuss-ex.-schrot	Mykotoxine, bes. Aflatoxine	0	0	0	0	0	0	0	0	0
Leinsamen-ex.schrot	Cyanogene Glucoside	2	3	3	2	3	3	2	3	2
Futterhefe	SAS-Gehalt, Nucleinsäuren	8	8	8	8	8	8	8	8	8
Maiskleber	Proteinqualität	15	25/20	20	15	20	20	20	20	20
Fischmehl	Polyenfettsäuren	8	8	10	8	6	10	8	10	8
Trocken-magermilch	Lactose	3	5/4	4	3	4	4	3	4	4
Grünmehl	Energiegehalt, Saponine (Luzerne, Kleearten)	0–5²/10³	10	10	3	5	15	5	20	15

[1] Richtwerte für die Getreidearten Gerste, Hafer, Roggen, Triticale und pentosanreichen Weizen sind nur verbindlich, wenn keine weitere Körnerfrucht mit kritischem Gehalt an spezifischen Nichtstärke-Polysacchariden (löslicher Anteil, s. Teil B, Tab. 42) verwendet wird.
[2] Aufzuchtküken, Broilerküken
[3] Junghennen
[4] Buntblühende Sorten
[5] Weißblühende Sorten
[6] Ohne Beschränkung
[7] Nur für Weißleger und Braunlegeherkünfte mit ausreichender TMA-Oxidaseaktivität

nahme zu begrenzen, um eine zu starke Lebendmasseentwicklung der Tiere zu vermeiden oder bei Hennen die Verfettung möglichst gering zu halten. Die Restriktion kann sowohl durch Futtermengenbemessung, durch verkürzte Fresszeiten oder Überspringen von Futtertagen als auch durch Verminderung der Nährstoffkonzentration durchgeführt werden.

Die **kontrollierte Fütterung** ist eine moderate Variante der restriktiven Fütterung. Sie verfolgt das Ziel, durch eine tägliche bedarfsdeckende Futterzuteilung einen Luxuskonsum weitgehend zu verhindern. Ihr Anwendungsgebiet ist vor allem die Legehennenhaltung.

Futterformen
Alleinfutter und Ergänzungsfutter können entweder als Mehl bzw. Schrot, pelletiert oder granuliert (gebrochene Pellets) eingesetzt werden. Bei **Mehlfutter** sollten die Komponenten annähernd die gleiche Partikelgröße aufweisen, damit eine selektive Aufnahme weitgehend vermieden wird. Eine allzu feine Struktur kann die Futteraufnahme erschweren und damit vermindern.

Durch das **Pelletieren** (Pressen) des Futters erhöht sich die Energie- und Nährstoffkonzentration je Volumeneinheit. Bei Pellets liegt die Futteraufnahme höher als bei Mehlfutter, was in der Mast von Vorteil ist, aber in der Aufzucht und Legehennenhaltung zu einer bedarfsübersteigenden Energie- und Nährstoffaufnahme führen kann. Pellets fördern außerdem die Langeweile der Tiere und begünstigen das Federpicken. Als **Granulat** werden Pelletbruchstücke bezeichnet, die man nach dem Zerkleinern der Pellets mittels Walzen und Absieben der Feinfraktion erhält. Sie werden anstelle von 2-mm-Pellets in den ersten Wochen der Mast eingesetzt. Ab der 3. Lebenswoche gelangen Pellets mit 4 bis 5 mm Durchmesser zur Verfütterung.

5.7 Fütterung für die Eiproduktion

5.7.1 Leistungsdaten

Die Eierzeugung erfolgt derzeitig fast ausschließlich mit leichten und mittelschweren Legehybriden, die sich durch ein insgesamt hohes Leistungsniveau auszeichnen (Tab. 187). Bei sachgemäßer Aufzucht liegt der Legebeginn (entspricht einer 10%igen Legeleistung der Herde) im Alter von 20 Wochen. Leichte Legehybriden sind in der Gesamteizahl jedoch bei etwas geringerer Einzeleimasse den mittelschweren Hybriden leicht überlegen, so dass von beiden Legetypen praktisch die gleiche Eimasse ($\approx$ 20 kg/Henne) produziert wird.

5.7.2 Fütterung der Junghennen der Legerichtung

Der in den letzten Jahren erzielte Zuchtfortschritt erbrachte eine Erhöhung der Eizahl und Eimasse sowie einen Rückgang des Futteraufwandes. Andererseits verminderte sich die Lebendmasse (insbesondere der mittelschweren Hybriden), und der Zeitpunkt der Geschlechtsreife bzw. Beginn der Legetätigkeit ist früher, so dass die heutigen Junghennen – linienspezifisch – bei früherem Beginn der Legetätigkeit geringere Körpermassen aufweisen als noch vor einigen Jahren. Diese Entwicklungen ziehen konsequenterweise Änderungen im Aufzuchtprogramm, einschließlich der Fütterung, nach sich.

Traditionell ist die sogenannte **Ziellebendmasse** der Junghennen in der 18. Woche (s. Abb. 125) als Indikator für die spätere Legetätigkeit das Kriterium, auf welches alle Fütterungs- und Haltungsmaßnahmen auszurichten sind. Für das Erreichen der Geschlechtsreife ist sowohl ein gewisser Körperbestand an fettfreier Masse als auch an Fett erforderlich. Daher ist die Körperzusammensetzung für das Eintreten der Geschlechtsreife ebenso bedeutsam wie die Lebendmasse selbst. Ein gewisser Körperfettbestand scheint als Energiereserve zu Beginn der Legetätigkeit erforderlich zu sein, um evtl. auftretende Stressoren in der Legespitze besser kompensieren zu können, wenn sich hier Futter- bzw. Energie- und/oder Nährstoffaufnahme im marginalen Bereich bewegen (z. B. bei Hitzestress).

Aus der Bedeutung der Lebendmasse für die spätere Legeleistung folgt, dass die Fütterungsprogramme mehr auf die Beeinflussung der Lebendmasse ausgerichtet sein müssen als auf das Alter der Junghennen. Wenn beispielsweise eine Junghennenherde zum linienspezifischen Zeitpunkt die Ziellebendmasse noch nicht erreicht hat, sollte das Mischfutter mit niedriger Energie- und Nährstoffkonzentration (s. Abb. 125) erst dann eingesetzt werden, wenn die Ziellebendmasse wieder erreicht ist. Die Herde wird sozusagen durch Weiterfütterung des höher konzentrierten Mischfutters korrigiert, bis sie in den herdenspezifischen Wachstumskanal wieder eingeschwenkt ist (= kompensatorisches Wachstum;

Tab. 186. Beispielrezepturen für Alleinfuttermischungen für das Geflügel (kalkuliert auf der Basis der Konzentrationsempfehlungen) (Tab. 185 u. 186) sowie der futtermittelspezifischen Restriktionen (Tab. 188)

Komponenten (%)[1]	Af. I f. Masthühnerküken (12,6 MJ ME u. 230 CP/kg)	Af. I f. Masthühnerküken (13 MJ ME u. 220 CP/kg)	Af. II f. Masthühnerküken	Af. f. Hühnerküken	Af. f. Junghennen A	Af. f. Junghennen B	Af. I f. Legehennen	Af. II f. Legehennen	Af. f. Zuchthennen	Af. f. Truthühnerküken, 1. u. 2. Woche	Af. f. Truthühnerküken, 3. bis 5. Woche	Af. f. Mastruthühner A	Af. f. Mastruthühner B	Af. f. Mastruthühner C	Af. f. Mastruthühner D	Af. f. Zuchttruthühner
Maisschrot	30,5	26,5	20,0				15,0	10,0		30,0	20,5	25,6	20,0	20,2	17,8	
Weizenschrot	20,0	20,0	28,8	50,0	51,5	46,1	50,0	43,0	45,0	8,8	28,0	30,0	37,0	46,0	60,0	50,0
Triticaleschrot								8,8	10,0							
Gerstenschrot			10,0	14,8	20,0	30,0	6,0	7,0								18,0
Weizenkleie				8,8	10,1	15,0		14,0								7,0
Luzernegrünmehl					3,0		3,0	3,0	3,0							3,5
Pflanzenfett	4,4	8,0	4,4				3,0			2,0	1,0	1,0	2,0	2,7	4,0	
Sojaöl							1,5									1,5
Sojavollbohnenschrot (getoastet)	12,0		5,0													
Sojaextraktionsschrot (44 % CP)	4,9	32,5	22,4	12,2	8,4		14,3	8,0	11,1			3,0	30,0	21,2	8,5	11,0

	1	2	3	4	5	6	7	8	9	10	11	12	13	14	15	16
Sojaextraktionsschrot (48% CP)	19,0									48,0						
Erbsenschrot		2,0		10,0		5,8					39,5	29,3				
Fischmehl (64% CP)								1,0						5,0		1,0
Maiskleber					3,4	1,3		4,0						4,0	5,0	
Rapsextraktionsschrot	3,0	3,5			5,0	3,2				3,0	4,0	5,0	5,0	5,0		
DL-Methionin	0,15	0,22	0,19		0,07	0,10	0,05	0,01	0,09	0,15	0,16	0,12	0,07	0,05		0,03
L-Lysin-HCl										0,04	0,1	0,25	0,15		0,28	
Dicalciumphosphat	1,85	2,16	1,95	1,11	1,52	1,33	1,47	1,1	0,24	2,71	2,4	2,15	2,3	2,06	2,06	1,47
Calcium-carbonat	0,94	0,86	0,66	1,04	1,0	1,25	7,93	9,5	5,84	1,8	1,9	1,99	1,9	1,55	1,11	5,0
Natriumchlorid	0,26	0,26	0,60	0,18	0,18	0,57	0,29	0,6	0,23	0,50	0,44	0,59	0,58	0,24	0,25	0,5
Prämix [2]	1,0	1,0	1,0	1,0	1,0	1,0	1,0	1,0	1,0	1,0	1,0	1,0	1,0	1,0	1,0	1,0
Energie und Inhaltsstoffe (%)																
AME_N (MJ)	12,6	13,0	12,3	11,0	10,8	10,8	11,5	10,8	10,7	11,2	11,2	11,4	11,4	11,8	12,6	10,8
CP	23,0	22,0	18,5	17,0	15,0	12,5	16,5	15,4	15,3	29,0	26,0	23,0	21,0	18,0	14,0	15,0
Methionin	0,54	0,6	0,48	0,35	0,3	0,25	0,34	0,3	0,35	0,6	0,58	0,49	0,45	0,39	0,29	0,29
Methionin + Cystin	0,9	0,94	0,78	0,65	0,59	0,49	0,61	0,55	0,61	1,05	0,98	0,86	0,78	0,68	0,52	0,54
Lysin	1,25	1,28	0,98	0,8	0,6	0,48	0,69	0,6	0,67	1,7	1,5	1,4	1,25	0,9	0,78	0,67
Ca	1,05	1,0	0,8	0,8	0,92	0,9	3,5	4,0	2,5	1,6	1,5	1,4	1,4	1,2	1,0	2,4
P	0,8	0,78	0,6	0,65	0,71	0,7	0,6	0,6	0,5	1,0	1,0	0,8	0,8	0,75	0,7	0,65
Na	0,14	0,13	0,14	0,1	0,25	0,25	0,12	0,25	0,12	0,23	0,25	0,25	0,25	0,12	0,12	0,25

[1] Mittlere Energie- und Nährstoffzusammensetzung unterstellt.
[2] Enthält Mineralstoffe, Vitamine und weitere Futterzusatzstoffe.

Tab. 187. Leistungsparameter leichter und mittelschwerer Legehybriden während der Aufzucht und Legeperiode[1]

	Legetyp	
	leicht	mittelschwer
Verluste bis 140. Tag (%)	1,0	0,6
Futterverbrauch bis 140. Tag (kg/Tier)	7,5	7,8
Körpermasse am 140. Tag (kg/Tier)	1,45	1,65
Alter bei 50% Legeintensität (Tage)	152	152
Eizahl je Anfangshenne bis 500. Tag (Stück)	306	302
Eizahl je Durchschnittshenne bis 500. Tag (Stück)	312	304
Mittlere Einzeleimasse (g/Stück)	65,0	67,1
Körpermasse am 500. Tag (kg/Tier)	1,9	2,2
Futteraufwand (kg Futter/kg Eimasse)	2,2	2,25

[1] Quelle: Datenmaterial der Legeleistungsprüfungen.

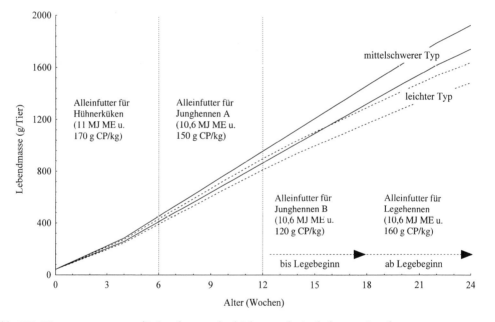

Abb. 125. Fütterungsprogramm für Junghennen des leichten und mittelschweren Legehennentyps.

s. Abschn. 5.9.3). Eine derartige Korrektur bringt noch einen anderen gewünschten Effekt mit sich. Die Kompensation bedingt, dass die Tiere nach dem Einschwenken in den Wachstumskanal weiter kompensieren und etwas schwerer werden als der linienspezifische Lebendmassemittelwert. Dadurch werden, wie bereits erwähnt, günstige Bedingungen für die Legespitze (Energiereserve) erreicht.

Von wesentlicher Bedeutung ist, dass die Lebendmasse der legereifen Junghennen die Einzeleimasse nach Legebeginn sowie über den gesamten Legezyklus bestimmt. Zur Reife untergewichtige Hennen werden im Verlaufe der Legeperiode zwar schwerer, vermögen aber nicht den Lebendmasserückstand während der Aufzuchtperiode vollständig zu kompensieren. Aufgrund der bekannten positiven Korrelationen einerseits zwischen Lebendmasse und Einzeleimasse und andererseits zwischen Lebendmasse und Futterverzehr bestimmt damit die Einstallungsmasse der Junghennen in den Legestall über Einzeleimasse und Futteraufwand in der gesamten Legeperiode.

Fütterungsprogramme für die Aufzucht und Steuerung der Lebendmasse der Junghennen können nicht losgelöst von **Beleuchtungsprogrammen** beurteilt und durchgeführt werden. Dabei ist die Wirkung des Lichtes aus zwei Blickrichtungen zu beurteilen. Einerseits bedeutet eine verlängerte Beleuchtungsdauer in der Aufzucht mehr Zeit zum Fressen und führt damit in der Regel zu höheren Lebendmassen zu einem früheren Zeitpunkt, und andererseits werden durch gezielte Lichtstimulation Ovulation und Legebeginn ausgelöst. Werden beispielsweise schwerere Eier in der Legeperiode gewünscht, kann die Lebendmasseentwicklung in der Aufzucht durch einen vergleichsweise verlängerten Lichttag dazu benutzt werden, um Futterverzehr und damit Lebendmasse zu stimulieren. Andererseits kann bei einer gewünschten niedrigeren Einzeleimasse die Beleuchtungsdauer vermindert und die Lichtstimulation vorverlegt werden.

Die so modifizierbaren Step-down-Lichtprogramme beinhalten im wesentlichen 3 Phasen:
- 23 bis 24 Stunden Beleuchtungsdauer bei 40 Lux Beleuchtungsintensität in der 1. Lebenswoche,
- schrittweise Verminderung (bis etwa 10. Woche) der Beleuchtungsdauer auf 7 bis 9 Stunden und der Lichtintensität auf 5 bis 10 Lux,
- schrittweise Erhöhung der Beleuchtungsdauer (beginnend von etwa 16. Woche) auf 14 Stunden und der Lichtintensität auf 15 bis 20 Lux.

Mit Legebeginn wird vom Aufzuchtfutter auf Legehennenfutter mit 34 bis 40 g Calcium umgestellt. Ein sogenanntes Vorlegefutter mit einem mittleren Ca-Gehalt von 10 bis 20 g/kg, das die noch unregelmäßige Legetätigkeit der Junghenne berücksichtigt, kommt aus fütterungstechnischen und organisatorischen Gründen meist nicht zum Einsatz. Außerdem wären dadurch Tiere mit bereits stärkerer Legetätigkeit benachteiligt. Durch den plötzlichen Anstieg der Ca-Konzentration im Futter bei geringer Legetätigkeit wird die renale Ca-Ausscheidung erhöht, der Wasserkonsum steigt, und die Exkremente weisen einen höheren Wassergehalt auf. Dennoch wird diese Umstellung von den Hennen gut verkraftet, so dass die Umstellung auf das Ca-reiche Legehennenfutter ohne Nachteile praktiziert werden kann.

Fütterungsempfehlungen für die einzelnen Aufzuchtphasen sind Abbildung 125 zu entnehmen. Über die erforderlichen Gehalte an Energie und Nährstoffen informieren die Tabellen 182 bis 184 (Abschn. 5.5).

Die Alleinfutter sind stets in Mehlform zu verabfolgen. Neben der Alleinfütterung kann auch die kombinierte Fütterung in der Aufzucht angewandt werden, wenn diese Fütterungsmethode ebenfalls für die Legeperiode vorgesehen ist. Das klassische Verfahren – getrenntes Angebot von Ergänzungsfutter und Getreidekörnern – ist nur bei Bodenhaltung der Tiere möglich. Dabei kann ein Teil der Körner breitwürfig in die Einstreu gegeben werden. Dadurch werden die Tiere beschäftigt, und durch das Scharren während der Aufnahme wird die Streu durchgearbeitet. Die tägliche Körnergabe ist von anfänglich 5 g (7. Lebenswoche) kontinuierlich auf 50 g bis zum Ende der Aufzuchtperiode zu steigern.

5.7.3 Fütterung der Legehennen

Wie bereits dargelegt, kann eine Einschätzung von Leistungsparametern legender Hennen nicht ohne die Beurteilung der Aufzucht erfolgen. Dabei ist insbesondere das Reifegewicht der Junghennen bei der Einstallung in den Legestall von entscheidender Bedeutung.

Nach Legebeginn steigt die Legeintensität schnell an und erreicht im Alter von 26 bis 28 Wochen ihr Maximum (Abb. 126). Sie verbleibt etwa 10 Wochen annähernd auf diesem Plateau. Danach ist ein kontinuierlicher Rückgang der Legetätigkeit zu verzeichnen. Demgegenüber erhöht sich die Einzeleimasse im Verlauf der Legeperiode, so dass die tägliche Eimasseproduktion als Resultante aus Legeintensität und Einzeleimasse mit fortschreitendem Hennenalter zwar gleichfalls rückläufig ist, aber relativ nicht so stark wie die Legeintensität (Abb. 126). Die Lebendmasse der Hennen nimmt zunächst stärker und im weiteren Legeverlauf nur noch gering zu. Bei ad libitum-Fütterung erhöht sich außerdem der tägliche Futterverzehr, vor allem in den ersten Legemonaten.

Ausgehend von dem skizzierten Verlauf der Leistungsdaten (Abb. 126) ändert sich der Bedarf der Hennen an Energie und Rohprotein (Aminosäuren) mit fortschreitender Legetätigkeit. Die Anforderungen sind jeweils rückläufig, wobei der Rückgang beim Rohproteinbedarf etwas stärker ausfällt als beim Energiebedarf und in der unterschiedlichen Höhe des Erhaltungsbedarfs am

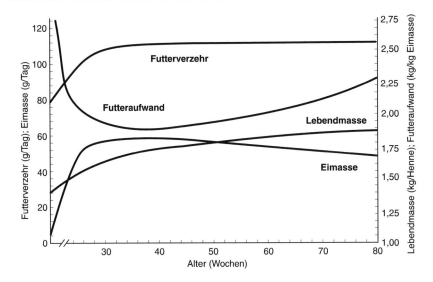

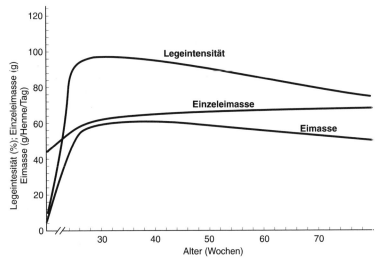

Abb. 126. Verlauf der Leistungsparameter von Legehennen des leichten Typs während der Legeperiode.

Gesamtbedarf begründet ist (z. B. mittelschwere Legehybriden in der Legespitze: Energie ≈ 60%, Rohprotein ≈ 30%).

Aus der Entwicklung der täglichen Eimasseproduktion und der Lebendmasseveränderung (s. Abb. 126) sowie den in Abschnitt 5.4 angegebenen Gleichungen (1) und (2) zur Berechnung des Energie- und Proteinbedarfes lässt sich der Verlauf des täglichen Energie- und Proteinbedarfes in einer Legeperiode kalkulieren (s. Abb. 127 und 128). Räumt man dem Energiegehalt des Futters Priorität bei der Regulation des Verzehrs ein (Abschn. 5.2), dann kann aus dem Energiebedarf und einem vorgegebenen Energiegehalt der Futtermischung der notwendige Futterverzehr zur Bedarfsdeckung abgeschätzt werden. Bei *ad libitum*-Angebot des Futters übersteigt jedoch in den letzten Legemonaten die Futteraufnahme die zur Bedarfsdeckung erforderliche Menge, so dass ein sogenannter Luxuskonsum zu verzeichnen ist (s. Abb. 127).

Durch Futterrestriktion sollte es möglich sein, den Luxuskonsum einzuschränken und damit den Futteraufwand zu verbessern. Jedoch können durch solche Vorgehensweise am Legeende leistungsstarke Tiere beeinflusst werden, und der Fütterungserfolg verschlechtert sich letztlich.

Eine alternative Möglichkeit ist die Phasenfütterung, die schematisch in Abbildung 128 wiedergegeben ist. Dabei werden für die Berechnung

Abb. 127. Bedarf an umsetzbarer Energie im Verlauf der Legeperiode.

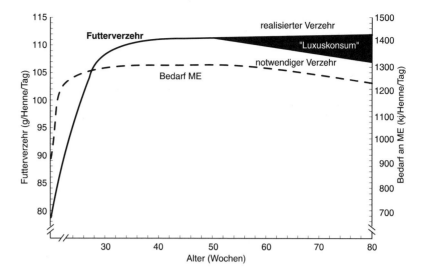

Abb. 128. Phasenfütterungsprogramm für Legehybriden.

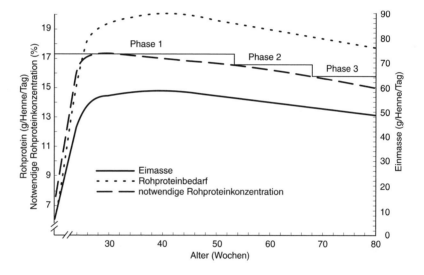

der notwendigen Rohproteinkonzentration der tatsächliche, vom Energiegehalt des Futters abhängige Futterverzehr sowie der Rohproteinbedarf herangezogen. Aus fütterungsorganisatorischen Gründen kann man dann die Legeperiode mit Blick auf den Rohproteingehalt im Hennenfutter in verschiedene Phasen einteilen (Abb. 128). Damit steht auch leistungsstarken Hennen genügend Futter zur freien Aufnahme zur Verfügung. Durch die bessere Anpassung an den Bedarf werden gleichzeitig die N-Ausscheidungen vermindert (s. Abschn. 5.11).

Erwähnt werden soll noch, dass durch geringe Variation des Rohproteingehaltes bzw. des Gehaltes an essenziellen Aminosäuren auf die Einzeleimasse Einfluss genommen werden kann (s. Abschn. 5.10.1).

Empfehlungen zum Energie- und Nährstoffgehalt von Alleinfuttermischungen und Ergänzungsfutter sind den Tabellen 182 bis 184 (Abschn. 5.5) zu entnehmen.

Die Fütterung der Hennen basiert vorrangig auf Alleinfutter, das in der Regel in Schrotform den Tieren vorgelegt wird. Die Angebotsformen „Pellets" und „Bröckel" ergeben in der Hennenfütterung keinen Vorteil; bei einem *ad libitum*-Angebot bewirken diese einen höheren Futterverzehr im Vergleich zu Schrotfutter und können dadurch den Luxuskonsum verstärken. Vor allem zu Beginn des Lichttages und etwa 2 Stunden vor dem Ende der Hellphase ist für ein ausreichendes Futterangebot zu sorgen, um damit der erhöhten Fressaktivität der Hennen in genannten Zeiten zu entsprechen.

Anstelle der Fütterung mit Alleinfutter kann auch die kombinierte Fütterung angewandt werden, wobei die herkömmliche Variante nur bei alternativen Haltungsformen (z. B. Bodenhaltung) möglich ist. Die Hennen erhalten neben einer rationierten Körnergabe ($\approx$ 50 g Henne/Tag; bevorzugt Weizen) ein Ergänzungsfutter (s. Tab. 182, Abschn. 5.5), das *ad libitum* angeboten wird. Getreidekörner und Ergänzungsfutter (pelletiert) können jedoch auch als Mischung verabreicht werden, wobei durch Variation des jeweiligen Anteils der beiden Komponenten eine dem Legeverlauf angepasste Energie- und Nährstoffversorgung möglich ist.

5.8 Fütterung des Zuchtgeflügels

5.8.1 Zuchthennen

Die Haltung von Zuchthennen erfolgt entweder zur Bestandsreproduktion bzw. -erweiterung von Legehybriden oder zur Erzeugung von Nachkommen für die Junghühnermast (Broilermast). Die Fütterung ersterer Kategorie einschließlich der Aufzucht entspricht weitgehend der der Legehybriden. Zu den höheren Anforderungen der Zuchthennen an den Gehalt an Spurenelementen und Vitaminen im Futter ist bereits an anderer Stelle (Abschn. 5.4.3 und 5.4.4) hingewiesen worden. Die nachfolgenden Ausführungen sind deshalb ausschließlich auf die Fütterung der Broilerzuchthennen (Aufzucht, Legeperiode) ausgerichtet.

Das Ziel aller Haltungs- und Fütterungsmaßnahmen besteht in einer möglichst hohen Zahl an vitalen Küken je Henne, die sich vor allem aus einem hohen Anteil bruttauglicher Eier an den gelegten Eiern und einer hohen Schlupffähigkeit realisieren lässt. Bei einer Legeperiode von rund 40 Wochen (24. bis 65. Lebenswoche) sollen $\approx$ 150 Küken/Henne erreicht werden.

5.8.1.1 Fütterung der Broilerzuchtjunghennen

Die ständige züchterische Verbesserung der Wachstumsleistung der weiblichen Ausgangslinien für die Broilerkükenproduktion hat dazu geführt, dass die Junghennen bei freiem Zugang zum Futter (konventionelle Mischungen bzw. Rationen) intensiv wachsen und die Ziellebendmasse ($\approx$ 2300 bis 2400 g/Tier) zum angestrebten Legebeginn ($\approx$ 22. Lebenswoche) deutlich übertreffen, d. h., mit 10 bis 12 Wochen diese bereits erreichen. Solche Junghennen setzen früher mit dem Legen ein, haben aber ein geringeres Durchhaltevermögen. Ihre Legeleistung befriedigt nicht. Hinzu kommt noch der hohe Anteil kleiner Eier, die die Anforderungen an Bruteier nicht erfüllen. Infolge starker Verfettung der Tiere sind auch höhere Verluste zu verzeichnen. Deshalb muss durch Fütterungs- und Haltungsmaßnahmen das Wachstum gebremst werden, d. h., verhalten erfolgen. Diese notwendige Wachstumsverlangsamung lässt sich nur durch eine Begrenzung der Energie- und Nährstoffaufnahme, als „Restriktionsfütterung" bezeichnet, erreichen. Hierzu wurden in den letzten Jahren verschiedene Verfahren entwickelt, die sich den folgenden drei Hauptgruppen zuordnen lassen:

- Zeitrestriktion der Futteraufnahme durch drastische Einschränkung des täglichen Zugangs zum Futter bzw. durch Wechsel von Futtertagen mit futterfreien Tagen („Skip-a-day"-Methode),
- qualitative Restriktion: Verfütterung von Mischfutter mit vermindertem Energie- und/oder Rohproteingehalt bzw. herabgesetztem Gehalt einer essenziellen Aminosäure (z. B. Lysin),
- quantitative Restriktion: Futtermengenbemessung auf der Grundlage des Energie- und Nährstoffbedarfs der Tiere und der entsprechenden Inhaltsstoffe des Futters.

Von den genannten Verfahren wird in der Praxis vor allem die quantitative Restriktion angewandt, bei der es wiederum verschiedene Varianten gibt. Mit dem in Abbildung 129 dargestellten Schema, das nachfolgend kurz vorgestellt wird, lässt sich die Aufzucht von Broilerjunghennen optimal gestalten. Auch bei diesem Fütterungsprogramm wird den Küken nach dem Schlupf das Futter zunächst *ad libitum* (ca. 2 Wochen) angeboten, um einerseits die Tiere an die Haltungsbedingungen zu gewöhnen und andererseits eine genügende Futteraufnahme während der Umstellung von der Dottersackernährung auf exogene Ernährung zu erreichen. Dann wird allmählich das Restriktionsregime eingeleitet, indem ca. 14 Tage die Futtermenge täglich zugeteilt wird. Im Anschluss daran erfolgt eine sogenannte Skip-a-day-Fütterung, bei der die tägliche Futtermenge jeden 2. Tag verabreicht wird. Diese Programme sind modifizierbar, indem z. B. nur jeden 3., 4. oder

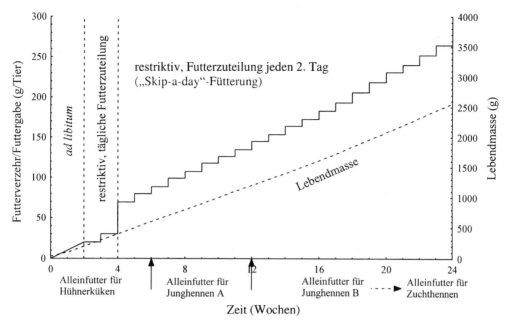

Abb. 129. Fütterungsprogramm für Broilerzuchtjunghennen.

5. Tag ein futterfreier Tag eingelegt wird. Insbesondere gegen Ende der Aufzucht für die Vorbereitung der Hennen auf die während der Legeperiode folgende tägliche Restriktion können größere Abstände zwischen den futterfreien Tagen nützlich sein.

Generell ist die Skip-a-day-Methode durch folgende Merkmale gegenüber einer täglichen Futterrestriktion gekennzeichnet:
- Bei täglicher Futtergabe fressen rangstärkere Tiere mehr Futter als rangschwächere. Die Uniformität der Herde verschlechtert sich im Hinblick auf Lebendmasse und Fruchtbarkeit.
- Bei der Futtergabe jeden 2. Tag (doppelte Menge!) bleibt rangschwächeren Tieren genügend Zeit zur Futteraufnahme; die Herde ist ausgeglichener.
- Bei gleicher Futtermenge ist die Energie- und Nährstoffrestriktion nach der Skip-a-day-Methode stärker, da die so gefütterten Tiere an den Nüchterungstagen zur Bedarfsdeckung Energie- und Nährstoffe aus dem Körperbestand einschmelzen müssen. Diese Einschmelzung stellt eine doppelte Konvertierung dar und ist demzufolge mit Verlusten verbunden, so dass die Nettobilanz insgesamt schlechter ist.

Ebenso wie bei der Fütterung der Junghennen der Legerichtung ist auch die Fütterung der Zuchthennennachzucht eng mit dem Lichtprogramm zu koppeln. In der 1. Woche wird ein 24-Stunden-Tag empfohlen, der von der 2. Woche bis etwa 13. Woche auf einen 16-Stunden-Tag reduziert wird, gefolgt von einer weiteren Abnahme der Beleuchtungsdauer auf 8 Stunden täglich bis etwa zur 18. bis 20. Woche. Danach ist die Beleuchtungsdauer in Schritten von 2 Stunden auf den 14-Stunden-Tag zu erhöhen, der in der 24.–27. Woche zu erreichen ist.

Empfehlungen zum Energie- und Nährstoffgehalt der Aufzuchtmischungen sind den Tabellen 182 bis 184 (Abschn. 5.5) zu entnehmen.

5.8.1.2 Fütterung der Broilerzuchthennen

Bei normgerechter Aufzucht setzt die Legetätigkeit im Alter von 24 Wochen ein und erreicht nach wenigen Wochen (30. bis 32. Lebenswoche) mit etwa 85 % Legeintensität ihr Maximum. Vergleichsweise zu den Legehybriden (s. Abb. 126, Abschnitt 5.7.3) fällt nach der Legespitze die Leistung stärker ab. Deshalb ist die Legeperiode auch kürzer (≈ 40 Wochen), da bei einer Legeintensität < 50 % die Haltung der Hennen nicht mehr wirtschaftlich ist. Mit Legebeginn haben auch Broilerhennen ihr Wachstum noch nicht abgeschlossen. Die entsprechenden Vorgaben der Zuchtbetriebe sehen zunächst eine stärkere Lebendmassezunahme bis zum Leistungsplateau und danach einen

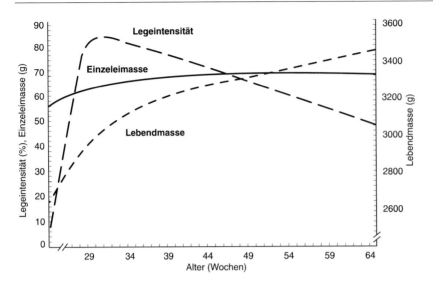

Abb. 130. Verlauf der Leistungsparameter von Broilerzuchthennen während der Legeperiode.

flacheren Anstieg der Körpermasse vor. Der Verlauf der einzelnen Leistungsparameter kann Abbildung 130 entnommen werden.

Ebenso wie die Junghennen fressen die Legehennen der Mastrichtung bei einem ad libitum-Angebot des Futters mit den empfohlenen Gehalten an umsetzbarer Energie (s. Tab. 182, Abschn. 5.5) mehr Futter als zur Deckung des Energiebedarfs benötigt wird. Bei den Broilerzuchthennen ist die Anpassung der Futteraufnahme an den Energiebedarf schlechter als bei den Hennen der Legerichtung. Deshalb wird auch für die Legeperiode eine Futterrestriktion, die in der Regel in Form der quantitativen Restriktion (Futtermengenbemessung) erfolgt, empfohlen. Denn überhöhte Energieaufnahme verursacht eine übermäßige Verfettung der Hennen, die eine verminderte Lege- und Reproduktionsleistung zur Folge hat.

Andererseits muss aber auch eine zu starke Restriktion vermieden werden, denn ein gewisser Körperfettbestand ist erforderlich, da ein Teil des Energiebedarfs – vor allem zu Legebeginn und in der Legespitze – aus der Körperreserve gedeckt wird. Im Unterschied zu früheren Empfehlungen wird heute ein leichtes Vorhalten im Energieangebot gegenüber dem kalkulierten Bedarf für einen stabilen Leistungsverlauf und einen hohen Anteil brutfähiger Eier im gewünschten Einzeleimassebereich als vorteilhaft angesehen. Nach LARBIER und LECLERCQ (1994) lässt sich das für eine hohe Kükenzahl notwendige Restriktionsniveau bei etwa 0,85 relativ zu *ad libitum* gefütterten Tieren festlegen.

Für eine hohe Schlupffähigkeit ist auf eine bedarfsgerechte Versorgung der Henne mit allen für den sich entwickelnden Embryo notwendigen essenziellen Nahrungsbestandteilen zu achten. Besondere Beachtung verdient der Gehalt an Spurenelementen und Vitaminen im Futter, weil bei den meisten dieser Substanzen der Gehalt im Ei von der Konzentration im Futter beeinflusst wird. Als Beispiel wird in Abbildung 131 die Beziehung zwischen der Vitamin-B_2-Konzentration im Futter und im Ei sowie der Schlupffähigkeit demonstriert.

Für die Fütterung wird Alleinfutter für Zuchthennen mit 10,6 MJ AME_N/kg, 16% Rohprotein, 0,65% Lysin, 0,6% Methionin plus Cystin sowie erhöhten Gehalten an Spurenelementen und Vitaminen empfohlen (s. Tab. 182 bis 184, Abschn. 5.5). Ausgehend vom Leistungsverlauf und dem daraus abzuleitenden Energiebedarf (Abb. 132) sowie dem bereits begründeten Vorhalten im Energieangebot ergeben sich die ebenfalls in Abbildung 132 ausgewiesenen täglichen Futtermengen je Henne im Verlauf der Legeperiode. Es handelt sich hierbei um Richtwerte. Detaillierte Empfehlungen sind den Managementprogrammen der Zuchtfirmen zu entnehmen.

Das Alleinfutter erhalten die Hennen in Schrotform entsprechend dem Fütterungsprogramm verteilt auf zwei Gaben. Die rationierte Fütterung erfordert, dass jeder Henne eine ausreichende Trogseitenlänge (mindestens 12 cm) zur Verfügung steht. Verschiedentlich wird eine geringe Körnergabe (Weizen) verabreicht (breitwürfig auf die Einstreu).

Abb. 131. Einfluß der Vitamin-B$_2$-Versorgung von Zuchthennen auf den Vitamin-B$_2$-Gehalt im Ei und die Schlupffähigkeit der Küken.

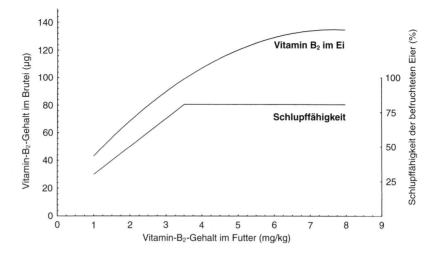

Abb. 132. Fütterungsprogramm für Broilerzuchthennen.

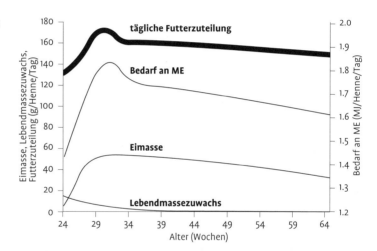

5.8.1.3 Fütterung der Hähne

Über den Bedarf der männlichen Zuchttiere an Energie und Nährstoffen liegen im Vergleich zu weiblichen Zuchttieren nur begrenzte Angaben vor. Erst die Einführung der künstlichen Besamung in die Praxis und die damit verbundene getrennte Haltung von Zuchthähnen und gleichfalls Zuchtputern in Zucht- und Vermehrungsbetrieben hat bewirkt, dass auch ihre Fütterung gezielter untersucht wird. Die Leistung des Hahnes wird an der Menge und Qualität des produzierten Spermas sowie am Befruchtungserfolg gemessen.

Aufzuchtperiode

Die Fütterungsprogramme sind ebenso wie bei den Junghennen zwischen Junghähnen der Lege- richtung und Mastrichtung verschieden. Erstere werden in der Regel entsprechend den Empfehlungen für Junghennen gefüttert (s. Abschnitt 5.7.2). Bei den Junghähnen der Mastrichtung ist analog zu den Junghennen eine restriktive Fütterung erforderlich. Nach dem *ad libitum*-Angebot des Futters in den ersten Lebenswochen schließt sich die Restriktionsfütterung an, wobei die einzelnen Zuchtfirmen für ihr Tiermaterial spezifische Fütterungsprogramme vorgeben (Tab. 188). Bei der in der Regel zur Anwendung kommenden quantitativen Restriktion (Futtermengenbemessung) ist insbesondere darauf zu achten, dass jedem Tier genügend Trogfläche zur Verfügung steht, um einerseits die Uniformität der Herde zu gewährleisten und andererseits Aggressivität zwischen den Hähnen zu minimieren. Es gibt Hin-

Tab. 188. Fütterungsprogramm für Broilerzuchthähne während der Aufzucht- und Zuchtperiode[1]

Alter	Zielkörpermasse (g)		Energie-bedarf AME$_N$ (kJ/Tier/Tag)	Tägliche Futtermenge (g) bei			Misch-futtertyp
	von	bis		11,10 (MJ/kg)	11,30 (MJ/kg)	11,50 (MJ/kg)	
1	100	150	ad lib.	ad lib.	ad lib.	ad lib.	
2	220	260	ad lib.	ad lib.	ad lib.	ad lib.	Starter-/
3	360	420	ad lib.	ad lib.	ad lib.	ad lib.	Wachstums-
4	520	580	ad lib.	ad lib.	ad lib.	ad lib.	Futter
5	650	730	630	57	56	55	
6	800	900	700	63	62	61	
7	1000	1100	770	69	68	67	
8	1100	1200	830	75	73	72	
9	1150	1250	880	79	78	76	
10	1300	1400	920	83	81	80	Aufzucht-
11	1400	1530	960	87	85	84	futter
12	1530	1680	1005	91	89	87	
13	1660	1825	1050	94	93	91	
14	1790	1970	1089	98	96	95	
15	1920	2110	1130	102	100	98	
16	2050	2255	1170	106	104	102	
17	2190	2410	1215	109	107	105	
18	2330	2575	1260	113	111	109	
19	2480	2740	1300	117	115	113	
20	2630	2906	1340	121	119	116	Vorlege-
21	2780	3072	1380	125	126	120	futter
22	2930	3238	1420	128	128	124	
23	3060	3381	1465	132	130	127	Aufzucht-
24	3180	3514	bis zum Ende der Zuchtbenutzung				oder Hennen-
↓	↓	↓					futter
63	4290	4815					

[1] Herkunft Indian River.

weise, dass das Aggressivitätsverhalten der Hähne durch erhöhte Tryptophangaben signifikant vermindert werden kann. Die Wirkung des Tryptophans soll dabei in einer Modulation des Stoffwechsels der Neurotransmitter bestehen.

Das Lichtprogramm während der Aufzucht wird analog zu dem der Junghennen gestaltet.

Zuchtperiode

Aus den bisherigen Bedarfsstudien lassen sich für die Fütterung von Zuchthähnen folgende Empfehlungen ableiten:

- Das Niveau der **Energieversorgung** muss auf die Erhaltung einer optimalen Zuchtkondition ausgerichtet sein. Übermäßige Energieaufnahme verursacht Verfettung. Bei verfetteten Tieren wurde eine deutlich verringerte Hodenmasse, außerordentlich starke Abnahme der Spermienkonzentration in Hoden und Samenleiter, Veränderung der Fettsäurenzusammensetzung des Spermas (u. a. Verringerung der Linolsäurekonzentration) und Rückgang der Plasmatestosteronkonzentration festgestellt. Aber auch Energiemangel beeinflusst sehr nachteilig die Fruchtbarkeit und kann bis zur Sterilität führen.
- Mit den für Hennen erforderlichen **Protein- und Aminosäurenkonzentrationen** im Futter wird der Bedarf der männlichen Zuchttiere reichlich gedeckt. Es konnte nachgewiesen werden, dass Futtermischungen mit 120 g Rohprotein/kg bereits den Bedarf der Zuchthähne sicherstellen. Höhere Gehalte im Futter ($\geq$ 160 g/kg) wirkten sich verschiedentlich nachteilig auf Spermamenge, Spermienkonzentration und Befruchtungsrate aus.
- Der **Ca-Bedarf** ist gegenüber den Hennen deutlich niedriger; er wird bereits mit 8 bis 10 g/kg

Futter gedeckt. Für die weiteren Mineralstoffe können die Bedarfsnormen für Zuchthennen veranschlagt werden. Eine Ausnahme bildet lediglich Selen, der Bedarf der Hähne soll den der Hennen übersteigen.
- Aus eigenen Untersuchungen ergeben sich geringere Ansprüche beim **Vitaminbedarf** gegenüber weiblichen Zuchttieren. Futtermischungen, die entsprechend den Empfehlungen für Zuchthennen mit Vitaminen supplementiert werden, gewährleisten somit eine sehr reichliche Versorgung der männlichen Zuchttiere, so dass sich zusätzliche Vitamingaben, z. B. in Form von Multivitaminpräparaten, erübrigen, wie die Befunde langfristiger Untersuchungen ausweisen. Lediglich Vitamin-C-Gaben haben mitunter (hohe Umwelttemperatur, Käfighaltung) die Spermaproduktion und Befruchtungsfähigkeit verbessert. Aufgrund der geringen Stabilität ist Vitamin C über das Tränkwasser zu verabreichen.
- Zur Deckung des Bedarfs an **essenziellen Fettsäuren** sollte die Futtermischung 10 bis 15 g Linolsäure/kg enthalten.

Aus den erfolgten Darlegungen ist abzuleiten, dass die traditionelle Fütterung der Hähne mit Hennenfutter bei gemeinsamer Haltung unter den Bedingungen der Bodenhaltung bei einigen Futterinhaltsstoffen eine bedarfsübersteigende Aufnahme zur Folge hat. Während der Einsatz eines speziellen Hahnenfutters bei Besamungshähnen aufgrund ihrer getrennten Haltung unproblematisch ist, setzt die Verabreichung verschiedener Futtermischungen in gemischten Herden allerdings einige technische Lösungen voraus. Im wesentlichen geht es darum, die Futterautomaten so zu gestalten und anzuordnen, dass der Zugang zum Futter nur geschlechtsspezifisch erfolgen kann. Dies wird durch geringe Gitterweiten an den Automaten der Hennen, die zu klein sind für die Köpfe der Hähne, oder durch höher angeordnete Automaten für die Hähne erreicht.

Für Hahnenfutter werden folgende Inhaltsstoffe je kg empfohlen: 11,3 MJ AME_N, 120 g Rohprotein, 5 g Lysin, 4,1 g Methionin plus Cystin, 2,2 g Methionin, 3,9 g Threonin, 1,4 g Tryptophan, 8 bis 9 g Calcium, 2,2 g Nichtphytin-Phosphor. Die Supplemente an Spurenelementen und Vitaminen sind entsprechend den Empfehlungen für Zuchthennen vorzunehmen (s. Tab. 183 und 184, Abschn. 5.5). Broilerzuchthähne sind ebenso wie die Hennen restriktiv zu füttern. Die tägliche Futtermenge ist bei dem empfohlenen Energiegehalt auf 130 g einzustellen (s. Tab. 188). An Hähne der Legeherkünfte wird das Futter in der Regel *ad libitum* verabreicht.

5.8.2 Fütterung der Zuchtputen und Zuchtputer

5.8.2.1 Leistungsdaten

Die Geschlechtsreife männlicher und weiblicher Tiere tritt im Alter von 30 bis 32 Wochen ein. Schwere Zuchtputen (z. B. B. U. T. BIG 6), die in der Regel nur für eine Legeperiode von etwa 24 Wochen genutzt werden, legen ca. 105 Eier bei Einzeleimassen zwischen 75 g und 90 g. Dabei werden je Zuchtpute insgesamt ≈ 80 Küken erzeugt.

5.8.2.2 Fütterung der Zuchtputen

Aufzuchtperiode

Da Puten eine relativ lange Aufzucht benötigen, ist es erforderlich, dass die Fütterung auf die vom Züchter vorgegebene Ziellebendmasse ausgerichtet wird, um einerseits die Uniformität der Herde zu gewährleisten und andererseits eine zu frühe Reife und Verfettung zu vermeiden. So kann in Abhängigkeit von der aktuellen Lebendmasseentwicklung eine Restriktion während der Aufzucht erforderlich sein, um die Herde gegebenenfalls zu korrigieren. Damit verbunden ist eine ständige Überwachung der aktuellen Lebendmasse der Jungputen.

Von der 1. bis 6. Woche wird Alleinfutter für Truthühnerküken mit 26 % Rohprotein empfohlen. Danach ist dieser Futtertyp über mehrere Wochen stufenweise durch Alleinfutter für Jungtruthühner mit 16 % Rohprotein zu ersetzen, das ab 9. Woche die alleinige Futterbasis bildet. Beide Futterarten sollten einen Energiegehalt von 11,0 MJ AME_N je kg aufweisen (s. Tab. 182, Abschn. 5.5).

Legeperiode

Etwa 2 Wochen vor Legebeginn ist auf Alleinfutter für Zuchttruthühner mit 11,0 MJ AME_N und 16 % Rohprotein je kg umzustellen. Dieses Futter gewährleistet die Deckung des erhöhten Ca- sowie Spurenelement- und Vitaminbedarfs während der Legeperiode.

Im Gegensatz zu Zuchthennen sind Zuchtputen in der Lage, den Futterverzehr entsprechend dem veränderten Bedarf für die Eiproduktion einzustellen. Der Futterverzehr entwickelt sich dabei zeitweise sogar rückläufig. Deshalb ist keine

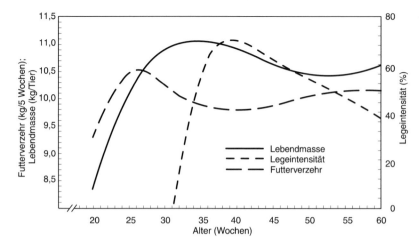

Abb. 133. Lebendmasseentwicklung und Futterverzehr während der Legephase von Zuchtputen (NRC 1994).

restriktive Fütterung erforderlich. Das Futter kann *ad libitum* angeboten werden.

Abbildung 133 verdeutlicht die Zusammenhänge zwischen Lebendmasseveränderung, Futterverzehr und Eiproduktion. Demnach deckt die Zuchttruthenne einen beachtlichen Teil ihres Energie- und Nährstoffbedarfes aus Körperreserven. Damit wird noch einmal die Bedeutung der Einhaltung der Ziellebendmasse zu Legebeginn, die eine notwendige Nährstoffreserve im Körper einschließt, unterstrichen. Neben dieser die Aufzucht betreffende Maßnahme wird für die Legeperiode häufig empfohlen, den Energiegehalt der Futtermischung durch den Zusatz von Fett zu erhöhen (bis zu 8%). Dadurch wird die Energieaufnahme insgesamt erhöht, da – wie bereits gezeigt wurde (Abschn. 5.2) – der Futterverzehr nicht in gleichem Umfang abnimmt, wie der Energiegehalt des Futters ansteigt.

Weitere Angaben über die Inhaltsstoffe der Futtermischungen für die Aufzucht- und Legeperiode sind den Tabellen 182 bis 184 (Abschn. 5.5) zu entnehmen.

5.8.2.3 Fütterung der Zuchtputer

Ebenso wie bei der Aufzucht der weiblichen Tiere hängt die Fütterungsstrategie vom Ziellebendmasseverlauf des verwendeten genetischen Materials ab. Insbesondere bei schweren Zuchtputern, die 25 bis 28 kg erreichen können, wird auch während der Aufzucht häufig eine Futterrestriktion empfohlen, um spätere Unregelmäßigkeiten in der Spermamenge und -qualität zu vermeiden. Außerdem sind leichtere Tiere bei der Spermagewinnung einfacher zu handhaben, ohne dass es zu Leistungseinbußen kommt.

Obgleich die Anforderung an den Rohproteingehalt des Jungputerfutters relativ gering ist (110 bis 130 g/kg), die problemlos bereits durch Getreide als einzige Rationskomponente erreicht wird, muss jedoch andererseits das Futtereiweiß relativ hochwertig sein. Dieser Forderung wird das Getreideprotein nicht gerecht. Eine unausgewogene AS-Versorgung, die bei reiner Getreidefütterung vorliegt, wirkt sich sehr nachteilig auf die spätere Spermaproduktion aus. Für Jungputer wird das Fütterungsprogramm für die weibliche Nachzucht empfohlen.

Bei der üblichen getrennten Haltung der Zuchtputer sollte deren Fütterung mit einem Spezialfutter erfolgen, denn auch Zuchtputenfutter entspricht hinsichtlich seiner Inhaltsstoffe nicht immer optimal den Anforderungen der Hähne (s. Abschn. 5.8.2.2). Folgende Richtwerte für ein Zuchtputerfutter werden empfohlen (jeweils je kg): 11,50 MJ AME_N, 120 g Rohprotein, 6 g Lysin, 4,8 g Methionin plus Cystin, 4,2 g Threonin, 1,1 g Tryptophan, 5 g Calcium, 4,4 g Nichtphytin-Phosphor, 0,2 g Magnesium und 1,0 g Natrium. Die Gehalte an Spurenelementen, Vitaminen und Linolsäure sind entsprechend den Empfehlungen für Zuchtputen (Tab. 183 bis 184, Abschn. 5.5) einzustellen. Die tägliche Futtermenge je Hahn beläuft sich auf etwa 450 bis 500 g.

5.8.3 Fütterung der Zuchtgänse

Aufzuchtperiode

Die für die Reproduktion bestimmten Gänse sollten bis zur 8. Woche analog den Mastgänsen bei der Schnellmast gefüttert werden:

1.–4. Woche: Alleinfutter für Hühnerküken mit 20–22 % Rohprotein
5.–8. Woche: Alleinfutter für Junghennen A mit 15–17 % Rohprotein bei Energiegehalten zwischen 10,6 und 11,0 MJ AME_N/kg Futter.

Im Alter von 8 Wochen erfolgt dann der Übergang zu einer restriktiven Körnergabe und Weidehaltung, wobei die Körnergabe bei entsprechend guter Weide entfallen kann. Dabei beinhaltet die Weidefütterung eine Energie- und Nährstoffrestriktion, so dass einer frühen Verfettung und einem frühen Legebeginn vorgebeugt wird. Steht keine Weide zur Verfügung, so kann durch rationierte Gabe (100–200 g/Tier und Tag, je nach Rasse und Futterzusammensetzung) von Mischungen auf der Basis von Getreide, Trockengrün und Weizenkleie bzw. durch den Verschnitt des Aufzuchtfutters mit diesen Futtermitteln eine Restriktion erreicht werden.

Legeperiode und Legeruhe

Eine **Legeperiode** erstreckt sich über einen Zeitraum von 4–5 Monaten in der etwa 40–50 Eier produziert werden. Somit ist die Legeintensität mit durchschnittlich 40 % bei einem Anfangsleistungspeak von 55 % als mäßig einzuschätzen. Das Eigewicht beläuft sich je nach Herkunft und Lebendmasse der Gänse zwischen 120 und 230 g. Für die Legeperiode wird Alleinfutter für Zuchtenten mit 15 % Rohprotein und 10,6 MJ AME_N empfohlen (weitere Angaben s. Tab. 182 bis 184, Abschn. 5.5). Auf dieses Futter sollte schrittweise etwa 3–4 Wochen vor Legebeginn umgestellt werden. Während der sich anschließenden Legeruhe hat die Fütterung verhalten zu erfolgen, um die Zuchtkondition zu erhalten. Dabei kann analog der letzten Phase der Aufzucht vorgegangen werden. Die Futtermenge sollte dabei den Erhaltungsbedarf decken. Bei zu starkem Lebendmasseverlust in der vorhergegangenen Legeperiode sollte jedoch entsprechend des Verlustes Konzentrat zugefüttert werden, um die notwendige Lebendmasse zu Beginn der nachfolgenden Legeperiode zu gewährleisten. Die notwendige Lebendmasse zu Legebeginn richtet sich dabei nach der genetischen Herkunft der Tiere bzw. nach den Vorgaben des Zuchtbetriebes.

5.8.4 Fütterung der Zuchtenten

Aufzuchtperiode
Für die Aufzucht der für die Reproduktion vorgesehenen Enten wird für den Altersabschnitt 1.–6. Woche Alleinfutter für Entenküken mit 18,5 % Rohprotein und 10,6 MJ AME_N/kg empfohlen. Auch bei den Enten ist es zweckmäßig, beginnend mit der 5. Lebenswoche die Energieaufnahme durch restriktive Fütterung zu begrenzen, wobei etwa 70–80 % der *ad libitum* Aufnahme als Restriktionsniveau angesetzt werden können. Ab der 7. Woche wird die quantitative durch eine qualitative Nährstoff- und Energierestriktion unterstützt, indem auf Alleinfutter für Jungenten mit 12 % Rohprotein und 10,6 MJ AME_N/kg umgestellt wird. Alle diese Restriktionsmaßnahmen dienen dem Ziel, eine zu starke Verfettung zu vermeiden und den Legebeginn nicht zu verfrühen.

Legeperiode und Legeruhe

Während die Pekingente in einer etwa 8-monatigen Legeperiode ca. 200 Eier bei einem mittleren Eigewicht von 80 g legt, so sind es bei der Moschusente 80 bis 100 Eier in einer 20 bis 24-wöchigen Legeperiode bei einem mittleren Eigewicht von 70 g. An beide Arten kann das gleiche Zuchtfutter verfüttert werden. Vom Aufzuchtfutter auf das Zuchtfutter ist etwa 3–4 Wochen vor Legebeginn umzustellen. Entsprechend der aktuell erzielten Legeintensität kann dieses Futter jedoch mit Getreide oder auch Grünfutter verschnitten werden, wodurch eine gewisse Anpassung an den sich ändernden Bedarf mit fortschreitender Legeperiode erzielt werden kann. Während der **Legeruhe** besteht auch bei den Zuchtenten nur ein Erhaltungsbedarf, so dass das Zuchtentenalleinfutter weiter durch Getreide und/oder Grünfutter verschnitten werden kann.

Angaben zur Zusammensetzung der Futtermischungen für Zuchtenten sind den Tab. 182 bis 184 (Abschn. 5.5) zu entnehmen.

5.9 Fütterung der Masttiere

5.9.1 Allgemeine Grundsätze

Die Mast von Hühnern (Broiler) und Puten (Truthühner) erfolgt in Deutschland fast ausschließlich in der Bodenhaltung auf Einstreu aus kurz gehäckseltem Stroh oder Hobelspänen. Für das Wassergeflügel trifft diese Haltungsform vor allem auf die ersten Lebenstage zu, während in den späteren Mastabschnitten insbesondere bei der Gans Auslauf- bzw. Weidehaltung praktiziert werden. Bei der Einstellung der Eintagsküken in den Maststall sind alle Maßnahmen darauf auszurichten, dass die Küken schnell Futter und Tränkwasser finden und die hierzu notwendigen Aktivitäten stimuliert bzw. unterstützt werden. Die ersten Lebenstage stellen für das Küken eine kritische Phase dar, da hier der Übergang von der Dottersackernährung auf die Ernährung mit exogenen Nährstoffen vollzogen wird. Folgende Maßnahmen dienen einem optimalen Mastbeginn und -verlauf:

- In den ersten Tagen sind Futterschalen, die dicht an der Wärmequelle aufgestellt werden und eine großflächige Verteilung des Futters ermöglichen, als Fütterungseinrichtung zu benutzen. Der Übergang zur automatisierten Fütterung sollte allmählich erfolgen.
- Die Beleuchtungsdauer sollte in den ersten Lebenstagen 24 Stunden bei entsprechender Lichtintensität betragen, so dass den Tieren das Auffinden von Futter und Wasser erleichtert wird. Danach können sowohl Beleuchtungsdauer als auch Lichtintensität entsprechend dem jeweiligen Haltungsprogramm vermindert werden.
- Nur bei ordnungsgemäßer Einhaltung der in den Haltungsprogrammen empfohlenen Leitlinien für die Gestaltung der raumklimatischen Bedingungen werden sich die Tiere rasch an die Umgebungsbedingungen gewöhnen und ausreichend Futter sowie Wasser aufnehmen.
- Die Besatzdichte ist so zu wählen, dass je nach angewandtem Mastverfahren die Besatzdichte am Ende der Mast den tierschutzrechtlichen Bestimmungen entspricht.
- Fütterungs- und Tränkeinrichtungen müssen so gestaltet sein, dass auch rangschwächere Tiere die Möglichkeit zu ausreichender Futter- und Wasseraufnahme erhalten. Anforderungen an Fressplatzbreiten, notwendige Anzahl an Fütterungs- und Tränkeinrichtungen sind den jeweiligen Haltungsprogrammen zu entnehmen.

5.9.2 Leistungsdaten

In Tabelle 189 sind einige Daten der Mastleistung sowie der chemischen Körperzusammensetzung von Mastgeflügel ausgewiesen. Die angegebenen Werte sind im Mittel erzielbare Parameter, die aber durch eine Reihe von Einflussfaktoren modifiziert werden können (Fütterungsfaktoren, genetische Faktoren, Umweltfaktoren).

Tab. 189. Mastleistungsparameter und chemische Körperzusammensetzung von Mastgeflügel

Geflügel	Geschlecht	Übliche Parameter in der Mast				Chemische Körperzusammensetzung	
		Mastdauer (Wochen)	Lebendmasse (g/Tier)	Futterverbrauch (kg/Tier)[1]	Futteraufwand (kg/kg Zunahme)	Rohprotein[2] (%)	Rohfett[2] (%)
Broiler	m	5–6	1,8	3,0	1,71	20,8	15,5
		7–8	3,0	5,9	1,99	21,1	17,2
	w	5–6	1,6	2,6	1,67	20,5	18,9
		7–8	2,5	5,1	2,07	20,8	20,0
Mastpute, schwerer Typ	m	23–24	19,5	64,2	3,30	23,3	11,1
	w	15–16	8,8	24,0	2,75	21,8	15,7
Gans mittelschwerer Typ	m+w	13–16	6,0	16,0	2,72	20,1	23,9
Moschusente	m	11–12	4,7	13,5	2,90	19,0	19,0
	w	9–10	2,7	6,9	2,61	21,0	20,0
Pekingente	m+w	7–8	3,0	7,4	2,51	21,5	31,0

[1] Bei von den Empfehlungen abweichenden Energiegehalten im Futter ergeben sich abweichende Werte.
[2] Bezogen auf Frischsubstanz.

5.9.3 Kompensatorisches Wachstum

Unter kompensatorischem Wachstum versteht man das Wiedereinschwenken in den „normgerechten" Wachstumskanal nach einer Phase verminderter Wachstumsintensität. Dabei wird diese Kompensation durch eine stark beschleunigte Wachstumsintensität erreicht. In Abhängigkeit von der Stärke der vorangegangenen Wachstumsdepression (krankheitsbedingt oder alimentär bedingt) kann diese Kompensation vollständig oder unvollständig sein. Die Idee der Nutzung kompensatorischer Effekte bei der Mast beruht auf dem in der Depressionsphase zu erwartenden geringeren Bedarf an Futter (Energie und Nährstoffe) für die Erhaltung der in diesem Zeitraum geringeren Lebendmasse. Im Idealfall sollen die kompensierenden Tiere über den größten Teil der Mast geringere Lebendmassen aufweisen als die „normal" gefütterten Tiere. Ist die Kompensation vollständig, dann werden gleiche Endmassen erreicht. Die Folge ist ein geringerer Gesamtfutterverbrauch je kg Zuwachs (s. Abb. 134).

Aus praktischer Sicht kann eine solche Kompensation durch eine quantitative oder qualitative Restriktion an Energie und Nährstoffen induziert werden. So wird ein zu Mastbeginn leicht verminderter Energie- und Rohproteingehalt des Futters bei entsprechender Mastdauer vollständig kompensiert. Da eine vollständige Kompensation einen entsprechenden Zeitraum erfordert, wird klar, dass sich solche Kompensationseffekte beim Masthuhn nur in der verlängerten Mast sinnvoll nutzen lassen. Durch den ohnehin späteren Mastabschluss bei Mastputen ergeben sich günstige Bedingungen für die Nutzung von Kompensationseffekten.

5.9.4 Fütterung der Broiler

Einfluss des Protein- und Energieniveaus im Futter auf Mastleistung und Schlachtkörperqualität

Bereits bei der Energie- und Proteinbedarfsableitung wurde aufgezeigt (s. Abschn. 5.4.2), wie hoch der Energie- und Proteingehalt eines Mastfutters sein muss, wenn eine vom Zuchtbetrieb vorgegebene Wachstumsleistung erreicht werden soll. Es wurde aber auch deutlich, dass der männliche Broiler bereits im Alter von 35 Tagen bei einem Fütterungsprogramm entsprechend Abbildung 136 einen Fettgehalt von etwa 15 % im Gesamtkörper aufweist (Abb. 124, Abschn. 5.4.2). Da das Futterprotein insbesondere zu Beginn der Mast überwiegend stofflich verwertet wird, ist vor allem im Zusammenhang mit dem Proteinansatzvermögen von Interesse, wie sich variierende Rohproteingehalte bei unterschiedlichen Energiegehalten des Futters auf die Wachstumsleistung sowie die chemische Tierkörperzusammensetzung auswirken. Zunächst ist festzustellen, dass unabhängig vom Energieniveau bis zu einem Proteingehalt des Futters von 210 g je kg ein Anstieg in der Lebendmasse zu verzeichnen ist (Abb. 135). Bei diesem Rohproteingehalt scheint der Bedarf an Eiweiß (ideale Aminosäurenzusammensetzung vorausgesetzt) für einen maximalen Lebendmassezuwachs gedeckt zu sein.

Betrachtet man hingegen die chemische Tierkörperzusammensetzung sowie die Anteile von Brusthaut und Abdominalfett (Abb. 135), dann werden beachtliche Unterschiede deutlich, die wie folgt zu bewerten sind:
- Der Proteingehalt des Tierkörpers unterliegt nur geringfügigen Schwankungen und bewegt sich im Bereich von 18 bis 21 %.

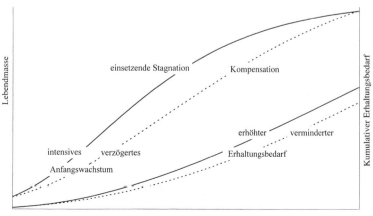

Abb. 134 Kompensatorisches Wachstum und kumulativer Erhaltungsbedarf beim Mastgeflügel.

526 Fütterung des Geflügels

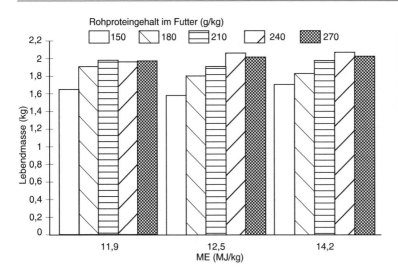

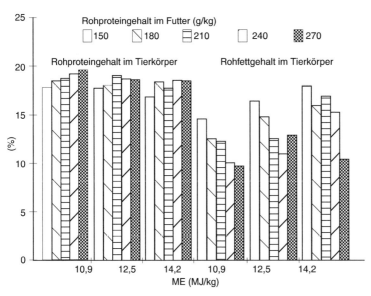

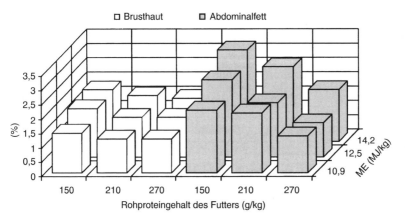

Abb. 135. Einfluss des Energie- und Rohproteingehaltes im Futter auf Lebendmasse (a), chemische Tierkörperzusammensetzung (b) sowie Abdominalfett- und Brusthautanteil von Broilern (c).

- Der Fettgehalt des Tierkörpers hingegen variiert zwischen 10 % und 18 %.
- Bei gleichem Energieniveau steigt der Fettgehalt im Tierkörper mit sinkendem Proteinniveau.
- Bei gleichem Rohproteinniveau bewirkt Energieanreicherung des Futters steigenden Fettgehalt im Broilerkörper, d. h., durch Verengung des Rohprotein/Energie-Verhältnisses im Futter steigt der Fettgehalt im Broilerkörper an.
- Brusthaut- und Abdominalfettanteil reflektieren die Veränderungen im Fettgehalt des Gesamtkörpers (ca. 80 % der Variation des Gesamtkörperfettgehaltes können aus der Variation des Brusthaut- und Abdominalfettgehaltes erklärt werden) und können somit als Indikatoren für die Verfettung der Tiere herangezogen werden, um gegebenenfalls regulierend in die Fütterungsstrategie einzugreifen.

Mastverfahren

Die Mast von Hühnern (Broiler) wird in Deutschland fast ausschließlich nach dem Prinzip der Phasenfütterung durchgeführt. Das in den einzelnen Mastphasen zu verabreichende Futter, das hinsichtlich Energie- und Nährstoffkonzentration auf den sich ändernden Bedarf der Tiere abgestimmt ist, kommt hauptsächlich als pelletiertes Alleinfutter zur Verfütterung. Durch das Pelletieren wird die Energie- und Nährstoffdichte je Masseeinheit Futter erhöht, um den hohen Energie- und Nährstoffbedarf moderner Broilerherkünfte decken zu können, da bei schrotförmiger Futterverabreichung die Futteraufnahme volumenmäßig begrenzt sein kann. Andererseits wird ein selektives Fressen vermieden und fütterungstechnisch bedingten Entmischungsvorgängen vorgebeugt. Hinzu kommt, dass Mehlfutter beim jungen Küken zu Schnabelverklebungen und daraus folgend zu Minderungen im Verzehr führen kann (insbesondere bei hohen Weizenanteilen).

Während bei der **Kurzmast** (ca. 32–35 Tage) der Broiler zwei Mischfuttertypen zum Einsatz kommen, sind es bei der **verlängerten Mast** (49 bis 63 Tage) drei Mischfuttertypen, um dem Abfall im Rohproteinbedarf besser entsprechen zu können (s. Abb. 136). Aus Abbildung 136 ist weiterhin ersichtlich, dass der Geschlechtsdimorphismus stärker nach dem 40. Lebenstag hervortritt, so dass eine geschlechtsgetrennte Mast nur im Zusammenhang mit einer Mastverlängerung sinnvoll ist. Diese Zusammenhänge spiegeln sich auch in den in Tabelle 179 (Abschn. 5.4.2) dargestellten Bedarfsableitungen für männliche und weibliche Broiler wieder. Danach unterscheiden sich die Nährstoffanforderungen an das Futter etwa ab der 7. Lebenswoche deutlich voneinander, so dass eine gemeinsame Weitermast über diesen Zeitpunkt hinaus einer Proteinverschwendung gleichkommt und die N-Ausscheidungen je kg produzierter Lebendmasse erhöht werden.

Um diesen Gegebenheiten Rechnung zu tragen, sollten bei einer geschlechtsgetrennten Mast die Nährstoffkonzentration geschlechtsspezifisch angepasst oder die weiblichen Tiere bei gemeinsamer Aufstallung mit männlichen Tieren zu einem früheren Zeitpunkt aus dem Bestand selektiert werden. Da die erste Maßnahme mit einem höheren Managementaufwand verbunden ist,

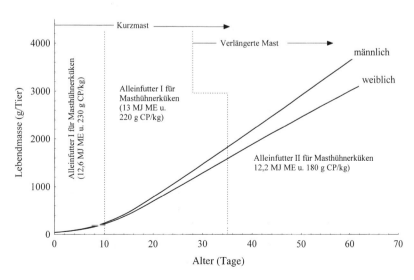

Abb. 136. Fütterungsprogramme für Masthühner (Broiler).

wird das Selektieren der weiblichen Tiere bei der verlängerten Mast die Methode der Wahl sein.

Bei der **Universalfütterung** wird nur ein Mischfuttertyp, meist mit einem im Vergleich zur Phasenfütterung mittleren Niveau der Energie- und Nährstoffkonzentration, über die gesamte Mastdauer verfüttert. Dadurch vereinfacht sich zwar das Fütterungsmanagement, jedoch wird der Bedarf der Tiere am Anfang der Mast nicht in vollem Umfang gedeckt und zu Mastende überschritten. Dadurch sollen die in Abschnitt 5.9.3 dargelegten Kompensationseffekte (bei verlängerter Mast), verbunden mit einer Verbesserung im Futteraufwand, genutzt werden. Aus ökologischer Sicht ist dieses Mastverfahren jedoch von Nachteil, da in den Mastphasen, in denen der Bedarf der Tiere überschritten wird, besonders viel Futter aufgenommen wird, so dass nicht zur Bedarfsdeckung benötigte Nährstoffe verstärkt ausgeschieden werden.

Eine Form der **kombinierten Fütterung** stellt die **Getreidebeifütterung** dar, bei der Mischfutter mit hofeigenem Getreide verschnitten wird. Das Getreide wird dabei mit den Pellets in den gewünschten Proportionen vermischt oder wahlweise zur freien Aufnahme angeboten. Auf jeden Fall erhöht sich der Aufwand im Fütterungsmanagement, während die geringeren Kosten hofeigenen Getreides dem gegenüber stehen. Da die Getreidebeifütterung beim jungen Küken zu Problemen führen kann (Brechen des Getreides ist erforderlich, höhere Empfindlichkeit der Küken gegenüber Unzulänglichkeiten in der Fütterung) und ökonomisch durch die geringe Futteraufnahme kaum ins Gewicht fällt, sollte mit der Beifütterung erst um den 14. Lebenstag begonnen werden.

Das Verschneiden eines handelsüblichen Starterfutters mit höherer Proteinkonzentration in den späteren Mastabschnitten mit betriebseigenem Getreide ist aus der Sicht einer bedarfsgerechten Nährstoffversorgung mit Risiken belastet, da Nährstoffgehalte (z. B. Rohprotein, Abb. 137) und -relationen (insbesondere AS-Verhältnisse, Mineralstoffverhältnisse) sowie die Relationen Rohprotein bzw. Aminosäuren zu umsetzbarer Energie nicht mehr den Anforderungen entsprechen.

Anstelle von Getreide kann auch **CCM-Silage** als Energiefuttermittel verwendet werden. Da es sich hierbei um ein Feuchtkonzentrat handelt, muss der Trockensubstanzgehalt der jeweiligen Partie bekannt sein, damit das Gemisch aus CCM und Ergänzungsfutter bezüglich seiner wertbestimmenden Gehalte die gestellten Anforderungen erfüllt. Auch ein getrenntes Angebot von CCM-Silage und Ergänzungsfutter ist möglich (Prinzip der Wahlfütterung, s. Abschn. 5.6). Die Tiere stellen sich selbst eine vollwertige Ration zusammen, wie u. a. eigene Experimente ergeben haben.

In jedem Fall sollte das Mischfutter (Ergänzungsfutter), mit dem kombiniert wird, auf die Zusammensetzung und den Anteil des zum Einsatz kommenden Getreides bzw. der CCM-Silage abgestimmt sein.

Angaben zu den Anforderungen an die Energie- und Nährstoffkonzentrationen im Futter für

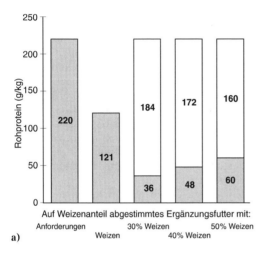

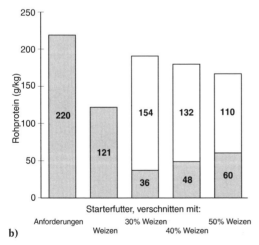

Abb. 137. Rohproteingehalt im Mischfutter bei Verschnitt mit hofeigenem Weizen. a) Ergänzungsfutterzusammensetzung wurde auf Weizeninhaltsstoffe und -anteil eingestellt; b) Verschnitt von handelsüblichem Starterfutter mit Weizen.

Broiler sowie Fütterungsempfehlungen sind den Tabellen 182 bis 184 (Abschn. 5.5) sowie der Abbildung 136 zu entnehmen. Bei allen genannten Fütterungsverfahren sind die gesetzlich vorgeschriebenen Absetzfristen für Kokzidiostatika zu berücksichtigen.

5.9.5 Fütterung der Mastputen

Die in Tabelle 189 aufgeführten Daten zur Mastleistung von Puten sind dem schweren Typ zuzuordnen. Neben diesem, der vor allem in Deutschland dominiert, finden bei der Produktion von Putenfleisch auch mittelschwere und leichte Typen Verwendung. Im Unterschied zum Broiler weist die Mastpute einen höheren Proteingehalt und niedrigeren Fettgehalt im Tierkörper auf (s. Tab. 189). Daraus resultieren insbesondere für den Beginn der Mast auch höhere Anforderungen an den Rohprotein- und Aminosäurengehalt des Futters.

Die relativ lange Mastdauer (20 bis 22 Wochen für männliche Tiere und 15 bis 17 Wochen für weibliche Tiere), die sich stark verändernde Wachstumsintensität – verbunden mit Änderungen der Zusammensetzung des Zuwachses – haben dazu geführt, dass in der Mast von Puten generell nach dem Prinzip der Phasenfütterung vorgegangen wird, da sich beispielsweise die Anforderungen an den Rohproteingehalt des Futters von anfänglich 29 % auf 15 % am Ende der Mast verringern. Bei den männlichen Tieren kommt in der Regel ein 6-Phasen-Fütterungsprogramm zur Anwendung (Abb. 138), das hinsichtlich Energie- und Nährstoffkonzentration im Futter auf eine Anpassung an den sich verändernden Bedarf ausgerichtet ist.

Während die Anforderungen an den Rohprotein- und Aminosäurengehalt im Futter im Verlauf der Mast abnehmen, steigen demgegenüber die Anforderungen an den Energiegehalt, insbesondere infolge des stetig ansteigenden Energieerhaltungsbedarfs. Im Vergleich zum Broiler ist bei der Mastpute der Protein-Energie-Quotient des Futters von geringerer Bedeutung im Hinblick auf eine Beeinflussung der chemischen Tierkörperzusammensetzung. Generell scheint die Mastpute weniger stark auf Änderungen im Energiegehalt des Futters zu reagieren als der Broiler.

Die Mast weiblicher Tiere wird in der Regel zu einem früheren Zeitpunkt (15. bis 17. Lebenswoche) beendet, um dem steigenden Futteraufwand und der beginnenden Verfettung entgegenzuwirken. In der Regel wird ein 5-Phasen-Programm angewandt.

Das Futter wird in den einzelnen Phasen *ad libitum* angeboten, wobei in der ersten Phase granuliertes Futter empfohlen wird. In den übrigen Mastphasen erfolgt die Futterdarbietung in pelletierter Form.

Einen Überblick über die Anforderungen an den Energie- und Nährstoffgehalt des Futters in

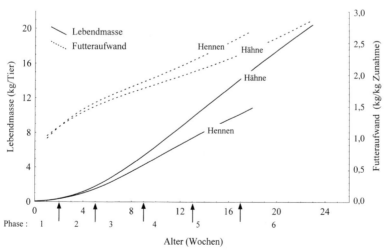

Abb. 138. 6-Phasen-Fütterungsprogramm für Masttruthühner (Mastputen).

den einzelnen Phasen vermitteln Abbildung 138 sowie die Tabellen 182 bis 184 (Abschn. 5.5). Ebenso wie in der Broilermast kann auch in der Putenmast Getreide bzw. CCM-Silage in Verbindung mit Ergänzungsfutter – insbesondere in den letzten Phasen – zum Einsatz kommen, wenn die in Abschnitt 5.9.4 genannten Prämissen eingehalten werden.

5.9.6 Fütterung der Mastgänse

Verglichen mit den anderen wirtschaftlich bedeutsamen Geflügelarten erreicht die Gans den Zeitpunkt des maximalen Lebendmassezuwachses sowie die Adultlebendmasse sehr früh (Abb. 139). Daraus folgt einerseits, dass mit dem Erreichen des Wendepunktes der differenzielle und als Folge der kumulative Futteraufwand sehr stark ansteigen (Abb. 139), und andererseits ist daraus ein schneller sinkender Bedarf an Rohprotein und anderen Nährstoffen abzuleiten. Dennoch kann die Beendigung der Mast nicht auf der Basis des Futteraufwandes entschieden werden, da bei der Gans – wie auch bei den anderen Wassergeflügelarten – von der 9. bis 16. Lebenswoche insbesondere der Brustmuskelanteil sowie der Proteingehalt des Tierkörpers entwicklungsbedingt stark ansteigen (Abb. 140). Gleichzeitig wird deutlich, dass auch die Verfettung stark zunimmt. Dies ist entwicklungsgeschichtlich auf die Anpassung der Gans an das Leben am und im Wasser zurückzuführen (Wärmeisolation durch das subkutane Fettgewebe) und lässt sich durch die Fütterung weniger gut beeinflussen. Ebenso wie bei den Enten, kann durch über den Bedarf hinausgehende Proteingaben der Fettgehalt kaum beeinflusst werden. Restriktive Fütterung vermindert zwar in gewissen Grenzen die Verfettung, ist aber meist mit erhöhtem Futteraufwand verbunden. Die erwähnte Notwendigkeit für eine längere Mastperiode der Gänse erfordert die Nutzung kostengünstiger Futtermittel, insbesondere in den späteren Mastabschnitten, wenn die Anforderungen an den Energie- und Nährstoffgehalt im Futter sinken. Im Hinblick auf die gegenüber den anderen Geflügelarten bessere Nutzung des Zellinhaltes von jungen Grünfutterpflanzen bietet sich bei der Gans der Einsatz von Grünfutter bzw. die Weidehaltung an. Dabei ist die Trittbelastung der Weide durch die Gans infolge der Lebendmasse und der Lebendmasseverteilung als günstig zu beurteilen. Hingegen ist der im Vergleich zu anderen Weidetieren tiefere Biss, der auch die unteren Bestockungsknoten der Weidepflanzen betreffen kann, ungünstig und erfordert ein regelmäßiges Umtreiben, wenn Schäden an der Narbe vermieden werden sollen. Der Weideaustrieb sollte bereits in der Starterphase im Stall durch Grünfutterbeifütterung unterstützt werden. Dadurch wird ein abrupter Futterwechsel vermieden und die Tiere sind bereits an die Aufnahme von Grobfutter gewöhnt.

Es werden 3 Mastverfahren bei Gänsen praktiziert: Schnellmast, Intensivmast und Weidemast. Während bei der Schnellmast das intensive Jugendwachstum der Gänse genutzt wird und sie noch vor der stärkeren Ausbildung der Brustmuskulatur vor der ersten Mauser zum Abschluss kommt (9.–10. Woche), erfolgt die Intensivmast

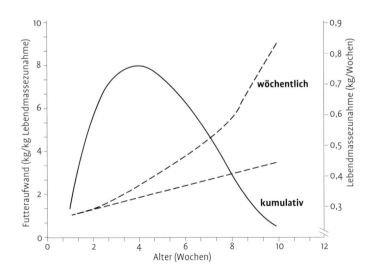

Abb. 139. Lebendmassezunahme sowie wöchentlicher und kumulativer Futteraufwand von Intensivmastgänsen.

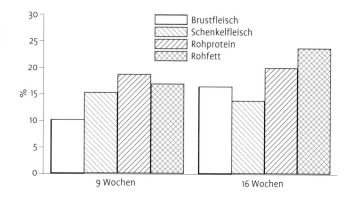

Abb. 140. Abhängigkeit der Schlachtkörperanteile und der chemischen Tierkörperzusammensetzung von Mastgänsen (nach SCHNEIDER 1995).

bis zur 16. Woche und endet vor Erreichen der Geschlechtsreife (Rückgang im Futterverzehr, Minderungen in der Schlachtkörperqualität). Zu diesem Zeitpunkt ist die Brustmuskulatur nahezu vollständig ausgeprägt. Bei dieser Mastform kann in den mittleren Mastabschnitten Grünfutter zugefüttert oder Weidegang betrieben werden. Während zu Beginn und zum Ende der Mast Mischfutter *ad libitum* verabreicht werden sollte, um einerseits das intensive Jugendwachstum und andererseits die vollständige Ausmast (Brustmuskulatur) zu unterstützen. So sollte während des Weidegangs die Mischfuttergabe auf 100–150 g/Tier und Tag beschränkt werden. Es sind ca. 150–200 m² Weide je Gans bei einem Flächenbesatz von 80–100 Tieren zu veranschlagen, wobei alle 3–4 Tage umgetrieben werden sollte. Dabei wird der konkrete Flächenbedarf durch die Art des zu nutzenden Grünlandes bzw. der Weide modifiziert. Die Weide- oder Spätmast wird – je nach Schlupftermin – bis zur 20.–34. Woche betrieben, wobei ebenfalls zu Beginn und zum Ende der Mast aus den genannten Gründen Mischfutter gefüttert werden sollte. Im Gegensatz zur Intensivmast erfolgt jedoch während des Weidegangs keine Mischfutterzulage, so dass bei dieser Mastform die kostengünstigere Weidenutzung den höheren Futteraufwand kompensieren muss.

Für alle Mastverfahren sollte die Mischfuttergabe in pelletierter Form erfolgen, um die Streuverluste zu verringern.

Eine zusammenfassende Darstellung der praktizierten Mastverfahren gibt Abb. 141 sowie Tab. 190. Die Anforderungen an den Energie- und Nährstoffbedarf der jeweiligen Mastfutter sind den Tab. 182 bis 184 (Abschn. 5.5) zu entnehmen.

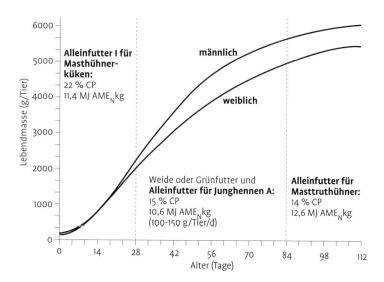

Abb. 141. Lebendmassentwicklung und Fütterungsempfehlungen für Intensivmastgänse (bis 16. Woche).

Tab. 190. Mast von Gänsen (nach TÜLLER 1985)

	Mast-abschnitt	Rohprotein (%)	Futterverbrauch (kg/Tier)	Mastend-gewicht (kg)
1. Schnellmast				4,5–5,5
Maststarter[1]	1.–4.	20–22	3,5–4,0	
Mastfutter[2]	5.–9./10.	18	9,5–10	
2. Intensivmast				5,5–6,5
Maststarter[1]	1.–4.	20	3,5–4,0	
Weide und Junghennenfutter[3]	5.–12.	15–16	6,2	
Putenfinisher[4]	13.–16.	14–15	6,5–7,0	
3. Weidemast				6,5–7,5
Maststarter[1]	1.–4.	20	3,5–4,0	
Junghennenfutter[3]	5.–7.	15–16	2,1	
Weidegang, Grünfutter	8.–20.	–	–	
Putenfinisher[4]	20.–24.	14–15	10–11	

[1] Alleinfutter für Hühnerküken in den ersten Lebenswochen oder Alleinfutter I für Masthühnerküken
[2] Alleinfutter II für Masthühnerküken
[3] Alleinfutter für Junghennen A
[4] Alleinfutter für Mastruthühner D

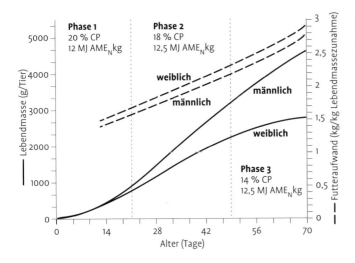

Abb. 142. Lebendmasseentwicklung, kumulativer Futteraufwand und Fütterungsempfehlungen für Mastmoschusenten.

5.9.7 Fütterung der Mastenten

Bei der Fütterung der Mastenten ist zu unterscheiden zwischen der Mast von Pekingenten und der Mast von Moschusenten. Letztgenannte unterscheiden sich von den Pekingenten durch einen ausgeprägten Geschlechtsdimorphismus (Abb. 142 und 143), durch ein späteres Erreichen des maximalen Zuwachses sowie durch spätere Verfettung auf insgesamt niedrigerem Niveau (Tab. 189). Beide Typen sind hinsichtlich der Wirkung steigender Proteingehalte (insbesondere über den Anforderungen liegende Konzentrationen) auf den Verfettungsgrad als relativ unempfindlich einzustufen, da ein gewisser Fettbestand des Wassergeflügels genetisch für das Leben am/im Wasser determiniert ist und nicht unterschritten wird. Ebenso ist die Wachstumsleistung durch den Energiegehalt des Futters nur wenig zu beeinflussen. Im Gegensatz zum Broiler wird eine um etwa 5% höhere Um-

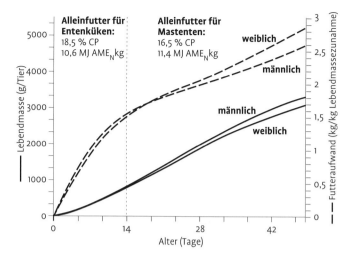

Abb. 143. Lebendmasseentwicklung, kumulativer Futteraufwand und Fütterungsempfehlungen für Mastpekingenten.

setzbarkeit der Energie infolge besserer Rohfaserverdaulichkeit erreicht.

Trotz der schnell ansteigenden Verfettung der Enten ist für die Mast ein Mindestzeitraum einzuhalten, da die Entwicklung der Brustmuskulatur zu einem ontogenetisch späteren Zeitpunkt erfolgt (ähnlich wie bei Gänsen). Als frühester Schlachttermin wird für Pekingenten der 46. Lebenstag empfohlen. Der erwähnte Geschlechtsdimorphismus der Moschusenten rechtfertigt eine getrenntgeschlechtliche Mast mit einem Schlachtalter der weiblichen Tiere von 58 Tagen und der männlichen Tieren mit 84 Tagen.

Auch bei der Mast der Enten wird eine Phasenfütterung mit etwas höheren Proteingehalten in der Anfangsmast empfohlen. Die erwähnte bessere Verwertung rohfaserreicher Futtermittel kann durch Grünfutter oder Weidegang ausgenutzt werden. Die Nutzung der Weide muss aus der Sicht der Futterökonomie den bei Auslauf- und Weidehaltung höheren Futteraufwand kompensieren.

Infolge der Ausprägung des Schnabels der Enten ist mit hohen Futterverlusten bei der Verabreichung des Futters in Schrotform zu rechnen, so dass generell Pelletfütterung empfohlen wird. Zu Beginn der Mast sollte der Pelletdurchmesser für beide Arten 3 mm nicht überschreiten, während in der Mastfütterungsphase auch Pelletdurchmesser von 5 mm geeignet sind.

Die Abbildungen 142 und 143 sowie die Tab. 182 bis 184 (Abschn. 5.5) vermitteln Angaben zu den Anforderungen der Pekingenten und Moschusenten an den Energie- und Nährstoffgehalt in den einzelnen Phasen.

5.10 Fütterung und Produktqualität

5.10.1 Eiqualität

Die Anforderungen an die Qualität eines Hühnereies sind aus der Sicht der Konsumeierproduktion bzw. der Bruteierproduktion unterschiedlich zu formulieren. Während sich die Anforderungen an ein Konsumei vorwiegend am Verbraucher bzw. am Markt orientieren, sind qualitativ hochwertige Bruteier durch maximale Schlupffähigkeit sowie durch entsprechende Kükenqualität gekennzeichnet.

Die **Färbung des Dotters** wird durch die sauerstoffhaltigen Carotinoide (Xantophylle) bewirkt. Dabei ist zwischen den gelbfärbenden (Lutein – gelb, Zeaxanthin – goldgelb) und den rotfärbenden (Capsanthin, Capsorubin) Carotinoiden zu unterscheiden. Während erstgenannte in den grünen Pflanzenteilen sowie im Körnermais und Maisprodukten überwiegen, sind die rotfärbenden Carotinoide u. a. im Paprika zu finden. Bedeutsam ist, dass gelbfärbende und rotfärbende Carotinoide in einem bestimmten Verhältnis im Futter vorliegen müssen, wenn eine optisch ansprechende sowie eine stabile, für die Weiterverarbeitung wichtige Färbung erreicht werden soll. Im Mischfutter wird dieses Verhältnis über synthetische, den natürlichen Carotinoiden entsprechende Farbstoffträger, aber auch über natürliche Pigmente (s. Teil B, Abschn. 13.3.3) eingestellt.

Die die **Eischalenstabilität** beeinflussenden fütterungsbedingten Einflüsse sind in Tabelle 191 zusammengefasst. Dabei kommt dem Ca-Gehalt im Futter eine entscheidende Bedeutung zu, da

Tab. 191. Fütterungseinflüsse auf die Eischalenqualität

Einflussfaktor	Bedeutung
Ca-Gehalt im JH-Futter	+
Mn-Gehalt im JH-Futter	+
Ca-Gehalt im LH-Futter	
leichte Herkünfte	+++
mittelschwere Herkünfte	+++
Vitamin-D$_3$-Gehalt im LH-Futter	++
Cl-Gehalt im LH-Futter	++
Na-Cl-Verhältnis im LH-Futter	++
P-Gehalt im LH-Futter	+
Mg-Gehalt im LH-Futter	+
Mn-Gehalt im LH-Futter	+
Zn-Gehalt im LH-Futter	+

[1] 2 bis 4 Wochen vor Legebeginn Ca-Gehalte auf 15–20 g/kg anheben.
[2] Gegen Ende der Legeperiode.
+ = geringer, ++ = mittlerer, +++ = starker Einfluss.

mit jedem Ei ca. 2 g Calcium ausgeschieden werden und die Henne im Normalfall nur über eine geringe Menge (≈ 5 g) an mobilisierbarem Calcium im Skelett verfügt. Damit die im Futter verabreichte Ca-Menge effektiv für die Eischalenbildung konvertiert werden kann, sind die in der Tabelle 191 mitaufgeführten weiteren Nährstoffe von Bedeutung.

Während Vitamin D$_3$ insbesondere für eine optimale Absorption des Calciums erforderlich ist, ist ein entsprechendes Na-Cl-Verhältnis im Zusammenhang mit der Bereitstellung der für die Schalenbildung notwendigen Carbonationen in den Uteruszellen aus der Sicht des Säure-Basen-Gleichgewichtes von Bedeutung. Auch zu niedrige oder zu hohe P-Gehalte im Futter wirken sich durch regulatorische Änderungen im Säure-Basen-Gleichgewicht negativ auf die Eischalenbildung aus.

Weiterhin ist auf eine entsprechende Hydrolysierbarkeit des Futtercalciums zu achten. Ca-Granulat oder Muschelkalk versprechen Vorteile, da die Freisetzung des Calciums im Verdauungstrakt kontinuierlicher erfolgt als bei pulverförmiger Ca-Verabreichung. Pulverförmige Verabreichung bewirkt einen temporären Überschuss, der nicht effektiv für die Eischalenbildung genutzt werden kann. Damit im Zusammenhang ist die Fütterungsfrequenz zu sehen. Auf Möglichkeiten der Wahlfütterung Ca-armer und Ca-reicher Futtermischungen wurde bereits bei der Regulation des Futterverzehrs (s. Abschn. 5.2) eingegangen.

Fütterungsbedingte Einflüsse auf die **Einzeleimasse**, die in engem Zusammenhang mit der Lebendmasse der Jung- und Legehennen stehen, wurden bereits an anderer Stelle besprochen (s. Abschn. 5.7.2 und 5.7.3). Danach korreliert die Einzeleimasse positiv mit der Lebendmasse. Es sei hier nur erwähnt, dass die durch diesen biologisch bedingten Verlauf ansteigende Einzeleimasse in gewissen Grenzen variiert werden kann. Das betrifft insbesondere die Konzentration von Rohprotein bzw. essenziellen Aminosäuren im Futter. Bedarfsunterschreitende Gehalte verringern die Einzeleimasse, so dass dadurch regulierend auf diese Einfluss genommen werden kann. Ein positiver Einfluss ist durch steigende Linolsäuregaben häufig beschrieben worden. Andererseits verursacht eine Unterversorgung mit dieser essenziellen Fettsäure eine geringere Einzeleimasse.

Eiinhaltsstoffe, die durch die Fütterung beeinflussbar sind, weist Tabelle 192 aus. Im Gegensatz zum Aminosäuremuster lässt sich die Lipidzusammensetzung des Eidotters durch die Fütterung (Fettanteil im Futter, Fettsäuremuster der Fettfraktion der Futterration) nachhaltig verändern. Diese Möglichkeit wird neuerdings zur Anreicherung von Hühnereiern mit den gesundheitsfördernden langkettigen Omega-3-Fettsäuren genutzt. Neben Fischölen und fettreichen Algenprodukten, die besonders reich an genannten Fettsäuren sind, bieten sich hierfür auch Lein- und Rapsprodukte als Futterkomponenten an.

Tab. 192. Einteilung der Eiinhaltsstoffe (Nährstoffe) hinsichtlich ihrer Beeinflussung durch Futterinhaltsstoffe (nach eigenen Untersuchungen und Literaturbefunden)

Keine oder nur geringe Variation	Positiver oder deutlicher Einfluß
Trockensubstanz	Ölsäure
Eiweiß/Aminosäuren	Linolsäure
Fett	α-Linolensäure
Stearinsäure	Spurenelemente (Mn, Zn I, Se)
Palmitinsäure	Vitamine A, D, E, K
Cholesterol	Vitamine B_1, B_2, B_{12}
Kohlenhydrate	Niacin
Mengenelemente (Ca, P, Na, K, Cl, Mg, S)	Pantothensäure
	Folsäure
Vitamin B_6	Biotin
Cholin	
Vitamin C	

Die enge Beziehung zwischen Iodgehalt im Futter und im Ei wurde in früheren Jahren verschiedentlich zur Erzeugung sogenannter „Iodeier" genutzt.

Tabelle 192 ist zu entnehmen, dass der Cholesterolgehalt (ca. 175 bis 235 mg/Ei) kaum über die Fütterung zu variieren ist. Eine indirekte Einflussnahme ergibt sich über eine Änderung der Einzeleimasse sowie des Dotteranteils.

Schließlich soll noch auf die Beeinflussung von **Geruch** und **Geschmack** der Eier hingewiesen werden. Für den Fischgeschmack der Eier kommen Futterfette mit langkettigen, mehrfach ungesättigten Fettsäuren (Fischöle, fettreiche Fischmehle), verdorbenes Futterfett und Futtermittel, die besonders reich sind an Tannin (Hirsearten), Goitrin (Rapsextraktionsschrot), Cholin (u. a. Fischmehl), Sinapin und daraus entstehendes Trimethylamin (TMA) (Fischmehl, Raps) in Betracht. Über verschiedene Abbauschritte gelangt das TMA in das Dotter, wenn eine entsprechende Substratkonzentration (Cholin) überschritten wird. Dabei kann diese Einlagerung durch Beeinflussung der Synthese bzw. Aktivität des TMA-abbauenden Enzymes, die TMA-Oxydase (Leber, Niere), modifiziert werden. Ungenügende Synthese ist vorwiegend genetisch bedingt und war früher bei Braunlegern häufiger zu beobachten als bei Weißlegern. Eine Inhibierung der Enzymbildung wird außerdem durch die genannten antinutritiven Inhaltsstoffe bewirkt.

5.10.2 Schlachtkörper- und Fleischqualität

Die die Schlachtkörper- und Fleischqualität beeinflussenden Faktoren sind in Tabelle 193 zu-

Tab. 193. Schlachtkörper- und Fleischqualität beeinflussende Faktoren (nach Scholtyssek, 1987; modifiziert)

Merkmal	Tiermaterial	Haltung und Transport	Fütterung	Bearbeitung
Schlachtkörper				
Aussehen	+	++	+	++
Fleischfülle	++	+	++	−
Fleisch-Knochen-Verhältnis	++	−	+	−
Verfettungsgrad	++	+	+++	−
Fleisch einschließlich Haut				
Sensorische Eigenschaften				
Aroma	+	−	+	+
Geschmack	+	−	++	+
Zartheit	+	++	+	+++
Saftigkeit	+	++	+	+++
Haltbarkeit	−	−	+	+++
Koch und Bratverlust	+	+	+	++
Nährstoffgehalt, Nährwert	++	−	++	+

− = kein Einfluß, + = geringer, ++ = mittlerer, +++ = starker Einfluß.

Tab. 194. Einteilung der Fleischinhaltsstoffe hinsichtlich ihrer Beeinflussung durch Futterinhaltsstoffe

Einflußnahme	Inhaltsstoffe
Positiver oder deutlicher Einfluß	Wasser, Fett, einfach- und mehrfach ungesättigte Fettsäuren, fettlösliche Vitamine (insbesonder A, E), Carotinoide, fettlösliche Schadstoffe
Keine oder nur geringe Variation	Eiweiß, Aminosäuren, Mengen- und Spurenelemente Vitamine des B-Komplexes, Cholesterol, Purine

sammengefasst. Es wird deutlich, dass der Verfettungsgrad der Masttiere einem starken Fütterungseinfluss unterliegt. Damit im Zusammenhang zu sehen sind insbesondere der Nährstoffgehalt bzw. der Nährwert sowie die Fleischfülle. Über grundlegende Zusammenhänge zwischen Fütterungsintensität und chemischer Körperzusammensetzung sowie Schlachtkörperzusammensetzung wurde bereits bei der Besprechung der Fütterung der Broiler informiert (Abschnitt 5.9.4). Die in Tabelle 194 gewählte Zuordnung der Inhaltsstoffe hinsichtlich ihrer Beeinflussbarkeit durch die Fütterung unterstreicht die erwähnten Zusammenhänge.

Bemerkenswert sind weiterhin der Einfluss der Fütterung auf den Geschmack sowie das Aussehen der Schlachtkörper. Bei Nichteinhalten der in Tabelle 185 (Abschn. 5.5) angegebenen Obergrenzen für den Einsatz bestimmter Futtermittel – wie beispielsweise Fischmehl und Rapsprodukte – kann es zu Geschmacks- und Geruchsabweichungen kommen. Der Einfluss der Fütterung auf das Aussehen der Schlachtkörper (insbesondere der Haut) ist auf den Übergang der fettlöslichen Carotinoide des Futters in das subkutane Fettgewebe zurückzuführen. So führen hohe Maisanteile in der Ration zu einer relativ starken Gelbfärbung der Haut, was von vielen Verbrauchern bevorzugt wird. Über die Zusammensetzung des Futterfettes kann ein deutlicher Einfluss auf das Fettsäurenspektrum des Schlachtkörperfettes genommen werden, wodurch sich Konsequenzen für den Nährwert, aber auch für die Haltbarkeit, ergeben können.

5.11 Ökologische Aspekte der Fütterung

Die vom Geflügel nicht verdauten bzw. nicht absorbierten Nährstoffe und die intermediär nicht für Leistungen verwendeten Nahrungsbestandteile gelangen gemeinsam über die Kloake als Kot-Harn-Gemisch zur Ausscheidung. Nach neuen Berechnungen ergeben sich für besonders umweltrelevante Inhaltsstoffe des Futters – Stickstoff und Phosphor – die in Tab. 195 aufgeführten relativen Verwertungskennzahlen.

Vom verzehrten Futtereiweiß (Futter-N) wird von der Legehenne etwa ein Drittel in den Eiern und im Körpermassezuwachs angesetzt. Das Mastgeflügel (Broiler, Mastpute) verwertet zwar das Futtereiweiß insgesamt günstiger, aber bei der Konvertierung in verzehrbares Eiweiß sind Broiler und Pute der Legehenne deutlich unterlegen. Vom Stickstoffgehalt in den Geflügelexkrementen entfallen bei konventioneller Fütterung $\approx 75\%$ auf den Harnstickstoff. Im Harn liegt der ausgeschiedene Stickstoff in erster Linie in Form von Harnsäure und im Kot vorrangig als unverdautes Futterprotein und Mikrobeneiweiß vor. Vor allem die Harnsäure ist Ausgangssubstanz für die Bildung flüchtiger Stickstoffverbindungen (NH_3, NO, N_2O, N_2). Die Möglichkeiten zur Verminderung des Kotstickstoffs sind relativ bescheiden. Wesentlich effektiver wirken Strategien, die als Zielsetzung einen geringeren N-Gehalt im Harn haben. Hierzu kann vor allem der Einsatz von freien Aminosäuren einen Beitrag leisten (s. Tab. 196 und 197).

Die Verwertung des Phosphors bewegt sich zwischen $\approx 20\%$ und 40%, d. h., 60 bis 80% werden mit den Exkrementen ausgeschieden. Geflügelexkremente, die aus der Käfighaltung als Gülle (Ex-

Tab. 195. Mittlere Stickstoff- und Phosphor-Verwertung von Legehenne, Broiler und Mastpute

Geflügelart/ Nutzungsrichtung	N-Verwertung (%)	P-Verwertung (%)
Legehenne	33	22
Broiler (männlich)	50 (26)[1]	42
Mastpute (männlich)	45 (24)[1]	37

[1] Klammerwert jeweils verzehrbarer Anteil.

Tab. 196. Maßnahmen zur Reduzierung von Stickstoff- und Phosphorausscheidungen

Hauptstrategie	Einzelverfahren	Beurteilung der einzelnen Maßnahmen
Fütterung resp. Nährstoffversorgung dichter am Bedarf	Vermeidung von Überangebot	Starke Wirkung, leicht durchführbar, bei P noch beachtliche Reserven
	Verminderung der Sicherheitsspanne	In der Praxis kaum realisierbar, weil Umsetzung konkrete Kenntnisse über die Gehalte in den Futterkomponenten erfordert
	Bedarfsangepaßte Fütterung – Phasenfütterung	Weniger Effekt bei Legehennen, da nur noch geringe Leistungsdifferenzierung innerhalb der Legeperiode; in der Aufzucht und Mast sehr wirksam und u. a. im Rahmen der Fütterung mit Getreide und Ergänzungsfutter gut durchführbar
	Kontrollierte Fütterung	Wirksam in der Aufzucht und bei Legehennen
Verbesserung der Nährstoffverwertung	Hochverdauliche Proteinfuttermittel	Futterkosten steigen, hat Beschränkung oder Verzicht von inländischen Eiweißfuttermitteln zur Folge
	Einsatz freier Aminosäuren	Sehr wirksam (s. Tab. 197), tiefgreifende Anwendung von Eiweißfuttermittel- und Aminosäurenpreisen abhängig
	Hochwertige Phosphorfuttermittel	Bedeutsam bei höheren Konzentrationsnormen, z. B. Mastputenfutter
	Phytaseeinsatz	Starke Wirkung und leicht durchführbar (s. Tab. 198)
	Futterbehandlungen, Futterenzyme (außer Phytase)	Nur von Bedeutung bei Futtermitteln mit antinutritiven Inhaltsstoffen
Zuchtmaßnahmen	Weitere Anhebung des Leistungsniveaus	Grenzen zeichnen sich ab, deshalb Wirkung gering
	Selektion auf geringen Restfutterverzehr	Aussichtsreich nach den Ergebnissen von Modellversuchen
	Selektion auf höhere Nährstoffverwertung	Möglicher Ansatzpunkt, da beachtliche individuelle Variabilität vorhanden

krement-Wasser-Gemisch) und aus Bodenhaltung als Einstreu-Exkrement-Gemisch (Mist) anfallen, sind wertvolle Düngerstoffe. Durch betriebliche und regionale Konzentration von Geflügelbeständen kann zuviel Geflügeldung anfallen, der dann zu einem Abfall- und Umweltproblem wird. Deshalb zählt heute eine möglichst geringe Umweltbelastung zu den Zielstellungen der Geflügelfütterung.

Vor allem sind Fütterungsmaßnahmen erforderlich, die die Stickstoff- und Phosphorausscheidungen mit den Exkrementen deutlich vermindern. Die wesentlichsten Maßnahmen hierzu sind in Tabelle 196 zusammengefasst und bezüglich ihrer Wirksamkeit bewertet. Ein Rechenbeispiel zur Verminderung der P-Ausscheidungen durch Phytaseeinsatz vermittelt Tabelle 198.

Tab. 197. Verminderung der N-Ausscheidung bei leichten Legehybriden durch den Einsatz freier Aminosäuren

	Ohne freie Aminosäuren	Mit freien Aminosäuren
Rohproteingehalt des Futters (g/kg)	175	150
N-Gehalt des Futters (g/kg)	28	24
N-Aufnahme (g/Henne/Tag) bei 115 g Futter/Henne/Tag	32	28
N-Ansatz (g/Henne/Tag)[1]	11	11
N-Ausscheidung/Henne		
(g/Tag)	21	16,5
(kg/Jahr)	7,665	6,022
relativ (%)	100	78

[1] Fast ausschließlich in den gelegten Eiern.

Tab. 198. Rechenbeispiel für die Verminderung der P-Ausscheidung beim Mastküken durch Phytaseeinsatz bei Mais-Sojaextraktionsschrot-Rationen

Mastküken (35 Tage, 1700 g Mastendmasse im Mittel beider Geschlechter)	Ohne Phytase	Mit Phytase
2800 g Futter, 6,5 g P/kg[1] Mit Phytase Senkung auf:		5,5–5,0 g P/kg
P-Aufnahme	18,2 g/Tier	15,4–14,0 g/Tier
P-Ansatz	8,2 g/Tier	8,2 g/Tier
P-Ausscheidung	10 g/Tier	7,2–5,8 g/Tier
Verminderung		28–42 %
1000 Mastplätze*, 7 Durchgänge im Jahr	70 kg	50,4–40,6 kg (72–58 %)

[1] Praxisüblicher P-Gehalt.

5.12 Fütterungsbedingte Gesundheitsstörungen

Frühsterblichkeit der Küken
Erhöhte Verluste in der ersten Lebenswoche sind – wenn eine Infektion ausgeschlossen werden kann – meist auf eine unzureichende Versorgung der Elterntiere mit Spurenelementen und Vitaminen zurückzuführen. Da in den ersten Lebenstagen noch ein hoher Anteil des Bedarfes der Küken an Nährstoffen aus dem Dottersack gedeckt wird, ist verständlich, dass eine Fehlernährung der Hennen, insbesondere mit Spurenelementen und Vitaminen, zu einer Minderversorgung der Küken in den ersten Lebenstagen führen kann. Vitalitätsverlust und erhöhte Sterblichkeit sind die Folge. Auch haltungs- und fütterungsbedingte Mängel können als Ursache in Frage kommen.

Federnfressen, Zehenpicken, Kannibalismus
Dieses Fehlverhalten, das bei allen Geflügelarten und Nutzungsrichtungen auftreten kann, wird insbesondere durch Mängel in der Haltung verursacht. Zu hohe Stalltemperaturen, zu trockene Luft, hohe Lichtintensität sowie überhöhter Besatz zählen zu den begünstigenden Faktoren. Eine genetische Disposition ist nicht auszuschließen. Als eine fütterungsbedingte Ursache wäre eine bedarfsunterschreitende Versorgung mit essenziellen Aminosäuren zu nennen.

Sobald erste Anzeichen dieses abnormalen Verhaltens auftreten, ist die Lichtintensität stark zu drosseln bzw. auf Infrarotbeleuchtung umzustellen. Außerdem sind erkannte Haltungsmängel sofort abzustellen und verletzte Tiere aus dem Bestand zu entfernen. Anstelle von pelletiertem Futter ist Mehlfutter mit erhöhtem Rohfasergehalt zu verabreichen.

Fettleber-Hämorrhagie-Syndrom der Legehenne

Dieses Syndrom ist auf Störungen des Fettstoffwechsels hochproduktiver Legehybriden in der Käfighaltung zurückzuführen. Erstes Symptom dieser Stoffwechselerkrankung ist zunächst ein deutlicher Abfall in der Legeintensität (30 bis 40%). Durch Kreislaufversagen und innere Verblutungen bedingte Verluste können auftreten. Die betroffenen Tiere weisen eine starke Verfettung der Leber und des Abdomens als Folge einer übersteigerten *De-novo*-Fettsynthese in der Leber, die den Bedarf für die Eifettsynthese übersteigt, auf. Daher wirkt eine kohlenhydratreiche Fütterung fördernd auf die Ausbildung des Syndroms. Gleichzeitig stimulieren erhöhte Östrogen- (leistungsbedingt) und Insulinspiegel (kohlenhydratbedingt) die Fettsäurensynthese in der Leber. Die Bewegungsarmut im Käfig hingegen hemmt die Ausschüttung der katabol wirkenden Nebennierenrindenhormone, so dass es zu einem Nettoüberschuss an synthetisierten Fettsäuren in der Leber und den erwähnten Verfettungserscheinungen kommt.

Fütterungsseitig ist in den betroffenen Beständen ein isokalorischer Austausch von Kohlenhydratenergie durch Fettenergie zu empfehlen. Der Fettgehalt der Ration kann auf 50 bis 60 g je kg angehoben werden, wobei Fette mit höheren Anteilen an ungesättigten Fettsäuren (Sojaöl, Rapsöl, Maisöl) einzusetzen sind. Durch diese Maßnahme wird eine deutliche Senkung der Fettsäurensynthese in der Leber bewirkt.

Beinschäden und Skelettveränderungen

Bei intensiv wachsenden Broilern und Mastputen werden vermehrt Erkrankungen des Skelettsystems, wie Perosis und perosisähnliche Osteopathien, Dyschondroplasie, Tibiatorsion und Rachitis festgestellt.

Die Ursachen dieser Erkrankungen, die insbesondere zu Minderzunahmen, erhöhten Verlust- und Selektionsraten sowie zu einer geringeren Einstufung der Schlachtkörper führen, können genetisch-, haltungs-, infektions- oder fütterungsbedingt sein. Dabei ist davon auszugehen, dass die genannten Ursachen im Bedingungskomplex wirken können, so dass beispielsweise eine genetische Disposition durch Mängel in der Ernährung manifest werden kann. Wenn das Mastfutter die empfohlenen Mineralstoff- und Vitaminmengen enthält, dann sind zusätzliche Gaben in Bezug auf die Einschränkung von Osteopathien meist wirkungslos. Einige antinutritive Inhaltsstoffe (z. B. im Rapsextraktionsschrot und im Milocorn) sowie Pilztoxine können als Ursachen auftreten, wenn die genannten Einsatzbeschränkungen nicht eingehalten werden.

Osteoporose der Käfighennen (Käfigmüdigkeit, Käfigparalyse, Käfiglähme)

Die Osteoporose soll durch eine Störung des Ca-Stoffwechsels verursacht werden (ausbleibende Rückkopplung bei Ca-Mangel). Diese vorwiegend bei Hennen in Käfighaltung auftretende Erkrankung ist durch die Produktion von normalschaligen Eiern bis zum Eintritt der Paralyse gekennzeichnet und von der durch Ca-Mangel bedingten Dünnschaligkeit der Eier abzugrenzen. Eine Abnahme in der Legeleistung und des Ca-Gehaltes im Blutplasma kann ebenfalls nicht festgestellt werden. Die Ca-Reserve der betroffenen Hennen ist vollständig aufgebraucht und der Aschegehalt der Knochen drastisch vermindert. Häufig werden Knochenfrakturen beobachtet. Durch erhöhte Ca-Gaben konnten die genannten Störungen und Symptome in der Regel nicht behoben werden. Gelegentlich wurde durch Vitamin-C-Gaben eine Heilung erzielt.

Aszites-Syndrom (Ödemkrankheit, pulmonales Hochdrucksyndrom)

Dieses meist beim intensiv wachsenden Broiler beschriebene Syndrom ist eine cardiopulmonale, Erkrankung, bei der ein ansteigender venöser Blutdruck eine Ansammlung serumähnlicher Flüssigkeit im Abdomen der betroffenen Broiler (bis zu 500 ml) bei vergrößertem Herzen (rechtes Ventrikel) bewirkt. Ursache ist eine Sauerstoffunterversorgung der Gewebe (Hypoxie), die auf verschiedene Faktoren zurückgeführt werden kann.

Beispielsweise kann bei Tierhaltung in Höhenlagen über 2000 m ein erniedrigter Sauerstoffdruck in den Lungen den ansteigenden Blutdruck hervorrufen. Andererseits kann ein konstitutionell bedingter Hochdruck entstehen, der seinerseits auf die Züchtung auf hohe Futterverwertung bei gleichzeitig intensivem Wachstum zurückzuführen ist. Unter diesen Bedingungen steht dem erhöhten Fleischansatz (Proteinansatz), verbunden mit erhöhten Anforderungen an die Sauerstoffversorgung und an das cardiopulmonale System, eine verminderte relative Lungenkapazität (bezogen auf die Körpermasse) gegenüber. Diese Konstellation führt ebenfalls zur Hypoxie mit den genannten Folgen.

Ebenso wie die Züchtung auf hohe Futterverwertung führen Fütterungsmaßnahmen, die auf hohen Proteinansatz innerhalb kurzer Zeit verbunden mit hoher Futterverwertung zielen, zu einer ähnlichen Prädisposition der Tiere. Dabei kann die genetische Veranlagung durch die genannten Fütterungsprogramme manifest werden. Begünstigende Fütterungsfaktoren sind beispielsweise eine hohe Energiekonzentration, ein weites Protein/Energie-Verhältnis oder pelletiertes Futter. Diese Fütterungsmaßnahmen stimulieren den Proteinansatz und erhöhen gleichzeitig den Sauerstoffbedarf der Tiere. Aus diesem Grunde ist auch verständlich, dass Mängel in der Stallbelüftung (erhöhte Kohlendioxid- und Ammoniakkonzentrationen) zu verstärkenden Faktoren werden können. Männliche Tiere reagieren aufgrund ihres höheren Proteinansatzvermögens gegenüber weiblichen anfälliger auf Unzulänglichkeiten in der Sauerstoffversorgung (genetisch-, haltungs- oder fütterungsbedingt).

In gefährdeten Beständen reduzieren daher alle Maßnahmen, die das Wachstum und damit den Proteinansatz verzögern (mehlförmiges Futter mit verringerter Energiekonzentration und engerem Protein/Energie-Verhältnis), das verstärkte Auftreten des Syndroms. Die Einhaltung der geforderten Stalluftparameter ist zu gewährleisten.

Weitere das Aszites-Syndrom begünstigende Ernährungsfaktoren sind u. a. ein überhöhter Kochsalzgehalt im Futter und Mykotoxinbelastung des Futters.

Malabsorptionssyndrom
(Kümmerwuchssyndrom, stunting syndrome, infectious stunting, helicopter disease)
Unter dem Malabsorptionssyndrom werden eine Vielzahl von Symptomen zusammengefasst, die mit Wachstumsdepression, Durchfall, Blässe, Beinschwäche und Federanomalien vorwiegend bei Broilern, aber auch bei Putenküken einhergehen. Die Ätiologie dieses Syndroms ist noch nicht eindeutig geklärt. Man geht aber heute davon aus, dass eine Infektion vorliegt, an der Bakterien wahrscheinlich nicht beteiligt sind. Die am häufigsten beobachteten Symptome sind ein unausgeglichenes Wachstum des Bestandes in einem sehr frühen Stadium (4 bis 7 Tage). Dabei ist der Kropf befallener Tiere stark erweitert, die Tiere zeigen exzessives Trink- und Fressverhalten. Begleitet werden diese Symptome von Durchfallerscheinungen. Unterschiede in der Befiederung befallener und nicht befallener Tiere äußern sich im Alter von 3 bis 4 Wochen in verzögertem Wachstum der primären Flügelfedern und unregelmäßig schiefen oder gewinkelten Federn, wodurch ein helikopterähnliches Aussehen der erkrankten Tiere zustandekommt. Hinzu können blasses Aussehen der Ständer sowie Beinschwäche kommen.

Da die ersten Symptome bereits in den ersten Lebenstagen auftreten, geht man heute davon aus, dass Störungen des Überganges von der Dottersackernährung zur exogenen Ernährung als prädisponierende Faktoren wirken. In dieser Zeit erfolgt die Anpassung der endogenen Enzymaktivitäten an die exogene Nährstoffzufuhr sowie die Ausbildung der aktiven Immunität bzw. Immunokompetenz. Wird dabei die Anpassungskapazität der Küken überschritten, kann dies infektionsbegünstigend wirken.

Eine Bekämpfung des Syndroms ist aufgrund der ungeklärten Ätiologie schwierig. Vielfach wurde über positive Wirkungen von Vitamin-A-, -D- und -E-Gaben über das Tränkwasser sowie über Antibiotikagaben berichtet. Auf eine entsprechende Haltungs- und Fütterungshygiene ist insbesondere in dieser Phase zu achten. Auch die Zeitspanne vom Schlupf der Küken bis zur Einstallung in den Mastbetrieb, kann sich nachteilig auf die genannten Anpassungsprozesse auswirken.

Plötzliches Herz-Kreislauf-Versagen
(sudden death syndrome, flip-over disease)
von Broilern
Bei diesem Syndrom sterben gut entwickelte, völlig gesund erscheinende Broiler plötzlich an Herz-Kreislauf-Versagen. Die Broiler liegen dabei meist auf dem Rücken mit nach oben gerichteten Beinen und weit gestrecktem Hals (Flip-over-Position). Über die Ätiologie dieser Krankheit, die bis zu 3 % des Gesamtbestandes betreffen kann, ist derzeitig wenig bekannt. Fest steht nur, dass eine ausgeprägte genetische (schnell wachsende Linien), geschlechtsspezifische (70 bis 80 % der betroffenen Broiler sind männlich) und altersbedingte (2. bis 5. Woche) Prädisposition vorliegt. Proteinmangel und überhöhter Fettgehalt der Ration sollen begünstigende Faktoren sein, wobei

der Art des Futterfettes eine Bedeutung zukommen soll. So sollen höhere Anteile essenzieller Fettsäuren im Futterfett das Auftreten des plötzlichen Herztodes begünstigen.

Als Prophylaxe in betroffenen Beständen kann eine Energie- und Nährstoffrestriktion in den ersten Lebenswochen mit dem Ziel eines verzögerten Anfangswachstums erfolgversprechend sein.

6 Besonderheiten der Fütterung unter den Bedingungen des ökologischen Landbaus

6.1 Anliegen des ökologischen Landbaus

Sowohl in Deutschland als auch in den anderen Mitgliedstaaten der Europäischen Union gibt es Bestrebungen, den Anteil der landwirtschaftlichen Primärprodukte aus dem ökologischen Landbau zu erhöhen. Übergeordnetes Ziel dieser Bewirtschaftungsform ist die Nachhaltigkeit der Produktion (ökologisch, ökonomisch, sozial), was einen schonenden Umgang mit den natürlichen Ressourcen bei geringer Belastung der Umwelt beinhaltet. Wichtiges Prinzip sind geschlossene betriebliche Nährstoffkreisläufe bei Verbesserung und Erhalt der Bodenfruchtbarkeit. Dies bedeutet, dass die Tierhaltung integrierter Bestandteil ökologisch bewirtschafteter Betriebe sein sollte und dass die Tierhaltung flächengebunden betrieben werden muss. Ferner werden Regeln der artgerechten Tierhaltung befolgt und die Fütterung ist nicht auf Höchstleistung, sondern auf Tiergesundheit und Qualitätsproduktion ausgerichtet. Diese Grundregeln sowie weitere Richtlinien für die tierische Erzeugung im ökologischen Landbau sind für die Staaten der Europäischen Union bindend in der Verordnung (EWG) Nr. 2092/91 sowie in Änderungen und fortgeschriebenen Fassungen dieser Verordnung niedergelegt. Den Mitgliedstaaten ist es dabei freigestellt, darüber hinaus weiterführende Verordnungen anzuwenden. Ebenso können Produktionsverbände nach strengeren Vorschriften vorgehen.

6.2 Fütterung und Futtermittel

Auch im ökologischen Landbau soll das Futter den ernährungsphysiologischen Bedarf der Tiere in den verschiedenen Entwicklungsstadien decken. Es wird dabei angestrebt, dass die Tiere nur ökologisch produzierte Futtermittel erhalten sollen. Da dies häufig noch nicht realisiert werden kann, gibt es zeitlich befristete Regelungen zu Höchstanteilen an konventionellen Futtermitteln (sofern in der Positivliste aufgeführt), die auf einen Zwölfmonatszeitraum bzw. auf die Lebenszeit und die Futtertrockenmasse bezogen sind. Diese Höchstanteile liegen beispielsweise bis Ende 2007 für Pflanzenfresser bei 5 % und für andere Tierarten bei 15 %. Für letztere soll bis 2010 ebenfalls ein Höchstanteil von 5 % realisiert werden.

Im Sinne einer artgerechten Fütterung wird für Pflanzenfresser gefordert, dass mindestens 60 % der Trockensubstanz der Tagesration aus frischem, getrocknetem oder siliertem Raufutter stammen. Schweinen und Geflügel ist neben der Tagesration ebenfalls Raufutter anzubieten.

Für junge Säugetiere ist festgelegt, dass sie in der ersten Entwicklungsphase auf Grundlage natürlicher Muttermilch ernährt werden. Der Mindestzeitraum für die Milchernährung beträgt für Rinder und Pferde drei Monate, für Schafe und Ziegen 45 Tage und für Schweine 40 Tage.

Die im ökologischen Landbau zugelassenen Futtermittel sind im Anhang II, Teil C der oben genannten Verordnung aufgeführt. Im Unterschied zur konventionellen Fütterung sind alle durch chemische Extraktion entstandenen Futtermittel, wie z. B. Soja-, Raps- oder Leinextraktionsschrot, nicht einsetzbar. Ferner dürfen Nicht-Protein-Stickstoffverbindungen und Futtermittel, die chemische Substanzen enthalten, nicht verwendet werden. Gentechnisch veränderte Organismen (GVO) und GVO-Derivate dürfen in keiner Form in der Fütterung eingesetzt werden.

6.3 Futterzusatzstoffe

Die im ökologischen Landbau einsetzbaren Zusatzstoffe sind im Anhang II, Teil D der Verordnung gelistet. Im Vergleich zur konventionellen Tierernährung gibt es im Wesentlichen folgende Restriktionen: das Verbot der Verwendung von synthetisch hergestellten Aminosäuren, von synthetisch hergestellten Vitaminen für Wiederkäuer und von Zusatzstoffen zur Verhütung von Kokzidiose und Histomoniasis.

6.4 Konsequenzen der Regelungen zur Fütterung

Generell können unter den Bedingungen des ökologischen Landbaus in der tierischen Produktion nicht die gleichen Leistungen wie unter konventionellen Bedingungen erreicht werden. Dies ist bei dieser Produktionsform durchaus beabsichtigt, führt aber zu erhöhten Produktionskosten und Preisen für den Verbraucher. Die Gründe für die niedrigeren Leistungen sind vielfältig, wie z. B. hohe Grundfutteranteile bei Wiederkäuern, verringerte Reproduktionsleistung durch lange Säugeperioden und Verwendungsbegrenzungen für Futtermittelausgangserzeugnisse und Zusatzstoffe.

Einige der Regelungen können zu kritischen Situationen in der Nährstoffversorgung der Tiere führen. So ist es insbesondere bei Junggeflügel schwierig, die Küken bedarfsgerecht mit Aminosäuren zu versorgen, ohne beispielsweise Sojaextraktionsschrot zu verwenden. Einheimische Rapsprodukte sowie Körnerleguminosen sind aufgrund ihres Gehaltes an antinutritiven Substanzen in ihrer Einsetzbarkeit stark eingeschränkt. Erschwert wird die Situation durch das gleichzeitige Verbot des Einsatzes von Aminosäuren. Dadurch wird auch die Verwertbarkeit der Futteraminosäuren eingeschränkt und die Stickstoffemission erhöht, was im Widerspruch zu dem ursprünglichen Anliegen, nämlich Schonung von Ressourcen und Umwelt, steht.

Kritisch müssen auch die Reglungen zur Verwendung von Vitaminen hinterfragt werden. So dürfen zwar naturidentische synthetische Vitamine für Monogastriden verwendet werden, nicht aber für Wiederkäuer. Da aber in Nordeuropa insbesondere während der Winterfütterung die Versorgung der Wiederkäuer mit den Vitaminen A, D und E nicht gewährleistet ist, sind Sonderregelungen zur Verwendung dieser Vitamine für Wiederkäuer angewendet worden, die aber einer behördlichen Genehmigung bedurften. Für diese Problematik muss zukünftig eine adäquate Lösung gefunden werden.

Problematisch ist sicher auch das Verbot des prophylaktischen Einsatzes von Kokzidiostatika und Histomonostatika. Früher haben Kokzidiose und Histomoniasis besonders in Beständen von Junggeflügel zu erheblichen Verlusten geführt. Durch den prophylaktischen und therapeutischen Einsatz von Kokzidiostatika und Histomonostatika haben diese Erkrankungen ihre wirtschaftliche Bedeutung verloren. Da unter alternativen Haltungssystemen für Geflügel bewährte Maßnahmen zur Reduzierung der Infektionsrisiken nicht mit gleicher Konsequenz durchführbar sind wie bei konventioneller Haltung, ist die diesbezügliche Belastung der Tiere erhöht. Auf diesen Konflikt wird seitens der Tierärzteschaft eindringlich aufmerksam gemacht.

Weiterführende Literatur

Arbeitskreis Futter und Fütterung (2002): Leistungs- und qualitätsgerechte Schweinefütterung. DLG-Information 1/2002, DLG-Verlag, Frankfurt a. M.

Arbeitskreis Futtermittelmikrobiologie der Fachgruppe VI (Futtermittel) des Verbandes Deutscher Landwirtschaftlicher Untersuchungs- und Forschungsanstalten (VDLUFA) (2002): Orientierungsschema zur Auswertung der Ergebnisse mikrobiologischer Untersuchungen zwecks Beurteilung von Futtermitteln nach § 7(3) Futtermittelgesetz. Stand: 12. Dezember 2002

Ausschuss für Bedarfsnormen der Gesellschaft für Ernährungsphysiologie (GfE). Energie- und Nährstoffbedarf landwirtschaftlicher Nutztiere. Nr. 1 Mineralstoffe (1978), Nr. 2 Pferde (1994), Nr. 6 Mastrinder (1995), Nr. 7 Legehennen und Masthühner (Broiler) (1999), Nr. 8 Milchkühe und Aufzuchtrinder (2001), Nr. 9 Goats (2003), Nr. 10 Schweine (2006). DLG-Verlag, Frankfurt am Main

BERGNER, H. und L. HOFFMANN (1996): Bioenergetik und Stoffproduktion landwirtschaftlicher Nutztiere. Harwood Academic Publishers, Amsterdam

BSAS [British Society of Animal Science] (2003): Nutrient Requirement Standards for Pigs. British Society of Animal Science, Penicuik, Midlothian, UK

BOSTEDT, H. und K. DEDIE (1996): Schaf- und Ziegenkrankheiten. 2. Aufl., Verlag Eugen Ulmer, Stuttgart

CLOSE, W. H. and D. J. A. COLE (2000): Nutrition of sows and boars. Nottingham University Press, Nottingham, UK

DEGUSSA AG (2006): AminoDat®3.0 – Gold

DEUTSCHE LANDWIRTSCHAFTS-GESELLSCHAFT: DLG-Futterwerttabellen – Mineralstoffgehalte (1970), Aminosäurengehalte (1976), Schweine (1991), Pferde (1995), Wiederkäuer (1997) – DLG-Verlag, Frankfurt am Main

DEUTSCHE LANDWIRTSCHAFTS-GESELLSCHAFT (1992): DLG-Mischfutter-Standards, Teil 2 für Rinder, Schafe, Pferde, Kaninchen, Geflügel und Fische

DLG-Information 2/1998: Futter- und Fütterungshygiene im landwirtschaftlichen Betrieb. Eine Information des DLG-Arbeitskreises Futter und Fütterung.

ENGELHARDT, W. v. und G. BREVES (2005): Physiologie der Haustiere. 2. Aufl., Enke-Verlag Stuttgart

FLACHOWSKY, G. (Herausgeber) (2006): Möglichkeiten der Dekontamination von „Unerwünschten Stoffen nach Anlage 5 der Futtermittelverordnung (2006)". Landbauforschung Völkenrode, Sonderheft 294

GfE (1996a): Energie-Bedarf von Schafen. Proc. Soc. Nutr. Physiol., 5, 149–152

GfE (1996a): Formeln zur Schätzung des Gehaltes an Umsetzbarer Energie und Nettoenergie-Laktation in Mischfuttern. Proc. Soc. Nutr. Physiol., 5, 153–155

GfE (1998): Formeln zur Schätzung des Gehaltes an Umsetzbarer Energie in Futtermitteln aus Aufwüchsen des Dauergrünlandes und Mais-Ganzpflanzen. Proc. Soc. Nutr. Physiol., 7, 141–150

GfE (1999): Empfehlungen zur Proteinversorgung von Aufzuchtkälbern. Proc. Soc. Nutr. Physiol., 8, 155–164

GfE (2001): Empfehlungen zur Energie- und Nährstoffversorgung der Milchkühe und Aufzuchtrinder. DLG-Verlag, Frankfurt am Main

GfE (2004): Empfehlungen zur Energie- und Nährstoffversorgung von Mastputen. Proc. Soc. Nutr. Physiol., 13, 199–233

GfE (2005): Standardised precaecal digestibility of amino acids in feedstuffs for pigs – methods and concepts. Proc. Soc. Nutr. Physiol. 14, 185–213

GfE (2006): Empfehlungen zur Energie- und Nährstoffversorgung von Schweinen. DLG-Verlag, Frankfurt am Main

HEIDER, G. und G. MONREAL (1992): Krankheiten des Wirtschaftsgeflügels. Band I und II. Gustav Fischer Verlag, Jena und Stuttgart

JAHRBUCH FÜR GEFLÜGELWIRTSCHAFT (1997 bis 2008), Verlag Eugen Ulmer, Stuttgart

JENTSCH, W., A. CHUDY and M. BEYER (2003): Rostock Feed Evaluation System. Plexus Verlag, Miltenberg-Frankfurt

JEROCH, H., G. FLACHOWSKY und F. WEISSBACH (1993): Futtermittelkunde. Gustav Fischer Verlag, Jena und Stuttgart

KAMPHUES, J., M. COENEN, E. KIENZLE, J. PALLAUF, O. SIMON und J. ZENTEK (2004): Supplemente zu Vorlesungen und Übungen in der Tierernährung. 10. Aufl., Verlag M. & H. Schaper Alfeld-Hannover

KERSTEN, J., H.-R. ROHDE und E. NEF (2004): Mischfutterherstellung, 2. Aufl., Agrimedia GmbH, Bergen/Dumme

KIRCHGESSNER, M. (2004): Tierernährung, 11. neu überarb. Aufl., DLG-Verlag, Frankfurt am Main

LANDESARBEITSKREIS „Futter und Fütterung" im Freistaat Sachsen (2005): Futtermittelspezifische Restriktionen – Rinder, Schafe, Ziegen, Pferde, Kaninchen, Schweine, Geflügel, 2. Aufl., stark erw. u. überarb., Offset-Druckerei Belgern GmbH, Belgern

LARBIER, M. and B. LECLERCQ (1994): Nutrition and Feeding of Poultry. Nothingham University Press

LEESON, S. and J. D. SUMMERS (2001): Scott's Nutrition of the Chicken. 4th ed. University Books, Guelph, Ontario, Canada

LENGERKEN, J. v. (2004) Qualität und Qualitätskontrolle bei Futtermitteln, Deutscher Fachverlag GmbH, Frankfurt am Main

LEWIS, L. D. (1996): Feeding and care of the horse. Williams & Wilkins, Baltimore, USA

LIEBENOW, H. und K. LIEBENOW (1993): Giftpflanzen, 4. Aufl., Gustav Fischer Verlag, Jena und Stuttgart

MEYER, H. und M. COENEN (2002): Pferdefütterung. 4. Auflage, Paray Verlag, Berlin

NATIONAL RESEARCH COUNCIL: Nutrient Requirements of Poultry, 9th rev. ed. 1994, Nutrient Requirements of Horses, 6th rev. ed. 2007, Nutritional Requirements of Dairy Cattle, 7th rev. ed. 2001, Nutrient Requirements of Swine, 10th rev. ed., 1998, Nutritional Requirements of Beef Cattle, 7th rev. ed., 2000, Nutritional Requirements of Small Ruminants: Sheep, Goats, Cervides, and New World Camelids 2007. National Academy Press, Washington, D.C.

NELSON, D. und M. COX (2001): Lehninger Biochemie. 3. Auflage, Springer-Verlag

Normenkommission für Einzelfuttermittel im Zentralausschuß der Deutschen Landwirtschaft (2007): Positivliste für Einzelfuttermittel. 6. Auflage. www.futtermittel.net

PAGAN, J.D. (2005): Advances in equine nutrition III. Nottingham University Press, Nottingham

PIATKOWSKI, B., H. GÜRTLER und J. VOIGT (1990): Grundzüge der Wiederkäuer-Ernährung. Gustav Fischer Verlag, Jena und Stuttgart

SCHOLTYSSEK, S. (1987): Geflügel. Verlag Eugen Ulmer, Stuttgart

Sub-Commitee on Mineral Requirements for Poultry of the Working Group No 2 of the European Federation of Branches of the WPSA (1984): Mineral requirement for poultry – Mineral requirements and recommendations for adult birds. World's Poultry Sience Journal 40, 183–187

Sub-Commitee on Mineral Requirements for Poultry of the Working Group No 2 of the European Federation of Branches of the WPSA (1985): Mineral requirements for poultry – Mineral requirements and recommendations for growing birds. World's Poultry Science Journal 41, 252–258

Sub-Commitee Energy of the Working Group Nr. 2 of the European Federation of Branches of the WPSA (1989): European Table of Energy Values for Poultry Feedstuffs. 3rd Edition. Ponsen u. Looijen bv, Wageningen, The Netherlands

ULBRICH, M., M. HOFFMANN und W. DROCHNER (2004): Fütterung und Tiergesundheit. Verlag Eugen Ulmer Stuttgart

Working Group No 2 of the European Federation of Branches of the WPSA (1992): European Amino Acid Table. 1st edition. Spelderholt Centre for Poultry Research and Information Services, Beekbergen, The Netherlands

Abkürzungen

AA, AS	Aminosäure(n)	dP	verdaulicher Phosphor
ADF	Saure Detergensfaser (acid detergent fibre)	EE	Rohfett (ether extract)
ADL	Saures Detergenslignin (acid detergent lignin)	EFA	Essenzielle Fettsäure(n)
		FCR	Futteraufwand (kg Futter/kg LMZ) (feed conversion rate)
Ala	Alanin	FFS	flüchtige Fettsäuren
AME_N	Scheinbare umsetzbare Energie, N-korregiert	FM	Frischmasse
		FMV	Futtermittelverordnung
ANF	Antinutritive Faktoren	FS	Fettsäuren
ARC	Agricultural Research Council (Großbritannien)	FTU	Phytaseeinheit
		GC	Gaschromatographie
Arg	Arginin	GE	Bruttoenergie (gross energy)
Asp	Asparagin	Gefl	Geflügel
Asp	Asparaginsäure	GfE	Gesellschaft für Ernährungswissenschaften
Asx	Asparagin oder Asparaginsäure		
BFS	bakteriell fermentierbare Substanz	GLC	Gas-Flüssigkeits-Chromatographie
BW	Biologische Wertigkeit	Gln	Glutamin
CA	Rohasche (crude ash)	Glu	Glutaminsäure
CCM	Corn cob mix	Glx	Glutamin oder Glutaminsäure
CF	Rohfaser (crude fibre)	Gly	Glycin
cfu	Koloniebildende Einheiten (colony forming unit)	GVE	Großvieheinheit
		GVO	gentechnisch veränderte Organismen
CP	Rohprotein (crude protein)	HDL	Lipoproteine mit hoher Dichte (high density lipoproteins)
Cys	Cystein		
DCF	verdauliche Rohfaser (digestible crude fibre)	His	Histidin
		HPLC	Hochleistungs(-druck)-Flüssigkeits-Chromatographie
DCP	verdauliches Rohprotein (digestible crude protein)		
		i. m.	intramuskulär
DE	Verdauliche Energie (digestible energy)	i. p.	intraperitoneal
		i. v.	intravenös
DEE	verdauliches Rohfett (digestible ether extract)	IE, I. U.	Internationale Einheit (International unit)
DLG	Deutsche Landwirtschafts-Gesellschaft	Ile	Isoleucin
		JH	Junghennen
DM	Trockensubstanz (dry matter)	k_f	Teilwirkungsgrad für Fettansatz
DMI	Trockensubstanzaufnahme (dry matter intake)	k_m	Teilwirkungsgrad für Erhaltung
		k_p	Teilwirkungsgrad für Proteinansatz
DNfE	verdauliche stickstofffreie Extraktstoffe (digestible nitrogen free extractives)	LDL	Lipoproteine mit geringer Dichte (low density lipoproteins)
		Leu	Leucin
DOM	Verdauliche organische Substanz (digestible organic matter)	LFGB	Lebensmittel- und Futtermittelgesetzbuch
		LH	Legehennen
DOMI	Aufnahme an verdaulicher organischer Substanz (digestible organic matter intake)	LM	Lebendmasse
		LMZ	Lebendmassezunahme

LW	Lebenswoche(n)	pcd CP	praecaecal verdauliches Rohprotein
Lys	Lysin	Pfd	Pferde
MAT	Milchaustauscher	Phe	Phenylalanin
MCP	umsetzbares Rohprotein (metabolizable crude protein)	PK	Pufferkapazität
		Pro	Prolin
ME	Umsetzbare Energie (metabolizable energy)	PUFA	mehrfach ungesättigte Fettsäuren (polyunsaturated fatty acids)
MEE	umsetzbares Rohfett (metabolizable ether extract)	r	Korrelationskoeffizient
		RIA	Radioimmunoassay
ME_N	Umsetzbare Energie, N-korrigiert	RNB	ruminale N-Bilanz
Met	Methionin	s. c.	subcutan
MNfE	umsetzbare stickstofffreie Extraktstoffe (metabolizable nitrogen free extractives)	SAA, SAS	schwefelhaltige Aminosäuren
		SCFA	kurzkettige Fettsäuren (short chain fatty acid)
MS	Massenspektrometrie	Schw	Schweine
n	Stichprobenumfang	SD	Standardabweichung
NAN	Nicht-Ammoniak-Stickstoff	SEM	Standardfehler des Mittelwertes
nRP/nXP	duodenal nutzbares Protein	Ser	Serin
NDF	Neutrale Detergensfaser (neutral detergent fibre)	STC	Stärke (starch)
		SUG, Z	Zucker (sugar)
NE	Nettoenergie	Thr	Threonin
NE_g	Nettoenergie für Wachstum	TRM	total mixed ration
NEL	Nettoenergie Laktation	Trp	Tryptophan
NE_m	Nettoenergie für Erhaltung	Tyr	Tyrosin
NfE	stickstofffreie Extraktstoffe (nitrogen free extractives)	UDP	im Pansen nicht abgebaute Proteine (undegraded proteins)
NPP	Nicht-Phytin-P	u. S.	ursprüngliche Substanz
NPU	Nettoproteinverwertung (net protein utilisation)	Val	Valin
		VLDL	Lipoproteine mit sehr geringer Dichte (very low density lipoproteins)
NRC	National Research Council (USA)		
NSP	Nicht-Stärke-Polysaccharide (non starch polysaccharides)	VQ	Verdauungsquotient
OM	Organische Substanz (organic matter)	$W^{0,75}$	Metabolische Körpermasse in $kg^{0,75}$
		Wdk	Wiederkäuer
pcd AA, AS	praecaecal verdauliche Aminosäuren	x	Mittelwert

Register

Abomasum 109
Acetat 119
Acetoacetat 51
Aceton 51
Acetonämie 51
Acetylcholin 102, 116
Acetyl-CoA 49f., 53, 55, 100
Acidose 463
– metabolische 72
Ackerbohnen 206, 460
– Einsatzempfehlungen 208
Adenosinmonophosphat (AMP) 28
Adenosintriphosphat (ATP) 28f.
Adenosylmethionin 43
ADF (acid detergent fibre) 33
Adipozyten 24
ADL (acid detergent lignin) 33
Adlerfarn 173, 176
Adrenalin 41, 43, 58
Aflatoxin B_1 228f., 304, 308, 364
aktiver Transport 128
Alanin 25
Aldehydzahl 245
Alkaloide 174
Alkalose 463
alkoholische Gärung 53
Alkylresorcinole 197
Allantoin 44, 235
Alleinfuttermittel 259, 351, 499
allosterische Hemmung 36
Alternariol 305
Amadori-Umwandlung 157
Ameisensäure 272
Amine 41
Aminoacyl-tRNA 45
γ-Aminobuttersäure (GABA) 41
Aminopeptidasen 115
Aminosäuren 25, 34, 63, 128, 252
– aliphatische 25
– aromatische 26
– basische 26
– Ergänzungswirkungen 156
– erstlimitierende 160
– essentielle 26
– freie 40
– glucoplastische/glucogene 41f.
– heterozyklische 26
– Hydroxyanaloga 252
– Imbalanz 107, 160
– ketogene 41
– ketoplastische/ketogene 42
– limitierende 155, 157
– nichtessentielle 26
– praecaecale Verdaulichkeit 160, 200, 324, 333, 338
– proteingebundene 40
– protelnogene 25
– saure 26
– schwefelhaltige 496
– semiessentielle 26
– Toxizität 161

Aminosäurenantagonismus 161
Aminosäurenbedarf
– Bestimmung 159
– Geflügel 500ff.
– laktierende Sau 375f.
– Schweine 337ff.
Aminosäurengehalt in Futtermitteln 324ff.
Aminoxidase 79
Ammoniakemissionen 365
Ammoniakkonzentration im Pansen 121
Ammoniumsalze 253
Ampholyte 25
Amtliche Futtermittelüberwachung 168
Amylase 114, 116f., 221, 254
Amylopectin 18
Amylose 18
Anabolismus 38
Androgene 59
Angustifolin 206
Animal protein factor 101
anomeres C-Atom 16
Anschoppungen 383, 419
Antibiotika 62
– Resistenz 62
Antigene 60f.
Antihistomoniaka 499
Antikörper 60
antinutritive Inhaltsstoffe 173f., 206, 229
Antioxidanzien 23, 94, 245, 499
antithyreoidale Substanzen 81
Antivitamine 88, 207
Apoenzym 2
Apoliporotein B 129
Apotransferrin 77
Appetit 103
Arabinose 16
Arabinoxylane 19, 20, 253
Arachidonsäure 21ff.
Arachinsäure 22
Arginin 44
Argininosuccinat 44
Aromastoffe 250
– in Milchaustauschern 393
artgerechte Tierhaltung 541
Ascorbinsäure 101
Asparagin 26
Asparaginsäure 26, 43, 45
Aspergillus, Mycotoxine 303
Atmungskette 56, 86
ATP-Synthase 56, 134
Aufzuchtkälber 398
– Ergänzungsfuttermittel 402
– Rohfasergehalt 401
– Milchaustauscher, Standard 401
– Versorgungsempfehlungen 400
– Vollmilchaufzucht 402
Auswuchsgetreide 200

Autoklavieren 288
Autophagie 45
Avidin 100
Avitaminosen 36, 88

Back- und Teigwarenindustrie, Nebenprodukte 248
bakteriell fermentierbaren Substanzen 150
Bakterienarten des Panseninhalts 118
Bakterien 61
– cellulolytische 118
Ballaststoffe 105
Bananenkrankheit 361
Bankivahuhn 486
Barrenwetzen 385
Bataten 192
Baumwollsaat 224, 229
Baumwollsaatextraktionsschrot 460
– Einsatzempfehlungen 230
Begleitelemente 64
Behensäure 22
Belüftungstrocknung 278
Benzoesäure 272
Beriberi 87f.
β-Glucanasen 253
β-Hydroxybuttersäure 51
Betain 190
β-Oxidation 49
Beta-Rüben 190
– Lagerung 280
Bierbrauerei, Nebenprodukte 221
Bierhefe 222, 235
Biertreber 438
– Einsatzempfehlungen 223
– Silierung 275
Bindemittel 250
Biodieselerzeugung 224
– Nebenprodukte 230
Bioethanol 219
biogene Amine 41, 125
biologische Fütterung 435
biologische Wertigkeit (BW) 156
Biomasseproduktion 235
Biotin 36, 99
Biuret 253, 459
Blättermagen 109
Blauer Eisenhut 177
Blausäure 228
Blutgerinnung 96
Bodentrocknung 276
Body condition score 373
– Rinder 413
Bombenkalorimeter 136
Bombesin 108
Börge 333, 350
Botulismus-Toxin 297
Brassica-Rüben 191
Brennerei, Nebenprodukte 219
Brenztraubensäure 53

Broiler
- Aminosäurenbedarf 494, 500
- CCM-Silage, Beifütterung 528
- Futteraufnahme 495
- Fütterungsprogramme 527
- Getreidebeifütterung 528
- Körperzusammensetzung 526
- Kurzmast 527
- plötzliches Herz-Kreislauf-Versagen 540
- verlängerte Mast 527
- Rohprotein-Energie-Verhältnis im Futter 494
Broilerzuchthennen
- Fütterungsprogramm 517, 519
- Leistungsparameter 518
- Lichtprogramm 517
Bruttoenergie (GE) 136, 152
BSE-Krise 237
Bt-Mais 256
Buchweizen 211
Bulk flow 126
Bullenmast
- Grassilage 456
- Grünfutter-Cobs (Briketts) 459
- Maissilage 453
- Pressschnitzel 457
- Rübenblattsilage 456
- Biertrebermast 460
- Fleischqualität 462
- Kraftfuttermast 459
- Maissilageverdrängung 453
- Schlempemast 460
Buttermilch 238
Buttersäurebildung 267
Butyrat 119
Bypassproteine 419
Bypassstärke 123

Ca/P-Verbindungen 425
Caecum 109
- Acidose 383
Calciferole 92
Calcitonin 58, 69
Calcium 68 ff.
- Oxalat 70
- Phytat 70
- Resorption 70
- Stoffwechselstörungen 71
- Calcium-bindendes Protein 93
- Homöostase des Calciumhaushalts 69
Capsanthin 533
Capsorubin 533
Carbamoylphosphat 44
Carbonsäureester 21
Carbonsäuren, kurzkettige 119
Carboxylierungsreaktionen 99
Carboxypeptidasen A und B 115
Carnitin 49, 360
Carotin 90, 183, 191
- β-Carotin 92, 173
Carotinoide 24, 203, 251, 499, 533
Ca-Seifen 426
Casein 115
Cassava 191
CCM-Silage 203 f.
CCN 97
Cellobiose 17
cellulolytische Bakterien 118
Cellulose 19

Cerebrocorticalnekrose (CCN) 97, 398, 463, 484
Chaconin 188 f.
Chastek-Paralyse 97
Chemical score 157
Chemorezptoren 108
Chlorid 75
chlorierte Kohlenwasserstoffe 418
Cholecalciferol 93
Cholecystokinin (CCK) 59, 105, 108, 116
Cholesterin 24, 93
Cholin 24, 43, 85, 101 f., 535
chronische Acidose 459
Chylomikronen 129
Chymosin 63, 114 f., 381
Chymotrypsin 111, 113, 115, 117
Citrat
Citratzyklus 39, 54 ff.
Citrinin 304
Citrullin 44
Claviceps purpurea 305
Clostridien 267
Cobalamin 80, 101
Cobalt 80, 447
- Höchstgehalte 252
Coenzym A (CoA) 36, 48, 100
Coenzyme 35 f.
Coeruloplasmin 77, 79
Colon 109
Cumarin 96, 174, 485
- Derivate 89
Cutin 184
cyanogene Glucoside 174, 189, 206, 211, 429
- Linostatin, Neolinostatin 229
Cyclopiazonsäure 304
Cystein 43, 76, 496
Cytochrom C 57
Cytochrom-C-Oxidase 57, 79

Dämpfen 288
Dampfflockung 288
Dampfsterilisation 288
Darmverluststickstoff (DVN) 130, 155
Dauergrünlandnutzung
- Koppelweide 440
- Mähstandweide 440
- Portionsweide 440
- Standweide 440
- Umtriebsweide 440
DCAB-Konzept 72
Decarboxylierung 41
7-Dehydrocholesterin 93
Denaturierung von Eiweißen 27
Denitrifikation 62
Deoxynivalenol (DON) 302, 306, 364
Desoxyribonucleasen 116
Desoxyribonucleinsäuren (DNA) 28
Detergenzienmethode 33, 184
Diabetes mellitus 60
Diacetoyscirpenol 303
Diätfuttermittel 165, 259
Dickdarm 109
- Azidose 375
- Durchfälle 363
- Keimkonzentrationen des Inhalts 124
- Kolik 383
Dicumarol 96

Differenzversuch 131
Diffusion 126
1,25-Dihydroxycalciferol 70, 93
15,15'-Dioxygenase 90, 92
Disaccharide 16
DLG-Gütezeichen 266
DNA Chips 61
Docosahexaensäure 22 f.
Dopamin 41, 43
Downer cow syndrome 445
Drüsenmagen 109
Dumas-Verfahren 31
Dünndarm 109
- Koliken 383
Duodenum 109
Durchflussprotein 121, 158
Dürrheubereitung 278
Dyschondroplasie 539

Eber, Nährstoffbedarf 359
Endotoxine 297
Ei
- Cholestringehalt 535
- Geruch/Geschmack 535
- Färbung des Dotters 533
- Inhaltsstoffe 534
- Qualität 533
- Schalenstabilität 533
Eicosapentaensäure (EPA) 22 f.
Eicosatetraensäure 23
Einzellerproteine 234
Eiprotcinvcrhältnis (EPV) 157
Eisen 447
- Höchstgehalte 252
- Mangel-Anämie 78
- Toxikosen 78
- Versorgung, Kälber 390
Eiweißkonzentrate 351
Elastase 115
Emulgatoren 250
Encephalomalazie 84, 95
endogener Harnstickstoff (EHN) 155
Endopeptidase 114
Endorphine 59
energetische Teilwirkungsgrade 137
energetische Verwertung, Effizienz 150
energetischer Erhaltungsbedarf 143
energetischer Futterwert 148, 153 f., 312 ff.
Energie
- Bruttoenergie (GE) 136
- Nettoenergie 137, 149 f.
- Nettoenergie Fett (NE_f) 151
- Nettoenergie Laktation (NEL) 420
- N-korrigierte umsetzbare (ME_N) 151
- umsetzbare (ME) 137, 149
- verdauliche (DE) 136, 149
Energiebedarf
- Aufzuchtkälber 399
- Jungrinder 408
- Kälber 386 ff.
- Lämmer 478
- Legehennen 488
- Mastbullen 449
- Mastgeflügel 493
- Milchkühe 420
- Mutterschafe 472
- Rennpferde 376

– Schafe 469
– Zuchtstuten 378
Energieumsatz 133
Energieumwandlungsstufen 136
Enterokinase 113
Enterotoxine 297
Entropie 134
Enzyme 35 ff., 63
– Nomenklatur 37
– pH-Optimum 37
– prosthetischen Gruppe 36
– Stereospezifität 35
– Substratspezifität 35
– Wirkungsspezifität 35
Epiphysiolysis 463
Erbsen 206
– Einsatzempfehlungen 208
Erbsenfuttermehl 215
Erbsenkleie 215
Erdnüsse 229
Erdnussschrot 460
Ergänzungsfutter 259, 499
– eiweißreich 351
Ergänzungsstoffe 249
Ergocalciferol (Vitamin D_2) 92
Ergosterol 92
Ergot-Alkaloide 305
Ergotismus 308
Erhaltungsbedarf 142
– energetischer 142
– Mastbullen 449
– Milchkühe 420
– Schweine 335
erleichterte Diffusion 126
Erstkalbealter 412
Erucasäure 244
Ethanol 53
Ethanolamin 24, 102
Eukaryonten 61
Exopeptidasen 115
Exotoxine 297
Expandieren 261, 289
Expeller 225
Exsudative Diathese 84, 95
Extraktionsschrote 225
– Rohproteingehalt 227
Extrawärme 137, 142
Extrinsic factor 101
Extrudieren 261, 289

FAD 36
Fagopyrin 211
Farbstoffe 251
Farnkrankheit 97
Färsenmast 465
Faserschicht Pansen 417 f.
Federnfressen 538
Federprotein 496
Feed-lot-Mast 459
Feldpilze 302
Ferkel 333
Ferkelaufzuchtfutter 344
Ferritin 77
Fette
– Abbau 47
– Butterfett, Streichfähigkeit 441
– Fettsäurenzusammensetzung 244
– Verdaulichkeit 245
– Schmelzpunkt 245
– Synthese 47
Fettansatz, Schweine 334
Fettgewebe 47

fettkorrigierte Milchleistung 422
Fettleber 102
fettreiche Samen, Einsatzempfehlungen 210
Fettsäuren 34
– Abbau 48
– aktivierte 49
– Autoxidation 245
– essenzielle 21
– flüchtige 21, 119
– kurzkettige 21
– mehrfach ungesättigte (PUFA) 22
– n-3 Fettsäuren 22
– n-6 Fettsäuren 22
– β-Oxidation 48
– Polymerisation 245
– Synthese 50
– trans-Fettsäuren 22, 122
Fettstoffwechsel, Regulation 51
Fettumsatz im Pansen 122
Fettverderb 23, 244
Fischlebermehle 240
Fischmehl 240, 535
– Einsatzempfehlungen 242
– Proteingehalt 241
Fischöle 240 f., 535
Fischpresssaft 240
Fish solubles 240
Flavinenzym 57
Flavoproteine 98
Fließstoffe 250
Flip-over-disease 540
Fluor 85
Flushing-Fütterung 472
FMN 36
Fohlen, Absetzen 382
Folsäure 36, 100
Fremdkörpererkrankung 443
Fresser 398
Fructofuranose 16
Fructose 16, 54
Fructose-1,6-biphosphat-Weg 52
Fructosidase 16
Frühlings-Adonisröschen 177
Fumarat 55
Fumonisine 303
Furanosen 16
Fusarenon X 303
Fusarien 175
– Mykotoxine 303
Fusarinsäure 304
Fusariochromanon 304
Fusarium-Toxine, Orientierungswerte 293
Futteraufnahmeregulation 103 ff.
– Regulationsebenen 104
Futterenzyme 253
Futterhygiene 364
Futterkonservierung 266 ff.
– Nährstoffverluste 280
Futtermehl 212
Futtermittel
– Analytik 29
– Definition 163, 165
– Einteilung 164
Futtermittelbearbeitung 281 ff.
Futtermittelbehandlung 284 ff.
Futtermittelbewertung
– umsetzbare Energie 150
– verdauliche Energie 149
– Nettoenergie Laktation (NEL) 152

Futtermittelgesetzgebung, Ziele 165
Futtermittelhygiene 292 ff.
Futtermittelhygieneverordnung 166
Futtermittelverderb 295
– abiotischer Verderb 295
– biotischer Verderb 295
– Milben 296
– Schimmelpilze 296
Futtermittelzusatzstoffe 167
– Kategorien 167, 249
– ernährungsphysiologische 251
Futterquark 238
Futterrüben 435
Futterstruktur 105
Futterwert, energetischer 153 f., 312 ff.
Futterzucker, Einsatzempfehlungen 233

Galactane 19
Galactomannane 235
Galactose 16, 54
β-Galactosidase 116
α-Galactoside 206
Galle 115
Gallensäuren 24, 116
Ganzpflanzen 179
Ganzpflanzensilage 437
Gartenbohnen 210
gastrale Signale 108
Gastrin 59, 105, 116, 369
Gebärparese (Milchfieber, Hypocalcämie) 71 f., 445
Gefleckter Schierling 176
Geflügel
– Aufbau des Verdauungstraktes 487
– Futterdosierung 499
– Futterformen 509
– Fütterung 486 ff.
– Höchstmengen Einzelfuttermittel 506
– Kannibalismus 538
– kombinierte Fütterung 499, 516
– Verwertung von N und P 536
Geflügelalleinfutter, Beispielrezepturen 510
Geflügelfütterung, Reduzierung der N- und P-Ausscheidung 537
Geflügelmischfuttermittel
– Aminosäurengehalt 500
– Linolsäuregehalt 504
– Mineralstoffgehalt 502
– Vitamingehalt 504
– Zusammensetzung 500
Gehaltsrüben 190
Gelbfettkrankheit 95
Gentechnisch veränderte Organismen (GVO) 193, 254, 262
Gentranskription 61
Gerste, Einsatzempfehlungen 201
Gerstenfuttermehl 215
Gerstenkleie 215
Gerstenschälkleie 215
Gerüstsubstanzen 184
Geschlechtsdimorphismus 527, 532
geschützte Fette 431
Gesetz zur Neuordnung des Lebensmittel- und Futtermittelrechts 164
Getreide/Getreidefrüchte 193

Getreide
- antinutritiven Inhaltsstoffe 196f.
- Einsatzempfehlungen 201
- erntefrisches 200
- Gehalt an Pentosanen 198
- Gehalt an β-Glucanen 198
- Lagerung 279
- Lysingehalt 199
- Nährstoffgehalt 194
- Phytaseaktivität 195
Getreideblattkäfer 296
Getreideganzpflanzen, Silierung 274
Getreidekorn, Aufbau 194
Getreideschlempe, Silierung 275
Getreidetrockenschlempe 221
Ghrelin 59, 108
Giftpflanzen 173, 176, 485
GIP (gastric inhibitory poplypeptid) 59
Glucagon 51, 58, 105
1,6-α-Glucosidase 116
Glucoamylase 116
Glucocorticoide 58
Glucogalactane 235
1-3,1-4-β-D-Glucane 19, 20, 34, 253
β-Glucan 32, 197, 202ff.
β-Glucanasen 63
Gluconeogenese 41, 42, 51, 54, 120, 123, 443
Glucopyranose 16
Glucose 16
- α-D-Glucose 17
- β-D-Glucose 17
- Mangel 443
- Transport 128
Glucose-6-phosphat-Dehydrogenase 54f.
Glucoside 174
Glucosinolate 81, 174, 189, 191, 225, 229, 429
Glutamin 26, 45
Glutaminsäure 26, 43
Glutathion 43
Glutathionperoxidase 83
Glycane 17
Glycerin 47, 54, 230
Glycerophospholipide 24
Glycin 25, 43, 45, 101, 116
Glycocalyx 113
Glycocholsäure 115
Glycogen 15, 18f.
Glycolyse 39, 52f.
α-glycosidische Bindung 17
β-glycosidische Bindug 17
Goitrin 535
Gossypol 228f.
Granulat-Futter 511
Gräser, Silierung 273, 436
Grießkleie 212
Grobfuttermittel 164
Grundfutterverdrängung 429
Grundumsatz 141
Grünfutter 168, 174
- Einsatzgrenzen 183
- Energiedichte und -ertrag 178f.
- Konservierung 183
- Mineralstoffgehalt 171
- Nährstofffraktionen 171ff.
- Nitrat/Nitrit 175
- Proteingehalt 170
- Rohfasergehalt 179

- Verdaulichkeit der organischen Substanz 178
- Vitamine 173
- Zuckergehalt 170
Grünlandaufwuchs
- Futterwert 180
- Leguminosen und Kräuter 181
- Naturschutzmaßnahmen 182

Hafer, Einsatzempfehlungen 202
Haferfutterflocken 214
Haferfuttermehl 215
Haferschälkleie 215
Hähne
- Ca-Bedarf 520
- Fütterungsempfehlungen 521
Hahnenfuß 176
Hämoglobin 76, 175
hämolytischer Ikterus 382
Hämosiderin 77
Harnröhrensteine 464
Harnsaufen 406, 459
Harnsäure 44, 235
Harnstoff 44, 253
- Fütterung 431, 459, 463
- Konservierung 460
Harnstoff-Zyklus 44
HAT-2 Toxin 302
Haube 109
25-Hydroxycholecalciferol 93
DL-2-Hydroxy-4-methyl-mercapto-Buttersäure 253
Hefen 61
- Einsatzempfehlungen 236
Heißlufttrocknung 278
Helicopter disease 540
Hemicellulosen 20, 184, 224
hepatische Signale 108
Herbstzeitlose 173, 177
Heringsöl 244
Heteroglycane 17
Heterophagie 45
heterotrophe Ernährungsweise 109
Heu 435
Heu/Hafer-Rationen 380
Hexamethylentetramin 272
Hexosen 15f.
Hirnrindennekrose 463
Hirse 202
Histamin 41, 43, 116
Histidin 26, 43, 101
Histomonostatika 250
Hohenheimer Futterwerttest 132
Holoenzym 36
Homoglycane 17
Hormone 57ff.
Hundesitzigkeit 361
Hunger 103f.
Hungerketose 443
Hungerzentrum 106
Hydroxylapatit 68
Hydroxylupanin 206
Hydroxyprolin 43
Hyperparathyreoidismus, sekundärer 446
Hyperthyreose 57
Hypervitaminose 88f.
- Hypervitaminose C 102
- Hypervitaminose D 94
Hypocalcaemie 445
Hypomagnesämie 74
hypomagnesämische Tetanie 74

Hypophosphatämie 72
Hypothyreose 81
Hypovitaminose 36, 88

Ideales Protein 161
Immunglobulin A 61
Immunglobuline 238, 342, 382
Immunsystem 60
- darmassoziiertes 60f.
Indikatormethode 131
Indikatormikroorganismen 299
Indikatororgane 68
Inosit 103
Insulin 51, 58, 82
intestinale Signale 108
intramuskuläres Fett 361
intraruminale Abbaubarkeit des Rohproteins 159
Intrinsic factor 101, 130
Inulin 19f., 192
Iod 81, 242, 447
- Höchstgehalte 252
Iodperoxidase 81
Iod-Stärke-Reaktion 18
Iodzahl 23f.
Isobutylidendiharnstoff 253, 459
Isocitrat 55
isoelektrischer Punkt 25
Isoflavone 174, 485
Isoleucin 25
Isomaltase 116
Isomaltose 17
Isothiocyanate 342

Jejunum 109
Jet-Sploding 288
Johanniskraut 177
Junghennen
- Beleuchtungsprogramm 513
- Fütterungsprogramm 512
Jungrinder 406
- Beispielrationen 414
- Ergänzungsfuttermittel 415
- Grundfutteraufnahme 413
- Laufstallhaltung 412
- Weidehaltung 412
Jungsauenfütterung 351ff.

Kachexie 443
Käfigmüdigkeit 539
Käfigparalyse 539
Kälber 385
- Aufzucht mit Kalttränke 405
- Diättränken 398
- Frühabsetzen 405
- Magermilchaufzucht 404
- MAT-Automatentränken 404
- MAT Standard 401
- Milchaustauscheraufzucht 403
- Silagefütterung 406
- Vormägenentwicklung 386
- Wasserzufuhr 405
Kälberdurchfälle 396
Kälberfütterung, Kolostrum 386
Kälbermast
- Schlachtkörperqualität 395
- Tränkplan 393
- Vollmilchmast 394
Kalium 75
Kalorimetrie 138
Kartoffelfruchtwasserkonzentrat 218

Kartoffeln 187
- antinutritiven Substanzen 188
- Lagerung 279
Kartoffelprotein, biologische Wertigkeit 187
Kartoffelstärke 187
- Verdaulichkeit 188
Kartoffeltrockeneiweiß 218
Katabolismus 38
Kauaktivität 416
kaufähiges Raufutter 21, 368
Kauschlagzahlen Rinder 416
Keimgruppen in Futtermitteln, Orientierungswerte 300
Keimreduzierung 289
α-Ketoglutarat 55
Ketonämie 51
Ketonkörper 51f., 107, 443
Ketose 51, 123, 443, 473, 484
- Prophylaxe 443
Kieselsäure 184
Kjeldahl-Verfahren 31
Klebereiweiß 194
Kleie 212
Knallgasreaktion 56
Knollen und Wurzeln, antinutritive Inhaltsstoffe 189
Kodex für Mischfutter 266
Kohlanämie 191
Kohlenhydrate 15, 52
Kohlenhydratumsatz im Pansen 119
Kohlrübe 191
Kokosfett 244
Kokoskuchen, Einsatzempfehlungen 230
Kokzidiostatika 250, 499
Kolik 370
Kolostralmilch/ Kolostrum 238, 342, 382, 386, 472
kombinierte Fütterung 528
kompensatorisches Wachstum 525
kompetitive Hemmung 36
konjugierten Linolsäure 22
Konservierung von Grünfutter 182
Konservierungsmittel 250, 268
Konservierungsverfahren 183
Konzentrate 164
Koppen 385
Kopra 225
Koprophagie 125
Körnerfutter 499
Körnerleguminosen 205
- antinutritive Inhaltsstoffe 206
- Einsatzempfehlungen 209
- Proteinqualität 208
Kornkäfer 296
Körperfett, Fettsäuremuster 361
Kräuter 171, 251
Kreatin 43
Krebs-Zyklus 56
Kreuzkraut 173, 177
Kreuzverschlag (Lumbago) 384
Kropfbildung 81
Kuhmilch
- Energiegehalt 421
- Nährstoffgehalt 421
Küken-Frühsterblichkeit 538
Kümmerwuchssyndrom 540
Kupfer 79, 447
- Höchstgehalte 252
- Metalloenzyme 79
- Toxizität 80

Labferment 115
Labmagen 109
- Geschwüre 406
- Verlagerung 419, 434, 445
Labmolke 238
Labproteinfällung 385
Lactase 116
- Aktivität 116
Lactat 53
Lactatacidose 444
Lactoferrin 77
Lactose 17
- Unverträglichkeit 116
Lagerpilze 306
Laktase 381
Lämmer
- Absetzlämmermast 482
- Aufzucht 478
- Intensivmast 480
- Milchmast 480
- Schlachtreife 480
Laurinsäure 22
Lebernekrose 84
Lecithin 24, 102
Lecksucht 75, 80
Lectine 206, 210
Leerkörpermasse 334
Legehennen
- Bedarf essenzieller Aminosäuren 490, 492, 500
- Ca-Bedarf 496
- Fettleber-Hämorrhagie-Syndrom 539
- Futteraufnahme 489
- Mineralstoffbedarf 502
- Luxuskonsum 514
- Osteoporose 439
- Phasenfütterung 514
- Vitaminbedarf 497, 504
- Leistungsparameter, Legehybriden 512, 514
Leguminosen 171
Leguminosensamen 193
Leinextraktionsschrot, Einsatzempfehlungen 230
Leinsaatöl 244
Leinsamen 210, 229
Leistungsbedarf 144
- Mastbullen 449
- Milchkühe 421
Leistungsförderer 63
Leitaminosäure 339
Leptin 59, 188f.
Leucin 25
Lieschkolbenschrotsilage 204
Lignin 20, 184
Lignocerinsäure 22
Lignocellulose 119
limitierende Aminosäuren 199
Linamarin 192
α-Linolensäure 497
Linolensäure 21f.
α-Linolsäure 23
Linolsäure 21f., 203, 497, 534
Lipase 117, 254
Lipide 21, 47
Lipopolysaccharide 297, 383
Lipoprotein 129
lipostatische Signale 108
Listeriose 484
L-Malat 55
Löserdürre 445

Lotaustralin 189, 192
Lupanin 206
Lupinen 206
Lupinin 206
Lutein 533
Luxuskonsum, Legehennen 514
Luzerne 172
Lymphozyten 60
Lysin 157, 346
- Bedarf Sauen 357
- Leitaminosäure 339
- praecaecal verdauliches 339
- verfügbares 158
Lysosomen 45
Lysyloxidase 79

Magenkathepsin 114
Magenlipase 114
Magenulcera 362
Magerfleischanteil 361
Magermilch 238
Magermilchpulver 238
Magnesium 73
- Resorption 73
Maillard-Reaktion 157, 363
Mais, Einsatzempfehlungen 202
Maisganzpflanzen, Silierung 274
Maiskeimöl 244
Maiskleber 215
Maiskleberfutter 216
Maiskolbenfuttermittel 202
Maiskolbenschrotsilage 204
Maisquellwasser 215
Maissilage 436
- Qualität 455
Malabsorptionssyndrom 540
Malonyl-CoA 50
Maltase 116
Maltose 17
Malvaliasäure 229, 244
Mälzen 221
Malzkeime 222
- Einsatzempfehlungen 223
Mangan 82, 447
- Höchstgehalte 252
Maniok 191
Mannane 19
Mash 375
Massenrübe 190
Mastbullen 448
- Fettansatz 449
- LM-Zunahme 448
- Mineralfutter 456
- Proteinansatz 448
- Weidemast 460
Mastenten 532ff
Mastgänse 530ff
- Fütterungsprogramme 531
- Intensivmast 530 532
- Schnellmast 532
- Weidemast 530 532
Mastgeflügel
- Beinschäden/Skelettveränderungen 439
- kompensatorisches Wachstum 525
- Leistungsdaten 524
- Schlachtkörper-/Fleischqualität 535
Masthühner s. Broiler 527
Mastputen 529
- Phasenfütterung 529

Mastschweine, LM-Zunahme 346
Maulbeerherz-Krankheit 84, 361
Mechanorezeptoren 105
Mehlfutter 509
Mehlmüllerei, Nebenprodukte 212
Mekonium 381
Melanin 43
Melasse 231, 268
– Einsatzempfehlungen 233
Melassefuttermittel 259
melassierte Trockenschnitzel 231
Melatonin 59, 95
Mengenelemente 64, 68 ff.
– Bedarf Milchkühe 425
– Bedarf Schweine 340
– unvermeidliche Verluste 341
Messenger RNA; mRNA 28
metabolische Körpergröße 142, 335
metabolische Wärme 142
Metalloenzyme 76
Methämoglobin 175
Methan 119
Methanbildung, Energieverlust 120
Methionin 24, 42 f., 76, 101, 496
Methylierungsreaktionen 43
Mikrobenproteinsynthese (MP) 158
mikrobielle Eubiose 431
mikrobielles Protein im Pansen 410, 424
Mikronisieren 288
Mikroorganismen (Probiotika) 254
Mikroorganismen 61 f.
Milch
– Geschmacksbeeinflussung 191, 442
– Harnstoffgehalt 441
– Keimgehalt 442
– Qualität 441
– Verarbeitung 238
– Vitamingehalt 442
Milchaustauscher 238, 392
– für Aufzuchtkälber, Standard 401
– für Lämmer 479
Milchaustauscherfütterung, Mängel 397
Milchfieber 71 f., 445
Milchkühe 415
– Ausgleichsfutter 434
– Fettzufuhr 431
– Futteraufnahmekapazität 416
– Konzentratgaben 431
– Milchleistung 420
– Rationsgestaltung 429
– Rationstypen 435
– Rohproteinbedarf am Duodenum 423
– Sockelbedarf 434
– Speichelbildung 416
– TMR-Fütterung 433
– Trockenmasseaufnahme 423
– Weidehaltung 439
Milchleistung der Sau 343
Milchleistungsfutter 438
Milchprodukte Einsatzempfehlungen 239
Milchproteinverhältnis (MPV) 157
Milchpulver 392
Milchsäure 267
Milchsäurebakterien 267
– Impfkulturen 273
Milchsäurebildung 53

Milchsäuregärung
– heterofermentative 62, 267
– homofermentative 62, 267
Milocorn 203
Mimosin 429
Mineralcorticoide 58
Mineralfuttermittel 259, 351
Mineralstoffbedarf 65
– Bruttobedarf 65
– Geflügel 502 f.
– Jungrinder 410
– Mastbullen 451
– Mastkälber 390
– Minimalbedarf 65
– Nettobedarf 65
– Optimalbedarf 65
– Schafe 470
Mineralstoffe 34, 64 ff.
– Diagnose des Versorgungsstatus 68
– Homöostase 66
– sekundärer Mangel 66
– Toxikosen 67
– Versorgungsstatus 66
– Versorgungsstatus 67
– Verwertbarkeit 65
– Gehalt von Futtermitteln 327 ff.
– Mangel 67
Mischfuttermittel 257
– amtliche Futtermittelüberwachung 265
– Anforderungen 261
– Deklaration 262
– Eigenkontrolle 265
– Herstellung 260
– Schätzformeln, energetischer Futterwert 264
Mitochondrien 48 f., 56
Mizellen 129
MMA-Komplex 356, 362
Mohrrüben 191
Molkenproteine 392
Molkenpulver 238
Molybdän 85
Molybdänose 85
Monacoline 305
Moniliformin 303
Monosaccharide 15
Moschusenten 532
Muskeldystrophie 84, 95
Muskelnekrosen 361
Mutterkorn 305, 307, 364
Mutterkuh-Ammenkuh-Aufzucht 405
Mutterkuhhaltung, Jungrindermast 464
Mycophenolsäure 305
Mykotoxinbildner 302 ff.
Mykotoxine 173, 229, 302 ff., 355
– Orientierungswerte in Futtermitteln 310
– Dekontamination 310
Myoglobin 76
Myristinsäure 22
Myrosinase 225

Nachhaltigkeit der Produktion 541
Nachmehl 212
Nachtblindheit 88, 92
NAD 36
NADH 56 f., 57
NADP 36

NADPH 50, 54
Nährstoffgehalt in Futtermitteln 312 ff.
Nährstoffimbalanzen, Pansenfunktion 418
Nährstofftransport, aktiver, passiver 126
Nährstoffverdaulichkeit 130
– Einflussfaktoren 286
Nahrungsaufnahme 104
Na-Intoxikation 405
– Mastkälber 390
Naphthochinonderivate 95
Natrium 75
Natriumgradienten 128
NDF (neutral detergent fibre) 33
Nebenprodukte der Stärkeherstellung, Einsatzempfehlungen 217, 219
Nervonsäure 22
Nettoenergie Laktation (NEL) 420
Nettoenergie 137, 149 f.
Nettoproteinverwertung (NPU) 156
Netzmagen 109
Neuropeptid Y 108
Neurotensin 105
neutrale Detergenzienfaser 184
Neutralfette 21
Niacin 99
Nichtkompetitive Hemmung 36
Nichtphytin-Phosphor (NPP) 327 ff., 497
Nicht-Protein-Stickstoff (NPN)-Verbindungen 31, 121, 253
Nichtstärke-Polysaccharide (NSP) 19, 198
Nickel 85
Nicotinsäure 36, 99
Nicotinsäureamid 43, 99
Nitratgehalt in Grünfutterpflanzen 171
Nitrile 429
Nitrit 272
Nivalenol 302
N-korrigierte umsetzbaren Energie (ME_N) 151
Noradrenalin 41, 43, 58
NPU-Wert 156
NSP-hydrolysierende Enzyme 253
Nucleinsäuren 28, 235
Nutrigenomik 61
nutzbares Rohprotein am Duodenum (nRp) 158, 423
Nutzgeflügel 486
Nylonbeuteltechnik 132

Obstverarbeitung, Nebenprodukte 224
Ochratoxin A 305
Ochsenmast 465
Octadecatriensäure 23
ökologischer Landbau, Besonderheiten der Fütterung 541
ölhaltige Samen 193
Oligopeptide 27
Oligosaccharide 16 f.
– Raffinosegruppe 228
Ölindustrie, Nebenprodukte 224
Ölkuchen 225
ölreiche Samen 210
Ölsäure 22
Omasus 109

Omega-3-Fettsäuren 534
organische Säuren 250
organische Substanz 31
Ornithin 44
Ornithinzyklus 44
Osmose 126
Osteomalazie 72, 94
Osteopathien 539
Osteoporose 72, 539
Östrogene 59
Oxalacetat 51, 55f., 175, 443
Oxalsäure 190
Oxidationsstabilität des Fettes 361
oxidative Desaminierung 40
oxidativen Phosphorylierung 39
Oxidoreduktasen 56
Oxtadecadiensäure 23
Oxytocin 59

P/O-Quotient 57
Palmitinsäure 22
Palmitoleinsäure 22
Palmkernkuchen, Einsatzempfehlungen 230
Pankreasamylase 187
Pankreasenzyme 115
Pankreaslipase 115
Pankreozymin 59, 115
Pansen
– Acidose 118, 395, 444, 484
– Alkalose 121, 444
– Ammoniakkonzentration 121
– Atonie 443
– Blähung 445, 463
– Fäulnis 445
– Fasermatte 417f.
– Fettumsatz 122
– Funktion 417
– Gesamtkeimzahl Panseninhalt 118
– Kohlenhydratumsatz 119
– mikrobielles Protein 410, 424
– Nährstoffimbalanzen, Pansenfunktion 418
– pH-Wert 444
– Protein- und Stickstoffumsatz 121
– Tympanie 484
– Übersäuerung 406
– Volumen Schafe 468
Pantethein 100
Pantothensäure 36, 48, 100
Paracasein 115
Parakeratose 83, 363
Parathormon 58
Parathormon 69f
Patulin 305
Pectine 19f., 224, 232
Pekingenten 532
Pelagra 99
Pellet-Futter 511
Pelletieren 261, 289
Penicillium, Mykotoxine 305
Pentosane 19, 32, 34, 197, 204·
Pentosen 15f., 54
Pentosephosphatzyklus, -weg 50, 54
Pepsin 37, 111, 113f., 369
Peptidbindung 27
Peptide 27, 128
Peptidhormone 27
perniziose Anämie 101
Perosis 102, 539
Peroxidbildung 95
Peroxidzahl 245

PER-Wert 155
Pferd
– Verdauungsprozesse 371
– Kraftfuttergaben 375
– Dickdarmverdauung 369ff.
– Durchfallerkrankungen 384
– Energiebedarf für Bewegung 374
– Erhaltungsbedarf 372
– Fehlgärungen im Magen 383
– Futteraufnahmezeit 368
– Hyperlipidämie 384
– Koliken 383
– Krippenfutter 369
– Natriumbedarf 374
– pH-Absenkung im Magen 369
– Schweißverluste 374
– Stärkeverdaulichkeit 369
Pferdefütterung 367ff.
– Fohlen 381
– Hengste 380
– Reit- und Sportpferde 373
– Rennpferde 376
– Zuchtstuten 378
pflanzliche Gerüstsubstanzen 19, 32
Phasenfütterung 349, 352, 365, 514, 527, 537
Phaseolunation 189
Phaseolus-Arten 206
Phenylalanin 26, 43
Phosphoenolpyruvat 54
Phospholipide 24
Phosphor 68ff.
– Resorption 70
– verdaulicher 340
– Reduktion der Ausscheidung 366
Phosphorylierung, oxidative 56f.
photosensibilisierende Substanzen 175
Phyllochinon 57
Phytase 63, 70, 254, 342, 366
– Aktivität 195
– Einsatz 537
Phytat-P 289, 497
Phytinsäure 70, 83, 193, 197, 207, 229, 254
Phytobezoare 384
Phytöstrogene 485
Pilze 119
Pilztoxine 201
Pinozytose 127
plötzlicher Herztod 361
Polygalacturonsäure 20
Polypeptide 27
Polysaccharide 17
praecaecale Verdaulichkeit 324ff.
Pressschlempe 221
Pressschnitzel 231
Probennahme 29
Probiotika 63, 254
– in Milchaustauschern 393
produktspezifische Mikroflora 297
Proenzyme, Aktivierung 112
Progesteron 59
Prokaryonten 61
Prolin 26, 43
Propionat 119, 443
Propionsäure 120, 272
Proteaseinhibitoren 189, 197, 206
Proteasen 254
Proteasomen 46
Protein- und Stickstoffumsatz im Pansen 121

Proteinabbau, intrazellulärer 45
Proteinansatz 46
– Schweine 334
Proteinbedarf
– Jungrinder 409
– Kälber 389
– Lämmer 478
– Legehennen 490
– Mastbullen 450
– Mastgeflügel 493
– Milchkühe 422
– Mutterschafe 473
– Schafe 469
Proteinbewertung für Wiederkäuer 158
Proteine 24, 27
– biologische Funktionen 27f.
– Primärstruktur 27
– Raumstrukturen 27
Proteinkenndaten von Futtermitteln 312ff.
Proteinschädigung 289
Proteinsynthese 45
Proteinturnover 40
Proteinumsatz 40, 45, 46
Proteinverdaulichkeit, praecaecale 324ff.
Proteolyse, limitierte 47, 112
Protozoen 119
Proventriculus 109
Prozesswärme 142
Psalter 109
Psalteranschoppung 445
Ptyalin 114
Puffen 288
Pufferkapazität 25, 269
Pülpe 218
Purinring 45
Purinsynthese 101
Pyranosen 16
Pyridoxal-5-phsophat 41
Pyridoxalphosphat (PALP) 36, 98
Pyridoxin (Vitamin B_6) 36, 98
Pyrimidinglucoside 206
Pyrosulfit 272
Pyruvat 52f., 62, 119f.
Pyruvatdehydrogenase 53f.

Qualität von Nahrungsproteinen 155

Rachitis 72, 88, 94, 539
Raffinosegruppe 228
Rapsextraktionsschrot 227, 460
– Einsatzempfehlungen 230
Rapskuchen 227
– Einsatzempfehlungen 230
Rapsöl 244
Rapssamen 224, 229
Rasenmähergras 419
Rectum 109
Rehe 383
Reinasche 31
Reis 203
Reiskäfer 296
Renin 115
Renin-Angiotensin-System 75
Resorption 125, 128
– aktiver Transport 128
– Aminosäuren 128
– Diffusion 126
– kurzkettige Fettsäuren 127

- Lipide 129
- Monosaccaride 128
- Nukleinsäuren 130
- Osmose 126
- Peptide 128
- Solvent drag 126
- Vitamine 130
Respirationskammer 139
respiratorischer Quotient (RQ) 138
ressourcenschonende Fütterung 365
Restriktionsfütterung 516
Reticulum 109
Retinylpalmitat 91
Rhodopsin 91
Riboflavin (Vitamin B_2) 36, 98
Ribonucleinsäuren (RNA) 28, 116
Ribose 16
ribosomale RNA (rRNA) 28
Rinderfütterung 385 ff.
Rindertalg 22, 244
Roggen, Einsatzempfehlungen 204
Rohasche 31
Rohfaser 32
- Gehalt im Schweinefutter 333
- pansenmotorisch wirksame 105
Rohfett 31
Rohprotein 31
- praecaecal verdauliches 340
Rohwasser 30
Roquefortin C 305
Rotklee-Gras 172
Rübenblattsilage 435
Rumenitiden 459
rumenohepatischer Kreislauf 121, 158
ruminale Abbaubarkeit des Futterproteins 171
ruminale N-Bilanz (RNB) 158 f., 424

Saccharaseaktivität 116
Saccharose 17, 231
Salzsäurebildung 114
Saponin 190, 175, 206, 418, 429, 484
Sättigung 103
Sättigungszentrum 106
Sauen
- Alleinfuttermittel 355
- Milchleistung 356
- Mobilisierung von Lebendmasse 354
- Versorgungsempfehlung Laktation 357
- Wasserbedarf 359
Sauenfütterung
- Laktation 356 ff.
- Trächtigkeit 352 ff.
Sauermolke 238
Saugferkel, Ergänzungsfutter 343, 356
Säurezahl 245
Schafe
- Cu-Toleranz 471
- Futterselektion 167
- Flushing-Fütterung 472
- Grünfutter DM-Aufnahme 475
- strukturiertes Grundfutter 471
- Wiederkaudauer 471
Schaffütterung 467 ff.
Schafmilch 470, 474
Schälkleie 213
Schälmüllerei, Nebenprodukte 214

Scharfer Hahnenfuß 173
Schattenpreis 260
Schätzgleichungen 153 f.
- Grundfuttermittel für Wiederkäuer 154
- Mischfuttermittel für Geflügel 154
- Mischfuttermittel für Rinder 154
- Mischfuttermittel für Schweine 154
Schiffsche Base 157
Schilfer 225
Schimmelpilze 61
Schlempe 219, 437
- Einsatzempfehlungen 220
- Schlempehusten 221
- Schlempemauke 221
Schlundrinne 110
Schlundrinnenreflex 385
- Dysfunktionen 406
Schwarz-Zungen-Krankheit 99
Schwefel 76
schwefelhaltige Aminosäuren 496
Schweine
- Durchfallerkrankungen 362
- Fütterung 332 ff.
- Nährstoffmangel 363
- untere kritische Temperatur 336
Schweinemast
- Alleinfuttermittel 347
- Fütterungstechnik 350
- Wasserversorgung 350
Schweineschmalz 22, 244
Schwermetalle 441
Secretin 59, 105, 115 f.
Selen 83, 94, 242, 361, 374, 377, 447
- Höchstgehalte 252
- Mangelkrankheiten 84
- Toxizität 84
Senföle 429
sensorische Zusatzstoffe 250
Serin 25, 43, 101
Serotonin 41, 43, 59
Silage
- Gärqualität 277
- Nacherwärmung 269
- Verderb 268
- Vergärbarkeit 269 f.
Siliermittel 268, 271
Silierung 266 ff.
- Fermentationsverlauf 267
Sinapin 229, 287, 535
Single cell protein (SCP) 234
Skip-a-day-Methode 516
Skorbut 87 f., 102
S-Methyl-Cystein 429
Sojabohnen 224, 229
Sojaextraktionsschrot 227, 460
Sojaöl 22, 244
Solanin 188 f.
Solvent drag 126
Somatomedine 58
Somatostatin 59
Sonnenblumenextraktionsschrot, Einsatzempfehlungen 230
Sonnenblumenschrot 460
Sorbinsäure 272
Sorghumhirse 203
Spartein 206
Speichel 113
Speiseabfälle, Verfütterung 247
Sphingomyelin 102

Spiritusherstellung 219
Spurenelementbedarf
- Milchkühe 427
- Schweine 341
Spurenelemente 34, 64, 76 ff., 251
- Einteilung 65
- Toleranzschwellen 67
Stabilisatoren 250
Stärke 18, 33
- Abbaubarkeit im Pansen 123, 195
- Aufschluss 19, 188, 289, 363
- Stärkekörner 18
- Verdaulichkeit 291
- Verkleisterung 19, 187
Stärkeeinheiten (StE) 152
Stärkeindustrie, Nebenprodukte 215
Stearinsäure 22
Sterculiasäure 229, 244
Sterigmatocystin 304
Steroide 24
Sterole 174
Stickstoff
- Ansatz 155
- Ausscheidung, Reduzierung 365
- Bilanz 155
- Retention 155
Stickstofferhaltungsbedarf (NEB) 155
Stickstofffixierung 62
Stickstofffreie Extraktstoffe (NfE) 32
Stoffwechselkäfige 131
Stoffwechselwasser 86
Stoppelrübe 191
Stroh 184
- Ammoniakbegasung 185
- Aufschluss 285
- Feuchtkonservierung mit Harnstoff 185
- Natronlaugeaufschluss 185
- Verdaulichkeit der organischen Substanz 185
strukturierte Rohfaser 368
strukturiertes Futter 418, 430
Strukturkohlenhydrate 168
Strukturwert 21
Strukturwertsystem 431
strukturwirksamer Rohfaser 21, 430
Strukturwirksamkeit 20, 430
Struma 81
Struvitsteine 464
Stunting syndrom 540
Suberin 184
Substitutionsversuch 131
Succinat 55
Succinyl-CoA 55
Sudden death syndrome 540
Sumpfdotterblume 176
Sumpfschachtelhalm 173, 176
Superoxiddismutase 79
Süßlupinen, Einsatzempfehlungen 208
Süßmolke 238
Süßstoffe 251

T-2 Toxin 303
Tannin 174, 197, 203, 206, 229, 418, 429, 535
Tapioka 191
Taro 192
Taurin 116, 43
Taurocholsäure 115
technische Zusatzstoffe 250

Teilbedarf, energetischer
– für Bewegungsleistung 147
– für Wachstum 147
– für Eibildung 147
– für Laktation 146
– für Reproduktion 145
– für Wollbildung 148
Teilwirkungsgrad 144
– energetischer 137
– für Erhaltung 143
– für Milchbildung 356
– für Energieansatz 336
Temperaturoptimum 37
Tenuazonsäure 306
Testosteron 59
Tetrahydrofolsäure 36, 100
Tetraiodthyronin 81
thermoneutrale Zone/Temperatur 142
Thiamin (Vitamin B_1) 36, 97
Thiaminasen 97
Thiaminpyrophosphat (TPP) 36, 54, 97
Threonin 25
Thyroxin (T_4) 43, 58, 81
Tibiatorsion 539
Titicale, Einsatzempfehlungen 205
TMA-Oxydase 535
Toasten 225, 229, 288
Tocopherol 94
Topinambur 192
Torulahefe 235
Trächtigkeitsanabolismus 64
Trächtigkeitstoxikose 484
Tränkwasserqualität 86
Transaminierung 40
Transferrin 77
Transfer-RNA (tRNA) 28
trans-Fettsäuren 243, 441
Transgene Sojabohnen 255
Transgener Mais 255
Transkription 45
Translation 45
Treber 222
Trester 224
Triacylglycerine 21
Tricarbonsäurezyklus 56
Trichothecene 303
Triiodthyronin (T_3) 43, 58, 81
Trimethylamin (TMA) 535
– Gehalt im Eidotter 287
Trockenschnitzel 231
Trockensubstanz 30
Trocknung von Futtermitteln 276 ff.
Trypsin 37, 111, 113, 115, 117
Trypsinhibitoren 115, 225, 229
Tryptophan 26, 41, 43, 99, 520
Tüpfel-/Hartheu 177
Turnips 191
Tympanie 445, 463
Tyrosin 26, 41, 43, 81
Tyrosinase 79

UDP (im Pansen nicht abgebaute Proteine) 158, 424
Umweltbelastung durch die Tierhaltung 162, 365
unabbaubares Rohprotein (UDP) 227
unerwünschte Stoffe 291, 294

unidentified growth factors 216
Universalfütterung 348, 365, 528
Uricase 44
Urolithiasis 73
– Schafe 485

Valin 25
Vasopressin 59
Verdaulichkeit
– der OM von Futtermitteln 312 ff.
– ileale 130
– praecaecale 130, 324
– scheinbare 130
– Stärke 291
– wahre 130
Verdaulichkeitsbestimmung 131
Verdauung 111
– Eiweiß 114 f.
– Fette 114 f.
– im Magen 114
– Kohlenhydrate 114, 116
– Kontaktverdauung 111
– luminale 111
– mikrobielle 117
– mikrobielle im Dickdarm 124
– Nucleinsäuren 116
Verdauungsenzyme 111
Verdauungskoeffizienten 130
Verdauungstrakt
– Bau 109 f.
– Fassungsvermögen 110
– Sekretmengen 113
verderbanzeigende Mikroflora 297
Verfütterungsverbot 166, 237, 242, 245
Vergärbarkeit von Futterpflanzen 269
Vergärbarkeitskoeffizienten 270
Verschneidungsverbot 291
Verseifungszahl 23 f.
Verwertung, Effizienz der energetischen 150
VIP (Vasoaktives intestinales Peptid) 59
Vitamine 34, 87, 251
– Einteilung 88
– fettlösliche 88, 90
– Minimalbedarf 89
– Optimalbedarf 89
– Verluste 291
– wasserlösliche 36, 88, 96 ff.
Vitamin A (Retinol) 90, 497
– Hypervitaminose 91 f.
Vitamin B_1 97
– Mangel 463
Vitamin B_2 98, 519
Vitamin B_6 98
Vitamin B_{12} 80, 101
Vitamin C 101, 360
Vitamin D 24, 70, 92, 184
Vitamin E 83, 94, 183, 202, 361, 375, 377
– Mangel-Krankheiten 84
Vitamin K 95
– Antivitamine 96
Vitaminbedarf 89
– Geflügel 504 f.
– Mastbullen 451
– Mastkälber 391

– Milchkühe 427
– Milchkühe 428
– Schafe 471
– Schweine 360
Vomitoxin 302
Vormägen, Mikroorganismenpopulation 118
Vormagensystem 109
Vormischungen 259

Wachstumshormon 58
Wärmeäquivalent 138
Wärmeproduktion 138
Wasser 85
– Bedarf 86
– Gehalt des Körpers 86
Wasserpferdesaat 176
Wasserrübe 177
Wasserschierling 176
Weben 385
Weender Futtermittelanalyse 29 ff.
Weidebutter 441
Weidehygiene 441
Weidelämmermast 482
Weidetetanie 74
Weißer Germer 177
Weißmuskelkrankheit 84
Weizen, Einsatzempfehlungen 205
Weizenkleberfutter 215, 217
Wicken 206
wiederkäuergerechte Fütterung 415, 429
Wiederkauzeit 416
Wirkungsgrad, energetischer 135, 137
Wirkstoff 88
Wolfsmilch 177
Wollbildung 483
Wruke 191

Xanthin 44
Xantophylle 533
Xylanasen 63, 253
Xyloglucane 19
Xylose 16

Yamswurzeln 192

Z/PK-Quotient 269
Zearalenon 303, 306, 352, 363
Zeaxanthin 533
Zehenpicken 538
Zichorie 192
Zink 82, 342, 447
– Höchstgehalte 252
Zitronensäurezyklus 54
zootechnische Zusatzstoffe 253
Zuchtbullen-Fütterung 465
Zuchtputterfutter Richtwerte 522
Zucker 33
Zuckerherstellung, Nebenprodukte 231
Zuckerrohr 231
Zuckerrübenpressschnitzel, Silierung 274
Zuckerrübenschnitzel, Einsatzempfehlungen 232
Zungenschlagen 459
Zypressenwolfsmilch 173

Umfassendes Nachschlagewerk

Dieses Buch schließt die Lücke zwischen den umfassenden Darstellungen zur Tierernährung sowie der Inneren Medizin und Pathophysiologie.

Fütterung und Tiergesundheit.
Grundlagen, Methoden und Anwendungen. Manfred Ulbrich, Winfried Drochner, Manfred Hoffmann. 2004. 416 S., 94 sw-Abb., 182 Tab., geb.
ISBN 978-3-8252-8284-4.

Ulmer Ganz nah dran.